Energia e Meio Ambiente

Tradução da 5ª edição norte-americana

Dados Internacionais de Catalogação na Publicação (CIP)
(Câmara Brasileira do Livro, SP, Brasil)

Hinrichs, Roger A.
Energia e meio ambiente / Roger A. Hinrichs, Merlin Kleinbach, Lineu Belico dos Reis ; tradução Lineu Belico dos Reis, Flávio Maron Vichi, Leonardo Freire de Mello. - São Paulo : Cengage Learning, 2022.

3. reimpr. da 3. ed. brasileira de 2014.
Energy : its use and the environment.
5. ed. norte-americana.
Bibliografia.
ISBN 978-85-221-1617-1

1. Energia (Mecânica) 2. Meio ambiente 3. Recursos energéticos I. Kleinbach, Merlin. II. Reis, Lineu Belico dos. III. Título.

14-00116 CDD-621.042

Índices para catálogo sistemático:

1. Energia : Efeitos sobre o meio ambiente : Engenharia mecânica : Física aplicada 621.042

Roger A. Hinrichs Merlin Kleinbach
Universidade de Nova York, Oswego

Lineu Belico dos Reis
Universidade de São Paulo

Energia e Meio Ambiente

Tradução da 5ª edição norte-americana

Tradução Técnica

Lineu Belico dos Reis (4ª e 5ª edição)
Engenheiro eletricista e professor livre docente da Escola Politécnica da Universidade de São Paulo. Professor e consultor em Energia e Sustentabilidade

Flávio Maron Vichi (3ª edição)
Doutor em Química pela Unicamp, pós-doutorado pela University of Wisconsin – Madison (EUA) e professor doutor do Instituto de Química da USP

Leonardo Freire de Mello (3ª edição)
Engenheiro agrônomo pela Universidade Federal de Lavras, mestre em Planejamento Ambiental e doutorando em Demografia – População e Meio Ambiente pela Unicamp

CENGAGE

Austrália • Brasil • México • Cingapura • Reino Unido • Estados Unidos

CENGAGE

Energia e meio ambiente
Tradução da 5ª edição norte-americana

Roger A. Hinrichs, Merlin Kleinbach
e Lineu Belico dos Reis

Gerente editorial: Noelma Brocanelli

Supervisora de produção gráfica: Fabiana Alencar Albuquerque

Editora de desenvolvimento: Viviane Akemi Uemura

Título original: Energy – Its use and the environment, 5th edition

ISBN 10: 1-133-10902-0
ISBN 13: 978-1-133-10902-0

Tradução técnica da 5ª edição: Lineu Belico dos Reis

Tradução técnica da 4ª edição: Lineu Belico dos Reis e All tasks (capítulo 5)

Tradução técnica da 3ª edição: Flávio Maron Vichi e Leonardo Freire de Mello

Cotejo: Fábio Gonçalves e Mariana Gonzalez

Revisão: Áurea Faria, Iara Arakaki e Mariana Gonzalez

Analista de conteúdo e pesquisa: Javier Muniain

Editora de direitos de aquisição e iconografia: Vivian Rosa

Diagramação: ERJ Composição Editorial

Indexação: Casa Editorial Maluhy

Capa: Cynthia Braik

Imagens de capa: Ponsulak/Shutterstock; Mopic/Shutterstock

ISBN 13: 978-85-221-1617-1
ISBN 10: 85-221-1617-2

Cengage Learning
Condomínio E-Business Park
Rua Werner Siemens, 111 – Prédio 11 – Torre A – Conjunto 12 – Lapa de Baixo – CEP 05069-900
São Paulo – SP
Tel.: (11) 3665-9900 – Fax: (11) 3665-9901
SAC: 0800 11 19 39

Para suas soluções de curso e aprendizado, visite
www.cengage.com.br

Impresso no Brasil
Printed in Brazil
3. reimpr. – 2022

PREFÁCIO

INTRODUÇÃO À QUINTA EDIÇÃO

Energia e meio ambiente é um livro introdutório que enfatiza os princípios físicos relacionados à energia, seus usos e seus efeitos em nosso ambiente. Ele pode ser utilizado em cursos de física, tecnologia, ciências físicas e ciências ambientais destinados a líderes que atuam em áreas não relacionadas a ciências. Não é necessário ter qualquer pré-requisito em matemática ou outra ciência. Grande parte da pedagogia aplicada aqui tem origem em um curso geral de educação, com duração de um semestre, que um de nós (R. H.) tem ministrado na State University de New York, Faculdade de Oswego, durante os últimos 25 anos. Nós dois estivemos envolvidos na realização de workshops na área de educação sobre energia para professores de ciência e tecnologia da escola secundária do estado de Nova York, nos últimos 25 anos.

Para esta quinta edição, todos os dados sobre recursos de energia, usos de energia e tecnologias de energia foram atualizados. No período decorrido desde a terceira edição, observamos o preço do petróleo atingir o maior valor já registrado e vimos um rápido crescimento no uso da energia pela China e pela Índia. A preocupação referente à grande dependência que o setor de transportes dos Estados Unidos tem em relação ao petróleo importado continua a crescer. Será que em breve atingiremos o pico da produção mundial de petróleo? Uma economia com base no hidrogênio e células a combustível parece estar próxima, mas existem muitos obstáculos no caminho. Os veículos elétricos estão começando a fazer pequenas, mas substanciais incursões no mercado. O mundo também está percebendo um interesse cada vez maior na energia renovável. O uso da energia eólica aumenta a uma taxa de cerca de 30% ao ano, embora as energias renováveis respondam atualmente por somente cerca de 7% do uso total de energia nos Estados Unidos e cerca de 14% do uso total mundial. Essas tendências são examinadas ao longo de todo este livro.

Continuamos a enfatizar o impacto ambiental do consumo de combustíveis fósseis, em parte, destinando capítulos a material sobre o uso de combustível fóssil, poluição do ar e aquecimento global, no início deste livro. Em virtude das preocupações ambientais, especialmente quanto ao aquecimento global novo material foi adicionado. O possível ressurgimento da energia nuclear é discutido nos capítulos finais à luz da catástrofe do terremoto e tsunami no Japão. A interdependência das economias e dos ambientes mundiais, principalmente no que se refere à energia, nos levou a acrescentar mais exemplos, abordando o uso da energia em outros países, tanto nos industrializados como nos que estão em desenvolvimento. Incluímos a questão "Como você escolheria?", no começo de cada capítulo, que propõe aos leitores desenvolverem suas próprias opiniões sobre uma questão específica relacionada à energia. Esta questão (Como você escolheria?) é revisitada ao final do capítulo e o leitor é solicitado a responder se o conteúdo aprendido modificou seu conceito sobre a mesma.

OBJETIVOS DESTE LIVRO

Como o assunto energia é multifacetado, este livro tem diversos propósitos. O primeiro e mais importante é que o livro procura explicar os princípios físicos básicos relacionados às diferentes transformações de energia que ocorrem, incluindo o estudo da mecânica, da eletricidade e do magnetismo, da termodinâmica e da física atômica e nuclear. Ao mesmo tempo, ele aborda questões ambientais cruciais causadas pelo uso da energia que, atualmente, estão recebendo muita atenção pública, tais como aquecimento global, lixo radioativo e resíduos sólidos nos municípios. O melhor meio de compreender as consequências das alternativas energéticas atuais e futuras, assim como o equilíbrio ambiental, social e econômico que precisa ser atingido, é entender os princípios científicos envolvidos.

Esses princípios são apresentados com uma quantidade mínima de material de matemática e com a ajuda de exemplos do dia a dia. Cada capítulo traz um conjunto de problemas (principalmente, não relacionados à matemática) que visam enfatizar os princípios e aplicá-los a situações referentes à energia e ao ambiente. Também estão incluídos muitos dos tópicos padrão encontrados nos livros introdutórios à física. Como consequência, este livro pode ser utilizado como texto básico de um curso de física conceitual ou ciência física tendo a energia como o tema central, como tem sido a nossa prática.

Em segundo lugar, o livro examina diferentes aspectos de cada fonte de energia, incluindo os princípios envolvidos e as consequências ambientais e econômicas de seu uso. A energia renovável é abordada no início, depois da transferência de calor, e praticamente tudo, desde sistemas de aquecimento solar a dispositivos fotovoltaicos e geradores eólicos, é analisado.

Os princípios da energia nuclear e o debate sobre o descarte de lixo radioativo são analisados detalhadamente. No centro da maioria dos esquemas de conversão de energia estão as máquinas térmicas, por isso, os princípios gerais desta área são desenvolvidos no começo do livro (Capítulo 4). Os aspectos ambientais da geração e do uso da eletricidade são outro tema básico. A poluição do ar e o aquecimento global também são tratados no início, em capítulos separados, assim como alguns meios pelos quais seu impacto pode ser controlado ou diminuído.

Em terceiro lugar, o livro procura integrar as complexas questões relativas à política de energia e a possíveis estratégias de energia. Não existem respostas simples ou alternativas únicas que possam atender a todas as nossas necessidades referentes à energia, a preservar nossa prosperidade econômica e a proteger nosso meio ambiente.

São apresentadas questões (muitas delas, não respondidas) ao longo de todo este livro, com o objetivo de incentivar os leitores a pensarem à frente, de modo crítico, e talvez até mesmo começarem a desenvolver suas próprias soluções. As questões "Como você escolheria?", no começo de cada capítulo, encorajam uma abordagem mais crítica. O importante tema da conservação da energia é enfatizado com exemplos em *todo* o livro, em vez de em um capítulo separado, porque o uso eficiente da energia deve ser motivo da maior preocupação em cada área — da mecânica da energia à transferência de calor e ao uso da eletricidade. São fornecidas sugestões práticas, as quais esperamos que façam os leitores avaliarem, de modo mais efetivo, seu papel no uso mais eficiente da energia.

Muitos livros abordam o tema da energia, mas poucos procuram ensinar princípios gerais da física e falar das muitas alternativas de fornecimento e de conservação de energia.

Esses temas são apresentados de tal forma que apelam ao crescente público de líderes que atuam em áreas não relacionadas a ciências, assim como fornecem informações relevantes aos que estão interessados em ciências e em engenharia.

ABORDAGEM

Embora o material neste livro esteja organizado de modo a seguir uma sequência tradicional, apresentada em um curso de física, tentamos ordenar os tópicos para que atendessem aos interesses atuais dos estudantes. O aquecimento solar é abordado no começo (Capítulo 6), mas somente após os conceitos de transferência de calor (Capítulo 4) e de conservação de energia residencial (Capítulo 5) serem discutidos. Os capítulos 8 e 9 se referem aos aspectos ambientais do uso da energia, tais como poluição do ar (a partir de fontes estacionárias e móveis), aquecimento global e poluição térmica. Esses tópicos vêm depois do Capítulo 7, sobre combustíveis fósseis. A física da exploração e da recuperação de petróleo é abordada no Capítulo 7, como um tópico especial.

A energia fotovoltaica e também a área de energia eólica, atualmente em rápido crescimento, são apresentadas nos capítulos 10 e 11, sobre produção de energia elétrica. Novas tecnologias automotivas incorporando células a combustível e veículos híbridos e elétricos são discutidas nestes dois capítulos. A fissão nuclear é o assunto do Capítulo 14, diretamente após um capítulo sobre os fundamentos da física atômica e nuclear. O Capítulo 17 fala sobre o abrangente tópico da biomassa, desde a combustão de madeira até o tema dos resíduos sólidos em municípios, e também a produção de combustíveis de álcool a partir do milho.

RECURSOS

Muitos recursos neste livro foram elaborados para incentivar os estudantes a compreenderem o papel fundamental da energia em nossa sociedade e as implicações que derivam de seu próprio consumo de energia. O livro foi projetado para tornar a física e suas aplicações relevantes e interessantes para líderes que atuam em áreas não relacionadas a ciências. A seguir, uma descrição desses recursos:

- Questões da seção **"Como você escolheria?"** iniciam cada capítulo descrevendo uma situação do mundo real na qual se pede ao leitor para que tome uma decisão que utiliza os conceitos apresentados no capítulo. Essa questão é revisitada no final de cada capítulo, com a finalidade de examinar como a aplicação da ciência ali aprendida afeta a decisão que foi tomada.

- **Atividades** são experimentos interativos que os estudantes podem realizar em suas casas ou em seus quartos, utilizando itens comuns. Essas atividades oferecem oportunidades para reforçar experimentalmente o material abordado; elas são integradas aos capítulos e estão no final de cada um deles. Alguns exemplos são a construção de um modelo simples, utilizando uma caixa de sapatos, para examinar o aquecimento solar; um experimento que visa estudar a transferência de calor a partir de latas de refrigerante isoladas, e a investigação de partículas atmosféricas. Todas as atividades foram testadas, muitas delas, em workshops realizados no verão, que nós dirigimos e que foram direcionados a professores de ciência e tecnologia da escola secundária.

- O **uso residencial da energia**, que é enfatizado por meio de muitos exemplos relevantes para os lares. A análise das perdas de calor nas residências e os meios para reduzi-las são abordados no Capítulo 5. Novas alternativas de iluminação eficientes são abordadas no Capítulo 10, sobre eletricidade.

- **Perspectivas internacionais sobre energia**, que são enfatizadas em todo o livro. Embora o livro tenha como foco principal o uso de energia nos Estados Unidos, somos parte de uma aldeia global interdependente. Como bem sabemos, eventos políticos em outras partes do mundo podem ter efeitos importantes na própria economia norte-americana. Também dedicamos atenção àquelas pessoas que vivem nos países em desenvolvimento, onde a energia representa um papel vital. Os quadros "Foco em", que destacam aplicações interessantes ou fatos incomuns sobre energia, ajudam nesta área. Nós, os autores, temos muitos anos de experiência trabalhando em países em desenvolvimento (Etiópia, Quênia, Omã, Catar, Palestina).

OPÇÕES DE ENSINO

Em virtude das muitas facetas do uso da energia e do nosso ambiente, algumas seções e alguns capítulos deste livro poderão ser deixados de lado, sem que isso represente qualquer perda de continuidade, no caso de um curso abreviado. Por exemplo, a seção sobre máquinas térmicas, no Capítulo 4, poderá ser excluída (especialmente, no caso de líderes que atuam em áreas não relacionadas a ciências); o princípio de eficiência, de Carnot, poderá ser abordado posteriormente, como parte do Capítulo 9, que trata da poluição térmica. Para compor um curso mais resumido, você pode "pular" o Capítulo 15, sobre os efeitos biológicos da radiação, e o Capítulo 16, sobre fusão, e, em seu lugar, se concentrar no tema da conversão de biomassa, no Capítulo 17. Embora os capítulos 7 e 8 forneçam algum conhecimento de física relacionado a fluidos e à tecnologia de exploração de petróleo, eles podem ser ignorados, se o curso for planejado para diminuir a abordagem sobre alguns dos aspectos ambientais do uso da energia. O estilo de redação sem um enfoque técnico permite ao instrutor destinar seções, em cada capítulo, como uma leitura auxiliar, o que possibilita abranger maior conteúdo do livro, em comparação ao que poderia ser abordado somente em discussões realizadas em classe. Os autores descobriram que a importância do assunto energia pode se tornar ainda mais relevante se levarem para as aulas artigos de jornais locais ou nacionais que trazem discussões sobre energia.

AGRADECIMENTOS

Para produzir um bom livro, dependemos dos comentários e das sugestões daqueles que ministram o curso nos Estados Unidos. Suas contribuições são de grande ajuda na criação e na revisão deste livro. Agradecemos a Abdelkrim Boukahil (University of Wisconsin-Whitewater), Patricia A Cleary (University of Wisconsin-Parkside), Steve Hnetkovsky (Wabash Valley College), John Katers (University of Wisconsin-Green Bay), Charles Nickles (University of Massachusetts-Dartmouth), Rahim Setoodeh (Milwaukee Area Technical College) e Edward Stermer (Illinois Central College) por seus comentários sobre a quarta edição e por suas sugestões para o desenvolvimento da nova edição.

Também agradecemos a Abdelkrim Boukahil (University of Wisconsin-Whitewater), John Katers (University of Wisconsin-Green Bay) e Charles Nickles (University of Massachusetts-Dartmouth), por sua ajuda na revisão dos rascunhos dos capítulos da quinta edição.

Além disso, somos gratos pelos comentários sobre as edições anteriores, feito por David Appenbrink (University of Chicago), James Boyle (Western Connecticut State University), Terry Carlton (Oberlin College), Richard W. Fox (Chicago State University), Patrick Gleeson (Delaware State University), Laurent Hodges (Iowa State University), Daniel Holland (Illinois State University), Joseph Katz (Johns Hopkins University), Philip Krasicky (Hamilton College), Wesley Lingren (Seattle Pacific University), Nebil Misconi (University of Central Florida), John Oughton (Century College), Jack Pinnix, (Chicago State University), Robert Poel (Western Michigan University), Daryl Prigmore (University of Colorado, Colorado Springs), Ljubisa R. Radovic (Pennsylvania State University), Don Reeder (University of Wisconsin, Madison), David Ruzic (University of Illinois, Champaign-Urbana), Peter Schroeder (Michigan State University), Karin Shen (Vanderbilt University), Sunil Somalwar (Rutgers University), Patricia Terry (University of Wisconsin, Green Bay), Carl Voiles (Michigan State University), and Thomas Weber (Iowa State University).

Na Brook/Cole Publishing, agradecemos pelo encorajamento e pelo aconselhamento profissional de Charles Hartford, editor de física; Ed Dodd, editor de desenvolvimento, e Jill Quinn, gerente de projetos, no setor de Produção Editorial.

Roger Hinrichs e Merlin Kleinbach
Seattle, Washington, e Oswego, Nova York
Outubro de 2011

INTRODUÇÃO À EDIÇÃO BRASILEIRA

O principal motivo de meu envolvimento na elaboração da edição brasileira desta quinta edição do livro *Energia e meio ambiente* foi que seus autores perseguem objetivos comuns aos que têm orientado meus passos profissionais nesta área.

Além disso, a experiência acumulada ao longo dos anos, nos trabalhos técnicos, nos diversos tipos de cursos multidisciplinares que tenho ministrado e nos livros e publicações, também me leva a enfatizar a importância primordial da divulgação das importantes questões atuais relacionadas à energia, meio ambiente e sustentabilidade, em forma de fácil entendimento aos profissionais não especializados nos assuntos e que se oriente a desenvolver um espírito crítico e criativo.

Fui motivado também, a partir da visão integrada e abrangente que temas tão importantes requerem, pela sinergia e pela complementaridade entre o conteúdo deste livro e minhas atividades. Minha experiência tem demonstrado que as mudanças de postura e as modificações necessárias para a construção de um modelo sustentável de desenvolvimento requerem ações ao mesmo tempo participativas e integradas que estão a solicitar maiores intercâmbios e debates, o que também está contido nos objetivos dos autores do livro.

Do ponto de vista prático, meu envolvimento nesta edição apresenta duas vertentes principais: uma relacionada com a revisão da edição anterior e tradução do material acrescentado à mesma e outra relacionada com a revisão e atualização de conteúdo referente ao cenário brasileiro atual a respeito dos tópicos enfocados.

Este conteúdo foi por mim incluído na edição anterior por meio dos tópicos denominados **"Com o Foco no Brasil"**, nos quais são apresentados os aspectos mais significativos no cenário nacional relacionados com o tema tratado nos capítulos do livro. Tópicos que foram inseridos na maioria dos capítulos do livro, mas não em todos, uma vez que alguns enfocam conceitos básicos, de aplicação geral.

Considero importante ressaltar novamente que os tópicos **"Com o Foco no Brasil"** foram elaborados principalmente com fins de informação e orientação, dada a abrangência dos temas, que poderia justificar a edição de diversas obras específicas. A ideia básica foi encaminhar o leitor a uma visualização do assunto em questão no cenário brasileiro, com informações que permitam seu aprofundamento no assunto e sua atualização com relação às alterações próprias da dinâmica energética. Neste sentido são também sugeridas referências básicas complementares para leitura e sites da Internet voltados ao acompanhamento e à coleta de dados sobre os temas abordados.

Com isso, espero continuar a dar uma contribuição positiva à transposição de diversos temas importantes do livro para a realidade brasileira, o que certamente resultará em maior consciência em relação aos aspectos globais referentes à energia e ao meio ambiente, ao mesmo tempo em que ressaltará a importância de soluções criativas e locais no contexto da busca de um modelo sustentável de desenvolvimento.

Lineu Belico dos Reis
São Paulo
Dezembro de 2013

SUMÁRIO

CAPÍTULO 1

CAPÍTULO 2

CAPÍTULO 3

CAPÍTULO 4

CAPÍTULO 5

CAPÍTULO 6

CAPÍTULO 7

CAPÍTULO 8

CAPÍTULO 9

CAPÍTULO 10

CAPÍTULO 14

CAPÍTULO 15

CAPÍTULO 16

CAPÍTULO 1

INTRODUÇÃO

Conteúdo

A. ENERGIA: UMA DEFINIÇÃO INICIAL

A energia é um dos principais constituintes da sociedade moderna. Ela é necessária para se criar bens com base em recursos naturais e para fornecer muitos dos serviços com os quais temos nos beneficiado. O desenvolvimento econômico e os altos padrões de vida são processos complexos que compartilham um denominador comum: a disponibilidade de um abastecimento adequado e confiável de energia. A modernização do Ocidente, passando de uma sociedade rural para outra, urbana e rica, foi possível pela utilização de tecnologia moderna firmada em uma ampla série de avanços científicos, os quais foram energizados por combustíveis fósseis. Eventos políticos, começando com o embargo do petróleo em 1973 e continuando com a Revolução Iraniana de 1979, a Guerra do Golfo Pérsico de 1991 e a invasão do Iraque em 2003, fizeram muitos passarem a perceber quanto a energia é crucial para o funcionamento cotidiano de nossa sociedade. As longas filas para comprar gasolina e os frios invernos com racionamento de gás natural na década de 1970 ainda são memórias tristes para algumas pessoas. Apesar dessas tristes lembranças, as crises energéticas dessa década foram quase completamente esquecidas nos anos 1980. Contudo, trouxeram uma crescente preocupação com o nosso ambiente. Inquietações relacionadas com o aquecimento global, a chuva ácida e os resíduos radioativos ainda hoje nos perseguem, e cada um desses temas está relacionado à forma como usamos a energia.

Apesar de o interesse em ser autossuficiente em energia e obter uma fonte energética própria ter sido forte nas décadas de 1970 e 1980, durante a segunda metade dos anos 1990, todo o público pôde ter outra opção: ser capaz de escolher seu próprio fornecedor de energia. A indústria da energia elétrica mudou de um perfil tradicional e altamente regulado para outro, de desregulação e competição. A partir de 1997, os consumidores podiam comprar energia do fornecedor de sua preferência e o custo da energia passou a não ser o único critério nessa escolha. Muitas pessoas decidiram comprar energia de fornecedores que poluíssem menos, as chamadas alternativas de "energia verde".

Os trágicos eventos de 11 de setembro de 2001 mudaram o mundo para sempre. Ameaças e ações continuadas de terroristas têm tanto impacto na questão energética quanto na segurança pública. Os Estados Unidos (assim como muitos outros países do mundo industrializado e em desenvolvimento) importam mais que a metade do petróleo que consomem. Há muitos e diversos grupos pedindo ações em relação a isso, pois a forte dependência da importação de petróleo coloca em risco a segurança doméstica e o bem-estar econômico dos Estados Unidos. Grande parte da importação de petróleo americana é utilizada no setor de transporte e, assim, deve haver ações em busca de aumento da eficiência dos automóveis, de combustíveis alternativos e de conservação de energia. Tais mudanças levam tempo, mas um aumento do preço do petróleo para quase o dobro pode não levar tanto, como se viu em 2008.

A energia permeia todos os setores da sociedade – economia, trabalho, ambiente, relações internacionais –, assim como as nossas próprias vidas – moradia, alimentação, saúde, transporte, lazer e muito mais. O uso dos recursos energéticos nos libertou de muitos trabalhos penosos e tornou nossos esforços mais produtivos. Os seres humanos já dependeram de sua força muscular para gerar a energia necessária à realização de seus trabalhos. Hoje, menos de 1% do trabalho feito nos países industrializados depende da força muscular como fonte de energia.

Os suprimentos de energia são fatores limitantes primordiais do desenvolvimento econômico. O mundo tornou-se muito interdependente e, assim, o acesso a recursos energéticos adequados e confiáveis é central para o crescimento da economia. Em torno de 40% da energia global vêm do petróleo, boa parte importada do Golfo Pérsico pelas nações industrializadas. Dessa região, o Japão importa 80% do seu petróleo e os Estados Unidos, 18%. Enquanto a França importa quase todo o seu petróleo, apenas 15% vêm do Golfo Pérsico. Se os países industrializados fossem submetidos a alguma restrição significativa de acesso a essas fontes de petróleo, como a redução das jazidas ou grandes aumentos dos preços, com certeza suas economias sofreriam danos consideráveis.

A imagem que se tem de energia pode ser ilustrada de muitas formas em virtude de experiências particulares. Você pode pensar na "energia" (ou na falta dela) que uma determinada pessoa tem, ou na energia cinética que uma pedra adquire ao ser jogada, ou na energia responsável pelo movimento dos automóveis, ou, ainda, na energia utilizada para a geração de luz e calor. O dicionário define energia como a "capacidade para a ação vigorosa; força inerente; forças potenciais". É encontrada em muitas formas, como o vento ou a água corrente, e armazenada em matéria, como os combustíveis fósseis – petróleo, carvão, gás natural –, que pode ser queimada para uma "ação vigorosa". Um dos objetivos deste livro é identificar essas formas e estudar como podem ser usadas.

A energia é mais bem descrita pelo que ela pode fazer. Não podemos "ver" a energia, apenas seus efeitos; não podemos fazê-la, apenas usá-la; e não podemos destruí-la, apenas desperdiçá-la (ou seja, utilizá-la de forma ineficiente). Ao contrário da comida e da moradia, a energia não é valorizada por si própria, mas pelo que pode ser feito com ela.

Segundo Richard Balzhiser, ex-presidente do Electric Power Research Institute:

> *Energia não é um fim em si mesma. Os objetivos fundamentais que devemos ter em mente são uma economia e um ambiente saudáveis. Temos que delinear nossa política energética como um meio para atingir esses objetivos, e não apenas para este país, mas também em termos globais.*

Energia é um conceito básico em todas as disciplinas das ciências e das engenharias. Como vamos discutir no próximo capítulo, um princípio muito importante é a energia como uma quantidade conservada, ou seja, a quantidade total de energia no universo é uma constante. A energia não é criada ou destruída, mas apenas convertida ou redistribuída de uma forma para outra, como, por exemplo, a energia eólica transformada em energia elétrica, ou a energia química, em calor. Estudaremos as várias formas de energia – química, nuclear, solar, térmica, mecânica, elétrica – e o trabalho útil que ela pode realizar para nós. Vamos explorar tanto os recursos energéticos como os processos de conversão de energia.

Entender a energia significa entender os recursos energéticos e suas limitações, bem como as consequências ambientais da sua utilização. Energia, meio ambiente e desenvolvimento econômico estão forte e intimamente conectados. Durante as últimas três décadas, o consumo de energia global praticamente dobrou, enquanto, apenas nos Estados Unidos, aumentou 25%. Muito desse crescimento global aconteceu nos países menos desenvolvidos. (Nas próximas duas décadas, estima-se que o consumo de energia vá aumentar em torno de 100% nos países em desenvolvimento, o que corresponde a um crescimento médio de 3% ao ano. A maior parte desse crescimento deverá ocorrer nas nações em desenvolvimento da Ásia, principalmente China e Índia). Juntamente com tal crescimento, observou-se o declínio da qualidade do ar urbano e a grave e intensa degradação do solo e das águas. Como os combustíveis fósseis representam 90% do nosso consumo de recursos energéticos, continuamos a aumentar as emissões de dióxido de carbono, que podem alterar irreversivelmente o clima da Terra. O uso adequado da energia requer que se leve em consideração tanto as questões sociais como as tecnológicas. O crescimento econômico sustentável neste século, juntamente com o incremento da qualidade de vida de todos os habitantes do planeta, apenas pode ser possível com o uso bem planejado e eficiente dos limitados recursos energéticos e o desenvolvimento de novas tecnologias de energia.

B. USO DA ENERGIA E O AMBIENTE

Vivemos em uma era de preocupação ambiental. Políticos terão dificuldades para ser eleitos se não tiverem, pelo menos, uma clara preocupação com as questões ambientais. Muitas modificações no ambiente ocorreram nos quarenta anos passados desde o primeiro Dia da Terra, em 22 de abril de 1970. Algumas delas estão listadas no quadro Foco em 1.1.

O 25º aniversário do Dia da Terra, em 1995, focou o progresso conseguido na melhoria da qualidade do ar e das águas. Em relação à poluição atmosférica, o *smog*[1] diminuiu em todos os Estados Unidos para algo em torno de dois terços do que era em 1970. Em 1999, Los Angeles não registrou nenhuma leitura de ozônio alta o suficiente para disparar um alerta de *smog*; 20 anos antes ocorreram 120 alertas em um ano. Os carros novos, em 1995, emitiram algo em torno de 1% da poluição por milha dos modelos de 1970. Novas normas relacionadas às emissões e aumento da eficiência no uso dos combustíveis (ver também Capítulo 8) fizeram de 2010 um ano ainda melhor quanto às emissões. As emissões de dióxido de enxofre, causa primária da chuva ácida, diminuíram um terço desde 1970. Nesse ano, aproximadamente um quarto dos rios norte-americanos atendia aos padrões federais para pesca e natação; em 1995, essa quantidade aumentou para 60% do total. Tais realizações não foram obtidas sem enormes esforços. Os gastos federais e estaduais para a redução e o controle da poluição aumentaram sensivelmente desde 1970. Todavia, as preocupações com os gastos federais, com a dívida nacional e com o papel do governo federal americano continuam a incitar as forças legislativas a realizarem reformas na legislação ambiental e modificações nas regulações, o que vem afetando a qualidade do ar e das águas, a gestão dos resíduos tóxicos e dos pesticidas, a proteção das espécies ameaçadas, entre outras.

O uso dos nossos recursos energéticos é um dos principais fatores a afetar o ambiente (e a aplicação de produtos químicos é outro). O crescimento da utilização de combustíveis fósseis observado desde o início da era industrial causou o aumento da concentração de dióxido de carbono atmosférico em torno de 30%,

---

[1] No original: *smog*. Não há tradução literal desta palavra para o português. A definição em inglês é: uma mistura de fumaça e poluição criada fotoquimicamente, com ou sem a presença de neblina. Usaremos aqui o termo original. (N.T.)

assim como a elevação da temperatura global (Figura 1.1). Temperaturas globais altas podem levar ao derretimento das calotas polares e ao aumento dos níveis dos oceanos, o que vai provocar a migração das populações das regiões litorâneas do planeta para áreas mais altas. Isso também pode significar uma mudança nas áreas de agricultura, uma vez que os padrões de precipitação se deslocam em direção ao norte, assim como aumento de doenças.

Além do uso dos recursos energéticos, a exploração desses recursos pode impactar o ambiente. Um caso recente é o vazamento de petróleo no Golfo do México em abril de 2010. Danos num poço, 1 milha (cerca de 1,5 km) abaixo da superfície do mar, permitiram vazamento continuado de petróleo bruto durante três meses, liberando 200 milhões de galões – o maior desastre de vazamento de petróleo do mundo (ver Figura 1.2).

FOCO EM 1.1

NOSSA TERRA – ANTES E AGORA

	1970	1990	2010
População global	3,3 bilhões	5,4 bilhões	6,8 bilhões
10^3 toneladas de chumbo emitidas (Estados Unidos)	204	5	1
Toneladas de lixo reciclado	8 milhões	49 milhões	83 milhões
Toneladas de lixo geradas por ano (Estados Unidos)	121 milhões	160 milhões	250 milhões
Porcentagem de petróleo importado (Estados Unidos)	23%	51%	53%
Porcentagem do orçamento federal investido no meio ambiente (Estados Unidos)	3%	1,5%	1,2%
CO_2 atmosférico – em ppm (Estados Unidos)	325	350	384
Emissões globais de CO_2 – em 10^9 toneladas/ano	14	21	31,0

Fonte: eia.gov e epa.gov.

Um problema ambiental cada vez mais grave é o descarte do lixo que produzimos. Os Estados Unidos geram aproximadamente 4,5 libras[2] de lixo por pessoa por dia – ou seja, mais de 3 toneladas por família por ano –, que é o dobro da média da

[2] Equivalente a cerca de 2,03 kg. (N.T.)

FIGURA 1.1 CORRELAÇÃO ENTRE A MUDANÇA NA TEMPERATURA GLOBAL E AS CONCENTRAÇÕES ATMOSFÉRICAS DE DIÓXIDO DE CARBONO E DE METANO APRESENTADAS NESSA ORDEM (INTERGOVERNMENTAL PANEL ON CLIMATE CHANGE – IPCC). UMA CORRELAÇÃO MAIS CONVINCENTE ENTRE AS CONCENTRAÇÕES DE DIÓXIDO DE CARBONO E A TEMPERATURA DA TERRA DURANTE OS ÚLTIMOS 400 MIL ANOS É APRESENTADA NA FIGURA 9.1, NO CAPÍTULO 9.

(Fonte: Mudanças Climáticas, 2001: Relatório Síntese. Uma contribuição dos grupos de trabalho I, II e III ao terceiro relatório do "Intergovernmental Panel on Climate Change", IPCC, Figure 2-3, Figure 2-1, Cambridge University Press. Reproduzido com permissão.)

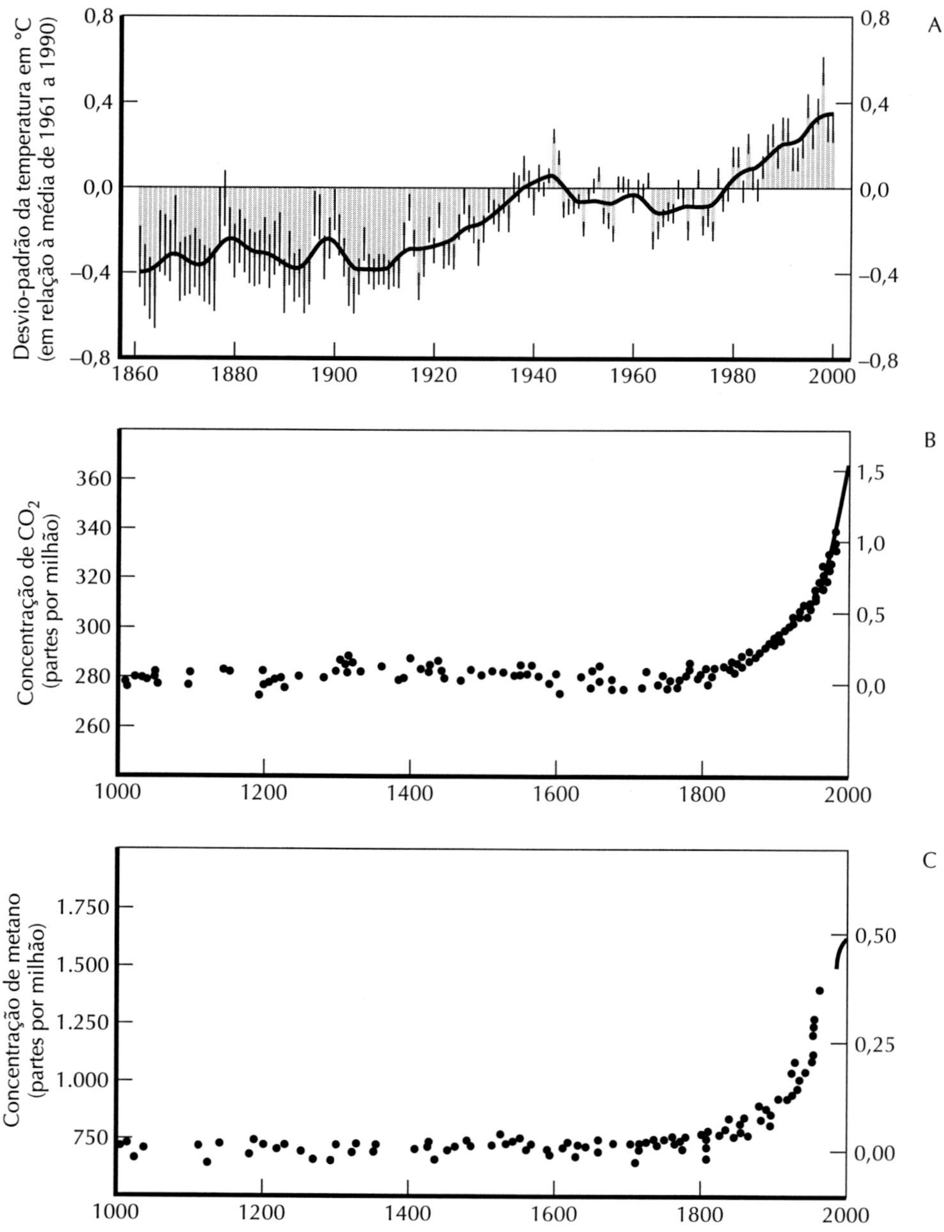

Europa. Estamos ficando sem lugares adequados para enterrar nosso lixo. A quantidade de aterros sanitários nos Estados Unidos diminuiu de 14 mil em 1970 para menos de 1.600 hoje, com uma população maior. Como vamos lidar com os resíduos sólidos? Por meio da incineração, utilizando o calor produzido para propósitos industriais, para a geração de eletricidade ou para ambos, e destinando apenas as cinzas para os aterros? Existe muita oposição a essa abordagem por causa da possível poluição térmica, do ar e das águas. Quanto desse problema pode ser resolvido pela reciclagem, pela redução de embalagens e por outros meios?

FIGURA 1.2 FOTO AÉREA DO VAZAMENTO DE PETRÓLEO NO GOLFO DO MÉXICO, EM 2010.

U.S. NAVY PHOTO BY MASS COMMUNICATION SPECIALIST 2ND CLASS JUSTIN STUMBERG/RELEASED

A cada um desses exemplos, difíceis decisões precisam ser tomadas. Se, em virtude da preocupação com o aquecimento global, queremos reduzir a quantidade de combustíveis fósseis consumidos, quais substitutos podem ser utilizados? Mais energia solar ou nuclear? E quanto aos efeitos de longo prazo das emissões radioativas de usinas nucleares do Japão que foram causadas pelo terremoto e pelo *tsunami* de março de 2011? Até que ponto podemos dizer que confiamos totalmente na segurança e na efetividade dos métodos de enterrar os resíduos radioativos gerados pelas usinas nucleares? O que podemos usar em substituição à gasolina em nossos amados carros? É o etanol, produzido com cereais, um substituto energeticamente eficiente? Atualmente, 10% da gasolina vendida nos Estados Unidos contêm etanol, normalmente feito de milho. A Environmental Protection Agency (EPA) aprovou o uso de 15% de etanol para os veículos construídos após 2007. Devemos utilizar alimentos como combustível, quando existem muitas pessoas subnutridas? Deve-se subsidiar a energia solar para que ela possa competir economicamente com os combustíveis fósseis (que são mais baratos), uma vez que eles são finitos e sua utilização danifica o ambiente? Como devemos considerar economicamente no longo prazo os impactos ambientais e os danos à saúde?

Existe uma conexão pouco entendida entre escolhas éticas que parecem muito pequenas em escala e aquelas cujas consequências aparentes são muito grandes, e que um esforço consciente para aderir a esses princípios em todas as nossas escolhas – mesmo que pequenas – é uma opção a favor da justiça no mundo. Tanto em nossas vidas pessoais quanto nas nossas decisões políticas, temos que atentar para a ética, resistir à distração, sermos honestos uns com os outros e aceitar a responsabilidade pelos nossos atos – sejam eles individuais ou coletivos... Podemos acreditar no futuro e trabalhar para atingi-lo e preservá-lo ou podemos andar cegamente em círculos, comportando-nos como se um dia não fossem mais existir crianças para herdar nosso legado. A escolha é nossa; a Terra está em jogo.

Al Gore

C. PADRÕES DE USO DE ENERGIA

Até a década de 1980, o consumo de energia no mundo – especialmente nos Estados Unidos – vinha aumentando anualmente. A Figura 1.3 mostra o consumo de energia nesse país nos últimos 200 anos, por tipo de combustível utilizado. Entre 1850 e 2000, o uso de combustíveis comerciais subiu por um fator de 100. No fim da década de 1940 e na década de 1950, uma média de 2,9% a mais de energia, em relação ao ano anterior, foi usada nos Estados Unidos. Nos anos 1960 e no início dos 1970, a taxa de crescimento foi ainda maior: 4,5% por ano. Tal taxa iria fazer a quantidade de energia consumida dobrar, em apenas 15 anos. No fim da década de 1970, a taxa de crescimento do consumo de energia nos Estados Unidos caiu para 3% e, no início dos anos 1980, realmente decaiu: em 1983 foram usados 11% menos energia do que em 1979, mesmo com um aumento na população. Durante o final da década de 1980, o consumo de energia norte-

FIGURA 1.3 CONSUMO DE ENERGIA NOS ESTADOS UNIDOS DURANTE OS ÚLTIMOS 200 ANOS, POR COMBUSTÍVEL USADO. UM BTU É UMA UNIDADE DE ENERGIA. UM QUADRILHÃO DE BTU (OU QUAD) É IGUAL A 10^{15} BTU.

(Fonte: United States Energy Information Administration, USEIA.)

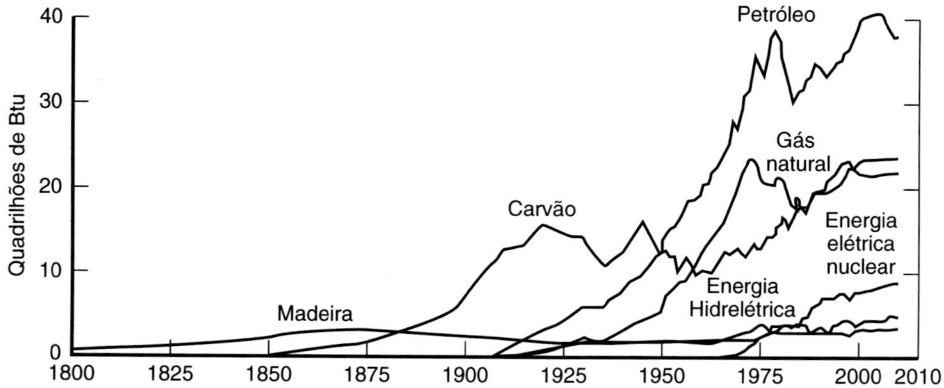

-americano subiu de forma modesta, em uma taxa menor que o produto interno bruto (PIB) do país, indicando tendência rumo a uma maior eficiência energética. Nos anos 1990, o consumo de energia continuou a crescer, mas em um ritmo um pouco maior do que nos anos 1980. A crise econômica global em 2008 também resultou em diminuição do consumo total de energia.

A demanda global por energia triplicou nos últimos 50 anos, e pode triplicar novamente nos próximos 30 anos. A maioria dessa demanda aumentada no passado ocorreu nos países industrializados, e 90% dela foram satisfeitos por combustíveis fósseis. Contudo, nos anos vindouros, a maior parte da demanda aumentada por energia virá dos países em desenvolvimento, já que eles buscam atingir objetivos e metas de crescimento (ver Figura 1.4). É difícil acreditar que 1,4 bilhões de pessoas têm pouco ou nenhum acesso à eletricidade e que 2,7 bilhões dependem basicamente de combustíveis tradicionais (como biomassa – madeira e resíduos animais). Tais deficiências colocam sérias restrições ao desenvolvimento social e à saúde dessas populações. Projeta-se que o consumo de energia nos países industrializados vá aumentar apenas 1% por ano nas próximas décadas, enquanto nos países em desenvolvimento essa taxa de crescimento será de aproximadamente 3% por ano. Se tais projeções se tornarem realidade, os países em desenvolvimento estarão consumindo mais energia que os industrializados por volta de 2025. A Figura 1.5 mostra as projeções para 2025. Ela também exibe, de forma detalhada, a análise do consumo global de energia, por região, em 2007.

FIGURA 1.4 HORÁRIO DE *PICO* PELA MANHÃ, CHINA.

JON ARNOLD IMAGES LTD / ALAMY

Os Estados Unidos, com apenas 4,5% da população mundial, consomem algo em torno de 25% de toda a energia usada hoje no planeta (Figura 1.6). Têm a dúbia distinção de apresentar uma das mais altas taxas *per capita* de consumo de energia do mundo, equivalente à utilização de sete galões[3] de petróleo (ou aproximadamente 70 libras[4] de carvão) por pessoa ao dia. Isso é mais ou menos cinco vezes a média global! Se os países em desenvolvimento decidissem aumentar seu consumo para o mesmo patamar, o consumo mundial de energia triplicaria.

As principais **fontes de energia** usadas nos Estados Unidos e no mundo são apresentadas na Figura 1.7. A participação de cada combustível certamente mudou ao longo dos anos. Originalmente, para produzir trabalho, os seres humanos utilizaram, além de seus músculos, os animais, a água e o vento. A sociedade pré-industrial assentava-se no uso de fontes **renováveis** de energia, como a água, o vento, o sol e a biomassa. A mudança para o uso de recursos **não renováveis** começou no século XVIII, quando uma sociedade cada vez mais industrializada passou a queimar combustíveis fósseis para fazer funcionar as máquinas a vapor (inventadas em 1763) e para fundir o ferro. Observe que em torno de 80% da energia usada nos Estados Unidos vêm de combustíveis fósseis. No caso do mundo, se combustíveis não comerciais tradicionais como madeira e esterco forem contabilizados, as fontes renováveis respondem por aproximadamente 20% do total consumido.

FIGURA 1.5 CONSUMO GLOBAL DE ENERGIA, 1970-2025, PARA PAÍSES INDUSTRIALIZADOS, EM DESENVOLVIMENTO E ANTIGA UNIÃO SOVIÉTICA. TAMBÉM SÃO MOSTRADAS AS PARTICIPAÇÕES REGIONAIS NO CONSUMO TOTAL FINAL EM 2007. (OECD É A SIGLA EM INGLÊS DA ORGANIZAÇÃO PARA A COOPERAÇÃO E O DESENVOLVIMENTO ECONÔMICO.)
(Fonte: United States Energy Information Administration, Useia.)

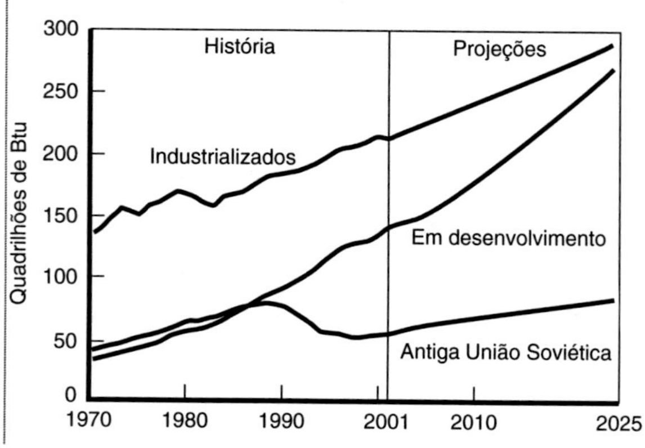

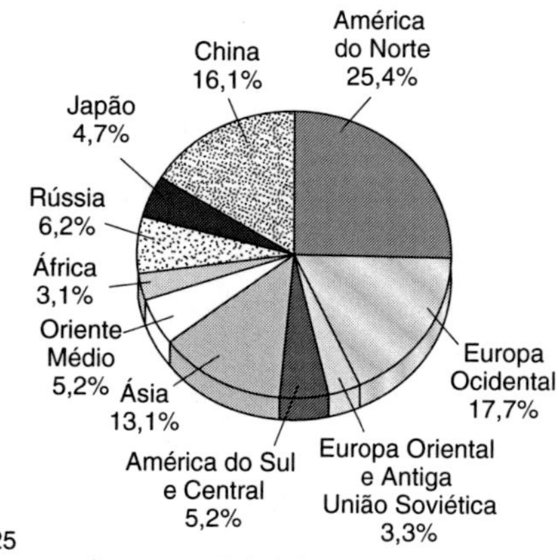

Consumo global de energia – 2007

[3] Equivalente a 26,5 l de petróleo. (N.T.)
[4] Equivalente a 31,75 kg de carvão. (N.T.)

FIGURA 1.6

CONSUMO GLOBAL DE ENERGIA POR PAÍS: 2008.
(Fonte: The World Fact Book, United States Central Intelligence Agency.)

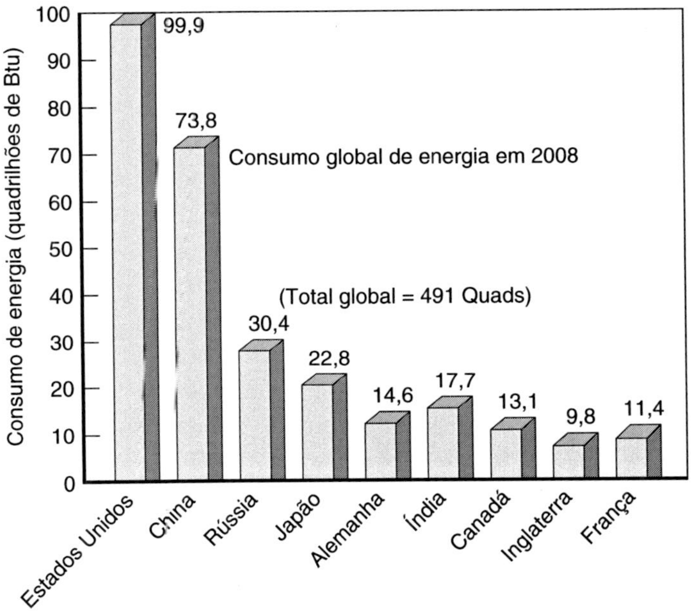

FIGURA 1.7

CONSUMO DE ENERGIA POR FONTE PARA O MUNDO E PARA OS ESTADOS UNIDOS.
(Fonte: Useia.)

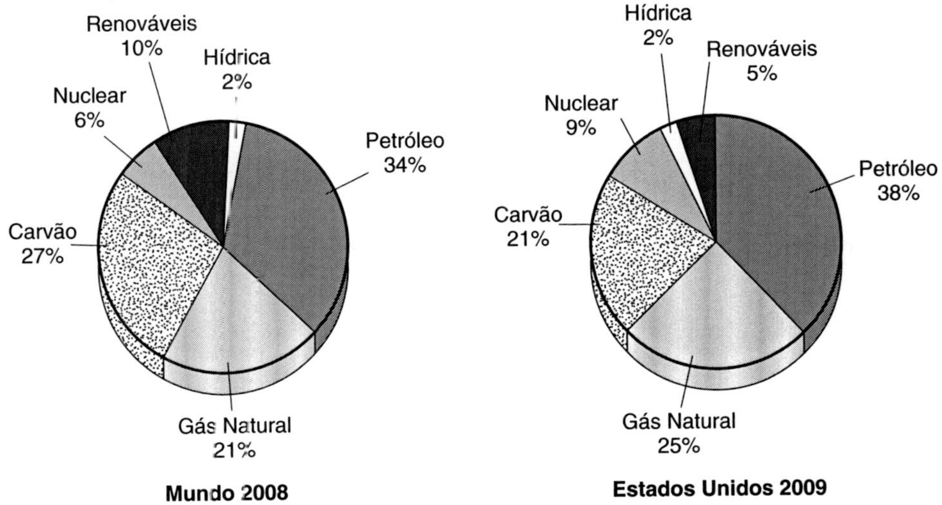

O primeiro poço de petróleo moderno foi escavado na Pensilvânia, em 1859, e o petróleo teve seu consumo aumentado após a invenção do motor de combustão interna na década de 1870. Como tanto o número de motores quanto a disponibilidade de petróleo cresceram, a contribuição deste último aumentou após 1920. Suas características de queima relativamente limpa eram desejáveis por razões ambientais. Eventualmente, o carvão foi substituído pelo petróleo nas indústrias e nas usinas de energia. Hoje, este último responde por aproximadamente 40% do consumo de combustíveis nos Estados Unidos e no mundo.

O uso de gás natural nos Estados Unidos deu-se em pequena escala e localizado, até a descoberta de grandes jazidas no Texas (Figura 1.8) e na Louisiana e a construção de uma rede de gasodutos de longa distância em direção ao norte do país. Atualmente, ele responde por 23% do consumo de energia nesse país, principalmente para aquecimento doméstico/residencial e operações industriais. Em virtude do aumento das descobertas nas formações de óleo de xisto na área continental dos Estados Unidos e seu uso para gerar eletricidade, a contribuição percentual do gás natural para o consumo total de energia nesse país e no mundo tem aumentado rapidamente.

FIGURA 1.8 Campos de petróleo no Texas em 1901.

Getty Images

Na história da humanidade, a era do combustível fóssil será lembrada como um pequeno intervalo de tempo. A Figura 1.9 mostra a contribuição percentual de cada um dos principais recursos energéticos nos Estados Unidos durante o último século. Observe a grande diminuição nas contribuições percentuais da madeira e do carvão e o rápido crescimento da participação do petróleo e do gás natural após a Segunda Guerra Mundial. Até a década de 1940, os Estados Unidos produziam praticamente todo o petróleo de que precisavam. Contudo, a crescente demanda por energia e o declínio da produção forçaram o país a importar petróleo a partir do fim da década de 1950. A produção atingiu seu ápice em 1970 (com 11 milhões de barris por dia, abreviado como MBPD) e aumentou no fim da década pelo petróleo vindo do Alasca, mas essa fonte entrou em declínio em 1988. Atualmente, a produção total do país é de menos de 5 MBPD. A Figura 1.10 indica a produção e o consumo de petróleo na última metade do século XX. Após 1998, as importações ultrapassaram a produção interna, dobrando entre 1985 e 1997. Hoje, os Estados Unidos importam cerca de metade do petróleo consumido, e espera-se que esse número aumente. O custo dessas importações é de aproximadamente 300 bilhões de dólares por ano, um quarto do *deficit* da balança comercial americana. Os cinco maiores fornecedores de petróleo para os Estados Unidos em 2010 foram a Venezuela, o Canadá, a Arábia Saudita, o México e a Nigéria.

Fontes renováveis de energia incluem a energia hidrelétrica, a biomassa (madeira e derivados), o vento (energia eólica), a energia fotovoltaica (Figura 1.11) e a energia radiante solar para aquecimento, refrigeração e a produção de eletricidade. Apesar de contribuírem com menos de 10% do total da demanda energética dos Estados Unidos, algumas dessas tecnologias estão ganhando importância. A eólica, em particular, é a fonte de energia que mais rapidamente cresce em todo o mundo. Embora, atualmente, ainda só responda por menos de 1% da energia total nos Estados Unidos, sua taxa de crescimento é de aproximadamente 25% por ano no país e de surpreendentes 35% por ano na Europa. Hoje, a Dinamarca já supre 20% da sua demanda por eletricidade utilizando turbinas eólicas.

FIGURA 1.9 CONSUMO DE ENERGIA NOS ESTADOS UNIDOS POR COMBUSTÍVEL DURANTE O ÚLTIMO SÉCULO.
(Fonte: Useia.)

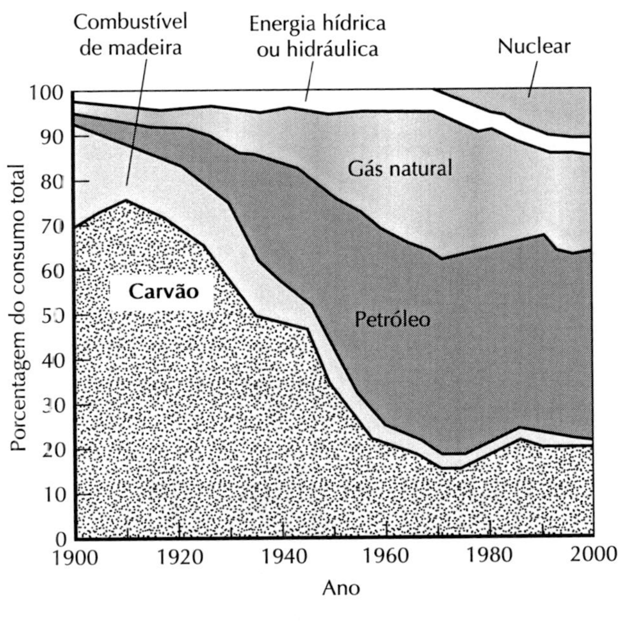

FIGURA 1.10 PRODUÇÃO, IMPORTAÇÃO E CONSUMO DE PETRÓLEO DOS ESTADOS UNIDOS: 1949-2010. (PETRÓLEO INCLUI ÓLEO BRUTO E LÍQUIDOS DE REFINARIA E PETROQUÍMICOS.)
(Fonte: United States Energy Information Administration, Useia.)

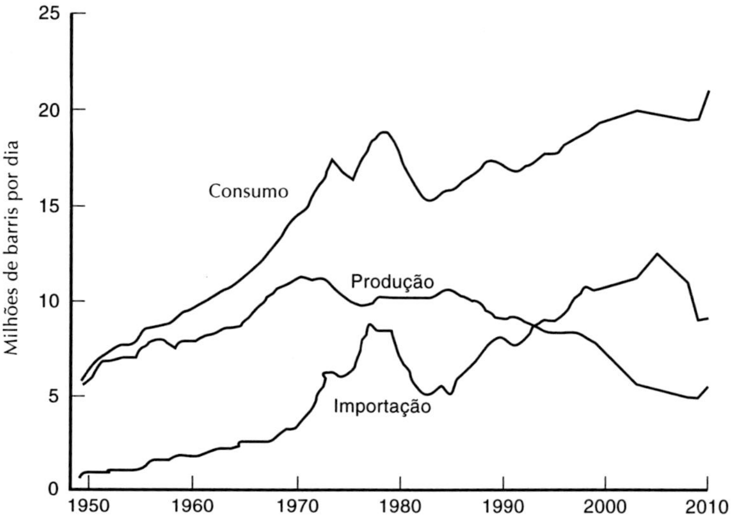

Relembrando o início do capítulo, a energia não é um fim em si mesma, mas é valorizada pelo que pode ser feito com ela. Consequentemente, é importante examinar onde a energia é usada. Os **usos finais da energia** são tradicionalmente divididos em quatro setores: de transporte, industrial, residencial (habitações unifamiliares e multifamiliares) e comercial (escritórios, lojas, escolas e outros). A Figura 1.12 mostra esses usos nos Estados Unidos em 2009. A Figura 1.13 ilustra a complexidade do fluxo de energia da fonte até o uso final. No lado esquerdo da figura estão as entradas de energia, por quantidade e por fonte, incluindo as importações de petróleo e gás natural. O lado direito apresenta os setores que consomem essa energia.

FIGURA 1.11 CENTRAL FOTOVOLTAICA DE 350 KW NA ESTAÇÃO RODOVIÁRIA GUN HILL EM NOVA YORK. AS CÉLULAS SOLARES COMPLEMENTAM O SUPRIMENTO ELÉTRICO DO TERMINAL.

NEW YORK POWER AUTHORITY

FIGURA 1.12 USOS FINAIS DA ENERGIA NOS ESTADOS UNIDOS POR SETOR: 2009.
(Fonte: Useia.)

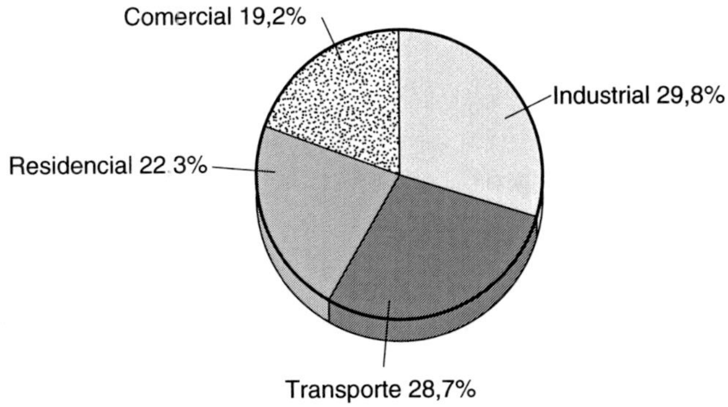

D. RECURSOS ENERGÉTICOS

Para entender a energia, é preciso conhecer os recursos energéticos, suas limitações e seus usos. Deve-se ter alguma ideia do tamanho que cada recurso energético tem e quanto ele vai durar. Ambas as questões são difíceis de responder porque terão de ser feitas pressuposições a respeito das tecnologias futuras de extração desses recursos, dos preços dos combustíveis e da taxa de crescimento do consumo.

As estimativas de recursos de combustíveis fósseis são mais simples em relação ao carvão, pois seus depósitos ocorrem em extensos filões que se expandem por grandes áreas e em geral é coletado na superfície da terra. Estimativas de recursos de petróleo e gás natural são mais difíceis, uma vez que tais depósitos ocorrem de forma dispersa (Figura 1.14) e em profundidades que variam de alguns metros até vários quilômetros, bem como só podem ser encontrados pela exploração. A Tabela 1.1 lista as estimativas, referentes aos Estados Unidos e ao mundo, da extensão dos recursos combustíveis fósseis que podem ser recuperados de maneira lucrativa com a tecnologia atual. Esses recursos são chamados **reservas**. Reservas não têm uma quantidade estática, elas são adicionadas a cada ano pela descoberta e pelo incremento dos métodos para se extrair o recurso em questão de uma maneira economicamente viável. Cada um desses recursos será abordado em um dos capítulos seguintes.

Cada tipo de recurso energético é medido em unidades adequadas a sua forma física: toneladas de carvão, barris de petróleo (1 barril equivale a 42 galões americanos) e trilhões de metros cúbicos de gás natural. Para permitir que você compare, por assim dizer, maçãs e laranjas, a Tabela 1.1 mostra o equivalente de cada reserva em uma unidade de energia comum, a unidade térmica britânica (Btu). Essa unidade[5] é definida como a quantidade de energia necessária para aumentar em 1 °F

[5] 1 Btu = 2,930 × 10^{-4} kWh = 252,0 calorias = 1.055 joules. (N.T.)

a temperatura de 1 lb (libra) de água. Um Btu é aproximadamente a energia liberada pela combustão de um fósforo de madeira.

EXEMPLO 1.1

As reservas norte-americanas de petróleo são estimadas em 29 bilhões de barris, e a produção diária atualmente é de 6 MBPD. Por quanto tempo as reservas durarão a essa taxa de produção?

SOLUÇÃO

A produção anual é 6 milhões de barris/dia × 365 dias/ano = 2,19 bilhões de barris/ano. A duração estimada da reserva será:

$$29.000.000.000 \text{ barris}/(2.190.000.000 \text{ barris/ano}) = 13{,}2 \text{ anos}$$

Para a maioria dos norte-americanos ainda é difícil entender que seu país está ficando sem os combustíveis que o impulsionaram para a posição de liderança econômica global que ocupa. A nação progrediu por meio do não reconhecimento de limites, da exploração da engenhosidade da maioria dos seus cidadãos e do posicionamento de correr riscos. A economia foi construída sobre um preço de 3 dólares por barril de petróleo. Essa não é mais a situação atual. Para permanecer forte economicamente, o país tem de reconhecer os limites de seus recursos. Falhar em tal reconhecimento foi, certamente, um dos elementos responsáveis pelas crises energéticas do passado. A questão da exaustão dos recursos é tratada na próxima seção.

TABELA 1.1 RESERVAS MUNDIAIS E NORTE-AMERICANAS COMPROVADAS: 2008.

Recurso	Mundo	Estados Unidos	Duração*
Óleo/petróleo	$1{,}342 \times 10^9$ barris	$29{,}4 \times 10^9$ barris	10 anos
	$7{,}7 \times 10^{18}$ Btu	$0{,}13 \times 10^{18}$ Btu	
Gás natural	$6{,}254 \times 10^{12}$ pés cúbicos	237×10^{12} pés cúbicos	12 anos
	$6{,}1 \times 10^{18}$ Btu	$0{,}24 \times 10^{18}$ Btu	
Carvão	$0{,}93 \times 10^{12}$ toneladas	$0{,}26 \times 10^{12}$ toneladas	230 anos
	23×10^{18} Btu	$6{,}4 \times 10^{18}$ Btu	
Areia alcatroada	525×10^9 barris	32×10^9 barris	12 anos
	$2{,}9 \times 10^{18}$ Btu	$0{,}17 \times 10^{18}$ Btu	

* Razão entre as reservas norte-americanas e a taxa de produção do país em 2008.

Fonte: United States Energy Information Administration.

FIGURA 1.13 Fluxo total de energia nos Estados Unidos em 2009 (quadrilhões de Btu). A energia total consumida – 94,8 Quads – inclui as perdas na conversão e na transmissão das instalações elétricas. NGPL = Líquidos de usina de gás natural.
(Fonte: Useia.)

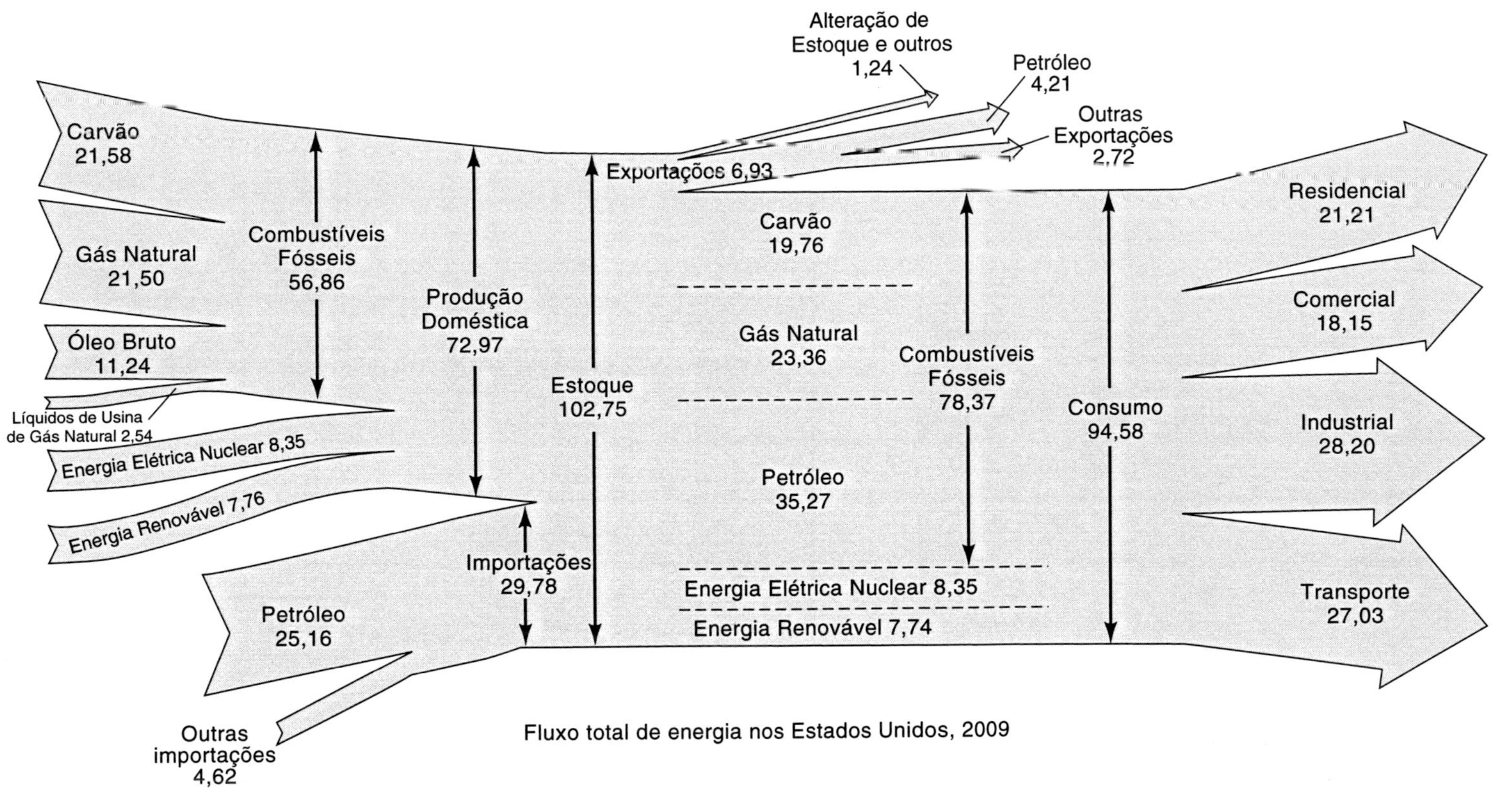

Fluxo total de energia nos Estados Unidos, 2009

FIGURA 1.14 OLEODUTO TRANS-ALASCA, NO ALASCA. ESTE OLEODUTO, COM 1300 KM (800 MILHAS) DE COMPRIMENTO E DIÂMETRO DE 1,22 M (4 PÉS) ENTROU EM OPERAÇÃO TRANSPORTANDO PETRÓLEO BRUTO EM 1977.
(Fonte: American Petroleum Institute.)

ISTOCKPHOTO.COM/ELVISPUPY

FOCO EM 1.2

USO DA ENERGIA NA CHINA

Em julho de 2010, a China ultrapassou os Estados Unidos como o maior consumidor mundial de energia. Dois anos antes, já havia ultrapassado os Estados Unidos como o maior emissor de dióxido de carbono e outros gases do efeito estufa. Foram resultados do grande crescimento econômico da China nas duas últimas décadas. A China participa em 27% do consumo mundial de energia, com um consumo *per capita* da ordem de 25% do americano. Em 2003, a China ultrapassou o Japão e tornou-se o segundo maior consumidor mundial de petróleo. No entanto, 45% desse petróleo consumido é importado.

Em 1982, 3% das residências de Pequim possuíam refrigeradores. Em 1995, esse número subiu para 81% (usando três vezes mais energia que os modelos norte-americanos). Ao contrário dos padrões predominantes na maioria dos países do Oriente, o carvão domina os recursos energéticos comerciais da China, sendo responsável pelo suprimento de 66% das demandas por energia do país (Figura 1.15). A China é o maior produtor e também o maior consumidor mundial de carvão. Entretanto, as formas de consumo urbano e rural de recursos energéticos são completamente diferentes. De 1,3 bilhão de chineses, 80% vivem em áreas rurais e consomem apenas 40% da energia total. Do consumo rural, 90% é suprido por fontes vegetais e animais (biomassa), e 4,5 milhões de digestores anaeróbicos produzem gás natural para cozinha e iluminação a partir de resíduos animais.

FIGURA 1.15

RECURSOS ENERGÉTICOS USADOS NA CHINA: 2008.
(Fonte: Useia.)

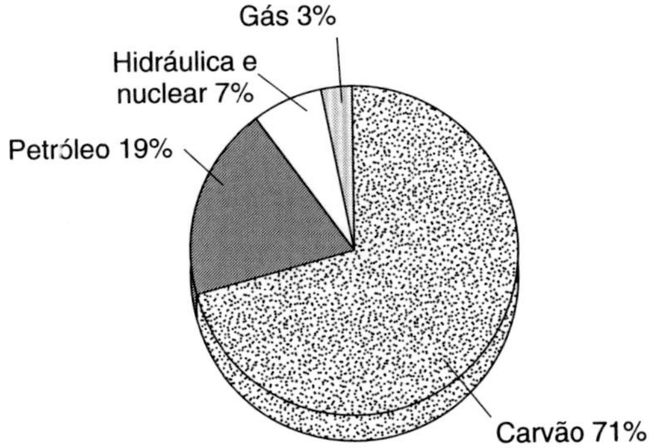

Em relação a tecnologias comerciais renováveis, a China é o maior fabricante de turbinas eólicas, painéis fotovoltaicos e sistemas solares para aquecimento de água.

A energia está se tornando uma das principais restrições ao crescimento econômico da China. O surto de desenvolvimento econômico neste século resultou em uma elevação do consumo de energia elétrica, crescendo 15% ao ano, o que levou ao racionamento em certas áreas. A energia hidráulica produz algo em torno de 30% da eletricidade do país e encontra-se em rápida expansão, primariamente com a construção de unidades de pequena escala. Mais de 100 mil usinas hidrelétricas foram construídas nos últimos 20 anos. A China construiu a maior represa do mundo – Três Gargantas (Figura 1.16), ao longo do Rio Yangtzé, próximo a Wuhan (veja o mapa). Terminada, em 2009, a represa tem uma produção de 23.500 MW. Ela é tão grande, que muitos a consideram a oitava maravilha do mundo. A barragem tem 2 km de comprimento e criou um reservatório de 600 km de extensão. Duzentos e cinquenta mil pessoas foram deslocadas, em consequência de sua construção.

FIGURA 1.16

HIDRELÉTRICA DE TRÊS GARGANTAS, CHINA.

AP PHOTO XINHUA, CHENG MIN

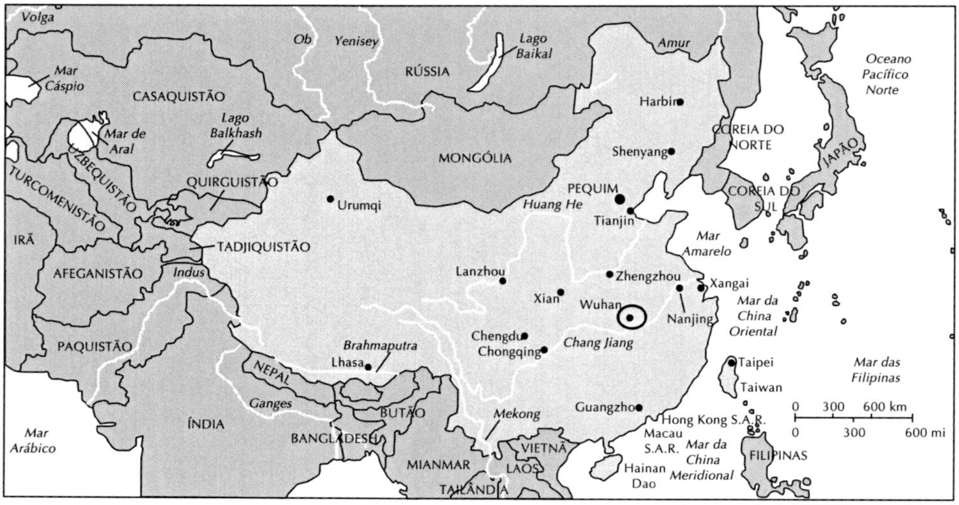

E. CRESCIMENTO EXPONENCIAL E ESGOTAMENTO DOS RECURSOS

Um importante fator na estimativa da duração dos recursos energéticos é a **taxa de crescimento** do consumo. Figuras anteriores neste capítulo apresentaram tais dados. Por exemplo, entre 1960 e 1970, o consumo de energia nos Estados Unidos subiu a uma taxa média de 4,5% ao ano. É inútil determinar a duração de um recurso se nada é dito sobre a velocidade com que seu uso está aumentando (ou diminuindo). Existem muitos tipos de crescimento, mas um de particular interesse na nossa discussão é o **crescimento exponencial**. Se uma quantidade aumenta na mesma taxa percentual a cada ano, então dizemos que seu crescimento é exponencial. Dito de outra forma, uma quantidade que está crescendo exponencialmente a uma mesma taxa sempre vai aumentar seu tamanho em uma mesma proporção em um determinado período de tempo. Por exemplo, o tempo requerido para dobrar a quantidade será o mesmo, independentemente da quantidade inicial.

Considere o crescimento de uma quantia de dinheiro, digamos mil dólares, em uma conta de poupança que paga uma taxa anual de lucro de 10% (Figura 1.17). A Tabela 1.2 revela a quantidade de dinheiro no banco no fim de cada ano, pressupondo-se que não sejam feitas retiradas. Anualmente, a quantia aumenta 10% do que havia no início do ano. No fim do sétimo ano, o investimento de mil dólares terá chegado a 1.948 dólares, ou seja, quase dobrado. No 14º ano, a quantia terá quase dobrado novamente, chegando a um valor próximo de 3.800 dólares. No 22º ano, existirão 8 mil dólares na conta, dobrando a quantia existente sete anos antes. Essa quantia está crescendo exponencialmente porque a quantidade de dinheiro depositado no banco aumenta a uma taxa percentual fixa e o tempo necessário para se dobrar o valor é constante, aproximadamente sete anos.

FIGURA 1.17 IMAGEM DO CRESCIMENTO EXPONENCIAL NO SUL DA ÍNDIA.

PHOTO BY R. HINRICHS

Uma relação aproximada e muito útil entre o tempo necessário para dobrar a quantidade (em anos) e a taxa percentual de crescimento é:

$$\text{Tempo para dobrar} \approx \frac{70 \text{ anos}}{\text{taxa anual de crescimento em \%}}$$

TABELA 1.2 DINHEIRO NO BANCO – UM EXEMPLO DE CRESCIMENTO EXPONENCIAL ANUAL DE 10%.

Fim do Ano	Quantia (em dólares)	Fim do Ano	Quantia (em dólares)
0	1.000	12	3.138
1	1.100	13	3.453
2	1.210	14	3.798
3	1.331	15	4.178
4	1.464	16	4.596
5	1.610	17	5.056
6	1.771	18	5.562
7	1.948	19	6.118
8	2.143	20	6.730
9	2.357	21	7.403
10	2.594	22	8.143
11	2.854		

FIGURA 1.18 CICLO DA PRODUÇÃO DE CARVÃO NO MUNDO. A EXPLORAÇÃO PROVÁVEL DE UM COMBUSTÍVEL FÓSSIL (CARVÃO, NESTE CASO) PODE SER CARACTERIZADA PELA CURVA SÓLIDA. A PRODUÇÃO, A PRINCÍPIO, AUMENTA EXPONENCIALMENTE (COMO MOSTRADO PELA LINHA PONTILHADA), MAS SUA TAXA DE CRESCIMENTO EVENTUALMENTE CAI. ASSIM, A PRODUÇÃO DECLINA, POIS A EXTRAÇÃO SE TORNA MAIS DIFÍCIL E A TAXA DE DESCOBERTAS DIMINUI. CONHECENDO A QUANTIDADE DE COMBUSTÍVEL INICIALMENTE PRESENTE, PODEMOS USAR ESSE PADRÃO PARA DETERMINAR A DURAÇÃO DE UM RECURSO. NESTE EXEMPLO, A DURAÇÃO DAS RESERVAS DE CARVÃO ESTÁ ENTRE 400 E 600 ANOS (A QUANTIDADE DE CARVÃO JÁ USADA ATÉ O MOMENTO É INDICADA PELA ÁREA SOMBREADA).
(Fonte: As Curvas São de M. K. Hubbert, U.S. Geological Survey. Adaptado do American Journal opf Physics, Novembro de 1981.)

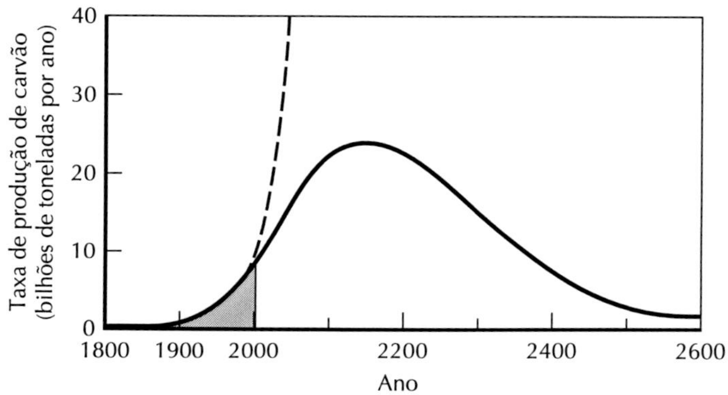

Se tivéssemos uma taxa de crescimento de 7% ao ano para a energia elétrica, a quantidade consumida iria dobrar em cerca de 70/7 = 10 anos. Em outras palavras, o número de usinas elétricas necessárias dobraria em 10 anos e *quadruplicaria* em 20. Para determinar a duração de um recurso, você deve especificar a taxa esperada de crescimento de seu uso. Com uma taxa de crescimento da produção de carvão igual a zero, as reservas de carvão norte-americanas vão durar por volta de 500 anos. Contudo, se a mesma taxa fosse de 5% ao ano, essa vida útil cairia para menos de 70 anos!

Obviamente, o uso de um determinado recurso não continua crescendo exponencialmente até que se tenha exaurido esse combustível e, então, para repentinamente. O padrão de aumento e de declínio do uso de um recurso foi analisado por M. K. Hubbert, da U.S. Geological Survey. Em geral, a utilização ou a exploração de um recurso apresenta um período inicial de crescimento. À medida que os depósitos de alta qualidade se exaurem, a produção atinge um pico e, então, declina, eventualmente chegando a zero na exaustão do recurso.

A curva de produção terá a forma de sino, como apresentado nas Figuras 1.18, 1.19 e 1.20. Como o recurso começa a ser esgotado, a descoberta e a produção tornam-se mais difíceis, os preços sobem e outros recursos começam a tomar o lugar do combustível original. Ao se ilustrar graficamente a produção anual em função do tempo, a área total sob a curva representa a quantidade total do recurso que se pode recuperar. A quantidade usada até então é a área sob a curva até o ano em questão.

Tais curvas de produção em forma de sino permitem uma estimativa do tempo até a completa exaustão do recurso; elas também fornecem uma estimativa de quando a produção máxima vai ocorrer. A Figura 1.18 mostra uma curva para a produção de carvão no mundo. O gráfico indica que os depósitos de carvão são grandes o bastante para durar mais de 500 anos (com a taxa de consumo atual), e o pico da produção não deverá acontecer por pelo menos 200 anos. A situação é consideravelmente diferente para o petróleo e o gás natural. A Figura 1.19 apresenta a produção norte-americana de petróleo. Ela sugere que dentro de 20 anos a taxa de produção de petróleo no país será um terço da atual. Indica também que o pico da produção deve ter ocorrido por volta de 1970, o que realmente aconteceu. Essa produção de pico é o denominado "pico do petróleo". Ela não significa que a produção está chegando ao fim, e, sim, que se está chegando ao fim do petróleo "barato". O Capítulo 7 discute esse assunto em maior profundidade e examina a curva mundial de produção de petróleo. Ela é similar à americana, mas com pico previsto para alguma data entre o presente e 2035. Que diferença! Os dados usados na curva têm aspectos políticos e não apenas geológicos. As mesmas conclusões podem ser obtidas para o gás natural, a partir da Figura 1.20: a produção norte-americana atingiu seu ápice em 1973. No entanto, a taxa anual de crescimento da produção do gás natural mudou na primeira parte do século XXI. A descoberta de grandes depósitos de gás de xisto no território americano, de novos depósitos no mar e técnicas avançadas de perfuração efetivamente dobraram as estimativas de recuperação do gás natural nos Estados Unidos. As importações de gás natural estão caindo a 10% do consumo desse gás em 2010. Eventos similares poderiam acontecer com o petróleo? O ponto de vista de muitos especialistas é que não, e que a quantidade disponível de petróleo já chegou ao "pico", com rápido decréscimo das reservas "baratas".

FIGURA 1.19 PRODUÇÃO DE PETRÓLEO DOS ESTADOS UNIDOS. COMPARAÇÃO DA ESTIMATIVA (HUBBERT) DA CURVA DE PRODUÇÃO *(LINHA PONTILHADA)* E DA PRODUÇÃO REAL *(LINHA CONTÍNUA)*.

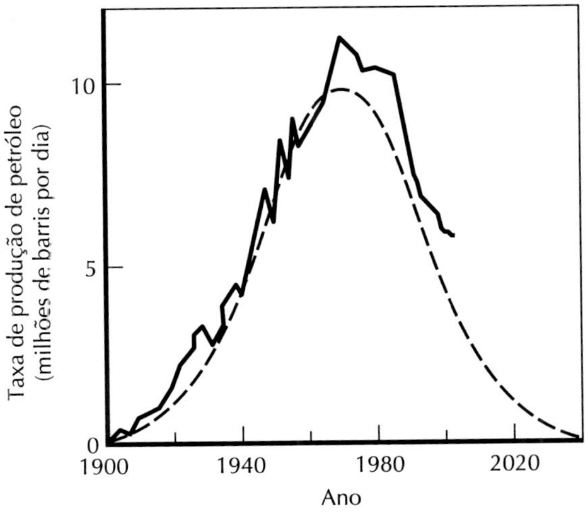

FIGURA 1.20 PRODUÇÃO DE GÁS NATURAL DOS ESTADOS UNIDOS. COMPARAÇÃO DA ESTIMATIVA (HUBBERT) DA CURVA DE PRODUÇÃO *(LINHA PONTILHADA)* E DA PRODUÇÃO REAL *(LINHA CONTÍNUA)*.

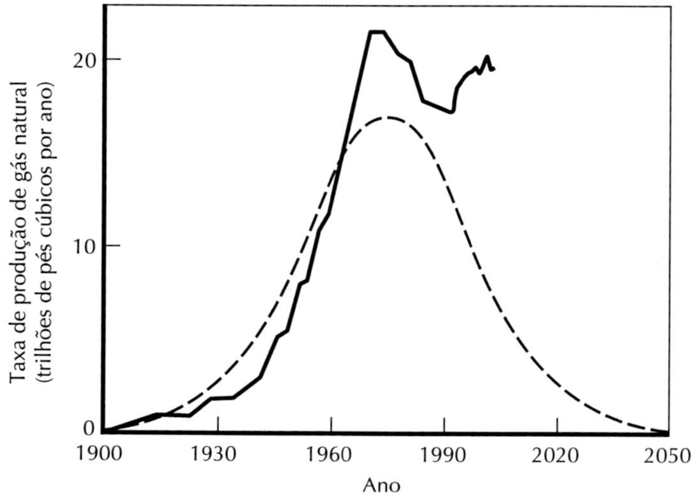

F. PETRÓLEO: UM RECURSO CRÍTICO

O petróleo alimentou a maior parte do aumento do consumo global de energia desde a Segunda Guerra Mundial. Em 1950, o petróleo era responsável por menos de um terço do uso de energia mundial; hoje essa parcela já é de 40%. O baixo custo do petróleo e a sua adaptabilidade a diversos usos – de aquecimento a transporte e produção de energia elétrica – tornaram-no a escolha mais adequada para uma economia em expansão. A rápida taxa de crescimento do consumo de petróleo nos Estados Unidos, em torno de 1,5% ao ano, é apresentada na Figura 1.13, mostrada anteriormente. Atualmente, esse país importa 55% do petróleo que consome. De todo o petróleo consumido nos Estados Unidos, 72% vai para os transportes. Esse recurso também é usado como matéria-prima para a produção de plásticos e fertilizantes, na indústria farmacêutica, etc. Espera-se que o petróleo permaneça como fonte dominante de energia internacional ainda por várias décadas, com a demanda crescendo a cada ano. Muito dessa demanda ocorrerá nos Estados Unidos, China e Índia.

As últimas três décadas têm sido extremamente voláteis para o quadro global da energia e para a economia mundial. Uma análise dos preços do petróleo em função do tempo reflete tais eventos internacionais (Figura 1.21). Com o valor constante do dólar, o preço real do petróleo diminuiu durante as décadas de 1950 e 1960, estimulando um rápido incremento na sua taxa de uso. Durante a fase inicial dessa expansão, a maior parte da produção de petróleo era controlada por grandes companhias multinacionais. Contudo, os países produtores pressionaram por um maior controle das operações. Um cartel de países produtores chamado Organização dos Países Exportadores de Petróleo (Opep)[6] foi formado em 1960, e sua influência aumentou por causa das mudanças políticas e da crescente demanda global por petróleo (ver Figura 1.22). Como os países da Opep intensificaram sua participação no mercado de venda de petróleo no início da década de 1970, eles começaram a estabelecer seus próprios preços para as exportações e tomaram o controle das mãos das companhias estrangeiras. Diversos eventos ocorridos nas décadas de 1970, 1980 e 1990, como descrito na lista a seguir, provocaram uma série de repentinos aumentos nos preços do petróleo, que tenderam a permanecer efetivos mesmo após a mudança do cenário político.

FIGURA 1.21 PREÇOS DO PETRÓLEO NO MUNDO: 1970-2010, EM DÓLARES DE 2008. OS PREÇOS DO PETRÓLEO REFLETEM OS EVENTOS INTERNACIONAIS. COMO OS PREÇOS SUBIRAM DRASTICAMENTE DESDE 2005, USA-SE UM EIXO Y CONDENSADO PARA O PREÇO POR BARRIL DE 2005 A 2011.
(Fonte: Useia.)

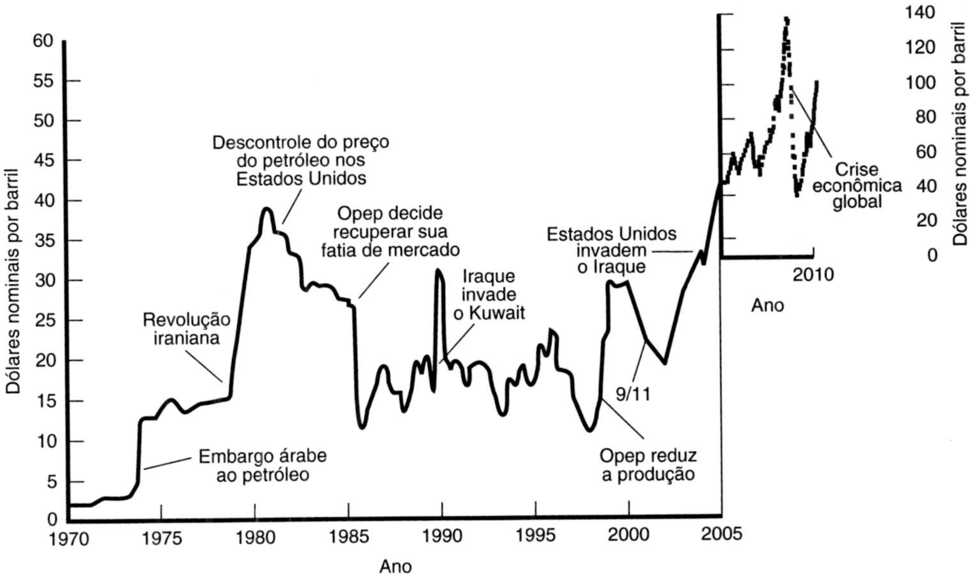

- No início da guerra entre árabes e israelenses em outubro de 1973, os países árabes membros da Opep impuseram um embargo do petróleo contra alguns países ocidentais, entre os quais os Estados Unidos, e reduziram a produção. Essa interrupção no abastecimento fez os preços do petróleo no mercado mundial triplicarem, de aproximadamente US$ 8 por barril para mais de US$ 25 por barril (dólar com valor de 1985).

[6] Os países membros da Opep são: Argélia, Angola, Equador, Irã, Iraque, Kuwait, Líbia, Nigéria, Catar, Arábia Saudita, Venezuela e Emirados Árabes Unidos.

- A revolução iraniana em 1978 e 1979 interrompeu a produção de quase 6 milhões de barris de petróleo por dia no país. Apesar de outros países terem aumentado suas produções e reduzido um pouco o impacto desse evento, o efeito cascata do conflito iraniano foi uma redução do mercado mundial de aproximadamente 2 milhões de barris de petróleo por dia, quando o valor do barril dobrou, passando de US$ 22 para US$ 44.
- A resposta do mercado mundial de energia aos altos preços do petróleo foi a redução do consumo, o estabelecimento de padrões de consumo mais eficientes e o desenvolvimento de fontes alternativas de energia. Nos Estados Unidos, o presidente Ronald Reagan cancelou o controle sobre o preço do petróleo em 1981. A produção doméstica do país aumentou, e a taxa de perfuração atingiu um valor recorde. Como resultado dessas respostas do mercado, a dependência mundial do petróleo da Opep diminuiu de 28 MBPD, em 1980, para aproximadamente 17 MBPD, em 1985. O consumo mundial de petróleo caiu em torno de 14% durante o período.
- Os preços do petróleo começaram a cair em 1981. Em 1986, os preços diminuíram em quase três vezes o valor inicial, em razão de a Opep tentar recuperar sua participação no mercado que decrescia, aumentando sua produção e reduzindo os preços. Em menos de um ano a Arábia Saudita triplicou sua produção para quase 6 MBPD.
- A invasão do Kuwait pelo Iraque em agosto de 1990 desencadeou um inesperado aumento do preço do petróleo no mercado mundial, fazendo-o chegar ao seu valor máximo em oito anos. Em virtude de outros países, como a Arábia Saudita, começarem a substituir a produção do Kuwait, os preços caíram novamente. A libertação do Kuwait pelos Países Aliados em janeiro de 1991 causou outra queda nos preços do petróleo.
- As atmosferas econômicas regionais e mundial também têm uma forte influência nos preços do petróleo, assim como os eventos internacionais. O comportamento dos preços nos últimos anos demonstra bem isso, como pode ser visto na Figura 1.21. Em 1998, uma forte diminuição das economias dos países asiáticos, associada ao aumento dos inventários mundiais de petróleo após dois invernos quentes, levou o preço ao seu valor mais baixo em 20 anos. Entretanto, em um ano o preço do petróleo triplicou em razão do aumento da demanda e dos cortes de produção da Opep. Mas a grande variação continua. Uma recessão econômica nos Estados Unidos no fim da década de 1990 e os eventos de 11 de setembro de 2001 (com o consequente medo de uma recessão mundial) reduziram o preço do petróleo à metade. Depois, os preços cresceram em consequência de cortes de produção, da iminente ação militar no Iraque e da agitação na Venezuela. A continuação de uma forte demanda, especialmente pela Ásia, pressionou a capacidade sobressalente, e as incertezas quanto às reservas de petróleo levaram os preços a recordes de aumento no início de 2008.

- Como mostrado na Figura 1.21, os preços do petróleo caíram ao final de 2008 por causa da recessão mundial. Nos Estados Unidos, o consumo total de energia caiu em 5% entre 2008 e 2009. A recuperação da economia em 2010 trouxe os preços de volta a US$ 80 por barril. A instabilidade social e política no Oriente Médio e norte da África (a um nível ainda mais profundo recentemente) fez os preços subirem para mais de US$ 100 por barril, em 2011. Em termos mundiais, as importações de petróleo estão aumentando e delineiam uma futura crise energética. Os preços mundiais do barril de petróleo são muito difíceis de ser previstos. Nos próximos anos o crescimento da demanda virá provavelmente dos países em desenvolvimento, especialmente a China e a Índia, enquanto a maior parte do crescimento da produção deverá ocorrer na Arábia Saudita, no Kuwait e nos Emirados Árabes Unidos.

FIGURA 1.22 MAPA DO ORIENTE MÉDIO.

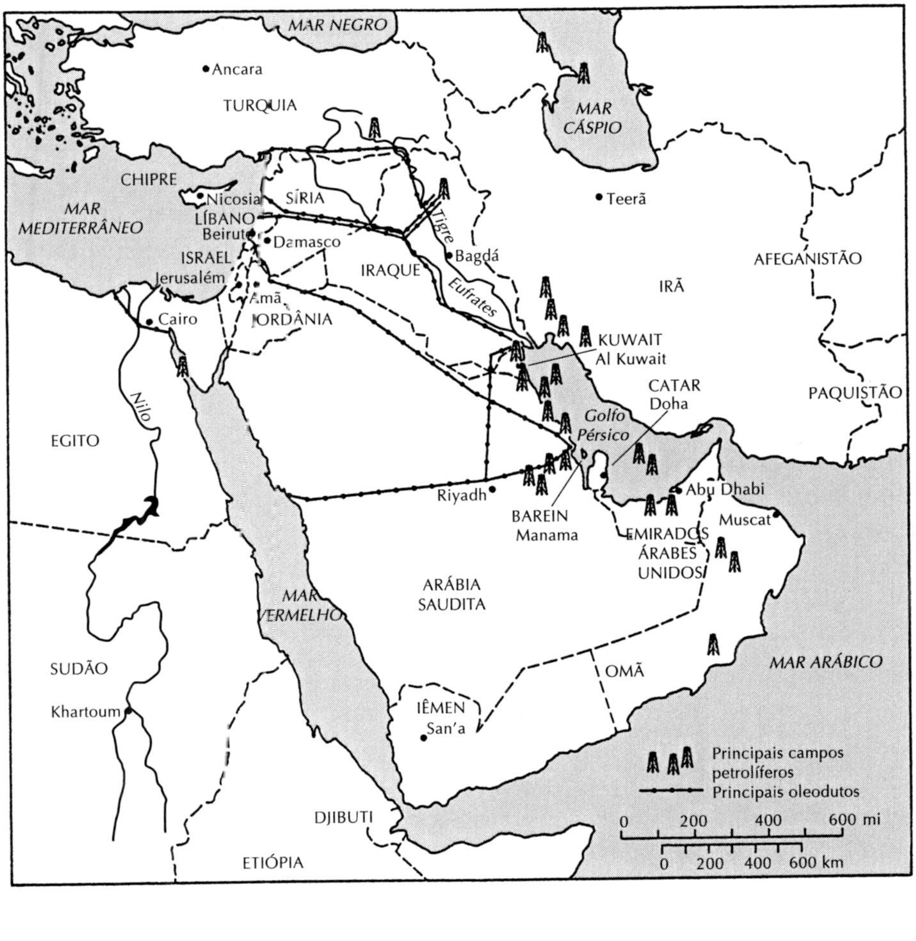

G. CONSERVAÇÃO DE ENERGIA

A energia total consumida durante qualquer atividade pode ser considerada por dois fatores: a eficiência da atividade – quanto de energia útil é possível se obter em função da energia de entrada – e o comprimento/quantidade daquela atividade, como quantos quilômetros foram percorridos ou por quanto tempo as lâmpadas estiveram ligadas. A energia consumida em um mês por um determinado carro depende do seu consumo (em milhas por galão, por exemplo) e do número de quilômetros percorridos naquele mês.

Os esforços de **conservação de energia** normalmente concentram-se em um ou outro desses fatores. Duas abordagens relacionadas a tais esforços são:

1. O "ajuste técnico", que consiste na utilização mais eficaz do combustível para desempenhar a mesma tarefa, como, por exemplo, dirigir um carro com um motor mais eficiente, reduzindo a energia requerida por essa atividade.
2. A "mudança no estilo de vida", que significa usar conscientemente uma menor quantidade de combustível, por meio de comportamentos como desligar o ar-condicionado ou dirigir por percursos menores, reduzindo, assim, a frequência da atividade.

O sucesso máximo possível dos ajustes técnicos para conservação de energia é limitado pelas leis da física (a primeira e a segunda leis da termodinâmica, que serão discutidas no Capítulo 4). Entretanto, ainda existe muito campo para melhoramentos nessa abordagem, especialmente em relação ao uso eficiente de energia para realizar determinadas tarefas. Por exemplo, uma lâmpada fluorescente de 20 watts produz a mesma quantidade de luz que uma incandescente de 75 watts, e dura dez vezes mais. O custo inicial da lâmpada fluorescente é maior, mas a economia nos custos de eletricidade durante o uso médio de um ano vai pagar o investimento. Se substituirmos as lâmpadas incandescentes por fluorescentes ou lâmpadas a LED, será necessário um número menor de usinas elétricas. O investimento na construção de uma planta industrial para a produção de lâmpadas eficientes no uso de energia será muito menor que para a construção de uma usina de geração de eletricidade. Esse tipo de raciocínio econômico é de vital importância, para todos os países[7].

Na conservação de energia, as questões são muito mais que apenas tecnológicas, porque o consumo de energia também depende da "frequência da atividade". Existem muitas barreiras para a adoção das medidas que discutiremos neste livro, como, por exemplo, as restrições de mercado (custo inicial do isolamento térmico residencial). E ainda existe uma relutância geral em relação à adoção das chamadas "mudanças de estilo de vida", como as alterações nas preferências por determinados materiais ou no controle do conforto térmico.

[7] Muitos países (começando pela Austrália, em 2010) estão criando legislação para abolir o uso de lâmpadas incandescentes. Nos Estados Unidos a data limite é 2014.

Muitas pessoas afirmam que os preços da energia deveriam refletir mais o que vai custar para *substituir* os decrescentes suprimentos de combustíveis não renováveis, como o petróleo e o gás natural, do que apenas o preço para obtê-los. As sociedades não vão mudar para tecnologias de energia renovável e equipamentos mais eficientes se os combustíveis fósseis forem quase gratuitos. Uma das principais forças por trás da redução *per capita* no uso de energia nos Estados Unidos durante o início da década de 1980 foram os altos preços do petróleo (Figura 1.23). Até aquele momento, podia-se observar um aumento constante no uso de energia por pessoa naquele país. Entre 1900 e 1980, aumentou de 80 milhões para 320 milhões de Btu por ano. A qualidade de vida melhorou o mesmo tanto? Você acredita que um americano médio, hoje, tenha uma qualidade de vida *quatro vezes* melhor que a de seus bisavós? O uso *per capita* norte-americano de eletricidade foi seis vezes maior em 2000 do que em 1950. Nos últimos cinco anos, ele caiu cerca de 5%.

FIGURA 1.23 CONSUMO *PER CAPITA* DE ENERGIA NOS ESTADOS UNIDOS DURANTE OS ÚLTIMOS 130 ANOS.
(Fonte: United States Energy Information Administration, Useia.)

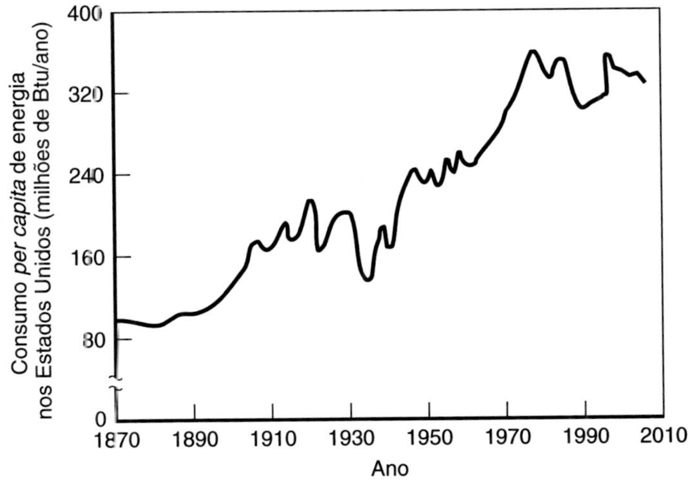

O aumento da ênfase na conservação de energia é firmado com alguns argumentos convincentes:

1. As tecnologias de conservação são alternativas mais efetivas em relação aos custos do que o desenvolvimento de tecnologias de abastecimento adicionais. Isso quer dizer que, na maioria dos casos, será mais barato economizar 1 barril de petróleo do que desenvolver 1 barril de um novo substituto para ele. "O investimento em conservação de energia gera um retorno melhor do que o investimento em suprimentos de energia", afirmou a International Energy Agency em 1987.

2. A conservação vai ampliar a duração dos limitados recursos energéticos da Terra, não apenas para os Estados Unidos como também para os demais países. Hoje, mais da metade dos países em desenvolvimento depende de petróleo importado para suprir 75% ou mais de suas demandas comerciais de energia. A conservação dará mais tempo para o possível desenvolvimento de recursos inesgotáveis, como a energia solar.
3. A conservação reduzirá a poluição ambiental. Se usarmos menos energia, haverá menos poluição atmosférica, hídrica, térmica e radioativa, menor aquecimento global e menos chuva ácida.
4. As tecnologias de conservação podem ser colocadas em utilização muito mais rapidamente do que podemos aumentar os suprimentos alternativos. São necessários de dois a quatro anos para se abrir uma nova mina de carvão, dois a três anos para se construir uma usina de geração de energia por turbina a gás, cinco a sete anos para a construção de uma usina de geração de energia por combustão de carvão, e nove a onze anos para se construir uma usina nuclear. Muitas práticas de conservação podem ser iniciadas imediatamente porque a tecnologia adequada já está disponível e é simples, para, por exemplo, melhor isolar termicamente as construções. O dinheiro exigido para tais medidas de economia de energia é menor que para a aplicação de tecnologias de abastecimento intensivas do ponto de vista de investimento de capital.
5. A conservação de recursos combustíveis fósseis é particularmente crucial para o futuro, já que a sua utilização como matéria-prima das indústrias químicas (como as farmacêuticas e as de plásticos) é muito mais importante do que seu uso na geração de energia.
6. As medidas de conservação podem ser prontamente praticadas de alguma maneira por qualquer indivíduo, com o incentivo da economia de dinheiro e de energia. Tais práticas também contribuem para nossa saúde. Por exemplo, andar de bicicleta gera mais exercício físico do que dirigir um carro.

H. CONSIDERAÇÕES ECONÔMICAS E AMBIENTAIS

A crença de que o crescimento econômico sempre significaria o aumento da quantidade de energia usada era fortemente defendida alguns anos atrás. Como há necessidade de energia para gerar um determinado produto, pode-se esperar uma relação constante entre o PIB e o consumo de energia. Essa relação *foi* constante até o início da década de 1980, quando os altos preços do petróleo encorajaram programas de conservação de energia e aumento da eficiência, causando uma significativa diminuição do uso *per capita* de energia, em especial nos Estados Unidos (Figura 1.24). De 1980 até a recessão econômica de 2008, o consumo de energia aumentou apenas uma média de 1% ao ano, enquanto o PIB (em valores constantes do dólar) cresceu entre 3 e 5% anualmente. Um relatório do Office of Technology Assessment dos Estados Unidos determinou que dois terços desse melhoramento no uso de energia foram resultado da conservação e do aumento da eficiência no uso, e o outro terço originou-se da mudança para uma economia mais voltada aos serviços. O uso de energia tem aumentado rapidamente desde 1986, mas a tendência de conservação se mantém, como pode ser visto pela contínua diminuição da relação entre consumo (Btu) e PIB. Essa relação é usualmente chamada intensidade energética. Recentemente, no mundo industrializado, o crescimento da demanda energética tem sido menor que o crescimento econômico; como resultado, a intensidade energética tem decrescido. No mundo em desenvolvimento, o aumento da demanda e o crescimento econômico têm sido mais correlacionados e a intensidade energética permanece relativamente constante.

FIGURA 1.24 INDICADORES DE CONSUMO E GASTOS COM ENERGIA NOS ESTADOS UNIDOS. (Fonte: Useia.)

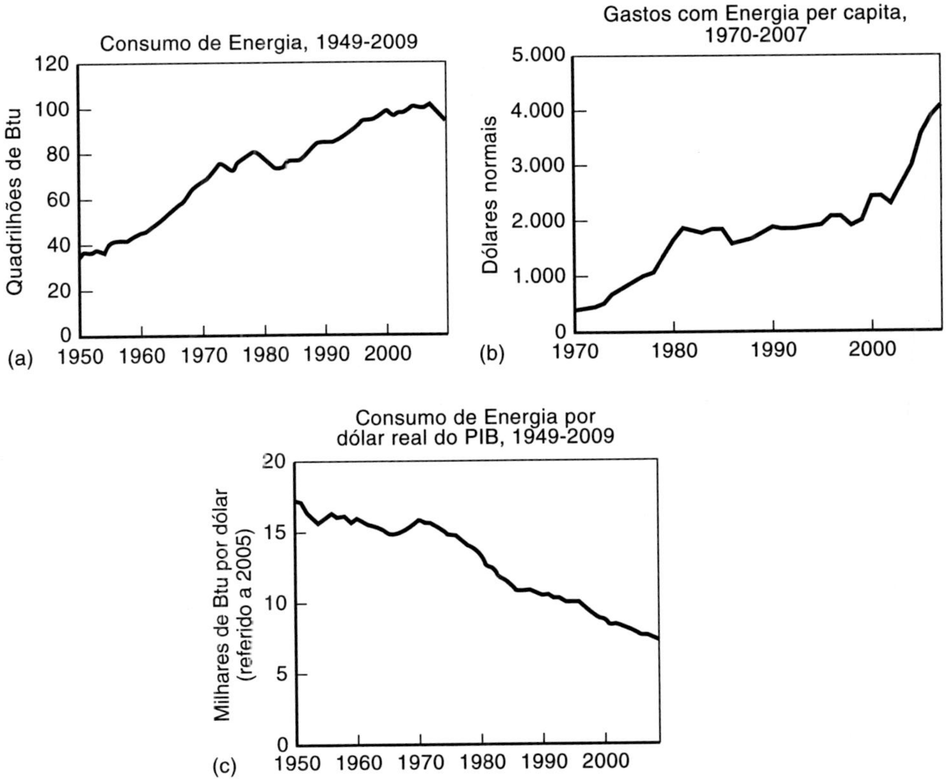

A política energética deve estar ligada não apenas à descoberta de novas fontes e à redução do consumo de energia, mas em aumentar, em nossas vidas e em nosso planeta, o peso dos efeitos das novas tecnologias e dos novos estilos de vida relacionados com a energia. A política energética deve ser configurada pelas restrições de longo tempo, assim como pelas situações de curto prazo. Do que desistimos e para quê? Sacrificamos a tundra na Reserva Nacional de Vida Selvagem Ártica do Alasca em troca de mais dez anos de abastecimento de petróleo? O vazamento de óleo do *Exxon Valdez* no Alasca, em 1989, foi uma parte aceitável de nossos esforços para a obtenção de recursos petrolíferos estáveis? E quanto ao vazamento de petróleo no Golfo do México e seu impacto de longo prazo na vida marinha, pássaros e na economia da região costeira afetada no sudeste dos Estados Unidos? Podemos lidar com as crescentes emissões das usinas de energia e dos automóveis que utilizam combustíveis fósseis? Será a contaminação radioativa dos alimentos, água e população, no Japão, causada pelos danos aos reatores nucleares, um motivo suficiente para que se descontinue o uso da energia nuclear, que supre 7% da energia mundial (ver Figura 1.25)? Apesar de muitos dos capítulos seguintes tratarem dos detalhes das tecnologias de abastecimento, também vamos abordar as restrições ambientais e as medidas para um uso mais eficiente dos combustíveis.

Entender o uso da energia significa perceber suas consequências ambientais. Uma questão central relacionada com a queima de combustíveis fósseis é a possibilidade de mudanças climáticas globais e em larga escala causadas pelos crescentes níveis de dióxido de carbono e outros gases estufa na atmosfera superior. Mais de 5 bilhões de toneladas de carbono são anualmente adicionadas à nossa atmosfera pela combustão em nível mundial de combustíveis fósseis, que aumenta cerca de 80 milhões de toneladas por ano, com grande participação dos países em desenvolvimento. A temperatura média global já subiu 1,2 °C desde 1900 (ver a Figura 1.1). Temperaturas globais elevadas podem afetar a produção agrícola, as temperaturas locais, a severidade dos padrões climáticos (temperaturas mais altas e mais baixas, alterações nos regimes de chuvas) e a altura do nível do mar. O Capítulo 9 vai enfocar esse tópico detalhadamente.

A chuva ácida causada pelas emissões de usinas geradoras de energia que utilizam a queima de carvão afeta as árvores, as colheitas e os animais. Cerca de 20% das florestas europeias foram danificadas pela chuva ácida, enquanto centenas de lagos nos Estados Unidos e Canadá ficaram completamente vazios de peixes. Os efeitos das altas taxas de emissão de óxidos de enxofre, óxidos de nitrogênio e hidrocarbonetos têm causado graves problemas de saúde ao redor do mundo. A energia nuclear apresenta seu próprio conjunto de restrições ambientais, incluindo a necessidade da permanente disposição de resíduos radioativos e da garantia de segurança durante a operação das usinas.

FIGURA 1.25 O TERREMOTO SEGUIDO DE *TSUNAMI* NO JAPÃO EM MARÇO DE 2011 DANIFICOU REATORES NUCLEARES.

KYODO/LANDOV

FOCO EM 1.3

O PROTOCOLO DE KYOTO SOBRE AS MUDANÇAS CLIMÁTICAS

Em dezembro de 1997, 167 nações reuniram-se no Japão, sob a coordenação das Nações Unidas, para elaborar o que ficaria conhecido como o "Protocolo de Kyoto", documento que foi a primeira tentativa internacional de legalmente estabelecer limites para as emissões de gases estufa pelos países desenvolvidos. O protocolo estabelece como meta reduzir em 5%, até 2008-2012, a emissão combinada de gases estufa pelos países desenvolvidos em relação ao nível das emissões ocorridas em 1990. Entretanto, o Protocolo de Kyoto não estabelece limites para as emissões dos países em desenvolvimento. Houve muita oposição ao protocolo de Kyoto por causa disso. A China e a Índia ainda se opõem à verificação das emissões.

Como aproximadamente 83% das emissões de gases estufa, em 1990, foram de CO^2 liberado pela queima de combustíveis fósseis, as ações para reduzir tais emissões certamente terão um impacto significativo sobre os mercados energéticos. Aumentos nos preços da energia podem ser necessários para alcançar esses limites. Espera-se que o custo da eletricidade gerada por carvão mineral e a parcela de eletricidade gerada por gás natural e recursos renováveis aumentem. Os países em desenvolvimento estão procurando auxílio para orientá-los no que diz respeito a um futuro com energia mais limpa.

Outras conferências internacionais sobre as mudanças climáticas ocorreram desde Kyoto, mas a busca de um acordo internacional tem sido dificultada por razões políticas e pela recessão econômica de 2008. Quaisquer acordos parecem fadados a estar bem além das mudanças que os cientistas dizem ser necessárias para evitar os aspectos deletérios das mudanças climáticas nas próximas décadas.

I. CENÁRIOS FUTUROS

A situação global política e da energia, hoje, é drasticamente diferente da que existia no início da década de 1970. Os baixos preços do petróleo durante a década de 1990 provocaram aumento no consumo e desestimularam a conservação de energia e o desenvolvimento de recursos energéticos alternativos. Entretanto, o ambiente econômico tem mudado, e isso pode tornar mais fácil lidar com futuras interrupções no abastecimento e com a escassez.

1. Os Estados Unidos, atualmente, dependem menos do petróleo para sua mistura combustível e mais do carvão, do gás natural, da energia nuclear e das tecnologias renováveis do que a uma década atrás.
2. A produção petrolífera, atualmente, está mais dispersa entre países que não fazem parte da Opep do que em 1973, quando 56% do abastecimento mundial vinha desses países.
3. Graças, em parte, aos elevados preços do petróleo da década de 1970, aprendemos tanto a conservar energia nos setores residenciais e industriais quanto a construir equipamentos mais eficientes no uso da energia. A eficiência no consumo de combustível dos novos carros (excluindo SUV e caminhões leves), hoje, é 62% maior que no meio da década de 1970 (aumentando de 17,5 para 28,5 milhas por galão). Os novos refrigeradores são 300% mais eficientes na utilização de energia do que eram em 1973.
4. Atualmente, existe nos Estados Unidos uma Reserva Petrolífera Estratégica que garante uma reserva de abastecimento de aproximadamente 60 dias para o caso de ocorrerem cortes nas importações de petróleo para o país. Em 2000, ela foi utilizada para ajudar a elevar menos os preços do combustível.
5. A energia renovável, quase completamente desconhecida em 1973 (com exceção da energia hidrelétrica), tem estado em constante crescimento, tanto nos países desenvolvidos quanto naqueles em desenvolvimento.

Todavia, futuras crises energéticas certamente podem e provavelmente vão ocorrer. Os Estados Unidos ainda têm uma base de recursos limitada, especialmente de petróleo e gás natural. Nenhum ato do Congresso pode aumentar essas reservas de combustíveis fósseis. A forte dependência mundial do petróleo vai continuar a ser um fator limitante do crescimento econômico, principalmente nos países em desenvolvimento, e as reservas petrolíferas continuarão sendo vulneráveis à situação política no Oriente Médio. Preços baixos do petróleo beneficiam a economia e os consumidores no curto prazo, ao mesmo tempo que reduzem a dívida interna. Contudo, também provocam um menor incentivo ao investimento em equipamentos mais eficientes quanto ao uso de energia, desencorajam as perfurações exploratórias domésticas e reduzem os esforços de pesquisa e desenvolvimento de tecnologias alternativas. Finalmente, a alta taxa de crescimento econômico provocada pelos preços baixos do petróleo vem acompanhada da crescente poluição ambiental.

Os preços do petróleo são altamente voláteis. Da mesma forma que caíram para US$ 11 por barril no fim dos anos 1990, voltaram a subir para aproximadamente US$ 30 por barril no início do ano 2000. Em janeiro de 2004 foi previsto que os preços permaneceriam constantes, em cerca de US$ 30 por barril nos próximos dez anos. Eles praticamente dobraram para US$ 60 o barril em 2005. Tais incertezas tornam muito difíceis as previsões de demandas energéticas. Outros fatores que alteram as previsões também podem mudar. Entre eles destacam-se as novas tecnologias, as novas legislações e regulações, bem como o crescimento ou a recessão econômica. A Figura 1.5, mostrada anteriormente, inclui uma previsão da demanda energética mundial por volta de 2025. Estima-se que o consumo mundial de energia deva aumentar cerca de 50% nesse período de tempo, com a Ásia e as Américas Central e do Sul apresentando os maiores aumentos. Mas os especialistas já erraram anteriormente.

O crescimento das sociedades industrializadas tem sido sustentado pela existência de recursos abundantes e baratos. O progresso foi atingido por meio do desenvolvimento da ciência e da tecnologia enquanto havia disponibilidade de recursos energéticos para fazer o trabalho. Atualmente, com a globalização da economia, de alguma forma o cenário está revertido, e a disponibilidade de recursos vai ditar o progresso e os nossos estilos de vida muito mais do que fazia no passado. Novos recursos, como o gás de xisto e o petróleo nas bacias marítimas, assim como um crescimento contínuo no mercado de energia renovável, levarão a modificações depois que este livro for publicado. Mas, a maior parte da ciência básica, que é enfatizada aqui, deverá permanecer. A escala de tempo da mudança será muito menor – décadas em vez de séculos. A era da energia barata foi deixada para trás e teremos de mudar nossos estilos de vida, independentemente do caminho que escolhermos.

Apesar de este livro enfatizar o uso e as tecnologias da energia, deve-se ter em mente que *a energia é apenas um meio para um fim*. As condições e os valores humanos podem ser afetados tanto pela disponibilidade de muita energia, em pouco tempo, quanto por sua escassez, tarde demais.

QUESTÕES

1. Se o consumo mundial de petróleo é de aproximadamente 78 MBPD, por quanto tempo você acha que esse recurso vai durar com tal taxa de consumo? (Veja a Tabela 1.1.)
2. Qual fonte de energia apresentou o mais rápido crescimento nos últimos 50 anos e por quê?
3. Identifique as principais fontes de energia usadas no mundo e classifique-as como renováveis ou não renováveis.

4. Liste as razões pelas quais o consumo *per capita* de energia nos Estados Unidos nas últimas três gerações aumentou por um fator de quatro.
5. Se a população mundial está crescendo a uma taxa anual de 1,3% e se existiam 5 bilhões de pessoas em 1986, em que ano a população do planeta será de 10 bilhões de pessoas?
6. (a) O que é crescimento exponencial?

   (b) Os Estados Unidos possuem atualmente o equivalente a 400 usinas padrão de energia geradoras de 1.000 MW cada uma. Se o consumo de energia elétrica continuar a crescer no ritmo atual (taxa de 2% ao ano), quantas usinas geradoras adicionais serão necessárias em 35 anos para atender à demanda?
7. O que quer dizer a afirmação de que a energia é um meio para um fim, e não um fim em si mesma?
8. A quantidade de energia usada depende de dois fatores. Quais são eles? Dê exemplos de cada um.
9. Discuta a afirmação de que o preço da energia deveria refletir o verdadeiro custo da sua substituição.
10. Defina intensidade energética.
11. A renda anual de uma pessoa na China é de US$ 5.100 e está crescendo a uma taxa de 8% ao ano. Em que ano essa renda atingirá o valor da renda anual média atual de um cidadão dos Estados Unidos, que é de US$ 39 mil?
12. Neste capítulo foram apresentadas algumas das vantagens da conservação de energia. Cite algumas desvantagens.
13. Por que o uso *per capita* de energia mundial está aumentando?
14. Descubra qual é o preço atual do barril de petróleo, em dólares.
15. Quais mudanças você teria de fazer pessoalmente se a quantidade de energia que você usa em um ano tivesse de ser reduzida em 25%?
16. Mesmo que o tema ainda não tenha sido completamente tratado, liste os combustíveis alternativos ou substitutos que começariam a reduzir as emissões de dióxido de carbono provocadas pela queima de combustíveis fósseis em usinas geradoras de energia. Quais problemas essas alternativas podem apresentar?
17. Os impactos ambientais devem ser sempre a primeira consideração a ser feita em relação ao uso de energia?
18. Quais são os problemas relacionados com o crescimento contínuo da demanda energética nos países em desenvolvimento?
19. Investigue quais opções de fornecedor de energia elétrica estão disponíveis em sua cidade.

20. A população mundial deve aumentar por um fator de dois durante os próximos 60 anos (como projetado). Isso quer dizer que teremos duas vezes mais poluição e/ou que o consumo de energia mundial será duas vezes maior que o atual? Elabore.

21. Se um americano consome a energia equivalente a sete galões de petróleo por dia, quanto de petróleo um cidadão indiano consome no mesmo período? (Veja a Figura 1.6 e o Apêndice E.)

22. Para temas como o uso de energia, há sempre um significativo período de tempo entre a publicação de um livro e os dados disponíveis para ele. Com base em dados atuais obtidos na internet, encontre os números recentes (ou mais recentes) do consumo de energia no mundo e nos Estados Unidos. Cite as URLs[8] consultados.

23. Determine quais recursos energéticos são usados para fornecer energia em seu estado e a contribuição percentual de cada um para o total. Cite duas URLs das quais pelo menos uma deve ser governamental (estadual ou federal). Os dados não devem ter mais de um ano.

24. Apesar de a economia global ter crescido 50% durante a última década, por que o uso *per capita* de energia mundial permaneceu praticamente o mesmo durante o período?

25. Em seu livro *A Terra em Balanço*, Al Gore argumenta que "a pesquisa em lugar da ação é irresponsável. Uma escolha por não fazer nada em resposta à evidência comprovada [do aquecimento global] é, na verdade, uma escolha por continuar e, até mesmo, acelerar a destruição ambiental que está colocando uma catástrofe em nossas mãos". Comente.

COM O FOCO NO BRASIL: INTRODUÇÃO

ENERGIA NO BRASIL EM 2007

Segundo o Balanço Energético Nacional (BEN) de 2012, do Ministério de Minas e Energia, e da Empresa de Pesquisa Energética (EPE), o Brasil, com 193,2 milhões de habitantes em 2011, atingiu um produto interno bruto (PIB) de US$ 2.473,4 × 10^9, o que significou um PIB por habitante de US$ 12.804 (considerando a taxa de câmbio média de 2011).

[8] URL ou Uniform Resource Locator é o método pelo qual documentos ou dados são endereçados na World Wide Web. Uma URL geralmente contém as seguintes informações:

a. o nome na internet do *site* que contém o recurso (documentos ou dados);

b. o tipo de serviço por meio do qual o recurso é disponibilizado (por exemplo, HTTP, FTP ou Gopher);

c. o número da porta de internet do serviço;

d. a localização do recurso na estrutura de diretórios do servidor.

Todavia, as URLs são mais sofisticadas do que esta breve explicação indica. Para se informar melhor e obter outros detalhes, visite a URL: http://www.w3.org/hypertext/WWW/Addressing/URL/Overview.html. (N.T.)

Em 2011, a Oferta Interna de Energia (OIE) no país foi de $272,4 \times 10^6$ tep. Essa OIE, 1,3 % maior do que a de 2010, representou uma oferta *per capita* média de 1,410 tep/habitante e uma Intensidade Energética (quantidade de energia usada para produzir mil dólares de PIB) de 0,110 tep/mil US$. No que se relaciona à energia elétrica, a oferta em 2011 foi de 567,6 TWh (3,13% a mais do que no ano anterior), resultando em uma oferta de energia elétrica anual *per capita* de 2.938 kWh/habitante.

O Consumo Final de Energia (CFE) em 2011 foi de $228,9 \times 10^6$ tep, o que representou um aumento de 6,8% em relação a 2010. Esse consumo apresentou a seguinte divisão: gasolina automotiva (exclusive etanol), 20,838 milhões de tep, que teve um aumento de 18,9% referente a 2010; óleo diesel (incluindo biodiesel), com um crescimento de 4,9% comparado a 2010, alcançou 43,551 milhões de tep; etanol, que tomou parte no CFE com 10,744 milhões de tep, uma diminuição 10,8% em relação ao ano anterior; o gás liquefeito de petróleo (GLP) somou 8,00 milhões de tep em 2011, 3,9% a mais do que o ano anterior; a eletricidade total, que no CFE participou com 41,290 milhões de tep, apresentou um aumento de 3,3% em relação a 2010; o gás natural teve uma participação de 16,931 milhões de tep, crescendo 9,7%, comparado ao ano anterior; o bagaço de cana, com 27,313 milhões de tep, teve uma diminuição de 9,2% relativa a 2010; a lenha, com 16,366 milhões de tep, com diminuição de 4,0% relativamente a 2010; outras fontes, com 43,895 milhões de tep, 3,9% a mais que 2010. Percentualmente, verificou-se a seguinte participação: gasolina (exclusive etanol), 9,1%; óleo diesel (incluindo biodiesel), 19,0%; etanol, 4,7%; GLP, 3,5%; eletricidade total, 18,0%; gás natural, 7,4%; bagaço de cana, 11,9%; lenha, 7,2%, e outras fontes, 19,2%. Os maiores aumentos percentuais em relação a 2010 deram-se no consumo de gasolina (18,9%) e gás natural (9,7%), o que no total elevou a fatia desses dois energéticos a 16,5% do consumo total. O bagaço de cana, o etanol e a lenha apresentaram redução em relação a 2010.

O Balanço Energético Nacional indicou ainda, em 2011, que o total de emissões resultantes de ações do ser humano (antrópicas) no Brasil foram de 396,7 $MtCo_2$-eq (Megatoneladas de CO_2 equivalentes), sendo a maior parte (48,22%) gerada no setor de transportes. A emissão média equivalente de CO_2 por unidade de energia foi de 1,456 (t CO_2/tep), a emissão média *per capita* 2,1 (t CO_2/hab) e a intensidade de carbono (emissões equivalentes de CO_2 por unidade de PIB, de 0,16 (kg CO_2/US$).

Em 2011, o consumo total mundial de energia foi de 8.918 Mtep e as emissões mundiais de CO_2 foram de 31.342 Mt.

Assim, a participação percentual do Brasil foi de 2,57% do consumo mundial de energia e de 1,26% das emissões de CO_2. É importante ressaltar que essa parcela considera apenas a contribuição da energia na emissão de CO_2 mundial; quando se considera a contribuição total, o Brasil passa a ser o quarto país com maior contribuição à emissão de CO_2, principalmente devido às queimadas de áreas agrícolas e florestais.

PADRÕES DE USO DE ENERGIA NO BRASIL

Uma característica específica da matriz energética brasileira que a torna diferenciada da matriz mundial e daquela da maioria dos países desenvolvidos é a significativa participação de fontes renováveis, sobretudo energia elétrica de origem hídrica (mais de 80% da geração elétrica no Brasil é efetuada por hidrelétricas, como pode ser visto com mais detalhes em "Com o foco no Brasil" do Capítulo 12), etanol e bagaço de cana, como mostrado anteriormente.

Assim, se forem considerados os padrões de uso de energia no Brasil ao longo do tempo, obtidos no BEN 2013 (preliminar) e apresentados nas figuras a seguir, pode-se notar facilmente as diferenças apontadas, comparando-as com as Figuras 1.3 e 1.9, que mostram os padrões de uso de energia nos Estados Unidos.

OFERTA INTERNA DE ENERGIA NO BRASIL NO PERÍODO 1970-2012 POR FONTE (EM MILHÕES DE TEP).

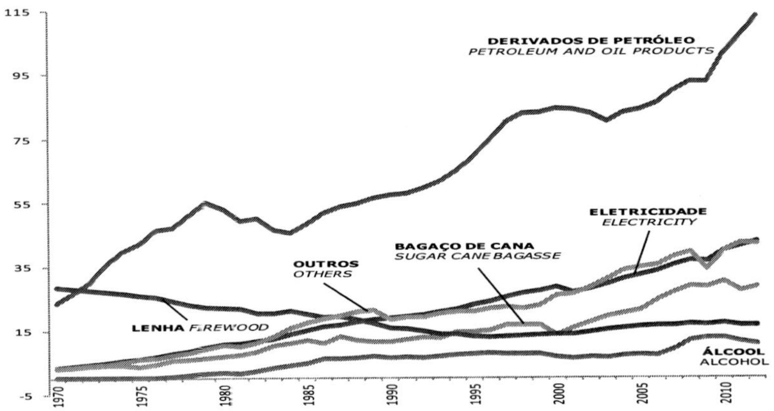

Fonte: BEN 2013 – Balanço Energético Nacional 2013 – Relatório Final Preliminar.

OFERTA INTERNA ACUMULADA DE ENERGIA NO BRASIL NO PERÍODO 1970-2012 POR RECURSO NATURAL (EM MILHÕES DE TEP).

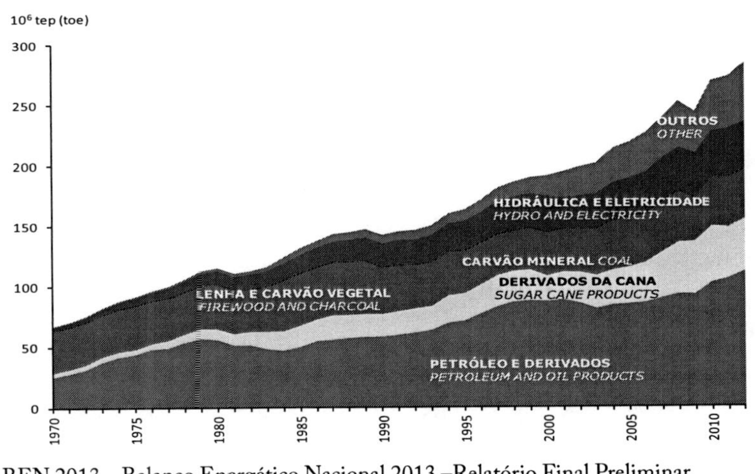

Fonte: BEN 2013 – Balanço Energético Nacional 2013 –Relatório Final Preliminar.

CARACTERÍSTICAS DO CONSUMO DE ENERGIA NO BRASIL EM 2011

CONSUMO FINAL DE ENERGIA POR FONTE EM 2011 (PARTICIPAÇÃO PERCENTUAL).

RECURSOS E RESERVAS EM 31/12/2007 (EM $10^6 m^3$).

Consumo	Por Fonte
Óleo diesel	19
Eletricidade	18
Bagaço de cana	11,9
Gasolina	9,1
Gás natural	7,4
Lenha	7,2
Etanol	4,7
GLP	3,5
Outras	19,2

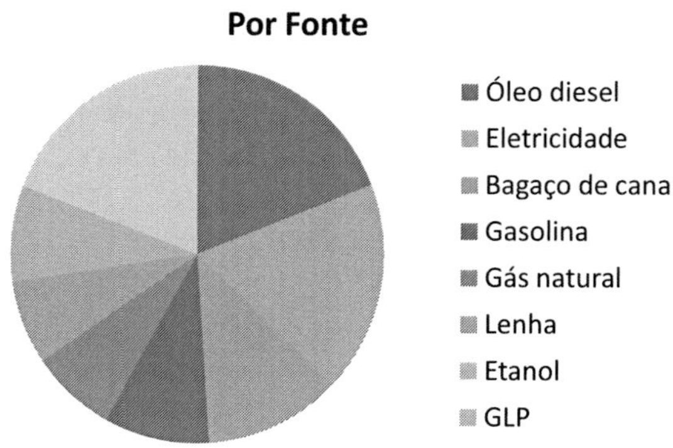

Fonte: BEN 2012 – Balanço Energético Nacional 2012 – Relatório Final.

CONSUMO FINAL DE ENERGIA POR SETOR EM 2011 (PARTICIPAÇÃO PERCENTUAL)

RECURSOS E RESERVAS EM 31/12/2007 (EM $10^6 m^3$).

Consumo	Por Setor
Indústrias	35,8
Transportes	30
Residências	9,4
Setor Energ.	9,1
Agropecuária	4,1
Serviços	4,4

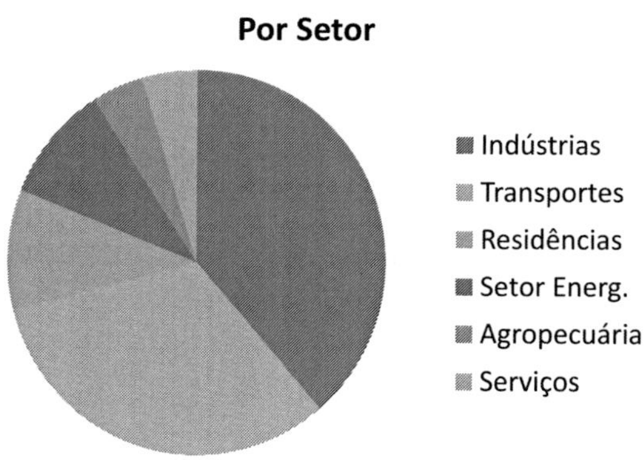

Fonte: BEN 2012 – Balanço Energético Nacional 2012 –Relatório Final.

RECURSOS ENERGÉTICOS E PARTICIPAÇÃO NA OFERTA E NO CONSUMO DE ENERGIA DOS PRINCIPAIS COMBUSTÍVEIS FÓSSEIS NO BRASIL EM 2010 E EM 2011

PETRÓLEO E DERIVADOS

RECURSOS E RESERVAS EM 31/12/2012 (EM 10^3 TEP).

Medidas/indicadas/inventariadas	Inferidas/estimadas	Total
2.309.100	2.230.810	4.539.910

Fonte: BEN 2012 – Balanço Energético Nacional 2012 – Relatório Final.

	2010	2011
Participação na oferta de energia* (2010 e 2011) (10^3tep)	101.700	105.200 (38,6%)
Participação no consumo final energético** (2010 e 2011) (10^3tep)	66.724	72.389 (30,2%)

* Petróleo e derivados.

** Óleo diesel + gasolina (não incluindo etanol) + GLP.

Fonte: BEN 2012 – Balanço Energético Nacional 2012 – Relatório Final.

GÁS NATURAL

RECURSOS E RESERVAS EM 31/12/2007 (EM 10^6M^3).

Medidas/indicadas/inventariadas	Inferidas/estimadas	Total
436.430	482.138	918.569

Fonte: BEN 2013 – Balanço Energético Nacional 2013 – Relatório Final.

Participação na oferta interna de energia (2010 e 2011) (10^3tep)	
2010	2011
27.500	27.600 (10,13%)
Participação no consumo final energético (2006 e 2007) (10^3tep)	
2006	2007
15.435	16.931 (7,4%)

Fonte: BEN 2012 – Balanço Energético Nacional 2012 – Relatório Final.

CARVÃO MINERAL

RECURSOS E RESERVAS EM 31/12/2007 (EM 10^6T).

Medidas/indicadas/inventariadas	Inferidas/estimadas	Total
25.759	6.535	32.394

Fonte: BEN 2013 – Balanço Energético Nacional – Relatório Final.

	2010	2011
Participação na oferta de energia* (2010 e 2011) (em 10^3tep)	15.200	14.500 (5,6%)
Participação no consumo final energético** (2010 e 2011) (em 10^3tep)	31.180	29.381 (13,6%)

* Carvão mineral.

**Outras fontes: não há, no BEN 2012, referência específica ao carvão mineral, que está incluído em outras fontes (além de gás de refinaria, coque de carvão mineral e vegetal, entre outros).

Fonte: BEN 2012 – Balanço Energético Nacional 2012 – Relatório Final.

ENERGIA NUCLEAR

RECURSOS E RESERVAS EM 31/12/2012 (EM TON U3O8).

Medidas/indicadas/inventariadas	Inferidas/estimadas	Total
177.500	131.870	309.370

Fonte: BEN 2013 – Balanço Energético Nacional 2013 – Relatório Final.

	2010	2011
Participação na oferta de energia (2010 e 2011) (em 10^3tep)	4.100 (1,5%)	3.900

CENÁRIOS FUTUROS – ESTUDOS DE PROSPECÇÃO DA MATRIZ ENERGÉTICA DO BRASIL ATÉ 2030

Outro aspecto importante do cenário energético relaciona-se às perspectivas de sua evolução, que são usualmente avaliadas em estudos de planejamento energético para um período de longo prazo e envolvem estudos de prospecção da matriz energética. Os resultados desses estudos são fundamentais para o estabelecimento de Políticas Energéticas de longo prazo que, quando estabelecidas de uma forma que seja ao menos transparente, permitem uma visão das estratégias energéticas da Nação, de certa forma menos dependentes dos diversos governos que se poderão suceder neste período.

Em níveis nacionais, esses estudos geralmente consideram períodos de 25 a 30 anos. Em casos excepcionais, consideram-se períodos diferentes, e até muito maiores, como no caso de estudos do Intergovernmental Panel on Climate Change (IPCC), sobre o aquecimento global, efetuados até 2100. Certamente, quanto maior o período analisado, maiores são as incertezas e as necessidades de hipóteses e critérios simplificadores para os anos mais distantes do início da análise. Uma das formas de prever a possibilidade de ajustes ao longo do tempo, na medida em que a realidade vai acontecendo, é o uso da técnica de cenários, que em vez de assumir apenas um conjunto de hipóteses e critérios, incorpora riscos de mudanças estruturais e conjunturais, permitindo que se estabeleçam diferentes perspectivas de evolução (no mínimo três e, muitas vezes cinco), os denominados cenários. Essa técnica permite maior flexibilidade na aplicação dos resultados do planejamento, idealmente no estabelecimento de políticas energéticas. Além disso, o planejamento não é estático no tempo. É um processo que contém mecanismos de reavaliações em períodos menores, em que novas versões do mesmo estudo são comumente efetuadas, buscando seu ajuste com a realidade daquele momento. Estudos de longo prazo, em geral, tem reavaliação continuada em períodos menores (cinco anos, por exemplo), e acompanhamento em períodos ainda menores, para detectar algum escapamento da realidade com relação aos cenários estabelecidos.

Não cabe detalhar aqui a técnica de cenários, mas, para entendimento do que se apresenta a seguir, deve-se ressaltar que cada cenário representa uma alternativa de evolução, buscando representar uma possível situação compatível com o momento atual. Por exemplo, no caso da energia, pode ser criado um cenário relacionado à continuação do contexto energético como está (em termos usuais, é um cenário denominado *business as usual*) e cenários alternativos considerando as hipóteses-limite em torno do primeiro: um com hipóteses otimistas e outro com pessimistas.

Embora a evolução do cenário energético dependa de diversos fatores, um dos mais importantes é a relação da perspectiva de evolução do produto interno bruto (PIB) com a de evolução do consumo energético. Por isso, é comum, como referência simplificadora, associar os cenários a essa variável, como se verá a seguir.

Outros fatores importantes são os critérios adotados para estabelecer os cenários. Por exemplo, em estudos que visem maior sustentabilidade energética, considera-se como cenário otimista aquele associado às políticas de eficiência energética e aumento do uso de fontes renováveis; como pessimista, aquele associado à maior utilização da energia, sem controle efetivo e sem maiores preocupações com a questão ambiental.

Após essa introdução, pode-se apresentar um quadro bastante simplificado do cenário atual dos estudos das perspectivas energéticas disponíveis no Brasil, tendo como base o Plano Nacional de Energia 2030 (PNE 2030), elaborado no Brasil pela Empresa de Pesquisa Energética (EPE).

Para estabelecer os cenários deste estudo, foram consideradas tendências levantadas de estudo internacionais:

TENDÊNCIAS APONTADAS POR PROSPECÇÕES DAS MATRIZES ENERGÉTICAS MUNDIAIS

Taxas médias anuais de crescimento do PIB em nível mundial
Segundo o International Energy Outlook (EIA/DOE)
De 2006 a 2030 Países da OECD: 2,2% Outros países: 4,9%
Segundo estudos da EXXON
Mundo: 2,7% (2000 a 2030)
Segundo estudos da Agência Internacional de Energia (AIE)
Mundo: 3,2% (2002 a 2030)
Segundo estudos da Shell
De 2005 a 2025
Cenário "Open Doors": 3,8%
Cenário "Low Trust Globalization": 3,1%
Cenário "Flags": 2,6%

Fonte: PNE 2030. Íntegra do Documento, 2007.

TAXAS MÉDIAS ANUAIS DE CRESCIMENTO DO PIB EM NÍVEL MUNDIAL E NACIONAL DO BRASIL

CENÁRIOS MUNDIAIS: TAXA MÉDIA DE CRESCIMENTO DO PIB – PERÍODO 2005-2030 (% AO ANO).

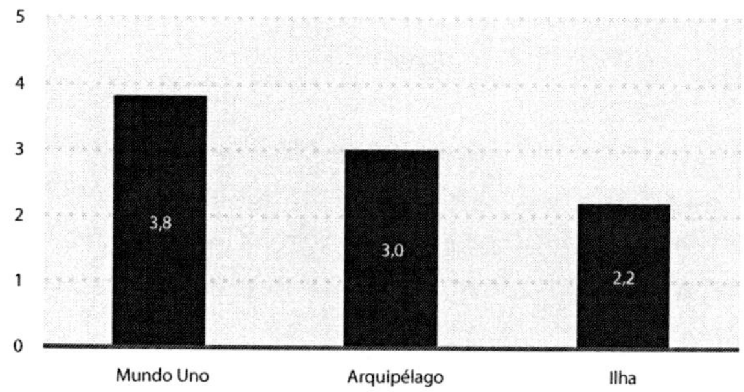

Fonte: PNE 2030, EPE. Íntegra do Documento, 2007.

CENÁRIOS NACIONAIS DO BRASIL: IDEIAS-FORÇA.

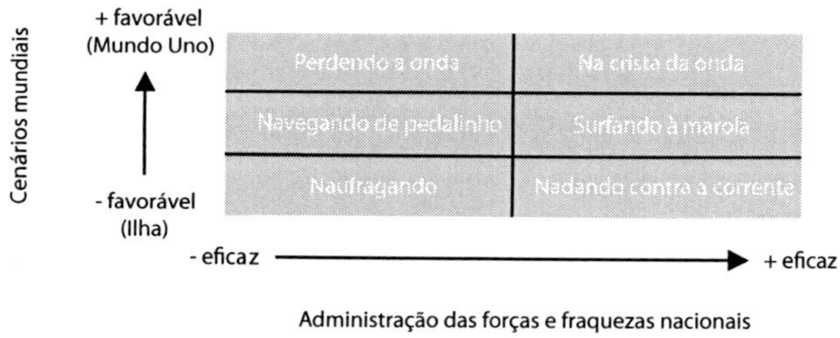

Fonte: PNE 2030, EPE. Íntegra do Documento, 2007.

CARACTERIZAÇÃO DOS CENÁRIOS NACIONAIS.

Incerteza crítica	Denominação dos cenários			
	A Na crista da onda	B1 Surfando à marola	B2 Pedalinho	C Náufrago
Infraestrutura	Redução significativa dos gargalos	Gargalos parcialmente reduzidos	Permanência de gargalos importantes	Deficiência relevante
Desigualdades de renda	Redução muito significativa	Redução relevante	Redução pequena	Manutenção
Competitividade dos fatores de produção	Ganhos elevados e generalizados	Ganhos importantes, porém seletivos	Ganhos pouco significativos e concentrados em alguns setores	Baixa, embora com ganhos concentrados em alguns setores
Produtividade total da economia	Elevada	Média para elevada	Média para reduzida	Reduzida

Fonte: PNE 2030, EPE. Íntegra do Documento, 2007.

CENÁRIOS NACIONAIS: TAXA MÉDIA DE CRESCIMENTO DO PIB – PERÍODO 2005-2030.

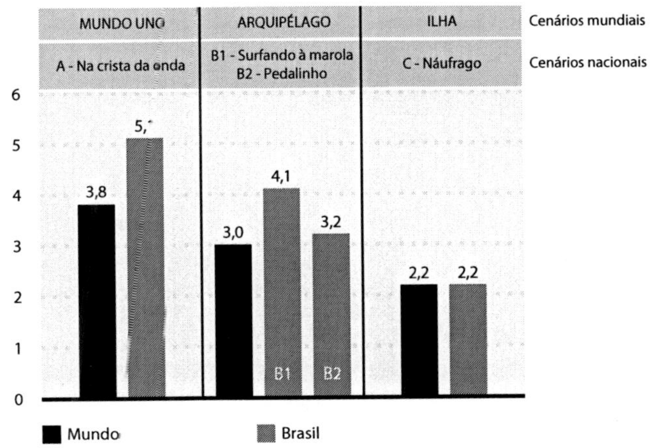

Fonte: PNE 2030, EPE. Íntegra do Documento, 2007.

Para apenas um desses cenários, o PNE 2030 apresenta os resultados reproduzidos a seguir.

EVOLUÇÃO DA PARTICIPAÇÃO DAS FONTES NO CONSUMO FINAL DE ENERGIA (CENÁRIO B1).

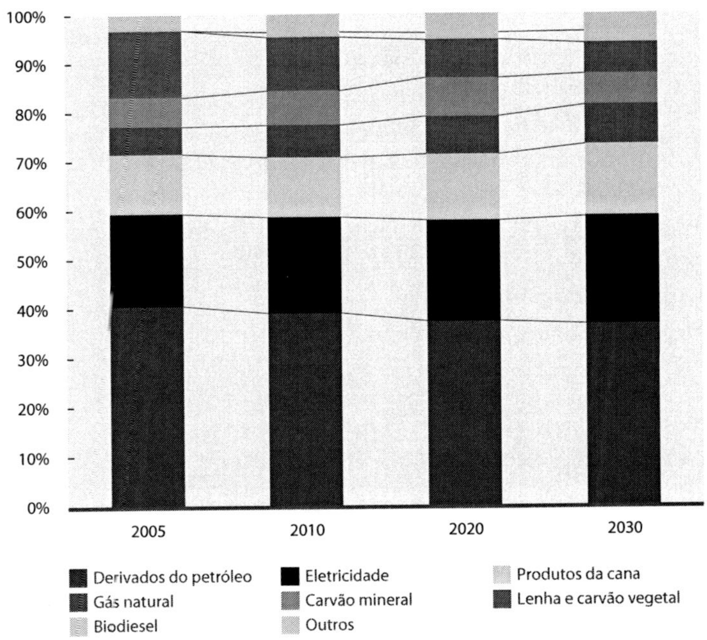

Fonte: PNE 2030, EPE. Íntegra do Documento, 2007.

Oferta interna de energia (OIE) / PIB / população.

	Unid.	2005	2010	2020	2030
Oferta interna de energia	10^6 tep	218,7	278,9	396,4	555,8
Produto interno bruto	10^9 US$ [2005]	796,3	955,8	1.377,4	2.133,2
População	10^6 hab.	184	198	220	239
Intensidade energética	tep/10^3 US$	0,275	0,292	0,288	0,261
Demanda *per capita*	tep/10^3 hab.	1.187	1.409	1.802	2.326

Fonte: PNE 2030, EPE. Íntegra do Documento, 2007.

Oferta interna de energéticos / PIB (em tep/103 US$ [2005]).

	2005	2010	2020	2030
Petróleo e derivados/PIB	0,106	0,102	0,090	0,078
Gás natural/PIB	0,026	0,039	0,041	0,041
Carvão mineral e derivados/PIB	0,017	0,020	0,021	0,018
Hidráulica e eletricidade/PIB	0,041	0,040	0,040	0,036
Lenha e carvão vegetal/PIB	0,036	0,029	0,021	0,014
Derivados da cana/PIB	0,038	0,041	0,049	0,048

Fonte: PNE 2030, EPE. Íntegra do Documento, 2007.

Finalmente, é importante reforçar os aspectos apresentados anteriormente sobre os estudos de planejamento e prospecção da matriz energética, enfatizando o cuidado a ser tomado na interpretação dos resultados obtidos. Essa interpretação deve, necessariamente, considerar que os resultados estão sempre atrelados aos critérios e hipóteses utilizados nos estudos, e que estes devem ser reavaliados periodicamente para ajustes à realidade do novo momento.

Assim, o PNE 2030 deixa bastante a desejar, por diversos motivos, dentre os quais se ressaltam:

- Execução completa efetuada para apenas um cenário, o B1, estando a dever, cerca de seis anos depois da emissão do relatório, a análise dos demais cenários.
- Reavaliação periódica dos estudos, uma vez que as informações oferecidas no site da EPE se encerram em 2008.

Assim, diversos aspectos muito importantes, que podem impactar o cenário energético brasileiro, não têm sido incorporados no PNE 2030, como: a minoração das expectativas quanto à exportação de etanol e biocombustíveis para o mercado internacional; a descoberta de grandes reservas de petróleo e gás natural na camada pré-sal na costa atlântica da região Sudeste do Brasil; as perspectivas de crescimento do mercado de carros elétricos, dentre outros.

REFERÊNCIAS

REIS, L. B.; FADIGAS, E. A.; CARVALHO, C. E. *Energia, recursos naturais e a prática do desenvolvimento sustentável*. São Paulo: Manole, 2012.

SITES, DOCUMENTOS E INFORMAÇÕES

International Energy Agency. World Energy Outlook 2009, Key World Energy Statistics, 2013. Disponível em: <www.iea.org>. Acesso em: 14 jan. 2014.
Empresa de Pesquisa Energética: Balanço Energético Nacional (BEN) 2013; Balanço Energético Nacional (BEN) 2012; Plano Nacional de Energia 2030. Disponível em: <www.epe.gov.br>. Acesso em: 14 jan. 2014.

CAPÍTULO 2

MECÂNICA DA ENERGIA

Conteúdo

COMO VOCÊ ESCOLHERIA?

Conversões de Energia

A energia pode ser classificada de várias maneiras, que nos permitem estudar sua conversão de uma forma para outra, em dispositivo ou em máquina. Dois dispositivos que podem ilustrar formas de energia são o carro híbrido e a usina hidrelétrica. Qual desses dois exemplos você escolheria para ilustrar a conversão de energia e por que faria tal escolha?

A. INTRODUÇÃO

Há poucos anos, uma invenção que prometia ter mais energia de saída do que de entrada foi lançada no mercado. Foram feitas algumas demonstrações do dispositivo, e uma boa quantidade de ações da companhia foi vendida. O empresário afirmava que o dispositivo solucionaria a crise de energia, mas acabou solucionando a crise *dele* (do empresário), demonstrando não ser nada além de um truque inteligente. Se os investidores tivessem conhecimento de algumas leis físicas simples sobre energia teriam economizado seu dinheiro.

Este capítulo servirá para introduzir alguns princípios científicos básicos necessários à compreensão da energia e das tecnologias energéticas. Muito desse conhecimento vem do estudo da física básica, uma ciência experimental que objetiva a compreensão do mundo natural. O termo "física" é derivado da palavra grega *physike*, significa "ciência ou conhecimento da natureza"; os dicionários definem a física como "a ciência que lida com as propriedades, mudanças, interações etc., de matéria e energia". Embora alguns avanços tecnológicos possam ter ocorrido nas áreas de conservação de energia, utilização de recursos e produção de energia, desde a primeira edição deste livro, os conceitos básicos expostos aqui e nos próximos capítulos devem fornecer uma chave para a compreensão de tais avanços.

A ciência como forma de conhecimento é dedicada à descoberta dos princípios gerais que governam nosso mundo. Uma boa parte desse processo consiste na **observação** das coisas ao nosso redor, para que possamos entender como funcionam. Por exemplo, nossos conhecimentos sobre a diminuição da camada de ozônio e da poluição atmosférica, e seu efeito nos humanos, vêm de observações feitas ao longo de várias décadas. Depois disso, em uma tentativa de generalizá-las, uma **hipótese** é normalmente proposta. A observação de que cães das raças *collie* e *poodle* têm quatro patas pode nos levar à hipótese de que todos os cães possuem quatro patas. Antes de termos certeza, porém, devemos **testar** nossa hipótese por meio da observação de um maior número de raças. Uma hipótese que é confirmada por um grande número de observações e experimentos se torna uma **teoria**. Uma boa teoria cresce ou é revisada à medida que novos fatos surgem ou novas observações são realizadas. Mesmo que tenhamos descrito alguns dos processos contidos na ciência, é preciso ser cuidadoso ao se denominar isso como "método científico". Não há um único método ou conjunto de procedimentos que os cientistas sempre sigam para produzir o conhecimento científico. Há tantos métodos quanto há cientistas.

Uma teoria científica pode ser orgânica e aberta a modificações. As teorias atuais sobre o aquecimento global não estão escritas numa pedra. Há grande variedade de opiniões entre os cientistas sobre esses assuntos. Muitas vezes, o mesmo conjunto de observações e dados pode levar a diferentes interpretações (nem todos os cientistas concordam com relação às mudanças climáticas observadas, por exemplo). As perspectivas profissionais, as crenças, o treinamento e as experiências influenciam seu trabalho. Ao fim de cada um dos capítulos seguintes, "Atividades adicionais" são sugeridas para que você coloque suas mãos no processo científico.

Quando estudamos a energia, devemos ter consciência das limitações da ciência. Muitas coisas de grande importância para nós não podem ser estudadas mediante uma abordagem científica, porque essa não é a única via para o conhecimento. A ciência pode se concentrar no *modo* como um fenômeno ocorreu, mas não em *por que* ele ocorreu. À proporção que forem surgindo temas como políticas energéticas e ambientais nos capítulos seguintes, vamos considerar muitas questões ou problemas que se encontram fora da alçada da ciência. Existe claramente uma necessidade de mais pesquisas na área de tecnologia energética, entretanto, quando e como tais descobertas serão aplicadas provavelmente dependerá tanto dos cenários político, social e econômico quanto da ciência e da engenharia. Por exemplo, alguns políticos acreditam que exigir dos carros mais eficiência de consumo e aproveitamento de combustível seria uma ingerência federal na iniciativa privada. Da mesma forma, a escolha de locais para descarte de resíduo altamente radioativo trata-se de uma decisão tão política quanto geofísica.

B. FORMAS DE ENERGIA E SUAS CONVERSÕES

Como mencionamos no Capítulo 1, frequentemente o termo "energia" traz à mente uma ideia vaga de uma usina gerando eletricidade, ou de uma pessoa saltando "cheia de energia" da mesa do café da manhã. Mais corretamente, podemos pensar em energia como aquilo que faz os carros se movimentarem ou que nos fornece luz e calor. Teríamos uma definição melhor de energia se pensássemos nela como a capacidade que alguns materiais têm, sob certas condições, de realizar tarefas úteis. Para que sejamos coerentes com o uso desse termo no restante deste livro, necessitamos de uma definição mais rigorosa. Começaremos identificando os vários tipos ou formas de energia e as suas transformações de uma forma para outra.

Um dos tipos básicos de energia é aquela associada ao *movimento* de um corpo. A esse tipo de energia damos o nome de **energia cinética.** Um carro em movimento ou um eixo rodando têm energia cinética. Existe também a energia associada à *posição* de um corpo, chamada **energia potencial.** Uma mola esticada ou uma bola posicionada sobre uma mesa têm energia potencial. Energias cinética e potencial podem ser classificadas como formas do que chamamos **energia mecânica.** (Expressões sobre essas formas serão dadas adiante, neste capítulo.)

Outras formas de energia são **química**, **nuclear**, **térmica**, **luminosa** (ou **radiante**) e **elétrica**. Combustíveis fósseis e alimentos possuem energia química. A energia encontrada no interior do núcleo atômico é a nuclear. Um corpo aquecido possui energia térmica (uma função de sua massa e sua temperatura). A energia radiante é também chamada radiação eletromagnética, e cobre todo o espectro que vai das ondas de rádio e televisão, passando pela radiação infravermelha e pela luz visível, até os raios X. Normalmente nos referimos à radiação eletromagnética recebida do Sol como energia solar. A energia elétrica é produzida em uma usina elétrica (Figura 2.1) ou na bateria do seu *iPod*[1].

FIGURA 2.1 ESTAÇÃO DE ENERGIA DA KOREA ELECTRIC. COM PRODUÇÃO TOTAL DE 4.000MWE, ESTA ESTAÇÃO É UMA DAS MAIORES E MAIS EFICIENTES (57%) INSTALAÇÕES EM CICLO COMBINADO (TURBINA A GÁS E SISTEMA DE TURBINA A VAPOR DO MUNDO).

GENERAL ELECTRIC POWER SYSTEMS

[1] Optamos por manter o termo original, largamente utilizado no Brasil. (N.T.)

Todos esses tipos de energia são, no nível microscópico, exemplos de energia cinética ou potencial. A energia química armazenada no óleo combustível pode ser considerada energia potencial associada às ligações químicas, que são alteradas ou quebradas durante a combustão. As energias radiante e elétrica podem ser imaginadas como estando relacionadas à energia cinética da luz ou dos elétrons, respectivamente. A energia térmica de um corpo consiste principalmente na soma das energias cinéticas de todas as suas moléculas. Podemos classificar as fontes primárias de energia apresentadas no Capítulo 1 em energia química, nuclear ou radiante. Os "usos finais" da energia – a maneira como vemos a energia sendo utilizada – incluem iluminação, calor, força motriz (movimento), eletricidade e algumas reações químicas. A Tabela 2.1 resume as formas, fontes e usos finais da energia.

TABELA 2.1 FORMAS DE ENERGIA.

Química
Nuclear
Radiante
Térmica
Sonora
Elétrica
Mecânica (cinética, potencial)

Fontes Primárias		Usos Finais
Carvão	Química	Aquecimento
Óleo combustível	Química	Iluminação
Gás natural	Química	Movimento (Força motriz)
Urânio – nuclear		Eletricidade
Sol – radiante/solar		Processos químicos

A transformação da energia das fontes primárias em usos finais ocorre geralmente por meio de um ou mais *processos de conversão de energia.* A energia elétrica não é uma fonte primária, mas o resultado de um processo de conversão iniciado com fontes de energia químicas, nucleares ou solares. Por exemplo, a energia química contida no óleo combustível é convertida em outras formas (térmica, elétrica e/ou mecânica) a partir da combustão. A energia térmica liberada ao se queimar óleo combustível em uma caldeira transforma a água em vapor, o qual movimenta uma turbina conectada a um gerador para produzir energia elétrica.

Outro exemplo de conversão de energia ocorre em uma célula solar. A luz solar que incide sobre uma célula solar (Figura. 2.2) produz eletricidade, que por sua vez pode ser utilizada para movimentar um motor elétrico. A energia é convertida da fonte primária solar em energia elétrica e depois em energia mecânica.

FIGURA 2.2 ILUSTRAÇÃO DAS CONVERSÕES ENTRE DIFERENTES FORMAS DE ENERGIA. AQUI, A ENERGIA DA LUZ SOLAR É CONVERTIDA POR UM PAINEL SOLAR EM ENERGIA ELÉTRICA, QUE É UTILIZADA PARA MOVIMENTAR UM MOTOR.

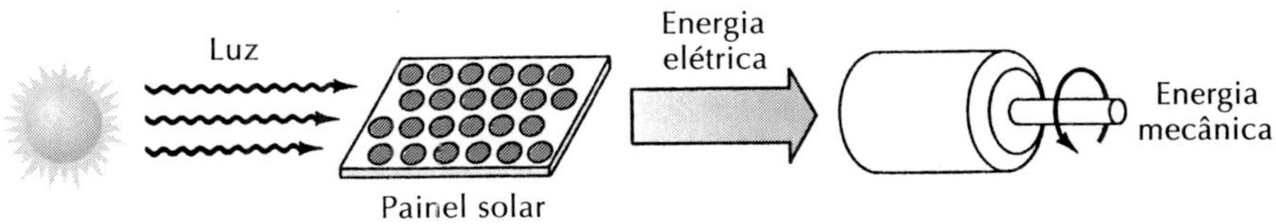

ATIVIDADE 2.1

Forneça exemplos adicionais de dispositivos para ilustrar os processos de conversão de energia encontrados na Tabela 2.2. Esta atividade funciona melhor em pequenos grupos.

Na Tabela 2.2 estão listados vários dispositivos para ilustrar conversões de uma forma de energia em outra. Por exemplo, uma torradeira ilustra a conversão de energia elétrica em térmica; uma bateria converte energia química em elétrica. A energia mecânica de um carro (a parte cinética) é convertida em calor quando os freios são utilizados.

Vamos discutir mais detalhadamente os dois tipos de **energia mecânica (EM)**. A **energia cinética (EC)** é aquela associada ao movimento de um corpo. Exemplos de corpos com energia cinética incluem uma correnteza de água em movimento, um inseto voando no ar, um volante girando e o vento. Água corrente tem energia cinética em razão de seu movimento; a energia pode ser convertida em trabalho útil quando a água se choca com as pás de uma roda-d'água (Figura 2.3). O eixo é movimentado à medida que o ar interage com as lâminas de uma turbina de vento. A energia cinética do vento é convertida em energia cinética do eixo e depois em energia elétrica por meio de um gerador.

A outra forma de energia mecânica é a associada à posição referente a um corpo: é a energia armazenada. A água no topo de uma represa possui **energia potencial (EP)** gravitacional em razão de sua posição em relação à água no fundo da represa. A quantidade de energia potencial gravitacional dependerá da quantidade de água e da sua altura atrás da parede da represa. Existe também energia potencial associada a uma mola comprimida. A energia potencial de um corpo ligado à mola é proporcional ao deslocamento da mola a partir de sua posição de equilíbrio (não comprimida) (Figura 2.4). Você possivelmente ainda se lembra dos brinquedos de corda do seu tempo de criança; a energia potencial armazenada na mola podia ser liberada para as rodas do brinquedo, fornecendo-lhe energia cinética.

TABELA 2.2 CONVERSÕES DE ENERGIA.

Conversão de	Para Química	Para Elétrica	Para Calor	Para Luz	Para Mecânica
Química	alimentos plantas	bateria célula a combustível	fogo alimentos	vela fluorescência	foguete músculo animal
Elétrica	eletrólise galvanização	transistor transformador	torradeira lâmpada térmica vela de carro	lâmpada fluorescente diodo emissor de luz (LED)	motor elétrico relé
Calor	gaseificação vaporização	termopar	bomba de calor trocador de calor	fogo	turbina motor a gasolina motor a vapor
Luz	fotossíntese filme fotográfico	célula solar	lâmpada térmica irradiador solar	laser	abridor de portas fotoelétrico
Mecânica	célula de calor (cristalização)	gerador alternador	freio de fricção	faísca de pedra	volante pêndulo roda-d'água

C. MOVIMENTO

Antes de partir para uma definição mais rigorosa de "energia" e considerar o assunto energia sob a perspectiva da física, você precisa estar familiarizado com o conceito de movimento e suas causas. Nesta seção isso será discutido brevemente e os tópicos serão cobertos mais detalhadamente no fim do capítulo, no Tópico Especial: "Forças e as leis do movimento de Newton".

FIGURA 2.3 DOIS EXEMPLOS ILUSTRANDO A CONVERSÃO DE ENERGIA CINÉTICA (EC) DA ÁGUA OU DO AR EM MOVIMENTO DE UMA RODA-D'ÁGUA OU UMA LÂMINA, QUE PODEM SER UTILIZADAS PARA MOER GRÃOS OU GERAR ELETRICIDADE, RESPECTIVAMENTE. (A) UMA RODA-D'ÁGUA SEMISSUBMERSA. (B) UM GERADOR EÓLICO DE EIXO HORIZONTAL E TRÊS LÂMINAS.

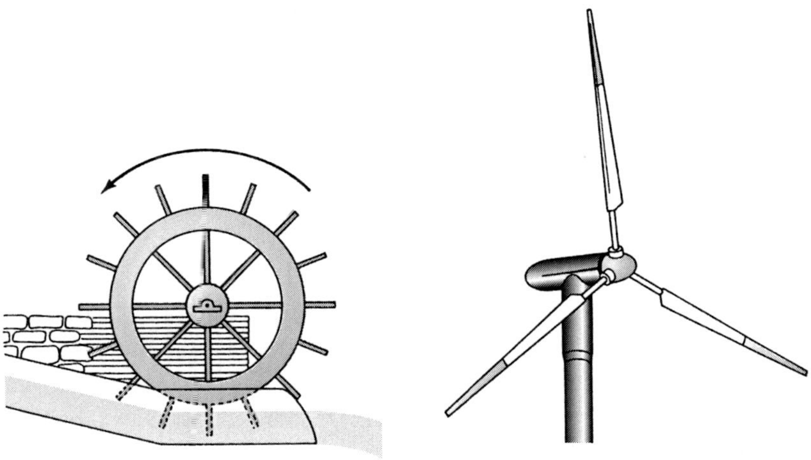

(a) (b)

Um dos termos mais básicos na descrição do movimento é a **rapidez** ou a **velocidade**[2]. A rapidez ou a velocidade de um corpo é igual à distância por ele percorrida dividida pelo tempo que ele levou para percorrê-la. As unidades de velocidade normalmente utilizadas são metros por segundo (m/s), quilômetros por hora (km/h), pés por segundo (ft/s) e milhas por hora (mph). A **velocidade** fornece informação adicional sobre o movimento: sua direção. Nossa velocidade ao andar apressadamente pelo campo pode ser de 1 metro por segundo em direção nordeste. A velocidade é definida como o deslocamento (mudança na posição) dividido pelo tempo de viagem.

[2] Em inglês, há distinção entre os termos *velocity*, no qual a direção do movimento está incluída, e *speed*. Em português, geralmente utilizamos a palavra velocidade para designar tanto o movimento isolado como o movimento em determinada direção. Essa questão é abordada mais detalhadamente no Tópico Especial "Forças e as leis do movimento de Newton", no final deste capítulo. (N.T.)

FIGURA 2.4 EXEMPLOS DE ENERGIA POTENCIAL. (A) A ENERGIA POTENCIAL GRAVITACIONAL DA ÁGUA NO RESERVATÓRIO ATRÁS DA REPRESA É IGUAL AO PESO DA ÁGUA MULTIPLICADO PELA SUA ALTURA ACIMA DA TURBINA. (B) A ENERGIA POTENCIAL DA MOLA COMPRIMIDA É PROPORCIONAL AO QUADRADO DO DESLOCAMENTO X DA MOLA EM RELAÇÃO À SUA POSIÇÃO DE EQUILÍBRIO.

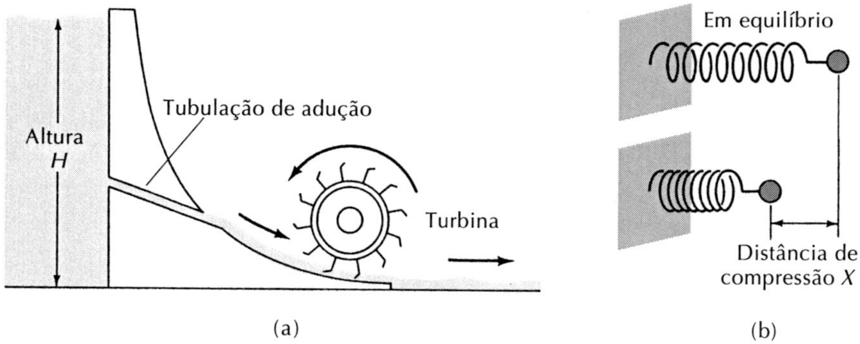

No nosso cotidiano, é mais comum observarmos corpos aumentando ou diminuindo sua rapidez do que seu movimento com rapidez constante. Tais corpos estão acelerando; **aceleração** é a variação da velocidade dividida pelo tempo transcorrido durante essa variação. Se a velocidade do corpo muda a uma taxa constante, tal como aconteceria com uma moeda que cai da sua mesa, sua aceleração é constante. A unidade do Sistema Internacional (SI) para aceleração é m/s^2, pronunciada metros por segundo ou metros por segundo ao quadrado.

Uma **força**, especificamente uma **força líquida** (ou desbalanceada), causa mudança na velocidade de um objeto (por exemplo, para o objeto acelerar). Uma força pode ser definida como a interação de um corpo com outros corpos em seu ambiente, e normalmente assume a forma de um empurrão ou puxão. Essas forças podem ser atuantes a distância (como a força gravitacional entre a Terra e a Lua) ou de contato (como a força que empurra uma caixa). A força líquida é a soma (vetorial) de todas as forças que atuam sobre o corpo. A **segunda lei do movimento de Newton** expressa a relação matemática entre força líquida e aceleração. Ela afirma que a aceleração de um corpo é diretamente proporcional à força líquida que atua sobre ele e inversamente proporcional à massa m do corpo:

$$a = F_{\text{líquida}}/m \quad \text{ou} \quad F_{\text{líquida}} = ma$$

A unidade SI de força é o **newton** (N). Um corpo com uma massa de 1 quilograma (kg) será acelerado em 1 m/s^2 quando se aplicar uma força de 1 N. No sistema inglês de medidas, a unidade de força é a libra (lb). Uma libra é aproximadamente igual a 4,45 N.

EXEMPLO 2.1

Um carro de 2.000 kg é acionado por uma força de 6.000 N em suas rodas. Há também uma força de atrito de 800 N agindo sobre o carro. Qual é a aceleração do carro?

SOLUÇÃO

De acordo com a segunda lei de Newton:

$$a = F_{\text{líquida}}/m = (6.000-800)N/2.000\,kg = 1{,}3\ m/s^2$$

A aceleração somente ocorre se houver ação de uma força líquida sobre o corpo, ou seja, se a soma de todas as forças que atuam sobre o corpo for diferente de zero. Uma das forças mais comuns da natureza é a de atrito, que sempre atua no sentido *oposto* ao do movimento (Figura 2.5). Se um carrinho for empurrado ao longo de um terreno a uma velocidade constante, a força líquida sobre o carrinho deve ser zero (Figura 2.6). Se sua força empurrando o carrinho é de, digamos, 100 N, essa força é equilibrada ou oposta por uma força de atrito de 100 N, de modo que a força líquida é zero. (Note que uma velocidade constante significa que a aceleração é zero.)

FIGURA 2.5 O ATRITO APARECE EM PRATICAMENTE TODAS AS SITUAÇÕES NO MUNDO REAL. PARA ACELERAR UM CORPO, A FORÇA DO EMPURRÃO DEVE EXCEDER A DE ATRITO.

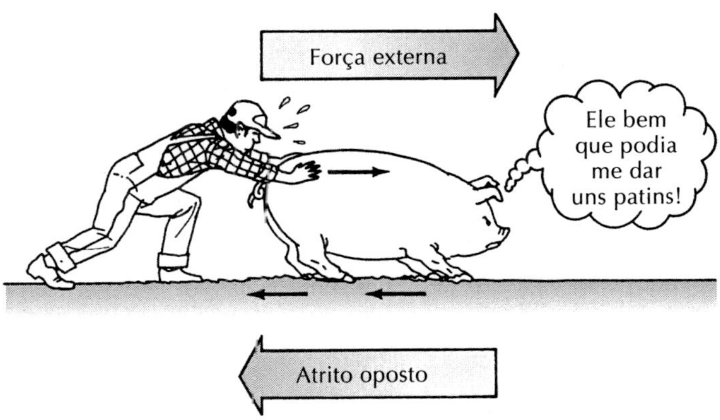

FIGURA 2.6 EMPURRAR UM CARRINHO A UMA VELOCIDADE CONSTANTE SIGNIFICA QUE A FORÇA LÍQUIDA SOBRE ELE (A FORÇA DA PESSOA MENOS A DE ATRITO NOS PNEUS, MENOS A DA GRAVIDADE LADEIRA ABAIXO) DEVE SER ZERO. A ACELERAÇÃO É ZERO.

ROGER HINRICHS

EXEMPLO 2.2

Freios são aplicados num carro de 1.900 kg movendo-se a 80 km/h. Durante 4,0 segundos sua velocidade decresce uniformemente até 30 km/h. Qual é a força líquida agindo sobre o carro?

SOLUÇÃO

Nós sabemos que $F_{\text{líquida}} = ma$. Inicialmente precisamos saber a aceleração (no caso, desaceleração) do carro. Pela definição de aceleração, temos:

a = mudança na velocidade/tempo decorrido = 50 km/h / 4,0 s = 12,5 km/h/s
Usando a Tabela 2.4 podemos verificar que 1 km/h = 0,28 m/s
Assim a = (12,5 km/h/s) x (0,28 m/s) / (1 km/h) = 3,5 m/s^2
Assim, a força líquida é: $F_{\text{líquida}}$ = (1.900 kg) x (3,5 m/s^2) = 6.650 N.
Quais são todas as forças agindo no carro durante esse intervalo?

Como exemplo das leis do movimento de Newton, considere o seguinte: um dos problemas ambientais associados à queima de combustíveis fósseis é a emissão de particulados (partículas de cinzas minúsculas). Sabe-se que essas partículas (cujo tamanho varia entre um milionésimo e cem bilionésimos de metro) são capazes de viajar por centenas de quilômetros antes de cair no solo, dependendo da velocidade do vento (Figura 2.7). Essa mobilidade é um problema por causa do efeito que tais partículas terão sobre a saúde das pessoas que as inalarem. Sua movimentação até grandes distâncias torna-se possível se a força líquida vertical sobre a partícula for zero, ou próxima de zero, e assim há muito pouca aceleração em direção ao solo. A força da gravidade para baixo que atua na partícula é balanceada pela força ascendente de flutuação do ar e pela resistência do ar; dessa forma, as partículas podem ser levadas pelo vento a grandes distâncias.

A segunda lei de Newton diz que a aceleração de um corpo depende tanto da força atuando sobre ele como de sua massa. Por exemplo, se motores idênticos fossem colocados em um Cadillac e em um Dodge Neon[3], a aceleração do Neon seria maior que a do Cadillac, pois a massa do Neon é muito menor, embora a força que atua sobre ambos seja a mesma (ver o exemplo na seção Tópico Especial no fim deste capítulo).

FIGURA 2.7

PARTÍCULAS MINÚSCULAS (PARTICULADOS OU SULFATOS) EMITIDAS PELAS CHAMINÉS DE INDÚSTRIAS E USINAS TERMELÉTRICAS PODEM TER FORÇAS VERTICAIS LÍQUIDAS IGUAIS À ZERO. ASSIM, ELAS PERMANECEM SUSPENSAS POR LONGOS TEMPOS E PODEM CONTRIBUIR PARA A POLUIÇÃO A CENTENAS DE QUILÔMETROS NA DIREÇÃO DO VENTO.

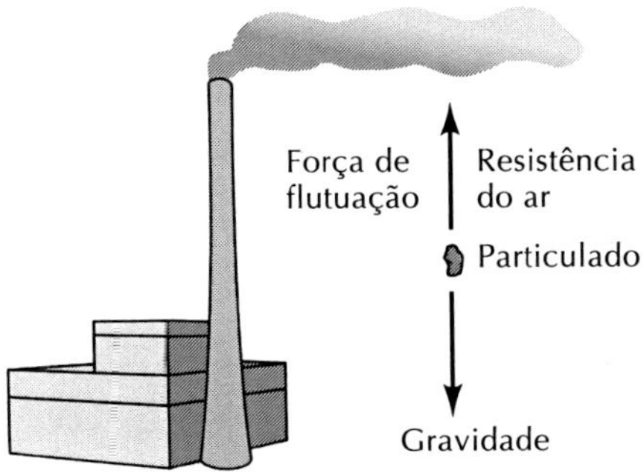

ATIVIDADE 2.2

Você pode estudar forças e a segunda lei de Newton com a seguinte atividade:

(a) Prenda um elástico em uma caixa de sapatos, em um pote de isopor, ou em uma forma de alumínio, de modo que essa peça possa ser puxada sobre uma mesa. Meça quanto o elástico se estira (comprimento final menos comprimento inicial) para movimentar a peça a uma velocidade constante com um peso dentro dela. Determine essa medida com a caixa em movimento, não logo que ela comece a se mover. (Por que se deve manter a velocidade constante?) Coloque mais pesos dentro da peça e repita o experimento. Proponha uma relação entre o estiramento do elástico e o peso da peça.

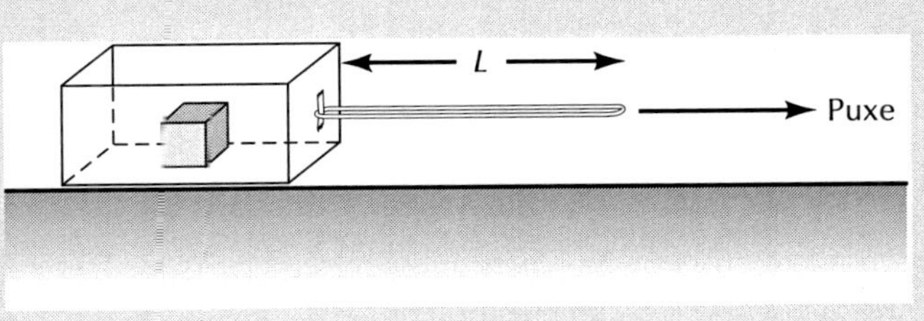

(b) Coloque alguns lápis ou varetas cilíndricas sob a peça e repita o experimento. Compare os resultados com os da parte (a).

[3] A ideia do autor é comparar um carro grande e pesado (Cadillac) com um carro médio (Neon). (N.T.)

EXEMPLO 2.3

Uma emissão de particulados é formada por partículas de tamanho médio que têm uma velocidade vertical constante de 0,3 m/s. Se elas são emitidas por uma chaminé com altura de 200 m e há um vento de 15 km/h, qual a distância percorrida pela partícula até pousar na terra?

SOLUÇÃO

O tempo que a partícula levará para pousar no solo é:

$$\text{Tempo} = \frac{\text{distância}}{\text{velocidade vertical}} = \frac{200\text{ m}}{0{,}3\text{ m/s}} = 667\text{ s} = 0{,}19\text{ h}$$

Nesse período, a partícula terá coberto uma distância horizontal de:

$$d = vt = 15\text{ km/h} \times 0{,}19\text{ h} = 2{,}8\text{ km, graças ao vento.}$$

TABELA 2.3 NOVA FROTA DE CARROS DE PASSAGEIROS: CARACTERÍSTICAS MÉDIAS.

Caraterísticas	1975	1987	2009
Peso (lb)	4.060	3.220	3.600
Potência (hp)	137	118	200
Tempo para ir de 0 a 60 (segundos)	14,1	13,1	10,0
Milhas por galão (combinação cidade/estrada)	13,1	22,1	24,2
Porcentagem de caminhões, vendas de utilitários esportivos	19%	28%	48%

Fonte: Departamento de Transportes dos Estados Unidos.

CUSTOS DE COMBUSTÍVEL EM ALGUNS PAÍSES

País	Custo da gasolina (centavos de dólares por galão)
Holanda	487
Alemanha	456
França	427
Itália	410
Reino Unido	407
Japão	249
Estados Unidos	39

Fonte: Federal Highway Administration, 2009.

Ao dirigir em uma cidade, com um trânsito congestionado ("anda e para"), queimamos mais combustível do que quando percorremos uma distância equivalente em uma estrada livre. Na condução urbana, frequentemente, devemos acelerar a partir do repouso, o que requer uma força líquida atuando sobre o carro. Enquanto o consumo de gasolina se manteve praticamente constante durante as últimas décadas, houve grande melhora com relação à década de 1970 e período anterior como resultado de uma série de fatores. A mudança mais importante foi a diminuição da massa dos carros, e não a produção de motores mais eficientes ou uma aerodinâmica melhor. O Foco em 2.1 explica alguns dos fatores que determinam a eficiência do combustível.

Uma exceção quanto à eficiência de combustível na cidade e nas estradas é o carro híbrido, introduzido no mercado em 1999 pela Honda e pela Toyota (Figura 2.9), mas agora produzido por quase todas as montadoras. Esse veículo tem um pequeno motor convencional a gasolina e um motor elétrico de corrente contínua alimentado por baterias. Quando as baterias estão suficientemente carregadas, elas produzem a potência desejada, principalmente em baixas velocidades. O carro híbrido apresenta melhor desempenho no trânsito variável da cidade do que nas estradas (51 mpg na cidade e 48 mpg nas estradas, no caso do Toyota Prius). O gerador elétrico age como motor durante as freadas e desacelerações, carregando, assim, as baterias. O Capítulo 10 discutirá o carro totalmente elétrico (EV, do inglês *electric vehicle*) cuja eficiência energética é medida em outras unidades diferentes da mpg.

FIGURA 2.8 O Toyota Prius híbrido faz 51 mpg na cidade e 48 mpg nas estradas.

D. ENERGIA E TRABALHO

A partir da introdução às formas de energia e ao movimento, vamos agora apresentar uma definição de energia. **Energia é definida como a capacidade de realizar "trabalho"**. Embora a palavra trabalho possa trazer à mente vários significados em áreas como literatura e biologia, em física **trabalho** é definido como *o produto de uma força pela distância ao longo da qual essa força age.* Se você empurra este livro ao longo da mesa, uma força está sendo aplicada. O trabalho realizado sobre um corpo (tal como o livro) é igual à força aplicada multiplicada pela distância ao longo da qual aquele corpo se movimenta na direção da força. Isso pode ser expresso pela fórmula

$$\text{Trabalho} = \text{força} \times \text{distância}$$
$$W = F \times d$$

Segundo essa definição, nenhum trabalho é feito se o corpo no qual a força é aplicada não se move, não importa com quanta força você o empurre ou puxe.

FOCO EM 2.1

PERDAS DE ENERGIA EM UM CARRO

A eficiência global do combustível em automóveis é uma função de dois fatores; eficiência do motor (chamada eficiência térmica – ou quanto da energia química do combustível é convertido em trabalho para mover os pistões) e eficiência mecânica, que é a fração do trabalho realizado pelo motor que realmente serve para mover o veículo. Isso inclui perdas aerodinâmicas e por atrito dentro do motor. Hoje, a eficiência térmica da gasolina comum (ver Capítulo 4) está por volta de 38%. A eficiência mecânica em velocidades de cruzeiro é de aproximadamente 50%.

A força líquida sobre um automóvel em movimento é igual à diferença entre a força fornecida pelo motor e as forças de atrito devidas ao arraste de ar, resistência à rolagem dos pneus e atrito no interior do motor. Isso pode ser escrito como

$$F_{\text{líquida}} = F_{\text{motor}} - F_{\text{atrito}} = ma$$

Quando um carro se desloca em uma pista plana a uma velocidade constante, a $F_{\text{líquida}}$ é igual a zero, pois a aceleração é zero.

As perdas por atrito dentro do motor são muito maiores em baixas velocidades, ao passo que o arraste de ar aumenta com o quadrado da velocidade, ou seja, o arraste de ar a 60 mph será quatro vezes maior que a 30 mph. A Figura 2.9 mostra a eficiência do combustível em milhas por galão, MPG, em função da velocidade do carro. A velocidade de cruzeiro mais eficiente é por volta de 40 mph a 50 mph. A eficiência de combustível cai em velocidades mais altas em virtude do arraste de ar.

Aproximadamente dois terços de todo o uso de petróleo dos Estados Unidos são para transporte (ver Figura 7.7). A eficiência de combustível dos novos carros cresceu constantemente durante a década de 1980 e estabilizou-se ao longo dos últimos 20 anos (ver Tabela 2.3). Porém, a quantidade total de petróleo utilizado em transporte tem aumentado, pois há mais carros e mais quilômetros percorridos por carro do que no passado.

FIGURA 2.9 (A) CONSUMO DE GASOLINA EM FUNÇÃO DA VELOCIDADE DE UM CARRO. (Fonte: Oak Ridge National Laboratory Energy Data Book, 2003)

(B) PERDAS DE ENERGIA EM UM CARRO (MÉDIA PONDERADA DE VENDAS) EM VELOCIDADES DE CRUZEIRO (A EFICIÊNCIA DO MOTOR NÃO ESTÁ INCLUÍDA). (Fonte: Annual Review of Energy, v. 19)

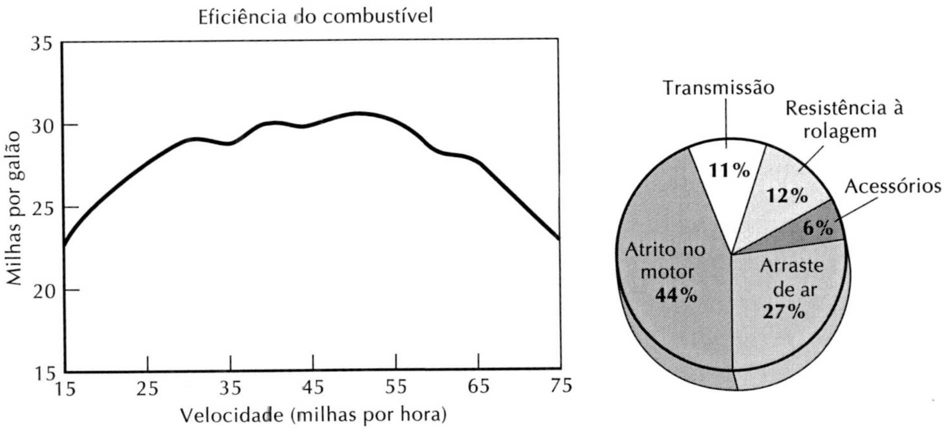

(a) (b)

Em 1975, o Congresso americano aprovou padrões de economia de combustível (Corporate Average Fuel Economy – CAFE) que determinam valores mínimos de economia média de combustível para os fabricantes de carros. Esse mínimo foi de 13,8 mpg, em 1975, a 27,5 mpg, na década de 1980, mas continuou nesse valor. Tal valor, no entanto, só se aplica a carros, não a caminhões leves, *vans* e utilitários esportivos. Para esses veículos os padrões ficaram em 20,7 mpg por cerca de 20 anos, e apenas em 2008 foram aumentados para 22,2 mpg. Grandes modificações foram feitas em 2010 para reduzir a emissão de gases estufa e aumentar a eficiência energética dos veículos. O valor médio da frota de carros e caminhões leves precisa ser 34,1 mpg em 2016. Isso representa 33,3 mpg para carros e 25,4 mpg para caminhões leves nos modelos 2012. Como a venda de tais veículos cresceu sensivelmente nos últimos 20 anos, chegando a corresponder a aproximadamente metade do mercado americano de veículos leves, a eficiência global caiu em relação ao seu pico em 1988. Aumento do peso e aumento da potência dos veículos leves contribuíram para esse comportamento.

O uso de gasolina por pessoa nos Estados Unidos é maior do que em todos os outros países, e um dos motivos é o preço comparativamente baixo do combustível. Os fabricantes de automóveis americanos argumentaram que um aumento das taxas seria mais eficaz que padrões mais altos de eficiência, para reduzir o consumo de gasolina.

Para olharmos o trabalho e a energia de outra forma, podemos dizer que **a consequência de se realizar trabalho sobre um corpo é fornecer-lhe energia.** Se você aplicar uma força em um carrinho e movimentá-lo por uma certa distância sobre uma superfície plana, o trabalho foi feito e o carrinho adquiriu energia cinética. Quando um corpo é elevado até uma certa altura, o trabalho foi realizado para aumentar a energia potencial gravitacional do corpo. A distância ao longo da qual a força age é a altura a que o corpo foi elevado.

As unidades tanto de energia como de trabalho são aquelas de força e distância. No sistema SI, isso é expresso em newtons vezes metros, ou joules (J). (Um newton multiplicado por um metro é igual a um joule. Um joule equivale aproximadamente à energia potencial de uma maçã que está um metro acima do chão.) No sistema inglês, as unidades são libras vezes pés, ou libras-pé (ft-lb); 1ft-lb ≈ 1,4 joules. Veja na Tabela 2.4 um resumo das unidades em mecânica. (Outras unidades de energia são discutidas na seção F do Capítulo 3 e apresentadas na Tabela 3.4.)

EXEMPLO 2.4

Um homem empurra uma caixa ao longo do chão, exercendo uma força de 150 N sobre ela na direção do movimento. Se a caixa é movida por 3 m, quanto trabalho (W) o homem realizou?

SOLUÇÃO

$$W = F \times d = 150\ \text{N} \times 3\ \text{m} = 450\ \text{J}$$

TABELA 2.4 UNIDADES EM MECÂNICA.

Quantidade	SI	Inglês	Conversões
Velocidade	m/s	ft/s	1 ft/s = 0,305 m/s 1mph = 0,447 m/s 1 km/h = 0,28 m/s
Aceleração	m/s^2	ft/s^2	1 ft/s^2 = 0,305 m/s^2
Força	newton (N)	lb	1 lb = 4,45 N
Energia	joule (J)	ft-lb	1 ft-lb = 1,356 J
Potência	watt (W)	ft-lb/s, hp	550 ft-lb/s = 1 hp = 746 W

Trabalho é uma forma de se transferir energia a um corpo. Se empurrarmos um corpo ladeira acima a partir do repouso, estamos realizando trabalho para lhe fornecer tanto energia cinética como energia potencial gravitacional. O trabalho foi feito para aumentar a energia mecânica do corpo. Podemos escrever essa afirmação como uma equação

$$W = \Delta(\text{EC} + \text{EP})$$

O Δ (delta) nessa expressão significa "uma variação de". A energia mecânica – energia cinética mais potencial – do corpo (nosso sistema) aumentou pela quantidade de trabalho realizado.

Voltemos agora a outras formas de energia. Na seção "Formas de energia e suas conversões", vimos que a energia térmica (ET) de um corpo é função de sua temperatura. ET é a energia interna de um corpo e igual à soma de todas as energias microscópicas das moléculas que compõem tal corpo. Podemos alterar a energia térmica de um corpo esfregando-o em uma superfície rugosa. Se você movimentar um bloco de madeira para a frente e para trás sobre uma superfície plana, as energias cinética e potencial não são alteradas (a velocidade permanece aproximadamente constante), mas o trabalho foi realizado. O que ocorre é que a temperatura do bloco está aumentando, de forma que sua ET está variando. Como resultado, temos de adicionar um termo de energia térmica à nossa expressão de trabalho:

$$W = \Delta(\text{EC} + \text{EP} + \text{ET})$$

No parágrafo anterior, se houvesse atrito na ladeira, parte do trabalho realizado sobre o corpo serviria para aumentar sua energia térmica.

Outra maneira de se transferir energia a um sistema é pela adição de calor. (Isso será discutido mais detalhadamente no Capítulo 4.) O bloco de madeira no parágrafo anterior poderia ter sua energia térmica aumentada se fosse colocado em contato com um corpo muito quente: o calor vai fluir do corpo quente para o bloco mais frio. **Calor é a energia transferida como resultado da diferença de temperatura entre dois corpos.** Note a diferença entre calor e energia térmica: um corpo nunca contém calor; mas, sim, energia térmica.

Juntando essas duas ideias, dizemos que a energia térmica de um corpo pode ser alterada pela realização de trabalho W ou pela adição de calor Q. Nossa equação básica de energia torna-se agora:

$$W + Q = \Delta(\text{EC} + \text{EP} + \text{ET})$$

(Trabalho e calor também podem alterar a energia elétrica ou química de um sistema; portanto, tais termos poderiam ser adicionados a essa equação de energia, mas vamos ignorá-los agora para simplificar.)

Resumindo essa equação, a energia total de um sistema pode ser aumentada pela realização de trabalho sobre ele ou pela adição de calor. Essa relação é conhecida como a **primeira lei da termodinâmica**.

E. EXEMPLOS DE TRABALHO E ENERGIA

Vamos agora aproximar os conceitos de energia e trabalho que discutimos até aqui. O trabalho é realizado pela aplicação de uma força sobre um corpo ao longo de uma distância e fornece a este mais energia. Inversamente, a energia é a capacidade de realizar o trabalho. Consideremos dois exemplos de trabalho e energia mecânica:

1. Um corpo em movimento possui EC e pode exercer uma força sobre outro corpo, levando-o a se movimentar, portanto, realizando trabalho. Por exemplo, um projétil em movimento pode embutir-se em um bloco de madeira, fazendo-o se movimentar. Energia é a capacidade de realizar trabalho.
2. Se estivermos empurrando um bloco sobre uma superfície horizontal a uma velocidade constante, a energia cinética permanece invariável. Como não há aceleração, a força líquida atuando sobre o bloco deve ser zero. Isso significa que a força que estamos aplicando é contrabalanceada pela força de atrito. Entretanto, realizamos o trabalho, pois aplicamos força ao longo de uma distância. Nosso trabalho gera calor como resultado do atrito entre o bloco e a superfície. A ET do bloco e da superfície aumentou na medida em que a temperatura subiu. Nós podemos dizer que, produzindo trabalho, demos energia ao bloco e ao ambiente.

Conforme introduzimos anteriormente, a energia potencial gravitacional (EPG) é resultante da altura relativa de um corpo. É energia armazenada. Quando um corpo é elevado a uma determinada altura, um trabalho foi realizado sobre ele para lhe dar energia potencial gravitacional. Uma força é necessária para levantar um corpo contra a força gravitacional que atua sobre ele. A força da gravidade sobre um corpo é igual ao peso do corpo, mg, em que g é a aceleração referente à gravidade, 9,8 m/s^2 ao nível do mar. O corpo ganha uma quantidade de energia potencial gravitacional igual ao seu peso multiplicado pela altura vertical h à qual o corpo foi elevado.

$$PE_G = \text{peso} \times \text{altura} = mgh$$

Note que a "altura" h nessa expressão não é um número absoluto (tal como a elevação acima do nível do mar), mas uma distância vertical medida a partir de um determinado ponto de referência. Por exemplo, a água contida em uma represa (ver Figura 2.10) possui uma certa quantidade de energia potencial (energia armazenada), relacionada com a diferença entre os níveis superior da água e o do fundo da represa. A altura h é a distância vertical do nível da água represada pela barragem, medida a partir do fundo da represa.

FIGURA 2.10 A REPRESA ROSS, NO OESTE DAS CASCADE MOUNTAINS (WASHINGTON). NA PARTE DE BAIXO DA BARRAGEM ESTÁ A CASA DE MÁQUINAS, NA QUAL A ÁGUA MOVIMENTA TURBINAS PARA GERAR ELETRICIDADE.

CORTESIA DE SEATTLE CITY LIGHTS

EXEMPLO 2.5

Quanta energia potencial têm 10.000 kg de água (aproximadamente 10 m³ ou 2.600 gal) contidos em uma represa, se a queda-d'água antes de atingir as pás de uma turbina é de 20 m?

SOLUÇÃO

PE_G = peso × altura = 10^4 kg × 9,8 m/s² × 20 m = 196 × 10^4 J. (Isso equivale à energia contida em aproximadamente 1/50 de um galão de gasolina.)

A energia associada ao movimento é chamada **energia cinética.** Um corpo em repouso não possui energia cinética. A expressão para essa EC de um corpo em movimento é:

$$EC = 1/2\, mv^2$$

em que m é a massa do corpo e v é a sua velocidade. A energia cinética de uma pessoa com 60 kg andando à velocidade de 1 m/s é $1/2mv^2 = 1/2\ (60)(1)^2 = 30$ J. Qual seria a energia cinética da mesma pessoa praticando *jogging*?

EXEMPLO 2.6

Qual é a energia cinética de 1 kg de ar (cerca de 1 m^3) movendo-se a 15 m/s (cerca de 32 mph)?

SOLUÇÃO

A expressão para energia cinética é 1/2 mv^2, portanto

$$EC = \frac{1}{2} \times 1 \text{ kg} \times (15 \text{ m/s})^2 = 112 \text{ J}$$

Um dos problemas de se gerar eletricidade com o vento é a baixa densidade (massa por volume) do ar. Um volume equivalente de água com a mesma velocidade teria aproximadamente 1.000 vezes mais energia.

F. POTÊNCIA

Outro conceito básico da mecânica da energia é a "potência". **Potência** é a taxa com que se realiza trabalho, ou a taxa com que a energia é produzida, utilizada ou transferida.

$$\text{Potência} = \frac{\text{trabalho realizado}}{\text{tempo gasto}} = \frac{\text{energia utilizada}}{\text{tempo gasto}}$$

À medida que levanta um bloco do chão até uma mesa, você realiza trabalho sobre o bloco, já que está aplicando uma força ao longo de uma distância. A mesma quantidade de trabalho é realizada sobre o bloco, não importando se você gastou um segundo ou uma hora para efetuar a tarefa; porém, a potência que você forneceu não será a mesma em diferentes intervalos de tempo. Mais potência é necessária para realizar a tarefa no menor intervalo de tempo.

A unidade de potência é a unidade de energia dividida pela unidade de tempo. Em unidades SI, isso é joule/segundo, que recebe o nome de watt (abreviado por W).

$$1 \text{ watt} = \frac{1 \text{ joule}}{1 \text{ segundo}}$$

EXEMPLO 2.7

Se levarmos 2 s para levantar um bloco de 8 kg a uma altura vertical de 1 m, qual é a potência dispendida?

SOLUÇÃO

$$\text{Potência} = \frac{\text{trabalho}}{\text{tempo}} = \frac{\text{peso} \times \text{altura}}{\text{tempo}} = \frac{8 \text{ kg} \times 9{,}8 \text{ m/s}^2 \times 1 \text{ m}}{2 \text{ s}} = 39 \text{ W}$$

Como o watt é uma unidade relativamente pequena de potência, normalmente utilizamos o quilowatt, em que 1 quilowatt (kW) = 1.000 watts (W). No sistema inglês de unidades, a unidade de potência é ft-lb/s. De forma semelhante, uma unidade maior, chamada cavalo-vapor (hp), é frequentemente usada no sistema inglês, em que 1 hp = 550 ft-lb/s. Note que 1 hp = 746 W (ver Tabela 2.4). Muitas vezes, ao trabalharmos com energia e potência, temos de efetuar conversões de unidades, como ilustrado no exemplo seguinte.

EXEMPLO 2.8

Para chegar ao topo do Muir Pass nas montanhas da Sierra Nevada, na Califórnia, Roberto subiu 2.000 ft (verticalmente) em 2,5 horas. Qual foi a potência média gasta por ele em watts? O peso de Roberto com sua mochila era 180 lbs.

SOLUÇÃO

$$\text{Potência} = \text{trabalho/tempo} = \text{peso} \times \text{altura vertical/tempo}$$

Convertendo ao sistema de unidades SI:

$$\text{Potência} = (180\ \text{lbs} \times 4{,}45\ \text{N/lb}) \times (2.000\ \text{ft} \times 0{,}305\ \text{m/ft}) / (2{,}5\ \text{h} \times 3.600\ \text{s/h}) = 54\ \text{W}$$

Podemos rearranjar a equação de potência para:

$$\text{Energia usada} = \text{potência} \times \text{tempo de uso}$$

ATIVIDADE 2.3

Você pode determinar seu próprio nível de potência, numa determinada situação, medindo o tempo que leva para subir um lance de escadas. O trabalho realizado é igual ao seu peso multiplicado pela altura na qual você se movimentou, e a potência será o trabalho dividido pelo tempo gasto. Não espere que sua potência seja maior do que aproximadamente 0,5 hp. (Por que não é importante calcular seu ganho em energia cinética?)

Esse rearranjo é especialmente útil para se encontrar a energia usada em uma determinada conversão quando a potência despendida é conhecida. Sua conta de eletricidade é uma cobrança pelo seu gasto de energia, não pela potência. Você deve saber qual é o tempo de operação do aparelho e qual é a sua potência nominal para calcular o custo de utilização de um eletrodoméstico, que é igual à energia usada multiplicada pelo custo por quilowatt-hora (a energia elétrica é normalmente expressa em unidades de quilowatt-hora; abreviação: kWh), como ilustrado no próximo exemplo.

ATIVIDADE 2.4

Pegue a conta de energia elétrica de sua casa ou apartamento e verifique o valor total e o preço por kWh. Os preços variam em diferentes horas do dia ou da noite? A conta divide o custo em distribuição e geração? Quanta energia elétrica foi utilizada por pessoa em sua casa no mês passado? Qual item, na sua opinião, tem a maior contribuição no total de sua conta?

EXEMPLO 2.9

Um aquecedor elétrico tem uma potência nominal de 1.500 W (1,5 kW). Se o aquecedor permanecer ligado por 6 horas e o custo da eletricidade for de R$ 0,12/kWh, qual será o gasto na utilização por esse período de tempo?

SOLUÇÃO

Como energia usada = potência × tempo de uso, a energia utilizada = 1,5 kW × 6 h = 9 kWh. O custo é igual a 9 kWh × $ 0,12/kWh = $ 1,08.

A potência média despendida por pessoa nos Estados Unidos é de aproximadamente 12 kW. Isso é calculado da seguinte forma: o consumo anual de energia nos Estados Unidos é cerca de 100×10^{15} Btu/ano = 105×10^{18} J/ano. O consumo médio anual de energia *per capita* é então

$$\frac{105 \times 10^{18} \text{ J/ano}}{310.000.000 \text{ pessoas}} = 3{,}39 \times 10^{11} \text{ J/pessoa/ano}$$

FOCO EM 2.2

O USO DA ENERGIA NA ÍNDIA

Em anos recentes, reformas econômicas na Índia, como a privatização de muitas indústrias e o relaxamento das restrições aos investimentos estrangeiros, ajudaram a duplicar a taxa de crescimento do PIB para aproximadamente 8% ao ano. O uso comercial e industrial da energia tem tido um crescimento de 6% ao ano (Figura 2.11). No entanto, o uso de energia *per capita* é apenas um quarto da média mundial e 8% daquele da América do Norte. As principais fontes de energia utilizadas atualmente são a biomassa (madeira, esterco) e carvão; o óleo combustível, 75% do qual é importado, fornece um quarto da matriz energética.

O aumento no uso de energia e uma taxa de crescimento populacional de 1,5% ao ano continuam a causar mudanças no meio ambiente. O acesso à água tratada e ao saneamento básico, tanto nas áreas rurais como urbanas, e os níveis crescentes de poluição nas grandes cidades são motivo de muita apreensão. A poluição atmosférica em algumas das maiores cidades indianas está entre as piores do mundo, principalmente por causa dos veículos comerciais. Cerca de 70% da energia elétrica da Índia é gerada por carvão altamente poluidor. O desafio-chave energético da Índia hoje é evitar que restrições no fornecimento de energia comprometam o crescimento econômico.

Alguns pontos interessantes a respeito do uso da energia na Índia:

- Combustíveis de biomassa fornecem aproximadamente um quarto das necessidades energéticas da Índia.
- O uso de eletricidade tem crescido cerca de 7% ao ano desde 1970. Em razão de atrasos em aprovações regulatórias e obtenção de financiamentos adequados, os aumentos anuais na produção não têm sido capazes de suprir a demanda, levando a cortes no suprimento.
- Dois terços dos indianos vivem em áreas rurais.
- A Índia tem o maior programa mundial de cozimento de alimentos por energia solar.
- Enquanto 90% da população urbana tem acesso à eletricidade, somente 50% na área rural tem, ou seja, há 350 milhões de pessoas sem acesso.
- A Índia é o quinto maior produtor mundial de energia eólica.
- A Índia mais do que triplicou sua produção de alimentos desde 1950 (em grande parte em virtude do uso de grão de alto rendimento), superando o crescimento populacional.

FIGURA 2.11 VISUAL MODERNO DA ÁREA COMERCIAL DE NOVA DÉLI.

Como 1 ano = $3{,}16 \times 10^7$ s, a potência média *per capita* nos Estados Unidos é

$$\frac{3{,}39 \times 10^{11}\ \text{J/pessoa/ano}}{3{,}16 \times 10^{7}\ \text{s/ano}} = 10{,}7 \times 10^{3}\ \text{W/pessoa} = 11\ \text{kW/pessoa}$$

Esse número vem não só do uso de energia individual, mas também de uma parcela referente ao ar-condicionado de *shopping centers*, à produção de aço e alumínio, à iluminação de escritórios, e assim por diante. Os Estados Unidos têm um dos mais elevados usos de energia *per capita* do mundo, assim como um dos maiores padrões de vida, sob a ótica econômica. Na maioria dos países, melhores padrões de vida, medidos pelo produto interno bruto (PIB) *per capita*, são acompanhados por níveis mais altos de consumo de energia *per capita*, conforme mostrado na Figura 2.12, a seguir. Alguns países, no entanto, têm um PIB *per capita* alto, mas um consumo energético *per capita* sensivelmente mais baixo (ver Questão 7). O consumo de potência médio *per capita* é de 6 kW na Suíça e 5 kW no Japão, países que têm aproximadamente o mesmo padrão de vida que os Estados Unidos, e na Índia é de aproximadamente 0,5 kW. Um dos problemas apresentados ao final deste capítulo solicita o cálculo da potência média despendida *per capita* no mundo.

A taxa de produção de energia elétrica em uma usina elétrica é potência elétrica expressa em watts. Uma usina moderna produz eletricidade a uma taxa de aproximadamente 1 bilhão de watts, ou mil megawatts (1.000 MWe, em que o "e" significa potência de saída elétrica[4], e não potência de saída térmica). Note que o valor não é expresso em MW/s, pois a unidade watt já inclui o tempo, como J/s. Os Estados Unidos têm o equivalente a 960 usinas de 1.000 MWe , ou 3,2 usinas para cada milhão de habitantes. Na Espanha, esse número é 1,8; no Brasil, 0,50; na China, 0,40 e na Nigéria, 0,045.

FIGURA 2.12 COMPARAÇÃO DO USO DE ENERGIA *PER CAPITA VERSUS* PIB *PER CAPITA* PARA VÁRIOS PAÍSES, EM 2008. 1 TEP (TONELADA EQUIVALENTE DE PETRÓLEO) = 40 MBTU = 42 GJ.
(Fonte: British Petroleum.)

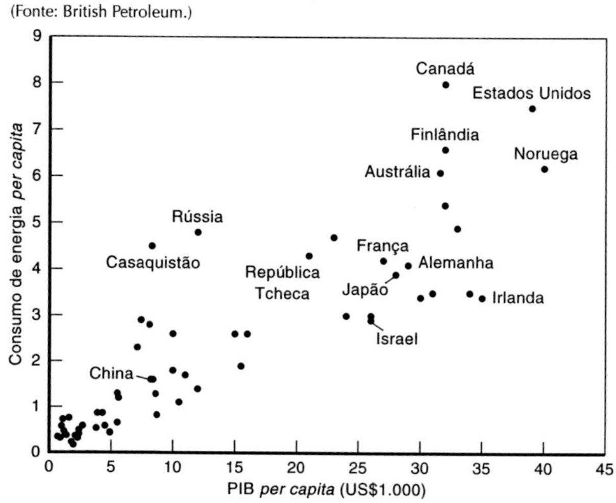

[4] No original, *electrical power output*. (N.T.)

Um exemplo de potência elétrica obtida de uma fonte renovável é a energia hidrelétrica[5]. Atualmente, ela atende a 9% da demanda de eletricidade dos Estados Unidos. Usinas hidrelétricas geram, nos Estados Unidos, tanta potência quanto 80 grandes usinas movidas a carvão (1.000 MWe). Em razão do custo zero de combustível, a energia hidrelétrica é utilizada sempre que disponível. A maior usina hidrelétrica dos Estados Unidos é a Represa Grand Coulee, no Estado de Washington, com uma capacidade de 6.500 MWe e uma altura de 168 m. A maior usina hidrelétrica em operação no mundo é a usina Three Gorges (Três Gargantas) na China com uma capacidade de 18.000 MW e que entrou em operação em 2009. A energia hidrelétrica será discutida mais detalhadamente no Capítulo 12.

G. RESUMO

Neste capítulo, definimos e ilustramos os conceitos fundamentais de trabalho e energia. Trabalho é o produto de uma força aplicada multiplicada pela distância ao longo da qual essa força atua. A execução de um trabalho dá energia a um objeto (ou ao meio ambiente). A energia pode ser encontrada sob muitas formas (mecânica, térmica, elétrica, radiante, química, nuclear) e é a capacidade de se realizar trabalho. A energia mecânica é a soma da energia cinética de um corpo e sua energia potencial. O estudo da energia inclui a observação de suas transformações de uma forma para outra, como, por exemplo, de energia mecânica para elétrica e para térmica. Isso será examinado mais detalhadamente no próximo capítulo.

COMO VOCÊ ESCOLHERIA? – REVISITADO

Conversões de Energia
A compreensão da energia exige que você seja capaz de acompanhar as suas diferentes conversões, de uma forma para outra, que ocorrerão em diferentes equipamentos. Isso será importante quando se discutir a eficiência das conversões de energia no próximo capítulo. Depois de ter lido este capítulo, você pretende manter sua escolha do carro híbrido ou a da usina hidrelétrica para ilustrar as conversões de energia? Por quê?

[5] No original, *hydropower*. Optamos por traduzir como "energia hidrelétrica", um termo bem mais familiar ao leitor brasileiro. (N.T.)

QUESTÕES

1. Enumere as conversões de energia que ocorrem quando: (a) anda-se de bicicleta e (b) usa-se um moinho de vento para bombear água.
2. Discuta os tipos de transformação de energia envolvidos em cada um destes dispositivos ou eventos:
   (a) Riscar um palito de fósforo
   (b) Moinho de vento
   (c) Uma bola rolando sobre uma mesa e quicando no chão até parar
   (d) Microfone
   (e) Lanterna a pilhas
3. Enumere cinco diferentes tipos de energia. Dê um exemplo de conversão de cada um desses tipos para outro.
4. Consulte a discussão sobre perdas de energia em um carro. Quais seriam algumas maneiras de se aumentar a economia de combustível em um carro?
5. O que ocorre com a energia cinética de um carro quando ele rola, inclina e para?
6. Discuta a transformação da energia potencial da água armazenada em uma represa à medida que ela escoa através de um tubo no fundo para movimentar uma turbina geradora.
7. Por que existe uma grande diferença de consumo de energia *per capita* entre os Estados Unidos (ou Canadá) e os países europeus (veja a Figura 2.12)? Responda à mesma questão para os países do Leste Europeu e outros em desenvolvimento (veja a Figura 2.13).

FIGURA 2.13 COMPARAÇÃO DO USO DE ENERGIA *PER CAPITA VERSUS* PIB *PER CAPITA* EM VÁRIOS PAÍSES EM DESENVOLVIMENTO NO ANO DE 2003. 1 TEP (TONELADA EQUIVALENTE DE PETRÓLEO) = 40 MBTU = 42 GJ. NOS VALORES DE CONSUMO ESTÃO INCLUÍDOS OS COMBUSTÍVEIS COMERCIAIS E TRADICIONAIS (BIOMASSA, ESTERCO). (Fonte: British Petroleum.)

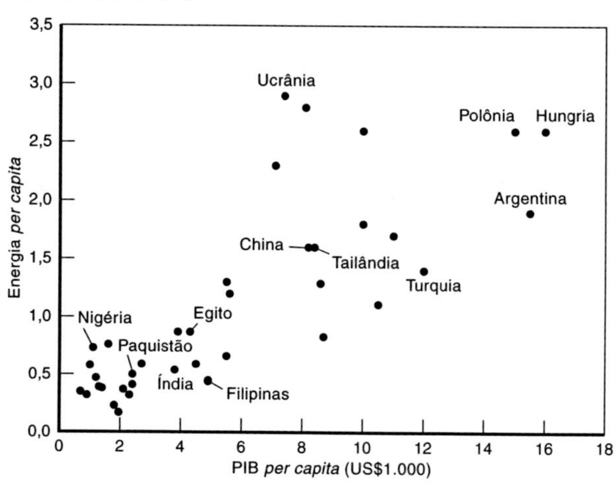

8. Um carro acelera de 30 mph para 40 mph. Forneça uma expressão para a força líquida que causa essa aceleração no que se refere a forças que atuam sobre o carro. Como varia essa expressão quando o carro está se movimentando a uma velocidade constante de 40 mph?
9. Se a aceleração de um corpo não é zero, a velocidade desse corpo pode ser zero?
10. Se uma força líquida constante diferente de zero é aplicada a um corpo, o que você pode dizer sobre a velocidade e a aceleração desse corpo?
11. Trabalho é expresso como força multiplicada pela distância. Há um ganho de energia quando o trabalho é realizado. Quanto à energia, o que ocorre com o trabalho realizado ao empurrarmos um corpo ao longo de um piso nivelado e com uma força constante?
12. Faça a distinção entre o trabalho realizado ao se completar uma tarefa e a potência despendida.
13. Classifique as seguintes unidades como de trabalho ou potência: joules, watts, quilowatt/hora, ft-lb, calorias, ft-lb/min.
14. Quais fatores determinam a quantidade de potência elétrica que pode ser produzida por uma corrente de água ou rio?

PROBLEMAS

15. Um carro vai de 0 a 100 km/h em 6,2 segundos. Qual a força líquida agindo sobre o carro?
16. Suponha que você aplique uma força de 40 N sobre uma caixa com massa de 2 kg. A força de atrito que se opõe ao movimento da caixa é de 15 N. Qual é a aceleração da caixa?
17. Um meteoro de 50 kg está se movimentando no espaço distante. Se uma força de 12 N é aplicada sobre o meteoro em direção oposta ao movimento, qual será a desaceleração observada?
18. Calcule o consumo de energia diário *per capita* dos Estados Unidos em joules, kWh e galões de petróleo.
19. Quanto trabalho você despende ao mover por 6 ft um refrigerador de 450 lb se você está exercendo uma força de 90 lb?
20. Calcule o trabalho realizado ao se levantar um livro de 4 lb a uma altura de 8 ft.
21. Qual é a energia potencial de uma pessoa de 70 kg sentada sobre uma escada a 2 m do chão?
22. Qual é a energia cinética de um carro de 3.000 lb viajando a 60 mph? (Lembre-se de que libras não são unidades de massa.)

23. A que altura um corpo de 2 kg deve ser levantado para que possua uma energia potencial gravitacional equivalente à energia cinética que ele teria se estivesse se movendo a 3 m/s? (Isso explica por que a energia cinética de uma pessoa foi desprezada quando se calculou a potência na Atividade 2.2.)

24. O consumo de energia doméstica *per capita* em alguns vilarejos de Bangladesh é 7×10^9 J/ano. Isso corresponde a que fração do consumo residencial médio *per capita* dos Estados Unidos?

25. Qual é a energia potencial da água em um lago com uma área superficial de dez milhas quadradas, profundidade média de 40 ft e uma elevação de 600 ft acima do gerador de eletricidade? (Note que uma milha quadrada equivale a aproximadamente 28 milhões de pés quadrados e que 1 ft^3 de água pesa 62 lb.)

26. Um carrinho com massa de 20 kg, inicialmente em repouso, é empurrado com uma força líquida de 40 N sobre uma superfície plana. Se o carrinho é empurrado por 5 m, qual é a sua EC final? Qual é a velocidade final? (Suponha que não haja perda de calor.)

27. Um Boeing 757 faz uma viagem de 1.395 milhas, de Seattle a Minneapolis, em 3 horas e 15 minutos. Qual a velocidade média desse avião em mph e m/s?

28. Se a utilização média de potência em uma casa nos Estados Unidos é de 2 kW, então quantas casas poderiam ser alimentadas por uma turbina eólica de 2 MW?

29. Um motor realiza 4.000 J de trabalho em 10 s. Qual é a potência de saída em quilowatts e em cavalo-vapor (hp)?

30. Uma lâmpada de 100 W é esquecida acesa acidentalmente por 2 dias em um porão. Se a eletricidade custa 12 centavos por kWh, quanto custou esse esquecimento?

31. Suponha que você tem de carregar 10 blocos de concreto de 30 lb cada um até o alto de uma escada de 24 ft (para construir uma chaminé). Se você fosse pago pelo trabalho segundo o mesmo preço da energia elétrica (ou seja, 14 centavos/kWh), quanto receberia?

32. Quanto trabalho (em J) é necessário para levantar do solo um saco de açúcar de 5 lb a uma altura de 3 ft?

33. Um pequeno riacho escoando 8 litros de água por segundo tem uma queda vertical de 1,5 m. Qual é a máxima potência que pode ser obtida desse sistema? (Um litro de água tem uma massa de 1 kg.)

ATIVIDADES ADICIONAIS

1. Seja um leitor de medidor de eletricidade e anote os números no início de dois dias seguidos. Quantos kWh de energia elétrica foram utilizados em um dia? (O medidor abaixo está registrando 4.831.)

Quilowatt-horas

2. Meça a velocidade (em m/s) de um ou mais dos seguintes corpos:
   (a) A água em uma correnteza ou rio.
   (b) Uma formiga ou outro inseto movendo-se pelo chão.
   (c) Você, ao se dirigir à sua primeira aula pela manhã.
3. Por que carros pesados gastam mais gasolina do que os mais leves? Confira isso (na internet, por exemplo) comparando a classificação da EPA[6] com o peso dos carros.
4. Encontre (ou lembre-se de) algum brinquedo autoimpulsionado com que você costumava brincar e descreva as transformações de energia que ocorrem nele. Um brinquedo que, às vezes, pode ser encontrado em uma feira é "carro de elástico"[7], no qual uma fita elástica impulsiona suas rodas traseiras. Se você tiver acesso a um desses, um estudo interessante seria o número de voltas das rodas traseiras (portanto, da distensão da fita elástica) *versus* a distância percorrida pelo carro.
5. Você pode estudar a aceleração, as forças de atrito e a resistência do ar em um automóvel por meio da seguinte investigação. Ao trafegar por uma estrada com pista nivelada (com pouco tráfego), deixe seu carro em ponto morto e determine o tempo que leva para a velocidade cair de:
   (a) 55 a 45 mph
   (b) 45 a 35 mph
   (c) 35 a 25 mph

   Determine a desaceleração do carro (e, consequentemente, o arraste por atrito) em função da velocidade. Estime a massa do carro, ou use 2.000 kg. Como seus

[6] EPA = Environmental Protection Agency, ou Agência de Proteção Ambiental. Órgão do governo dos Estados Unidos. (N.T.)

[7] Um brinquedo comum nos Estados Unidos, geralmente encontrado em feiras de rua. (N.T.)

valores podem ser comparados com as afirmações do quadro Foco em 2.1, visto anteriormente neste capítulo?

6. Uma ilustração "excitante"[8] e clássica das leis do movimento de Newton é o experimento da queda do ovo. O objetivo é deixar cair um ovo cru sobre uma superfície dura, de uma altura de vários metros (Figura 2.14).

Para que o ovo *não* quebre, a força sobre a sua casca deve ser minimizada ao atingir a superfície. Deve-se conseguir isso reduzindo a desaceleração (veja Figura 2.17). Pode-se realizar este experimento com qualquer material disponível, *ou* (como é o caso do autor) restringindo cada participante ao uso dos mesmos materiais, como dois copos de poliestireno[9], duas toalhas de papel e um punhado de palitos de dente. (Seria prudente colocar o ovo dentro de um saco plástico.) Esses materiais podem ser modificados conforme a necessidade. A segunda abordagem pode ser feita em sala de aula.

FIGURA 2.14 DEIXAR CAIR OVOS DO TERCEIRO ANDAR NEM SEMPRE LEVA A UM DESASTRE.

R. BROWN

7. Demonstre diversos tipos de conversões de energia com a construção de um modelo operacional de uma turbina a vapor.

   (a) Desenhe o modelo mostrado a seguir e recorte ao longo das linhas pontilhadas.

[8] No original, o autor usa a palavra *eggciting*, um trocadilho com as palavras *egg* (ovo) e *exciting* (excitante). (N.T.)

[9] O poliestireno é mais conhecido no Brasil por seu nome comercial, isopor. (N.T.)

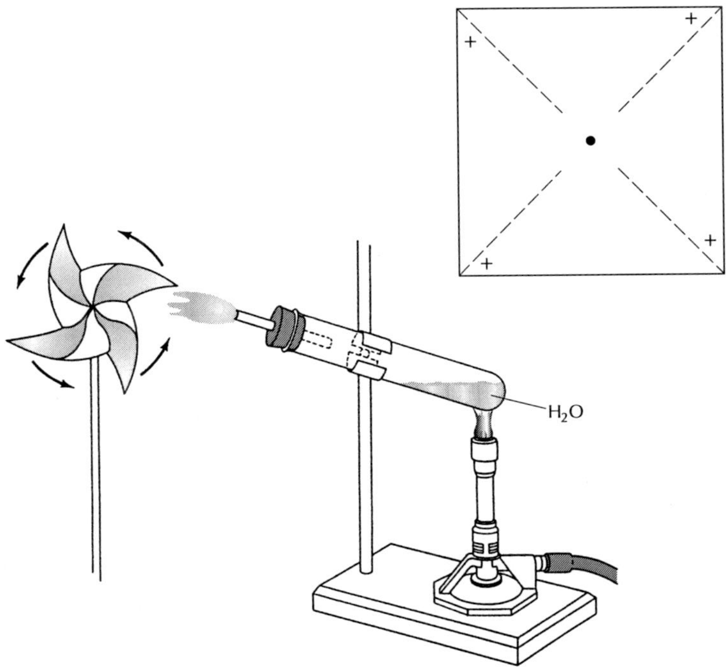

(b) Com um alfinete, prenda os cantos assinalados (passando pelo centro) na borracha de um lápis com borracha.

(c) Para o gerador de vapor, coloque um pouco de água em um tubo de ensaio, prenda-o a um suporte, ou use uma chaleira com um tubo de metal inserido no buraco da tampa.

(d) Para fazer o bico do tubo de ensaio, utilize o tubo de vidro de um conta-gotas (remova o bulbo de borracha). Insira o tubo em uma rolha com um orifício. (Tenha cuidado ao inserir o tubo no orifício da rolha; use um lubrificante, como glicerina.)

(e) Aqueça a água do tubo de ensaio ou da chaleira em uma chapa aquecida. Direcione o vapor a fim de atingir as pás de papel da turbina (*Cuidado*: o vapor pode causar queimaduras graves.)

(f) Que tipos de transformação de energia estão envolvidos aqui?

8. Verifique o número de lâmpadas incandescentes no banheiro de sua escola ou no escritório e determine a sua potência (suponha que seja 40 W, caso não consiga obter o valor de cada lâmpada). Se as luzes forem acidentalmente esquecidas ligadas durante o fim de semana (das 18 h de sexta-feira até as 8 h de segunda-feira), quanta energia será desperdiçada (em quilowatts-hora)?

Qual é o custo *anual* de se deixar todas as luzes de *todos* os banheiros ou escritórios do prédio acesas durante todos os fins de semana? Determine o custo de compra e instalação de um sensor de movimento para essa sala. Em quanto tempo o investimento terá retorno?

TÓPICO ESPECIAL

AS LEIS DO MOVIMENTO DE NEWTON

A parte da mecânica que trata do movimento dos objetos sem vistas ao seu efeito é chamada cinemática. Esta seção pode servir como uma revisão dos termos e conceitos de mecânica da energia conforme foram apresentados anteriormente no capítulo. Ela amplifica uma parte do material mostrado na seção sobre movimento.

RAPIDEZ, VELOCIDADE E ACELERAÇÃO

Um dos termos mais básicos na descrição do movimento é a rapidez ou velocidade[10]. *Velocidade (rapidez)* é igual à razão entre a distância percorrida e o tempo gasto para percorrê-la. Matematicamente,

$$\text{Velocidade (rapidez)} = \frac{\text{distância percorrida}}{\text{tempo gasto}}$$

Se você percorre uma distância de 20 quilômetros (km) em 30 minutos, sua velocidade (rapidez) média nesse intervalo é 20 km em 30 minutos, ou 40 km/h. A posição de largada de cada carro nas 500 milhas de Indianápolis é determinada pela tomada do tempo que o carro leva para percorrer uma volta ao redor da pista. A velocidade (rapidez) média é a distância total percorrida dividida pelo tempo gasto. Velocidades (rapidez) médias acima de 360 km/h (216 mph) são registradas nessa corrida. Entretanto, a velocidade (rapidez) em qualquer instante na pista varia, dependendo da posição em que o carro de corrida se encontra (uma curva ou uma reta). Velocidade (rapidez) em um determinado instante é chamada de velocidade/rapidez instantânea.

Muitas vezes falamos em "velocidade" quando queremos dizer rapidez. A *velocidade* fornece uma informação adicional sobre o movimento de um corpo: a direção do movimento. Velocidade indica não apenas que sua rapidez é de 40 km/h, mas também que você está se movendo em uma determinada direção; por exemplo, para o oeste. Dois carros que deixam um estacionamento e prosseguem com a mesma rapidez podem parar em lugares completamente diferentes, pois se suas velocidades forem diferentes suas direções também o serão. A velocidade média é precisamente definida como o deslocamento (mudança na posição) dividido pelo tempo de viagem: uma volta completa na pista da Indy 500 a uma velocidade de 140 mph tem uma velocidade média zero, porque o deslocamento é nulo.

A equação de velocidade pode ser arranjada de outra forma:

---

[10] Ver nota de rodapé 2. Nesta seção, usaremos o termo velocidade (rapidez). (N.T.)

$$\text{Distância percorrida} = \text{velocidade (rapidez) média} \times \text{tempo}$$

Utilizaremos essa expressão no seguinte exemplo:

EXEMPLO 2.10

Um trem viaja em linha reta entre duas cidades em 40 minutos, a uma velocidade média de 30 m/s. Qual é a distância entre as duas cidades?

SOLUÇÃO

Utilizamos a fórmula na forma distância = velocidade × tempo, lembrando-nos de converter minutos em segundos:

$$d = vt = 30 \text{ m/s} \times 40 \text{ min} \times 60 \text{ s/min} = 72.000 \text{ m} = 72 \text{ km}$$

EXEMPLO 2.11

A velocidade da luz é de aproximadamente 300.000 km/s, e a distância da Terra ao Sol é de 155.000.000 km. Quanto tempo a luz do Sol leva para chegar à Terra?

SOLUÇÃO

Uma vez que

$$\text{Velocidade (rapidez)} = \frac{\text{distância percorrida}}{\text{tempo gasto}}$$

então

$$\text{Tempo} = \frac{\text{distância}}{\text{velocidade}} = \frac{155.000.000 \text{ km}}{300.000 \text{ km/s}} = 517 \text{ s} = 8{,}6 \text{ minutos}$$

Na física, muitas vezes as unidades que aparecem nos problemas têm de ser convertidas de um sistema para outro. Por exemplo, nos Estados Unidos, a unidade de velocidade mph é muito mais usada que m/s.

A variação da velocidade em um certo período de tempo é chamada aceleração, escrita como

$$\text{Aceleração} = \frac{\text{variação de velocidade}}{\text{tempo transcorrido}}$$

EXEMPLO 2.12

A quantas mph corresponde 1 m/s?

SOLUÇÃO

Podemos usar as conversões mostradas anteriormente na Tabela 2.4.

1 m/s = 1 m/s × 1 ft / 0,305m × 1 milha / 5.280 ft × 3.600 s / 1 h = 2,24 mph

A aceleração é a taxa de variação da velocidade de um corpo, da direção do movimento, ou de ambas. Se um carro faz uma curva a uma velocidade constante, a direção do seu movimento está mudando, e, portanto, podemos dizer que ele está acelerando. Quando um carro diminui a velocidade, está desacelerando, e dizemos que sua aceleração é negativa.

Se a velocidade de um corpo varia de forma constante, sua aceleração é constante. Qualquer corpo que seja solto em direção ao solo no nível do mar apresentará uma variação de velocidade de 9,8 metros por segundo a cada segundo de seu trajeto. No final do primeiro segundo, sua velocidade será de 9,8 m/s; após 2 s, será de 19,6 m/s, após 3 s, será de 29,4 m/s, e assim por diante. Essa é a "aceleração da gravidade". Em unidades inglesas, seu valor é 32 ft/s^2.

EXEMPLO 2.13

Um carro acelera do repouso até uma velocidade de 20 m/s (45 mph) em 2 s. Qual é a sua aceleração?

SOLUÇÃO

$$\text{Aceleração} = \frac{\text{variação de velocidade}}{\text{tempo transcorrido}} = \frac{(20 \text{ m/s} - 0 \text{ m/s})}{2 \text{ s}} = 10 \text{ m/s}^2$$

Esse é um valor próximo ao da aceleração da gravidade.

FIGURA 2.15 UM CORPO EM QUEDA LIVRE. (A) POSIÇÕES DE UMA BOLA EM INTERVALOS DE TEMPO IGUALMENTE ESPAÇADOS, APÓS TER SIDO SOLTA DE UMA MESA. (B) GRÁFICO DE VELOCIDADE DA BOLA *VERSUS* TEMPO. MESMO COM A VELOCIDADE VARIANDO, A TAXA DE VARIAÇÃO COM O TEMPO (A ACELERAÇÃO) PERMANECE CONSTANTE (CONSIDERA-SE A RESISTÊNCIA DO AR COMO ZERO).

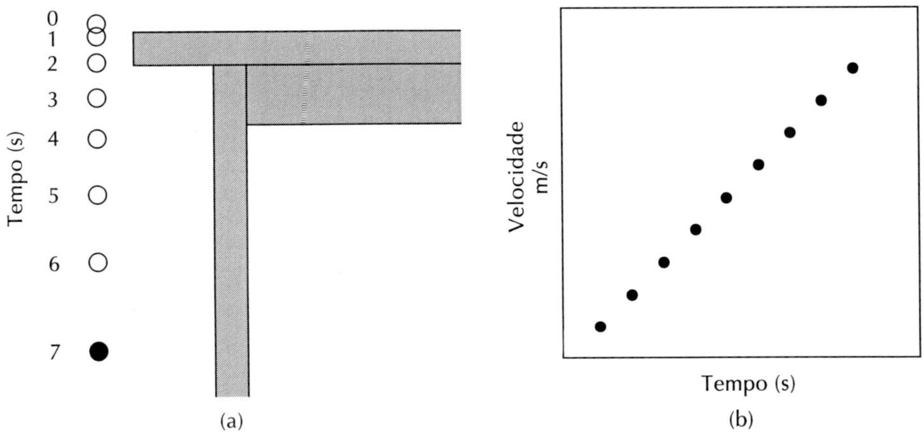

A Figura 2.15(a) mostra as posições verticais de um corpo a intervalos de 1 s depois que ele é solto e está sofrendo a aceleração da gravidade. A distância percorrida em qualquer intervalo de 1 s será sempre maior que a percorrida no intervalo anterior, uma vez que a velocidade muda constantemente. A Figura 2.15(b) mostra um gráfico de velocidade *versus* tempo; note que a velocidade está mudando, mas a aceleração (a taxa de mudança da velocidade) permanece constante (de 9,8 m/s^2).

Nós podemos obter outras equações úteis para o movimento rearranjando as equações que já temos. Faremos isso com a hipótese de que a aceleração é constante (como no exemplo da queda livre). Em vez de usar a distância viajada (d) vamos considerar o deslocamento x do objeto. Numa dimensão, o deslocamento x (com relação a uma posição inicial 0) é igual à velocidade média vezes o tempo de viagem

$$x = v_m t$$

(onde a velocidade média é indicada por v_m). A própria velocidade média é definida como

$V_m = (v_o + v)/2$, sendo a média entre a velocidade inicial v_o e a final v, no caso de aceleração constante.

Aí, a aceleração a é dada por

$$a = \text{variação na velocidade / tempo} = (v - v_o)/t$$

Essa equação mostra que se $a = 0$, a velocidade não varia.

Remanejando as equações, também podemos chegar a outra expressão bastante útil:

$$x = v_o\, t + 0{,}5\, a\, t^2$$

EXEMPLO 2.14

Uma pedra é largada de uma ponte até a água embaixo. Medindo o tempo, vemos que ela leva 1,4 segundos para atingir a água. Qual a altura da ponte?

SOLUÇÃO

A pedra é solta com velocidade inicial $v_o = 0$. A aceleração da pedra é justamente a aceleração da gravidade, 9,8 m/s². Usando a última equação acima:

$$x = v_o\, t + 0{,}5\, a\, t^2 = 0 + 0{,}5\,(9{,}8)\,(1{,}4)^2 = 9{,}6 \text{ m}$$

FORÇAS E AS LEIS DO MOVIMENTO DE NEWTON

PRIMEIRA LEI DE NEWTON A parte da mecânica que trata das causas do movimento é a **dinâmica**, e baseia-se em três leis que são chamadas de leis de Newton, em homenagem a Isaac Newton (1642-1727). A primeira dessas leis refere-se ao "movimento natural" de um corpo:

I. Um corpo permanece em estado de repouso, ou movimento com velocidade constante (isto é, com uma velocidade constante em linha reta), a menos que seja compelido a mudar por uma força externa líquida (não balanceada).

Essa afirmação foi formulada não por Newton, mas pelo cientista italiano Galileu Galilei (1564-1642) com base em um experimento, e muitos o consideram a primeira aplicação de sucesso do método científico. Também é conhecida como a lei da inércia. **Inércia** é a tendência que todos os corpos têm de resistir a mudanças em seu movimento. Um corpo continua a se mover por causa de sua inércia. A medida da inércia de um corpo é a sua massa. É mais difícil parar um carro pesado do que um carro leve, ambos com a mesma velocidade, por causa da maior inércia do carro pesado. O truque de se puxar a toalha de uma mesa de jantar posta com os objetos sobre ela sem que eles caiam é possível por causa da inércia dos pratos e talheres (Figura 2.16).

FIGURA 2.16 EM RAZÃO DE SUA INÉRCIA, OS PRATOS DEVERIAM PERMANECER SOBRE A MESA DEPOIS QUE A TOALHA É PUXADA RAPIDAMENTE.

A primeira lei de Newton certamente não é autoevidente, e parece ser contradita pela nossa experiência cotidiana. Se você tirar o pé do acelerador de seu carro, ele vai mais devagar. Dê um empurrão neste livro sobre a mesa, e ele vai parar depois de uma curta distância. Na verdade, muitos cientistas anteriores a Galileu, indo até Aristóteles (cerca de 300 a.C.), acreditavam que o estado natural de um corpo é ficar em repouso. Acreditavam que um puxão ou um empurrão era necessário para manter um corpo em movimento.

Porém, corpos como o carro e o livro param de se mover graças a uma força externa que age sobre eles, conhecida como força de atrito. Atrito é o resultado da interação de duas superfícies em contato, e sempre age de forma que se oponha ao movimento que está ocorrendo. A quantidade de atrito depende da natureza das superfícies que estão em contato e da massa do corpo em movimento. De acordo com a lei da inércia, o atrito provoca uma mudança no movimento do corpo. Não encontraremos muitas situações em que o atrito seja zero (ou muito pequeno). Um exemplo é uma superfície com água congelada. Se colocamos um disco de hóquei em movimento em um lago congelado sem atrito, ele continuará a se mover com uma velocidade constante até atingir a margem oposta; a força resistiva no disco é próxima de zero. Outra situação semelhante ocorre no espaço, em que uma espaçonave pode continuar em movimento indefinidamente após os motores terem sido desligados.

Como nossa experiência também indica, a aplicação de uma força a um corpo não vai necessariamente levar a uma mudança na sua velocidade. Uma pessoa empurrando um carro geralmente não fará com que ele se mova. Diversas forças podem atuar sobre um corpo de forma que nenhuma mudança ocorra em seu movimento. O que altera o movimento é a aplicação de uma força *líquida* ou *não balanceada*, como afirma a primeira lei. No exemplo do carro, a força exercida pela pessoa é balanceada pela força de atrito. Se a força líquida sobre um corpo é zero, dizemos que o corpo está em equilíbrio; sua velocidade não se altera; a aceleração é zero. Note que a velocidade de um corpo pode ser diferente de zero, e ainda assim ele pode estar em equilíbrio (isto é, a aceleração é zero).

SEGUNDA LEI DE NEWTON Conforme a primeira lei afirma, a aplicação de uma força líquida sobre um corpo resulta na alteração da sua velocidade, ou seja, em aceleração. A segunda lei do movimento quantifica essa relação entre força líquida e aceleração:

> *II. A aceleração de um corpo é diretamente proporcional à força líquida que age sobre ele, e inversamente proporcional à sua massa. A direção da aceleração será a mesma direção da força líquida.*

Matematicamente,

$$a = \frac{F_{\text{líquida}}}{m} \quad \text{ou} \quad F_{\text{líquida}} = ma$$

Uma força pode causar tanto desaceleração como aceleração. Se um carro se choca contra uma parede de tijolos sua taxa de variação de velocidade é muito alta, ou seja, a desaceleração é grande, assim como a força no carro. Se a desaceleração fosse menor, como ocorreria se o carro se chocasse com os tonéis de água que normalmente protegem algumas saídas das autoestradas[11], a força sobre o carro e seus ocupantes seria menor. Um atleta de salto com vara prefere cair sobre espuma de borracha e não no concreto, pois sua desaceleração não será tão grande na espuma, e, portanto, a força sobre o atleta será menor (Figura 2.17).

EXEMPLO 2.15

Um carrinho com massa de 15 kg sofre aplicação de uma força líquida de 120 N. Qual será sua velocidade após 5 s se ele parte do repouso?

SOLUÇÃO

Precisamos primeiro determinar a aceleração do carrinho.
A segunda lei de Newton diz que $a = F/m = 120$ N/15 kg = 8 m/s². A aceleração a = variação de velocidade/tempo = $(v - 0)/5$ s.
Portanto,
$v = at = (8\ \text{m/s}^2)(5\ \text{s}) = 40\ \text{m/s}$

[11] A colocação de tonéis cheios de água nas bifurcações das saídas de autoestradas é uma prática de segurança comum nos Estados Unidos. (N.T.)

FIGURA 2.17 A ESPUMA DE BORRACHA RETARDA SUA QUEDA. A PEQUENA DESACELERAÇÃO DO SALTADOR AO CAIR SOBRE A ESPUMA FAZ A FORÇA QUE ELE SENTE SER PEQUENA, JÁ QUE $F = ma$.

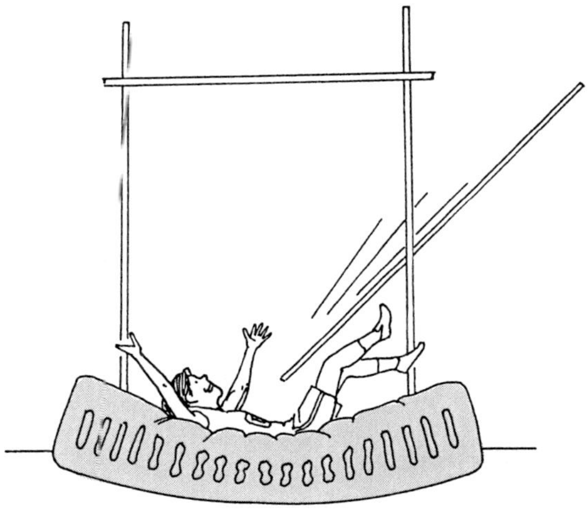

O desempenho em função do consumo de gasolina e o peso do carro apresentam uma relação inversa. Vimos que o desempenho, em mpg, dos veículos de passeio dos americanos diminuiu na última década, na mesma medida que utilitários esportivos mais pesados e caminhões leves tiveram sua fatia aumentada como porcentagem das vendas.

EXEMPLO 2.16

Um Dodge Neon de 2.600 lb pode acelerar de 0 a 60 mph em 9 segundos. Se um Cadillac de 3.550 lb tem um motor que produz a mesma força líquida média que a do Neon, quanto tempo o Cadillac levará para acelerar de 0 a 60 mph?

SOLUÇÃO

Como $a = F/m$, a aceleração do Cadillac será 2.600/3.550 = 0,732 vezes menor que a do Neon. Como $v = at$, então, $t = v/a$. O tempo será 9/0,732 = 12,3 segundos.

A segunda lei de Newton também nos diz que a aceleração de um corpo será na direção da força líquida aplicada. Se duas pessoas puxam uma caixa em direções opostas, uma com força de 10 lb e a outra com força de 20 lb, a caixa vai mover-se na direção da força de 20 lb. Note que o resultado da força líquida é a aceleração do corpo, ou seja, a mudança de sua velocidade.

TERCEIRA LEI DE NEWTON Você já parou para pensar sobre o que é responsável pela aceleração de um foguete no espaço? Com certeza, não existe ar no qual o foguete se possa impulsionar, e ainda assim ele *pode* acelerar. A explicação para esse fenômeno é a mesma que para muitas experiências de nosso cotidiano: as "forças sempre atuam em pares". Nada pode exercer uma força sem também ser afetado por uma força (em reação à força aplicada). Se você empurrar uma parede com força (chamada "força de ação"), então a parede empurra você de volta com uma força (chamada "força de reação") igual em magnitude, mas oposta em direção à força de ação. É como se outra pessoa estivesse do outro lado da parede empurrando você (entretanto, você não se move porque a força de atrito impede que seus pés deslizem). Newton percebeu a importância dessa relação e a afirmou em sua terceira lei do movimento:

III. Para cada força de ação há uma força de reação igual e oposta.

Uma boa ilustração dessa lei ocorre na interação entre dois patinadores sobre um lago congelado. Se um empurrar o outro, ambos vão se mover, e aquele que empurrou sofrerá a força de reação do outro. Se ambos possuírem a mesma massa, experimentarão a mesma aceleração, porém em direções opostas (Figura 2.18).

Note que as forças de ação e reação sempre atuam em corpos diferentes. Na aceleração do ônibus espacial rumo ao espaço, os foguetes forçam o gás para fora da nave (força de ação); a força de reação é a força do gás escapando e agindo sobre a nave, impulsionando-a, assim, para a frente (Figura 2.19).

PESO *VERSUS* MASSA Em física, uma distinção deve ser feita entre o peso de um corpo e sua massa. O peso é uma força, e uma medida da força da gravidade sobre um corpo. A massa é uma propriedade intrínseca de uma substância. Porém, o peso de um corpo depende de sua posição em um campo gravitacional. Na Lua, o peso de um corpo é um sexto do que ele tem na Terra, mas sua massa é a mesma. Pela segunda lei de Newton, $F = ma$, nós sabemos que o peso w de um corpo é igual à sua massa m multiplicada pela aceleração da gravidade g (9,8 m/s^2 ou 32 ft/s^2, ao nível do mar): $w = mg$. Por exemplo, o peso de 1 kg de massa ao nível do mar é igual a 1 kg × 9,8 m/s^2 = 9,8 N.

FIGURA 2.18 A PATINADORA (*A*) SENTE UMA FORÇA IGUAL EM MAGNITUDE, MAS OPOSTA EM DIREÇÃO À FORÇA QUE ELA EXERCE SOBRE O PATINADOR (*B*).

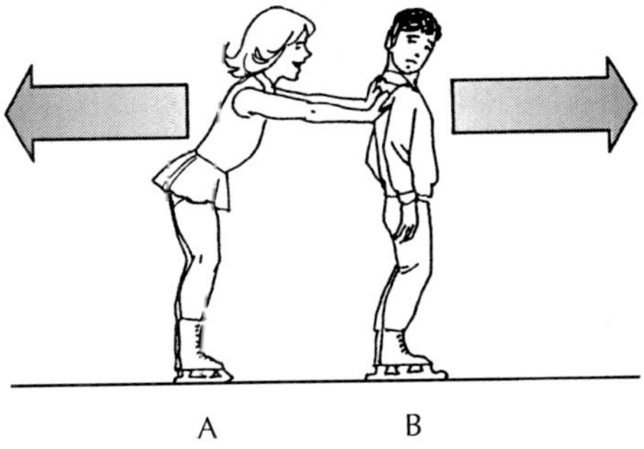

FIGURA 2.19 A FORÇA DE REAÇÃO DOS GASES EXPELIDOS PELO FOGUETE O ACELERA.

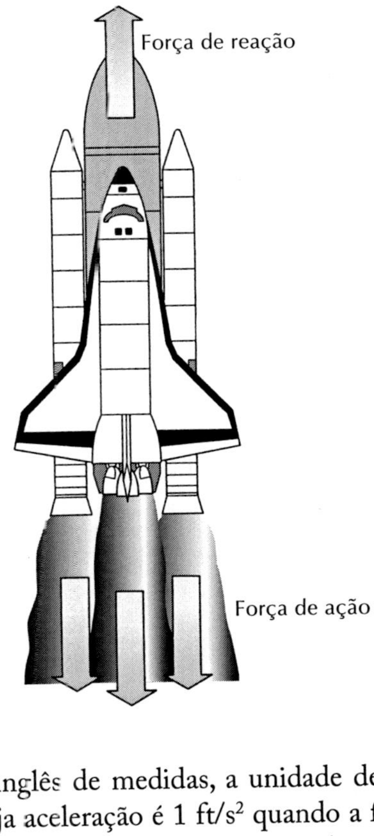

No sistema inglês de medidas, a unidade de massa é definida como a massa de um corpo cuja aceleração é 1 ft/s^2 quando a força líquida sobre ele é 1 lb. Essa unidade é chamada *slug*. Portanto, 1 lb = 1 slug × 1 ft/s^2. No uso cotidiano, a libra é usada para se referir a uma quantidade de matéria, mas ela é realmente uma unidade de força ou peso. Um fato útil é que um objeto de 1 kg terá, ao nível do mar, uma massa de 2,2 lb (isso não será verdade na Lua). Um corpo com massa de 1 kg não pesa 1 kg – um erro comum.

TRABALHO, ENERGIA E UNIDADES

Recordemos que a energia cinética de um corpo é dada por $EC = 1/2\ mv^2$. A partir dessa expressão, podemos perceber que as unidades de energia são kg-m^2/s^2, que é definido como 1 joule (J). Note que, uma vez que $W = F \times d$ e $F = ma$, a unidade de trabalho será kg-m/s^2 $\times$ m, que também é 1 joule. As unidades dos termos de energia e movimento são dadas na Tabela 2.4. Fatores de conversão entre os sistemas inglês e SI também são listados. Um conjunto mais completo de conversões é apresentado na Tabela 3.4. Como EP e EC são, ambas, formas de energia, podemos comparar a quantidade de energia encontrada em cada uma delas, como ilustra o exemplo a seguir.

EXEMPLO 2.17

Um carrinho com massa de 10 kg está inicialmente se movendo a uma velocidade de 5 m/s. A que altura acima do solo ele deveria ser levantado para que sua energia potencial tivesse o mesmo valor de sua EC?

SOLUÇÃO

A energia cinética original do carrinho é $EC = 1/2\ mv^2 = 1/2 \times 10$ kg $\times$ (5 m/s^2) = 125 J. O peso do carrinho (w = mg) é 10 kg $\times$ 9,8 m/s^2 = 98 N.

Queremos que $EP = EC$, então 98 N $\times$ altura = EC = 125 J. Portanto, a altura é 125 J/98 N = 1,28 m.

EXEMPLO 2.18

Qual a força líquida necessária para parar um carro de 1.000 kg à velocidade de 10 km/h (27,8 m/s) numa distância de 30 m?

SOLUÇÃO

O trabalho feito pelo atrito é igual à mudança da energia cinética do carro, que vai de ½ m v^2 a 0.

Então o trabalho é W = 0 – 0,5 (1.000) (27,8)^2 = F x 30 m, sendo F a força de atrito.

Resolvendo F = – 12.900 N, onde o sinal negativo significa que a força causa desaceleração.

MÁQUINAS SIMPLES

Uma máquina é um dispositivo que multiplica uma força às expensas de uma distância. A palavra "máquina" é de origem grega, que significa "para ajudar a fazer as coisas mais fáceis". A energia ainda é conservada nesses dispositivos, pois uma máquina não pode produzir mais trabalho do que aquele que lhe é fornecido, mas ela pode reduzir a força necessária para se desempenhar uma tarefa. Uma das máquinas mais simples é a **alavanca**, uma barra rígida apoiada sobre um ponto chamado fulcro (Figura 2.20). Uma força *F* aplicada em uma ponta da barra levanta a carga *A* (a força de saída) na outra ponta. A razão *A/F* é chamada "vantagem mecânica" da máquina, e é geralmente maior do que 1. Idealmente, a força aplicada $F \times h_1$ = força de saída $A \times h_2$. Alavancas vêm sendo usadas desde tempos pré-históricos para mover objetos pesados, carregar água e ajudar na construção de casas.

Em outro exemplo de alavanca (também mostrado na figura), a carga fica entre o fulcro e a força aplicada, como em um carrinho de mão. Para levantar uma carga pesada, você pode aplicar uma força menor sobre a empunhadura do carrinho; como a energia é conservada, essa força será aplicada sobre uma distância maior do que aquela em que a carga é levantada. Outros exemplos são o pé de cabra e a unha do martelo.

Outra máquina bastante simples é o **plano inclinado**. Empurrar um carrinho rampa acima é mais fácil do que carregá-lo por uma escada, porque a força aplicada será menor; entretanto, o trabalho realizado será o mesmo. Planos inclinados ou rampas foram provavelmente utilizados na construção das pirâmides do Egito para mover os grandes blocos de pedra até o topo.

Dois outros tipos de máquinas são o **volante com seu eixo** e a **polia** (roldana). O volante atua como uma alavanca circular. Ele é muito maior que o eixo e pode ser usado para aumentar a força, uma vez que qualquer deslocamento seu é maior. Em uma turbina usada para produzir eletricidade, as pás atuam como o volante e são giradas pela água ou vapor, o que faz o eixo (conectado ao gerador) girar. Outra ilustração dessa máquina é a chave de fenda; manoplas de diâmetro maior usualmente dão melhor resultado. Uma engrenagem é o volante com dentes, a qual é usada para transferir uma força a diferentes partes de uma máquina; ela também permite que essas partes trabalhem com diversas velocidades (como em um relógio). Polias podem mudar o valor e a direção de forças. Um sistema de polias, denominado talha, pode facilitar a retirada do motor de um carro. A Figura 2.20(e) mostra um sistema simples de polias que possibilita a uma força de 50 N levantar um objeto de 100 N.

FIGURA 2.20 TRÊS TIPOS DE MÁQUINAS SIMPLES: (A) ALAVANCA; (B) CARRINHO DE MÃO; (C) PLANO INCLINADO (CONSTRUÇÃO DAS PIRÂMIDES), (D) VOLANTE E EIXO, (E) SISTEMA DE POLIAS (ROLDANAS).

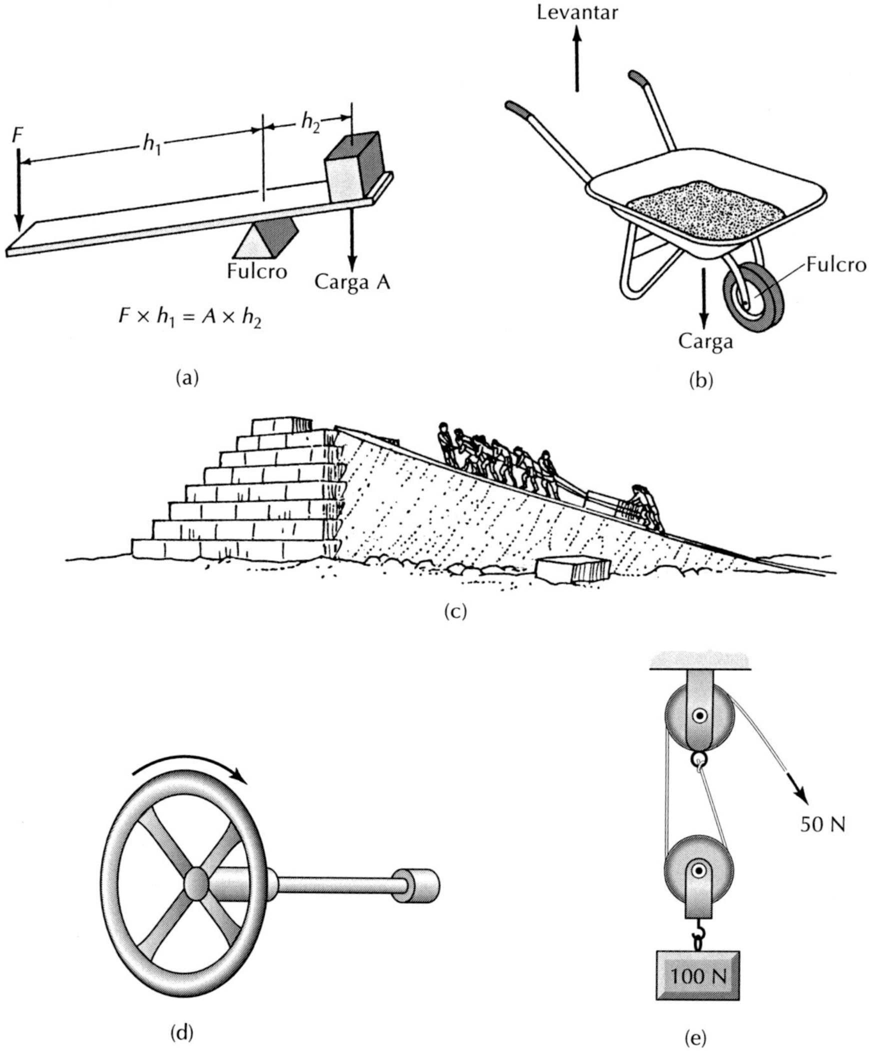

PROBLEMAS

1. Um pássaro leva 2 minutos para percorrer 350 m. Que distância ele vai cobrir em 10 s, supondo-se um movimento uniforme?
2. Se você gritar para o outro lado de um vale e os ecos retornarem em 2 s, a que distância fica o outro lado do vale? (Considere a velocidade do som como 330 m/s.)

3. Uma força líquida de 10 N é aplicada sobre um bloco de 3 kg repousando sobre uma superfície lisa e plana. Determine a velocidade do bloco após 9 s. (Dica: encontre primeiro a aceleração.)
4. Um carro acelera a uma taxa constante de 4 m/s^2 a partir do repouso. Determine sua velocidade após 6 s.
5. Quanto tempo leva para um carro percorrer 1 milha, se estiver se movendo a uma velocidade média de 40 mph?
6. Um navio é capaz de manter uma velocidade média de 30 km/h em uma viagem oceânica. Que distância o navio percorrerá em quatro dias?
7. Em um tubo de televisão, um elétron move-se a uma velocidade de 4×10^7 m/s. Quanto tempo ele leva para atingir a tela a 0,5 m de distância?
8. Qual deve ser a velocidade média de seu carro para realizar uma viagem de 500 milhas em 8 horas?
9. Um homem de 80 kg sobe em uma escada de 6 m em 12 segundos. Qual é a potência média despendida?
10. Um carro de 1.300 kg sofre a ação de uma força de 3.900 N. Após 100 m, qual será sua energia cinética e sua velocidade?
11. Qual é seu peso em newtons? Sua massa em kg?
12. Se um corredor de 70 kg com velocidade de 10 m/s pudesse converter toda sua energia para pular para cima, que altura ele alcançaria?
13. Se a aceleração de um carro é igual à da gravidade, quanto tempo ele levará para atingir uma velocidade de 60 mph partindo da situação de repouso?
14. Um Corvette pode acelerar de 0 a 60 mph em 4,8 segundos. Qual é sua aceleração em m/s^2?
15. Um objeto cai de uma estante e chega ao solo em 0,8 segundos. Qual é a altura da estante em relação ao solo?
16. Deixa-se cair uma bola de uma janela a uma altura de 15 m em relação ao solo. Quanto tempo levará para chegar ao solo?
17. Você deseja levantar um objeto de 500 lb com uma alavanca e pode colocar um fulcro sob uma prancha à distância de 1,5 ft do objeto. Se você pode exercer no máximo uma força de 75 lb, qual deve ser o comprimento total da prancha para que consiga levantar o referido objeto?
18. Uma pedra é atirada de uma ponte a uma velocidade vertical para baixo de 10 m/s. Ela leva 1,2 segundos para atingir a água. Qual a altura da ponte?

CAPÍTULO 3

CONSERVAÇÃO DE ENERGIA

Conteúdo

COMO VOCÊ ESCOLHERIA?

Células a combustível

Células a combustível são dispositivos que usam hidrogênio e oxigênio para produzir eletricidade por meio de processo químico. Há diversas formas de prover os ingredientes (hidrogênio ou combustível rico em hidrogênio) para a célula, uma vez que não existe hidrogênio puro livre na natureza. Os produtos da célula a combustível são apenas água, calor e eletricidade, que pode ser usada para acionar o motor elétrico de um carro. Sua alta eficiência (40% a 70%) pode levar a considerável economia de energia e à redução da emissão de gases do efeito estufa. Deve o governo incentivar fortemente a pesquisa de carros movidos a células a combustível e estabelecer padrões mais rígidos de emissão de gases para os veículos? Justifique sua resposta.

A. INTRODUÇÃO

As últimas décadas presenciaram uma pequena revolução em nossa forma de enfocar e entender a utilização de energia, especialmente no mundo industrializado. Essa revolução ocorreu mediante o emprego, a implementação e a aceitação da conservação de energia. A maior parte das nações desenvolvidas tem passado a compreender que o desenvolvimento sustentável pode ocorrer sem que se causem danos irreversíveis ao meio ambiente e sem que se usem excessivamente os recursos. A conservação de energia, outrora considerada a "irmã fraca" do esgotamento dos recursos, é agora *a* abordagem quando se procura atender às demandas de uma população e de uma economia crescentes. Apesar de ainda existir muito espaço para aprimoramentos, a situação dos Estados Unidos tem demonstrado que uma sociedade pode crescer economicamente sem uma proporcional elevação do consumo de energia. Nos últimos 20 anos, o produto interno bruto (PIB) dos Estados Unidos aumentou 62% (em valores constantes do dólar), enquanto o consumo de energia só aumentou 12%. Também é interessante o *aumento* do PIB *per capita* em 31% *versus* um *decréscimo* de 4% no uso *per capita* de energia. Atualmente, algumas dessas mudanças foram afetadas pela crise global, mas a tendência ainda está correta. Em comparação, os países em desenvolvimento estão experimentando um rápido aumento no consumo de energia *per capita*. Ao mesmo tempo que representam 80% da população mundial, eles consomem apenas um terço da energia global. Todavia, espera-se que essa participação aumente em torno de 40% na próxima década em razão da rápida expansão industrial, do grande crescimento populacional, da urbanização e do aumento dos salários, permitindo que as famílias adquiram aparelhos eletroeletrônicos e automóveis. Na primeira década do século XXI, o número de veículos na China cresceu a uma taxa de 22% ao ano.

O Capítulo 1 forneceu alguns bons argumentos para a conservação de energia. Como o lado técnico dessa abordagem é enfatizado ao longo do livro, não há um capítulo separado sobre conservação de energia. Relembre-se de que uma das abordagens citadas para a conservação de energia foi a do "ajuste técnico", na qual se empregam tecnologias mais eficientes que possibilitam que se realize uma determinada tarefa usando menos energia. Por exemplo, ao iluminar uma sala utilizando-se lâmpadas fluorescentes em vez de incandescentes, consegue-se a mesma quantidade de luz com um quarto do consumo de energia. O aumento da eficiência do processo de conversão, ou seja, desempenhar a mesma tarefa com menor consumo de energia, é uma peça fundamental da conservação de energia.

B. PRINCÍPIO DA CONSERVAÇÃO DE ENERGIA

Relembrando o Capítulo 2 (seção D), existem duas formas de modificar a energia em um sistema: usá-la para realizar algum trabalho no sistema ou para adicionar calor ao sistema. (Massa também pode ser adicionada.) De especial interesse na equação da primeira lei da termodinâmica é o caso no qual nem trabalho nem energia são adicionados ao sistema: $W + Q = 0$. Esse é um exemplo do que é chamado um sistema "isolado" ou **fechado**. Não existem forças externas atuando sobre um objeto no sistema. Em um sistema isolado, a *mudança* na energia total sempre será zero: $0 = \Delta(EC + EP + ET)$. Colocado de outra forma:

A quantidade total de energia em um sistema isolado sempre permanecerá constante.

Dizemos que em um sistema isolado a energia é conservada. A energia não surge do nada. Se o nosso sistema "isolado" ou fechado for o próprio universo, então a lei da conservação de energia estabelece que *a energia total no universo é uma constante e permanecerá assim.* Dentro desse sistema isolado, certamente vão ocorrer transformações ou conversões da energia de uma forma para outra, como, por exemplo, de energia potencial para cinética. Para exemplificar, vamos supor que X unidades de energia química podem ser convertidas (via combustão) em Y unidades de energia térmica mais Z unidades de energia mecânica. Nesse caso, a conservação de energia estabelece que $X = Y + Z$.

Observe que o princípio da conservação de energia é diferente da "conservação de energia" discutida na seção anterior. O último conceito relaciona-se com a redução da quantidade de energia usada por meio da redução da atividade (diminuir os termostatos, dirigir por percursos mais curtos) e/ou do aumento da eficiência do desempenho de uma determinada tarefa (fornalhas e automóveis mais eficientes etc.).

A conservação de energia, que será utilizada diversas vezes ao longo deste livro, é um princípio muito importante e útil para a descrição dos processos físicos; não pode ser comprovado por princípios básicos, mas é um ótimo instrumento de contabilidade para o qual nunca foram encontradas exceções. Quando todas as formas de energia são incluídas na equação anterior, a energia total de um sistema isolado é conservada.

FIGURA 3.1 SE A BOLA É CUIDADOSAMENTE LANÇADA DO PONTO *A* PARA OSCILAR PELOS PONTOS A-B-C-B-A, ELA NÃO VAI ULTRAPASSAR *A* EM SEU RETORNO (E, ASSIM, NÃO VAI QUEBRAR O NARIZ DA PESSOA). A BOLA POSSUI UMA QUANTIDADE FIXA DE ENERGIA NO PONTO *A*, QUE SE ENCONTRA NA FORMA DE ENERGIA GRAVITACIONAL POTENCIAL. NO PONTO *B*, TODA A ENERGIA DA BOLA ENCONTRA-SE NA FORMA CINÉTICA, E ELA ATINGE SUA MÁXIMA VELOCIDADE NESSE PONTO. A BOLA NÃO PODE ULTRAPASSAR O PONTO A PORQUE, PARA FAZÊ-LO, ELA PRECISARIA GANHAR ENERGIA, O QUE É IMPOSSÍVEL DADA A AUSÊNCIA DE FORÇAS EXTERNAS.

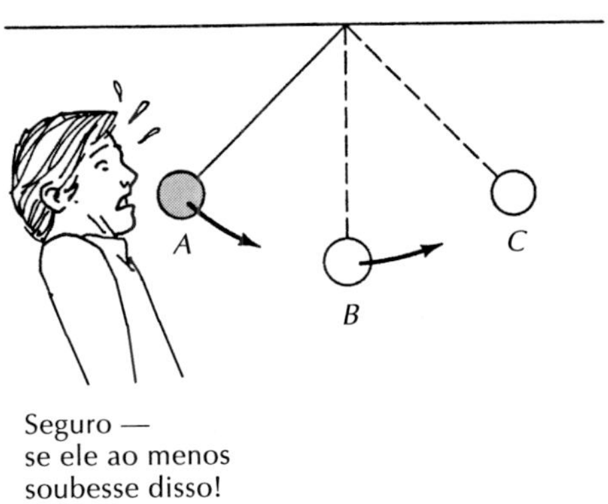

Como exemplo das transformações da energia e do princípio da conservação, considere o "quebrador de narizes" visto na Figura 3.1. Ele é composto de uma bola suspensa por uma corda fixada no teto da sala, funcionando como um pêndulo simples. Na posição elevada, a bola está em repouso e possui apenas energia gravitacional potencial. Considere a energia potencial da bola (*EP*) como a energia que ela possui em relação ao ponto mais baixo da sua oscilação. A energia potencial é máxima quando a bola atinge o ponto máximo da sua oscilação. Depois que a bola é lançada, a energia potencial diminui e a energia cinética aumenta à medida que a bola se aproxima do ponto mais baixo da sua oscilação pendular. A energia cinética da bola (*EC*) atinge seu máximo no ponto mais baixo da trajetória, onde a energia potencial é zero. Na ausência de atrito, que removeria energia da bola, a energia cinética máxima no ponto inferior da trajetória pendular é *exatamente igual* à energia potencial inicial da bola no ponto superior da trajetória.

O ponto principal do exemplo do "quebrador de narizes" é que a energia mecânica total ($EP + EC$) da bola é conservada, ou seja, nenhuma energia é transferida no sistema por intermédio de trabalho ou calor. Sendo assim, $\Delta(EC + EP) = 0$ (a Terra deve ser incluída em nosso sistema isolado porque ela exerce uma força gravitacional sobre a bola). Qualquer perda em *EP* transforma-se em *EC* adquirida pela bola, ou seja, a energia mecânica ($EC + EP$) inicial iguala-se à energia mecânica ($EC + EP$) posterior. Se a bola começa a trajetória com 100 J de *EP*, a soma de ($EC + EP$) sempre permanecerá em 100 J. A energia é transformada de uma forma para outra, de potencial, no ponto máximo da trajetória de oscilação, para cinética, no ponto mais baixo da trajetória. Entre essas duas posições, a bola possui tanto *EC* quanto *EP, mas a soma total é 100 J*. Na vida cotidiana existem outras formas nas quais a energia original é transformada. Uma das formas mais comuns (e, no final das contas, a forma final) em que a energia original se transforma é a energia térmica. No exemplo do "quebrador de narizes", pressupõe-se que nenhuma parte da energia mecânica se dissipa como calor, ou seja, não há atrito entre a corda e seu encaixe no teto nem resistência do ar. A transformação da energia mecânica em energia térmica no encaixe e no ar durante várias trajetórias de oscilação é o que faz a bola eventualmente parar de oscilar.

Uma vez que a energia em um sistema isolado não é destruída, criada ou gerada, pode-se, então, questionar por que precisamos nos preocupar tanto com os recursos energéticos, já que a energia é uma quantidade constante. O problema é que o resultado final de muitas transformações da energia é a produção de **calor residual**, que é transferido para o ambiente e deixa de ser útil para a realização de qualquer trabalho. Expressando de outra forma, o potencial da energia de gerar trabalho útil termina sendo "degradado" no processo de transformação da energia (retornaremos a esse tema em um ponto muito importante no Capítulo 4). Por causa da utilização dos recursos, somos confrontados com problemas de poluição térmica e atmosférica, assim como de possíveis alterações globais no clima.

ATIVIDADE 3.1

Pode-se estudar a transformação de *EP* em *EC* com a seguinte atividade: em uma superfície lisa e plana, coloque uma régua e um livro de modo que eles formem um plano inclinado. Coloque uma bolinha de gude na marca de 10 cm da régua e deixe-a rolar pela régua. Quando ela atingir a superfície, marque quanto tempo a bolinha leva para percorrer 1 metro. Coloque a bolinha nas marcas de 20 cm e 30 cm da régua e repita o procedimento. Determine a velocidade da bolinha de gude nas três situações. Construa um gráfico da velocidade ao quadrado *versus* a distância percorrida na régua inclinada. Qual é a forma do gráfico? Se for uma linha reta ascendente, ele demonstra que a *EC* da bolinha de gude, ao final do plano inclinado (régua), é proporcional à sua *EP* no ponto de lançamento (lembre-se de que a *EC* é proporcional ao quadrado da velocidade).

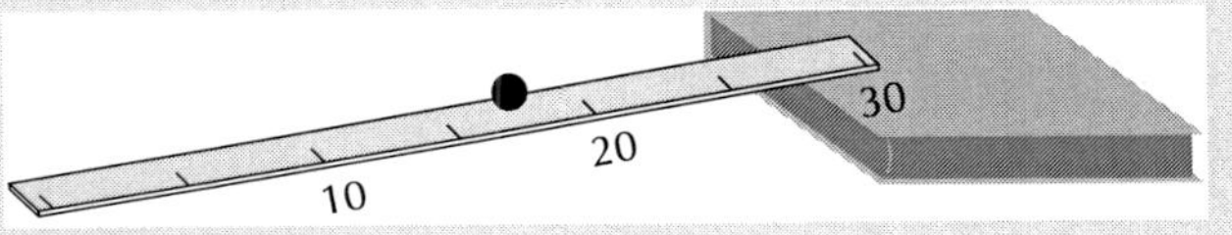

C. EXEMPLOS DE CONVERSÃO DE ENERGIA

Agora vamos estudar um sistema capaz de interagir com o mundo exterior e considerar a transferência de energia para dentro e para fora do sistema inteiro. Esse não é mais um sistema isolado, mas a energia ainda é uma quantidade constante. A energia *líquida* adicionada (energia que entra menos energia que sai) é igual à alteração na energia do sistema. O princípio da conservação de energia agora pode ser escrito da seguinte forma:

A energia dentro de um sistema é igual à energia que sai dele mais a energia que ele armazena.

Essa lei da conservação de energia pode ser ilustrada por uma casa com energia solar passiva (Figura 3.2), como será abordado em detalhes no Capítulo 6. Uma casa do tipo mostrado na figura atua como um coletor de energia solar. A energia solar que entra através das janelas de vidro voltadas para o sul (entrada) é igual à energia que deixa a casa (como calor transferido para fora através de paredes, janelas e teto) mais o aumento na energia armazenada no material dentro da casa.

FIGURA 3.2 (A) Uma casa solar passiva. Energia que entra = energia que sai + energia armazenada
(B) Casa solar passiva em Oswego, Nova York. Trinta e cinco por cento das necessidades de aquecimento são providas por energia solar.

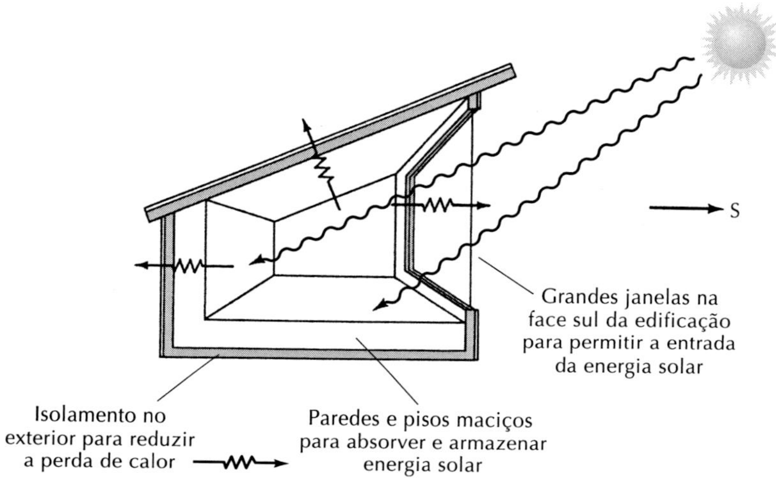

Outro exemplo (no qual o termo armazenamento de energia pode ser ignorado) é uma usina de energia a vapor abastecida com combustível fóssil para a geração de energia elétrica (Figura 3.3). Apesar de alguns detalhes dessa usina serem mais bem enfocados e desenvolvidos adiante neste livro, as funções gerais usadas neste exemplo são diretas. O combustível (petróleo, carvão, gás natural) é queimado, usando o ar atmosférico (sofre combustão) para produzir energia térmica que, fornecida à caldeira da usina, efetua a transformação de água em vapor (a água ganha energia térmica). O vapor, de alta temperatura e alta pressão, é direcionado por meio de tubulações até as hélices (lâminas) de uma turbina, causando rotação. As hélices (lâminas) rotativas da turbina movimentam um eixo que é acoplado a um gerador para a produção de eletricidade. O vapor, com temperatura e pressão rebaixadas, deixa a turbina e passa através de um condensador, no qual retorna à forma líquida.

O condensador usa água fria (de um lago ou outro corpo-d'água) circulando por bobinas de um trocador de calor para condensar o vapor; essa água fria aquece-se no processo e é descartada de volta ao lago ou corpo-d'água, resultando em poluição térmica. A água condensada é, então, bombeada de volta à caldeira para reciclagem de todo o processo. A entrada total de energia nesse sistema é obtida na energia química do combustível e do ar para combustão, bem como na energia térmica da água de refrigeração do condensador. A saída de energia está na energia elétrica gerada e exportada pela usina, na energia térmica da água quente que deixa o condensador e nos gases de combustão emitidos pela chaminé.

FIGURA 3.3 DIAGRAMA DE UMA ESTAÇÃO GERADORA DE ELETRICIDADE ABASTECIDA POR COMBUSTÍVEL FÓSSIL. ENTRADA DE ENERGIA = SAÍDA DE ENERGIA, PORQUE NÃO OCORRE ARMAZENAMENTO.

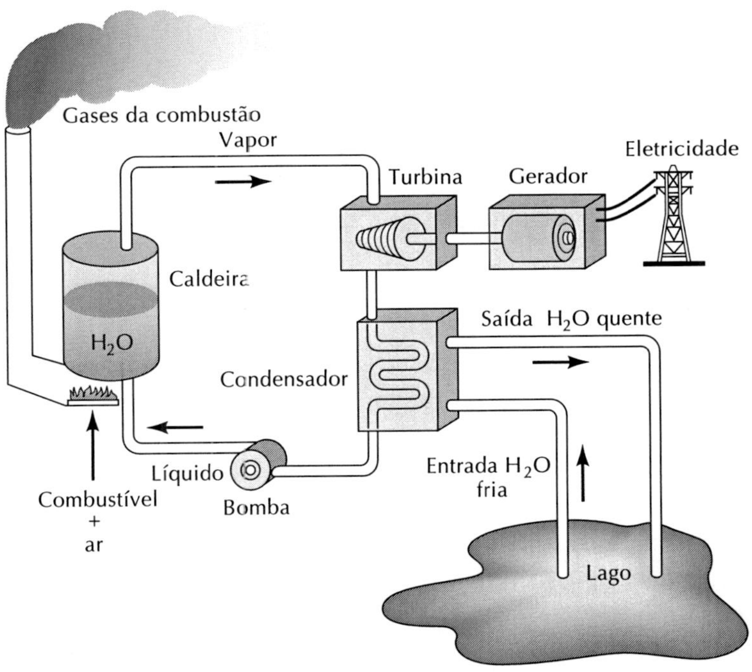

Nenhuma energia é armazenada, já que a água retorna à caldeira com a mesma energia térmica de quando o processo foi originalmente iniciado. Utilizando a notação Ex como a energia associada ao item x, podemos escrever a equação de conservação de energia da usina como

$$E_{\text{entrada}} = E_{\text{combustível}} + E_{\text{ar}} + E_{\text{água que entra}} = E_{\text{saída}} =$$
$$= E_{\text{eletricidade}} + E_{\text{água que sai}} + E_{\text{gases combustão}}$$

D. EFICIÊNCIAS NA CONVERSÃO DE ENERGIA

Mesmo que a energia seja conservada em um processo de conversão de energia, a produção de energia *útil* ou trabalho *útil* será menor que a entrada de energia. A **eficiência** de um processo de conversão de energia é definida como

$$\text{Eficiência} = \frac{\text{produção de energia ou trabalho útil}}{\text{total de entrada de energia ou energia armazenada}} \times 100\%$$

A entrada de energia que não se transforma em trabalho útil é perdida sob formas não utilizáveis (como perdas térmicas – de calor). No exemplo da usina de energia da seção anterior, apenas uma fração da entrada de energia (praticamente igual à energia química do combustível) na usina geradora é transformada em energia elétrica. A porcentagem da energia do combustível convertida em energia elétrica caracteriza a eficiência da usina e é de aproximadamente 35% para uma usina convencional que use combustíveis fósseis. Utilizando nossa notação prévia,

$$\text{Eficiência} = E_{\text{eletricidade}} / E_{\text{combustível}} = 0{,}35 \times 100\% = 35\%.$$

Apesar de essencialmente toda a energia química do combustível ser convertida em calor durante a combustão, 65% desse calor é transferido para a água que sai do condensador e para os gases que saem pela chaminé. Esse calor termina em um lago ou rio como a energia térmica aumentada da água ou na atmosfera quando torres de resfriamento são usadas.

As eficiências de outros esquemas de conversão de energia são apresentadas na Tabela 3.1. Os valores de eficiência variam de aproximadamente 5% para as lâmpadas incandescentes (que convertem energia elétrica em luz) até 95% para os melhores motores elétricos (que convertem energia elétrica em energia mecânica). Como veremos no Capítulo 4, as leis da termodinâmica limitam as eficiências que podem ser alcançadas em algumas dessas conversões, especialmente naquelas que envolvem a conversão de calor em energia mecânica. Eficiência aumentada no uso de energia significa que a mesma tarefa pode ser realizada com uma quantidade de energia menor.

No caso de um processo com diversas etapas, a **eficiência global** será igual ao *produto* das eficiências individuais. Por exemplo (Figura 3.4), se a eficiência da conversão de energia química do carvão em eletricidade é de 35%, a eficiência da transmissão de energia através de linhas de alta tensão é de 90% e a conversão de eletricidade em luz por uma lâmpada incandescente é de 5%, então a eficiência global da conversão de energia química em luz visível é = 0,35 x 0,90 x 0,05 = 0,016 = 1,6%. (Observe que a eficiência global nunca será maior que a da etapa do processo com menor eficiência.)

TABELA 3.1 EFICIÊNCIAS DE ALGUNS SISTEMAS E ESQUEMAS DE CONVERSÃO DE ENERGIA.

Esquema	Eficiência
Geradores elétricos (mecânica → elétrica)	70–99%
Motor elétrico (elétrica → mecânica)	50–90%
Fornalha a gás (química → térmica)	70–95%
Turbina eólica (mecânica → elétrica)	35–50%
Usina de energia abastecida por combustível fóssil (química → térmica → mecânica → elétrica)	30–40%
Usina nuclear (nuclear → térmica → mecânica → elétrica)	30–35%
Motor de automóvel (química → térmica → mecânica)	20–30%
Lâmpada fluorescente (elétrica → luminosa)	20%
Lâmpada incandescente (elétrica → luminosa)	5%
Célula solar (luminosa → elétrica)	5–28%
Célula a combustível (química → elétrica)	40–60%

FIGURA 3.4 O CÁLCULO DA EFICIÊNCIA GERAL DE UM PROCESSO DE MÚLTIPLAS ETAPAS ENVOLVE A MULTIPLICAÇÃO DAS EFICIÊNCIAS DAS ETAPAS INDIVIDUAIS.

Usina elétrica $E_1 = 0{,}35$ | Linhas de transmissão $E_2 = 0{,}90$ | Luz $E_3 = 0{,}05$

Eficiência global da conversão de energia química em energia luminosa $= E_1 \times E_2 \times E_3 = 0{,}35 \times 0{,}90 \times 0{,}05 = 0{,}016$

A Questão 7 no fim deste capítulo examina a eficiência global para um automóvel convencional (com motor a combustão) e um veículo elétrico. A eficiência global (desde a entrada de combustível até a saída nas rodas do carro) é chamada de **"eficiência energética da fonte às rodas (*well to wheel*)"**. Neste problema há uma diferença correspondente a cerca de um fator 2 entre os dois veículos.

Outro exemplo de propulsão veicular é o de um carro, caminhão ou ônibus acionado por uma célula a combustível. Como será apresentado com mais detalhes no Capítulo 10, uma célula a combustível é um dispositivo que combina oxigênio (do ar) e hidrogênio (gás puro ou rico em hidrogênio, como o metano) para produzir eletricidade. Ela pode ser usada para acionar um motor veicular elétrico. Não há poluição (se puro gás hidrogênio for usado) e a eficiência é alta, na faixa de 40% a 70%, dependendo do tipo. Veículos acionados por células a combustível podem levar a consideráveis economias de energia no transporte e à redução da poluição atmosférica. Entretanto, deve haver meios de produzir o gás hidrogênio puro, que não é encontrado livre na natureza, mas, sim, ligado a outros elementos em moléculas. Um método simples e bem conhecido baseia-se no uso de eletricidade para separar os elementos das moléculas de água – **eletrólise**. No entanto, se for usada eletricidade de usinas térmicas de combustíveis fósseis, a eficiência global será baixa em razão de um valor de cerca de 35% da eficiência da geração e transmissão de eletricidade. A eletrólise, através do uso da eletricidade de células solares, é uma opção que tem tido apoio crescente. Pesquisas recentes descobriram catalisadores metálicos que podem produzir hidrogênio e oxigênio sem necessitar grandes quantidades de energia elétrica. Isso não somente traz vantagens para a propulsão de veículos, mas também provê um mecanismo de armazenamento de eletricidade (em adição ao armazenamento em baterias) gerada pelo Sol para seu uso quando este não estiver brilhando. Outros possíveis recursos para obtenção de hidrogênio podem ser o metanol, o etanol, o gás natural ou mesmo a gasolina. Mas se deve considerar também, nesses casos, as ineficiências da extração e da conversão de tais recursos em hidrogênio puro, o que fará que a eficiência global da fonte às rodas seja reduzida.

E. USO DA ENERGIA NOS PAÍSES EM DESENVOLVIMENTO

Em muitos países em desenvolvimento, a força humana ainda fornece a maior parte da energia que é consumida individualmente, pelo menos quando os combustíveis tradicionais (madeira/lenha, biomassa) são excluídos (veja a Figura 3.5). Precisamos voltar bastante na história para encontrar sociedades que utilizaram apenas a força humana. Como o fogo começou a ser utilizado para cozinhar, o consumo de energia aumentou. Com a domesticação dos animais, a energia mecânica adicional tornou-se disponível. Com a Revolução Industrial e a invenção do motor a vapor (no século XVIII), a energia útil em larga escala começou a estar disponível.

FIGURA 3.5 Um interessante método de bombear água em Burkina Faso, oeste da África. O menino está realizando o trabalho com a Energia Potencial (EP) adquirida ao pular no ar.

W. Bennett

Os países em desenvolvimento, hoje em dia, concentram quase três quartos da população mundial, mas consomem apenas um quarto da energia. Existe uma grande disparidade entre o uso *per capita* de energia entre os países desenvolvidos e aqueles em desenvolvimento (veja as Figuras 2.12 e 2.13 e o Apêndice E). Um norte-americano médio consome aproximadamente duas vezes mais energia comercial do que um francês, 4 vezes mais que um chinês ou um argentino, 15 vezes mais que um indiano ou um queniano (mas essas últimas comparações podem ser enganadoras, já que a ampla maioria da energia usada em países em desenvolvimento não vem de combustíveis comerciais como o petróleo e, sim, de combustíveis tradicionais como a lenha, os resíduos vegetais e o estrume, cujas quantidades são muito difíceis de estimar).

Desde 1960, os países em desenvolvimento quadruplicaram seu uso de energia geral e triplicaram seu uso *per capita* (veja a Figura 3.6 e a Tabela 3.2). Contudo, esse crescimento rápido tem causado problemas estruturais em alguns (mas não em todos) países em desenvolvimento como consequência dos massivos incrementos na dívida externa por causa da importação de petróleo, e sérios problemas ambientais e de saúde ocasionados pela piora da qualidade do ar e pela degradação dos recursos hídricos. Três quartos dos países em desenvolvimento são importadores de petróleo e três quartos dos países mais pobres importam mais de 70% da sua energia comercial.

FIGURA 3.6 Crescimento no uso de energia, PIB e população nos países em desenvolvimento: 1960-2008.
(Fonte: British Petroleum, Banco Mundial.)

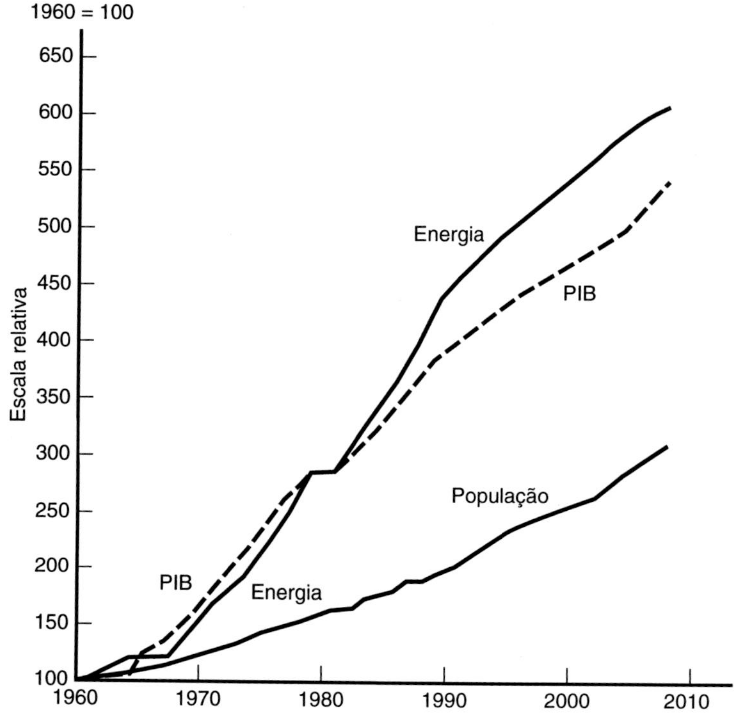

É muito difícil acreditar que, em pleno século XXI, bilhões de pessoas não têm acesso a eletricidade, meios limpos de cocção e água potável. Metas voltadas a melhorar o padrão de vida dessas populações precisam ser atingidas para superar tais problemas. A ONU estima que 1,4 bilhões de seres humanos – cerca de 20% da população mundial – não têm acesso à eletricidade. O dobro desse número depende de usos tradicionais de biomassa para cozinhar. Fornos artesanais ineficientes, usando resíduos de animais, resíduos agrícolas e lenha causam poluição interna de ambientes, que resulta em milhões de mortes prematuras por ano.

Os planos energéticos dos países em desenvolvimento parecem estar tentando seguir o exemplo das nações industrializadas, que cresceram economicamente por meio do uso de tecnologias alimentadas especialmente por combustíveis fósseis baratos e eletricidade. Petróleo e carvão já são responsáveis por mais de 50% da energia usada nos países em desenvolvimento (Tabela 3.3). Nos próximos 20 anos, a participação desses países nas emissões mundiais de CO_2 deve aumentar. O carvão mineral, que é o combustível fóssil que mais emite CO_2 quando queimado, gera 70% da eletricidade na China e na Índia (Figura 3.7). A demanda por eletricidade apresenta uma projeção de continuar crescendo a um ritmo de 7% ao ano, chegando a dobrar em 10 anos. O consumo residencial e industrial já superou a capacidade de geração de energia de algumas nações, levando a falhas no abastecimento (*brownouts* – apagões parciais; e *blackouts* – apagões) nas grandes cidades. Durante a primeira década do século XXI, o forte crescimento industrial da China demandou a *adição* de 30 mil megawatts de energia elétrica por ano. Isso é o equivalente à construção de mais de duas grandes usinas de energia por mês!

FIGURA 3.7 UMA ECONOMIA CRESCENTE NA CHINA LEVOU AO AUMENTO DA COMBUSTÃO DE CARVÃO MINERAL. CERCA DE 75% DA ELETRICIDADE NA CHINA É GERADA A PARTIR DESSE COMBUSTÍVEL.

ISTOCKPHOTO/ERIC ISSELÉE

TABELA 3.2 CONSUMO MUNDIAL DE ENERGIA COMERCIAL: 1970 A 2008.

Região	1970 Consumo de energia (10^{18} J)	1970 *Per capita* (10^9 J/pessoa)	1999 Consumo de energia (10^{18} J)	1999 *Per capita* (10^9 J/pessoa)	2008 Consumo de energia (10^{18} J)	2008 *Per capita* (10^9 J/pessoa)
Países em desenvolvimento	31	12	137	34	157	40
América Latina	8	26	16	49	24	52
Ásia	19	10	110	34	109	42
África	4	10	11	22	24	28
China			45	35	89	67
Países industrializados	129	180	183	221	227	192
Economias de planejamento centralizado	44	120	38	128	44	153
MUNDO	203	55	403	67	517	77

Fontes: British Petroleum. *BP Statistical Review of World Energy* (2010); International Energy Agency.

TABELA 3.3 USO DE ENERGIA NOS PAÍSES EM DESENVOLVIMENTO.

Fonte	Percentual
Biomassa	35
Petróleo	26
Carvão	25
Gás natural	8
Outros renováveis	6
Nuclear	< 1

Fonte: Worldwatch Institute. *State of the World.* (1993).

Enquanto os países industrializados estão começando a desacoplar seu consumo energético de seu crescimento (por meio de maior eficiência energética e modificações estruturais), isso não ocorre nos países em desenvolvimento, nos quais o consumo energético aumenta mais rapidamente que o crescimento econômico. A China é uma exceção nesse aspecto, uma vez que sua intensidade energética diminuiu na última parte do século XX. Para crescer, os países em desenvolvimento terão de investir em tecnologias mais eficientes de geração de energia, assim como criar alternativas ao petróleo e ao carvão. O desejado desenvolvimento econômico e o crescimento populacional vão dificultar ainda mais a situação. Estima-se que, nos próximos 20 anos, a população global deverá aumentar 27%, passando de 6,7 bilhões para 8,5 bilhões de pessoas. Quase todo esse crescimento deverá ocorrer nos países em desenvolvimento, em especial nas áreas urbanas.

FOCO EM 3.1

DESENVOLVIMENTO SUSTENTÁVEL

Tanto o desenvolvimento econômico quanto o crescimento populacional exercem tremenda pressão sobre nossos recursos e sistemas naturais. Por exemplo, a degradação do solo e dos recursos hídricos torna extremamente difícil a expansão da produção de alimentos. Muitos dos problemas ambientais associados ao aumento do uso da energia para abastecer esse crescimento já foram introduzidos. "Desenvolvimento sustentável" é aquele tipo de desenvolvimento que atende às necessidades do presente sem comprometer a capacidade das gerações futuras de satisfazerem as suas. Ele implica a proteção dos sistemas naturais essenciais para alimentação e combustível, simultaneamente à expansão da produção, para satisfazer as necessidades de uma população em crescimento.

A abordagem para atingir esse objetivo será diferente nos países desenvolvidos e naqueles em desenvolvimento. Os países industrializados têm uma responsabilidade especial na liderança do desenvolvimento sustentável, porque seus consumos passados e atuais de recursos naturais são desproporcionalmente grandes. Quanto ao consumo *per capita*, esses países usam muitas vezes mais os recursos do planeta do que os países em desenvolvimento (veja a Figura 2.12), e também possuem os recursos financeiros e tecnológicos para desenvolver tecnologias mais limpas e menos intensivas na utilização de recursos.

Para os países em desenvolvimento, desenvolvimento sustentável é a utilização dos recursos para a melhoria dos seus padrões de qualidade de vida (Figura 3.8). Um quinto da população da Terra tem um PIB anual *per capita* menor que 2 mil dólares. Eles também enfrentam sérios problemas de saúde. Os cidadãos de países pobres geralmente têm acesso limitado à água potável e ao saneamento, são subnutridos e apresentam os mais baixos níveis de educação. Metade da população dos países em desenvolvimento é analfabeta; a expectativa média de vida é de 55 anos (contra 76 anos nos países desenvolvidos); e a mortalidade infantil é de 90 mortes por mil nascidos vivos (contra oito por mil nos países desenvolvidos). Esses países têm de garantir a satisfação das necessidades humanas básicas, estabilizar o crescimento de suas populações e combater a pobreza, ao mesmo tempo que têm de conservar os recursos naturais essenciais para o desenvolvimento econômico, o que é uma tarefa muito difícil.

Outro indicador recente para medir o nível de desenvolvimento é o Índice de Desenvolvimento Humano (IDH), um índice-resumo desenvolvido pelas Nações Unidas para medir as conquistas médias em três áreas básicas: longevidade, conhecimento e qualidade de vida. A longevidade é medida pela expectativa de vida ao nascer; o conhecimento, pela taxa de alfabetização e a porcentagem da população matriculada no ensino básico (fundamental I e II e ensino médio) (índice "K-16 *enrollment*"); e a qualidade de vida pelo PIB *per capita*. Como apresentado em um relatório das Nações Unidas: "o IDH foi criado para reforçar que a população e suas capacidades devem ser o critério principal para avaliação do desenvolvimento de uma nação, e não o crescimento econômico"[1].

FIGURA 3.8 CONSTRUÇÃO DE UMA CASA DE TIJOLOS ARTESANAIS DE BARRO E PALHA NO QUÊNIA, COM A "HABITAT FOR HUMANITY".

MARK HINRICHS

[1] U. N. Development Programme. *Human Development Report.* (2010).

Valores do IDH são apresentados no Apêndice E para cada nação. Países com PIB similares podem apresentar IDH muito diferentes em razão das diferenças relacionadas com a educação e a saúde. Um sumário dos números apresentados no Apêndice E está na tabela a seguir:

	Expectativa de vida (em anos)	Tempo médio de escolaridade	PIB *per capita*	Valor do IDH
OECD	80,3	11,4	U$ 37,080	0,879
Europa Central e Oriental	69,5	9,2	U$ 11,460	0,702
Leste da Ásia	72,6	7,2	U$ 6,400	0,643
África Subsaariana	52,7	4,5	U$ 2,050	0,389

F. UM BARRIL, UMA CALORIA, UM BTU? EQUIVALÊNCIA DE ENERGIA

Em discussões sobre a demanda e a oferta de energia, precisamos usar um conjunto consistente de unidades quando estivermos tratando de quantidades diferentes. Um galão de petróleo cru tem a capacidade de aquecer uma certa quantidade de água em alguns graus. Ele também pode ser refinado para produzir gasolina e ser utilizado para abastecer um carro por muitos quilômetros. Um barril de petróleo (42 galões) convertido em gasolina pode abastecer o automóvel de uma família por aproximadamente 1.300 quilômetros (780 milhas) ou aquecer uma residência média por quatro dias a 20 °C, quando a temperatura externa estiver em 0 °C. Contudo, muito da energia química inerentemente contida na gasolina não será convertida em trabalho mecânico por causa da baixa eficiência do motor do automóvel, além de os motores apresentarem grande variação em suas características. Em razão das várias eficiências relacionadas com as diferentes máquinas, é mais indicado falar de quantidades de energia por valores de aquecimento do que por quantidade de trabalho mecânico realizado. O "valor de aquecimento" de um combustível é a quantidade de calor que fornece quando completamente queimado. Os valores de aquecimento de diferentes combustíveis, nos Estados Unidos, geralmente são expressos em Btu. Um Btu é a energia necessária para elevar em 1 °F a temperatura de 1 libra[2] de água. Dois Btus de energia calorífica vão aumentar em 2 °F a temperatura de 1 libra de água ou em 1 °F a temperatura de 2 libras de água. Uma unidade similar no sistema métrico é a caloria; 1 caloria é a energia necessária para elevar em 1 °C a temperatura de 1 grama de água. Um Btu = 252 calorias (cal) = 1.055 joules (J).

[2] Uma libra é equivalente a 453,59 gramas. (N.T.)

Uma caloria de alimento é igual a mil calorias ou 1 quilocaloria, a energia necessária para elevar em 1 °C a temperatura de 1 kg de água. Nossa ingestão de alimento é de aproximadamente 2 mil a 3 mil quilocalorias por dia. Uma lista dos valores de aquecimento dos diferentes tipos de combustível é apresentada no Apêndice B. Por exemplo, um galão de gasolina tem o valor de aquecimento equivalente a aproximadamente 125 mil Btu; se queimado em uma usina elétrica, vai fornecer cerca de 10 kWh de energia elétrica.

Outra forma de expressar a energia armazenada em diferentes combustíveis também é conveniente. Os valores de aquecimento do carvão, do urânio e do gás natural, por exemplo, podem ser igualados ao valor de aquecimento de um determinado número de barris de petróleo. Quanto ao consumo de energia, é conveniente expressar o consumo anual de outros combustíveis como o equivalente à utilização de determinado número de barris de petróleo por dia (MBPD) durante o ano inteiro. Assim, a combustão de 500 milhões de toneladas de carvão em 1 ano vai fornecer a mesma quantidade de energia que a combustão de 6 MBPD de petróleo por um ano. A taxa de consumo de petróleo bruto nos Estados Unidos é de aproximadamente 7 bilhões de barris por ano, ou 20 MBPD. Para o mundo, esse número é 78 MBPD. Dados para a conversão das várias unidades de energia e força, bem como dos valores de aquecimento de diferentes combustíveis, são apresentados na Tabela 3.4, assim como no Apêndice B. Neste texto, usaremos principalmente Btu e joule. É também interessante usar unidades em kWh.

EXEMPLO 3.1

Se uma tonelada de carvão betuminoso for queimada para produzir eletricidade, quantos kWh podem ser produzidos se a eficiência dessa conversão for 35%?

SOLUÇÃO

De acordo com a Tabela 3.4, uma tonelada de carvão betuminoso = 25×10^6 Btu. Trinta e cinco por cento dessa energia vai transformar-se em eletricidade, ou seja, $(25 \times 10^6)(0{,}35) = 8{,}9 \times 10^6$ Btu. Como 1 kWh = 3,413 Btu, então a quantidade de eletricidade produzida será de $8{,}9 \times 10^6$ Btu/3,413 Btu/kWh = 2.560 kWh.

EXEMPLO 3.2

Suponha que seu carro está a uma velocidade média de 34 mpg. (a) Se você percorreu 100 milhas, quanta gasolina você consumiu? (b) Quantos Btu você usou nessa viagem? (c) Em unidades de kWh, qual é o consumo de energia nessa viagem? (d) Quanto de CO_2 foi adicionado ao ambiente nessa viagem?

SOLUÇÃO

(a) Número de galões de gasolina consumido = 100 mi / 34 mi/gal = 2,94 galões.

(b) Na Tabela 3.4, vemos que 1 galão de gasolina corresponde a 124.000 Btu. Assim, o consumo em Btu foi: 2,94 x 124.000 = 365.000 Btu.

(c) Da Tabela 3.4, 1 kWh = 3.413 Btu. Então, o consumo em kWh é: 365.000/3.413 = 107 kWh.

(d) A gasolina é um hidrocarboneto consistindo de átomos de H e C. Cerca de 85% da massa da gasolina é carbono. Um galão de gasolina pesa 6,07 lb. Durante a combustão, ocorre a reação química $C + O_2 = CO_2$, então, 1 lb de gasolina se torna [44/12] (0,85)lb de CO_2 (sendo 44 e 12 as massas atômicas do CO_2 e C, conforme a tabela periódica dos elementos, apresentada no Anexo H). Assim, está se adicionando 2,94 gal x 6,07 lb/gal x 44/12 (0,85) = 56 lb ou 25 kg de CO_2

TABELA 3.4 CONVERSÕES E EQUIVALÊNCIAS.

Unidades de energia
1 Btu = 1.055 J = 778 ft-lb = 252 cal
1 ft-lb = 1.356 J = 0,33 cal
1 caloria = 4,184 J
1 caloria alimento = 1.000 cal = 1 kcal
1 ton equivalente de petróleo (tep) = 40 milhões de Btu (MBtu) = 42 GJ
1 hp-hr = $2,68 \times 10^6$ J = 0,746 kWh
1 kWh = $3,61 \times 10^6$ J = 3.413 Btu = $2,65 \times 10^6$ ft-lb
1 Quad = 10^{15} Btu
1 GJ = 10^9 J = 948 mil Btu
Unidades de potência
1 watt = 1 J/s = 3,41 Btu/h
100 kWh/ano = 11,4 W
1 hp = 550 ft-lb/s = 2.545 Btu/h = 746 W
Relações entre medidas de combustíveis
1 barril (bbl) de petróleo cru = 42 gal = $5,8 \times 10^6$ Btu = $6,12 \times 10^9$ J
1 standard ft^3 de gás natural (SCF) = 1.000 Btu
1 therm = 100 mil Btu
1 gal de gasolina = $1,24 \times 10^5$ Btu
densidade da gasolina = 6,07 lb/u.s.gal
10^6 ft^3 de gás natural = 172 bbl de petróleo cru
1 ton de carvão betuminoso = 25×10^6 Btu
1 ton U_{235} = 70×10^{12} Btu
1.000 bbl/dia de petróleo = 2.117×10^{12} Btu/ano

TABELA 3.4 CONVERSÕES E EQUIVALÊNCIAS. *CONTINUAÇÃO*

1 milhão de bbl/dia de petróleo (1 MBPD)
= 5,8 × 10^{12} Btu/dia
= 80 milhões de toneladas por ano de carvão
= 1/5 tonelada por ano de óxido de urânio

Demanda de combustível para uma usina elétrica com capacidade de 1.000 MWe (entrada de 2,4 × 10^{11} Btu/dia)

Carvão: 9 mil tons/dia ou 1 unidade de carga de trem (100 carros de 90 toneladas)/dia
Petróleo = 40 mil bbl/dia ou 1 petroleiro/semana
Gás natural: 2,4 × 10^8 SCF/dia
Urânio (como U_{235}): 3 kg/dia

Necessidades de energia

Consumo total de energia nos EUA (2010)
= 100 × 10^{15} Btu (100 Quads) = 45 MBPD de petróleo equivalente = 105 × 10^9 GJ
Consumo total de energia do mundo (2010) = 490 Quads = 517 × 10^9 GJ
População dos EUA (censo de 2010) = 311.000.000; mundo (2010) = 6,852 bilhões

Uso diário e equivalências de energia

1 barril (bbl) de petróleo = dirigir 1.400 km (840 milhas) em um carro médio
Eletricidade para abastecer uma cidade de 100 mil habitantes demanda
4 mil bbl de petróleo por dia
Demanda energética do Estado da Califórnia por 8 h = 1 milhão de bbl de petróleo
1 galão de gasolina = 11 kWh de eletricidade (com 30% de eficiência na geração)
= 5 h de operação de um aparelho de ar-condicionado padrão
= 200 dias de funcionamento de um relógio elétrico
= 48 h de funcionamento de uma TV colorida
= incidência de energia solar em 2 m^2 (22 ft^2) durante 1 dia

Um milhão de Btu equivale a aproximadamente

90 lb de carvão
125 lb de madeira seca no forno
8 galões de gasolina
10 therms de gás natural
1 dia de consumo *per capita* de energia nos Estados Unidos
100 kWh de eletricidade produzida em uma usina elétrica

Dados de potência

Uma usina de 1.000 MWe, com fator de capacidade 60%, gera 5,3 × 10^9 kWh/ano, suficiente para uma cidade de aproximadamente 1 milhão de habitantes
Uso de potência *per capita* nos Estados Unidos = 11 kW
Ser humano sentado = 60 W
Ser humano correndo = 400 W
Automóvel a 65 mph = 33 kW

G. RESUMO

Neste capítulo, vimos que realizar algum trabalho sobre um objeto (e/ou adicionar calor a ele) provoca mudanças na energia total do objeto; por exemplo, levantar este livro até a altura do seu guarda-roupas dá ao livro mais energia potencial. Isso foi expresso como a primeira lei da termodinâmica: $W + Q = \Delta(EC + EP + TE)$. A energia total de um sistema isolado ou fechado (ao qual não se adiciona trabalho ou calor) é conservada. A conservação de energia também estabelece que a energia colocada dentro de um sistema = saída de energia + energia armazenada no sistema. O estudo da energia inclui um estudo das suas transformações de uma forma para outra, como, por exemplo, da energia mecânica para energia elétrica e/ou para energia térmica. Estamos especialmente interessados nas eficiências de tais transformações. Eficiência é a relação entre a energia (ou trabalho) útil resultante e a entrada total de energia.

COMO VOCÊ ESCOLHERIA? – REVISITADO

Células a combustível

Neste capítulo vimos que a eficiência global da conversão energética é o produto de todas as eficiências da cadeia, fazendo que o componente com menor eficiência possa atrapalhar todo o conjunto. As células a combustível podem ter alta eficiência, mas há outras partes do processo que podem reduzir drasticamente a eficiência global (da fonte às rodas). Você mudaria seu ponto de vista sobre encorajar fortemente o uso das células a combustível em vista do que aprendeu sobre eficiência neste capítulo?

QUESTÕES

1. O pêndulo de um relógio oscila para a frente e para trás. Em qual posição sua energia cinética será a maior de todas? Em que posição sua energia cinética vai igualar-se à sua energia potencial?
2. Se a eficiência geral da conversão da energia química do carvão em trabalho útil realizada por um motor elétrico é de 29%, e a eficiência na produção de eletricidade é de 35%, enquanto a eficiência da sua transmissão até o motor é de 85%, então qual é a eficiência do motor na conversão de energia elétrica em mecânica?
3. Uma vez que a energia é uma quantidade conservada, o que acontece à energia cinética de um carro depois que você tira o pé do acelerador?
4. Se a eficiência de uma usina geradora de eletricidade que utiliza combustão de carvão é de 35%, então o que significa quando dizemos que a energia é uma quantidade conservada?
5. Escreva uma expressão (utilizando palavras em vez de números) para a eficiência de um motor de automóvel; seja específico sobre a quais formas de energia você está se referindo.

6. Registre as formas de energia que entram em um sistema composto por uma chaleira posicionada sobre um aquecedor elétrico. Compare com a energia armazenada mais a energia que flui para fora do sistema.
7. A Tabela 3.5 compara os processos de conversão em um motor de combustão interna (MCI) e em um veículo elétrico. Para ambos os sistemas, calcule as eficiências gerais (veja o exemplo seguinte e, então, complete a segunda metade da tabela preenchendo as lacunas).
8. Qual é a diferença entre conservação de energia e o princípio de conservação da energia? Dê alguns exemplos de cada um.

TABELA 3.5 EFICIÊNCIAS NA CONVERSÃO DE ENERGIA.

	Exemplo de iluminação	
Processo	**Eficiência da Etapa**	**Eficiência Global**
Produção de carvão	96%	96%
Transporte de carvão	97%	93%
Geração de eletricidade	35%	33%
Transmissão de eletricidade	90%	29%
Iluminação		
Lâmpada incandescente	5%	1,5%
Lâmpada fluorescente	20%	5,9%

	Exemplo do automóvel			
	Gasolina (MCI)		Carro Elétrico	
Unidades de Força	**Eficiência da Etapa**	**Eficiência Global**	**Eficiência da Etapa**	**Eficiência Global**
Produção de combustível bruto	83%	83%	96%	96%
Geração de eletricidade			33%	———
Transmissão de eletricidade			90%	———
Bateria			80%	———
Motor	25%	———	90%	———
Mecânica	70%	———		
Sistema de transmissão	70%	———	90%	———

9. Uma casa aquecida pelo Sol como a casa solar passiva da Figura 3.2 tem a temperatura aumentada de 15 °C para 20 °C numa manhã no início de dezembro. Escreva uma equação ilustrando a conservação de energia, partindo da radiação solar incidindo externamente à casa.

10. O que quer dizer "desenvolvimento sustentável"? Dê alguns exemplos de desenvolvimento que podem ocorrer em países industrializados ou em desenvolvimento e que não são "sustentáveis".

11. O que significa dizer que 50 milhões de toneladas de carvão poderiam substituir o uso de 0,6 MBPD (milhões de barris por dia) de petróleo usados durante um ano?

12. A eficiência de uma lâmpada pode ser descrita como a razão entre quais duas quantidades?

13. Aproximadamente quantos Btu de perdas (resíduos) de calor são despejados no ambiente por uma usina geradora de eletricidade abastecida com combustíveis fósseis que usa 10 mil Btu de energia química durante a combustão?

PROBLEMAS

14. Quantas libras de carvão têm o mesmo poder calorífico de 20 galões de gasolina?

15. Deixa-se uma bola de massa 0,5 kg cair de uma altura de 5 m. Qual é a maior velocidade que terá pouco antes de bater no chão?

16. Um *skate* com massa de 3 kg está se movendo a uma velocidade de 5 m/s em uma superfície plana. Ele encontra uma elevação e a sobe até parar. Que altura vertical ele consegue atingir? Desconsidere o atrito. (Dica: veja as equações no Capítulo 2.)

17. Um forno doméstico tem uma produção de 100 mil Btu/h. Qual deveria ser a capacidade (em kWh) de uma unidade elétrica de aquecimento para substituí-la?

18. Se uma usina geradora de eletricidade abastecida com carvão queima 2 toneladas de carvão para gerar 6 mil kWh de eletricidade, calcule a eficiência da usina como a razão entre a produção de energia e a entrada de energia do combustível (veja a Tabela 3.4).

19. Suponha que você deixou uma lâmpada incandescente de 100 W acesa por um mês inteiro. Se a eficiência na geração e na transmissão de energia é de 30%, quanta energia química (em joules) foi desperdiçada na usina de força por conta desse seu descuido? Se o consumo de energia necessário para produzir uma refeição no Camboja, usando um fogareiro de querosene, é de 6 MJ (1 MJ = 1.000.000 J), quantas refeições equivalentes poderiam ser produzidas com a energia que você desperdiçou?

20. Um VUC percorre 14 mpg e uma *minivan* 32 mpg. Quanta energia química, em Btu e kWh, o VUC consome a mais numa viagem à casa da vovó, distante 200 milhas?

21. Uma usina elétrica com 1.000 MWe vende a energia que produz a 12 centavos/kWh. Se ela fosse desligada por um dia, qual seria o prejuízo financeiro?

22. Volte ao Problema 25 do Capítulo 2. Utilizando as conversões da Tabela 3.4, determine a quantos galões de petróleo é equivalente a energia potencial da água no lago.

23. Um Boeing 777 voando de Nova York a São Francisco (3.000 milhas) consome 11.000 galões de combustível de jato. Se o avião estiver cheio, com 300 passageiros, quanto de energia (em Btu e em kWh) é usada por passageiro nessa viagem? (Assuma que o conteúdo energético do combustível de jato é o mesmo da gasolina.)

24. Se 60% do petróleo consumido nos Estados Unidos são usados para transporte e 1% dessa quantidade é utilizada por ônibus, quanto petróleo poderia ser economizado por ano se todos os ônibus fossem convertidos para utilizar energia elétrica (pressupondo que a energia elétrica fosse gerada por recursos não derivados do petróleo)? Quanto é isso em MBPD?

25. Na Atividade 3.1, quantos por cento da energia potencial da bolinha de gude foram convertidos em energia cinética ao atingir a superfície lisa e plana? (Estamos ignorando a energia rotacional da bolinha de gude.)

ATIVIDADES ADICIONAIS

1. Jogue uma bola de tênis ou de borracha e meça quais as alturas que ela atinge em dez quicadas. Quais conversões de energia aconteceram? Represente graficamente a altura (eixo *y*) *versus* o número de quicadas (eixo *x*). A bola salta a mesma altura em cada quicada? Explique como a energia é conservada.

2. Esta atividade é similar a outra anterior neste capítulo. Use uma régua e um livro para criar um plano inclinado. Coloque um copo de isopor ou pote de margarina vazio invertido, com uma "porta de entrada" recortada em seu fundo, na extremidade inferior da régua. Coloque a bolinha de gude na marca de 10 cm da régua e deixe-a rolar para dentro do copo. Meça a distância que o copo ou pote se move. Faça isso duas ou três vezes para obter uma média. Repita o procedimento com a bolinha posicionada nas marcas de 20 cm e 30 cm da régua. O copo moveu-se o dobro da distância quando a bolinha foi lançada do dobro da distância na régua? Tente os mesmos procedimentos com uma bolinha de aço e compare os resultados.

3. Energia nos países em desenvolvimento – um trabalho na internet.

Objetivo: usar a internet para identificar e explorar o uso da energia em outro país e seus efeitos sobre a economia e a política. Preencha as informações solicitadas.

País:	Capital:
Data:	População:
% urbana:	Taxa de crescimento:
Renda *per capita*:	% de alfabetização:

Inflação:
Principais produtos de exportação:
Principais produtos de importação:
Recursos energéticos naturais:
Porcentagem de energia importada:
Uso de energia *per capita:*
Desemprego:
Combustíveis primários utilizados:
Combustíveis potenciais para atendimento de demandas futuras:

Descreva as situações econômica e da alimentação do país. Discuta qual papel os recursos energéticos desempenham nessas situações. Mencione as questões ambientais que são particularmente causadoras de problemas. Que mudanças ocorreram no uso de energia e na situação econômica do país nos últimos 10 a 20 anos? Liste as páginas da internet utilizadas na pesquisa.

COM O FOCO NO BRASIL: CONSERVAÇÃO DE ENERGIA

Com relação às informações sobre o uso de energia nos países em desenvolvimento, constantes da Tabela 3.3, e sobre a participação percentual das diversas fontes e sua similaridade com os países desenvolvidos, já se mostrou, em Com o Foco no Brasil do Capítulo 1, que o padrão brasileiro difere significativamente do mundial, apresentando uma participação maior das fontes renováveis, principalmente devido à geração hidrelétrica no setor de energia elétrica.

Já do ponto de vista do consumo mundial de energia comercial *per capita* e por região mundial para 1999 e 2008, segundo a Tabela 3.2 deste capítulo, pode-se fazer uma comparação do Brasil com a média dos países em desenvolvimento, da América Latina, dos países industrializados e do mundo, utilizando-se dados do Balanço Energético Nacional (BEN), relativos a 2007 (do BEN 2008) e 2011 (do BEN 2012), como na tabela a seguir.

CONSUMO DE ENERGIA *PER CAPITA* (EM 10^9 J/PESSOA).

Região / País	2008	2007 (BEN 2008)	2011 (BEN 2012)
Países em desenvolvimento	40	–	–
América Latina	52	–	–
BRASIL	–	52,8	59,1
Países industrializados	192	–	–
Mundo	77	–	–

Por essas informações, pode-se notar que, embora haja uma diferença nos anos de coleta de dados, o consumo *per capita* no Brasil está na faixa da média da América Latina em 2008, e abaixo da média mundial de 2008. Além disso, esse consumo teve um aumento em torno de 11,9% no período de 2007 a 2011.

CONSERVAÇÃO DE ENERGIA NO BRASIL

Embora este assunto não tenha sido especificamente abordado neste capítulo, julgou-se conveniente apresentar aqui uma visão das principais questões e dos programas relacionados à conservação de energia no Brasil para que o leitor, se desejar, possa se aprofundar mais no assunto.

Para tanto, fazemos inicialmente uma introdução aos temas conservação de energia, eficiência energética e uso racional da energia que, à exceção de alguns detalhes sutis que não cabe discutir aqui, são vertentes da mesma busca pela economia de energia e, em seguida, uma visão dos principais programas de conservação de energia e eficiência energética existentes no Brasil.

CONSERVAÇÃO DE ENERGIA, EFICIÊNCIA ENERGÉTICA E USO RACIONAL DA ENERGIA

Fontes energéticas impactam com maior ou menor intensidade o meio ambiente. Os grandes avanços tecnológicos nas técnicas de uso da energia neste último século produziram muitos efeitos sobre o meio ambiente e a sociedade, como a poluição do solo, do ar e da água, e o agravamento das condições de saúde das populações.

Nesse contexto, ações voltadas à eficiência energética, conservação e uso racional da energia podem ajudar a preservar o meio ambiente e também a melhorar as condições humanas de vida. Tais ações podem ser realizadas por meio de medidas tanto do lado da oferta de energia, racionalizando-se a produção e a distribuição, quanto do lado da demanda, atuando-se nos usos finais.

Adequadamente gerenciadas, as referidas ações poderão não só melhorar o cenário ambiental e social, como implicar considerável economia para o consumidor, sobretudo em indústrias para as quais a energia é insumo significativo. No âmbito domiciliar, a participação ativa do consumidor no uso racional da energia terá efeitos substanciais no controle da demanda, ao mesmo tempo em que produzirá melhorias no orçamento familiar.

No contexto geral, entende-se por racionalização uma série de medidas que tem em vista a redução do consumo (conservação de energia) sem que haja a perda de comodidade do consumidor. Uma boa maneira de racionalizar energia é aumentar a eficiência dos equipamentos usados, o que significa ter um equipamento que despenda o mínimo de energia possível para realizar suas tarefas, ou seja, que tenha o mínimo de perdas.

De acordo com o Programa Nacional de Conservação de Energia Elétrica (Procel) (veja tópico a seguir), "a conservação deve ser entendida como a utilização de uma menor quantidade de energia para obtenção de um mesmo produto ou serviço através da eliminação de desperdício, do uso de equipamentos eficientes e do aprimoramento de processos produtivos". Neste sentido, certamente o leitor recorda-se ou ouviu falar da experiência temporária de uso de ações de conservação de energia quando da ocorrência do racionamento de energia elétrica em 2001 no Brasil.

Por outro lado, conservar energia sem comprometer o crescimento da economia implica abordar questões como a produção de equipamentos que apresentam consumo mais eficiente, a educação da população e dos setores produtivos para utilizar adequadamente as novas tecnologias, e a garantia da necessária proteção ambiental. Isso, certamente, é um grande desafio para os países em desenvolvimento, nos quais, ao contrário dos industrializados, pelo menos durante período razoável, a conservação de energia poderá significar muito mais um desaperto para permitir o atendimento da demanda reprimida do que um ganho direto em economia de energia.

Nesse contexto, a eficiência energética apresenta-se como um dos tópicos centrais para a conservação de energia, constituindo-se numa variável resultante da interação de diversos fatores econômicos, políticos e sociais. Por isso mesmo, ela é influenciada diretamente por mudanças estruturais na economia, caracterizadas por alterações nos padrões tecnológicos e no conteúdo energético de todo o sistema produtivo. Além disso, fatores como o uso racional da energia, hábitos de consumo e padrão de vida das populações também produzem alterações nos níveis de eficiência energética. De forma geral, a eficiência energética apresenta duas grandes vertentes principais: a tecnológica e a cultural, associada aos hábitos de consumo.

Assim, as áreas de atuação no campo da conservação energética são extremamente vastas, podendo-se, além de inserir novas tecnologias, trabalhar desde a informação dos consumidores por intermédio de campanhas publicitárias até a modificação de estruturas tarifárias a fim de induzir consumidores e concessionárias a investir na conservação de energia. Basicamente, as áreas de ação podem assim ser subdivididas: educação; legislação; tarifação e incentivos; tecnologia e pesquisa. Desse modo, em razão do grande número de campos disponíveis para atuação e considerando-se também a enorme diversidade de setores e níveis nos quais a conservação de energia pode ser tratada, os programas de conservação podem assumir diferentes características.

Como resultado, a conservação de energia requer uma mudança significativa de estruturas e hábitos bastante arraigados em toda a sociedade.

Assim, embora já exista grande conhecimento sobre estratégias políticas, formas gerenciais e alternativas tecnológicas para um uso mais racional da energia, são muitas as barreiras que impedem um rápido avanço nos níveis de eficiência energética possíveis de ser alcançados; as mais importantes estão resumidas a seguir.

BARREIRAS TÉCNICAS E ECONÔMICAS

- Custos e incertezas relacionados às novas tecnologias;
- falta de conhecimento detalhado sobre as vantagens econômicas e ambientais das várias fontes de energia e seus usos finais;
- falta de recursos para avanços tecnológicos (principalmente nos países em desenvolvimento);
- custos relacionados à promoção da eficiência energética e do uso de fontes alternativas.

BARREIRAS RELACIONADAS COM OS PRODUTORES, DISTRIBUIDORES E FABRICANTES DE EQUIPAMENTOS

- Dilema dos fornecedores (uma vez que seus lucros são diretamente proporcionais ao consumo de energia);
- centralização da geração (perdas associadas às grandes distâncias em relação aos centros consumidores);
- resistência à eficiência (diretamente ligada aos custos de produção, uma vez que equipamentos mais eficientes são mais dispendiosos).

BARREIRAS RELACIONADAS COM OS CONSUMIDORES

- Falta de informação (com respeito aos benefícios provenientes da conservação de energia);
- dificuldades de investimentos iniciais nas camadas mais baixas da população;
- indiferença (consumidores que veem na energia um insumo barato e com baixa participação no preço final de seu produto);
- falta de apoio;
- instabilidade econômica;
- ineficiência em razão do desinteresse de terceiros (consumidores que utilizam equipamentos de terceiros).

BARREIRAS SOCIAIS, POLÍTICAS E INSTITUCIONAIS

- Necessidades humanas básicas das camadas desfavorecidas da população;
- compatibilidade das estratégias e políticas energéticas com problemas globais.

PROGRAMAS DE CONSERVAÇÃO DE ENERGIA, EFICIÊNCIA ENERGÉTICA E USO RACIONAL DE ENERGIA NO BRASIL

Dois importantes programas institucionais relacionados à conservação de energia, à eficiência energética e ao uso racional de energia podem ser ressaltados no Brasil: o Programa Nacional da Racionalização do Uso dos Derivados do Petróleo e do Gás Natural (Conpet) e o Programa Nacional de Conservação de Energia Elétrica (Procel). Além disso, no âmbito de Políticas de P&D (Pesquisa e Desenvolvimento), devem ser citados os Projetos de Eficiência Energética e de Combate ao Desperdício de Energia Elétrica, gerenciados pela Agência Nacional de Energia Elétrica (ANEEL).

PROGRAMA NACIONAL DA RACIONALIZAÇÃO DO USO DOS DERIVADOS DO PETRÓLEO E DO GÁS NATURAL (Conpet)

O Conpet, desenvolvido no âmbito da Petrobras e do Ministério de Minas e Energia, tem como principais componentes o Programa Brasileiro de Etiquetagem, o Programa Brasileiro de Etiquetagem Veicular (em fase de implantação efetiva), o Selo Conpet de Eficiência Energética, o Conpet na Escola e o TransportAR.

Em seu site (www.conpet.gov.br), podem ser encontradas informações sobre os programas, assim como diversas outras relacionadas com as atividades do Conpet.

O Programa Brasileiro de Etiquetagem de conservação de energia, por meio de etiquetas informativas, indica aos consumidores quais são os aparelhos a gás mais eficientes, enfocando fogões e aquecedores de água.

O Programa Brasileiro de Etiquetagem Veicular, desenvolvido pelo Instituto Nacional de Metrologia, Normalização e Qualidade Industrial (Inmetro) em parceria com a Petrobras, informará o consumo de combustível dos veículos comercializados no país.

O Selo Conpet de Eficiência Energética é um incentivo aos fabricantes de equipamentos domésticos a gás.

O Conpet na Escola apresenta para professores e alunos a importância do uso racional da energia.

O TransportAR está relacionado com apoio técnico para redução do consumo de combustível e da emissão de fumaça preta no setor de transportes.

PROGRAMA NACIONAL DE CONSERVAÇÃO DE ENERGIA ELÉTRICA (PROCEL)

O Procel, desenvolvido no âmbito da Eletrobras e do Ministério de Minas e Energia, tem como principais componentes os programas de conservação de energia elétrica nos setores de comércio, saneamento, indústrias, edificações, prédios públicos, gestão energética municipal e iluminação pública, o Selo Procel e o Procel Educação.

Em seu site (www.eletrobras.com/elb/main.asp), podem ser encontradas informações sobre esses programas, assim como diversas outras relacionadas com as atividades do Procel.

Os Programas de Conservação de Energia Elétrica nos setores de comércio, saneamento, indústrias, edificações, prédios públicos, gestão energética municipal e iluminação pública visam incentivar e estabelecer procedimentos para ações de conservação de energia elétrica nas áreas focadas, promovendo condições para o uso eficiente de eletricidade e reduzindo os desperdícios de energia, de materiais e os impactos sobre o meio ambiente.

O Selo Procel, desenvolvido pela parceria do Inmetro com a Eletrobras, tornou-se bastante conhecido no país e tem por objetivo orientar o consumidor na hora da compra, indicando os produtos com maior nível de eficiência energética, assim como estimular a fabricação e a comercialização de produtos mais eficientes.

O Procel Educação, desenvolvido pela parceria do Ministério de Educação com o Ministério de Minas e Energia, possibilita a atuação dos professores da educação básica como multiplicadores e orientadores de atitudes de combate ao desperdício de energia elétrica com seus alunos.

O PROGRAMA DE EFICIÊNCIA ENERGÉTICA (PEE) DA AGÊNCIA NACIONAL DE ENERGIA ELÉTRICA (ANEEL)

Esse programa está relacionado à obrigação (incluída no contrato de concessão da ANEEL) de as empresas concessionárias do serviço público de distribuição de energia elétrica aplicar anualmente um montante mínimo de 0,5% de sua receita operacional líquida em ações que tenham por objetivo o combate ao desperdício de energia elétrica.

No site da ANEEL, (www.aneel.gov.br), há um atalho para "Eficiência Energética", em que são apresentadas todas as informações sobre tais projetos, inclusive o Manual para Elaboração do Programa de Eficiência Energética.

Com relação a ações ainda em fase de intenções e aprimoramento, podem-se citar:

- Mais recentemente, uma avaliação crítica dos resultados obtidos pelo PEE, da ANEEL, desde sua origem, sugeriu modificações e ajustes para aperfeiçoamento por meio da elaboração dos Novos Procedimentos do Programa de Eficiência Energética (Propee), atualmente em fase de audiência pública e que poderão afetar positivamente as ações de Eficiência Energética no país. As principais modificações e ajustes previstos são: Chamada Pública de Projetos (obrigatória a partir de 2015); Incentivo a Contratos de Desempenho; Incentivo à Contrapartida e ao Bônus; Inserção de Fontes Incentivadas de Energia; Incentivo a Projetos Pilotos; Aprimoramento na Medição e Verificação de Resultados; Ampliação dos Recursos para Gestão do Programa; Aprimoramento nas Regras para Descartes de Aparelhos e Uso Compulsório da Logomarca do PEE.
- Nesse contexto, deve-se citar também o Plano Nacional de Eficiência Energética, PNEf, que foi preparado pelo MME com consultas aos mais variados agentes atuantes em atividades relacionadas a energia elétrica, com objetivo principal de organizar e orientar as políticas públicas para conseguir maior sinergia e eficácia das instituições e ações de eficiência energética no País. O PNEf foi aprovado pelo MME pela Portaria 594, publicada em 19/10/2011.

REFERÊNCIAS

REIS, L. B.; FADIGAS, E. A.; CARVALHO, C. E. *Energia, recursos naturais e a prática do desenvolvimento sustentável.* São Paulo: Manole, 2012.

SITES, DOCUMENTOS E INFORMAÇÕES

Empresa de Pesquisa Energética: Balanço Energético Nacional.
Disponível em: <http://www.epe.gov.br>. Acesso em: 12 jan. 2014.
Conpet. Disponível em: <http://www.conpet.gov.br>. Acesso em: 12 jan. 2014.
Procel. Disponível em: <http://www.eletrobras.com/elb/main.asp>.
Acesso em: 12 jan. 2014
ANEEL. Disponível em: <http://www.aneel.gov.br>. Acesso em: 12 jan. 2014.
Ministério de Minas e Energia. Disponível em: <http://www.mme.gov.br>.
Acesso em: 12 jan. 2014.

CAPÍTULO 4

CALOR E TRABALHO

Conteúdo

COMO VOCÊ ESCOLHERIA?

Nada de mais perdas!
Nas audiências públicas realizadas para discussão de propostas de usinas elétricas alimentadas por combustíveis fósseis, seus opositores pedem que a permissão para construção não seja dada até que a eficiência da usina possa ser dobrada (multiplicada por dois). A oposição está preocupada com a grande perda de calor que é entregue ao meio ambiente, incluindo o rio perto do local em que a usina será construída. Você concorda ou não com a posição dos opositores? Por quê?

A. INTRODUÇÃO

Aproximadamente um quarto da energia utilizada nos Estados Unidos é empregada em aquecimento e refrigeração de edifícios. No setor residencial, uma média de 50% dessa energia é usada para aquecimento do espaço (Figura 4.1) Edifícios consomem 70% da eletricidade usada nesse país. As emissões de CO_2 associadas a esse consumo igualam-se à soma das emissões de CO_2 da Inglaterra e da França. É nesse setor que podemos produzir um impacto significativo, tanto em nossos lares como na comunidade em que vivemos. Conforme discutimos no Capítulo 1, a conservação da energia – ou, mais precisamente, o aumento da eficiência no uso da energia – deveria ser o primeiro passo ao se lidar com os impactos ambientais do uso da energia, tendo prioridade, inclusive, sobre o aumento no uso de fontes renováveis.

Os conceitos fundamentais abordados neste capítulo e no próximo são alguns dos mais importantes deste livro. Nas seções seguintes vamos estudar a área da ciência e da engenharia que lida com trabalho e calor, chamada "termodinâmica". Vamos detalhar as leis de energia introduzidas nos Capítulos 2 e 3, estudaremos os métodos pelos quais o calor é transferido, e detalharemos os passos que podem ser seguidos para reduzir o consumo de energia nas áreas de aquecimento e refrigeração do espaço.

FIGURA 4.1 CONSUMO DOMÉSTICO DE ENERGIA NOS ESTADOS UNIDOS POR (A) USO FINAL (B) COMBUSTÍVEL. 1 QUAD = 10^{15} BTU.
(Fonte: Useia, 2005.)

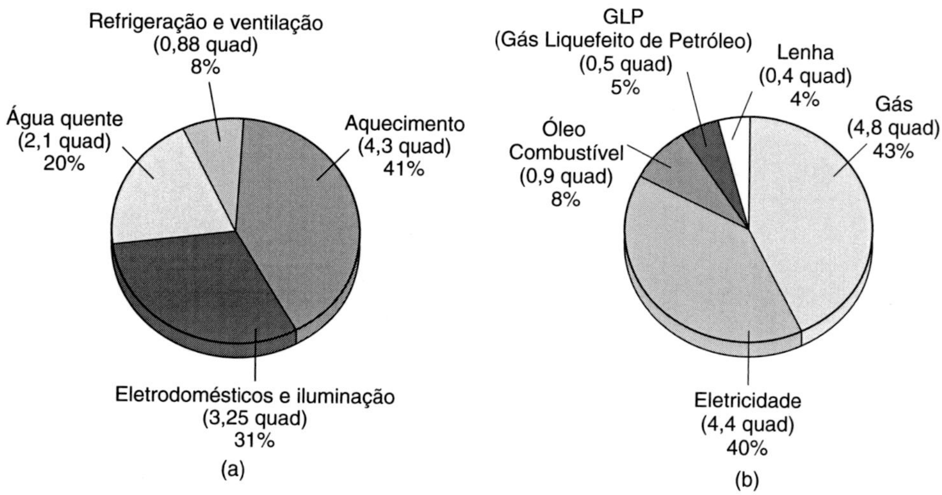

B. CALOR E TRABALHO E A PRIMEIRA LEI DA TERMODINÂMICA

No Capítulo 2 foram introduzidas as diferentes formas de energia. Podemos agrupar muitas delas no que chamamos de "energia total E" de um corpo, que é a soma das energias cinética (EC), potencial (EP), térmica (ET), química e elétrica do corpo.

$$E = \text{EC} + \text{EP} + \text{ET} + \text{energia química} + \text{energia elétrica}$$

Lembre-se de que calor e trabalho são as duas únicas maneiras pelas quais a energia pode ser adicionada a um corpo ou retirada dele para mudar sua energia total, se nenhuma massa for acrescentada. O Capítulo 2 tratou principalmente do trabalho realizado sobre um corpo para mudar sua energia. As mesmas mudanças podem ser efetuadas pela transferência de energia térmica. Porém, nem sempre pensou-se dessa forma.

Uma das descobertas importantes do século XVIII foi que o calor é somente a transferência de energia entre dois corpos em virtude de uma diferença de temperatura. Antes, imaginava-se erroneamente que o calor seria um fluido, chamado "calórico", que escoaria de um corpo quente para um corpo frio, causando aumento tanto em sua temperatura como em sua massa. Um dos experimentos ilustres do século XIX foi a determinação da equivalência entre trabalho mecânico e calor. O físico inglês James Joule, usando um dispositivo, como o mostrado na Figura 4.2, mediu o aumento de temperatura de um banho de água quando uma roda de pás era movimentada dentro dele. O físico observou que o *mesmo efeito* (aumento da temperatura da água) ocorria *tanto* com a realização de trabalho *como* pela adição de calor.

FIGURA 4.2 RELAÇÃO ENTRE CALOR E TRABALHO. UMA VARIAÇÃO DE TEMPERATURA NA ÁGUA PODE SER CAUSADA TANTO DEIXANDO-SE O PESO CAIR (FAZENDO AS PÁS GIRAR) COMO PELA ADIÇÃO DE CALOR POR MEIO DE UMA CHAMA.

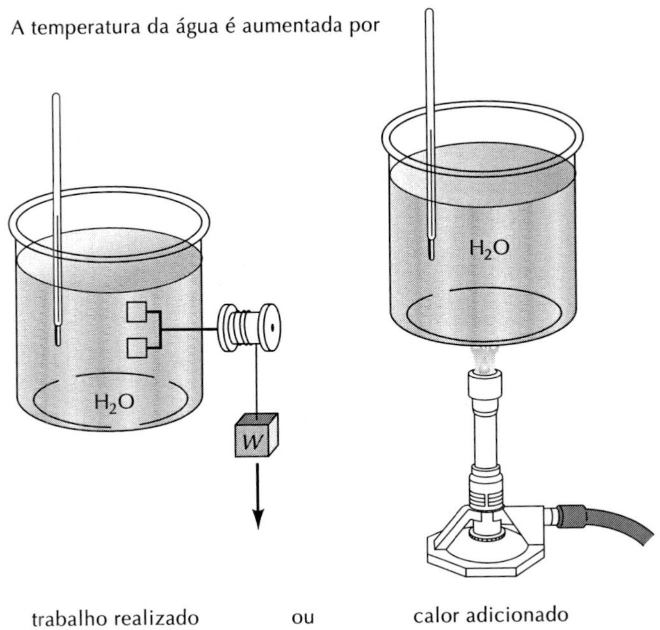

As unidades de calor poderiam ser expressas em joules ou pés-libra porque o calor é uma forma de energia. Porém, historicamente, a separação entre calor e outras formas de energia levou ao estabelecimento de unidades diferentes. A unidade de calor, originalmente, era a *caloria*, que é a quantidade de calor que deve ser adicionada a 1 g de água para aumentar sua temperatura em 1 °C. Para aquecer 250 g (aproximadamente uma xícara) de água de 20 °C até 100 °C são necessárias 250 g × 80 °C = 20 mil calorias de energia (caso não haja perda de energia para a vizinhança). Como 1 cal = 4,184 J, então são necessários 83.680 J de calor. No sistema inglês, a unidade de energia térmica é o *Btu*, que é a quantidade de calor que deve ser adicionada a 1 libra de água para aumentar sua temperatura em 1 °F (e 1 Btu = 252 cal)

O calor não está contido em um corpo, mas é uma manifestação da interação desse corpo com a sua vizinhança. O calor é um "acontecimento". Ele é imaterial, porém, mesmo assim, é bem real no que diz respeito ao que pode fazer. A adição de calor geralmente resultará no aumento da temperatura de um corpo. Assim, a energia térmica do corpo aumenta. No sentido oposto, em um motor térmico, parte do calor é convertida em energia mecânica. Turbinas a vapor e motores de automóveis são motores térmicos.

A interconversão entre trabalho, calor e energia total E pode ser resumida na **primeira lei da termodinâmica** (conforme visto no Capítulo 2):

$$W_{\text{sobre}} + Q_{\text{adicionado}} = \Delta(\text{EC} + \text{EP} + \text{ET}) = \Delta E$$

Ou seja, **o trabalho realizado *sobre* um sistema somado ao calor *adicionado* a ele é igual à variação na energia total do sistema**. Essa lei nada mais é do que uma afirmação da lei da conservação da energia: a energia colocada em um sistema é igual à energia de saída mais a energia armazenada.

O trabalho realizado *sobre* um sistema tem sinal oposto (é o negativo do) ao trabalho realizado *pelo* fluido, ou seja, $W_{\text{sobre}} = -W_{\text{pelo}}$, portanto, uma outra expressão da primeira lei é

$$Q_{\text{sobre}} = \Delta E + W_{\text{pelo}}$$

Trata-se da afirmação de que o calor (líquido) *adicionado* $Q_{adicionado}$ ao sistema é igual à variação da energia total ΔE do sistema, somada ao trabalho W_{pelo} realizado *pelo* sistema. Por exemplo, se o calor proveniente da energia irradiada pelo Sol é adicionado a um balão flexível cheio de ar, a temperatura do ar no balão vai aumentar (sua ET vai aumentar), e o balão vai se expandir, fazendo trabalho sobre a sua vizinhança.

Uma bomba de ar, do tipo usado para encher pneus de bicicleta, também serve para ilustrar essa lei (Figura 4.3). Se a bomba é bem isolada (e, então $Q_{\text{sobre}} = 0$) e o pistão é empurrado para baixo, o trabalho é realizado sobre o sistema, resultando em um aumento da temperatura do ar (e, portanto, em sua energia térmica):

$$W_{\text{sobre}} = \Delta E = \Delta\text{ET}.$$

FIGURA 4.3 UMA BOMBA DE AR. O TRABALHO REALIZADO SOBRE O AR AO EMPURRARMOS O PISTÃO PARA BAIXO RESULTA EM UM AUMENTO NA ENERGIA TÉRMICA DO AR. $W_{sobre} = F \times d = \Delta ET$.

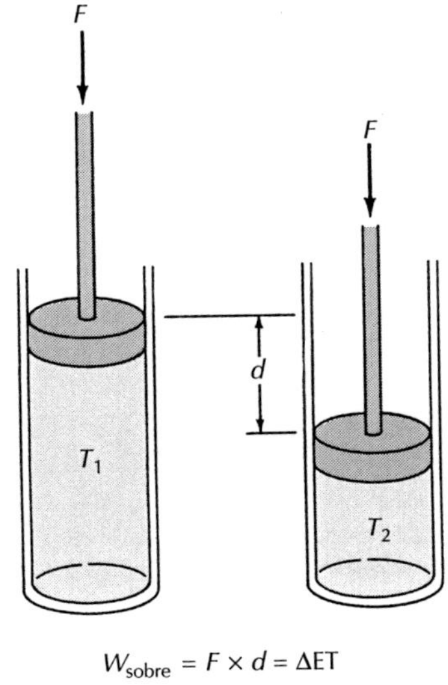

Se a bomba é deixada em repouso, o ar dentro dela vai eventualmente esfriar; o calor flui para a vizinhança mais fria e a energia térmica diminui.

C. TEMPERATURA E CALOR

Muitas de nossas experiências com temperatura e calor são encontradas em nossas sensações de frio e quente. Quando pensamos em temperatura, estamos pensando em quão quente está o assado no forno ou quão frio está o ar lá fora. **Temperatura** é uma propriedade de um corpo, tanto quanto sua cor ou sua forma. Quando você mede a temperatura de uma substância, ela permanece a mesma, não importando se você mede em uma parte da substância ou nela inteira (supondo que a substância tenha temperatura uniforme). A temperatura não nos informa qual é a quantidade de energia contida na substância, já que é independente da massa. Você pode apagar uma vela com seus dedos, mas não colocaria sua mão em uma vasilha de água fervente, ainda que a chama da vela seja centenas de graus mais quente do que a água. Do ponto de vista microscópico, a temperatura é proporcional à energia cinética média dos átomos daquele corpo. Quanto mais alta a temperatura, mais energéticos são os átomos ou moléculas.

Para que o conceito de temperatura tenha utilidade prática, precisamos de uma escala de temperatura. Podemos definir uma escala utilizando pontos de referência relacionados aos estados específicos de uma substância. Dois desses pontos são os de congelamento e de ebulição da água pura. Na escala **Celsius**, o ponto de congelamento da água (à pressão atmosférica) é 0 °C, e o de ebulição é 100 °C (à pressão atmosférica). (As temperaturas para esses pontos na escala **Fahrenheit** são 32 °F e 212 °F, respectivamente.) Como a temperatura é relacionada à energia cinética média das moléculas de uma substância, é conveniente definirmos uma escala absoluta, de forma que, a zero graus absolutos (0 K) o movimento das moléculas seja mínimo. Essa é a escala **Kelvin**, na qual 0 K corresponde a –273 °C (–460 °F); K = °C + 273, portanto 100 °C correspondem a 373 K. A Tabela 4.1 relaciona as temperaturas de referência de algumas substâncias nessas três escalas.

TABELA 4.1 TEMPERATURAS DE ALGUNS FENÔMENOS COMUNS.*

	°C	°F	K
Água, ponto de congelamento	0	32	273
Água, ponto de ebulição	100	212	373
Zero absoluto	–273	–460	0
Nitrogênio líquido, ponto de ebulição	–196	–319	77
Hélio líquido, ponto de ebulição	–269	–454	4
Zinco, ponto de fusão	420	787	693
Ouro, ponto de fusão	1.063	1.945	1.336
Sublimação** do CO_2 sólido (gelo seco)	–78	–109	195

* À pressão atmosférica.

** Processo de passagem direta de um sólido para um gás.

Quando se adiciona calor a uma substância, geralmente observa-se um aumento na sua temperatura. Há uma relação simples entre uma variação de temperatura ΔT e a quantidade de calor adicionada (ou removida) Q:

$$Q = mc\Delta T \quad \text{ou} \quad \Delta T = Q/mc$$

Nessa equação, m é a massa da substância e c é o seu **calor específico**. Materiais diferentes vão absorver diferentes quantidades de calor quando sofrerem o mesmo aumento de temperatura; por outro lado, a mesma quantidade de calor adicionada a dois materiais diferentes pode resultar em aumentos de temperaturas significativamente diferentes. O calor específico é a quantidade de calor adicionada (ou removida) por unidade de massa por grau de aumento (ou diminuição) de temperatura. Em unidades do sistema métrico, o calor específico é o número de joules necessário para aumentar a temperatura de 1 kg de material em 1 °C. Em unidades do sistema inglês, o calor específico de uma substância é o número de Btu necessário para aumentar a temperatura de 1 lb do material em 1 °F. Na Tabela 4.2 estão listados os calores específicos de diversos materiais. Por exemplo, o calor específico do ferro é 0,12 Btu/lb-°F, o que significa que é preciso 0,12 Btu para elevar em 1 °F a temperatura de 1 lb de ferro. Por outro lado, é preciso 1 Btu para elevar em 1 °F a temperatura de 1 lb de água.

TABELA 4.2 CALORES ESPECÍFICOS DE SUBSTÂNCIAS COMUNS.

Material	Calor Específico (J/kg-°C)	Calor Específico (Btu/lb-°F)
Água	4.186	1,00
Alumínio	900	0,22
Ferro	448	0,12
Cobre	387	0,093
Concreto	960	0,23
Vidro	840	0,20
Pinho branco	2.800	0,67
Gelo	2.090	0,50
Ar	1.004	0,24
Rocha	840	0,20

Um corpo com grande calor específico vai liberar mais energia na forma de calor Q para a vizinhança, enquanto experimenta um *decréscimo* de temperatura ΔT, do que um corpo de mesma massa mas menor calor específico (que experimenta a mesma variação de temperatura) (veja a Figura 4.4). Dizemos que o corpo com o maior calor específico tem maior capacidade de armazenamento térmico. Por exemplo, o recipiente de alumínio aquecido com um frango num forno resfria-se muito mais rapidamente do que o conteúdo, que é principalmente água. A torta de maçã de uma cadeia de

FIGURA 4.4 ENERGIA TÉRMICA. (A) SE OS DOIS CONJUNTOS DE TIJOLOS FOREM AQUECIDOS EM UMA FORNALHA POR VÁRIAS HORAS, ELES POSSUIRÃO A MESMA TEMPERATURA, MAS O CONJUNTO MAIOR VAI CONTER NOVE VEZES MAIS ENERGIA TÉRMICA DO QUE O ARRANJO MENOR. (B) UMA AMOSTRA DE ÁGUA DE 1 LB ARMAZENA APROXIMADAMENTE CINCO VEZES MAIS ENERGIA TÉRMICA DO QUE 1 LB DE ROCHAS, POIS A ÁGUA TEM UM CALOR ESPECÍFICO MAIOR.

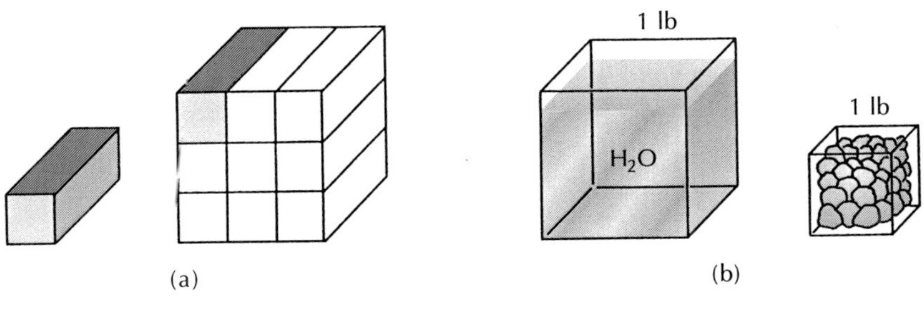

fast-food geralmente vem com o aviso: "cuidado: o conteúdo pode estar quente" em comparação com a massa externa. Devemos nos lembrar de que um café recém-servido permanece quente por um bom tempo (Figura 4.5).

FIGURA 4.5 A ÁGUA TEM UM ALTO CALOR ESPECÍFICO.

JASON KASUMOVIC/SHUTERSTOCK.COM

ATIVIDADE 4.1

Estima-se que, em média, uma pessoa utilize cerca de 10 galões de água quente por dia. Quantos galões de água você utiliza no chuveiro? E na banheira? Meça a quantidade utilizando-se um balde. Supondo que a temperatura da água deva aumentar de 50 °F para 120 °F, quantos Btu de energia serão utilizados? Qual é o custo de combustível (a $ 10 por Btu) de seu banho de chuveiro ou banheira[1]? Observe que 1 galão de água = 8,3 libras.

EXEMPLO 4.1

Quanto calor é necessário para elevar a temperatura de 4 gal de água de 60 °F para 100 °F?

SOLUÇÃO

A temperatura da água deve ser elevada em 40 °F. Uma vez que é preciso 1 Btu de calor para elevar a temperatura de 1 lb de água em 1 °F, serão necessários 40 Btu para aumentar a temperatura de cada libra de água em 40 °F. Como há 8,3 lb/gal, a quantidade total de energia que deve ser fornecida é 4 gal × 8,3 lb/gal × 40 °F × 1 Btu/lb-°F = 1.328 Btu.

Quando se adiciona calor a um corpo, sua temperatura não vai necessariamente aumentar; pode ser que ocorra uma **mudança de fase**. A matéria existe em três fases: sólida, líquida ou gasosa[1]. Transições entre diferentes fases são acompanhadas pela absorção ou pela liberação de calor. Para que a água passe do estado líquido para o estado gasoso, chamado vapor, é necessária uma boa quantidade de energia. A quantidade de calor que deve ser adicionada a um líquido em seu ponto de ebulição, por unidade de massa, para convertê-lo totalmente em um gás *na mesma temperatura*, é denominada **calor de vaporização** do material. Para a água, esse valor é de 540 calorias por g ou 540 quilocalorias (kcal) por kg ou 2.260 kJ por kg ou 970 Btu por lb. A quantidade de valor que deve ser adicionada a um sólido, em seu ponto de fusão, por unidade de massa, para convertê-lo totalmente em um líquido na mesma temperatura, é denominada **calor de fusão** do material. Para a água, esse valor é de 80 calorias por g ou 335 kJ por kg ou 140 Btu por lb. (*Observação:* a quantidade de calor necessária para causar uma mudança de fase também pode ser chamada de **calor latente de fusão** ou **calor latente de vaporização**.)

Caso a mudança de fase ocorra no sentido oposto (como na passagem de vapor para líquido), então há liberação de calor. Esse é o fenômeno por trás da operação de um "radiador a vapor": o vapor em condensação libera 540 cal/g. De maneira semelhante, se um líquido é resfriado até a temperatura em que o fez derreter, ele vai liberar uma quantidade de energia equivalente ao seu calor de fusão ao solidificar-se. Materiais com mudanças de fase usados para armazenar energia solar fazem uso dessa propriedade; certos sais são colocados ao sol, do qual absorvem energia solar e sofrem uma transição de fase do estado sólido para o líquido. Durante a noite, os sais resfriam-se, liberando calor. Eles sofrem uma transição de fase de volta ao sólido quando atingem sua temperatura de fusão, fornecendo calor ao aposento. Isso será discutido no Capítulo 6.

A Figura 4.6 mostra o fenômeno de mudança de fase da água. A figura é um gráfico da temperatura da água *versus* calor adicionado para 1 kg de água. Se partirmos de 1 kg de gelo a –50 °C e passarmos a adicionar calor Q, a temperatura do gelo vai aumentar. A 0 °C o gelo começa a derreter e a temperatura permanece constante até que todo o gelo tenha derretido, o que requer um total de 80 kcal. Uma vez que todo o gelo tenha derretido, a temperatura da água começa novamente a subir, à medida que mais calor é adicionado. Quando se atinge 100 °C, a água começa a ferver[2]. A temperatura permanece em 100 °C até que toda a água tenha sido convertida em vapor, o que requer 540 kcal. Além desse ponto, a temperatura do vapor vai subir à medida que mais calor é adicionado. De maneira oposta, se partirmos do vapor a uma temperatura acima de 100 °C e removermos calor, a temperatura do vapor diminui e seguimos a curva da Figura 4.6 da direita para a esquerda; nessa direção, o calor é liberado em vez de

---

[1] Alguns físicos consideram o plasma, que consiste de partículas eletricamente carregadas, como o quarto estado da matéria. Veja o Capítulo 16. (N.T.)

[2] No original: "the water begins to run to steam", ou seja: a água começa a virar vapor. Aqui há uma incorreção. A água começa a "evaporar" bem antes dos 100 °C (caso contrário, suas roupas nunca ficariam secas no varal!). A 100 °C ela entra em ebulição, um fenômeno diferente da evaporação. (N.T.)

absorvido. Consequentemente, materiais com temperaturas de transição de fase dentro da faixa de temperatura ambiente são utilizados para armazenar e liberar quantias substanciais de energia.

EXEMPLO 4.2

Quanto calor é necessário para ferver 1 L (1 kg) de água partindo de 20 °C? Quanto calor é necessário para vaporizar totalmente essa quantidade de água?

SOLUÇÃO

A quantidade de calor necessária para levar a água a até 100 °C é

$$Q = mc\Delta T = (1\text{ kg}) \times (4.186\text{ J/kg-°C})(100\text{ °C} - 20\text{ °C})$$
$$= 334.000\text{ J} = 334\text{ kJ}$$

Para vaporizar completamente a água a 100 °C, serão necessários 2.260 kJ por kg, que é o calor de vaporização da água. Assim, o calor total necessário será 2.594 kJ.

FIGURA 4.6 MUDANÇAS DE FASE DA ÁGUA.

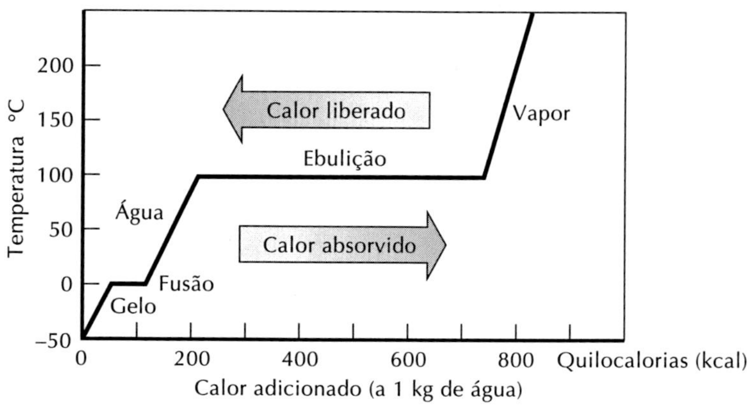

D. PRINCÍPIOS DE TRANSFERÊNCIA DE CALOR

Se uma xícara de café quente e um copo de chá gelado forem colocados em uma sala (que está a 20 °C), um deles ficará mais frio e o outro mais quente até que ambos atinjam a temperatura ambiente. Nos dois casos há uma transferência de calor, que causa a mudança na temperatura dos dois corpos. No caso do café quente, a energia foi transferida para a sala por meio do fluxo de calor. No caso do chá gelado, calor a ele foi adicionado. Em um dia muito frio de inverno, se o chá gelado for colocado ao relento, a situação oposta vai ocorrer: o chá ficará ainda mais frio. O calor vai fluir de um corpo para outro somente quando houver uma diferença de temperatura entre eles, e sempre do corpo mais quente para o mais frio (Figura 4.7). Esse ponto será muito importante quando estudarmos a direção em que processos físicos podem ocorrer.

FIGURA 4.7 O CALOR FLUI QUANDO HÁ UMA DIFERENÇA DE TEMPERATURA ΔT. NESSE CASO, $\Delta T = 70° - 50° = 20$ °F.

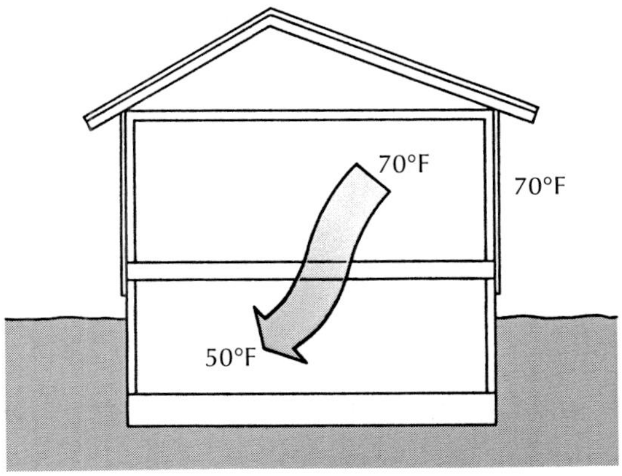

Há três maneiras pelas quais o calor pode ser transferido de um corpo quente para um corpo frio: condução, convecção e radiação.

Transferência de Calor

- Uma das duas maneiras de se transferir energia para um corpo (a outra é trabalho).
- Ocorre somente quando há diferença de temperatura entre dois corpos.
- Ocorre mediante os processos de condução, convecção e/ou radiação.

1. CONDUÇÃO Se uma ponta de uma barra de cobre é colocada no fogo, a outra ponta ficará quente à medida que o calor for conduzido pela barra. O cabo de uma colher em um prato de sopa quente fica quente de modo semelhante (Figura 4.8). No processo de **condução**, o calor é transferido mediante colisões moleculares do corpo quente para o corpo frio. Uma molécula transfere energia colidindo com outra, que por sua vez colide com uma terceira molécula, e assim por diante, sendo o calor transferido por meio do material.

Os materiais diferem acentuadamente em sua habilidade de conduzir calor. Você já percebeu a diferença entre um bloco de madeira e um pedaço de metal repousando sobre a mesa? O metal parece mais frio ao tato, embora ambos estejam com a mesma temperatura. Isso acontece porque o metal é um condutor de calor melhor do que a madeira, e é mais efetivo ao transferir o calor do corpo do leitor deste livro (37 °C) para o próprio metal (21 °C).

FIGURA 4.8 O CALOR É TRANSFERIDO POR CONDUÇÃO, POR MEIO DA COLHER DE METAL, DO CAFÉ QUENTE PARA OS DEDOS MAIS FRIOS.

A rapidez com que o calor é conduzido por um material depende de uma série de fatores. Quanto maior a diferença de temperatura no material, maior é a taxa de fluxo de calor. Mais calor será transferido através de uma parede se a área desta for maior. Se a parede é fina, mais calor será transferido, em comparação com uma parede mais grossa. O tipo de material por meio do qual o calor é transferido também é importante, conforme vimos anteriormente. A expressão para a **taxa de transferência de calor por condução** (abreviada por Qc/t, onde t é o tempo) é:

$$\frac{Q_c}{t} = \frac{\text{calor transferido por condução}}{\text{tempo decorrido}} = \frac{k \times A \times (T_2 - T_1)}{\delta}$$

Nessa equação, A é a área da superfície e δ é a espessura do material pelo qual o calor flui, T_1 e T_2 são as temperaturas de cada lado do material, e k é a **condutividade térmica** do material (veja a Figura 4.9). Essa taxa é normalmente expressa em unidades de Btu por hora ou watts. Embora a taxa de transferência de calor de uma determinada substância diminua com o aumento da sua espessura, não se engane com afirmações de que um material isolante é bom somente em razão de sua espessura, já que a condutividade térmica varia enormemente de um material para outro.

FIGURA 4.9

Fluxo de calor por condução através de uma parede. A taxa Q_C/t com que o calor é transferido através do material depende das temperaturas em ambos os lados (T_1 e T_2), da área A da parede, da sua espessura δ e da sua condutividade térmica k.

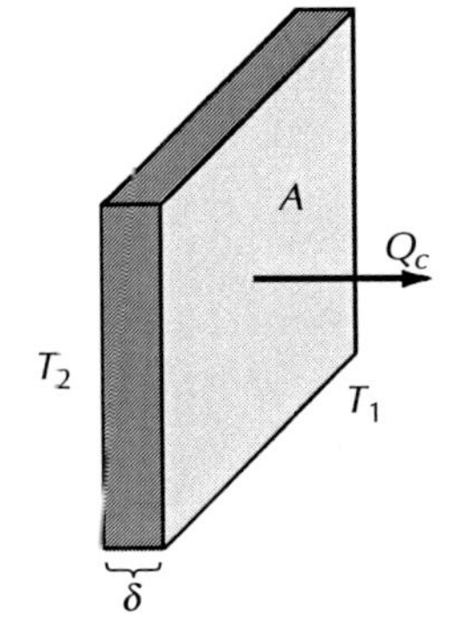

$$\frac{Q_c}{t} = \frac{k \times A \times (T_2 - T_1)}{\delta}$$

FIGURA 4.10

Porcentagem de energia economizada ao se diminuir o termostato de 72 °F para os valores determinados nas linhas curvas, pelos períodos de tempo indicados.

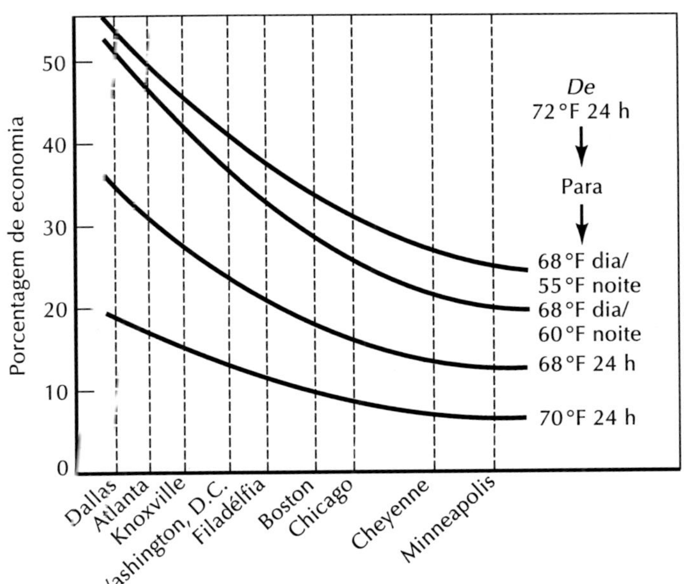

Um exemplo da transferência de calor via condução é o fluxo de calor através das superfícies exteriores de uma casa. Embora a discussão das formas de reduzir a perda de calor (ou o ganho de calor no verão) seja tema do próximo capítulo, dois exemplos são interessantes neste momento. A equação precedente mostra que uma redução na temperatura interior T_2 durante o inverno pode reduzir a perda de calor, uma vez que a diferença de temperatura ($T_2 - T_1$) entre o interior e o exterior será menor. Como exemplo de tal redução, vamos supor que você regule o termostato de 72 °F para 66 °F quando a temperatura externa é de 20 °F. Antes que você o faça, a taxa de perda por condução é Q_c/t = constante × (72 – 20) = constante × 52, em que a constante depende da condutividade térmica, da área e da espessura da superfície. Depois que você altera a regulagem, a taxa passa a ser Q_c/t = constante x (66 – 20) = constante × 46. A economia percentual resultante da sua ação é (52 – 46)/52 = 0,12 × 100% = 12%, que pode corresponder a uma economia de \$10 a \$20 por mês[3]. A Figura 4.10 mostra a porcentagem de economia que pode ser atingida em diversas cidades dos Estados Unidos, representando vários climas, em função da regulagem do termostato. A porcentagem de economia é mais alta em cidades com temperaturas de inverno mais amenas, mas a quantidade total de dinheiro e combustível economizados em climas mais frios é maior.

Outro exemplo da equação anterior diz respeito à área superficial *A*. Uma casa de dois andares vai perder menos calor do que uma casa térrea equivalente com a mesma área construída, pois a área superficial total é menor na casa de dois andares. Em geral, a moradia com a menor relação entre área superficial e volume interior vai perder a menor quantidade de calor por pé cúbico de espaço. A forma geométrica com a menor área superficial para um dado volume é a esfera. A casa-domo utiliza essa ideia. À medida que o tamanho absoluto do domo aumenta, a razão entre a área superficial e o volume diminui. Como ilustração deste fenômeno, note que 10 lb de cubos de gelo derretem muito mais rapidamente do que um bloco de gelo de 10 lb. O bloco tem o mesmo volume dos cubos, mas sua área superficial é menor do que a soma das áreas dos cubos. Os grandes animais perdem seu calor mais lentamente do que os pequenos, que têm uma relação área superficial/volume maior. Um pequeno animal de sangue quente, tal como um camundongo, precisa se alimentar constantemente em climas frios para manter sua temperatura corporal. Libra por libra, um camundongo come 17 vezes mais alimento do que um ser humano.

2. CONVECÇÃO Em um gás ou líquido, as moléculas estão muito distantes para que o calor seja transferido de forma efetiva por condução. Em fluidos, o calor é transferido principalmente mediante movimento do gás ou líquido, um processo chamado **convecção**. A densidade de um fluido é menor quando ele é aquecido do que quando está frio, portanto a diferença de densidade faz que o fluido mais quente ascenda, formando correntes de convecção. Uma panela de água é aquecida

[3] Trata-se, obviamente, de um exemplo nos Estados Unidos. (N.T.)

dessa maneira. O calor é conduzido pelo metal do fogo para a água no fundo da panela. A água aquecida sobe à superfície graças à sua densidade mais baixa. O ar quente numa sala usualmente está perto do teto, uma vez que sua densidade é menor. A Figura 4.11 mostra como se forma uma corrente de convecção.

FIGURA 4.11 CORRENTES DE CONVECÇÃO NA ÁGUA.

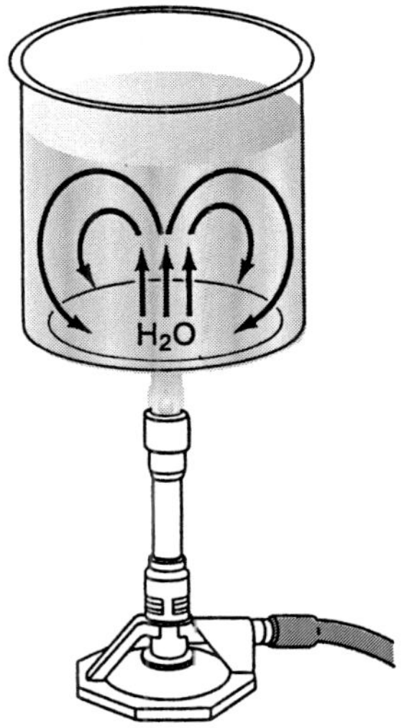

ATIVIDADE 4.2

Uma atividade interessante que ilustra a convecção natural utiliza a água em diferentes temperaturas, com duas configurações:

1. Encha uma tigela ou béquer com água fria (de preferência, gelada). Encha um copo pequeno com água quente e adicione algumas gotas de corante de alimentos. Cuidadosamente, coloque o copo com água quente dentro da tigela com água gelada e observe o que acontece com a água colorida.
2. Repita a experiência, mas colocando água quente na tigela, e a água gelada com gotas de corante no copo pequeno. Explique os resultados pelos princípios de transferência de calor.

Processos de convecção podem ocorrer naturalmente como resultado das diferenças de densidade ou da convecção forçada pelo uso de um ventilador ou da presença do vento. Janelas duplas são bastante eficientes na redução da perda de energia pela convecção forçada, pois se estabelece uma camada isolante de ar parado entre as duas vidraças (Figura 4.12). Porém, alguma transferência de calor por convecção natural (bem como por condução) vai ocorrer entre as vidraças, porque existe um vão de ar e uma diferença de temperatura através dele.

FIGURA 4.12 TRANSFERÊNCIA DE CALOR ATRAVÉS DE UMA JANELA DUPLA.

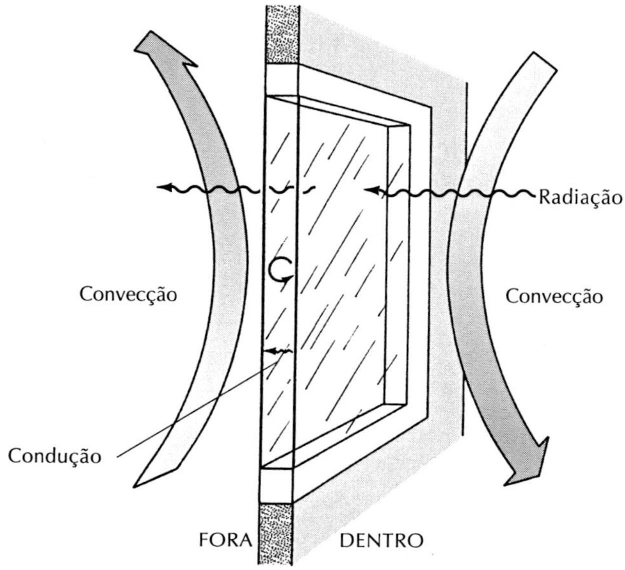

As correntes de convecção são importantes em certos tipos de sistemas de aquecedores solares. Um aquecedor de ar solar que pode ser colocado em uma janela voltada para o sul[4] é mostrado na Figura 4.13. A radiação solar transmitida através da cobertura de vidro é absorvida pela chapa preta de metal enrugada. O ar sob o vidro e em contato com o metal é aquecido e sobe para dentro da casa por ser menos denso. Ar frio da sala é arrastado para dentro do coletor para substituir o ar quente ascendente, criando correntes de convecção.

Esse aquecedor de janela pode elevar a temperatura de uma pequena sala em 10 °F a 20 °F em um dia ensolarado (a Figura 6.25, no Capítulo 6, mostra um aquecedor solar de água por "termossifonamento", em que a água circula por uma serpentina sem o auxílio de uma bomba, por causa da densidade mais baixa da água mais quente).

3. RADIAÇÃO O terceiro meio de transferência de calor, também muito importante, é a **radiação.** Ao contrário da condução e da convecção, a transferência de calor por radiação não necessita de um meio para que haja propagação. A radiação é emitida de um corpo na forma de ondas eletromagnéticas, que consistem em campos elétricos e magnéticos cujas amplitudes variam com o tempo. Essas ondas propagam-se a partir do corpo com a velocidade da luz.

[4] No inverno, uma casa no hemisfério norte terá a face voltada para o sul mais intensamente iluminada pelo Sol. No hemisfério sul a situação inverte-se, e o lado da casa que recebe mais Sol no inverno é aquele voltado para o norte. (N.T.)

Tipos de radiação eletromagnética incluem muitas variedades de ondas com as quais estamos familiarizados: luz visível, ondas de rádio, micro-ondas, raios X e radiação infravermelha.

FIGURA 4.13 Aquecedor solar para ser utilizado em uma janela.

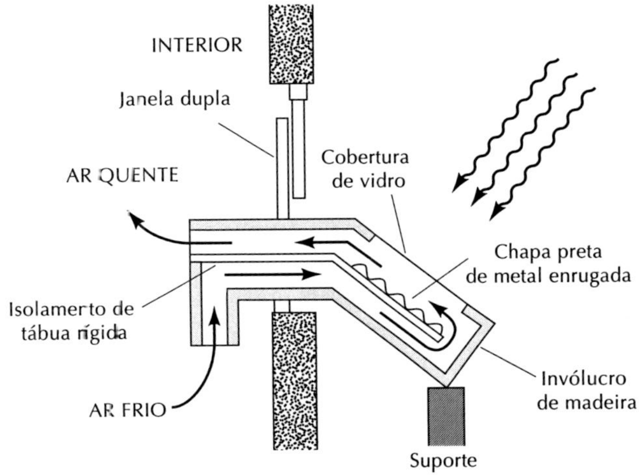

Para compreender a radiação, é interessante investigarmos as ondas em uma corda. Se você amarrar a ponta de uma corda a um poste, esticá-la, e mover a outra ponta para cima e para baixo com suas mãos, você vai gerar uma série de ondas que se movem em direção ao poste (Figura 4.14). Essas ondas caracterizam-se por sua amplitude A, ou seja, o deslocamento máximo a partir da posição de equilíbrio da corda esticada, e seu comprimento de onda λ. As ondas vão se mover com uma velocidade v (que é função da tensão e da massa por unidade de comprimento da corda). A taxa ou frequência f com a qual a ponta livre da corda se move para cima e para baixo na sua mão determina o número de ondas que passa por um dado ponto na corda por unidade de tempo. A velocidade v, o comprimento de onda λ e a frequência f são relacionados pela seguinte expressão (com as unidades em parênteses):

$$v \text{ (m/s)} = \lambda \text{ (m)} \times f \text{ (por segundo)}$$

FIGURA 4.14 Ondas geradas pela movimentação da ponta de uma corda.

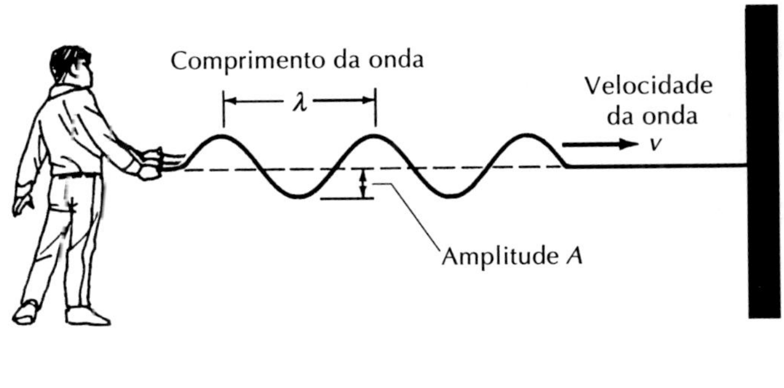

Os diferentes tipos de radiação eletromagnética têm uma propriedade em comum: todos eles possuem a mesma velocidade no vácuo – a velocidade da luz, $3,0 \times 10^8$ m/s (1,1 bilhão km/h ou 186 mil milhas/s). A diferença entre essas ondas é a sua frequência e seu comprimento de onda. Raios X têm frequência muito alta (10^{18} hertz [Hz], em que 1 Hz = um ciclo por segundo), e comprimentos de onda muito curtos (10^{-10} m). Ondas de rádio têm frequências relativamente baixas (como 600 kHz para AM e 100 MHz para FM), mas longos comprimentos (de alguns a centenas de metros). O "espectro" eletromagnético (os limites de variação dos comprimentos de onda) é mostrado na Figura 4.15, na qual os diferentes tipos de radiação são categorizados de acordo com seu comprimento de onda. A luz visível é aquele grupo de comprimentos de onda que é visível ao olho humano e ocupa apenas uma porção muito pequena desse espectro, que é mostrada de forma expandida na figura. Os comprimentos de onda do espectro visível vão da luz violeta, a aproximadamente 4×10^{-7} m, à luz vermelha, com 7×10^{-7} m.

FIGURA 4.15 O ESPECTRO ELETROMAGNÉTICO, MOSTRADO COMO FUNÇÃO DO COMPRIMENTO DE ONDA.

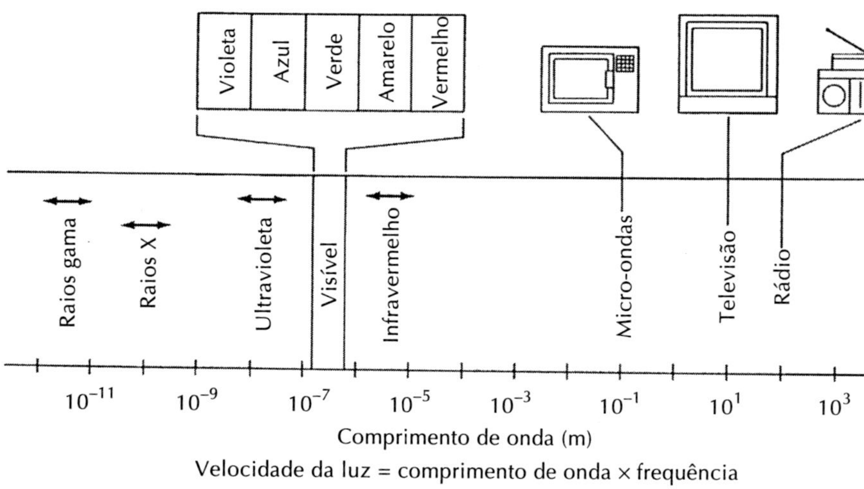

EXEMPLO 4.3

Qual é o comprimento de onda da radiação eletromagnética emitida por uma estação de rádio que transmite em 1.500 kHz?

SOLUÇÃO

$$\text{Comprimento de onda} \times \text{frequência} = \text{velocidade da luz.}$$

Então,

$$\text{Comprimento de onda } \lambda = \frac{3 \times 10^8 \text{m/s}}{1500 \times 10^3 \text{ Hz}} = 200 \text{ m}$$

Todos os corpos cuja temperatura está acima do zero absoluto emitem radiação eletromagnética. Em temperaturas abaixo de 1.000 °C, predomina a emissão de micro-ondas ou radiação infravermelha. À medida que a temperatura de um corpo aumenta acima de 1.000 °C, uma parte da radiação passa a ser visível, como pode ser percebido no brilho vermelho do carvão em um churrasco. À proporção que a temperatura aumenta, as cores passam do vermelho ao violeta, fazendo que o corpo pareça ficar branco-azulado. Nosso Sol, cuja temperatura na superfície é de aproximadamente 6.000 °C, emite um espectro de radiação (Figura 4.16) centrado na região do visível, principalmente ao redor da cor amarela. Entretanto, há componentes intensos de luz infravermelha (comprimento de onda mais longo) e ultravioleta (comprimento de onda mais curto), da ordem de 50% e 9%, respectivamente. A quantidade de radiação emitida por um corpo a cada segundo é proporcional à sua temperatura. Quanto mais alta a temperatura, maior é a taxa de emissão de radiação.

FIGURA 4.16 O ESPECTRO DE RADIAÇÃO EMITIDO PELO SOL E PELA TERRA. AS ESCALAS VERTICAIS PARA CADA ESPECTRO SÃO DIFERENTES, JÁ QUE A INTENSIDADE DA RADIAÇÃO SOLAR É MUITAS VEZES MAIOR DO QUE A DA TERRA.

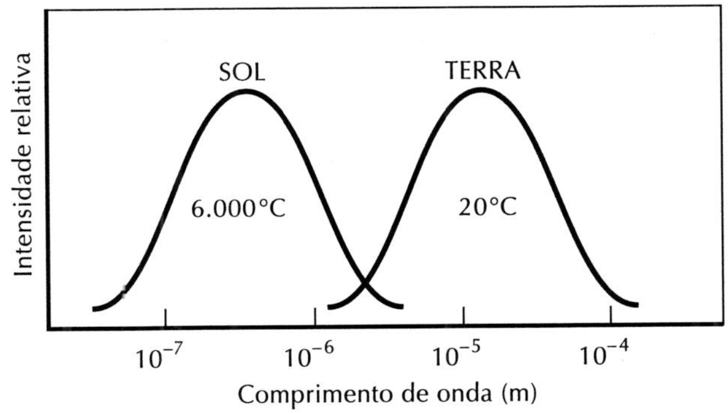

Nossos próprios corpos, em temperaturas relativamente baixas, emitem radiação na região do infravermelho (IV). Isso pode ser "visto" à noite em alguns animais, como cobras e gatos. Perdas de calor por porções mal isoladas das casas, ou a localização de tropas inimigas na selva à noite, podem ser determinadas com a ajuda de detectores de infravermelho, como fotocondutores (semicondutores fotossensíveis) (veja a Figura 4.17). O filme infravermelho é utilizado no estudo de corpos com altas temperaturas.

FIGURA 4.17 FOTO DE UMA CASA FEITA COM CÂMERA INFRAVERMELHA DURANTE O VERÃO. NÍVEIS MAIS ALTOS DE PERDAS DE CALOR SÃO VISTOS COMO REGIÕES BRILHANTES NA FOTO, COMO, POR EXEMPLO, AO REDOR DAS JANELAS.

Como um corpo está sempre perdendo energia por radiação, exatamente a mesma quantidade de energia deve ser adicionada a ele para que mantenha sua temperatura (Figura 4.18). Um corpo inanimado atinge o equilíbrio quando recebe tanta energia (do Sol, da atmosfera vizinha e da Terra) quanto perde. À noite, um corpo continua a radiar e, a menos que esteja em contato com uma boa fonte de calor, tal como a Terra, sua temperatura vai cair. O resfriamento radiativo da Terra à noite, especialmente quando não há cobertura de nuvens, pode levar a baixas temperaturas.

FIGURA 4.18 A TEMPERATURA DE EQUILÍBRIO DE UM CORPO SITUADO NO SOLO EM ÁREA EXTERNA NUM DIA ENSOLARADO É MANTIDA SE A ENTRADA DE ENERGIA É IGUAL À SAÍDA DE ENERGIA.

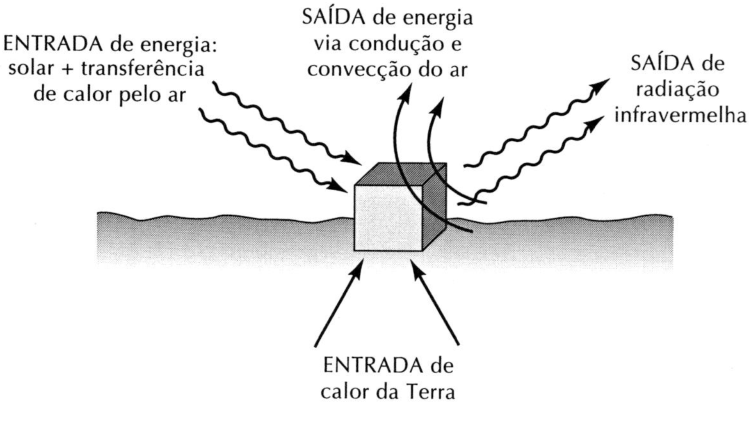

O corpo humano mantém uma temperatura interna de equilíbrio de 37 °C (98,6 °F). Em dias frios, o corpo perde calor por radiação para a atmosfera ou por convecção. A taxa de perda é de aproximadamente 100 W (350 Bth/h) para uma pessoa sentada e 400 W para um corredor. Se você ficar próximo a uma janela ou parede externa em um dia frio, perderá mais energia térmica por causa da temperatura mais baixa da janela, e, portanto, seu corpo sentirá frio. A perda líquida de calor pela radiação será maior, já que a janela fria radia menos, e a perda de calor por condução e convecção será maior em virtude de uma maior T. Em dias em que a temperatura do ar está acima de 38 °C (100 °F), o corpo mantém-se resfriado principalmente por causa da evaporação. O calor é removido do corpo à medida que ele evapora a perspiração durante a mudança de fase de líquido para vapor. Tal resfriamento é menos efetivo em dias "abafados", quando a quantidade de água (a umidade) do ar é muito alta e, portanto, dificulta a evaporação.

Um radiador de água quente ilustra todos os três processos de transferência de calor (Figura 4.19). A energia térmica é conduzida da água quente para o ar por meio do metal em contato com o radiador (ou a sua mão, se você o tocar); o movimento do ar mais quente através de correntes de convecção espalha o calor pela sala. A energia térmica também é transferida aos objetos na sala pelo processo de radiação direta a partir do radiador.

FIGURA 4.19 UM RADIADOR DE ÁGUA QUENTE É UM BOM EXEMPLO DE TRANSFERÊNCIA DE CALOR POR CONDUÇÃO, CONVECÇÃO E RADIAÇÃO.

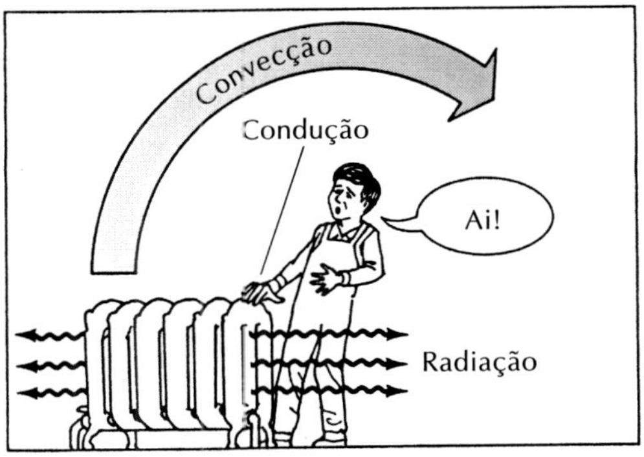

E. MÁQUINAS TÉRMICAS[5]

Nos capítulos anteriores aprendemos que a energia existe sob várias formas (mecânica, elétrica, nuclear, solar, entre outras) e que ela pode ser convertida de uma forma para outra. Em tais conversões, a energia total de um sistema isolado tem de ser conservada; a energia não pode ser criada ou destruída, somente transformada. Nas seções seguintes, vamos ampliar nossa discussão sobre conversão de energia, conside-

[5] Para aqueles que estão interessados principalmente nas aplicações práticas das transferências de calor, esta seção e a próxima podem ser omitidas em uma primeira leitura.

rando um tipo de máquina denominado máquina térmica. Esse grupo inclui todos os dispositivos em que o calor é convertido em trabalho útil; portanto, a máquina térmica ocupa lugar de destaque em muitas das nossas conversões de energia. Um motor de automóvel converte a energia química da gasolina (por meio da combustão) na energia mecânica de um pistão e um virabrequim; a turbina, em uma usina geradora de eletricidade, converte calor em trabalho do eixo para operar um gerador.

Uma vez que o calor é a energia transferida de uma substância para outra quando existe uma diferença de temperatura entre elas, então é necessária uma fonte de calor. O calor geralmente provém de um combustível que é queimado, embora também possa vir do Sol ou de reações nucleares. O fluxo de calor ocorre por um meio fluido, tal como um líquido ou um gás. Esse meio é chamado de "fluido de trabalho". Por exemplo, a combustão da madeira pode aquecer o ar, que pode ser utilizado para movimentar uma turbina. Nesse caso, o calor flui de uma fonte quente (o fogo) para os gases de combustão (o meio), que, por sua vez, movimentam a turbina.

FIGURA 4.20 UMA MÁQUINA TÉRMICA TRANSFORMA CALOR EM TRABALHO.

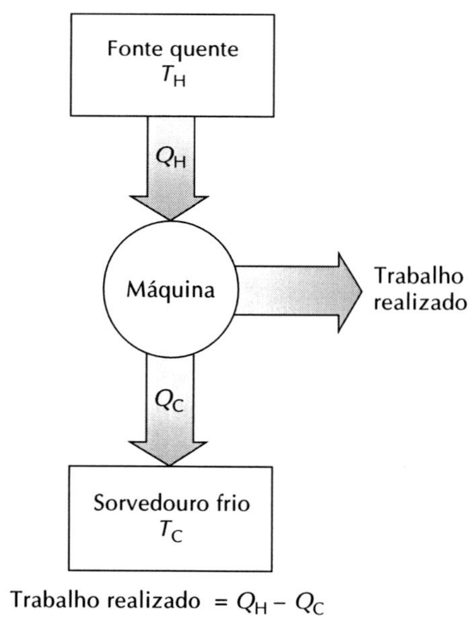

A Figura 4.20 mostra o fluxo de energia em uma máquina térmica. O calor Q_H flui de uma "fonte" quente a uma temperatura T_H para um "sorvedouro" frio a uma temperatura T_C. Parte dessa energia é transformada em trabalho W. Como a energia é conservada, o calor Q_H que deixa o sistema é igual ao calor Q_C que entra no sorvedouro, somado ao trabalho realizado pela máquina: $Q_H = Q_C + W$ (não há armazenamento de energia). Quanto mais baixa for a temperatura do sorvedouro T_C ou mais alta a temperatura da fonte T_H, mais trabalho a máquina é capaz de realizar. A energia disponível para realizar trabalho origina-se de uma redução de temperatura do fluido de trabalho. Quanto maior for a variação de temperatura, maior será o decréscimo de energia do fluido de trabalho, e, portanto, maior será a quantidade de energia disponível para realizar trabalho.

Após realizar trabalho, o fluido de trabalho pode ser descartado no ambiente ou mandado de volta à fonte de calor para reiniciar o ciclo. No primeiro caso, temos um "ciclo aberto"; no segundo, um "ciclo fechado". Caso o fluido retorne ao seu estado inicial, não haverá mudança em sua energia total, e, portanto, $\Delta E = 0$. Consequentemente, pela primeira lei da termodinâmica, o trabalho total realizado pelo sistema é igual à adição líquida de calor (calor que entra menos calor que sai):

$$W = Q_H - Q_C$$

Um exemplo comum de máquina térmica é a *turbina a vapor*, como as utilizadas para geração de eletricidade (veja a Figura 3.3, no Capítulo 3). O fluido de trabalho nesse sistema de ciclo fechado é a água, nos estados líquido e vapor. O calor é transferido do combustível sendo queimado para a água na caldeira, elevando sua energia e transformando-a em vapor. O vapor movimenta as pás da turbina, fornecendo parte de sua energia para girar o eixo. No condensador, o vapor é condensado para a fase líquida, enquanto parte de sua energia é transferida para a água que se resfria e parte é liberada para o ambiente. A água é, finalmente, bombeada a uma alta pressão e retorna à caldeira. (O calor necessário à operação dessa bomba vem do gerador elétrico acionado pela turbina.) Para o sistema *completo dessa forma de geração,* o balanço de energia é consequência da primeira lei da termodinâmica:

Q_H	=	W	+	Q_C
Calor que entra na usina	=	trabalho líquido realizado	+	Calor líquido de saída
(queima de combustível)	=	(para gerar eletricidade)	+	(do condensador)

O trabalho realizado pelo sistema vem da diminuição ΔE da energia do vapor; quanto maior o ΔE atingido, mais trabalho a turbina pode realizar. Esse é o maior motivo para a presença do condensador. Ele representa uma região de baixa temperatura em que o vapor vai condensar e se transformar em líquido a baixa pressão (menor do que a atmosférica), fazendo, portanto, com que o ΔE da água seja grande. O líquido também é muito mais facilmente bombeado (requer menos energia) de volta à caldeira do que seria se fosse um gás.

Apenas uma fração da energia contida em um combustível é convertida em trabalho útil. Vamos detalhar a apresentação do Capítulo 3 sobre eficiências de conversão de energia e veremos que as máquinas têm limites teóricos em suas eficiências. Isso resulta em "poluição térmica": a adição de calor indesejado ao meio ambiente, principalmente às águas naturais. Conforme vimos no Capítulo 3, aproximadamente dois terços da energia química contida no combustível que entra em uma usina elétrica movida a combustível fóssil acabam se transformando em calor improdutivo descartado.

Existem diversos tipos de máquinas térmicas, alguns dos quais estão listados na Tabela 4.3. Eles caracterizam-se pelo tipo de ciclo a que o fluido de trabalho é submetido. Um ciclo em que o fluido de trabalho sofre mudança de estado, como no circuito de uma turbina a vapor, é chamado de **ciclo a vapor** ou **ciclo Rankine**. Um ciclo em que o fluido de trabalho se mantém no estado gasoso é chamado de **ciclo a gás** (geralmente o fluido é um gás quente, que não deve ser confundido com o combustível gás natural). Motores[6] de ciclo a gás podem ser de combustão interna ou externa, o que depende de o combustível ser queimado dentro ou fora da câmara onde se produz potência. Motores de ciclo Rankine são sempre dispositivos de combustão externa. Turbinas com combustão externa a gás são largamente empregadas em aeronaves e motores marítimos, bem como em unidades de usinas geradoras de eletricidade (veja na Figura 11.24, do capítulo 11, uma foto dessa turbina a gás). O tipo mais comum de motor a combustão interna é o de automóvel, com ignição por faísca, que utiliza o ciclo "Otto".

TABELA 4.3 EXEMPLOS DE MÁQUINAS TÉRMICAS.

Ciclo a vapor ou Rankine Máquinas a vapor (usina elétrica, velhas locomotivas) Refrigerador, bomba de calor (usando Freon)
Ciclo a gás Combustão interna: Otto, ciclos a diesel (automóveis, caminhões) Combustão externa: turbina a gás (aviões, usina elétrica), ciclo Stirling

Outro tipo de máquina térmica é um dispositivo que gera eletricidade utilizando as diferenças de temperatura entre as águas superficiais mornas tropicais e as águas a 1.000 m de profundidade. O processo é chamado **conversão de energia térmica do oceano (Otec**, do inglês *Ocean thermal energy conversion*), um tipo de ciclo (Figura 4.21) que utiliza as águas superficiais mornas para ferver a amônia. O vapor de amônia movimenta então uma turbina que aciona um gerador elétrico. As águas frias profundas condensam a amônia a um líquido, que é bombeado de volta à caldeira. O efluente quente do condensador pode ser usado em criação de peixes ou em plantação de vegetais. A diferença de temperatura nessa usina poderia ser de 25 °C – 5 °C = 20 °C. Com um ΔT tão pequeno (se comparado com os 50 °C de uma usina elétrica a vapor), a eficiência global da Otec é muito baixa (3% – 4%). Assim, para produzir mais potência, a usina tem de movimentar uma grande quantidade de água, uma vez

[6] A expressão original é *engine* (motor), mas se referindo a *thermal engine*, que em português é conhecido como *máquina térmica*. Entretanto, algumas expressões em português usam o termo *motor*, como em *motor a combustão interna*. Usaremos sempre o termo mais largamente empregado em português. (N.T.)

que boa parte da potência gerada é utilizada para operar as bombas. Uma usina de demonstração no Havaí gerou 250 kW, com uma potência líquida de saída de 100 kW, no período de 1979 a 1999. A Otec apresenta potencial para aplicação em nações formadas por ilhas, mas o custo e a corrosão pela água do mar representam dois empecilhos.

FIGURA 4.21 CONVERSÃO DE ENERGIA TÉRMICA DO OCEANO (OTEC). A DIFERENÇA DE TEMPERATURA ENTRE AS ÁGUAS NA SUPERFÍCIE E NO FUNDO DO MAR PERMITE QUE SE CONSTRUA UMA MÁQUINA TÉRMICA.

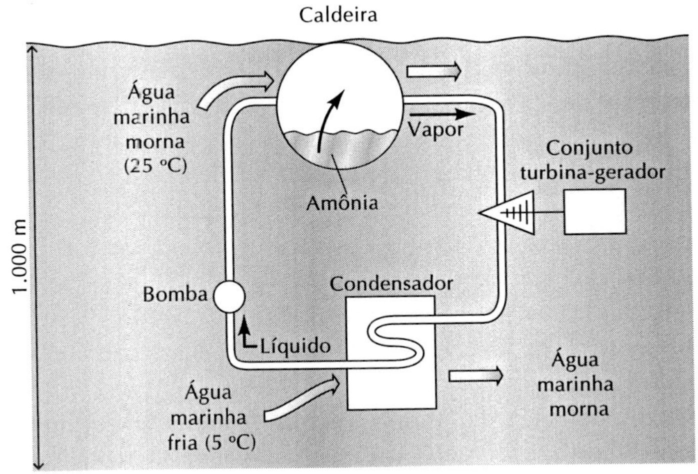

FIGURA 4.22 IMPOSSIBILIDADES, DE ACORDO COM A SEGUNDA LEI DA TERMODINÂMICA. (A) CALOR RETIRADO DA MESA É CONVERTIDO EM ENERGIA MECÂNICA – A ENERGIA CINÉTICA DO BLOCO. (B) CALOR DA ÁGUA DO MAR É CONVERTIDO EM ENERGIA ELÉTRICA (OS CUBOS DE GELO RESULTANTES SÃO DESCARTADOS).

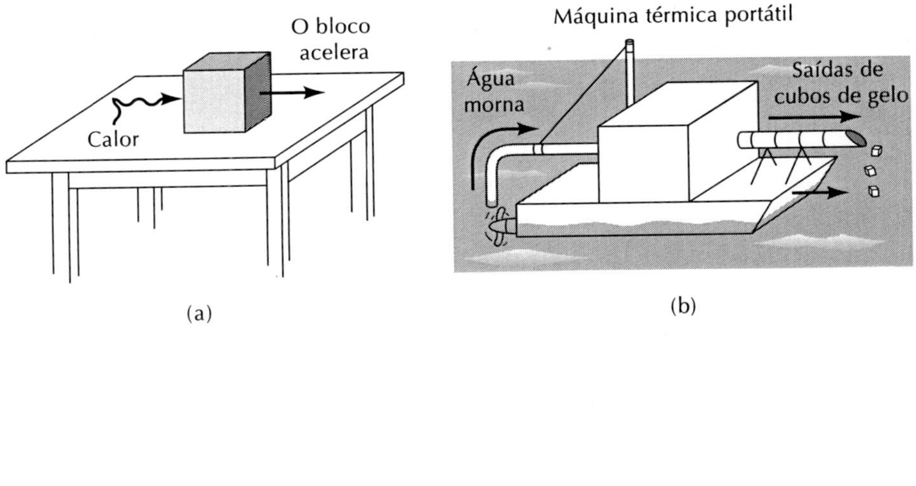

F. A SEGUNDA LEI DA TERMODINÂMICA[7]

DIREÇÃO E DESORDEM

Em nossa discussão e análise dos processos de conversão de energia, frequentemente utilizamos o princípio da conservação da energia, ou seja, a primeira lei da termodinâmica. Entretanto, a observação nos mostra que devem existir outros princípios físicos que governem os processos energéticos. Alguma vez você já viu um livro se mover sobre a mesa por si próprio? Para fazê-lo, o livro teria de tomar energia térmica da mesa e convertê-la em energia cinética (Figura 4.22). A mesa teria uma temperatura mais baixa depois desse fenômeno. A conservação da energia (primeira lei da termodinâmica – Capítulo 2) não impede que isso aconteça, já que o processo nada mais é do que a transformação de calor em energia mecânica, como em uma máquina térmica. Ainda assim, as coisas nunca acontecem dessa forma. Outra ilustração vem do vasto suprimento de energia térmica que está armazenado nos oceanos. Por que não extraímos a energia das águas mornas e a utilizamos em uma máquina térmica (Figura 4.21)? (Esse é um caso diferente do da Otec, no qual uma diferença de temperatura entre as camadas superficial e profunda é utilizada.)

Outra lei da física, denominada **segunda lei da termodinâmica**, deve ser usada para explicar essas situações. A segunda lei versa sobre a *direção* dos processos físicos: por que um processo pode ocorrer em uma direção, mas não em outra. Por exemplo, dizemos que o calor flui de um corpo quente para um corpo frio, porém nunca o vemos fluir na outra direção (do corpo frio para o corpo quente) *por si próprio*. ("Mas," – você diz – "e em uma geladeira?" Sim, nesse caso o calor passa de uma fonte fria para uma fonte quente, entretanto, *somente* com a ajuda externa da eletricidade fornecida ao compressor da geladeira.)

Se você colocar uma gota de tinta preta em um copo d'água, a tinta vai se dispersar, tornando a água escurecida e acinzentada; *o sistema ficou mais desordenado.* Nós jamais vemos a água acinzentada ficar límpida, com um ponto de tinta no meio. Um pêndulo preso em um dos lados tem toda sua energia na forma de energia potencial. À medida que ele balança para lá e para cá, sua amplitude diminui à proporção que parte de sua energia mecânica se transforma em calor. Finalmente ele para; sua energia total, inicialmente sob uma forma, foi distribuída para muitas outras moléculas – o sistema ficou mais desordenado. O inverso disso nunca é observado: um pêndulo retirar calor do ar e começar a oscilar; embora esse processo não viole o princípio da conservação da energia, a segunda lei o proíbe.

---

[7] Para aqueles que estão interessados principalmente nas aplicações práticas da transferência de calor, esta seção e a anterior podem ser omitidas em uma primeira leitura.

Uma quantidade que é utilizada para a medida da desordem de um sistema é chamada **entropia.** A entropia é uma propriedade do sistema. Lembre-se de que nós podemos alterar a energia de um sistema pela realização de trabalho sobre ele, ou pela adição ou subtração de calor. Quando o calor é adicionado, a desordem do sistema aumenta, assim como sua entropia. Se o calor flui para fora do sistema, a desordem diminui, assim como a entropia.

Pode também ocorrer uma variação de entropia em um sistema isolado ao qual nenhum calor é adicionado. **A segunda lei afirma que, para qualquer processo espontâneo, a entropia de um sistema pode apenas aumentar ou permanecer igual, mas nunca diminuir.** Se tomarmos nosso sistema isolado como o mundo inteiro, então a quantidade de desordem no mundo está aumentando continuamente. A entropia fornece uma espécie de "flecha do tempo", estabelecendo uma direção na qual a ocorrência dos processos naturais é permitida. Os exemplos da tinta na água e do pêndulo são casos em que a entropia aumenta. Proceder na direção oposta levaria a uma diminuição de entropia, já que estaríamos indo em direção a um sistema mais ordenado. (A ordem de um sistema pode ser aumentada, mas apenas mediante a realização de trabalho externo, tal como o rearranjo dos pedaços de um prato quebrado que caiu da mesa, ou agrupamento de bolinhas de gude de acordo com a sua cor.) Existem duas afirmações importantes que derivam da segunda lei.

Afirmações da Segunda Lei da Termodinâmica

1. O calor somente pode fluir espontaneamente de uma fonte quente para uma fonte fria.
2. Nenhuma máquina térmica, na qual a fonte de calor seja transformada inteiramente em trabalho, pode ser construída. Parte do calor deve ser descartada para um sorvedouro à temperatura mais baixa.

Da primeira afirmação já tratamos. Uma geladeira só funciona com a ajuda de trabalho externo fornecido ao compressor.

A segunda afirmação nos diz que precisamos de uma fonte quente *e* de um sorvedouro frio para que aconteça o fluxo de calor e a extração de trabalho útil. Esse argumento contraria nosso exemplo hipotético do livro que se moveria através da extração de calor da mesa: não há um sorvedouro frio para o qual o calor possa fluir ou ser trocado. O mesmo vale para o também hipotético exemplo de extração de trabalho da vasta energia térmica contida nos oceanos. A segunda lei afirma que, para que uma máquina térmica possa funcionar, parte do calor deve ser descartado para um sorvedouro frio – tal como o nosso ambiente. É necessário que se tenha um ΔT (uma diferença de temperatura).

Vamos agora observar mais detalhadamente a segunda lei. No Capítulo 3, a eficiência percentual de um dispositivo foi definida como a razão:

$$\text{Eficiência} = \left(\frac{\text{trabalho útil na saída}}{\text{energia na entrada}}\right) \times 100\%$$

O princípio da conservação da energia nos diz que o trabalho realizado é igual à entrada de energia menos o calor transferido para fora do sistema. Portanto,

$$\text{Eficiência} = \left(\frac{\text{calor que entra} - \text{calor que sai}}{\text{calor que entra}}\right) \times 100\%$$

$$= \left(1 - \frac{\text{calor que sai}}{\text{calor que entra}}\right) \times 100\%$$

Se uma parte do calor é transferida para um sorvedouro frio, como exige a segunda lei, então essa expressão nos diz que *jamais* teremos um sistema com 100% de eficiência. O valor da eficiência deve sempre ser menor do que 100%. Portanto, *jamais* existirão máquinas de movimento perpétuo. Pessoas têm trabalhado em tais dispositivos por anos a fio, tentando encontrar uma máquina que funcione para sempre, que não necessite de um suprimento contínuo de energia, mas ninguém obteve sucesso. Mesmo na ausência de atrito na máquina, uma parte do calor vai ser transferida para o sorvedouro frio e a eficiência será menor do que 100%, fazendo que ela eventualmente pare.

EFICIÊNCIA MÁXIMA — MENOS QUE PERFEITO

Se uma parte do calor tem de ser descartada para o ambiente, qual é o *melhor* que podemos fazer? Qual é a eficiência máxima que podemos obter utilizando uma fonte quente a uma temperatura T_H e um sorvedouro frio a uma temperatura T_C? Essa questão foi de grande importância no desenvolvimento das máquinas a vapor no início do século XIX. Sadi Carnot, um engenheiro francês, mostrou que, para uma máquina ideal (que vamos definir mais tarde nesta seção), a **eficiência máxima possível** operando entre uma caldeira à temperatura T_H e um sorvedouro frio ou condensador a uma temperatura T_C é dada por

$$\text{Eficiência máxima (Carnot)} = \left(1 - \frac{T_C}{T_H}\right) \times 100\%$$

$$= \left(\frac{T_H - T_C}{T_H}\right) \times 100\%$$

(Para que essa equação esteja correta, as temperaturas devem ser expressas na escala absoluta ou Kelvin. Lembre-se de que K = °C + 273.) Nós nunca podemos fazer melhor do que isso, e o fato é que sempre fazemos pior. No mundo real, a maioria das máquinas térmicas opera com metade ou dois terços da eficiência de Carnot.

EXEMPLO 4.4

Em uma usina geradora de energia a ciclo de vapor convencional, a temperatura do vapor que entra na turbina é de 540 °C ou 813 K. A temperatura do reservatório frio (a água de refrigeração) é de 20 °C ou 293 K. Qual é a eficiência *máxima* possível dessa máquina térmica?

SOLUÇÃO

$$\text{Eficiência máxima} = \left(\frac{T_H - T_C}{T_H}\right) \times 100\%$$

$$= \left(\frac{813 - 293}{813}\right) \times 100\% = 64\%$$

Se a eficiência verdadeira da usina é de 35% (um valor típico), então ela estará operando a 0,35/0,64 = 55% da eficiência de Carnot.

Da expressão para a eficiência podemos deduzir que deveríamos buscar o uso das temperaturas mais extremas possíveis para operar uma máquina térmica com mais eficiência. Um dos maiores avanços no desenvolvimento da máquina a vapor foi a adição de um condensador de baixa temperatura por James Watt. Antes desse avanço, o vapor era descartado após passar pela turbina. Infelizmente, o vapor saindo à pressão atmosférica e a 100 °C ainda apresentava um significativo conteúdo energético. Se um condensador fosse adicionado, operando a pressão reduzida, a condensação poderia ocorrer a uma temperatura T_C mais baixa (tão baixa quanto a temperatura ambiente), e a eficiência da máquina a vapor aumentaria por um fator de quase 2. (A água vai ferver e condensar em temperaturas menores que 100 °C a pressões mais baixas do que a observada no nível do mar.)

O CASO IDEAL: REVERSIBILIDADE

A eficiência máxima de um processo de conversão de energia é atingida quando o processo é completamente **reversível**, ou seja, o processo reverso é possível de acordo com a segunda lei (um processo em que isso não é possível é chamado de **irreversível**). Em um processo reversível, tudo é restaurado ao seu estado original – não há efeito líquido sobre a vizinhança. Por exemplo, uma massa ligada a uma mola sem atrito oscilando para a frente e para trás é um processo reversível. Nenhum calor é perdido para a vizinhança, então cada parte do processo pode ser repetida. Na realidade, no entanto, aumentos de temperatura ocorrem nas partes, de forma que haverá irreversibilidade em uma mola normal; a amplitude de oscilação da mola vai diminuir com o tempo e, finalmente, a mola chegará ao repouso, tendo convertido sua energia mecânica em energia térmica (transferida para a própria mola, para a massa a ela ligada e para a vizinhança). Um processo ideal é reversível, mas não vivemos em um mundo ideal, e, portanto, não observamos tais processos, embora tentemos maximizar o grau de reversibilidade. *Em um* ***processo reversível***, *a entropia permanece constante: não há aumento líquido na desordem do sistema.* A energia mecânica da mola ideal é uma combinação de energias cinética e potencial, e é conhecida em cada posição. No mundo real, a desordem aumenta à medida que a energia térmica é transferida para as moléculas da mola e da vizinhança.

ENERGIA DISPONÍVEL

Outra maneira de examinarmos as consequências da segunda lei da termodinâmica é por meio do conceito de "energia disponível", ou disponibilidade. Um reservatório quente tem potencial para servir como fonte de energia de uma máquina térmica para realizar trabalho. Porém, se o calor for transferido do reservatório quente para um reservatório (sorvedouro) frio *sem que haja* produção de trabalho útil, então haverá uma *perda de energia disponível*, já que o reservatório frio não pode ser usado para produzir trabalho útil sem que haja outro reservatório a uma temperatura ainda mais baixa para o qual o calor possa fluir. Mesmo que o reservatório frio pudesse ser usado para produzir trabalho, o trabalho que seria obtido dessa fonte seria menor do que aquele disponível a partir da fonte original a alta temperatura, de acordo com a eficiência de Carnot. Cem unidades de energia térmica a 1.000 °C têm potencial para realizar mais trabalho do que cem unidades de energia a 500 °C, ambas em relação ao mesmo sorvedouro de baixa temperatura; no entanto, a energia disponível na fonte à temperatura mais alta é maior no caso de 1.000 °C.

Em um processo irreversível, há uma perda de energia disponível; à medida que uma mola com atrito vai parando, sua energia mecânica é transformada em energia térmica menos útil, que se manifesta no aumento da temperatura das moléculas do ar vizinho e da mola. Para uma máquina ideal operando entre duas temperaturas, a eficiência máxima é atingida pelo ciclo de Carnot, que é uma forma de ciclo reversível. Qualquer outra máquina terá uma eficiência menor entre as mesmas temperaturas. Menos trabalho será obtido, portanto há uma perda de energia que *poderia* ter sido obtida se empregássemos uma máquina reversível.

Sabemos, pela primeira lei, que a energia é conservada. Entretanto, *não é a quantidade de energia do mundo que está diminuindo, e sim sua capacidade e disponibilidade para realizar trabalho.* Em qualquer processo que consumir combustível, haverá uma perda da capacidade de realizar trabalho. À medida que a energia de alta qualidade de um reservatório quente, ou a energia mecânica de uma mola comprimida, é convertida em energia térmica, há uma degradação da disponibilidade de energia. Como o calor flui do reservatório quente para o frio, atinge-se, com o tempo, o ponto em que ambos têm a mesma temperatura, e o trabalho útil não pode mais ser obtido.

Usando esses conceitos, outra forma de enunciar a segunda lei da termodinâmica é:

É impossível converter uma dada quantidade de energia térmica totalmente em trabalho. Em um processo de conversão de energia, a qualidade da energia é sempre degradada, e sua capacidade de realizar trabalho, consequentemente, reduzida.

A energia nunca é destruída, mas pode chegar a um ponto em que não seja mais capaz de servir a algum propósito útil. A energia térmica pode ser convertida em trabalho apenas se houver a transferência de calor de uma fonte quente para um sorvedouro frio. *Não é a conservação da energia que é importante, mas com quanta eficiência a energia pode ser utilizada para produzir um resultado final com o menor consumo de combustível.* Em um dado ambiente, a fonte com maior potencial de utilização é a que tiver a temperatura mais alta.

É na produção de calor a baixa temperatura que a maior parte do desperdício de energia ocorre. Por que se gasta a energia de alta qualidade contida em uma fonte quente apenas para a produção de calor a baixa temperatura? Temos de enfatizar a efetividade de um combustível no desempenho de uma determinada tarefa, e reduzir a quantidade total de combustível necessária a um processo. Essa abordagem enfatiza o uso final em vez das eficiências na geração, mas está além dos objetivos deste livro.

G. RESUMO

As duas primeiras leis da termodinâmica são fundamentais para a compreensão dos processos de conversão de energia. A primeira lei afirma que a energia é conservada; o calor adicionado a um sistema é igual ao trabalho realizado por esse sistema somado à variação na sua energia total. Se considerarmos um ciclo em que o sistema retorna ao seu estado inicial – de forma que não haja uma variação líquida na energia total –, então a primeira lei exige que o trabalho total realizado pelo sistema seja igual à energia líquida adicionada (energia que entra menos energia que sai).

Muitos dispositivos de conversão de energia em operação nos dias de hoje são máquinas térmicas. Todas as máquinas desse tipo fazem uso de um fluxo de calor de uma fonte quente para um sorvedouro frio, com a produção de algum trabalho útil. A segunda lei limita a quantidade de trabalho obtida de uma máquina térmica. A energia térmica que flui da fonte quente não pode ser totalmente convertida em trabalho; parte da energia tem de ser descartada para o ambiente. A máxima eficiência possível para uma máquina térmica operando entre uma fonte quente a temperatura T_H e um sorvedouro frio a temperatura T_C é a eficiência de Carnot:

$$\text{Eficiência máxima} = \left(1 - \frac{T_C}{T_H}\right) \times 100\% \text{ (em que a temperatura é expressa em K)}$$

A entropia total do sistema (a medida da sua desordem) aumenta em um processo físico. A direção da mudança de entropia é como uma flecha do tempo. À medida que uma fonte quente se resfria, o trabalho disponível a partir dessa fonte diminui. Para conservarmos as fontes de energia, devemos procurar adequar a fonte à tarefa específica a ser realizada; a eficiência do uso final, assim como a eficiência da conversão de energia, é muito importante nesse processo.

COMO VOCÊ ESCOLHERIA? – REVISITADO

Neste capítulo aprendemos sobre as máquinas térmicas e suas máximas eficiências. Aprendemos também sobre o balanço de energia de uma usina e que algum calor deve ser descartado no meio ambiente. Você mudaria a decisão feita no início do capítulo em função do que aprendeu?

QUESTÕES

1. Qual é a energia total de um sistema? De que se constitui essa energia? Isso é uma função de quê?
2. Uma garrafa térmica é normalmente usada para manter líquidos quentes aquecidos e líquidos frios resfriados. Quanto a processos de transferência de calor, explique as características da garrafa.
3. Por que um corpo não pode *conter* calor?
4. Descreva como o vapor de uma chaleira poderia ser utilizado em uma máquina térmica. Como você definiria a eficiência dessa máquina térmica? (Veja a Atividade 7 do Capítulo 2.)
5. É possível aumentarmos a temperatura do gás em um cilindro sem nenhuma transferência de energia na forma de calor? Explique.
6. Dê exemplos da primeira lei da termodinâmica nos quais nenhum trabalho é realizado sobre o sistema; dê um exemplo em que nenhum calor é adicionado.
7. Ilustre todos os três métodos de transferência de calor em um fogão a lenha. Faça um esquema desses métodos.
8. Dê um exemplo em que o calor é liberado da água à medida que ela passa por uma transição de fase.

9. Projete uma máquina a vapor para uso no deserto, usando o Sol como fonte de energia e a água como o fluido de trabalho. Como a eficiência vai depender da área do coletor solar?
10. Por que é necessário um condensador em uma usina elétrica a vapor? Por que não seria melhor simplesmente reciclar o vapor a baixa pressão em vez de condensá-lo, liberando energia para o ambiente?
11. Por que um condensador é utilizado em uma locomotiva a vapor?
12. O que é entropia?
13. Como você explicaria a um grupo de cidadãos que uma certa quantidade de energia deve ser liberada para o ambiente na operação de uma usina geradora a vapor?
14. Você poderia refrigerar uma cozinha deixando a porta da geladeira aberta?
15. Uma usina geotérmica (como os gêiseres na Califórnia – veja o Capítulo 18) utiliza vapor produzido no subsolo. O vapor entra em uma turbina a alta temperatura e alta pressão, emergindo a uma pressão menor do que a ambiente. Por que é necessário um condensador nessa usina?
16. Usinas elétricas dissipam para o ambiente aproximadamente dois terços da energia que nelas entra, principalmente na forma de água quente, a aproximadamente 20 °C (35 °F) acima da temperatura ambiente. Quais seriam alguns dos desafios para se utilizar essa "energia desperdiçada" para aquecer prédios próximos à usina?
17. Você consegue pensar em algum exemplo no qual a entropia de um sistema diminui? Qual é a mudança de entropia das vizinhanças?
18. Que exemplos da segunda lei em sua vida cotidiana você pode dar?
19. Se entropia é sempre produzida em processo real que ocorre em sistemas isolados, como você explicaria um fenômeno como o aumento na ordem que ocorre durante a construção de um automóvel?
20. Por que fontes quentes a altas temperaturas são mais úteis do que aquelas a baixas temperaturas?

PROBLEMAS

21. Quanta energia elétrica (em kWh) é necessária para aquecer a água, de 20 °C para 50 °C (68 °F para 122 °F), em um aquecedor bem isolado, com capacidade de 40 gal?
22. Quantos Btu de energia térmica são necessários para aumentar a temperatura de 12 galões de água de 50 °F para 130 °F? Quanto isso custaria se a eletricidade para o aquecedor de água custasse $ 0,08/kWh?
23. Se 80 Btu de energia são adicionados a 2 lb de água a 40 °F, qual será a temperatura final da água?
24. Quanto tempo leva para aquecer 40 gal de água de 70 °F para 120 °F com um aquecedor de imersão de 20 kW (supondo que não haja perda de calor para o ambiente)?

25. Uma chaleira elétrica com água a 20 °C leva 5 minutos para atingir o ponto de ebulição (100 °C). Quanto tempo será necessário para que toda a água evapore, admitindo-se a mesma taxa de adição de calor?
26. Uma estação de rádio operando à frequência de 600 kHz produz radiação eletromagnética com qual comprimento de onda?
27. Uma usina geradora de eletricidade movida a carvão tem uma eficiência de 38%. A temperatura do vapor que deixa a caldeira é de 550 °C. Que porcentagem da eficiência máxima essa usina atinge? (Assuma que a temperatura do ambiente é de 20 °C.)
28. Quanta energia é necessária para derreter um bloco de gelo de 15 kg de massa? Se essa mesma energia fosse utilizada para levantar o bloco, que altura (em metros) ele atingiria?
29. Você estaria disposto a financiar uma inventora que está vendendo um dispositivo que ela afirma receber 25 mil J de calor a 600 K, expelir calor a 300 K, e realizar 12 mil J de trabalho? Explique.
30. Vamos calcular a intensidade de uso de energia numa casa americana. Em 2005, o número de residências era 110 milhões. Se o total da energia consumida era 10,6 quad e a área média de uma residência era 2170 ft ^{2} (202 m^2) então qual foi a potência média (Btu/ano) por pé quadrado da residência? (Quanto é esse valor em W/m^2 ?). Esse número na Europa é 49.000 Btu/ano/ft ^{2}? Por que a diferença?
31. Que comprimento de onda de radiação eletromagnética você esperaria para uma rádio operando a 90 MHz?
32. Qual é a eficiência de um motor que tem 3 mil J de calor adicionados durante a combustão e perde 2 mil J de calor no escapamento?
33. Se somente a perda de calor por condução fosse significativa em uma casa, em quantos por cento seria reduzida a perda de calor se a temperatura interna fosse reduzida de 70 °F para 60 °F, considerando que a temperatura do exterior é de 20 °F?
34. Uma máquina térmica simples poderia utilizar o ar quente ao redor da cidade de Nova York. A energia poderia ser retirada da atmosfera como calor (considere 30 °C) e rejeitada como calor ao rio Hudson (10 °C). Qual seria a eficiência máxima de tal máquina para a conversão de energia térmica em energia mecânica?
35. Os números da Figura 4.1 para consumo de energia de uma residência não refletem a energia primária (ou seja, a energia do combustível na entrada da usina elétrica). Se isso for feito, a participação percentual dos usos finais muda. Assuma que todos os eletrodomésticos e a refrigeração sejam feitos com eletricidade e que apenas 10% das necessidades de água quente e aquecimento sejam providos pela eletricidade. Considerando uma eficiência de 33% para a usina, quais são os números agora para a participação percentual dos usos finais?

ATIVIDADES ADICIONAIS

1. Uma alternativa para aquecer a água sem usar uma panela de metal é usar uma "panela de papel". Pegue um pedaço de papel de 8,5″ × 11″ e dobre conforme mostrado, para obter um recipiente em forma de caixa. Encha-o aproximadamente até a metade com água e coloque-o sobre uma chama (de um fogão ou fogareiro portátil[8].) Observe que você pode elevar a temperatura da água até quase 100 °C sem queimar o papel. Por que isso ocorre?

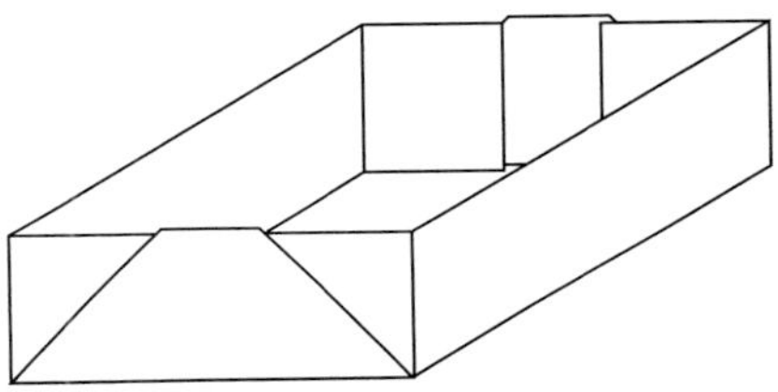

2. O que é aquecido mais rapidamente, a terra ou a água? Para estudar diferenças em capacidades caloríficas, coloque volumes iguais de areia seca (ou solo) e água (ambos à temperatura ambiente) em dois potes pequenos.

(a) Coloque-os sobre uma chapa quente (ou em um forno sob uma lâmpada de aquecimento) por quatro a cinco minutos.

(b) Misture cada um deles algumas vezes e anote as temperaturas finais.

(c) Qual tem a maior capacidade calorífica?

(d) Pegue ambos os potes à mesma temperatura (é possível que você tenha de segurar um deles longe do calor por um tempo).

(e) Insira um termômetro no centro de cada amostra e remova os potes da fonte de calor.

(f) Leia e anote as temperaturas a cada 5 minutos por aproximadamente 30 minutos (não misture as amostras).

(g) Qual amostra se resfriou mais rapidamente? Isso era esperado? (Considere os métodos de transferência de calor.)

3. Como diversão ou um jogo a ser feito pela classe, planeje uma maneira de trazer um cubo de gelo para a classe com o mínimo de derretimento (nenhuma garrafa térmica é permitida).

4. Construa um mapa de temperaturas de uma sala. Meça e anote a temperatura do ar em várias posições verticais: a 6 cm do chão, à altura de sua cintura e sobre a sua cabeça. Confira a temperatura próxima a janelas e portas especialmente. Anote os valores em três mapas de temperatura separados, desenhan-

---

[8] O termo no original é *sterno can*, que se refere a um tipo de fogareiro portátil normalmente utilizado em acampamentos. (N.T.)

do linhas isotermas (linhas que conectam pontos com a mesma temperatura). Descreva a presença de fontes e de sorvedouros de calor na sala. De acordo com seus dados, há muita transferência de calor por convecção na sala?

5. Suponha que a torneira de água quente em seu banheiro tenha um pequeno vazamento de uma gota por segundo. Projete um experimento que meça a taxa de escoamento de água em galões por dia. Quanto esse vazamento custaria para você (em custo de energia por mês) se utilizasse um aquecedor de água que aumenta em 70 °F a temperatura da água que entra, a um custo de eletricidade de $ 0,10/kWh?
6. Essa atividade explora as relações entre a densidade de um fluido e as correntes de convecção. A água quente sobe e a água fria desce?
   (a) Faça vários cubos de gelo com líquido colorido.
   (b) Coloque um cubo cuidadosamente em um béquer com água quente.
   (c) Observe a mistura de gelo e água quente por alguns minutos.
   (d) Esvazie o béquer e preencha-o novamente com água quente. Coloque uma quantidade de sal que seja dissolvida na água.
   (e) Repita as etapas b e c.
   (f) Que diferenças você observa entre a água fresca e a água salgada?

CAPÍTULO 5

CONSERVAÇÃO DE ENERGIA RESIDENCIAL E CONTROLE DE TRANSFERÊNCIA DE CALOR

Conteúdo

COMO VOCÊ ESCOLHERIA?

"Fui eu mesmo que fiz!"
Mudar para um novo apartamento após a formatura pode ser uma experiência traumática, especialmente se o local não for novo e seja necessário pagar pelos serviços de utilidade pública. Quais escolhas relacionadas a esses serviços você faria ao selecionar um apartamento ou arrumá-lo após a mudança?

A. INTRODUÇÃO

Aprendemos no Capítulo 4 que o calor é transferido dos objetos quentes para os frios pelos processos de condução, convecção e radiação. Como o valor total da conta de energia utilizada no aquecimento e no resfriamento de edifícios é muito alta, é importante aprendermos a controlar a troca de calor com o ambiente. Um projeto eficiente de uma residência e a escolha de determinados materiais podem reduzir, em até duas vezes, o consumo de energia em relação aos projetos convencionais. A **retromontagem** de uma estrutura, ou seja, a realização de modificações em uma casa, sem alterações importantes na construção e no projeto, também pode trazer reduções significativas dos custos de aquecimento e refrigeração. A utilização de equipamentos eficientes de energia e a introdução de recursos de energia solar em uma casa são outros modos pelos quais o consumo pode ser diminuído. Na realidade, há exemplos de casas que não são apenas eficientes do ponto de vista energético, mas também devolvem tanta (ou mais) energia quanto usam anualmente, por meio de sistemas de energia renovável, tais como painéis solares fotovoltaicos e sistemas de aquecimento solar de água. A casa energia zero (ZEH, do inglês *zero-energy house*) usa grandes quantidades de isolação, vedação bem ajustada, escolha adequada do local e tecnologias renováveis para construir uma casa habitável com entrada de energia quase nula, ou mesmo zero. Quando os recursos naturais renováveis não podem fornecer a energia necessária à casa, por exemplo, à noite ou em dias nebulosos, a energia é comprada da rede. Nas outras ocasiões, a energia pode até mesmo ser enviada de volta para a concessionária, fazendo o medidor atuar ao contrário ("para trás"). Essas ZEHs são possíveis tanto em novas construções como em casas reformadas. Edifícios comerciais também podem usar essas técnicas e operar com mínima (ou nenhuma) necessidade de energia térmica, por exemplo. Tais edifícios são chamados de edifícios superisolados (veja a Figura 5.1). Enquanto o capítulo anterior apresentou os princípios básicos da transferência de calor, este capítulo detalha algumas formas de reduzir o consumo energético por meio de projetos efetivos e escolha de materiais. Maiores detalhes quanto às tecnologias renováveis são apresentados nos Capítulos 6 e 10.

FIGURA 5.1 Prédio comercial superisolado em Toronto, Canadá, que não utiliza calefação. O calor das máquinas, luzes e pessoas é armazenado e circulado. São utilizadas janelas voltadas para o sul, com vidro isolante e excelente isolamento.

Cortesia da Ontario Power Generation

B. MATERIAIS DE CONSTRUÇÃO

Os materiais que conduzem bem a eletricidade, como os metais, normalmente são bons condutores de calor. Os isolantes, como fibra de vidro e isopor, retardarão o fluxo de calor de um objeto para outro. Dizemos que eles fornecem uma alta "resistência" à transferência de calor. O ar pode ser um bom isolante, especialmente se ele estiver sem movimento (para evitar a transferência por convecção), e, portanto, materiais porosos, como a fibra de vidro e o isopor, possuem uma resistência excelente ao fluxo de calor, graças ao ar aprisionado em seu interior. A escolha de diferentes materiais de revestimento para reduzir ou permitir a perda de calor de um corpo depende desse aspecto; tecidos feitos de lã são mais porosos que os de poliéster; portanto, preferimos utilizá-los no calor, pois são melhores isolantes.

A cor do material também influencia a transferência de calor quando se leva em conta a radiação. Um objeto preto é emissor e absorvedor mais eficiente de radiação de energia do que um branco ou brilhante. Para estar em equilíbrio térmico com o ambiente, um objeto que seja bom emissor também deve ser bom absorvedor. Inversamente, um mau emissor será um mau absorvedor. Partindo da mesma temperatura, um objeto preto quente radiará energia mais rápido do que um similar colorido. A água congelada permanecerá assim por mais tempo se for colocada em um prato prateado do que em um cinza-escuro. Preferimos roupas com cores claras nos dias quentes e ensolarados, pois elas são más absorvedoras de radiação de energia. As placas de absorção de coletores solares são pintadas de preto para absorver melhor a energia do Sol (o Capítulo 6 discute esse tópico por completo).

ATIVIDADE 5.1

Estude o efeito da cor na absorção seguindo os passos a seguir:

1. Pinte quatro latas idênticas com as cores preta, verde, cinza-claro e branca. Encha-as com quantidades iguais de água gelada e cubra a parte superior com um pedaço de cartolina em que se tenha inserido um termômetro. Exponha as latas à luz solar por uma hora e meça as temperaturas finais.
2. Faça um experimento similar com três recipientes de vidro idênticos (por exemplo, recipientes de comida para bebês). Pinte de preto o exterior de um recipiente e o interior de outro (ou utilize água escurecida). Use também um recipiente sem pintura. A água de qual recipiente atinge maior temperatura? Por quê?

Se você gosta de beber café com creme, já parou para pensar quando é o melhor momento para adicionar o creme? Deve-se colocá-lo no início, um pouco antes de beber, ou imediatamente antes de beber para que o café fique o mais quente possível no momento de consumi-lo? A resposta é que se deve adicionar o creme o mais rápido possível, pois ele faz com que o café preto fique mais claro, o que reduz a radiação de calor. Além disso, a temperatura cairá logo que o creme for adicionado, de modo que a taxa de transferência de calor por radiação e condução diminuirá em consequência do menor ΔT. Os dados desse experimento estão representados no gráfico da Figura 5.2.

Um dispositivo para a redução da transferência de calor é a garrafa térmica (Figura 5.3). Trata-se de uma garrafa dentro de outra, com o recipiente interno separado do externo pelo vácuo. Essa região com vácuo evita a transferência de calor *de* ou *para* o recipiente interno por convecção ou condução. As paredes internas de ambas as garrafas são prateadas, o que reduz as perdas (ou ganhos) por radiação. O vidro e a cortiça (ou, em modelos recentes, o plástico) são maus condutores; portanto, a transferência de calor por condução através desses materiais é desprezível.

FIGURA 5.2 PARA QUE O CAFÉ FIQUE O MAIS QUENTE POSSÍVEL AO SER BEBIDO, DEVE-SE ADICIONAR O CREME NO INÍCIO, NÃO IMEDIATAMENTE ANTES DE BEBER, CONFORME ILUSTRADO POR ESSES DADOS SOBRE OS DOIS CASOS.

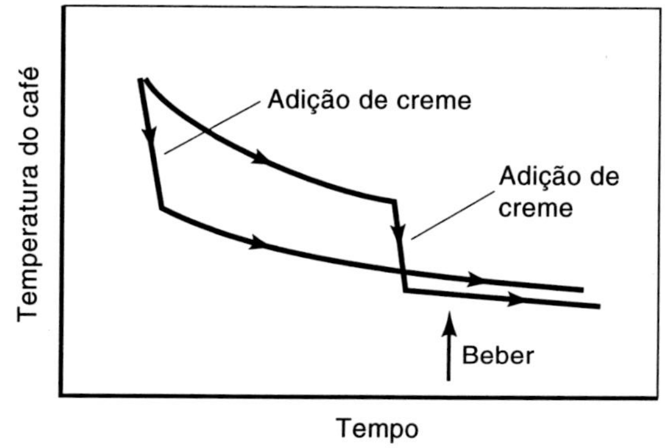

FIGURA 5.3 GARRAFA TÉRMICA (VISÃO EM CORTE).

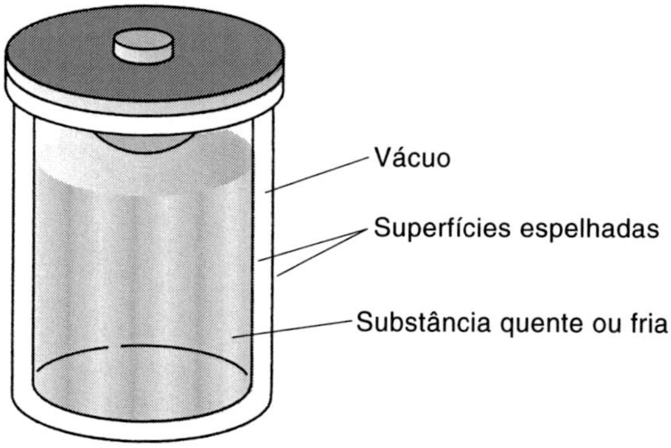

C. ISOLAMENTO DA CASA E CÁLCULOS DE AQUECIMENTO

Aumentar o isolamento das casas é um dos meios mais fáceis e eficientes quanto a custos para diminuir o consumo de energia. A adição de isolamento a uma casa pode economizar até 50% nas contas de aquecimento e refrigeração. Em todos os Estados Unidos, reduções de pelo menos 15% das demandas de aquecimento e refrigeração poderiam ser obtidas se todas as casas atendessem aos padrões federais mínimos (Tabela 5.1).

A taxa de fluxo de calor por meio de condução foi dada anteriormente como

$$\frac{Q_c}{t} = \frac{k \times A \times \Delta T}{\delta}$$

em que k é a condutividade térmica do material, A é sua área, δ é sua espessura e $\Delta T = (T_2 - T_1)$.

Uma medida da resistência do material ao fluxo de calor é a resistência térmica R, normalmente chamada de "**valor *R***", dado por $R = \delta/k$. Quanto maior esse valor, melhores são as propriedades de isolamento do material. Utilizando essa notação, a taxa de fluxo de calor é dada por

$$\frac{Q_c}{t} = \frac{1}{R} \times A \times \Delta T$$

R é uma função tanto do tipo de material como da espessura[1].

Os valores R de alguns materiais de construção comuns são fornecidos na Tabela 5.2, nas unidades convencionais de pés^2-h-°F/Btu. Observe que um isolamento de fibra de vidro com 6 polegadas de espessura possui valor R 19 nessas unidades, equivalente a 2,5 m de tijolo (Figura 5.4). Uma chapa de poliuretano (às vezes chamado de revestimento de "alto R") possui cerca de seis vezes a capacidade de isolamento de uma tábua de madeira compensada de mesma espessura. Uma vidraça de janela é equivalente, quanto à resistência térmica, a cerca de 1 polegada de madeira dura ou 5 polegadas de tijolo.[2]

EXEMPLO 5.1

Calcule a transferência total de calor por 12 horas através de uma janela isolada (duas vidraças com um espaço de ar de $\frac{1}{4}''$), cujas medidas sejam 4 pés por 7 pés, quando a temperatura externa for 5 °F e a interna for 65 °F.

SOLUÇÃO

Da Tabela 5.2, o valor R desse tipo de janela é 1,54 pés^2–h–°F/Btu. A área é de 28 pés^2 e a diferença de temperatura é ΔT = 65 – 5 = 60 °F. Portanto,

$$\begin{aligned} Q_c &= t \times \frac{1}{R} \times A \times \Delta T \\ &= 12\,\text{h} \times \frac{1\,\text{Btu}}{1{,}54\,\text{ft}^2 \times \text{h-°F}} \times 28\,\text{ft}^2 \times 60° \\ &= 13.100\,\text{Btu} \end{aligned}$$

[1] Algumas vezes, para essa equação, para transferência de calor por condução, é usado o símbolo U, em que U = 1/R.

[2] A resistência tabulada da janela de vidro é a soma das resistências condutiva e convectiva; ou seja, um valor de isolação foi dado aos filmes de ar próximos às superfícies do material. Esta inclusão é especialmente significante para as janelas porque o vidro mesmo (com espessura usual de 1/8 pol.) tem um baixo R.

Nas paredes externas da casa você encontrará uma combinação de diversos materiais. De fora para dentro, pode haver lateral exterior, madeira compensada, fibra de vidro e placa de reboco. Para encontrar a resistência térmica *total* dessa estrutura composta, basta somar os valores R das camadas individuais: $R_{total} = R_1 + R_2 + R_3 + \ldots$.

Como exemplo de estrutura composta, considere uma parede externa que consista de placas de reboco acartonado de $\frac{1}{2}$", isolamento de fibra de vidro de $3\frac{1}{2}$", madeira compensada de $\frac{3}{4}$" e lateral de madeira polida de $\frac{1}{2}$". A resistência geral dessa parede (Figura 5.5) é $R_{total} = 0{,}45 + 10{,}9 + 0{,}94 + 0{,}81 = 13{,}1$ pés^2 -h-°F/Btu.

TABELA 5.1 RECOMENDAÇÕES DE ISOLAMENTO MÍNIMO DA FEDERAL HOUSING ADMINISTRATION (FHA, OU AGÊNCIA FEDERAL DE HABITAÇÃO DOS EUA).

	Antes de 1978	Novo
Teto	*R*-19	*R*-38 (fibra de vidro de 12")
Paredes	*R*-11	*R*-19 (fibra de vidro de 6")
Piso	*R*-11	*R*-22 (fibra de vidro de 7")

FIGURA 5.4 PARA OBTER O VALOR *R* DE 22 PÉS^2-H-°F/BTU, VOCÊ DEVE UTILIZAR A ESPESSURA INDICADA PARA OS DIVERSOS MATERIAIS.

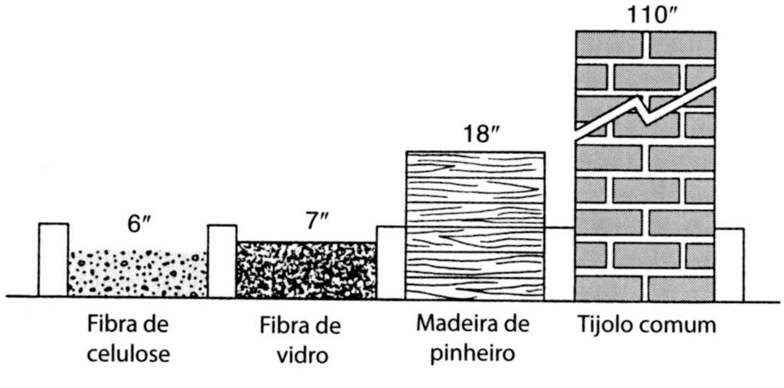

Os efeitos combinados de condução e convecção incluem-se nos valores R tabulados. A resistência convectiva depende intensamente da velocidade do ar que se move ao longo da superfície. Os valores R da Tabela 5.2 assumem que as camadas de ar no exterior da edificação são as criadas por um vento de 16 km/h. Se a velocidade do vento aumentar para 25 km/h, o valor *R* da camada de ar é reduzido em 50%. O plantio de árvores e arbustos próximo da casa para protegê-la de ventos fortes ajudará muito a reduzir a transferência de calor por convecção.

TABELA 5.2 VALORES *R* DE MATERIAIS DE CONSTRUÇÃO COMUNS.

Material	Espessura	Valor *R* (pés²-h-°F/Btu)*
Madeira dura	1″	0,91
Madeira mole	1″	1,25
Madeira compensada	$\frac{1}{2}$″	0,62
Bloco de concreto	8″	1,04
Tijolo de concreto	1″	0,20
Placa de reboco (gipsita)	$\frac{1}{2}$″	0,45
Isolamento de fibra de vidro	$3\frac{1}{2}$″	10,9
Isolamento de fibra de vidro	6″	19,0
Placa de poliestireno expandido	1″	4,0
Placa de poliuretano expandido	1″	6,3
Isolamento de celulose	1″	3,7
Revestimento "thermax" ou "alto *R*"	1″	8,0
Vidro plano	$\frac{1}{8}$″	0,88
Vidro isolante	espaço de ar de $\frac{1}{4}$″	1,54
Vidro isolante	espaço de ar de $\frac{1}{2}$″	1,72
Entrepiso de madeira	$\frac{25}{32}$″	0,98
Piso de madeira dura	$\frac{3}{4}$″	0,68
Carpete de náilon	1″	2,0
Telha		0,05
Telha de asfalto		0,44
Telha de amianto		0,21
Aço	1″	0,0032
Cobre	1″	0,004
Laterais de madeira (polida)	$\frac{1}{2}$″	0,81

* No sistema métrico, as unidades de *R* são m²-°C/W; R (métrico) = *R* (inglês) × 0,18.

Fonte: American Society of Heating, Refrigeration and Air Conditioning Engineers (ASHRAE), *Handbook of Fundamentals*, (1991).

FIGURA 5.5 EXEMPLO DE CÁLCULO DE VALOR DE RESISTÊNCIA TÉRMICA DE UMA PAREDE COMPOSTA.

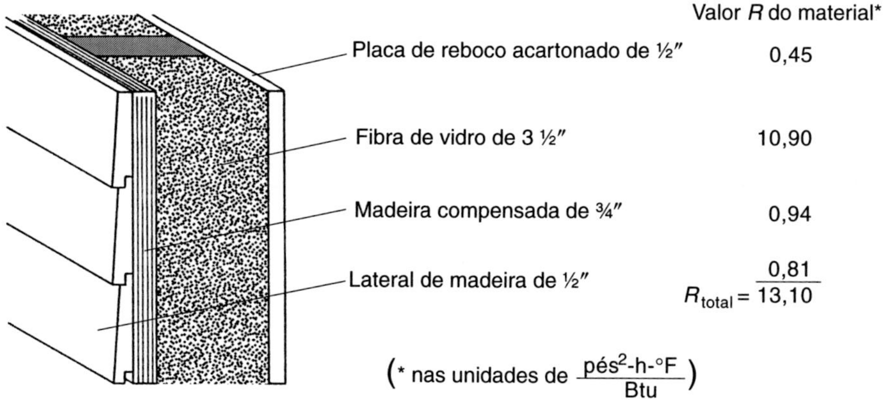

A perda de calor por convecção natural no lado de dentro da janela também aumenta significativamente se o ar puder se mover livremente próximo a ela. Consequentemente, cortinas que toquem o piso – com cornijas e sanefas – podem ser muito úteis (Figura 5.6), mantendo uma camada de ar imóvel perto da janela. Na Tabela 5.2 pode-se ver que espaços maiores entre as duas vidraças de uma janela isolada não fornecem maiores vantagens. Uma janela de proteção contra tempestades com um espaço de ar de 3 ½" possui aproximadamente o mesmo valor R de uma com espaço de ½". Embora a condução diminua em razão de um espaço maior, as perdas de convecção tornam-se mais relevantes conforme o tamanho desse espaço (alguns proprietários costumavam preencher, com jornais amassados, o espaço entre as vigas de velhas casas não isoladas, dentro da cavidade da parede. No entanto, isso torna-se um risco de incêndio e uma fonte de material para ninhos de rato).

FIGURA 5.6 (A) CORTINAS TÉRMICAS ASSIM MONTADAS CONTRIBUIRÃO PARA A PERDA DE CALOR EM VEZ DE IMPEDI-LA. (B) ESSA DISPOSIÇÃO É MELHOR PARA REDUZIR PERDAS CONVECTIVAS.

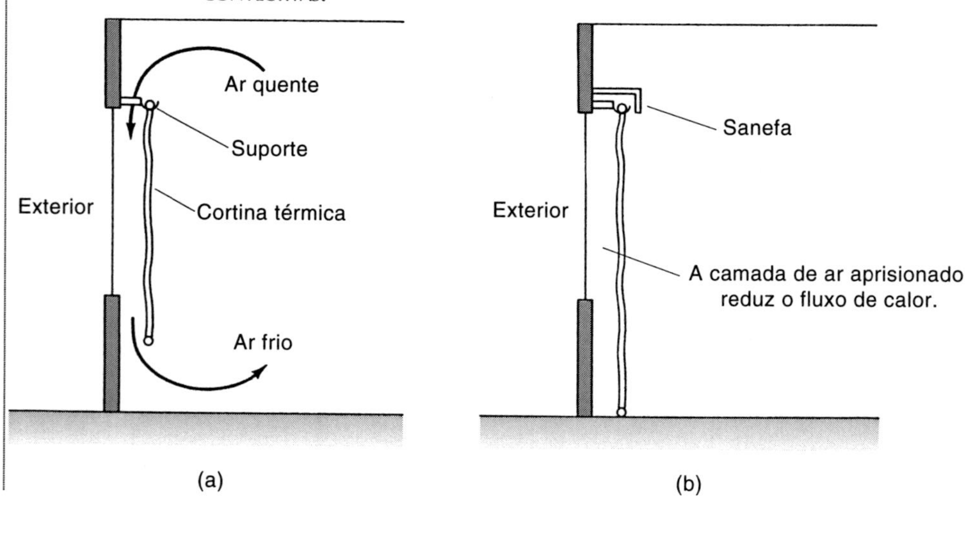

As janelas são importantes para permitir a entrada da luz do dia e a interação com o mundo exterior, mas também podem ser uma fonte de grandes perdas e ganhos de calor. Cerca de 35% das necessidades de energia de uma casa isolada resultam de perda de calor pelas janelas. Uma janela com uma única vidraça, não exposta à luz do sol, pode perder 20 vezes mais energia do que uma parede bem isolada de área igual. Por esse motivo, na maior parte dos Estados Unidos exigem-se janelas com vidraça dupla em edifícios recém-construídos. A energia poupada pela utilização de janelas de proteção contra tempestades em uma casa média em clima frio é de cerca de 2 milhões de Btu por janela a cada ano. Isso equivale a economias de aproximadamente 1% de combustível utilizado para o aquecimento de uma casa média (140 m^2) *para cada* janela contra tempestade instalada. No entanto, embora a economia de energia seja alta, o custo de instalação pode ser proibitivo para muitas famílias. Na maioria das áreas, levará de três a dez anos para se pagar o custo de uma dessas janelas na forma de economia de combustível. Como os americanos mudam-se em média uma vez a cada cinco anos, a atratividade econômica da instalação de janelas contra tempestades não é tão promissora como a do isolamento residencial, a menos que os custos de combustível aumentem ainda mais. Uma alternativa mais barata é a adição de janelas plásticas contra tempestades sobre janelas com uma única vidraça; elas são dez vezes mais baratas, embora tenham de ser substituídas a cada um ou dois anos (veja o exemplo no fim desta seção).

Um recurso adicionado a muitas janelas de alta qualidade nos anos recentes, para aprimorar seu desempenho energético, são os "revestimentos de baixa emissividade". Trata-se de um revestimento de metal muito fino e transparente aplicado no lado interno da superfície de vidro de uma janela com vidraça dupla. Esses revestimentos são capazes de refletir o calor e não o emitem facilmente. No inverno, eles refletem o calor de volta para o interior do cômodo. A temperatura do vidro também será mais alta, o que significa um ΔT menor entre uma pessoa e a superfície da janela. Tais revestimentos fazem com que o calor radiante fique do mesmo lado do vidro do qual ele vem. Se o edifício está em clima frio, o vidro de baixa emissividade pode ser projetado para reduzir as perdas de calor, e permitir ganho solar. Num clima quente, pode ser projetado para reduzir as perdas de calor no inverno, mas reduzir o ganho de calor solar em mais de 50% tanto no verão quanto no inverno (veja a Figura 5.7). A aparência dessas janelas é clara, pois 75% da luz visível é transmitida, contra 82% em janelas convencionais com vidraça dupla. Muitos arranha-céus construídos hoje em dia têm muitas janelas grandes (veja a Figura 5.8). Sem janelas de baixa emissividade, o edifício poderia ficar excessivamente quente no verão e muito frio no inverno.

FIGURA 5.7 JANELAS COM UM FINO REVESTIMENTO METÁLICO NA SUPERFÍCIE INTERNA PODEM REDUZIR A PERDA DE CALOR NO INVERNO E AUMENTAR O GANHO SOLAR NO VERÃO. DIFERENTES TIPOS DE VIDROS DE BAIXA EMISSVIDADE (*LOW-E*) SÃO USADOS DE ACORDO COM AS NECESSIDADES DA VARIAÇÃO CLIMÁTICA.

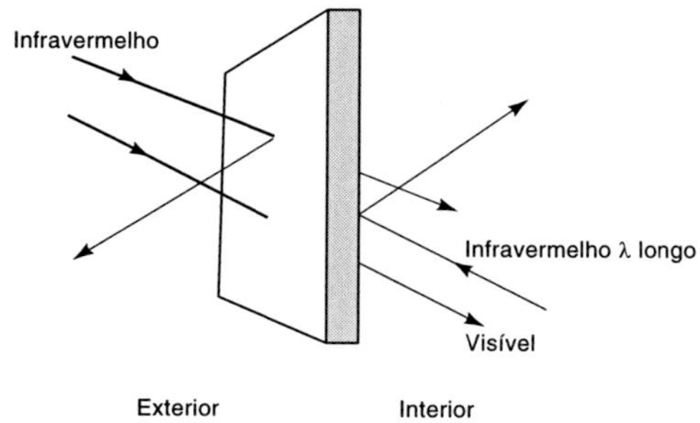

FIGURA 5.8 ARRANHA-CÉUS COMO ESSES EM DOHA, QATAR, COM GRANDES JANELAS, SERIAM MUITO INEFICIENTES EM TERMOS DE CONSUMO DE ENERGIA SEM O USO DE VIDROS DE BAIXA EMISSIVIDADE (*LOW-E*) PARA REDUZIR GANHOS SOLARES.

ROGER HINRICHS

Outras perdas de calor decorrem da **infiltração de ar**. O ar frio que penetra na casa por meio de rachaduras ao redor de janelas, portas e da fundação precisa ser aquecido (Figura 5.9). A infiltração pode ser responsável por quase 50% das necessidades de aquecimento de uma casa! A quantidade de ar infiltrado depende do tamanho da construção; uma casa média tem cerca de uma troca completa de ar por hora. A perda (ou ganho) de calor por infiltração pode ser reduzida em até duas vezes por meio de vedações climáticas e calafetagem ao redor de janelas e portas (Figura 5.10). Esse investimento é frequentemente pago em meio ano.

FIGURA 5.9 A infiltração de ar frio pode ser responsável por 50% das necessidades energéticas de uma casa. Onde quer que haja um caminho para a entrada de ar, ele entrará. Ventos podem aumentar significativamente a taxa de infiltração.

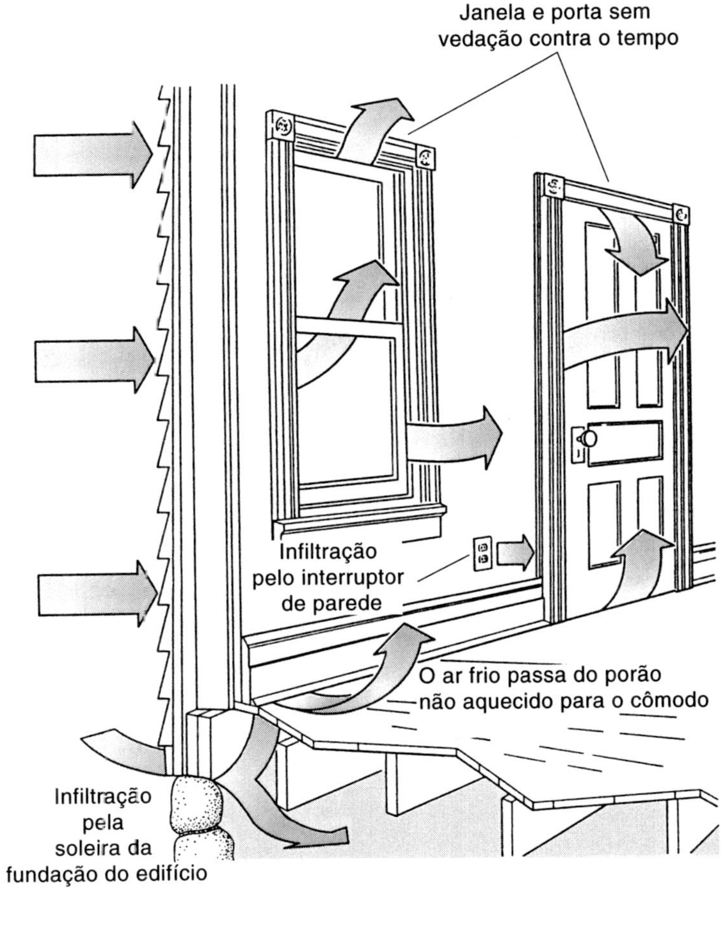

As perdas de calor por infiltração podem ser calculadas pelo método de "troca de ar". Todo o volume de ar fresco que penetra vindo de fora e substitui o ar mais quente de dentro da casa deve ser aquecido até a temperatura interior. O calor a ser adicionado ao ar depende do volume V (em pés^3) da casa, da diferença de temperatura ΔT entre o ar interno e o externo, da capacidade de aquecimento de ar (0,018 Btu/pés³-°F) e do número *K* de trocas de ar por hora. Levando em consideração essas constantes, a taxa de perda de calor por infiltração é dada por

$$\frac{Q_{infil}}{T} = 0{,}018 \times V \times K \times \Delta T \text{ Btu/h}$$

K normalmente é medido instalando-se uma ventoinha no batente externo de uma porta. Pode-se, assim, medir a taxa de queda de um gás de referência dentro da casa e calcular o número de trocas de ar por hora. Uma casa média com boa manutenção e isolamento possui valores de *K* ao redor de 0,5 a 1,5 por hora, ao passo que casas superisoladas possuem $K \approx 0{,}2$ (que pode causar um problema de poluição do ar interno; veja o Capítulo 8). Casas antigas não isoladas podem ter valores de *K* entre 3 e 6, dependendo do grau de manutenção.

Vamos calcular a carga horária de aquecimento de uma casa inteira. Devemos, primeiro, calcular os termos $1/R_{total} \times A$ para cada superfície externa da casa (laterais, teto, piso, janelas) e somá-los. Essa soma é multiplicada pela diferença de temperatura ΔT. As perdas por infiltração também devem ser incluídas. O exemplo a seguir ilustra o cálculo da carga de aquecimento de uma casa.

FIGURA 5.10 Tipos de vedação climática. A calafetagem de todas as rachaduras e a vedação de todas as janelas reduzirá a infiltração de ar. Esse trabalho é fácil de fazer e muito eficiente em termos de custo (com períodos de retorno de uma temporada de calor ou menos).

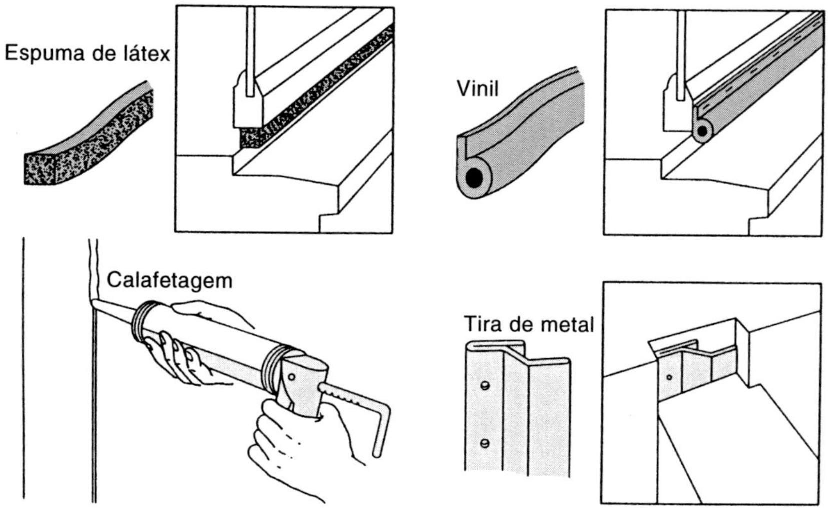

EXEMPLO 5.2

Calcule a carga horária de aquecimento de uma casa em que todas as superfícies externas tenham resistência térmica de R = 14 pés²-h-°F/Btu, a temperatura interna seja de 65 °F e a temperatura externa, de 5 °F. As dimensões da casa são 30 pés × 50 pés × 10 pés.

SOLUÇÃO

A perda condutiva de calor é

$$\frac{Q_c}{t} = \frac{1}{R} \times A \times \Delta T$$

A área da superfície externa é

Paredes:	(30 × 10) × 2 + (50 × 10) × 2	= 1.600 pés²
Teto, piso:	(30 × 50) × 2	= 3.000 pés²
Área total da superfície:		= 4.600 pés²
Portanto:		

$$\frac{Q_c}{t} = \frac{1}{14}\ \text{Btu/pés}^2\text{-h-°F} \times 4.600\text{pés}^2 \times (65 - 5)\text{°F} = 19.700\ \text{Btu/h}$$

Utilizando a equação anterior, as perdas por infiltração (para uma troca de ar por hora) são

$$\frac{Q_{\text{infil}}}{t} = 0{,}018\ \text{Btu/pés}^3\text{-°F} \times (30 \times 50 \times 10)\text{pés}^3 \times 1/\text{h} \times (65 - 5)\text{°F}$$
$$= 16.200\ \text{Btu/h}$$

A carga horária total de aquecimento é, portanto, de 35.900 Btu/h. (Observe que se assumiu que essa casa não tem janelas ou portas!)

Para dimensionar o sistema de aquecimento de uma casa (ou seja, para encontrar a capacidade em Btu/h necessária para a unidade de aquecimento), utilize a temperatura externa T_o o mais próximo possível da menor temperatura esperada na localidade (chamada "temperatura de projeto"): $\Delta T = 65° - T_o$.

A eficiência da unidade de aquecimento deve ser levada em consideração também. No exemplo anterior, se a temperatura de projeto fosse 5 °F, a caldeira de calefação (assumindo-se que seja de gás natural com eficiência de 70%) deveria ter uma taxa de 36.000/0,70 = 51.000 Btu/h.

Para calcular as perdas de calor para um *ano inteiro*, pode-se multiplicar $1/R_{\text{total}} \times A$ para a casa toda pelo ΔT de cada dia do ano em que é necessário aquecimento e pelo número de horas do dia, e somar. No entanto, esse cálculo é muito mais fácil quando se utiliza o conceito de "grau-dia". Para um dia qualquer, pode-se encontrar o grau-dia (GD) tirando-se a média das temperaturas máxima e mínima desse dia e subtraindo-a de 65 °F.

$$\text{grau-dia (GD)} = 65\ °\text{F} - T_{\text{média}}$$

(O grau-dia em Celsius é 1,8 vezes maior que o grau-dia em Fahrenheit. Números negativos de grau-dia são tomados com zero.) Em um ano, o número total de graus-dia é a soma dos graus-dia individuais. Esses totais ficam na faixa que vai de 14.000 no Alasca até menos de 2.000 no sul dos Estados Unidos; o valor mediano para residências desse mesmo país está por volta de 5.000 graus-dia Fahrenheit por ano (Figura 5.11).

FIGURA 5.11 GRAUS-DIA (GD) DE AQUECIMENTO ANUAL.

Zona	Graus-dia (°F)
1	100 – 2.000
2	2.000 – 3.000
3	3.000 – 4.000
4	4.000 – 5.000
5	5.000 – 6.000
6	6.000 – 7.000
7	7.000 – 8.000
8	8.000 – 9.000
9	9.000 – 10.000

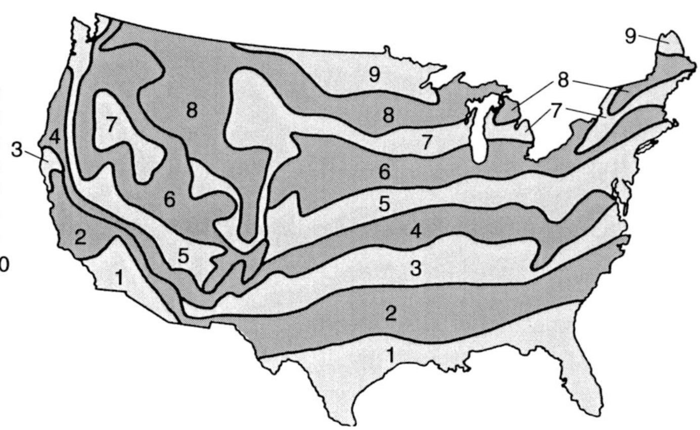

EXEMPLO 5.3

Em 18 de março, a temperatura máxima foi de 42 °F, e a mínima, de 20 °F. Quantos graus-dia se verificam?

SOLUÇÃO

A temperatura média do dia é (42 + 20)/2 = 31 °F. Utilizando a base de 65 °F, o número de graus-dia é 65-31 = 34 GD.

Utilizando esse conceito de graus-dia, a necessidade anual total de aquecimento para perdas condutivas pode ser apresentada como

$$Q_{\text{total}} = \sum \left(\frac{1}{R} \times A \right) \times (24\ \text{h/dia}) \times (\text{número de graus-dia anuais})$$

em que o somatório Σ inclui todas as superfícies externas.

Se a casa isolada do exemplo anterior se localizar em Buffalo, Nova York, com 7.000 graus-dia por ano, sua carga de aquecimento condutivo total para a temporada seria

$$Q_{\text{total}} = \frac{1}{14}\,\text{Btu/pés}^2\text{-h-°F} \times 4.600\,\text{pés}^2 \times 24\,\text{h/dia} \times 7.000\,\text{GD}$$
$$= 55{,}3 \times 10^6\,\text{Btu}$$

Devemos somar a isso as perdas por infiltração de 0,018 Btu/pés^3-°F × 15.000 pés^3 × 1/hora × 24 h/dia × 7.000 GD = 45,4 × 10^6 Btu, para uma carga de aquecimento total de 101 × 10^6 Btu. Denotamos 10^6 Btu (ou um milhão de Btu) como MBtu.

Supondo-se que o custo de eletricidade seja US$ 0,11 por kWh; isso é equivalente a (US$ 0,07/kWh) × (1 kWh/3.413 Btu) × (10^6 Btu/MBtu) = US$ 32,20/MBtu. Portanto, o custo de aquecimento elétrico da casa em Buffalo para uma temporada seria de US$ 32,20/MBtu × 101 Mbtu = US$ 3.252. Se, em vez de eletricidade, for utilizada uma caldeira, a carga de aquecimento total deve ser dividida pela eficiência da caldeira. Utilizando-se gás natural a um custo de US$ 0,90 por therm (1 therm = 100.000 Btu) ou US$ 9,00/MBtu, com eficiência da caldeira de 70%, o custo é de US$ 9,00/MBtu × 101 MBtu/0,70 = US$ 1.298.

EXEMPLO 5.4

Suponha que você more em um apartamento com janelas com uma única vidraça e pague por seu consumo de serviços de utilidade pública. Seu proprietário lembra o "Tio Patinhas". Vamos calcular a economia que você obteria instalando uma janela plástica de proteção contra tempestades (assuma GD anual de 5.000).

SOLUÇÃO

O vidro de uma janela com uma única vidraça possui valor *R* de 0,88 pés^2-h-°F/Btu, ao passo que uma janela contra tempestades (mesmo com a placa de plástico instalada do lado interior da janela) possui valor *R* de 1,72 (para espaço de ar de ½").

Para uma janela 3′ × 3′, a perda de calor anual no caso de uma única vidraça é

$$Q_1 = (1/0{,}88) \times 9\,\text{pés}^2 \times 24\,\text{h} \times 5.000\,\text{GD} = 1.227.000\,\text{Btu/ano}$$

Com janela contra tempestades, a perda de calor anual será

$$Q_2 = (1/1{,}72) \times 9 \times 24 \times 5.000 = 628.000\,\text{Btu/ano}$$

Portanto, a economia de uma janela é

$$Q_1 - Q_2 = 599.000\,\text{Btu/ano}$$

Se o combustível for gás natural a US$ 7,00/MBtu, a *economia* nos custos anuais seria

$$\frac{599.000}{1.000.000} \times \frac{\text{US\$ }7{,}00}{\text{MBtu}} = \text{US\$}4{,}20 \text{ por janela a cada ano}$$

Uma placa de plástico custa US$ 2,00, de modo que a instalação se paga em cerca de metade da temporada de calor.

D. ESCOLHA DE LOCAL

Um fator muito importante para a perda de calor convectivo é o vento. A perda de calor pelas paredes e teto, bem como por frestas de janelas, portas e fundações, dependem diretamente da velocidade do vento. Os cálculos de carga de calor indicam que um aumento da velocidade do vento de 15 para 25 e para 30 km/h provocará um acréscimo da infiltração de ar em 100% e 200%, respectivamente, em janelas e portas não vedadas, do lado da edificação que recebe o vento. Os valores *R* dados anteriormente neste capítulo incluíam as condições de uma camada de ar interior e exterior próxima à janela. O valor *R* da camada externa assumia vento de 15 km/h. Na verdade, para o valor *R* de 1,54 da janela com vidraça dupla, cerca de metade do valor provém da fina camada de ar interior, que não se move.

Os ventos devem ser bloqueados em períodos frios e utilizados para refrigeração durante os períodos quentes. Deve-se utilizar quebra-ventos para reduzir a velocidade do vento ao redor da casa. Uma garagem situada do lado noroeste de uma casa pode ser eficiente no bloqueio dos principais ventos de inverno. Árvores, arbustos e quebra-ventos feitos pelo homem também podem ser eficientes. O melhor local para construção em um morro é em uma altura intermediária (a favor do vento, do lado oposto do qual vêm os ventos de inverno), pois essa posição está fora dos altos ventos do topo do morro e das massas de ar frio que podem ficar aprisionadas no fundo de um vale (Figura 5.12).

FIGURA 5.12 O PLANTIO DE ÁRVORES NO LADO OPOSTO DO MORRO AO QUAL VÊM OS VENTOS REDUZ A VELOCIDADE DO VENTO PELO LOCAL. A VEGETAÇÃO OU MUROS PODEM BLOQUEAR OU DESVIAR OS PADRÕES NATURAIS DE FLUXO DE AR E, ASSIM, REDUZIR A PERDA DE CALOR CONVECTIVO.

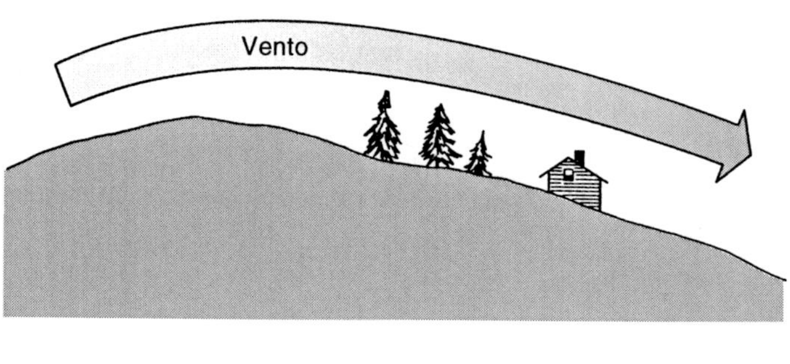

A escolha de local também deve levar em consideração o percurso do Sol. Orientando-se a casa com seu lado maior voltado para o sul do hemisfério norte, os recursos de aquecimento solar podem ser utilizados mais facilmente.

Janelas voltadas para o sul podem capturar alguma radiação solar durante os meses de inverno, ao passo que as voltadas para o norte não receberão nenhuma luz solar direta nessa estação. As janelas para o norte podem fornecer uma grande superfície de perda de calor, especialmente em razão da prevalência de ventos do norte, enquanto as voltadas para o sul podem oferecer um ganho líquido de energia térmica. Em um dia, a adição de calor de radiação solar por uma janela voltada para o sul normalmente será *maior* do que a perda de calor em 24 horas por meio de condução e convecção. Isso será abordado com maior profundidade no Capítulo 6.

E. IMPACTO DAS MEDIDAS DE CONSERVAÇÃO DE ENERGIA

A Tabela 5.3 mostra o impacto das medidas de conservação de energia na redução das necessidades anuais de aquecimento em casas novas de três partes dos Estados Unidos. Com o aumento do isolamento, o controle de infiltração e a monitoração noturna do termostato, conforme descrito na Figura 5.13, a conta anual de aquecimento pode ser reduzida em quase 50% para cada área. Algumas dessas modificações de projeto seriam mais difíceis de implementar: o isolamento de parede *R*-19, que utiliza fibra de vidro, exigiria uma cavidade de 6" ou a adição de placa de isolamento rígida no exterior de paredes convencionais, sob a lateral.

TABELA 5.3 IMPORTÂNCIA DAS MEDIDAS DE CONSERVAÇÃO DE ENERGIA.

Exigências anuais de aquecimento (MBtu/ano)						
Cidade	Graus-dia	Caso de referência	Com controle de termostato	Economia (%)	Aumento de isolamento	Economia total (%)
Boston	5.630	54,6	46,6	15%	26	52%
Denver	6.280	56,1	47,6	15%	27	52%
Nashville	3.580	34,7	28,4	18%	14	60%
		Paredes	Teto	Porão	Janelas	Infiltração
Caso de referência:		*R*-11	*R*-19	Não isolado	Duplas	0,7 trocas de ar/h
Conservação: (c/ controle noturno de termostato a 8 °F)		*R*-19	*R*-30	*R*-10	Triplas	0,5 trocas de ar/h

Fonte: Lewis, D.; Kohler, J. Passive principles: conservation first. *Solar Age* (Sep. 1981).

As auditorias de energia doméstica são um bom lugar para começar a avaliação da carga de aquecimento de um edifício. Elas estabelecem um ponto de partida e podem apontar as áreas de uma casa que devem receber atenção prioritária. Muitas concessionárias são requeridas a disponibilizar empréstimos a juros baixos para projetos de conservação de energia. Elas também farão uma auditoria doméstica gratuita, normalmente exigida como pré-requisito para esse tipo de empréstimo.

FIGURA 5.13 RESUMO DOS EFEITOS DE MEDIDAS DE CONSERVAÇÃO DE ENERGIA SOBRE AS NECESSIDADES DE AQUECIMENTO ESPACIAL DE UMA CASA COMUM DE 140 M² EM TRÊS CLIMAS.

(Fonte: Lewis, D.; Kohler, J. Passive principles: conservation first. Solar Age [Sep. 1981].)

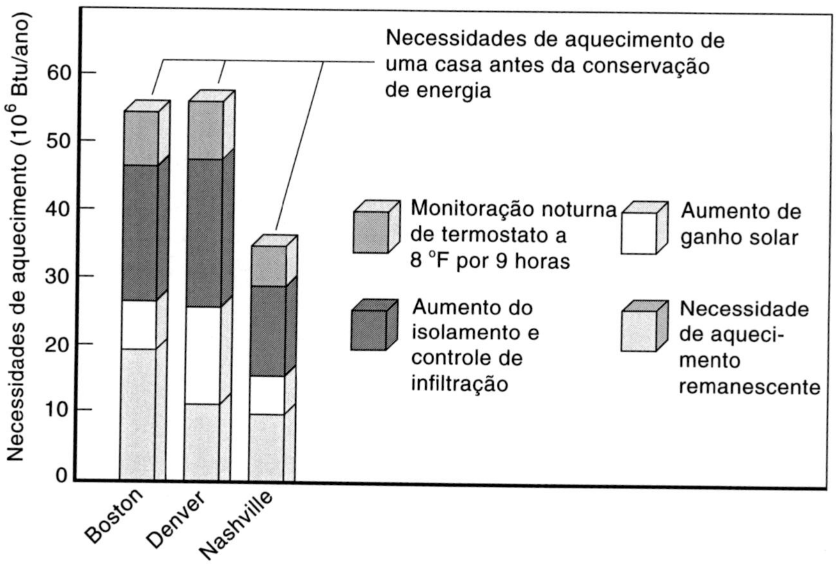

F. RESFRIAMENTO

Basicamente, as mesmas equações utilizadas na seção anterior para o aquecimento podem também se aplicar ao cálculo de cargas de resfriamento simples. O número de graus-dia de resfriamento (a média das temperaturas máxima e mínima do dia menos 75 °F) por ano substitui o grau-dia anual de aquecimento. O isolamento e a vedação contra o tempo ainda são importantes para reduzir os ganhos de calor. Estes também provirão de paredes, tetos e janelas iluminados pelo Sol. A intensidade da radiação solar e a temperatura externa devem ser consideradas. Os cálculos de carga de resfriamento levam em consideração o feito de um atraso de tempo nas mudanças de temperatura interna causado pelo armazenamento térmico. É necessário resfriamento adicional no fim do dia se o Sol tiver brilhado o dia todo. Também há ganhos de calor internos provenientes de luzes, aparelhos e pessoas; uma pessoa sentada em repouso gera cerca de 350 Btu/h de calor e 550 Btu/h se estiver fazendo trabalho leve (como digitação). Aparelhos e pessoas podem ser responsáveis por até 60% da carga de condicionamento de ar em um edifício comercial.

O condicionamento de ar mudou completamente a demografia do sul dos Estados Unidos e do mundo. Atualmente não é considerado um conforto e, sim, uma necessidade. Locais anteriormente considerados muito quentes ou muito úmidos para se viver transformaram-se nas regiões favoritas para o trabalho e a aposentadoria, graças à utilização de condicionadores de ar elétricos. A demanda por condicionamento de ar subiu a uma taxa de quase 10% ao ano nos Estados Unidos. Hoje, dois terços de todas as casas possuem alguma forma de condicionamento (40% possuem ar central), ao passo que 83% do espaço comercial dispõe de ar-condicionado. O condicionamento responde por cerca de 8% da energia utilizada nas casas dos Estados Unidos, aproximadamente um décimo dos gastos com aquecimento de espaços. No entanto, em muitas regiões do sul desse mesmo país, o dinheiro gasto em condicionamento de ar é maior do que em aquecimento.

Soluções menos caras para as cargas de resfriamento do verão podem ser obtidas por meio de diversos tipos de técnicas de **resfriamento passivo**. O principal objetivo, nesse caso, é controlar o calor que um prédio recebe do seu ambiente. Esses princípios envolvem:

- escolha de local – localização, orientação, vegetação;
- aspectos arquitetônicos – razão entre superfície e volume, projeções, dimensões de janelas, sombras;
- aspectos do revestimento da edificação – isolamento, capacidade térmica, vidraças.

As sombras são fundamentais em climas quentes. A vegetação ao redor, as sombras em janelas e projeções podem reduzir as temperaturas internas diurnas entre 10 °F e 20 °F. A ventilação natural é muito importante no resfriamento passivo. O movimento do ar faz evaporar a transpiração do corpo e, consequentemente, faz que as pessoas sintam mais frio. A ventilação adequada do sótão é necessária no verão e no inverno. Ela exige ventiladouros localizados em pontos altos e baixos do teto para criar um fluxo de ar natural. Janelas em paredes opostas da casa também são eficientes para permitir o fluxo de ar apropriado. Como o ar quente sobe, claraboias e janelas altas podem funcionar como "chaminés térmicas"; a substituição de ar pode vir de uma área sombreada mais fresca no lado norte da casa ou por um tubo subterrâneo (um tubo "frio"). Esses métodos de resfriamento são ilustrados na Figura 5.14. O resfriamento evaporativo é outro método importante, especialmente em climas quentes e secos. A evaporação é um processo de resfriamento, e resfriadores de teto de um único estágio podem ser muito eficientes, embora a bomba-d´água exija energia adicional.

Em regiões de alta umidade (como o sudeste dos Estados Unidos), muitas dessas técnicas passivas não funcionarão. O resfriamento evaporativo é impedido pela alta umidade. O resfriamento radioativo noturno não funciona bem, já que as noites são quentes e úmidas. A ventilação natural também tem de lidar com os problemas de mofo e fungos. Uma técnica que fornece resfriamento nessas condições é a utilização de um dessecante para absorver a umidade do ar. Durante a noite, o ar circula por um dessecante no sótão para remover parte da umidade. Durante o dia, o Sol seca o dessecante.

Como sabemos, o isolamento é importante para a redução tanto das cargas de aquecimento como das de resfriamento. Outra abordagem de resfriamento passivo utiliza "barreiras irradiantes" – materiais (como chapas de alumínio) que restringem a quantidade de radiação infravermelha de baixo comprimento de onda que passa pelo sótão. Normalmente, o ganho de temperatura do teto é passado para baixo, por radiação, até o piso do sótão e, em seguida, conduzido através do teto para dentro da casa. A chapa de alumínio posicionada contra a parte superior do sótão ou sobre o isolamento do teto (com orifícios para permitir o escape de vapor) funciona como um bom refletor e um pobre emissor (Figura 5.15). As barreiras irradiantes também podem ser posicionadas nas paredes. É necessário um espaço de ar próximo à barreira para remover o calor absorvido pela chapa e não emitido.

FIGURA 5.14 AS TÉCNICAS DE RESFRIAMENTO SOLAR PASSIVO UTILIZAM A CONVECÇÃO NATURAL E A TERRA COMO COLETORES DE CALOR.

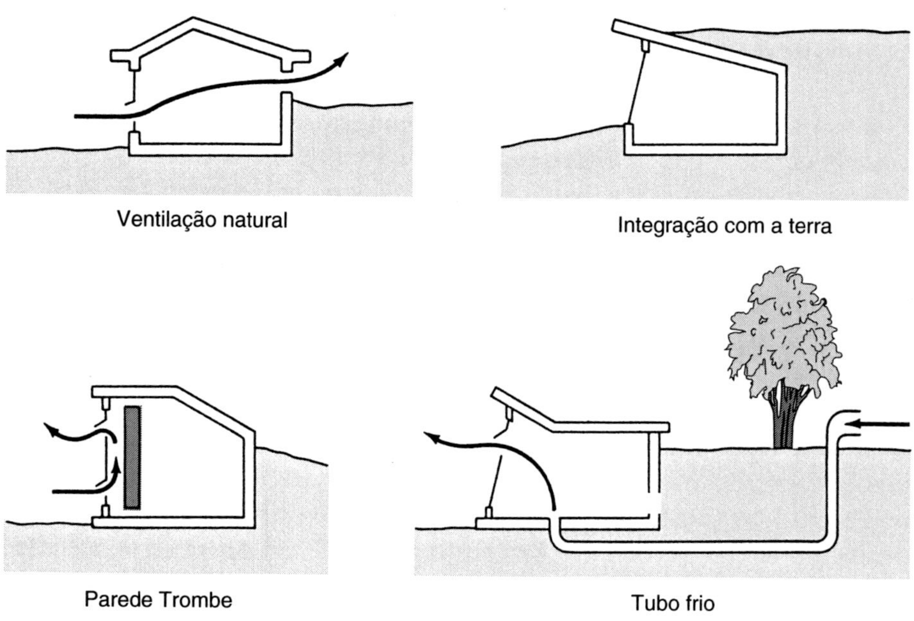

FIGURA 5.15 AS BARREIRAS IRRADIANTES PODEM REDUZIR GANHOS DE CALOR NO SÓTÃO DE UMA CASA.

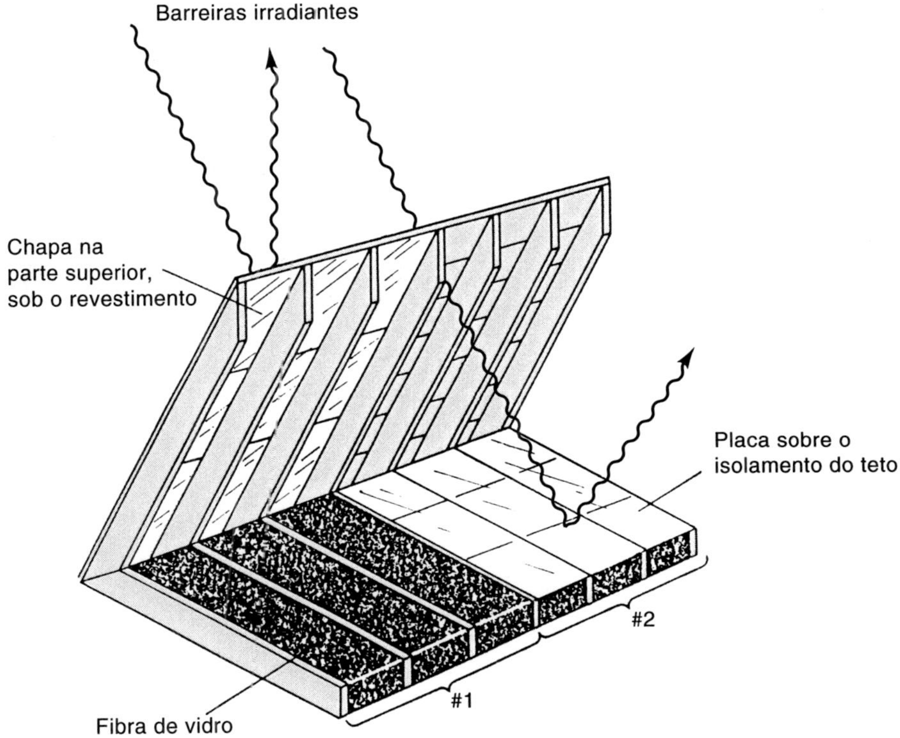

G. CONDICIONADORES DE AR E BOMBAS DE CALOR

O ar-condicionado é similar a um refrigerador em que o calor de dentro de um espaço refrigerado é transferido para o espaço externo mais quente. Esse fluxo de calor do frio para o quente não é uma violação da segunda lei da termodinâmica, pois não ocorre espontaneamente. Para que a tarefa seja realizada, adiciona-se energia ao sistema por meio de eletricidade, combustão de gás natural ou energia solar.

Os quatro componentes básicos de um condicionador de ar são apresentados na Figura 5.16. Utiliza-se um fluido ativo como o HFC R-134 (ou um dos novos gases refrigerantes sem CFC)[3]. No evaporador (as bobinas dentro do ar-condicionado ou refrigerador), o freon líquido absorve calor do ar mais quente do ambiente e torna-se um gás. O compressor acionado eletricamente aumenta a pressão e a temperatura

[3] Em 1995, o refrigerante clorofluorcarboneto (CFC) Freon 12 foi substituído por hidrofluorcarbonetos (HFC) alternativos, devido às evidências de que os CFC contribuem para a depleção da camada de ozônio (veja o Capítulo 9).

do gás e força sua entrada nas bobinas no condensador, fora da casa. Como a temperatura do gás é maior do que a do ar externo, ele condensa-se, liberando calor. O líquido, então, volta por uma válvula de redução de pressão para a bobina do evaporador e é resfriado por meio de expansão.

FIGURA 5.16 OPERAÇÃO DO CONDICIONADOR DE AR.

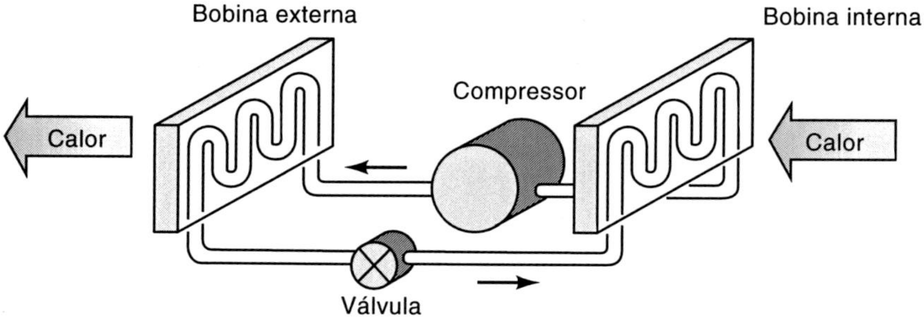

FIGURA 5.17 COMPONENTES BÁSICOS DE UM SISTEMA DE BOMBA DE CALOR.

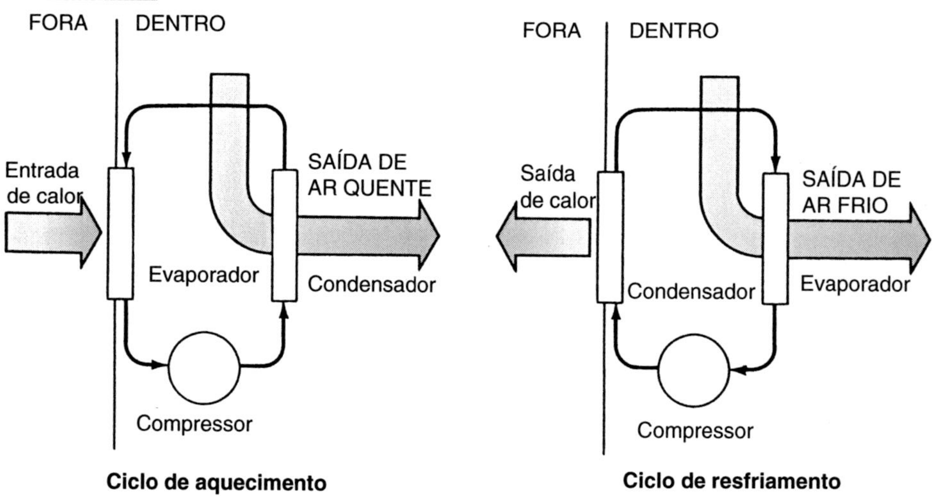

Um dispositivo que está se tornando muito popular em certos locais dos Estados Unidos para o condicionamento de ar é a **bomba de calor**. Trata-se de um motor térmico que opera no sentido inverso. Esse dispositivo pode ser utilizado para aquecer ou resfriar um espaço. Como o nome diz, a bomba de calor (Figura 5.17) pode ser utilizada para extrair ou bombear calor para dentro ou para fora de um espaço. No caso de aquecimento doméstico, ela extrai calor do ar externo, mesmo a temperaturas abaixo do ponto de congelamento, e transfere-o para dentro. Em clima quente, o ciclo é invertido; o calor é extraído do ar interno e expelido para fora como em um condicionador de ar ou refrigerador. Portanto, a bomba de calor é essencialmente um único dispositivo que concentra as funções de condicionador de ar e unidade de aquecimento. Sua vantagem na função de aquecimento reside no fato de que, quando extrai energia do ambiente externo, transfere para o espaço aquecido pelo menos duas vezes a energia utilizada para ativá-la. Consequentemente, o custo de aquecimento de uma casa com bomba de calor ficará por volta da metade do de um sistema de aquecimento elétrico (mas ainda mais caro do que uma caldeira a gás).

A bomba de calor foi introduzida no mercado dos Estados Unidos em 1932, mas desenvolveu uma má reputação em seus primeiros anos por causa da falta de confiabilidade. No fim da década de 1960, ela começou a reaparecer de modo mais confiável e atingiu uma taxa de crescimento de quase 7% ao ano nessa época e nos anos 1970. Atualmente, vende-se, por ano, mais de um milhão de unidades (Figura 5.18). As bombas de calor possuem uma operação mais econômica em regiões geográficas em que são necessários tanto o aquecimento como o resfriamento. Elas são mais eficientes quando a temperatura externa está acima de 10 °F (em baixas temperaturas de inverno, a eficiência cai para o nível de um aquecedor de resistência elétrica).

FIGURA 5.18 BOMBA DE CALOR RESIDENCIAL.

GS PHOTOGRAPHY/SHUTTERSTOCK.COM

Os componentes básicos da bomba de calor são similares aos explicados anteriormente para o ar-condicionado. No *modo de aquecimento*, a bobina externa é o evaporador, e a bobina interna, o condensador. Durante este modo, (1) a substância refrigerante (no estado líquido) absorve calor do ar externo no evaporador, transformando-se em um gás; (2) o compressor aumenta a pressão do gás, aumentando sua temperatura; (3) o gás quente flui pelas bobinas do condensador que estão dentro do espaço aquecido. Como a temperatura do gás é mais alta do que a do cômodo, o primeiro transfere calor para o ambiente e se condensa, passando ao estado líquido; (4) o líquido, em seguida, volta por uma válvula de redução de pressão para as bobinas do evaporador, sendo resfriado por expansão.

Em um *ciclo de resfriamento*, as bobinas do evaporador e do condensador trocam de papel. A direção do fluxo de substância refrigerante é invertida com uma válvula especial. Como em um aparelho de ar-condicionado ou refrigerador, o refrigerante frio absorve calor do cômodo mais quente, aumenta sua temperatura ainda mais passando pelo compressor e, em seguida, transfere calor por meio do condensador para o ar externo.

O desempenho de uma bomba de calor é expresso não em termos da razão entre saída e entrada de energia, mas, diferentemente, em termos da razão entre saída de energia e entrada de *trabalho*. A entrada de trabalho é a energia que entra no compressor (a quantidade pela qual pagamos) e entra no denominador da expressão de desempenho. Essa razão é chamada **coeficiente de desempenho** (**COP**, sigla em inglês para *coefficient of performance*) de uma bomba de calor:

$$\text{C.O.P.} = \frac{\text{transferência de calor}}{\text{entrada de eletricidade}}$$

Em termos de potência, podemos definir o COP como a razão entre a *taxa* de transferência de energia para dentro ou para fora da casa e a potência de entrada do compressor. Por exemplo, uma bomba de calor com capacidade de 30.000 Btu/h e um compressor com potência nominal de 3,2 kW possui COP de

$$\text{COP} = \frac{30.000 \text{ Btu/h}}{3{,}2 \text{ kW} \times (3.413 \text{ Btu/h/kW})} = \frac{30.000}{10.922} = 2{,}75$$

No aquecimento direto com resistência elétrica, cada Btu inserido nos aquecedores na forma de eletricidade é liberado como um Btu de calor. Nesse exemplo, uma bomba de calor é, portanto, 2,75 vezes mais barata de operar do que o aquecimento com sistema de resistência elétrica.

O COP de uma bomba de calor diminui conforme a temperatura externa aumenta. Quanto menor a temperatura externa, menos calor disponível para ser transferido e, portanto, menor o COP. Além disso, se for necessário extrair calor de um ar a 10 °F (– 12°C), a temperatura do fluido ativo no evaporador deve estar abaixo de 10 °F para que o calor seja transferido. Isso coloca uma carga maior sobre o compressor, que tem de aumentar, em uma quantia maior, a temperatura da substância refrigerante. A maioria das bombas de calor tem COP entre 3 e 4.

Uma medida do desempenho das bombas de calor no modo de refrigeração durante uma estação (climática) de refrigeração é a relação de eficiência energética (EER do inglês *energy efficiency rate*), onde:

EER = (taxa de variação da energia removida em Btu/hora)/(energia aplicada em W)
EER = 3,412 COP

Valores da ordem de 20 – 25 são excelentes

Para reduzir a diferença entre as temperaturas do condensador e do evaporador e aumentar o COP, a bobina do evaporador pode ser posicionada em um tanque ou reservatório de armazenagem contendo água de poço. Na bomba de calor geotérmica, a bobina é enterrada, de modo a aproveitar a temperatura subterrânea que, no inverno, é maior que a do ar externo. A água do tanque de armazenamento também pode ser aquecida utilizando-se coletores solares simples (até coletores sem vidros podem ser utilizados, desde que o ganho de temperatura da água do tanque não precise ser grande). Essas bombas de calor "auxiliadas" pela energia solar podem aumentar o COP de aquecimento em até duas vezes.

FIGURA 5.19 Custos relativos de diferentes tipos de combustíveis para aquecimento. Para determinar o custo de utilização de uma bomba de calor, encontre o custo unitário da eletricidade no eixo *x* e acompanhe verticalmente até a curva de COP da bomba de calor adequada. Em seguida, mova-se horizontalmente até o eixo *y* para encontrar o custo de operação por milhão de Btu. Encontre a intersecção desse valor com a reta de gás ou óleo e leia seu custo no eixo *x*. Por exemplo (conforme mostrado em linhas tracejadas), utilizar uma bomba de calor com COP = 2,0 a um custo de eletricidade de US$ 0,05/kWh é equivalente a utilizar gás a US$ 0,52/therm ou óleo combustível a US$ 0,67/galão (com as eficiências de caldeira apresentadas).

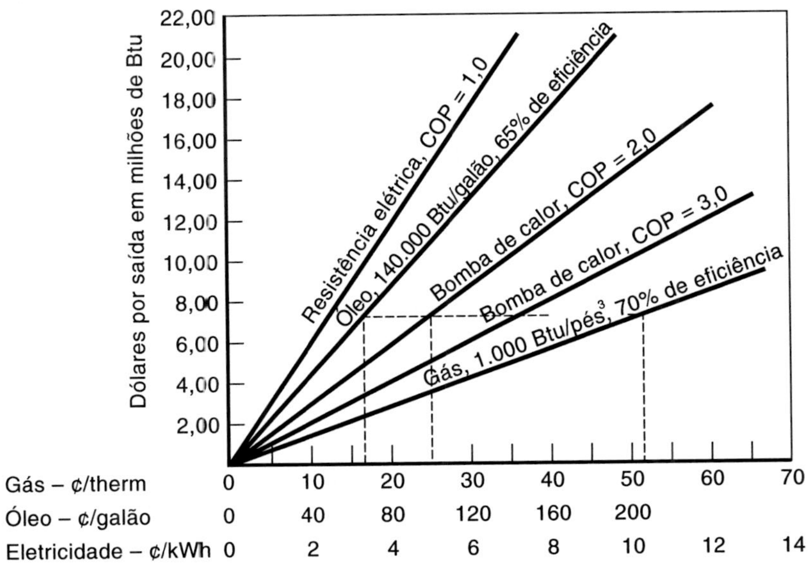

Embora esse tipo de bomba possa fornecer duas unidades de calor para cada unidade de eletricidade necessária em sua operação, o meio ambiente não sai ganhando necessariamente. Isso porque as usinas de eletricidade convencionais (termelétricas) precisam de quase três unidades de calor para produzir uma unidade de energia elétrica. Se o COP da bomba for de 2,1, a eficiência geral (da energia primária até a saída final) será de cerca de 0,7, comparável à de uma antiga caldeira a óleo ou a gás.

A maior eficiência econômica das bombas de calor em relação a outros métodos de aquecimento espacial depende do clima local. A Figura 5.19 compara os custos de utilização de bomba de calor, resistência elétrica, óleo e gás natural. Para a bomba de calor, são apresentados vários valores médios sazonais de COP. Por exemplo, se a bomba tiver COP de 2,0 e a eletricidade custar US$ 0,07/kWh, o custo de aquecimento com a bomba será igual ao de uma caldeira a óleo, a US$ 0,95 por galão, ou a gás natural, a US$ 0,72 por 100 pés^3 de gás.

Os fabricantes de bombas de calor sugerem que elas são as mais econômicas em localizações que necessitem tanto de aquecimento como de condicionamento de ar. A capacidade da bomba deve ser selecionada de modo a atender à capacidade de resfriamento necessária, não a de aquecimento. O excesso de capacidade de resfriamento da unidade resultará em ciclos mais frequentes do compressor (e, portanto, reduzirá a expectativa de vida), e fornecerá controle inadequado de umidade. Portanto, se o aquecimento exigir uma carga maior do que o resfriamento, será necessário adotar um método suplementar (para evitar o dimensionamento excessivo do sistema de bomba de calor). Isso aumenta o preço do sistema de aquecimento como um todo, mas, mesmo em climas moderados, ele pode ser mais barato que o uso de caldeiras a óleo, e certamente o será em relação a sistemas de resistência elétrica.

H. RESUMO

A conservação elétrica doméstica pode seguir vários caminhos e possui impacto substancial sobre a conta de serviços de utilidade pública. Este capítulo focou principalmente a redução de ganhos ou perdas de calor em uma casa pelo aumento do isolamento e controle de infiltração.

A Tabela 5.4 relaciona algumas coisas que podem ser feitas para reduzir o consumo de energia em uma casa por meio da retromontagem, ou seja, de mudanças que são possíveis sem modificações importantes de projeto ou construção.

TABELA 5.4 RETROMONTAGEM – COISAS A SEREM FEITAS PARA CONSERVAR ENERGIA NA CASA.

Calafetagem e vedação ao redor de todas as aberturas e rachaduras
Isolamento (incluindo pisos sobre espaços não aquecidos)
Isolamento de tubulação de água quente; isolamento da unidade de aquecimento de água
Instalação de janelas e portas de proteção contra tempestades (considere a utilização de plástico)
Instalação de sombras não isoladas, painéis ou cortinas em todas as janelas
Ventilação do sótão e fundações
Execução de reparos gerais para reduzir a infiltração de ar
Instalação de mostrador de termostato na caldeira
Calibragem anual da caldeira e do aquecedor de água
Configuração do termostato do aquecedor de água para 120 °F
Isolamento dos dutos da caldeira (sistema de ar quente) e aquecimento das linhas de fornecimento
Substituição de chuveiro por duchas que economizem água
Construção de vestíbulo ao redor das portas de saída
Substituição de iluminação incandescente por luzes fluorescentes
Levar em consideração a iluminação localizada
Reestruturação do projeto da paisagem; adição de folhagens para bloquear ou desviar o vento
Pintura das paredes internas com cores claras e quentes
Fontes externas de ar para caldeira e/ou lareira
Instalação de portas de vidro na lareira ou bloqueios de ar em sua abertura
Instalação de aparelhos que poupem energia

Os métodos para o cálculo de carga de aquecimento de uma casa utilizam a equação de taxa de transferência de calor por condução:

$$\frac{Q_c}{t} = \frac{1}{R_{\text{total}}} \times A \times \Delta T$$

em que R_{total} é a resistência térmica total do material, A é a área dessa superfície e ΔT é a diferença de temperatura pelo material. Para encontrar a taxa total de perda de calor de uma casa, deve-se somar as contribuições de todas as superfícies (com As e Rs diferentes). Para obter a perda de calor total por condução em uma temporada, Q_{total}, utilizamos o conceito de grau-dia (GD), em que o GD de aquecimento = $(65 - T_{\text{média}})$. Assim:

$$Q_{\text{total}}(\text{Btu}) = \left(\sum \frac{A}{R_{\text{total}}}\right) \times 24 \times \text{GD}_{\text{anual}}$$

As perdas de infiltração devem ser somadas a isso para se obter a carga de aquecimento total da casa.

COMO VOCÊ ESCOLHERIA? – REVISITADO

Contas de aquecimento!

Pode-se obter muito sucesso na redução da carga de aquecimento/resfriamento de um edifício, e muitas dessas etapas apresentam tecnologia realmente simples. Após ler este capítulo, que mudanças você faria em seus planos de seleção e organização de um novo apartamento para reduzir as contas com serviços de utilidade pública? Por quê?

QUESTÕES

1. Para manter uma bebida gelada pelo maior período de tempo possível, que cor de copo você utilizaria? Por quê?
2. O que pode ser feito para reduzir a taxa de transferência de calor através de uma janela com única vidraça, e através de uma com proteção contra tempestades?
3. Quais métodos podem ser utilizados para reduzir a infiltração em uma casa?
4. Um pedaço de carvão quente é tirado do fogo e colocado sobre uma forma de metal; discuta os tipos de transferência de calor que ocorrem conforme o carvão esfria.
5. Por que é bom vestir uma camisa de baixo com tecido entrelaçado quando o tempo está frio?
6. Que tipos de calçados são bons para usar em interiores quando o tempo está frio?

7. Faça um esquema dos métodos de fluxo de calor através de uma janela de proteção contra tempestades. Quais são as diferenças quando vidros de baixa emissividade são usados?
8. Qual é o número médio de graus-dia de aquecimento ou resfriamento anual em sua região? (Consulte a internet.)
9. Enquanto os condicionadores de ar possuem efeito dramático nas condições de vida de países industrializados, muitas pessoas nos países em desenvolvimento vivem em climas quentes e úmidos sem qualquer condicionamento de ar. Se você vivesse nessa situação por três meses de verão, que medidas tomaria para sobreviver ao clima durante o dia e a noite?
10. Se você estivesse cobrindo sua casa com telhas de asfalto, que cor selecionaria? Suponha que viva em um clima moderadamente ensolarado, mas com inverno frio e verão quente. Haveria alguma diferença se você vivesse em um clima semitropical?
11. O que produz o resfriamento em um refrigerador?
12. Se você pagasse a energia utilizada para aquecer e/ou resfriar seu quarto durante o ano escolar, que medidas tomaria para reduzir esses custos?
13. Quais fatores afetam a infiltração em uma casa?
14. Por que uma bomba de calor pode ser pensada como um motor térmico funcionando de modo invertido?

PROBLEMAS

15. Uma parede é composta de quatro elementos, do seguinte modo:

    ½″ de lateral de madeira (polida);
    ½″ de revestimento de madeira compensada;
    3 ½″ de fibra de vidro;
    ½″ placa de reboco.

    Utilizando os valores *R* da Tabela 5.2, quantos Btu por hora por pé² serão perdidos pela parede quando a temperatura externa for 50 °F mais fria do que a interna?
16. A perda de calor através de janelas é significativa. Que porcentagem de economia será obtida cobrindo-se uma janela de vidraça dupla com uma placa de 2″ de poliestireno rígido?
17. Considerando apenas as perdas condutivas, calcule as necessidades de aquecimento em Btu/h de uma casa construída com pranchas de madeira dura de 2″ e laterais de madeira polida de ½″. Placas de reboco (½″) cobrem o interior da residência. O tamanho da casa é 28 pés × 40 pés × 10 pés. Para simplificar, assuma que o teto seja plano, coberto com madeira compensada de 1″ e telhas de amianto, e tenha isolamento de fibra de vidro de 3 ½″. Há um entrepiso de

madeira (25/32″) e um piso de madeira dura (¾″) sobre um porão não aquecido. Assuma que 25% da área das paredes sejam janelas com uma única vidraça. O exterior é 40 °F mais frio do que o interior.

a. Considerando somente as perdas de aquecimento condutivas, calcule as necessidades de calor em Btu/hora.

b. Qual será a porcentagem economizada nas necessidades de aquecimento se essa casa for isolada com um total de 6″ de fibra de vidro no sótão?

c. Qual será a porcentagem economizada nas necessidades de aquecimento se essa casa for isolada com 3 ½″ de fibra de vidro nas paredes (o teto permanece com as mesmas 3 ½″)?

d. Qual porcentagem economizada será obtida substituindo-se as janelas com uma única vidraça por janelas de vidraça dupla (espaço de ar de ½″)?

18. Esboce o plano do piso do quarto em que você dorme, apontando janelas, portas e superfícies externas. Estime (por meio de cálculos) a *perda* de calor de seu quarto por 24 horas quando a temperatura interna for de 70 °F, e a externa, de 20 °F. Estime o *ganho* de calor em seu quarto (excluindo as contribuições solares) quando a temperatura externa for de 90 °F e a interna, de 70 °F. Assuma que todas as superfícies internas estejam a 70° F.

19. O condicionador de ar de uma sala tem capacidade de 6.000 Btu/h. Isso seria suficiente para manter a temperatura de uma pequena cabana a 70 °F quando a temperatura externa for 95 °F? Assuma que a cabana tenha 10 pés × 10 pés × 6 pés e que as superfícies externas sejam feitas de madeira mole de 1″.

20. O problema a seguir pode ilustrar a economia decorrente do isolamento do piso sobre um porão ventilado.

a. Se a estrutura composta do piso for feita de carpete (com valor R de ½ pés²-h-°F/Btu), entrepiso (R = 1,0) e espaço de ar entre as vigas de madeira (R = 0,8), encontre o valor R total.

b. Se 6″ de fibra de vidro (R = 19) forem colocadas entre as vigas, encontre a redução percentual da perda de calor.

c. Se houver 6.500 graus-dia nessa área e o preço do combustível for US$ 10,00 por milhão de Btu, encontre o custo de aquecimento por pé² por temporada de aquecimento para o piso não isolado.

d. Se a fibra de vidro de 6″ custa US$ 0,40 por pé², em quanto tempo sua instalação será paga (como resultado de economia de energia)?

21. a. Para a casa da Questão 17, calcule as perdas de calor por infiltração em Btu/h quando ΔT = 40 °F. Assuma duas trocas de ar por hora.

b. Que porcentagem de perda de calor se deve à infiltração?

ATIVIDADES ADICIONAIS

1. Uma atividade interessante para estudar a utilização de isolamento e fazer inferências de dados em gráficos pode ser realizada com duas latas de refrigerante idênticas.
   a. Embrulhe cada lata com um material de isolamento diferente, prendendo-o com fita ou elásticos (ou uma sacola se o preenchimento estiver folgado). Certifique-se de embrulhar o topo e o fundo da lata, mas deixe uma pequena abertura no topo para um termômetro. Deixe uma lata sem embrulhar. A partir da Tabela 5.2, estime o valor *R* de cada lata.
   b. Coloque um termômetro em cada lata, envolvendo-o com um elástico em sua metade, o que o sustentará quando inserido na lata (o termômetro não deve tocar nenhuma parte das latas).
   c. Preencha cada lata com água quente (70 °C) até 1 cm do topo (evite molhar o isolamento).
   d. Leia e registre a temperatura da água em cada lata por cerca de 20 minutos (faça uma leitura a cada minuto).
   e. Em um gráfico, represente a temperatura de cada lata em relação ao tempo.
   f. Calcule o valor *R* relativo de cada material, comparando a alteração de temperatura total de cada lata no mesmo intervalo de tempo. Compare com as estimativas do item **a**.
2. Repita todas as etapas anteriores, mas acrescente o efeito de convecção forçada, soprando ar nas latas com um ventilador. Represente, no gráfico, a temperatura da água em relação ao tempo e compare as mudanças de cada lata com a situação anterior, da mesma lata na ausência de vento.
3. Verifique a taxa de perda de energia por radiação de objetos quentes com o seguinte experimento. Coloque a mesma quantia de água em ebulição em dois copos – um prateado ou branco e um escuro – e cubra-os com um pedaço de cartolina em que um termômetro esteja inserido. Registre a temperatura, uma vez por minuto, durante cerca de 20 minutos para ambos os copos e compare os resultados.
4. A auditoria de energia doméstica permite avaliar modos para se reduzir a conta de aquecimento. Essa auditoria utiliza os princípios expostos neste capítulo. Seus resultados são o total de energia consumida durante a temporada de aquecimento, o custo e uma análise das perdas de calor por cômodo e superfície (paredes, teto, janelas, piso, além da infiltração). Para executar essa auditoria, meça cuidadosamente as áreas de superfície externa de cada cômodo de sua casa. Os formulários dessa atividade (desenvolvidos pelo autor) e as instruções detalhadas encontram-se no Apêndice C.

5. Faça um "medidor de corrente" para avaliar a infiltração, prendendo com fita um pedaço de tecido, um filme de plástico fino ou um pingente de árvore de Natal a uma caneta. Em um dia com ventos moderados, procure ao redor de janelas, portas, tomadas elétricas e aberturas similares locais pelos quais o ar esteja entrando. Faça uma lista e indique medidas corretivas.

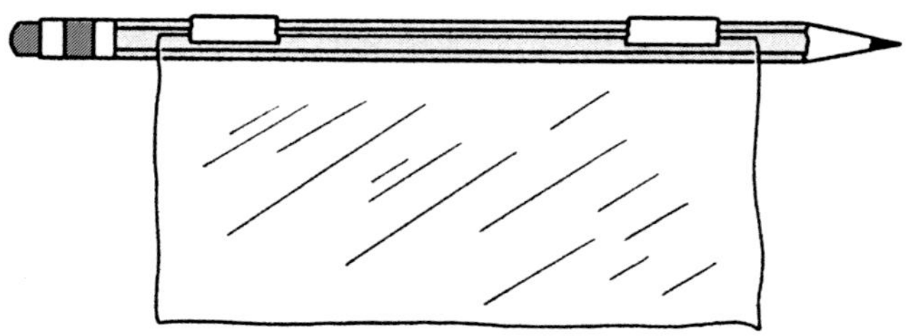

COM O FOCO NO BRASIL: CONSERVAÇÃO DE ENERGIA RESIDENCIAL E CONTROLE DE TRANSFERÊNCIA DE CALOR

CONSERVAÇÃO DE ENERGIA RESIDENCIAL E CONTROLE DE TRANSFERÊNCIA DE CALOR

CONSERVAÇÃO DE ENERGIA RESIDENCIAL NO HEMISFÉRIO SUL

Um aspecto inicial importante a ser considerado para os países localizados no hemisfério sul da Terra, no que se refere ao material apresentado neste capítulo, é a diferença das características da radiação solar incidente, em virtude da localização e das estações do ano. A ocorrência das estações verão, outono, inverno e primavera, no hemisfério sul, apresenta uma defasagem de seis meses em relação à ocorrência das mesmas estações no hemisfério norte. Além disso, grande parte das terras do hemisfério sul, como é o caso do Brasil, situa-se em regiões tropicais, fazendo que a preocupação com aquecimento exista apenas em certas regiões e seja bem menor do que no hemisfério norte. A preocupação com refrigeração, no entanto, passa a ser fundamental.

ENERGIA SOLAR, AQUECIMENTO E REFRIGERAÇÃO NO BRASIL

Localizado no hemisfério sul, com grande parte de sua área na região tropical, o Brasil tem menos necessidade de aquecimento que os países do hemisfério norte, mas precisa muito de refrigeração, em geral suprida por equipamentos elétricos como *freezers*, refrigeradores e equipamentos de ar-condicionado (individuais e de sistemas centrais).

Em relação ao aquecimento, por causa, entre outras razões, de diferenças climáticas entre as regiões do país, de distribuição desigual de renda e das ligações elétricas clandestinas (popularmente chamadas de "gatos"), o número de residências e edifícios comerciais e industriais que utiliza sistemas solares de aquecimento como o AQD (na maioria das vezes substituindo chuveiros, aquecedores e torneiras elétricas e aquecedores a gás) ainda é pequeno, estando tal aplicação mais restrita às regiões Sul e Sudeste, onde ocorrem temperaturas bastante baixas, principalmente durante o inverno. Tal número, no entanto, tem crescido ultimamente e tende a crescer ainda mais, pois diversos municípios, com ênfase naqueles de grande porte, têm inserido a obrigação do uso desses equipamentos em construções, com base no incentivo ao uso de fontes renováveis. Um número ainda menor de construções dispõe de sistemas solares passivos de aquecimento e resfriamento de ambientes. Número que também tem aumentado significativamente, uma vez que altas temperaturas são encontradas praticamente em todo o país, até mesmo nas regiões Sul e Sudeste – onde o recente aumento da temperatura deve-se ao impacto das mudanças climáticas.

Uma característica interessante do país é que, em muitas regiões e localidades, principalmente naquelas com forte incidência de energia solar, são empregadas soluções criativas, grande parte arraigadas na cultura local e com características mais empíricas do que sistematizadas. Isso ocorre, sobretudo, entre a população de baixa renda que tem dificuldade em pagar por soluções que podem ser denominadas "institucionais".

De qualquer forma, com diferentes características quanto ao alcance populacional de sua aplicação, existem diversos programas e movimentos que incentivam a utilização de sistemas de aquecimento solar, assim como de sistemas solares passivos, entre os quais se ressaltam os programas de conservação de energia (destacados mais especificamente em "Com o foco no Brasil" do Capítulo 3 deste livro) e os programas, códigos de obras e protocolos voltados ao melhor desempenho ambiental na construção civil e no desenvolvimento urbano, que serão salientados mais precisamente em "Com o foco no Brasil" do Capítulo 6.

CAPÍTULO 6

ENERGIA SOLAR: CARACTERÍSTICAS E AQUECIMENTO

Conteúdo

COMO VOCÊ ESCOLHERIA?

Em águas quentes
O aquecimento da água por energia solar é popular, principalmente fora da América do Norte. Ele pode prover de 60% a 70% das necessidades anuais em certas regiões. Você acha que sua instalação é uma boa ideia? O que você poderia fazer (por exemplo, cortando o uso de algumas coisas) para que o aquecimento por energia solar pudesse ser responsável por uma porcentagem maior de suas necessidades domésticas de água quente?

A. INTRODUÇÃO

Hoje em dia, fontes renováveis de energia fornecem aproximadamente 8% da energia mundial (que aumenta para 22% se incluirmos todos os usos da biomassa) e 6% a 8% das necessidades dos Estados Unidos. Contudo, em muitas partes do mundo essas porcentagens estão aumentando de maneira significativa. A energia eólica é o recurso energético cuja utilização aumenta mais rapidamente no mundo. De 2000 a 2008, ela apresentou um impressionante crescimento de 55% ao ano na Europa e 37% ao ano nos Estados Unidos. Em seguida vem a energia fotovoltaica, com 35% de crescimento por ano no mundo. Por sua vez, a hidrelétrica fornece 16% da energia consumida no planeta atualmente. Alguns estudos recentes indicam que as fontes renováveis devem aumentar sua participação para 30% a 40% do total em 2050, pressupondo os esforços globais em políticas públicas voltadas para as questões ambientais, especialmente as relacionadas com a mudança do clima (veja o Capítulo 9.)

As fontes ou recursos energéticos renováveis podem ser categorizados nas formas solar, eólica, hídrica, biomassa e geotérmica. Cada uma delas tem muitos usos, como os listados na Tabela 6.1. No caso dos Estados Unidos, a energia hidrelétrica é a maior contribuinte em recursos renováveis – responsável por 52% deles e fornecendo 4% da energia consumida no país (Figura 6.1). A biomassa (madeira e resíduos agrícolas) também é muito importante, especialmente em termos globais. A energia solar radiante é utilizada para o aquecimento de edificações, de água para consumo residencial e para a produção de eletricidade por meio de células solares e geradores de calor.

TABELA 6.1 RECURSOS ENERGÉTICOS RENOVÁVEIS E USOS.

Radiante (solar)	Aquecimento e refrigeração de ambientes (ativos ou passivos) Aquecimento doméstico de água, piscinas Eletricidade (fotovoltaica) Fornalhas solares, termoeletricidade
Vento (eólica)	Eletricidade (turbinas eólicas) Mecânica (bombeamento de água, moagem)
Hídrica	Eletricidade, mecânica (rodas-d'água)
Biomassa	Calor (combustão direta), eletricidade Combustíveis (gás, líquidos)
Geotérmica	Eletricidade, aquecimento distrital

Os recursos energéticos renováveis proporcionam muitas vantagens para um mundo carente de energia. Eles podem ser usados de várias maneiras, gerando problemas ambientais mínimos, e podem ser controlados com tecnologias apropriadas. Esses recursos oferecem esperança particularmente para os países em desenvolvimento, cujas taxas de desenvolvimento econômico são seriamente comprometidas pelos altos custos da energia. O potencial de geração de tais recursos é imenso. Diariamente, a Terra recebe milhares de vezes mais energia do Sol do que a consumida sob todas as outras formas. Os estados norte-americanos de Dakota do Norte, Dakota do Sul e Texas têm potencial de energia eólica suficiente para suprir de eletricidade todo o país. Uma área de 140 × 140 milhas (230 km × 230 km) no Arizona, coberta com células solares, poderia satisfazer todas as demandas de energia norte-americanas (com eficiência de 15%).

FIGURA 6.1 CONSUMO DE ENERGIA RENOVÁVEL NOS ESTADOS UNIDOS (POR FONTE), 2010. A GERAÇÃO DE ELETRICIDADE É RESPONSÁVEL POR APROXIMADAMENTE METADE DOS RECURSOS RENOVÁVEIS.
(FONTE: USEIA.)

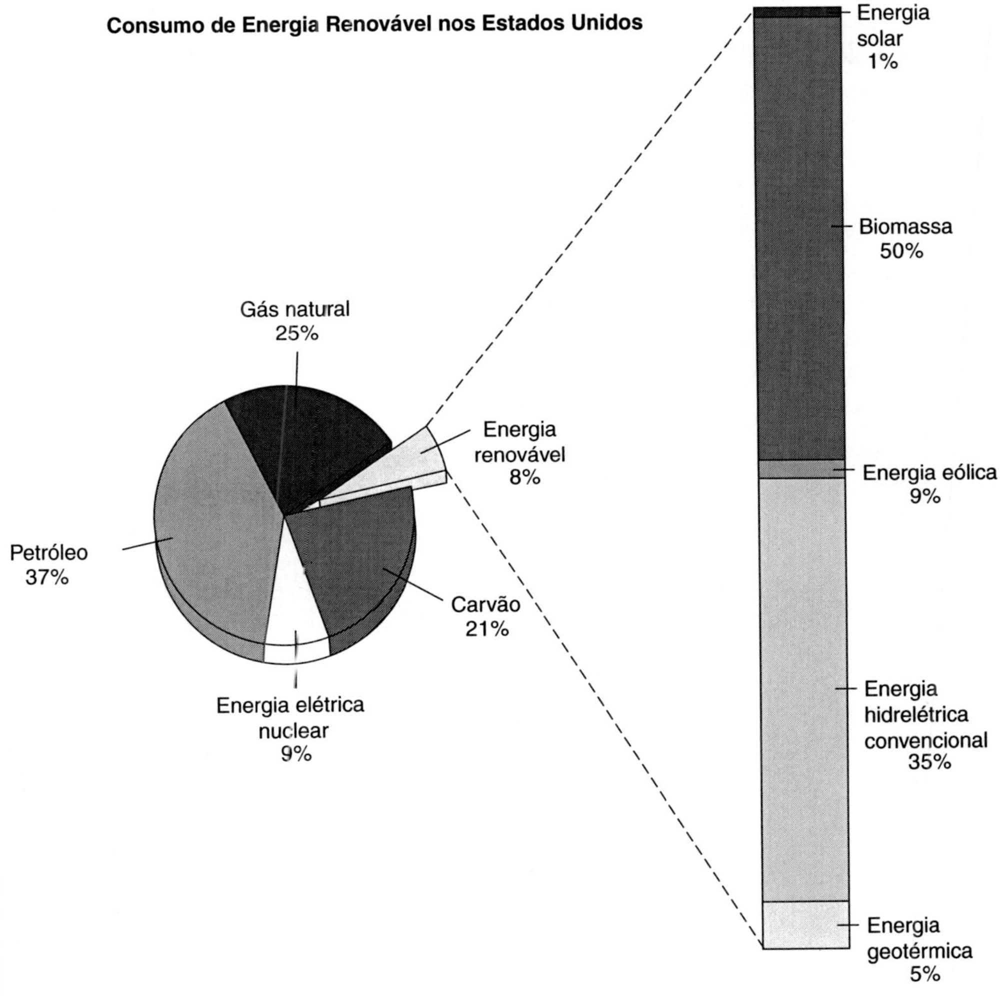

Considerando esses dados, pode-se perguntar por que as energias renováveis têm sido relativamente subutilizadas. A primeira razão é econômica, especialmente quando o custo da geração de energia renovável é comparado com o dos combustíveis comerciais de baixo preço. Os preços das energias renováveis caíram consideravelmente nas últimas duas ou três décadas, mas há incertezas técnicas e econômicas, documentação inadequada e falta de avaliação dos diversos projetos solares que têm sido desenvolvidos globalmente, falta de estratégias governamentais coerentes e ceticismo puro e simples por parte de muitos tomadores de decisão relacionada com energia – tudo isso como obstáculos para o emprego em larga escala de energias renováveis. Também existem dificuldades com o armazenamento de energia, complicadas pelo fato de que esses recursos são difusos e dependem do tempo e do clima. Todavia, as fontes de energia renovável continuarão disponíveis por muito tempo depois de os nossos combustíveis fósseis se esgotarem, e são econômica e politicamente menos arriscadas que muitas formas de suprimento convencionais (especialmente o petróleo), cujos custos são bem menos previsíveis. Energia eólica e sistemas solares fotovoltaicos apresentam flexibilidade e dimensões pequenas que permitem que sejam fornecidas mais rapidamente, para suprir a demanda. Muitas concessionárias estão sujeitas a mandatos estaduais (ou federais) para diminuir seus riscos por meio da diversificação de seus recursos de suprimento. Esses padrões de carteiras de energias renováveis (RPS, do inglês *Renewable Energy Portfolio Standards*) requerem que certa porcentagem da eletricidade fornecida pelas concessionárias utilizem tecnologias renováveis (veja o Capítulo 10, Seção D).

FIGURA 6.2 EXEMPLO DE UMA CASA COM AQUECIMENTO SOLAR, NA SUÍÇA. UM SISTEMA ELÉTRICO SOLAR ESTÁ NO LADO ESQUERDO DO TELHADO, E UM SISTEMA SOLAR DE AQUECIMENTO DE ÁGUA DO LADO DIREITO. A CASA TAMBÉM TEM COMPONENTE DE PROJETO SOLAR PASSIVO.

GAETAN BALLY/KEYSTONE/LANDOV

Os tópicos que serão abordados neste capítulo são a natureza da radiação solar e a utilização de aquecimento solar de ambientes e de água (Figura 6.2). Já temos o conhecimento necessário, obtido nos capítulos anteriores, para prosseguir. Os princípios das células solares (fotovoltaicas), a energia eólica e a conversão da biomassa vegetal (e de resíduos industriais e agrícolas) em combustíveis limpos, calor e eletricidade serão vistos nos Capítulos 12 e 17.

B. CARACTERÍSTICAS DA RADIAÇÃO SOLAR INCIDENTE

A energia do Sol que atinge diariamente a Terra (em uma média anual) varia de 600 Btu/pé^2/dia (6.800 kJ/m^2/dia) no norte da Europa a 2.000 Btu/pé^2/dia (23.000 kJ/m^2/dia) nas regiões áridas próximas ao Equador. A quantidade de radiação solar que chega à Terra é chamada **insolação** – forma reduzida de "radiação solar incidente". Na parte continental dos Estados Unidos, a insolação diária anual média sobre uma superfície horizontal varia entre 1.100 e 1.900 Btu/pé^2/dia (ou 3,3 a 6,1/kwh/m^2/dia). (Outras unidades de insolação são discutidas na próxima seção.) Em um ano, a quantidade de energia solar que cai sobre todo o território norte-americano é aproximadamente 2 mil vezes maior que a quantidade de energia gerada pela atual produção de carvão do país. O sol do meio-dia de um dia de verão abastece 1 m^2 de terra com 1 kW de energia. Com a atual tecnologia, a luz solar que ilumina uma casa típica pode fornecer de um terço à metade da energia necessária para aquecer essa casa em qualquer lugar dos Estados Unidos, mesmo nas regiões persistentemente nubladas.

A reação nuclear predominante no Sol, responsável por essa energia, é a fusão dos núcleos de hidrogênio em núcleos de hélio. Em tais reações, uma gigantesca quantidade de energia é liberada à medida que a matéria é convertida em energia: aproximadamente 4 bilhões de quilos de matéria por segundo! Enquanto a temperatura interior do Sol é de mais de 40 milhões de graus Celsius, os gases na sua superfície estão a cerca de 6.000 °C. A Figura 6.3 mostra a intensidade relativa da radiação eletromagnética recebida no topo da atmosfera terrestre em função do comprimento de onda. Em torno de 9% da radiação é ultravioleta, ou de comprimento de onda muito curto, cerca de 40% se localiza na região visível e por volta de 50% é infravermelha, ou de comprimento de onda longo. Contudo, apenas algo em torno da metade dessa radiação atinge a superfície da Terra. Grande parte da radiação ultravioleta é absorvida pelo oxigênio, nitrogênio e ozônio presentes na atmosfera superior do planeta. Uma parte da radiação de comprimento de onda longo (infravermelha) é seletivamente absorvida pelo vapor de água e pelo dióxido de carbono da atmosfera inferior.

FIGURA 6.3 ESPECTRO DA RADIAÇÃO SOLAR QUE ATINGE O TOPO DA ATMOSFERA E O NÍVEL DO SOLO DA TERRA. (OS MÍNIMOS NO ESPECTRO NO NÍVEL DO SOLO SÃO RESULTANTES DA ABSORÇÃO DA RADIAÇÃO PELO VAPOR DE ÁGUA, CO_2, O_2, N_2 E OZÔNIO [O_3].) APROXIMADAMENTE 40% DA RADIAÇÃO SOLAR ESTÁ NA REGIÃO VISÍVEL.

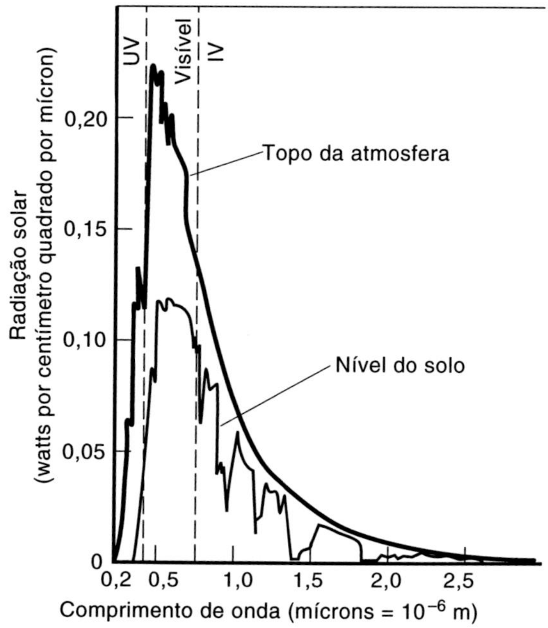

Aproximadamente 19% da radiação recebida pela atmosfera do planeta são absorvidos pelas nuvens e por outros gases, e 31% são refletidos de volta para o espaço pelas nuvens e pela atmosfera (Figura 6.4). A fração de luz refletida pelo planeta e por sua atmosfera é chamada **albedo**. Os 50% restantes da energia solar incidente chegam à superfície da Terra e são quase completamente absorvidos (3% são refletidos). A temperatura relativamente constante do planeta é resultante do equilíbrio de energia entre a radiação solar que chega e a energia irradiada pela Terra. A maior parte da radiação infravermelha emitida pelo planeta é absorvida pelo CO_2 e pelo H_2O (e por outros gases) da atmosfera e, então, irradiada de volta para a Terra ou para o espaço exterior. Essa irradiação que volta para a Terra é conhecida como **efeito estufa**, e é ela que mantém a temperatura da superfície do planeta cerca de 40 °C mais alta do que seria se não houvesse absorção (ou seja, a temperatura média da superfície da Terra seria em torno de -15 °C se não existisse a atmosfera). Tal equilíbrio energético e o efeito que causamos sobre ele em virtude da emissão de CO_2 pela queima de combustíveis fósseis são discutidos de forma mais detalhada no Capítulo 9.

FIGURA 6.4

Balanço energético do Sistema Atmosfera-Terra. O planeta recebe aproximadamente 50% da radiação solar incidente: 21% de radiação direta e 29% após dispersão através das nuvens. A energia que deixa a superfície terrestre vem da evaporação e da convexão para a atmosfera (33%) e da radiação infravermelha (aqui denominada irradiação terrestre). A maior parte da radiação infravermelha (113%) é absorvida pela atmosfera e irradiada (105%) de volta à superfície (o efeito estufa). Para se manter o equilíbrio térmico da superfície do planeta, a entrada de energia tem de ser igual à saída de energia. Nesta figura, 50% (energia incidente) = 3% (refletida) + 33% (evaporação) + 14% (irradiação terrestre líquida: 113% + 6% – 105%). Para a atmosfera, o balanço de energia é: 33% (evaporação) + (113% – 105%) + 19% = 60% (infravermelho saindo)

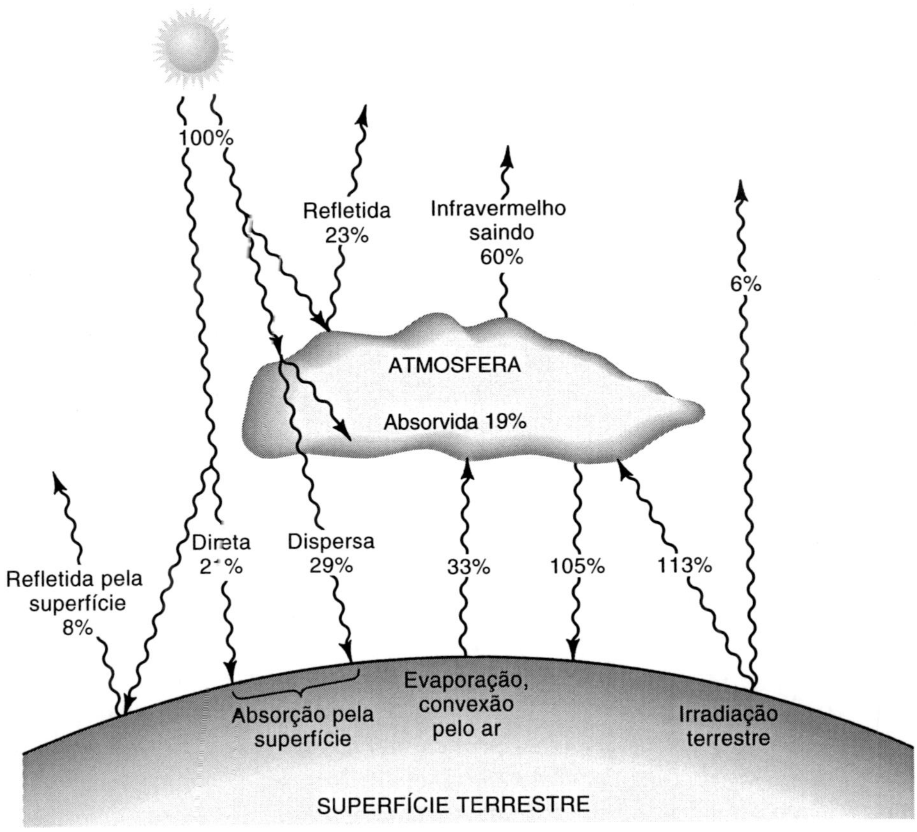

A quantidade de insolação que atinge o topo da atmosfera terrestre é de aproximadamente 1.360 W/m^2 ou 430 Btu/pé^2/h. Esse número, denominado **constante solar**, varia minimamente durante o tempo. Existem muitas maneiras de tabular a insolação, dependendo das unidades utilizadas e do intervalo de tempo selecionado; alguns coeficientes de conversão são listados na Tabela 6.2 para referência futura.

TABELA 6.2 COEFICIENTES DE CONVERSÃO PARA INSOLAÇÃO.

1 Btu/pé^2/hora = 3,16 W/m^2
1.000 W/m^2 = 317 Btu/pé^2/hora
1 Langley = 1 cal/cm^2 = 3,69 Btu/pé^2
1 Btu/pé^2 = 11,35 kJ/m^2 = 0,0032 kWh/m^2
Constante solar:*   1.366 W/m^2 432 Btu/pé^2/h   1,38 Langleys/min   1,95 kJ/m^2/h   4.910 kJ/m^2/h   1,53 hp/jarda

* Radiação solar incidente sobre o topo da atmosfera terrestre por unidade perpendicular aos raios solares. Aproximadamente 50% dessa insolação atinge a superfície da Terra.

A insolação recebida em um determinado local da superfície terrestre pode variar entre 0 e 1.050 W/m^2 (330 Btu/pé^2/h), dependendo da latitude, da estação, do horário do dia e do grau de nuvens presentes. Os dois primeiros fatores são resultantes da geometria da órbita da Terra ao redor do Sol, que é quase circular, mas o eixo em torno do qual a Terra gira ao redor de si mesma é inclinado 23,5° em relação a esse plano de movimento (Figura 6.5). Consequentemente, o Polo Norte está inclinado em direção ao Sol durante o verão do hemisfério norte e na direção oposta durante o inverno. Dessa forma, o hemisfério norte fica exposto a um maior número de horas de Sol durante o verão (chegando a um máximo aproximadamente em 22 de junho, o **solstício** de verão) e a quantidade de radiação solar que atinge uma superfície horizontal é maior. No inverno, a insolação é dispersa sobre uma área horizontal maior por causa do ângulo de inclinação, e os raios solares devem atravessar uma maior profundidade da atmosfera; assim, menos radiação atinge a Terra por causa da absorção e da dispersão pela atmosfera. A insolação tem seu menor valor no inverno quando, então, a demanda por calor é maior.

FIGURA 6.5 MOVIMENTO DA TERRA AO REDOR DO SOL, MOSTRANDO AS ESTAÇÕES DO ANO E A INCLINAÇÃO DO EIXO DA TERRA (PARA O HEMISFÉRIO NORTE).

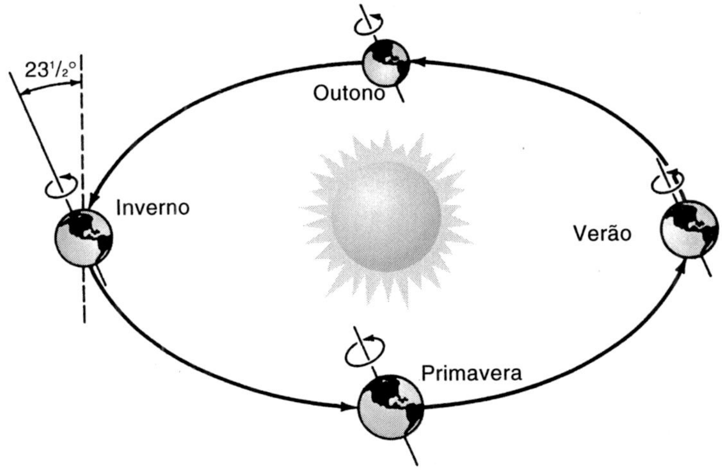

FIGURA 6.6 MUDANÇAS ANUAIS E HORÁRIAS NA POSIÇÃO DO SOL NO CÉU NA LATITUDE 40 °N. TAMBÉM SÃO MOSTRADOS O AZIMUTE SOLAR $\boldsymbol{\theta}$ (ÂNGULO EM RELAÇÃO AO SUL VERDADEIRO) E A ALTITUDE SOLAR φ (ÂNGULO ACIMA DO HORIZONTE).

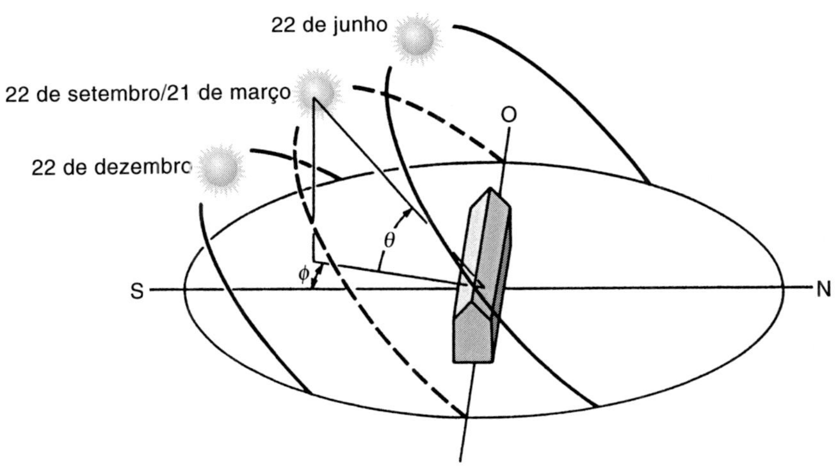

A elevação do Sol ou o ângulo dele acima do horizonte é denominado **altitude**. A altitude do Sol é uma função da latitude na qual você se encontra; quanto mais para o Norte você se deslocar, mais baixo, no céu de inverno, o Sol estará. Ao meio-dia solar (o momento no qual o Sol está diretamente ao Sul) em 21 de dezembro em Boston, a altitude é de 24°, enquanto em Miami é de 42°. A Figura 6.6 mostra o caminho aparente do Sol pelo céu em três diferentes momentos do ano. Na latitude 40 °N, a altitude ao meio-dia solar é de 74° em 21 de junho, e de 27° em 21 de dezembro (na latitude 24 °N esses números são 89° e 43°). Essa figura mostra que, à medida que o outono se torna inverno, os pontos de nascer e pôr do Sol se movem gradualmente em direção ao Sul. Os dias tornam-se mais curtos e o caminho do Sol no céu diminui. O **azimute** solar é o ângulo entre o Sol e o sul verdadeiro, e é representado pelo símbolo φ na Figura 6.6. Na latitude 40 °N, o azimute varia de −122° a +122° em 21 de junho; em 21 de dezembro ele vai de −53° para +53°. Ou seja, o Sol nasce mais ao Sul do Leste em dezembro.

FIGURA 6.7 COMPONENTES DA RADIAÇÃO SOLAR.

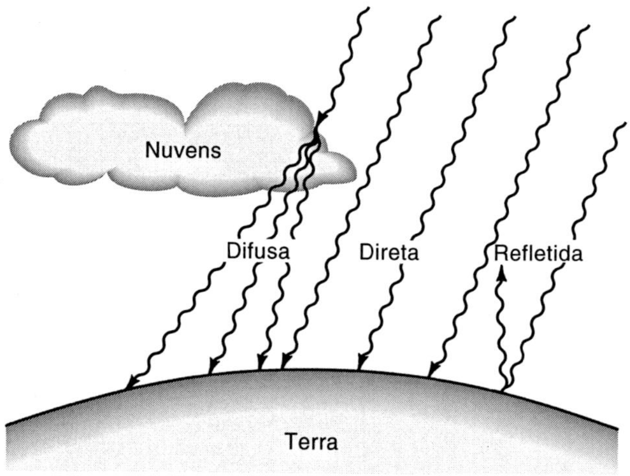

A insolação que chega à superfície é composta de um feixe *direto* do Sol (a radiação que forma a sombra), de uma componente *difusa* (radiação difundida pelas nuvens que vem de todo o céu) e de uma componente *refletida* (radiação difundida a partir do solo), como mostrado na Figura 6.7. A insolação normalmente é medida em uma superfície horizontal. No caso de uma superfície inclinada, todos os três componentes variam em virtude do ângulo de inclinação. Em dias nublados, os coletores solares podem recolher aproximadamente 40% da luz solar difusa. A Figura 6.8 mostra o efeito de duas inclinações de coletor sobre a insolação recebida de acordo com o mês. O Sol está mais baixo no céu (em uma altitude menor) durante o inverno, então a insolação sobre uma superfície vertical no inverno será maior que sobre uma horizontal. O oposto é verdadeiro no verão. Essa situação pode ser utilizada para o aquecimento de uma casa.

FIGURA 6.8 INSOLAÇÃO DIÁRIA EM UM DIA CLARO COMO UMA FUNÇÃO DO MÊS E DA ORIENTAÇÃO DO COLETOR PARA A LATITUDE 40 °N.

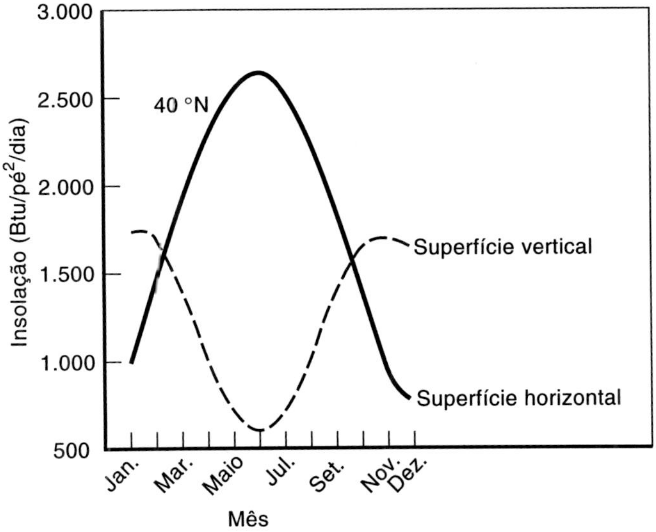

FIGURA 6.9 RADIAÇÃO SOLAR DIÁRIA MÉDIA (EM BASE ANUAL) PARA RADIAÇÃO INCIDENTE SOBRE UMA SUPERFÍCIE HORIZONTAL, EM UNIDADES DE BTU/PÉ²/DIA. PERCEBA QUE OS VALORES SÃO MENORES EM TORNO DOS GRANDES LAGOS E NO NOROESTE DO PACÍFICO.

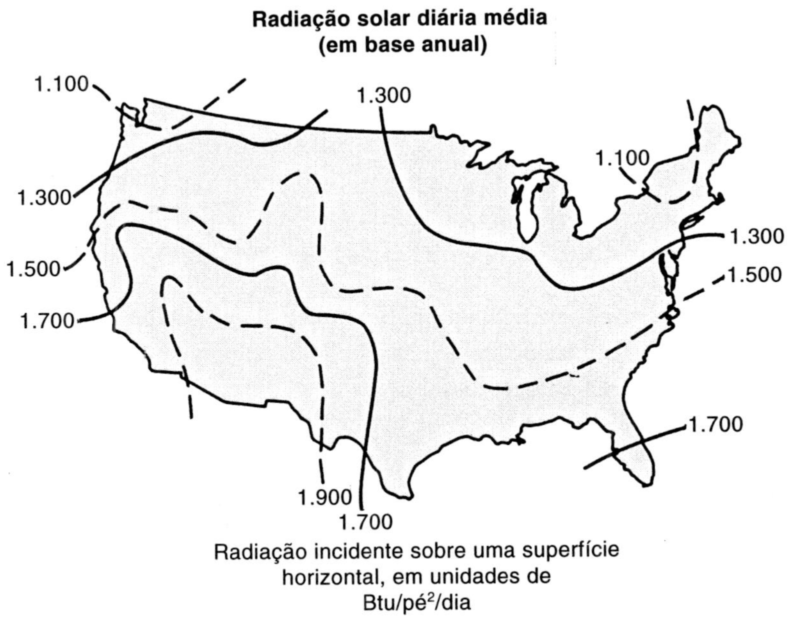

Dados coletados em todos os Estados Unidos resultaram no mapa da Figura 6.9, que mostra a insolação média diária atingindo uma superfície horizontal. (Para aplicar esses dados a superfícies inclinadas, como um coletor solar, é necessária a realização de cálculos trigonométricos). Como as demandas por aquecimento de ambientes são demandas em função do período do ano, considerações econômicas requerem um conhecimento tanto da insolação média quanto da temperatura média ao ar livre em cada mês, o que pode ser obtido por um atlas climático. Alguns exemplos de dados de insolação estão na Tabela 6.3, que mostra a variação da radiação em virtude da estação do ano e da localização da cidade.

Observe que Dodge City, Kansas e Washington, D.C., que se localizam na mesma latitude, têm insolações bastante diferentes.

TABELA 6.3 VARIAÇÕES NA INSOLAÇÃO EM CIDADES SELECIONADAS.

		Dezembro		Março		Junho		Setembro	
Cidade	Latitude	I_H*	I_T**	I_H	I_T	I_H	I_T	I_H	I_T
Miami	26 °N	1.292	1.770	1.829	2.012	1.992	1.753	1.647	1.691
Los Angeles	34 °N	912	1.496	1.641	1.936	2.259	1.920	1.892	2.114
Washington, D.C.	38 °N	632	1.068	1.255	1.493	2.081	1.790	1.446	1.605
Dodge City	38 °N	874	1.652	1.566	1.942	2.400	2.040	1.842	2.106
East Lansing	42 °N	380	638	1.086	1.347	1.914	1.646	1.303	1.498
Seattle	47 °N	218	403	917	1.165	1.724	1.465	1.129	1.332

* Insolação sobre uma superfície horizontal (em Btu/pé^2/dia).

** Insolação sobre uma superfície inclinada em um ângulo igual à latitude (em Btu/pé^2/dia).

C. HISTÓRIA DO AQUECIMENTO SOLAR

O uso da energia solar para aquecimento pode remontar à Antiguidade. Arquimedes comprovadamente utilizou espelhos para direcionar os raios solares e atacar uma frota hostil, em 212 a.C., incendiando suas velas a uma distância de algumas centenas de pés. Mais de mil anos atrás os índios Anasazi, do sudoeste norte-americano, construíram suas casas na lateral de penhascos a fim de usar a baixa altitude do Sol para o aquecimento solar passivo no inverno e as saliências dos penhascos para fornecer proteção contra os raios solares no verão. Nos séculos XVII e XVIII, cientistas concentraram os raios solares em espelhos ou lentes para derreter metais. Antoine Lavoisier (1743-1794), frequentemente chamado de pai da química moderna, atingiu temperaturas próximas a 1.700 °C (3.100 °F) usando o Sol, temperaturas essas mais altas do que as obtidas por qualquer um naquela época. Uma das fornalhas solares mais potentes em uso atualmente encontra-se em Sandia, Novo México (Figura 6.10), onde temperaturas de 4.000 °F são obtidas.

FIGURA 6.10 LUZ SOLAR CONCENTRADA EM 1.775 ESPELHOS ATINGEM UM ALVO (FOCO) NA NATIONAL SOLAR TEST FACILITY EM SANDIA, NOVO MÉXICO. O SOL DERRETEU UMA PLACA DE AÇO COM ¼″ DE ESPESSURA EM 2 MINUTOS.

SANDIA LABORATORIES

Aquecedores solares de vapor foram desenvolvidos no fim do século XIX para produzir vapor e movimentar motores. O francês August Mouchot fez funcionar, em 1878, uma máquina de impressão usando vapor produzido por um artefato semelhante ao mostrado na Figura 6.11. Um interessante empreendimento comercial da década de 1910 no Egito utilizou uma caldeira solar para fornecer vapor para a operação de bombas de irrigação (veja Foco em 6.1: "Usina de energia solar egípcia do início do século XX"). Outro projeto em larga escala usando os raios solares para aquecimento ocorreu na década de 1870 no Chile, onde um engenho solar de 50 mil pés^2 foi construído para fornecer 6 mil galões diários de água fresca. Esse projeto utilizava telhados de vidro inclinados instalados sobre bandejas de água salgada; a água evaporava das bandejas, condensava nos vidros e escorria dos vidros para receptáculos coletores. Uma ilustração dessa técnica em uma escala muito menor é mostrada na Figura 6.12. Ela representa um projeto simples de dessalinização utilizando um pedaço de plástico tanto para capturar e reter a radiação solar incidente quanto para fornecer uma superfície para a condensação da água.

FIGURA 6.11

Motor a vapor solar, Paris, 1878. A água era aquecida pelo Sol no foco do prato/disco concentrador (A). O vapor produzido era utilizado para acionar um motor a vapor (B), cuja produção de energia mecânica fazia funcionar uma máquina de impressão. A água era fornecida por um tanque (C).

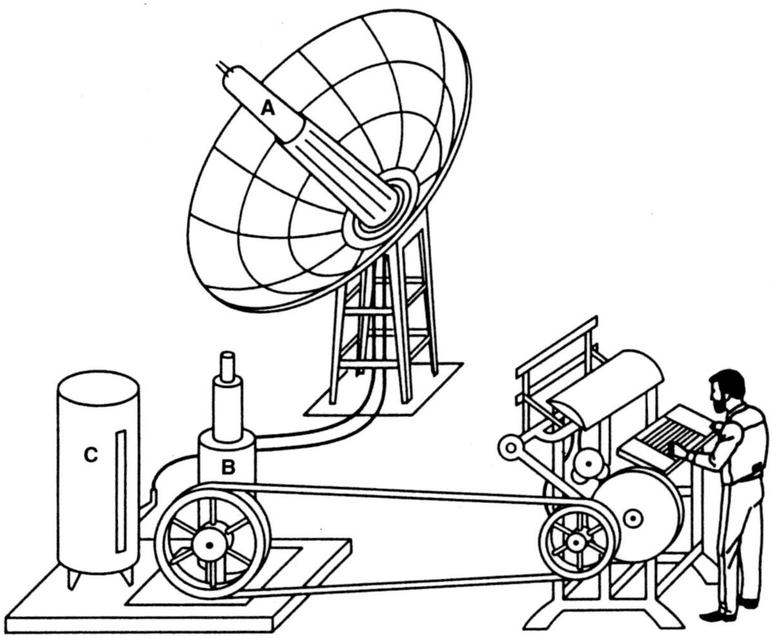

FIGURA 6.12

Projeto de dessalinização solar utilizando um copo e uma cobertura plástica.

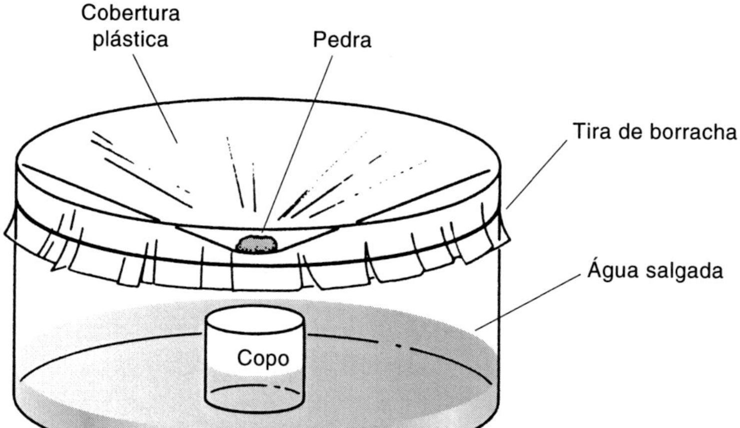

FOCO EM 6.1

USINA DE ENERGIA SOLAR EGÍPCIA NO INÍCIO DO SÉCULO XX

Em 1912, o engenheiro norte-americano Frank Shuman colocou em operação a primeira usina solar de larga escala no Cairo, Egito. Sua função era fornecer água de irrigação do Nilo. Ele utilizou um coletor parabólico do tipo calha para focar os raios solares em um cano de metal preto e produzir vapor (veja a Figura 6.13). A produção de pico do sistema era de aproximadamente 50 kW. A área total de coletores tinha 13.000 pés^2 = 1.207 m^2. Vamos ver se essa produção era razoável, calculando a produção máxima desse sistema. A insolação máxima sobre a superfície do coletor (em junho) é 1.207 m^2 × 1.200 W/m^2 = 1.450 kW.

Vamos supor que toda essa energia solar seja convertida em energia térmica do vapor, elevando sua temperatura para 100 °C. A conversão dessa energia calorífica em energia mecânica útil (para fazer funcionar a bomba de irrigação) ocorre por meio de um motor de calor. Presumindo que a temperatura do ambiente do entorno é 20 °C, a eficiência máxima (Carnot) é dada por

$$\text{Eficiência máxima} = \frac{(T_H - T_C)}{T_H} = \frac{(373 - 293)}{373} = \frac{80}{373} = 0{,}21 \times 100\% = 21\%$$

(Veja o Capítulo 4). Isso gera uma produção máxima de trabalho útil de 1.450 kW × 0,21 = 305 kW. Dessa forma, uma produção de 50 kW é certamente possível. (Uma versão mais moderna dessa usina de força solar, usada para gerar eletricidade, é descrita no Capítulo 12.)

FIGURA 6.13 SISTEMA DE AQUECIMENTO DE ÁGUA POR PASSAGEM.

FIGURA 6.14 Panela solar de Mouchot, capaz de levar à fervura 3 litros de água em uma hora e meia.

O uso da energia solar para cozinhar remonta pelo menos à metade final do século XVIII. Em 1767, o cientista suíço H. B. DeSaussure obteve temperaturas altas o suficiente para cozinhar em uma caixa isolada com várias camadas de vidro. Mouchot aprimorou essa ideia na década de 1860 ao utilizar um refletor parabólico para focalizar a radiação solar em um recipiente de cobre escurecido (contendo a comida) que foi inserido em um recipiente de vidro (Figura 6.14). Ele foi capaz de ferver 3 litros de água em uma hora e meia. Outros experimentos clássicos com aparelhos solares de cozimento foram desenvolvidos por William Adams, na Índia, na década de 1870. Ele registrou que foi capaz de cozinhar as rações (carne e batatas) de sete soldados em duas horas em janeiro, o mês mais frio do ano em Bombaim. Um desenho de um de seus aparelhos, publicado em 1878 na *Scientific American*, é mostrado na Figura 6.15.

FIGURA 6.15 Aparelho de cozimento solar de Adams. Índia, 1878. A luz do sol é refletida no recipiente escuro de metal que contém a comida, como mostrado na figura. O recipiente de metal era inserido em outro recipiente de vidro.
(Fonte: Scientific American, 1878.)

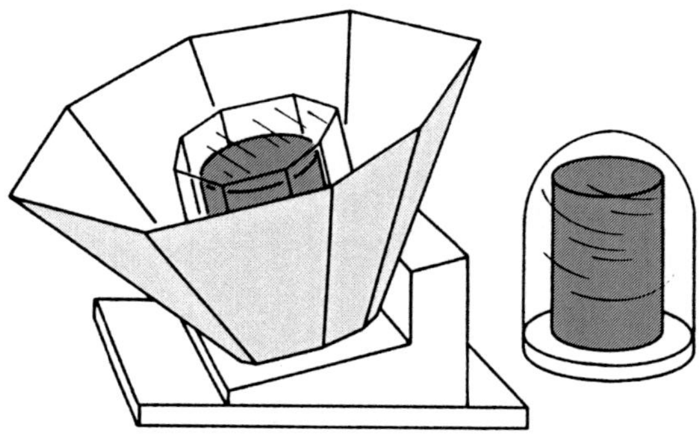

Nos Estados Unidos, a maior parte do trabalho de desenvolvimento e teste de aparelhos solares de cozimento, ou *hot boxes* ("caixas quentes"), foi empreendida por Maria Telkes na década de 1950. Um desses modelos é mostrado na Figura 6.16; refletores auxiliares eram usados para atingir temperaturas ainda mais altas. O aquecimento da panela dentro da *hot box* é feito por absorção direta e por convecção.

FIGURA 6.16 FORNO DE TELKES. (A) O PROJETO APRESENTA UMA PANELA DE COZIMENTO FIXA E UM REFLETOR MÓVEL, (B) FORNO SOLAR DURANTE USO EM TSEDANG, NA REGIÃO AUTÔNOMA DO TIBET.

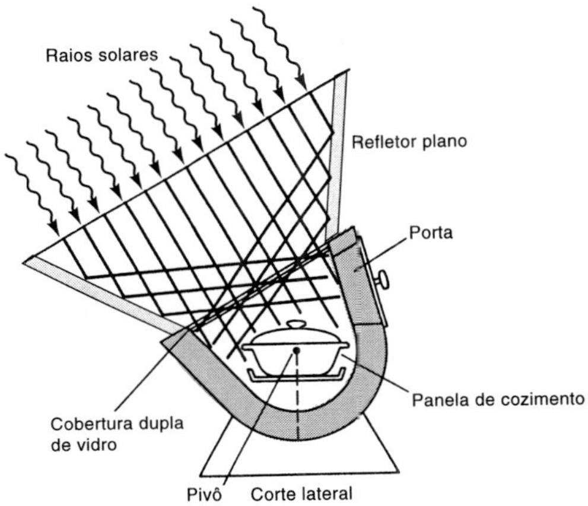

(a)

REUTERS/STR /LANDOV

(b)

FIGURA 6.17 MULHERES COLETANDO LENHA PARA FOGO EM BURKINA FASO, OESTE DA ÁFRICA.

W. BENNETT

EXEMPLO 6.1
Área de Coletor para um Forno Solar

Se presumirmos que é preciso uma taxa útil de energia calorífica de 150 W para cozinhar, então qual é a área do forno (incluindo os refletores) necessária para interceptar essa quantidade de radiação?

SOLUÇÃO

A área do coletor é calculada pressupondo que o forno solar é 20% eficiente e que 85% da insolação é de componente direta.

Pressupondo uma taxa de insolação ao meio-dia de 900 W/m^2, a componente direta é $900 \times 0{,}85 = 765$ W/m^2.

A energia necessária para o cozimento (150 W) é igual à componente direta vezes a eficiência, vezes a área interceptada:

$$765 \text{ W/m}^2 \times 0{,}20 \times \text{área} = 150 \text{ W}$$

Dessa forma, a área é $150/(765 \times 0{,}2) = 0{,}98$ m^2.

Desde os primeiros experimentos com fornos solares, muitas tentativas de popularizar esse conceito foram implementadas, especialmente nos países em desenvolvimento, mas não se obteve muito sucesso. Em comparação com os Estados Unidos, onde apenas cerca de 1% do consumo total de energia é utilizado para cozinhar, nos países em desenvolvimento pelo menos 75% do consumo total residencial de energia é destinado para esse fim. O combustível mais frequentemente usado, nos lugares em que a maioria das pessoas vive no meio rural, é a lenha ou o esterco animal. A coleta de combustível (Figura 6.17) requer muitas horas diárias de trabalho; a coleta excessiva pode acelerar a desertificação e levar à erosão dos solos, assim como à remoção de seus nutrientes. (Fornos eficientes no uso de energia são discutidos no Capítulo 17.)

ATIVIDADE 6.1

Um interessante experimento para estudar o aquecimento solar de água é o seguinte: Obtenha quatro recipientes ou tigelas plásticas (não de isopor). Pinte, com tinta *spray*, o interior de duas delas de branco e das outras duas de preto. Consiga duas sacolas plásticas limpas que servirão para cobrir os recipientes. Adicione a mesma quantidade de água fria (mais ou menos 1 cm de altura) a cada uma das tigelas. Cubra uma tigela pintada de branco e uma pintada de preto com as sacolas plásticas e ponha as quatro à luz do Sol. Monitore por uma hora a temperatura T das quatro tigelas. A água de qual tigela atinge a temperatura mais alta? Faça um gráfico de T *versus* tempo (t).

D. VISÃO GERAL DO AQUECIMENTO SOLAR CONTEMPORÂNEO

Atualmente, nos setores residencial e comercial, o aquecimento solar é basicamente utilizado em piscinas e para obtenção de **água quente doméstica (AQD)**. A comercialização de tais sistemas continua a crescer lentamente, mas de forma constante, pelo menos 5% por ano e muito mais rapidamente na Ásia e na Europa. Esses sistemas serão analisados na próxima seção. O aquecimento solar de ambientes residenciais, apesar de ainda não amplamente difundido por causa de seus elevados custos, é abordado mais adiante neste capítulo.

O aquecimento solar experimentou um grande crescimento no fim da década de 1970 e no início de 1980 em razão do embargo do petróleo em 1973 e dos subsequentes aumentos nos preços do petróleo e da eletricidade. Um programa de financiamento forneceu o incentivo adicional para que as pessoas instalassem sistemas de aquecimento solar. Tal programa dava às pessoas a oportunidade de deduzir diretamente de seus impostos, até um máximo especificado, a quantia que investissem em sistemas solares. Contudo, o término do programa, em 1985, provocou uma repentina interrupção no crescimento dessa indústria. Por volta de 1987, o mercado de AQD solar diminuiu mais de 95% em relação ao que era no início dos anos 1970.

Um benefício do grande crescimento das vendas na primeira metade da década de 1980 foi o grande reconhecimento público da energia solar e dos importantes avanços ocorridos no desempenho e na confiabilidade dos sistemas de aquecimento solar. Muitos estados norte-americanos têm retomado seus programas de incentivo à instalação desses sistemas, incluindo AQD, aquecimento de ambientes, sistemas solares fotovoltaicos, sistemas eólicos – às vezes, apenas os dois últimos. Algumas concessionárias oferecem descontos e/ou empréstimos a seus consumidores que substituírem sistemas de aquecimento elétrico por solares. A experiência até agora, principalmente nos locais ensolarados, tem demonstrado que aproximadamente 67% da carga de água quente pode ser atendida por sistemas solares de maneira economicamente viável. A economia de eletricidade tem sido bem próxima dos pagamentos de empréstimos feitos mensalmente pelos consumidores. O incentivo para a empresa participar do programa vem dos custos que ela evita na geração de eletricidade, ou seja, o investimento que teria de ser feito para aumentar sua capacidade geradora. Os aquecedores solares também reduzem a emissão de CO_2, resultando em diminuição da "pegada de carbono", o que também traz alguns benefícios financeiros.

Todos os sistemas solares de aquecimento possuem algumas características em comum – um aparelho de coleta, uma estrutura de armazenamento e um sistema de distribuição (Figura 6.18). O aquecimento solar, tanto de residências quanto para a obtenção de água quente, pode ser realizado de duas formas: ativa ou passivamente.

Um **sistema solar ativo** é aquele no qual o fluido (água ou ar) que o Sol aqueceu é circulado por um ventilador ou por uma bomba. O coletor solar para o aquecimento de ambientes é similar àquele usado em um sistema de AQD. O **sistema solar passivo** não usa uma fonte externa de energia, mas permite que o fluido (normalmente ar) aquecido pelo Sol circule por meios naturais. Esse sistema tem importantes vantagens econômicas, especialmente quando utilizado para o aquecimento de ambientes. Casas solares passivas construídas hoje em dia podem economizar em torno de 50% dos custos de aquecimento com um aumento de apenas 1% a 5% nos custos de construção. Todavia, as características solares passivas têm de ser integradas ao projeto da edificação desde o início.

FIGURA 6.18 CARACTERÍSTICAS GERAIS DE UM SISTEMA SOLAR DE AQUECIMENTO (ATIVO OU PASSIVO).

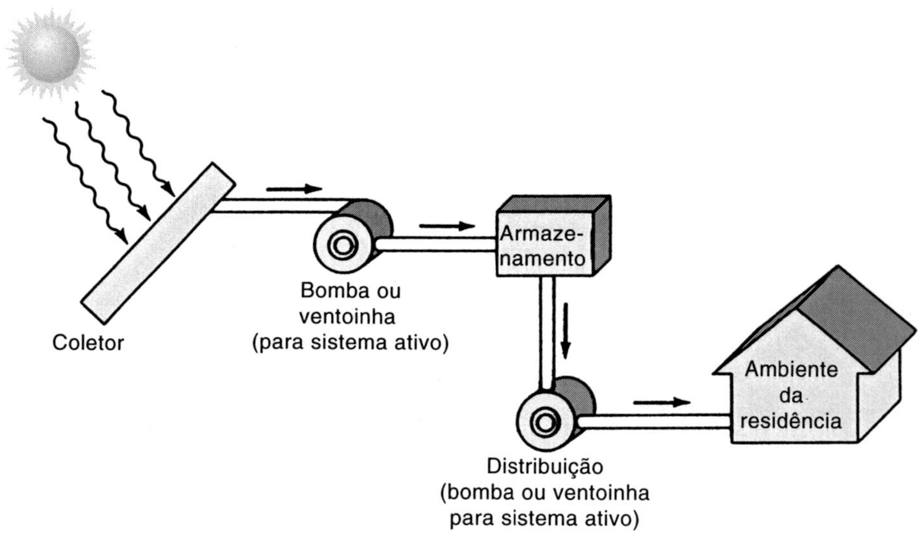

E. ÁGUA QUENTE SOLAR RESIDENCIAL

Hoje, o uso mais popular dos sistemas solares de aquecimento é o fornecimento de água quente para propósitos e usos domésticos (AQD) ou para piscinas. Na verdade, atualmente, 5% dos coletores vendidos são utilizados para AQD e 95% para piscinas. Os coletores para piscinas geralmente operam em temperaturas inferiores a 110 °F, enquanto aqueles para AQD operam na faixa de 140 °F a 180 °F. Os preços variam de 3 mil a 5 mil dólares, mas os incentivos governamentais e empresariais reduzem os preços reais para o consumidor final.

FIGURA 6.19 Coletor de placa plana para preaquecer água para uso doméstico. A residência também utiliza aquecimento solar passivo.

C.Salvagin

Os sistemas de AQD podem ser divididos em três tipos: sistemas ativos que utilizam coletores de placas planas, aquecedores de água em lotes de volume fixo e sistemas passivos (ou de termossifão). Os sistemas mais comuns para AQD ou aquecimento de piscinas usam um "coletor de placa plana" (CPP) (veja a Figura 6.19). O componente básico desse coletor é uma placa de metal fina e plana que absorve a radiação solar. A água nas tubulações entra em contato com a placa absorvedora e é posta em circulação por uma bomba para retirar o calor. A placa é pintada de preto para aumentar sua capacidade de absorção e geralmente é coberta por uma ou duas placas de plástico ou vidro transparentes. No caso do aquecimento de piscinas, normalmente a placa absorvedora não é coberta, já que temperaturas mais baixas da água são aceitáveis. O aquecimento da água em um recipiente coberto com vidro é similar ao que acontece em uma estufa agrícola ou em um carro estacionado com todas as janelas fechadas. Mesmo em um dia frio de inverno, quando o sol brilha, um carro pode ter sua temperatura interna elevada a níveis desconfortáveis. No coletor, o vidro tem dois objetivos: atuar como um escudo de radiação que aprisiona o calor emitido pela placa absorvedora e como uma tampa que reduz a perda de calor por convecção vertical simples. O vidro é opaco para a radiação de comprimento de onda longa emitida pela placa aquecida, mas pode transmitir 90% da radiação incidente. Isolamento térmico atrás e dos lados da placa absorvedora reduz as perdas por condução. Um corte lateral de um coletor de placa plana convencional é mostrado na Figura 6.20, indicando as perdas de calor. Temperaturas da água de 160 °F a 180 °F podem ser atingidas, apesar de os coletores serem usualmente operados em temperaturas inferiores, nas quais são mais eficientes.

FIGURA 6.20 CORTE LATERAL DE UM COLETOR DE PLACA PLANA (CPP), MOSTRANDO AS PERDAS E OS GANHOS DE CALOR.

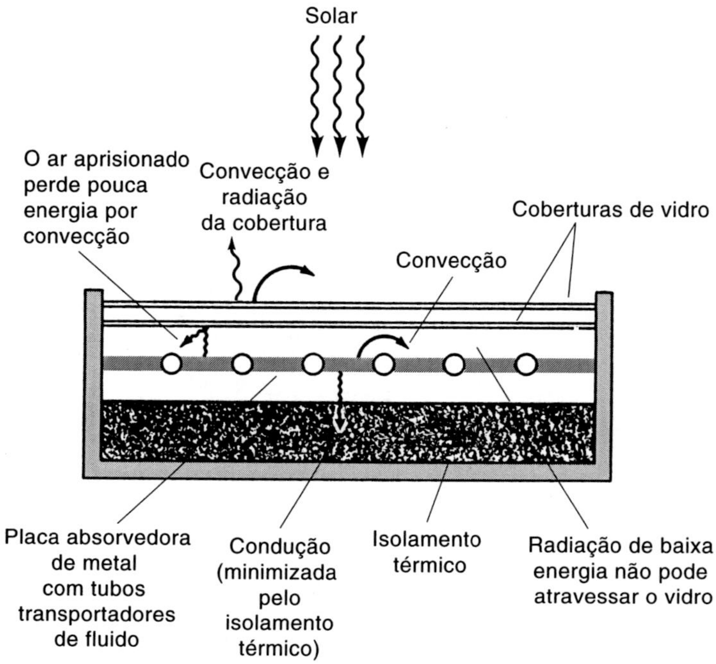

Existem muitos desenhos de placa absorvedora, alguns mostrados na Figura 6.21. Os tubos que transportam a água são soldados dentro dessa placa ou "ensanduichados" entre duas placas de metal. É extremamente importante que os tubos condutores de água façam um bom contato térmico com a placa absorvedora. Uma união fraca entre tubos e placa pode ser cem vezes menos eficiente que boas conexões soldadas. Outro tipo de placa absorvedora utiliza uma manta preta sintética emborrachada que consiste em tubos e rebarbas muito próximos, formando uma rede ou malha (*webbing*). Esse tipo é usado basicamente para aquecimento de piscinas, a baixas temperaturas. Um tipo popular de coletor é o tubo a vácuo. Um projeto usa um tubo cilíndrico preto de vidro (em forma de "U") inserido dentro de outro tubo de vidro, com vácuo entre os dois para evitar perdas de calor por condução ou convecção. Água ou outro fluido corre no interior desse tubo em "U", dentro do maior tubo de vidro; transferindo calor à água que flui na parte superior do coletor, onde pode estar um trocador de calor. Um determinado número desses tubos é conectado em paralelo. Muitas vezes, há um refletor parabólico atrás deles. Altas temperaturas podem ser atingidas com esses tubos a vácuo, mesmo a baixas temperaturas. Eles são eficientes, mas mais caros que os CPP (Figura 6.22).

FIGURA 6.21 Placas absorvedoras de coletor solar.

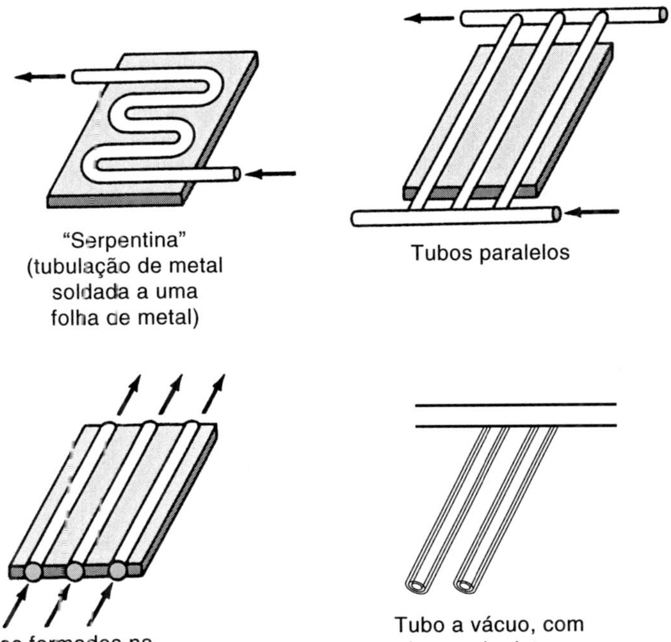

FIGURA 6.22 Coletor com tubo a vácuo. Temperaturas muito maiores podem ser obtidas quando o vácuo envolve o tubo onde circula o fluido. Este aqui é um sistema com termossifão.

Cortesia de SunMaxx Solar – www.sunmaxxsolar.com

O coletor solar deve ser instalado voltado para o sul (no hemisfério norte); seu ângulo de inclinação vai depender da utilização que se pretende dar a ele. A insolação máxima sobre o coletor vai ocorrer quando ele estiver perpendicular aos raios solares. Para demandas domésticas de água quente, é importante que haja insolação durante todo o ano. Sendo assim, a inclinação horizontal ótima do coletor deve ser em um ângulo próximo ao da latitude do local.

FIGURA 6.23 SISTEMA SOLAR DE ÁGUA QUENTE RESIDENCIAL COM TROCADOR DE CALOR.

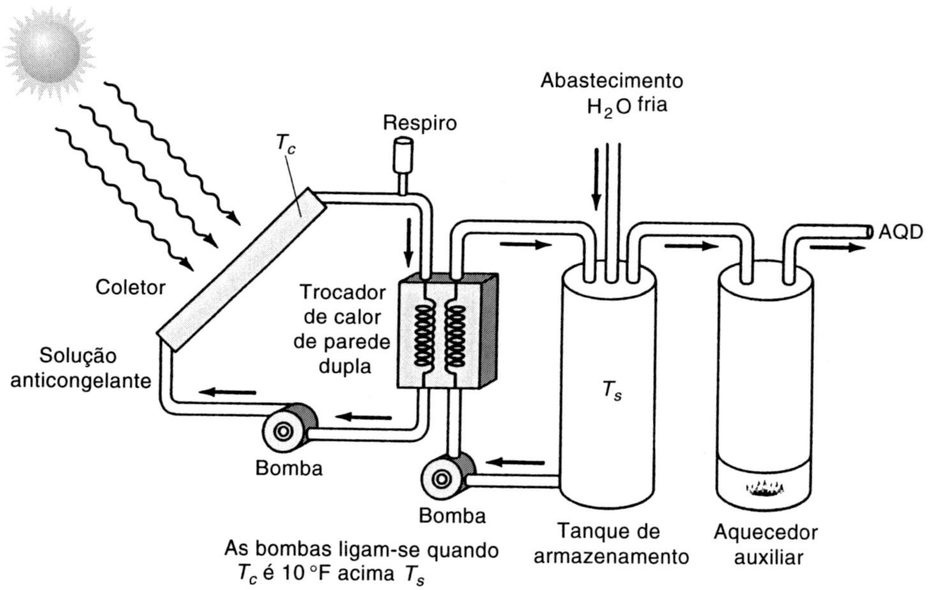

A Figura 6.23 é um diagrama de um sistema solar de AQD que poderia ser utilizado na maioria dos climas mais ao norte dos Estados Unidos. O CPP é montado no telhado, e os outros componentes são mantidos dentro da casa. O uso de anticongelante e de um trocador de calor fornecem proteção contra o congelamento. O sistema utiliza um tanque reserva para aquecer a água (com eletricidade ou gás natural) até a temperatura desejada, caso o sistema solar não seja capaz de fornecer uma quantidade de água quente suficiente. A área do CPP depende da insolação e das demandas por água quente. Veja o exemplo para uma ilustração do dimensionamento.

ATIVIDADE 6.2

Experimente desenvolver a atividade "energia solar em uma lata" com diferentes materiais transparentes para um coletor solar.

1. Comece obtendo duas latas de café de 3 lb e de 1 lb, ambas com tampas plásticas.
2. Corte fora o centro da tampa da lata menor, deixando uma beirada de 1 cm mais uma pequena área na qual uma fenda para inserção do termômetro possa ser feita (veja a figura).
3. Pinte de preto a parte interna da lata menor.
4. Escolha um material transparente (folha plástica, papel vegetal, polietileno, vidro) e estique-o na boca da lata menor, fixando-o com a tampa plástica.
5. Coloque a lata menor dentro da maior, preencha o espaço entre elas com material isolante (fibra de vidro, celulose, jornal amassado) e insira o termômetro.
6. Coloque o coletor solar à luz do Sol de tal forma que os tampos das latas fiquem voltados para ele. Marque a temperatura a cada minuto durante 30 minutos.
7. Repita os passos 4, 5 e 6 utilizando vários materiais transparentes, incluindo pelo menos um opaco e um vidro.
8. Plote a temperatura *versus* o tempo para cada tentativa. De acordo com seus apontamentos, qual material transparente funcionou melhor?

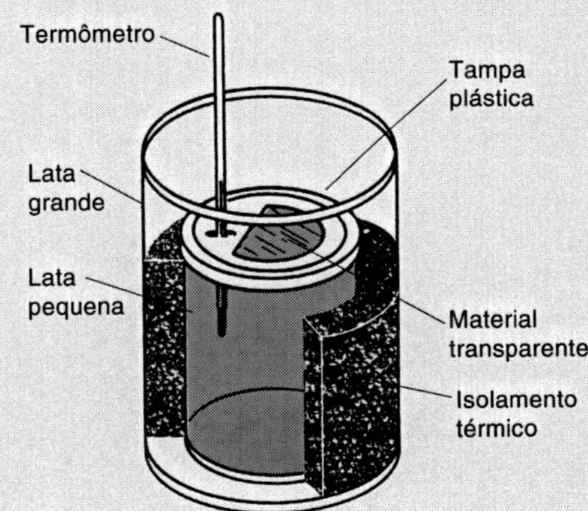

EXEMPLO 6.2

Calcule o tamanho do coletor necessário para aquecer, de 50 °F para 130 °F, 80 galões de água por dia no mês de março em Los Angeles. Pressuponha uma insolação de 1.700 Btu/dia/pé² e uma eficiência do coletor de 50%.

SOLUÇÃO

Recorde do Capítulo 4 que $Q = mc\Delta T$, onde m é a massa e c o calor específico da substância. Sendo assim, o calor Q necessário é

$$Q = 80 \text{ gal} \times 8{,}3 \text{ lb/gal} \times 1 \text{ Btu/lb/°F} \times (130 - 50)\text{°F} = 53.100 \text{ Btu/dia.}$$

O calor fornecido pelo coletor será Q = insolação × área × eficiência, ou

$$53.100 \text{ Btu/dia} = 1.700 \text{ Btu/dia/pé}^2 \times \text{área} \times 0{,}5$$

Dessa forma, a área do coletor = 62 pés².

Aquecedores de água por lote ou batelada, ou aquecedores *bread-box*, são sistemas baratos e populares que preaquecem água usando o Sol, e têm sido utilizados por mais de cem anos. O projeto é bastante simples: um tanque preto, dentro de uma caixa termicamente isolada e com uma cobertura de vidro, absorve a energia solar para aquecer a água residencial. A água fria vinda do sistema municipal de abastecimento substitui a que está no tanque à medida que uma torneira de água quente é aberta. O conteúdo do tanque preto normalmente flui para um aquecedor de água convencional, onde pode ser mais aquecido, se necessário. A Figura 6.24 mostra um sistema de dois tanques que pode suprir as necessidades de uma família de quatro pessoas. Coberturas termicamente isoladas são colocadas sobre o vidro durante a noite. O investimento de 500 dólares em um sistema desse tipo pode ser amortizado em cinco a dez anos.

FIGURA 6.24 AQUECEDOR DE ÁGUA POR LOTE OU BATELADA (*BREAD-BOX*) PARA OBTENÇÃO DE ÁGUA QUENTE RESIDENCIAL.

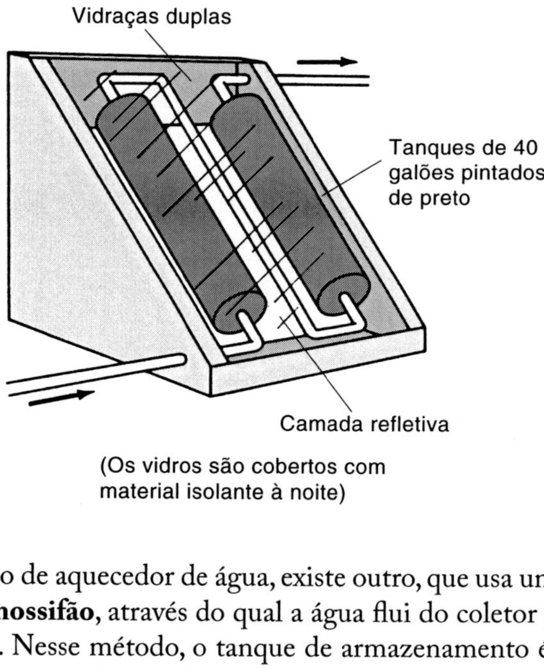

Além desse tipo de aquecedor de água, existe outro, que usa uma abordagem baseada em um **termossifão**, através do qual a água flui do coletor para o tanque por circulação natural. Nesse método, o tanque de armazenamento é localizado *acima* do coletor. A água aquecida no coletor é menos densa que a água fria que entra no sistema, portanto, ela vai subir para dentro do tanque (Figura 6.25). Com o Sol a pino, a temperatura da água pode aumentar de 15 °F para 20 °F em apenas uma passagem pelo coletor. Tais sistemas são muito populares na Ásia, e normalmente são montados sobre o telhado. Em Israel, abastecem 70% da população. Já a China tornou-se o maior produtor e usuário de sistemas de AQD, ocupando atualmente três quartos do mercado mundial.

FIGURA 6.25 Sistema de aquecimento residencial de água por termossifonamento. O tanque deve estar acima dos coletores.

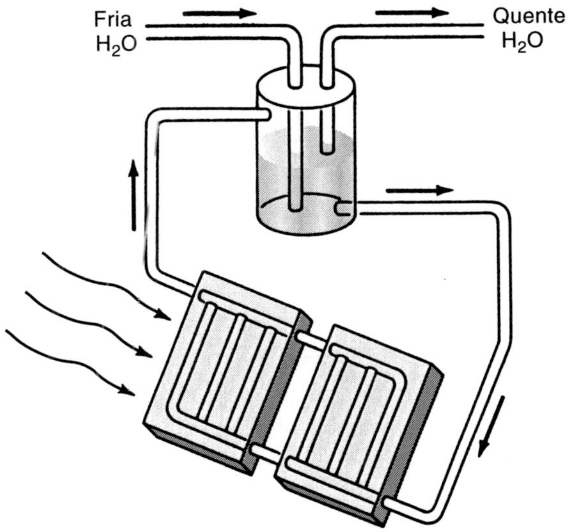

Neste momento, em que discutimos a utilização doméstica de água quente, é importante enfatizar a **conservação de energia**. Os custos de energia para AQD podem ser reduzidos por meio tanto da minimização do uso de água quente quanto pela mudança para uma fonte renovável de energia, como a solar. Algumas coisas podem ser feitas:

- Reduzir o termostato do aquecedor de água para 120 °F.
- Isolar termicamente o aquecedor de água com fibra de vidro R-19, o que pode reduzir as perdas de energia em aproximadamente 15%. Esses "cobertores" de aquecedor de água, facilmente encontrados no mercado por cerca de 10 dólares, são fáceis de instalar.
- Usar restritores de fluxo nos chuveiros ou aeradores de baixo fluxo nas pias. Essas ações reduzem o uso de água quente em cerca de 50%.
- Instalar um sistema *graywater* de recuperação de calor, que preaquece a água que entra utilizando uma parte do calor da água residual de chuveiros e da lavanderia, que normalmente seria descartada pelo ralo.
- Instalar um *timer* automático nos aquecedores elétricos para ligá-los apenas durante os momentos de uso.
- Considerar a utilização de um aquecedor "por demanda" ou sem tanque, para aquecer a água apenas quando necessário, quando ela passar por ele. Essas unidades podem aumentar a temperatura da água a ser usada, por exemplo, na

lavadora de pratos, permitindo que se ajuste o termostato do aquecedor convencional para uma temperatura mais baixa.

F. SISTEMAS SOLARES PASSIVOS DE AQUECIMENTO DE AMBIENTES

Para o aquecimento solar passivo de ambientes, a própria casa pode funcionar como coletor solar e estrutura de armazenamento de calor (Figura 6.26). O fluxo da energia térmica ocorre por meios naturais: nenhum tipo de equipamento mecânico como bombas e ventoinhas é utilizado. O objeto é exposto à luz solar que entra através das janelas voltadas para o sul e armazena essa energia: deve-se protegê-lo durante o verão, normalmente usando os prolongamentos do telhado para evitar a exposição das janelas ao sol forte. Sistemas passivos fazem uso do fato de que a quantidade de energia solar transmitida através das janelas voltadas para o sul durante um dia claro é *maior* que o calor perdido durante um período de 24 horas. Para reduzir os efeitos de superaquecimento e armazenar a energia solar que entra, os sistemas passivos utilizam o material da própria casa. Alguns objetos têm a capacidade de absorver grandes quantidades de energia térmica. Tais objetos são feitos de materiais como concreto, água e pedras, chamados de **massa térmica**.

FIGURA 6.26 A CASA DE BROOKHAVEN: UMA CASA ORIENTADA À CONSERVAÇÃO DE ENERGIA NO BROOKHAVEN NATIONAL LABORATORY DO ESTADO DE NOVA YORK USA UMA ESTUFA ANEXA COMO PRINCIPAL ELEMENTO DE AQUECIMENTO SOLAR PASSIVO. O CONSUMO DE COMBUSTÍVEL É CERCA DE UM QUARTO DO CONSUMO TÍPICO DE UMA CASA DE TAMANHO SIMILAR NAS MESMAS CONDIÇÕES CLIMÁTICAS.

BROOKHAVEN NATIONAL LABORATORY

Os elementos essenciais de um sistema solar passivo são:

1. um excelente isolamento térmico;
2. a coleta de energia solar (com janelas voltadas para o sul);
3. estruturas de armazenamento térmico.

Os sistemas passivos podem ser categorizados em três tipos:

1. ganho direto;
2. ganho indireto;
3. estufa anexa.

FIGURA 6.27 SISTEMA SOLAR PASSIVO – GANHO DIRETO. JANELAS VOLTADAS PARA O SUL FUNCIONAM COMO COLETORES SOLARES. ISOLAMENTO TÉRMICO MÓVEL É UTILIZADO PARA COBRIR AS JANELAS À NOITE A FIM DE REDUZIR A PERDA DE CALOR. UM PISO DE CONCRETO MACIÇO FUNCIONA COMO ARMAZENADOR E EVITA O SUPERAQUECIMENTO. A PROJEÇÃO DO TELHADO BLOQUEIA O SOL DE VERÃO.

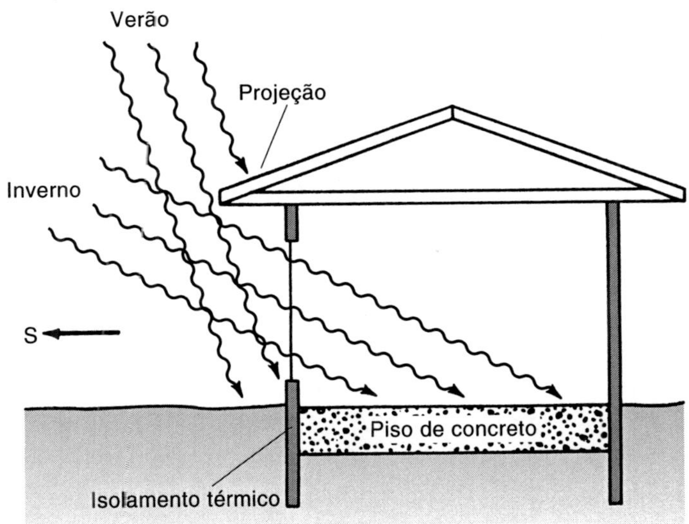

Nos sistemas de **ganho direto**, grandes janelas voltadas para o sul são utilizadas para permitir a entrada da luz solar. E material de armazenamento térmico – concreto, ardósia, água ou tijolos – é usado na casa para absorver a radiação solar (esse material deve ser empregado de tal forma que seja exposto diretamente à radiação). O piso de concreto, exibido na Figura 6.27, é um exemplo desse tipo de material. Pisos e paredes de alvenaria maciça absorvem a energia radiante durante o dia e a irradiam-na de volta para dentro da casa durante a noite (Figura 6.28). Sem o armazenamento térmico, as temperaturas dentro da edificação podem chegar a mais de 90 °F na primavera e no outono. A Figura 6.29 mostra o desempenho de uma edificação que utiliza o ganho solar direto com uma substancial massa térmica; uma temperatura agradável pode ser mantida e as temperaturas extremas, evitadas. As casas de adobe da região sudoeste dos Estados Unidos são bons exemplos de construções com ganho solar apropriado e uma quantidade suficiente de massa térmica espalhada pela estrutura para fornecer calor durante o inverno e frescor durante o verão.

FIGURA 6.28 Ardósia é utilizada como massa térmica nesta estufa.

Brookhaven National Laboratory

Um sistema de **ganho indireto** coleta e armazena energia solar em uma parte da casa e usa a transferência natural de calor (condução e convecção) para distribuir o calor pelo resto da casa. Um bom exemplo desse sistema utiliza uma parede do tipo **Trombe** (Figura 6.30). Nesse caso, um bloco maciço de alvenaria pintada de preto ou uma parede de água são colocados aproximadamente 10 cm atrás de uma área de vidro voltada para o sul (há aberturas na parede para permitir entrada de luz). A radiação solar que atravessa os vidros é absorvida pela parede, aquecendo sua superfície até temperaturas superiores a 150 °F. Esse calor é transferido para o ar preso entre a parede pintada de preto e a janela. O ar quente sobe pelos respiros no topo da parede de armazenamento térmico, passando para dentro do espaço interno da construção, e é substituído por ar frio pelos respiros na parte inferior. Durante a noite os respiros são fechados para evitar a ocorrência do processo inverso. À noite, o calor conduzido através da parede é distribuído pelo ambiente interno da construção por irradiação e convecção a partir da face interna da parede.

FIGURA 6.29 Desempenho de um edifício comercial solar passivo (o Conservation Center, em Concord, New Hampshire) durante três dias de inverno ensolarados, mas frios. O aquecimento foi obtido por meio de ganho direto (grandes janelas duplas voltadas para o sul e sem isolamento térmico noturno). O armazenamento térmico consiste em um piso de ardósia escura sobre uma placa de 4″ de concreto e materiais de mudança de fase nas paredes. Mesmo com a temperatura ambiente externa tendo variado de 20 °F a 215 °F, nenhum aquecimento auxiliar foi utilizado.

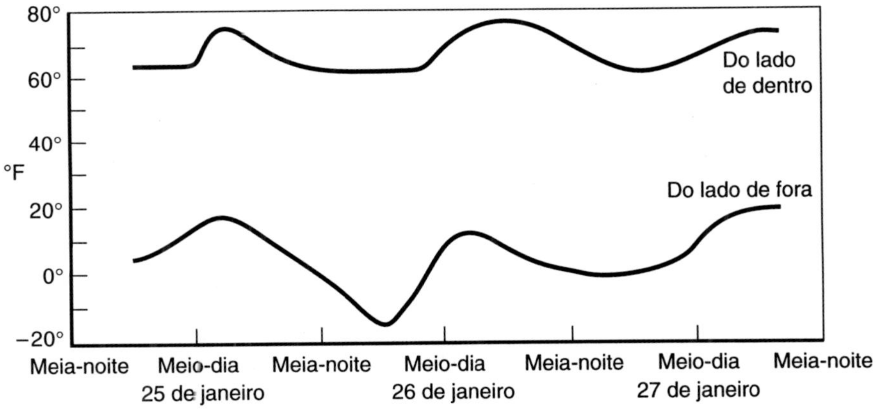

FIGURA 6.30 Parede do tipo Trombe. A parede de concreto funciona como um coletor solar e um meio de armazenamento de calor.

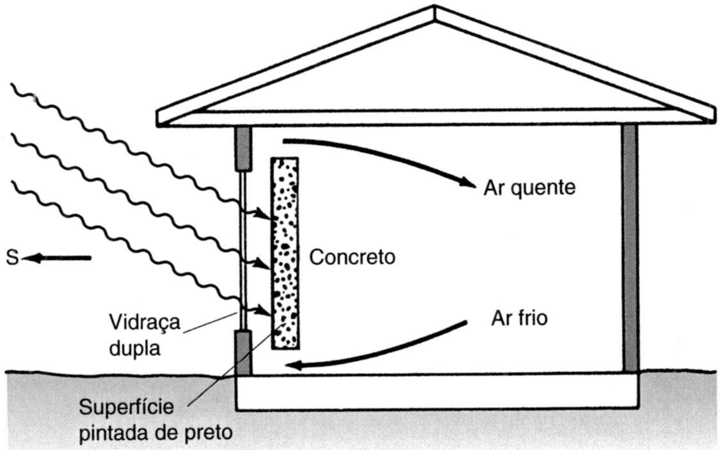

Outra variação de projeto solar passivo utiliza uma **estufa anexa** no lado sul da casa (Figura 6.31), que funciona como uma parede de armazenamento térmico expandido. Ela pode servir tanto para a produção de alimentos como para a de calor, compartilhando uma parte de seu calor com a casa à qual está anexada. Como em todos os sistemas desse tipo, o armazenamento de calor e um excelente isolamento térmico (especialmente nas janelas durante a noite) são fatores necessários. Pisos de concreto e tambores de água são equipamentos de armazenamento de energia comuns (Figura 6.32).

FIGURA 6.31 UMA ESTUFA ADICIONAL PODE SER ACRESCENTADA A UMA CASA APÓS A CONSTRUÇÃO E FORNECER ESPAÇO ADICIONAL DE AQUECIMENTO.

ELIZABETH A. WHITING; ELIZABETH A. WHITING & ASSOCIATES/CORBIS

FIGURA 6.32 GANHO INDIRETO, UTILIZANDO UMA ESTUFA ANEXA. COM UMA COMBINAÇÃO DOS SISTEMAS DE GANHO DIRETO E INDIRETO, OS TAMBORES DE ÁGUA E O PISO DE ALVENARIA DA ESTUFA ANEXA FORNECEM ARMAZENAMENTO DE CALOR.

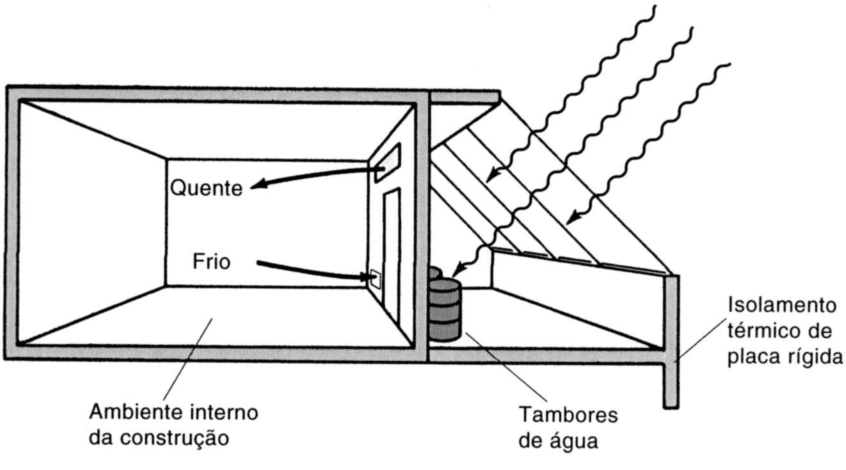

Outro exemplo de sistema solar passivo é um coletor de painel de ar **termossifonante** (Figura 6.33). Esse painel de ar é alimentado pelas diferenças de pressão entre o ar aquecido solar e o ar frio do cômodo que entra pela parte inferior. (Como visto no detalhe da figura, o ar flui *por trás* de um absorvedor metálico corrugado para reduzir as perdas de calor por convecção). Por serem facilmente retroajustados no lado sul da construção, esses coletores são acréscimos bastante populares às residências. Esses aquecedores de ar normalmente não incorporam armazenamento térmico ao sistema. Assim, são mais bem utilizados em construções com grandes cargas diárias de aquecimento, como escolas e edifícios de escritórios.

FIGURA 6.33 COLETOR DE PAINEL DE AR TERMOSSIFONANTE.

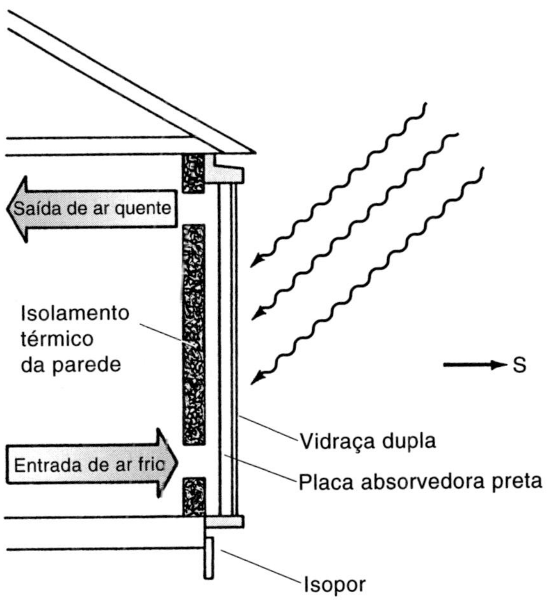

Uma vez que a energia solar não é geralmente reconhecida como uma técnica de conservação de energia, ela é utilizada para reduzir o consumo de combustíveis fósseis. Características passivas podem ser incluídas na construção de novas casas a um pequeno custo adicional e satisfazer uma substancial parcela das necessidades de aquecimento de ambientes. A Tabela 6.4 examina essa economia de energia em casas localizadas em três cidades. Em todas as três, a área de vidraça voltada para o sul foi aumentada de 50 pés² para 250 pés² para aproveitar o ganho solar, o que resultou em economias calculadas entre 65% e 80% do uso de combustíveis comerciais.

TABELA 6.4 EFEITO DO INCREMENTO NO GANHO SOLAR.

Demandas Anuais de Aquecimento (MBtu/ano)				Total de Energia Ganho		
Cidade	Base caso	Conservação incrementada*	Ganho direto incrementado**	Com conservação	Com energia solar	Total
Boston	54,6	26	19	52	+ 13	= 65%
Denver	56,1	27	11	52	+ 28	= 80%
Nashville	34,7	14	9	60	+ 14	= 74%

* Ver Tabela 6.3 para outros detalhes.
** Aumentando as janelas voltadas para o sul de 50 pés^2 para 250 pés^2 e adicionando um isolamento térmico do tipo R-4 à noite.

Fonte: Lewis, D.; Kohler, J. Passive principles: conservation first. *Solar Age* (Sep. 1981).

G. SISTEMAS SOLARES ATIVOS DE AQUECIMENTO DE AMBIENTES

Sistemas solares ativos de aquecimento de ambientes de casas já existem há algum tempo, mas sua popularidade não foi traduzida em um grande número de instalações, primeiramente por causa de seu custo. Trabalhos pioneiros em casas aquecidas com energia solar nos Estados Unidos foram desenvolvidos no MIT por H. Hottel, no Colorado por G. Lof, e na área de Washington, D.C., por H. Thomason. Mais de 50% das demandas por aquecimento dessas casas-teste foram satisfeitas via energia solar. Contudo, por causa da disponibilidade e baixo custo de outros combustíveis, das dificuldades relacionadas com manutenção e corrosão, e dos problemas com o armazenamento de energia, a utilização de energia solar para o aquecimento cresceu lentamente e, até a metade da década de 1970, limitava-se a unidades de demonstração. O número de casas suplementadas por sistemas de aquecimento baseados em energia solar aumentou de algumas dúzias no começo dos anos 1970 para milhares no meio da década de 1980. Programas governamentais implementados durante esse período criaram a oportunidade para que fabricantes de equipamentos de energia solar testassem novos conceitos e produtos. Atualmente, nos Estados Unidos, poucos sistemas solares ativos de aquecimento de ambientes são instalados em residências individuais. Esse não é o caso de vários outros países, nos quais o uso residencial de sistemas de aquecimento solar para aquecer tanto a água quanto o ambiente, o chamado sistema solar combinado (*solar combisystems*), tem crescido. A União Europeia tem mais de 13 GW de aquecimento solar instalados, os Estados Unidos têm mais de 2 GW e a China lidera mundialmente, com 135 GW de sistemas solares de aquecimento instalados. Na Europa, sistemas ativos para o aquecimento de bairros (que utilizam uma usina de aquecimento central) também estão sendo implantados. Existem vários conceitos físicos interessantes (especialmente na área do armazenamento térmico) que podem ser abordados em uma breve visão geral dessa tecnologia.

COLETORES SOLARES

Sistemas solares ativos de aquecimento de ambientes usualmente utilizam um CPP do tipo descrito na seção anterior, algum tipo de armazenamento térmico e meios mecânicos para a transferência do local de armazenamento para o espaço ou ambiente habitado. O fluido utilizado para transferir calor do CPP para o armazenamento e para dentro da casa normalmente é a água ou o ar. Um sistema simples de aquecimento de ambientes e AQD é mostrado na Figura 6.34.

FIGURA 6.34 SISTEMA RESIDENCIAL BÁSICO DE AQUECIMENTO DE AMBIENTE E ÁGUA.

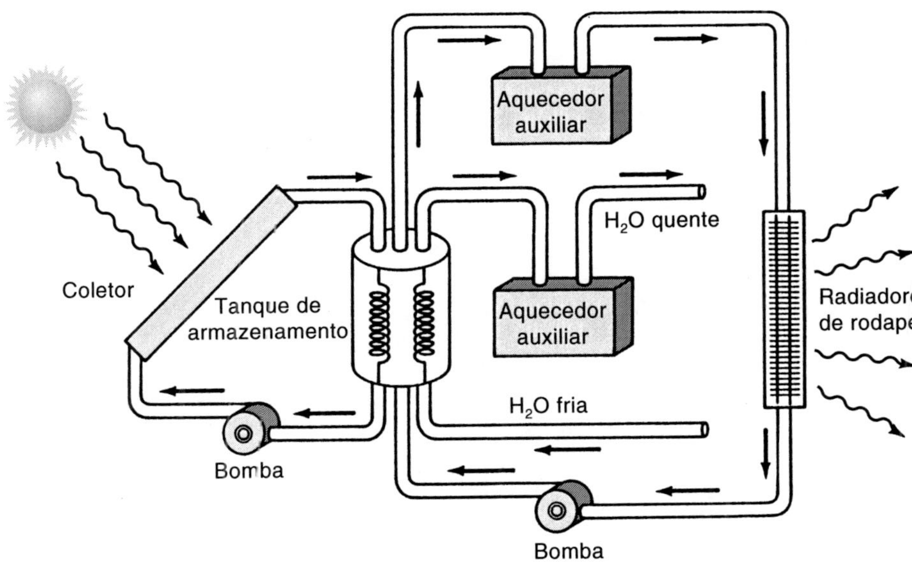

Coletores solares de placa plana normalmente são instalados no telhado, e um tanque de armazenamento térmico bem isolado, em geral, localiza-se no porão da residência. O calor é fornecido à casa pelo tanque de armazenamento, por radiadores de rodapé. Trocadores de calor são utilizados para transferir calor dos coletores para o tanque de armazenamento; glicol etileno, ou o mais seguro, glicol propileno (anticongelante), é adicionado à água que circula pelo coletor para evitar seu congelamento. Para atender às demandas tanto de aquecimento de ambientes quanto de água quente são utilizados aquecedores auxiliares, que compensam os dias de baixa insolação. A bomba no ciclo do coletor solar desse sistema é controlada por um *termostato diferencial*: a bomba só é ligada quando a temperatura da água no coletor está vários graus abaixo da temperatura da água no tanque de armazenamento.

Muitas vezes, os coletores solares podem também ser montados verticalmente na parede de uma residência. Embora tais sistemas verticais recebam algo em torno de 60% da insolação em um telhado com 45°, eles fornecem isolamento ao calor e podem ser mais facilmente integrados arquitetonicamente às fachadas de uma nova construção (Figura 6.35). Para residências familiares, as áreas coletoras são grandes – de 200 a 400 pés^2 – dependendo do tamanho e da locação da casa.

FIGURA 6.35 AQUECIMENTO SOLAR ATIVO DO AMBIENTE E AQD INTEGRADOS NA FACHADA DESTA CASA NA ÁUSTRIA, O CHAMADO *SOLAR COMBISYSTEM*.

Para se calcular qual é a área (em pés^2) A de coletor necessária para se fornecer uma quantidade de calor Q, é preciso conhecer a insolação média I e a eficiência do coletor ε (na conversão de energia solar em energia útil que será fornecida à casa pelo fluido do coletor).

$$Q = I \times \varepsilon \times A$$

Um exemplo numérico do cálculo de dimensionamento é mostrado a seguir.

EXEMPLO 6.3

Dimensionando Coletores para o Aquecimento de Ambientes

Qual é área de coletor necessária para fornecer toda a energia térmica indispensável para aquecer por um dia uma casa, quando a carga de calor é de 20.000 Btu/h? Considere a insolação média diária sobre a superfície do coletor igual a 1.800 Btu/pé²/dia e a eficiência do coletor de 50%.

SOLUÇÃO

Relembre que $Q = I \times \varepsilon \times A$. A energia térmica Q necessária para um dia será igual a 20.000 Btu/h × 24 h/dia = 480.000 Btu/dia. A energia solar coletada em um dia será igual a 1.800 Btu/pé² × 0,50 × a área A do coletor. Dessa forma,

$$A = \frac{480{,}000 \text{ Btu/d}}{900 \text{ Btu/pés}^2\text{/d}} = 533 \text{ pés}^2$$

Isso é aproximadamente metade da área do telhado de uma típica casa de dois andares! Com um preço de aproximadamente 45 dólares por pé² de coletor, o custo total será de $ 24 mil. Agora você pode entender por que poucos sistemas solares ativos de aquecimento estão sendo instalados.

H. ARMAZENAMENTO DE ENERGIA TÉRMICA

É muito importante que um sistema de aquecimento baseado em energia solar seja capaz de armazenar energia para ser utilizada durante o período noturno e dias nublados Uma das dificuldades inerentes da energia renovável é o armazenamento. Um importante critério na seleção do meio de armazenamento é o *calor específico* da substância. Materiais diferentes absorvem diferentes quantidades de calor quando submetidos ao mesmo aumento de temperatura. Como você deve se lembrar do Capítulo 4, a relação entre a mudança de temperatura ΔT e a quantidade de calor adicionada (ou subtraída) Q é dada por

$$Q = mc\Delta T$$

onde c é o calor específico e m a massa da substância. A Tabela 6.5 lista o calor específico (por libra e por pé³) de alguns materiais diferentes.

TABELA 6.5 MATERIAIS DE ARMAZENAMENTO DE ENERGIA TÉRMICA.

	Calor específico	Densidade		Capacidade de calor*	
Material	(Btu/lb/°F)	(lb/pé³)	(kg/m³)	(Btu/pé³-°F)	(kJ/m³-°C)
Água	1,00	62	1.000	62	4.186
Ferro	0,12	490	7.860	59	3.521
Cobre	0,09	555	8.920	50	3.420
Alumínio	0,22	170	2.700	37	2.430
Concreto	0,23	140	2.250	32	2.160
Pedra	0,21	170	2.700	36	2.270
Madeira (pinho)	0,67	27	435	18	1.220
Areia	0,19	95	1.530	18	1.540
Ar	0,24	0,075	1,29	0,02	1,3

*Capacidade de calor = calor específico × densidade.

A fim de utilizar um sistema de água ativo para o aquecimento de ambientes, uma casa de tamanho médio localizada em uma região que apresenta inverno brando deve ter um tanque de armazenamento de água de 1.500 galões, o qual pode armazenar energia térmica suficiente para aquecer continuamente a casa por um período de quatro a seis dias. No caso dos sistemas de aquecimento que usam o ar, o armazenamento térmico é feito em uma caixa de pedras. Para a casa média anteriormente citada, a caixa de pedras deve ocupar um volume de 280 pés^3; as pedras devem ter um diâmetro médio de 1", e o peso total da caixa deve ser de 7 ton. A seguir apresentamos um exemplo numérico de armazenamento térmico.

EXEMPLO 6.4

Armazenamento Térmico

Utilizando a mesma casa e o mesmo coletor do exemplo anterior, calcule quantos galões de água seriam necessários para armazenar energia térmica suficiente para três dias de aquecimento. Pressuponha que a água no tanque de armazenamento tenha uma temperatura inicial de 150 °F e o limite inferior para utilização seja a temperatura de 90 °F (ou seja, a mudança de temperatura a que a água será submetida será $\Delta t = 60$ °F).

SOLUÇÃO

O calor que deve ser fornecido pelo sistema de armazenamento é

$$Q = 3 \text{ d} \times 480.000 \text{ Btu/d} = 1.440.000 \text{ Btu}$$

Podemos utilizar a relação $Q = mc\Delta T$, onde, nesse caso, Q é o calor retirado do recipiente de armazenamento quando sua temperatura é reduzida por ΔT = 60 °F. A água tem um calor específico de 1,0 Btu/lb/°F. Dessa forma, 1.440.000 Btu = massa × 1,0 × 60 °F. Sabemos que a massa = 25.000 lb; assim, como existem 8,3 lb/galão, a quantidade de água necessária é de aproximadamente 3 mil galões. Desse modo, 7,48 gal/ft^3, corresponde a 400 ft^3, ou um tanque de aproximadamente 7 ft × 7 ft × 7 ft.

Outros meios para o armazenamento térmico são os *materiais de mudança de fase*. Em temperaturas relativamente baixas, esses materiais sofrem uma mudança de fase, passando do estado sólido para o líquido, como acontece com o gelo a 0 °C. A quantidade de energia absorvida por unidade de massa sem uma mudança de temperatura é chamada de calor de fusão (Veja a Figura 4.6). Quando a reação se desenvolve na direção contrária, à noite, à medida que o material esfria, ele solidifica-se e o calor é liberado para o interior da construção. Um grupo comum de substâncias utilizadas dessa forma são os sais eutéticos. Esses sais, como o sulfato de sódio decaidratado (também conhecido como sal de Glauber), são combinados com a água. A 91 °F, esse sal derrete com a adição de 108 Btu/lb. De modo inverso, quando a temperatura cai abaixo de 91 °F, 108 Btu/lb são liberados quando o sal se solidifica. As propriedades de alguns materiais de troca de fase mais comuns estão listadas na Tabela 6.6.

TABELA 6.6 PROPRIEDADES DOS MATERIAIS DE MUDANÇA DE FASE.

Material	Densidade (lb/pé^3)	Calor de fusão (Btu/lb*)	Temperatura de fusão (°F)
Sal de Glauber (sulfato de sódio decaidratado, $Na_2SO_4 \times 10H_2O$)	91	108	88-90
Hipo (tiossulfato de sódio pentaidratado, $Na_2S_2O_3 \times 5H_2O$)	104	90	118-120
Parafina	51	75	112
Gelo	57	144	32
Cloreto de cálcio hexaidratado, $CaCl_2 \times 6H_2O$	102	75	84-102

* 1 Btu/lb = 23KJ/kg.

I. RESUMO

A maior parte dos sistemas de aquecimento que utilizam energia solar possui um coletor, armazenamento térmico e um sistema de distribuição. Sistemas ativos (incluindo aqueles de água quente residencial) normalmente usam um coletor de placa plana ou um tubo a vácuo por meio do qual a água ou o ar se movem para transferir a energia coletada. Uma bomba ou um circulador/ventoinha são usados para mover o fluido entre o coletor e o tanque de armazenamento. Um sistema solar passivo utiliza as janelas da casa voltadas para o sul como coletores e meios naturais de transferência de calor. A massa térmica (água ou pedras) dentro da casa é usada para armazenar a energia e reduzir as flutuações de temperatura durante o dia e a noite.

Para determinar o tamanho necessário do coletor solar, deve-se conhecer a radiação solar incidente (insolação) sobre o coletor (medida em unidades de W/m^2 ou Btu/h/pé^2), a quantidade de calor que deve ser liberada para obtenção de água quente doméstica (AQD) ou aquecimento de ambientes e a eficiência do coletor. Para aplicações de AQD, o coletor deve ser inclinado horizontalmente em um ângulo igual ao da latitude do local.

COMO VOCÊ ESCOLHERIA? – REVISITADO

Água quente solar

Se você está considerando o uso de um sistema de aquecedor de água por energia solar, aprendeu alguns princípios de seu funcionamento neste capítulo. Conhecendo tais princípios, você mudaria suas ideias sobre o aquecimento solar de água? Que mudanças faria em seus planos para aumentar a participação da água aquecida por energia solar em suas necessidades domésticas de água quente?

QUESTÕES

1. Esquematize o projeto de uma estufa anexa que poderia ser adicionada a uma casa para fornecer calor suplementar. Aponte suas diferentes características.
2. O projeto de um coletor solar deve levar em conta a redução de perdas de calor. Esquematize um corte lateral de um coletor plano e mostre as formas através das quais o calor é transferido da placa absorvedora.
3. Quais são os três princípios fundamentais de uma casa solar passiva? E quais são seus três tipos?
4. Discorra sobre a operação de um aquecedor de água por batelada ou lote para a obtenção de água quente residencial. Identifique seus componentes em um esquema.

5. Durante qual estação do ano mais insolação incidirá, em um dia claro, sobre uma janela vertical voltada para o sul?
6. Esquematize uma planta baixa de uma casa projetada para ser aquecida por ganho direto solar passivo. A casa deve ter dois andares e três dormitórios. Indique a orientação geográfica.
7. Aponte algumas formas por meio das quais você poderia aumentar a quantidade de energia solar fornecida a 1 ft^2 de material.
8. O que você proporia para dar "acesso solar" ao proprietário de uma casa no caso de regulamentações proibirem que proprietários de terrenos adjacentes construam estruturas que possam bloquear os raios solares?
9. Projete um aquecedor solar para uma piscina, utilizando material que seja facilmente encontrado no comércio local.
10. Qual é o melhor ângulo de instalação de um coletor solar se a radiação é predominantemente difusa?
11. Que tipos de mudanças de estilo de vida seriam ocasionados por se morar em uma casa cujo aquecimento de ambientes é praticamente todo obtido pela utilização de energia solar? Pense na agenda diária de um morador. Que diferenças existiriam na sua resposta caso se usassse um sistema solar ativo? E um passivo?
12. A energia solar pode ser armazenada pelo aumento da temperatura da água ou de pedras. Um sistema vai perder sua energia armazenada através de perdas de calor do tanque de armazenamento para o ar externo. Mesmo considerando-se a água como um condutor de calor não muito bom, a circulação de água quente para o topo e de água fria para o fundo vai transferir calor dentro do tanque. Nesse contexto, por que as pilhas de pedras (ou cascalho) são bons materiais para o armazenamento da energia removida do ar quente, mesmo considerando-se que sua capacidade calorífica é reduzida?
13. Quais são as vantagens e desvantagens de instalar coletores solares verticalmente em uma parede voltada para o norte (em relação ao hemisfério sul)?
14. Qual é o ângulo ótimo de inclinação (a partir do plano horizontal) de um coletor solar localizado a 30 °N de latitude e instalado para a obtenção de água quente residencial? E se ele fosse utilizado para o aquecimento de ambientes?
15. Uma das formas de armazenamento da energia solar utiliza sais eutéticos. Esses sais sofrem uma mudança de estado, passando do sólido para o líquido, em temperaturas ao redor de 100 °F. Quando eles se dissolvem, absorvem energia sem mudanças na temperatura. No retorno ao estado sólido, energia é liberada. Compare essa situação com o uso de cubos de gelo para resfriar uma bebida.
16. A eficiência de um coletor solar decresce à medida que a diferença de temperatura entre o fluido do coletor e a temperatura do ar atmosférico aumenta. Por quê? Como isso influencia a taxa desejada de fluxo de água através do coletor?

17. Quais são as vantagens de usar massa térmica em um sistema solar passivo de ganho direto?
18. Qual é o padrão do portfolio de Energias Renováveis de seu Estado (nos EUA)? Que incentivos fiscais são permitidos relacionados à instalações de tecnologias renováveis?
19. Quais são as barreiras institucionais à expansão das tecnologias de energia solar?
20. Na internet existem disponíveis muitas descrições de fornos solares. Esquematize dois desses modelos e descreva as diferenças nas suas operações, indicando os princípios físicos.
21. Identifique, em sua comunidade, algumas casas aquecidas por sistemas de energia solar passivos. Faça suas observações com base nos princípios discutidos neste capítulo. Busque informações na internet.
22. Esquematize um diagrama de blocos para um sistema solar ativo para obter água quente residencial.

PROBLEMAS

23. Utilizando os dados da Tabela 6.3, faça um gráfico da radiação solar diária média sobre duas superfícies, uma horizontal e outra inclinada, ambas localizadas em Dodge City, Kansas e em Washington, D.C.
24. A energia solar pode ser interessante não só do ponto de vista ambiental como também do econômico. Suponha que você tenha uma secadora elétrica de roupas de 5 mil watts que é utilizada por 1 hora diariamente. Pressupondo-se que a eletricidade custe 9 centavos de dólar por kWh, quanto dinheiro poderia ser economizado em um mês se, em vez da secadora elétrica, as roupas fossem secadas ao ar livre, em um varal (Figura 6.36)?

FIGURA 6.36 QUINTAL PARA SECAR ROUPAS.

ROGER HINRICHS

25. Se a insolação sobre um coletor plano é 800 Btu/pé^2/dia, qual deve ser o tamanho do coletor para fornecer 30.000 Btu/h de calor por um dia? A eficiência do coletor é de 40%.

26. Encontre na internet alguns preços de CPP usados para a obtenção de AQD. Pressuponha que você irá precisar de três unidades (normalmente de 3 pés × 8 pés cada). Adicione um tanque de armazenamento e uma bomba. Utilizando os preços locais de eletricidade e gás natural, determine quanto tempo esse sistema levará para compensar o investimento financeiro feito na sua aquisição se ele fornece 50% das suas necessidades de AQD. Pressuponha que são necessários 80 galões por dia para AQD, com um aumento requerido de temperatura da água de 70 °F.

27. Suponha que a radiação solar seja de 850 W/m^2 e você possa coletar 20% da energia que incide sobre uma superfície refletiva de uma máquina de cachorro-quente que funciona por energia solar. Se você precisa de 240 W para fazer os cachorros-quentes, qual é a área mínima de coletor necessária?

28. A água possui o maior calor específico entre os materiais comuns, o que quer dizer que ela pode reter uma boa quantidade de energia térmica. Um pé cúbico de água armazena aproximadamente 62 Btu/°F, enquanto 10 pés^3 de água vão armazenar 620 Btu/°F. Pedras possuem um calor específico muito menor, mas uma densidade muito maior que a da água. Se o calor específico de uma rocha é de 0,2 Btu/lb-°F e a densidade é de 170/lb/pé^3, quantos pés cúbicos de pedras são necessários para armazenar 620 Btu/°F?

29. Que porcentagem máxima das demandas de aquecimento de uma casa localizada em Minnesota, de 40.000 Btu/h no mês de janeiro, pode ser atendida por um coletor plano de 700 pés^2 de área? Pressuponha que o coletor esteja inclinado em um ângulo igual à latitude do local e a eficiência do sistema é de 50%.

30. Qual o tamanho de um coletor solar plano para atender, em março, às demandas por água quente residencial de uma família que more em Denver, Colorado? Pressuponha que sejam necessários 80 galões por dia (1 galão = 8,3 lb), ΔT = 70 °F para a água e o sistema trocador de calor tenha uma eficiência média de 40%. O ângulo de inclinação do coletor é igual à latitude.

ATIVIDADES ADICIONAIS

1. Para poder utilizar a energia solar como fonte suplementar de aquecimento, a localização e o posicionamento de sua casa são extremamente importantes.

(a) Começando com uma vista aérea, faça um esquema da sua casa, utilize uma bússola para determinar sua orientação em relação ao Sol e indique as direções (verifique a declinação magnética[1] da sua área).

(b) Identifique os ventos predominantes e registre-os em seu esquema.

(c) Determine o ângulo ao meio-dia (altitude) do Sol no mês de janeiro.

(d) Quais sombreamentos (naturais ou artificiais) existem impedindo a luz solar de atingir sua casa?

(e) Qual é o potencial existente para a utilização de energia solar em sua casa?

2. Quais são as cores que melhor absorvem o calor do Sol? Verifique isso cobrindo a extremidade de um termômetro com papéis de diversas cores e registrando as temperaturas atingidas após dez minutos de exposição ao Sol ou a uma lâmpada de aquecimento. (Certifique-se de que as condições são as mesmas para cada cor. Coloque o termômetro sobre um jornal para reduzir as perdas de calor para o solo.) Como alternativa, ponha um cubo de gelo sobre uma folha de papel de cada cor e verifique qual derrete primeiro. Será que você obteria o mesmo resultado se a folha de papel fosse colocada sobre o cubo de gelo? Será que uma casa com telhado branco seria mais fresca que outra com telhado preto?

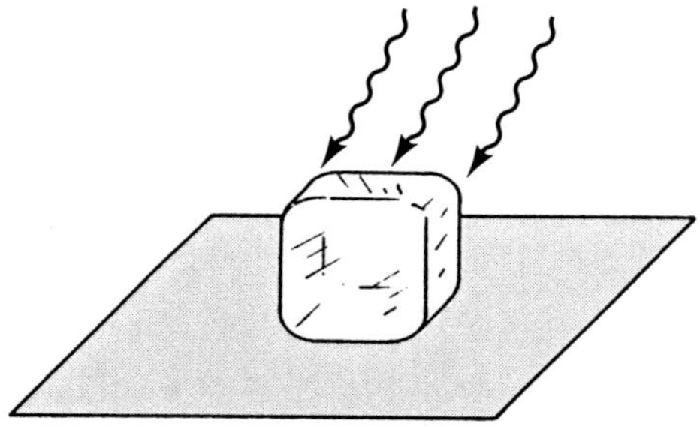

3. Construa um modelo de uma casa com aquecimento solar passiva usando uma caixa de isopor ou de sapatos. Corte uma grande janela "voltada para o Norte" em um dos lados da caixa e utilize um pedaço de plástico como vidraça. Isole a estrutura (especialmente se for uma caixa de sapatos). Utilize pedras ou latas com água como massa térmica (seja realista e não preencha todo o espaço "habitável" da caixa). Encaixe um termômetro na lateral do modelo. Exponha o modelo à luz solar e meça sua temperatura interna a cada cinco minutos por uma hora. Agora, coloque o modelo na sombra e monitore a temperatura interna em função do tempo por uma hora. Uma boa medida do sucesso de seu modelo é a relação entre a alta temperatura, quando a "casa" está sob o sol, e a temperatura final, à sombra (Figura 6.37).

[1] Declinação magnética é a diferença entre o norte verdadeiro (Polo Norte Geográfico) e o norte magnético (obtido com a utilização de uma bússola). Ela varia de um lugar para outro. Na cidade de Nova York, a declinação magnética é de 120 °O, enquanto em Los Angeles é de 16 °L.

FIGURA 6.37 O MODELO DA CASA COM AQUECIMENTO SOLAR PASSIVO PODE SER UTILIZADO PARA UM DESAFIO NA CLASSE COM PRÊMIOS APROPRIADOS PARA PROJETO E MAIOR TEMPERATURA INTERNA. O MODELO PODE SER RETIRADO DO SOL E SUA TEMPERATURA MEDIDA NA SOMBRA POR UM DETERMINADO PERÍODO.

ROGER HINRICHS

4. Você pode medir a insolação em sua cidade por meio da próxima atividade.

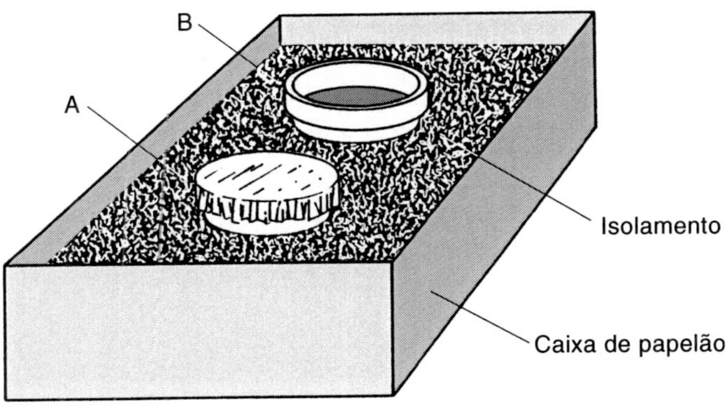

(a) Encha dois copos de isopor com a mesma quantidade de água.

(b) Adicione algum alimento ou tinta à água de um dos copos para torná-la o mais escura possível para absorver a luz solar. Cubra o copo com plástico ou vidro transparente.

(c) Cubra o tampo do outro copo com papel alumínio para refletir a luz solar.

(d) Coloque ambos os copos dentro de uma caixa de papelão e preencha a caixa com fibra de vidro ou isolamento térmico de celulose.

(e) Exponha a caixa à luz solar por 20 minutos (de preferência próximo ao meio-dia).

(f) Agite a água nos copos e meça as temperaturas. Denomine a temperatura da água escura de *TB* e a da outra de *TA*.

(g) Meça a área, em cm², da superfície da água em cada copo. Lembre-se de que área = $\pi \times (\text{diâmetro}) \frac{2}{4}$.

(h) A insolação horizontal é

$$I = \frac{\text{volume de água em um copo(ml)} \times (T_B - T_A)}{\text{área (cm}^2) \times (20 \text{ min})}$$

(Esse número deve ser aproximadamente 1 cal/cm²/min. A Tabela 6.2 pode ser usada para converter esse valor para Btu/pé²/h.)

5. Solarímetro é um instrumento muito útil para se determinar a radiação solar incidente local. Um solarímetro simples pode ser construído por menos de dez dólares. Você precisa de uma célula solar (uma polegada quadrada é um bom tamanho), um amperímetro (que permita uma leitura de 200 mA) e três pés de arame magnético encapado ou isolado (de calibre nº 30). Use uma pequena caixa de papelão para arranjar as partes como mostrado na ilustração seguinte. Enrole ou solde as conexões do arame. (O arame magnético é utilizado para "desviar" uma parte da corrente elétrica da célula solar para longe do amperímetro. Alguns medidores de corrente não necessitarão de um *shunt*: veja sites da internet de fabricantes de células solares e medidores.) Para calibrar o solarímetro, é melhor colocar seu aparelho ao lado de outro que já tenha sido calibrado. Então, você pode colocar uma escala em seu medidor, marcada em unidades de Btu/pé²/h ou de W/m². Durante esse procedimento, você pode fazer a calibragem adequada ao observar no medidor a leitura da radiação recebida pela célula solar horizontal em um dia claro e ensolarado, em um horário próximo ao meio-dia.

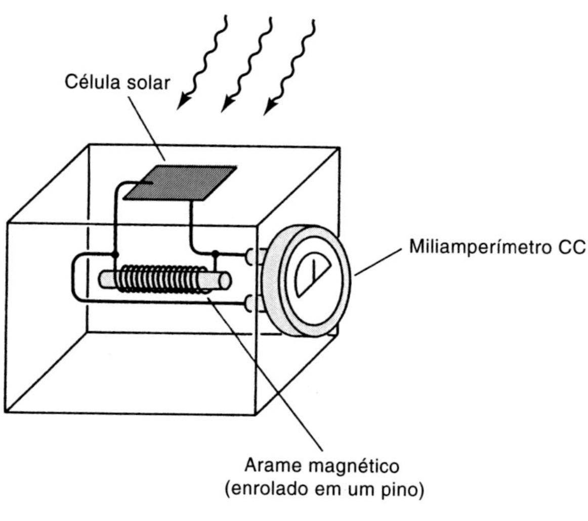

6. Construa um coletor solar modular que utilize o ar como fluido de transferência, como mostrado na figura a seguir. Como esse coletor é projetado para experimentação, um dos seus lados é articulado, de tal forma que várias combinações de vidraça, isolamento térmico e placa absorvedora podem ser utilizadas. O ar pode passar por trás ou pela frente da placa absorvedora, dependendo de quais orifícios estão fechados com rolhas. O coletor pode ser colocado em uma ampla variedade de ângulos de inclinação.

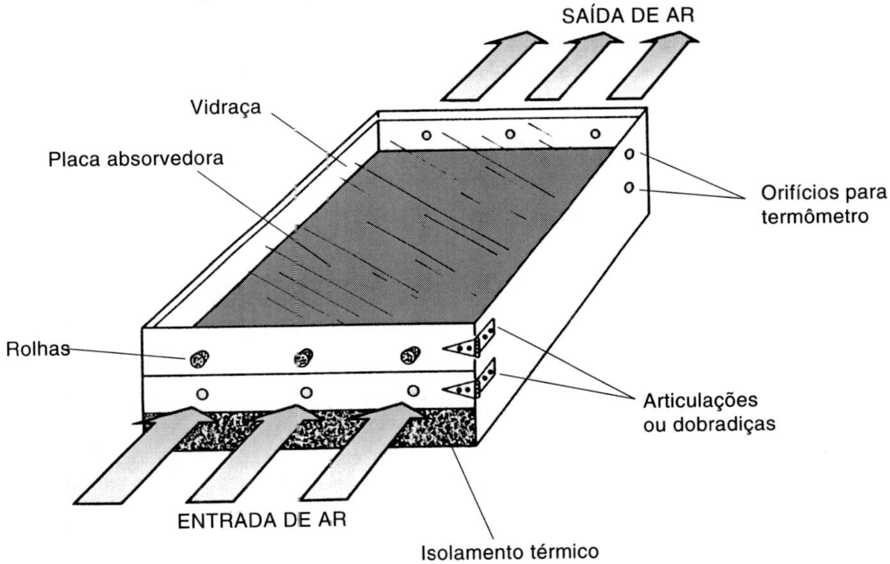

7. Construa um artefato que faça um copo d'água (240 ml) ferver utilizando apenas a energia solar radiante. Essa atividade pode ser desenvolvida como uma competição na qual cada equipe começa com a água na temperatura ambiente e usa seu aquecedor para tentar fazê-la atingir a mais alta temperatura possível no menor intervalo de tempo. (Cuidado com a água muito quente.)

8. Um painel solar simples e barato para aquecer água pode ser construído como mostrado a seguir. Construa uma bandeja rasa de madeira utilizando uma placa de compensado como fundo e ripas de uma por duas polegadas para as laterais. Revista a bandeja com uma folha fina de plástico preto. Insira um tubo de entrada próximo ao fundo da bandeja e outro, de saída, próximo ao topo. Conecte-os com um tubo plástico pintado de preto que "serpenteie" para a frente e para trás sobre a bandeja – tome cuidado com a ocorrência de nós ou torções na tubulação. (Não é necessário nenhum tipo de bombeamento porque a água quente tende a subir.) Cubra o topo da bandeja com uma folha de plástico claro e transparente (como, por exemplo, um filme de polietileno de 4 mm de espessura) ou com duas folhas espaçadas por ½ polegada. (Essas folhas podem estar ajustadas a outra estrutura, articulada à bandeja, para permitir o acesso ao coletor.) Use uma lata ou outro recipiente de 5 galões como reservatório de água, que deve estar localizado em uma posição *superior* à bandeja. O tubo de entrada deve ser conectado à parte inferior do reservatório, e o de saída, ao seu topo (veja a Figura 6.25). Coloque o coletor em uma posição em que ele fique de frente para os raios solares. O isolamento térmico de fibra de vidro embaixo e nas laterais da bandeja vai fazer o sistema funcionar de forma mais eficiente, permitindo a obtenção de temperaturas acima de 100 °F.

9. Outra competição entre grupos, similar à apresentada na Atividade 7, é cozinhar um ovo por membro da equipe utilizando apenas a energia solar radiante (Figura 6.38). O(s) ovo(s) pode(m) ser cozido(s) usando-se qualquer método, e o preparo pode ser em qualquer forma (frito, cozido, escaldado (*poché*) etc.). O artefato de cozimento solar pode ser movido durante a competição. No projeto, devem-se aplicar os conceitos apresentados nos Capítulos 4 e 6.

FIGURA 6.38 Esta placa parabólica permite que ovos sejam cozidos em poucos minutos usando a energia solar.

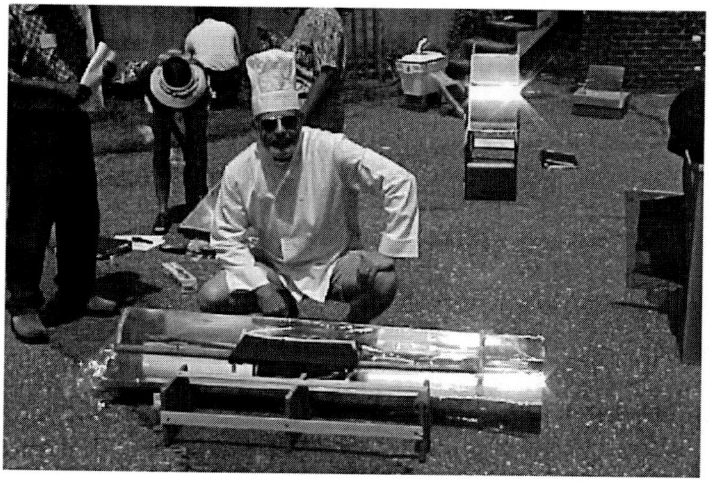

Roger Hinrichs

COM O FOCO NO BRASIL: ENERGIA SOLAR – CARACTERÍSTICAS, AQUECIMENTO (E REFRIGERAÇÃO)

ENERGIA SOLAR E O HEMISFÉRIO SUL

Um importante aspecto inicial a ser considerado nos países localizados no hemisfério sul da Terra, referente ao material abordado neste capítulo, é a diferença das características da radiação solar incidente em virtude da localização e das estações do ano. A ocorrência das estações verão, outono, inverno e primavera, no hemisfério sul, mostra uma defasagem de seis meses em relação à das mesmas estações no hemisfério norte, como apresentado na tabela a seguir.

TABELA 6.7 PERÍODO DE OCORRÊNCIA DAS ESTAÇÕES DO ANO NOS HEMISFÉRIOS NORTE E SUL.

Estação do ano	Período de ocorrência no hemisfério norte	Período de ocorrência no hemisfério sul
Verão	22 de junho a 21 de setembro	22 de dezembro a 21 de março
Outono	22 de setembro a 21 de dezembro	22 de março a 21 de junho
Inverno	22 de dezembro a 21 de março	22 de junho a 21 de setembro
Primavera	22 de março a 21 de junho	22 de setembro a 21 de dezembro

Assim, os dados e informações apresentados nas Figuras 6.6, 6.7 e 6.9 do Capítulo 6 não se aplicam diretamente aos países do hemisfério sul.

Dados e informações sobre a radiação solar e o aproveitamento da energia solar no Brasil podem ser obtidos no site do Centro de Referência para Energia Solar e Eólica Sérgio de Salvo Brito (Cresesb) (www.cresesb.cepel.br). Nele podem ser encontradas diversas publicações, informações, legislação, incluindo o Atlas Solarimétrico do Brasil.

A figura a seguir apresenta, como exemplo, a irradiação solar no Brasil, de acordo com o Atlas Brasileiro de Energia Solar, emitido em 2006.

FIGURA 6.39 IRRADIAÇÃO SOLAR NO BRASIL.

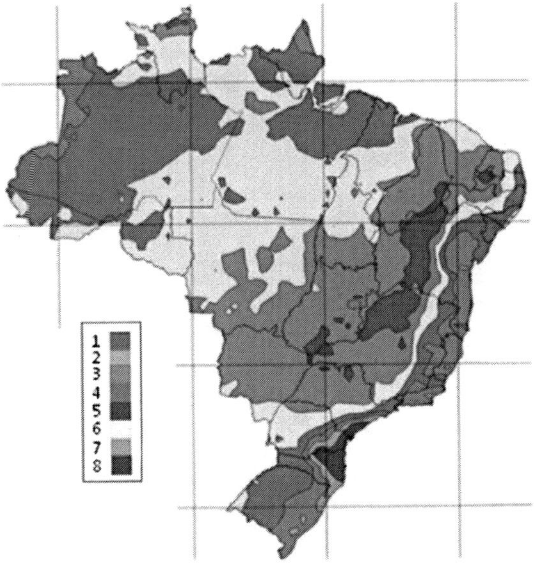

Fonte: Atlas Brasileiro de Energia Solar, 2006.

ENERGIA SOLAR, AQUECIMENTO E REFRIGERAÇÃO NO BRASIL

Localizado no hemisfério sul, com grande parte de sua área na região tropical, o Brasil tem menos necessidade de aquecimento que os países do hemisfério norte, mas precisa muito de refrigeração, em geral suprida por equipamentos elétricos como *freezers*, refrigeradores e equipamentos de ar-condicionado (individuais e de sistemas centrais).

Em relação ao aquecimento, por causa, entre outras razões, de diferenças climáticas entre as regiões do país, de distribuição desigual de renda e das ligações elétricas clandestinas (popularmente chamadas de "gatos"), o número de residências e edifícios comerciais e industriais que utiliza sistemas solares de aquecimento como o AQD (na maioria das vezes substituindo chuveiros, aquecedores e torneiras elétricas e aquecedores a gás) ainda é pequeno, estando tal aplicação mais restrita às regiões sul e sudeste, onde ocorrem temperaturas bastante baixas, principalmente durante o inverno. Tal número, no entanto, tem crescido ultimamente e tende a crescer ainda mais, pois diversos municípios, com ênfase naqueles de grande porte, têm inserido a obrigação do uso desses equipamentos em construções, com base no incentivo ao uso de fontes renováveis. Um número ainda menor de construções dispõe de sistemas solares passivos de aquecimento e resfriamento de ambientes. Número que também tem aumentado significativamente, uma vez que altas temperaturas são encontradas praticamente em todo o país, até mesmo nas regiões Sul e Sudeste, onde o recente aumento da temperatura deve-se ao impacto das mudanças climáticas.

Uma característica interessante do país é que, em muitas regiões e localidades, principalmente naquelas com forte incidência de energia solar, são empregadas soluções criativas, grande parte arraigadas na cultura local e com características mais empíricas do que sistematizadas. Isso ocorre, sobretudo, entre a população de baixa renda que tem dificuldade em pagar por soluções que podem ser denominadas "institucionais".

De qualquer forma, com diferentes características quanto ao alcance populacional de sua aplicação, existem diversos programas e movimentos que incentivam a utilização de sistemas de aquecimento por energia solar, assim como de sistemas solares passivos, entre os quais se ressaltam os programas de conservação de energia (destacados mais especificamente em "Com o foco no Brasil" do Capítulo 3 deste livro) e as ações para melhor desempenho ambiental na construção civil e no desenvolvimento urbano, dentre as quais se ressaltam: programas, códigos de obras e protocolos voltados ao melhor desempenho ambiental e políticas voluntárias de certificação ambiental e eficiência energética nos edifícios.

PROGRAMAS DE CONSERVAÇÃO DE ENERGIA

Entre os programas de Conservação de Energia Elétrica do Procel abordados em "Com o foco no Brasil" do Capítulo 3 há um que se aplica especialmente ao tema aqui tratado. O Procel Edifica, especialmente voltado à Eficiência Energética das Edificações (EEE) aliada ao Conforto Ambiental (CA).

Dados e informações sobre ele podem ser encontrados no site do Procel, no tópico "Edificações", no qual se explica: "Calcula-se que quase 50% da energia elétrica produzida no país sejam consumidos não só na operação e na manutenção das edificações, como também nos sistemas artificiais que proporcionam conforto para seus usuários, como iluminação, climatização e aquecimento de água".

AÇÕES PARA MELHOR DESEMPENHO AMBIENTAL NA CONSTRUÇÃO CIVIL E NO DESENVOLVIMENTO URBANO

Existe, hoje, em andamento no Brasil, uma série de ações voltadas a buscar a denominada sustentabilidade na construção civil e no desenvolvimento urbano. Tais ações, que se encontram mais avançadas nas grandes metrópoles (como, por exemplo, São Paulo, Belo Horizonte, Curitiba, Rio de Janeiro, Florianópolis, entre outras) e em alguns estados do país, tendem a se disseminar e já começam a trazer como resultados melhor utilização residencial e predial não só da energia solar, como também de outros recursos naturais, como a água e um tratamento mais adequado de resíduos.

Essas ações têm sido implantadas por meio de programas que envolvem órgãos públicos e instituições privadas; da inserção de novos regulamentos em códigos de obras e até mesmo de assinatura de protocolos de intenções que estabelecem linhas de ação e responsabilidades em longo prazo.

Os requisitos têm sido impostos num primeiro momento às novas construções como uma necessidade para aprovação da obra, e diversas avaliações têm sido desenvolvidas sobre qual a melhor forma de esses requisitos se estenderem para as obras já existentes.

A velocidade de implantação dessas ações em todos os locais onde já estão desenvolvidas é difícil de prever, pois depende de diversos aspectos econômicos, políticos, legais e até mesmo trabalhistas. Quanto à sua disseminação pelo País, a dificuldade de previsão é ainda maior em virtude das grandes disparidades de nosso país de dimensões continentais.

De qualquer forma, considerou-se importante possibilitar aqui uma visão simplificada e geral do assunto, uma vez que tem profunda relação com o que está sendo abordado e pode orientar maiores pesquisas, se desejado.

Com esse objetivo, enfocam-se a seguir:

- O Protocolo Ambiental da Construção Civil e do Desenvolvimento Urbano, assinado em outubro de 2008 no Estado de São Paulo.
- Políticas voluntárias de certificação ambiental e eficiência energética nos edifícios.

PROTOCOLO AMBIENTAL DA CONSTRUÇÃO CIVIL E DO DESENVOLVIMENTO URBANO

Embora seja um Protocolo de Intenções, que muitas vezes demanda tempo e muita negociação para que se transforme completamente em realidade, considera-se importante enfocá-lo aqui, com algumas complementações, pois pode dar uma ideia razoavelmente completa, embora sucinta, do cenário de ações para melhor desempenho ambiental na construção civil e no desenvolvimento urbano.

O referido protocolo, assinado em 16 de outubro de 2008 por órgãos governamentais do Estado de São Paulo (Secretarias do Meio Ambiente e da Habitação) e pelo Setor Produtivo (representado por diversas instituições e associações de classe relacionadas à construção civil e ao desenvolvimento urbano), propõe diretrizes para que as obras em geral sejam feitas de maneira que causem o menor impacto possível ao meio ambiente.

Ressalta-se que a construção civil tem profundo efeito na questão energética, pois, além da energia depreendida na obra em si, a concepção das obras define quanto elas serão eficientes energeticamente.

De acordo com o protocolo, foram assumidos compromissos para atendimento de seus objetivos tanto pelos órgãos governamentais quanto pelo setor produtivo.

Compromissos dos órgãos governamentais

Pelos órgãos governamentais foram assumidos oito compromissos:

1. Regulamentação dos Processos de Licenciamento Ambiental.
2. Elaboração e aprovação de normas e legislações ambientais relacionadas com o setor da construção civil e de desenvolvimento urbano.
3. Apoio à capacitação do setor produtivo com a aplicação da legislação pertinente e os processos de licenciamento, visando à melhoria da qualidade das informações instruídas nos projetos.
4. Adequação do Código Sanitário Estadual.
5. Criação e implantação do sistema de gestão de informações.
6. Criação de inventário ambiental de produtos.
7. Obras públicas que sirvam de exemplo da aplicação do protocolo.
8. Estabelecer requisitos do certificado de conduta ambiental, mesmo considerando aplicáveis normas nacionais e internacionais.

Compromissos do setor produtivo

Os compromissos assumidos pelo setor produtivo envolvem cinco áreas: projeto e desempenho, insumos, resíduos, desenvolvimento urbano e relacionamentos.

Para cada uma delas, pode-se ressaltar:

1. Projeto e Desempenho:

   - Uso racional de recursos.
   - Recursos renováveis.
   - Durabilidade e flexibilidade.
   - Melhor desempenho durante a operação.
   - Menor impacto na desativação.
   - Melhor eficiência energética.
   - Uso racional da água

2. Insumos (utilização adequada e ambientalmente correta):
   - Madeira.
   - Areia e brita.
3. Resíduos:
   - Demolições e fases de obra.
   - 3 Rs.
   - Destinação correta, (Resolução do Conama 3/07/2002).
4. Desenvolvimento urbano:
   - Parcelamento do solo, loteamento.
   - Topografia da região.
   - Movimentação de terras.
   - Impermeabilização do solo.
   - Drenagem.
   - Projeto paisagístico com áreas verdes contemplando no mínimo 20% da área total.
   - Gerenciamento dos impactos.
5. Relacionamentos entre os diversos atores da cadeia produtiva:
   - Postura proativa.
   - Combate à informalidade.
   - Contratação de mão de obra e aquisição de materiais na comunidade.
   - Conhecimento dos envolvidos na cadeia produtiva dos compromissos assumidos nesse protocolo.
   - Manuais do proprietário com práticas sustentáveis, como a não exposição do solo no período de construção, o uso de energias renováveis e a captação de águas pluviais.

Compromissos do setor produtivo associados à energia (em projeto e desempenho)

Estão relacionados com os subitens: uso racional de recursos, recursos renováveis e melhor eficiência energética, resumidos em uso preferencial de energia de fontes renováveis; uso de produtos e equipamentos de baixo consumo de energia que atendam à regulamentação do Programa Procel Edifica; adoção de projetos arquitetônicos que favoreçam a utilização da iluminação e da ventilação naturais, visando à melhoria do conforto ambiental e à redução do uso de energia.

Cada um dos tópicos é enfocado a seguir:

Uso preferencial de energia de fontes renováveis

Possíveis alternativas:

- Aquecimento solar.
- Biocombustíveis.

Para geração de energia elétrica, além das usinas hidrelétricas e da geração a partir da biomassa que não seja o lixo, que podem ser aplicáveis em casos específicos, as três formas de energia renovável com maior perspectiva de aplicação no curto prazo são:

- De resíduos sólidos (lixo).
- Solar fotovoltaica.
- Eólica.

Uso de produtos e equipamentos de baixo consumo de energia que atendam à regulamentação do programa Procel Edifica

- Procel Edifica – Programa Nacional de Eficiência Energética em Edificações.

Adoção de projetos arquitetônicos que favoreçam a utilização da iluminação e da ventilação naturais, visando à melhoria do conforto ambiental e à redução do uso de energia.

Trata-se especificamente da implantação de sistemas passivos de aquecimento e resfriamento de ambientes por energia solar, assunto tratado neste capítulo.

A adoção de partidos arquitetônicos deve seguir os seguintes requisitos:

- Durante a etapa de projeto é que deve haver a definição dos componentes (lâmpadas, luminárias etc.) do sistema de iluminação, das tintas a serem usadas nas paredes, caixilhos, teto e piso de ambientes (internos e externos), da posição das aberturas (janelas e portas) e de todas as características que determinam a qualidade e eficiência da iluminação.
- Ainda na execução de projetos, não se pode esquecer do conforto térmico, que pode variar conforme o modo como entra a luz natural e a carga térmica, e da ventilação natural que, em um projeto, interfere na disposição das aberturas e na orientação da edificação.

A arquitetura bioclimática, baseada no projeto bioclimático, é uma referência básica nesse sentido.

O projeto bioclimático, criado na década de 1970, baseia-se na interação das condicionantes climáticas com o projeto de arquitetura, orienta-se por uma estratégia assentada na redução do uso final de energia e tem como principal ferramenta a Carta Bioclimática, apresentada a seguir.

Em razão de sua localização geográfica e outros dados climáticos, pode-se alocar o projeto na carta e identificar os requisitos a serem atendidos, considerando as áreas abrangidas por ele entre aquelas contidas na Carta: (A) zona de aquecimento artificial (calefação); (B) zona de aquecimento solar da edificação; (C) zona de massa térmica para aquecimento; (D) zona de conforto térmico (baixa umidade); (E) zona de conforto térmico; (F) zona de desumidificação (renovação do ar); (G + H) zona de resfriamento evaporativo; (H + I) zona de massa térmica de refrigeração; (I + J) zona de ventilação; (K) zona de refrigeração artificial; (L) zona de umidificação do ar.

Carta Bioclimática

A partir daí, são estabelecidas as diversas estratégias e técnicas de condicionamento térmico passivo a serem utilizadas para o referido projeto.

Nesse contexto, é importante citar também a Norma Brasileira NBR152203: "Desempenho térmico de edificações", em sua parte 3: "Zoneamento bioclimático brasileiro e diretrizes construtivas para habitações unifamiliares de interesse social". Nela, o território brasileiro foi dividido em oito zonas relativamente homogêneas quanto ao clima.

Para cada uma dessas zonas, formulou-se um conjunto de recomendações técnico-construtivas, objetivando conseguir o melhor desempenho térmico das edificações através de sua adequação climática.

Quanto à interação do projeto bioclimático com a energia, incluindo a utilização de automação e sistemas elétricos digitais, podem ser citadas as seguintes ações:

- Especificação de equipamentos com menor consumo e melhor eficiência possível.
- Automatização de transporte vertical com otimização de carga e menor consumo energético possível.
- Utilização de iluminação de baixo consumo energético em todo o edifício nas áreas comuns de uso contínuo e uso de acionamento por sensor de presença nas áreas de uso esporádico ou intermitente.
- Planejamento do consumo energético e utilização de equipamentos para gerar energia em períodos de pico.
- Melhor aproveitamento possível da iluminação natural, levando em conta a necessidade do seu controle.
- Melhor condição de conforto térmico evitando a incidência da radiação solar direta com a adoção de soluções arquitetônicas tipo *brisessoleil*, venezianas, telas termoscreen externas, prateleiras de luz, vidros especiais que dispensam o uso de *brises* etc.
- Implantação e melhor uso de ventilação natural.
- Adoção preferencial de acabamentos claros nas áreas de grande incidência de luz solar.
- Tratamento das coberturas do edifício analisando a possibilidade de implantação de áreas verdes ou, caso essa solução não seja possível, utilizar pinturas reflexivas para diminuir a absorção de calor pelo edifício.
- Uso de soluções alternativas de produção de energia, como a eólica ou a solar, de acordo com as condições locais.
- Utilização de materiais recicláveis e reutilização de materiais de demolição para reduzir o gasto de energia na fabricação e na concepção desses materiais.

POLÍTICAS VOLUNTÁRIAS DE CERTIFICAÇÃO AMBIENTAL E EFICIÊNCIA ENERGÉTICA NOS EDIFÍCIOS

Essas políticas, existentes em termos mundiais, objetivam elevar o desempenho ambiental dos edifícios e, como consequência, fornecer um selo que agregue valor e ateste sua participação no processo. São de caráter voluntário e tratam fundamentalmente de cinco grupos de assuntos: local, água, energia, matérias e qualidade do ambiente interior. Hoje, existem diversos selos verdes no mundo, mas a seguir são apresentados apenas os que apresentam importância hoje no Brasil e que podem configurar portas de entrada nesse nicho de atuação.

Eles são: BREEAM; Green Building Council Brasil – LEED; AQUA; INMETRO – PROCEL; Método IPT; DGNB.

O Building Research Establishment Environmental Assessment Method (**BREEAM**), criado em 1990, na Inglaterra, foi o primeiro sistema a oferecer o selo ambiental para edifícios. Várias outras metodologias surgiram depois para diversos países, porém, a maioria se baseia no BREEAM.

O **Green Building Council Brasil – LEED** é uma entidade membro do World Green Building Council, que regula a criação de conselhos nacionais para promoção no desenvolvimento de tecnologias e operações sustentáveis na construção civil. O Conselho trabalha na difusão de novas tecnologias e melhores práticas relacionadas à construção civil e gerencia o sistema de certificação LEED (Leadership in Energy & Environmental Design) no Brasil.

O sistema LEED foi o de maior aceitação até agora, através do qual dezenas de empreendimentos foram certificados, e existindo mais de uma centena de empreendimentos não sigilosos em Certificação LEED no Brasil.

A Certificação **AQUA** (Alta Qualidade Ambiental) resultou de uma parceria entre a Fundação Vanzolini e o Centre Scientifique et Techinique du Bâtiment (CSTB) – instituto francês que é referência mundial na construção civil e sua subsidiária Certivéa, em cooperação com os professores do Departamento de Engenharia de Produção e de Engenharia de Construção Civil da Escola Politécnica da Universidade de São Paulo – USP.

A Certificação **INMETRO PROCEL**, associada à Etiqueta de Eficiência Energética, foi lançada no início de julho de 2010, em São Paulo, para edifícios comerciais de serviços e público. A Etiqueta de Eficiência Energética em edificações faz parte do Programa Brasileiro de Etiquetagem (PBE) e foi desenvolvida em parceria entre a estatal Eletrobrás e o Instituto Nacional de Metrologia, Normalização e Qualidade Industrial (Inmetro).

O **Método IPT** (Instituto de Pesquisas Tecnológicas, da USP, em São Paulo) visa oferecer uma avaliação ambiental de edifícios adequada às condições brasileiras e, caso o resultado seja satisfatório, conceder uma Referência Ambiental-IPT.

O **DGNB** (Deutsche Gesellschalft für Nackhaltiges Bauen, ou Sociedade Alemã de Construção Sustentável) classifica prédios que foram construídos ecologicamente, com poupança de recursos, eficiência econômica e sejam voltados para o conforto do usuário. O selo verde não avalia somente a compatibilidade ambiental, mas também a qualidade da construção do ponto de vista econômico e sociocultural. A classificação é dividida em ouro, prata e bronze e baseia-se em critérios relacionados à ecologia, economia, processos e localização, além dos fatores socioculturais e funcionais.

REFERÊNCIAS

ROMERO, M.A; REIS, L.B. *Eficiência energética em edifícios*. Barueri: Manole, 2012.

SITES, DOCUMENTOS E INFORMAÇÕES

Atlas brasileiro de energia solar 2006. Disponível em: <www.ccst.inpe.br/up-content/themes/ccst-2.0/pdf/atlas_solar-reduced.pdf>. Acesso em: 14 jan. 2014.

Companhia Ambiental do Estado de São Paulo – CETESB: minuta do Protocolo da Construção Civil e Desenvolvimento Urbano. Disponível em: <http:// www.cetesb.sp.gov/Tecnologia/camaras/ca_ativas/construcao/documentos/protocolo_construcao.pdf>. Acesso em: 12 jan. 2014.

Cresesb: informações sobre energia solar e Atlas Solarimétrico do Brasil. Disponível em: <http://cresesb.cepel.br>. Acesso em 12 jan. 2014.

Procel. Disponível em: <http://www.eletrobras.com/elb/main.asp>. Acesso em: 12 jan. 2014.

Eletrobrás. Disponível em: <www. eletrobras.com/elb>. Acesso em: 12 jan. 2014.

Governo do Estado de São Paulo. Notícia da assinatura do Protocolo da Construção Civil e Desenvolvimento Urbano. Disponível em: <http://www.saopaulo.sp.gov.br/spnoticias/lenoticia.php?id=99693>. Acesso em: 12 jan. 2014.

CAPÍTULO 7

ENERGIA DE COMBUSTÍVEIS FÓSSEIS

Conteúdo

COMO VOCÊ ESCOLHERIA?

Carros ou caribu? "Explore, meu bem, Explore"

A discussão sobre a exploração do petróleo na Reserva Nacional da Vida Selvagem no Ártico (Arctic National Wildlife Refuge – ANWR) já dura há muito tempo, com grupos defendendo ambos os lados dessa questão relacionada à energia e ao ambiente. A criação de estradas e a exploração, mesmo com novas tecnologias, podem danificar um ecossistema frágil. Os proponentes consideram esse projeto crucial para a produção doméstica de petróleo nos Estados Unidos. Muitas questões surgem quanto aos impactos das alternativas energéticas e à quantidade real de petróleo ali existente. Neste capítulo, você começará a entender a importância do petróleo na economia, assim como conhecerá um cenário das reservas atuais, tanto americanas quanto mundiais. Se você fizesse parte do Congresso, você votaria a favor da permissão da exploração do petróleo na ANWR?

A. INTRODUÇÃO

Atualmente, cerca de 85% das fontes comerciais de energia usadas no mundo são oriundas de combustíveis fósseis – carvão, petróleo e gás natural. Entretanto, com exceção do carvão, as reservas desses combustíveis, com as taxas de utilização atuais, podem não durar mais do que o tempo de existência das pessoas vivas hoje. O combustível de uso mais comum, o petróleo, parece ter as menores reservas globais, mas continua sendo a mercadoria da qual mais dependemos. De fato, a dependência de petróleo, especialmente para transporte, deixa muitos países vulneráveis a um desastre econômico de grandes proporções em caso de interrupção ou corte do fornecimento. Os Estados Unidos fazem empréstimo de cerca de US$1 bilhão por dia para pagar seu apetite pelo petróleo! O Japão importa praticamente todo seu petróleo (sobretudo do Oriente Médio), enquanto alguns países, cujas economias têm crescimento rápido hoje (Coreia, Tailândia, Cingapura), dependem em grande parte de petróleo importado.

Nos Estados Unidos, o carvão responde pela maior fatia da produção doméstica de energia, seguido pelo gás natural e pelo petróleo bruto. Nos anos 1990, o crescimento da economia e os baixos preços do petróleo bruto levaram a um aumento no consumo de carvão, gás natural e petróleo. No caso do carvão, essa elevação ocorreu principalmente em usinas elétricas, cuja produção cresceu a uma taxa de 2,2% ao ano. Na década de 1990, a demanda por gás natural subiu 2,1% ao ano em quase todos os setores (residencial, industrial e de concessionárias elétricas), mas permaneceu constante na primeira metade da década atual. O maior consumo de petróleo[1] foi resultado do aumento dos transportes (mais carros nas estradas, mais milhas percorridas), e a não expansão da economia global de combustível nos últimos 15 anos (na verdade ela diminuiu 6% em razão do crescimento da venda de veículos utilitários esportivos, SUV, e caminhões leves) resultou no aumento de 22% no consumo total de gasolina automotiva no período de 1990 a 2005. Veículos de passageiros consumiram 85% das importações americanas. Como notícia positiva, pode-se citar que a economia de combustível tem aumentado em até 2% ao ano, na medida em que carros antigos e ineficientes têm sido substituídos por carros com melhores índices em mpg. Como consequência, o crescimento do consumo baixou para menos que 1% ao ano.

Um efeito colateral dos preços baixos do petróleo bruto é a redução na exploração de petróleo e gás. Quando o preço do petróleo bruto subiu de forma abrupta em 1981, a exploração atingiu níveis recordes. Havia 681 equipes engajadas em exploração, os poços rotatórios eram 3.970, e os poços exploratórios abertos eram 17.500 por ano. À medida que os preços do petróleo caíam na metade da década de 1980, havia cortes drásticos na exploração. Em 1993, os números tinham caído a 79 equipes, 754 poços rotatórios e 3.100 exploratórios. Na maior parte da década de 1990, os baixos preços continuaram a inibir a exploração; aproximadamente 2.500 poços exploratórios continuaram a ser abertos por ano. Os aumentos espetaculares do preço do petróleo a partir de 1999 (Figura 1.21) levaram à reversão dessa situação, e mais de 12 mil poços foram abertos por ano.

---

[1] O óleo é a porção líquida do petróleo. [Em inglês, há distinção entre os termos *oil* e *petroleum*. Em português, é comum o uso do termo "petróleo" em ambos os casos]. (N.T.)

Em 20 de abril de 2010, a explosão de equipamento em uma plataforma causou o maior vazamento de petróleo do mundo, equivalente a 175 milhões de galões de petróleo bruto. O efeito dessa catástrofe na população, na vida marinha e na política energética ainda está sendo avaliado (veja Foco em 7.2).

B. TERMINOLOGIA DOS RECURSOS

A terminologia utilizada para descrever o estado das fontes de combustíveis fósseis parece ambígua, na melhor das hipóteses. Palavras como reservas, reservas conhecidas e recursos não descobertos são usadas frequentemente, e muitas vezes de forma incorreta. Essas diferenças são importantes e serão discutidas nesta seção. É difícil prevermos a quantidade de um determinado recurso que permanece não utilizado ou ainda não descoberto no solo. Como nossas estimativas são baseadas em exploração incompleta, sempre sobrará algum recurso a ser descoberto. E mesmo que ainda reste uma quantidade de um determinado recurso, fatores econômicos e técnicos sempre determinam a quantidade passível de ser extraída.

FIGURA 7.1 O DIAGRAMA DE MCKELVEY PARA A CATEGORIZAÇÃO DAS RESERVAS E DOS RECURSOS RELACIONA AS VARIÁVEIS COM A CERTEZA GEOLÓGICA E A VIABILIDADE ECONÔMICA.

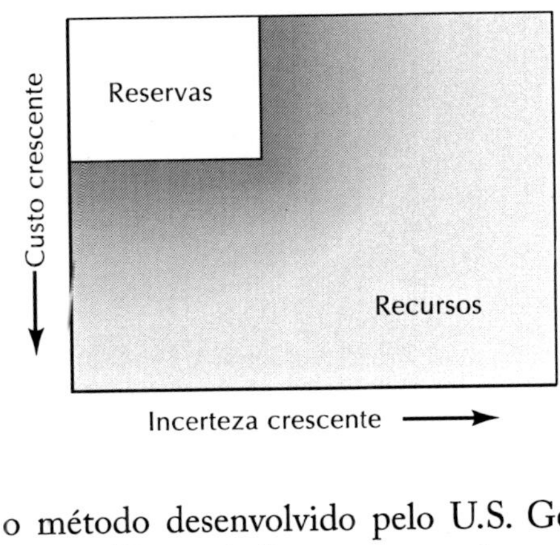

Utilizaremos o método desenvolvido pelo U.S. Geological Survey, chamado diagrama de McKelvey (Figura 7.1), para categorizar os diferentes tipos de recursos petrolíferos. Comecemos com um retângulo que mostra todos os recursos (petróleo, neste exemplo) que existem em uma área determinada (tal como os Estados Unidos). O eixo vertical registra o custo crescente do produto final, começando pelo canto superior esquerdo, que indica o produto de menor custo de recuperação. O eixo horizontal mostra a incerteza crescente de descoberta. As **reservas** ocupam o canto superior esquerdo desse retângulo e são definidas como aqueles recursos que são bem conhecidos por meio da prospecção e que podem ser recuperados com preços e tecnologias atuais. O lado direito do diagrama refere-se a **recursos**

ainda não descobertos, cuja incerteza aumenta na medida em que se afasta do eixo vertical para a direita. O lado esquerdo, além da área correspondente às reservas conhecidas cujo custo de exploração é viável (o retângulo da figura), permite, na parte inferior, a representação de reservas conhecidas (de baixa incerteza), cujos custos de extração são altos demais no cenário atual. Às vezes, as reservas são divididas em reservas *comprovadas*, *indicadas* e *inferidas*. As *comprovadas* são aquelas passíveis de produção em reservatórios conhecidos, sob condições econômicas e tecnológicas existentes. Reservas *indicadas* são quantidades recuperáveis de jazidas conhecidas por meio do melhoramento das técnicas de recuperação. E as *inferidas* são os depósitos esperados em jazidas identificadas, porém ainda não quantificadas.

O tamanho da caixa das reservas é estabelecido pelas próprias indústrias de energia. Infelizmente, uma parte dos dados pode ser subestimada, já que alguns Estados taxam as reservas conhecidas[2]. A mesma lógica aplica-se às reservas mundiais, embora alguns países não contem a história completa. Ainda assim, são os melhores números disponíveis. À medida que uma indústria exaure suas reservas, ela procura manter seu inventário pela adição de novas reservas. Entretanto, a adição de novas reservas de petróleo, nos Estados Unidos, historicamente não tem sido capaz de acompanhar o consumo (Figura 7.2). De 1962 até o presente, em nenhum ano esse país foi capaz de compensar o petróleo consumido com a descoberta de novas reservas.

FIGURA 7.2 RESERVAS DE PETRÓLEO BRUTO DOS ESTADOS UNIDOS. ACIMA DA LINHA ESTÃO AS ADIÇÕES ANUAIS ÀS RESERVAS (O PICO DE 1970 CORRESPONDE AO PETRÓLEO DO ALASCA), E SOB A LINHA ESTÁ A PRODUÇÃO ANUAL. NOTAR QUE A ADIÇÃO DE RESERVAS É INFERIOR À PRODUÇÃO.
(Fonte: US DOE.)

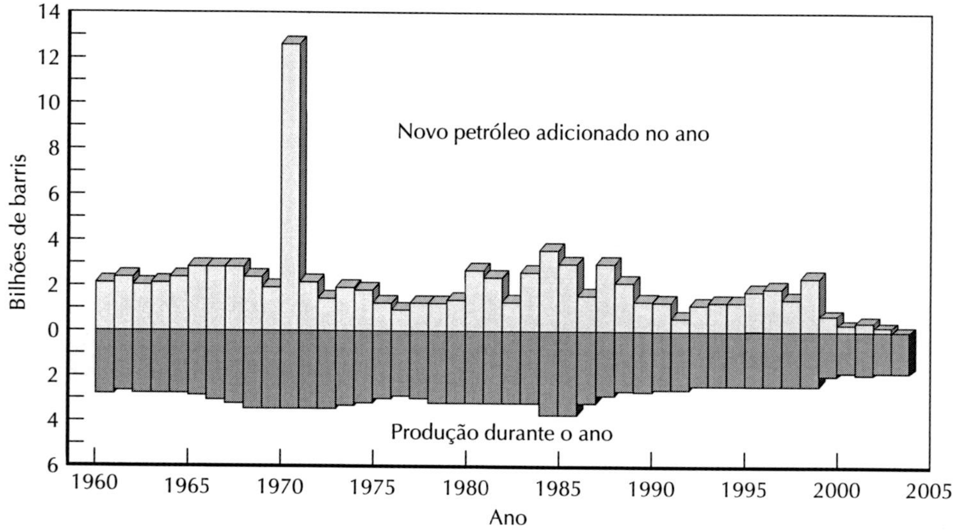

[2] O autor refere-se à legislação norte-americana (N.T.).

FIGURA 7.3 (A) CURVA DE HUBBERT PARA A DIMINUIÇÃO DA PRODUÇÃO MUNDIAL DE PETRÓLEO. A LINHA CHEIA REPRESENTA A PRODUÇÃO DE FATO, UTILIZANDO DADOS RECENTES DO DEPARTAMENTO DE ENERGIA DOS ESTADOS UNIDOS.
(Fonte: Hubbert, M. King. *American Journal of Physics*, v. 49, n. 11, 1981.)
(B) PRODUÇÃO DE PETRÓLEO DA NORUEGA (NO MAR DO NORTE) SEGUE UMA CURVA DE SINO. A PRODUÇÃO ATÉ 2009 (EM MBPD) É MOSTRADA COMO UMA LINHA SÓLIDA.
(Fonte: British Petroleum.)

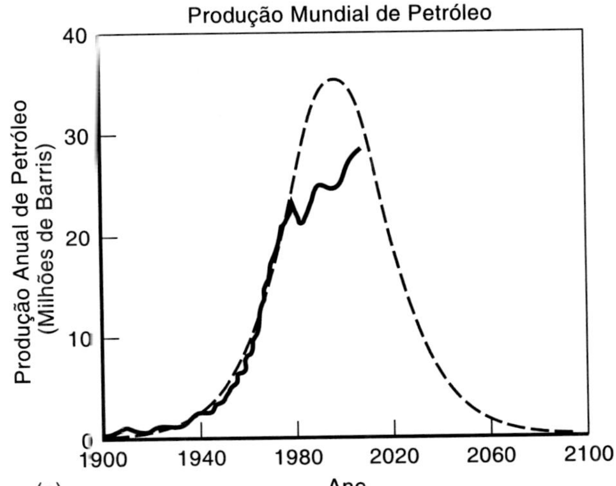

(a)

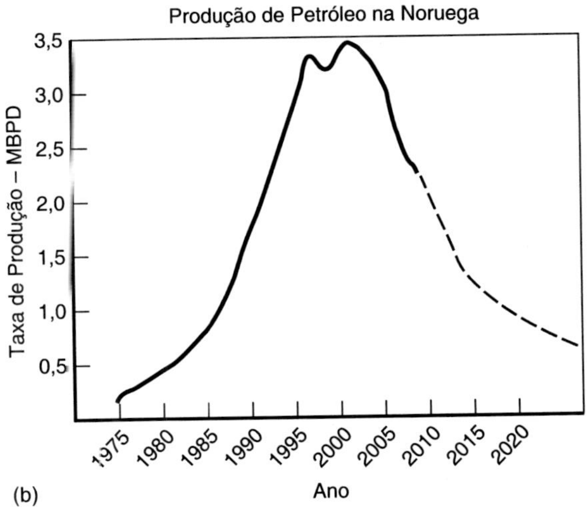

(b)

Mas, como sabemos o tamanho da caixa correspondente às reservas totais de petróleo? Um método avalia esse tamanho supondo que a quantidade de petróleo existente em um determinado tipo de estrutura geológica é fixa, e então estima o volume total desse tipo de estrutura que existe nos Estados Unidos ou no mundo.

A quantidade presente é, então, o número estimado de barris por metro cúbico multiplicado pelo volume estimado daquele tipo de estrutura geológica. Outro método é a "abordagem comportamental", em que a história da produção de petróleo é extrapolada para o futuro, a fim de se avaliar a quantidade remanescente no solo. Um exemplo famoso dessa abordagem é a previsão feita em 1969 por M. King Hubbert, introduzida no Capítulo 1. O princípio por trás dessas curvas de produção em forma de sino (veja a Figura 1.18) (para qualquer recurso finito) é que o uso histórico de combustível começa com o aumento contínuo no tempo. Em dado momento os depósitos de baixo custo ou com pouca exigência de tecnologia são exauridos; o uso do combustível atinge um máximo e depois diminui à medida que os preços aumentam e a substituição de combustível cresce. A Figura 7.3(a) mostra uma dessas curvas para a produção mundial de petróleo (a Figura 1.19 mostrou a produção americana). Tal curva sugere que o pico da produção de petróleo mundial ocorreu lá pelo ano 2000 e que por volta do ano 2050 a produção de petróleo nas reservas mundiais vai estar em somente 10% dos níveis atuais. Como visto, isso não aconteceu. A Figura 7.3(b) mostra a curva de produção para a Noruega, na qual pode ser verificado que a curva do sino é bem acompanhada pelos dados.

Como discutido no Capítulo 1, a área contida sob a curva tipo sino é igual à quantidade do recurso conhecido como recuperável. Claro, isso é uma meta que se move na medida em que as reservas totais dependem de tecnologia e preço e estes itens variam ao longo do tempo. Embora a curva de depleção global da Figura 7.3(a) mostre um pico de petróleo em 2000, outros estudos indicam a ocorrência do pico em 2030 e 2100. Tais diferenças dependem do que foi assumido como total de reservas, assim como de contribuição eventual de recursos não convencionais, como as areias betuminosas e o óleo de xisto. Um estudo de 2010 na Universidade de Oxford considerou o total de reservas mundiais de 1.200 bilhões de barris como superestimado em 33%. Outras questões ainda continuam com relação à produção de "pico de petróleo":

- Nossa habilidade em manter o fluxo de petróleo consistente com as taxas de demanda.
- A crescente energia necessária para trazer um barril de petróleo para o mercado. (Não é produtivo gastar 1 Btu de energia para tirar somente 1 Btu de energia do poço.)
- Emergência da substituição do petróleo por outras tecnologias e combustíveis, especialmente no setor de transportes (como os carros elétricos ou carros movidos a gás natural).

Muitos analistas de recursos não acreditam que a abordagem comportamental possa ou deva ser aplicada para se fazer previsões acerca dos recursos totais disponíveis. O argumento é que essa é uma questão geológica e deve ser respondida por meio de dados geológicos. O uso da história, dizem eles, não é relevante para se fazer previsões.

Não se pode substituir a exploração geológica. A abordagem comportamental não leva em consideração os avanços tecnológicos na descoberta e na extração da jazida. A produção anual depende da tecnologia, bem como do custo e da demanda.

A Tabela 7.1 apresenta as reservas mundiais e americanas, em 2003, de petróleo, gás natural e carvão. Também são mostradas as taxas de consumo mundial e norte-americana para cada um desses combustíveis. (Conforme vimos nos parágrafos antecedentes, existe um grau muito grande de incerteza nas estimativas dos recursos.) A razão entre as reservas e o consumo fornece uma estimativa da longevidade de um combustível sob as condições atuais de consumo. Essa razão, no entanto, pode ser enganosa. Um recurso não é usado na mesma taxa até a última gota. Mas devemos lembrar que as reservas serão aumentadas substancialmente pelos recursos à medida que os preços subirem ou novas tecnologias forem descobertas.

TABELA 7.1 RESERVAS COMPROVADAS MUNDIAIS E AMERICANAS: 2008.

	Mundial	Estados Unidos	Tempo de vida*
Petróleo	1.342 × 10^9 bbl 7,7 × 10^{18} Btu	29 × 10^9 bbl 0,13 × 10^{18} Btu	10 anos
Gás natural	6.254 × 10^{12} pé^3 6,1 × 10^{18} Btu	239 × 10^{12} pé^3 0,24 × 10^{18} Btu	12 anos
Carvão	0,93 × 10^{12} tons 23 × 10^{18} Btu	0,26 × 10^{12} tons 6,3 × 10^{18} Btu	230 anos
Areia betuminosa	575 × 10^9 bbl 2,9 × 10^{18} Btu	32 × 10^9 bbl 0,17 × 10^{18} Btu	12 anos
Óleo de xisto	3.300 × 10^9 bbl 18 × 10^{18} Btu	2.000 × 10^9 bbl 11 × 10^{18} Btu	800 anos

*Razão entre as reservas e a taxa de produção americanas em 2008.

Fonte: Useia.

C. PETRÓLEO

No ano de 1922:

- A primeira edição do *Readers Digest* foi publicada.
- A tumba do rei Tutancâmon foi encontrada no Egito.
- Gandhi foi preso por desobediência civil.
- Jimmy Doolittle voa de costa a costa[3] com uma parada em 22,5 horas.
- A Corte de Apelação de Nova York determina que a diligência não é um veículo comercial, e sim de passageiros.

[3] O autor refere-se às costas leste e oeste dos Estados Unidos. (N.T.)

- O rádio chega à Casa Branca.
- Pesquisa geológica indica que o suprimento de petróleo dos Estados Unidos vai durar apenas 20 anos.
- A primeira linha comercial de energia elétrica é usada nos Estados Unidos (Utica, NY).

O apetite mundial por petróleo continua a crescer (Figura 7.4). Em 2009, o consumo diário mundial total era de 86 milhões de barris por dia (MBPD), dos quais 19 MBPD, ou cerca de 25%, foram consumidos nos Estados Unidos (aproximadamente 57% desse petróleo foi importado). Além de consumir mais do que qualquer outro país, os Estados Unidos são o terceiro maior produtor, abaixo somente da Arábia Saudita e da Rússia. Entretanto, os Estados Unidos têm apenas menos de 2% das reservas mundiais conhecidas, que seriam suficientes (se essa fosse a única fonte) somente para mais quatro anos se utilizadas à taxa atual. Embora esses números possam parecer enganadores, já que novas reservas certamente serão encontradas nesse país, as descobertas não deverão alterar significativamente esse tempo de vida.

FIGURA 7.4 CONSUMO MUNDIAL DE PETRÓLEO DE 1960 A 2009. OS PAÍSES DA ORGANIZAÇÃO PARA COOPERAÇÃO E DESENVOLVIMENTO ECONÔMICO (OCDE) INCLUEM: ESTADOS UNIDOS, JAPÃO, EUROPA OCIDENTAL E CANADÁ.
(Fonte: USEIA.)

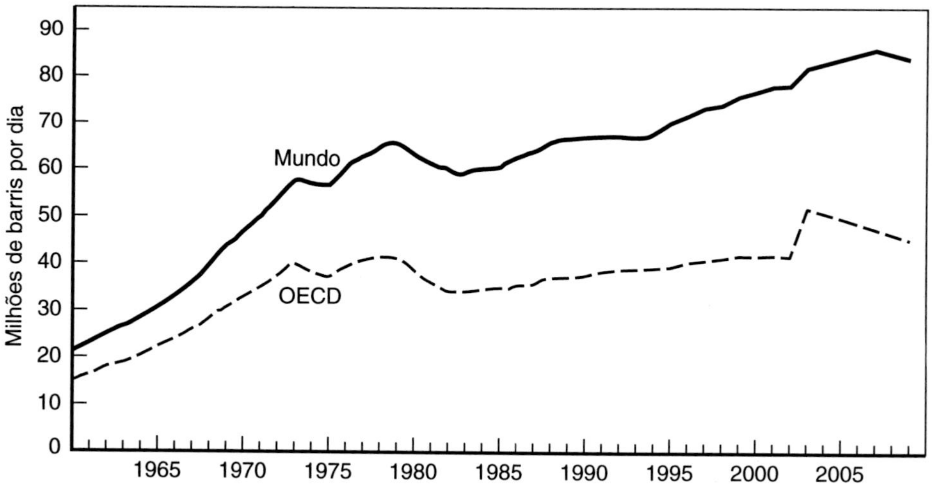

A Figura 7.5 mostra as reservas mundiais de petróleo por região e o consumo por país. Observe a não uniformidade da distribuição do petróleo. Os campos petrolíferos do Oriente Médio contêm cerca de 55% do petróleo mundial, em 0,5% da área total do planeta. A Tabela 7.2 exibe as reservas mundiais de petróleo e gás natural por país em 2008.

Apesar de o primeiro poço de petróleo comercial ter sido perfurado em Titusville, Pensilvânia, em 1859, a utilização do petróleo na medicina, em lâmpadas e em outras aplicações remonta aos tempos bíblicos. O piche de asfalto era empregado no antigo Egito e na Babilônia por volta de 2500 a.C. para impermeabilização e em ruas; os gregos e os romanos o usavam em suas armas. Os chineses perfuravam poços atrás de petróleo e gás antes de 1000 a.C., e os utilizavam para aquecimento e iluminação. O uso do petróleo aumentou bastante a partir de 1859, pois passou a ser usado como substituto do óleo de baleia. O preço do óleo de baleia (utilizado para iluminação) estava aumentando em razão da dizimação desses mamíferos.

FIGURA 7.5 Reservas mundiais de petróleo e consumo por país, 2008. (Fonte: US DOE.)

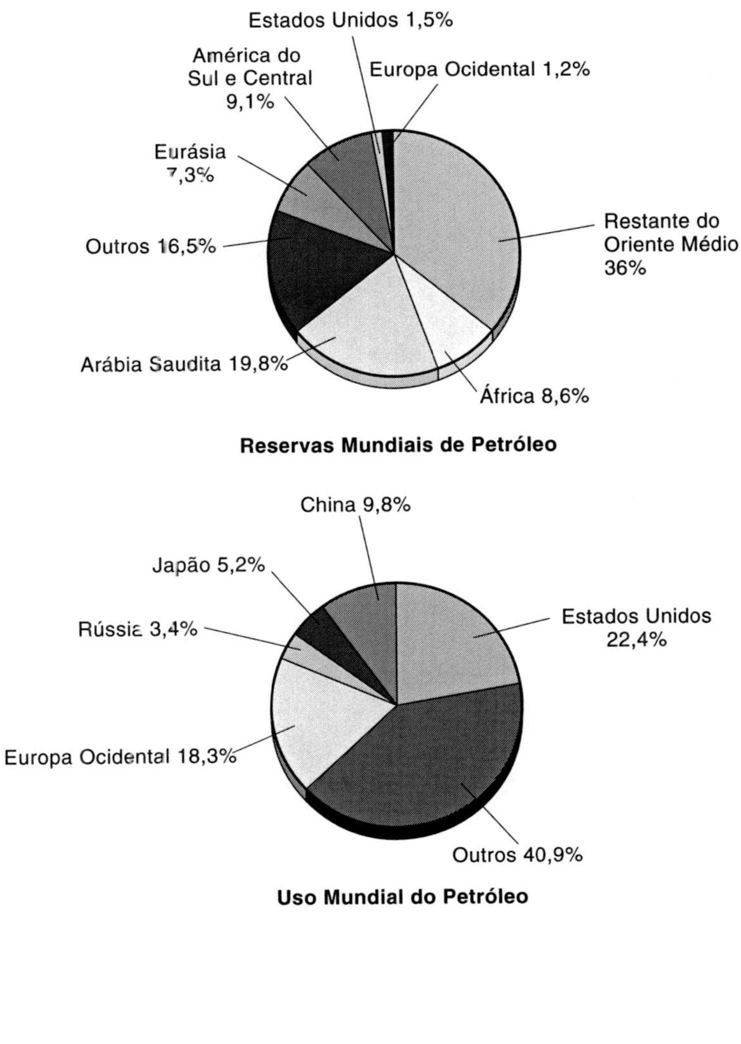

TABELA 7.2 RESERVAS MUNDIAIS DE PETRÓLEO E GÁS NATURAL: 2008.

País	Reservas de Petróleo (Bilhões de barris)	Gás Natural (Trilhões de pés cúbicos)
Árabia Saudita*	267	258
Canadá	178	58
Irã*	136	991
Iraque*	115	112
Kuwait*	104	63
Venezuela*	99	171
Emirados Árabes Unidos*	98	214
Rússia	60	1.680
Líbia*	44	54
Nigéria*	36	184
Estados Unidos	21	238
China	16	80
Qatar*	15	892
Argélia*	12	159
México	10	13
Noruega	7	82
Índia	6	38
Egito	4	58
Indonésia	4	106
Reino Unido	3	12

* Membro da Organização dos Países Exportadores de Petróleo (Opep).
Fontes: American Petroleum Institute, Useia.

Conforme temos discutido ao longo deste livro, o petróleo é crucial para a economia mundial, especialmente em aplicações nas quais sua substituição é difícil, como transporte, agricultura e produtos petroquímicos. Dois terços do petróleo consumido nos Estados Unidos são utilizados em transporte (Figura 7.6).

FIGURA 7.6 CONSUMO DE PETRÓLEO DOS ESTADOS UNIDOS POR USO FINAL, 2008.
(Fonte: USEIA.)

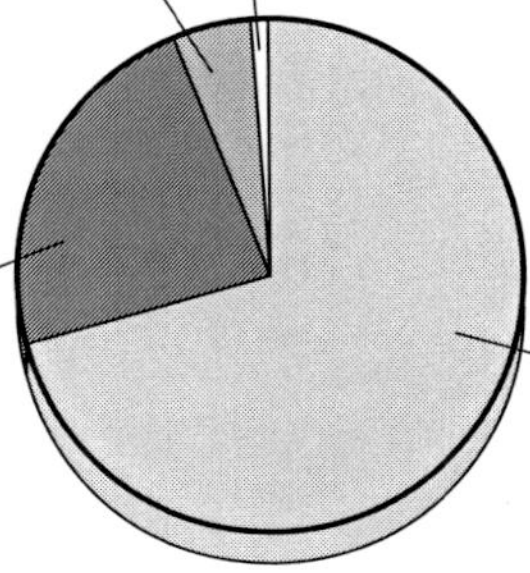

FOCO EM 7.1

POLÍTICA DE OLEODUTOS NA ÁSIA CENTRAL

Antes de 1989 e da queda do comunismo, a antiga União Soviética possuía a terceira maior reserva de petróleo do mundo. Problemas econômicos e políticos na Rússia deixaram a indústria petrolífera em ruínas. Permitiu-se que as instalações se deteriorassem sem que houvesse reparos adequados. Atualmente, as novas Repúblicas têm sua fatia dos recursos e esperam utilizá-la para melhorar sua posição econômica. Um exemplo típico desse processo é o Casaquistão com suas reservas de 6 a 8 bilhões de barris e projeto de produção em Tengiz (veja a Figura 7.7). Esse campo é o maior descoberto no mundo nos últimos 25 anos. É o campo mais profundo em operação em terra no mundo, com 12 mil pés (3.700 m) de profundidade. Companhias petrolíferas do Ocidente estão envolvidas nesse projeto, mas têm encontrado dificuldades em virtude das tensões étnicas. Outros problemas surgem por causa das reivindicações russas sobre a riqueza petrolífera dessas Repúblicas e a dificuldade de estabelecer uma rota para os oleodutos para a exportação do produto. O Mar Cáspio é um mar interior, e novos oleodutos são necessários para as vastas reservas de gás e petróleo dessa região. Rotas pela Rússia até o Mar Negro envolvem a Turquia no cenário. A Turquia deseja os benefícios econômicos do petróleo, mas tem expressado uma preocupação ambiental crescente em razão do grande número de navios petroleiros que atravessam o Estreito do Bósforo. Um oleoduto com 1.000 milhas (1,07 m ou 42 polegadas de diâmetro) e valor de bilhões de dólares da Turquia até o Mediterrâneo (de Baku, no Azerbaijão, através de Tbilisi, na Geórgia, até Ceyhan, na Turquia) foi finalizado em 2005 e pode transportar 1 milhão de barris por dia. Aspectos políticos são importantes neste caso: esse oleoduto passa por fora da Armênia (que está em conflito com o Azerbaijão) com apoio da independência da Geórgia das influências da Rússia. Outra possível rota (provavelmente mais barata) é através do Irã até a ilha Kharg no Golfo Pérsico. Essa rota, no entanto, resulta em mais petróleo fluindo através do Golfo Pérsico, e a não diversidade de rotas de suprimento pode ser um problema. Além disso, há sanções americanas contra investimentos no Irã. Um oleoduto entre o Casaquistão e o noroeste da China (Xinjiang) está em fase de desenvolvimento.

FIGURA 7.7 Oleodutos atuais e sugeridos para exportação da região rica em petróleo, mas de certa forma travada, dos países da Ásia Central.

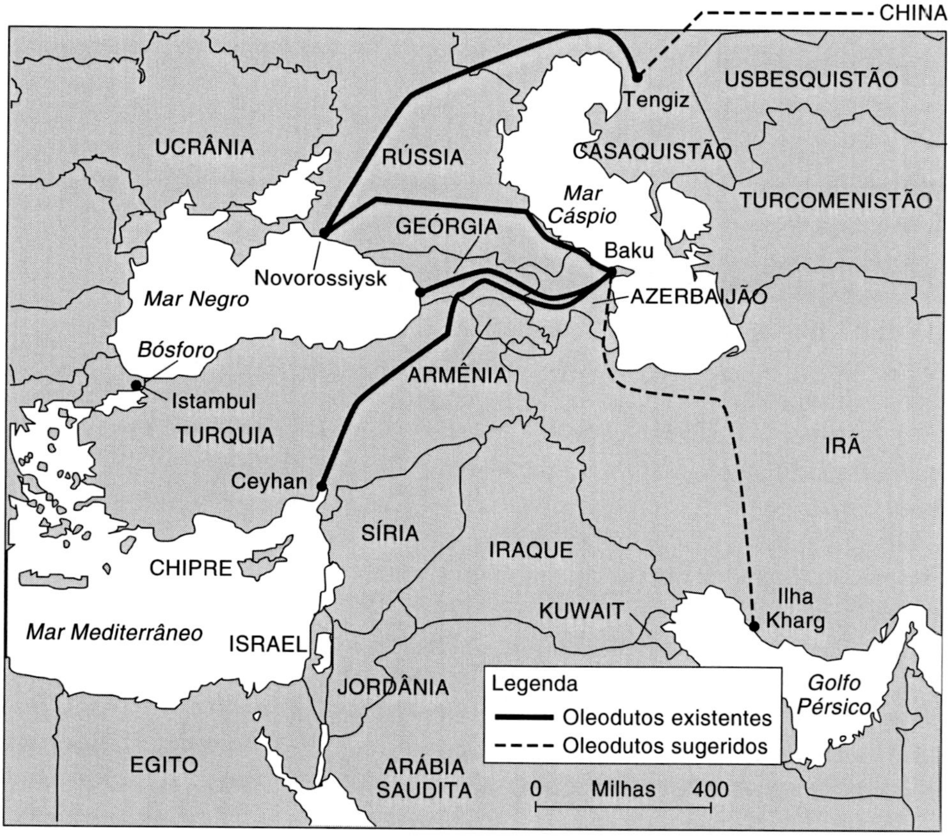

O petróleo é uma mistura de óleo bruto, gás natural em solução e semissólidos asfálticos espessos e pesados. Todos os depósitos de petróleo contêm gás natural, mas nem todos os depósitos de gás natural contêm óleo. O petróleo é uma mistura complexa de hidrocarbonetos (compostos de hidrogênio e carbono), com uma razão média de hidrogênio para carbono de aproximadamente 1 para 7 em massa. Alguns compostos possuem apenas um átomo de carbono, enquanto uns poucos têm até cem átomos de carbono. Não se encontrou duas amostras de petróleo com a mesma mistura de componentes. O petróleo também contém pequenas porcentagens de compostos de vanádio, níquel e enxofre.

FIGURA 7.8 EM UMA REFINARIA, AS FRAÇÕES DO PETRÓLEO SÃO SEPARADAS TERMICAMENTE NA TORRE DE FRACIONAMENTO; DEPOIS SÃO TRATADAS INDIVIDUALMENTE PARA FORNECER OS PRODUTOS LISTADOS.

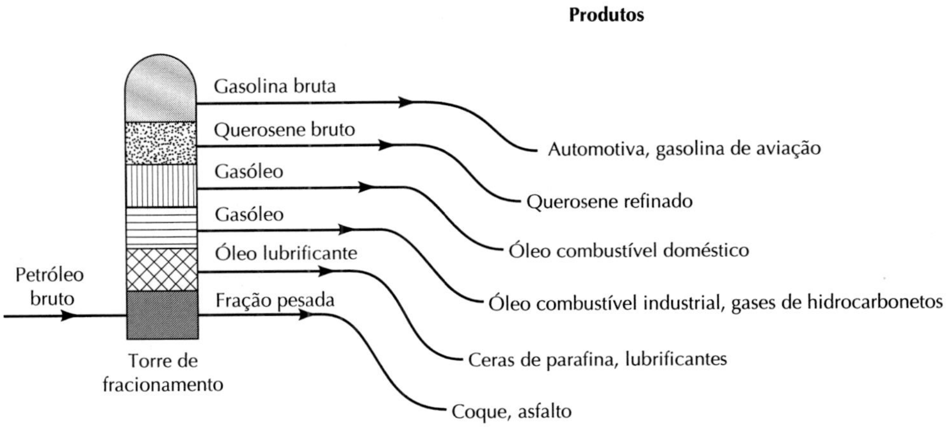

O petróleo bruto deve passar por uma série de estágios durante o processo de refinação para que seja convertido em produtos úteis. Na **refinação**, o primeiro passo é a destilação, que separa as diferentes partes do petróleo em função de seus diferentes pontos de ebulição. O petróleo é inicialmente aquecido desde a parte inferior e depois passa por uma torre de fracionamento (com aproximadamente 40 m de altura). Os diversos derivados de petróleo são condensados a diferentes temperaturas na torre e são coletados. As frações (ou produtos) mais pesadas acumulam-se na parte inferior da torre, enquanto a gasolina é condensada no topo (alguns gases não se condensam, por isso são retirados no topo e adicionados ao gás natural). A Figura 7.8 mostra um esquema simplificado de uma refinaria. A maior parte dos produtos que saem da torre sofre um tratamento químico e/ou térmico posterior para fornecer derivados como gasolina, óleo para aquecimento, combustível de aviação, óleo diesel, parafinas e asfalto. A gasolina é o derivado mais importante do petróleo, representando aproximadamente 45% da produção de uma refinaria[4]. A produção da refinaria pode ser ajustada de acordo com a estação, para produzir mais ou menos gasolina e óleo para aquecimento. Aproximadamente 10% de todo o petróleo utilizado nos Estados Unidos fornece à indústria química insumos como metano, etano, benzeno e tolueno, que são usados na produção de fertilizantes, plásticos, solventes, náilon, borracha sintética e assim por diante.

[4] O autor refere-se à produção típica de uma refinaria norte-americana. (N.T.)

O petróleo tem sua origem na decomposição de matéria orgânica, geralmente a fauna marinha, que é convertida em petróleo ao longo de milhões de anos, sob altas pressões e temperaturas associadas ao soterramento profundo sob sedimentos oceânicos. Essas áreas de sedimentos marinhos parecem ser uma boa indicação de onde encontrar novos depósitos de petróleo. O petróleo (e o gás natural) formado sob essas condições pode migrar por rochas adjacentes, formando depósitos a partir dos quais pode ser extraído. Esses depósitos são encontrados em rochas sedimentares, como arenito, xisto e calcário, as quais absorvem o petróleo da mesma forma que uma esponja absorve água. Tais rochas são bastante porosas (têm vazios ou aberturas) e permeáveis, permitindo o movimento dos líquidos ou gases. Para que o petróleo se acumule e não escape, é essencial que o reservatório esteja coberto por uma rocha impermeável ou não porosa que vai atuar como uma barreira que evita a migração do petróleo e dos gases rumo à superfície. O tipo mais comum de barreira ou armadilha natural é o "anticlino", causado pelo deslocamento das camadas inferiores da Terra. À medida que o óleo se move para cima no anticlino, fica preso sob uma rocha na forma de domo, tal como o xisto impermeável (Figura 7.9). Outro tipo de barreira é o "domo de sal", que resulta da intrusão para cima de um tampão de sal, oriundo de grandes profundidades, para dentro do estrato adjacente.

FIGURA 7.9 TÍPICA BARREIRA DE PETRÓLEO. O LIMITE SUPERIOR DA BARREIRA É UMA CAMADA IMPERMEÁVEL DE ROCHA, CHAMADA TETO OU ROCHA-TAMPA.

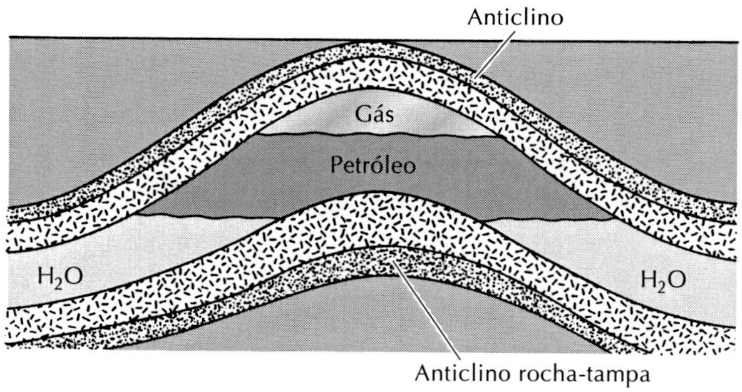

A procura por petróleo tem se concentrado na busca de tais domos de sal ou anticlinos. Os primeiros geólogos concentravam-se na observação de feições de superfície e na anotação, em um mapa, da inclinação de camadas ou bacias sedimentares. Tais estudos da superfície têm sido expandidos mais recentemente pelo uso da sismologia para se "ver" a estrutura da Terra sob a superfície. (Isso será discutido mais detalhadamente no fim deste capítulo, em Tópico Especial, "A física da exploração de gás e petróleo".)

Na medida em que a busca por novos depósitos de petróleo continua, torna-se cada vez mais difícil obter sucesso com as técnicas convencionais de perfuração. Uma vez que o petróleo e o gás natural são frequentemente encontrados juntos, seus métodos de recuperação são semelhantes. Ambos estão geralmente presos na rocha porosa que atua como reservatório. O reservatório tem um teto de rocha impermeável, que impede a migração dos combustíveis rumo à superfície. A água é mais densa do que o petróleo, portanto, encontra-se no fundo da barreira, abaixo do petróleo e do gás natural. Um poço de perfuração que atinge um reservatório produz inicialmente resultados graças ao escoamento natural, já que as pressões no subsolo forçam o petróleo para cima – resultando, em alguns casos, em um poço jorrante. Para aumentar e sustentar a remoção, uma unidade de bombeamento é normalmente empregada, mantendo uma pressão mais baixa no topo do poço, como um canudo em um copo de refrigerante. Uma recuperação adicional (*secundária*) é feita por meio da injeção de água no reservatório, aumentando, assim, sua pressão. Mesmo com a recuperação secundária, menos de um terço do petróleo é extraído (Figura 7.10). Para aumentar ainda mais a recuperação do petróleo, métodos *aperfeiçoados* ou *terciários* são utilizados. O mais comum é a injeção de vapor no solo. O calor do vapor torna o petróleo menos viscoso e permite que ele escoe mais facilmente para fora da rocha porosa e do poço, a fim de que possa ser bombeado para a superfície. Outro método envolve a injeção de CO_2 ou nitrogênio diretamente no petróleo, para aumentar a pressão no reservatório e liberar o petróleo da rocha. Um terceiro método utiliza produtos químicos, como polímeros em vez de gases, para forçar as moléculas dos componentes do petróleo[5] para fora das rochas do reservatório. Estima-se que o uso de métodos de recuperação aperfeiçoados pode aumentar a produção de petróleo de um reservatório em 10% a 30%.

Os Estados Unidos possuem mais poços perfurados por milha quadrada do que qualquer outro país do mundo. À medida que a extração de petróleo se torna mais difícil, o petróleo descoberto por pé (ft) perfurado tem caído de forma quase linear desde os anos 1940. A profundidade média de um poço nos Estados Unidos hoje em dia chega a 8 mil pés, e somente 30% dos poços perfurados têm sucesso. Com o avanço da tecnologia de extração de petróleo, a energia gasta por pé perfurado aumenta. Alguns analistas de recursos sugerem que eventualmente será atingido um ponto em que a energia que pode ser obtida de um poço será igual à energia nele aplicada.

[5] No original: *molecules of oil*. Aqui o autor comete um engano, já que não existem "moléculas de petróleo", pois ele é uma mistura de uma grande quantidade de substâncias, estas, sim, constituídas por moléculas. (N.T.)

FIGURA 7.10 MÉTODOS APERFEIÇOADOS DE RECUPERAÇÃO.
(Fonte: US DOE.)

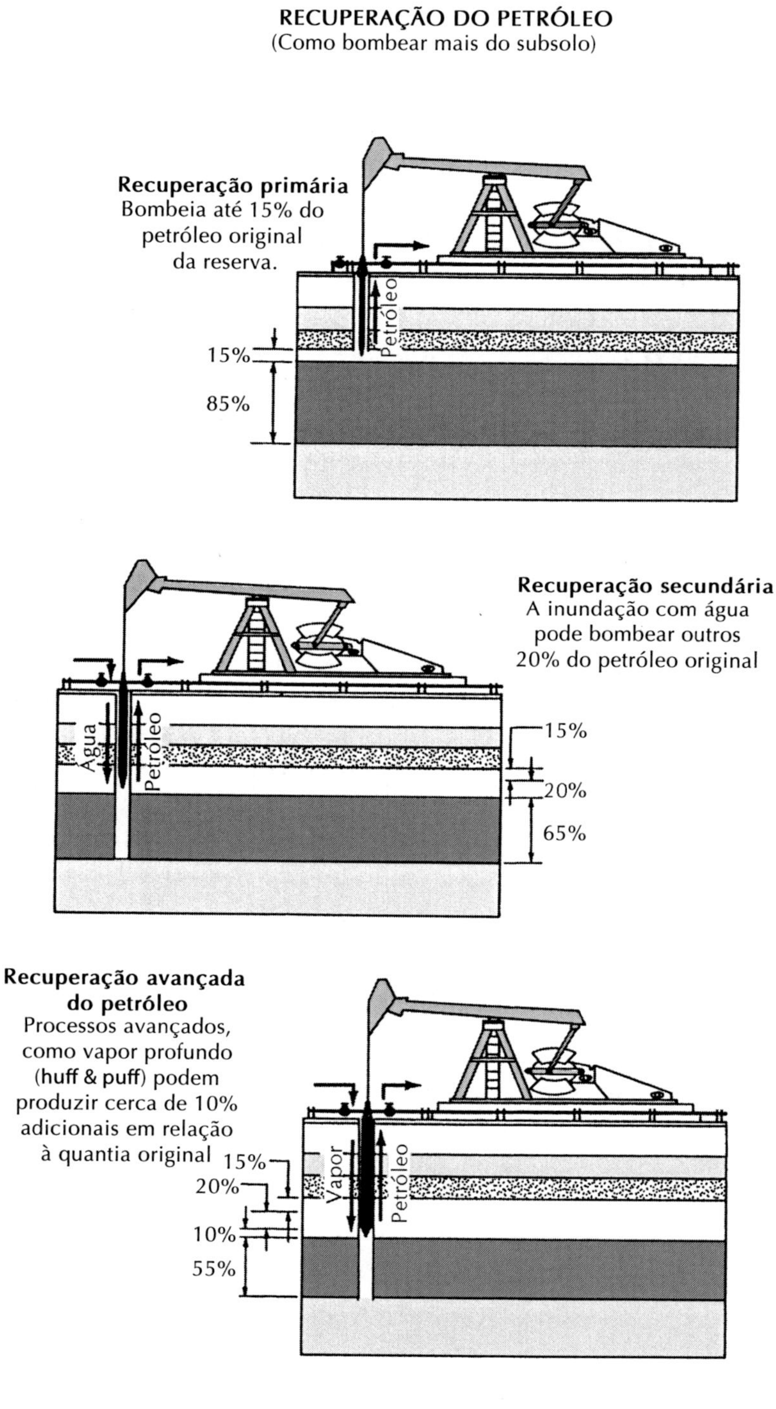

Os maiores aumentos nas reservas dos Estados Unidos são esperados na perfuração de poços de grande profundidade em alto-mar. Isso faz sentido porque os depósitos litorâneos, especialmente aqueles próximos à costa, são vistos como cemitérios para a vida macroscópica. Aproximadamente 27% do petróleo bruto e 16% do gás natural dos Estados Unidos são provenientes de reservas marinhas atualmente. Exceto por uma faixa de 3 milhas de águas estaduais, o governo federal americano é dono dos recursos minerais submersos em águas internacionais até 200 milhas da costa e fornece concessões para a exploração e a produção em uma determinada região. Algumas estimativas dão conta de que metade das reservas americanas esteja em tais águas. Além disso, preocupações ambientais com vazamentos de petróleo (veja o Foco em 7.2) causaram imediata retirada da oferta de milhões de acres de terra litorânea para aluguel, assim como forte suporte para seu banimento.

A perfuração em alto-mar é muito cara (aproximadamente dez vezes mais cara do que a perfuração em terras continentais por pé perfurado), e é um monumento à engenharia do século XX. Plataformas de perfuração no Golfo do México operam a 2 milhas de profundidade, e poços terrestre, a 6 milhas de profundidade. Plataformas de perfuração podem operar em águas com mais de 1 milha de profundidade, embora a maioria das americanas tenha operado em águas com profundidade inferior a 2 mil pés. Essas plataformas geralmente são ancoradas no fundo do mar por muitos cabos, ou mantidas em posição por jatos motorizados a bordo da plataforma (Figura 7.12). O petróleo bruto e o gás natural são, geralmente, levados à terra por oleodutos.

FOCO EM 7.2

VAZAMENTO DE PETRÓLEO

Em abril de 2010, uma explosão num equipamento de perfuração do Deepwater Horizon num poço da British Petroleum, 1 milha abaixo da superfície do Golfo do México, matou 11 trabalhadores e causou o maior vazamento da história dos Estados Unidos. Cerca de 50 mil a 60 mil barris por dia escaparam do poço danificado para o Golfo, produzindo uma mancha de petróleo que cobriu milhares de quilômetros quadrados e começou a se mover rapidamente para as costas dos Estados de Louisiana, Mississipi, Alabama e Florida (veja a Figura 7.11(a)). Numerosos esforços foram feitos para fechar o vazamento. Finalmente, após aproximadamente 100 dias, o poço foi encapado e algumas semanas depois, fechado permanentemente com lama e concreto. Houve muito empenho para remediar o dano potencial desse vazamento à terra e aos animais. Milhares de botes com escumadeiras e centenas de quilômetros de sapatas foram instalados para reduzir os danos ao ecossistema costeiro. A melhor estimativa é que quase 5 milhões de barris de petróleo (200 a 250 milhões de galões) jorraram do poço da BP. Cerca de 20% disso foram capturados por esforços de contenção. Depois de um mês, a mancha de petróleo começou a atingir a costa, movendo-se para as praias (principalmente como bolas de betume) e para cima, dentro de alguns brejos e estuários sensíveis, causando danos potenciais por anos. A pesca deixou de ocorrer na região por quase dois meses.

Para surpresa de muita gente, a mancha de petróleo também se depositou abaixo da superfície do oceano, tornando mais difícil a detecção e a avaliação de seu efeito sobre o ambiente. Entretanto a mancha de petróleo, acima e abaixo da superfície, dissolveu-se mais rapidamente do que muitos acreditavam devido a ações bacterianas e à alta temperatura do Golfo. O efeito de longo prazo tanto no Golfo quanto nos brejos da costa ainda é desconhecido. Danos às ovas e larvas de peixes, caranguejos e camarões precisam ser avaliados. Três meses após o acidente, exemplos de peixes e larvas recolhidos pela US Environmental Protection Agency (EPA) indicaram níveis não apreciáveis de petróleo, e a pesca recomeçou, e a maioria das áreas de pesca estava reaberta. Entretanto, uma sensação de incerteza e a perda de trabalhos continuam a perturbar os residentes da área.

O segundo maior derramamento de petróleo dos Estados Unidos ocorreu em 24 de março de 1989, quando o navio-tanque Exxon Valdez saiu de seu curso no Estreito Prince William, próximo à costa sul do Alasca, atingindo rochas submersas (veja a Figura 7.11(b)). Aproximadamente 11 milhões de galões de petróleo foram derramados na água. A mancha de óleo espalhou-se por milhares de quilômetros quadrados, matou centenas de milhares de pássaros e prejudicou a indústria da pesca local. Centenas de quilômetros de praias ficaram cobertos por uma substância viscosa negra.[6] Quarenta e cinco milhões de dólares foram gastos no resgate e na recuperação da vida selvagem, mais de 10 mil trabalhadores utilizaram vapor a alta pressão, retalhos de pano e baldes para limpar a costa atingida. Em 1992, a Guarda Costeira dos Estados Unidos e o Estado do Alasca declararam que a limpeza estava completa. Trinta espécies foram afetadas pelo derramamento. Algumas delas não estão se recuperando (mergulhões e corvos marinhos), enquanto outras se recuperaram totalmente (águias "carecas", lontras fluviais). Desde 1989, houve cinco temporadas com recordes de pesca de salmão no Estreito Prince William. Um estudo feito 15 anos após o acidente concluiu que os danos do vazamento do Valdez estavam durando muito além do esperado. Reservatórios de petróleo na subsuperfície podem ter sido da ordem de 20 mil galões. Danos às plantas costeiras e áreas de desovas tem impacto em toda cadeia alimentar.

O maior derramamento de petróleo da história ocorreu em 1991 durante a Guerra do Golfo Pérsico, quando de 60 a 250 milhões de galões de petróleo bruto foram deliberadamente derramados pelo Iraque no Golfo para evitar um desembarque potencial de tanques anfíbios da marinha americana. O vazamento foi equivalente a toda uma frota de navios superpetroleiros. Os poços incendiados no Kuwait consumiram cerca de 4,6 MBPD. Foi necessário mais de um ano para que

---

[6] No original: *thick, black goo*. O autor utiliza-se de uma expressão coloquial (*goo*) que exprime melhor a aparência do petróleo derramado (N.T.).

se apagassem os incêndios que enegreceram o céu e contribuíram diariamente com a emissão de 20 mil toneladas de SO_2 na atmosfera – cerca de metade da emissão de todas as unidades nos Estados Unidos.

FIGURA 7.11

(A) Foto de um Pelicano coberto de petróleo no vazamento de plataforma Deepwater Horizon da British Petroleum no Golfo do México em 2010.
(B) Limpeza da praia quando do vazamento de óleo do Exxon Valdez em Prince William Sound, Alasca, 1989.

United States Fish and Wildlife Service/Kim Bretton

(a)

AP Photo/Rob Stapleton

(b)

FIGURA 7.12 (A) Plataforma marinha em operação ao longo da costa brasileira.
(B) Fogo na plataforma Deepwater Horizon, no Golfo do México, 2010.

Leo Francini/Shutterstock.com

(A)

United States Coast Guard

(B)

FOCO EM 7.3

PETRÓLEO DO ALASCA: PASSADO, PRESENTE E DILEMAS FUTUROS

Em 1968, o maior campo de petróleo dos Estados Unidos foi descoberto na escarpa Norte do Alasca — com reservas de aproximadamente 10 bilhões a 20 bilhões de barris. O oleoduto de 800 milhas de extensão, situado entre a Baía Prudhoe e Valdez (no golfo do Alasca), foi completado em 1977 e chegou a transportar 2 MBPD (veja a Figura 7.13), quantidade que hoje caiu abaixo de 1 MBPD.

Enquanto a produção da escarpa norte diminui, a atenção tem se voltado para os 19 milhões de acres do Refúgio Nacional de Espécies Selvagens Árticas (ANWR, do inglês Arctic National Wildlife Refuge). As companhias de petróleo gostariam de perfurar poços na costa norte do refúgio, onde elas têm acesso ao oleoduto Trans-Alasca. As reservas de petróleo ali existentes são estimadas em 3 bilhões a 5 bilhões de barris, uma das áreas restantes de melhor perspectiva nos Estados Unidos.

Existe grande oposição a esse plano. O Refúgio é uma área frágil, de grande valor ecológico, e hospeda muitas espécies de animais, como o caribu, ursos polares e os gansos árticos. A área foi chamada de "Serengeti da América". Os opositores acreditam que a degradação potencial dessa área selvagem, em troca de um pequeno aumento (10%) nas reservas americanas, não vale a pena. O argumento deles é o de que medidas simples de conservação de energia economizariam mais petróleo, de forma mais rápida e a um custo menor. Várias tentativas do Congresso americano em abrir aproximadamente 10% do Refúgio para a perfuração (a área "10-20", uma parte de 1,5 milhões de acres na costa norte, com tamanho equivalente ao estado do Delaware) foram derrotadas, mas a alta dos preços do petróleo dá motivo a debates anuais. Ainda persistem questões sobre a quantidade de petróleo realmente recuperável contra o dano potencial à vida selvagem (por exemplo, o caribu). As administrações e ambas as casas do Congresso continuam com idas e vindas quanto a essa questão.

FIGURA 7.13 O oleoduto de 800 milhas no Alasca estende-se de Prudhoe Bay até Valdez.

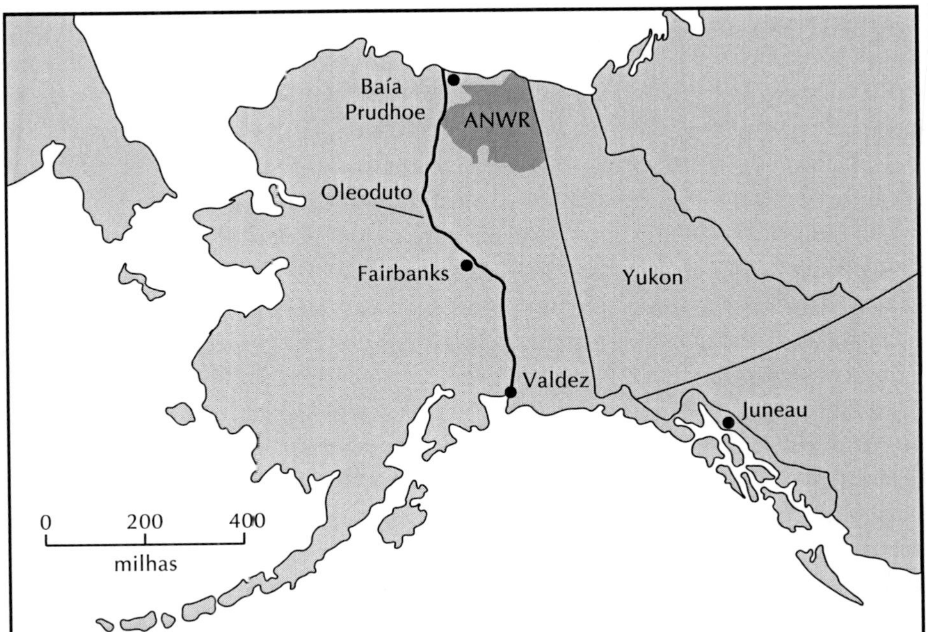

D. GÁS NATURAL

O gás natural é uma mistura de hidrocarbonetos leves, principalmente metano (CH_4). Assim como o petróleo bruto, é formado a partir da decomposição de matéria orgânica. Ele pode estar misturado com petróleo (sob as pressões existentes nos reservatórios), ou preso em regiões nas quais o petróleo bruto não é abundante. O gás natural encontrado sozinho em reservatórios é chamado de *gás não associado*, e quando encontrado no mesmo reservatório que o petróleo bruto, *gás associado*. O metano também é formado em pântanos e brejos por meio de bactérias atuando em matéria orgânica num meio anaeróbico. Da mesma forma, o metano é formado em aterros sanitários. Você já deve ter visto tubulações de plástico enterradas em aterros sanitários que encaminham o metano para um tanque receptor (veja "Resíduos sólidos municipais", no Capítulo 17). O primeiro poço perfurado nos Estados Unidos em busca de gás natural, em 1821, ficava próximo às margens do lago Erie, em Freedonia, Nova York. Porém, antes que a indústria pudesse se expandir, era necessário que gasodutos fossem desenvolvidos para que o combustível chegasse ao consumidor. Depois da Segunda Guerra Mundial, uma rede de gasodutos de alta pressão foi construída para atender a todo o território continental americano. Vermont foi o último estado incluído na rede, em 1966. Hoje, os Estados Unidos têm mais de 300 mil milhas de gasodutos.

Do fim da Segunda Guerra até a década de 1970, o uso de gás natural nos Estados Unidos teve um crescimento fenomenal. O consumo quadruplicou entre 1950 e 1970, o que representa o dobro da taxa de crescimento do consumo de petróleo. O consumo de gás diminuiu nas décadas de 1970 e 1980, já que houve um decréscimo do fornecimento, mas atualmente está estabilizado em torno de 22 trilhões de pés cúbicos ao ano. Um dos entraves à produção de gás na década de 1970 era a imposição do controle dos preços nas vendas interestaduais, muito abaixo do preço de uma quantidade equivalente de energia sob outras formas. A desregulamentação ocorreu em 1985, levando a um aumento na produção americana de gás. Mundialmente, o consumo de gás natural está crescendo vagarosamente, a uma taxa de 1,5% ao ano. Essa taxa caiu a 1% durante a recessão econômica global de 2009. Mas, a China aparece como exceção, com crescimento de 22% entre 2010 e 2011, na busca de reduzir as emissões de CO_2 por meio de uso de mais gás natural na geração de eletricidade.

O gás natural é de baixo custo, tem queima limpa e alta disponibilidade. Para a mesma produção de energia, emite 2/3 da emissão do carvão mineral e 60% daquela do petróleo. O gás natural tem muitos usos: calefação, aquecimento de água, como combustível das turbinas a gás na geração de eletricidade, como combustível de caldeiras (industriais e utilitárias), no transporte, e como matéria-prima para a indústria química (para amônia, fertilizantes, plásticos, borracha natural etc.). A Figura 7.14 detalha os usos do gás por setor em 2003. O gás natural é responsável por mais de 50% dos combustíveis fósseis utilizados nos setores residencial, industrial e comercial, nos Estados Unidos.

As reservas mundiais de gás natural são estimadas em mais de 6.200 trilhões de pés cúbicos (tft^3), suficientes para mais 60 anos, à taxa atual de consumo, que é de 108 tft^3 ao ano. As maiores reservas são, de longe, as encontradas na Rússia, com 1.700 tft^3. Nos Estados Unidos, 50% do gás é encontrado na região costeira do Golfo do México. A produção anual de gás dos Estados Unidos atingiu seu máximo em 1973, com 24 tft^3, e estabilizou-se no fim dos anos 1980 em aproximadamente 20 tft^3. Na primeira década do século XXI, no entanto, a produção cresceu cerca de 22 t/ft^3/ano (veja a Figura 7.15). Durante esse período, as reservas americanas tiveram seu maior aumento em décadas, crescendo de um terço, devido a novas técnicas de perfuração.

FIGURA 7.14 USO DE GÁS NATURAL NOS ESTADOS UNIDOS POR SETOR DE USO FINAL: 2009.
(Fonte: Useia.)

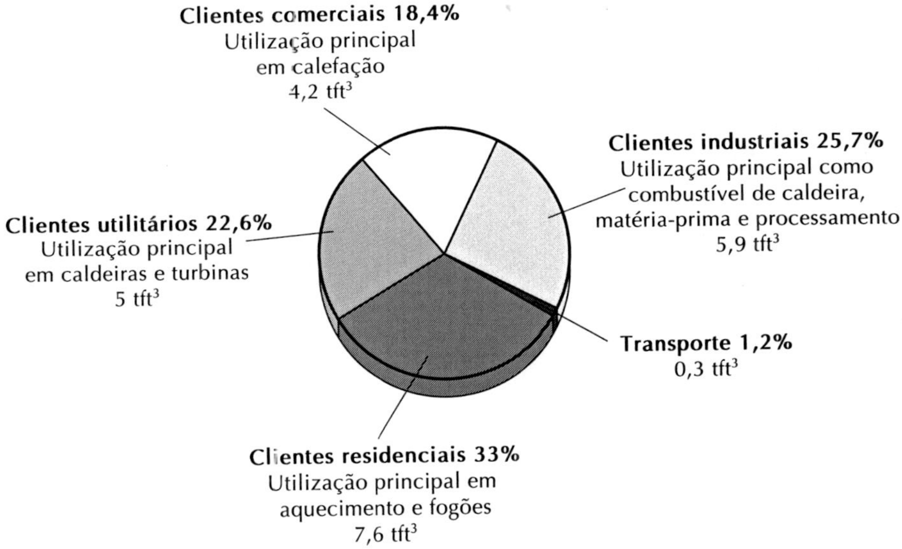

FIGURA 7.15 CONSUMO ANUAL DE GÁS NATURAL NOS ESTADOS UNIDOS: 1950-2009.
(Fonte: Useia.)

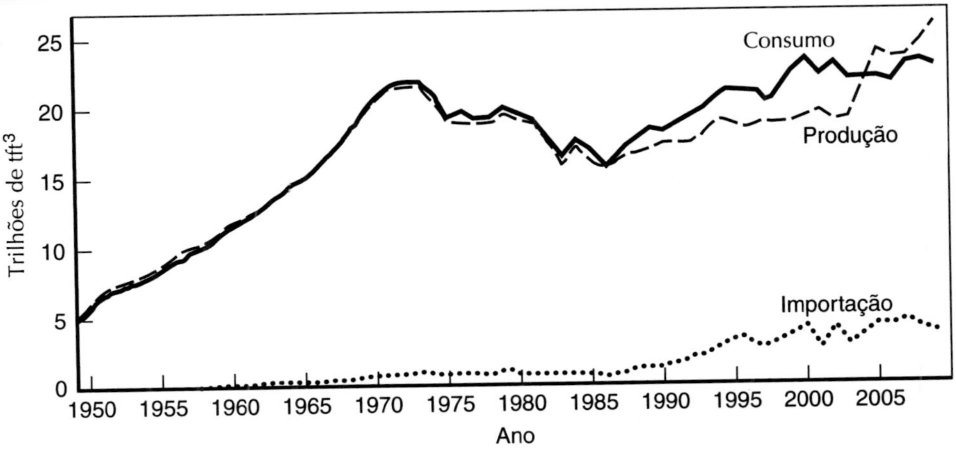

Grande parte da produção mundial de gás natural ocorre em locais distantes dos consumidores e dos gasodutos existentes. Esse tipo de gás é, às vezes, denominado gás "encalhado" (*stranded gas*). Dificuldades associadas a esse fato, recentemente foram resolvidas pela liquefação do gás natural. Esse **gás natural liquefeito (GNL)** pode, então, ser transportados em grandes navios refrigerados para qualquer lugar do mundo (Figura 7.16). O GNL precisa estar a temperaturas de $-162\,^{\circ}C$ ($-260\,^{\circ}F$), ocupando, assim, 600 vezes menos volume que o metano a temperatura e pressão normais. Tais navios são também denominados Navios Metaneiros. Em 2010 existiam 33 usinas de liquefação no mundo (operando ou em construção) e 95 terminais de regasificação. Os Estados Unidos têm um terminal de importação e está considerando a construção de terminais de liquefação para um possível mercado para suas reservas adicionais. A Inglaterra tem contratos de longo prazo (com fornecedores como o Catar) para prover 25% de sua eletricidade com GNL.

Reservas adicionais de gás natural não exploradas podem ser encontradas nos Estados Unidos, embora a preços substancialmente mais altos. Tais fontes são: (1) gases presos em jazidas de carvão, (2) xisto devoniano, presente em grande parte do subsolo do leste dos Estados Unidos, e (3) gás nas areias *tight-sands* das Montanhas Rochosas. De maneira oposta aos depósitos convencionais, em que o gás é extraído pela perfuração de um poço, nessas áreas ele encontra-se preso dentro de materiais que apresentam baixa permeabilidade (baixa taxa de penetração) ao gás natural. Portanto, caso não haja canais naturais pelos quais o gás possa escoar para o poço, o xisto ou o estrato de *tight-sand* têm de ser perfurados ou fraturados para que se abram canais para estimular seu escoamento. Isso pode ser feito com o uso de explosivos ou injeção de água a alta pressão no poço, processo chamado fraturamento hidráulico. O uso do fraturamento hidráulico tem aumentado significativamente a produtividade dos poços existentes de gás natural e aberto novas regiões a essa extração, principalmente no nordeste americano (uma área importante é o xisto Marcellus, numa formação rochosa subterrânea que vai da Virginia à área central do estado de New York). Esse recurso é denominado **gás de xisto**. Novas tecnologias, especialmente a "perfuração horizontal" aumentaram as reservas de gás natural em um terço nos últimos anos, assim como sua produção (veja a Figura 1.17). Para muitos, o gás natural se fortaleceu como o combustível de transição para as tecnologias renováveis.

Entretanto, há muitas questões relativas aos impactos ambientais e muita controvérsia quanto à extração do gás de xisto. O fraturamento hidráulico envolve a injeção, nos depósitos subterrâneos de gás, de jatos de alta pressão de água, areia e substâncias químicas. Isso serve para quebrar o xisto e permitir que o gás natural flua mais facilmente. As substâncias químicas são utilizadas para lubrificar o processo de extração. Centenas de diferentes substâncias são usadas. Algumas são tóxicas, como o benzeno e o diesel. E elas podem permanecer no solo, causando apreensão quanto à contaminação das águas subterrâneas no longo prazo. Houve casos de contaminação de metano em águas potáveis na Pensilvânia. A EPA emitiu um relatório (2004) que declara que o fraturamento hidráulico representa pequena ameaça à saúde humana. Mas, agindo do lado da segurança, as companhias perfuradoras não têm permissão para perfurar na bacia aquífera de New York, que supre água potável para 10 milhões de pessoas, nem em outras áreas públicas e perto de poços privados.

Os hidratos de gás também são grandes fontes inexploradas de gás natural (agora, na água). Consistem de metano aprisionado na estrutura cristalina da água congelada. O gás é liberado na medida em que o gelo derrete; o volume liberado é da ordem de 150 vezes maior que o volume do hidrato original. Os hidratos de metano são encontrados em sedimentos em certas áreas do oceano, onde as temperaturas são próximas a 0° C; eles também foram descobertos no *permafrost* do Ártico. A quantia que foi estimada deste recurso é bem maior do que as reservas de gás natural convencional dos Estados Unidos.

O uso de gás natural para geração de eletricidade cresceu cerca de 50% nos anos 1990, e deve continuar a crescer no futuro. Unidades de geração de energia movidas a gás são mais baratas, menos danosas ao meio ambiente (elas praticamente não produzem SO_2 e emitem apenas um terço do CO_2 emitido em uma usina do mesmo porte movida a carvão) e têm um tempo de construção mais curto. Embora a capacidade de geração de energia dos Estados Unidos esteja atualmente acima da demanda, esse excesso está diminuindo, devendo desaparecer logo. As unidades movidas a gás serão menores (100 MW a 200 MW) e permitirão que as empresas invistam em aumento da capacidade produtiva praticamente à medida do que necessitem, minimizando os custos de produção de eletricidade. Muitas das novas unidades a gás não serão de propriedade das concessionárias, mas parte de um esforço de *cogeração* empreendido por produtores independentes de energia. (A *cogeração* envolve tanto a geração de eletricidade por um gerador acionado pela turbina como a utilização produtiva da energia térmica dos gases de exaustão. O vapor ou o calor do processo é vendido a alguma indústria das proximidades. Veja os Capítulos 10 e 11.)

Outro uso do gás natural é no setor de transportes, para carros e caminhões. Os princípios básicos de conversão de energia são os mesmos dos veículos movidos a gasolina. Gás comprimido (a cerca de 3.500 psi) é bombeado dos tanques de armazenamento para os cilindros do veículo, nos quais a combustão ocorre. As emissões são substancialmente reduzidas em relação aos veículos a gasolina e diesel e os custos são 33% mais baratos por milha. Entretanto, esses veículos têm autonomia limitada (talvez metade da de um carro com combustível convencional) e existem muito menos postos de abastecimento. Embora existam mais de 11 milhões de veículos a gás natural no mundo (sendo que o Paquistão tem mais que 2 milhões), os Estados Unidos têm, atualmente, cerca de 100 mil veículos e 1.300 postos. (Há desenvolvimento em andamento visando à produção de bocal/pressurizador de baixo custo que permita uso do gás da própria residência). Ônibus e caminhões a gás natural já têm sido usados há anos. Tais frotas fazem ficar mais fácil o abastecimento em um local. O Honda GX é o único veículo tipo *standard* a gás natural vendido na América. Com abatimentos e créditos de taxas, o preço é comparável a um veículo a gasolina similar.

FIGURA 7.16 OS MAIORES NAVIOS METANEIROS, PARA TRANSPORTE DO GNL, CARREGAM O COMBUSTÍVEL DO CATAR PARA TODO O MUNDO. ELES PODEM TRANSPORTAR ATÉ 260 MIL M^3 DE GNL A – 161 °C.

E. CARVÃO: UM PAPEL EM EXPANSÃO

O carvão é o combustível mais abundante da América e do mundo. Tanto, que os Estados Unidos já foram chamados de "a Arábia Saudita do carvão". A Figura 7.17 mostra as reservas recuperáveis mundiais de carvão; os Estados Unidos têm aproximadamente um quarto delas. O U.S. Geological Survey estima que as reservas americanas sejam de mais de 3 trilhões de toneladas, sendo que 300 bilhões de toneladas são recuperáveis por meio da tecnologia existente atualmente. As reservas mundiais totais recuperáveis de carvão são estimadas em 1.080 bilhões de toneladas, suficientes para uso durante 210 anos com as taxas atuais de consumo. Das reservas americanas recuperáveis de combustíveis fósseis, 80% são de carvão, comparadas aos menos de 3% de petróleo e aos 4% de gás natural. Ainda assim, o carvão corresponde hoje a apenas 23% do suprimento de energia americano, comparado a 70% de 1925.

FIGURA 7.17 RESERVAS RECUPERÁVEIS MUNDIAIS DE CARVÃO EM 2007.
(Fonte: World Energy Council. http://www.worldenergy.org/&Email:info@worldenergy.org)

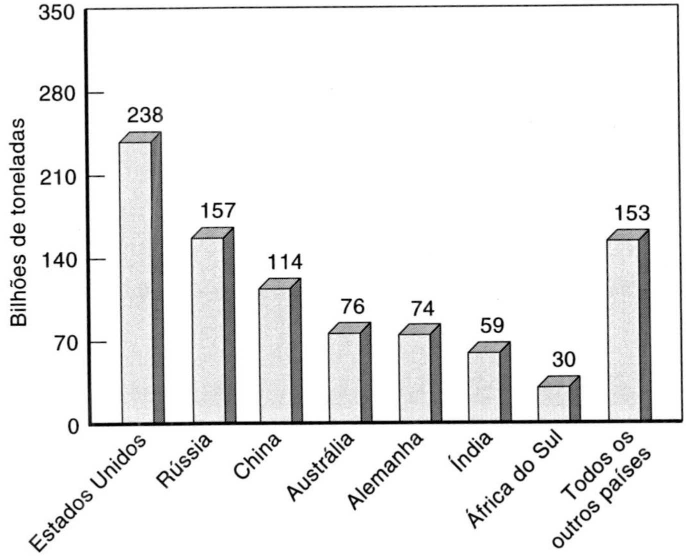

EXEMPLO 7.1

Se todas as necessidades energéticas dos Estados Unidos fossem supridas pelo carvão, quanto tempo as reservas durariam com a presente taxa de consumo de energia?

SOLUÇÃO

O uso atual de energia nos Estados Unidos é de aproximadamente 98 x 10^{15} Btu/ano. Uma libra de carvão betuminoso fornece cerca de 13 mil Btu, portanto, uma tonelada libera 26 x 10^6 Btu[7]. Em um ano, o número de toneladas consumidas seria

$$\frac{98\times 10^{15}\text{ Btu/ano}}{26\times 10^{6}\text{ Btu/ton}} = 3{,}8\times 10^{9}\text{ ton/ano}$$

Portanto, as reservas durariam

$$\frac{300\times 10^{9}\text{ tons}}{3{,}8\times 10^{9}\text{ tons/ano}} = 80\text{ anos}$$

[7] Trata-se da "tonelada curta", ou *short ton*, unidade de massa comum nos Estados Unidos, que equivale a 2 mil libras, ou aproximadamente 906 kg. (N.T.)

Esse valor é enganoso, porque (1) o carvão não é capaz de atender a todas as necessidades (algumas aplicações precisam de combustíveis líquidos), (2) não foram incluídas perdas resultantes da segunda lei da termodinâmica, como uma perda de aproximadamente 65% na geração de energia, e (3) foi considerado um crescimento zero do consumo de energia. Um aumento de consumo de 3% ao ano reduziria esse número a 45 anos, enquanto um crescimento de 5% levaria 30 anos até a exaustão.

O consumo americano de energia que vem do petróleo é o dobro da energia gerada pelo carvão. A substituição generalizada do petróleo por carvão não é uma tarefa simples. Uma grande parte do petróleo é utilizada em transporte (apenas 3% da eletricidade é gerada com petróleo). Líquidos obtidos do carvão parecem promissores, mas a pesquisa e o desenvolvimento são lentos e atualmente não são favoráveis comercialmente. Cerca de 90% do carvão usado hoje é queimado por usinas e produtores independentes de energia. Em caldeiras industriais, as restrições ambientais têm dificultado a utilização do carvão. Aparentemente, o aumento do consumo de carvão vem sendo restringido pela demanda, e não pela oferta.

TIPOS DE CARVÃO

O carvão é formado a partir de material vegetal que se acumulou no fundo de pântanos há milhões de anos. Essa vegetação decompôs-se em turfa e, à medida que o terreno se sedimentou, ela foi coberta por lama e areias que se transformaram no xisto e no arenito encontrados no topo dos veios de carvão atuais. Ao longo de milhares de anos, a turfa foi compactada por pressões geológicas, tornando-se gradualmente veios de carvão. Calcula-se que sejam necessários 20 pés de matéria vegetal para formar 1 pé de carvão. O carvão recebe quatro classificações, de acordo com a quantidade de carbono nele contida (Tabela 7.3). Os carvões mais jovens são chamados de **lignitos**. As pressões geológicas exercidas pelo solo acima e as temperaturas são mais baixas neste caso; portanto, os lignitos possuem alto teor de água e baixo valor calorífico. Com pressões e temperaturas maiores, forma-se o carvão **sub-betuminoso**. Embora ainda tenha um elevado teor de água, esse carvão vem despertando interesse por possuir pouco enxofre e custos de mineração mais baixos. Com calor e pressão adicionais, forma-se o carvão **betuminoso**, que é o tipo mais abundante de carvão. Nesse tipo, o valor calorífico é elevado. Existem imensos depósitos no leste e meio-oeste dos Estados Unidos, porém, o teor de enxofre tende a ser elevado – mais de 2% em massa. Finalmente, temos o **antracito**, um carvão muito duro com alto valor calorífico. Durante muitos anos, esse carvão teve grande popularidade para uso em aquecimento, já que não apresenta poeira nem fuligem, e queima durante mais tempo do que os outros tipos. Entretanto, as fontes de antracito são muito limitadas e atualmente encontradas principalmente na Pensilvânia. Em cada estágio do seu desenvolvimento, a porcentagem de carbono do carvão aumenta.

PADRÕES DE PRODUÇÃO E CONSUMO DE CARVÃO

O consumo de carvão nos Estados Unidos permaneceu relativamente constante em cerca de 600 milhões de toneladas por ano durante os 30 anos que se seguiram à Segunda Guerra Mundial. Entretanto, durante esse período, a porcentagem da sua contribuição no consumo total de energia declinou dramaticamente, de cerca de 40% para 18% (Figura 7.18). Esse declínio foi o resultado principal da disponibilidade de óleo e gás natural baratos e de queima limpa. Os mercados também mudaram drasticamente. Nos anos 1940, as estradas de ferro eram as maiores usuárias de carvão, consumindo 125 milhões de toneladas por ano, mas hoje seu uso de carvão é desprezível, já que locomotivas elétricas e a diesel substituíram as locomotivas a vapor movidas a carvão. Os usos industrial e residencial também diminuíram bastante durante os últimos 30 anos. O setor das usinas elétricas foi o único em que a utilização de carvão aumentou: de 50 milhões de toneladas em 1940 para 1.095 milhões de toneladas em 2003. Hoje, usinas elétricas consomem aproximadamente 90% do carvão total produzido. A contribuição do carvão no consumo doméstico de energia elétrica vem aumentando cerca de 3% ao ano desde meados dos anos 1970. A produção de carvão nos Estados Unidos atingiu 1.170 milhões de toneladas em 2008, e espera-se que cresça.

TABELA 7.3 CLASSIFICAÇÃO DO CARVÃO.

Classificação	Carbono (%)	Conteúdo Energético (Btu/lb)
Lignito	30	5.000–7.000
Sub-betuminoso	40	8.000–10.000
Betuminoso	50–70	11.000–15.000
Antracito	90	14.000

Fonte: P. Averitt. *U.S. Geological Survey Bulletin*, 1412 (1975).

FIGURA 7.18 CONSUMO DE CARVÃO POR SETOR NOS ESTADOS UNIDOS: 1950-2008.
(Fonte: Useia.)

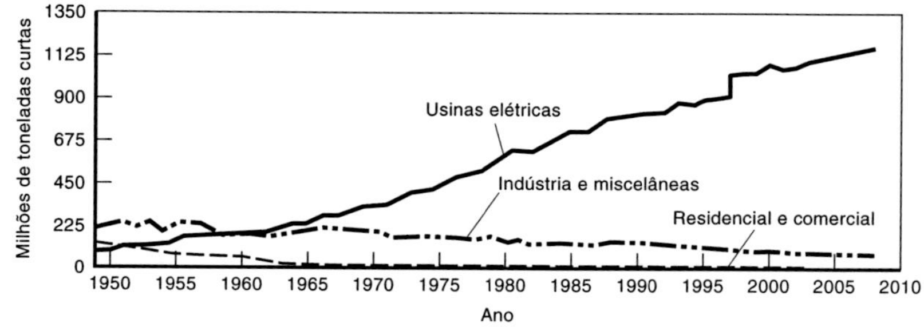

A produção de carvão tem sofrido deslocamentos geográficos significativos desde os anos 1940. Em geral, a produção tem se deslocado para o oeste dos Estados Unidos, e do subsolo para minas na superfície. A Figura 7.19 mostra as regiões de suprimento de carvão desse país por tipo de carvão. Embora mais da metade da produção atual venha da região dos Apalaches (Figura 7.20), o carvão de baixo teor de enxofre do meio-oeste e oeste terá mais impacto no futuro por causa das limitações na emissão de enxofre impostas pela Lei do Ar Limpo (veja o Capítulo 8).

FIGURA 7.19 DEPÓSITOS DE CARVÃO NOS ESTADOS UNIDOS.
(Fonte: National Mining Association.)

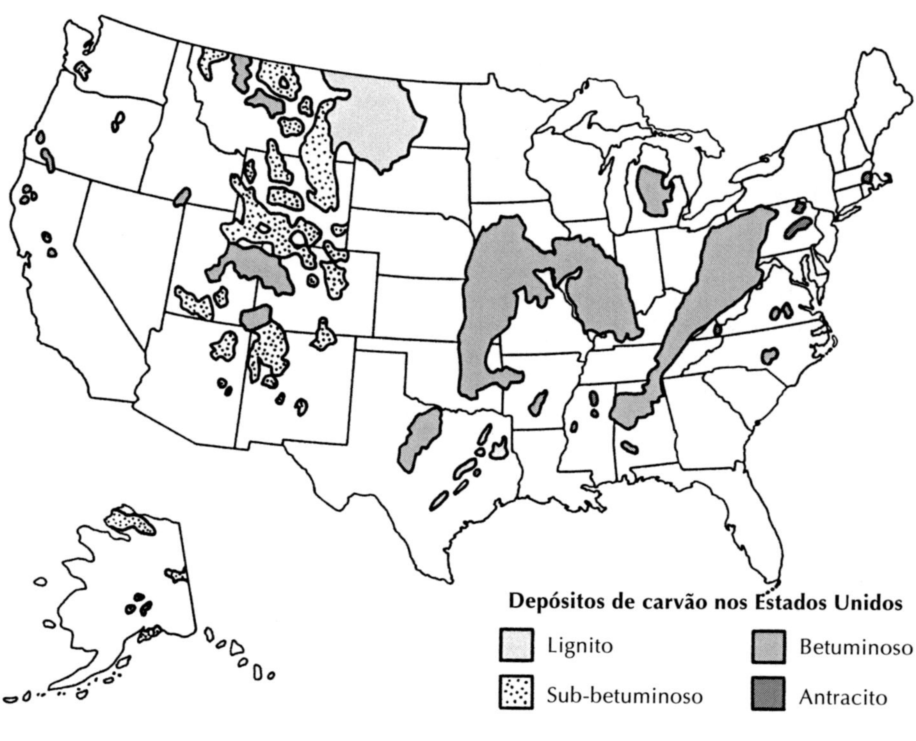

FIGURA 7.20 EQUIPAMENTO SUBTERRÂNEO PARA MINERAÇÃO DO CARVÃO MINERAL.

H. MARK WEIDMAN PHOTOGRAPHY/ALAMY

MINERAÇÃO DE SUPERFÍCIE

O carvão ocorre na forma de veios ou leitos, que variam em espessura de algumas polegadas até mais de 100 pés. Ele é extraído do subsolo e em minas de superfície. Cerca de 60% do carvão produzido atualmente vem de minas de superfície, de veios muito próximos à superfície da Terra (Figura 7.21). Na mineração de superfície, a terra e as rochas que estão acima do veio – chamadas "sobrecarga" – são removidas e colocadas de lado. O carvão exposto é quebrado e transportado em caminhões. Sob condições ideais, a sobrecarga é então reposta e o terreno é preparado para o posterior plantio. As máquinas escavadeiras utilizadas na remoção da sobrecarga são gigantescas (Figura 7.22). Suas hastes podem ser maiores que um campo de futebol americano e suas barras são capazes de remover 180 yd^3 (aproximadamente a metade do volume de uma casa) em apenas uma "mordida".

FIGURA 7.21 VISTA AÉREA DE UMA MINA DE SUPERFÍCIE EM MONTANA, EUA.

U.S. DEPARTMENT OF THE INTERIOR

A mineração de superfície de carvão apresenta uma série de problemas ambientais, cuja solução é essencial para a expansão da produção. A mineração de superfície no leste dos Estados Unidos causou problemas ambientais catastróficos no passado. Grandes extensões de terra foram deixadas na forma de buracos de lama gigantescos. A remoção do solo superficial e sua vegetação, sem a reposição, leva à erosão. A terra exposta não é capaz de sustentar a vegetação e, consequentemente, a vida selvagem. Hoje em dia, uma legislação federal (Ato de Controle e Recuperação da Mineração de Superfície, de 1997) determina que as áreas de mineração de superfície sejam recuperadas, devolvendo-se à terra sua produtividade original. A recuperação é feita por meio da reposição cuidadosa do solo superficial, seguida de reflorestamento. Porém, ainda não está claro se a perturbação causada à terra pode ser totalmente remediada. Um problema é a quantidade de água disponível para o reflorestamento. Em áreas secas (com um índice pluviométrico anual abaixo de 10 polegadas), o reflorestamento pode se revelar impossível. A mineração também pode alterar o suprimento local de água, assim como sua drenagem. Outro problema difícil é a "drenagem ácida da mineração". Nessa situação, o carvão combina-se com o oxigênio e o vapor de água para formar o ácido sulfúrico, H_2SO_4. A água ácida é nociva à vegetação e à vida aquática das redondezas.

FIGURA 7.22 MÁQUINA ESCAVADEIRA USADA NA REMOÇÃO DE CARVÃO EM UMA MINA DE SUPERFÍCIE.

U.S. DEPARTMENT OF THE INTERIOR

A mineração de superfície no oeste americano vai crescer dramaticamente nos próximos anos. As minas de superfície do oeste possuem veios que têm de 50 pés a 100 pés de espessura (comparados aos veios de 5 pés a 10 pés no leste), a sobrecarga tem profundidade de apenas 30 pés a 40 pés, o teor de enxofre é baixo, e a mineração de superfície é mais segura e envolve menos mão de obra do que a no subsolo. A produção de uma mina de superfície em toneladas por hora é aproximadamente oito vezes maior do que a de uma mina no subsolo.

Mesmo com as dificuldades ambientais associadas à mineração de superfície do carvão do oeste, parece claro que o papel do carvão na matriz energética americana terá importância crescente nos anos que virão. Quais serão as outras restrições à expansão desse papel?

RESTRIÇÕES À DEMANDA E SUPRIMENTOS DE CARVÃO

O aumento no uso do carvão pode ser dificultado pelo lado da demanda, pelo lado do suprimento, ou por ambos. Vamos mencionar apenas brevemente tais restrições para demonstrar as complexidades envolvidas no aumento do uso do carvão.

Restrições ao *suprimento* de carvão vêm de várias áreas. Uma delas já foi discutida: a solução dos impactos ambientais associados à mineração de superfície. A velocidade do desenvolvimento da mineração de carvão na parte ocidental dos Estados Unidos vai depender do sucesso na reabilitação dessas terras. Problemas sociais também surgirão como resultado do desenvolvimento rápido do carvão no oeste americano. Cidades vão se desenvolver muito rapidamente, como resultado do alto influxo de mineradores e trabalhadores da construção civil. Em muitos casos, isso levará a uma sobrecarga nas escolas e nos serviços públicos de abastecimento de energia. Um impedimento à mineração no subsolo é a disponibilidade de mineiros de carvão. A mineração de carvão no subsolo é a profissão mais perigosa nos dias de hoje, de maneira que pode ser difícil atrair novos trabalhadores, necessários ao aumento projetado da mão de obra. Lembre-se da tragédia em West Virginia, em 2010, na qual 29 mineiros trabalhando numa mina subterrânea foram mortos numa explosão.

Como nas grandes empreitadas, as coisas não podem ser mudadas da noite para o dia. O tempo necessário para se abrir uma nova mina de carvão é de três a sete anos, e mesmo esse tempo tem sido alongado em virtude do atraso nos pedidos de equipamento novo de mineração. Uma vez extraído o carvão, deve haver meios de transporte suficientes para levá-lo às populações do leste. Atualmente, 65% de todo o carvão extraído é transportado por via férrea. Portanto, serão precisos milhares de novos vagões de carga e locomotivas.

O aumento a curto prazo na *demanda* por carvão virá de seu uso crescente na geração de eletricidade. Hoje, cerca de 75% da eletricidade gerada a partir de combustíveis fósseis vêm do carvão. Porém, fortes restrições têm sido impostas ao aumento de sua utilização pelos efeitos climáticos da emissão de CO_2 (veja o Capítulo 9). Também a emissão de SO_2 e a subsequente *chuva ácida* (resultante de reações químicas entre óxidos de nitrogênio e de enxofre e o vapor de água na atmosfera) é um assunto muito importante hoje em dia, especialmente no leste dos Estados Unidos, no Canadá e na Europa Ocidental. Efeitos nocivos aos peixes e às florestas já foram comprovados. Entretanto, as emissões de dióxido de enxofre têm diminuído nos últimos 15 anos, como resultado de novos dispositivos de controle de poluição, do uso de carvão de queima mais limpa e de técnicas novas de combustão do carvão (como a combustão em leito fluidizado). Dispositivos confiáveis de controle de emissão de SO_2, chamados *scrubbers*, ou unidades de dessulfurização dos gases das chaminés podem reduzir a emissão em até 90% (veja o Capítulo 8).

F. FONTES FUTURAS DE PETRÓLEO

PETRÓLEO SINTÉTICO E GÁS A PARTIR DO CARVÃO

Apesar das vastas reservas de carvão dos Estados Unidos, existem muitos casos em que ele não pode ser usado diretamente como fonte de energia, uma vez que não é fluido, nem queima de maneira tão limpa quanto o óleo ou o gás. Em grandes instalações, como usinas elétricas, tecnologias do tipo *scrubber* para redução das emissões de SO_2 podem fazer o carvão ser um bom substituto do óleo e do gás (veja Capítulo 8); mas em setores como o de transporte o carvão sólido não é uma alternativa viável. Entretanto, ele pode ser convertido nas formas de óleo e gás natural, conhecidas como combustíveis sintéticos, os *synfuels*[8]. A **gaseificação** do carvão em direção ao gás natural é um processo direto que exige a adição de hidrogênio. Trata-se de um processo antigo, utilizado no início do século XIX, em várias usinas de gás. Esse gás era produzido pelo aquecimento do carvão na ausência de ar, fornecendo um gás cuja capacidade de aquecimento era de aproximadamente 500 Btu/pé^3, quase metade da do gás natural. Nos Estados Unidos, diversas unidades de demonstração de conversão de carvão já foram construídas, com capacidade para converter em gás de 200 a 400 toneladas por dia de carvão rico em enxofre.

A conversão de carvão em óleo, ou *syncrude*[9], é chamada **liquefação**. Assim como na gaseificação, o processo básico é o aquecimento do carvão na presença de hidrogênio, com a separação posterior dos gases e líquidos produzidos. Diversos programas estão em estágio de demonstração, mas o custo de produção de combustíveis líquidos a partir do carvão ainda está um pouco acima do preço de mercado do petróleo. Mesmo que a tecnologia ainda não seja economicamente viável, devemos considerar que o desenvolvimento de tais tecnologias demanda um certo tempo, e a produção de combustíveis sintéticos não pode ser aberta como uma válvula de petróleo para atender à demanda por combustíveis líquidos e gasosos.

PETRÓLEO DE XISTO E AREIA BETUMINOSA

Há mais de cem anos, os povos indígenas do oeste americano demonstraram um fenômeno interessante, originário da sua região: a queima de rochas. Curandeiros e vendedores ambulantes dos estados do leste no século passado comercializavam certas rochas como se fornecessem bom óleo para lâmpadas, além de possuírem propriedades medicinais. Tanto os indígenas como os ambulantes usavam uma ro-

---

[8] Trata-se de uma expressão de fácil utilização em inglês, mas cuja tradução, algo como sincombustíveis, elimina a vantagem da abreviação. (N.T.)

[9] Novamente, como dissemos acima, trata-se de uma expressão útil em inglês, mas cuja tradução não é interessante. (N.T.)

cha que contém uma quantidade substancial de petróleo: o xisto. Há milhões de anos, a vegetação em decomposição ficou presa em rochas sedimentares. Alguns desses depósitos tornaram-se tão ricos em óleo de xisto – uma substância orgânica chamada querogênio –, que as rochas podiam de fato entrar em combustão. O óleo de xisto é geralmente produzido pela trituração e pelo aquecimento da rocha, com a produção de 15 a 30 galões de óleo por tonelada. Já em 1855, os mórmons de Utah produziam óleo de xisto, mas o interesse diminuiu com a descoberta de petróleo na Pensilvânia, de extração e produção mais baratas.

Os depósitos de xisto nos Estados Unidos representam uma enorme fonte de petróleo. Somente nos depósitos ricos (aqueles com mais de 30 galões de óleo por tonelada), existem aproximadamente 110 bilhões a 130 bilhões de barris de óleo – várias vezes a estimativa atual das reservas recuperáveis de petróleo desse país. A maior parte do xisto rico em petróleo é encontrada em uma formação geológica: a área do Green River das Montanhas Rochosas (localizadas nas áreas contíguas do Colorado, Utah e Wyoming). Estimativas de reservas da ordem de 2.000 bilhões de barris de óleo de xisto têm sido feitas para essa região, e as reservas economicamente recuperáveis são da ordem de 600 bilhões de barris. As reservas mundiais são estimadas em três vezes esse número.

O processo de extração do óleo do xisto é relativamente simples. O xisto é extraído, triturado e aquecido entre 330 °C e 480 °C (800 °F a 900 °F) – em um processo de *retorta* – para liberar o óleo. O processo é simples e direto, uma vez que não há o envolvimento de altas pressões ou processos catalíticos complicados. A maior parte do xisto é minerada no subsolo, já que a sobrecamada chega a ter espessuras de 300 m, e o reprocessamento é feito na superfície.

Outra fonte importante de petróleo bruto são as areias betuminosas. Essas são semelhantes ao xisto, porque a recuperação de seu óleo não pode ser feita por meio dos métodos tradicionais de perfuração. As areias betuminosas (também chamadas areias oleígenas) contêm uma substância altamente viscosa, parecida com o asfalto, chamada betume. Para se recuperar o óleo, as areias são extraídas e depois misturadas com água quente ou vapor para se extrair o betume. Isso também é feito no próprio local, ou *in situ*; água quente pressurizada é injetada no poço, e após um período de tempo, a mistura betume-água é extraída. As maiores fontes de areia betuminosa do mundo são encontradas em Alberta, Canadá. Estima-se que tais depósitos contenham aproximadamente 250 bilhões de barris de petróleo. As areias betuminosas dos Estados Unidos contêm aproximadamente 30 bilhões de barris. Entretanto, as areias betuminosas produzem cerca de 20% a mais de CO_2 por unidade de energia que o petróleo convencional.

Em 2010, o país do qual os Estados Unidos importavam mais petróleo era o Canadá, em cerca de 20%. Pouco mais da metade (1,3 MBPD) vem das areias de Alberta. A maioria desse óleo cru vem por oleoduto, para refinarias no Meio Oeste e no Golfo. Um oleoduto de 1.700 milhas para o Texas foi proposto. Mas um vazamento de 800 mil galões de um destes oleodutos em Michigan, no ano 2010, dificultará a aprovação dessa proposta.

G. RESUMO

Projeta-se que os combustíveis fósseis constituirão a maior parte de nosso suprimento de energia durante boa parte do século XXI. Estimativas sobre as quantidades dos recursos disponíveis são sempre tênues, especialmente para o petróleo e o gás natural. As estimativas são geralmente dadas para as reservas, que são aqueles recursos bem conhecidos por meio da exploração geológica e extraíveis a preços atuais com a tecnologia existente. É comum que previsões sobre a produção futura de recursos sejam feitas com base em fatos passados; as curvas em forma de sino, de Hubbert, são um exemplo. O petróleo é de interesse especial, pois fornece 38% das necessidades mundiais de energia atuais. As curvas de Hubbert sugerem que, pela metade do século XXI, a produção de petróleo será de 10% dos valores atuais.

O petróleo e o gás natural acumulam-se sob a superfície em rochas-reservatório como arenito, sendo cobertos com rocha impermeável que impede seu movimento rumo à superfície. Para aumentar a recuperação do petróleo de um reservatório, técnicas aperfeiçoadas são utilizadas. A recuperação "secundária" usa água para aumentar as pressões naturais no reservatório, enquanto a recuperação "terciária" emprega vapor, gás ou produtos químicos para aumentar a pressão e liberar o petróleo da rocha. Novas técnicas de perfuração (fraturamento hidráulico) nas formações de gás de xisto nos Estados Unidos permitiram grandes aumentos nas reservas de gás natural do país.

Os Estados Unidos, que têm mais reservas de carvão do que qualquer outro país, são chamados de "o rei do carvão". O carvão forma-se pela decomposição de matéria vegetal e é classificado de acordo com sua quantidade de carbono. O betuminoso, o tipo mais comum nos Estados Unidos, tem um valor calorífico relativamente alto. O carvão aparece na forma de veios ou leitos. Quando os veios estão próximos à superfície terrestre, eles podem ser extraídos por mineração de superfície. Mais da metade do carvão, nos Estados Unidos, é extraída dessa maneira, sobretudo nos estados do oeste. Esse carvão apresenta um conteúdo de enxofre relativamente baixo. A demanda por carvão deverá ser restringida principalmente por razões ambientais, como suas emissões de SO_2 e CO_2.

O carvão pode ser convertido em óleo e gás natural por meio de processos de liquefação e gaseificação. A expansão para a produção comercial é improvável, a menos que os preços desses "combustíveis sintéticos" sejam reduzidos. Argumentos semelhantes podem ser utilizados com relação ao óleo encontrado no xisto no oeste dos Estados Unidos. Existem depósitos enormes de xisto, mas fatores ambientais e econômicos deverão inibir seu uso em um futuro próximo.

COMO VOCÊ ESCOLHERIA? – REVISITADO

Perfurando na Reserva Nacional da Vida Selvagem no Ártico (ANWR): "Explore, meu bem, explore?"

A decisão de permitir ou não perfurações na ANWR tem ficado mais quente à medida que os preços do petróleo sobem. As previsões relacionadas ao efeito das perfurações sobre o meio ambiente ali, assim como sobre os animais, variam, como também as referentes à quantidade de petróleo que pode ser conseguida. Com base no que aprendeu neste capítulo sobre as consequências de extrair e transportar petróleo, você mudaria seu voto sobre a perfuração?

QUESTÕES

1. O vazamento de petróleo de 1989 no Alasca causou muitos danos ambientais à vida selvagem e aos peixes daquela área. Os esforços de limpeza têm sido enormes. Com base na internet, determine o que se conhece atualmente a respeito do sucesso desses esforços.
2. A área sob a curva de depleção de petróleo, de Hubbert, deve ser igual ao total de reservas. Verifique isto para os Estados Unidos (Figura 1.8) e para o mundo (Figura 7.3).
3. As rotas dos oleodutos e gasodutos, conforme foi discutido em Foco em 7.1, "Política de Oleodutos na Ásia Central", mostram que uma linha vai para o Mediterrâneo e outra para o Golfo Pérsico. Considerando o crescimento econômico mundial, por que essa última rota teria certas vantagens?
4. Quais são as vantagens da mineração de superfície? Quais serão os problemas encontrados na restauração das terras mineradas?
5. Quais são os motivos da diminuição da produção de petróleo bruto nos Estados Unidos desde 1970?
6. Utilize a internet para determinar o estado atual da perfuração na Reserva Nacional Ártica de Vida Selvagem (Arctic National Wildlife Reserve). Qual é a porcentagem das reservas americanas de petróleo que podem ser ali encontradas?
7. Considere a Figura 7.2. Para cada uma das cinco décadas mostradas, estime a razão entre as adições de reservas e a produção. Há um padrão?
8. As reservas são consideradas como parte dos recursos de um combustível?
9. Quais são as diferenças entre os métodos secundário e terciário de recuperação aperfeiçoada?
10. Discuta a analogia entre tomar refrigerante com um canudo e a recuperação aperfeiçoada de petróleo.

11. Que restrições ao aumento da demanda de produção de carvão podem ser esperadas?

PROBLEMAS

12. Um gerador acionado por turbina a gás natural para produção de eletricidade tem uma eficiência de aproximadamente 50%. Quantos pés cúbicos seriam necessários para se produzir 1.000 MWe por um ano? (Verifique os fatores de conversão no Apêndice B.)
13. Se todas as necessidades americanas de petróleo fossem supridas pelas reservas localizadas dentro da Reserva Nacional Ártica de Vida Selvagem (Arctic National Wildlife Reserve), quanto tempo essas reservas iriam durar, considerando-se que não haja aumento da demanda?
14. Suponha que o custo do petróleo seja US$ 60 por barril. Se o preço aumentar 10%, quanto você esperaria que aumentasse o preço do galão de gasolina[10]?
15. Se a demanda por eletricidade continuar a crescer 2% ao ano, quantos MWe a mais serão necessários para atender à demanda em dez anos? Se toda essa demanda fosse atendida por geradores de turbina a gás natural, qual seria a quantidade adicional de gás necessária (em pé^3/ano)? O valor obtido representa que fração de nosso uso atual de gás natural?
16. Em um projeto de gaseificação, cerca de 26 mil toneladas de carvão serão utilizadas diariamente para a produção de 250 milhões de pés^3 de gás natural. Se o carvão for classificado em 8.700 Btu/lb, e o gás em 950 Btu/pés^3, qual será a eficiência dessa usina?

TÓPICO ESPECIAL

A FÍSICA DA EXPLORAÇÃO DE GÁS E PETRÓLEO

A exploração do petróleo e do gás natural presos sob a superfície da Terra tem progredido muito, desde a época do explorador instintivo[11] até os atuais métodos científicos da geofísica. Dois métodos utilizados – gravimétrico e sísmico – para in-

[10] O estudante brasileiro pode responder ao problema em termos de litros de gasolina, uma unidade bem mais familiar. (N.T.)

[11] No original: *bunch of wildcatter*. Em inglês, a expressão *wildcatter* significa: "pessoa que perfura poços na esperança de encontrar petróleo em território onde não há notícia da sua presença". Trata-se de uma gíria surgida no início da exploração comercial do produto. (N.T.)

ferir a localização de petróleo e gás natural serão discutidos nesta seção, com ênfase nos princípios do último método.

EXPLORAÇÃO GRAVIMÉTRICA

A força gravitacional entre dois corpos é proporcional à massa de cada corpo e inversamente proporcional ao quadrado da distância *R* entre eles:

$$F = \frac{GM_1M_2}{R^2}$$

onde *G* é a constante gravitacional universal.

Se a Terra fosse uma esfera perfeitamente homogênea, a força gravitacional sobre um corpo (seu peso) seria a mesma em qualquer ponto da Terra, para a mesma altitude. Entretanto, nosso planeta não é uma esfera perfeita (ela se parece com uma pera, com um alargamento na linha do Equador e um achatamento nos polos) e, portanto, a distância do centro da Terra até o nível do mar varia. Sua densidade também varia de lugar para lugar, por causa dos depósitos de materiais como minério de ferro e petróleo. Este último fato é utilizado na exploração de petróleo. Em levantamentos de gravidade, as variações locais em altitudes constantes são observadas com o auxílio de um **medidor de gravidade**, que pode ser uma massa suspensa por uma mola (Figura 7.23).

FIGURA 7.23 UM MEDIDOR DE GRAVIDADE. A FORÇA QUE ATUA SOBRE A MASSA TENSIONA A MOLA. AS VARIAÇÕES NA DENSIDADE LOCAL DA TERRA PODEM SER MEDIDAS OBSERVANDO-SE AS VARIAÇÕES NA POSIÇÃO DO PONTEIRO.

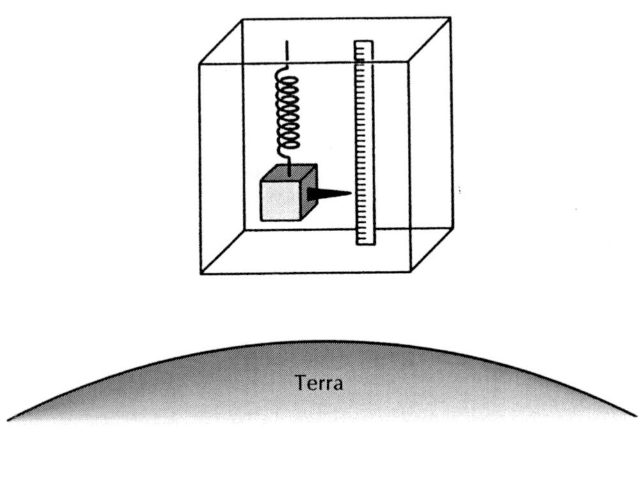

À medida que a massa é deslocada de ponto para ponto, seu peso varia em razão das irregularidades na densidade da Terra, de forma que a tensão na mola também varia. A partir dessas variações, pode-se encontrar depósitos de petróleo. Por exemplo, um domo de sal enterrado em xisto levaria a uma pequena redução na atração da gravidade. Os domos de sal são especialmente interessantes, já que depósitos de petróleo e gás natural têm sido descobertos sob essas estruturas.

EXPLORAÇÃO SÍSMICA E A NATUREZA DAS ONDAS

Uma técnica mais moderna e popular de exploração de petróleo é a utilização de **ondas sísmicas**, que fornecem ao geofísico uma ferramenta poderosa para se mapear estruturas rochosas no interior da Terra. Esse método usa ondas de choque que são criadas no solo por uma explosão ou por pancadas no solo. As ondas de choque em propagação atingem descontinuidades nas propriedades físicas das rochas do subsolo e são parcialmente refletidas para a superfície, onde são detectadas. O tempo necessário para que a onda seja refletida de volta à superfície indica a profundidade da descontinuidade. Com base em medições de uma grande área de ponta a ponta, pode ser construído um perfil das diferentes estruturas sob a Terra para aquela localidade, a partir do qual se pode inferir sítios potenciais em que exista petróleo ou gás natural preso. Antes de examinarmos esse processo de "ecossonografia" em mais detalhes, divagaremos um pouco em uma breve discussão sobre ondas sonoras.

ONDAS TRANSVERSAS E COMPRESSIONAIS

O assunto das ondas foi introduzido no Capítulo 4, em uma discussão sobre a radiação eletromagnética. As ondas são um fenômeno muito comum na experiência cotidiana, e elas ligam várias áreas da física. Um exemplo comum são as ondas na água, que podem ser produzidas deixando-se cair uma pedra em um tanque de água parada. As ondulações espalham-se a partir do ponto de perturbação (Figura 7.24). Não é a água que se propaga com as ondulações, mas a própria perturbação. As moléculas de água movem-se para cima e para baixo à medida que as perturbações passam; uma rolha sobre a água move-se para cima e para baixo enquanto as ondas passam por ela. As perturbações carregam a energia transmitida pela fonte através do meio (nesse caso, a água).

FIGURA 7.24 ONDAS DE ÁGUA EM UM TANQUE DE ÁGUA.

STOCKPHOTO.COM/VLADIMIR VLADIMIROV

Outro exemplo do movimento ondulatório são as ondas em uma corda quando sua mão dá um puxão repentino em uma das pontas (Figura 4.14). Aqui a perturbação ocorre na forma de um pulso ou corcova que é transmitido ao longo da corda, para longe da fonte. Novamente, as partículas da corda não se movem ao longo da corda; elas apenas oscilam para cima e para baixo à medida que a perturbação passa por elas. Tais ondas, assim como aquelas na água, são chamadas de **ondas transversas** (Figura 7.25(a)). Isso significa que as partículas do meio se movem de forma perpendicular ou transversa à direção de propagação da onda.

Uma onda de choque é um tipo diferente. A perturbação, que pode ser a energia que emana de uma explosão, comprime o meio ao redor (por exemplo, o ar), que comprime o meio adjacente, e assim por diante. A perturbação propaga-se a partir da vibração inicial na forma de uma **onda de compressão, ou longitudinal** (Figura 7.25(b)). Assim como para as ondas transversas, as partículas do meio não carregam a transferência de energia por seu próprio movimento, mas simplesmente vibram para a frente e para trás ao longo da direção da onda à medida que a perturbação passa.

VELOCIDADE DAS ONDAS SONORAS

As características comuns a todas as ondas são seu comprimento, sua frequência e sua velocidade. Essas três quantidades relacionam-se por meio da fórmula (veja o Capítulo 4)

$$\text{Velocidade} = \text{comprimento de onda} \times \text{frequência}$$

Uma diferença fundamental entre ondas de luz e ondas sonoras é que o som necessita de um meio para se propagar, enquanto a luz se propaga no vácuo. O som é relacionado à vibração mecânica da matéria, enquanto a luz é relacionada à vibração dos campos elétrico e magnético. Se você colocasse um despertador tocando em uma redoma e bombeasse o ar para fora, não conseguiria mais escutar o som do alarme. Mas você ainda conseguiria ver o relógio, através da luz que ele reflete.

A velocidade de uma onda depende do meio através do qual se propaga. A velocidade do som no ar (a 20°C) é de 343 metros por segundo (1.125 pés/s ou aproximadamente 770 mph), mais ou menos um milhão de vezes menor do que a velocidade da luz. Em geral, a velocidade do som é maior em metais e sólidos do que no ar e em líquidos (Tabela 7.4). Para descobrir se um trem está vindo, um truque útil é colocar o seu ouvido sobre o trilho, já que o metal é melhor condutor de som do que o ar.

FIGURA 7.25 (A) ONDA TRANSVERSA: O MOVIMENTO DO MEIO É PERPENDICULAR À DIREÇÃO EM QUE A ONDA SE PROPAGA. (B) ONDA LONGITUDINAL: O MOVIMENTO DO MEIO SE DÁ NA MESMA DIREÇÃO EM QUE A ONDA SE PROPAGA.

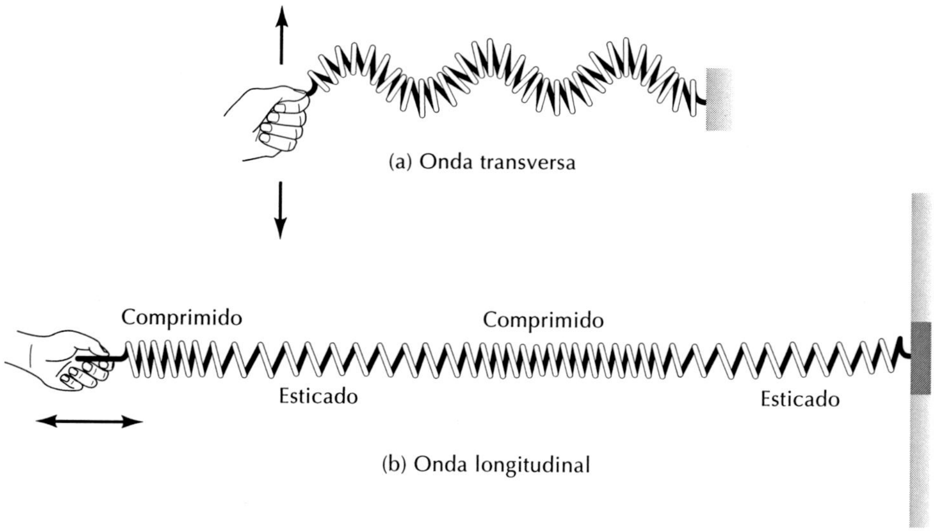

TABELA 7.4 VELOCIDADE DO SOM EM DIVERSOS MATERIAIS.

Material	Velocidade (m/s)
Ar (20°C)	343
Água	1.460
Argila	3.480
Cobre	3.560
Tijolo	3.650
Aço	5.000
Alumínio	5.100
Granito	6.000

REFLEXÃO E REFRAÇÃO DE ONDAS

A exploração sísmica de petróleo e gás natural utiliza-se de outra propriedade geral das ondas – reflexão e refração. O ricochete de uma bola de tênis em uma parede é como a *reflexão* de uma partícula. Para uma bola ou para as ondas, a lei de reflexão de uma superfície é seguida: o ângulo de incidência é igual ao ângulo de reflexão. (Cada um desses ângulos é o ângulo formado entre as ondas e a "normal", que é uma linha perpendicular à superfície.) A Figura 7.26 ilustra um exemplo em que a luz é refletida por um espelho plano.

FIGURA 7.26 A LEI DE REFLEXÃO DAS ONDAS: O ÂNGULO DE INCIDÊNCIA *I* É IGUAL AO ÂNGULO DE REFLEXÃO *R*.

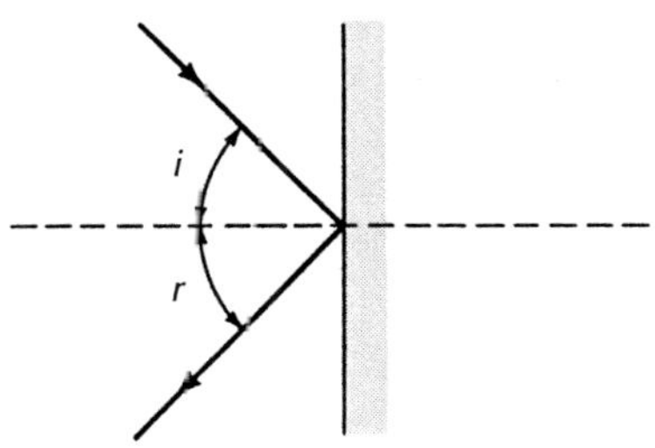

Quando uma onda em um meio se encontra com outro meio, tal como a luz passando do ar para a água ou uma onda sonora indo de um material com uma densidade para um material com outra densidade, parte da onda é refletida e parte é transmitida para o outro meio. A onda transmitida para o outro meio é defletida, ou *refratada*, em virtude da diferença de velocidade de propagação nos dois meios. Se você colocar um lápis em um copo de água, ele parece dobrar-se na superfície, por causa desse fenômeno. Quando a luz penetra em um meio mais denso, ela é deslocada em direção a uma linha perpendicular à superfície. As lentes de vidro focalizam a luz por meio da propriedade de refração. Ao olhar para um peixe submerso de uma posição acima da superfície, você deve ter em mente que a posição aparente do peixe não é aquela em que ele se encontra de fato: a luz é deslocada para longe da normal à medida que ela penetra no ar menos denso, fazendo com que o peixe pareça estar mais próximo à superfície do que realmente está (Figura 7.27).

FIGURA 7.27 Corpos submersos podem parecer mais próximos da superfície do que realmente estão por causa da refração da luz na interface ar-água.

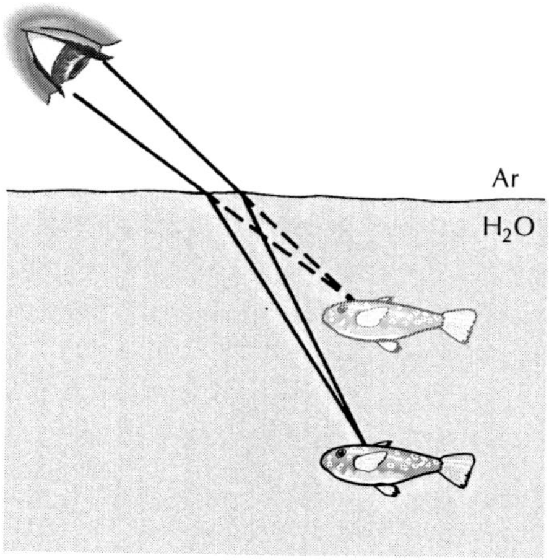

MÉTODOS SÍSMICOS DE EXPLORAÇÃO

Levando em conta o que acabamos de ver, retornemos ao tópico da exploração sísmica. Descontinuidades ou interfaces entre diferentes tipos de rochas são importantes para a localização de depósitos de petróleo (lembre-se das estruturas rochosas que podem aprisionar o petróleo). Uma onda sísmica provocada por uma explosão ou uma pancada na superfície vai propagar-se através do solo. A onda será parcialmente refletida de volta à superfície quando encontrar alguma descontinuidade física na estrutura rochosa ou algum reservatório de líquido (Figura 7.28). Parte da onda será refratada para dentro da próxima camada, e depois de volta à camada superior. Na superfície, os geofísicos coletam dados sobre as ondas de choque refletidas e refratadas com microfones especiais (sismômetros) localizados a distâncias diferentes do ponto de explosão. Os sismômetros convertem as ondas sonoras em sinais elétricos que são armazenados em um computador. O tempo que as ondas refletidas levam para atingir os sismômetros indica a profundidade da descontinuidade, porque distância = velocidade x tempo. Os tempos necessários para que as ondas refratadas retornem aos sismômetros dão informação acerca da velocidade das ondas naquele meio. A intensidade ou a força do sinal que retorna também fornece informação sobre as características estruturais da crosta. A rocha porosa em que o gás é aprisionado reflete um sinal muito mais forte do que a rocha densa ou uma rocha cheia de água. A detecção direta de petróleo é muito difícil, já que as ondas são insensíveis às proporções entre água e petróleo.

FIGURA 7.28 PROSPECÇÃO SÍSMICA DO PETRÓLEO. A CHEGADA DAS ONDAS SONORAS AOS DETECTORES, APÓS SUA REFLEXÃO E SUA REFRAÇÃO A PARTIR DAS FRONTEIRAS ENTRE AS ROCHAS SUETERRÂNEAS, FORNECERÁ INFORMAÇÕES ACERCA DA ESTRUTURA GEOLÓGICA CIRCUNDANTE; SE OS EXPLORADORES TIVEREM SORTE, ELA REVELARÁ A PRESENÇA DE RESERVATÓRIOS DE PETRÓLEO.

(Fonte: American Petroleum Institute.)

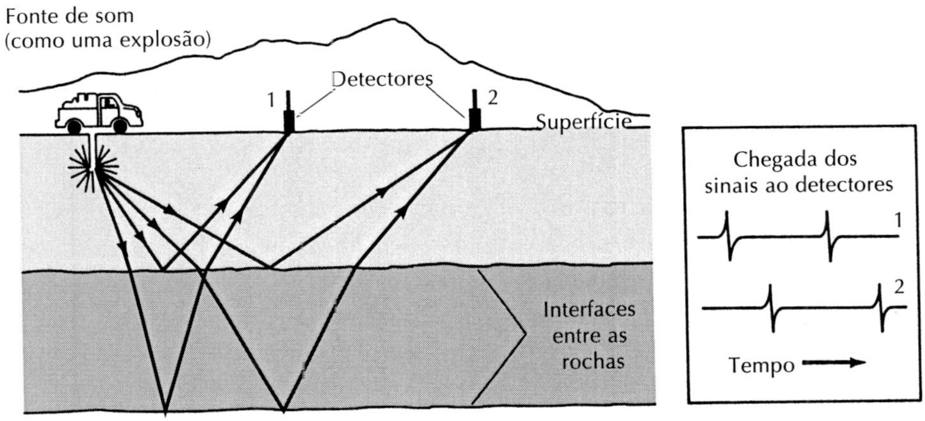

FIGURA 7.29 UM MAPA IMPRESSO DAS OPERAÇÕES SÍSMICAS DE LOCALIZAÇÃO DE PETRÓLEO. CADA LINHA HORIZONTAL REPRESENTA UM DETECTOR A UMA DISTÂNCIA DIFERENTE QUE GRAVA A FORÇA DO PULSO (EIXO Y) *VERSUS* O TEMPO DE PROPAGAÇÃO DA ONDA DE CHOQUE (EIXO X). UM CORTE DENTRO DO VISTO É EVIDENTE.

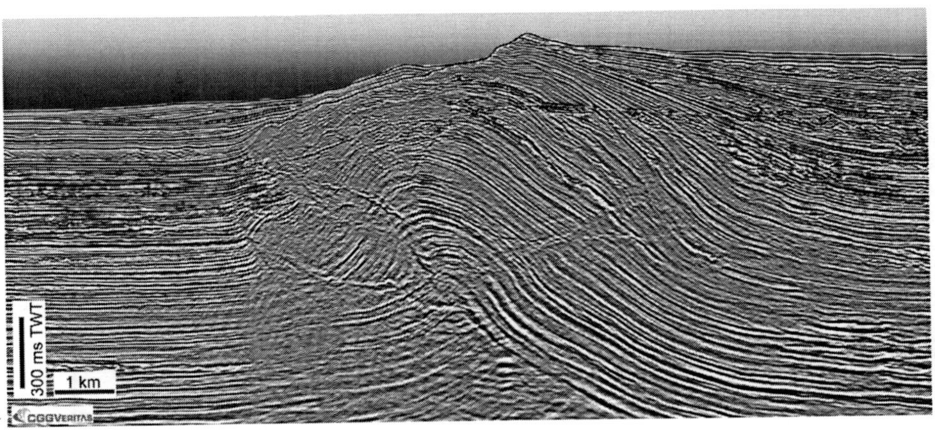

O resultado de uma bateria de testes sísmicos é uma série de perfis que fornecem uma imagem bidimensional de uma seção de corte, ou uma fatia, da crosta terrestre. Um sismograma (Figura 7.29) é a gravação de uma série de pulsos para cada detector, indicando ondas refletidas e refratadas que seguem diferentes caminhos entre a fonte e o detector. O sismograma é útil na identificação de características abaixo da superfície a partir das quais se pode obter informações que permitem inferir a presença de formações geológicas que favorecem a ocorrência de petróleo. Levantamentos sísmicos também são realizados no mar. Canhões de ar, que são a fonte das ondas de choque, são rebocados por navios. Há algumas ambiguidades nessas técnicas, mas tais mapeamentos sísmicos podem fornecer informação geológica para uma área submarina que pode resultar em uma taxa de sucesso de 50% nas perfurações.

QUESTÕES

17. Suponha que você precise tirar algum material dos trilhos da estrada de ferro. Com seu ouvido colado nos trilhos de aço, você ouve o trem cruzando a velha ponte. Você também anota depois o tempo no qual você ouve (no ar) o trem cruzando a velha ponte. Se o trem está viajando a 50 km/h, quanto tempo você tem para tirar o material antes que o trem atinja sua posição?

18. Se a frequência de uma onda sísmica é 100 Hz, qual será seu comprimento de onda no granito (veja a Tabela 7.4)?

19. Se você quisesse acertar um peixe com uma flecha, onde você miraria? Por quê?

20. Utilizando a equação da força gravitacional, como o seu peso varia em função da sua posição na superfície da Terra? Sua massa iria variar da mesma forma?

21. Quais são as semelhanças e diferenças entre ondas de luz e ondas sonoras?

22. Na utilização de ondas sísmicas para localizar petróleo, como é que o geofísico distingue diferentes interfaces rochosas?

23. Ao conduzir um levantamento da presença de gravidade sobre uma grande área, como você diferenciaria petróleo de minério?

COM O FOCO NO BRASIL: ENERGIA DE COMBUSTÍVEIS FÓSSEIS

PANORAMA GERAL

No âmbito das discussões relacionadas ao aquecimento global, existem diversas vertentes com posições bastante controversas em relação aos combustíveis fósseis. Se por um lado há uma forte corrente com posição totalmente antagônica à utilização dos combustíveis fósseis e há posições intermediárias que elegem o gás natural como combustível ponte para um futuro com maior participação das fontes renováveis, por outro há correntes que propõem uma transição moderada para aumento das fontes renováveis, balanceada com tecnologias já desenvolvidas ou em desenvolvimento para tornar menos deletérios ambientalmente os efeitos dos combustíveis fósseis, como: gaseificação, captura do CO_2 e seu armazenamento (em cavernas ou em poços já utilizados de combustível fóssil); e uso de reatores nucleares "avançados", cuja reação em cadeia se extingue pelo próprio processo, no caso de acidente de alto grau, e com resíduos finais menos perigosos.

Neste último caso, o papel efetivo dessas tecnologias e seu desempenho e impacto ao longo do tempo ainda não estão provados, mas os argumentos estão aí, no cenário energético, para debates e aprofundamentos, colocando mais complexidade no cenário do aquecimento global, no qual recentes acelerações nas variações climáticas têm indicado urgência de decisões mundiais concretas.

Há também que se considerar o impacto, ainda não totalmente claro, da entrada neste cenário de:

- gás de xisto e das areias betuminosas e as controvérsias relacionadas aos impactos ambientais do processo de faturamento utilizado para sua obtenção;
- no caso específico de nosso país, da exploração de petróleo e gás natural das camadas do pré-sal.

No Brasil, como já visto em Com o Foco no Brasil do Capítulo 1, o petróleo e o gás natural (em escala bem menor) apresentam expressiva participação na matriz energética, mesmo levando em conta que o setor de transportes brasileiro, apresenta significativa participação da biomassa renovável (álcool, biodiesel). Por outro lado, o carvão mineral não tem tido grande presença no cenário energético brasileiro, e a energia nuclear, no momento, limita-se à geração de energia elétrica nas usinas de Angra dos Reis (Angra I, Angra II e a decisão pelo término de Angra III) por motivos que serão enfocados mais adiante.

As tabelas a seguir, do Balanço Energético Nacional 2012, BEN 2012, ilustram a participação dos referidos combustíveis, tanto na oferta de energia quanto no consumo final energético para os anos 2010 e 2011.

OFERTA INTERNA DE ENERGIA (10^3 TEP).

	2010	2011
Petróleo e derivados	101.714	105.172
Gás natural	27.536	27.721
Carvão mineral e coque	14.462	15.449
Urânio (u_3o_8)	3.857	4.187
ENERGIA NÃO RENOVÁVEL (10^3 tep)	**147.586**	**152.529**
Energia hidráulica e eletricidade	37.663	39.923
Lenha e carvão vegetal	25.998	25.997
Derivados da cana-de-açúcar	47.102	42.777
Outras renováveis	10.440	11.113
ENERGIA RENOVÁVEL (10^3 tep)	**121.203**	**119.809**
TOTAL (10^3 tep)	268.721	272.338

Fonte: Balanço Energético Nacional – 2012, EPE.

CONSUMO FINAL ENERGÉTICO (10^3 TEP).

	2010	2011
Eletricidade	39.964	41.290
Óleo diesel	41.498	43.551
Bagaço de cana	30.066	27.313
Lenha	17.052	16.366
Gás natural	15.435	16.931
Gasolina (exclusive etanol)	17.525	20.838
Etanol	12.041	10.744
GLP	7.701	8.000
Outras fontes	42.226	43.895
TOTAL	**223.508**	**228.928**

Fonte: Balanço Energético Nacional – 2012, EPE.

Por essas tabelas, nota-se que em 2011 o petróleo participou com 38,6% na oferta de energia; o gás natural, com 10,18%; o carvão, com 5,67%, e o urânio, com 1,54%.

Do lado do consumo, excetuando-se a participação na energia elétrica, os derivados do petróleo participaram com 31,62% e o gás natural com 7,40%.

Na geração de eletricidade, a participação do petróleo e do gás natural tem aumentado recentemente (século XXI) de forma significativa, sobretudo na forma de complementação termelétrica e como energia de reserva com vistas a aumentar a segurança (de suprimento) do sistema elétrico.

As recentes descobertas de enormes reservas de petróleo e gás natural em grandes profundidades marítimas, na camada de pré-sal (profundidades da ordem de 7.000 m) na costa da região Sudeste brasileira, podem vir a alterar significativamente esse cenário, dependendo dos rumos da política energética do país. No período recente, tais descobertas ressaltaram certa fragilidade das políticas energéticas do país no longo prazo: enquanto há poucos anos o Brasil foi colocado como a grande esperança mundial das fontes renováveis por causa do uso de biomassa e sua exportação para o mundo, alguns anos depois a esperança do país parece estar nos combustíveis fósseis. Mas ainda é cedo para tirar conclusões mais concretas. As ações efetivas a serem tomadas nesses próximos anos indicarão com maiores certezas o novo cenário que será construído.

A seguir, apresenta-se uma visão sucinta da aplicação desses combustíveis, principalmente na geração de energia elétrica, uma vez que o setor de transportes também é abordado em Com o Foco no Brasil do Capítulo 17.

O GÁS NATURAL E OS DERIVADOS DO PETRÓLEO NO SETOR DE TRANSPORTES

Neste setor, há predominância dos derivados de petróleo, basicamente gasolina e óleo diesel. No mercado de automóveis, já há algum tempo no Brasil, a maioria dos carros novos é *flexfuel*, usando gasolina ou etanol. Os carros somente a gasolina usam na realidade uma mistura de gasolina com etanol (25%). O gás natural veicular também tem pequena fatia no mercado, de certa forma limitada pela falta de maior rede de distribuição no território nacional. O óleo diesel apresenta alto consumo, sobretudo nos veículos médios e pesados, contendo também mistura de biodiesel numa proporção pequena planejada para aumentar ao longo do tempo.

Mais detalhes sobre o cenário energético do setor de transportes são mostrados em Com o Foco no Brasil do Capítulo 17.

OS COMBUSTÍVEIS FÓSSEIS E A GERAÇÃO TERMELÉTRICA NO BRASIL

Significativa no país ao final da primeira década do século XXI, e em crescimento, a geração termelétrica é constituída de centrais a vapor, centrais a gás natural, centrais com utilização de ciclos a gás e a vapor (a maioria projetada para operação na configuração de ciclo combinado e no sistema de cogeração), centrais nucleares e de usinas utilizando motores, na sua maioria a diesel, mas também com uso dos motores a gás natural.

Em tal contexto, ressalta-se a utilização de derivados do petróleo (em geral, óleo combustível) e carvão mineral nas usinas com ciclo a vapor; do gás natural nas centrais a gás e nas de ciclo combinado (combinado ou não com derivados do petróleo); dos derivados do urânio nas centrais nucleares e do óleo diesel, gasolina ou gás natural nos motores.

No cenário geral, tem-se:

Petróleo e seus derivados

No Brasil, os principais derivados do petróleo utilizados na geração de energia elétrica são o óleo combustível, o óleo diesel e a gasolina.

O óleo combustível ainda é muito usado em diversas centrais a vapor existentes no Brasil, muitas delas de pequeno e médio portes e antigas.

O óleo diesel é utilizado como geração básica de energia elétrica em locais distantes e de difícil acesso para a rede elétrica. Esse tipo de geração ocorre principalmente em áreas rurais, pequenas comunidades e mesmo em áreas urbanas em regiões isoladas, como a Amazônia e a região Centro-oeste. Essa geração tem apresentado muitos problemas associados à manutenção dos equipamentos e à logística de suprimento do combustível, e acredita-se que deverá ser desalojada aos poucos pelo gás natural, dependendo da sua disseminação. Geração a diesel é também usada para alimentar a ponta (pico) de consumo em certas situações. Além disso, há uma aplicação (apenas para situações de emergência) que faz com que, pelo menos em número de unidades, a geração a diesel chegue a quantidades enormes no país, uma vez que é utilizada como energia de *back-up* em praticamente todas as unidades de consumo de médio ou de grande porte, como hospitais, *shopping centers*, subestações elétricas, indústrias, prédios.

A gasolina é utilizada em motores de pequeno porte, nas áreas rurais e em sistemas isolados.

Gás natural

No Brasil, o crescimento do consumo de gás natural tem como maior fator limitante a pequena rede de distribuição existente.

Um aspecto importante a ser considerado na utilização do gás natural é a ênfase em projetos de cogeração com produção de eletricidade e vapor para processos, fazendo que a eficiência do uso do GN aumente significativamente em comparação com a eficiência muito baixa para apenas gerar energia elétrica. Essa aplicação configura um grande mercado de interesse, para onde certamente pode ser orientada a expansão do gás natural, que é o mercado industrial para uso em sistemas de cogeração, dependendo, no entanto, da instalação da malha de distribuição de gás ainda em fase de evolução. Quando o uso do gás natural como combustível industrial, de maior interesse econômico e de mais fácil penetração no mercado, começar a se aproximar de seu limite, o interesse na comercialização dos demais usos do gás aumentará. Outro mercado que pode ser interessante é o da cogeração em nível da geração distribuída (GD), conectada a redes de distribuição. Mas, nesse caso, há ainda entraves relacionados à regulamentação a serem superados.

Além disso, há a aplicação em geração termelétrica de grande porte na configuração de Ciclo Combinado e, preferencialmente, em sistemas de cogeração. No sistema elétrico brasileiro já existem diversas centrais desse tipo, a maioria pertencente à Petrobras.

Deve-se ressaltar que o gás natural é o combustível fóssil que apresenta maiores perspectivas de aplicação futura no Brasil. Isso deve-se à sua grande oferta potencial e aos preços competitivos, uma vez que é encontrado em quantias expressivas nos nossos países vizinhos e no próprio Brasil, assim como ao curto tempo de implantação de centrais termelétricas a gás. Com relação ao Brasil, ainda não há informações seguras quanto à total disponibilidade desse combustível, mas se sabe que é muito significativa quando se consideram as reservas de Urucu e Juruá na região amazônica e, mais recentemente, as expectativas geradas pela Bacia do Pré-sal na costa sudeste brasileira. Por ser um combustível que permite a geração de eletricidade com impactos ambientais atmosféricos menores que as outras formas de geração termelétrica com combustíveis fósseis, o gás natural poderá permitir ao Brasil seguir uma das estratégias preconizadas para a evolução energética do mundo: servir como combustível ponte na transição para uma situação energética mais baseada em recursos renováveis e, portanto, sustentável.

Deve-se comentar também a existência de planos para próxima introdução no Brasil do gás natural liquefeito (GNL) já com estações receptoras de gaseificação em fase de projeto e construção e com perspectivas de aumento de produção com as descobertas na Bacia do Pré-sal.

Carvão mineral

No Brasil, o carvão mineral é encontrado em cinco grandes regiões: Alto Amazonas, Rio Fresco, Tocantins–Araguaia, Piauí Ocidental e Brasil Meridional. Destas, a região do Brasil Meridional é a única, na situação atual, economicamente interessante à exploração. No Estado do Rio Grande do Sul encontra-se a maioria dos recursos carboníferos identificados na região do Brasil Meridional (Sul).

O carvão mineral tem tido uma participação bastante reduzida na geração de energia elétrica no país em virtude de sua pouca ocorrência, das características "pobres" do carvão disponível (baixo poder calorífico) e dos impactos ambientais negativos (poluição atmosférica), em decorrência do alto teor de enxofre, principalmente. As maiores usinas elétricas a carvão mineral no Brasil localizam-se no Rio Grande do Sul e em Santa Catarina. As três maiores em operação atualmente, conforme dados da ANEEL, são: Jorge Lacerda III e IV (625 MW), em Capivari de Baixo, SC; Presidente Médici A B (446 MW), em Candiota, RS; e Jorge Lacerda I e II (232 MW), também em Capivari de Baixo, SC.

Combustíveis nucleares

Conforme já citado, até o momento a energia nuclear no Brasil limitou-se às centrais de Angra dos Reis. As usinas de Angra dos Reis I e II encontram-se em operação e recentemente se decidiu pelo prosseguimento da construção da usina Angra III. Um forte argumento para essa decisão, além do fato de investimentos já terem sido feitos e equipamentos adquiridos, foi a importância de manter e permitir a evolução da capacitação tecnológica já alcançada no Brasil, inclusive quanto ao ciclo do combustível nuclear. Como na maior parte do mundo, aqui também a geração de energia nuclear tem encontrado grande oposição, não só pelos altos custos, como também pelos sérios problemas associados ao "lixo atômico" e à segurança, que têm levado a muitos esforços de pesquisa para "melhorar" esse tipo de energia internacionalmente. Em termos internacionais, novos conceitos de pequenas centrais nucleares, autosseguras e com lixo nuclear mais facilmente manejável, têm sido desenvolvidos com o argumento de que talvez se tornem atrativos e competitivos em médio prazo. No Brasil, recentemente, têm sido veiculadas notícias sobre a retomada de algum programa nuclear.

DEZ MAIORES TERMELÉTRICAS ATUALMENTE EM OPERAÇÃO NO BRASIL.

Nome	MW	Local	Combustível
Angra II	1.350	Angra dos Reis, RJ	Nuclear
Gov. Leonel Brizola	1.058	Duque de Caxias, RJ	Gás Natural
Santa Cruz	1.000	Rio de Janeiro, RJ	Gás Natural
Mario Lago	923	Macaé, RJ	Gás Natural
Norte Fluminense	869	Macaé, RJ	Gás Natural
Angra I	657	Angra dos Reis, RJ	Nuclear
Uruguaiana	640	Uruguaiana, RS	Gás Natural
Jorge Lacerda III e IV	625	Capivari de Baixo, SC	Carvão Mineral
Sepé Tiaraju	563	Canoas, RS	Gás Natural
Mauá (Manaus) Blocos I a IV	553	Manaus, AM	Óleo Diesel

Fonte: ANEEL - Agência Nacional de Energia Elétrica. (www.aneel.gov.br).

REFERÊNCIAS

REIS, L.B.; FADIGAS, E.A.; CARVALHO, C.E. *Energia, recursos naturais e a prática do desenvolvimento sustentável*. Barueri: Manole, 2012.

REIS, L.B. *Geração de energia elétrica*. Barueri: Manole, 2011.

SITES, DOCUMENTOS E INFORMAÇÕES

Empresa de Pesquisa Energética. Balanço Energético Nacional. Disponível em:<www.epe.gov.br>. Acesso em: 18 jan. 2014.

ANEEL. Disponível em: <www.aneel.gov.br>. Acesso em: 18 jan. 2014.

CAPÍTULO 8

POLUIÇÃO DO AR E USO DE ENERGIA

Conteúdo

COMO VOCÊ ESCOLHERIA?

"Nós precisamos de empregos"

Um debate no Congresso dos Estados Unidos sobre uma possível imposição de controle da crescente poluição causada por termelétricas a carvão, entre representante do meio-oeste e outro do nordeste, torna-se áspero. O aumento do preço de energia produzida no meio-oeste vai elevar os custos dos bens produzidos naquela região, mas melhorar a qualidade do ar no nordeste dos Estados Unidos. Empregos podem desaparecer. Se você fosse um membro do Congresso, que colega você apoiaria? Por quê?

A. INTRODUÇÃO

As fontes de energia fornecem alguns dos elementos mais cruciais na construção de uma sociedade moderna e tornam possíveis muitas das amenidades de que desfrutamos atualmente. Porém, a qualidade de vida é medida por outros fatores além dos bens materiais; a saúde e o bem-estar humanos e a natureza dos nossos sistemas sociais representam papéis importantes, senão fundamentais. Percebemos que somos parte de um quadro maior e que nosso bem-estar não pode ser dissociado do bem-estar do planeta. Nos anos 1960, a ecologia, ou o estudo das inter-relações entre os organismos e o meio ambiente, popularizou-se à medida que o público começou a perceber os delicados equilíbrios que existem na natureza e, em alguns casos, a tomar consciência da importância de sua responsabilidade em relação a essa questão.

Conforme foi introduzido no Capítulo 1, a produção de potência e o uso de energia podem causar diversos efeitos ambientais adversos. Que danos ao nosso meio ambiente, à nossa saúde e ao nosso padrão de vida virão da crescente exploração de nossos recursos energéticos? Uma das consequências mais óbvias do aumento do consumo de energia é o objeto deste capítulo: a poluição do ar que nos rodeia. (Os efeitos do uso da energia no clima serão discutidos no próximo capítulo.) É uma preocupação que atinge todas as pessoas hoje, sobretudo aquelas que vivem em áreas metropolitanas.

Recentes estudos da Organização Mundial da Saúde (OMS) sugerem que 3 milhões de pessoas morrem anualmente devido a doenças causadas pela poluição (doenças cardíacas e respiratórias). Nos Estados Unidos, a estimativa é de 70 mil mortes por ano em decorrência da poluição do ar, quase o dobro das mortes causadas por acidentes de trânsito. Cerca de metade das mortes por consequência da poluição são relacionadas à emissão veicular. Um estudo recente na Califórnia estima o custo anual de 200 milhões de dólares em tratamentos de saúde hospitalar de doenças respiratórias causadas pela poluição do ar. Alguns estudos sugerem que a exposição a níveis crescentes de monóxido de carbono e ozônio aumenta o risco de uma mulher dar à luz uma criança com maior chance de problemas cardíacos.

A poluição do ar não respeita fronteiras – estaduais ou nacionais. Ela afeta pessoas e plantas distantes de sua fonte. Porém, alguns dos casos mais graves de poluição do ar estão próximos de grandes cidades. Pequim tem a maior poluição global do ar, enquanto níveis altos de SO_2 e particulados são encontrados na Cidade do México, Seul, Bombaim, Calcutá e Xangai. Los Angeles tem um sério problema com o ozônio (no nível do solo), o principal constituinte do ar poluído.

Neste capítulo vamos estudar a natureza e a origem dos poluentes do ar, os efeitos da poluição do ar na saúde humana e no meio ambiente, e os passos necessários para a redução das emissões. Os padrões de poluição e as relações entre energia, consumo, economia e qualidade ambiental também serão considerados.

FOCO EM 8.1

A EUROPA ORIENTAL E O MEIO AMBIENTE

"Ele é tão pequeno", sussurrou Jeffrey.

O sorriso do Dr. Sova tinha vestígios de tristeza. "Este é um bebê muito grande. Muito saudável. Está quase pronto para ir para casa. Nós temos muitos nascimentos prematuros com pesos de 700 gramas, ou aproximadamente 1 libra e meia. Estes são os que nos causam as maiores preocupações."

O bebê era mais do que diminuto. Era tão pequeno que parecia incapaz de viver. Uma caixa torácica menor do que o seu punho. Uma cabeça que caberia na palma de sua mão. Braços, pernas, mãos e pés incrivelmente frágeis, como se fossem os de uma boneca de louça.

"O problema não é apenas sua sobrevivência", continuou Dr. Sova. "O problema é a qualidade dessa sobrevivência. Paralisia cerebral. Cegueira. Habilidades mentais. Todas essas são questões não resolvidas com bebês prematuros nesse estágio de desenvolvimento."

"Esta região tem quarenta vezes o que é considerado o nível máximo seguro em termos de poeira no ar", contou-lhe Katya, "e sessenta vezes o nível de chumbo, tanto no ar como na água. Metade dos rios da Polônia é tão poluída que não se presta sequer ao uso industrial; sua água corrói a tubulação de captação. Quase dois terços de Cracóvia são completamente sem tratamento de esgoto; tudo é simplesmente despejado no rio Vístula. Novos estudos mostram que o nível de substâncias químicas no ar atingiu níveis críticos."

"Dióxido de enxofre", recitou Dr. Sova. "Dióxido de carbono, monóxido de carbono, metais pesados, ferro e fuligem pura e simples. Nesta região, uma tonelada de sujeira cai por metro quadrado a cada ano, a mais alta da Terra."

"O efeito na saúde das pessoas deve ser devastador", disse Jeffrey.

"Principalmente na das crianças", concordou Dr. Sova. "Nesta região, 90% das crianças menores de cinco anos sofrem de algum tipo de distúrbio pulmonar. Metade de nossas crianças de quatro anos, dois terços das de seis anos e três quartos das de dez anos sofrem de alguma doença crônica. Ainda assim, esses dados só têm sido coletados nos últimos seis meses. Sob o regime comunista, todos os dados de nossas crianças eram considerados segredos de Estado, e nenhuma coleta de dados era permitida. Tudo o que podíamos perceber era que muitas de nossas crianças ficavam doentes por tempo demais. Um tempo excessivamente longo."

(BUNN, T. Davis. *The amber room*. Minneapolis: Bethany House Publishers, 1992.)

A queda do comunismo em 1989 na Europa Oriental trouxe a liberdade para milhões de pessoas, mas também revelou ao mundo um pesadelo ambiental de poluição do ar, água e solo. Em nome do progresso e da produção industrial, preocupações ambientais foram ignoradas por décadas, com efeitos de longo prazo sobre a terra e seu povo. Muitas usinas elétricas queimavam o carvão marrom (lignito), com alto teor de enxofre e cinzas. Uma parte do carvão queimado continha altas concentrações de cádmio e arsênico. A falta de dispositivos de controle da poluição e a idade de muitas das usinas produziram problemas de saúde nos jovens e nos velhos; a chuva ácida danificou milhões de acres (veja a Figura 8.1).

FIGURA 8.1 POLUIÇÃO DO AR EM COPSA MICA, NA ROMÊNIA, CONSIDERADA UMA DAS CIDADES MAIS POLUÍDAS DO MUNDO.

BARRY LEWIS/IN PICTURES/CORBIS

B. PROPRIEDADES E MOVIMENTO DA ATMOSFERA

O ar à nossa volta consiste de uma mistura de gases. As concentrações desses gases no ar normal (limpo) são dadas na Tabela 8.1. Os componentes principais do ar são as moléculas de nitrogênio (78%) e oxigênio (21%) (não existem "moléculas de ar"). A atmosfera também contém outras substâncias que são adicionadas por fontes naturais, como a vegetação em crescimento ou decomposição, a poeira do solo e a fumaça de erupções vulcânicas. Definiremos como "poluentes" aquelas substâncias que são adicionadas pelo homem e que são tóxicas ou irritantes para animais, vegetação ou materiais. Mas vamos começar por uma breve revisão de alguns tópicos da física dos fluidos (gases ou líquidos).

PRESSÃO

A Terra está imersa em um "mar de ar", uma que 99% da massa da atmosfera se encontra abaixo de 33 km (20 milhas). Comparada ao tamanho da Terra, essa é uma cobertura bastante delgada. Se a Terra fosse um círculo do tamanho de uma moeda de 1 dólar,[1] a atmosfera teria a espessura de uma linha desenhada a lápis ao seu redor.

[1] Uma moeda de 1 dólar tem aproximadamente o mesmo tamanho que uma moeda de 1 real. (N.T.)

TABELA 8.1 CONCENTRAÇÃO DOS GASES NO AR SECO NORMAL.

Gás	Concentração (ppm)*
Nitrogênio	780.900
Oxigênio	209.400
Argônio	9.300
Dióxido de carbono	315
Neônio	18
Hélio	5,2
Metano	1,0–1,2
Criptônio	1
Óxido nitroso	0,5
Hidrogênio	0,5
Xenônio	0,08
Dióxido de nitrogênio	0,02
Ozônio	0,01–0,04

* ppm = partes por milhão de gás por volume, que se refere ao número de moléculas por milhão de moléculas de nitrogênio e oxigênio.

Nós vivemos no fundo desse mar de ar; portanto, sentimos uma pressão como resultado do peso do ar acima de nós. A *pressão* é definida como a força exercida por unidade de área:

$$\text{Pressão} = \frac{\text{força}}{\text{área}}$$

As unidades de pressão são a libra por polegada quadrada (psi) no sistema inglês e newtons por metro quadrado, chamado pascal (Pa), em unidades SI.

Como você pode ver a partir dessa equação, a pressão aumenta se você reduzir a área sobre a qual uma força, tal como seu peso, é aplicada. Por exemplo, se uma mulher puser todo seu peso na parte posterior de um par de sapatos de salto alto, a pressão exercida sobre o solo será maior do que aquela exercida por um elefante adulto sobre as suas quatro patas. De forma inversa, a pressão pode ser reduzida pelo aumento da área sobre a qual se aplica a força. Você tem uma chance maior de atravessar o gelo fino (sem quebrar a camada de gelo) se rastejar, já que nesse caso estará aumentando a área sobre a qual seu peso se distribui.

EXEMPLO 8.1

Uma criança de 5 anos pesa 48 lb e usa sapatos tamanho 1,[2] cada um com uma área superficial de 16 pol^2. Compare a pressão exercida pela criança com aquela praticada por um homem de 160 lb que usa sapatos tamanho 10, cada um com uma área superficial de 42 pol^2.

SOLUÇÃO

A pressão exercida pela criança é 48 lb/(2 x 16 pol^2) = 1,5 psi. Para o adulto, a pressão é 160 lb/(2 x 42 pol^2) = 1,9 psi, ou 25% a mais.

No oceano de ar que nos rodeia, a força exercida sobre nós é o peso de todo o ar acima de nossas cabeças. Ao nível do mar, a pressão atmosférica é 14,7 psi, ou aproximadamente 100.000 Pa (no topo do Monte Everest, a pressão do ar é 5 psi). Seria necessária uma coluna d'água de 34 pés (ou 10 m) de altura para exercer a mesma pressão que a coluna de ar exerce ao nível do mar (uma coluna de 20 milhas).

FIGURA 8.2 Exemplos de pressão atmosférica. (a) O peso máximo que você pode levantar com uma ventosa de 4 polegadas de diâmetro é a área × pressão = $\pi(2)^2 pol^2 \times 14{,}7\ lb/pol^2 = 185\ lb$. (b) Emborcar um copo de água coberto com uma folha de papel faz com que uma parte do ar seja forçada para fora do copo. A pressão do ar remanescente somada ao peso da água é menor do que a pressão atmosférica agindo na parte inferior, no papel, de modo que a água permanece no copo. (c) Tomando refrigerante: a pressão atmosférica força a bebida canudo acima, em direção à região de menor pressão na sua boca.

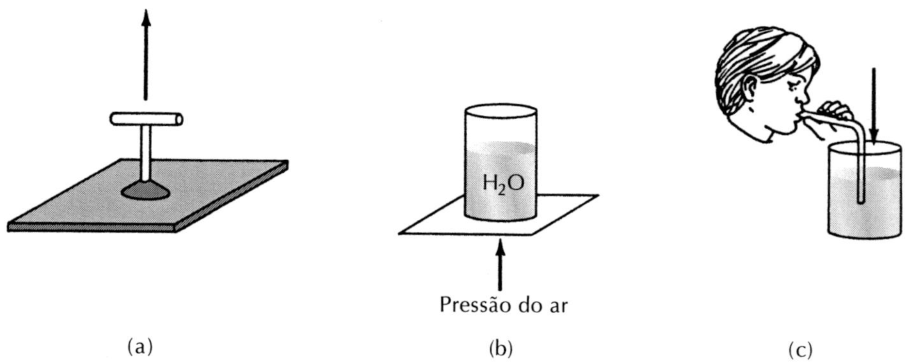

A Figura 8.2 mostra alguns exemplos que demonstram a pressão do ar. A pressão atmosférica possibilita que utilizemos ventosas de borracha (A). Um copo de água pode ser mantido de cabeça para baixo com uma folha de papel na

[2] Trata-se do sistema americano de numeração de sapatos, o que não interfere na lógica do exemplo. (N.T.)

boca dele (B) sem que a água caia porque a pressão que o ar exerce sobre a folha é maior do que a pressão da água. O ato de beber com um canudo (C) faz uso de diferenças de pressão para forçar o líquido a subir até sua boca: quando você suga em um canudo, a pressão na sua boca diminui, de forma que o líquido é empurrado canudo acima pela maior pressão da atmosfera sobre o líquido na parte de baixo do canudo. O líquido não é puxado pelo vácuo parcial. A maior altura à qual você pode levantar a água chupando um canudo, usando a pressão atmosférica, é 10 m (34 ft), (ver Problemas).

(A torre petrolífera Deepwater Horizon, antes de sua explosão, conseguia bombear petróleo desde 3 milhas abaixo do solo oceânico e mais 1 milha até a superfície. Obviamente mais que a pressão atmosférica atuava ali.)

Outra propriedade que precisa ser introduzida agora é a densidade. A **densidade** de um objeto é definida como sua massa dividida pelo seu volume.

$$\rho = m/V$$

Seu símbolo é ρ, a unidade kg/m^3 ou lb/ft^3. A densidade é uma propriedade característica de matéria. Um tijolo de ouro puro tem massa muito maior que uma moeda de ouro, mas tem a mesma densidade. A densidade de alguns materiais é apresentada na Tabela 8.2., em unidades kg/m^3. (Em outras unidades, também é expressa em $g/cm^3 = 1.000\ kg/m^3$. Um centímetro cúbico de chumbo tem 11,3/2,7= 4,19 vezes a massa de um centímetro cúbico de alumínio.) A densidade da maioria dos líquidos e sólidos varia apenas ligeiramente com temperatura e pressão, enquanto os gases apresentam grandes variações. Podemos alterar a densidade de alguns materiais pressionando-os para ocupar menos volume que o usual. Por exemplo, você pode pegar uma folha amassada de papel e apertá-la em sua mão para diminuí-la, aumentando, assim, a densidade. Como o ar aquecido se expande, a densidade de um volume de ar diminui quando sua temperatura sobe.

Com a profundidade há uma variação de pressão num fluido. Consideremos um bloco de fluido com área A e altura h (Figura 8.3(a)); seu volume é $V = Ah$. A pressão P, na parte de baixo do bloco, é o peso do fluido dividido pela sua área. No Capítulo 2, vimos que peso = massa x aceleração devida à gravidade, g. Assim, a pressão será: P = peso/Área (A) = mg/A. Mas, pela definição de densidade: $m = \rho V = \rho Ah$. Substituindo na expressão anterior, temos:

$$P = (\rho Ah)g/A = \rho gh$$

A pressão P num objeto imerso num fluido varia com a profundidade sob a superfície do objeto e com a densidade do fluido.

TABELA 8.2 DENSIDADE DE ALGUNS MATERIAIS COMUNS.

Material	Densidade (kg/m³)	Material	Densidade (kg/m³)
Ar (a 0ºC, 1 atm)	1,29	Ferro	7.860
CO_2 (a 0ºC, 1 atm)	1,98	Cobre	8.920
Gelo	917	Chumbo	11.800
Água	1.000	Mercúrio	13.600
Alumínio	2.700	Ouro	19.800

EXEMPLO 8.2

Uma barragem com 300 m de largura e 40 m de altura deve ser capaz de prover força (de reação) suficiente para represar a água atrás dela. (A) Considerando a altura média da água atrás da barragem como 20 m, que força deve a barragem exercer? (B) Se essa água forma um lago de 2 km (à profundidade de 40 m), qual é a massa de água no reservatório?

SOLUÇÃO

(a) Como visto, força = pressão x área. A pressão média devida ao peso da água é $P = \rho gh$ = 1.000 (kg/m³)(9,8 m/s²)(20 m) = 196.000 N/m² (Pa). Então, a força será: (196.000 N/m²)(40 m x 300 m) = 2,35 x 10^9 N.

(b) Da definição de densidade $\rho = m/V$, a massa de água no reservatório é sua densidade x seu volume = (1.000 kg m³) (40 m x 300 m x 2.000 m) = 2,4 x 10^{10} kg. Note que a força depende somente da profundidade média e da área, não do tamanho do reservatório formado pela barragem.

FIGURA 8.3 (A) A PRESSÃO P DEVIDA AO PESO DO FLUIDO É ρgh (A DENSIDADE ρ É CONSIDERADA CONSTANTE).

(B) BARÔMETRO. A PRESSÃO ATMOSFÉRICA QUE AGE SOBRE MERCÚRIO O FORÇA A SUBIR CERCA DE 76 CM NO TUBO. (SE O FLUIDO FOSSE A ÁGUA, ESSA ALTURA SERIA DE 1.000 CM.)

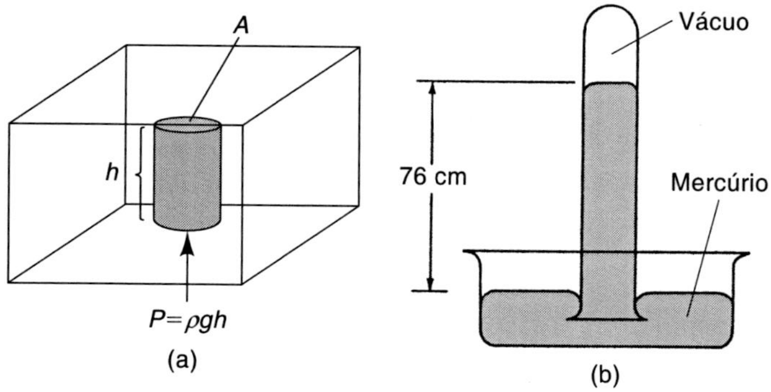

A pressão atmosférica é importante para os meteorologistas, já que diferenças regionais de pressão fazem o clima se deslocar de regiões de alta pressão para aquelas de baixa pressão. "O barômetro está subindo" é geralmente um sinal de que o bom tempo está a caminho. A pressão do ar é uma função da temperatura. Variações de temperatura na superfície da Terra, causadas pelo aquecimento solar desigual e por características do relevo (montanhas, oceanos etc.), dão origem a diferenças de pressão que produzem os ventos, ou circulação horizontal de ar. O barômetro mostrado na Figura 8.3 é um método padrão para se determinar a pressão atmosférica (veja a Atividade Adicional 1 no final deste capítulo). O tubo é evacuado no topo para que não haja nenhuma pressão exercida pelo ar. O fluido no tubo exerce uma pressão igual à sua densidade multiplicada pela sua altura. No equilíbrio, isso torna-se igual à pressão da atmosfera sobre o líquido na cuba. Você pode perceber por que o mercúrio é utilizado no lugar da água como fluido: ele é 13 vezes mais denso do que a água, e, assim, uma coluna mais curta pode ser usada.

EMPUXO E PERFIS DE TEMPERATURA DO AR

O movimento vertical do ar é o resultado das variações de densidade na atmosfera. O ar que é aquecido pelo solo é menos denso do que o ar frio, e sobe. Ele sobe por causa de uma "força de empuxo" que age sobre um volume de ar quente (chamado "pacote"). A *força de empuxo* sobre um corpo é a força para cima exercida sobre ele pelo fluido no qual está imerso. Por causa dessa força, um objeto imerso em água parece pesar menos do que quando está no ar. Por exemplo, um bloco de alumínio que pesa 10 lb no ar e aparenta pesar 6 lb na água tem uma força de empuxo de 4 lb atuando sobre si.

A força de empuxo é o resultado das diferentes pressões nas partes inferior e superior do corpo imerso em um fluido (Figura 8.4). Há uma pressão maior empurrando para cima na parte inferior do corpo do que empurrando para baixo na sua parte superior, porque a parte inferior está sujeita a uma pressão maior do que a superior. O *Princípio de Arquimedes* afirma que *a força de empuxo sobre um corpo é igual à massa deslocada por ele.* Um objeto vai flutuar caso a força de empuxo seja igual ao seu peso. Como massa = densidade × volume do corpo, outra forma de se afirmar isso é

> *Um objeto sólido flutuará se sua densidade for igual ou menor do que a densidade do meio em que se encontra.*

Estamos acostumados a ver cubos de gelo flutuando na água ou uma bola de praia flutuar em um lago. Esses objetos têm uma densidade menor que a da água. Entretanto, sabemos que barcos de aço e concreto também flutuam, embora as densidades do aço e do concreto sejam maiores do que a da água. Isso ocorre porque o barco não é um corpo sólido e tem uma grande quantidade de ar em seu casco, de forma que a densidade do barco *inteiro* é menor do que a da água.

Se a densidade de um corpo é menor do que a do líquido em que está imerso, ele vai assentar-se em uma posição, parcialmente submerso, de forma que o peso do líquido deslocado – a força de empuxo – é igual ao peso do próprio objeto. Se a densidade do objeto é igual à do líquido ao redor, então não haverá nenhuma força resultante sobre o corpo, e este permanecerá em repouso na posição em que se encontra. No contexto deste capítulo, um pacote de ar quente vai subir até que sua densidade se iguale à do ar ao seu redor.

FIGURA 8.4 A FORÇA DE EMPUXO EM UM OBJETO SUBMERSO É IGUAL À MASSA DO FLUIDO DESLOCADO. ISSO É RESULTADO DA DIFERENÇA DE PRESSÃO ENTRE A PARTE DE CIMA E A PARTE DE BAIXO DO OBJETO. UM OBJETO FLUTUARÁ SE A FORÇA DE EMPUXO FOR IGUAL OU MAIOR DO QUE O PESO DO OBJETO.

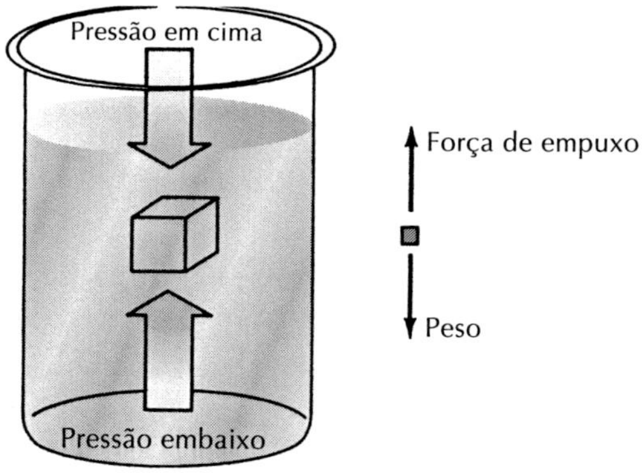

FIGURA 8.5 A TEMPERATURA DO AR AMBIENTE NORMALMENTE DIMINUI COM O AUMENTO DA ALTITUDE. UM PACOTE DE AR VAI SUBIR ATÉ QUE SUA TEMPERATURA SEJA IGUAL À DO AR CIRCUNDANTE. UMA REGIÃO DE INVERSÃO ELEVADA (UMA REGIÃO NA QUAL A TEMPERATURA DO AR AMBIENTE AUMENTA COM A ALTITUDE) COLOCA UM FIM NOS PACOTES ASCENDENTES.

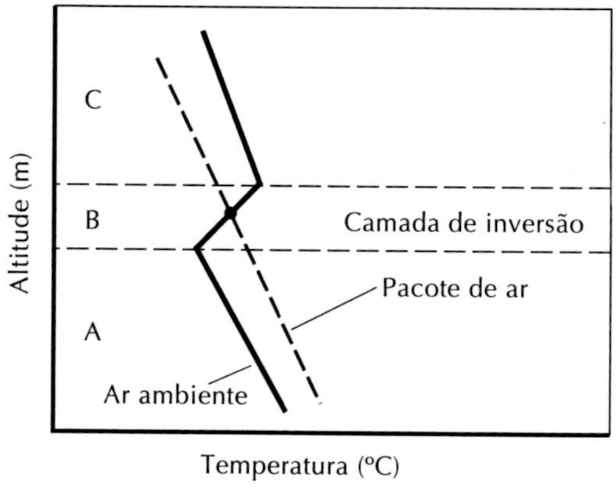

À medida que o ar quente sobe, ele se expande (fica menos denso) e resfria. A energia utilizada na expansão é extraída da energia térmica do ar. Sinta a temperatura do ar que escapa de um pneu de bicicleta inflado. O ar pode chegar a ser bastante frio. O perfil normal de temperatura da atmosfera é apresentado na Figura 8.5. A temperatura do ar diminui a uma taxa de cerca de 7 °C por quilômetro (aproximadamente 3,8 °F a cada 1.000 pés) acima da superfície da Terra. Um pacote de ar vai subir por causa da força de empuxo *até que* sua temperatura se iguale à do ar ao seu redor. Se o pacote de ar quente se resfria mais lentamente do que o ar circundante, sua temperatura estará sempre *acima* da temperatura da atmosfera que o rodeia, de forma que o ponto de equilíbrio nunca será atingido, e uma mistura vigorosa do pacote e do ar circundante vai ocorrer.

DISPERSÃO NATURAL DOS POLUENTES DO AR; INVERSÕES TÉRMICAS

O movimento vertical do ar e os ventos são mecanismos muito importantes de dispersão dos poluentes do ar. A mistura vertical será restrita se existir uma *inversão térmica*. Isso ocorre quando uma camada de ar quente se posiciona *acima* de uma camada mais fria, colocando como efeito uma espécie de tampa sobre a região e, portanto, impedindo que ocorra a dispersão atmosférica dos poluentes. À medida que a fumaça de, digamos, uma usina elétrica ascende à atmosfera, ela se expande e resfria. Enquanto ela for mais quente do que o ar circundante, será menos densa e empurrada ainda mais para cima. Porém, se chegar a uma região mais quente (menos densa), ela vai parar de subir. Essa região de inversão térmica de baixa altitude aprisionará todos os poluentes sob ela (Figura 8.6).

FIGURA 8.6 VISTA DE HOUSTON, EUA, A UMA DISTÂNCIA DE 15 MILHAS DO CENTRO DA CIDADE.

F. CARTER SMITH/SYGMA/CORBIS

A causa mais comum de uma inversão térmica é o resfriamento por radiação. Durante a noite, a Terra continua a radiar e, portanto, resfria-se; o ar em contato com a Terra vai se resfriar até ficar com uma temperatura menor do que o ar mais acima. Tal inversão térmica é geralmente dissipada pela manhã com o calor do Sol. Porém, uma neblina matinal pesada pode inibir essa dissipação, já que os raios solares não penetrarão suficientemente bem para aquecer a camada inferior. Você talvez já tenha observado os efeitos de tal inversão quando a fumaça das chaminés fica próxima ao solo.

As diferenças de temperatura são também responsáveis pela circulação global do ar em geral. O Sol não aquece todas as partes da Terra de maneira uniforme. No equador, os raios do Sol atingem o solo quase que perpendicularmente, mas o fazem com ângulos progressivamente maiores a latitudes maiores. O ar que é aquecido no equador sobe e move-se em direção aos polos, descendo à medida que resfria. Ele é, então, substituído por ar mais frio, que retorna ao equador (essa convecção é semelhante aos padrões de circulação do ar em uma sala). No entanto, os padrões são mais complicados do que isso em razão da rotação da Terra. Os padrões de circulação do ar dividem-se em diversas "células", conforme pode ser visto na Figura 8.7, levando ao vento oeste predominante.

FIGURA 8.7 A MÁQUINA DE VENTO TERRESTRE. A ROTAÇÃO DA TERRA PRODUZ UM PADRÃO DE VENTOS COMPLEXO, À MEDIDA QUE O AR POLAR FRIO AFUNDA RUMO AO EQUADOR E O AR TROPICAL QUENTE SOBE E MOVE-SE EM DIREÇÃO AOS POLOS.

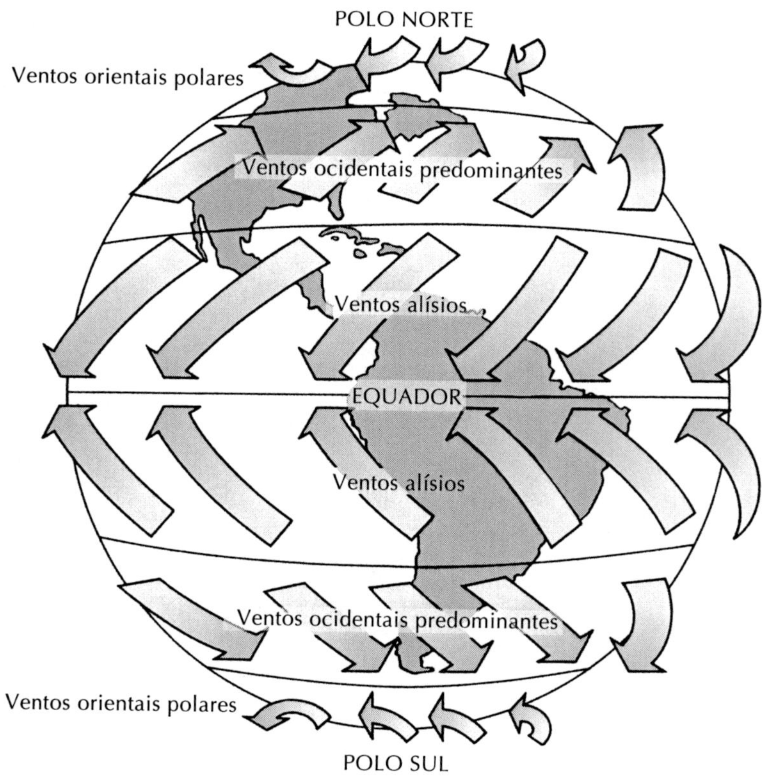

Os padrões gerais de circulação do ar são importantes porque os poluentes podem viajar por grandes distâncias antes de se assentar ou ser absorvidos. Complicações internacionais podem surgir quando emissões aéreas de um país afetam o meio ambiente de outro. O movimento global do ar nos Estados Unidos é de oeste para leste. Há sérias discordâncias entre os Estados Unidos e o Canadá quanto às emissões de grandes usinas elétricas a carvão no meio-oeste americano. As evidências indicam que tais emissões podem levar à chuva ácida.

C. POLUENTES DO AR E SUAS FONTES

Os poluentes do ar são geralmente considerados como as substâncias adicionadas ao ar por atividades humanas e que têm efeito adverso sobre o meio ambiente. Esses poluentes existem na forma de gases, partículas pequenas de sólidos (*particulados*) ou pequenas gotículas de líquido dispersas em um gás (chamadas *aerossóis*). Os poluentes emitidos em maior quantidade pelas atividades humanas são o monóxido de carbono, os óxidos de enxofre, o material particulado, os hidrocarbonetos e óxidos de nitrogênio. A cada ano, mais de 135 milhões de toneladas desses poluentes são emitidas pelas atividades humanas sobre o ar dos Estados Unidos. Isso representa 1,3 kg (2,8 lb) por pessoa por dia, o que é semelhante à metade da quantidade de lixo gerada por pessoa nos Estados Unidos por dia (veja Foco em 1.1). Os níveis de poluição do ar sobre uma determinada área dependem da quantidade e do tipo de poluente emitido pela fonte, da forma pela qual os poluentes são liberados (por exemplo, chaminés altas) e das condições meteorológicas que levam à dispersão dos poluentes.

FIGURA 8.8 CHAMINÉS SÃO MONITORADAS PARA CARACTERIZAR AS EMISSÕES DE UMA USINA GERADORA DE ENERGIA QUE UTILIZA A QUEIMA DE CARVÃO.

U.S. DEPARTMENT OF ENERGY

Geralmente, os poluentes são de fontes estacionárias, como usinas elétricas e indústrias (Figura 8.8), ou fontes móveis, como veículos motorizados. Somos afetados não apenas por esses poluentes primários, mas também pelos produtos de reações químicas que tais poluentes sofrem na atmosfera, como a poluição fotoquímica.[3] A Agência de Proteção Ambiental dos Estados Unidos (U.S. EPA) coleta e analisa dados de emissão e qualidade do ar para cinco poluentes principais: CO, óxidos de enxofre, particulados, compostos orgânicos voláteis e óxidos de nitrogênio. A Figura 8.9 mostra a quantidade de poluentes emitidos nos Estados Unidos em 2008 por tipo e fonte. A maior quantidade emitida é de monóxido de carbono. Porém, os efeitos adversos totais desse gás são menores do que os de particulados ou dióxido de enxofre, de forma que "toneladas emitidas" não são uma representação adequada de seu impacto. Conforme discutiremos na seção "Padrões de Qualidade do Ar" mais adiante, a qualidade do ar nos Estados Unidos tem melhorado consideravelmente ao longo das últimas décadas. No período de 1970 a 2010, enquanto a população do país cresceu 53% e a distância percorrida em veículos aumentou 270%, a emissão total dos cinco principais poluentes caiu 50%. Entretanto, quase metade da população americana vive em áreas em que pelo menos um dos padrões de qualidade do ar foi excedido em anos recentes.

FIGURA 8.9 EMISSÕES DOS PRINCIPAIS POLUENTES DO AR NOS ESTADOS UNIDOS, POR FONTE: 2008. OS PARTICULADOS SÃO AQUELES COM TAMANHO INFERIOR A 10 MÍCRONS. (Fonte: U.S. EPA).

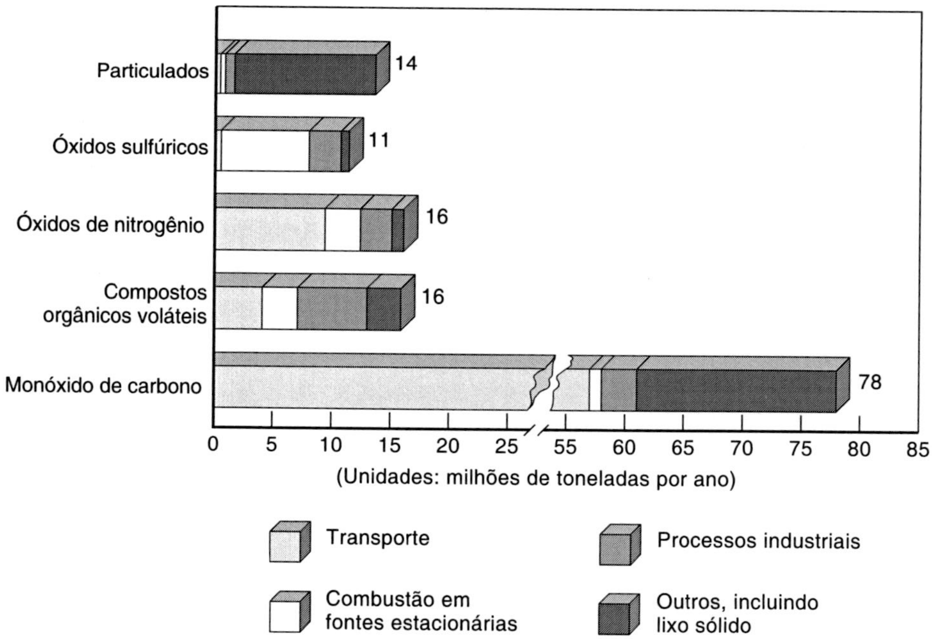

Os principais poluentes do ar nos Estados Unidos são originários de outras fontes, além da produção de energia. Processos industriais, como fundição de minérios

[3] Em inglêsl, *photochemical smog.* (N.T.)

e incineração de resíduos sólidos, e os gases de escape de automóveis contribuem intensamente em certas áreas. Fontes naturais também podem ser significativas. As emissões anuais de vulcões, a decomposição biológica, os incêndios florestais e a maresia dos oceanos contribuem com mais poluentes do ar em escala global do que as fontes artificiais. Os efeitos adversos dessas emissões podem ser considerados como óbvios para quem já tenha atravessado uma tempestade de poeira, lutado contra um incêndio florestal ou se preocupado com a corrosão de bens localizados perto do mar. Porém, suas contribuições em áreas industrializadas são geralmente pequenas em comparação com a poluição de origem humana. Uma vez que não há muito o que se possa fazer para controlar tais emissões, nós normalmente não as tratamos como "poluentes".

A natureza fornece uma fonte de contaminantes, mas também fornece sorvedouros e mecanismos de limpeza dos poluentes do ar. A absorção pela vegetação, pelo solo e pela água, a oxidação e a conversão para precipitados evitam o acúmulo de poluentes na atmosfera. A maioria dos poluentes permanece na atmosfera por apenas alguns dias (uma importante exceção é o dióxido de carbono, assim como os CFC, conforme será tratado no Capítulo 9).

Uma maneira de medir a concentração de um determinado poluente no ar é verificar o número de moléculas desse poluente encontrado em 1 milhão de moléculas de ar (nitrogênio e oxigênio). Esse valor é expresso em partes por milhão, ou ppm. Assim, 10 ppm significam que uma amostra contendo 1 milhão de moléculas tem dez moléculas de um poluente. Isso pode parecer insignificante, mas os efeitos tóxicos da maior parte dos poluentes ocorrem quando as concentrações são de apenas umas poucas partes por milhão. Outra forma de classificar a poluição é por meio da massa de poluente encontrada em um dado volume de ar. Isso é expresso em microgramas por metro cúbico de ar, ou $\mu g/m^3$.

MONÓXIDO DE CARBONO

O monóxido de carbono (CO) é um gás incolor, inodoro e tóxico, produzido, sobretudo, nos motores de automóveis por meio da combustão incompleta do carbono no combustível. Se não houver ar suficiente, o CO é produzido no processo de oxidação $C + \frac{1}{2} O_2 \rightarrow CO$. O monóxido de carbono é tóxico para os humanos porque passa através dos pulmões para a corrente sanguínea e se liga à hemoglobina, impedindo-a de carregar o O_2 dos pulmões até as células do corpo. Os sintomas do intoxicação por CO são aqueles associados à falta de oxigênio, como tontura, dor de cabeça e distúrbios visuais. Tanto a duração da exposição quanto a concentração de CO são importantes. A exposição média ao CO dá-se em concentrações entre 10 e 30 ppm. Entretanto, motoristas no meio de trânsito pesado podem ser expostos a doses de 50 a 100 ppm de CO, e já foi sugerido que essa exposição pode ser uma causa do aumento de acidentes de trânsito, por causa da diminuição da percepção do motorista. Sistemas de escapamento com vazamento são bastante perigosos, principalmente no inverno, quando as janelas do carro geralmente estão fechadas.

O padrão de qualidade do ar determinado para o CO é um máximo de 9 ppm para um intervalo de oito horas (ou 10.000 $\mu g/m^3$). Não se conhecem efeitos fisiológicos que possam aparecer em concentrações abaixo desse máximo. Embora o peso total de monóxido de carbono emitido seja maior do que a metade da soma de todos os outros poluentes, ele só se torna um perigo à saúde quando as emissões são altamente concentradas, como no trânsito urbano intenso.

ÓXIDOS DE ENXOFRE

Os óxidos de enxofre, mais precisamente SO_2 e SO_3, são reconhecidos há tempos como contribuintes importantes para a poluição do ar. Eles aparecem sobretudo como consequência da queima de combustíveis fósseis e da oxidação do enxofre: $S + O_2 \rightarrow SO_2$. O carvão contém até 6% de enxofre por peso, e a sua queima responde pela maior parte das emissões de óxidos de enxofre, aproximadamente 11 milhões de toneladas por ano. O dióxido de enxofre é um gás incolor com um odor sufocante, especialmente em concentrações acima de 3 ppm, ele corresponde a cerca de 98% em peso dos óxidos de enxofre emitidos.

O enxofre é incorporado ao meio ambiente a partir de fontes naturais e pelas atividades humanas. A emissão de sulfeto de hidrogênio (H_2S, apresenta um odor de ovo podre), por meio de matéria orgânica em decomposição e a liberação de sulfatos (SO_4) pela maresia, adiciona aproximadamente duas vezes mais enxofre ao meio ambiente do que as fontes humanas de "poluição".

Há um ciclo contínuo de enxofre pelo meio ambiente: uma boa parte do SO_2 é precipitada pelas chuvas no solo e nos oceanos, e uma menor quantidade é incorporada por plantas e por absorção gasosa em oceanos e lagos. Em média, a quantidade de óxidos de enxofre que permanece na biosfera é de cerca de 0,2 ppB (partes por bilhão), um valor certamente minúsculo se comparado aos diversos ppm (equivalentes a milhares de ppB) que têm sido reportados durante alertas de poluição do ar.

O dióxido de enxofre na atmosfera tem vários efeitos nocivos à saúde humana, à vegetação e aos materiais. Estudos epidemiológicos (estudos de grandes populações) e outras pesquisas indicam que concentrações de SO_2 estão associadas a aumentos de morbidez (taxa de doenças) e mortalidade (taxa de mortes). A inalação do dióxido de enxofre pode resultar em danos ao sistema respiratório superior, ao tecido pulmonar e agravamento de doenças pulmonares. Tais efeitos adversos são mais pronunciados em crianças muito novas, nos idosos e nos 3% a 5% da população que têm doenças pulmonares crônicas, como bronquite e enfisema. A dificuldade crescente de respiração pode não incomodar uma pessoa saudável, mas pode ser fatal para aquelas que sofrem com tais doenças respiratórias.

Diversas catástrofes já ocorreram quando populações foram expostas a grandes concentrações de poluentes no ar, uma delas em Donora, Pensilvânia, em 1948, quando 19 pessoas morreram, e em Londres, em 1952, que provocou 4 mil mortes. Em ambos os casos, as condições meteorológicas levaram a aumentos na concentração de SO_2 e fumaça naquelas localidades, especialmente por causa da queima de combustíveis fósseis. Em Londres, a concentração de SO_2 atingiu aproximadamente sete vezes o nível normal, e a taxa de mortalidade aumentou por um fator de mais de 3 durante esse período. O incêndio de mais de 650 poços de petróleo no Kuwait, no final da Guerra do Golfo Pérsico, em 1991, levou a uma série de problemas de saúde, possivelmente afetando soldados americanos mesmo anos depois (Figura 8.10). Os efeitos do SO_2 na saúde dependem de muitos fatores, incluindo o tempo de exposição. A Figura 8.11 ilustra a gama de concentrações de SO_2 associadas aos tempos de exposição durante os quais têm sido observados efeitos adversos à saúde humana.

FIGURA 8.10 POÇOS DE PETRÓLEO EM CHAMAS NO KUWAIT, 1991.

MANOOCHER DEGHATI/AFP/GETTY IMAGES

Outro problema crucial associado às emissões de SO_2 é a sua oxidação a SO_3 e a formação de ácido sulfúrico, H_2SO_4, quando de sua reação com vapor de água:

$$2SO_2 + O_2 \rightarrow 2SO_3$$
$$SO_3 + H_2O \rightarrow H_2SO_4$$

Essa é a fonte do fenômeno da *chuva ácida*. Na verdade, todo o SO_2 é convertido seja em ácido sulfúrico, seja no que chamamos de *sulfatos particulados*, a menos que ele seja precipitado na atmosfera ou absorvido por ela. Tais sulfatos particulados são combinações químicas entre um íon sulfato, SO_4, e um íon metálico, tal como o ferro, originando, por exemplo, o sulfato de ferro ($FeSO_4$). O mecanismo de formação desses sulfatos não é totalmente compreendido, mas sabemos que é influenciado por vários fatores, incluindo temperatura, umidade, concentração de ozônio, intensidade da luz ultravioleta e concentrações de particulados e óxidos de nitrogênio. Nos lugares em que há coincidência de usinas de energia emitindo SO_2 e particulados e altas concentrações de óxidos de nitrogênio oriundos de gases de escapamento de automóveis, observamos o *sinergismo* (dois efeitos que se combinam para produzir um maior do que os originais em separado).

A conversão do SO_2 em sulfatos ocorre a uma taxa relativamente baixa, de algumas horas a uns poucos dias. Assim, a poluição atmosférica local pode se tornar um problema regional ou nacional, porque essas substâncias podem ser transportadas na atmosfera por centenas de quilômetros. (Consequentemente, há problemas de danos em consequência da chuva ácida nas Montanhas Adirondack, no Estado de Nova York, em razão das emissões de SO_2 de termelétricas no meio-oeste americano.) Detalhes sobre a chuva ácida serão apresentados mais adiante neste capítulo.

FIGURA 8.11 Efeitos da poluição por dióxido de enxofre na saúde. A figura mostra os intervalos de concentração e tempos de exposição em que (a) o número de mortes relatadas foi maior do que o esperado (em cinza-claro), (b) ocorreram danos significativos à saúde (em cinza-escuro) e (c) suspeita-se de danos à saúde (em cinza-médio).
(Fonte: National Center for Air Pollution Control, U.S. Public Health Service, 1967).

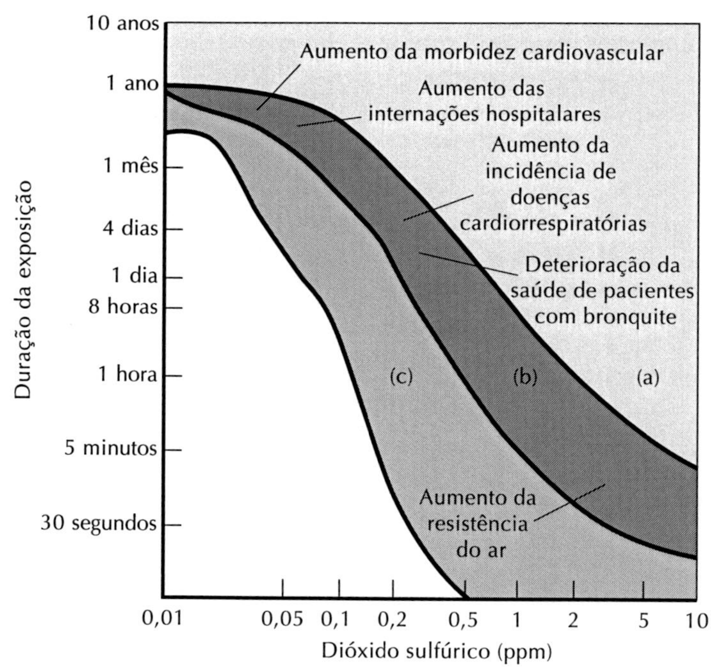

FOCO EM 8.2

A POLUIÇÃO DO AR E O TERCEIRO MUNDO

Para a maioria dos países em desenvolvimento, o crescimento industrial é uma prioridade. A poluição e seu efeito sobre o meio ambiente estão longe de ser uma preocupação prioritária. Entretanto, os problemas ambientais estão se tornando grandes demais para que sejam ignorados. A poluição ácida pode ser mais mortífera em países em desenvolvimento do que nos industrializados. Nos primeiros a formação dos poluentes nas grandes cidades é diferente das nações altamente industrializadas (veja a Figura 8.12). As concentrações de partículas totais em suspensão (*total suspended particles* – TSP) e SO_2, relacionadas principalmente ao uso de carvão, são bem maiores. As concentrações de NO_x devidas ao transporte e às indústrias são comparáveis (veja também a Figura 8.18).

A China é o terceiro maior produtor mundial de SO_2. As médias diárias de concentração de SO_2 nas grandes áreas urbanas chinesas estão entre 100 μg/m³ e 300 μg/m³, comparadas às das grandes cidades americanas, em que tais valores ficam entre 20 μg/m³ e 50 μg/m³. Esses valores não chegam a ser surpreendentes se considerarmos que o carvão, queimado sob condições mínimas ou inexistentes de controle de poluição, fornece 70% de toda a energia primária da China. Nesse país as emissões de SO_2 têm causado muita preocupação no Japão, onde se acredita que as lavouras de arroz e a indústria da pesca estejam sofrendo prejuízos. Estudos indianos estimam que suas próprias emissões de SO_2 vão reduzir a produção agrícola naquela nação. Prejuízos nas lavouras frutíferas e de grãos já têm sido observados nos estados orientais da Índia.

FIGURA 8.12 NATUREZA DOS POLUENTES ATMOSFÉRICOS NO MUNDO EM DESENVOLVIMENTO. (Fonte: World Resources Institute).

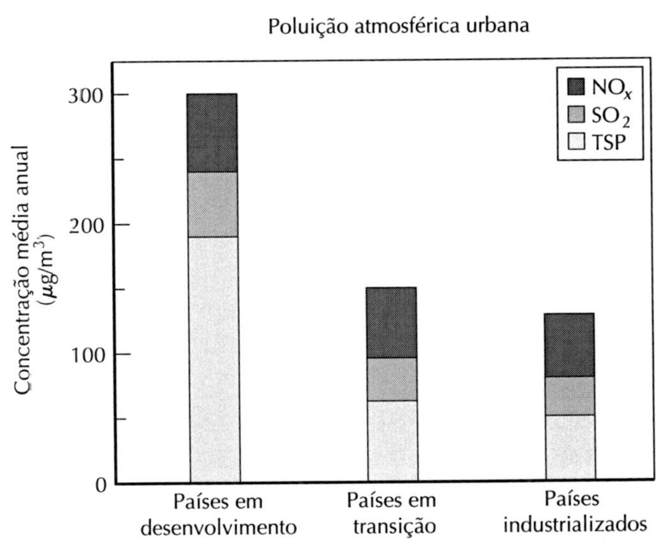

A China lançou um programa ambicioso para controlar a poluição atmosférica no século XXI. Pretende acelerar a redução da emissão de SO2 pelas usinas elétricas e não construir termelétrica a carvão próxima aos grandes centros. Uma taxação sobre carvões com alto conteúdo de enxofre está sendo implementada; experiências com negociação de emissões são testadas. Controles rígidos da emissão de veículos (assim como padrões de eficiência para os combustíveis; veja Capítulo 7) estão em implantação. Pequim está convertendo a maior parte do seu transporte público para ônibus a gás natural. Esses programas parecem estar dando bons resultados. Embora as emissões na China tenham aumentado em 25% entre 2000 e 2005, elas caíram 10% no período entre 2005 e 2010. O equilíbrio adequado entre o meio ambiente e a saúde pública, com relação ao rápido crescimento econômico, estará no centro das discussões nos próximos anos.

PARTICULADOS

A presença de partículas muito pequenas (0,01 mícron a 50 mícrons[4] de diâmetro), ou *particulados*, na atmosfera pode levar a problemas de poluição. A poeira oriunda dos solos secos, cinza vulcânica, pólen, maresia e fagulhas provenientes dos processos de combustão são algumas fontes dos particulados carregados pela atmosfera. Eles são chamados "aerossóis", pois são matéria sólida ou líquida suspensa no ar. Partículas com diâmetros maiores do que 1 mícron são geralmente associadas a fontes naturais, como a poeira, enquanto aquelas com menos de 1 mícron geralmente se originam de processos de combustão. Partículas de poeira geralmente têm entre 1 e 1.000 mícrons de diâmetro. Os particulados podem afetar a respiração, provocar o agravamento de doença cardiovascular já existente e possivelmente prejudicar o sistema imunológico do organismo. Pequenas partículas com diâmetros menores do que 10 mícrons, denominadas PM-10, ou as ainda menores PM-2,5, são especialmente preocupantes, já que são as que conseguem atingir as regiões mais baixas do sistema respiratório. O símbolo que representa a totalidade dos particulados em suspensão é TSP, ou particulados totais em suspensão.[5]

Aproximadamente 14 milhões de toneladas de TSP são emitidas na atmosfera anualmente nos Estados Unidos. Caldeiras de fundição industriais e usinas elétricas produzem somente cerca de 2 milhões desse total; o restante vem de fontes não identificadas. Uma listagem dos elementos-traço em uma mistura-padrão de carvão é apresentada na Tabela 8.3. Uma usina elétrica queimando esse tipo de carvão emitiria todos esses metais de sua chaminé, embora não necessariamente nas quantidades listadas. Partículas de tamanho submicrométrico podem escapar dos equipamentos

[4] Um mícron (μm) é um milionésimo de metro. Um cabelo humano tem um diâmetro de 100 mícrons, e nós podemos enxergar facilmente partículas no ar que tenham por volta de 50 mícrons. (N.T.)

[5] Em inglês, *total suspended particulates*. (N.T.)

de controle de poluição e penetrar na atmosfera, na qual podem residir por dias antes de eventualmente se assentar no solo.

EXEMPLO 8.3

Um particulado com diâmetro de 1 mícron tem uma velocidade de assentamento de aproximadamente 0,05 cm/s, de forma que desce muito lentamente até o solo. Se for emitido de uma chaminé de 200 m de altura, quanto tempo levará para chegar ao solo?

SOLUÇÃO

Lembre-se da discussão sobre velocidade e distância no Capítulo 2. Já que distância = velocidade × tempo, o tempo necessário para a queda ao solo será

$$t = \frac{d}{v} = \frac{200 \text{ m}}{0{,}0005 \text{ m/s}} = 400.000 \text{ s}$$

ou 4,6 dias. Portanto, os ventos podem carregar essas partículas a distâncias consideráveis.

TABELA 8.3 ELEMENTOS-TRAÇO NO CARVÃO.

Elemento	Concentração (ppm em massa)
Ferro	8.700
Titânio	800
Manganês	40
Zinco	37
Vanádio	35
Chumbo	30
Cromo	20
Cobre	18
Níquel	15
Cobalto	6
Arsênico	6
Selênio	3
Silício	3
Tório	3
Berílio	1,5
Urânio	1

Tabela 8.3 ELEMENTOS-TRAÇO NO CARVÃO. *continuação*

Elemento	Concentração (ppm em massa)
Tálio	0,6
Cádmio	0,2
Mercúrio	0,1
Prata	<0,1
Telúrio	<0,1

Fonte: National Bureau of Standards, Standard Reference Material.

ATIVIDADE 8.1

Você pode estudar os particulados atmosféricos (concentração, tamanho etc.) da seguinte forma: recubra um pedaço de vidro (por exemplo, uma lâmina de microscópio) com uma camada fina de vaselina ou parafina. Prenda a lâmina à antena de seu carro com um arame e dê uma volta pela cidade. Examine a lâmina no microscópio ou com uma lente de aumento. Como você poderia determinar quantitativamente as partículas coletadas?

HIDROCARBONETOS OU COMPOSTOS ORGÂNICOS VOLÁTEIS

Como seu nome indica, hidrocarbonetos são compostos que consistem de átomos de carbono e hidrogênio. São também conhecidos como compostos orgânicos voláteis (VOCs)[6]. Podem se apresentar sob várias formas e são produzidos tanto naturalmente como por atividades humanas, como uso do petróleo, incineração de lixo e evaporação de solventes orgânicos. A gasolina contém mais de 100 hidrocarbonetos diferentes, incluindo isooctano, heptano e etano. A evaporação da gasolina do tanque do seu carro é uma fonte de poluição por hidrocarbonetos. Muitos postos de gasolina usam sistemas de recuperação de vapor para minimizar as emissões VOC enquanto bombeiam a gasolina. Na natureza, a decomposição biológica da vegetação libera o metano (CH_4, o componente principal do gás natural). Os aromas das florestas são causados pela emissão de hidrocarbonetos, chamados terpenos, pelas árvores. A visibilidade pode ser prejudicada pelo nevoeiro azul formado pelas reações fotoquímicas envolvendo terpenos.

Embora as fontes naturais respondam por 85% dos hidrocarbonetos no ar, os mais reativos são aqueles associados às atividades humanas. Nas cidades, a contribuição das fontes naturais é menos da metade daquela de fontes artificiais. Alguns hidrocarbonetos tornam-se extremamente reativos após sua oxidação na atmosfera, e têm papel

[6] Em inglês, *volatile organic compounds*. (N.T.)

importante na formação de ozônio e do *smog* fotoquímico, como discutiremos na próxima seção. Os danos às plantas causados pelo *smog* podem ser severos.

Óxidos de Nitrogênio, *Smog* Fotoquímico e Ozônio

Existem diversos compostos entre oxigênio e nitrogênio, denominados NO_x, em vários estados de oxidação, do N_2O (óxido nitroso, também conhecido como gás hilariante) ao dióxido de nitrogênio (NO_2) e o pentóxido de dinitrogênio (N_2O_5). Ao contrário dos outros poluentes já mencionados, o elemento oxidado neste caso (o nitrogênio) não vem do combustível, mas, sim, do ar envolvido no processo de combustão (o ar contém 78% de nitrogênio). Conforme vimos na Figura 8.9, os óxidos de nitrogênio são gerados principalmente pelos automóveis e usinas de energia elétrica (fontes estacionárias).

O efeito direto dos NO_x nos humanos não é alarmante nos níveis atuais. É o efeito secundário, notadamente o papel do NO_2 na formação do *smog* fotoquímico, a causa de grande preocupação. O *smog fotoquímico* tem sido um problema sério por várias décadas, tendo talvez começado no vale de Los Angeles nos anos 1940. Irritação dos olhos, visibilidade reduzida e doenças respiratórias são alguns dos seus efeitos adversos. O *smog* fotoquímico é uma combinação de diferentes poluentes gasosos e particulados, e sua produção incorre em uma série de reações.

A radiação solar inicia o processo por meio da dissociação do poluente NO_2 em NO e oxigênio livre.

$$\text{Energia da luz} + NO_2 \rightarrow NO + O$$

Esse oxigênio livre pode se combinar com o oxigênio molecular presente no ar para formar o ozônio O_3. Normalmente, o ozônio vai reagir com o NO para restituir o NO_2.

$$O + O_2 \rightarrow O_3$$
$$O_3 + NO \rightarrow NO_2 + O_2$$

Na ausência de hidrocarbonetos, O_3, NO_2, NO e O_2 estão em equilíbrio. Porém, a presença de hidrocarbonetos (das emissões de veículos e plantas industriais) altera esse ciclo. Os hidrocarbonetos reagem com o oxigênio livre e NO e NO_2 para formas de *radicais orgânicos* muito reativos, que são fortes agentes oxidantes e podem levar à irritação dos olhos. Alguns desses radicais orgânicos são conhecidos como PAN (peroxiacil nitratos). Tais radicais interferem com o ciclo do oxigênio-nitrogênio através da produção de mais NO_2 e da prevenção da destruição do ozônio, fazendo que ele se acumule em concentrações mais altas do que as normais. O gás NO é incolor, mas o NO_2 absorve a luz solar, o que lhe dá a coloração marrom característica do *smog*.

O ozônio ocorre em duas regiões separadas da atmosfera e leva a preocupações diferentes em cada lugar. Enquanto o ozônio na atmosfera superior é benéfico por proteger a Terra da luz ultravioleta nociva, altas concentrações de ozônio no nível do solo são uma grande fonte de preocupação nas áreas ambiental e de saúde pública. Na baixa atmosfera, o ozônio é responsável pelo odor do *smog*, pode causar danos às plantas e irritar os pulmões. Exposições repetidas ao ozônio podem tornar as pessoas mais suscetíveis a infecções respiratórias, resultando em inflamação dos pulmões e agravamento da asma. A produção do ozônio é estimulada pela luz solar e altas temperaturas, de forma que os níveis de ozônio atingem picos geralmente nas épocas mais quentes do ano. Crianças em atividade ao ar livre têm mais risco de sofrer de dores no peito e tosses. Embora as emissões de poluentes tenham diminuído durante os últimos 20 anos, mais de 60 grandes centros urbanos dos Estados Unidos não atingem os padrões federais de poluição do ar que limitam as concentrações de ozônio ao longo de oito horas em 0,080 ppm.

A maior contribuição ao *smog* fotoquímico é do automóvel. Em certas áreas metropolitanas, especialmente aquelas com indústrias leves, como Los Angeles, o motor a combustão interna responde por até 90% desses poluentes do ar. Em virtude da importância da energia solar radiante na produção do *smog*, a concentração de poluição vai variar ao longo do dia (Figura 8.13). Os reagentes indispensáveis à produção do *smog* – óxidos de nitrogênio e hidrocarbonetos – são produzidos por automóveis durante a hora do *rush* matinal. Se esses reagentes ficam presos sobre a cidade por uma inversão térmica, então a produção de *smog* ocorre com o auxílio da luz solar. A produção diminui ao entardecer à medida que os comprimentos de onda da luz solar necessários às reações são filtrados pela atmosfera.

FIGURA 8.13 VARIAÇÃO DAS CONCENTRAÇÕES DE NO_x E OZÔNIO EM RELAÇÃO À HORA DO DIA NA BACIA DE LOS ANGELES.
(Fonte: EPA).

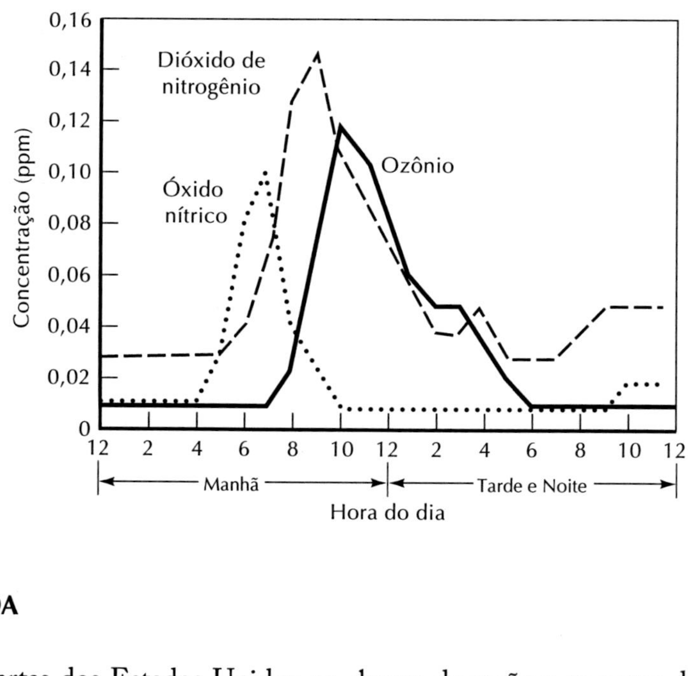

CHUVA ÁCIDA

Em muitas partes dos Estados Unidos, as chuvas de verão e as neves de inverno trazem não apenas esperança e vitalidade, mas também uma ameaça sutil ao meio ambiente. A chuva e a neve devem atravessar uma atmosfera poluída por óxidos de nitrogênio e de enxofre e reagem para formar uma precipitação ácida – ácido sulfúrico (H_2SO_4) e ácido nítrico (HNO_3). A chuva ácida pode ter muitos efeitos nocivos, incluindo a acidificação dos lagos (com declínio significativo da população de peixes), danos à vegetação e às florestas, corrosão de construções e, possivelmente, danos à saúde humana. Embora os níveis das emissões de SO_2 tenham caído de forma significativa desde 1980, ainda são precários.

A acidez de qualquer solução é medida em uma escala conhecida como a escala de pH, que é uma medida da concentração de íons hidrogênio. Os íons hidrogênio têm uma carga elétrica positiva (eles perderam seu elétron). Cada diminuição de pH em uma unidade corresponde a um aumento na acidez da solução por um fator de *dez*. Uma solução com pH = 6 tem dez vezes mais íons hidrogênio do que uma solução com pH = 7. A Figura 8.14 mostra o pH de algumas substâncias comuns. A chuva não poluída é levemente ácida (pH = 5,6) por causa da sua interação com o dióxido de carbono atmosférico, produzindo ácido carbônico (H_2CO_3).

FIGURA 8.14 A ACIDEZ É EXPRESSA EM pH, QUE É UM NÚMERO LOGARÍTMICO. UMA VARIAÇÃO DE UMA UNIDADE DE pH CORRESPONDE A UM AUMENTO NA ACIDEZ POR UM FATOR DE 10. UMA SOLUÇÃO COM pH 5 É 100 VEZES MAIS ÁCIDA DO QUE A ÁGUA PURA, QUE TEM pH NEUTRO, IGUAL A 7.

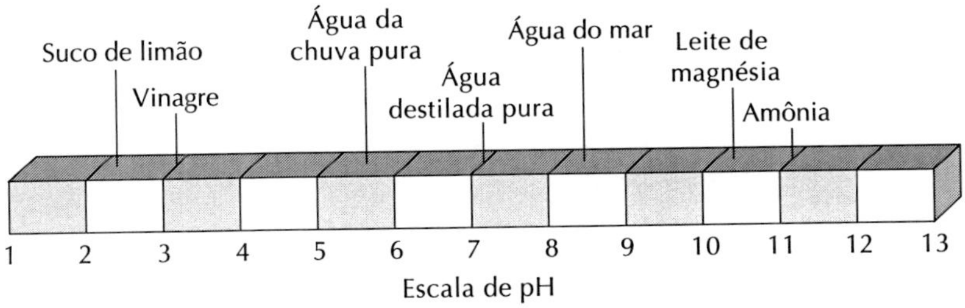

A chuva ácida tem afetado principalmente o leste dos Estados Unidos, o Canadá e a Europa setentrional (veja a Figura 8.15), assim como a China e o sudeste da Ásia. Evidências particularmente fortes do aumento da acidificação têm sido observadas nos lagos do Parque Adirondack na segunda metade do século XX, no Estado de Nova York. Mais de 200 lagos em altas montanhas daquela região perderam sua população nativa de peixes. Água da chuva com valores de pH entre 4,0 e 4,5 (de 10 a 40 vezes mais ácidas do que a chuva pura) é comum nos estados do nordeste e sudeste americanos especialmente nas décadas de 1950 e 1980, e valores entre 3,0 e 4,0 têm sido detectados em algumas tempestades individuais. Níveis de pH médio anual abaixo de 4,0 são observados em muitos países do norte europeu. As Figuras 8.16(a) e a 8.16(b) apresentam a variação nos pHs médios anuais no leste americano desde 1955 até 1973. Entretanto, como foram impostos controles nas emissões de sulfatos, maiores níveis de pH voltaram a essas áreas. As Figuras 8.16 (c) e (d) essa melhora na precipitação úmida de sulfatos na região leste dos Estados Unidos.

A Figura 8.17 mostra a distribuição de pH nos lagos do Adirondack entre os anos 1930 e 1970. Essa figura relaciona-se com as mudanças de acidificação mostradas nas

Figuras 8.16 (a) e 8.16 (b). A população de peixes é afetada severamente se o PH cai abaixo de 5,0. (Nem todos os peixes, mariscos e insetos que eles comem podem tolerar as mesmas concentrações de ácido). Os lagos mais suscetíveis aos efeitos da acidificação são aqueles rodeados por rocha dura e insolúvel, com camadas finas de solo superficial com baixa capacidade de tamponamento para neutralizar os ácidos. Metais, como o alumínio, no solo ao redor, podem ser arrastados para o lago, o que pode causar problemas à sobrevivência dos peixes. Os efeitos da acidificação são diminuídos se o solo circundante for alcalino (geralmente rico em calcário) ou se a água contiver íons básicos resultantes da ação do clima sobre a rocha.

A chuva ácida também afeta a lavoura pela supressão da decomposição bacteriana da matéria orgânica e pela lixiviação (remoção) de nutrientes, como cálcio e magnésio, do solo. Em casos mais sérios, a chuva ácida causa lesões nas folhas; isso reduz a área para fotossíntese e, assim, atrasa o crescimento da planta. Desde 1980 tem se observado uma perda clara na vitalidade das florestas americanas e europeias, mas o papel da chuva ácida nessa situação não está claro. Os danos às florestas da Europa têm sido especialmente severos; em 1995, aproximadamente 20% das árvores da Europa estavam moderada ou severamente desfolhadas. Já foi sugerido que a chuva ácida causa estresse nas árvores, enfraquecendo-as contra o ataque de insetos ou doenças.

FIGURA 8.15 EFEITOS DA CHUVA ÁCIDA NUMA FLORESTA DA EUROPA.

WILL & DENI MCINTYRE/CORBIS

Felizmente, as emissões anuais de SO_2 nos Estados Unidos caíram em 40% desde a década de 1980, e os níveis de chuva ácida caíram 65%. A estimativa do EPA mostra uma queda de 415 mil toneladas de chuva ácida depositada no Adirondacks para 220 mil toneladas, de 1990 a 2005. As Figuras 8.16 (c) e (d) mostram essa melhora quanto à precipitação úmida de sulfato. Os lagos que estão sendo monitorados têm significante decréscimo nas concentrações de sulfato desde 1990, coincidindo com as quedas nas concentrações sulfúricas atmosféricas. Com a redução espera-se que os lagos recuperem gradualmente suas populações de peixes. A explicação da formação da chuva ácida (sulfúrica), dada pelas equações $2SO_2 + O_2 \rightarrow 2SO_3$ e $SO_3 + H_2O \rightarrow H_2SO_4$, é simples demais, sendo provavelmente apenas uma parte do processo. O termo "chuva ácida" é também um nome impróprio, já que há outros meios pelos quais ocorre a deposição de ácidos na Terra. Há outros tipos de *deposição úmida*, como a neve e a neblina ácidas. Existem igualmente *depósitos secos*, nos quais substâncias formadoras de ácidos que se encontram na forma seca (por exemplo, os sulfatos) se depositam no solo por gravidade e são convertidos em ácidos sobre a terra quando da precipitação. Os depósitos secos e úmidos de ácidos parecem ser de igual importância; coletivamente, continuaremos a nos referir a eles como chuva ácida ao longo deste livro.

FIGURA 8.16 Os mapas (a) e (b) mostram aumento da acidificação na parte oriental dos Estados Unidos. Os mapas (c) e (d) mostram melhoria na chuva ácida no início do século XXI. (A sombra mais escura nos mapas (c) e (d) indica altas concentrações de sulfato.)

(Fonte: (a), (b) U.S. EPA; (c), (d), National Atmospheric Deposition Program/EPA).

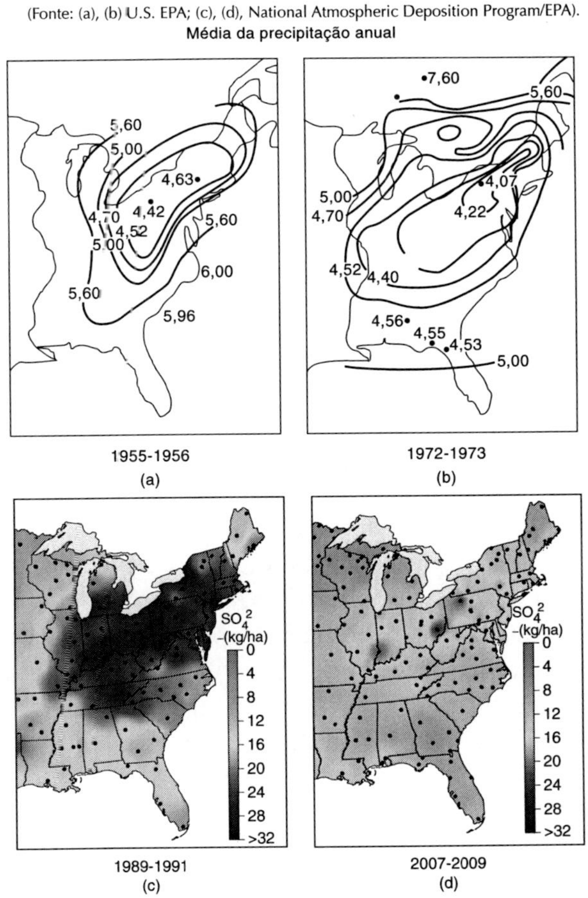

FIGURA 8.17 Variação do pH e da população de peixes em 200 lagos do Adirondack (Nova York) acima de 600 metros de altitude, entre as décadas de 1930 e 1970.
(Fonte: U. S. EPA).

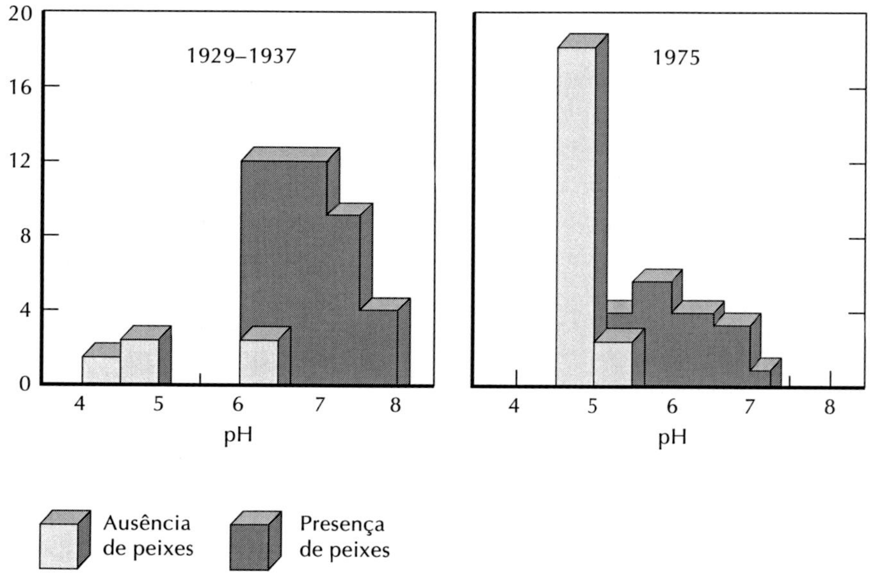

Existem muitos processos e fatores atmosféricos que influenciam a transformação de SO_2 e NO_x em chuva ácida. Sabe-se que tais processos podem ser de longa duração. Pode levar até quatro dias para que os poluentes caiam sobre a terra ou reajam com a umidade do ar para formar ácidos. Consequentemente, a chuva ácida pode ser transportada por distâncias de muitas milhas da fonte ao ponto de deposição, cruzando fronteiras estaduais e internacionais. O Canadá afirma que as emissões de SO_2 dos Estados Unidos estão causando séria deterioração de seus lagos e florestas orientais.

Chaminés mais altas construídas em anos recentes têm carregado os poluentes a pontos mais altos da atmosfera, permitindo que fiquem por mais tempo no alto. Os ventos ocidentais predominantes levam uma grande carga de poluentes das indústrias do meio-oeste americano para o leste canadense e o nordeste americano. Algumas soluções possíveis para o problema da chuva ácida envolvem a queima de carvão com menor teor de enxofre e a renovação de usinas mais antigas com dessulfurização dos gases de combustão, ou o uso de leitos fluidizados para uma queima mais limpa do carvão. Esses métodos serão discutidos nas seções seguintes.

As leis do *Clean Air Act* de 1970 e 1990 (administradas pelo EPA) que requerem reduções das emissões de SO_2 e NO_x fornecem armas e incentivos para esses enfoques (veja Foco em 8.3).

POLUIÇÃO DO AR EM INTERIORES

Toda a atenção neste capítulo, e nas ações do público e do governo até anos recentes, tem se voltado para a poluição ao ar livre. Entretanto, estudos no início dos anos 1980 mostraram que as concentrações de poluentes em *interiores* podem ser muitas vezes maiores do que os níveis encontrados ao ar livre, inclusive excedendo os padrões da (EPA). Já que 80% do nosso tempo é gasto em interiores, alguns cientistas ambientais acreditam que a respiração do ar em interiores pode causar ou agravar metade de todas as doenças nos Estados Unidos e contribuir para milhares de mortes anualmente.

TABELA 8.4 POLUENTES DO AR EM INTERIORES.

Poluente	Fonte	Efeito
Gás radônio	Urânio no solo	Pode causar câncer de pulmão
Fumaça de tabaco	Fumantes	Doenças respiratórias
Asbesto	Isolamento de tubulações, lajotas e telhas	Doença pulmonar, câncer
Fungos, bactérias	Umidificadores, condicionadores de ar	Alergias, asma, "doença do legionário"
Monóxido de carbono, óxidos de nitrogênio	Fornos e sistemas de aquecimento	Dores de cabeça, tonturas, náuseas; em concentrações elevadas, o monóxido de carbono é fatal
Formaldeído	Madeira compensada, prensada, espuma de isolamento	Irrita a pele, os olhos e os pulmões; causa câncer em animais
Benzeno	Solventes, removedores	Suspeito de causar leucemia
Estireno	Tapetes, produtos plásticos	Danos aos rins e fígado

Fonte: *Newsweek*, p. 58, 7 jan. 1985.

A casa ou o escritório é o lugar em que óleo, gás, madeira e tabaco são queimados, e onde os móveis e suprimentos emitem substâncias químicas voláteis (Tabela 8.4). Mais de 200 substâncias químicas diferentes têm sido detectadas no ar de interiores. Um exemplo comum é o formaldeído, que é encontrado em madeira compensada, prensada e espuma de isolamento. O formaldeído pode causar irritações nos olhos, na pele e no sistema respiratório, e tem causado a mudança de residência entre muitas pessoas. O gás radônio é outro poluente importante, responsável por mais de 50% de nossa dose de radiação e milhares de casos de câncer de pulmão por ano (veja o Capítulo 15). A ligação entre poluentes em interiores e as doenças é difícil de ser comprovada em razão das baixas concentrações envolvidas, de forma parecida com os baixos níveis de radiação discutidos no Capítulo 15. Porém, dores de cabeça, náuseas, erupções e irritações na pele, irritação nos olhos e dores abdominais e no peito podem ser sintomas de uma síndrome do "edifício doente".

Uma estatística cada vez mais chocante relacionada à poluição atmosférica é que quase 2 milhões de pessoas (a maioria mulheres e crianças dos países em desenvolvimento) morrem anualmente devido à poluição associada com fornos de cozinhar internos. Cerca de 1/3 da população mundial depende de fogueiras e fornos ineficientes para preparar suas refeições diárias. Madeira, carvão de lenha, restos de plantações e gravetos são alguns dos combustíveis usados. A ciência por trás de fornos mais eficientes é discutida no Capítulo 17.

Um dos motivos para os elevados níveis de poluição em interiores de residências mais novas é o aumento no isolamento das casas (isolamento térmico, calafetagem e barreiras de vapor) para reduzir infiltrações e diminuir os gastos com aquecimento e refrigeração (veja o Capítulo 5). As taxas de troca de ar caíram por um fator de 2 a 4 na maioria das casas eficientes em energia. Um aumento na ventilação (por meio de trocadores de calor ar-ar) pode, frequentemente, reduzir as concentrações de poluentes a níveis seguros.

D. PADRÕES DE QUALIDADE DO AR

Hoje em dia, nos Estados Unidos, mais de 180 milhões de toneladas de poluentes são emitidas por ano na atmosfera. Mesmo em baixas concentrações, esses gases e particulados podem causar efeitos nocivos à saúde humana, à vegetação e a materiais. O *smog* em Los Angeles e a fumaça negra em cidades industriais não devem mais ser considerados como sinais de "progresso" de uma sociedade moderna. Os acidentes na Pensilvânia e na Inglaterra dos anos 1940 e 1950, respectivamente, nos tornaram ainda mais conscientes da gravidade da poluição do ar. Na avaliação dos efeitos da poluição do ar, a morte não é o único fator a ser considerado, já que as pessoas vão morrer de qualquer maneira. Em vez disso, as mudanças na expectativa e na qualidade de vida resultantes da diminuição da concentração de poluentes no ar são os fatores-chave.

Um ataque organizado à poluição do ar nos Estados Unidos foi instituído em 1970 com a promulgação das Reformas da Lei do Ar Limpo.[7] Essa lei estabeleceu uma série de padrões nacionais de qualidade do ar ambiente (NAAQS)[8] que deveriam ser cumpridos até o início de 1975 relativos a seis poluentes ligados a efeitos sobre a saúde humana: óxidos de enxofre, óxidos de nitrogênio, particulados, ozônio, monóxido de carbono e chumbo.

---

[7] No original: *Clean Air Act Amendments*. (N.T.)

[8] National Ambient Air Quality Standards. (N.T.)

As Reformas da Lei do Ar Limpo de 1970 foram adicionadas à Lei da Qualidade do Ar de 1967 para fornecer padrões nacionais de qualidade do ar, a serem estabelecidos pela EPA. Essa legislação foi precedida pela Lei (mais fraca) do Ar Limpo de 1963 e pela Lei de Poluição por Veículos Automotores de 1965. Para a aplicação das leis, os Estados Unidos foram divididos em 274 regiões de controle da qualidade do ar. Cada região deveria conformar-se a limites impostos pela EPA. As áreas em que a poluição atinge níveis superiores a tais limites são obrigadas a traçar planos para alcançar as metas; dispositivos de controle de poluição novos ou modificados são exigidos para que as metas sejam cumpridas, independentemente do custo.

Em 1990, grandes revisões foram feitas na Lei do Ar Limpo, em resposta a um aumento da preocupação do público com o meio ambiente (veja Foco em 8.3). O plano concentrou-se na chuva ácida, poluição urbana do ar (*smog*) e emissões tóxicas. Na primeira área, propostas foram feitas para cortar as emissões de óxido de enxofre em 10 milhões de toneladas por ano a partir dos níveis de 1980 (aproximadamente 23 milhões de toneladas) até 2010. Isso foi feito com sucesso com a colocação de *scrubbers* nas usinas elétricas e com o uso de carvão com teores de enxofre mais baixos. Na área de produtos químicos tóxicos no ar, a meta é uma redução de 75% a 90% daqueles suspeitos de causar câncer e outros problemas graves de saúde, o que será feito principalmente com a colocação de equipamentos adicionais de controle de emissões em instalações que variam desde a indústria química até a lavanderia a seco local.

Para reduzir o *smog* urbano, a ênfase será dada ao uso de combustíveis que minimizem as emissões de CO e ozônio. As alternativas incluem metanol, etanol, gás natural comprimido e eletricidade (Tabela 8.5). Pode-se também introduzir veículos que (ao menos diretamente) não produzem emissões (como o carro elétrico, *electric vehicle – EV*, e a bicicleta) ou percorrem muitas quilômetros por litro. A EPA decidiu diminuir a poluição urbana atacando sua fonte mais importante: o automóvel. Normas para emissões foram estabelecidas, para serem reavaliadas ao longo do tempo (Veja a Tabela 8.7 para os padrões de 2010). Certa porcentagem de automóveis para modelo do ano deve atender a esses padrões. A Califórnia exigiu que, até 2003, 10% de todos os veículos novos vendidos anualmente deverão ser de emissão zero (ZEV),[9] provavelmente elétricos (veja o Capítulo 10) ou movidos a células a combustível. A indústria automobilística se opôs a essa exigência com o argumento de que haveria aumento no custo dos veículos por causa das baterias ($ 7.000 a $ 20.000). Veículos híbridos com maior eficiência no uso de combustível, usando baterias e motor a combustão interna, estão sendo cada vez mais vendidos.

Existem dois tipos de NAAQS: primário e secundário. Padrões primários destinam-se a preservar a saúde humana, enquanto os secundários protegem o bem-estar humano, incluindo os efeitos da poluição do ar sobre a vegetação, os ma-

[9] Em inglês, *zero-emission vehicle*. (N.T.)

teriais e a visibilidade. O estabelecimento de padrões de qualidade do ar é uma tarefa complexa. Existe uma grande variação na suscetibilidade de diferentes pessoas a diferentes poluentes. Também existem efeitos sinérgicos a serem considerados, já que a poluição do ar atua somando-se aos efeitos de outras substâncias. Não há doença que seja causada apenas pela poluição do ar. Consequentemente, é difícil a concordância sobre os níveis seguros. Os padrões assumem que abaixo de certos níveis os efeitos serão mínimos e os benefícios alcançados por reduções ainda maiores não justificam os custos dos esforços adicionais.

TABELA 8.5 ALTERNATIVAS À GASOLINA.

Combustível	Fonte	Benefícios	Desvantagens
Metanol	Carvão, madeira, gás	Menores emissões de CO_2 e hidrocarbonetos Alta octanagem	Conteúdo energético menor
Etanol	Milho, açúcar	Menos poluentes Alta octanagem	Conteúdo energético menor e alto custo do combustível
Gás comprimido	Gás natural	Baixo custo Menores emissões de CO_2 e hidrocarbonetos	Conversão do veículo é cara
Eletricidade	Fóssil, nuclear, solar	Não há emissões por carro Facilidade de controle das emissões nas usinas elétricas	Autonomia limitada Custo da bateria

A Tabela 8.6 apresenta os NAAQS em vigor para os seis poluentes que têm padrões nos Estados Unidos. As concentrações-padrão são expressas em ppm ou microgramas por metro cúbico. O padrão original referente aos materiais particulados incluía todas as partículas em suspensão com diâmetros de até 45 mm. Os padrões foram revistos em 1987 para incluir apenas as partículas com diâmetros menores do que 10 μm (denotadas por PM-10). Em 1997, a EPA fez nova revisão, e incluiu um novo indicador para partículas ainda menores, com diâmetros inferiores a 2,5 μm (PM-2,5). Novos estudos importantes sugeriram que efeitos significativos sobre a saúde, como a morte prematura e as doenças respiratórias, ocorrem em consequência dessas partículas finas que penetram fundo nos pulmões.

Tabela 8.6 PADRÕES DE QUALIDADE DO AR AMBIENTE NOS ESTADOS UNIDOS.

Poluente	Tempo médio de exposição	Padrão primário	Padrão secundário
Material particulado (PM-10)	Anual 24 horas	50 μg/m³ 150 μg/m³	Igual ao primário
Material particulado (PM-2,5)	Anual 24 horas	15 μg/m³ 35 μg/m³	Igual ao primário
Óxidos de enxofre	Anual 24 horas	80 μg/m³ (0,03 ppm) 365 μg/m³ (0,14 ppm)	Por 3 horas 1.300 mg/m³ (0,50 ppm)
Monóxido de carbono	8 horas 1 hora	10 mg/m³ (9 ppm) 40 mg/m³, (35 ppm)	Não há
Óxidos de nitrogênio	Anual	100 μg/m³ (0,05 ppm)	Igual ao primário
Chumbo	Quinzenal	1,5 μg/m³	Igual ao primário
Ozônio	1 hora 8 horas	235 μg/m³ (0,12 ppm) 155 μg/m³ (0,08 ppm)	Igual ao primário

Fonte: U.S. Environmental Protection Agency. *Clean Air Actamendments* (1990, atualizado 2010).

De forma global, as emissões de todas as fontes vêm diminuindo nos últimos 40 anos, uma queda de 50% desde 1970, a despeito dos aumento do consumo de energia e uso do automóvel. As emissões de particulados foram reduzidas em 75%, principalmente pela instalação de equipamentos de controle em plantas industriais e usinas,[10] pelo menor uso do carvão em razão das preocupações das indústrias e pela diminuição da queima de resíduos sólidos. As emissões de monóxido de carbono foram significativamente reduzidas (menos 40%) como resultado das normas federais sobre a emissão dos automóveis, apesar de ter havido um aumento de 270% nos quilômetros percorridas durante o período. As emissões de óxidos de nitrogênio caíram 30% ao longo desse período. Isso é resultado do aumento da geração de eletricidade e das emissões dos automóveis; o efeito de padrões federais mais restritos para emissões de NO_x tem sido compensado pelo aumento no número de quilômetros percorridos. As emissões de óxidos de enxofre caíram

[10] No original: "*industrial and utility plans*". O termo *utility* refere-se a uma entidade regulada que exibe as características de um monopólio natural. No sentido da reestruturação da indústria de energia elétrica, o termo refere-se às companhias verticalmente integradas, reguladas por lei. Nesta tradução, utilizaremos o termo usina(s) elétrica(s). (N.T.)

aproximadamente 50% desde 1970, à medida que a dessulfurização dos gases de combustão e o carvão com baixo teor de enxofre passaram a ser utilizados.

Melhoras na qualidade do ar ambiente (determinadas como concentrações médias) ao longo do período de dez anos, entre 1988 e 1997, também foram atingidas para todos os seis poluentes que têm NAAQS. A melhora nesse período é de 15% a 60%, dependendo do poluente. A maioria das áreas dos Estados Unidos satisfaz os NAAQS para SO_2 e chumbo. Entretanto, aproximadamente 100 milhões de norte-americanos vivem em condados que deixaram de atingir ao menos um dos padrões de qualidade do ar, conforme medidas de 1997. A Figura 8.18 mostra as concentrações anuais médias de SO_2, particulados suspensos totais (TSP) e ozônio em algumas cidades selecionadas ao redor do planeta.

FIGURA 8.18 COMPARAÇÃO ENTRE MÉDIAS ANUAIS DOS NÍVEIS DE CONCENTRAÇÃO NO MEIO AMBIENTE DE PARTICULADOS SUSPENSOS TOTAIS (TSP), DIÓXIDO DE ENXOFRE E DIÓXIDO DE NITRÔGENIO ENTRE DIVERSAS CIDADES SELECIONADAS, EXPRESSAS EM μG/M^3.
(Fonte: World Bank, World Development Indicators, 2007).

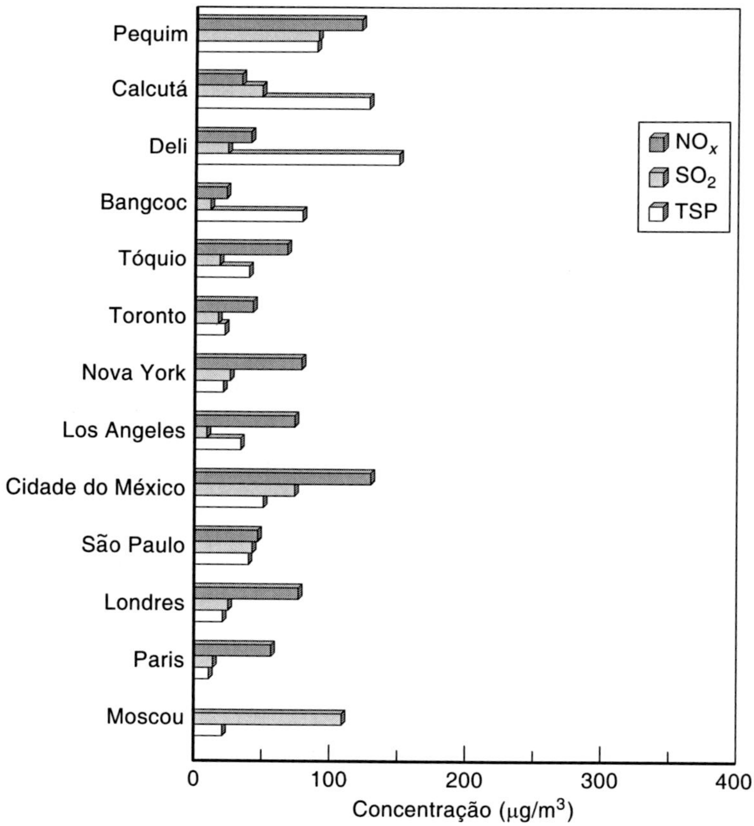

FOCO EM 8.3

EMENDAS À LEI DO AR LIMPO – "*CLEAN AIR ACT*" – DE 1990

As emendas ao *Clean Air Act* de 1990 (Lei do Ar Limpo) representaram o primeiro aperto governamental nos padrões de ar em 13 anos. Este novo texto constituiu a maior emenda à Lei do Ar Limpo. Em um conjunto complexo de normas, a lei visa à redução da chuva ácida, do *smog* urbano e das substâncias tóxicas do ar. Um programa aperfeiçoado de imposição da lei ajudará a assegurar melhor adequação a ela.

O *Act* exigiu que as concessionárias, até o ano 2000, reduzissem à metade as emissões de SO_2, tomando como base os valores de 1980, e cortassem em 30% suas emissões de NO_2 com relação ao valor projetado sem controle. A redução no nível das emissões de SO_2 reflete um nível que é menor que as emissões de 1980 por uma quantidade de 10 milhões de toneladas por ano. Essa meta foi alcançada antes do esperado. As concessionárias têm uma certa flexibilidade para atingir esses níveis. Para o SO_2, a reforma das centrais com introdução de *scrubbers* nos tubos de gás ou com mudança para carvão com baixo teor de enxofre preferencialmente deve ser feita visando atender ao requisito de 1,2 lbs de SO_2 por milhão de Btus de saída. As concessionárias poderão comprar ou negociar permissões de emissão de SO_2 e CO_2. Isso significa que, se uma concessionária consegue superar sua meta de redução de emissões, ela pode negociar o excesso (de redução) com outra concessionária, que pode considerar esse procedimento mais barato do que efetuar sua reforma.

Em 2005, a EPA anunciou uma nova regra: o *Clean Air Interstate Rule*, CAIR (Regra Interestadual do Ar Limpo) exige que 28 Estados do leste reduzam a emissão de SO_2 e NO_X. As concessionárias podem fazer isso instalando ou aumentando a capacidade de seus equipamentos de controle de poluição, mudando de combustível ou comprando permissões relacionadas ao excesso de redução de outras concessionárias.

Outra parte do *Clean Air Act* trata da poluição do ar urbano. Novos padrões para as emissões dos carros reduzirão as emissões de CO e VOC (*volatile organic compounds*, ou compostos orgânicos voláteis) para 3,4 g e 0,15 g por quilômetro, respectivamente. Todas as cidades que atualmente não estejam atendendo aos padrões de saúde para o ozônio e o monóxido de carbono devem atender a esses novos padrões. Combustíveis limpos serão encorajados. Sucessos foram conseguidos. Entre 1980 e 2008, houve decréscimo de 71% na concentração média de SO_2 nos Estados Unidos.

E. DISPOSITIVOS DE CONTROLE DE EMISSÃO EM AUTOMÓVEIS

Os principais poluentes nas emissões de automóveis são o monóxido de carbono (CO), hidrocarbonetos e óxidos de nitrogênio (NO_x). Eles vêm, sobretudo, da exaustão dos gases na saída dos escapamentos e da própria evaporação do combustível. O monóxido de carbono – CO – é formado pela combustão incompleta do combustível no motor, quando não há oxigênio disponível suficiente. Essa formação pode ser reduzida pela utilização de misturas mais ricas em ar. Dessa forma, a reação de combustão é completa, e o produto de reação é o CO_2.

As emissões de hidrocarbonetos resultam da gasolina não queimada. Os vapores provenientes da evaporação da gasolina são hidrocarbonetos, ou seja, um carro pode poluir mesmo quando não está funcionando. Na verdade, em muitos carros fabricados antes do fim dos anos 1960, 20% das emissões de hidrocarbonetos vinham da evaporação do combustível. Os hidrocarbonetos reagem na presença do NO_x e da luz solar para formar ozônio no nível terrestre, um dos maiores componentes do *smog*. O ozônio é o nosso problema de poluição do ar urbano mais difundido. Na câmara de combustão, a queima se dá-se tão rapidamente que uma camada bem fina de gasolina em torno dos eixos da câmara não é queimada. Esses gases são forçados a passar pelos anéis do pistão durante a operação normal do motor e acumulam-se no cárter. Tais "gases de passagem" costumavam ser expelidos para a atmosfera por meio do ar trazido pela tampa do filtro de óleo. Essa forma de expelir os gases foi eliminada, e os vapores do cárter passaram a ser mandados de volta à câmara de combustão. Esse sistema de ventilação do cárter utiliza uma válvula de ventilação positiva do cárter (PCV)[11] para torná-lo um sistema "fechado". A evaporação de hidrocarbonetos do tanque de combustível e do carburador é eliminada pela captura dos vapores em uma caixa de armazenagem, e sua alimentação ao carburador ocorre quando o motor está funcionando. Essa caixa é uma pequena lata, contendo um filtro de carvão vegetal, EGR[12] (Figura 8.19). Os vapores de gás são capturados por válvulas especiais usadas quando se abastece no posto.

Historicamente, os controles iniciais de poluição, por meio de modificações nos motores, concentravam-se em reduzir as emissões de CO e hidrocarbonetos pela melhoria da combustão. Isso foi feito utilizando-se combustíveis mais limpos e aumentando-se a temperatura da combustão. A razão ar/combustível no motor é o fator mais importante nas emissões de automóveis. À medida que essa razão é aumentada (combustíveis mais limpos), as emissões de CO e hidrocarbonetos diminuem, assim como o consumo de combustível. Entretanto, essas medidas também aumentaram a quantidade de NO_x formado, por causa das temperaturas altas e do aumento de oxigênio necessário à combustão. Portanto, para reduzir as emissões de NO_x, pressões e temperaturas mais baixas eram necessárias. E isso era obtido pela desregulagem do motor, por meio do retardo na ignição (de forma que a combustão não aconteceria no ponto de pressão ar-combustível máxima) e pela redução da taxa de compressão (a razão entre os volumes do cilindro antes e depois da compressão pelo pistão). Porém, a economia de combustível diminuiu. Uma nova regulagem do motor para obter melhor eficiência sem aumento nas

---

[11] Em inglês, *positive crankcase ventilation.* (N.T.)

[12] Em inglês, *exhaust gas recirculation.* (N.T.)

emissões tornou-se possível com o uso do conversor catalítico, que se iniciou em 1975. O conversor controla as emissões de CO e NO_X depois da combustão por meio da sua reação com oxigênio na superfície de um catalisador, para produzir gases atmosféricos normais. Para preservar o caro catalisador, deve ser usada a gasolina sem chumbo, que tem menor octanagem.

Para reduzir ainda mais as emissões de óxidos de nitrogênio, os gases de escape são circulados para diluir a mistura de ar e combustível na admissão. Essa diluição da mistura na admissão diminui a temperatura de pico da chama durante a combustão e, portanto, limita a formação de NO_x. Tal processo é chamado sistema de recirculação do gás de exaustão (EGR, cujo *status* é indicado por uma luz, em muitos painéis) e consiste de uma série de válvulas que controlam a quantidade de gás de exaustão recolocado no sistema (Figura 8.19).

FIGURA 8.19 CONTROLES DE EMISSÃO EM AUTOMÓVEIS.

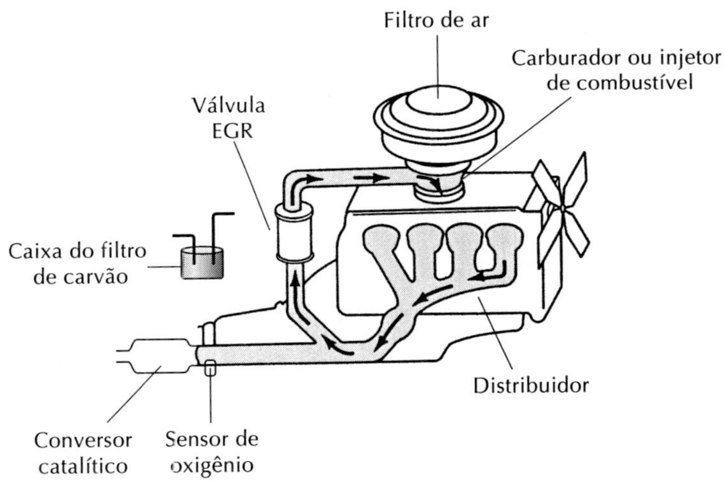

Sistemas mais sofisticados de controle de emissões foram introduzidos na década de 1990 com um sistema de diagnóstico embarcado (*on board diagnostic – OBD*). Um sensor de oxigênio antes (e depois) do conversor catalítico monitora constantemente o conteúdo de oxigênio nos gases de exaustão e informa ao computador da máquina que, então, ajusta a relação ar-combustível. Em razão desses dispositivos de controle de emissões, uma redução de cerca de 90% foi conseguida com relação aos carros sem controle. A redução da poluição atmosférica de uma fonte como o automóvel envolveu um enfoque amplo. O projeto da máquina (incluindo os sistemas de controle do computador), combustíveis mais limpos, sistemas de recuperação de vapor e manutenção do automóvel, tudo contribui para reduzir a poluição na saída do escapamento e aumentar a eficiência dos automóveis. Entretanto, o aumento do número de carros e a duplicação do número de quilômetros percorridos por carro contrabalançaram alguns desses ganhos.

TABELA 8.7 PADRÕES DE EMISSÃO DE AUTOMÓVEIS (GRAMAS POR QUILÔMETRO).

Poluente	1975	1990	2010
Hidrocarbonetos	3,4	0,41	0,10
NO_2	3,1	1,0	0,43
CO	34	3,4	3,0

Fonte: U.S. Environmental Protection Agency.

Os padrões de emissão de veículos são determinados pelas Emendas da Lei do Ar Limpo. Tais valores são apresentados na Tabela 8.7 em gramas por quilômetro. Outra rota para se aumentar a eficiência dos automóveis e diminuir suas emissões é a mudança para fontes alternativas de potência para o carro, como diesel, turbinas a gás e motores a vapor. A redução no consumo total de gasolina também pode ser atingida pela diminuição na demanda, ou pela diminuição da energia gasta por passageiro por quilômetro, como nos esquemas de transporte coletivo (veja o Foco em 8.4, "Transporte coletivo").

FOCO EM 8.4

TRANSPORTE COLETIVO

O transporte coletivo, que consiste de trens, metrôs, bondes e ônibus, tem sido alvo de debates consideráveis durante as últimas quatro ou cinco décadas, nos Estados Unidos. Em anos recentes, um bom número de cidades americanas e do restante do mundo construiu sistemas de vias férreas a alto custo – Washington, Atlanta, San Diego, Phoenix, Toronto, Cidade do México, Hong Kong, para citar algumas. De 4% a 6% dos americanos utilizam alguma forma de transporte coletivo; desses, 60% usam ônibus. Entretanto, essa porcentagem varia drasticamente de cidade para cidade. As porcentagens de passageiros que usam transporte público (em vez de dirigir um carro, ir de bicicleta ou a pé), são, para algumas cidades escolhidas: Nova York, 54%; Washington, 39%; São Francisco, 30%; Seattle, 18%; Atlanta, 15%; Los Angeles, 11%. Com toda a conversa referente a transporte coletivo, apenas 20% dos impostos federais sobre a gasolina vão para esses sistemas (80% vão para a construção de estradas), enquanto os subsídios federais e estaduais para o uso de automóveis (incluindo reduções de impostos) continuam a ser grandes.

As ferrovias de alta velocidade estão se expandindo rapidamente na Ásia e na Europa. Atualmente centenas de tais trens (a maioria elétricos e a diesel) cobrem distâncias entre cidades a 300 km/h (180 mph) ou mais (Figura 8.20). Enquanto os Estados Unidos têm apenas uma linha de 360 km, de Washington a Boston (com máxima velocidade de 240 km/h (144 mph)), a China tem mais de 10 mil km de trens de alta velocidade operando ou em construção; a Espanha vem em segundo, com 3.800 km em seu sistema.

Outra alternativa de alta velocidade ao carro, para viagens de longa distância, é o trem de levitação magnética (MAGLEV), que pode viajar à velocidade de 400 km/h (240 mph) sobre um colchão de ar com o uso de eletroímãs convencionais ou (eventualmente) supercondutores (veja o Capítulo 10). No momento, há três sistemas operando – em Tóquio, Xangai e Seul.

Os ônibus oferecem a alternativa mais barata e eficiente em energia para o transporte coletivo. Há flexibilidade nas rotas e a possibilidade de se adotar esquemas do tipo "estacione e vá de ônibus".[13] Faixas expressas de circulação exclusiva para ônibus eliminam congestionamentos. As emissões também podem ser muito reduzidas com o uso de gás natural, células a combustível ou etanol (veja o Capítulo 17).

FIGURA 8.20 TREM-BALA E O MONTE FUJI, JAPÃO. INTRODUZIDO EM 1964, O TREM PODE ALCANÇAR VELOCIDADES SUPERIORES A 500 KM/H.

FREE AGENTS LIMITED/CORBIS

F. SISTEMAS DE CONTROLE DE POLUIÇÃO DE FONTES ESTACIONÁRIAS

Os principais poluentes originados por usinas alimentadas por combustíveis fósseis são o dióxido de enxofre e os particulados. Para essas usinas e outras fontes estacionárias existem diversos métodos gerais ou filosofias para se atingir as metas de qualidade do ar e emissões. Tais métodos são:

1. utilização de combustíveis com baixo teor de enxofre e/ou de cinzas;

[13] Sistema bastante comum nos Estados Unidos e na Europa, chamado *park-and-ride*. O motorista estaciona seu automóvel em bolsões fora dos grandes centros urbanos e percorre o restante do caminho em ônibus. (N.T.)

2. remoção do enxofre do combustível antes da queima;
3. remoção dos particulados e óxidos de enxofre dos gases de combustão após a combustão;
4. mudança dos combustíveis ou potências de saída em resposta às exigências de qualidade do ar; e
5. diluição dos gases efluentes por meio do uso de chaminés altas e dos processos atmosféricos naturais de dispersão.

Nesta seção vamos descrever os dispositivos de controle utilizados em uma usina elétrica para reduzir as emissões ou a concentração de poluentes (itens 2, 3 e 5 listados acima).

Diversos dispositivos de controle de poluição são empregados por usinas elétricas movidas a combustíveis fósseis após a combustão. Os tipos e tamanhos dos poluentes que eles buscam controlar são diferentes; portanto, combinações de vários dispositivos são frequentemente usadas na mesma usina. Os primeiros poluentes que receberam atenção técnica foram os particulados emitidos, em virtude da natureza visível dos poluentes e da facilidade com que podem ser controlados. Partículas de cinzas associadas com a queima de carvão e óleo podem ter qualquer tamanho entre 0,01 mícron e 100 mícrons. Os *particulados* são removidos em dispositivos como câmaras de decantação, coletores ciclônicos ou inerciais, precipitadores eletrostáticos, filtros e/ou *scrubbers*.

As *câmaras de decantação* ou *coletores gravitacionais* são, em geral, os primeiros dispositivos utilizados no tratamento dos gases efluentes. O gás de combustão passa tempo suficiente dentro do dispositivo para que as partículas maiores (>50 mícrons) assentem no fundo pela ação da gravidade e não sejam dispersadas novamente pela ação de empuxo dos gases. Após deixar esse dispositivo, os gases podem prosseguir para um coletor *inercial* ou *ciclônico* (Figura 8.21), no qual são forçados a executar um movimento circular. As partículas mais pesadas, e que têm maior inércia, colidem com as paredes do coletor e caem no fundo. Isso é análogo à trajetória seguida por objetos que estejam sobre um CD que gira: os objetos mais pesados serão atirados para fora primeiro. O coletor ciclônico pode remover mais de 99% das partículas maiores do que 50 mícrons, mas é muito ineficiente para partículas com menos de 5 mícrons.

FIGURA 8.21 UM COLETOR INERCIAL OU CICLÔNICO. ENQUANTO O GÁS EXECUTA UM MOVIMENTO CIRCULAR, AS PARTÍCULAS MAIS PESADAS COLIDEM COM AS PAREDES DO COLETOR E CAEM NO FUNDO, ONDE SÃO COLETADAS PARA DESCARTE.

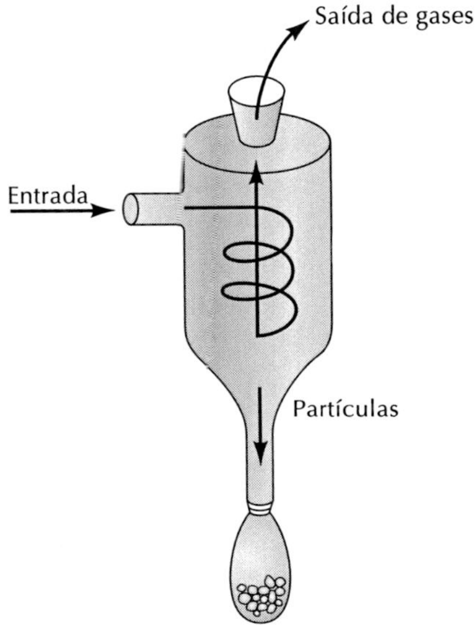

O *precipitador eletrostático* tem tido muito sucesso na redução da emissão de particulados em usinas elétricas. Praticamente todas as novas unidades utilizam esse sistema, em combinação com alguns dos dispositivos já descritos, produzindo os resultados mostrados na Figura 8.22. Os gases efluentes atravessam um conjunto de fios e placas metálicos, colocados antes da chaminé de exaustão, arranjados conforme mostra o modelo da Figura 8.23. Aplica-se uma carga negativa grande (~50.000 V) aos fios, enquanto as placas permanecem com o potencial da terra. O campo elétrico grande entre o fio e a placa ioniza uma parte do gás próximo ao fio, fornecendo elétrons. Esses elétrons são capturados por uma molécula de gás (N_2 ou O_2) ou por uma partícula de cinzas, formando um íon negativo que se moverá em direção à placa positiva. Ali as partículas são coletadas e removidas mecanicamente a intervalos periódicos. As cinzas coletadas são retiradas da usina e descartadas ou então vendidas por causa dos metais que podem ser extraídos delas. O precipitador eletrostático é capaz de remover até 99% em massa dos particulados presentes nas cinzas, mas, para partículas de tamanho inferior a 1 mícron a eficiência, pode ser de apenas 50%. Infelizmente, os menores particulados são os mais danosos ao trato respiratório.

FIGURA 8.22 Uma sequência antes (a) e depois (b) mostrando o efeito de um precipitador eletrostático nas emissões da chaminé de uma usina elétrica movida a carvão.

Cortesia de Bateman Engenharia

(a) (b)

FIGURA 8.23 Um modelo operacional de um precipitador eletrostático. O cilindro de folha metálica tem um fio tensionado em seu interior. O fio adquire uma alta voltagem por meio de uma espiral de Tesla, e o cilindro é aterrado (uma lata de bolas de tênis pode ser usada no lugar da folha metálica).

Roger Hinrichs

Outra tecnologia para o controle de particulados é o *filtro de pano*. Atuando de modo semelhante a um filtro de água ou de um aspirador de pó, esse filtro consiste de um saco de tecido de algodão ou fibra de vidro que intercepta as partículas, as quais ficam presas no seu interior. As partículas são removidas agitando-se o saco. Os filtros de pano têm custo competitivo em relação aos precipitadores eletrostáticos para usinas de energia, com a vantagem de apresentarem 99,9% de eficiência de remoção. Eles são especialmente bons quando se trata de partículas submicrométricas, com tamanhos de até 0,1 mícron.

Pelo fato de que o SO_2 é um gás, os dispositivos descritos até aqui não são capazes de remover esse poluente. Em geral, *scrubbers* são utilizados para controlar as emissões de SO_2, em que os gases de combustão são passados por um *spray* de solução aquosa. O *scrubber* é utilizado em conjunto com substâncias químicas que removem o SO_2 dos gases de exaustão. Nesse sistema, chamado *dessulfurização do gás de combustão*, pastas de cal ou pedra calcária (carbonato de cálcio) ou dolomita (carbonato de magnésio) reagem com o SO_2 nos *scrubbers* para formar os sólidos sulfato de cálcio ou sulfato de magnésio, que podem depois ser removidos com os outros materiais particulados:

$$\underset{\text{(gás)}}{2SO_2} + 2CaCO_3 + O_2 \rightarrow \underset{\text{(sólido)}}{2CaSO_4} + 2CO_2$$

Os gases limpos que deixam o *scrubber* são reaquecidos para restabelecer sua flutuação, e então eliminados pela chaminé convencional. Taxas de remoção de SO_2 de até 98% já foram relatadas com o uso da técnica de *scrubber*, que consequentemente é praticada pela maioria das usinas.

Um problema ambiental associado ao uso da dessulfurização é o descarte do produto secundário de reação. O produto secundário pode ser descartado como resíduo, ou ser recuperado, ou vendido, geralmente como ácido sulfúrico ou enxofre elementar. O lodo residual gerado no processo com *scrubber* é enorme: cada tonelada de carvão gera aproximadamente 0,4 tonelada de resíduo aquoso concentrado. Para uma usina de 1.000 MWe, queimando 10 mil toneladas de carvão por dia, são 4 mil toneladas de resíduo por dia. Isso pode se constituir em um problema importante em grandes cidades, onde os custos de transporte e aterramento e a disponibilidade de locais de descarte são os fatores principais. Porém, os efeitos potenciais adversos sobre a saúde, decorrentes de tais pontos de descarte sob controle ambiental adequado, parecem ser mais desejáveis do que submeter o público a danos aleatórios causados pela poluição do ar.

Sistemas de dessulfurização dos gases de combustão custam aproximadamente US\$ 200 a US\$ 500 por tonelada de SO_2 removida, ou 10% a 15% do custo de construção de uma usina elétrica movida a carvão. A energia necessária para a operação de tais unidades é de 3% a 7% da potência produzida pela usina. Essa energia é utilizada principalmente para reaquecer os gases que saem do *scrubber* (para aumentar sua flutuação). Sistemas de *scrubbers* representam soluções permanentes para o problema da poluição por SO_2.

FIGURA 8.24 AS CHAMINÉS SÃO ALGUMAS DAS ESTRUTURAS MAIS ALTAS CONSTRUÍDAS PELO SER HUMANO.

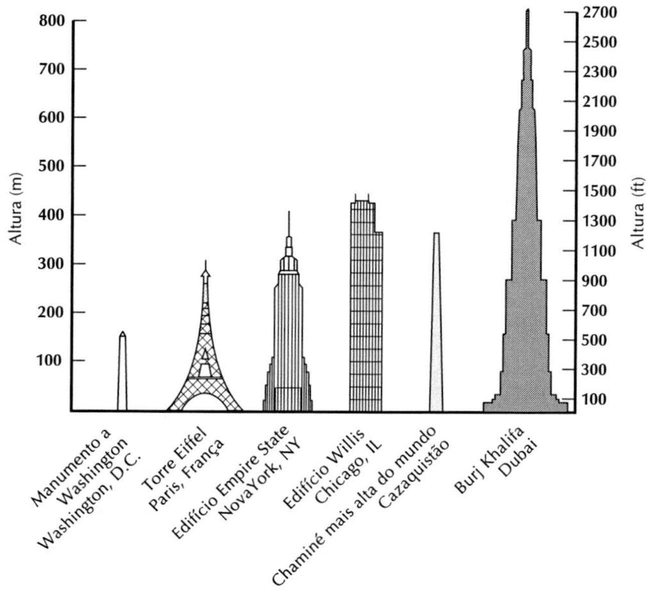

Outra técnica largamente empregada para se reduzir os níveis de poluição em uma determinada área é liberar os gases efluentes por meio de chaminés extremamente altas. Uma vez que a velocidade do vento é maior em grandes elevações, essas chaminés altas utilizam os processos naturais de dispersão da atmosfera para diluir os poluentes do ar. Para usarmos uma frase: "a solução para a poluição é a diluição". Algumas das chaminés são tão altas quanto qualquer estrutura feita pelo homem (Figura 8.24), e podem ser capazes de ultrapassar qualquer camada de inversão baixa. Porém, alguns poluentes (como a chuva ácida) simplesmente vão causar problemas em algum ponto adiante na direção do vento. A Figura 8.25 mostra os dispositivos de controle da poluição do ar que poderiam ser encontrados em uma usina elétrica convencional que queima carvão pulverizado. Nem todos esses componentes estariam necessariamente presentes em uma planta mais antiga.

Outra forma de atingir os padrões de emissão de SO_2 é reduzir sua quantidade formada antes da combustão. Isso pode ser feito com o uso de carvão com baixo teor de enxofre ou pela remoção do SO_2 diretamente no processo de combustão. O refino de carvão rico em enxofre, transformando-o em um combustível limpo, pode ser feito de várias maneiras. Um método é a conversão do carvão a óleo sintético ou gás natural; outro é o beneficiamento do carvão – a remoção do enxofre do carvão antes que ele seja queimado. A conversão a combustíveis sintéticos está no estágio de pesquisa e desenvolvimento nos Estados Unidos, com diversas plantas-piloto em operação. Porém, os custos são altos (veja o Capítulo 7).

FIGURA 8.25 VISTA ESQUEMÁTICA DE UMA TÍPICA USINA MOVIDA A COMBUSTÍVEL FÓSSIL, MOSTRANDO O EQUIPAMENTO UTILIZADO NA REMOÇÃO DE POLUENTES DOS GASES DE COMBUSTÃO OU O ESCAPAMENTO DA CALDEIRA.

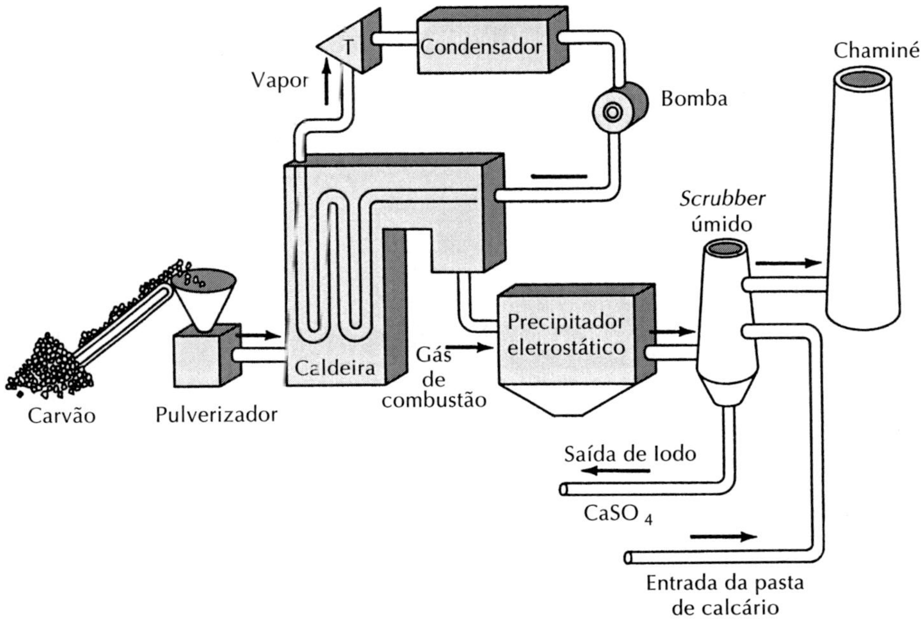

A *combustão em leito fluidizado* (FBC)[14] remove o SO_2 assim que ele se forma, por meio da queima do carvão em um leito de ar e areia em movimento, ao qual se adiciona pedra calcária (Figura 8.26). A reação $CaO + ½O_2 + SO_2 \rightarrow CaSO_4$ ocorre na caldeira, e o sulfato de cálcio sólido pode ser removido após a combustão como particulados nos gases de escape. Os leitos fluidizados têm sido utilizados na indústria química e em processos de incineração desde a década de 1920. Nas indústrias de eletricidade, a combustão em leito fluidizado é uma tecnologia nova e envolve um sistema de queima diferente daquele usado em caldeiras convencionais a carvão pulverizado. As vantagens dessa tecnologia são as altas taxas de transferência de calor resultantes da mistura turbulenta das partículas finas de combustível na caldeira, a possibilidade de se usar múltiplos combustíveis e o controle da poluição do ar na sua fonte. A combustão em leito fluidizado também reduz a quantidade de NO_x formado pela redução das temperaturas de combustão. Em termos econômicos, a combustão em leito fluidizado compete favoravelmente com os *scrubbers*. Existem muitas usinas no mundo que queimam carvão ou madeira utilizando FBC. Na China existem muitas caldeiras pequenas com leito fluidizado, queimando turfa, lascas de madeira e resíduos municipais para fornecer eletricidade e aquecer vilarejos.

[14] Em inglês, *fluidized bed combustion*. (N.T.)

FIGURA 8.26 UMA UNIDADE DE COMBUSTÃO EM LEITO FLUIDIZADO (FBC). QUANDO O AR É FORÇADO PARA CIMA NA PARTE INFERIOR, O LEITO DE CINZAS TORNA-SE FLUIDIZADO (ISTO É, OS SÓLIDOS "FLUEM" COMO UM LÍQUIDO). O COMBUSTÍVEL SÓLIDO TRITURADO, QUEIMANDO NO LEITO, AQUECE AS CINZAS. A PEDRA CALCÁRIA ADICIONADA À MISTURA FLUIDIZADA REDUZ A QUANTIDADE DE SOX EMITIDA NOS GASES DE COMBUSTÃO.

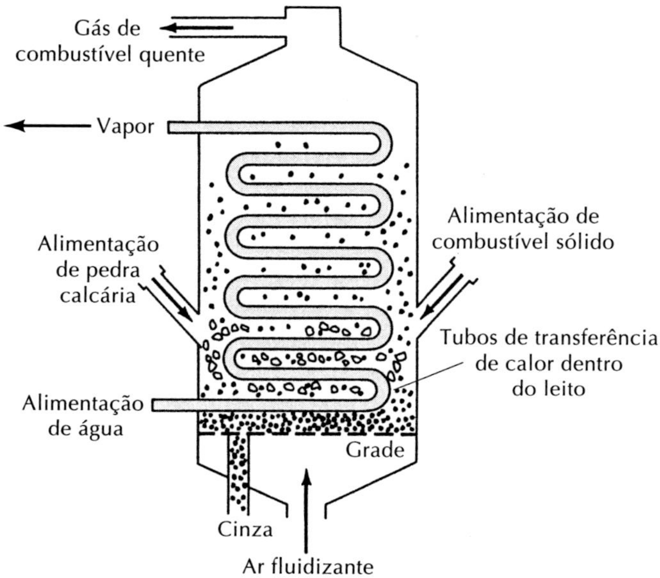

G. RESUMO

Os principais poluentes, oriundos de fontes estacionárias e móveis, são o SO_2, particulados, óxidos de nitrogênio, VOC (hidrocarbonetos), ozônio e monóxido de carbono. A Figura 8.9 mostrou as emissões de cada um dos poluentes. Alguns são secundários em sua origem, tal como o *smog* fotoquímico, que é o resultado de uma reação entre poluentes primários (hidrocarbonetos e NO_x) na atmosfera, na presença da luz solar. Os dispositivos de controle de poluição para fontes móveis e estacionárias têm tido um efeito positivo, em anos recentes, na redução do total de poluentes emitidos, com redução de aproximadamente 50% em relação aos níveis de 1970. Porém, continua o debate entre os legisladores e a indústria acerca da confiabilidade de alguns dos dispositivos de controle, dos aspectos financeiros de sua instalação e da necessidade de se adotarem padrões mais rigorosos de qualidade do ar. Muitas pessoas sentem que a maneira mais efetiva e econômica de se combater a chuva ácida é por meio da renovação das usinas elétricas mais antigas pela adição de unidades de dessulfurização de combustão em leito fluidizado. Aproximadamente metade das plantas movidas a carvão em operação atualmente foram construídas antes de 1975 e não possuem dispositivos de controle de poluição, exceto para particulados.

As unidades para o controle das emissões de usinas elétricas, descritas anteriormente, não são baratas. O controle da poluição representa aproximadamente um terço do custo de capital total das usinas movidas a carvão recentemente construídas.

COMO VOCÊ ESCOLHERIA? – REVISITADO

Um dos temas de discussão relacionados a energia e meio ambiente é como tratar a poluição atmosférica causada por uma usina elétrica ou um automóvel. Sistemas de controle nas usinas não são baratos e adicionarão custos à eletricidade, o que pode tornar os produtos americanos menos competitivos no mercado global. Contudo, já há consequências econômicas relativas à saúde e efeitos ambientais danosos por causa do aumento da poluição do ar. Você mudaria a escolha feita no início deste capítulo com base no que aprendeu?

QUESTÕES

1. Suponha que você tem uma esfera sólida de alumínio do tamanho de uma bola de golfe e outra do tamanho de uma bola de *softball*. Qual delas tem densidade maior?
2. O dispositivo mostrado na Figura 8.27 possui três receptáculos com formatos diferentes, todos eles conectados à mesma base. Usando as ideias relativas à pressão, em qual desses receptáculos o nível de água será mais elevado?

FIGURA 8.27

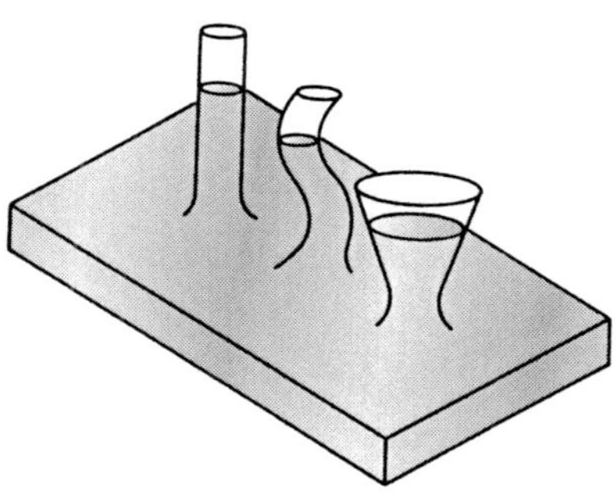

3. Como você pode aumentar a pressão exercida por este livro sobre uma mesa, sem aumentar o peso do livro?

4. Um dirigível (de volume fixo) cheio de hélio subirá até certo ponto na atmosfera e depois vai parar. Por quê? Um dirigível menor subirá mais do que um maior se ambos estiverem com a mesma pressão?
5. Qual é a força e o empuxo sobre um navio de 2 toneladas que está flutuando sobre a água? E em álcool?[15] Se o navio tiver um buraco perfurado em seu casco e afundar na água, quando e como varia a força de empuxo?
6. O poço mais profundo do qual se pode bombear água por meio da criação de vácuo no topo de um tubo mede 10 m (34 pés). Na perfuração por petróleo, poços de uma milha ou mais já foram feitos. A partir dessa profundidade, como você acha que o petróleo é recuperado?
7. A massa molecular média do ar é 29, e a da água é 18 (em unidades de massa atômica). Você espera que o ar úmido seja menos denso do que o ar seco sob as mesmas condições atmosféricas? O que você pode dizer sobre a pressão atmosférica de regiões com alta umidade do ar (comparada ao ar seco)? Como a previsão do tempo é baseada em variações da pressão barométrica?
8. Por que uma represa é construída com uma base muito larga, conforme a Figura 8.28?

FIGURA 8.28

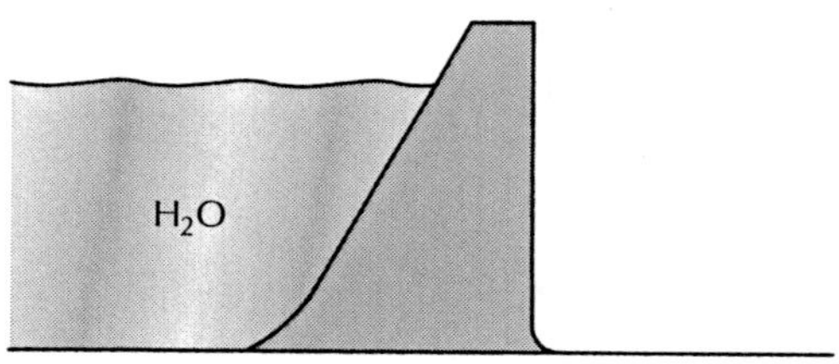

9. Quais são os efeitos da Reforma da Lei do Ar Limpo no uso de carvão em usinas geradoras de eletricidade? Verifique na internet.
10. Formule uma definição de "poluente" do ar. Como as contribuições das substâncias artificiais no ar se comparam às das fontes naturais?
11. Quais são as dificuldades de apurar os efeitos de vários poluentes na saúde pública?
12. Quais são os princípios por trás da operação de um coletor ciclônico? Para que tipos de poluentes ele pode ser utilizado?
13. Se a temperatura do ar em uma certa região aumenta por causa do aquecimento pelo Sol, a pressão do ar no nível do solo aumenta ou diminui?

[15] O autor não especifica o tipo de álcool. Nos Estados Unidos, o álcool mais comum é o isopropílico. No Brasil, é o etílico. Como eles têm densidades diferentes, os valores obtidos serão diferentes, dependendo do álcool utilizado. (N.T.)

14. Investigue as razões por trás do adiamento do estabelecimento de padrões mais rígidos de emissão em automóveis. Verifique na internet.

15. Dê diversos motivos para a utilização de chaminés altas (considere as velocidades do vento e as inversões térmicas).

16. Quais são as condições atmosféricas que promovem a mistura vertical do ar? Por que isso é importante?

17. Por que você acha que o *smog* fotoquímico seja um problema maior em uma cidade como Los Angeles do que em outra altamente industrializada como Pittsburgh? Quais são os problemas de poluição do ar nesta última?

18. Quais são as distinções entre os padrões de qualidade do ar relacionados a emissões e aqueles relacionados a concentrações atmosféricas locais de poluentes?

19. Quais são algumas das limitações quanto uso de precipitadores eletrostáticos para controlar a emissão de poluentes do ar?

20. Por que os gases que saem de um sistema de *scrubber* têm de ser reaquecidos antes de ser liberados para a atmosfera? O que isso causa na eficiência de uma usina elétrica?

21. Elabore uma tabela de dispositivos de controle de poluição e os tipos de poluentes que eles podem remover dos gases das chaminés.

22. O que pode ser feito para diminuir a "chuva ácida"?

23. Discuta por que modificações para diminuir emissões na queima de gasolina em um carro pode diminuir o mpg do carro.

24. Considerando o fato de que o petróleo impulsiona os tratores necessários para colher o milho que é utilizado na produção do etanol,[16] discuta as consequências globais do uso de gasolinas de queima mais limpa.

25. Por que você acha que a poluição em ambiente fechado é um problema maior para uma pessoa vivendo em uma casa construída em 1995 do que em uma casa de 1895?

26. Em relação à poluição do ar, discuta o efeito dominó do uso crescente de veículos elétricos.

PROBLEMAS

27. Calcule a pressão exercida sobre seu dedo se você segurar uma caixa de 15 lb de maçãs.

28. Qual é a pressão exercida sobre seu dedo se você tentar segurar um vazamento de água de um buraco em uma represa, conforme mostrado na Figura 8.29?

[16] Trata-se, obviamente, de um exemplo americano. No Brasil, usa-se cana-de-açúcar. Mas isso não altera o sentido da pergunta. (N.T.)

FIGURA 8.29

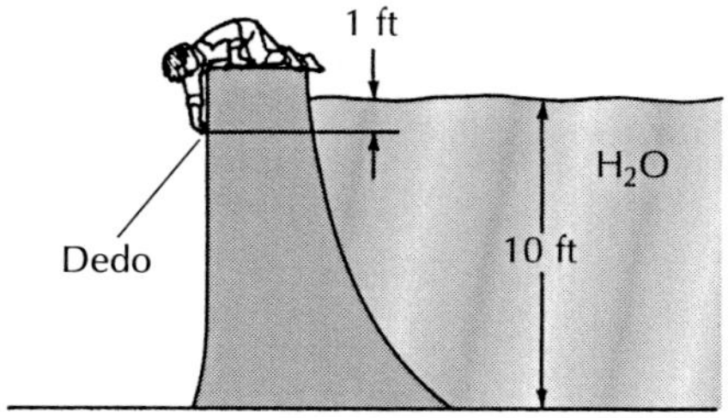

29. Uma peça cilíndrica de metal puro tem 8 cm de comprimento e diâmetro de 3 cm, bem como massa de 0,55 kg. De que material é feita?

30. Qual é a taxa de emissão (em kg/h) de particulados de uma usina de energia com uma potência térmica de saída de 3.000 MW que queima carvão com um teor de cinzas de 2%? Quanto será emitido se um precipitador eletrostático com eficiência de 95% for utilizado? Se a cinza contém 1 ppm de mercúrio, quantas toneladas de mercúrio serão emitidas por ano por essa usina?

31. Qual é a pressão exercida no fundo de um tubo de mercúrio de 15 cm de altura? (A densidade do mercúrio é 13.600 kg/m^3.)

32. Calcule a maior altura d'água que você pode ter num tubo com vácuo na parte superior e base aberta para a atmosfera.

33. Para a mesma usina do Problema 32, se as cinzas contêm 1 ppm de mercúrio, quantas toneladas de mercúrio serão emitidas por ano?

34. Uma piscina mede 10 m × 7 m × 2 m. Calcule a força total exercida pela água sobre seu fundo. Qual é a pressão no fundo em decorrência da água?

35. Uma usina de 1.000 MWe utiliza carvão com 3% de enxofre. Quantas toneladas de SO_2 serão emitidas no ar por dia durante sua operação? (Use a lista de conversões e equivalências localizada no final deste livro.)

36. Quantos quilogramas de monóxido de carbono seu carro emitiria por ano se ele estivesse em conformidade com os padrões de emissão para automóveis?

ATIVIDADES ADICIONAIS

1. Um barômetro muito simples pode ser construído com um jarro tendo um balão de borracha esticado sobre sua boca preso com um elástico. Um canudo (ou uma lasca de madeira) colado ao balão monitora as variações de pressão. Usando um marcador e uma régua, anote a posição do canudo várias vezes por dia. Compare seus dados com os horários das altas e baixas de pressão publicados pelos meteorologistas da sua região. O ar dentro do jarro deve ser mantido à temperatura constante (Figura 8.30) (mantenha o jarro afastado das janelas).

FIGURA 8.30

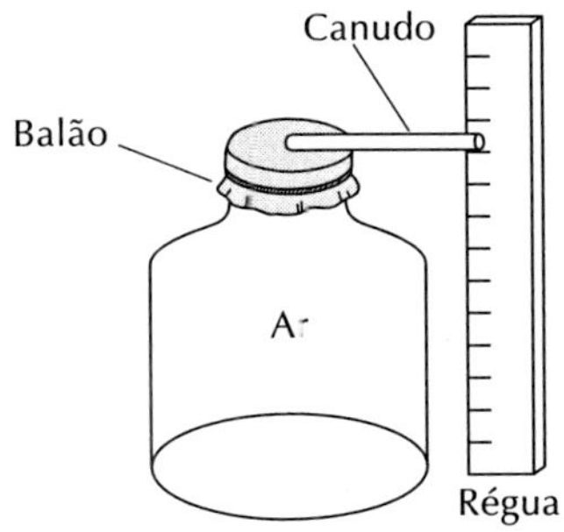

2. Para um exemplo divertido da pressão atmosférica utilize um ovo cozido descascado (Um ovo pequeno funciona melhor.). Coloque o ovo na abertura de uma garrafa, sob a qual um fogo acabou de ser ateado com papel ou lascas de madeira. O ovo será eventualmente puxado para dentro da garrafa. Por quê? Como você poderia retirar o ovo de dentro da garrafa?
3. Construa um modelo de precipitador eletrostático (veja a Figura 8.23), utilizando uma lata de bolas de tênis (a ser aterrada) com um fio de cobre no meio. Você pode testá-lo com fumaça de cigarro ou de incenso se conseguir uma fonte de alta tensão, tal como uma espiral de Tesla para ligar ao fio (Figura 8.31).

FIGURA 8.31

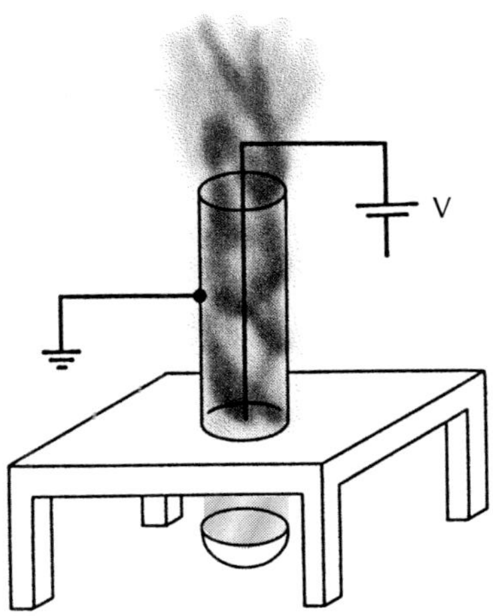

4. Outra boa ilustração da pressão atmosférica utiliza uma lata de refrigerante. Coloque um pouco de água na lata e aqueça-a até ferver. Após aquecer a lata, inverta-a rapidamente e coloque-a em uma panela rasa com água fria. Observe o que acontece com a lata à medida que resfria.

CAPÍTULO 9

AQUECIMENTO GLOBAL E POLUIÇÃO TÉRMICA

Conteúdo

COMO VOCÊ ESCOLHERIA?

Taxas de carbono

Um método para reduzir as emissões dos gases do efeito estufa é a imposição de uma taxa de carbono que seria aplicada aos combustíveis de acordo com a intensidade de suas emissões de carbono. Isso teria um impacto muito maior no carvão, mas afetaria também o petróleo e o gás natural. Os preços já altos da gasolina aumentariam ainda mais com essa taxa. Você a apoiaria a imposição de taxas de carbono? Para onde deveria ir o dinheiro arrecadado com tais taxas?

A. INTRODUÇÃO

O laboratório de um cientista pode ser um lugar notável. Béqueres e réguas, voltímetros e microscópios, computadores e instrumentos pequenos e grandes são alguns exemplos dos tipos de equipamentos que lá podem ser encontrados. Um dos objetivos de um cientista é explorar um determinado componente da natureza, uma propriedade da matéria ou a interação de uma coisa com outra (viva ou inanimada), obter algumas conclusões e, então, extrapolá-las para o mundo exterior ao laboratório. Ao estudar os efeitos de certas drogas em pequenos animais, por exemplo, podemos desenvolver hipóteses sobre seus efeitos nas pessoas; ao estudar diferentes materiais em baixas temperaturas, podemos descobrir características da matéria que podem nos levar ao desenvolvimento de novos supercondutores. Tais experimentos não são sempre reversíveis (os animais podem ser afetados para sempre), mas eles são realizados em uma escala pequena o bastante para causar o mínimo de efeito sobre as coisas localizadas do lado de fora do laboratório. Contudo, nós também somos parte de um laboratório muito maior – a própria Terra –, e nossos experimentos nele não são necessariamente reversíveis ou benignos. Com a combustão dos combustíveis fósseis, nossa atmosfera transformou-se em um grande laboratório experimental, podendo causar desastrosas alterações em nosso clima.

As evidências indicam que se continuarmos a queimar combustíveis fósseis, liberaremos gases em nosso grande laboratório que podem elevar a temperatura da Terra em pelo menos alguns graus e potencialmente modificar o clima do planeta inteiro. Áreas agrícolas férteis podem se transformar em desertos, ao mesmo tempo que desertos podem florescer. Áreas costeiras podem ser afetadas pela elevação do nível do mar, provocando a migração de milhões de pessoas de regiões como o sul da Flórida e Bangladesh. Um dos problemas relacionados a esse experimento massivo é que talvez não sejamos capazes de interrompê-lo, apesar de poderem ser desacelerados. Os cientistas têm os mais diferentes pontos de vista com relação a essa questão, e não existe consenso sobre quais atitudes devem ser tomadas, se é que existe alguma possível. Todavia, os resultados de estudos realizados por muitos anos por uma das organizações líderes nessa área, o United Nations' Intergovernmental Panel on Climate Change (IPCC)[1] levaram a concluir que "existe uma nítida influência humana sobre o clima global por meio das emissões de gases estufa". A justificativa para tal afirmação vem, em parte, da grande semelhança entre as previsões feitas por computador (para uma atmosfera aquecida por gases estufa) e o real perfil de temperatura da Terra.

Uma afirmação ainda mais forte foi feita em 2006 pela American Association for the Advancement of Science (AAAS), que declarou:

---

[1] Painel Intergovernamental sobre Mudança Climática da Organização das Nações Unidas, criado em 1988 pela Organização Meteorológica Mundial (OMM) e pelo Programa das Nações Unidas para o Meio Ambiente (PNUMA), após a realização em Toronto, no Canadá, da Conferência Mundial sobre Mudanças Atmosféricas: *The Changing Atmosphere: Implications for Global Security*. É constituído por cientistas de diversos países e áreas de conhecimento, divididos em três grupos de trabalho complementares e uma força-tarefa que estuda os gases relacionados com o "efeito estufa". Foi criado em função do reconhecimento pela Organização das Nações Unidas e pela comunidade acadêmica internacional da enorme complexidade do sistema climático, do elevado risco trazido pela mudança climática e da urgente necessidade da existência de uma fonte de informação técnica, científica e socioeconômica sobre as causas e os impactos decorrentes da mudança climática e, também, de uma análise imparcial das possíveis medidas de resposta, incluindo a análise custo/benefício da ação em comparação à não implementação de nenhuma ação. (N.T.)

A evidência científica é clara: o aquecimento global causado pelas atividades humanas está ocorrendo agora e é uma ameaça crescente para a sociedade. Dados coletados ao redor do globo revelam uma ampla gama de efeitos: geleiras derretendo rapidamente, desestabilização das maiores camadas de gelo, crescimento das temperaturas extremas, elevação dos níveis dos oceanos, mutações em espécies e mais. O ritmo das mudanças e a evidência dos problemas cresceram significativamente nos últimos cinco anos. A hora de controlar a emissão dos gases estufa é agora.

Ao nos debruçarmos sobre esse tópico atual e importante, vamos verificar algumas das observações científicas sobre as mudanças climáticas, seus possíveis impactos em nosso planeta e, finalmente, as possíveis ações para tratar da questão. Precisamos estar preocupados com a produção dos gases estufa e entender como a Terra irá responder – uma questão mais difícil. Neste capítulo também estudaremos os efeitos da poluição térmica causada pelos processos de conversão de energia em nosso meio ambiente, e investigaremos a recuperação de energia útil a partir de resíduos de calor.

B. AQUECIMENTO GLOBAL E EFEITO ESTUFA: OBSERVAÇÕES

O **efeito estufa** é causado por gases presentes na atmosfera terrestre que absorvem determinados comprimentos de onda da radiação infravermelha emitida pelo planeta que, de outra forma, seriam irradiados para o espaço exterior. Lembre-se de que, como visto no Capítulo 6, sobre energia solar (Figura 6.4), a temperatura da Terra depende do equilíbrio entre a energia que chega do Sol e a que é irradiada de volta para o espaço pelo planeta. Aproximadamente metade da energia que entra na atmosfera é absorvida pelas nuvens e pelas partículas ou é refletida de volta para o espaço. O restante é absorvido pela superfície terrestre, aquecendo os continentes e oceanos. As superfícies irradiam essa energia sob a forma de radiação infravermelha ou térmica. O vapor-d´água e o CO_2, naturalmente presentes na atmosfera, absorvem certos comprimentos de onda dessa radiação. Uma parte desse calor absorvido é, então, irradiado de volta para a Terra enquanto o restante é irradiado para o espaço. Uma figura simplificada desse balanço de energia é mostrada na Figura 9.1. (Devido à irradiação da atmosfera e do Sol, o termo "irradiação da superfície" é mais do que 100% de balanço.) Esse processo mantém a temperatura da superfície terrestre a aproximadamente 30 °C (54 °F) mais quente do que seria caso não existisse a atmosfera. O aumento nas concentrações de CO_2 faz que mais calor fique retido dentro da atmosfera do planeta.

ATIVIDADE 9.1

Para entender como o efeito estufa funciona, realize a seguinte atividade:
Junte três grandes recipientes de vidro e três termômetros. Coloque um termômetro dentro de cada recipiente. Cubra um recipiente com uma placa de vidro, deixe o segundo sem cobertura e coloque um vaso com planta dentro do terceiro, cobrindo-o com uma placa de vidro. Exponha os três recipientes à luz solar direta, ou a uma lâmpada, e registre as temperaturas a cada dez minutos durante uma hora. Coloque os resultados em um gráfico e compare-os.

A expressão "efeito estufa" não é totalmente apropriada, mas é comumente usada hoje para descrever as mudanças climáticas. O vidro numa estufa real (como descrito no Capítulo 6) permite a luz (visível e infravermelha) entrar na estrutura. Ele bloqueia alguma parte (com ondas mais longas) do espectro infravermelho emitido pelas superfícies aquecidas dentro da estrutura. No entanto, a maior parte do aumento da temperatura interior é devida ao vidro bloquear a saída do ar quente, contribuindo para diminuir a transferência de calor por convecção (Capítulo 4).

FIGURA 9.1 Ilustração do balanço de energia da Terra. A presença dos gases estufa na atmosfera leva ao aumento da temperatura da superfície terrestre. A insolação média *I* (24 horas) no topo da atmosfera é de 342 W/m². Os números da figura são porcentagens dessa insolação *I*; por exemplo, irradiação da superfície da Terra = 1,55 (342) = 530 W/m². (Esse termo inclui energia transferida por evaporação e convecção.) (veja também Figura 6.4).

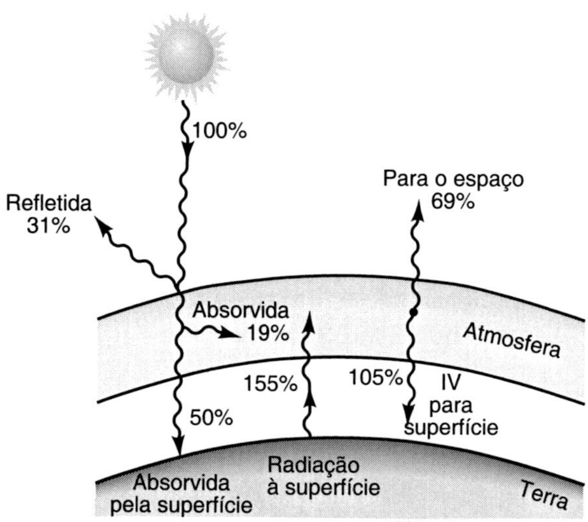

A Figura 9.2 mostra a correlação entre as concentrações de CO_2 atmosférico e as mudanças de temperatura durante dois períodos de tempo. Esses dados foram obtidos por meio de uma análise das bolhas de ar presas dentro de amostras de gelo glacial coletadas na Antártida e na Groenlândia. Durante os últimos 400 mil anos, parece haver uma clara correlação entre a temperatura do planeta e as concentrações de CO_2 atmosférico. O final de um período glacial há aproximadamente 130 mil anos e de outro há mais ou menos 10 mil anos parecem ter refletido fortes mudanças tanto na temperatura quanto na concentração de CO_2 (em partes por milhão em volume, ppmv). Os dados mostram que durante o século passado ocorreu um ligeiro aquecimento global de aproximadamente 0,5 °C, assim como um aumento de 20% nas concentrações de CO_2 atmosférico. Desde o início da era industrial, há 250 anos, as concentrações de CO_2 atmosférico aumentaram 30%. Estudos recentes mostraram que o século XX foi o mais quente dos últimos mil anos, até agora.

Os anos de 2003 e 2010 foram os anos mais quentes verificados, batendo recordes de medições ao longo de 500 anos. Voltando 125 anos, os 10 últimos anos apresentam oito dos dez anos mais quentes. Na Europa, em 2003, mais de 70 mil pessoas morreram devido a causas relacionadas ao calor. O número de mortes relacionadas ao calor em 2010 no Leste Europeu foi superior a 50 mil.

FIGURA 9.2 A CORRELAÇÃO ENTRE AS CONCENTRAÇÕES DE DIÓXIDO DE CARBONO E A TEMPERATURA DA TERRA DURANTE OS ÚLTIMOS 400 MIL ANOS. OS DADOS FORAM OBTIDOS DE MEDIÇÕES DO VOSTOK, BLOCOS DE GELO NA ANTÁRTICA. (VEJA TAMBÉM A FIGURA 1.1).

Fonte: Wikipédia< http://en.wikipedia.org/wiki/Image:Vostok-ice-core-petit.png>.

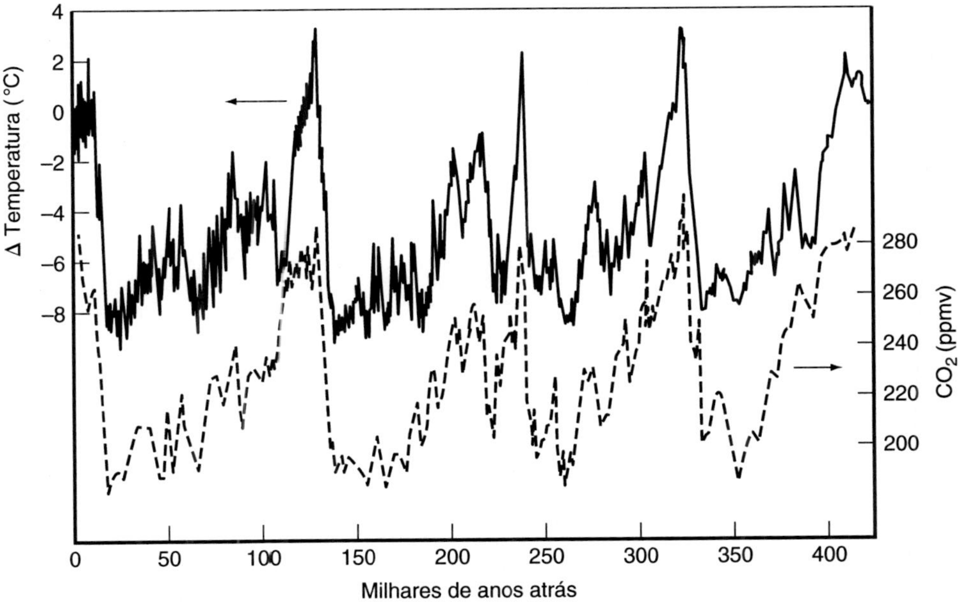

No conjunto total das observações efetuadas, relativas ao clima, são encontradas outras evidências, assim como interpretações, sobre o aquecimento. A Figura 9.3 (a) mostra 350 anos de medições de temperatura na área central da Inglaterra. As temperaturas médias mostram uma tendência à elevação que se torna maior nos últimos cem anos. Aos dez anos de temperaturas médias é possível ter uma visão ainda melhor. (É sempre possível achar dois pontos que podem ser usados para demonstrar que o aquecimento global está diminuindo ou parou). A Figura 9.3 (b) mostra medições da temperatura no hemisfério norte nos últimos 2 mil anos. Esses dados foram obtidos de secções retas de árvores, núcleos de gelo e sedimentos em lagos. O crescimento da temperatura nos últimos 150 anos não teve precedente.

FIGURA 9.3 (A) MEDIÇÕES DE TEMPERATURA NA ÁREA CENTRAL DA INGLATERRA NOS ÚLTIMOS 350 ANOS. (B) TEMPERATURA DO HEMISFÉRIO NORTE NOS ÚLTIMOS 2.000 ANOS.
Fonte: Adaptada de A Climate for Change de Katherine Hayhoe e Andrew Farley.

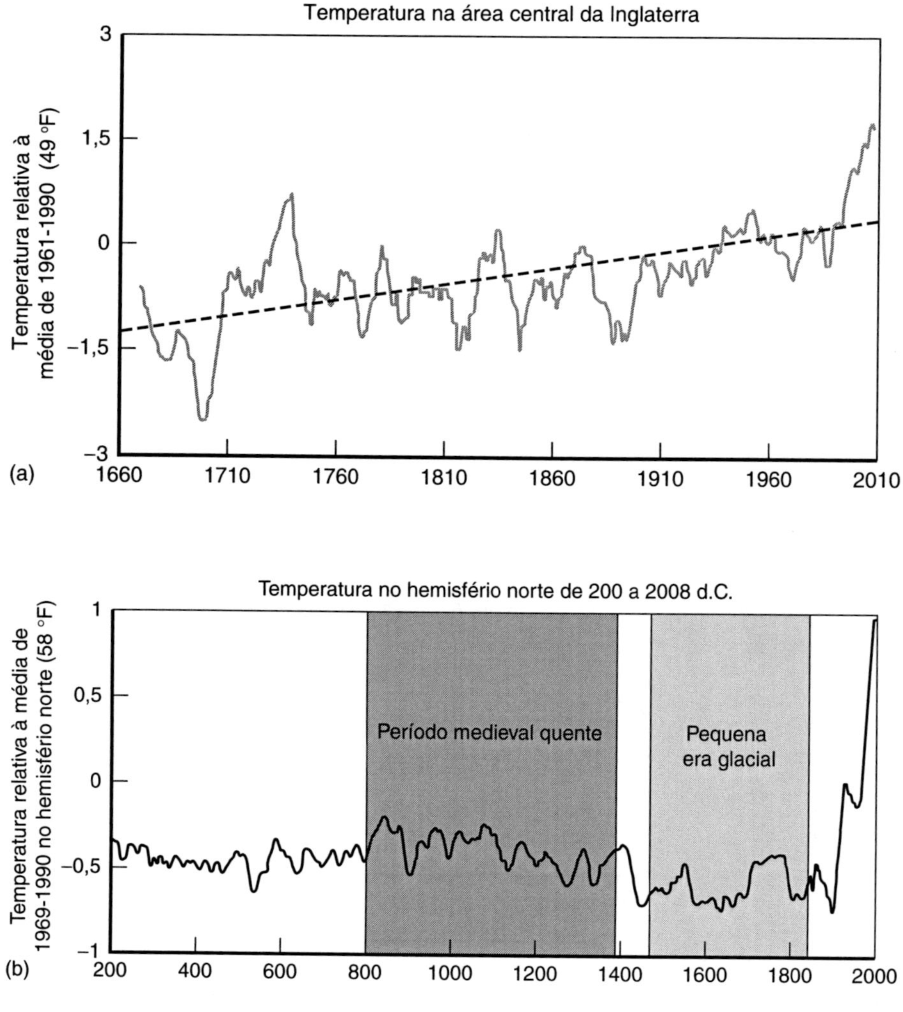

Outros gases que estão se acumulando na atmosfera também desempenham papéis importantes no aquecimento da Terra. Enquanto o dióxido de carbono e o vapor-d'água absorvem apenas fracamente a radiação infravermelha, com comprimentos de onda entre 7 μm e 12 μm, outros gases "estufa" são potentes absorvedores do calor emitido nessa faixa de radiação. Esses gases são o metano, os óxidos de nitrogênio e os clorofluorcarbonos ou CFCs (como o Freon®).[2] Apesar de estar presentes em quantidades muito pequenas, esses gases permanecem na atmosfera por muitos anos e possuem uma grande capacidade de absorver calor. Uma molécula de CFC pode ter o mesmo efeito que 10 mil moléculas de CO_2. Os CFC são resultantes apenas das atividades humanas, enquanto o óxido nitroso (N_2O) se origina dos processos agrícolas e industriais. O metano pode ser relacionado em parte com as crescentes populações de gado bovino, com a decomposição da matéria orgânica em plantações de arroz e aterros sanitários e com a produção de combustíveis fósseis. A Figura 9.4 mostra as concentrações de metano durante os últimos 10 mil anos. Essas concentrações permaneceram estáveis desde o fim da última era glacial, há aproximadamente 10 mil anos, mas começaram a aumentar mais ou menos cem anos atrás, a uma taxa anual de 1%, crescendo cerca de 150% desde o início da era industrial.

FIGURA 9.4 A CONCENTRAÇÃO GLOBAL DE GÁS METANO DURANTE OS ÚLTIMOS MIL ANOS INDICA UM DRÁSTICO AUMENTO COMEÇANDO CERCA DE CEM ANOS ATRÁS. OS DADOS FORAM OBTIDOS A PARTIR DA ANÁLISE DE BOLHAS DE AR PRESAS EM GELO GLACIAL NA GROENLÂNDIA.

Fonte: Climate Change 2001: Synthesis Report. A Contribution of Working Groups I, II, and III to the Third Assessment Report of the Intergovernmental Panel on Climate Change, Figure TS11. Cambridge University Press. Reproduzida com permissão.

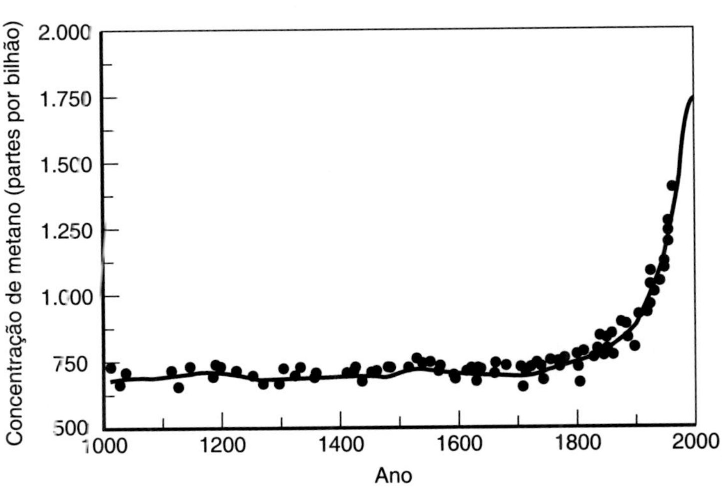

---

[2] Nome convencional do gás clorado e fluorado derivado do metano ou do etano, que é usado como agente refrigerante ou gás propulsor de aerossóis. De maneira geral é pouco tóxico, mas quando disperso na alta atmosfera é um dos principais responsáveis pela destruição da camada de ozônio. A composição do freon 12 é CCl_2F_2. (N.T.)

Tabela 9.1 GASES ESTUFA.

Gás	Fontes	Emissões dos EUA (MT/ano)	PAG*	Vida média atmosférica (anos)	Concentração em 2010 (ppm)
CO_2	Combustíveis fósseis, desflorestamento	5.500	1	100	392
Metano	Campos de arroz, gados e aterros sanitários	600	21	12	1,8
Óxidos de nitrogênio	Fertilizantes, desflorestamento	16	310	120	0,31
CFC	*Sprays* aerossóis, refrigerantes	1	1.300–12.000	70–100	0,003 (átomos de cloro)

* PAG = potencial de aquecimento global: é a capacidade de uma molécula em absorver radiação térmica em relação à capacidade da molécula de CO_2.

Fonte: Intergovernmental Panel on Climate Change..

Tabela 9.2 EMISSÕES DE DIÓXIDO DE CARBONO POR PAÍS, 2009.

País	Emissões de carbono por país, 2009	Emissões *per capita* (toneladas/ano)
China	6.018	4,58
Estados Unidos	5.903	19,8
Rússia	1.704	12,0
Índia	1.293	1,16
Japão	1.247	9,78
Alemanha	858	10,4
Canadá	614	18,8
Reino Unido	586	9,66
República da Coreia	514	10,5
Irã	472	7,25
Itália	468	8,05
África do Sul	444	10,0
México	436	4,05
Arábia Saudita	424	15,7
França	418	6,86

Tabela 9.2 EMISSÕES DE DIÓXIDO DE CARBONO POR PAÍS, 2009. (*CONTINUAÇÃO*)

País	Emissões de carbono por país, 2009	Emissões *per capita* (toneladas/ano)
Austrália	417	20,6
Brasil	377	2,01
Espanha	373	9,22
Ucrânia	329	7,05
Polônia	303	7,87

Fonte: Useia.

A Tabela 9.1 fornece informações sobre os gases estufa: suas fontes, atuais concentrações, vida média na atmosfera e potencial de aquecimento global (PAG) – a capacidade de cada gás estufa de capturar calor. O aquecimento estufa é claramente uma questão internacional. A Figura 9.5 mostra a distribuição global das emissões de CO_2, assim como as fontes desse tipo de emissão nos Estados Unidos. Cerca de 80% do volume total de gases estufa é representado pelo CO_2. Atividades relacionadas com energia são responsáveis por algo em torno de 80% do CO_2 jogado na atmosfera todo ano. Os Estados Unidos emitem aproximadamente 20 toneladas métricas/pessoa/ano. Números comparáveis de outros países são: Alemanha (10,4), Japão (9,78), China (4,58) e Índia (1,2). Como os países em desenvolvimento continuam a se expandir, esses números devem crescer. A China vai substituir os Estados Unidos como maior emissor de CO_2. A Tabela 9.2 lista as emissões anuais de carbono pelos países líderes em emissões. Crescimento populacional e do PIB aparentam ser as principais causas do aumento das emissões.

Uma das primeiras observações do "experimento" norte-americano com gases estufa aconteceu nos anos 1970, a partir de mensurações dos níveis de dióxido de carbono na atmosfera. Dados do Mauna Loa Observatory, Havaí, mostraram que as concentrações de CO_2 atmosférico estavam aumentando constantemente, passando de 315 ppm, em 1958, para aproximadamente 373 ppm, atualmente (Figura 1.1). Com base nesses dados, foi estimado que se o consumo mundial de combustíveis fósseis continuasse a crescer a uma taxa real de 1% a 2% ao ano, uma duplicação da concentração de CO_2 poderia ser esperada em meados deste século. Como o CO_2 atua como um "cobertor térmico" na atmosfera, essa duplicação de sua concentração pode significar um aumento da temperatura média global de 1,5 °C a 4,5 °C; no extremo, o clima da Terra será o mais quente desde 2 milhões de anos atrás. Apesar de o planeta já ter experimentado mudanças agudas em seu clima (no último bilhão de anos foram quatro eras glaciais), esses aumentos projetados na temperatura são substanciais. Nos últimos 125 mil anos, as variações de temperatura têm sido de aproximadamente apenas ±5 °C. Nos últimos cem anos, a temperatura média da Terra aumentou entre 0,3 °C e 0,6 °C. Um acréscimo de 2 °C por volta de 2050 (como projetado por alguns modelos climáticos) corresponde a mais 0,3 °C por década – o que equivale a sete vezes a taxa histórica.

Um relatório emitido em 2005 sobre um estudo de cinco anos das temperaturas oceânicas (com o uso de 1.800 robôs mergulhadores colocados em diversos locais) indica um crescimento da temperatura marítima. O aumento da energia térmica do oceano mostra que mais energia solar está sendo absorvida do que emitida de volta ao espaço – "um desbalanço global de energia". Tal desequilíbrio vai certamente aumentar a temperatura da atmosfera terrestre. Esse estudo também verificou que os níveis oceânicos aumentaram em média 3,2 cm por década desde 1993, mais do que os aumentos anteriores.

FIGURA 9.5 Distribuição das emissões de dióxido de carbono a partir de combustíveis fósseis, 2008.
(Fonte: U.S. EPA).

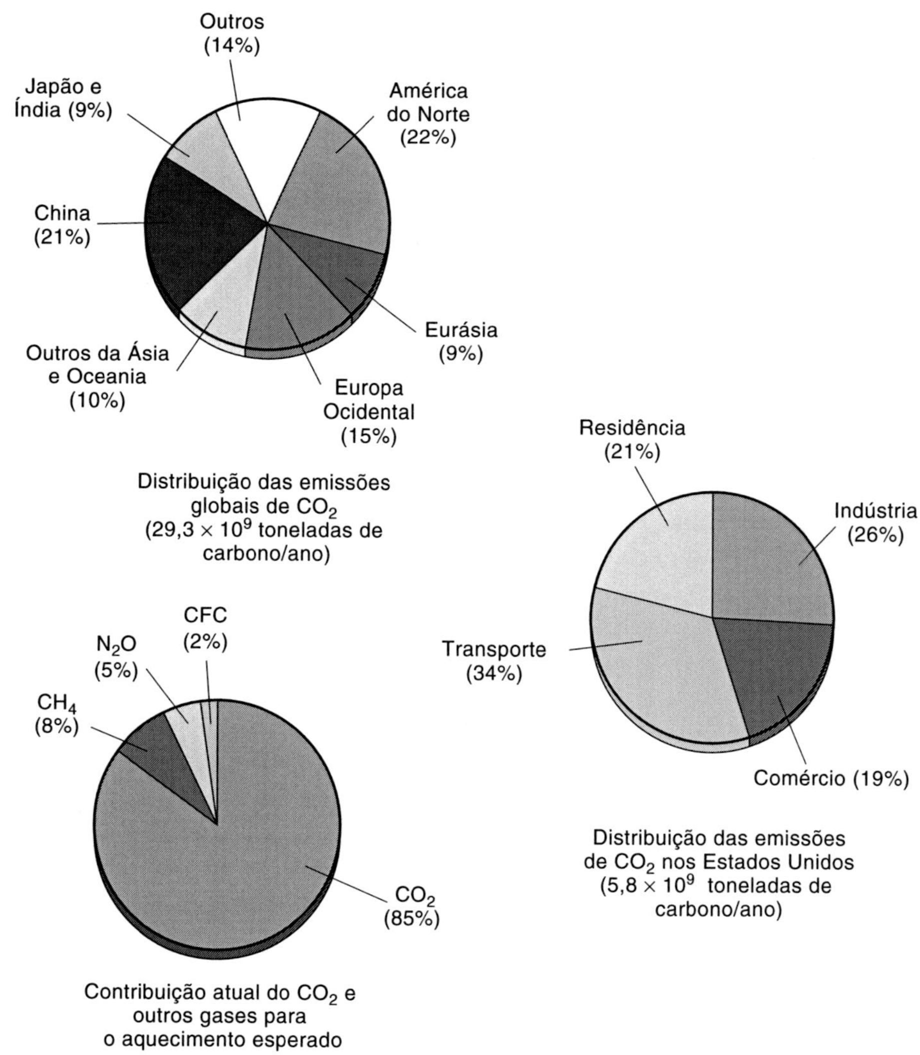

Um estudo de 2009 relatou que quase 90% das geleiras da Antártida estão perdendo massa. Plataformas gigantes de gelo na Antártida desprenderam-se para o mar (Figura 9.6). Deve-se notar que, embora o derretimento desse gelo flutuante não aumente o nível dos oceanos (como um cubo de gelo ao derreter não aumenta o nível da bebida na qual é colocado), as geleiras continuam na Terra e podem aumentar o nível dos oceanos à medida que derretem. Um estudo similar no Ártico verificou que geleiras estão se recolhendo e as "neves eternas" derretendo. Esse derretimento pode liberar o gás metano (outro gás do efeito estufa) ali retido. Espera-se que o Ártico aqueça mais rapidamente que outras regiões porque a perda de neve e gelo reduzirá a reflexão do Sol e permitirá que mais energia solar possa ser absorvida.

FIGURA 9.6 A Plataforma de gelo Ross. Esse é o ponto navegável mais ao sul do planeta e foi de onde Roald Amundsen começou a primeira expedição bem-sucedida ao Polo Sul, em 1911.

NOAA

Evidências adicionais sobre o aquecimento global podem ser encontradas na rápida recessão das geleiras fora das áreas polares e na diminuição das áreas cobertas por neve em algumas regiões como a Europa. A geleira do Monte Quênia desapareceu em 2002, deixando o Monte Kilimanjaro, na Tanzânia, como a única montanha coberta de gelo do continente; desde 1900, ela perdeu 80% de sua cobertura de gelo. Estudos recentes demonstraram que a cobertura de neve está sendo perdida pela sublimação (mudança de fase direta de sólido para gás, como no caso do gelo seco) causada pelo vento vindo das planícies menos elevadas. Outras observações incluem a ocorrência de primaveras antecipadas e de invernos tardios nas regiões localizadas em altas latitudes do hemisfério norte e uma alteração na distribuição geográfica de algumas espécies animais em direção aos polos. Um recente estudo britânico mostrou que os pássaros estão pondo seus ovos mais cedo na primavera.

C. AQUECIMENTO GLOBAL: POSSÍVEIS IMPACTOS

A determinação dos impactos do aquecimento global no século XXI é muito difícil e repleta de incertezas. Isso deve-se muito ao fato de que os enormes modelos computadorizados utilizados para fazer as simulações e prever os climas futuros têm dificuldades para simular como as coisas podem mudar em áreas locais. Os modelos climáticos são representações numéricas dos complexos processos físicos que dependem das trocas de água e calor entre a atmosfera e os oceanos, das composições atmosféricas, da radiação solar, da cobertura de nuvens e de outras condições ambientais. Resultados do modelo climático são mostrados por meio da Figura 9.7, que apresenta as variações das temperaturas médias globais nos últimos cem anos. Mesmo sem influência das ações humanas, não se espera que as temperaturas médias sejam constantes ao longo do tempo. Variações nas entradas de energia solar causam aquecimentos e resfriamentos, e as cinzas de erupções vulcânicas na atmosfera resfriam a Terra (a erupção do Monte Pinatubo nas Filipinas em 1991 foi uma das maiores no século passado, depois de outras erupções na Indonésia em 1963 e no México em 1982). A Figura 9.7 mostra uma comparação entre as temperaturas médias observadas e aquelas previstas sem interferência humana. A tendência de aquecimento dos últimos cinquenta anos não aparece quando só se considera os efeitos naturais. Mas os modelos que consideram as influências naturais e humanas apresentam bons resultados, como se verá a seguir.

FIGURA 9.7 VARIAÇÕES NAS TEMPERATURAS MÉDIAS ANUAIS GLOBAIS OBSERVADAS NOS ÚLTIMOS CEM ANOS. AS PREVISÕES OBTIDAS COM OS MODELOS CLIMÁTICOS QUE CONSIDERAM APENAS AS FORÇAS NATURAIS SÃO MOSTRADAS.

Fonte: Adaptado de Mann, Michael E.; Kump, Lee R. *Dire predictions:* understanding global warming. New York: DK Adult, 2008. p. 68.

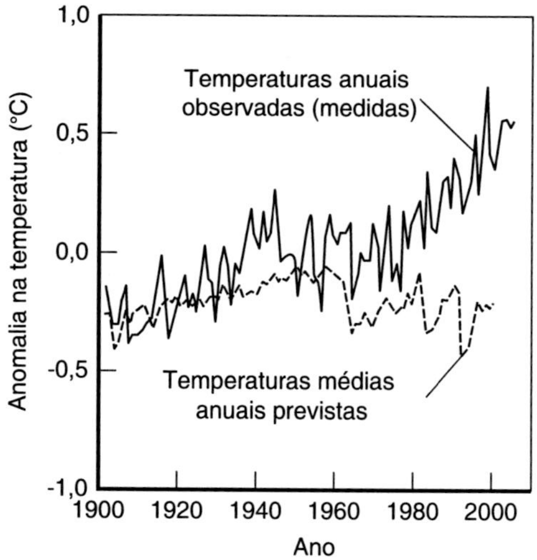

Um conceito muito útil quando se considera os modelos climáticos é a *sensibilidade climática*. Ela é definida como o aumento de temperatura que ocorre quando as concentrações de CO_2 dobram comparativamente ao seu valor pré-industrial de 280 ppm. Dependendo das hipóteses e restrições do modelo, uma sensibilidade climática de 1,5 °a 9,0 °C é possível. Isso é verificado examinando-se as temperaturas globais observadas nos últimos 150 anos, comparando-se esses dados com os do modelo e, então, extrapolando os resultados para o futuro até que a concentração de CO_2 alcance 560 ppm. Precisa-se fazer hipóteses sobre as emissões de gases estufa para o futuro para, então, calcular a sensibilidade climática. A Figura 9.8 mostra as diferenças entre temperaturas calculadas e observadas nos últimos 150 anos quando uma sensibilidade climática de 2,7 °C é assumida.

FIGURA 9.8

Variações nas temperaturas médias anuais globais nos últimos 150 anos. As previsões do modelo climático que consideram as forças naturais e humanas são mostradas. (Uma sensibilidade climática de 2,7 °C foi assumida.)

Fonte: Adaptado de Mann, Michael E.; Kump, Lee R. *Dire predictions:* understanding global warming. New York: DK Adult, 2008. p. 68.

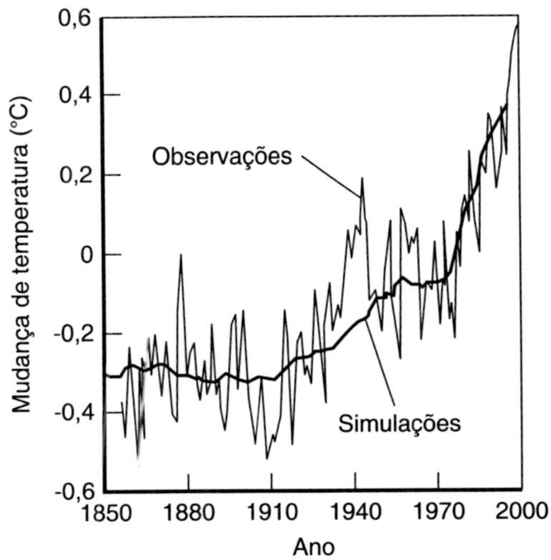

As potenciais implicações dessa tendência de aquecimento são numerosas e assustadoras.

1. O aumento das temperaturas globais não será geologicamente uniforme e pode ser maior nos polos, levando ao derretimento das calotas polares e elevando o nível dos mares de 0,3 metro a 7 metros (1 pé a 23 pés). Praticamente todos os portos do mundo podem ser cobertos pela água, assim como as áreas agrícolas costeiras de muitos países. No último século, o nível do mar elevou-se de 10 cm a 25 cm.
2. Mudanças na precipitação e padrões de tempestade alterados podem ter sérios efeitos sobre a agricultura por causa de uma mudança na localização das áreas produtivas e de uma alteração na temporada de crescimento das plantas. Uma previsão indica que o cinturão de produção de grãos norte-americano está se movendo lentamente rumo ao norte, entrando no Canadá.
3. Pode parecer agradável alguns graus mais quente no meio do inverno, mas os

dias de verão podem se tornar insuportáveis. Em Washington, D.C., estimam-se 87 dias com temperaturas superiores a 90 °F; nos últimos 30 anos houve uma média de 31 dias assim.

4. Como as correntes oceânicas são controladas por diferenças de temperatura entre os polos e o equador, algumas áreas (como a Europa) podem se tornar mais frias em consequência das alterações nos padrões de circulação dos oceanos. (Lembre-se do filme O *Dia Depois de Amanhã*, título original *The Day After Tomorrow*). A água fresca derretida do Ártico e da Groenlândia pode diluir as correntes salgadas do sul, desestabilizando os padrões oceânicos, e gelar a região do Atlântico Norte.

Os efeitos climáticos do aquecimento global dependem da magnitude da variação de temperatura. A Tabela 9.3 resume alguns dos impactos de uma variação de 2 °C dentro de cinquenta anos. Alguns dos impactos nessa tabela repetem algo já mencionado anteriormente sobre os impactos possíveis, mas dividi-los em cinco áreas pode ser útil. Nota-se que a lista é simplificada e, certamente, não exaustiva. (Cada item pode dar razão a diversos documentos.) Embora possa haver efeitos positivos do aquecimento global (por exemplo: aumento da produção de alimentos num certo local), os negativos superam largamente.

TABELA 9.3 ALGUNS POSSÍVEIS IMPACTOS DO AQUECIMENTO GLOBAL.

Sistema	Impacto	Resultados/Exemplos
Clima	Maior frequência de extremos climáticos Derretimento do gelo das montanhas Aumento do nível do mar	Furacões (causados pelas temperaturas quentes da superfície dos oceanos) Ondas de calor Diminuição do suprimento de água (crucial para milhões de pessoas) Com o derretimento das geleiras polares e expansão térmica do oceano Inundação costeira
Biodiversidade	Perdas de plantas e animais Danos às colônias de coral	30% das plantas e animais desaparecem (por exemplo, extinção do urso polar por causa da perda do gelo no Oceano Ártico)
Alimentos	Pressões nas fontes de água Aumentos de temperatura	Mudança na geografia das culturas agrícolas Diminuição da produção Alguns benefícios devido ao aumento do período de crescimento das culturas, mais CO_2
Saúde	Aumento das doenças relacionadas à temperatura mais elevada	Maiores áreas para expansão de doenças causadas por insetos Ondas de calor Aumento da mortalidade
Pesca	Sensibilidade às mudanças de temperatura	Efeito positivo no inverno, negativo no verão (veja a Figura 9.12)

FIGURA 9.9 O CICLO DO CARBONO NA TERRA, MOSTRANDO SEUS FLUXOS ENTRE O AR, AS PLANTAS, OS OCEANOS, A QUEIMA DE COMBUSTÍVEIS FÓSSEIS E O DESFLORESTAMENTO (EMISSÕES EM BILHÕES DE TONELADAS POR ANO). SEM A INFLUÊNCIA HUMANA, OS FLUXOS DE CARBONO ENTRE O AR, AS PLANTAS E OS OCEANOS SERIAM PRATICAMENTE EQUILIBRADOS.

Fonte: *Electric Power Research Institute Journal.*

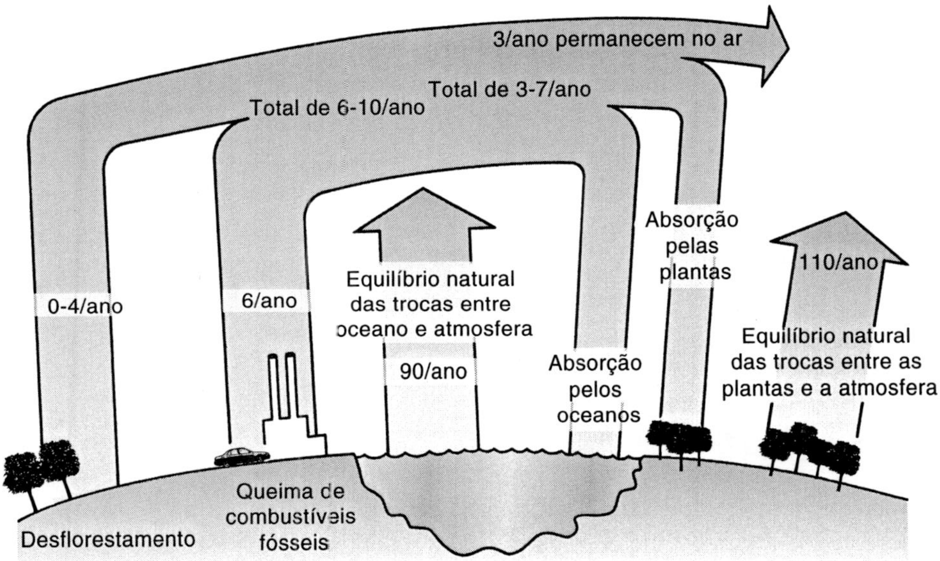

Ainda que a maioria dos cientistas (mas não todos) concorde que as crescentes concentrações de dióxido de carbono vão afetar o clima do planeta, a questão é em quanto e com que velocidade as temperaturas vão aumentar. Um elemento-chave na previsão desse aumento é um entendimento do ciclo do carbono (Figura 9.9). O carbono circula continuamente entre as criaturas vivas, oceanos, atmosfera e plantas. Fixa-se nas plantas terrestres e oceânicas por meio da fotossíntese. Animais comem e liberam CO_2 pela respiração e por decaimento. Sem a influência humana, os fluxos de carbono entre o ar, as plantas e os oceanos seriam praticamente equilibrados. A queima de combustíveis fósseis adiciona algo em torno de 6,4 bilhões de toneladas de carbono à atmosfera.[3] Aproximadamente metade dessa quantidade é absorvida pelos oceanos e pelas plantas, enquanto a outra metade permanece na atmosfera. Apesar de as plantas serem um dreno de dióxido de carbono, o desflorestamento pode transformá-las em uma fonte produtora do gás. O carbono adicionado à nossa atmosfera como resultado do desflorestamento – queimadas e derrubadas – é estimado como próximo de 1 bilhão a 2 bilhões de toneladas por ano. Como os oceanos contêm mais ou menos 55 vezes mais carbono que a atmosfera e 20 vezes mais que as plantas terrestres, al-

[3] Para converter para emissões de CO_2, multiplique por $\frac{44}{12} = 3{,}67$, que é a razão entre a massa de CO_2 e o carbono. (N.T.)

terações na capacidade dos oceanos de absorver e armazenar carbono são cruciais no entendimento do seu ciclo.

Boa parte da incerteza associada com as previsões das tendências de aquecimento relaciona-se a uma compreensão das dimensões das várias **retroalimentações** que podem ocorrer em resposta às alterações que estamos provocando no clima. Ao falar que um sistema tem "retroalimentação", ou *feedback*, queremos dizer que uma parcela do produto ou da saída (*output*) do sistema retorna à entrada (*input*) para afetá-lo negativa ou positivamente. Retroalimentação negativa vai gerar um efeito de resfriamento que reverterá ou amortecerá a tendência de aquecimento, e se positiva, vai aumentá-la. Por exemplo, temperaturas mais altas fariam mais água do mar evaporar e, como o vapor de água é um melhor absorvedor de radiação infravermelha que o CO_2, ele poderia criar uma retroalimentação positiva sobre a mudança de temperatura ao fornecer uma barreira térmica melhor. Todavia, ele também poderia produzir uma cobertura de nuvens mais espessa, a qual refletiria a luz solar; isso seria um exemplo de uma retroalimentação negativa que reduziria a tendência de aquecimento. Em outro exemplo foi demonstrado, em condições de laboratório, que níveis elevados de dióxido de carbono estimulam o crescimento das plantas, o que aumentaria os drenos naturais de CO_2, uma retroalimentação negativa. Por outro lado, temperaturas elevadas provocam o aumento das taxas de decomposição de matéria orgânica no solo, uma retroalimentação positiva. Um incremento na temperatura da Terra poderia diminuir a cobertura de neve e gelo, o que reduziria a quantidade de radiação solar refletida pelo planeta (o albedo). Isso aumentaria a absorção de energia solar e assim estimularia a tendência de aquecimento. Na Figura 9.10 são examinados alguns desses *feedbacks* potenciais relacionados com o aquecimento climático. A compreensão de quais mecanismos de retroalimentação são dominantes é importante para a realização de previsões.

Mesmo persistindo, há ainda uma boa quantidade de incerteza sobre os impactos das crescentes concentrações de gases estufa em nossa atmosfera. Se formos esperar até que se torne óbvio e indiscutível que as tendências de aquecimento estão ocorrendo, talvez seja tarde demais para fazer qualquer coisa com relação a elas ou a suas consequências. Durante os próximos anos é certo que, como parte do processo, ocorrerão debates tanto nos círculos científicos quanto nas esferas políticas. Um ponto de vista sustenta que ainda não sabemos o suficiente sobre o que está acontecendo para sermos capazes de tomar as atitudes apropriadas. Mais pesquisa é necessária. Esse ponto de vista argumenta que as grandes quantidades de incerteza presentes nas projeções climáticas tornam pouco recomendável o investimento de grandes quantias de dinheiro tentando evitar consequências que podem nunca se materializar. (Um estudo do Pew Research Institute, em 2008, indicou que 57% dos norte-americanos "pensam que há fortes evidências de que a temperatura da Terra tem aumentado nos últimos anos", e uma pesquisa do Instituto Gallup, em 2009, indicou que 41% acreditam que tem havido exageros quanto aos efeitos do aquecimento global. Estamos ficando cansados desse debate?) Um segundo ponto de vista afirma que deveríamos aceitar o fato de que a mudança climática é inevitável e começarmos imediatamente a nos adaptar a temperaturas mais altas, nível do mar mais alto, alterações nas áreas de produção agrícola e assim por diante. Outro ponto de vista é o de que já devemos começar a implementar mudanças em nosso estilo de vida e tecnologias para reduzir a gravidade dessas potenciais mudanças climáticas. Um certo número de preeminentes cientistas disse que "incerteza, magnitude e velocidade de mudança em muitos sistemas terrestres não têm precedentes... e a incerteza não pode ser uma desculpa para a inação" (B.Bolin, um dos fundadores do Intergovernmental Panel on Climate Change, IPCC).

FIGURA 9.10 POTENCIAIS RETROALIMENTAÇÕES OU, *FEEDBACKS*, RELATIVOS AO AQUECIMENTO GLOBAL. ESPERA-SE QUE *FEEDBACKS* POSITIVOS AUMENTEM O AQUECIMENTO, ENQUANTO OS NEGATIVOS PROVAVELMENTE TERÃO UM EFEITO DE RESFRIAMENTO. Fonte: *Electric Power Research Institute Journal*.

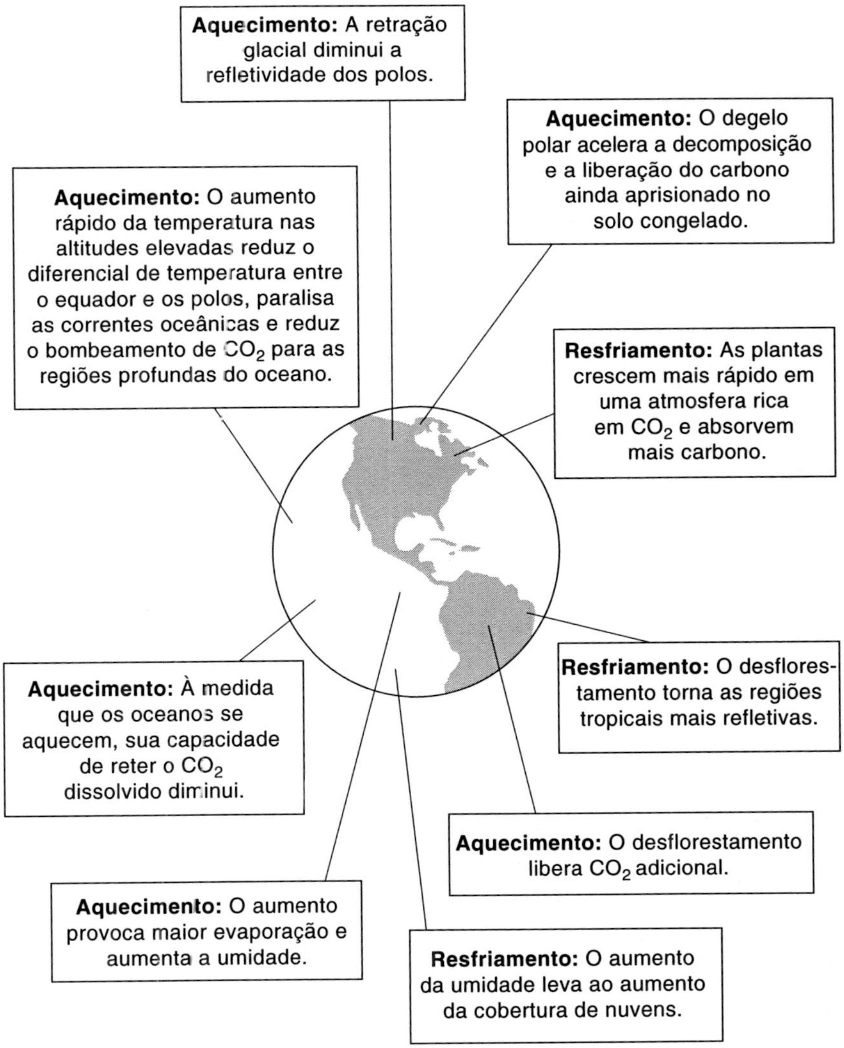

Os efeitos do aquecimento global não serão sentidos da mesma forma no mundo. Diferenças entre regiões podem ocorrer tanto na magnitude quanto na velocidade de variação. Algumas nações (e regiões) poderão sofrer mais efeitos adversos que outras, enquanto algumas nações se beneficiarão mais que outras. As nações mais pobres, em geral, são mais vulneráveis às consequências do aquecimento global. Elas costumam depender mais de setores sensíveis ao clima, como agricultura de subsistência, e não têm recursos para se defender das mudanças que o aquecimento global pode trazer. O IPCC identificou a África como o continente mais vulnerável porque a pobreza disseminada limita as possibilidades de adaptação.

FOCO EM 9.1

ÁFRICA E AQUECIMENTO GLOBAL

Por causa da miséria generalizada e do rápido crescimento populacional, a África é o continente mais vulnerável aos potenciais impactos do aquecimento global. A agricultura é o esteio econômico da maioria dos países africanos, contribuindo com até 55% do valor total das exportações do continente. Na maior parte dos países africanos, a agricultura depende inteiramente da qualidade da estação chuvosa – uma situação que torna a África particularmente vulnerável à mudança climática. Como as terras se tornam menos produtivas sob as novas condições climáticas, as pessoas que as habitam podem ser forçadas a migrar para as áreas urbanas, onde a infraestrutura já está atingindo seus limites, em consequência da pressão populacional e da escassez de recursos. Um clima mais quente também pode permitir a expansão de doenças para novas áreas, o que estressaria ainda mais as já enfraquecidas economias africanas. As mudanças climáticas podem também reduzir algumas espécies de plantas que são usadas na medicina alternativa. Estima-se que 80% da população dos países em desenvolvimento acreditam na eficácia dessas plantas em seus cuidados primordiais com a saúde.

> *Nossa busca de "felicidade e qualidade de vida" precisa não colocar em perigo nações, comunidades, espécies e futuras gerações que também são merecedoras de sobrevivência e felicidade. A Terra tem recursos suficientes para satisfazer a necessidade de todos, mas não suficientes para a ganância de alguns.*
>
> (African Church Leaders Statement on Climate Change and Water, 2008)

D. AQUECIMENTO GLOBAL: POSSÍVEIS AÇÕES

O que pode ser feito, se é que existe algo que possa ser feito, para evitar que as concentrações de gases estufa cheguem a níveis inaceitáveis? A área de políticas públicas relacionadas à questão energética certamente é uma área na qual mudanças podem ser feitas para se reduzir as emissões de CO_2. Algumas das opções são uma maior ênfase na conservação de energia, incentivos econômicos, tecnologias alternativas e energia nuclear. A eletricidade gerada pela combustão de gás natural produz 60% menos CO_2 por kWh gerado que o carvão, e a utilização de gás está crescendo. Também devemos estar atentos a quanto CO_2 nossas próprias atividades produzem. Um norte-americano emite, em média, 20 toneladas métricas de CO_2 por ano – seis vezes mais que uma pessoa que vive em um país em desenvolvimento. A Tabela 9.4 apresenta a produção de CO_2 decorrente de algumas atividades comuns. O aumento da eficiência energética também vai reduzir as emissões, ao mesmo tempo que nos permitirá manter o mesmo nível de atividade.

TABELA 9.4 PRODUÇÃO INDIVIDUAL DE DIÓXIDO DE CARBONO.

Uso	Base	Emissões de CO_2 (lb)
Automóvel	Por galão	20
Eletricidade	Por kWh (utilizando carvão)	2
Gás natural	Por therm (para aquecimento)	12

Há duas formas de ações legislativas para tratar da questão do aquecimento global: a política de "*cap and trade*" (limitação e negociação) e a introdução de uma taxa de carbono. No caso da "*cap and trade*", definem-se limites de emissões que permitam que as concessionárias e outras indústrias possam adotar a melhor estratégia econômica para atender a esses limites. Uma companhia pode comprar e vender permissões de acordo com a lei. Uma companhia que polui menos que o permitido pode vender a permissão excedente àquelas que poluem mais. Esse enfoque funcionou bem para reduzir as concentrações atmosféricas de chuva ácida e NO_x. Entretanto, sua complexidade, dificuldades econômicas e a percepção de que isso não era mais do que outra taxa levaram ao abandono do enfoque, pelo menos até agora, nos Estados Unidos.

Uma taxa de carbono é uma taxa aplicada sobre a quantidade de CO_2 produzida, como, por exemplo, certa quantidade de dólares por tonelada de carbono emitida. Essa taxa encoraja a redução de emissões e o aumento de eficiência. No entanto, há muita oposição a essa forma de taxar a poluição. A Suécia, em 1991, e outros países europeus (depois) adotaram esse enfoque. A partir daí, as emissões de CO_2 diminuíram de 10% a 20% em relação ao esperado. Houve um aumento significativo do uso de biocombustíveis nesses países.

Uma recente proposta para a redução da quantidade de CO_2 adicionado à nossa atmosfera é o **sequestro de carbono.** O objetivo aqui é capturar o carbono na sua fonte e direcioná-lo para drenos não atmosféricos. Isso pode ser feito por diversos meios:

1. capturando e absorvendo o CO_2 gerado pela combustão num solvente (provavelmente amina, um derivado da amônia);

2. transformando o carvão mineral em gás antes da combustão e separando-o facilmente dos gases da combustão;

3. direcionando o CO_2 a ecossistemas terrestres mais eficientes (florestas, vegetações e solos) ou consumidores industriais (como fabricantes locais de refrigerantes).

Entretanto, todos esses métodos são custosos financeiramente e consomem energia. Todos necessitam usar volumes de armazenamento geológicos extremamente grandes no lugar certo. Reservatórios de petróleo e gás exauridos, formações salinas profundas, em terra ou mar, e CO_2 em sistemas aperfeiçoados de recuperação de petróleo são todas as possibilidades. O uso de CO_2 em alta pressão nos reservatórios de petróleo e gás para recuperação aperfeiçoada existe há vários anos. O fato de que petróleo e gás foram mantidos nesses reservatórios por longos períodos é uma indicação de que o CO_2 não escapará. Ao redor do mundo, há, aparentemente, amplos volumes disponíveis para o sequestro de carbono. Muitos projetos estão em demonstração no mundo, incluindo um de 1 milhão de toneladas por ano em Utah. Uma companhia norueguesa está sequestrando atualmente 1 milhão de toneladas de CO_2 por ano em volumes profundos de arenito no Mar do Norte.

Para tais abordagens serem efetivas, estratégias internacionais terão de ser desenvolvidas e implementadas. Muitos governos possuem um preconceito estrutural contra a resolução de problemas de longo prazo. Os passos rumo à desaceleração do aquecimento global serão custosos e controversos. Regulações legais sobre o uso de combustíveis fósseis certamente vão sobrecarregar alguns grupos, e as nações em desenvolvimento serão fortemente pressionadas a concordar com controles da queima de combustíveis fósseis para o aumento da conservação de energia.

Em junho de 1992, durante a Cúpula da Terra no Rio de Janeiro, 167 nações ratificaram a Convenção Quadro das Nações Unidas sobre Mudança Climática. Um desses documentos (a "Declaração do Rio") ressaltou que, dali em diante, nenhuma nação poderia fazer o que quisesse com seu meio ambiente sem levar em consideração os impactos causados em outros países. O tratado da "Convenção do Clima" estabeleceu como objetivo conseguir, por volta do ano 2000, estabilizar (nos níveis de 1990) as emissões de dióxido de carbono e de outros gases estufa. Entretanto, a adesão a esse tratado foi voluntária e as nações desenvolvidas recusaram-se a aceitar restrições de emissão. De fato, nesse período as emissões norte-americanas de CO_2 aumentaram mais rapidamente que o esperado, em razão da recuperação da economia, dos baixos preços da energia e da baixa velocidade de penetração nos mercados das tecnologias de eficiência energética e de energia renovável.

Em dezembro de 1997, aconteceu em Kyoto, Japão, outra conferência internacional sobre meio ambiente (veja Foco em 1.3, "O protocolo de Kyoto sobre as mudanças climáticas). As nações desenvolveram um protocolo que objetivava cortar em 5% (dos níveis de 1990) as emissões de gases estufa pelos países desenvolvidos até 2010. Contudo, o Protocolo de Kyoto não estabelece nenhum limite obrigatório para as emissões dos países em desenvolvimento. Em parte por causa disso, os Estados Unidos até hoje não ratificaram esse tratado. Em 2005, um número suficiente de nações (141) ratificou o Protocolo, que, então, começou a ter efeito. Em 2012, o período de compromisso com relação ao protocolo terminou. Numa conferência ocorrida em Cancún, em 2010, não houve acordo em estender os limites de Kyoto para as nações desenvolvidas. Houve progresso, no entanto, na garantia de assistência técnica e financeira para reduzir as emissões nos países mais pobres.

Os efeitos políticos do aumento de alguns graus na temperatura global e as consequentes alterações nos climas e produtividades agrícolas regionais podem ser bastante perturbadores. A atmosfera parece ser sensível a alterações químicas, mesmo que pequenas, e, assim, também existe a possibilidade da ocorrência de surpresas indesejáveis em períodos de tempo menores do que os prognósticos podem prever. (Quais seriam as razões dos mais de 1.400 tornados incomuns – e mortais – que varreram a região sul dos Estados Unidos na primavera de 2011?) Os governos são responsáveis por questões que envolvam a segurança nacional e as liberdades essenciais de seus cidadãos. Deveriam eles estar atentos aos custos ambientais de uma sociedade que tem a "liberdade" de fazer experiências com seu próprio futuro?

ATIVIDADE 9.2

Calcule a quantidade de dióxido de carbono anualmente emitida pela sua casa. Você terá de estimar a quantidade de eletricidade, gás natural e gasolina utilizados. Use as conversões aproximadas da Tabela 9.4.

FOCO EM 9.2

"VOCÊ NÃO PODE VOLTAR AO KANSAS NOVAMENTE" – CONSUMIDORES CHINESES E O AQUECIMENTO GLOBAL

A China tornou-se o maior emissor de gases estufa em 2007. Impactos do aquecimento global têm sido discutidos em alto nível pelo governo central há anos, com preocupações relacionadas à elevação do nível do mar, desertificação e incidências climáticas extremas. Alterações na disponibilidade de água e elevação da temperatura podem levar a graves diminuições da produção agrícola. A China é um vasto país, com regiões muito diferentes que serão afetadas de diversas formas. Diversos enfoques patrocinados pelo governo quanto a essa situação envolvem aumento da eficiência industrial, exigências mais rigorosas de economia de combustível para o grande mercado de automóveis e mais ênfase nas fontes renováveis e energia nuclear. Uma meta é ter 20% de sua energia elétrica produzida por fontes renováveis em 2020. Nos anos mais recentes, centenas de centrais a carvão mineral foram fechadas. A China é também o maior fabricante mundial de turbinas eólicas e células fotovoltaicas. Além disso, inseriu-se num esforço internacional para eliminar o uso de lâmpadas incandescentes até 2020.

Entretanto, a crescente demanda de uma economia em expansão (o PIB cresce à taxa de 9% ao ano) pode enfraquecer a maioria dessas ações. Os desejos dos consumidores são carros maiores, mais eletrodomésticos e mais conforto pessoal, como em centros de comércio refrigerados e apartamentos com ar-condicionado. Como resultado, a China tornou-se até mais ineficiente. Como o país se torna mais dependente da demanda interna do que da exportação, o crescimento move-se para longe da fabricação de brinquedos e roupas na direção de indústrias intensivas em energia, como as de aço e cimento. E porque a maioria da energia na China tem base no carvão mineral, as emissões de dióxido de carbono estão crescendo cada vez mais (veja a Figura 9.11). Mesmo com as ações que a China vem tomando, muitos estimam que o crescimento de emissões de gases estufa desse país será maior que o crescimento combinado do resto do mundo em 2020. O problema da China poderá superar o problema mundial.

FIGURA 9.11 USO DA ENERGIA NA CHINA, POR COMBUSTÍVEL, EM UNIDADES DE MILHÕES DE TONELADAS EQUIVALENTES DE PETRÓLEO (TEP), 1972-2008.

Fonte: ©OECD/International Energy Agency 2010.

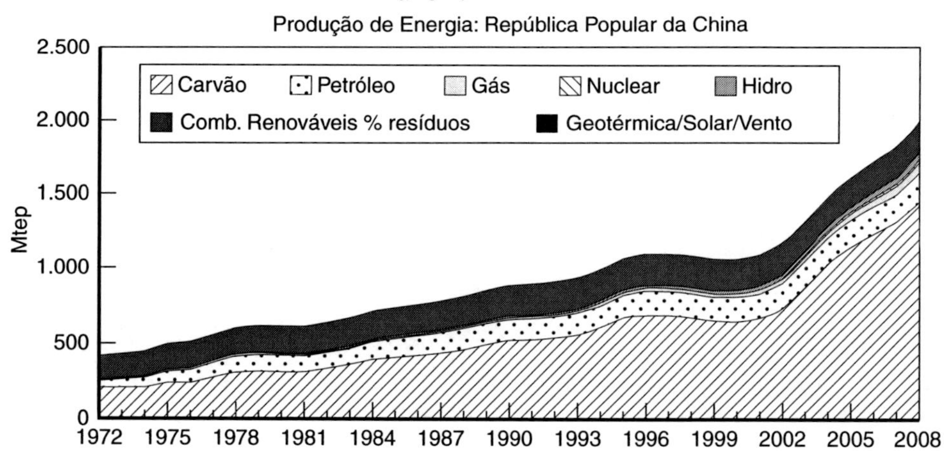

E. POLUIÇÃO TÉRMICA

Poluição térmica é definida como a adição de calor indesejado ao ambiente, em particular às águas naturais. Nesse caso, a "poluição" não é vista "sujando" a água, mas, sim, causando danos ou modificações no ambiente do lago ou rio. Pode levar algum tempo até esses efeitos tornarem-se visíveis. As usinas geradoras de eletricidade a vapor são a grande fonte de água aquecida. Como discutido no Capítulo 3, uma unidade condensadora é necessária após a turbina para completar o ciclo do vapor e aumentar a eficiência da usina de força (Figura 3.3). No condensador, a energia térmica é removida do vapor quente ao circular água fria por dentro das serpentinas condensadoras. Essa água de refrigeração normalmente é retirada e descarregada de volta em um corpo d'água qualquer, como um lago ou um rio.

A quantidade de água que passa pelo condensador é muito grande. Lembre-se, segundo o que diz o Capítulo 4, de que a adição de calor Q a uma substância de massa m leva a um aumento na temperatura dado pela equação

$$Q = mc\Delta T$$

onde c é o calor específico da substância; assume-se que não há mudança de fase. A quantidade ΔT pela qual a temperatura aumenta é relacionada com a massa, m, de água circulando pelo condensador e com a quantidade de calor que é adicionada. Uma alta taxa de fluxo de água vai reduzir o aumento da temperatura ΔT. No caso de uma usina de força, padrão de 1.000 MWe, um fluxo de aproximadamente 10 mil galões de água por segundo (1.200 pés^3/s) deve ser mantido nas serpentinas para limitar a 8 °C (14 °F) o aumento da temperatura da água de retorno. Esse volume é equivalente a quase um quarto das necessidades diárias de uma cidade como Nova York.

A Figura 9.8 mostra os usos da água passados e projetados dos Estados Unidos. As demandas de água para a geração de eletricidade são responsáveis por 50% do atual uso da água. A maior parte dessa água pode ser novamente utilizada, já que passa apenas uma vez pelo condensador, mas ocorre a adição de energia térmica, que provoca um aumento de 6 °C a 17 °C (10 °F a 30 °F) na sua temperatura. A vazão total de água fresca nos Estados Unidos, incluindo os períodos de inundação, é de aproximadamente 1.200 bilhões de galões por dia. A atual utilização por usinas elétricas é de cerca de 400 bilhões de galões por dia! O aumento no uso pode submeter alguns rios a um intenso esforço térmico no futuro próximo, especialmente durante os períodos normais e de baixa vazão. Para reduzir esse problema, todas as novas usinas de potência construídas após julho de 1977 têm de utilizar sistemas de resfriamento fechados (veja a seção "Torres e lagoas de resfriamento" mais adiante neste capítulo) para, por exemplo, fazer que suas águas não sejam retiradas diretamente de um lago ou rio.

Usinas de potência que utilizam combustíveis fósseis ou energia nuclear geram diferentes impactos ambientais, mas têm em comum as suas emissões de resíduos térmicos. Uma usina nuclear despeja por volta de 40% a 50% mais resíduos térmicos nas águas do que uma movida a combustíveis fósseis que produza a mesma quantidade de energia elétrica. Isso porque as usinas movidas a combustíveis fósseis possuem maior eficiência, pois utilizam temperaturas mais elevadas de vapor e, também, porque parte do calor residual deixa a usina por meio de emissões de gases de combustão. Algumas das características dos resíduos térmicos de usinas elétricas movidas a vapor típicas são mostradas na Tabela 9.5.

Tabela 9.5 CARACTERÍSTICAS DO CALOR DE TÍPICAS USINAS ELÉTRICAS A VAPOR (VALORES EM BTU POR KWH).

Tipos de usina	Eficiência térmica (%)	Entrada de calor requerida	Resíduo térmico total	Perda pela chaminé do aquecedor*	Calor descarregado no condensador	Demanda por água de refrigeração (pés³/s/MW de capacidade**)
Combustível fóssil	33	10.500	7.100	1.600	5.500	1,6
Combustível fóssil (recente)	40	8.600	5.200	1.300	3.900	1,15
Reator de água leve	33	10.500	7.100	500	6.600	1,9

*Aproximadamente 10% a 15% × entrada demandada de combustível fóssil; aproximadamente 3% a 5% × a entrada demandada de energia nuclear.

** Baseado em uma temperatura na faixa de 70 °F a 80 °F na válvula de entrada e um aumento de temperatura de 15 °F (8 °C) através do condensador.

Fonte: RIMBERG D. *Utilization of waste heat from power plants* Park Ridge, NJ: Noyes Data Corp 1974.

F. EFEITOS ECOLÓGICOS DA POLUIÇÃO TÉRMICA

VIDA AQUÁTICA

Os efeitos sobre o ambiente aquático resultantes da descarga de resíduos térmicos em um lago ou rio são numerosos. Temperaturas elevadas da água levam:

- à diminuição da capacidade da água de reter o oxigênio;
- ao aumento da taxa de ocorrência de reações químicas;
- a alterações nos padrões reprodutivos, comportamentais e de crescimento ao longo de toda a cadeia alimentar;
- à ocorrência de danos a longo prazo (incluindo possível "morte") aos corpos d'água naturais (incluindo a eutroficação, discutida na próxima seção).

A temperatura é um dos fatores mais importantes na regulação da ocorrência e do comportamento da vida. Nos animais de sangue frio, como os peixes, as temperaturas corporais são intimamente conectadas à do ambiente. Animais de sangue quente, como os humanos, mantêm uma temperatura corporal uniforme, normalmente mais alta que a do ambiente, e são menos dependentes da temperatura do entorno. O isolamento térmico do corpo pela gordura, pelos ou penas é muito maior nos animais de sangue quente. O metabolismo (reações químicas que se processam no interior do corpo) dos animais de sangue frio pode ser fortemente afetado por alterações na temperatura. À medida que a temperatura aumenta, os animais tornam-se mais ativos. Parece existir uma dependência exponencial entre temperatura e taxa metabólica, ocorrendo uma duplicação a cada 10 °C. Um acréscimo no metabolismo ocasiona uma demanda por mais oxigênio. Contudo, a concentração de oxigênio dissolvido na água é inversamente proporcional à temperatura. Quando a temperatura da água aumenta de 16 °C para 35 °C (60 °F para 95 °F), a concentração da saturação de oxigênio na água cai de 10 mg/L para 7 mg/L.

Alguns animais adaptam-se mais facilmente às temperaturas elevadas, apesar de alterações graduais serem mais toleradas que mudanças bruscas de temperatura. A Figura 9.12 mostra as faixas de temperatura preferidas por algumas espécies de peixe e indica as temperaturas altas letais. Queda drástica na população de peixes ocorrem quando as temperaturas ultrapassam um limite superior, mesmo que apenas alguns poucos graus. Uma temperatura de 34 °C (93 °F) normalmente é adotada como um limite superior para a vida aquática.

FIGURA 9.12 SENSIBILIDADE DOS PEIXES À TEMPERATURA. AS FAIXAS DE TEMPERATURA PREFERIDAS POR ALGUMAS ESPÉCIES, COMO DETERMINADO EM CAMPO E EM LABORATÓRIO, SÃO MOSTRADAS COMO BLOCOS. O PONTO SÓLIDO • INDICA O LIMITE LETAL SUPERIOR. O PONTO VAZIO ° É A TEMPERATURA MAIS INDICADA PARA A REPRODUÇÃO.

Fonte: *Scientific American*, v. 220, p. 24, Mar 1969. Reproduzido com permissão do autor.

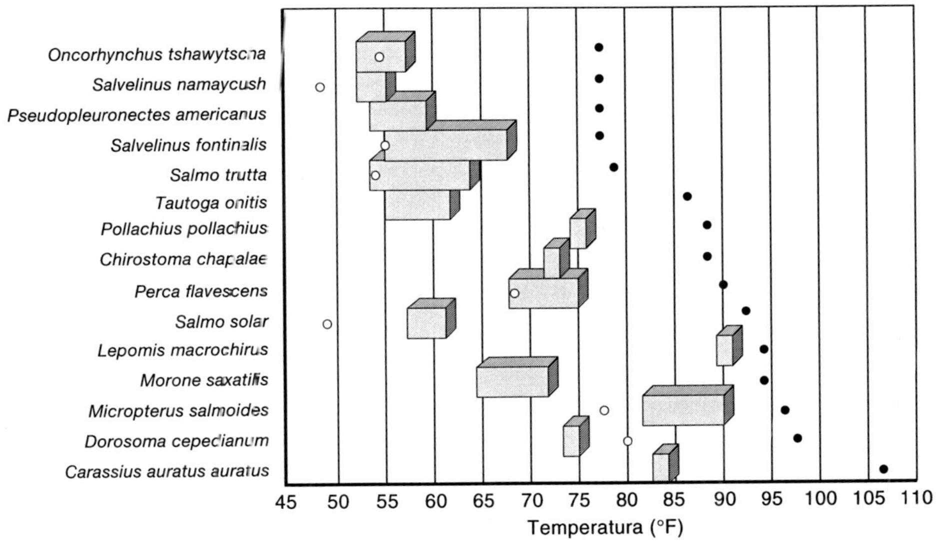

O crescimento e a reprodução dos peixes em função da temperatura da água variam entre as espécies. Normalmente, os peixes jovens crescem mais rapidamente em temperaturas mais altas por causa de seus metabolismos acelerados. A Figura 9.13 mostra os efeitos da temperatura sobre as taxas de crescimento de alguns animais e peixes. O crescimento do camarão é estimulado em 80% quando a temperatura da água é mantida em 27 °C em vez de 21 °C, e o crescimento do peixe-gato ou lampreia é quase três vezes mais rápido aos 28 °C do que aos 24 °C. Pode-se ver claramente que um dos resultados da utilização controlada dos resíduos térmicos está na produção de peixes para alimentação.

FIGURA 9.13 EFEITO DA TEMPERATURA SOBRE O CRESCIMENTO OU A PRODUÇÃO DE ANIMAIS PARA ALIMENTAÇÃO.

Fonte: Cortesia de OAK RIDGE NATIONAL LABORATORY, US DOE.

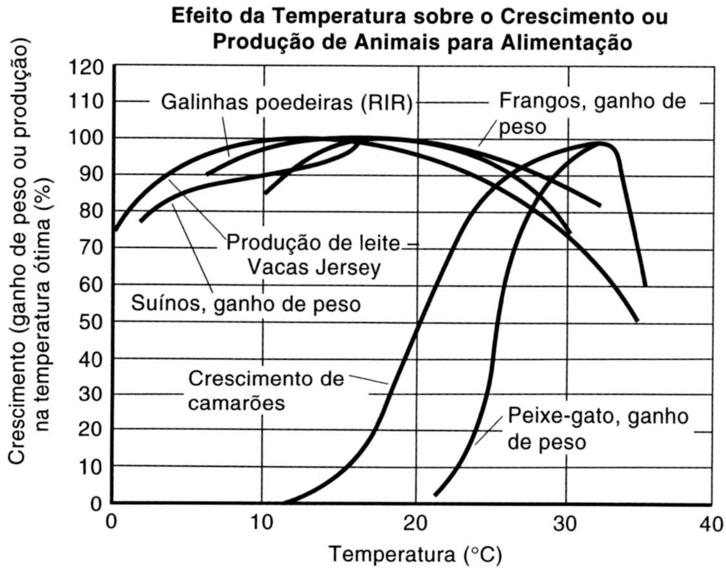

No caso dos peixes, as taxas de reprodução não são necessariamente afetadas em águas mornas. Entretanto, existem temperaturas críticas acima das quais os peixes não vão se reproduzir e o intervalo de temperatura adequado para a reprodução é estreito. Temperaturas altas podem fazer que alguns peixes se movam prematuramente para uma corrente a fim de se reproduzir antes que as condições estejam adequadas para a reprodução. *Bluegills* (*Lepomis macrochirus*) exibem esse sintoma e frequentemente são atraídos para águas nas quais não conseguem sobreviver. *Yellow perchs* (*Perca flavescens*) são atraídos para águas quentes nas quais passam a nadar em velocidades reduzidas. Isso pode ser um fator significativo no comportamento reprodutivo daqueles peixes que têm de nadar contra fortes correntes para atingir seus locais de reprodução. Peixes que se movem lentamente podem não ser capazes de escapar a tempo de seus predadores. O aumento da temperatura também estimula a proliferação de doenças bacterianas. Um caso famoso é o do *Sockeye salmon* (*Oncorhynchus nerka*) do rio Columbia (Washington). Uma série de hidrelétricas construídas no rio o transformaram, de um rio frio e de fluxo rápido, em uma série de lagos de água quente e movimentação lenta. Consequentemente, doenças bacterianas reduziram drasticamente a população de salmões.

As alterações no conjunto de uma comunidade aquática, causadas por aumentos na temperatura, são difíceis de observar e decifrar porque envolvem um número de variáveis. A maior parte do trabalho desenvolvido até o momento quanto aos efeitos térmicos sobre a vida aquática foi feita em laboratório e não em campo, e sem incluir totalmente uma comunidade. Estudos recentes sobre os efeitos de efluentes térmicos em grandes lagos e rios não mostraram as alterações drásticas que inicialmente foram observadas em corpos d'água menores, nos quais a temperatura permaneceu alta após despejos de resíduos térmicos. Em geral, alterações da temperatura de grande duração terão efeitos ao longo da cadeia alimentar, do fitoplâncton através das algas até os peixes. Uma mudança em qualquer desses elos pode afetar de forma drástica a abundância de peixe. A água quente normalmente vai levar à eliminação das espécies termicamente sensíveis, sem substituição. A diversidade de espécies dentro da comunidade vai diminuir, apesar de poder ocorrer um aumento da população de uma ou duas espécies dominantes.

Outro problema origina-se na mecânica do próprio sistema de resfriamento. Peixes são mortos ao passarem pelo sistema de resfriamento ou ao se chocarem com as telas protetoras da tubulação de captação de água. Além disso, cloro é adicionado às águas de resfriamento para reduzir o crescimento de lodo nas serpentinas do condensador. Muitos dos danos ecológicos que se acreditava serem decorrentes das descargas de água quente agora estão sendo associados à cloração.

PROCESSOS DOS LAGOS: EUTROFICAÇÃO

Existem outras alterações permanentes em larga escala nas comunidades aquáticas que podem ser decorrentes das descargas de água quente. De fato, a própria vida do lago pode ser destruída. Sob condições naturais, as temperaturas da água de um lago são submetidas a dois estágios. No verão, o lago é termicamente estratificado (Figura 9.14); no topo, a água aquecida pelo Sol forma uma camada quente chamada epilímnio. Como a água fria é mais densa que a quente, ela permanece no fundo, em uma camada denominada hipolímnio. A camada, ou estrato intermediário, é chamada termoclino, cuja temperatura varia entre a das camadas superior e inferior. Durante o inverno, ocorrem misturas entre as camadas de água fria e quente, já que a água no estrato superior esfria e, então, afunda por causa do aumento da sua densidade. A transferência de calor ocorre por meio de um processo de convecção. A mistura carreia nutrientes do fundo do lago para a superfície, estimulando o crescimento biológico nas camadas superiores, e fornece oxigênio para as camadas inferiores.

FIGURA 9.14 Estratificação de um lago durante o verão. É mostrada a temperatura média de cada camada ou estrato.

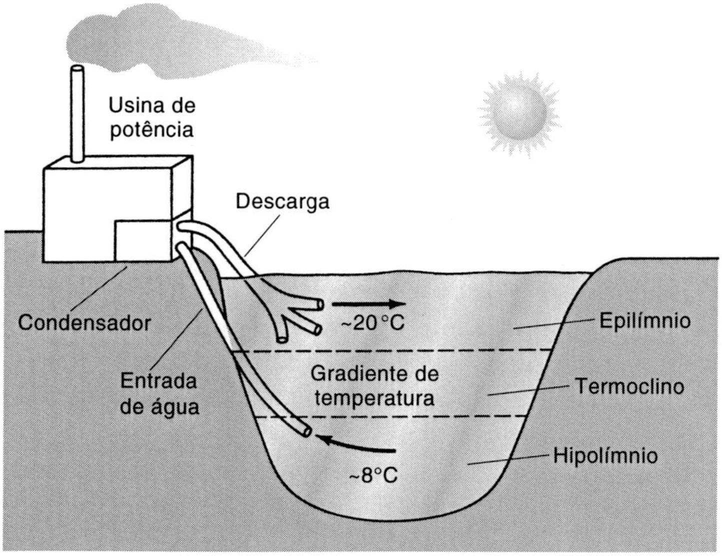

A presença de uma usina de potência pode perturbar esse processo natural. Água fria é retirada do hipolímnio para ser utilizada no condensador, e água quente é descarregada no epilímnio (veja Figura 9.14). Isso resulta em um aumento da temperatura no estrato superior do lago e, consequentemente, no prolongamento do período de estratificação, o que significa um período de mistura mais curto e uma redução da quantidade de oxigênio fornecida aos animais dos estratos inferiores. A água retirada do fundo do lago também carreia nutrientes, como o nitrogênio e o fósforo, que são descarregados na superfície, estimulando o crescimento de vida vegetal, especialmente das espécies adaptadas a altas temperaturas. Algumas espécies de algas podem se desenvolver de forma bastante rápida, podendo gerar uma espuma esverdeada ou uma camada de algas cobrindo toda a superfície da água. Em vez de servir como fonte alimentar adicional para a vida animal, essas plantas aquáticas atraem apenas um pequeno número de espécies, e são tóxicas para a maioria. Quando as algas morrem e afundam no lago, elas tornam-se alimento para os micro-organismos decompositores. Esses "decompositores" demandam oxigênio, diminuindo a disponibilidade do gás para os peixes. A continuação da decomposição pode levar à produção de gases com odores desagradáveis e de produtos que são tóxicos para algumas espécies.

Eutroficação é o nome dado ao processo no qual um corpo d'água é enriquecido pela adição de nutrientes extras, estimulando o crescimento de algas. Esse processo ocorre durante o envelhecimento natural dos lagos, mas é acelerado pela adição de poluentes, como o fósforo do esgoto municipal (incluindo os detergentes domésticos), o nitrogênio dos fertilizantes usados na agricultura (que é carreado para o lago pelas chuvas ou pelo escorrimento vertical das águas de irrigação) e os resíduos de calor descarregados pelas usinas de potência.

G. TORRES E LAGOAS DE RESFRIAMENTO

Por causa dos impactos ecológicos da poluição térmica, leis norte-americanas recentes determinaram que outros métodos para a disposição de resíduos de calor devem ser utilizados, em vez de se fazer a descarga direta no ecossistema aquático. **Torres de resfriamento** são um dos meios mais comuns para dispor resíduos de calor, sem colocá-los diretamente em um sistema aquático. Atualmente, instalações que geram mais de um terço da nossa eletricidade utilizam torres ou lagoas de resfriamento (Figura 9.15). Seu uso vai, indiscutivelmente, aumentar nos próximos anos.

FIGURA 9.15 Torres de resfriamento do tipo natural numa termelétrica a carvão mineral em Nottingham, Inglaterra.

AGE FOTOSTOCK/SUPERSTOCK

Em uma torre de resfriamento úmido, a água quente que vem dos condensadores entra por uma tubulação próxima ao topo da torre e é pulverizada ou borrifada para baixo. As pequenas gotas são resfriadas por evaporação por uma corrente de ar coletada no exterior da torre que circula por dentro dela. A água esfriada é coletada na parte inferior da torre e bombeada de volta ao condensador. No tipo mais comum de torre, que utiliza um ciclo aberto ou úmido, o ar exterior entra em contato direto com a água (Figura 9.16). O ar é movido para cima tanto por um ventilador mecânico quanto, de forma natural, por esquemas como o de uma chaminé. Na torre do tipo mecânico, o ar entra por um dos lados e é puxado para cima por ventiladores localizados no topo. No tipo natural, o ar quente e úmido entra pelo topo da torre e sai, resfriado e seco, pela base. As torres de resfriamento natural geralmente são maiores e mais caras que as de resfriamento mecânico. A primeira torre de resfriamento úmido natural, localizada em Kentucky, possui 98 m (320 pés) de altura e 75 m (245 pés) de comprimento na base. Ela é capaz de resfriar 120 mil galões por minuto. Parte da água (cerca de 3% do volume circulante) é perdida por evaporação pela chaminé.

Uma das desvantagens de uma torre úmida é a possibilidade de alteração do clima local. Em áreas mais frias e úmidas pode ocorrer a formação de nevoeiros e neblinas. A perda de água por evaporação em uma torre úmida é comparável à precipitação de 1 polegada de chuva por milha quadrada por dia. Outra desvantagem é a emissão contínua, misturada à água evaporada, de produtos químicos que podem ter sido utilizados para evitar a formação de lodo e a corrosão das tubulações. Tais emissões podem causar danos à vegetação.

FIGURA 9.16 TORRE DE RESFRIAMENTO ÚMIDA MECÂNICA.

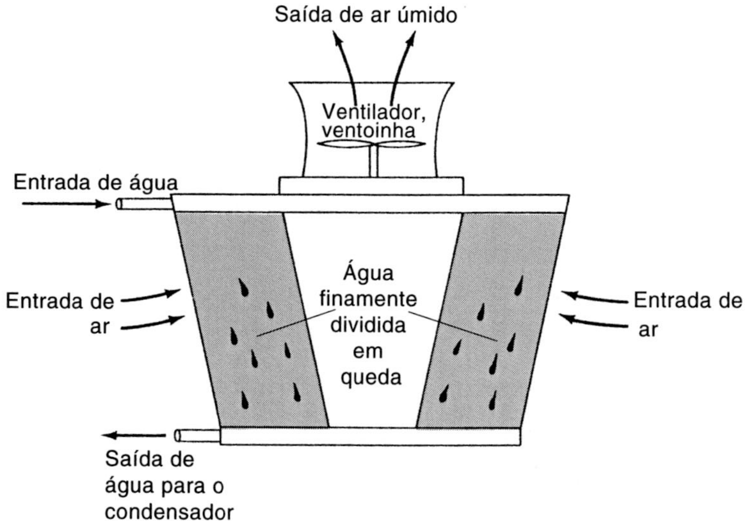

Uma alternativa à torre de refriamento úmida é a de resfriamento do tipo seco ou fechado (Figura 9.17). Nesse sistema, como ocorre no radiador do carro, não existe perda de água. O ar circula pelas serpentinas de resfriamento por meios naturais ou mecânicos. Contudo, o custo financeiro de uma torre seca é aproximadamente quatro vezes maior por quilowatt que o de uma torre úmida natural; nesta, a própria evaporação da água é um processo de resfriamento. Os custos de energia também são importantes: 1% a 2% da produção energética da usina de potência devem ser consumidos ao fazer funcionar os ventiladores e os circuladores das torres de resfriamento mecânico.

Outro dispositivo de resfriamento é um corpo d'água fechado, como um reservatório, chamado **lagoa de resfriamento.** Esses lagos artificiais são rasos o suficiente para conseguir o valor máximo da razão entre sua área de superfície e seu volume, o que maximiza a perda de calor por evaporação. Estima-se que uma usina de 1.000 MWe precise de algo entre 1.000 acres e 2.000 acres (aproximadamente 5 km^2 ou 2 milhas quadradas) de área de lagoa de resfriamento para lidar com um aumento permitido de 8 °C na temperatura da água usada em seu sistema. Lagoas de resfriamento podem ser caras se a usina de força estiver próxima a uma cidade, onde normalmente o custo da terra é mais alto.

FIGURA 9.17 TORRE DE RESFRIAMENTO SECO POR CIRCULAÇÃO NATURAL, QUE SE PARECE MUITO COM UM RADIADOR DE CARRO.

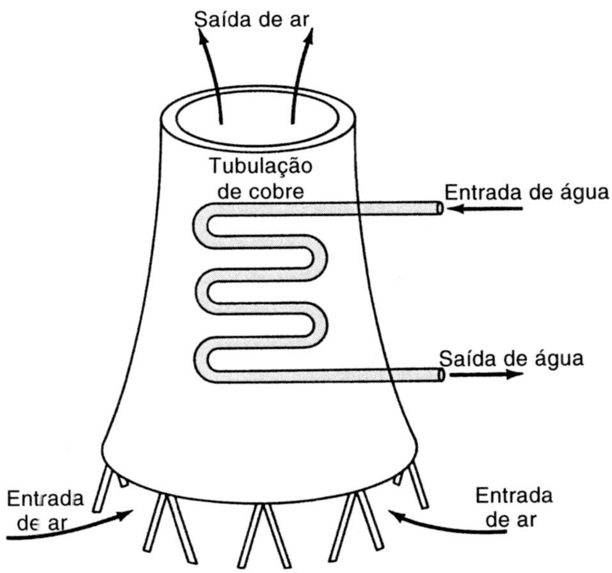

H. USANDO OS RESÍDUOS DE CALOR

Em um processo de conversão de energia, a eficiência da conversão é sempre menor que 100% (a segunda lei da termodinâmica). A energia que não é convertida em alguma forma útil (a exemplo da energia mecânica, no caso de uma usina elétrica) é "calor residual". Existe alguma forma de utilizar pelo menos parte desse calor residual? A resposta é sim. Desenvolvimentos atuais quanto ao uso dos resíduos de calor incluem:

- água quente para uso industrial – cogeração (veja Capítulo 11, Seção E);
- aquicultura, com crescimento dos peixes estimulado pela criação em água quente;
- aquecimento de estufas;
- dessalinização da água do mar;
- aceleração do crescimento das colheitas e proteção contra geadas;
- preaquecimento de ar.

Grandes produções de peixes e ostras realizadas com a utilização de altas temperaturas da água parece ser um modo bem interessante de uso de resíduos de calor. A Long Island Lightning Co. (de Nova York) teve uma operação comercial de cultivo de ostras por alguns anos, bem como fazendas comerciais de camarão podem ser encontradas em diversas cidades da Flórida. Peixes-gato têm sido produzidos com sucesso nos efluentes quentes da usina Gallatin da Tennessee Valley Authority's (TVA), no Tennessee. Bagres representam mais da metade de toda a produção de peixe em aquicultura nos Estados Unidos. Os japoneses têm feito muito em aquicultura. Seus resultados com camarões mostram um aumento de 20% na taxa de crescimento no verão e de 700% no inverno se for utilizado calor.

O uso dos resíduos de calor para o aquecimento de edifícios ou em sistemas de água quente é difícil por causa das baixas temperaturas disponíveis. A água de resfriamento, na maioria das usinas de potência, tem uma temperatura de saída de apenas 27 °C a 38 °C, o que faz que não seja economicamente viável transportá-la. Consequentemente, nos locais onde o calor residual é utilizado para o aquecimento de edifícios, a usina deve estar localizada bem próxima aos edifícios aquecidos. É mais provável que o edifício em questão seja uma fábrica ou uma estufa.

Em uma escala menor, e não proveniente de usina elétrica, uma boa quantidade de calor é expulsa de um edifício pelo ar ventilado, do vapor e da água aquecida (incluindo a água de esgoto). A energia desses produtos residuais pode ser recuperada por meio da utilização de trocadores de calor, como mostrado na Figura 9.18, nos quais o calor é transferido para um líquido. Esses gases de exaustão também podem ser usados para preaquecer o ar de combustão (que pode entrar como ar frio do exterior do edifício) para caldeiras e fornalhas.

Em uma situação residencial, muito calor é perdido como água quente, que literalmente vai ralo abaixo. Parte dessa energia pode ser recuperada se a água das pias, chuveiros e lavanderias (denominada "água cinza" ou "água servida") for usada para preaquecer a água do serviço de abastecimento ou do poço que entra no aquecedor. Um tanque com um trocador de calor é necessário para reter essa água servida antes que ela deixe a casa.

FIGURA 9.18 TROCADOR DE CALOR AR-LÍQUIDO.

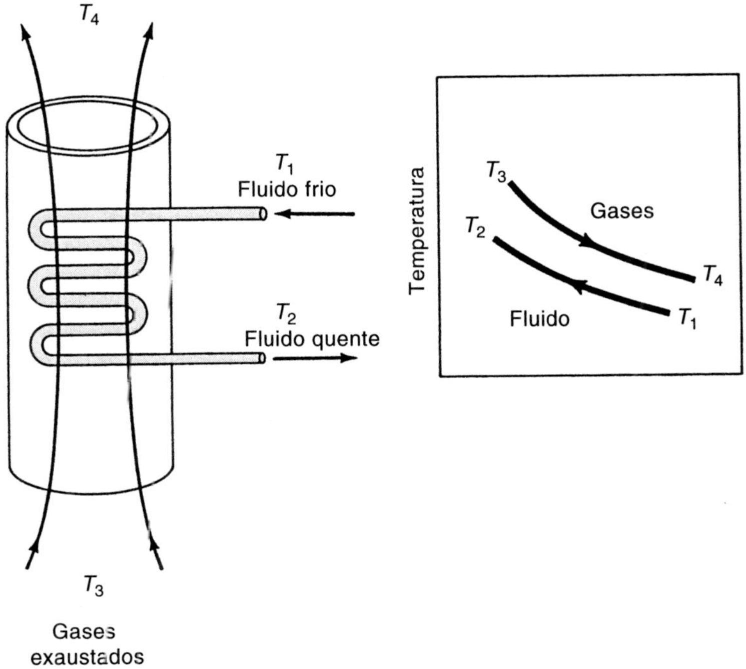

I. RESUMO

Evidências do impacto humano sobre o nosso clima estão se tornando cada vez mais claras. A composição química da nossa atmosfera está mudando por causa da emissão de gases estufa. Esses gases, basicamente dióxido de carbono, metano e óxidos de nitrogênio, aprisionam o calor irradiado pela Terra. O dióxido de carbono é liberado na atmosfera basicamente por meio da queima de combustíveis fósseis, sendo responsável por algo em torno de 80% do peso total de emissões de gases estufa. O metano é emitido durante a decomposição de resíduos orgânicos em aterros e lixões. O óxido de nitrogênio é emitido durante os processos agrícolas e industriais. Apesar de as mudanças nas demandas tecnológicas e industriais durante os últimos cinquenta anos praticamente terem provocado a substituição do uso de fontes energéticas derivadas de combustíveis ricos em carbono, como o carvão, pelo de outras baseadas em combustíveis pobres em carbono, como o gás natural e o petróleo, a quantidade total de carbono emitido para a atmosfera continua a crescer.

Nos últimos duzentos anos, a concentração atmosférica de CO_2 aumentou quase 40% até 392 ppm. Em virtude da complexidade do sistema atmosférico, é muito difícil determinar com exatidão qual será o impacto das crescentes concentrações atmosféricas de gases estufa sobre o clima global. Mas nossos modelos climáticos estão melhorando para ajustar dados observados de temperatura e fazer previsões. Modelos climáticos mostraram que os fatores naturais sozinhos (variação da entrada de energia solar e erupções vulcânicas) não conseguem reproduzir as mudanças observadas no aumento de temperatura dos últimos cem anos. A tendência de aquecimento de 1 °C a 3 °C prevista para antes do fim do século XXI poderia provocar a elevação do nível do mar em razão do derretimento das camadas de gelo da Groenlândia e Antártida. Esse aquecimento também produzirá alterações nos padrões de precipitação que afetarão as principais regiões de produção agrícola e modificarão a produtividade e trarão mais extremos climáticos, como furacões e ondas de calor. Planos nacionais para a redução das emissões de gases estufa incluem a obtenção de ganhos por meio do aumento das eficiências energéticas, as correções e os ajustes tecnológicos, a substituição de combustíveis por fontes renováveis e energia nuclear, o sequestro de carbono e os desestímulos econômicos (como o imposto do carbono). A implementação desses planos não será livre. Quanto de redução dos danos ambientais a diminuição nas emissões proporcionará? E qual será o preço disso? As contribuições dos países em desenvolvimento para o aquecimento global serão ainda mais importantes.

Na operação de qualquer usina geradora elétrica movida a vapor, resíduos térmicos são descarregados no ambiente. Temperaturas elevadas da água podem levar a efeitos prejudiciais sobre a reprodução e o crescimento de peixes, bem como a danos de longo prazo aos lagos. Os resíduos de calor podem acelerar o processo de eutroficação, no qual o crescimento de algas é estimulado pela adição de nutrientes extras aos lagos. Torres de resfriamento podem ser utilizadas para a disposição de resíduos de calor em outras formas que não a descarga direta em lagos e rios.

COMO VOCÊ ESCOLHERIA? – REVISITADO

Taxas de carbono

Uma taxa de carbono poderia incentivar os consumidores a mudar para combustíveis alternativos, incluindo energia eólica, fotovoltaica e termossolar. Uma taxa de carbono teria maior impacto no carvão, que produz 21% CO^2 a mais que o óleo e 76% a mais que o gás natural por unidade de energia térmica produzida. Forçar a transição para longe dos combustíveis fósseis parece ser bastante caro. O tempo é importante; uma mudança muito cedo ou muito tarde com relação ao desenvolvimento de tecnologias alternativas provavelmente terá um preço muito maior. Depois de ler este capítulo, você mudaria sua ideia a respeito da adoção da taxa de carbono como uma política nacional? Além disso, o que se deve fazer com as taxas arrecadadas?

QUESTÕES

1. Foi sugerido que o calor residual de uma instalação poderia ser utilizado para fornecer aquecimento a edifícios localizados em uma cidade a alguma distância da instalação. Que dificuldades estão envolvidas? Por que não eleva a temperatura da água de resfriamento que sai do sistema?
2. Que correlação foi observada entre as alterações na temperatura da Terra e as crescentes emissões de dióxido de carbono?
3. Que sugestões você faria para reduzir a emissão de CO_2 nos Estados Unidos? E no mundo inteiro? Quais seriam as desvantagens desses planos?
4. Defina poluição térmica.
5. Por que o desflorestamento contribui para o aquecimento global?
6. Que estratégias estão disponíveis para se reduzir o aquecimento global? Quais são as consequências prejudiciais de tais ações?
7. Qual é a temperatura aproximada da água que sai do condensador de uma usina geradora de eletricidade?
8. Que processos normalmente ocorrem em um lago e são afetados negativamente pela adição de água quente vinda de um condensador?
9. Que processos são responsáveis pela diminuição da temperatura da água de um rio no qual foram descarregados resíduos térmicos?
10. Por que as mudanças na temperatura alteram de forma adversa a vida dos peixes?
11. Se a temperatura da Terra aumentar tanto que as calotas polares comecem a derreter, esse derretimento faria a temperatura do planeta permanecer a mesma, diminuir ou aumentar rapidamente? Por quê? (Considere os mecanismos de retroalimentação.)
12. Projete um equipamento para a recuperação do calor residual produzido pelos gases de combustão de um forno a lenha ou do circulador de ar de uma secadora de roupas a gás. Como esse calor pode ser utilizado?

PROBLEMAS

13. A maioria dos refrigerantes carbonatados contém cerca de 2,3g de CO_2 por (16 oz) de garrafa/lata. Quanto CO_2 seria liberado para a atmosfera por ano se cada pessoa nos EUA consumisse um refrigerante por dia? Compare este número com as emissões totais de CO_2 dos EUA.

14. Um automóvel emite 20 lb de CO_2 para cada galão de gasolina que consome. Calcule a quantidade de CO_2 que seu veículo emite em uma ida até o supermercado.

15. Quanto CO_2 é produzido ao se dirigir por 100 milhas, ao se secar um cesto de roupas e ao assistir à televisão por cinco horas? (Veja as Tabelas 9.3 e 10.2.)

16. A gasolina é formada por hidrocarbonetos. Suponha que 80% da massa da gasolina seja carbono e que tudo isso transforme-se em CO_2 na combustão num automóvel. Se a densidade da gasolina é 6,7 lb/gal, quanto de CO_2 é emitido por galão de gasolina queimado? (Compare com a Tabela 9.4.)

17. Quanto de CO_2 é emitido para a atmosfera numa termelétrica a carvão para cada kWh que usamos em nossas residências (veja a Tabela 9.4)? Use o valor de energia do carvão (assumido ser carbono puro) e uma eficiência de conversão de 40% na termelétrica. 1 kWh = 3.413 Btu.

18. Se a temperatura da água que sai de um condensador em um ciclo da turbina de vapor foi aumentada de 20 °C para 30 °C, qual seria o decréscimo na eficiência de Carnot? Pressuponha uma temperatura do vapor de 500 °C. (Veja o Capítulo 4.)

19. Utilizando a estimativa mensal do seu consumo de energia residencial (aquecimento de ambientes, água quente doméstica, iluminação, eletrodomésticos e outros aparelhos), estime o tamanho da sua contribuição em calor direto descarregado no ambiente. Expresse sua resposta em watts/m^2 ou Btu/hora/pé^2, em que a área envolvida é o tamanho da área construída da sua casa ou do seu apartamento. Compare com a insolação local.

20. Se a eficiência de uma usina de força geotérmica é metade daquela de uma usina movida a combustíveis fósseis, quanto calor residual a mais será descarregado no ambiente por uma instalação geotérmica do que por uma movida a combustíveis fósseis de mesma produção de energia?

COM O FOCO NO BRASIL: AQUECIMENTO GLOBAL E POLUIÇÃO TÉRMICA

EMISSÕES DE CO_2 EQUIVALENTE RELACIONADAS AO SETOR ENERGÉTICO

As tabelas a seguir apresentam diversas informações relativas às emissões de CO_2 equivalentes no Brasil e em outros países do mundo, conforme apresentado no documento *Balanço energético nacional* 2012, da Empresa de Pesquisa Energética (EPE).

TOTAL DE EMISSÕES DE CO_2 EQUIVALENTE NO BRASIL EM 2011 ASSOCIADAS AO SETOR ENERGÉTICO.

Setor	Emissões em $MtCO_2$ -eq	Participação percentual (%)
Transportes	191,3	48,2
Indústrias	98,2	24,8
Residências	17,5	4,4
Outros setores (*)	89,7	22,6
Total	**396,7**	**100,0**

(*) Inclui setores agropecuário, serviços, energético e as emissões fugitivas.

Fonte: BEN 2012.

COMPARAÇÃO DAS EMISSÕES *PER CAPITA* E DA INTENSIDADE DE CARBONO NA ECONOMIA COM REGIÕES SELECIONADAS (2009).

Efetuada considerando dados da Agência Internacional de Energia.

Região ou país	Emissões *per capita* (tCO_2 por habitante)	Intensidade de C na economia (kg CO_2 por US$ de 2011)
EUA	16,9	0,33
União Europeia	7,1	0,22
China	5,1	0,41
Brasil	1,8 (*)	0,15 (**)

(*) Esse valor em 2011 foi de 2,1 tCO_2 por habitante.

(**) Esse valor em 2011 foi de 0,16 kg CO_2 por US$ de 2011.

Fonte: BEN 2012.

COMPARAÇÃO DAS EMISSÕES NA PRODUÇÃO DE ENERGIA ELÉTRICA COM REGIÕES SELECIONADAS (2009).

Região ou país	Intensidade de C na produção de energia elétrica (kg CO_2 por MWh)
EUA	508
União Europeia	339
China	743
Brasil	64 (*)

(*) Esse valor em 2011 foi de 56 kg CO_2 por MWh.

Fonte: BEN 2012.

REFERÊNCIAS

Empresa de Pesquisa Energética. *Balanço energético nacional 2012*. Disponível em: <www.epe.gov.br>. Acesso em: 16 jan. 2014.

CAPÍTULO 10

ELETRICIDADE:
CIRCUITOS E SUPERCONDUTORES

Conteúdo

COMO VOCÊ ESCOLHERIA?

Raios

Em um dia quente de verão, você está nadando em uma piscina no meio de árvores. De repente, uma tempestade começa, com relâmpagos e raios bem perto e chuva não muito atrás. O que você faria?

A. INTRODUÇÃO À "ELETRIFICAÇÃO"

Hoje a eletricidade é aceita de forma trivial e está tão entrelaçada ao nosso modo de vida que raramente pensamos no combustível usado para sua produção ou nos preocupamos com sua conservação. (Uma pesquisa de Roper, de 1999, concluiu que menos de um terço dos consumidores sabe de onde vem a eletricidade ou que a geração de eletricidade é responsável por um terço das emissões de gases causadores do efeito estufa). A conveniência e a disponibilidade da eletricidade a tornam muito popular. O consumo de eletricidade tem a maior taxa de crescimento entre todos os setores do uso de energia.

Atualmente, 40% dos recursos energéticos dos Estados Unidos são utilizados para produzir energia elétrica. Nas décadas de 1950, 1960 e no início de 1970, o aumento da demanda por eletrodomésticos, aquecimento elétrico de ambientes, novos *shopping centers* e ginásios de esportes fechados, e conversões para processos elétricos nas indústrias (no lugar de carvão ou gás natural) fizeram o consumo de eletricidade aumentar a uma taxa de quase 7% ao ano (Figura 10.1(a)). Tal aumento na eletrificação exigiu uma duplicação da capacidade de geração de eletricidade a cada dez anos. O consumo *per capita* de eletricidade era seis vezes maior em 1998 do que em 1948. Porém, essa taxa de crescimento tem diminuído bastante, uma vez que a maioria das casas já possui os eletrodomésticos básicos. Hoje, 97% dos lares norte-americanos possuem uma televisão em cores e 65% possuem ar-condicionado central. Em 1976, 14% dos lares norte-americanos possuíam forno de micro-ondas, mas hoje esse número já é maior que 95%. Uma diminuição do crescimento foi também causada pelo aumento do custo na eletricidade, por causa do aumento nos preços dos combustíveis e dos altos custos das novas usinas elétricas (especialmente as nucleares). A Lei do Ar Limpo também forçou as companhias de eletricidade a investirem em dispositivos caros de controle da poluição. Na década de 1990, o crescimento no consumo de eletricidade foi de 1,7% ao ano, não muito mais do que a taxa de crescimento do PIB norte-americano (Figura 10.1(b)). Esse crescimento no consumo de eletricidade caiu a 1% no início do século XXI.

As coisas, certamente, são diferentes no mundo em desenvolvimento. O consumo de eletricidade na China está aumentando 9% ao ano. Com um aumento de capacidade instalada de 385 GW (em 2003) para 950 GW (2010), a entrada em operação de seis grandes usinas de 1.000 MWe é necessária, a cada mês, para atender à demanda.

Aproximadamente metade da energia dos Estados Unidos vem da combustão do carvão. Se o carvão vai ser utilizado como combustível, deve-se estar preparado para se utilizar grandes quantidades. Uma planta de 1.000 MWe utiliza 9 mil toneladas de carvão por dia, o que equivale a uma carga de trem por dia (90 vagões de 100 toneladas cada). Outras fontes são apresentadas na Figura 10.2. Produtores independentes de energia, não têm território especificado e não podem ter sistemas de transmissão. Em 2009, eles eram responsáveis por algo como 35% da eletricidade produzida nos Estados Unidos. Note a diferente combinação de fontes por eles utilizada, quando comparada com as concessionárias.

FIGURA 10.1 (A) PRODUÇÃO DE ELETRICIDADE, PELAS COMPANHIAS ELÉTRICAS, POR TIPO DE GERAÇÃO, 1950-2008. (B) PRODUÇÃO DE ELETRICIDADE NOS ESTADOS UNIDOS EM FUNÇÃO DO PIB, 1950-2008. A INTENSIDADE ELÉTRICA É A RELAÇÃO ENTRE AS DUAS.

Fonte: Useia.

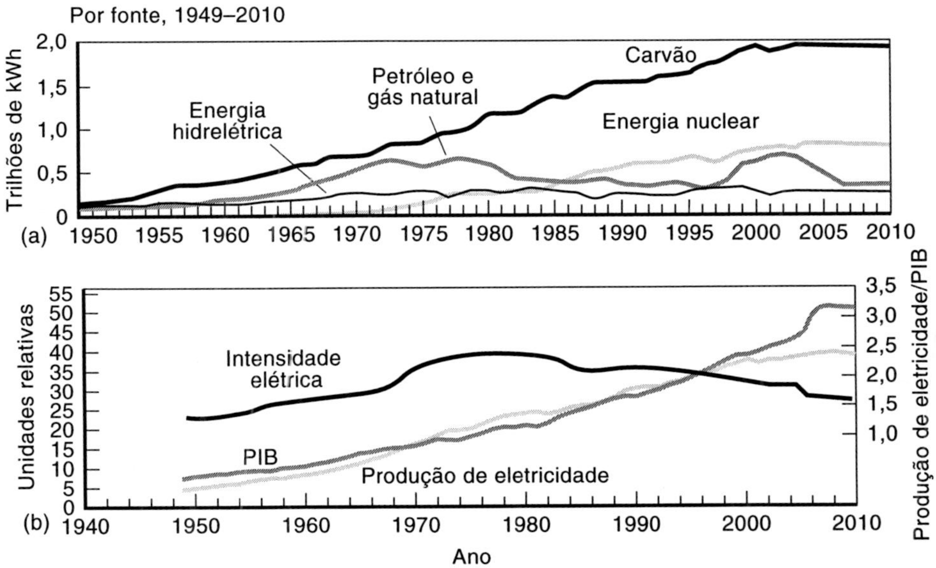

Neste capítulo e no próximo vamos examinar diversos aspectos da eletrificação da América do Norte. Porém, precisamos estabelecer os princípios que estão por trás da geração de energia, bem como desenvolver uma compreensão dos circuitos elétricos. Começaremos com uma breve discussão sobre as rápidas mudanças que estão ocorrendo atualmente na indústria de energia elétrica.

B. REESTRUTURAÇÃO DAS COMPANHIAS DE ENERGIA ELÉTRICA[1]

Ao entrarmos no século XXI, encontramos a indústria de energia elétrica passando por mudanças gigantescas na sua operação, denominadas reestruturação. A partir de 1997, propagando-se de estado para estado, os consumidores passaram a ter o direito de comprar sua energia elétrica (e em alguns casos o gás natural) de fornecedores diferentes da companhia elétrica local, em um mercado que está se tornando cada vez mais competitivo. Repentinamente, a indústria

[1] Este, assim como a maioria dos itens deste capítulo, trata da experiência norte-americana. Apesar das diferenças entre os dois países, não deixa de ser interessante observarmos o que ocorre na América para poder formar nossas opiniões sobre os rumos da indústria de energia no Brasil. (N.T.)

de energia elétrica estava muito mais presente nos noticiários, e agora os consumidores podem exercer seu direito de escolher sua companhia fornecedora, da mesma forma que podem escolher a companhia telefônica que querem usar para chamadas de longa distância.

Historicamente, a eletricidade tem sido gerada principalmente em usinas elétricas centrais que utilizam a energia potencial química, nuclear ou gravitacional das fontes carvão, gás natural, óleo combustível, urânio e água, e a convertem em energia elétrica. As primeiras usinas desses tipos entraram em operação em 1882, sob a supervisão de Thomas Edison. As duas primeiras eram movidas por turbinas a vapor e a terceira era hidrelétrica. Um desses sistemas, em Nova York, servia inicialmente a 59 consumidores, com aproximadamente 1.300 lâmpadas. Turbinas geradoras maiores e mais eficientes fizeram com que fosse mais barato produzir eletricidade em grandes usinas, em vez de em pequenas. Usinas gigantescas, servindo regiões inteiras e até mesmo estados, dominaram a indústria de eletricidade. As companhias eram "verticalmente integradas", pois possuíam desde as turbinas geradoras e as linhas de transmissão até os medidores residenciais. Companhias de propriedade particular recebiam franquias de áreas nas quais detinham direitos exclusivos de fornecer qualquer tipo de serviço de eletricidade. Em troca desse monopólio, as companhias passaram a ser regulamentadas pelos estados.

No século XXI, a estrutura altamente regulamentada do século XX está mudando para uma estrutura que se baseia na concorrência, com pouca regulamentação para estabelecer o preço da eletricidade. Algumas dessas reformas surgiram da insatisfação do público com os altos preços da eletricidade, bem como de um aumento da preocupação com o meio ambiente. Em 1978, o Congresso dos Estados Unidos promulgou a **Lei de Políticas Regulatórias dos Serviços Públicos (Purpa)**,[2] que abriu caminho para a concorrência limitada na geração de eletricidade. Essa lei determina que as companhias devem comparar o custo de aumento da capacidade (o chamado "custo evitado") com o da compra da energia excedente de produtores independentes que utilizam energia renovável ou cogeração (produzem calor, bem como eletricidade – veja o próximo capítulo), e escolher a opção mais barata. Em alguns estados, tais compras foram determinadas a um "custo evitado", conforme determinação da Comissão de Serviço Público do Estado, em valor aproximado de US$ 0,60/kWh. Tal legislação permitiu que os produtores independentes de eletricidade crescessem rapidamente. Nas últimas duas décadas, eles respondiam por aproximadamente metade de todas as adições à capacidade de geração. A maior parte dessas adições veio de turbinas movidas a gás natural, vento, energia geotérmica, biomassa e energia solar. Hoje, os produtores independentes geram cerca de um terço da eletricidade nos Estados Unidos.

[2] Em inglês, *Public Utility Regulatory Policy Act.* (N.T.)

Sua geração líquida duplicou nos últimos dez anos, comparada a um crescimento de 14% das concessionárias elétricas.

FIGURA 10.2 GERAÇÃO DE ENERGIA PELA INDÚSTRIA DA ELETRICIDADE, EM 2009, POR COMPANHIAS ELÉTRICAS E PRODUTORES INDEPENDENTES DE ELETRICIDADE.

Fonte: Useia.

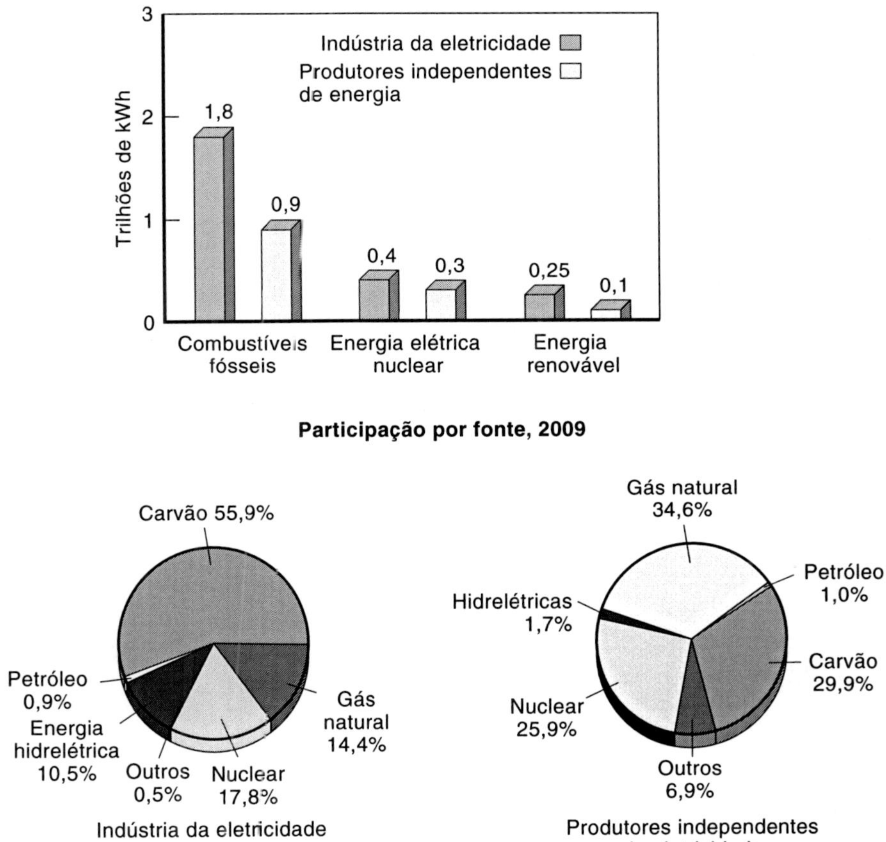

Nessa nova era emergente, a indústria da eletricidade divide-se em três funções: geração, transmissão e distribuição. Atualmente, apenas a primeira função está aberta à concorrência. Essa parcela representa aproximadamente 25% a 40% da conta de eletricidade.[3] Cada companhia continuará a utilizar os fios e cabos que levam a eletricidade às casas e indústrias – e continuará também a fazer sua manutenção. A Lei de Política de Energia (federal) de 1996 tornou as linhas de transmissão mais disponíveis a quem queira utilizá-las, como uma estrada com

[3] Novamente, enfatizamos que se trata do sistema norte-americano. Tal afirmação não pode ser feita com segurança em relação às contas de eletricidade no Brasil, já que a participação dos impostos é diferente no sistema norte-americano. (N.T.)

pedágios. A lei permite que um produtor independente de eletricidade em uma área venda eletricidade para uma indústria ou companhia elétrica de outra área, utilizando as linhas de transmissão de propriedade de outra companhia entre elas. Anteriormente, a companhia entre elas podia impedir essa venda, não permitindo que suas linhas de transmissão fossem utilizadas.

Diversas outras mudanças ocorreram nos negócios de energia elétrica nos Estados Unidos decorrentes, em parte, de maiores preocupações ambientais e com os possíveis impactos das mudanças climáticas, assim como preocupações com a dependência de petróleo importado. Governos locais perceberam que existem muitas maneiras de aumentar o uso de energias renováveis. Uma delas (mencionada no Capítulo 6) é a imposição de Padrões de Portfólios de Energias Renováveis (RPS, em inglês) naquele estado, que exige que certa porcentagem de eletricidade deve ser gerada pelas renováveis até certa data. Muitos estados fixaram seus RPS próprios em 10% a 20%. Outro enfoque é a imposição de uma *feed-in tariff*, lei que obriga os supridores de energia a comprar eletricidade gerada por renováveis a um preço fixo. Essas garantias legais garantem a segurança do investimento e o suporte de tecnologias renováveis viáveis. Essa lei é similar à política chamada *net metering*, na qual o consumidor recebe um crédito pela eletricidade gerada a mais que sua demanda (usualmente por energia eólica ou células fotovoltaicas). Um medidor registra o fluxo nas duas direções, ou são usados dois medidores, um em cada direção. Ao final do mês, o consumidor só é cobrado pela energia líquida registrada. Trata-se um incentivo simples e efetivo para encorajar a geração de energia por renováveis. Às vezes (com a ajuda de um segundo medidor), o preço por kWh que o consumidor recebe é maior do que o cobrado pela concessionária. Outros incentivos para geração renovável são créditos em taxas, dados pelos governos federais e estaduais para parte do custo de instalação de sistemas de energia renovável.

Espera-se que a concorrência leve a uma queda nos preços do quilowatt-hora de eletricidade. Ela pode também abrir, ainda mais, as portas para que as companhias vendam uma "eletricidade verde", ou seja, eletricidade produzida com fontes renováveis. Muitos estados exigem que as fontes utilizadas sejam discriminadas na conta de eletricidade. Nesse novo universo de concorrência inter e intraestados, são observadas as inúmeras fusões de companhias de eletricidade, a venda (despojo) de usinas elétricas deficitárias e as muitas aplicações para novas usinas, utilizando-se geralmente a tecnologia de turbinas a gás. E a eficiência aumentada dessas turbinas e os preços mais baixos do gás natural (devidos, em parte, à maior habilidade de se retirar o gás do solo) têm permitido a algumas empresas gerar eletricidade pela metade do preço que as pessoas imaginavam há apenas alguns anos.

Com um mercado de eletricidade aberto à concorrência por causa da desregulamentação, uma economia robusta, ofertas curtas e aumento no uso, os preços da eletricidade têm aumentado drasticamente. No quente verão de 2000, a demanda esteve próxima da oferta, e os preços dispararam a mais de dez vezes além do normal em certos períodos. A crise de eletricidade na Califórnia no inverno daquele ano trouxe como consequência blecautes generalizados e a quase falência das duas maiores companhias de eletricidade do Estado. O apagão no nordeste em agosto de 2003, o maior da história dos Estados Unidos, foi parcialmente devido a um sistema de transmissão operando sobrecarregado por causa de uma grande demanda. As companhias têm relutado em construir mais usinas elétricas em virtude das incertezas do mercado e da legislação ambiental. O Foco em 10.1, "Gerenciando a demanda de energia", mostra um exemplo do método utilizado por uma companhia para lidar com grandes flutuações de preço nos seus suprimentos.

FOCO EM 10.1

GERENCIANDO A DEMANDA DE ENERGIA

Em um dia quente, no início do verão de 2000, em Milwaukee, a companhia Wisconsin Electric Power estava prestes a sofrer uma falta de energia. Ela poderia comprar eletricidade de outra companhia no mercado aberto, mas a demanda naquele dia havia elevado o preço para dez a vinte vezes mais que o valor normal. Então, a companhia pediu a um de seus maiores consumidores industriais que fechasse as portas por um dia, e ela se responsabilizaria pelo pagamento dos operários naquele período. Funcionou. No final, a Wisconsin Electric acabou pagando à indústria cerca de US$ 0,30/kWh para não usar eletricidade, um valor cerca de seis vezes superior ao normal, mas ainda assim muito mais baixo do que comprar eletricidade no mercado aberto.

Atualmente, em virtude da desregulamentação, a eletricidade é frequentemente comprada e vendida no atacado, e o custo pode temporariamente decolar a US$ 10/kWh. Nenhuma companhia pode comprar a esse preço, revender a US$ 0,05 a 0,10/kWh, e obter lucro. Os custos de todos seriam menores se os consumidores pudessem optar (ou se alguém optasse por eles) por reduzir o consumo quando a demanda está alta (e os preços também).

Outras companhias gerenciam a demanda de energia por meio da instalação de termostatos nas residências, controlados via internet, de modo que seja possível aumentar a temperatura do ar-condicionado em vários graus quando elas (as companhias) necessitam da energia. Interruptores controlados por rádio, que podem ser ativados por controle remoto quando necessário, também têm sido instalados em condicionadores de ar.

C. CARGAS E CORRENTES ELÉTRICAS

As cargas elétricas são de apenas dois tipos. Elas têm o mesmo tamanho e cargas opostas, sendo denotadas como positiva e negativa. Se um bastão de plástico é friccionado contra uma peça de pelo animal, ele adquire uma carga negativa. Você pode fazer com que um bastão de vidro adquira uma carga positiva friccionando-o em náilon. Os cientistas do século XVIII observaram que existe uma força entre corpos eletricamente carregados, e concluíram que há uma "força elétrica" entre quaisquer corpos que possuam uma carga líquida. Essa força é repulsiva se as cargas em ambos os corpos forem do mesmo tipo, e atrativa se os corpos possuírem cargas diferentes (Figura 10.3). A lei básica da carga elétrica é:

Cargas iguais se repelem; cargas diferentes se atraem.

A força que mantém uma peça de invólucro plástico presa a uma tigela é a força eletrostática. Se você esfregar uma bexiga em seu cabelo, será criada eletricidade estática que permitirá que a bexiga fique presa a uma parede.

A unidade de carga é o **coulomb** (C). Um elétron tem uma carga negativa, enquanto um próton tem uma carga positiva, igual em tamanho à carga do elétron. O tamanho da carga dessas partículas é bastante pequeno. São necessários $6{,}25 \times 10^{18}$ elétrons para se obter a carga total de 1 coulomb. Assim, um elétron tem carga de $1{,}6 \times 10^{-19}$ C. Todos os átomos neutros têm igual número de elétrons e prótons; portanto, não possuem carga líquida. No processo de carregar eletricamente um objeto, os elétrons são transferidos de um material para outro. Não há criação ou destruição de cargas; a carga elétrica é conservada. Essa lei da natureza, observada universalmente, é denominada lei da conservação da carga. Ela nunca foi violada. Um corpo tem carga negativa se ele possuir um excesso de elétrons. Ele terá uma carga positiva se elétrons forem removidos, deixando para trás um excesso de prótons positivamente carregados.

Mais exemplos de cargas elétricas serão discutidos no Tópico Especial sobre eletrostática, no final deste capítulo. Seria interessante ler essa seção caso você não esteja familiarizado com a eletricidade estática ou deseje explorar mais a fundo alguns dos fenômenos ilustrados na seção Atividades Adicionais, também no término deste capítulo. O exemplo a seguir mostra algumas características das leis básicas da eletrostática.

FIGURA 10.3

UM EXEMPLO DAS FORÇAS ELÉTRICAS MOSTRANDO QUE CARGAS IGUAIS SE REPELEM. LOGO ANTES DE ESTA FOTOGRAFIA SER TIRADA, O BASTÃO PLÁSTICO TRANSFERIU CARGAS NEGATIVAS PARA A ESFERA, DE MODO QUE AGORA AMBOS OS OBJETOS TÊM UMA CARGA NEGATIVA LÍQUIDA.

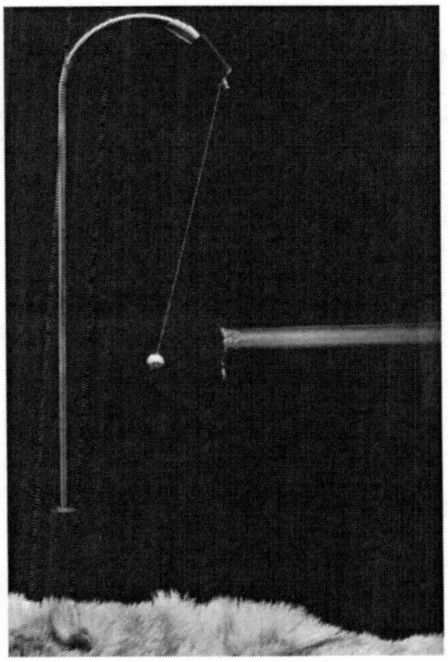

G. BURGESS

Se você aproximar um fio de cobre de um corpo que tem uma carga líquida negativa e tocá-lo, a carga negativa do corpo vai diminuir. Se um pedaço de vidro entra em contato com um corpo carregado, a carga líquida permanecerá aproximadamente a mesma. Esse fenômeno tem a ver com a grande variação na capacidade que os materiais têm de conduzir ou transferir cargas elétricas. Os metais são geralmente excelentes *condutores* elétricos, enquanto materiais como o vidro são condutores muito ruins, chamados de *isolantes*. Os elétrons dos isolantes estão fortemente ligados a cada um dos átomos, ao passo que os elétrons nos metais têm muito mais liberdade de movimento, podendo migrar facilmente através do metal.

Esse fluxo de elétrons em um condutor é chamado de **corrente elétrica**, expressa pela quantidade de carga que flui através de um ponto em certo intervalo de tempo, e tem unidade de coulomb por segundo, chamada *ampère*, A, ou "amps".[4] Se duas placas carregadas com cargas opostas forem conectadas por um condutor, como um fio de cobre, os elétrons vão fluir da placa negativa para a positiva. Enquanto as cargas líquidas positiva e negativa permanecerem nas placas, dizemos que há uma **diferença de potencial** entre elas, e, portanto, o fluxo de cargas será mantido. A diferença de potencial entre dois pontos *A* e *B* é definida como o trabalho por unidade de carga que deve ser efetuado para se mover uma carga do ponto *A* para o ponto *B*. A unidade de diferença de potencial é o **volt**, em que 1 V = 1 J/1 C. Você pode imaginar esse conceito de diferença de potencial de forma análoga à diferença de energia poten-

[4] Trata-se de uma abreviação mais utilizada nos Estados Unidos. (N.T.)

cial gravitacional entre dois pontos devido a uma diferença na altitude. É necessário realizar trabalho para se mover um corpo de um ponto mais baixo para um ponto mais alto. As baterias e os geradores elétricos são dispositivos utilizados para produzir diferenças de potencial.

Para que haja uma corrente entre dois pontos, deve haver uma diferença de potencial entre eles (por exemplo, fornecida por uma bateria) *e* um caminho entre esses pontos pelo qual a carga possa fluir. Isso chama-se circuito. Se você examinar os dois orifícios de uma tomada elétrica, a diferença de potencial ou a tensão (voltagem) entre eles é de 120 V.[5] Um desses orifícios (o maior)[6] está "aterrado", ou com potencial zero, enquanto o outro está 120 V acima. Se uma lâmpada for conectada à tomada, teremos um caminho pelo qual as cargas elétricas podem fluir a fim de se obter um circuito completo. A Figura 10.4 mostra uma visão em corte de uma lanterna contendo duas pilhas[7] tipo D de 1,5 V. Siga o diagrama e observe que, quando a chave está fechada, há um circuito completo do terminal positivo da pilha ao terminal negativo, passando pelo filamento; desse modo, a lâmpada acende. A diferença de potencial total através da lâmpada é de 3 V, pois as duas pilhas estão ligadas em série, com o terminal + (positivo) de uma ligado ao terminal – (negativo) da outra.

ATIVIDADE 10.1

Você pode construir um pequeno dispositivo para observar as cargas elétricas. Usando um canudo, uma linha, um copo de poliestireno (Isopor®) e duas bolinhas feitas de papel-alumínio, construa o objeto mostrado a seguir. Friccione uma bexiga de borracha (ou uma colher de plástico) em seu cabelo. Aproxime-a lentamente das bolinhas de alumínio e observe. Tente colocar um pouco de sal ou pimenta sobre a mesa e coloque a bexiga de borracha carregada aproximadamente 1 cm acima. O que você observa? Explique.

Substitua as bolinhas de alumínio por pequenos pedaços de poliestireno e repita o experimento com um balão e seu cabelo, ou uma colher de plástico e filme plástico para embalar alimentos. Houve alguma mudança? Explique.

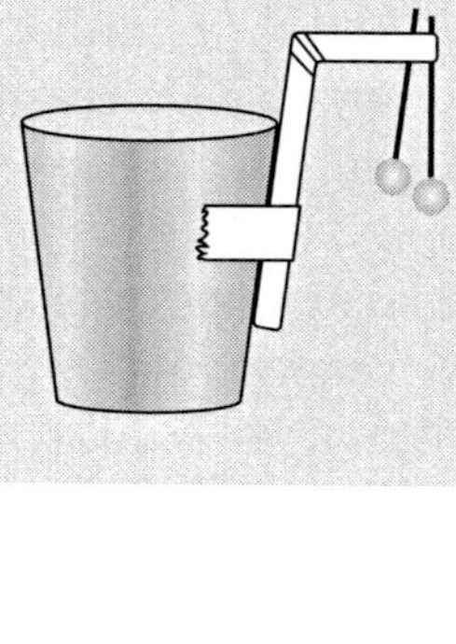

[5] Ou 110 V, ou 127 V, ou 220 V. O valor observado dependerá, é claro, da rede elétrica local. (N.T.)

[6] O autor refere-se ao sistema norte-americano, no qual há duas fendas de tamanhos diferentes na tomada. (N.T.)

[7] No original *batteries*. Em inglês não há distinção entre pilha e bateria. (N.T.)

FIGURA 10.4 DIAGRAMA DO INTERIOR DE UMA LANTERNA COM INVÓLUCRO DE PLÁSTICO. QUANDO A CHAVE ESTÁ LIGADA, A LÂMINA DE METAL FAZ CONTATO COM O ANEL DE METAL AO REDOR DO BULBO. ISSO PERFAZ UM CIRCUITO CONTÍNUO ATRAVÉS DA LINGUETA DE METAL NO INTERIOR DO INVÓLUCRO ATÉ A MOLA E DAÍ ATÉ O TERMINAL NEGATIVO. O TERMINAL POSITIVO DA PILHA ESTÁ EM CONTATO COM O FILAMENTO DO BULBO.

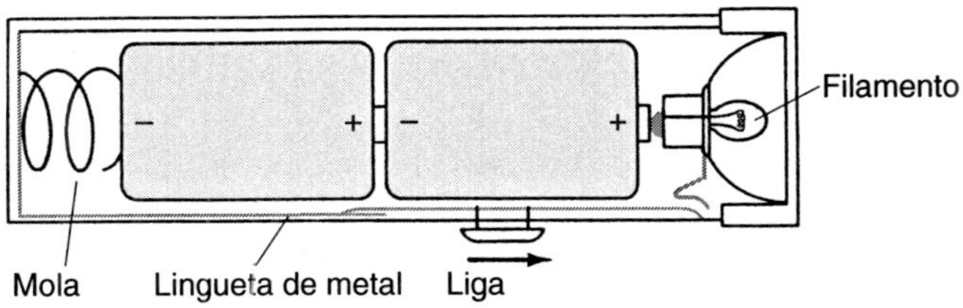

Existem dois tipos de circuito elétrico: corrente contínua (CC) e corrente alternada (CA).[8] Na CC, a corrente flui sempre em uma mesma direção, como, por exemplo, em um circuito alimentado por uma bateria. Na CA, a corrente muda contínua e alternadamente de uma direção para outra. A frequência da CA comercial nos Estados Unidos[9] é de 60 ciclos por segundo (60 Hz), enquanto na maior parte da Europa é de 50 Hz. A corrente alternada é o tipo de corrente produzida pelas nossas grandes usinas elétricas, e, portanto, é a que encontramos em casa. As vantagens da CA serão discutidas no Capítulo 11.

D. BATERIAS E VEÍCULOS ELÉTRICOS

Uma bateria é como uma "bomba" exercendo uma força sobre os elétrons em um fio. Trata-se de um conversor de energia, pois transforma a energia química em elétrica, fornecendo uma diferença de potencial entre os terminais da bateria. Em geral, uma bateria tem dois eletrodos (ou terminais) de diferentes materiais submersos em uma solução química chamada **eletrólito**. Isso chama-se célula; uma bateria é uma combinação de células. Pequenas quantidades dos compostos que integram os eletrodos passam para a solução no eletrólito como íons livres (átomos eletricamente carregados que criam os terminais positivo e negativo). Quando dois terminais são unidos por um circuito externo, os elétrons podem fluir de um eletrodo para outro. O eletrólito pode ser líquido (tal como ácido sulfúrico diluído em uma bateria de carro) ou uma pasta úmida (como em uma pilha comum). A diferença de potencial da bateria é mantida pela ação química contínua em cada eletrodo.

A primeira bateria foi inventada pelo cientista italiano Alessandro Volta (1745-1827). Sua bateria consistia de uma pequena placa de zinco e outra de cobre,

[8] Em inglês *direct current* (DC) e *alternating current* (AC). (N.T.)

[9] E no Brasil também. (N.T.)

separadas por um pedaço de papelão que havia sido umedecido em uma solução salina. À medida que o átomo de zinco passa para o eletrólito como um íon, $Zn \rightarrow Zn^{2+} + 2e^-$, dois elétrons são deixados para trás. Esses elétrons fluem como corrente através de um fio externo até o outro eletrodo, ligando-se a um íon cobre que está em solução, depositando o cobre metálico sobre o eletrodo negativo: $Cu^{2+} + 2e^- \rightarrow Cu$.

Uma bateria comum nos dias de hoje é a de chumbo-ácido, usada em automóveis. O Foco em 10.2, sobre "Baterias comuns", descreve sua operação, bem como a das pilhas comuns de células secas. Uma vantagem das pilhas recarregáveis é que é possível fazê-lo a seco, ao contrário das comuns. Isso é feito passando-se uma corrente externa pela bateria, na direção oposta à do fluxo de corrente, durante a operação normal. As baterias de chumbo-ácido são populares porque podem ser recarregadas milhares de vezes, têm custo relativamente baixo e fornecem altas correntes por períodos curtos de tempo. (Numa escala diferente, pequenas pilhas recarregáveis de lítio são muito populares hoje. Elas são leves e carregam muita energia. Você provavelmente tem uma, em seu *laptop* ou celular).

FOCO EM 10.2

BATERIAS COMUNS

A bateria de chumbo-ácido geralmente consiste de seis células conectadas em série. Cada célula tem um eletrodo positivo feito de dióxido de chumbo e um eletrodo negativo feito de chumbo esponjoso puro, ambos imersos em um eletrólito composto de ácido sulfúrico, H_2SO_4, e água (Figura 10.5(a)). Quando os dois terminais são conectados por um circuito externo, dois elétrons no eletrodo negativo deixam um átomo de chumbo que passa para a solução como Pb^{2+}. Esses íons positivamente carregados combinam-se aos íons sulfato do eletrólito para formar sulfato de chumbo ($PbSO_4$). No terminal positivo, o dióxido de chumbo, PbO_2, é convertido em sulfato de chumbo e água, usando os dois elétrons que "fluíram" pelo circuito externo. Como o sulfato de chumbo se deposita em ambos os terminais durante a descarga da célula, a concentração de ácido sulfúrico da bateria diminui. Já que a densidade do ácido sulfúrico é bem maior que a da água, uma queda pronunciada na densidade do eletrólito indica que a célula está descarregada. Quando o depósito de $PbSO_4$ em cada eletrodo é tão grande que o Pb e o PbO_2 ficam indisponíveis para o eletrólito, dizemos que a bateria está "morta". A diferença de potencial gerado pelos dois terminais da célula é de 2 V, de forma que uma bateria de carro com seis células conectadas em série fornece $6 \times 2\ V = 12\ V$.

Uma bateria de célula seca (a pilha comum) (Figura 10.5(b)) utiliza um eletrodo de carbono como terminal positivo e um invólucro de zinco como terminal negativo. Uma pasta úmida serve como eletrólito; à medida que ela seca, a voltagem da célula diminui. A pilha também se desgasta à medida que o zinco é utilizado.

FIGURA 10.5 CONVERSORES DE ENERGIA QUÍMICA EM ENERGIA ELÉTRICA

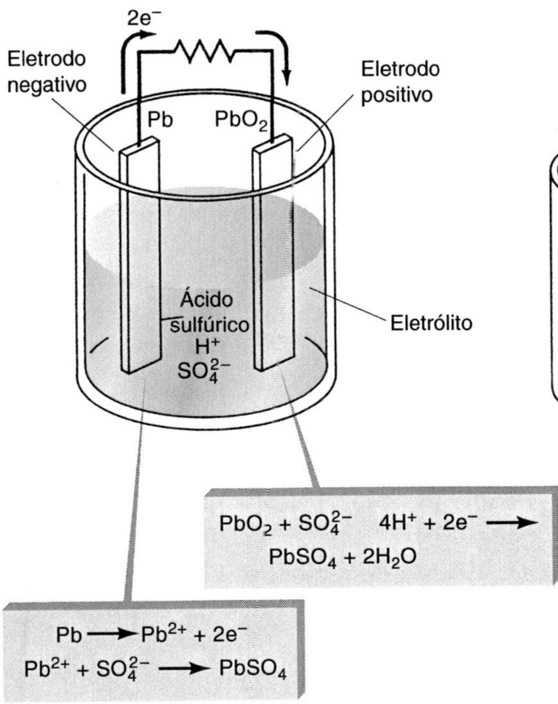

(a) Bateria de armazenagem de chumbo-ácido

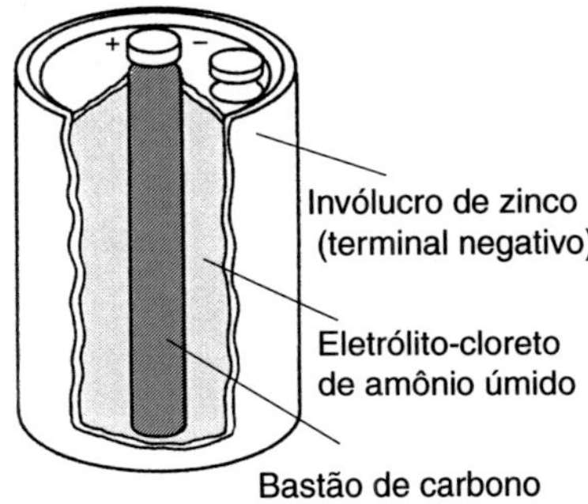

(b) Bateria de célula seca

A bateria já foi considerada a fonte mais confiável de potência conhecida. Ela é conveniente, portátil e segura (não tem partes móveis). Duas características de uma bateria são: tensão e capacidade de descarga. Esta última é igual à corrente suprida pela bateria multiplicada pelo número de horas em que ela consegue suprir a referida corrente. Por exemplo, uma boa bateria de carro com 12 volts tem uma capacidade de descarga de 60 ampères-hora, o que significa que ela pode suprir uma corrente de 3 A durante 20 horas, ou uma corrente de 10 A durante 6 horas. Uma bateria de chumbo-ácido armazena cerca de 2% da energia disponível em um galão de gasolina.[10] Além disso, é muito pesada.

Veículos elétricos (EV)[11] têm sido construídos há muitos anos; e eram tão populares quanto os carros movidos a gasolina na virada do século XIX para o XX. A primeira multa por excesso de velocidade foi dada a um EV por andar a

[10] 1 galão = 3.785 L. (N.T.)

[11] Em inglês, *electric-powered vehicles (EV)*. (N.T.)

15 mph![12] Em 1914 havia 20 mil EV nas ruas. Todas as três grandes montadoras de Detroit[13], Toyota, Honda e Nissan estiveram envolvidas com o desenvolvimento de EV em algum momento. Em dezembro de 1996, a GM foi a primeira montadora a comercializar um EV, embora o esforço tenha resultado em baixa comercialização. O EV1 (como foi chamado) tinha autonomia de 60 milhas (100 km) e usava oito baterias comuns de chumbo – ácido, que levavam de 6 a 8 horas para serem carregadas.

As baterias sempre foram o ponto fraco do desenvolvimento dos veículos elétricos. A pesquisa e o desenvolvimento para se conseguir baterias que sejam leves, baratas e capazes de milhares de recargas têm sido bastante ativos, porém lentos (Figura 10.7). A indústria automobilística gastou mais de US$ 150 milhões na pesquisa em EV na década de 1990. Entretanto, grandes avanços na tecnologia de baterias ainda são aguardados. Hidretos de níquel metálico, Ni-Cad, zinco, níquel-cloreto sódio-enxofre e baterias de lítio são substitutos possíveis para a bateria de chumbo-ácido. Tempos de vida potencialmente curtos e considerações econômicas têm prejudicado essas alternativas, ainda que suas densidades de energia (a energia armazenada por massa da bateria) sejam altas (Tabela 10.1).

TABELA 10.1 CARACTERÍSTICAS DAS BATERIAS.

Tipo de bateria	Energia (W-h/kg)	Urbana (km)	Observações
Chumbo-ácido	30–50	110-150	Confiável, baixo custo, pesada
Níquel-cádmio	37-72	180-200	Tecnologia conhecida, cara
Níquel-cloreto	100	300	Boa armazenagem, operação em temperatura elevada (350 °C)
Íon-Lítio	150	450	Barata
Zinco-ar	180-200	400	Cara, ciclo de vida curto
Hidreto de níquel metálico	50-80	180-200	Popular, leve

Fonte: Dados de DYER, Christopher K. Replacing the battery in portable electronics, jul. 1999. p. 92.

Existem milhares de EV em uso hoje nos Estados Unidos, principalmente por entidades governamentais ou corporações, e há muitos outros sendo adquiridos. Os EV certamente têm um nicho de utilização no mercado e seu maior potencial está em rotas de rotina, em que as distâncias não sejam muito grandes e as velocidades não sejam excessivas. Aproximadamente 75% dos carros particulares percorrem menos de 80 km por dia! Embora os custos de capital sejam elevados, o de operação é

[12] Cerca de 24,6 km/h. (N.T.)

[13] Chrysler, Ford e General Motors. (N.T.)

baixo – cerca de US$ 0,012/km (US$ 0,02/mi). Somente os custos de gasolina de um carro variam entre US$ 0,06 e US$ 0,12 por km (US$ 0,10 e US$ 0,20 por milha). Os veículos elétricos foram considerados como tendo aplicação limitada porque não atendem às múltiplas demandas dos motoristas – longa distância (autonomia); potência de aceleração; baterias com vida longa; baixo custo; e possibilidade de recarga em temperaturas extremas. Mas, as coisas estão mudando.

FIGURA 10.6 Veículos Elétricos – quatro diferentes enfoques: (a) Nissan Leaf puro elétrico (baterias), (b) Chevy Volt, com autonomia estendida, (c) Plug-in Toyota Prius (d) Honda FCX com célula a combustível.

A Figura 10.6 mostra diversas alternativas de veículos elétricos. Depois da decepção do EV1 da GM, a Toyota (em 2001, mundialmente) introduziu o híbrido Prius. Veículos híbridos usam motor convencional de gasolina suplementado por um conjunto de baterias. Os híbridos são acionados por um motor elétrico – com tensão típica de 42 V – que é usado para velocidades de até 25 milhas por hora, em áreas urbanas, em que a bateria é mais eficiente. A eficiência do combustível dos híbridos alcançou as maiores taxas de milhagem da história da EPA, chegando a 70 milhas por galão nas autoestradas. Acima das 25 mph, o motor a gasolina provê potência adicional para impulsionar o veículo a velocidades de autoestrada. Quando há necessidade de aceleração adicional, ambos os motores funcionam. A potência para o motor elétrico de corrente contínua é fornecida por um conjunto de baterias de hidreto metálico de níquel ou de íon-lítio, com 144 V. O conjunto de baterias não precisa nunca ser recarregado por alguma fonte externa, uma vez que age como gerador durante desacelerações e frenagens. Foi demonstrado que as emissões totais dos híbridos podem ser até 65% menores que as dos carros convencionais a gasolina.

FIGURA 10.7 CIRCUITO BÁSICO PARA UM VEÍCULO ELÉTRICO. O CARREGADOR ALIMENTA AS BATERIAS, QUE PODEM, ENTÃO, FORNECER A POTÊNCIA PARA QUE O MOTOR MOVIMENTE O CARRO. A VELOCIDADE E A POTÊNCIA DO MOTOR SÃO REGULADAS PELO CONTROLADOR, QUE, POR SUA VEZ, É CONTROLADO PELO ACELERADOR.

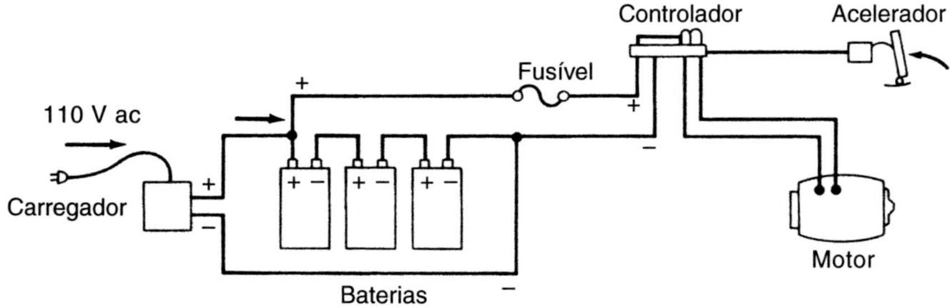

Mais de 100 mil híbridos foram vendidos em 2010, juntando-se aos mais de 1 milhão já nas estradas. Cada uma das grandes montadoras está construindo ou planeja construir sua versão de carro híbrido.

O próximo passo depois dos híbridos são os carros elétricos *plug-in*. Um exemplo é o Chevy Volt, lançado em dezembro de 2010. É um veículo híbrido que funciona com apenas um motor elétrico. Quando a carga da bateria cai abaixo de certo valor, um pequeno motor a gasolina é acionado apenas para carregar as baterias durante a viagem. O Volt tem autonomia de 300 milhas antes de parar para abastecer o tanque ou conectar para recarga. As baterias são de íon – lítio e podem ser recarregadas em tomadas de 120 V em cerca de 10 horas (ou 4 horas em tomadas de 240 V). No modo totalmente elétrico, o Volt chega a 93 mpg, e no total a 60 mpg – a melhor taxa do mercado.

Outro enfoque é o compacto de cinco passageiros Nissan Leaf que tem apenas motor elétrico, sem ter motor a gasolina. O Leaf é apresentado como tendo autonomia de 100 milhas com suas baterias de íon – lítio, que levam apenas 8 horas para recarregar em 240 V. Seu conjunto de baterias tem capacidade de energia da ordem de 24 kWh (comparando com o 1 kWh do conjunto de baterias do Prius).

Outra versão de veículo elétrico é o *plug-in* híbrido. Introduzido pela Toyota em 2010, é essencialmente um híbrido convencional com motor a gasolina e motor elétrico que pode ser conectado à tomada (*plugged-in*) para ser recarregado. Um grande conjunto de baterias permite que ele opere no modo elétrico a maior parte do tempo. No entanto, em viagens mais longas, quando o motor a gasolina está em uso, a economia de combustível cai ao valor do Prius original por causa do peso das baterias. Outro enfoque para os veículos elétricos é o carro a célula de combustível – discutido mais adiante neste capítulo.

O custo por quilômetros dos veículos elétricos depende de várias condições, como um automóvel convencional: velocidade, tráfego, temperatura etc. Para um carro convencional de tamanho médio, com 35 mpg e gasolina a $ 4,0/gal o custo é 400 cents/gal x 1/35 gal/milha = 11,0 cents por milha. O Leaf tem bateria íon lítio com capacidade de 24 kWh. Se a autonomia média for 100 milhas, então o custo do "combustível" com uma tarifa de 9 cents/kWh será 9 cents/kWh x 24 kWh/100 milhas = 2,2 cents/milha. Novamente, lembramos, depende das condições, mas os *plug-ins* aparentam ter custos por unidade de percurso cinco vezes menores que os carros convencionais comparáveis (custos de manutenção e veículos não estão incluídos nesta comparação).

E. A LEI DE OHM

Com uma fonte de tensão e um caminho contínuo pelo qual as cargas possam fluir, temos um circuito elétrico. Primeiro, vamos considerar o valor da corrente elétrica entre dois pontos nos quais existe uma diferença de potencial. Para formularmos uma expressão para essa corrente, considere a analogia da água escoando morro abaixo por um tubo. A quantidade de água que escoa (corrente) em um intervalo de tempo é proporcional à diferença de potencial gravitacional entre as duas extremidades do tubo (a diferença de elevação) e ao tamanho do tubo. Um tubo com diâmetro muito pequeno representa uma grande *resistência* ao escoamento da água, enquanto um tubo com diâmetro maior permitirá um escoamento maior. A taxa de escoamento da água é inversamente proporcional à resistência do tubo. O mesmo ocorre com a corrente elétrica. A **resistência elétrica**, R (não o coeficiente de transferência de calor), de um elemento de circuito, expresso em unidade de ohms, é uma propriedade do tipo de material e de suas dimensões – tanto comprimento como diâmetro. Assim como a água escoando por um tubo, quanto maior for a área de seção de corte de um fio, menor será sua resistência. Quanto maior for o comprimento do fio, maior será sua resistência. A resistência também vai variar com a temperatura. Geralmente, a resistência dos metais aumenta com a temperatura. Alguns materiais têm resistência zero a temperaturas muito baixas, e serão discutidos mais tarde na seção sobre supercondutores.

As quantidades resistência, diferença de potencial e corrente, são relacionadas na maioria dos circuitos por uma relação importante chamada **lei de Ohm**:

$$I = \frac{V}{R} \text{ ou } V = IR$$

Essa fórmula afirma que a corrente I que passa através de um dispositivo é proporcional à diferença de potencial V, ou tensão através do dispositivo, e inversamente proporcional à resistência *R* do dispositivo. (A lei de Ohm é apenas uma relação experimental que é verdadeira para a maioria dos metais; ela não é obedecida por dispositivos de estado sólido, como os transistores.) Note que para que exista uma corrente *I* em um circuito, necessitamos tanto de uma diferença de potencial como de um caminho completo para os elétrons. A lei de Ohm aplica-se tanto a circuitos CA quanto a CC.

FIGURA 10.8 CIRCUITO DOMÉSTICO COM UMA TORRADEIRA.

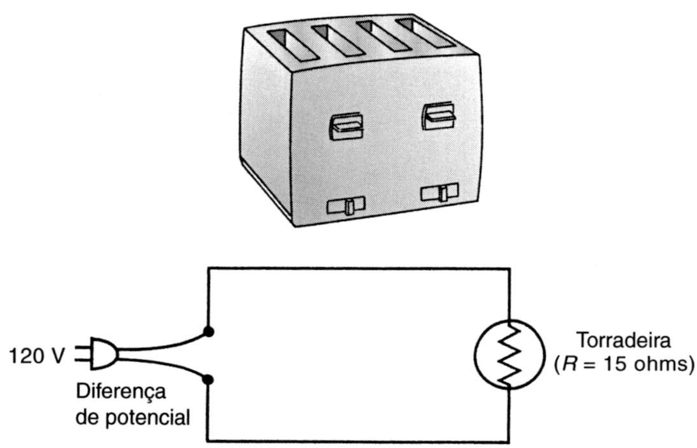

EXEMPLO 10.1

A Figura 10.8 mostra um típico circuito doméstico com uma torradeira ligada a ele. Se a voltagem no plugue (a diferença de potencial entre os terminais) é de 120 V e as resistências da torradeira têm 15 ohms, a corrente na torradeira será de:

$$I = \frac{V}{R} = \frac{120 \text{ volts}}{15 \text{ ohms}} = 8 \text{ amps}$$

Um exemplo que ilustra a lei de Ohm lida com o *choque elétrico*. Quando você está trabalhando próximo a circuitos elétricos deve tomar muito cuidado, já que uma corrente de apenas 0,1 ampère no coração pode causar sua morte. Duas coisas devem ser consideradas a respeito de choques elétricos. Primeiro, para que haja uma corrente deve haver uma diferença de potencial. Um pássaro pode pousar sobre um fio de alta-tensão e não sofrer um choque, desde que ele esteja em contato com apenas *um* fio: não existe diferença de potencial pelo corpo do pássaro. Segundo, a quantidade de corrente é inversamente proporcional à resistência. Uma vez que os ferimentos ocorrem por causa da *corrente* excessiva, os danos causados por uma fonte de *tensão* podem ser reduzidos se a *resistência* do "circuito" for alta. Se você estivesse em pé sobre solo seco, calçando tênis com sola de borracha, e segurasse com a mão uma fonte de tensão, esta faria fluir uma corrente menor em virtude da maior resistência do que se você estivesse em pé sobre uma poça d'água. (Quando estiver trabalhando próximo a fontes de alta-tensão, você deve se lembrar de manter uma das mãos no bolso: caso essa mão livre esteja segurando uma tubulação metálica quando a outra tocar em uma fonte de alta-tensão, uma corrente em nível perigoso poderá passar pelo seu peito, pois esse seria um caminho de menor resistência do que aquele através das suas pernas e sapatos até o chão. A maior parte da corrente seguirá o caminho de menor resistência.)

ATIVIDADE 10.2

Pegue uma pilha, uma lâmpada de lanterna pequena e um fio. Você consegue acender a lâmpada? De quantas maneiras diferentes? Seu "fio", neste experimento, poderia ser um pedaço de papel-alumínio dobrado em forma de fita e depois colado à lâmpada com fita adesiva. Um suporte simples para a lâmpada poderia ser feito com $1\frac{1}{2}$ prendedor de roupas, um elástico e uma moeda pequena, conforme mostrado no desenho.

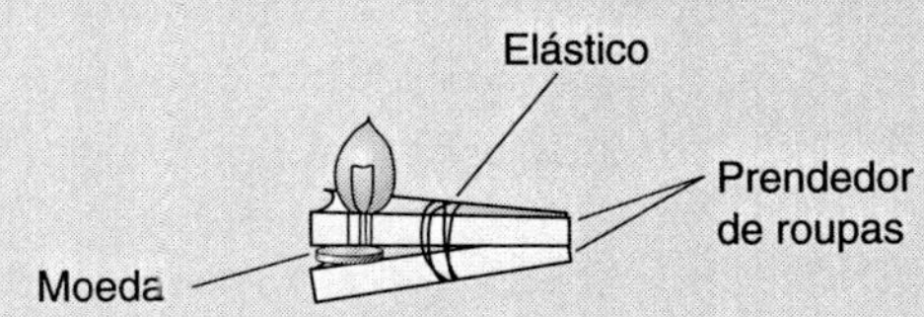

F. SUPERCONDUTIVIDADE

Um dos desenvolvimentos científicos mais instigantes em tempos recentes foi a descoberta dos supercondutores de "alta temperatura". Poucos eventos científicos chamaram tanto a atenção do público de forma tão rápida e completa. Uma boa parte desse entusiasmo é o resultado das muitas possíveis aplicações que podem advir dos materiais supercondutores. Elas incluem trens que levitam sobre trilhos magnéticos, linhas de transmissão de alta-tensão sem resistência elétrica e *chips* de computadores miniaturizados de alta velocidade.

A supercondutividade é conhecida desde 1911, quando o físico holandês Heike Kamerlingh Onnes descobriu que a resistência do mercúrio e de outros metais cai abruptamente a zero em temperaturas abaixo de 4 K (-269 °C), a temperatura do hélio líquido (veja a Figura 10.9) (tais temperaturas são denominadas temperaturas críticas). Avanços nos 50 anos seguintes levaram à descoberta de estados supercondutores em outros metais a temperaturas mais altas (até 20 K). Descobriu-se que ligas de nióbio são supercondutoras a 23 K e são capazes de suportar a condução de grandes correntes elétricas, e, portanto, foram utilizadas em uma das aplicações mais importantes da supercondutividade (até recentemente): os ímãs supercondutores. Porém, o progresso nessa área foi lento, e poucos avanços foram conseguidos na busca pela supercondutividade a temperaturas mais altas. Então, em 1986, dois físicos na Suíça (K. A. Muller e J. G. Bednorz) anunciaram a criação de uma nova classe de materiais supercondutores – cerâmicos – capazes de superconduzir a temperaturas significativamente mais altas (35 K). O que fez disso uma descoberta interessante é que as cerâmicas são geralmente isolantes. Tais resultados estimularam pesquisas intensas que levaram à descoberta, em 1987, de supercondutividade a temperaturas ainda mais altas (100 K) com um material cerâmico diferente – um óxido de ítrio, bário e cobre ($YBa_2Cu_3O_7$). A existência do estado supercondutor a essas altas temperaturas possibilita que o material seja resfriado com nitrogênio líquido relativamente barato, (a 77 K) ao custo do hélio líquido. Hoje, cerâmicas supercondutoras de compostos de óxidos de cobre a temperaturas que chegam a 0° C (273 K) foram obtidas em laboratório. Compostos supercondutores baseados no ferro também foram descobertos. As pesquisas da física continuam tentando descobrir os mecanismos básicos responsáveis pela variedade de classes não convencionais de supercondutores à alta temperatura.

FIGURA 10.9 RESISTÊNCIA *VERSUS* TEMPERATURA EM UM SUPERCONDUTOR. A RESISTÊNCIA É COMO A DE UM METAL NORMAL EM TEMPERATURAS MAIS ELEVADAS, MAS CAI A ZERO NA TEMPERATURA CRÍTICA.

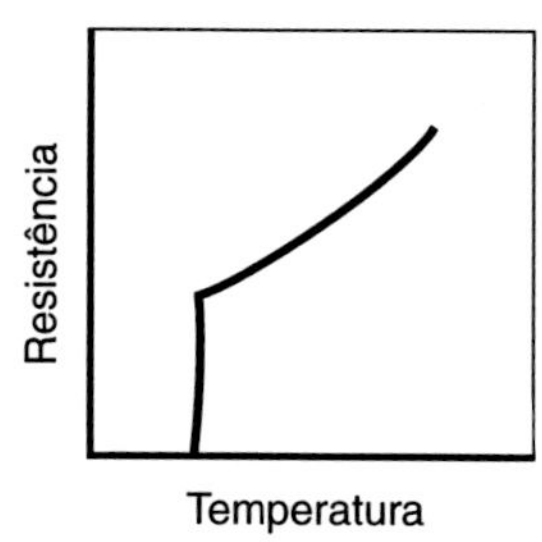

A perda da resistência em temperaturas abaixo da temperatura crítica leva a inúmeras aplicações. Talvez o primeiro uso dos supercondutores em sistemas de potência elétrica seja em linhas de transmissão subterrâneas de alta-tensão. Hoje, aproximadamente 10% da eletricidade transportada em linhas de transmissão é perdida como calor por causa da resistência. Entretanto, linhas subterrâneas de transmissão são atualmente 10 a 20 vezes mais caras do que linhas aéreas. Outra aplicação possível na indústria de eletricidade é o uso de espiras supercondutoras para armazenar eletricidade. Tais espiras poderiam ser carregadas durante as horas de menor consumo, utilizando a energia de geradores que operam na base da carga, e descarregadas quando a demanda for mais alta (durante os horários de pico). Essas espiras condutoras são imaginadas como grandes círculos com mais de uma milha de diâmetro enterrados no subsolo. Outras aplicações dos supercondutores incluem o uso em computadores para se obter arranjos de componentes eletrônicos mais rápidos e densos. Supercondutores também podem ser usados em dispositivos médicos de imagem, como unidades de ressonância magnética nuclear (RMN), que são utilizados para formar imagens dos tecidos humanos.

FIGURA 10.10 Demonstração da levitação magnética. Um ímã "flutua" acima de um supercondutor, que está em um banho de nitrogênio líquido a 77 K (-196 °C).

US Department Of Energy

Outra propriedade de um material supercondutor é que ele elimina campos magnéticos de seu interior, o que é chamado de efeito Meissner. Isso pode levar à levitação. Quando um ímã é posicionado sobre um supercondutor, ele vai flutuar (Figura 10.10). Essa levitação acontece porque o campo magnético induzido pela corrente no supercondutor e o campo magnético do ímã se repelem, como o fazem os polos norte de dois ímãs convencionais. Trens com levitação magnética (veja o Foco em 8.4) podem fazer uso de materiais supercondutores com eletromagnetos na pista. O trem move-se à medida que o campo magnético percorre os trilhos, energizados por uma corrente vinda de uma subestação, empurrando o trem para a frente ou revertendo a direção para provocar a frenagem. Uma vez atingida a velocidade de cruzeiro, pouca energia é necessária para mantê-lo em movimento, pois não há atrito entre o trem e os trilhos (Figura 10.11).

Assim como com qualquer nova tecnologia, frequentemente existe um longo caminho entre o laboratório e as aplicações em grande escala, como as que acabamos de mencionar. A supercondutividade é um processo frágil e depende de outros fatores além da temperatura do material. Altas correntes e campos magnéticos fortes, como ocorrem em linhas de transmissão, podem fazer com que o material retorne ao seu estado não supercondutor. Ademais, a fabricação dessas novas cerâmicas supercondutoras pode ser difícil porque são quebradiças. Projetos demonstrativos de linhas de transmissão subterrâneas em alta-tensão estão em teste atualmente. Um novo fio supercondutor em alta temperatura está em desenvolvimento e consiste de fitas finas sobre as quais o material supercondutor $YBa_2Cu_3O_7$ é depositado em finas camadas. Assim como em qualquer novo desenvolvimento, considerações econômicas têm um papel importante. Trens com levitação magnética ou o uso de linhas de transmissão supercondutoras dependem não tanto da economia de energia que os supercondutores a alta temperatura podem trazer, mas também do fato de essas opções caras se tornarem de interesse público. A economia de energia é suficiente para justificar o aumento nos custos de capital? E quanto ao valor de uma menor poluição do ar, à medida que um número menor de pessoas dirige seu próprio veículo para o trabalho?

FIGURA 10.11 Trens com levitação magnética (MAGLEV), como este no Japão, poderão eventualmente utilizar supercondutores. Velocidades de até 360 mph já foram atingidas em ferrovias de teste.

Bettmann/Corbis

G. CIRCUITOS ELEMENTARES

Um circuito elétrico simples usa uma fonte de diferença de potencial conectada por fios a diferentes dispositivos (denominados carga)[14] para converter a energia elétri-

[14] Não confundir com a carga elétrica, medida em coulomb. A carga em um circuito refere-se à demanda de eletricidade pelos dispositivos. (N.T.)

ca em outras formas de energia, como calor, luz e trabalho (como em um motor). Cada dispositivo elétrico tem sua resistência individual *R*. (Usamos o símbolo -ʌʌʌ- para um resistor, a fim de representar a resistência elétrica da carga.) Cada dispositivo pode ser combinado em um circuito de duas maneiras possíveis: em série ou em paralelo com outros elementos.

CONEXÕES EM SÉRIE

Os dispositivos podem ser arranjados um após o outro em **série**, conforme mostrado na Figura 10.12(a). Nessa situação, a *mesma corrente* flui através de cada um deles. Não há perda de elétrons. À medida que se adiciona mais elementos a esse circuito, sua resistência total *aumenta*. A resistência total é a soma das resistências dos dispositivos individuais. À proporção que a resistência do circuito aumenta, há uma *diminuição* no valor da corrente, de acordo com a lei de Ohm. Lâmpadas colocadas em série em um circuito vão ficando com luminosidade mais fraca conforme novas unidades são adicionadas. Infelizmente, em caso de queima de um dispositivo, passamos a ter um "circuito aberto" (como a abertura de um interruptor) e nenhum dos dispositivos remanescentes vai receber energia, já que deixa de haver um caminho fechado pelo qual a corrente elétrica possa fluir.

EXEMPLO 10.2

Um resistor de 24 ohm e outro de 12 ohm são colocados em série e alimentados por uma bateria de 12 V. Qual é a corrente no circuito?

SOLUÇÃO

Uma vez que estão colocados em série, a resistência total será de 36 ohms. Pela lei de Ohm,

$$I = \frac{V}{R} = \frac{12\,\text{V}}{36\text{ ohms}} = 0{,}33\text{ A}$$

CONEXÕES EM PARALELO

Outra forma de se arranjar os resistores é em *paralelo*, conforme mostrado na Figura 10.12(b). É dessa forma que os circuitos da sua casa são ligados. Nesse arranjo, a corrente que entra é dividida entre os dispositivos. A *diferença de potencial* em cada resistor *é a mesma*; cada dispositivo em um circuito em paralelo recebe a mesma tensão fornecida pela fonte, e, portanto, é independente dos demais.

O valor da corrente em cada "ramo" do circuito depende do valor da resistência daquele ramo. A corrente total que deixa a fonte é a soma das correntes que atravessam cada ramo do circuito. Nesse arranjo, um dispositivo queimado (tal como uma lâmpada) vai criar uma interrupção naquela parte do circuito, mas os outros dispositivos vão continuar recebendo a mesma corrente que recebem normalmente. A resistência total de um circuito em paralelo *diminui* com a adição de mais dispositivos. Isso é análogo ao caso em que mais água é capaz de escoar por três tubos em paralelo do que através dos mesmos três tubos conectados em série. Enquanto a resistência total do circuito em paralelo diminui, a corrente total *aumenta*.

Se um circuito tem excessivos componentes conectados em paralelo, e todos estão em operação ao mesmo tempo, existe risco de incêndio em consequência do aquecimento excessivo do fio por causa da grande corrente I_{total} (essa corrente I_{total} existe no ponto D na Figura 10.12(b), um local entre a fonte de tensão e o ponto em que a corrente se divide entre os outros dispositivos). Como proteção contra o superaquecimento que pode causar um incêndio elétrico, usa-se um *fusível* ou *disjuntor* ligado em série com a fonte. Esse dispositivo rompe-se com um valor selecionado de I_{total}, limitando a corrente a um valor seguro (pode-se imaginar um fusível como um "elo fraco" colocado propositalmente em um circuito). É melhor que o superaquecimento ocorra em um fusível do que na fiação ou nos componentes do circuito.

FIGURA 10.12 (A) UM CIRCUITO CONTENDO RESISTORES EM SÉRIE. À MEDIDA QUE MAIS DISPOSITIVOS SÃO ADICIONADOS, A RESISTÊNCIA TOTAL AUMENTA, E ASSIM A CORRENTE TOTAL DIMINUI. (B) UM CIRCUITO CONTENDO RESISTORES EM PARALELO. À MEDIDA QUE MAIS DISPOSITIVOS SÃO ADICIONADOS, A RESISTÊNCIA TOTAL DIMINUI. ENTRETANTO, A CORRENTE QUE ATRAVESSA CADA DISPOSITIVO (I_1, I_2 ETC.) PERMANECE A MESMA.

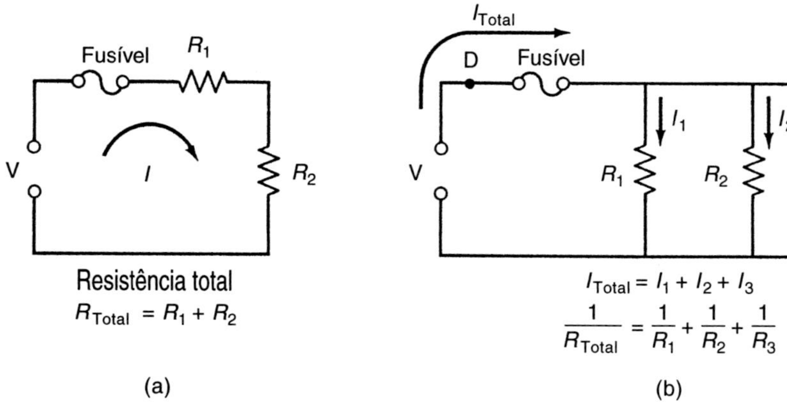

EXEMPLO 10.3

Os dois resistores do exemplo anterior são colocados em paralelo e alimentados por uma fonte de 12 V. Qual é a corrente em cada resistor e a corrente total deixando a fonte?

SOLUÇÃO

Como estão em paralelo, a tensão aplicada a cada resistência será 12 V. As correntes, então, serão:

$$I_1 = \frac{V}{R_1} = \frac{12}{12} = 1{,}0 \text{ A} \quad \text{e} \quad I_2 = \frac{V}{R_2} = \frac{12}{24} = 0{,}5 \text{ A}$$

A corrente total deixando a fonte (I_1+I_2) será 1,5 A.

Uma vantagem dos circuitos paralelos em relação aos em série pode ser observada constantemente nos diferentes tipos de luzes de Natal. Nos conjuntos mais antigos e baratos, as lâmpadas são todas montadas em série, de forma que a queima de uma delas significa desastre para o resto do conjunto. Os conjuntos mais caros têm luzes montadas em paralelo, de forma que a queima de uma delas não afeta o funcionamento das demais.

H. POTÊNCIA ELÉTRICA

A energia elétrica em um circuito, fornecida por um gerador ou bateria, é convertida ou em trabalho (como em um motor), ou dissipada como energia térmica (como em um resistor) (Figura 10.13). A *taxa* com que a energia elétrica é fornecida a um dispositivo é dada pela seguinte equação:

$$\text{Potência fornecida} = \text{volts} \times \text{corrente, ou } P = VI$$

(V é a tensão aplicada e I, a corrente que flui no dispositivo)

A unidade de potência é o watt, 1 watt = 1 V × 1 A. No exemplo anterior da torradeira, a potência elétrica fornecida é $P = 120 \text{ V} \times 8 \text{ A} = 960 \text{ W}$. Quando você compra uma lâmpada de 100 W, deve estar atento a outra informação importante impressa no bulbo (além do preço): a tensão 120 V. A potência dissipada pela lâmpada será 100 W *se* a fonte for de 120 V. Se a voltagem da fonte for menor do que 120 V, o bulbo puxará menor corrente, uma vez que $I = V/R$, e assim a potência de saída $P = VI$ será menor. Durante um *brownout* (blecaute parcial), quando há um excesso de demanda, a voltagem gerada pela companhia é reduzida, resultando em uma diminuição na intensidade das luzes.

FIGURA 10.13 ENERGIA ELÉTRICA TRANSFORMA-SE EM TRABALHO OU CALOR.

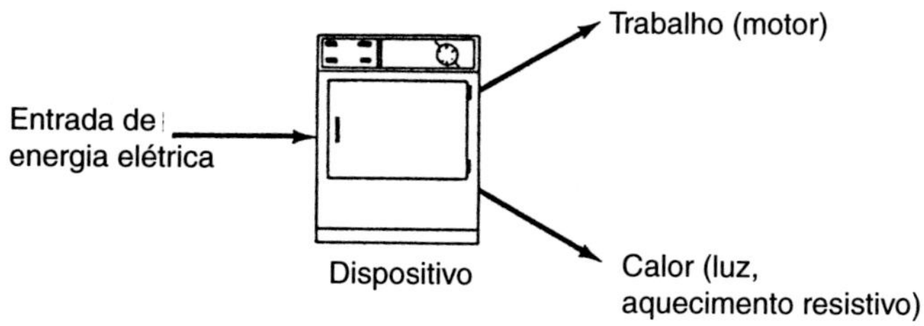

EXEMPLO 10.4

Um ferro elétrico tem uma resistência de 18 ohm e está conectado a uma tomada de 120 V. Qual é a potência consumida pelo ferro?

SOLUÇÃO

Como $P = VI$, precisamos encontrar a corrente I.

$$I = \frac{V}{R} = \frac{120}{18} = 6{,}7\ \text{A}$$

Então,

$$P = 120\ \text{V} \times 6{,}7\ \text{A} = 804\ \text{W}$$

A taxa com que a eletricidade é convertida em calor está relacionada à resistência do dispositivo. Como a diferença de potencial através de um resistor é $V = IR$, a taxa com que a energia é dissipada como calor é dada por

$$P = VI = (IR)I = I^2R$$

Para evitar o superaquecimento de fios, os circuitos domésticos utilizam fios pesados de cobre (aproximadamente $\frac{1}{16}$ pol [1,6 mm] de diâmetro);[15] a grande área de seção de corte desse fio lhe confere uma baixa resistência. Como a resistência desse fio é pequena (aproximadamente 0,003 ohm por pé linear), a corrente que flui é determinada principalmente pela resistência do eletrodoméstico ou carga, e não pela resistência do fio. Portanto, a dissipação de calor I^2R no fio é pequena, por causa do pequeno valor de R.

[15] Aproximadamente 0,16 cm. (N.T.)

FOCO EM 10.3

AS LÂMPADAS DE EDISON MAZDA, EM 1925

Extraído de um anúncio no *Ladies Home Journal* de novembro de 1925:

> Nos dias do governador Bradford, a luz era tão cara que a família puritana simples apagava sua única vela durante a oração. Os colonizadores pioneiros tiveram de aprender a fazer suas próprias velas.
>
> Sua luz vem no toque de um dedo – e é mais de cem vezes mais barata do que a luz de velas.
>
> Portanto, use a luz sem restrições. Uma lâmpada Edison Mazda de 75 W fornece mais do que o dobro da luz de uma lâmpada Edison Mazda de 40 W, mas gastará em média apenas um terço de centavo a mais por hora.

Nos circuitos elétricos da sua casa, os eletrodomésticos são colocados em paralelo (Figura 10.14). A potência máxima que pode ser fornecida em um circuito com um fusível de 20 A é 120 V × 20 A = 2.400 W. Considerando-se que um secador de cabelos poderia utilizar 1.000 W, e um refrigerador 400 W, você pode ver que mais de um circuito é necessário em uma casa. Consequentemente, uma casa pode ter dez circuitos individuais, cada um permitindo uma corrente máxima de 20 A.

EXEMPLO 10.5

Um circuito doméstico de 120 V tem um fusível de 20 A. Quantas lâmpadas de 100 W podem ser usadas simultaneamente nesse circuito?

SOLUÇÃO

Cada lâmpada puxará uma corrente de $I = P/V$= 100 W/120 V =0,83 A. O número máximo de lâmpadas nesse circuito será 20 A/ (0,83 A/lâmpada) = 24 lâmpadas.

FIGURA 10.14 CONEXÕES EM PARALELO EM UM CIRCUITO DOMÉSTICO. (AS CONEXÕES DA FIAÇÃO SÃO INDICADAS POR UM • .)

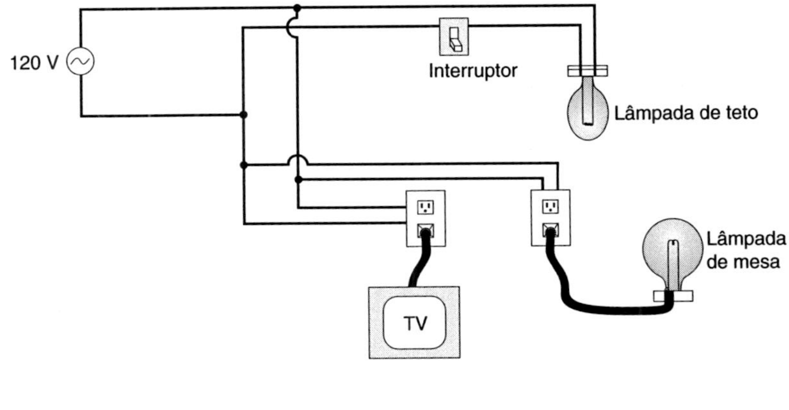

I. AVALIANDO O CUSTO DO USO DA ENERGIA ELÉTRICA

Vamos agora revisar o cálculo dos custos da energia elétrica. Nós pagamos pela energia *utilizada*, não pela potência fornecida. A energia utilizada é a potência (em watts) gasta multiplicada pelo período de tempo (em horas), expressa em unidades de quilowatt-hora (kWh). Por exemplo, se dez lâmpadas de 100 W fossem esquecidas ligadas por 24 horas, a energia total gasta seria 10 lâmpadas × 100 W/lâmpada × 24 h = 24.000 Wh = 24 kWh. O custo desse "esquecimento", a US$ 0,08/kWh, seria de US$ 1,92. (Infelizmente, esse baixo custo da energia tem sido um dos motivos pelos quais temos ignorado a conservação de energia e aumentado nosso consumo *per capita* de eletricidade.) Uma casa utiliza em média 500 kWh de eletricidade por mês (excluindo-se o aquecimento).[16] Um detalhamento maior do uso anual dos eletrométicos está apresentado na Tabela 10.2. O item importante não é a potência em si, mas o consumo *multiplicado* pelo número médio de horas de operação por ano, ou seja, os quilowatts-hora utilizados anualmente. Observe a vantagem dos fornos de micro-ondas – 1.450 W *versus* 12.000 W – em relação a um forno convencional.[17] O forno de micro-ondas aquece apenas os alimentos, e não o prato e o ar ao seu redor, e o faz em um tempo consideravelmente menor.

Um novo sistema para se estabelecer as taxas de consumo, bem como a eficiência do sistema, é chamado de "preço por horário de uso". Nesse sistema, o consumidor é cobrado em função da hora do dia em que utiliza a eletricidade; as tarifas mais baratas são para a utilização fora dos horários de pico, que geralmente ocorrem entre as 9 e as 19 horas. Tarifas mais altas do que as normais são aplicadas durante o horário de pico. A demanda de eletricidade em um dia mostra períodos de pico na manhã e no início da noite (veja a Figura 11.20). O nivelamento da demanda diminuiria a necessidade de se ter usinas menos eficientes e mais caras que são normalmente necessárias apenas para suprir a demanda no pico. Em um mercado de eletricidade não regulamentado, ofertas de curto prazo durante períodos de elevada demanda levam a preços muito altos por quilowatt-hora.

A medição pelo horário de uso é feita com aparelhos especiais. Você pode reduzir seu gasto pessoal com eletricidade se utilizar seus eletrodomésticos principais entre as 21 e as 7 horas em dias da semana (ou o dia todo/aos sábados e domingos), em vez de utilizá-los em outros horários. Computadores e outros dispositivos eletrônicos podem ser usados para ligar os aparelhos quando a demanda é baixa e a eletricidade é mais barata. Algumas companhias estão testando sistemas de comunicação de duas vias entre a casa e a companhia que permitirão a otimização do uso de energia, pois possibilitarão que a companhia desligue seu condicionador de ar, por exemplo, durante um certo período de tempo.

---

[16] Trata-se da média norte-americana. No Brasil esse valor é mais baixo. (N.T.)

[17] O autor refere-se a um fogão elétrico, cuja utilização nos Estados Unidos é mais comum do que a de fogões a gás. (N.T.)

A conservação de energia no setor residencial pode ser feita com a escolha cuidadosa dos eletrodomésticos. Os eletrodomésticos, em geral, compreendem 13% da conta média residencial. Aquecimento e refrigeração podem chegar a 50% do custo. Baixos custos de ciclo de vida (custo inicial + manutenção + custo de energia) devem ser levados em consideração. O custo inicial de um eletrodoméstico pode ser elevado, mas o custo total durante sua vida útil pode ser menor. Os fabricantes devem exibir informações sobre o custo energético na maioria dos eletrodomésticos mais comuns. Isso ajuda o consumidor a economizar energia e reduzir os gastos domésticos (Figura 10.16). Dispositivos de alta eficiência *energy star* (Capítulo 5) levarão a reduções significativas dos custos durante a vida útil.

FIGURA 10.15 SELO INDICANDO OS CUSTOS DE ENERGIA PARA UM ELETRODOMÉSTICO, UMA LAVADORA DE LOUÇAS, NESTE CASO.
Fonte: US Department of Energy.

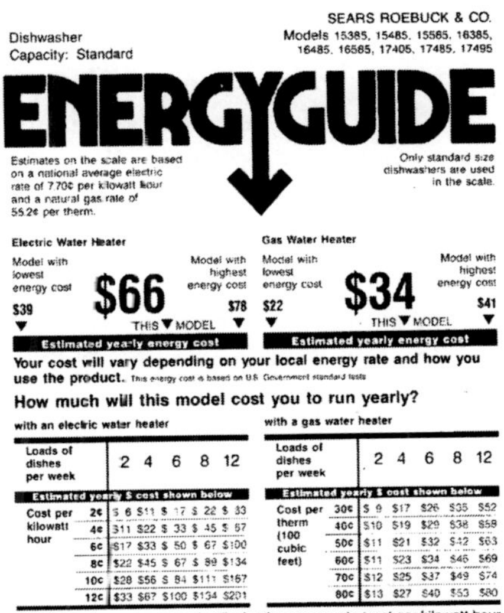

SEARS ROEBUCK & CO.
Models 15385, 15485, 15565, 16385, 16485, 16585, 17405, 17485, 17495

Dishwasher
Capacity: Standard

ENERGYGUIDE

Estimates on the scale are based on a national average electric rate of 7.70¢ per kilowatt hour and a natural gas rate of 55.2¢ per therm.

Only standard size dishwashers are used in the scale.

Electric Water Heater
Model with lowest energy cost $39 — $66 THIS MODEL — Model with highest energy cost $78
Estimated yearly energy cost

Gas Water Heater
Model with lowest energy cost $22 — $34 THIS MODEL — Model with highest energy cost $41
Estimated yearly energy cost

Your cost will vary depending on your local energy rate and how you use the product. This energy cost is based on U.S. Government standard tests

How much will this model cost you to run yearly?

with an electric water heater

Loads of dishes per week		2	4	6	8	12
Estimated yearly $ cost shown below						
Cost per kilowatt hour	2¢	$ 6	$11	$ 17	$ 22	$ 33
	4¢	$11	$22	$ 33	$ 45	$ 67
	6¢	$17	$33	$ 50	$ 67	$100
	8¢	$22	$45	$ 67	$ 89	$134
	10¢	$28	$56	$ 84	$111	$167
	12¢	$33	$67	$100	$134	$201

with a gas water heater

Loads of dishes per week		2	4	6	8	12
Estimated yearly $ cost shown below						
Cost per therm (100 cubic feet)	30¢	$ 9	$17	$26	$35	$52
	40¢	$10	$19	$29	$38	$58
	50¢	$11	$21	$32	$42	$63
	60¢	$11	$23	$34	$46	$69
	70¢	$12	$25	$37	$49	$74
	80¢	$13	$27	$40	$53	$80

Ask your salesperson or local utility for the energy rate (cost per kilowatt hour or therm) in your area, and for estimated costs if you have a propane or oil water heater.

Important Removal of this label before consumer purchase is a violation of federal law (42 U.S.C. 6302).

Economias adicionais substanciais no uso de energia elétrica, especialmente nos setores comercial e industrial, podem ser conseguidas com a utilização das lâmpadas de alta eficiência energética. Já verificamos que as lâmpadas fluorescentes são quatro vezes mais eficientes do que as incandescentes convencionais, embora geralmente não sejam adotadas em casas, porque as pessoas não gostam de suas piscadas, forma, frieza/cor ou elevado investimento inicial.

Em lâmpadas fluorescentes tubulares, a iluminação trêmula pode ser eliminada por meio do uso de sistemas de partida e controle (*ballasts*) de estado sólido, em vez dos dispositivos antigos baseados em bobinas enroladas (*ballasts* são necessários em todas as lâmpadas fluorescentes para garantir uma operação na tensão correta e para aquecer o filamento para que a lâmpada se acenda). As lâmpadas fluorescentes compactas têm um tubo curvado dentro de um globo (Figura 10.16), com o *ballast* na base. A base de rosca é compatível com os bocais--padrão de lâmpadas incandescentes. Os derivados de fósforo, que recobrem a parte interna dos tubos, corrigem a cor e produzem uma luz quente e suave que é bastante semelhante à produzida pelas lâmpadas incandescentes. Essas lâmpadas fluorescentes compactas fornecem a mesma quantidade de luz que uma lâmpada incandescente de 75 W, mas gastam 75% menos energia e duram até nove vezes mais! O retorno do investimento ocorrerá em menos de um ano, com utilização normal (veja o exemplo seguinte).

EXEMPLO 10.6
Retorno de investimento

Uma lâmpada fluorescente tubular, que pode substituir uma lâmpada de mesa incandescente pode ter custo mais elevado. Porém, ela pode economizar energia por causa de sua maior eficiência. Se uma lâmpada fluorescente de 22 W custa $ 4 e uma comum de 75 W custa $ 1, e se a eletricidade custa $ 0,08/kWh, em quanto tempo o investimento terá retorno?

SOLUÇÃO

A lâmpada fluorescente de 22 W produz tanta luz quanto uma lâmpada incandescente de 75 W. Se considerarmos que a lâmpada fica acesa durante 4 horas por dia, o custo de operação mensal da lâmpada incandescente será:

$$\frac{4\ \text{h}}{\text{dia}} \times 30\ \text{dias/mês} \times 75\ \text{W} \times \frac{1\ \text{kW}}{1.000\ \text{W}} \times \$\ 0{,}08/\text{kwh} = \$\ 0{,}72/\text{mês}$$

Para a lâmpada fluorescente, o custo será

$$\frac{4\ \text{h}}{\text{dia}} \times 30\ \text{dias/mês} \times 22\ \text{W} \times \frac{1\ \text{kW}}{1.000\ \text{W}} \times \$\ 0{,}08/\text{kwh}$$

$ 0,21/mês, uma *economia* de 51 centavos por mês.

O custo de $ 3, a mais, da fluorescente será recuperado em apenas 6 meses. No primeiro ano, o custo total (operacional + investimento) será de $ 9,64 para a lâmpada incandescente e de $ 6,52 para a fluorescente. (Como as lâmpadas incandescentes geralmente duram apenas mil horas – menos do que o tempo de utilização considerado –, as lâmpadas fluorescentes terão duração muito maior; portanto, o retorno do investimento vai ocorrer antes).

Tabela 10.2 UTILIZAÇÃO DE ELETRODOMÉSTICOS RESIDENCIAIS.*

Uso Mensal	Potência média do aparelho (W)	Estimado (kWh) / por mês
Preparação de alimentos		
Faca elétrica	100	0,5
Cafeteira elétrica	1.000	9
Frigideira elétrica funda**	1.500	7
Máquina de lavar louças	1.200	30
Frigideira elétrica	1.200	8
Chapa quente	1.200	8
Liquidificador	150	1
Forno de micro-ondas	1.450	15
Fogão elétrico com forno	2.000	60
Assadeira elétrica	1.500	5
Torradeira	1.100	3
Compactador de lixo	400	4
Prensa para *waffle*	1.200	2
Triturador de lixo	400	2
Conservação de alimentos		
Congelador (16 pés^3)	350	100
Congelador (*frost-free**** 16 pés^3)	440	150
Refrigerador/congelador (12 pés^3)	235	60
Refrigerador/congelador (*frost-free* 17 pés^3)	450	150
Refrigerador/congelador (*frost-free* 18 pés^3)	550	220
Entretenimento doméstico		
Computador (*notebook*)	90	6
Rádio	10	2

* Muitos dos aparelhos aqui descritos, embora estranhos aos lares brasileiros, são de uso comum nos Estados Unidos. (N.T.)

** Trata-se de uma panela elétrica que utiliza grande quantidade de óleo, usada para preparar grandes quantidades de alimentos (por exemplo, batatas fritas), ou pedaços grandes (por exemplo, de frango frito). (N.T.)

*** Equipamentos de refrigeração de alimentos que não apresentam acúmulo de gelo, sendo, portanto, desnecessário seu desligamento periódico para remoção de gelo acumulado. (N.T.)

Tabela 10.2 UTILIZAÇÃO DE ELETRODOMÉSTICOS RESIDENCIAIS. (CONTINUAÇÃO)

Uso Mensal	Potência média do aparelho (W)	Estimado (kWh) por mês
Rádio/CD *player*	80	5
XBOX 360	180	22
Televisão		
Televisão em cores	100	18
Tela plana-LCD	110	20
Tela plana-plasma	300	54
Condicionamento de conforto		
Purificador de ar	50	18
Condicionador de ar (de sala)	700	120
Cobertor elétrico	170	18
Desumidificador	670	240
Ventilador (de teto)	370	25
Ventilador (circulador de ar)	75	12
Aquecedor elétrico (portátil)	1.350	400
Umidificador	175	42
Utilidades domésticas		
Relógio elétrico	2	2
Enceradeira	300	1
Máquina de costura	75	1
Aspirador de pó	650	4
Lavanderia		
Secadora de roupas	5.000	85
Ferro de passar roupas	1.100	5
Lavadora de roupas (automática)	375	10
Aquecedor de água	4.500	500
Saúde e beleza		
Secador de cabelos	1.000	3
Lâmpada de aquecimento (infravermelha)	250	1
Barbeador elétrico	15	0,1
Lâmpada de bronzeamento	800	1

Fonte: New York State Electric & Gas Corporation.

Novas lâmpadas incandescentes, que utilizam de 30% a 50% menos energia e têm um tempo de vida cerca de três vezes maior do que as antigas, estão disponíveis atualmente. São chamadas de lâmpadas de tungstênio-halogênio e foram inicialmente utilizadas em faróis de automóveis. O filamento de tungstênio é encapsulado em uma cápsula interna que contém um gás halogênio – produzido pelo vapor de iodo – que retarda o desgaste do filamento e aumenta a eficiência (lâmpadas incandescentes comuns têm um filamento de tungstênio rodeado por gás argônio). O custo adicional é facilmente recuperado com a diminuição do custo de energia ao longo do tempo de vida da lâmpada (3 mil horas).

Outros bulbos que estão se tornando populares são os que usam LED (*light emitting diodes*). Essas lâmpadas de LED usam *chips* especiais do estado sólido que produzem luz quando uma tensão é aplicada. Uma série de *chips* que provem diferentes cores é necessária para conseguir a luz branca. LED são mais duráveis e eficientes que as fluorescentes compactas, mas custam mais.

FIGURA 10.16 LÂMPADAS EFICIENTES NO USO DE ENERGIA: (A) COMPACTA FLUORESCENTE TIPO PARAFUSO (B) COMPACTA FLUORESCENTE EM FORMA DE U (C) LÂMPADA DE LED (D) BULBO HALOGÊNEO.

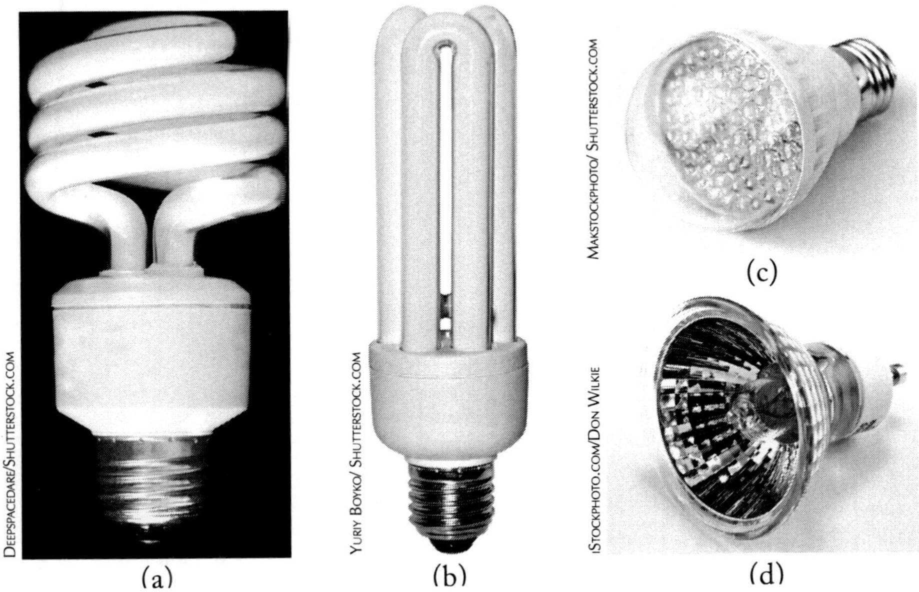

J. CÉLULAS A COMBUSTÍVEL

A célula a combustível é um conversor de potência único que é eficiente, não poluente e flexível. Para muitos, essa é a tecnologia que nos livrará da forte dependência do petróleo importado, principalmente no setor de transportes. Ela combina um combustível (geralmente gás natural ou hidrogênio) com o oxigênio por meio de um processo eletroquímico para produzir eletricidade. Células de combustível vêm sendo desenvolvidas para veículos de passageiros, prédios comerciais, residências e até mesmo para pequenos equipamentos, como *laptops*. Esses sistemas são efetivos em uma grande faixa de potências, de alguns watts a centenas de quilowatts, com eficiências totais de 80% ou mais quando a produção de calor é combinada com a geração elétrica. Elas são limpas, altamente confiáveis, e oferecem uma oportunidade única para a independência energética.

A célula a combustível foi inventada há mais de cem anos, mas atingiu a maioridade nos anos 1970, quando foi utilizada pela primeira vez nas missões espaciais. Atualmente, há um forte interesse renovado nas células a combustível. Sua elevada razão potência/peso, pequeno tamanho e alta confiabilidade (não há partes móveis) a tornam uma fonte popular de energia para usos como propulsão de veículos e aparelhos elétricos comerciais e residenciais de pequena escala. Entretanto, o custo elevado das células a combustível e as dúvidas acerca de sua durabilidade têm atrapalhado sua comercialização. O preço atual de US$ 4.000 a 4.500 por quilowatt[18] poderá ser reduzido em um terço por causa de técnicas de produção em massa.

A célula a combustível é semelhante a uma bateria, fornecendo corrente contínua por meio de um processo eletroquímico. Porém, em uma bateria, os materiais que são armazenados nos eletrodos (Pb e PbO_2 em uma bateria de armazenamento) são consumidos, ao passo que em uma célula de combustível os reagentes químicos são alimentados nos eletrodos na medida em que são necessários. Os dois reagentes químicos em uma célula de combustível são geralmente hidrogênio e oxigênio, alimentados dentro da célula por causa de eletrodos porosos (Figura 10.17).

FIGURA 10.17 SEÇÃO DE CORTE DE UMA CÉLULA DE COMBUSTÍVEL. OS DOIS ELETRODOS POROSOS DE CARBONO SÃO IMERSOS NO ELETRÓLITO. OUTROS COMBUSTÍVEIS PODEM SER UTILIZADOS.

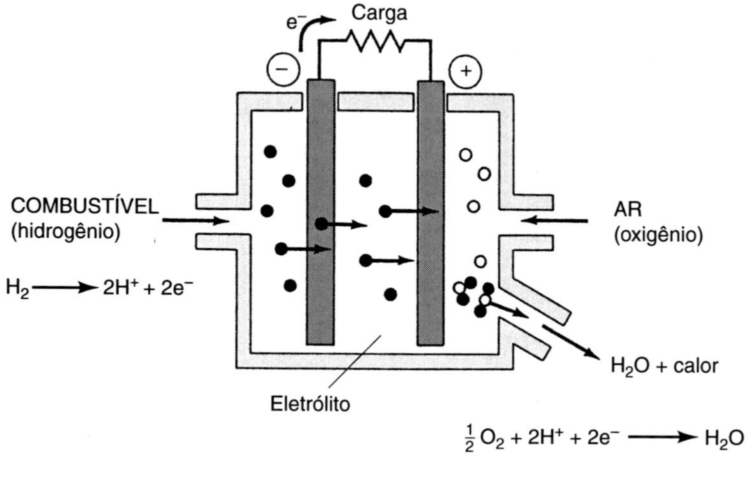

[18] O avanço tecnológico nessa área tem sido extremamente rápido. O custo atual do quilowatt é bastante inferior aos valores aqui citados, e tem caído constantemente. (N.T.)

A reação na célula de combustível pode ser imaginada como uma combustão muito lenta do gás hidrogênio. Normalmente, na combustão, as moléculas do combustível H_2 são oxidadas da seguinte forma: $H_2 + ½O_2 \rightarrow H_2^{2+} O^{2-}$ + energia. Nesse processo muito rápido, os elétrons passam diretamente do combustível para o oxidante. Em uma célula de combustível, porém, os elétrons são transferidos lentamente ao oxigênio através de um circuito externo. No eletrodo positivo, as moléculas de hidrogênio têm seus elétrons retirados e entram no eletrólito (geralmente hidróxido de potássio [KOH] ou ácido fosfórico). No eletrodo negativo, os íons hidrogênio combinam-se com os átomos de oxigênio e os elétrons para formar água e calor. Os elétrons fluem por um circuito externo que conecta os eletrodos. O resultado líquido, conforme mostrado na Figura 10.17, é a reação entre hidrogênio e oxigênio para formar água. Cinco tipos diferentes de células de combustível estão em estágio de pesquisa, testes ou desenvolvimento (Tabela 10.3). A célula com membrana de troca protônica (*proton exchangfe menbrane* – PEM), a célula a carbonato fundido (Na_2CO_3) e a célula cerâmica a óxido sólido estão todas no estágio de demonstração. A célula a ácido fosfórico já foi operada em escala comercial de 200 kW e testada em uma unidade de 11 MW. O processo alcalino (KOH) tem sido utilizado pela Nasa em seu programa espacial, em cápsulas espaciais Gemini, desde os anos 1960.

A célula a ácido fosfórico (*phosphoric acid fuel cell* – PAFC) é considerada a “primeira geração” das células de combustível e foi a primeira a ser comercializada, tendo mais de 200 unidades em uso atualmente. É utilizada comumente para geração estacionária de energia elétrica, já que suas unidades são grandes e pesadas, mas também pode ser usada para acionar grandes veículos, como os ônibus urbanos. As PAFC apresentam eficiência de 85% quando em cogeração de eletricidade e calor, porém menos eficientes quando geram somente eletricidade, na faixa de 37% a 42%. Essa eficiência é ligeiramente maior que aquela das centrais termelétricas baseadas na combustão.

As células de combustível a polímero de membrana eletrolítica (*polymer electrolyte membrane*, PEM) – também chamadas de células de combustível a membrana de troca de prótons) apresentam maior densidade de potência e menor peso quando comparadas com os demais tipos. As células a PEM usam um polímero sólido como eletrólito e eletrodos de carbono poroso contendo um catalisador de platina. Requerem somente hidrogênio, oxigênio do ar e água para operar, e não necessitam de fluidos corrosivos como os demais tipos. Sua baixa temperatura de operação (80 °C) permite que elas deem partida rapidamente, o que resulta em menos desgaste dos componentes do sistema. Uma barreira significante ao seu uso é a necessidade de se ter um invólucro pesado a bordo para armazenar hidrogênio líquido. Combustíveis com maior densidade, como metanol, etanol e gás natural, poderiam ser usados, mas requerem um processador de combustível a bordo para ser reformados a fim de obter hidrogênio.

Tabela 10.3 TIPOS DE CÉLULAS DE COMBUSTÍVEL.

Tipo de célula	Eficiência (%)	Temp. de operação (°C)	Tamanho da unidade (kW)
PEM	40-50	80	50
Ácido fosfórico	40-50	200	200
Carbonato fundido	60+	650	2.000
Óxido sólido de cerâmica	40-50	1.000	100
Alcalina	70	60	2-5

As células de combustível alcalinas (*alkaline fuel cells* – AFC) foram as primeiras a ser usadas no programa espacial para produzir eletricidade e água a bordo das espaçonaves. As AFC usam uma solução de hidróxido de potássio na água como eletrólito e uma variedade de metais não preciosos como catalisadores no anodo e no catodo. Demonstraram ter eficiência de até 60% em aplicações espaciais. Tanto o hidrogênio quanto o oxigênio devem ser purificados para remover qualquer traço de dióxido de carbono que "envenenaria" a célula, tornando-a inoperável.

As células de combustível a carbonato fundido usam um eletrólito com uma mistura salina de carbonato fundido em suspensão em uma cerâmica porosa e inerte de óxido de alumínio lítio ($LiAlO_2$). Essas células operam a altas temperaturas e por isso não requerem um reformador externo para converter combustíveis com maior densidade energética ao hidrogênio. Em adição, não estão sujeitas ao "envenenamento" por dióxido de carbono. As eficiências aproximam-se de 60%.

As células de combustível a óxidos sólidos (*solid oxide fuel cells* – SOFC) usam um composto cerâmico duro e não poroso como eletrólito, permitindo uma construção sólida em vez de configurações em placas usadas nos demais tipos. Operam a altas temperaturas e precisam ter significativas blindagens ao calor para manter as temperaturas de operação. SOFC, como as do tipo de carbonato fundido, não necessitam de um reformador externo, e em adição não são sujeitas ao "envenenamento" por dióxido de carbono ou enxofre. Ambos os tipos a alta temperatura necessitam de grande tempo para partida, o que os torna mais adequados para uso estacionário.

Em adição a esses cinco, dois outros sistemas estão sendo desenvolvidos: células de combustível a metanol direto (*direct methanol fuel cells* – DMFC) e células de combustível regenerativas. Nas primeiras, o metanol, que tem maior densidade que o hidrogênio, é misturado com vapor, e a mistura é injetada diretamente no anodo da célula. Como um líquido, o metanol pode ser transportado por meios convencionais, mas essa tecnologia está vários anos atrasada em relação aos outros desenvolvimentos. A Nasa está trabalhando em células de combustível regenerativas que confiam na eletricidade obtida de fontes solares ou outras para separar a água em hidrogênio e oxigênio por meio de eletrólise.

A conexão das células individuais é o coração do sistema. Cada célula individual produz apenas uma baixa tensão (em torno de 1 V em CC) e suporta uma pequena corrente. Assim, células a combustível usam camadas de células individuais para atingir a tensão e a corrente desejadas. Embora a capacidade elétrica de uma célula seja pequena, ela pode ser usada para substituir baterias utilizadas atualmente em dispositivos eletrônicos portáteis, como os telefones celulares. Uma companhia desenvolveu um conjunto pequeno, leve e descartável de células que permitem o carregamento de câmeras digitais ou celulares até 15 vezes mais do que outros sistemas recarregáveis do mercado. Os custos das células de combustível ainda não são competitivos com as tecnologias convencionais. Na faixa de $ 30/kW não podem ser comparadas com as máquinas a combustão interna que custam $ 25/kW. A durabilidade das células de combustível ainda não foi estabelecida. Para serem competitivas, devem operar por 5 mil horas em temperaturas iguais às dos motores dos carros. O tamanho e o peso dos sistemas atuais de células a combustível são elementos que complicam sua utilização em veículos convencionais.

A célula a combustível apresenta muitos benefícios. Primeiro, sua eficiência pode chegar a valores entre 50% e 60%. Segundo, sua natureza não poluente permite sua colocação nas cidades, onde a potência é necessária, em vez de em localizações distantes. Tais usinas elétricas são relativamente simples e podem ser rapidamente construídas com módulos pré-fabricados. Terceiro, vários combustíveis podem ser utilizados, incluindo gás natural, hidrogênio, metanol e biogás. As células a combustível têm sido bastante utilizadas em sistemas estacionários, especialmente no setor comercial. Elas são melhores quando operam continuamente, sendo desejável uma demanda contínua de eletricidade e calor. O Centro de Processamento dos Correios em Anchorage, Alasca, é um bom exemplo (Figura 10.18). Células a combustível domésticas são relativamente novas. Uma unidade de 5 kW a 10 kW poderia atender a todas as necessidades de uma casa, exceto durante o pico de demanda.

FIGURA 10.18 O Centro de Processamento dos Correios em Anchorage, Alasca, utiliza um dos maiores sistemas de células de combustível dos Estados Unidos, 1 MW, para fornecer eletricidade e calor.

National Renewable Energy Laboratory

Uma célula de combustível pode ser utilizada para alimentar um motor elétrico. Atualmente, há um bom número de ônibus movidos a células de combustível em operação. Muitos desses ônibus são híbridos/elétricos e usam baterias de lítio para armazenar energia. Outra vantagem ambiental desses ônibus é que podem operar em áreas congestionadas onde a poluição é um problema. Cinquenta ônibus a células a combustível transportaram os atletas durante os Jogos da Ásia, em 2010, na China. (A companhia canadense Ballard Power Systems entregou muitos ônibus urbanos movidos a célula a combustível para a cidade de Los Angeles para testes). A Honda lançou um carro elétrico movido a célula a combustível (tipo PEM) – o FCX Clarity. Esse carro movido a célula a combustível usa uma pilha de células conectadas em série que ocupa o mesmo volume que um tanque de gasolina convencional. Operando com hidrogênio, ele é duas vezes mais eficiente do que um carro com motor a combustão interna. Os custos são comparáveis aos dos carros convencionais, e a emissão líquida de gases causadores de efeito estufa (da extração dos recursos ao uso final) pode ser muito menor em carros movidos a célula a combustível do que nos carros movidos a gasolina, dependendo de como o hidrogênio é produzido. Assim como os carros convencionais, eles poderiam ser abastecidos em minutos. Se o combustível for o gás hidrogênio armazenado a alta pressão, uma autonomia de 400 km será possível com um tanque de 35 galões.[19] Hidretos metálicos também podem ser utilizados para armazenar hidrogênio, reduzindo o volume por um fator de três, se comparado ao volume de gás necessário para se obter uma autonomia de 400 km; entretanto, são caros. Baterias são utilizadas no Honda para ajudar nos momentos de pico de demanda. A frenagem regenerativa – geração de potência na redução de velocidade é usada para recarregar as baterias. Alguns fabricantes de automóveis estão considerando a possibilidade de se utilizar um sistema de processamento para se produzir diretamente o H_2 a bordo com gasolina ou metanol. Porém, neste caso, a eficiência global vai diminuir.

FOCO EM 10.4

A ECONOMIA DO HIDROGÊNIO

O hidrogênio é o único combustível não poluente disponível. O ex-presidente dos Estados Unidos, George W. Bush, chamou o hidrogênio de "combustível da liberdade", principalmente em virtude de seu potencial para substituir o petróleo importado na área de transportes. Entretanto, ele não é de graça – custa muitas vezes mais, por unidade de energia, do que a gasolina comum e, na realidade, pode produzir mais emissões que o motor de combustão interna convencional.

[19] Cerca de 132,5 L. (N.T.)

O hidrogênio não é encontrado livre na natureza e, então, deve ser produzido com outras fontes energéticas. Os dois principais processos de produção de hidrogênio são a reforma em vapor do metano e a eletrólise da água. A reforma do vapor é o método mais econômico, uma vez que o metano (gás natural) é facilmente encontrado a baixo custo e em grandes quantidades. A reforma é a principal maneira de obtenção do hidrogênio nas quantidades usadas atualmente. A separação da água por meio do uso da eletricidade para produzir hidrogênio não apresenta vantagens com relação ao uso direto dos combustíveis fósseis.

O hidrogênio é o mais leve dos elementos. Tem uma densidade de 0,07 g/cm^3 menor que a da água,1,0 g/cm^3, e a da gasolina, 0,75 g/cm^3. Um quilo de hidrogênio tem energia equivalente a um galão de gasolina comum. Como o hidrogênio é um gás, precisa de um volume quatro vezes maior para produzir a mesma quantidade de energia. Por exemplo, um tanque de gasolina de um carro com capacidade para 15 galões contém 90 *pounds* de gasolina. Um tanque de hidrogênio para produzir a mesma energia necessitaria de 60 galões com uma massa de 15 kg. Isso traz a necessidade de um tanque bem reforçado – aumentando o peso do veículo.

Embora uma célula de combustível seja duas vezes mais eficiente que um motor de combustão interna, o hidrogênio necessita de um grande volume para obter a mesma faixa de energia. O armazenamento poderá ser em forma de gás comprimido, hidrogênio líquido a -240 °C, ou hidretos metálicos. Quando o hidrogênio é usado como combustível, dois produtos básicos são a água e o calor. Não há emissão direta de dióxido de carbono como no caso dos combustíveis derivados do petróleo. Em uma comparação de eficiência da cadeia completa, do poço às rodas, os motores a combustão interna apresentam valores de eficiência entre 16% e 17%. Veículos acionados por células de combustível de hidrogênio (obtido por reforma de vapor) apresentam eficiência em torno de 21%.

K. RESUMO

Existem dois tipos de cargas elétricas na natureza: negativa e positiva. O fluxo de cargas constitui uma corrente elétrica. Uma diferença de potencial é necessária para que haja um fluxo de corrente entre dois pontos. A corrente I (medida em ampères) é igual à diferença de potencial através de um dispositivo (em volts) dividida pela resistência (em ohms) desse dispositivo. Essa é a lei de Ohm: $I = V/R$. Os dispositivos em um circuito podem ser arranjados de duas formas: em série ou em paralelo. Em um circuito em série, a corrente através de cada dispositivo é a mesma, enquanto em um circuito em paralelo é a voltagem através de cada dispositivo que é a mesma. A taxa com que a energia elétrica é convertida em trabalho ou é dissipada na forma de calor é a potência, que é dada por $P = VI$. O custo de operação de um dispositivo é igual à potência fornecida multiplicada pelo tempo de uso, multiplicados pelo custo por unidade de energia (geralmente em unidade monetária por quilowatt-hora).

COMO VOCÊ ESCOLHERIA? – REVISITADO

Uma tempestade pode ser bastante aterradora, especialmente com raios próximos. Você deve-se lembrar de que é a corrente que pode matar, portanto, o fato de se estar próximo a condutores (como a água) ou a objetos que podem atrair raios (como árvores altas) é perigoso. Após ler este capítulo, você mudaria de ideia sobre continuar nadando durante uma tempestade ou não?

QUESTÕES

1. Se carregarmos um pente passando-o no nosso cabelo, poderemos pegar alguns pedaços de papel com o pente. Em alguns casos, notamos que pedaços de papel se soltam do pente após um curto tempo. Por quê?
2. Em regiões de baixa umidade, como o sudoeste norte-americano, as pessoas desenvolvem uma "pegada" especial ao abrir portas de carros ou ao tocar maçanetas metálicas, que envolve colocar a máxima área possível da mão em contato com a superfície metálica, e não apenas as pontas dos dedos. Discuta a carga induzida e explique o porquê desse procedimento.
3. Cabines de pedágio em rodovias e pontes geralmente têm um pedaço de fio metálico preso ao chão que toca os carros quando eles se aproximam. Por quê?
4. Qual é a finalidade de um fusível ou disjuntor?
5. Qual das duas lâmpadas incandescentes, de 25 W ou de 60 W, tem maior resistência? Qual delas é percorrida por corrente maior? Qual usa mais energia?
6. Se você quer que um determinado circuito suporte uma alta corrente, é melhor usar fio de maior ou menor diâmetro?
7. Se você conecta um aparelho de som a uma tomada e uma luminária a outra tomada em uma mesma sala, você estará conectando esses equipamentos em série ou em paralelo? O que limita o número de dispositivos que podem ser conectados às tomadas do mesmo circuito em uma casa?
8. Por que você acha que levaria um choque mais potente se tocasse uma fonte de alta-tensão com pés descalços do que com os pés calçados?
9. Por que circuitos de 220 V são utilizados para dispositivos como secadoras de roupas e fogões elétricos? Qual é a diferença que você esperaria encontrar na fiação utilizada nesses circuitos em comparação com os de 120 V?
10. Quais são as condições necessárias para que exista uma corrente entre dois pontos em um fio?
11. Por que algumas pessoas são mortas por 120 V enquanto outras apenas sofrem um choque na mesma tensão?

FIGURA 10.19 INTERRUPTOR DE TRÊS FASES.

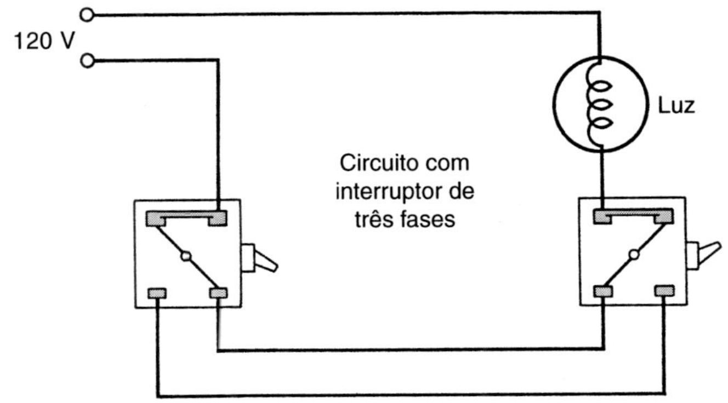

12. Qual é a desvantagem de se utilizar uma extensão barata (com um fio de diâmetro pequeno) para se ligar um aparelho de ar condicionado ou um refrigerador?
13. No esquema seguinte de um interruptor de três fases (Figura 10.19) utilizado para controlar uma lâmpada a partir de dois pontos diferentes, siga o circuito e determine se a lâmpada está acesa ou apagada (as partes sombreadas no interruptor são os condutores metálicos).
14. Quais são algumas das vantagens no desenvolvimento de veículos elétricos (EV)? Em que situações eles teriam seu melhor desempenho?
15. Sugira métodos pelos quais os EV poderiam ser carregados, de forma que o proprietário sinta o mínimo de inconveniência.
16. O que temos a ganhar com os sistemas de transportes de massa de alta velocidade?
17. Investigue instalações recentes de células a combustível para produção de energia em seu Estado (EUA).
18. O desenvolvimento em massa de EV depende de investimentos maciços da indústria automobilística. Como você começaria a convencer um fabricante de que o mercado justificaria tal investimento?
19. Se sua casa fosse sujeita a uma tarifação elétrica pelo tempo de uso (time-of-use), que estrutura de preços você acharia razoável nessas condições? Descreva o conceito e explique seu raciocínio.
20. Por que as eficiências "do poço às rodas" são tão diferentes para os carros movidos por células a combustível em função da forma de obtenção do hidrogênio?
21. Sugira uma política pública que ofereça incentivos para tecnologias de transporte que tenham baixa emissão de gases estufa.
22. O que significa eficiência "do poço às rodas"?
23. Como encorajar o uso de carros movidos a hidrogênio se há poucos postos de

venda de hidrogênio? E como estabelecer postos de venda de hidrogênio se há poucos veículos para utilizá-los?

24. Aponte algumas vantagens do uso de células a combustível. Que combustíveis podem ser usados?

25. Quais são os métodos que podem ser usados para produzir hidrogênio para as células a combustível?

PROBLEMAS

26. Uma bateria de 12 V está conectada a um dispositivo cuja resistência é de 24 ohms. Calcule a corrente no fio. Qual é a potência dissipada por essa carga?

27. Qual é o custo de operação de um secador de cabelos de 1.500 W por 30 minutos, se o custo da eletricidade for de $ 0,12/kWh?

28. Uma lâmpada tem uma corrente de 2 A quando conectada a uma tomada de 120 V. Qual é a resistência e qual a potência da lâmpada?

29. A Tabela 10.2 mostra que a energia média mensal usada por uma grande televisão de tela plana é 22 kWh. Como se pode chegar a esse número?

30. Usando uma torradeira de 1.200 W, quanta energia elétrica é necessária para se preparar uma fatia de torrada (tempo de preparação = 1 minuto)? A $ 0,08/kW-h, qual é o custo da torrada?

31. Qual é a corrente que passa por uma frigideira elétrica de 1.000 W operando em 120 V?

32. Um refrigerador tem dados nominais de 6 A e 120 V. Qual é a potência utilizada pelo refrigerador quando opera a 120 V?

33. Faça uma estimativa do custo mensal da eletricidade utilizada ($ 0,08/kW-h) em um dos seguintes equipamentos (use a Tabela 10.2).

a. Dez lâmpadas de 100 W ligadas seis horas por dia.

b. Aparelho de televisão em cores ligado cinco horas por dia.

c. Uma luz noturna de 1 W continuamente ligada.

34. Usando a classificação de eletrodomésticos da Tabela 10.2, faça uma estimativa do gasto diário de eletricidade (em kW-h) em sua casa. Construa uma tabela relacionando o eletrodoméstico, o tempo de uso em um dia normal e a energia utilizada.

35. Você pode duvidar da afirmação de que as baterias são uma fonte barata de energia. Calcule o preço por quilowatt-hora para uma bateria de carro de 12 V com uma capacidade de 50 ampère-hora, cujo preço é de US$ 40,00. Se a bateria pesar 45 lb, calcule a densidade de energia em watt-horas por libra.

36. O sinal comum de saída em prédios públicos geralmente utiliza duas lâmpadas incandescentes de 20 W. Estas poderiam ser substituídas por diodos emissores de luz (LED)[20] a 2 W por sinal. Se existirem 40 milhões de sinais nos Estados Unidos, qual é a economia de energia em um ano que seria alcançada com essa troca?

37. Um resistor de 50 ohm é conectado a uma fonte de 120 V. Quanto calor é dissipado pelo resistor?

38. A maior parte da resistência do corpo está na pele. Quando molhada, os sais ficam na forma iônica e a resistência diminui. Compare a corrente que passaria através de uma pessoa que entrasse em contato com fonte de 240 V, enquanto (a) uma pele seca tem resistência de 100 mil ohms e (b) uma pele molhada com resistência de 300 ohms.

39. Calcule o preço da eletricidade (por kW-h) em 1925 usando a informação contida no anúncio "As lâmpadas de Edison Mazda".

40. Resistores de 10 ohm e 30 ohm estão conectados em série a uma fonte de 120 V. Qual é a corrente que atravessa o resistor de 30 ohm? Qual será a corrente nesse resistor quando ambos os resistores estiverem conectados em paralelo?

41. Mostre que uma bateria de 60 ampère-hora armazena o equivalente a 2% da energia disponível em 1 galão de gasolina. Use a Tabela 3.4 para obter os fatores de conversão (1 galão de gasolina = 125.000 Btu).

42. O Toyota RAV4 EV (1997-2003) foi um dos primeiros carros totalmente elétricos. Seu conjunto de baterias de níquel – hidreto metálico podia armazenar 27 kWh; sua autonomia média era de 100 milhas.

a. Qual o custo de sua operação, por milha, com a eletricidade custando 9 *cents*/kWh?

b. O RAV4 não EV fazia 28 mpg. Com a gasolina a $ 4,00 o galão, qual era seu custo operacional?

c. Qual era o "mpg" do RAV4 EV – a milhagem equivalente a um SUV usual?

ATIVIDADES ADICIONAIS

1. Encha um balão de ar e friccione-o contra o seu cabelo. Tente grudar o balão em uma parede, colocando primeiro a parte do balão que tocou seu cabelo de encontro à parede. Gire o balão 180° e novamente tente encostá-lo na parede. Há alguma diferença? Por quê?

2. Faça experiências com cargas estáticas da seguinte forma: passe um pente de plástico por seu cabelo ou friccione-o contra um pedaço de pele animal ou lã.

[20] LED vem da expressão em inglês *light-emitting diode.* (N.T.)

Abra uma torneira, de modo que apenas um pequeno fio de água escoe, e aproxime o pente da água. Por que a água reage da forma observada?

3. Examine uma lanterna a pilhas e observe seu circuito elétrico. Desenhe um diagrama que represente esse circuito. Inclua o interruptor.
4. Examine as diferenças entre circuitos em paralelo e em série. Usando duas pilhas (conectadas em série para fornecer 3 V), ligue duas pequenas lâmpadas em série e depois em paralelo. Note o brilho das lâmpadas em cada tipo de ligação (um porta-baterias pode facilitar a execução dos circuitos).
5. Determine qual é a melhor pilha a ser utilizada em um brinquedo com o seguinte experimento: coloque uma série de pilhas no brinquedo e mantenha-o ligado até que pare de funcionar. Anote o tempo gasto. Faça o mesmo com outras marcas de pilhas. Calcule o custo por hora de funcionamento dividindo o custo da pilha pelo número de horas durante as quais ela funcionou. Compare os resultados.
6. Investigue a fiação da sua casa seguindo o circuito conectado a um determinado disjuntor ou fusível. Desligue o disjuntor ou retire o fusível e determine quais tomadas são afetadas. Desenhe esse circuito e rotule os dispositivos. Qual é a potência máxima permitida nesse circuito?
7. Pergunte à companhia elétrica local sobre a variação de consumo de acordo com o horário do dia. Coloque essa informação em um gráfico. Descubra se as tarifas cobradas pela eletricidade variam com o horário de utilização. Discuta como a tarifa se relaciona à conservação de energia. Apresente suas recomendações para que as tarifas sejam utilizadas mais efetivamente para conservar energia.
8. Quando dois metais diferentes (cobre, aço galvanizado ou alumínio) são inseridos em um pedaço de fruta ou legume, uma diferença de potencial passa e existir entre eles. Um amperímetro sensível de corrente contínua conectado entre os eletrodos vai medir uma corrente, embora ela não seja suficiente para acender uma lâmpada. A fruta ou o legume atuam como eletrólito nessa bateria. Experimente com diferentes frutas e legumes, usando diferentes combinações de eletrodos. Este é o princípio por trás do "relógio de duas batatas" comercial.

TÓPICO ESPECIAL

ELETROSTÁTICA

Os gregos já sabiam, por volta de 600 a.C., que um pedaço de âmbar (uma resina fóssil) friccionado com um pedaço de pele animal atraía pequenos pedaços de palha ou madeira. Dizemos que o âmbar foi "eletrificado", ou eletricamente carregado (a palavra "eletricidade" vem do nome que os gregos davam a esse material, *elektron*). Embora inicialmente se acreditasse que o processo ocorria exclusivamente com o âmbar, sabemos hoje que o processo de eletrificação pode ser feito com muitas outras substâncias friccionando-as contra outros materiais. Se um bastão de plástico for friccionado em pele animal e colocado em contato com uma esfera de cortiça[21] suspensa por um fio, a esfera se moverá para longe do bastão (Figura 10.16). Se um bastão de vidro é friccionado com um pedaço de seda e colocado em contato com outra esfera de cortiça, ela também se afastará do bastão. Após tais contatos, se aproximarmos as duas esferas de cortiça elas serão atraídas uma pela outra.

Esses fenômenos podem ser compreendidos se considerarmos uma propriedade da matéria chamada **carga elétrica.** Existem dois tipos de cargas, positiva e negativa. Quando friccionamos o bastão de plástico, ele adquire uma carga que denominamos arbitrariamente negativa. Parte dessa carga foi transferida para a esfera de cortiça durante o contato. O afastamento da esfera de cortiça sugere que cargas negativas se repelem. No caso do bastão de vidro, ele adquire uma carga positiva ao ser friccionado com um pedaço de seda. A esfera de cortiça tornou-se positivamente carregada, pois cargas negativas foram transferidas dela para o bastão de vidro durante o contato. A esfera afasta-se novamente, pois agora tanto ela como o bastão têm carga positiva. Esse experimento sugere que as cargas positivas se repelem. Finalmente, a atração das duas esferas de cortiça, uma pela outra, sugere que cargas opostas se atraem. Podemos resumir os resultados deste miniexperimento afirmando que uma "força elétrica" existe entre quaisquer objetos que possuam uma carga elétrica *líquida;* essa força é repulsiva se as cargas líquidas em ambos os corpos forem do mesmo sinal, e atrativa se eles possuírem cargas de sinais opostos. *Cargas iguais se repelem, cargas opostas se atraem.*

Experimentos adicionais mostrariam como a magnitude da força elétrica é inversamente proporcional ao quadrado da distância entre os objetos carregados, e diretamente proporcional ao produto das magnitudes das duas cargas. Este resultado é expresso quantitativamente pela lei de Coulomb:

$$\text{Força elétrica} = K\frac{Q_1 \times Q_2}{R^2}$$

onde K é uma constante, e Q_1 e Q_2 são as cargas (em unidades de coulombs) separadas por uma distância R.

A origem das cargas elétricas está no átomo (discutido detalhadamente no Capítulo 13). As partículas que constituem os átomos são os elétrons negativamente carregados, os prótons positivamente carregados, e os nêutrons, que não possuem carga. O átomo pode ser imaginado como um sistema solar em miniatura, tendo

[21] No original, os autores chamam esse arranjo de *pith ball*, cuja tradução mais adequada seria bola de energia. Porém, por se tratar de uma expressão desconhecida no Brasil, optamos por descrever o sistema apenas como uma esfera de cortiça. (N.T.)

um pequeno núcleo positivamente carregado que consiste dos prótons e nêutrons, rodeado por uma nuvem de elétrons. A atração elétrica entre os elétrons e os prótons do núcleo fornece a força necessária para manter os elétrons em órbita, de forma análoga à força gravitacional que mantém os planetas em órbita ao redor do Sol. A carga negativa do elétron tem exatamente a mesma magnitude da carga positiva do próton. Como o átomo geralmente tem o mesmo número de elétrons e prótons, ele é eletricamente neutro (ou seja, sua carga líquida é zero). Se um elétron for removido, o fragmento remanescente passa a ter uma carga líquida positiva, e é chamado de **íon** positivo. Se, por outro lado, um elétron for transferido para o átomo, ele se torna um íon negativo. Quando dois materiais são friccionados um contra o outro, como no caso do âmbar e da pele animal, elétrons são transferidos de um material para o outro, deixando um dos objetos com um excesso de elétrons e o outro com uma deficiência de elétrons. O primeiro corpo tem, então, uma carga líquida negativa, e o segundo, uma carga líquida positiva. Nenhum elétron foi criado ou destruído; eles foram apenas transferidos de um corpo para outro. Esse é um ponto importante e um princípio fundamental da física: a conservação das cargas.

FIGURA 10.20 A ESFERA DE CORTIÇA É INICIALMENTE ATRAÍDA PELO BASTÃO; APÓS O CONTATO, A ESFERA AFASTA-SE NA DIREÇÃO OPOSTA.

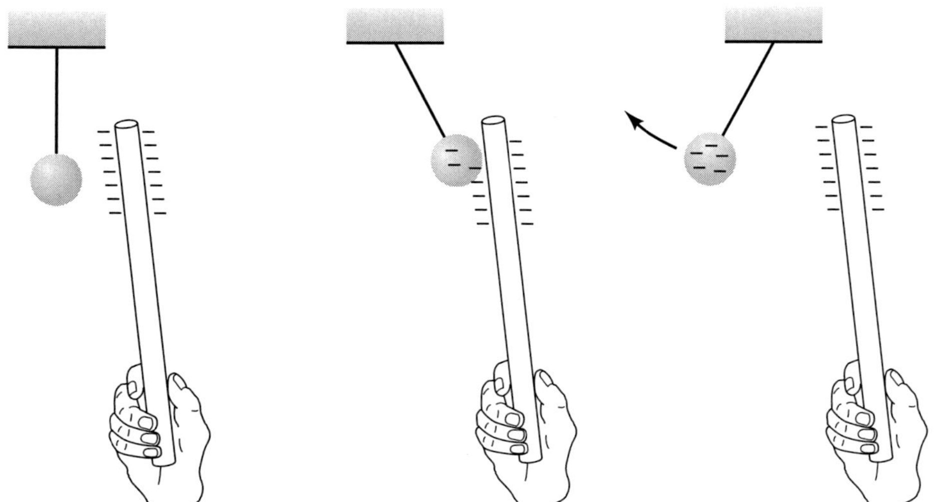

Você pode obter um corpo carregado passando um pente pelo seu cabelo seco. O pente pode, então, ser utilizado para apanhar pequenos pedaços de papel ou algodão (Figura 10.21). Você pode se perguntar como o pente atrai os pedaços de papel, já que o papel estaria originalmente descarregado. A explicação depende da variação da força elétrica com a distância. Quando o pente negativamente carregado é aproximado do papel, algumas das cargas negativas do papel movem-se na direção oposta, deixando um excesso de cargas positivas mais próximas ao pente. Temos uma separação de cargas no papel; dizemos que as moléculas individuais se tornaram **polarizadas**

– o pente induziu uma carga líquida positiva no lado mais próximo de si, deixando o outro lado do papel carregado negativamente. Graças à variação da força elétrica com o inverso da separação, as cargas positivas sentirão uma maior força de atração pelo pente do que a força de repulsão sentida pelas cargas negativas; consequentemente, os pedaços de papel serão atraídos pelo pente. (Observe o que acontece com alguns dos pedaços de papel depois que eles estiveram em contato com o pente por alguns segundos.) Essa "polarização" elétrica também é a razão pela qual a esfera de cortiça é inicialmente atraída pelo bastão carregado (Figura 10.20).

FIGURA 10.21 O PENTE ADQUIRIU UMA CARGA NEGATIVA AO SER PASSADO PELO CABELO. ELE VAI ATRAIR UM PEQUENO PEDAÇO DE PAPEL.

A água é um condutor razoável por causa da presença de impurezas iônicas que possuem uma carga líquida. Em lugares onde o ar é extraordinariamente seco (baixa umidade ou baixo teor de água), a exemplo do sudoeste dos Estados Unidos, ou em ambientes fechados em dias de inverno,[22] você deve tomar cuidado para evitar os choques por "eletricidade estática". O ar seco atua como um bom isolante, evitando que as cargas elétricas deixem seu corpo. Arrastar seus pés sobre um tapete felpudo ou movimentar-se ao longo do assento do seu carro sob tais condições pode fazer você receber choques irritantes ao tocar qualquer objeto aterrado (uma maçaneta ou um amigo), descarregando as cargas acumuladas (Figura 10.22). Para evitar a ocorrência de faíscas em salas de operação onde se utiliza oxigênio, as pessoas calçam sapatos especiais com solas metalizadas para se manter aterradas. Um carro pode adquirir uma carga líquida ao se mover; consequentemente, bastões flexíveis que atuam como fios terra são geralmente colocados no chão antes das praças de pedágio.

Um exemplo da utilização dos conceitos de eletrostática está nos precipitadores eletrostáticos encontrados em algumas usinas elétricas movidas a combustível fóssil. O precipitador eletrostático tem sido bastante eficiente na redução da emissão de particulados pelas chaminés das usinas elétricas. Os gases de combustão que saem da usina passam por uma série de placas e fios de metal arranjados conforme mostrado na Figura 10.23. Existe um grande potencial negativo nos fios, e as placas estão aterradas. Os elétrons emitidos pelo fio podem ser capturados por uma partícula de fuligem, que vai se mover em direção à placa, onde ficará aderida, podendo

[22] Os autores referem-se à atmosfera extremamente seca que ocorre nos interiores em virtude da calefação. (N.T.)

ser removida mecanicamente. O precipitador eletrostático pode remover até 99% dos particulados presentes nos gases de combustão, eliminando a desagradável fumaça negra que sai das chaminés (veja a Figura 8.17, Capítulo 8).

FIGURA 10.22 ELETRIFICAÇÃO PESSOAL. AO DESLIZAR SOBRE O ASSENTO PARA SAIR DO CARRO, VOCÊ PODE ADQUIRIR UMA CARGA LÍQUIDA QUE É DESCARREGADA NA PORTA DO CARRO DEPOIS QUE VOCÊ PISA NO SOLO. O CHOQUE RESULTA DA EQUALIZAÇÃO DAS CARGAS ENTRE VOCÊ E O CARRO.

FIGURA 10.23 DIAGRAMA ESQUEMÁTICO DE UM PRECIPITADOR ELETROSTÁTICO PARA REMOÇÃO DE MATERIAL PARTICULADO DOS GASES DE COMBUSTÃO. OBSERVE A ALTA-TENSÃO NEGATIVA NO FIO CENTRAL.

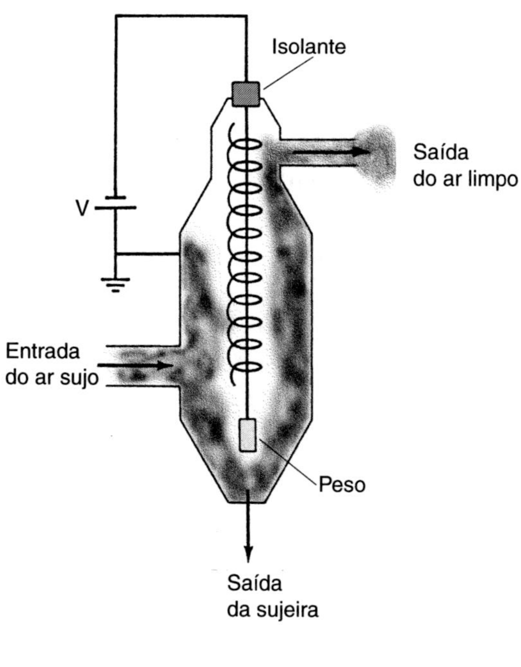

CAPÍTULO 11

ELETROMAGNETISMO E GERAÇÃO DE ELETRICIDADE

Conteúdo

COMO VOCÊ ESCOLHERIA?

"Fora da Escola"

O Conselho da escola vai ter uma reunião com um grupo de pais. Esse grupo está sugerindo que a Kennedy Junior High School deveria mudar de local. Eles estão preocupados que sua proximidade com as linhas de transmissão de alta-tensão de uma usina possa afetar negativamente seus filhos. Não haviam considerado possíveis efeitos dos campos eletromagnéticos (*electromagnectic fields* – EMF) quando construíram a escola. Esses pais foram informados sobre leucemia infantil e EMF. Se você participasse do Conselho como lidaria com esse argumento?

Eletricidade é como uma moeda de troca no mercado de energia. Ela faz com que grande faixa de fontes energéticas se torne útil e intercambiável. Entretanto, não é conveniente ter baterias ou células de combustível em sua casa, e (ainda) não é economicamente viável a utilização de uma grande rede de células solares. Atualmente, é muito mais conveniente e menos cara a geração de energia elétrica em usinas elétricas e sua transmissão para as casas e fábricas. Assim, um sistema elétrico de potência, uma rede com milhares de quilômetros de linhas de transmissão (operando com tensões de 230.000 V e acima), cruza os Estados Unidos. (Nesse país há, essencialmente, duas grandes redes – a ocidental [a oeste] e a oriental [a leste]). A desregulamentação da indústria de energia elétrica nos anos 1990 aumentou a competição e permitiu o acesso à rede para qualquer um que tivesse eletricidade para vender, a centenas ou milhares de quilômetros de distância dos compradores. Com o contínuo crescimento da demanda elétrica, muitas usinas (especialmente as pequenas, operadas por produtores independentes, os

Independent Power Producers – IPP) estão aparecendo em diferentes locais. Entretanto, as linhas que carregam a eletricidade não estão se expandindo na mesma proporção, abrindo possibilidades de instabilidades em um sistema fortemente carregado.

Muitos devem lembrar o apagão (*blackout*) ocorrido nos sistemas do Canadá e do nordeste dos Estados Unidos em 14 de agosto de 2003, o maior na história americana. Mais de 50 milhões de pessoas foram deixadas na escuridão, presas em linhas de metrô, elevadores e assim por diante, durante horas. Muitas usinas e aeroportos saíram de operação. A causa inicial parece ter sido um simples curto-circuito de uma linha de transmissão em alta-tensão em Ohio, em virtude do contato com grandes árvores que não foram podadas adequadamente. (O apagão que ocorreu em Nova York, em 1965, afetou cerca de metade dessa população; outro na Itália, em setembro de 2003, afetou cerca de 54 milhões de pessoas.) Neste capítulo examinaremos a relação entre eletricidade e magnetismo, os princípios básicos da geração e transmissão de energia elétrica e os passos que estão sendo dados para garantir a distribuição confiável daquela energia.

A. FORÇAS E CAMPOS MAGNÉTICOS

ÍMÃS SIMPLES

A primeira observação de um fenômeno magnético foi a de uma determinada rocha que tinha a propriedade de atrair (e repelir) rochas similares. A rocha, um minério de ferro identificado como magnetita, já era conhecida pelos gregos por volta de 500 a.C. Ela era capaz de atrair e agrupar pequenos pedaços de ferro ao redor das suas pontas. Um ímã age como se possuísse dois centros de força, que são chamados **polos**, denominados norte (N) e sul (S). A força entre dois ímãs varia inversamente ao quadrado da distância entre eles, e pode ser atrativa ou repulsiva, dependendo de quais polos estão sendo aproximados. Em geral, polos iguais se repelem e polos opostos se atraem (Figura 11.1).

No caso de forças que atuam a distância, como as forças magnética, elétrica e gravitacional, é conveniente nos referirmos aos seus respectivos "campos" – por exemplo, o campo gravitacional. Uma força gravitacional será exercida sobre uma massa quando ela se encontrar em um campo gravitacional. As linhas na Figura 11.1 do polo N para o polo S em um ímã em barra representam as "linhas de campo magnético". São linhas imaginárias que indicam a direção para a qual um ímã vai apontar – ou a agulha de uma pequena bússola, quando colocada na vizinhança do ímã. Limalhas de ferro pulverizadas sobre uma folha de papel (que repousa sobre um ímã em barra) vão se alinhar de acordo com as linhas vistas nessa figura. A Terra também possui seu próprio campo magnético, semelhante ao produzido por um ímã em barra[1] (veja a Figura 11.5). Uma agulha de bússola vai se alinhar com o campo magnético da Terra, e, portanto, nos ajudar a manter nossa direção quando atravessarmos uma floresta ou navegarmos no mar. Acredita-se que os chineses, por volta de 100 a.C., usavam ímãs permanentes para navegar. Achados arqueológicos recentes sugerem que os índios Olmec da América Central também utilizavam ímãs para a navegação, porém anos antes dos chineses.

FIGURA 11.1

DUAS BARRAS DE ÍMÃ: POLOS OPOSTOS SE ATRAEM. AS CURVAS REPRESENTAM AS LINHAS DE CAMPO MAGNÉTICO, QUE INDICAM A DIREÇÃO EM QUE UMA AGULHA DE BÚSSOLA APONTARÁ SE FOR ALI COLOCADA.

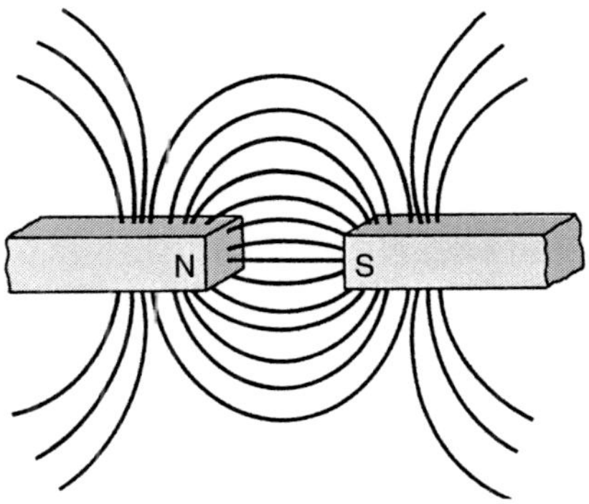

O CAMPO MAGNÉTICO DE UMA CORRENTE ELÉTRICA

À medida que se estudavam a eletricidade e o magnetismo, algumas características comuns iam sendo encontradas, mas poucas conexões foram feitas entre os dois assuntos até o século XIX. As similaridades observadas entre dois corpos carregados e dois ímãs eram que (1) ambos criavam forças capazes de atuar no vácuo, (2) ambas as forças eram inversamente proporcionais ao quadrado da distância entre as duas cargas ou polos, e (3) as forças podiam ser tanto de atração como de repulsão. Entretanto, praticamente todas as substâncias podiam ser carregadas ou eletrificadas, enquanto o magnetismo era uma propriedade do ferro e de outras poucas substâncias. A descoberta da ligação entre a eletricidade e o magnetismo deu origem ao campo do "eletromagnetismo", que tem desempenhado um papel crucial na formação tecnológica do mundo em que vivemos.

1 Uma das unidades de campo magnético é o "gauss". O campo magnético da Terra é de aproximadamente 0,5 gauss. Em unidades SI, a unidade é o tesla; 1 T = 10 mil gauss. (N.T.)

ATIVIDADE 11.1

Ímãs

Pequenos ímãs são facilmente encontrados, seja em lojas de material eletrônico, seja de ferragens (onde são vendidos para utilização em fechos de armários de cozinha).

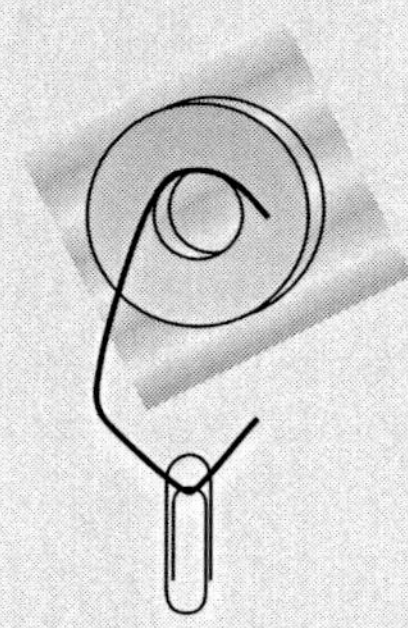

1. Obtenha dois ímãs e verifique como eles interagem um com o outro.
2. Escolha uma série de objetos de seu quarto e faça uma lista daqueles que são atraídos por um ímã.
3. Investigue através de quais materiais um ímã vai atrair um clipe de papel.
4. Examine a força do ímã, determinando quantos clipes ou pequenos objetos ele é capaz de suspender (veja a figura).
5. Coloque os dois ímãs juntos e investigue a questão: o que é capaz de suspender um maior número de clipes ou pequenos objetos: dois ímãs separados ou um ímã com duas unidades?.

A conexão entre eletricidade e magnetismo foi descoberta pelo físico dinamarquês H. C. Oersted, em 1820. Ele observou que a agulha de uma bússola (que é um ímã pequeno) sofria uma força quando era colocada próxima a um fio através do qual passava uma corrente (Figura 11.2). Com base nesse experimento, Oersted concluiu que *uma corrente elétrica gera um campo magnético.*

Uma espira pela qual passa uma corrente também atua como um ímã, semelhante a uma barra de ímã (Figura 11.3). Essa espira, denominada "solenoide", é um exemplo de um **eletroímã**. A força de um eletroímã pode ser aumentada se enrolarmos o fio ao redor de uma barra de ferro-gusa (por exemplo, um prego de ferro), já que o campo magnético do solenoide faz com que o núcleo de ferro também se magnetize. Eletroímãs são utilizados em muitos dispositivos hoje em dia, como motores e relés. Um campo magnético pode ser criado ou removido fechando-se ou abrindo-se um interruptor simples que conecta o eletroímã a uma fonte de tensão.

FIGURA 11.2 O EXPERIMENTO DE OERSTED MOSTROU QUE UM FIO PELO QUAL PASSA UMA CORRENTE ELÉTRICA DÁ ORIGEM A SEU PRÓPRIO CAMPO MAGNÉTICO. AS SETAS INDICAM AS LINHAS DE CAMPO MAGNÉTICO QUE RESULTAM DA CORRENTE QUE PERCORRE O FIO.

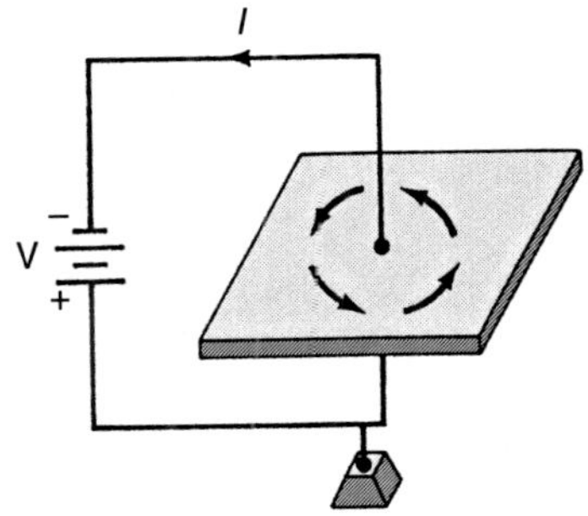

FIGURA 11.3 UM SOLENOIDE, OU UMA ESPIRA PELA QUAL PASSA UMA CORRENTE, DÁ ORIGEM A UM CAMPO MAGNÉTICO (INDICADO PELAS LINHAS TRACEJADAS), SEMELHANTE A UMA BARRA DE ÍMÃ SIMPLES, CONFORME MOSTRADO.

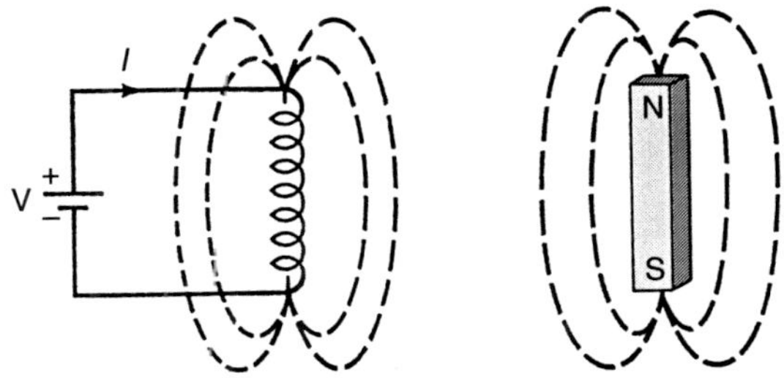

O MOVIMENTO DE PARTÍCULAS CARREGADAS EM UM CAMPO MAGNÉTICO: RAIOS CÓSMICOS, GARRAFAS MAGNÉTICAS

Já que o ímã sentirá uma força quando colocado próximo a um fio conduzindo corrente, a terceira lei de Newton afirma que deverá haver uma força de reação aplicada ao fio condutor por causa da presença do ímã. A corrente consiste de cargas em movimento; portanto, outra maneira de se fazer essa afirmação é: *uma partícula carregada vai sofrer a ação de uma força quando se movimentar em um campo magnético.* A partícula carregada sentirá essa força quando se movimentar de forma não paralela ao campo, mas não sentirá força alguma se seu movimento for paralelo ao campo. A força vai defletir a partícula em uma direção perpendicular ao seu movimento original (Figura 11.4).

FIGURA 11.4 (A) UMA PARTÍCULA CARREGADA (E^-) SOFRE A AÇÃO DE UMA FORÇA F QUANDO SE MOVIMENTA EM UM CAMPO MAGNÉTICO B. A DIREÇÃO DA FORÇA É PERPENDICULAR À VELOCIDADE V E AO CAMPO MAGNÉTICO B. (B) UM FEIXE DE ELÉTRONS EM UM TUBO PREENCHIDO A VÁCUO É DEFLETIDO POR UM CAMPO MAGNÉTICO. O FEIXE FICA VISÍVEL AO ATINGIR UMA TELA FLUORESCENTE.

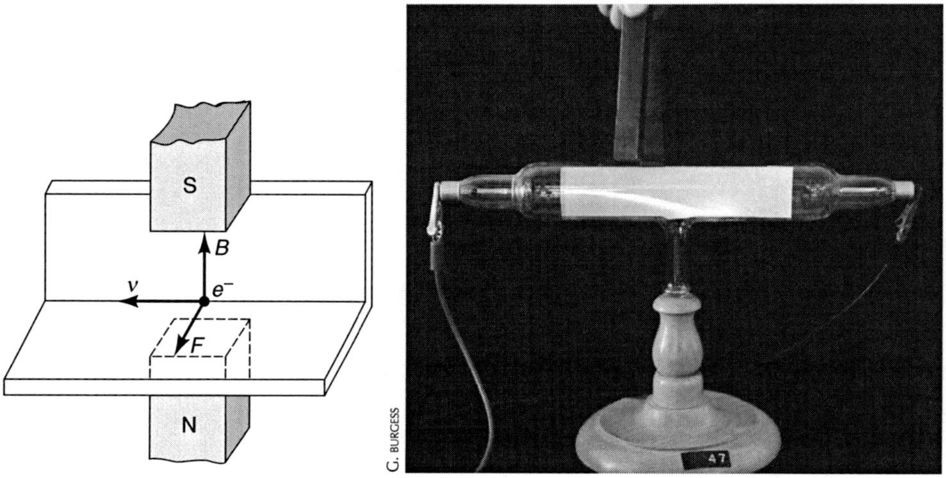

(a) (b)

Um exemplo desse fenômeno é tão velho quanto a Terra. A Terra é continuamente bombardeada por raios cósmicos (partículas carregadas que se movem em altas velocidades) provenientes do espaço. Esse bombardeio fornece a maior parte da radiação ionizante natural que recebemos (veja o Capítulo 15); radiação que é atenuada porque as partículas carregadas são defletidas pelo campo magnético da Terra. Muitas dessas partículas carregadas que são defletidas acabam concentrando-se em bandas de radiação, chamadas cinturões de Van Allen, que cercam a Terra, estendendo-se de algumas centenas de quilômetros até aproximadamente 40 mil quilômetros de distância do nosso planeta. As partículas permanecem "aprisionadas" pelo campo magnético da Terra nesses cinturões toroidais (em forma de rosca) (Figura 11.5). O belo fenômeno da aurora boreal origina-se na interação ocasional entre as partículas desses cinturões com as moléculas de ar sobre o Polo Norte.

Outra aplicação desse fenômeno ocorre nas "garrafas magnéticas" (caixas sem paredes físicas) utilizadas para o confinamento de partículas carregadas em reatores de fusão termonuclear (Figura 11.6) (este assunto será discutido detalhadamente no Capítulo 16). O objetivo do confinamento é conter um gás altamente ionizado de temperatura extremamente elevada (chamado plasma). Se um recipiente sólido fosse utilizado, o gás se resfriaria ao entrar em contato com as paredes e perderia uma parte de sua energia. Porém, ímãs adequados podem ser posicionados de forma que seus campos magnéticos aprisionem as partículas carregadas em movimento em um anel com uma geometria toroidal (como na Figura 11.6).

FIGURA 11.5

O campo magnético da Terra e os cinturões de Van Allen. Os cinturões de Van Allen são compostos por partículas eletricamente carregadas, que são aprisionadas pelo campo magnético da Terra. As partículas movimentam-se em espiral dentro dessas regiões de N para S para N, sendo refletidas em cada extremidade como se fosse por "espelhos", em virtude do formato do campo magnético da Terra.

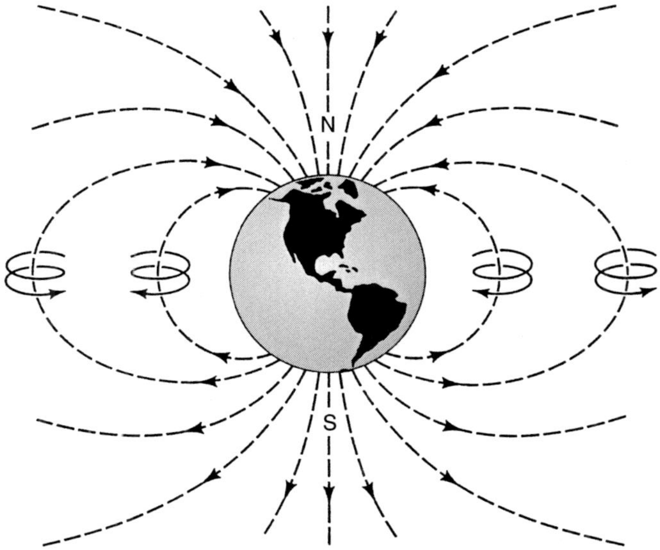

FIGURA 11.6

O Reator de Testes de Fusão da Universidade de Princeton: o "Tokamak". No centro está localizado um anel preenchido a vácuo (toro) contendo um gás ionizado de deutério e trítio a uma temperatura extremamente alta. O gás é mantido no lugar pelos eletroímãs que circundam o toro. Essa instalação de testes foi fechada em 1998. Ela atingiu 10 milhões de watts de potência de fusão.

Princeton University, Plasma Physics Laboratory

MOTORES ELÉTRICOS

Um fio conduzindo corrente elétrica em um campo magnético sofrerá a ação de uma força que o levará a se mover. Se esse fio estiver conectado a um eixo, pode-se obter trabalho útil com esse movimento. Chamamos tal dispositivo de motor elétrico.

FIGURA 11.7 ESQUEMA DE UM MOTOR ELÉTRICO CC. PARA QUE A ROTAÇÃO DO EIXO SEJA CONTÍNUA, A CORRENTE NAS ESPIRAS DA ARMADURA DEVE SER ALTERNANTE. COM UMA FONTE CC TAL COMO UMA BATERIA, A REVERSÃO DA CORRENTE É POSSÍVEL COM UM "COMUTADOR" – DOIS ANÉIS CONECTADOS AO EIXO DA ARMADURA QUE FAZEM CONTATO ALTERNADAMENTE COM OS TERMINAIS POSITIVO E NEGATIVO DA BATERIA.

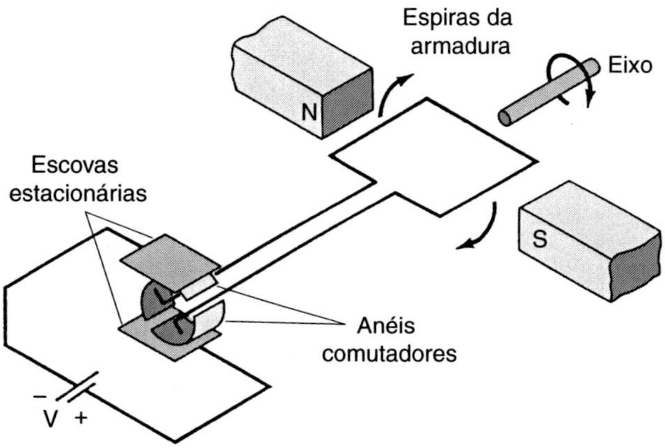

A Figura 11.7 mostra os componentes essenciais de um motor elétrico. Espiras de fio condutor (chamadas armadura) são colocadas em um campo magnético (o campo magnético é geralmente produzido por um eletroímã, embora alguns motores utilizem ímãs permanentes). A armadura gira um eixo; os fios da armadura são conectados a contatos deslizantes chamados anéis comutadores. Para entender como um motor opera, considere uma volta da espira da armadura, mostrada na Figura 11.7 na forma de um quadrado, com uma corrente fluindo através do fio. Existirá uma força em um lado do fio (próxima a um dos polos) direcionada para cima e uma força no outro fio (próxima ao outro polo) direcionada para baixo, como resultado das direções diferentes da corrente (não há força sobre os fios que estão paralelos às linhas de campo magnético). À medida que a alça do fio gira meia-volta, as direções dessas duas forças mudam, o que levaria a alça a girar de volta. Para que o eixo continue girando sempre na *mesma* direção, a corrente no fio tem de mudar de direção. Se o fio transporta uma corrente alternada (CA), a reversão é automática. Para fios transportando corrente contínua (CC), um anel dividido deve ser utilizado para mandar a corrente através da espira primeiro em uma direção e, depois, na outra, à medida que o eixo gira. A Figura 11.8 mostra um motor elétrico

CC muito simples, usando nada mais do que uma bateria, fios e pregos de ferro. Os pregos enrolados com fio são conectados à bateria e fornecem o campo magnético. Outro motor elétrico bem simples é apresentado na seção "Atividades Adicionais" no final deste capítulo.

FIGURA 11.8 "MOTORHENGE" – A COMPOSIÇÃO DE UM MOTOR CC SIMPLES.

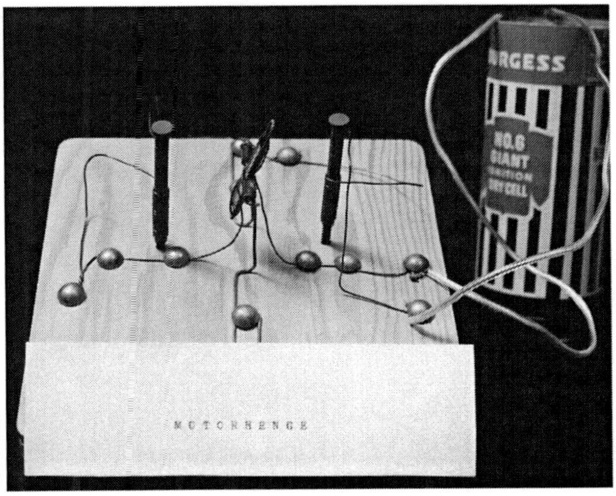

G. BURGESS

B. A GERAÇÃO DE ELETRICIDADE

Considere a seguinte questão: se uma corrente elétrica produz um campo magnético, então será que um campo magnético é capaz de produzir uma corrente? Suponha que uma espira de fio condutor seja colocada ao redor de um ímã, como na Figura 11.9. Um medidor de corrente (chamado amperímetro) acusaria um valor para essa corrente? Por analogia, é de se esperar que a resposta seja sim. O experimento foi tentado, mas a resposta foi não. Porém, uma variação desse experimento foi tentada, em 1831, por Michael Faraday, na Inglaterra, e por Joseph Henry, nos Estados Unidos, com resultados surpreendentes. Um ímã *em repouso* próximo ou dentro de uma alça de fio *não* vai provocar nenhuma deflexão na agulha do amperímetro. Entretanto, se o ímã (ou o fio) for *movimentado*, uma diferença de potencial é produzida entre as extremidades do fio, e, portanto, uma corrente é gerada. Quanto mais rápido o ímã se movimentar, maior será a tensão (voltagem) induzida. Esse fenômeno, chamado **lei da Indução de Faraday**, é o princípio por trás dos geradores elétricos de hoje.

Uma diferença de potencial será induzida pelas extremidades de uma espira se o campo magnético do circuito estiver variando; a tensão induzida é diretamente proporcional à taxa com que varia o campo através da espira.

FIGURA 11.9 A LEI DA INDUÇÃO DE FARADAY: UM ÍMÃ EM MOVIMENTO VAI INDUZIR UMA CORRENTE NO FIO QUE O RODEIA.

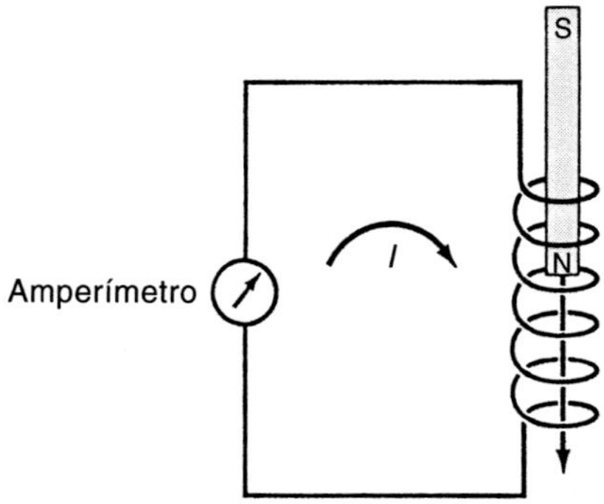

Um modelo de um gerador elétrico simples é mostrado na Figura 11.10 (sua construção será uma das atividades do final deste capítulo). Nesse modelo, uma espira é posicionada entre dois ímãs estacionários, e é girada pela rotação de um eixo. O campo magnético por meio da espira giratória muda constantemente por causa do seu movimento e, assim, uma tensão variável é induzida pelas extremidades da espira (lei de Faraday) (detalhe da Figura 11.10). Uma corrente alternada (CA) é gerada.

FIGURA 11.10 GERADOR DE ELETRICIDADE SIMPLES.

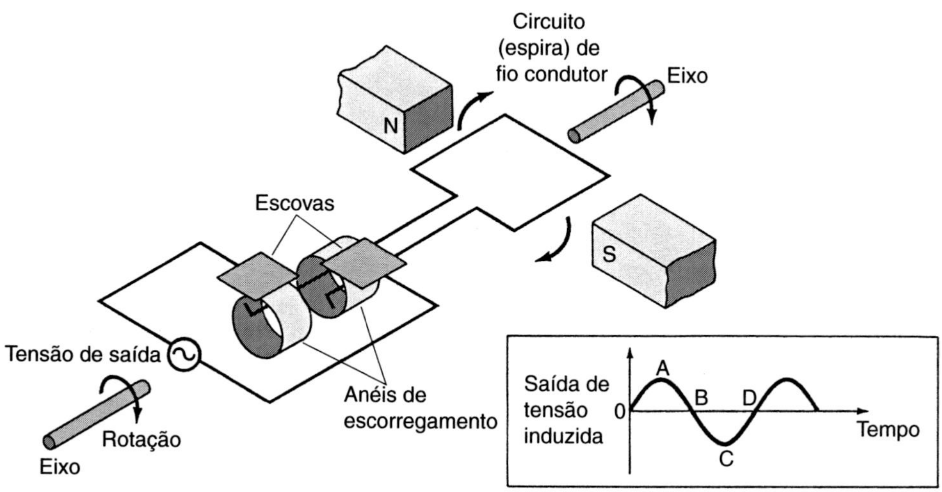

A conversão para corrente contínua (CC) é desejável para muitas aplicações, como dar carga em uma bateria. Em um gerador, a saída CC pode ser obtida com a ajuda de um comutador de anéis divididos, como na Figura 11.7. O contato com o comutador é feito por escovas, e a corrente é removida pela movimentação em uma direção. Um gerador também pode fornecer uma saída CC por meio do uso de um dispositivo de estado sólido chamado retificador. Os automóveis têm um alternador (como um gerador) que carrega a bateria, fornecendo eletricidade para a ignição. O eixo é girado pela correia do ventilador. Um alternador funciona com o mesmo princípio de um gerador, exceto pelo fato de que a armadura é fixa e o campo magnético gira acionado pela correia do ventilador. O alternador usa um retificador para produzir CC.

Há uma grande semelhança entre o motor da Figura 11.7 e o gerador da Figura 11.10. No primeiro, a corrente é fornecida aos fios da espira ou armadura, que sofrem a ação de uma força no campo magnético, o que causa seu movimento rotacional, girando um eixo. Em um gerador, o mesmo eixo é girado por uma força externa – vapor em movimento ou água –, fazendo que os fios girem em um campo magnético, induzindo uma corrente. O dispositivo caseiro da Figura 11.10 pode ser usado das duas formas, tornando-se um motor ou um gerador. Um gerador de eletricidade de grande porte é mostrado na Figura 11.11.

A título de revisão, os conceitos principais do eletromagnetismo são:

1. Um fio conduzindo corrente elétrica produz um campo magnético.
2. Um fio conduzindo corrente elétrica sofre a ação de uma força quando imerso em um campo magnético (como em um motor elétrico). De forma semelhante, uma partícula carregada sente a ação de uma força quando se movimenta na direção apropriada em um campo magnético.
3. Um condutor em movimento, em um campo magnético, terá uma tensão induzida por suas extremidades (como em um gerador elétrico).

FIGURA 11.11 VISTA EM CORTE DE UM MODERNO GERADOR MOVIDO POR TURBINA A VAPOR DE UMA USINA NUCLEAR. À ESQUERDA (COM A CARENAGEM REMOVIDA) ESTÃO AS LÂMINAS DA TURBINA; O EIXO DA TURBINA É CONECTADO AO GERADOR – O CILINDRO, À DIREITA.

C. TRANSMISSÃO DE ENERGIA ELÉTRICA

Até aqui discutimos o uso da eletricidade nas casas, circuitos simples e a geração de eletricidade. A transmissão de eletricidade da usina até as casas poderia ser conseguida utilizando-se fios condutores simples, de cobre ou alumínio, semelhantes aos que usamos em casa. A eletricidade seria gerada a 120 V e transmitida diretamente para as comunidades. Porém, a eficiência da transmissão seria muito baixa. Para que possamos compreender isso, imaginemos que nossa comunidade fosse constituída por dez casas, cada uma com uma demanda de 1.000 W. Então, a potência total a ser fornecida pela companhia elétrica seria $10 \times 1.000 = 10.000$ W. Se a potência fosse transmitida a 120 V, e como $P = IV$, a corrente transportada pela linha seria $I = P/V = 10.000/120 = 83{,}3$ A. Entretanto, parte da potência é dissipada na forma de calor, de acordo com a expressão $P = I^2 R$. Se a linha de transmissão, partindo da companhia elétrica até a comunidade e retornando à companhia, apresentasse uma resistência de 1 ohm, a energia perdida por unidade de tempo seria $P = I^2 R = (83{,}3)^2 (1) = 6.944$ W. Para fornecer a potência necessária às dez casas, a usina teria que gerar $10.000 + 6.944 = 16.944$ W. Isso significa que teríamos uma eficiência de transmissão de apenas 59%. Na prática, a maioria das linhas de transmissão (Figura 11.12) perde apenas 10% da potência gerada.

FIGURA 11.12 LINHAS DE TRANSMISSÃO DE ALTA-TENSÃO (345 KV). CADA SISTEMA TRANSMITE A POTÊNCIA EM TRÊS FIOS, E CADA CONJUNTO DE TORRES (NO CASO, DUAS TORRES) TRANSPORTA DOIS SISTEMAS.

NATIONAL GRID

FIGURA 11.13 COROLÁRIO À LEI DE FARADAY: A CORRENTE NA ESPIRA PRIMÁRIA PRODUZ UM CAMPO MAGNÉTICO QUE VARIA COM O TEMPO, JÁ QUE TEMOS UMA FONTE CA. ESSE CAMPO VARIÁVEL INDUZ UMA CORRENTE ALTERNADA NA ESPIRA SECUNDÁRIA.

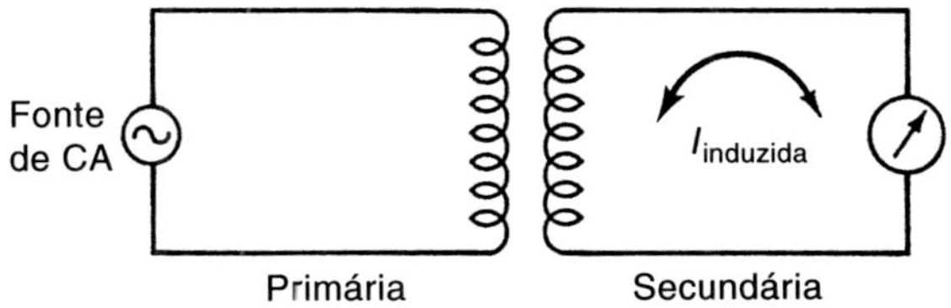

TRANSFORMADORES: MODIFICADORES DE TENSÃO

Pode-se evitar essas perdas exageradas aumentando-se a tensão em que a eletricidade é transmitida (outra forma seria eliminar a resistência da linha com o uso de fios supercondutores). Se a tensão de transmissão for aumentada para 1.200 V, a corrente será reduzida por um fator de 10, e a potência dissipada como calor será reduzida por um fator de $(10)^2 = 100$. A potência perdida como calor seria agora $I^2 R = 69{,}4$ W, e, assim, a eficiência (ideal) dessa linha passaria a ser maior que 99%.

Para mudar ou transformar a tensão em um valor maior ou menor, utiliza-se um **transformador**. Seu princípio de operação é um corolário da lei de indução de Faraday. A Figura 11.13 mostra dois enrolamentos com espiras bastante próximos, sendo que apenas o enrolamento da esquerda está ligado a uma fonte de tensão. A corrente nesse enrolamento dá origem a um campo magnético. Se esse campo magnético variar com o tempo, o que acontecerá se a fonte de tensão fornecer uma corrente alternada (CA), o enrolamento da direita vai sofrer a ação de um campo magnético variável, e, portanto, uma corrente será induzida[2] nele.

Um exemplo melhor de transformador é mostrado na Figura 11.14. Dois enrolamentos com espiras de fio condutor são acoplados a um circuito magnético de ferro. Uma variação na corrente do primeiro enrolamento (ou primário) faz com que uma tensão seja induzida no segundo enrolamento (ou secundário). A tensão gerada através das extremidades do enrolamento secundário depende do número de suas espiras (voltas). Se fossem apenas duas espiras no primário e duas no secundário, a tensão induzida no enrolamento secundário seria igual à tensão do enrolamento primário. Entretanto, se houver duas vezes mais espiras no enrolamento secundário, então a tensão induzida nele será duas vezes maior que a tensão primária. Nós "elevamos" a tensão de entrada com esse transformador. Para "abaixar" a tensão, o arranjo oposto é adotado, com o número de espiras no secundário sendo menor que no primário.

[2] Na verdade, é induzida uma tensão (força eletromotriz), que fará circular uma corrente no secundário, se esse circuito estiver fechado. (N.T.)

FIGURA 11.14 MODELO DE UM TRANSFORMADOR: UM DISPOSITIVO PARA ELEVAR OU ABAIXAR A TENSÃO.

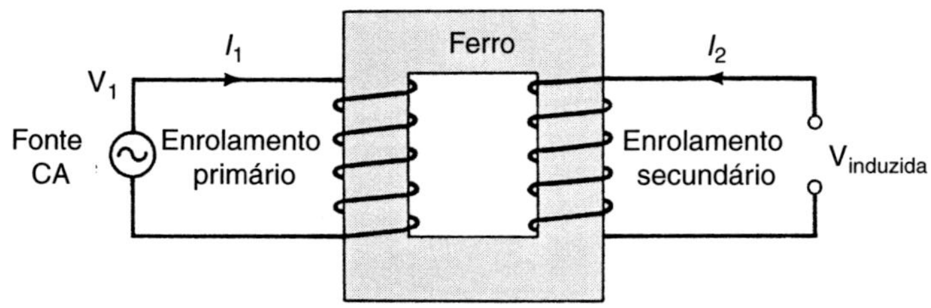

Conservação de energia $\longrightarrow V_1 \times I_1 = V_{induzida} \times I_2$

$$V_{induzida} = V_1 \times \frac{\text{Número de espiras no enrolamento secundário}}{\text{Número de espiras no enrolamento primário}}$$

À primeira vista, você poderia imaginar que estamos obtendo algo a partir do nada com um transformador elevador. Porém, a conservação da energia ainda prevalece; mesmo que possamos aumentar a tensão de saída com um transformador, a potência transmitida permanecerá a mesma (de maneira ideal, na ausência de efeitos de aquecimento), ou seja,

$$\text{Potência de entrada} = \text{Potência de saída}$$

Uma vez que $P = VI$, essa expressão pode ser escrita como

$$V_{\text{entrada}} \times I_{\text{entrada}} = V_{\text{saída}} \times I_{\text{saída}}$$

Um aumento na tensão secundária é balanceado por uma diminuição na corrente secundária. O fator pelo qual a tensão de saída é aumentada é igual à razão entre o número de espiras no enrolamento secundário Ns e o número de espiras no enrolamento primário Np:

$$V_{\text{saída}} = V_{\text{entrada}} \times \left(\frac{\text{voltas na espira secundária}}{\text{voltas na espira primária}}\right) = V_{\text{entrada}} \times \left(\frac{N_s}{N_p}\right)$$

EXEMPLO 11.1

Uma usina geradora de eletricidade produz eletricidade com potência de 1.000 MW e uma tensão de 24.000 V (24 kV). Para transmitir a mesma potência na tensão de 360.000 V (360 kV), qual deve ser a razão entre os números de espiras nos enrolamentos do transformador (a chamada relação de transformação)? Que corrente é transmitida a essa tensão?

SOLUÇÃO

$$\frac{N_s}{N_p} = \frac{V_s}{V_p} = \frac{360.000\text{ V}}{24.000\text{ V}} = 15$$

A potência transmitida é 1.000 MW. Uma vez que $P = V \times I$, a corrente será

$$I_s = \frac{1.000.000.000\text{ W}}{360.000\text{ V}} = 2.780\text{ A}$$

O transformador só funciona se a corrente no primário estiver variando; assim, deve ser usada corrente alternada (CA). A saída no secundário também será CA. Alguns geradores utilizam retificadores para transformar a saída CA em CC para usá-la no carregamento de pilhas, baterias e outras aplicações. Exemplos de transformadores são apresentados na Figura 11.15 – um pequeno transformador, usado para transformar 120 V em 12 V e alimentar uma campainha residencial, e outro para elevar a tensão até 345.000 V (345 kV) em uma instalação comercial (usina).

FIGURA 11.15 EXEMPLOS DE TRANSFORMADORES. O MENOR (A) É PARA UM SISTEMA DE CAMPAINHA DOMÉSTICA (120 V REBAIXADA A 12 V), E O MAIOR (B) É UM TRANSFORMADOR DE ELEVAÇÃO DE UMA USINA GERADORA.

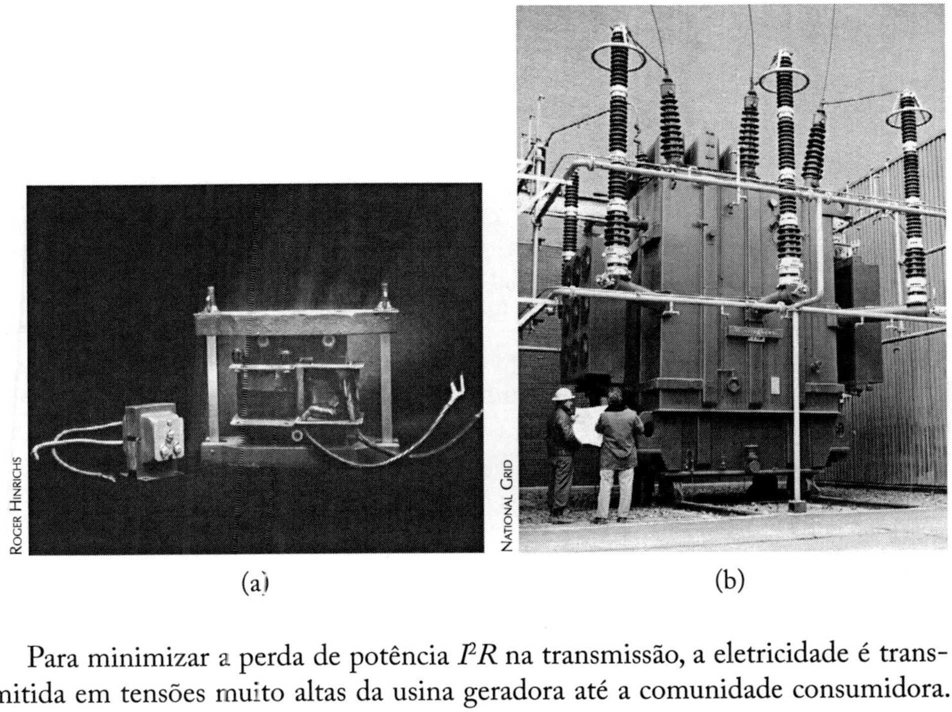

(a) (b)

Para minimizar a perda de potência I^2R na transmissão, a eletricidade é transmitida em tensões muito altas da usina geradora até a comunidade consumidora.

Uma cidade tem diversas subestações transformadoras para reduzir a tensão para utilização na indústria e nos lares (Figura 11.16). O transformador final deve ser pequeno o bastante para ser colocado em um poste telefônico, naquela parte da comunidade, para reduzir a tensão para 120 V. A eletricidade é normalmente gerada a aproximadamente 25.000 V (25 kV), e elevada a 115 kV, 345 kV ou 765 kV. Hoje em dia, a maioria das novas linhas de transmissão trabalha a uma tensão de 345 kV ou 765 kV; além disso, estão em construção linhas que transportam eletricidade a mais de 1.000 kV, e algumas dessas linhas já estão em operação na Rússia.

FIGURA 11.16 SISTEMA DE TRANSMISSÃO DE ELETRICIDADE. A ELETRICIDADE PASSA POR UMA SÉRIE DE ETAPAS EM SEU CAMINHO DA USINA GERADORA ATÉ O CONSUMIDOR.

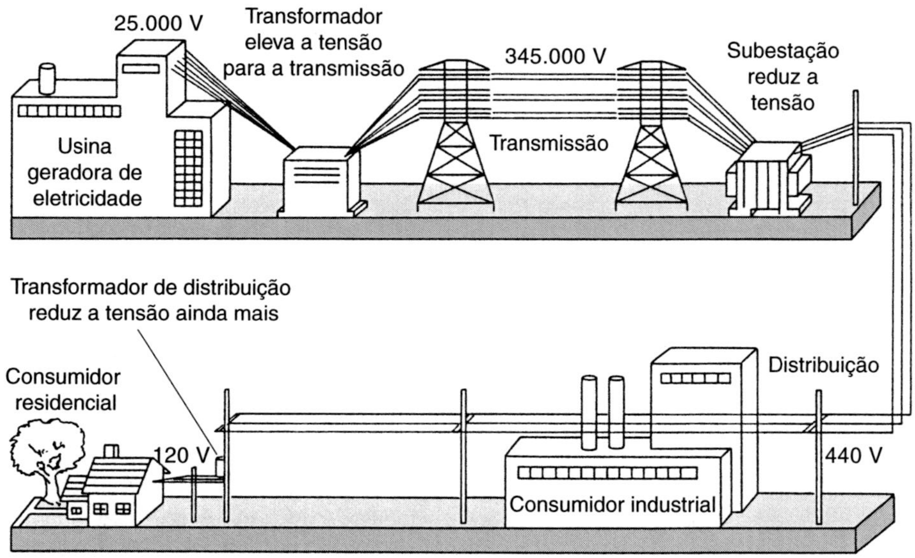

A primeira linha de transmissão de Thomas Edison usava corrente contínua (CC) e era restrita a uma área de serviço de apenas algumas milhas quadradas. O primeiro uso da corrente alternada (CA) em linhas de transmissão de alta-tensão (com transformadores) foi em 1896 para transmitir eletricidade de Niagara Falls para Buffalo, a uma distância de 20 milhas.[3] Uma foto de uma das primeiras equipes de linha é apresentada na Figura 11.17. Atualmente, existem mais de dois milhões de milhas[4] de linhas de transmissão nos Estados Unidos.

[3] Cerca de 33 km. (N.T.)

[4] Aproximadamente 3,3 milhões km. (N.T.)

FIGURA 11.17

PRIMEIRA EQUIPE DE LINHA EM UMA LINHA DE TRANSMISSÃO EM ALTA-TENSÃO DE NIAGARA FALLS PARA BUFFALO, NOVA YORK, 1896.

NEW YORK POWER AUTHORITY

IMPACTO DAS LINHAS DE ALTA-TENSÃO NO MEIO AMBIENTE E NA SAÚDE

A eletricidade em alta-tensão é geralmente transportada por condutores de alumínio com alma de aço, que são montados em torres de aço utilizando grandes isoladores cerâmicos (Figura 11.18). O diâmetro do condutor é proporcional à corrente transportada pela linha.

FIGURA 11.18

VISTA EM DETALHE DE UMA LINHA DE TRANSMISSÃO DE ALTA-TENSÃO CRUZANDO O RIO HUDSON, EM NOVA YORK. PODE-SE VER OS GRANDES ISOLADORES DE CERÂMICA.

NEW YORK POWER AUTHORITY

Altas-tensões podem causar a ionização do ar ao seu redor, resultando em um brilho visível à noite (corona) e um zumbido constante de alta frequência; a recepção de rádio também é afetada. Fazendeiros que vivem nas proximidades de linhas de alta-tensão têm reclamado sobre choques elétricos sofridos em casa (por exemplo, ao instalar calhas de chuva ou painéis laterais de alumínio), ruídos elétricos altos e interferências na televisão e no rádio.

O campo magnético máximo diretamente sob uma linha de 765 kV é menor do que 1 gauss. O campo magnético da Terra é de aproximadamente 0,5 gauss. Entretanto, o campo da Terra é estático, enquanto os campos eletromagnéticos (CEM) de linhas de tensão oscilam a 60 Hz. Os campos magnéticos comuns em ambientes domésticos variam entre 0,1 e 50 miligauss, mas os valores a alguns centímetros de distância de aparelhos de televisão e secadores de cabelo podem ser 10 a 20 vezes maiores (Tabela 11.1). Felizmente, os campos diminuem rapidamente com a distância da fonte.

TABELA 11.1 CAMPOS ELÉTRICOS E MAGNÉTICOS ENCONTRADOS NO DIA A DIA.

Situação	Campo elétrico (V/m)	Campo magnético (mG)
Fiação doméstica	1–10	1–5
Eletrodomésticos	30–300	5–3.000
Sob linhas de distribuição	10–60	1–10
Sob linhas de transmissão de alta-tensão	1.000–7.000	25–1.000

Fonte: Committee on Interagency Radiation Research and Policy, 1992.

Notas: O campo de fundo da Terra é de 120 V/m e 500 mG (miligauss); valores para linhas com 60 Hz de frequência.

Os campos elétricos em ambientes domésticos são de aproximadamente 1 V a 10 V por metro (V/m); a menos de 20 cm de distância de eletrodomésticos pequenos, os campos atingem de 20 V/m a 300 V/m, e debaixo de um cobertor elétrico aproximam-se de 10.000 V/m, o valor máximo que alguém poderia esperar se estivesse diretamente sob uma linha de 765 kV. Felizmente, esses campos são facilmente bloqueados pela vegetação e por construções, além de ser fortemente atenuados no corpo humano. Por outro lado, campos magnéticos são capazes de atravessar facilmente a maioria dos objetos (veja a Atividade 11.1 no início deste capítulo).

O efeito biológico dos CEM de linhas de transmissão tem se tornado motivo de controvérsia em anos recentes, com grandes diferenças de opinião entre os cientistas. Em 1979, N. Wertheimer e colegas estudaram a correlação entre os registros de mortalidade infantil e a proximidade a linhas de alta-tensão na região de Denver. Eles propuseram uma correlação entre longas exposições a CEM fracos e aumento na incidência de câncer. Os críticos apontaram que as medidas de campo não foram feitas nas casas, e o estudo não era "cego" – os pesquisadores sabiam quais eram as casas das vítimas de câncer. Um estudo feito por David Savitz, vários anos depois, eliminou esses dois problemas e encontrou uma correlação estatística modesta entre o número de crianças com câncer e a proximidade de suas casas a linhas de alta-tensão. Porém, aparentemente não houve correlação entre a magnitude do campo magnético e os casos de câncer.

Os CEM fracos próximos a linhas de alta-tensão não possuem por si sós a energia necessária para iniciar o câncer, porque os cânceres induzidos por radiação são usualmente causados por radiações mais energéticas, capazes de quebrar e/ou rearranjar as ligações químicas do DNA. Uma hipótese sobre os efeitos biológicos dos CEM sugere que, quando os campos interagem com uma célula, eles iniciam uma mudança química em sua superfície, possivelmente atrapalhando o fluxo de íons através da membrana celular. Dentro da célula, uma sequência de reações químicas é iniciada, causando a distorção do fluxo normal de informação biológica, e pode resultar em uma célula cujo crescimento fica fora de controle.[5]

Um estudo de 1995 na Universidade da Carolina do Norte (David Savitz e Dan Loomis) observou os históricos de 139 mil trabalhadores de companhias elétricas por um período de 36 anos. Foram feitas estimativas dos períodos de exposição cumulativa ao campo magnético para cada trabalhador, e medidas reais de exposição a campos magnéticos foram feitas para alguns trabalhadores. Os pesquisadores da UNC[6] concluíram que os dados *não* sustentavam uma associação entre exposições ocupacionais aos campos magnéticos e leucemia, mas sugeriram uma ligação fraca com o câncer de cérebro. Um estudo franco-canadense, de 1994, com trabalhadores de companhias elétricas também fez estimativas de exposição a campos magnéticos. Esse estudo *encontrou* uma associação estatisticamente significativa entre exposição a campos magnéticos e pelo menos um tipo de leucemia. Tais inconsistências nos resultados são frustrantes. Estudos recentes na Escandinávia sobre o efeito de CEM em cânceres infantis não foram conclusivos. Estudos de laboratório com roedores no Instituto de Tecnologia de Illinois não encontraram evidências de que os CEM afetavam negativamente os sistemas reprodutivo e imunológico dos animais.

Um relatório produzido na Inglaterra, em 2003, enfocou diversos estudos europeus e americanos. Os pesquisadores também concluíram que não haveria aumento do risco de ocorrência de certos tipos de câncer em virtude da exposição aos campos eletromagnéticos (EMF). Entretanto, estudos epidemiológicos feitos por esse grupo, em 2004, sugeriram que os campos magnéticos podem dobrar o risco da

---

[5] Os autores falam em "célula cujo crescimento fica fora de controle" ("*a cell whose growth is out of control*"). O mais correto (em termos de câncer) seria "célula cuja multiplicação fica fora de controle" ou "tecido cujo crescimento fica fora de controle". Essas duas expressões descrevem mais adequadamente o que ocorre em um processo canceroso. (N.T.)

[6] University of North Carolina. (N.T.)

ocorrência de leucemia infantil para os que vivem numa faixa de 100 m no entorno das linhas de alta-tensão, de 1/24.000 por ano, para 1/12.000 por ano. Um estudo de 2002 feito por cientistas da California Public Utilities Commission levou-os a acreditar que os campos eletromagnéticos podem aumentar riscos de ocorrência de leucemia infantil, câncer cerebral em adultos e a doença de Lou Gehrig. Nenhum risco de doenças cardíacas, câncer no seio e mal de Alzheimer foi atribuído aos campos eletromagnéticos. Esses resultados foram diferentes da maioria dos comitês científicos estudando o assunto. Notou-se que esses estudos demonstram apenas associações estatísticas e não demonstram causas. Embora o risco não tenha sido estabelecido, a Organização Mundial da Saúde (OMS) considera que a evidência é forte o suficiente para que os campos magnéticos sejam classificados como "possivelmente carcinogênicos".

É necessário que se aprenda muito mais sobre os efeitos biológicos dos CEM para que se possa interpretar os achados não conclusivos obtidos até hoje. Muitos estudos nessa área foram concluídos nas duas últimas décadas. Embora haja incertezas sobre alguns dos resultados, tentativas de se reproduzir ou consubstanciar os experimentos em que foram reportados efeitos adversos à saúde por exposição a CEM têm fracassado. Infelizmente, decisões políticas em um clima de incerteza científica prevalecem neste assunto. A Sociedade Americana de Física emitiu um comunicado em 1995 sobre os campos de linhas de transmissão. Eles afirmaram que "a literatura científica e os relatos de revisões feitos por outros comitês não mostram nenhuma ligação consistente entre câncer e campos de linhas de transmissão". Ademais, acerca dos custos de mitigação relacionados às linhas de energia, eles afirmaram que "o desvio de recursos para se eliminar uma ameaça que não carece de embasamento científico é perturbador. Problemas ambientais mais sérios são negligenciados por falta de recursos e de atenção do público, e o ônus do custo colocado sobre o povo norte-americano é incompatível com o risco, se é que ele existe".

ALTERNATIVAS ÀS LINHAS DE TRANSMISSÃO

Linhas de transmissão de eletricidade são o método mais caro para transporte de energia. O transporte de carvão por barcaças ou linha férrea, e o de gás natural por gasodutos são muito mais baratos. Os custos dos serviços de eletricidade são detalhados na Tabela 11.2. Mais da *metade do custo* vem da transmissão e da distribuição. Entretanto, o custo da transmissão por kWh diminui à medida que a tensão aumenta, porque mais potência pode ser transmitida pela linha, além da redução das perdas por dissipação de calor.

Uma alternativa à transmissão convencional são os cabos subterrâneos, utilizados primariamente em áreas urbanas congestionadas. Aproximadamente 1% da milhagem total de transmissão nos Estados Unidos é subterrânea. As linhas subterrâneas usam uma quantidade irrisória de terra, mas custam de 6 a 20 vezes mais do que as linhas aéreas com a mesma extensão e potência. Um problema com as linhas subterrâneas é a dissipação do calor produzido. Os cabos de linhas aéreas geralmente são expostos (não isolados) e o ar circundante remove o calor facilmente. No subsolo, necessita-se de isolamento para os fios; geralmente, usa-se um papel recoberto com óleo. O solo não consegue transferir o calor tão bem como o ar; portanto, existe um limite da potência que pode ser transmitida por essas linhas.

TABELA 11.2 CUSTOS DO SERVIÇO DE ELETRICIDADE.*

Custos de capital (Custos originais, sem depreciação)	
Geração	44%
Transmissão	22%
Distribuição local	34%
Custos operacionais	
Geração (incluindo o combustível)	89%
Transmissão	3%
Distribuição local	8%

*Custos típicos segundo as companhias elétricas.
Fonte: Niagara-Mohawk Power Corporation.

Uma solução potencial para as perdas de energia por aquecimento é a utilização de cabos supercondutores. Os supercondutores, a baixas temperaturas, perdem sua resistência (R = 0 ohms) e, portanto, nenhuma energia é perdida na forma de calor (veja o Capítulo 10). Alguns dos materiais supercondutores comuns são ligas do metal raro nióbio,[7] que se torna supercondutor a temperaturas inferiores a −264 °C (−445 °F). Para se atingir essas temperaturas, grandes sistemas de refrigeração devem ser utilizados. O nitrogênio líquido pode abaixar as temperaturas até −196 °C, mas é necessário hélio líquido para reduzir as temperaturas a quase zero absoluto, −273 °C. Apesar da necessidade de grandes sistemas de refrigeração, os cabos supercondutores podem transportar muito mais energia do que as linhas convencionais, e assim seu custo pode se tornar competitivo com outros tipos de linhas subterrâneas. Muita pesquisa tem sido realizada para se encontrar novos materiais comercialmente viáveis, que possam transportar grandes correntes e que sejam supercondutores a altas temperaturas, eventualmente até a temperatura ambiente. Uma linha submarina com supercondutor a alta temperatura de Connecticut a Long Island, Nova York, foi proposta para atender à crescente demanda de energia elétrica.

[7] Raro nos Estados Unidos. No Brasil, a abundância do nióbio é bem maior, e o país detém mais de 80% das reservas mundiais do metal. (N.T.)

D. O CICLO VAPOR-ELÉTRICO PADRÃO EM UMA USINA GERADORA

A maior parte da eletricidade utilizada no mundo atualmente é produzida por geradores que transformam a energia mecânica em energia elétrica. Conforme vimos na última seção, os geradores de eletricidade operam no princípio da indução eletromagnética, ou seja, um condutor, tal como um fio, movimentando-se em um campo magnético tem uma diferença de potencial induzida por meio de suas extremidades. A fonte de energia mecânica que movimenta esse fio pode ser uma queda-d'água (energia hidrelétrica), vapor produzido pela queima de combustíveis, ou a energia cinética do vento.

A energia elétrica também pode ser produzida em processos de conversão direta, em vez do mecanismo convencional de conversão de calor em movimento e em eletricidade. Exemplos de conversão direta de energia são as células solares e as células de combustível.

Nos Estados Unidos, 45% da energia elétrica produzida vêm do carvão. A combustão do carvão para a produção de vapor é um processo multifacetado. Primeiro, o carvão é descarregado dos vagões de trem por guindastes que içam o vagão inteiro, viram-no de cabeça para baixo e o sacodem para esvaziar seu conteúdo. O carvão é, então, triturado até virar um pó fino e soprado para dentro da fornalha conectada a um gerador de vapor (caldeira). Aí, ele mistura-se com o ar pré-aquecido e queima para liberar a energia utilizada na produção de vapor.

O óleo combustível é transportado até a usina elétrica por trem, caminhão, oleoduto ou navio-tanque, sendo, então, armazenado em grandes tanques. A maioria das usinas queima o óleo combustível residual, que é a parte que resta na refinaria após a remoção das frações mais leves. O óleo é bastante viscoso; portanto, é normalmente aquecido antes da queima para que possa ser manuseado mais facilmente. O óleo é espalhado dentro da fornalha, onde se mistura ao ar que entra para a combustão. O gás natural é recebido via gasoduto e usado imediatamente, a uma taxa determinada pela demanda de eletricidade. Não é necessária a armazenagem.

Um diagrama de blocos de uma usina-padrão com queima de combustível fóssil foi apresentado na Figura 3.3, da entrada de combustível à saída de eletricidade. Examinemos alguns desses componentes mais detalhadamente. O gerador de vapor ou caldeira consiste de quilômetros de tubulação que transportam a água (e/ou o vapor). Esses tubos recebem o calor por irradiação pelo fogo, ou por convecção, dos gases de combustão à medida que eles escoam pela caldeira. O vapor é produzido e reaquecido entre os estágios da turbina, para que possa atingir temperaturas mais elevadas a fim de aumentar a eficiência da usina. O vapor deixa a caldeira a temperaturas acima de 1.000 °F (538 °C) e entra na turbina, passando por bicos injetores para aumentar sua velocidade para mais de 1.000 mph.[8] O vapor a alta

[8] Cerca de 1.670 km/h. (N.T.)

velocidade atinge as lâminas da turbina, fazendo girar um eixo acoplado ao rotor do gerador, sobre o qual são montadas espiras (Figura 11.19). À medida que o vapor atravessa a turbina, sua pressão e densidade diminuem, de forma que lâminas progressivamente maiores são necessárias para capturar a energia decrescente do vapor. Conforme indicado na figura, as superfícies das lâminas ficam maiores. O vapor atravessa o sistema de lâminas em aproximadamente 1/30 de segundo, girando o rotor a 3.600 rpm. A temperatura cai de 1.000 °F (para uma usina queimando combustível fóssil) para aproximadamente 100 °F[9] nesse intervalo de tempo. O vapor entra a uma pressão de 2.000 lb/pol^2 e se expande para uma pressão menor do que a atmosférica.[10]

FIGURA 11.19 VISTA EM CORTE DE UMA TURBINA A VAPOR, MOSTRANDO 16 LÂMINAS E O EIXO, QUE SE CONECTA AO GERADOR NO TOPO DA FOTOGRAFIA. O VAPOR ENTRA PELAS LÂMINAS PEQUENAS E SAI PELAS LÂMINAS MAIORES.

NATIONAL GRID

Exaurido ao deixar a turbina, o vapor penetra na câmara de condensação, que consiste de umas 400 milhas (667 km) de tubulação que transporta água fria proveniente de uma fonte externa, como um lago ou uma torre de resfriamento. O vapor transfere calor para a água fria, resfriando-se e condensando-se em água líquida. O ciclo de uma usina elétrica a vapor é completado com o retorno dessa água à bomba de alimentação, onde ela é bombeada a uma alta pressão e realimentada no gerador de vapor.

[9] Aproximadamente 38 °C. (N.T.)

[10] Para se ter uma ideia, compare o valor à pressão de um pneu de carro, que é por volta de 30 lb/pol^2. (N.T.)

A água morna condensada é devolvida ao rio ou lago ou passa por uma torre de resfriamento, com um aumento de temperatura (ΔT) de aproximadamente 20 °F (11 °C) acima da temperatura ambiente. A finalidade do condensador é aumentar a eficiência da usina e completar o ciclo do vapor ao devolver a água à caldeira. Os efeitos da poluição térmica e usos alternativos do calor residual foram discutidos no Capítulo 9.

Após os gases de combustão resfriados deixarem a fornalha (levando com eles parte das cinzas restantes da queima do carvão ou óleo), passam por uma série de dispositivos de controle de poluição antes de serem liberados na atmosfera por altas chaminés. Os efeitos e o controle da poluição do ar por causa da queima de combustíveis fósseis foram discutidos no Capítulo 8. O controle das emissões de CO_2 foi discutido no Capítulo 9.

A eletricidade gerada em uma central elétrica é na forma de CA. A frequência dessa corrente, 60 Hz nos Estados Unidos e em diversos outros países e 50 Hz na Europa, Ásia e outros países,[11] deve ser mantida em uma faixa restrita. Uma vez que a frequência depende da velocidade do eixo da turbina, o fluxo de vapor deve corresponder à necessidade de energia naquele momento. Se a demanda elétrica aumenta, o eixo perde velocidade, de forma que o fluxo de vapor deve ser aumentado, e vice-versa.

Um dos problemas na geração de energia é a flutuação da demanda. Ao longo do dia, com as fábricas em operação e as casas em atividade, a demanda é muito mais elevada do que durante a noite. Uma alta demanda durante o dia também leva a altos preços. Uma usina elétrica deve ser projetada com a capacidade de suprir a necessidade máxima de seus consumidores. Todavia, durante a noite, parte da capacidade da usina fica ociosa, sem gerar lucro para a companhia. Algumas companhias constroem usinas menores para reduzir os custos de capital para cada planta, e então utilizam turbinas a gás mais baratas para atender à demanda extra durante o dia. Porém, uma maior quantidade de combustível tem de ser usada para fornecer a mesma energia, já que as turbinas a gás são menos eficientes do que as a vapor convencionais (25% de eficiência contra 35%). Uma solução parcial para o problema da demanda flutuante é a reestruturação da tarifa, com incentivos para utilização de eletricidade à noite (veja o Capítulo 10). Outra é o uso de sistemas de armazenamento de energia, como água bombeada. Na **armazenagem por bombeamento – sistema utilizado nas usinas hidrelétricas reversíveis**, a capacidade de geração em excesso é usada durante a noite para bombear água para grandes reservatórios. Durante o dia, o reservatório pode ser utilizado para fornecer energia hidrelétrica para atender à demanda aumentada. A Figura 11.20 mostra a demanda elétrica durante uma semana e o uso de usinas reversíveis para reduzir as demandas de pico nas usinas. Porém, as usinas reversíveis têm um custo de construção elevado, já que grandes áreas de terra são necessárias para se construir os reservatórios.

---

[11] No Brasil, o padrão também é 60 Hz. (N.T.)

FIGURA 11.20 EXEMPLO DE DEMANDA ELÉTRICA DURANTE A SEMANA. NOS PERÍODOS DE DEMANDA REDUZIDA, A ELETRICIDADE É UTILIZADA PARA BOMBEAR ÁGUA PARA UM RESERVATÓRIO. A LINHA TRACEJADA INDICA A ENERGIA USADA NESSE PROCESSO. DURANTE CADA DIA, AS USINAS REVERSÍVEIS PRODUZEM ENERGIA EQUIVALENTE À DEMANDA MOSTRADA PELA PARTE SOMBREADA.

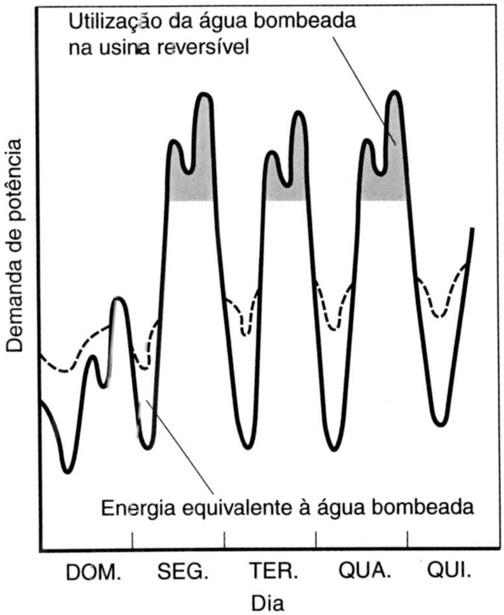

E. COGERAÇÃO

Uma área em que há grandes oportunidades para se economizar combustível, especialmente no setor industrial, é a cogeração. **Cogeração** é a produção tanto de eletricidade como de calor útil por meio da mesma fonte de combustível (Figura 11.21). Dois tipos de projetos de cogeração têm sido tentados. O primeiro gera eletricidade e utiliza os gases de exaustão ou o vapor de alta pressão como vapor de processos para aquecimento de distritos e/ou eletricidade adicional. Esse tipo é chamado "ciclo de topo".[12] O segundo esquema usa o vapor que já foi utilizado em processo industrial em uma turbina a vapor de baixa pressão para gerar eletricidade. Tal tipo é chamado "ciclo de fundo".[13] Em ambos os casos a eficiência de conversão global (a razão entre a saída de energia útil e a entrada de energia do combustível) aumenta significativamente, já que uma parte do resíduo se torna útil.

A cogeração alimenta algo em torno de 17% da energia total usada nos Estados Unidos. A Dinamarca provê 55% de sua energia total por esse processo. As

[12] Também é comum o uso da expressão em inglês *topping cycle.* (N.T.)

[13] Também é comum o uso da expressão em inglês *bottoming cycle.* (N.T.)

centrais de cogeração têm uma eficiência total de mais que 70%. O combustível mais comum nessas usinas de cogeração é o gás natural, em parte graças a seu baixo custo e impacto ambiental relativamente pequeno. Instalações que queimam combustíveis sólidos, especialmente resíduos municipais, estão crescendo em número por causa do custo elevado do descarte de resíduos e a falta de espaços adequados para aterros.

FIGURA 11.21 COGERAÇÃO É A PRODUÇÃO SIMULTÂNEA DE VÁRIAS FORMAS DE ENERGIA POR MEIO DE UMA FONTE.

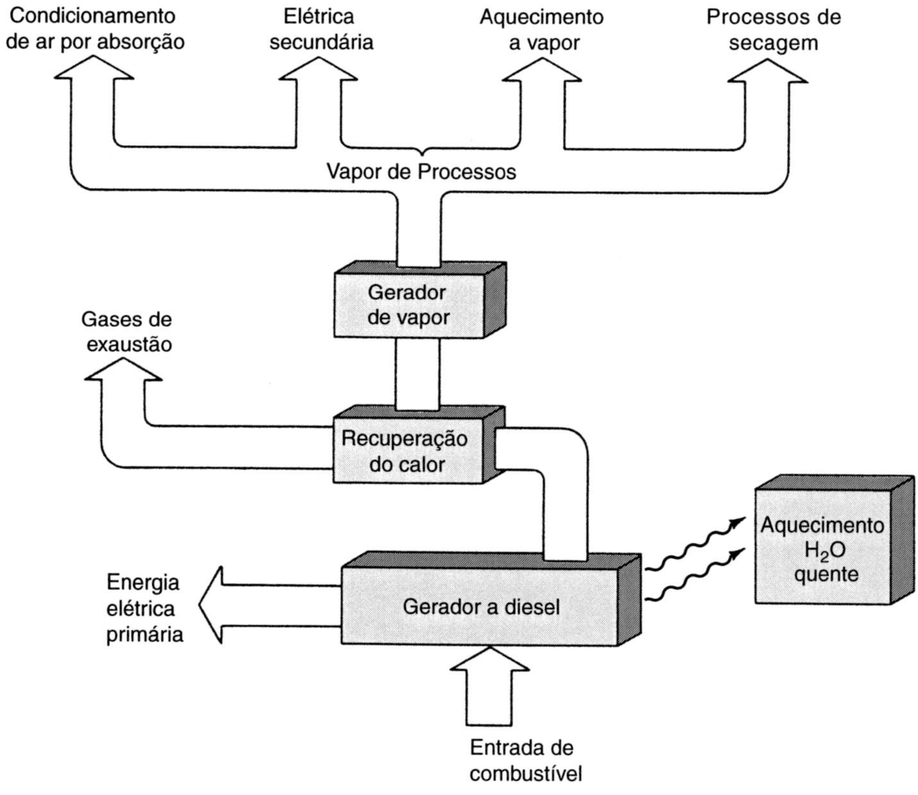

Historicamente, a autogeração de eletricidade, pelas indústrias, foi uma regra, e não uma exceção nos Estados Unidos durante a primeira metade do século XX. As companhias elétricas tiveram avanços tecnológicos na geração e transmissão de eletricidade após a Segunda Guerra Mundial, e nas décadas de 1960 e 1970 estavam instalando cerca de 40 novas centrais elétricas por ano. Ao lado desse crescimento havia um aumento anual médio de 7% na demanda por energia elétrica. As coisas mudaram na década de 1980 em consequência de uma diminuição no crescimento da demanda, da queda da indústria de energia nuclear por causa dos custos elevados e do acidente de Three Mile Island, além de haver um aumento da preocupação com o meio ambiente. A mudança também foi acelerada pela promulgação da Lei de Políticas Regulatórias dos Serviços Públicos (Purpa),[14] a partir da qual as companhias foram obrigadas a comprar energia de fontes qualificadas utilizando seu custo evitado. Consequentemente, a geração de eletricidade por pequenas unidades no local de consumo e a cogeração tornaram-se economicamente viáveis. Uma abordagem que se tornou popular é o desenvolvimento de projetos de cogeração por uma empresa externa, que vende o vapor e/ou a energia elétrica para um consumidor industrial e a energia excedente para a companhia elétrica local. O gás natural é o favorito na maioria desses projetos. O maior consumidor dessas unidades de cogeração é a indústria química.

FIGURA 11.22 SISTEMA DE CICLO COMBINADO PARA PRODUÇÃO DE ELETRICIDADE POR UMA TURBINA A GÁS E UM GERADOR A VAPOR.

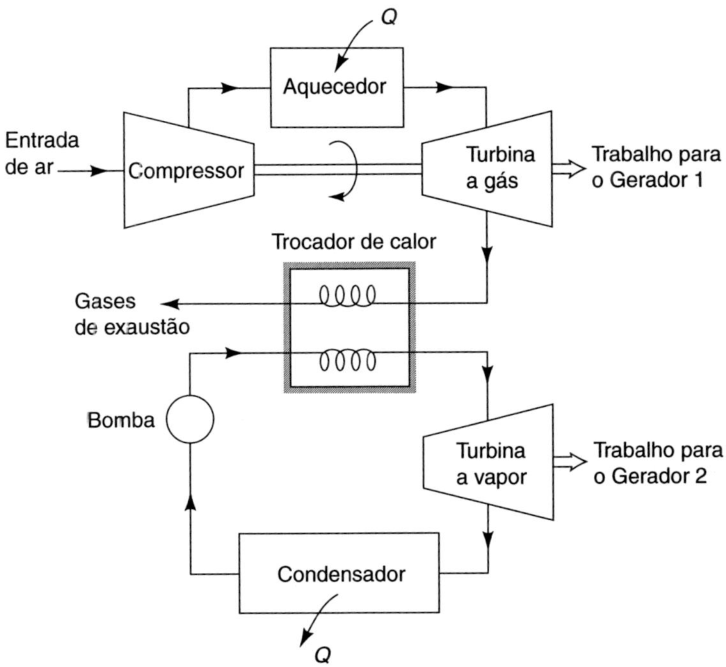

[14] Do inglês Public Utility Regulatory Policy Act. (N.T.)

FIGURA 11.23 VISTA EM CORTE DE UMA TURBINA A GÁS DE ALTA EFICIÊNCIA. DA ESQUERDA PARA A DIREITA SÃO MOSTRADOS O COMPRESSOR, AS CÂMARAS DE COMBUSTÃO (QUATRO), A TURBINA DE TRÊS ESTÁGIOS E O SISTEMA DE EXAUSTÃO. O GERADOR ELÉTRICO SERIA CONECTADO À ESQUERDA.

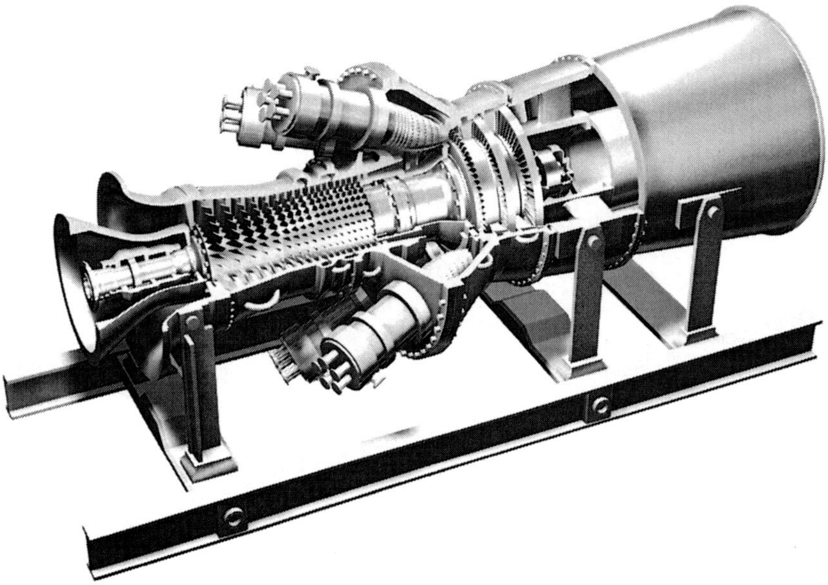

Algumas unidades de cogeração utilizam os sistemas de "**ciclo combinado**" (Figura 11.22). Elas usam turbinas a gás para gerar eletricidade e os gases de exaustão a alta temperatura (1.000 °F a 1.200 °F)[15] para gerar eletricidade adicional com uma turbina a vapor convencional, ou utilizam o vapor de alta pressão em processos industriais. Tais sistemas são muito populares em razão da atual abundância e do baixo custo do gás natural e de sua alta eficiência. Uma das maiores instalações desse tipo nos Estados Unidos é uma usina de 1.040 MWe em Oswego, Nova York, completada em 1995. Sua eficiência global é de 54%! A maior instalação de ciclo combinado do mundo, localizada na Coreia, foi mostrada no início do Capítulo 2. Sistemas modulares de cogeração estão se tornando populares pois podem ser adaptados para atender a necessidades locais com grande faixa de energias de saída. Uma vista em corte de uma turbina a gás de alto desempenho é apresentada na Figura 11.23.

[15] De 538 °C a 649 °C. (N.T.)

F. RESUMO

A produção de eletricidade é responsável por 40% de todo o consumo de energia nos Estados Unidos. Essa participação provavelmente continuará a crescer. A maioria das fontes alternativas de energia discutidas neste livro é direcionada à produção de eletricidade.

A interação entre eletricidade e magnetismo pode ser resumida como:

1. Uma corrente elétrica produz um campo magnético.
2. Uma partícula carregada em movimento pode sofrer a ação de uma força em um campo magnético.
3. Um fio movimentado em um campo magnético tem uma diferença de potencial induzida entre suas extremidades. (Esse conceito é o princípio por trás de geradores de eletricidade.)

Depois da geração, a energia elétrica é transmitida a tensões muito elevadas para reduzir as perdas causadas pela dissipação de calor. A taxa de perda de energia por dissipação térmica é dada por $P = I^2R$. Transformadores, que precisam de uma corrente alternada (CA), são necessários para elevar a tensão do gerador para a linha de transmissão, e novamente reduzi-la para o uso doméstico. A potência elétrica transmitida é dada por $P = VI$.

A cogeração é a produção tanto de eletricidade como de calor útil a partir da mesma fonte de combustível. Esse processo pode gerar eletricidade primeiro e usar parte do vapor que sai da turbina em processos industriais, ou pode utilizar o vapor que foi usado em um processo industrial para gerar eletricidade em um gerador a turbina. Em ambos os casos a eficiência global de conversão do combustível é aumentada. Uma usina com um ciclo de vapor comum tem uma eficiência típica de 35% a 40%, enquanto uma usina de ciclo combinado pode atingir eficiências de 55% a 60%.

COMO VOCÊ ESCOLHERIA? – REVISITADO

Estudos relativos aos efeitos dos campos eletromagnéticos (EMF) na saúde humana continuam em andamento. Em uma avaliação, devem-se considerar as evidências, os pesquisadores e a situação. Muitas decisões não são do tipo preto e branco e as consequências de fazer alguma coisa podem ser piores do que não fazer nada. Com relação à decisão do Conselho da Escola, você mudou de posição desde o início deste capítulo? Quais são algumas das dúvidas que tem em relação a esse assunto?

QUESTÕES

1. Por que as companhias elétricas transmitem a eletricidade em altas-tensões?
2. O aquecimento elétrico em novas residências tem se tornado bastante popular. Como você explica essa tendência, considerando-se que o custo da eletricidade é tão alto?
3. Suponha que você está fazendo uma caminhada na mata, usando uma bússola para se localizar. De repente, um relâmpago cai nas proximidades. Era de se esperar que isso tivesse algum efeito sobre a sua bússola? Explique.
4. Descreva resumidamente o funcionamento de um motor elétrico.
5. Se você segurar uma partícula carregada em um campo magnético, a que força a partícula estará sujeita? Suponha que deixe a partícula cair, de forma que sua trajetória seja perpendicular ao campo magnético. O que acha que vai acontecer?
6. Um transformador é utilizado a fim de rebaixar a tensão a 120 V para uso doméstico. Isso significa que a energia elétrica também é reduzida? Explique.
7. Com o aumento da produção de carvão e seu uso em usinas elétricas, propostas têm sido formuladas para a geração de eletricidade "na boca da mina": usinas geradoras localizadas nas adjacências da fonte de carvão. Considerando a localização das minas de carvão nos Estados Unidos, quais seriam as vantagens e desvantagens desse plano?[16]
8. Como você pode utilizar um pequeno motor elétrico como um gerador em um gerador eólico feito em casa? Por que essa substituição nem sempre pode ser feita? (Pense em um eletroímã.)
9. Que temas você acredita que devam ser discutidos mais profundamente na controvérsia em relação aos efeitos das linhas de transmissão de alta-tensão sobre a saúde?
10. A cogeração é um meio popular de fornecer energia e calor. Como sua faculdade poderia utilizar essa tecnologia para economizar dinheiro? Seja específico.
11. Qual é a relação entre a quantidade de eletricidade gerada por carvão, com relação às hidrelétricas e às eólicas nos Estados Unidos? Use números atuais.
12. Qual é a origem da espetacular aurora boreal?
13. Na cogeração, a eficiência global de uma usina elétrica com turbinas a vapor, que gera eletricidade e usa o vapor de processo, seria maior se o vapor fosse expelido da turbina a uma temperatura mais alta?

---

[16] Para o estudante brasileiro seria interessante estudar, além do caso norte-americano, o caso do Brasil. (N.T.)

14. Que diferenças, se é que existem, você pode esperar dos campos elétricos e magnéticos a que você está submetido em casa, perto de eletrodomésticos, perto de linhas elétricas com grandes torres e quando utiliza seu celular?

PROBLEMAS

15. Uma característica importante de uma central elétrica é o *fator de capacidade*. Que é a relação entre a produção efetuada durante certo período e a produção que a central teria se estivesse gerando eletricidade em sua capacidade máxima durante o mesmo período. Em 2010, uma central a carvão de 1.000 MWe gerou 5.400 milhões de kWh. Qual foi seu fator de capacidade?
16. Se um sistema de armazenamento bombeado de uma usina elétrica movida a combustível fóssil utiliza uma bomba com uma eficiência global de 70% e um gerador a turbina com eficiência de 80%, qual é sua eficiência global? Quais são as vantagens do armazenamento bombeado?
17. Dez megawatts de eletricidade devem ser transmitidos por uma linha de transmissão com resistência de 4 ohms.
    a. Se a eletricidade for gerada a 10.000 V e transmitida a 130.000 V, qual deve ser a razão entre as voltas no transformador?
    b. A que corrente a potência será transmitida?
    c. Qual porcentagem da potência original será perdida por causa do aquecimento resistivo?
18. Um pequeno transformador utilizado para uma campainha rebaixa a tensão de 120 V e 0,5 A para 12 V. Qual é o fluxo de corrente para a campainha?
19. Uma usina é capaz de produzir eletricidade a uma taxa de 1.000 MWe. Se a eletricidade é vendida a $ 0,08/kWh, quanto rendimento é perdido por dia se a usina não estiver operando?

ATIVIDADES ADICIONAIS

1. Construa um eletroímã da seguinte forma: enrole aproximadamente 1 metro de um fio isolado de diâmetro pequeno (calibre 24) em um prego ou parafuso (Figura 11.24). Conecte as extremidades do fio a uma pilha tipo D, conforme mostrado. Verifique quantos grampos ou clipes de papel você consegue recolher com o eletroímã. Como poderia aumentar a força do campo magnético?

FIGURA 11.24 Eletromagneto.

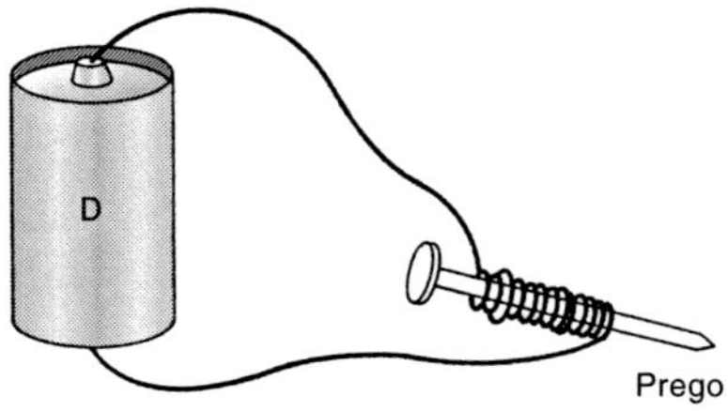

2. Construa um medidor simples para determinar a corrente elétrica da seguinte forma: coloque uma pequena bússola no meio de um cilindro de cartolina e enrole aproximadamente 2 m de fio isolado de pequeno diâmetro ao redor da cartolina, deixando as duas extremidades livres com cerca de 1 cm do isolamento retirado (Figura 11.25). Utilize esse medidor para observar as diferenças de corrente nos casos de uma e duas lâmpadas de lanterna em série com uma pilha tipo D. Para medir a corrente, esse medidor deve ser colocado no circuito, e não ao redor do bulbo da lâmpada. (O deslocamento da agulha da bússola não será proporcional à corrente.)

FIGURA 11.25 Medidor de corrente.

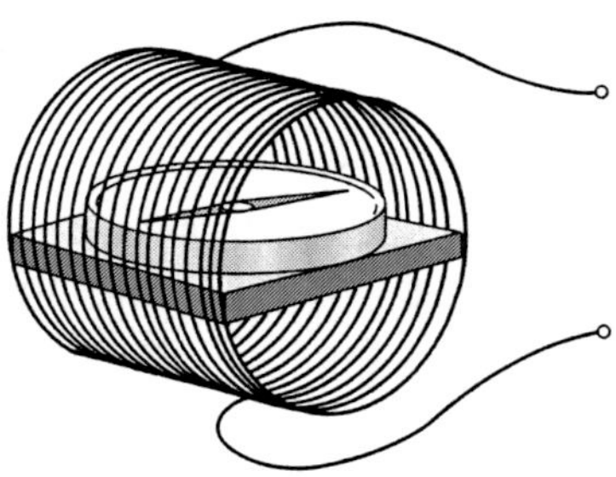

3. Uma ilustração da lei de Faraday pode ser feita com a seguinte atividade: construa uma espira de fio que seja grande o bastante para que uma barra de ímã possa ser passada através dela. Conecte as extremidades da espira ao medidor de corrente construído na Atividade 2. Mova a barra de ímã para a frente e para trás através da espira e observe a direção do deslocamento da agulha. A defecção da agulha depende da rapidez com que o ímã é movido através da espira?
4. Você pode utilizar alguns motores simples como geradores elétricos. Encontre um motor pequeno e barato que use ímãs permanentes (não eletroímãs). Conecte os contatos a uma lâmpada de lanterna. Gire o eixo do motor com seus dedos, ou puxando um barbante enrolado no eixo. O brilho do bulbo depende da velocidade do eixo?

5. Construa um motor elétrico de corrente contínua semelhante ao mostrado na Figura 11.8.
6. Outro motor CC bastante portátil é mostrado na Figura 11.26. Você pode construí-lo usando fio, dois clipes de papel, uma pilha tipo D e um pequeno ímã. Use a pilha como uma forma ao redor da qual você enrola de 10 a 15 voltas de fio. Ambas as extremidades do fio devem ter o isolamento removido. Monte o motor conforme a figura mostra. Movimente a espira com as mãos, e ela deverá continuar movendo-se sozinha.

FIGURA 11.26 MOTOR PORTÁTIL.

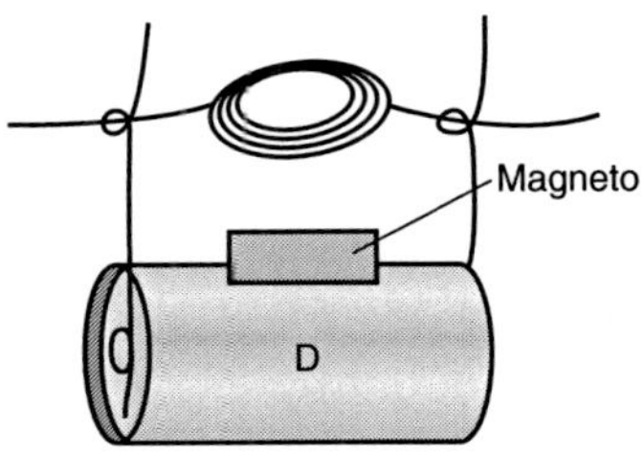

7. Veja quantos grampos de papel uma tesoura de metal pode coletar depois de você passar um ímã um certo número de vezes (tesouras de alumínio ou plástico não funcionarão) por ela. Bata algumas vezes com um martelo na tesoura e verifique se ela ainda é capaz de coletar o mesmo número de grampos.

CAPÍTULO 12

ELETRICIDADE DE FONTES SOLARES, EÓLICAS E HÍDRICAS

Conteúdo

COMO VOCÊ ESCOLHERIA?

Não Atrapalhe Minha Vista!

Várias propostas foram apresentadas visando à instalação de turbinas eólicas na praia de Cape Cod, Massachusetts, e a instalação de 130 turbinas a 5 quilômetros da praia (o projeto "Cape Wind"). Questões relacionadas com morte de pássaros (as pás têm diâmetros de 100 metros), danos à pescaria e poluição visual trouxeram preocupações a muitos dos moradores locais, incluindo alguns ambientalistas. Você aprovaria a construção dessa fazenda eólica?

A. INTRODUÇÃO

O Capítulo 6 introduziu as muitas dimensões da energia renovável: do aquecimento de ambientes à energia fotovoltaica, da energia eólica à hidrelétrica. Contudo, ele entrou em detalhes apenas quanto ao uso da energia solar para a obtenção de água quente residencial e de aquecimento de ambientes. Agora, vamos dirigir nossa atenção para a geração de eletricidade por meio do uso de sistemas fotovoltaicos, eólicos, hídricos e termais. Cada uma dessas áreas pode desempenhar uma função substancial, ajudando-nos a satisfazer nossas necessidades de energia. Considera-se que essas são algumas das tecnologias de energia que mais rapidamente se desenvolvem hoje em dia, apesar de sua participação no volume total ainda ser pequena. Por exemplo, a capacidade de geração de energia eólica aumentou 400% nos Estados Unidos nos últimos cinco anos, mas ainda fornece apenas 1,8% da eletricidade consumida no país. A Europa visava obter 20% de sua energia elétrica por meio de eólicas em 2010! A China dobrou sua capacidade de geração eólica em cada um dos cinco últimos anos, sendo hoje a terceira nação com maior capacidade eólica, depois dos Estados Unidos e Alemanha. A Tabela 12.1 indica as contribuições das tecnologias solares ao abastecimento de energia norte-americano durante os últimos 30 anos. A pesquisa e o desenvolvimento, assim como o preço internacional do petróleo e as políticas públicas, terão uma grande importância para as futuras contribuições da energia solar.

TABELA 12.1 CONTRIBUIÇÕES SOLARES PARA O ABASTECIMENTO DE ENERGIA NOS ESTADOS UNIDOS.*

Fonte	1980	1990	2003	2010
Aquecimento solar, fotovoltaicos e eletricidade térmica	Pequena	0,053	0,063	0,11
Vento (eólica)	Pequena	0,032	0,11	0,92
Biomassa	2,4	2,6	2,9	4,24
Hidrelétrica	3,0	3,1	2,8	2,51
Solar Total	5,4	5,8	5,9	7,8
Consumo Total	78	84	98	98

*Unidades: quads (10^{15} Btu) por ano.

Fonte: U. S. Department of Energy e U.S. Energy Information Administration

A geração **fotovoltaica** (FV), conversão de luz solar diretamente em eletricidade, tem sido e continuará sendo uma das mais fascinantes tecnologias no campo da energia. Iniciada muitos anos atrás, recebeu um grande impulso na década de 1950 por causa de sua utilização no programa espacial norte-americano. Desses dias até hoje, o preço das células solares caiu de um fator de mais de 1.000. Mesmo assim, as células solares continuam relativamente caras e o grau de futura penetração no mercado é altamente dependente da redução dos custos de produção e do aumento da eficiência das células. Aparentemente não existem mais obstáculos técnicos para a ampla disseminação do uso de células solares. De fato, nos últimos anos ocorreram significativos avanços no desenvolvimento de materiais FV de baixo custo e eficiências maiores que 40% foram obtidas. A Figura 12.1 mostra o declínio do custo FV por watt em função do tempo, bem como o forte crescimento das vendas mundiais de FV. Os custos continuam a ser eram de US$ 0,25 a US$ 0,30 por kWh.

FIGURA 12.1 PRODUÇÃO FV DENTRO E FORA DOS ESTADOS UNIDOS DE 1975 A 2010. O CUSTO DE CÉLULAS FV DIMINUIU SIGNIFICATIVAMENTE DURANTE O PERÍODO INDICADO, E A PRODUÇÃO MUNDIAL ULTRAPASSOU 7.000 MW POR ANO.
Fonte: National Renewable Energy Laboratory.

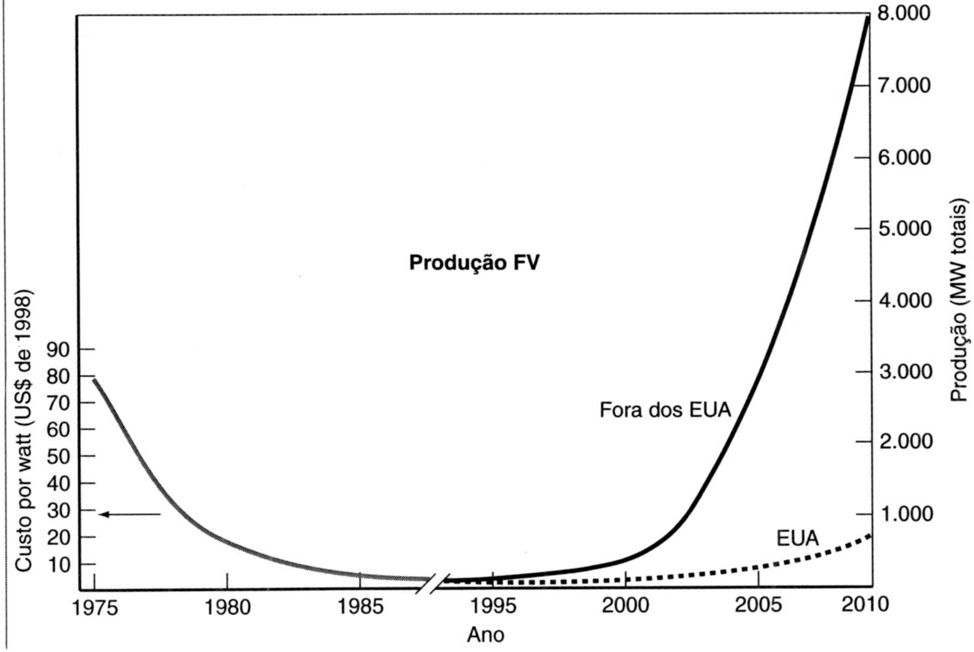

A despeito dos custos relativamente altos, o mercado de FV continua a crescer. Dezenas de milhares de sistemas FV já estão fornecendo energia para uma variedade de aplicações, incluindo centrais de geração elétrica, residências, iluminação externa, comunicações, bombeamento de água, carregamento de baterias, refrigeração de vacinas e assim por diante (Figura 12.2). Em diversas áreas remotas, sistemas FV autônomos são as únicas fontes viáveis de energia. Células solares apresentam a vantagem de não ter poluição (ou, então, muito pouca) associada a seu uso. Como convertem diretamente a luz em eletricidade, não são limitadas pelos fundamentos da segunda lei da termodinâmica como os motores térmicos. Elas podem ser montadas rapidamente; o tempo de construção de uma usina de energia FV é de um a dois anos, em comparação com os cinco a oito anos necessários para uma usina movida a combustíveis fósseis. Seu principal material é o silício, que é abundante na Terra, o que indica não haver, provavelmente, uma limitação de recursos.

FIGURA 12.2 Crescent Park: Instalação FV comercial e residencial em Richmond, CA. Potência instalada: 900 kW.

Cortesia de Sun Light & Power

O mercado para a utilização de FV em aplicações remotas, residências conectadas à rede, energia de instalações e produtos para o consumidor final (calculadoras e relógios, por exemplo) está crescendo rapidamente. De 2003 a 2008, o transporte de células e módulos solares para todos os usos cresceu 500% nos Estados Unidos. Em 2010, esse país produziu células e módulos FV em um total de 878 MW de pico, por volta de 15% do total mundial. A China produziu em torno da metade dos 7 GW instalados no mundo em 2010; a Europa entrou com 1,9 GW, mas tem cerca de 70% do total dos sistemas FV existentes no mundo, com liderança da Alemanha. Ao final de 2010 a capacidade instalada mundial total era de 22 GW. Nos Estados Unidos era da ordem de 2,1 GW. (Lembre-se do Capítulo 10: 1 GW (1.000 MW) pode alimentar 200 mil residências). À medida que o custo dos módulos cair dos atuais US$ 3,00 para US$ 2,00 por watt-pico,[1] a FV vai se tornar muito competitiva em relação aos geradores movidos a diesel (cujo mercado estimado é de milhares de megawatts). Quando os módulos FV diminuírem para um valor próximo a US$ 1,50 por watt-pico, ou o custo total de um sistema chegar, de US$ 2,50, a US$ 3,00 por watt-pico, a eletricidade FV possivelmente será produzida a um custo de US$ 0,12 por kWh, permitindo que a FV tenha uma participação mais substancial no mercado norte-americano de

[1] Os sistemas, FV são classificados em watts-pico (Wp), que se referem à sua produção de energia máxima quando operando a 25 °C sob insolação de 1.000 W/m^2. (N.T.)

serviços públicos de abastecimento de energia. A maioria dos Estados norte-americanos exige que as concessionárias "comprem de volta" qualquer excesso de eletricidade gerado por um sistema FV, muitas vezes a um preço substancial. Isso é equivalente a fazer os medidores girarem no sentido contrário, como discutido no Capítulo 10. A escolha do consumidor por "energia verde" também será um fator para o crescimento das instalações fotovoltaicas.

B. PRINCÍPIOS DAS CÉLULAS SOLARES

O princípio por trás do uso direto da energia solar para a produção de eletricidade foi descoberto em 1887 por Heinrich Hertz e explicado em 1905 por Albert Einstein. Foi observado que, quando a luz atinge determinados metais, elétrons são emitidos. Esse fenômeno, conhecido como **efeito fotoelétrico**, pode ser estudado com um artefato, como o mostrado na Figura 12.3. Quando a luz incide na placa negativa, elétrons são emitidos com uma quantidade de energia cinética inversamente proporcional ao comprimento de onda da luz incidente. Originalmente, esse efeito não foi considerado surpreendente e pensou-se que fosse consistente com o entendimento clássico da natureza. Contudo, para determinados valores de comprimento de onda da radiação, nenhum elétron foi emitido. Na Física clássica, a única coisa que determinava se a emissão de elétrons iria ocorrer ou não era a intensidade luminosa que chegava à superfície, e não sua cor ou frequência.

FIGURA 12.3 ARTEFATO PARA OBSERVAÇÃO DO EFEITO FOTOELÉTRICO. A LUZ ATINGE A PLACA DE METAL (NO TUBO DE VÁCUO) E ELÉTRONS SÃO EMITIDOS.

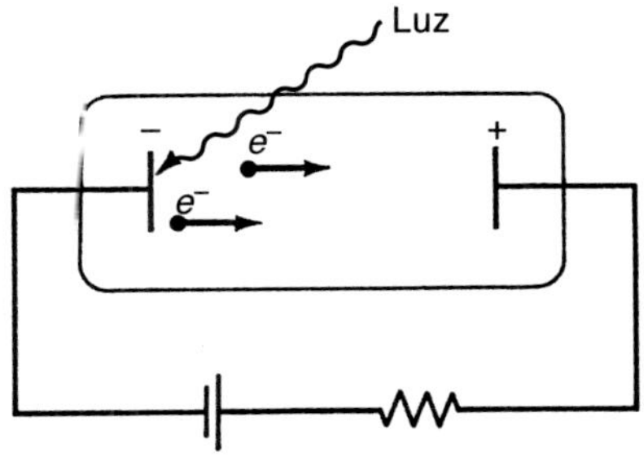

Einstein explicou esse efeito ao pressupor que, nesse caso, a luz se comporta mais como uma partícula do que como uma onda. A energia de cada partícula de luz, chamada **fóton**, depende apenas da sua frequência e é igual a $h \times f$, onde h é como constante de Planck, e f é a frequência da luz. Um elétron em um átomo de metal é capaz de "capturar" um fóton e obter a energia necessária para escapar *se* a energia do fóton exceder a de adesão do elétron ao metal. Isso vai acontecer se a frequência da luz for grande o bastante ou se o comprimento de onda λ for pequeno o bastante, uma vez que o comprimento de onda é inversamente proporcional à frequência. Relembre que $\lambda \times f = c$, e a velocidade da luz c é igual a 3×10^8 m/s.

A maior parte das células solares é feita pelo agrupamento de duas camadas muito finas de silício cristalino, cada uma delas tratada de maneira especial. Normalmente não existem elétrons livres no silício e, dessa forma, esse elemento é um bom isolante. Por meio de um processo denominado "dopagem", são adicionadas impurezas ao silício, alterando suas propriedades e tornando-o um condutor melhor. Se for adicionada uma pequena quantidade de fósforo, passarão a existir elétrons extras no cristal, produzindo um semicondutor do tipo *n* (negativo), no qual a carga da corrente é de elétrons negativos. Se for adicionado boro, existirão menos elétrons que no silício e, assim, surgirão "buracos" vazios no cristal – lugares nos quais os elétrons deveriam estar, mas não estão –, produzindo um semicondutor do tipo *p* (positivo). Esses buracos atuam exatamente como cargas positivas. Quando esses dois tipos de semicondutores são colocados juntos, eles formam uma "junção *p–n*". O rearranjo dos elétrons e buracos nessa junção cria uma barreira para o fluxo adicional da energia elétrica.

Quando a luz atinge uma célula solar, elétrons e buracos são criados pelo efeito fotoelétrico. Tais cargas são separadas pela barreira potencial na junção *p–n*. Se os lados tipo *p* e tipo *n* da célula solar estiverem conectados por um circuito externo, os elétrons vão fluir para fora do eletrodo localizado no lado tipo *n*, através de uma carga disponível para a realização de trabalho útil, e para dentro do lado tipo *p*, onde se recombinarão com os buracos.

A Figura 12.4 mostra a montagem de uma célula solar. A fina camada superior geralmente é feita de silício tipo *n*, que deve ser bastante fina a fim de que se torne transparente à luz solar, com uma espessura de aproximadamente 1 μm (10^{-6} m). Nessa camada é anexada uma grade condutora, arranjada para evitar que grande parte da luz seja bloqueada. A camada inferior é de silício tipo *p* com aproximadamente 400 μm de espessura; um eletrodo metálico é anexado à sua parte posterior. Para proteção contra os efeitos climáticos, as células são encapsuladas em material transparente.

A barreira potencial na junção *p–n* produz uma voltagem de aproximadamente 0,5 V no monocristal de silício. Como em uma bateria, a saída é corrente contínua. A corrente de saída de uma célula solar é diretamente proporcional à quantidade de luz incidente e à área da célula. Sob uma luz solar de 1.000 W/m^2, uma corrente de aproximadamente 100 miliampères por cm^2 de superfície de célula será produzida por células monocristais-padrão. Uma célula de 10 cm de diâmetro vai produzir aproximadamente 1 W sob uma insolação de 1.000 W/m^2. Uma célula de 5 cm de diâmetro vai produzir cerca de 0,25 W sob a mesma insolação.

FIGURA 12.4 MONTAGEM DE UMA CÉLULA SOLAR.
Fonte: Solar Energy Research Institute.

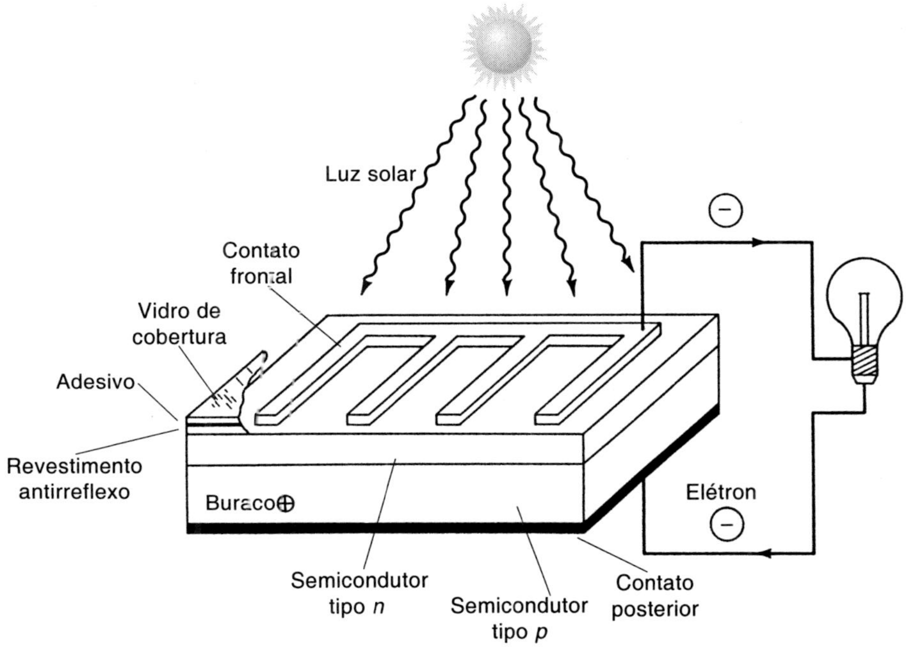

FOCO EM 12.1

CARROS FV – ONTEM E HOJE

A) Sunraycer: Em 1987, o Sunraycer, da General Motors, participou e indiscutivelmente venceu a World Solar Challenge Race (uma corrida mundial de carros movidos a energia solar) através da Austrália – com percurso de mais de 3.100 km. O aerodinâmico (e caro) veículo foi coberto com 8.600 células solares, com uma área de aproximadamente 8 m^2. A média de produção de eletricidade fornecida ao motor durante a corrida foi de aproximadamente 1.000 W. Baterias recarregáveis de prata-zinco foram utilizadas no começo e no fim dos dias de competição, assim como nos momentos em que se necessitava de aceleração. A velocidade de cruzeiro foi de 67 km/h ou 41,6 mph. O veículo pesava 390 lbs sem o piloto. Hoje em dia esse carro encontra-se em exposição no Smithsoniam Museum em Washington, D.C., Estados Unidos.

B) Sundancer: Mais de 20 anos depois, muitos colégios e faculdades participam de corridas anuais. O Sundancer II (Figura 12.6) do colégio Houston (Missouri) venceu a corrida de Dallas até Boulder (1.380 km) com uma velocidade média de 31 mph (52 km/h). A área do painel solar era 9 m^2 e o veículo pesava 697 lbs.

Uma boa parte da luz incidente sobre uma célula é perdida antes que possa ser convertida em energia elétrica. Enquanto as eficiências de conversão podem chegar a 30%, as eficiências típicas de células solares variam de 10% a 15% (dependendo do material das células). A perda de energia ocorrem porque uma parte da luz não é energética o bastante para separar os elétrons de seus vínculos atômicos no cristal; aproximadamente 55% do espectro solar inclui comprimentos de onda longos demais para liberar fotoelétrons da célula. Às vezes a radiação solar é energética demais e a energia extra do par elétron-buraco se transforma em calor. A reflexão da superfície da célula e a recombinação elétron-buraco também contribuem para a diminuição da eficiência. A utilização de diversas camadas de filmes finos, colocados uns sobre os outros (Figura 12.5), permite a absorção de energia solar em diferentes comprimentos de onda; essa técnica multicamadas tem produzido células de demonstração com eficiência da ordem de 28%. Alguns desses materiais têm eficiências que não diminuem em função do aumento da temperatura, como ocorre com as células de silício. Espelhos ou lentes podem, então, ser utilizados para concentrar os raios solares na célula e aumentar a produção de energia.

FIGURA 12.5 CÉLULA SOLAR MULTICAMADA. UM SEGUNDO FILME FINO É UTILIZADO E, ASSIM, A PILHA PODE RESPONDER A UM ESPECTRO DE LUZ MAIS AMPLO, AUMENTANDO SUA EFICIÊNCIA.

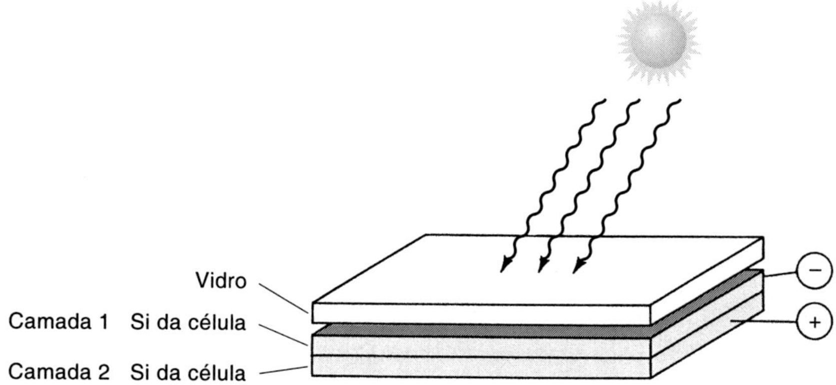

C. MANUFATURA DAS CÉLULAS

A maior parte das células FV em uso atualmente é feita de **silício monocristalino**, apesar de outros processos de manufatura estarem rapidamente se tornando competitivos, tanto econômica quanto tecnicamente. Para fazer uma célula solar, a sílica (SiO_2) é inicialmente refinada e purificada. A seguir, é derretida e solidificada de tal forma que os átomos de silício sejam arranjados em um entrelaçamento perfeito. Uma das formas de fazer isso é introduzir uma semente de silício cristalino em uma massa fundida de silício puro e lentamente extraí-la (esse é o chamado processo de Czochralski). O lingote cilíndrico assim formado é, então, fatiado em *wafers* de aproximadamente 0,5 mm de espessura que são "dopados" com impurezas de fósforo (para criar a camada de tipo *n*) e de boro (para a camada do tipo *p*) para formar a junção *p–n*.

FIGURA 12.6 O TIME DE HOUSTON (MS, EUA) DA CORRIDA DE VEÍCULOS MOVIDOS A ENERGIA SOLAR DE 2010 COM O CARRO SUNDANCER II.

CORTESIA DA HOUSTON SCHOOL DISTRICT E DO HIGH SCHOOL SOLAR RACE TEAM.

Técnicas mais avançadas de criação de cristais podem reduzir os custos da manufatura de células solares. Um método consiste na criação de cristais automaticamente em tiras contínuas. A fina tira é retirada de uma fornalha e rapidamente cortada no tamanho adequado. Dois outros tipos de células FV, de produção mais barata, são as de silício policristalino e as de silício amorfo. Células **policristalinas** são feitas de vários grãos de cristais únicos de silício que são aleatoriamente embalados. Tais células são produzidas de maneira mais simples e barata, podendo obter eficiências de 10% a 15%.

O **silício amorfo** mostra propriedades muito diferentes das apresentadas pelo silício cristalino porque sua estrutura atômica está desordenada. Essas células de "filme fino" são construídas pela deposição de camadas finas (um mícron) de material em uma base de metal ou vidro, que é cortada a laser. Menos material é usado nessas células e, portanto, os custos são menores. Sob a luz fluorescente, elas são mais eficientes que as células cristalinas. Sua eficiência fica em torno de 5% a 10%. O problema dessas células é que sua eficiência cai ao longo do tempo quando expostas à luz.

Outros materiais além do silício vêm sendo utilizados, como o arseneto de gálio, o telureto de cádmio, o sulfeto de cádmio e o bisseleneto de cobre, índio e gálio. Muitos desses compostos são fabricados sob a forma de filmes finos. Eles são promissores quanto ao aumento da eficiência das células solares porque fornecem intervalos de energia apropriados para a conversão de energia solar e apresentam altos coeficientes de absorção ótica.

D. ECONOMIA E SISTEMAS FOTOVOLTAICOS

Células solares individuais são eletricamente conectadas em módulos planos para atender à demanda de energia elétrica. Um arranjo desse tipo, mostrado na Figura 12.7, fornece, sob insolação plena, 47 W a 12 V. Esses módulos são conectados entre si para formar um sistema FV. No sistema mostrado na ilustração, a saída total será de 6 × 47 = 282 W_p. Tais artefatos custam algo em torno de US$ 300 cada um, ou seja, US$ 6,40 o watt-pico. Os preços continuam a cair nesse mercado.

Cada célula só pode produzir uma certa quantidade específica de potência; células adicionais devem ser acrescidas para aumentar a potência de saída. Células solares individuais podem ser conectadas em série ou em paralelo (Figura 12.8). Quando três células solares de silício são conectadas em série, as tensões se somam para permitir uma saída de 3 × 0,5 V = 1,5 V. A corrente resultante permanece a mesma que a de uma única célula. Se três células forem conectadas em paralelo, a tensão da combinação permanece em 0,5 V, enquanto a corrente passa a ser o somatório das correntes produzidas nas três células. Um arranjo FV geralmente consiste em combinações de grupos de células conectados em série e em paralelo para produzir a tensão e a corrente desejadas. Módulos comerciais padrão consistem de 36 e 72 células com uma potência de saída de 50 W a 140 W.

FIGURA 12.7 Esta unidade FV de 282 W_p, 12 V CC, substituiu um gerador diesel, barulhento e com alto custo de manutenção. Ela é usada para comunicação em áreas remotas pela Wyclife Bible Translators.

(Siemens Solar)

FIGURA 12.8 CÉLULAS SOLARES PODEM SER CONECTADAS EM SÉRIE (A) OU EM PARALELO (B) PARA FORNECER MAIS VOLTAGEM OU MAIS CORRENTE, RESPECTIVAMENTE. A SAÍDA É DE CORRENTE CONTÍNUA.

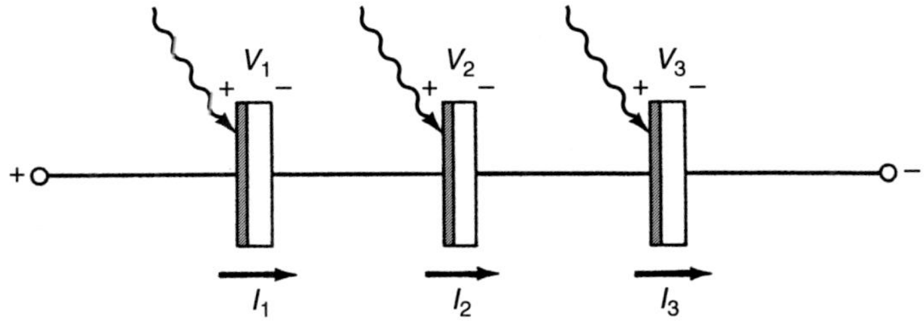

$$V_{\text{Total}} = V_1 + V_2 + V_3$$
$$I_{\text{Total}} = I_1 = I_2 = I_3$$

(a) Conexão em série

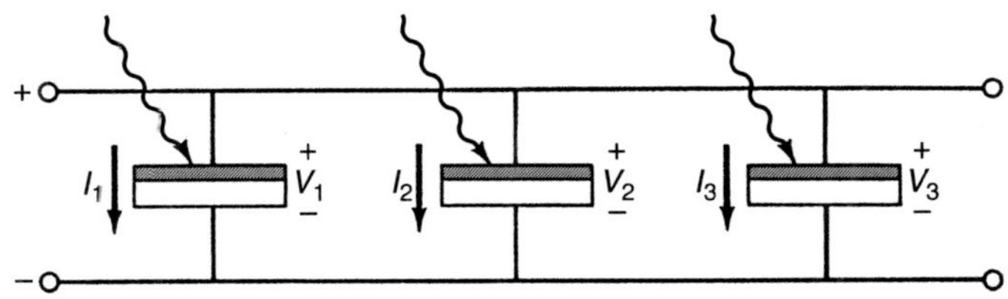

$$V_{\text{Total}} = V_1 = V_2 = V_3$$
$$I_{\text{Total}} = I_1 + I_2 + I_3$$

(b) Conexão em paralelo

Uma instalação comum para uma edificação residencial ou comercial é mostrada na Figura 12.9. A saída das células solares é de corrente contínua (CC). Existem diversas cargas na casa que podem utilizar corrente contínua, a exemplo das lâmpadas incandescentes. Para armazenar energia de reserva (*backup*), baterias podem ser usadas, além disso é necessário um estabilizador para evitar sobrecargas. Esse sistema residencial é chamado autônomo, ou não conectado à rede. Pode ser completamente independente da rede comercial. Para utilizações que demandem corrente alternada (CA), como televisões ou motores, um inversor deve ser usado para converter CC em CA. Qualquer produção acima do necessário pode ser vendida para a rede elétrica comercial (a um preço determinado pela concessionária do serviço). Muitas casas que hoje têm sistemas fotovoltaicos não possuem apenas baterias de reserva, mas têm também um inversor localizado após o painel solar, que alimenta carga de CA ou permite conexão à rede. Alguns exemplos de sistemas solares FV autônomos (dimensões e preços) são apresentados em Foco em 12.2.

FIGURA 12.9 SISTEMA FOTOVOLTAICO PARA UMA RESIDÊNCIA. A SAÍDA CA DO INVERSOR PODE SER VENDIDA À REDE OU ALIMENTAR ELETRODOMÉSTICOS DA CASA.

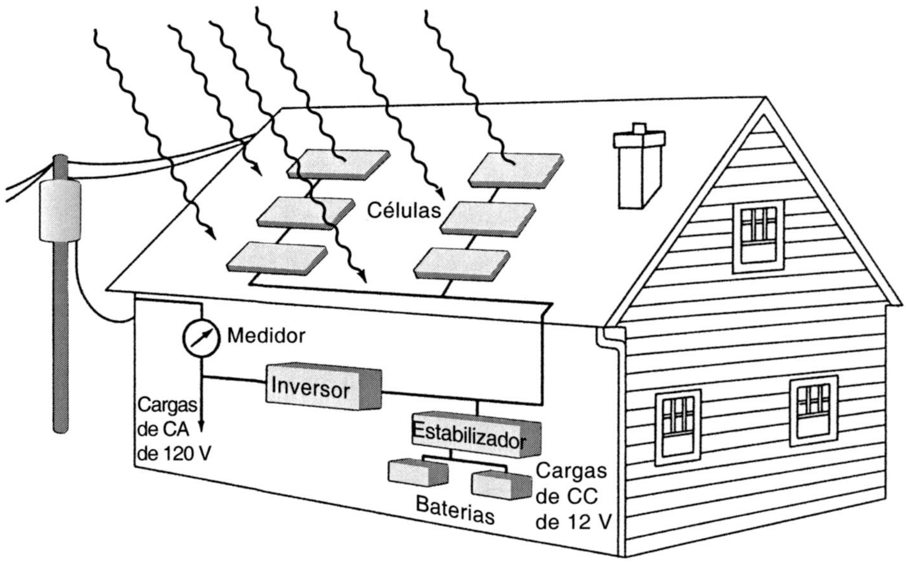

Diversos sistemas FV muito grandes estão em funcionamento ao redor do mundo com saídas da ordem de megawatts. Eles tanto fornecem eletricidade diretamente para estabelecimentos comerciais quanto abastecem a rede elétrica local. A maioria das instalações hoje serve para operação conectada com a rede. A Figura 12.10 mostra um dos maiores sistemas FV nos Estados Unidos – com 14 MW, em Nevada. A Europa tem grande número de instalações FV com cerca de 50 MW cada. Os custos de sistemas FV grandes foram reduzidos por um fator de 40 durante as últimas décadas para aproximadamente US$ 0,25 a US$ 0,30 por kWh, tornando-os comparáveis aos preços de pico de carga de sistemas convencionais. Instalações ainda maiores estão sendo projetadas para o sudoeste americano – de até 600 MW.

FIGURA 12.10 Instalação FV de 14MW em Nevada (Estados Unidos). Os painéis movem-se para seguir o sol.

U.S. Air Force photo by Airman 1st Class Nadine Y. Barclay

FOCO EM 12.2

CABANAS FOTOVOLTAICAS

Muitos aspectos devem ser levados em conta na instalação de um sistema fotovoltaico (FV) em uma casa; o dimensionamento do conjunto fotovoltaico é um deles. O primeiro passo é a redução da necessidade de energia elétrica e o uso de lâmpadas e aparelhos de alta eficiência. A Tabela 10.2 (Capítulo 10) apresentou uma lista da potência de aparelhos, assim como de seu consumo médio diário de energia em kWh. (Energia = potência × tempo de uso.) Uma casa média deve usar algo como 600 kWh/mês ou 20 kWh/dia. Um pequeno sistema fotovoltaico deve prover 1-2 kWh/dia, portanto, fornos elétricos, secadores de roupas e refrigeradores devem ser alimentados por outra fonte que não o sistema fotovoltaico. A insolação diária recebida depende do lugar, período do ano, clima e orientação do módulo (veja Figura 6.6 e Tabela 6.10, Capítulo 6). A insolação diária média pode ser também representada como o número de horas no dia com insolação de 1.000 W/m^2 (denominado número de watts-pico). Suponhamos que a insolação média anual em uma área central dos Estados Unidos é de 1.500 Btu/ft^2/dia (a Tabela 6.3, Capítulo 6, nos ajuda a converter esse número para W/m^2). Com 317 Btu/ft^2/hora = 1.000 W/m^2, a insolação média é 4.700 W/m^2/dia = 4,7 watts-pico por dia, na média. Assim, um módulo de 80 W operando nesse local fornecerá, em média, 80 × 4,7 = 376 Wh por dia. Dessa forma, para se produzir 1 kWh/dia serão necessários pelo menos 3 módulos.

Um sistema FV consiste de módulos FV, um regulador da carga, um conjunto de baterias e um inversor para transformar a saída CC em CA (veja Figura 12.9). Deve haver poucos circuitos CC na casa (para lâmpadas de 12 V, telefones celulares, baterias recarregáveis) a serem alimentados diretamente pelas baterias. O inversor produz 120 V CA para as demais necessidades e também permite ao proprietário vender energia elétrica em excesso para a rede (rodando o medidor no sentido contrário). Preços típicos para um pequeno sistema são:

Módulos de 175 W	2 a $750	$ 1.500
Regulador da carga		$ 250
Inversor		$ 850
Baterias (chumbo ácido, 6 V, golf cart)	4 a $140	$ 560
Outros (montagens, fiação, medidores)		$ 760
Total		**$ 3.920**

Fonte: Backwoods Solar Electric Systems (Idaho).

A energia FV está abrindo importantes acessos nos países em desenvolvimento, com os mercados de sistemas FV crescendo mais rapidamente no Terceiro Mundo. Com 2 bilhões de pessoas no planeta sem acesso à rede elétrica das concessionárias, a Shell Renewables, Inc. iniciou a comercialização de sistemas residenciais de energia solar para atender às demandas de moradores de áreas rurais nos países em desenvolvimento. Ainda que em pequena escala, muitas ONGs (organizações não governamentais) estão auxiliando na instalação de sistemas FV. Por exemplo, o Sri Lanka, com 8 mil sistemas residenciais de energia solar, está tentando vencer os obstáculos financeiros existentes (por exemplo, os altos custos iniciais) com a ajuda de ONGs. A área para a utilização de aplicações remotas que mais rapidamente cresce é a de comunicações. Estima-se que existam 300 mil residências em todo o mundo que possuem sistemas FV em seus telhados, principalmente em regiões remotas. Mais de 20 mil novos sistemas são adicionados a este total anualmente. Tais sistemas variam em tamanho – desde geradores de quilowatts até módulos individuais de 160 W para equipamentos médicos (o tamanho médio de sistemas residenciais de energia solar fotovoltaicos nos Estados Unidos é 4,6 kW). Em regiões distantes, a energia FV, com custos na faixa de US$ 0,25 a US$ 0,35 por kWh, compete em condições bastante favoráveis com os geradores a diesel, que custam de US$ 0,30 a US$ 0,50 por kWh. A Iniciativa Solar na Califórnia pretende facilitar a instalação de sistemas de energia solar em um milhão de prédios. Isso inclui tanto sistemas fotovoltaicos para produzir eletricidade quanto sistemas de energia solar térmicos de água quente para uso doméstico, aquecimento de ambiente e de piscinas.

Um dos usos mais importantes da energia FV é o abastecimento de bombas-d'água (Figura 12.11(a)). Como a maioria das populações rurais do mundo vivem em ensolaradas regiões tropicais ou subtropicais, a utilização da energia solar é uma boa alternativa aos métodos de bombeamento de água a diesel ou manual. (Lembre-se do método de bombeamento de água da Figura 3.5, no Capítulo 3). Por exemplo, na década de 1990, o Quênia instalou mais de 100 mil estações de bombeamento de água alimentadas por sistemas FV. O Foco em 12.3, "Bombeando água", explora o dimensionamento de coletores solares para o abastecimento de bombas-d'água.

FIGURA 12.11 (A) BOMBA-D'ÁGUA ALIMENTADA POR SISTEMA FV. (B) ESTAÇÃO DE RECARREGAMENTO DE VEÍCULOS ELÉTRICOS NA UNIVERSIDADE DO SUL DA FLÓRIDA, ALIMENTADA POR SISTEMA FV.

SIEMENS SOLAR (a) U.S. DEPARTMENT OF ENERGY (b)

FOCO EM 12.3

BOMBEANDO ÁGUA

Suponha que se queira elevar 60 m³ (16 mil galões) de água a uma altura (H) de 5 m em um período de oito horas. Qual é a demanda de energia elétrica da bomba?

A energia potencial que devemos fornecer à massa m de água é dada por W (trabalho) = PE = mgH. A massa de água é igual à sua densidade vezes seu volume, ou $m = \rho V$, onde ρ é a densidade da água, 1.000 kg/m³. Estamos interessados em uma taxa de bombeamento, que é o trabalho dividido pelo tempo utilizado. Essa é a potência:

$$P = \frac{W}{t} = \frac{\rho VgH}{t} = \frac{(1.000\,\text{kg/m}^3)(60\,\text{m}^3)(9{,}8\,\text{m/s}^2)(5\,\text{m})}{8\,\text{h} \times 3.600\,\text{s/h}} = 102\,\text{W}$$

Se a bomba tem uma eficiência de 60%, a energia necessária será 102/0,6 = 170 W, que pode ser fornecida por um painel FV de 175 W.

Além das regiões remotas, outro uso da energia FV é em edificações nas quais as células solares estão integradas à estrutura, como no caso de um módulo de telhado. Diversos países estão pesquisando a integração de FV às telhas para substituir os tradicionais materiais de cobertura de estruturas. A cada ano, o Japão fornece subsídios para que 10 mil proprietários de imóveis instalem sistemas de energia solar elétricos de teto conectados à rede elétrica. Na Europa, muitos países estão desenvolvendo sistemas FV integrados a telhados e fachadas de edificações. Concessionárias de energia estão avaliando a utilização de sistemas FV de apoio à rede elétrica. Uma das aplicações avaliadas é o apoio aos sistemas de geração e transmissão de energia, melhorando a qualidade do serviço e reduzindo os picos de carga de tal forma que as empresas possam atrasar por vários anos a substituição de seus transformadores. A energia FV também pode ser utilizada em estações de recarga de veículos elétricos (veja a Figura 12.11(b)).

A penetração da energia FV no mercado global será basicamente determinada por decisões políticas e econômicas. Mercados significativos (tanto residencial, de utilizações remotas, quanto de geração de energia) têm sido desenvolvidos e não existem mais obstáculos técnicos para o uso amplo. As preocupações com o aquecimento global podem acelerar a taxa de utilização de FV para o atendimento das demandas energéticas basais e de pico. Danos ao nosso meio ambiente (como o derramamento de petróleo no Golfo) são justificativas adicionais para aumentar o uso de fontes renováveis.

Ao mesmo tempo em que o preço da tecnologia FV tem diminuído acentuadamente durante as últimas décadas, parcerias entre governo e setor privado têm sido estabelecidas para (a) identificar e solucionar problemas de fabricação que afetam o custo dos módulos e a capacidade de produção, (b) desenvolver melhores práticas, e (c) expandir o mercado das tecnologias solares. Na realidade, as principais razões para o crescimento anual de 30% a 35% da produção de sistemas FV são incentivos financeiros governamentais. Alguns foram mencionados anteriormente, mas os apresentados a seguir estão entre os mais importantes incentivos oferecidos pelo governo norte-americano, que podem reduzir os custos em até 50%:

- *Feed in tariffs* (*FIT*): a necessidade de as concessionárias terem de pagar pela energia obtida de sistemas privados – *net metering*.
- *Investment tax credit* (*ITC*): os investidores podem abater uma porcentagem de seus investimentos em energia renovável de suas taxas anuais federais e estaduais. Alguns dos ITCs chegam a 35%, sem limites.
- *Power purchase agreement* (*PPA*): uma concessionária compromete-se a comprar toda energia produzida por um novo sistema FV durante certo período.
- *Renewable electric portfolio standards* (*RPS ou RES*): uma exigência estadual, segundo a qual determinada porcentagem de geração de uma concessionária deve ser de tecnologias solares. A concessionária pode atingir essa porcentagem tanto gerando essa eletricidade, como comprando a mesma de pequenos ou grandes produtores, dentro ou fora do estado. A maioria dos estados tem RPS.

E. ENERGIA EÓLICA

HISTÓRIA, CAPACIDADE INSTALADA E CRESCIMENTO RECENTE

A extração de energia do vento, especialmente na forma de eletricidade, tem despertado cada vez mais o interesse das empresas e dos governos. A energia eólica é a forma de energia que mais cresce atualmente, aumentando de 30% a 40% ao ano em muitas áreas do mundo. A capacidade instalada nos Estados Unidos é de 35.000 MW, o que é impressionante, já que era de apenas 300 MW há apenas 20 anos. Estima-se que esse tipo de energia poderá suprir até 30% da demanda de eletricidade dos Estados Unidos por volta de 2020. Atualmente esse número é de aproximadamente 1,8%. A Europa continua a liderar o resto do mundo com a maior capacidade instalada, que, espera-se, atinja 135.000 MW em 2014.

O impacto ambiental da energia eólica é praticamente insignificante, sendo seu principal problema a poluição visual, apesar de já existirem algumas preocupações com relação a barulho, interferência nas comunicações e acidentes com morcegos e aves de rapina, os quais já se verificaram. A tendência é a instalação de turbinas maiores cujas pás girem mais vagarosamente. Esse fator, combinado com o cuidado de alocar as turbinas fora das rotas migratórias dos pássaros, reduziu substancialmente a taxa de mortalidade das aves. O uso de torres tubulares em vez das convencionais de aço elimina os poleiros que atraem os pássaros. Colisões de pássaros com automóveis e janelas de prédios altos causam mais mortes (por um fator de milhão) do que as turbinas eólicas.

Outras características positivas das turbinas de vento são seus curtos períodos de construção, o tamanho reduzido de suas unidades em relação ao de outros tipos de geradores de eletricidade (e, dessa forma, têm maior adaptabilidade em responder às demandas elétricas) e sua capacidade de adaptação, sob medida, a usos e localizações específicas. Outra vantagem da energia eólica, especialmente no caso da utilização residencial, é que ela é um excelente complemento para a energia solar: dias com pouco sol geralmente são aqueles com ventos acima da média.

O interesse em aproveitar os ventos certamente não é novo; eles foram uma das primeiras fontes naturais de energia a serem utilizadas. Existem indícios da existência de moinhos de vento na Babilônia e na China entre 2000 e 1700 a.C. para bombear água e moer grãos. Os moinhos de vento foram introduzidos na Europa por volta do século XII e, em 1750, a Holanda tinha 8 mil deles e a Inglaterra, 10 mil. Sua utilização entrou em declínio após a introdução do motor a vapor de watt no fim do século XVIII, e acelerou-se no início do século XX como resultado da disponibilidade de combustíveis fósseis baratos e confiáveis, assim como da energia hidráulica. O moinho de vento foi (e ainda é) muito importante para o desenvolvimento econômico dos Estados Unidos, já que proporcionava uma forma de se bombear e fornecer água às fazendas distantes para a produção agropecuária. Milhares de unidades de 2 kW a 3 kW foram instaladas durante as décadas de 1930 e 1940 para gerar eletricidade nas áreas rurais, mas a Rural Electrification Administration e a Tennessee Valley Authority desestimularam tais utilizações ao incentivar a eletrificação por meio de empréstimos e da construção de usinas de energia elétrica.

FIGURA 12.12 GERADOR EÓLICO EXPERIMENTAL DA NASA EM OHIO. ESTA PRIMEIRA UNIDADE EM LARGA ESCALA TINHA SAÍDA DE 100 KW COM VENTOS DE 18 MPH. FOI COLOCADA EM OPERAÇÃO EM 1975. AS PÁS TINHAM DIÂMETRO DE 125 PÉS.

U.S. DEPARTMENT OF ENERGY

O desenvolvimento do atual setor de energia eólica nos Estados Unidos iniciou-se após a crise energética de 1973, com a construção, pela Nasa e pelo Departamento de Energia, de máquinas de demonstração capazes de gerar muitos quilowatts de energia. Uma das primeiras máquinas de demonstração em larga escala (construída em 1975) é mostrada na Figura 12.12 – a turbina eólica de 100 kW da Nasa, localizada próximo a Sandusky, Ohio. Essa máquina de eixo horizontal tinha duas lâminas ou pás com um diâmetro de 125 pés e foi projetada para uma velocidade nominal do vento de 18 mph. Depois, máquinas de demonstração de 200 kW e projeto similar foram montadas em Porto Rico, no Novo México e em Rhode Island. O maior moinho de vento a entrar em operação antes de 1980 localizava-se em Grandpa's Knob, Vermont, na década de 1940. Esse moinho Putman-Smith tinha uma capacidade de 1,2 MW e um custo de US$ 1.000 por kW; a produção de equipamentos em larga escala poderia ter reduzido seu preço. As duas lâminas de aço tinham um diâmetro de 175 pés e pesavam 8 toneladas cada uma. Em 1945, uma das lâminas se partiu (voando várias centenas de metros), desativando o moinho; nunca foi substituída. As pás atuais são mais leves e mais duráveis, construídas com fibra de carbono ou de vidro, em vez de metal.

Os esforços comerciais na área da energia eólica aumentaram dramaticamente na década de 1980, principalmente em razão dos incentivos fiscais, das novas tecnologias nos sistemas de energia eólica e da aprovação do Public Utilities Regulatory Policies Act (Purpa), que determinava que as empresas públicas e as concessionárias de serviços deveriam passar a comprar energia de fontes qualificadas ao preço estabelecido pelas concessionárias (Capítulo 10). O desenvolvimento eólico nos Estados Unidos diminuiu no fim da década de 1980 e início da década de 1990 em razão da queda dos preços do petróleo (acentuada em 1986), do aumento do número de usinas geradoras a gás natural e do fim dos incentivos fiscais. Atualmente, esse país está observando um significativo crescimento no setor da energia eólica. Os incentivos da Federal Production Tax (PTC), que pagam 2,1 *centavos* por kWh promoveram o desenvolvimento de novos projetos. Quando os créditos de taxas expiraram, o desenvolvimento diminuiu significativamente. Incentivos fiscais ajudam a aumentar a área de atuação das indústrias de energia mais novas, menos desenvolvidas. Introduzido nos Estados Unidos inicialmente em 1992, o PTC provê créditos fiscais para os primeiros dez anos de produção de uma usina. Incentivo mais recente é o *investment tax credit* (ITC), que permite até 30% dos valores de propriedade em créditos de taxas (ver seção anterior). Países nos quais os governos têm um plano consistente de incentivos econômicos apresentaram um crescimento bastante alto do número de instalações de energia eólica. No fim de 2009, a capacidade instalada mundial era de 130 mil MW, capaz de gerar 90 bilhões de kWh por ano. A maioria das instalações (ao menos quanto ao total de MW) hoje está nas fazendas eólicas.

A Tabela 12.2 lista a capacidade eólica instalada dos maiores mercados mundiais de energia eólica em 2009. Os Estados Unidos superaram a Alemanha em 2008 como o país com a maior capacidade eólica instalada. A Dinamarca supre 20% de sua demanda de eletricidade com os ventos. A Espanha praticamente duplicou sua capacidade tanto em 1998 quanto em 1999, e mais do que triplicou em 2003. Em 2009, a Espanha não estava muito atrás da Alemanha em termos de capacidade instalada. Os altos preços da energia, questões relacionadas com a segurança dos combustíveis, subsídios às energias renováveis e o aumento das preocupações com o meio ambiente impulsionaram esse crescimento em muitos países europeus. Decisões políticas tomadas por Estados membros da União Europeia enfatizaram a utilização de energia eólica. A China também está apresentando uma alta taxa de crescimento e está quase superando os Estados Unidos como o país com maior capacidade instalada. Em 2009, 82 países usavam a energia eólica em bases comerciais. Os Estados Unidos, China, Alemanha, Espanha e Índia representavam mais que 70% da capacidade instalada de energia eólica mundial. As turbinas eólicas supriram as necessidades de 40 milhões de residências europeias em 2004. Nesse ritmo, pode ser possível alcançar uma geração eólica de 12% da eletricidade mundial em 2020.

Tabela 12.2 MAIORES MERCADOS MUNDIAIS DE ENERGIA EÓLICA.

	Capacidade instalada (MW)		
País	**1998**	**2004**	**2010**
China	224	568	42.287
Estados Unidos	1.770	6.740	40.182
Alemanha	2.872	16.629	27.214
Espanha	822	8.283	20.676
Índia	1.015	2.110	13.065
Itália	199	922	5.797
França	19	386	5.660
Reino Unido	334	759	5.204
Dinamarca	1.433	3.110	3.752
Portugal	60	226	3.702
Japão	–	758	2.304
Países Baixos	375	938	2.237
Suécia	148	522	2.163
Total instalado no mundo		**40.000**	**194.000**

Fonte: Global Wind Energy Council.

As costas marinhas (*offshore*) são uma das áreas que vêm crescendo muito nas aplicações das turbinas eólicas (Figura 12.13). Tais lugares têm a vantagem de apresentar, geralmente, maiores velocidades de vento e menos turbulência. Trabalhos relacionados à fundação e à proteção contra a corrosão salina fazem essas unidades ser um pouco mais caras que as terrestres. A Europa tem mais de 12 fazendas eólicas *offshore*; a maior delas é a Horns Ver, na Dinamarca, com 80 turbinas de 2 MW cada. O maior projeto (proposto) nos Estados Unidos é o Projeto de Energia Eólica "Cape Wind", com 420 MW, localizado na costa de Massachusetts, em Nantucket Sound. Esse parque eólico consistirá de 130 turbinas de 3,2 MW, tendo cada uma cerca de 425 pés (130 m) de altura. Elas serão instaladas a 5 milhas da costa e as turbinas distarão umas das outras cerca de meia milha. As pás girarão a 15 rpm. Estima-se que esse parque eólico vá produzir em torno de 75% das necessidades anuais de eletricidade de "Cape" e reduzir a emissão de gases estufa em 1 milhão de toneladas por ano. Apesar de haver grande oposição local a esse projeto, após oito anos de demandas legais, o projeto foi aprovado pelo Departamento de Energia (DOE) em 2010. Alguns proponentes estimam um total de 4% da energia elétrica do país sendo fornecida por sistemas *offshore* em 2020.

A energia das turbinas eólicas só é produzida se houver vento, com velocidades acima de um determinado valor mínimo. Assim, o conceito de "capacidade instalada" pode não ter significado. Para muitos projetos eólicos, a eletricidade é produzida em torno de 20% da energia máxima durante o ano todo. Isso pode ser comparado com uma usina nuclear, na qual a eletricidade é gerada a quase 90% do máximo.

FIGURA 12.13 PARQUE EÓLICO COSTEIRO (*OFFSHORE*) NA BAÍA DE COPENHAGEN, DINAMARCA. CAPACIDADE DE 40 MW.

JENS H. M. LARSEN, COPENHAGEN, ENVIRONMENTAL AND ENERGY OFFICE

O tamanho das turbinas de vento aumentou na década de 1990, passando de unidades de 100 KW para outras de 1.000 KW, e hoje estão nas faixas de 2 a 3 MW. O aumento no tamanho das turbinas provocou uma diminuição drástica dos custos. Em 1981, um modelo de 25 kW custava US$ 2.600/kW. Atualmente, modelos de MW de hoje custam U$ 1000/KW. A maioria das grandes turbinas encontra-se em "fazendas eólicas" (*wind farms*). Mais de 36 estados norte-americanos têm fazendas eólicas com dimensões de concessionárias e 14 estados têm mais que 1.000 MW de capacidade instalada. O Texas lidera quanto à maior capacidade instalada, provendo em torno de 8% de sua eletricidade pela energia do vento. A Califórnia tem 10% da capacidade instalada no país, comparativamente com 70% ao final dos anos 1990. Atualmente, 3% das necessidades da maior concessionária de energia da Califórnia, a PG&E, é suprida por energia eólica.

SISTEMAS DE ENERGIA EÓLICA

Os **componentes básicos de um sistema de energia eólica** são mostrados na Figura 12.14. A pressão do vento faz girar um rotor composto por lâminas ou pás. Esse rotor está conectado a um eixo que, por sua vez, está conectado a um gerador elétrico por meio de várias engrenagens. Para sistemas menores, residenciais, a saída de corrente contínua do gerador pode ser armazenada em baterias ou fazer funcionar equipamentos e aparelhos que utilizem aquecimento resistivo, a exemplo das lâmpadas, torradeiras e aquecedores. Um sistema que revolucionou a indústria de energia eólica é o "inversor síncrono", que converte a corrente contínua que sai do gerador eólico em corrente alternada e permite a conexão para operação em paralelo com a rede elétrica da concessionária na frequência correta (60 Hz, no caso dos Estados Unidos). A eletricidade é vendida para a concessionária a um valor determinado por Estado ou pelo mercado.

A força que pode ser extraída do vento é proporcional ao *cubo* da velocidade v do vento e à área varrida pelas pás. Para entender esta relação cúbica, lembre que a energia cinética é expressa como $\frac{1}{2}mv^2$. A massa m nesta expressão é a massa do ar que atinge as lâminas do gerador eólico em uma unidade de tempo e, assim, depende da velocidade v do vento. Quanto maior a velocidade, mais o vento vai impactar as lâminas do rotor a cada segundo. Dessa forma, a energia eólica transferida em um determinado tempo (a potência de saída) é proporcional a $v \times v^2 = v^3$. A potência de saída também se relaciona com a área varrida pelas lâminas; a área é proporcional ao quadrado do diâmetro da lâmina. Como o ar apresenta uma baixa relação entre massa e volume (ou seja, densidade), as lâminas da turbina têm de varrer uma área grande para produzir uma quantidade significativa de energia. Ao se agruparem todos esses fatores, utilizando os fatores de conversão apropriados e um fator de 0,59, que representa a eficiência máxima que uma turbina de vento pode atingir (o "limite de Betz"), podemos escrever a máxima produção de energia como

$$P = 2{,}83 \times 10^{-4}\, D^2 v^3 \text{ kW}$$

com D em metros e v em metros por segundo, ou

$$P = 2{,}36 \times 10^{-6}\, D^2 v^3 \text{ kW}$$

com D em pés e v em milhas por hora.

EXEMPLO 12.1

Qual é a produção máxima que pode ser atingida por uma turbina eólica com raio de lâminas de 2 m exposta a um vento de 25 mph?

SOLUÇÃO

Utilizaremos a segunda equação de força dada e converteremos o diâmetro para pés. Também note que um *raio* de 2 m quer dizer um *diâmetro* de 4 m.

$$D = 4\,\text{m} \times \left(\frac{3{,}28\,\text{pés}}{1\,\text{m}}\right) = 13{,}12\,\text{pés}$$

$$P = 2{,}36 \times 10^{-6}(13{,}12)^2(25)^3 = 6{,}3\,\text{kW}$$

Utilizando tais equações, os valores da potência de saída para várias velocidades do vento e os diâmetros de lâmina são apresentados na Tabela 12.3. Um aumento na velocidade do vento de 5 mph para 15 mph vai gerar $(3)^3$ ou 27 vezes mais potência na turbina eólica. Sendo assim, a localização da turbina eólica é muito importante. Apesar de algumas localizações serem claramente melhores que outras em razão da disponibilidade de vento, existe uma considerável variação na velocidade do vento de um dia para o outro e de ano para ano. Características topográficas locais influenciam fortemente os ventos e às vezes ocorrem grandes variações na velocidade do vento em uma área pequena (por exemplo, três horas de ventos a 20 mph e três horas de ventos a 10 mph em um determinado local vão gerar duas vezes mais energia que seis horas de ventos a 15 mph). A torre de sustentação da turbina tem de ser a mais alta possível, porque a velocidade do vento aumenta com a distância do solo devido ao atrito entre o movimento do ar e o solo. A turbulência (volteios e redemoinhos de ar) também é reduzida quando a torre é mais alta com relação ao solo e obstáculos como árvores, prédios etc. Boas turbinas eólicas são aquelas que podem utilizar ventos de alta velocidade de forma eficiente, já que a produção de energia está relacionada ao cubo da velocidade do vento. Geradores com menos lâminas (duas ou três) são muito mais eficientes que os de múltiplas pás, os quais são bons em baixas velocidades de vento. Em condições de ventos fortes, o rotor deve descartar ou dispersar o excesso de força que o gerador não consiga processar, sem, contudo, danificá-lo. Isso é geralmente chamado de *feathering*, ou seja, inclinar as lâminas da turbina de maneira que muito pouco de suas áreas entrem em contato com o vento e, dessa forma, extraiam menos força dele.

FIGURA 12.14 SISTEMA DE ENERGIA EÓLICA RESIDENCIAL. PODE SER USADO COMO SISTEMA AUTÔNOMO OU ENVIAR SAÍDA EM CA PARA A REDE.

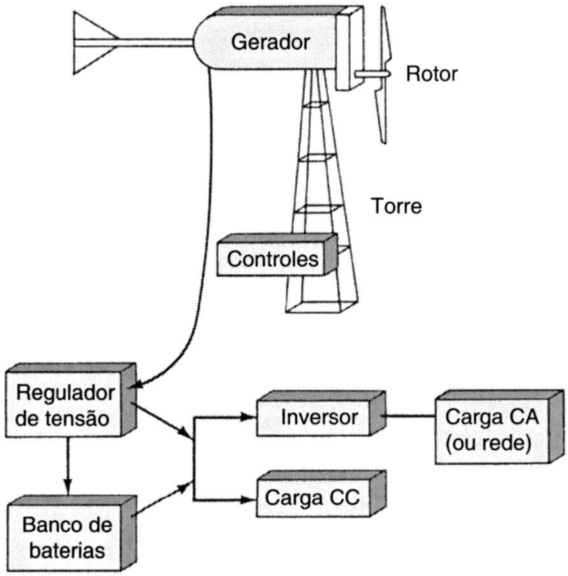

As turbinas eólicas são classificadas em função da orientação do eixo do rotor. Existem turbinas de *eixo horizontal* e de *eixo vertical*. Os tipos mais comuns são aqueles com eixos horizontais e lâminas verticais. A Figura 12.15 mostra três tipos de moinhos de vento de eixo horizontal. O rotor do tipo "holandês" de quatro pás era utilizado para bombear água e produzir farinha, mas tinha uma baixa eficiência (7%) para a conversão de energia elétrica. O tipo "americano de múltiplas pás" ainda está em uso para o bombeamento de água, mas gera apenas algo em torno de 4 hp (3 kW) com ventos de 15 mph. O propulsor de duas (ou três) lâminas é o mais eficiente desses tipos para a geração de eletricidade e também o mais comum e mais eficiente por causa de seu tamanho. Apesar de toda sua eficiência, nem mesmo este modelo vai extrair toda a energia existente no vento. Isso acontece porque, se o rotor *extraísse* toda a energia do vento, sua velocidade após atingir as lâminas da turbina passaria a ser zero e, desse modo, pararia após passar por ela; sendo assim, o ar iria acumular-se! Instalada em uma turbina de 3 MW, a forma côncava (*hollow paddle*) da parte interna da pá das turbinas alarga-se em torno do eixo do rotor, aumentando o fluxo de ar em torno da nacele (invólucro que contém a caixa de embreagens e o gerador) de formato oval. Além disso, palhetas (*winglets*) no fim das extremidades das pás reduzem as turbulências causadas pelas sobrepressões e subpressões ali encontradas. As reduções nas turbulências permitem a instalação das turbinas em regime de ventos com maiores velocidades.

TABELA 12.3 PRODUÇÃO DO MOINHO DE VENTO EM FUNÇÃO DA VELOCIDADE DO VENTO E DO DIÂMETRO DAS LÂMINAS.*

	Potência extraída (kW)*			
Velocidade do Vento (mph)	D = 12,5 pés	D = 25 pés	D = 50 pés	D = 100 pés
10	0,37	1,48	5,9	23,7
20	2,95	11,8	47	189
30	9,96	39,8	159	637
40	23,6	94,4	378	1.510
50	46,1	184	738	2.950

* Saídas máximas teóricas, pressupondo que o moinho de vento converta 59% da energia eólica em força útil. Por causa de imperfeições aerodinâmicas e de perdas mecânicas e elétricas, esses números teriam de ser multiplicados por aproximadamente 0,5 a 0,7.

Um exemplo de uma máquina de eixo vertical é o rotor de Darrieus em formato de batedeira (Figura 12.16). Rotores de eixo vertical possuem a vantagem de não ter de mudar de posição quando o vento muda de direção. Eles também têm sua caixa de câmbio e seu gerador montados no solo, e não no alto da torre, o que reduz seu custo com estrutura. Contudo, são difíceis de ser instalados no alto de torres para aproveitar as velocidades mais altas do vento, o que faz sua popularidade pequena. A Figura 12.17 compara as configurações de turbinas de vento de eixo horizontal e de eixo vertical.

Um gerador acionado pelo vento possui uma determinada potência em watts, a qual ocorre com uma *dada velocidade do vento*. Se a potência de um determinado sistema é atingida quando ocorrem ventos de 20 mph, caso ocorram ventos de velocidades superiores, a inclinação das lâminas tem de ser modificada para evitar que a turbina eólica produza mais energia mecânica do que o gerador é projetado para suportar. Se a potência projetada, digamos 10 kW, é atingida com ventos de 20 mph, então em boa parte do tempo apenas uma pequena produção será fornecida. Se a velocidade do vento diminuir para 15 mph, então a potência de saída será reduzida para $(15/20)^3 \times 10$ kW = 4,2 kW.

FIGURA 12.15 TRÊS TIPOS DE MOINHO DE VENTO: (A) MOINHO DE VENTO DO TIPO "HOLANDÊS". MILHARES DESSES FORAM UTILIZADOS POR VÁRIOS SÉCULOS NA HOLANDA, MAS POUCOS CONTINUAM EM OPERAÇÃO ATUALMENTE. ELES TINHAM EFICIÊNCIA (7%) E PRODUÇÃO (10 HP) BAIXAS. (B) MOINHO DE VENTO "AMERICANO DE MÚLTIPLAS PÁS". CONFIÁVEL E CAPAZ DE OPERAR COM VENTOS DE BAIXAS VELOCIDADES. EXTREMAMENTE IMPORTANTES DURANTE O ÚLTIMO SÉCULO PARA ELEVAR ÁGUA. (C) TURBINA DE VENTO DE TRÊS LÂMINAS: PROTÓTIPO DE MUITAS INSTALAÇÕES EM UTILIZAÇÃO ATUALMENTE.

(a) (b) (c)

FIGURA 12.16 ROTOR DARRIEUS (250 kW) NA FAZENDA EÓLICA DE ALTAMONT PASS, CALIFÓRNIA.

IRC/SHUTTERSTOCK.COM

FIGURA 12.17 CONFIGURAÇÕES DE TURBINAS DE VENTO DE EIXO HORIZONTAL E DE EIXO VERTICAL.

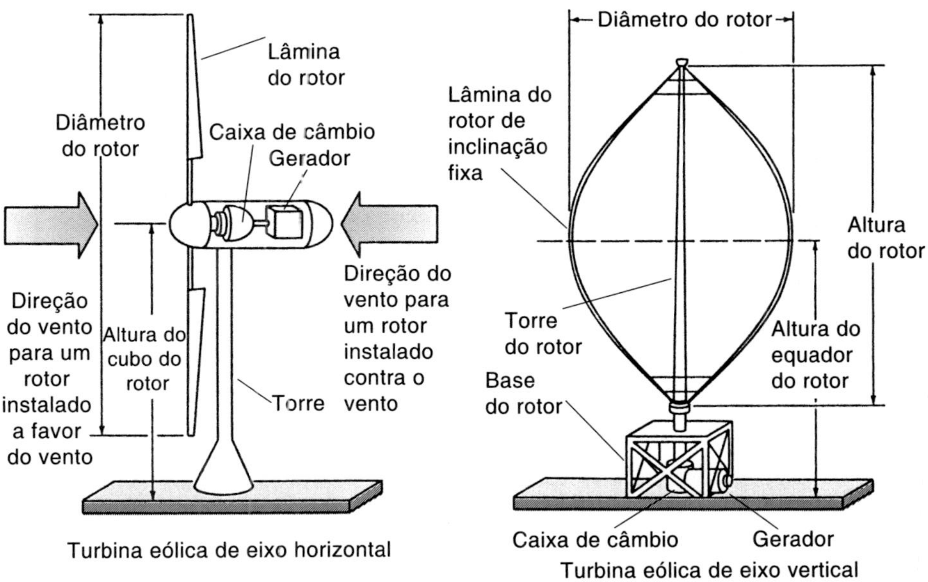

Para determinar o *tamanho* de um gerador eólico necessário para abastecer uma residência, é preciso determinar a demanda de energia elétrica dela que é aproximadamente 600 kWh por mês, ou 20 kWh por dia, para uma casa típica. A energia elétrica gerada em um mês por uma turbina eólica depende da velocidade do vento de projeto (ou seja, da velocidade do vento na qual o gerador produz sua potência de projeto) e do perfil de velocidade do vento (ou seja, do número de horas de ocorrência de vento a uma determinada velocidade). Por causa da dependência com o cubo da velocidade que a potência de saída apresenta, não podemos utilizar a velocidade média do vento. Para calcular a produção mensal de energia, poderíamos calcular a força em cada velocidade do vento, multiplicá-la pelo número de horas diárias de ocorrência dessa velocidade durante um mês e somar os totais para obter o número de quilowatts-hora produzidos por mês. Isso seria extremamente tedioso. Sendo assim, os cálculos para localidades com ventos acima da média utilizam uma relação empírica segundo a qual se pode esperar cerca de 70 kWh por mês por quilowatt de projeto para uma unidade com velocidade do vento de projeto de 25 mph. Dessa forma, um gerador eólico de 6 kW vai fornecer $6 \times 70 = 420$ kWh por mês, o que é adequado para uma residência. Todavia, o custo pode ser proibitivo. Os preços correntes de um sistema completo de gerador eólico são de aproximadamente US$ 4.000 para cada 100 kWh de produção mensal. A menos que linhas elétricas tenham de ser trazidas de longas distâncias até sua casa à sua custa, ainda é mais barato comprar eletricidade de sua concessionária local. Linhas elétricas que atendam esse objetivo custam entre US$ 20.000 e US$ 30.000 por quilômetro instalado. Consequentemente, a maior parte da instalação de turbinas eólicas hoje em dia ocorre em grandes fazendas eólicas, onde a economia de escala reduz o custo total. Essas unidades são conectadas diretamente na rede elétrica.

ARMAZENAMENTO E ECONOMIA DA ENERGIA EÓLICA

Como os ventos são intermitentes e não podem ser trazidos de volta ou retidos, a *armazenagem* de energia em sistemas eólicos para utilização posterior é muito importante, se não for possível a conexão com a rede elétrica existente e a venda do excesso de produção de eletricidade para a concessionária local. No caso de residências, a energia elétrica normalmente é armazenada em baterias chumbo-ácido de 12 V. Dez dessas baterias podem ser conectadas em série para fornecer uma saída de corrente contínua de 120 V. A capacidade de armazenamento de uma bateria é medida em ampères-horas (veja o Capítulo 10). Uma vez que a energia pode ser expressa em termos de watts-horas e watts = volts × ampères, a energia armazenada pode ser expressa como o produto da capacidade de armazenamento da bateria e da tensão nominal, que é a de projeto. Por exemplo, um conjunto de dez baterias de 200 ampères-hora e 12 V possui uma capacidade de armazenamento de 200 ampères-horas × 120 V = 24.000 watts-horas = 24 kWh, o que equivale aproximadamente ao consumo de um a dois dias de uma residência média. Inversores são, muitas vezes, usados para converter a tensão CC produzida pelos sistemas eólicos em CA para permitir a alimentação de eletrodomésticos.

O armazenamento é um dos aspectos que mais requerem atenção nos sistemas eólicos. A energia produzida é difícil de planejar, assim como de prever, por causa da variação no comportamento dos ventos. Pequenas demandas durante a noite fazem com que as concessionárias ajustem a geração atuando no controle das turbinas (em suas pás) o que causa sobra de energia que, pode então, ser armazenada em grandes baterias. Estas podem carregar e descarregar rapidamente em função da demanda.

Energia armazenada adicional pode também ser obtida das fazendas eólicas por meio da utilização de sua saída durante as horas de baixa demanda para bombear água para um reservatório. Durante a demanda de pico, a água desse reservatório pode ser usada para produção de energia hidrelétrica (veja a Figura 11.20). A eficiência desse processo fica entre 70% e 85%.

Tabela 12.4 ENERGIA EÓLICA POTENCIAL E CAPACIDADE INSTALADA NOS ESTADOS UNIDOS.

Estado	Capacidade potencial* (MW)	MW instalados em 2003	MW instalados em 2010
Texas	1.901.530	1.293	10.085
Kansas	952.370	114	1.074
Montana	944.004	0,1	386
Nebraska	917.999	14	213
Dakota do Sul	882.412	44	709
Dakota do Norte	770.195	66	1.424
Iowa	570.714	472	3.675
Wyoming	552.073	285	1.412
Oklahoma	516.822	176	1.482
Novo México	492.083	207	700
Minnesota	489.270	563	2.192
Colorado	387.219	223	1.299
Missouri	274.355	0	457
Illinois	249.882	50	2.046
Indiana	148.227	0	1.339
Wisconsin	103.757	53	469
Michigan	59.042	2	164
Ohio	54.919	4	11
California	34.110	2.043	3.177
Oregon	27.100	0	2.104
Nova York	25.781	49	1.275
Washington	18.749	244	2.104
Idaho	18.075	0	353

Fonte: American Wind Energy Association, 2010.

* Com altura de 80 m (260 ft).

Outro conceito de armazenamento baseia-se no uso de grandes volantes de inércia. Eles podem receber a energia excedente do sistema eólico (à noite, por exemplo) e depois devolvê-la à rede, por exemplo, movimentando um gerador. Ar comprimido também pode ser usado. Nesse caso, o excesso de energia é usado para injetar ar numa caverna subterrânea, o qual é depois usado para produzir eletricidade por meio de um conjunto de turbina a gás e gerador.

FIGURA 12.18 MAPA DO POTENCIAL EÓLICO DOS ESTADOS UNIDOS.
Fonte: http://rredc.nrel.gov/wind/pubs/atlas/maps/chap2/2-06m.html.

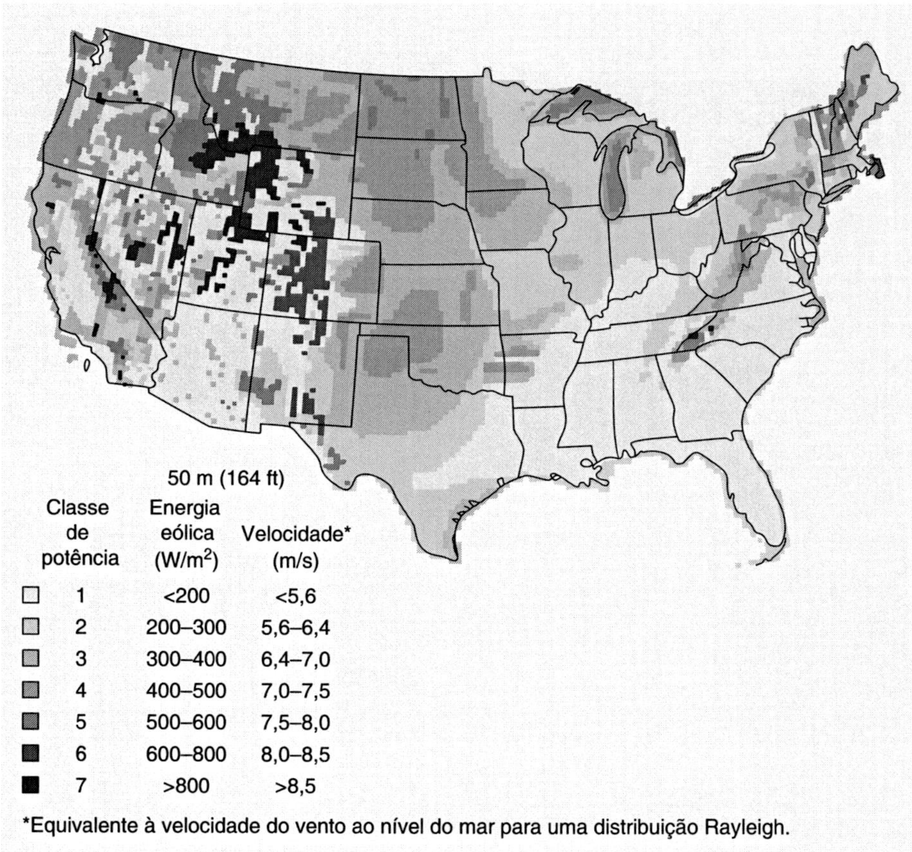

NATIONAL RENEWABLE ENERGY LABORATORY

Os custos instalados de US$ 1.000/kW que agora podem ser obtidos são competitivos com os de usinas termelétricas a vapor de grande escala. Os custos totais de US$ 0,04 a US$ 0,06 por kWh fazem da energia eólica uma das opções de menor custo para a nova geração. Apesar de a utilização de energia eólica, no início, ter sido quase totalmente restrita à Califórnia, ela se expandiu por vários estados e cresceu exponencialmente. A Tabela 12.4 lista a capacidade instalada de energia eólica em diversos estados norte-americanos, ordenados de acordo com o seu potencial. A capacidade instalada em 2003 é listada para ilustrar o crescimento fenomenal desse tipo de energia. Uma fazenda eólica no Texas é, atualmente, a maior nos Estados Unidos, mas deve ser superada por outra em construção no Oregon, com 338 turbinas e potência instalada de 845 MW. Cada turbina é de 2,5 MW de acordo com a tendência de unidades cada vez maiores. O potencial de energia eólica norte-americano cresceu mais de 300% decorrente de: (a) aumento da eficiência das turbinas e (b) melhor conhecimento do efeito de turbinas maiores e mais altas – alturas de 80 metros (260 ft) contra 50 metros (165 ft).

A Figura 12.18 mostra o potencial de energia eólica dos Estados Unidos. Os estados do meio-oeste apresentam mais potencial para fazendas eólicas; 36 estados norte-americanos têm fazendas eólicas comerciais hoje. Fazendeiros e rancheiros recebem uma vantagem quando alugam sua terra para construção e operação de turbinas eólicas. Os proprietários podem esperar algo como US$ 6.000 por turbina ano. Isso deve ser comparado com US$ 300 por hectare se ali for plantado milho e US$ 10 por hectare se a área for usada para pasto. Somente um quarto de acre é necessário para a turbina, o que permite que o restante da terra possa ser usada para agricultura. NIMBY (*not in my backyard* – "não no meu quintal") se tornou PIMBY (*put in my backyard* – "coloque no meu quintal")!

O que muito ajudou nesse crescimento foi o fato de que muitos estados exigem que suas concessionárias comprem um determinado total de MW de energia produzida por produtores independentes por ano. A reestruturação da indústria de energia elétrica também deu um "empurrão" para a eólica. Muitas concessionárias nos Estados Unidos estão oferecendo esse tipo de energia como o principal ou único recurso em programas de energia verde (Green Power). Os consumidores podem optar por adquirir eletricidade eólica em vez daquela produzida por fontes convencionais. Um crescimento contínuo e forte da utilização de energia eólica é esperado neste século, e deverá ser incrementado pelo aprimoramento dos projetos de turbinas de vento, pelos aumentos nos preços dos combustíveis e na demanda de eletricidade, e pelas preocupações ambientais, que tornam a energia eólica uma alternativa bastante atraente.

F. ENERGIA HIDRÁULICA

HISTÓRIA, CAPACIDADE INSTALADA E CRESCIMENTO RECENTE

Historicamente, a energia hidráulica tem sido utilizada para fazer a água gerar trabalho útil – moer grãos, serrar madeira e fornecer energia para outras tarefas. A força das águas foi transferida para uma série de máquinas de movimento rotatório por meio de eixos, hastes, roldanas, polias, cabos e engrenagens. Os gregos utilizaram rodas-d'água de eixo vertical já em 85 a.C. e de eixo horizontal por volta de 15 a.C. A força das águas foi a única fonte de energia mecânica (além do vento) disponível até o desenvolvimento do motor a vapor no século XIX.

Outra importante invenção do século XIX foi o desenvolvimento dos geradores elétricos. A energia hidráulica foi a fonte natural utilizada para abastecê-los. Esse tipo de energia converte energia potencial em cinética, em virtude de mudanças de elevação. Rios com uma ampla gama de variações nas taxas de vazão mostraram-se pouco adequados para a instalação de geradores, mas a construção de represas e barragens forneceu um meio fácil de ajustar a vazão da água para atender às diversas e variadas demandas por eletricidade. A primeira hidrelétrica construída nos Estados Unidos localizava-se em Appleton, Wisconsin, em 1882. O gerador produzia basicamente corrente contínua para as indústrias locais.

Os Estados Unidos produzem aproximadamente 7% da sua eletricidade utilizando a energia hidráulica. Apesar da quantidade total de eletricidade assim produzida ter aumentado durante o passar do tempo, a participação percentual desse tipo de eletricidade diminuiu de quase 35% para apenas 7% nos últimos 50 anos. A produção de eletricidade por hidrelétricas é bem barata. Assim, os custos da eletricidade na Pacific Northwest estão entre os menores do país, porque a companhia detém muitas barragens. Entretanto, a construção de novas barragens é muito cara, com altos valores em US$/kW. Cerca de 8 mil barragens geram energia nos Estados Unidos. Em torno de 45% do potencial de desenvolvimento de hidrelétricas nesse país foram utilizados até hoje. A maior instalação norte-americana é a Represa Grand Coulee, com capacidade de 6.495 MW. Construída em 1942, ela tem a maior estrutura em concreto do país. Logo a seguir, nesse quesito, vêm duas barragens no Rio Columbia.

Cerca de 21% da eletricidade mundial é produzida por energia hidráulica. Esse percentual varia de 75% na América Latina a 16% na África, onde existe um imenso potencial. A Tabela 12.5 apresenta, relativas a 2008, tanto a quantidade de energia elétrica gerada quanto a capacidade instalada dos principais países que a utilizam. Nos últimos dez anos, a produção hidrelétrica mundial aumentou apenas 1,8% ao ano.

A maior usina hidrelétrica atualmente em operação no mundo é a represa das Três Gargantas, na China, localizada no Rio Yangtzé, com capacidade de 22.000 MW, terminada em 2009 (veja a Figura 1.16, no Capítulo 1). Essa represa tem 2,3 km (1,4 milha) de largura, 185 m (607 pés) de altura e criou um reservatório com 625 km (375 milhas) de comprimento. Essa barragem é seguida pela de Itaipu, Brasil/Paraguai, com 12.600 MW (agora 14.000 MW) instalados e pela de Guri, na Venezuela, com 10.200 MW. Embora não seja a maior, uma das mais altas barragens dos Estados Unidos é a da Represa Hoover, na fronteira entre Nevada e Arizona. A vazão total do rio Colorado passa por suas turbinas (veja a Figura 12.19).

Embora as hidrelétricas não poluam, elas afetam o meio ambiente. A construção de uma represa ou barragem resulta na inundação de grandes áreas de terra. O projeto de Três Gargantas deslocou 1,2 milhão de pessoas e inundou tesouros nacionais de centenas de anos de idade. Ao mesmo tempo que a água represada por uma barragem pode se tornar uma grande área de lazer e recreação, ela elimina o hábitat de algumas espécies animais e vegetais ameaçadas de extinção. Outra preocupação tem relação com o potencial aumento dos casos de problemas de saúde acarretados pela retenção de poluentes produzidos pelas cidades grandes localizadas a montante da represa. Também pode ocorrer uma redução no fluxo de sedimentos e nutrientes para as regiões localizadas a jusante da represa. Após a construção da Represa de Assuan, no Egito, em 1964, a pesca na região leste do Mediterrâneo foi afetada. Águas quentes estagnadas ou com baixa velocidade de movimentação também podem causar outros problemas de saúde pública. No Egito, os moluscos que se reproduzem no lodo da Represa de Assuan, vetores de parasitas, já transmitiram a esquistossomose a milhões de pessoas, uma doença seriamente debilitadora. Outra preocupação relacionada com sistemas hidrelétricos é o risco de falha catastrófica. Um movimento de grandes placas tectônicas pode causar terremotos, ou *tsunamis* (como em dezembro de 2004 e março de 2011), com imensos danos a uma barragem.

As hidrelétricas podem dar uma enorme contribuição às necessidades energéticas dos países em desenvolvimento da África. Apenas 10% do potencial hídrico foi usado ali, em comparação com 33% mundialmente, 50% nos Estados Unidos e 65% na Europa. As represas podem reduzir a erosão causada pelas chuvas torrenciais e prover irrigação para as populações desalojadas. O Quênia, a Etiópia e a República do Congo estão envolvidos ativamente em tais projetos.

Tabela 12.5 PRODUÇÃO HIDRELÉTRICA (2008).

	Eletricidade gerada (bilhões de kWh)	Capacidade instalada (milhares de MW)
China	538	171
Estados Unidos	272	78
Brasil	380	77
Canadá	380	73
Rússia	163	46
Índia	131	35
Noruega	139	27
Japão	94	22
Suécia	80	17

Fonte: U.S. Energy Information Administration.

FIGURA 12.19 A Represa Hoover, na fronteira entre Nevada e Arizona, tem a segunda barragem mais alta dos EUA. Ela foi terminada em 1936, com capacidade de 2.080 MW.

SISTEMAS DE ENERGIA HIDRELÉTRICA

A Figura 12.20 apresenta um modelo bastante simples de uma usina hidrelétrica. A água flui do reservatório para a usina através de um grande tubo denominado tubulação de adução e, na casa de máquinas, movimenta uma turbina de reação ou impulso. A saída é uma função da queda (*head*) e da vazão de água. A queda é a distância vertical do nível mais alto da água armazenada até a turbina. Em barragens de baixa queda essa distância é menor que 30 m (100 pés), enquanto em barragens de alta queda essa distância pode ser 300 m (1.000 pés) ou mais. Uma grande saída pode ser obtida usando-se tanto uma baixa queda quanto uma alta queda com uma grande vazão de água. A Represa de Hoover, no Rio Colorado, é a segunda barragem mais alta nos Estados Unidos, com queda de 221 m (725 pés) e uma saída de 2.080 MW. A barragem Robert Moses/Robert Saunders, usina internacional no Rio Saint Lawrence entre os Estados Unidos e o Canadá, tem uma capacidade de geração de 1.800 MW, mas uma queda de apenas 9 m (30 pés).

Turbinas foram desenvolvidas para diferentes vazões e pressões criadas pela queda-d'água. Um tipo básico de roda é a hidráulica alimentada por baixo (*undershot wheel*) (Figura 2.2); essa roda pode ter diâmetro de 5 m ou mais, com pás achatadas ao longo do perímetro. Ela opera em baixa queda com eficiência de 20% a 40%. A roda de peitoral, *breast wheel* (Figura 12.22(a)), pode ser usada em quedas maiores e utiliza tanto a vazão quanto o peso da água para aumentar a eficiência para algo em torno de 65%. A roda alimentada por cima (*overshot wheel*) (Figura 12.22(b)) usa uma calha para criar uma força no topo da roda, além do peso da água, elevando a eficiência para até 85%.

FIGURA 12.20 MODELO DE UMA USINA HIDRELÉTRICA COM ALTURA MÉDIA A ALTA.

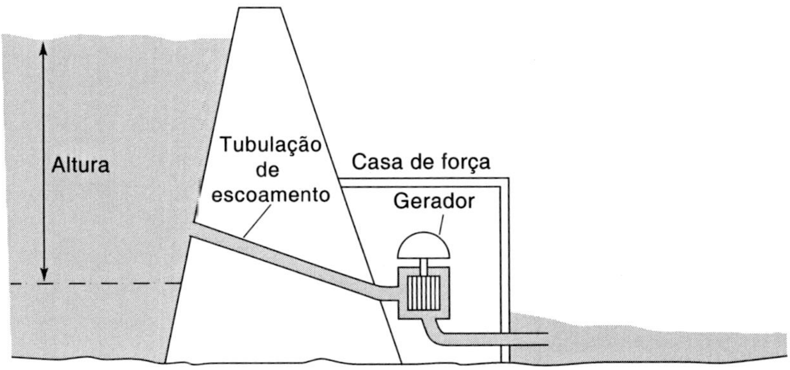

As turbinas modernas são de dois tipos principais – de impulso e reação. A turbina Pelton (impulso) (veja a Figura 12.21) usa bicos injetores associados às pás em forma de concha para desenvolver velocidades rotativas de até 1.300 rpm. É como a água de uma mangueira de jardim batendo em sua mão – o impulso empurra sua mão para trás. A Pelton é similar a uma roda-d'água tradicional em um moinho de cereais. A turbina de reação é usada em muitas das maiores centrais hidrelétricas hoje. Um tipo é a Francis, utilizada em grandes centrais com fortes quedas (Figura 12.22(c)). Como uma mangueira no aro da roda ou em um borrifador (*sprinkler*) rotativo de grama, a roda gira em virtude da terceira lei de Newton. Uma turbina de reação mais moderna é a Kaplan (Figura 12.22(d)), que usa um sistema de pás com grau de inclinação variável, semelhante à hélice de um navio.

FIGURA 12.21 TURBINA DE PELTON.

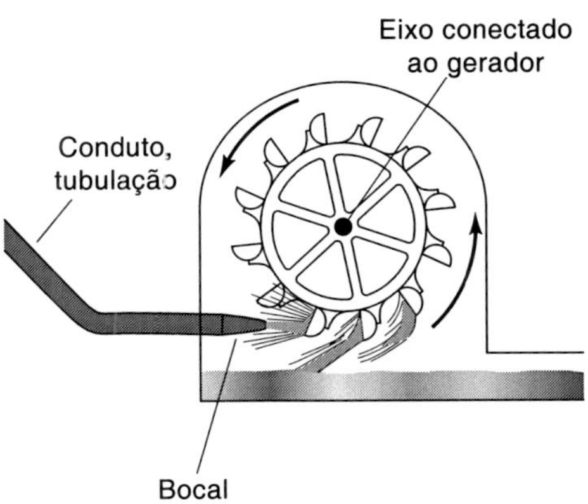

Nos anos recentes está havendo um aumento substancial de hidrelétricas formadas por unidades de pequena escala ou baixa queda. Elas são algumas vezes denominadas microusinas hidrelétricas. Se houver um volume suficiente de água passando, quedas bastante pequenas, como de 2 m e 3 m, podem ser usadas. Algumas microusinas têm potência bem pequena, da ordem de 200 W a 500 W, e são usadas principalmente para carregar baterias. Essas unidades são mais baratas que módulos PV de mesma potência e têm maior disponibilidade. Têm sido usadas nos países em desenvolvimento, para alimentar pequenas clínicas médicas e outros equipamentos em sistemas de pequeno porte. A potência de saída é um produto da queda pela vazão. Uma vazão pequena vai exigir uma queda maior para produzir a mesma potência. Um exemplo da potência obtida em uma hidrelétrica de pequena escala é apresentado em Foco em 12.4.

FIGURA 12.22 MODELOS DE RODAS-D'ÁGUA OU TURBINAS: (A) RODA DE PEITORAL, (B) RODA HIDRÁULICA ALIMENTADA POR CIMA, (C) TURBINA FRANCIS, (D) TURBINA KAPLAN. AS DUAS PRIMEIRAS SÃO TURBINAS DE IMPULSO E AS DUAS ÚLTIMAS DE REAÇÃO.
Fonte: com Permissão de Micro-Hydro Power: Reviewing an Old Concept. ©1979. National Center for Appropriate Technology Butte, Mt.

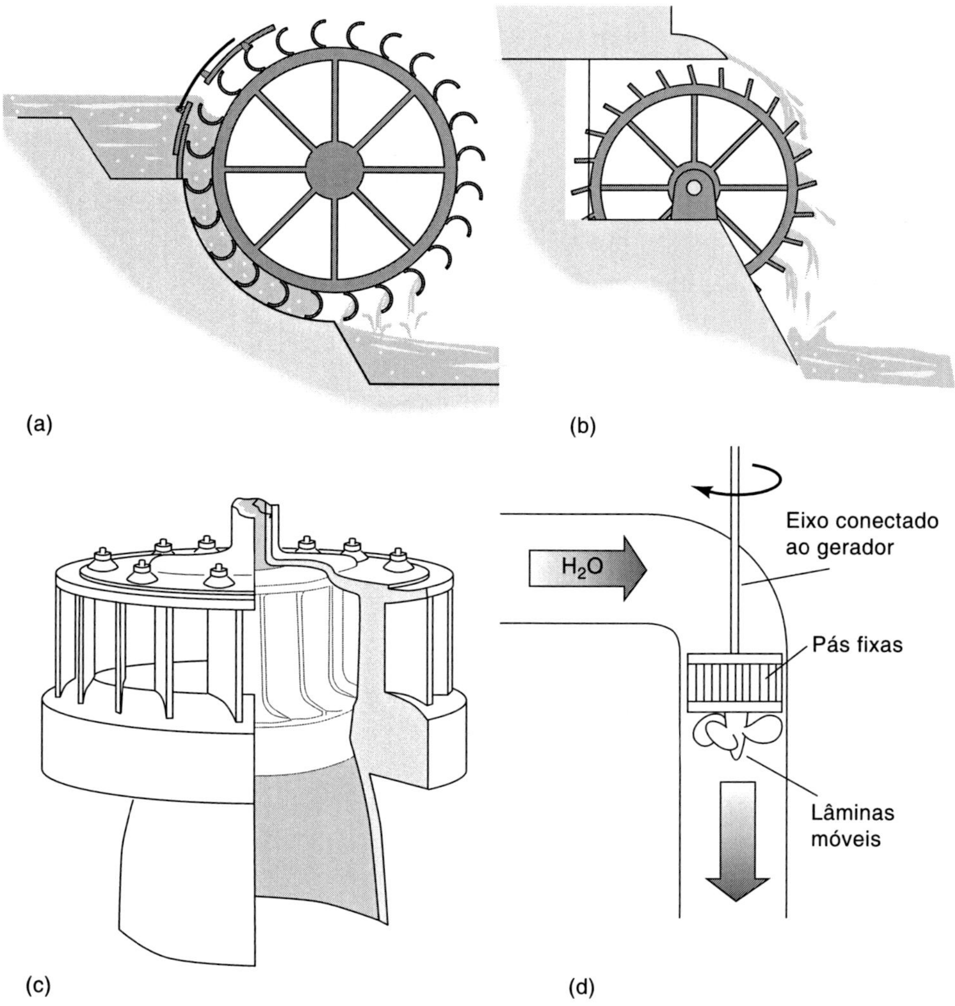

FOCO EM 12.4

SISTEMAS HIDRELÉTRICOS DE PEQUENA ESCALA

Instalações hidrelétricas de pequena escala, algumas vezes denominadas micro-hidrelétricas, possuem capacidade da ordem de 1 a 100 kW e podem fornecer energia elétrica suficiente para atender às necessidades de uma a cem casas, exceto para aquecimento elétrico de ambientes e de água. Em tais instalações, determinada quantidade de água é desviada de uma fonte situada em algum ponto acima da instalação e transportada por condutos ou canos até a turbina que aciona um gerador para produzir eletricidade. Essa eletricidade pode ser armazenada em baterias, especialmente no caso das unidades menores.

A potência produzida por essa água é igual à taxa de perda de energia potencial gravitacional que ocorre quando a água cai da fonte. A mudança na energia potencial gravitacional é igual ao peso da água × a altura vertical da qual ela cai (denominada queda) (Veja a Figura 12.23).

$$\text{Força} = \frac{\Delta(\text{PE})}{\text{tempo}} = \text{altura} \times \frac{\text{queda vertical}}{\text{tempo}}$$

FIGURA 12.23 INSTALAÇÃO HIDRELÉTRICA DE BAIXA ALTURA DE CARGA.

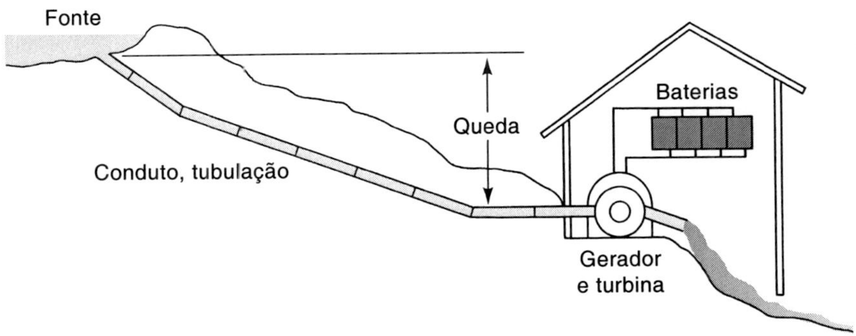

Se 20 kg de água por segundo (32 gals/minuto) caem de uma altura de 5 m, então a troca de energia a cada segundo é 20 kg × 9,8 m/s² × 5 m = 980 J. A energia elétrica disponível é

$$\text{Força} = 980\,\text{J} \times \frac{\text{efic}}{\text{l}}\,\text{s} = 980 \times 0{,}8 = 780\,\text{W},$$

em que eficiência é a eficiência de conversão da turbina (0,8 neste caso). Se essa força pode ser obtida 24 horas por dia e 30 dias por mês, a energia elétrica que pode ser obtida em um mês é

$$\text{Energia} = \text{força} \times \text{tempo} = 780\,\text{W} \times 24\ \text{h/d} \times 30\ \text{d/mês}$$
$$= 560\ \text{kWh/mês}.$$

G. INSTALAÇÕES ELÉTRICAS TERMOSSOLARES

Sistemas termossolares utilizam coletores concentradores para focar diretamente a luz solar para a produção de fluidos de alta temperatura. Eles são também conhecidos como sistemas de concentração de potência solar (*concentrating solar power* – CSP). A tecnologia termossolar possui uma vasta gama de aplicações, que inclui a geração de eletricidade, o fornecimento de calor para processos industriais e a produção química e metalúrgica. Existem três tipos de sistemas coletores concentradores (Figura 12.24): calhas parabólicas, que são utilizadas para aplicações que necessitam de temperaturas medianas, concentradores parabólicos e receptores centrais, que são capazes de atingir altas temperaturas.

FIGURA 12.24 TRÊS TIPOS DE SISTEMAS COLETORES CONCENTRADORES.

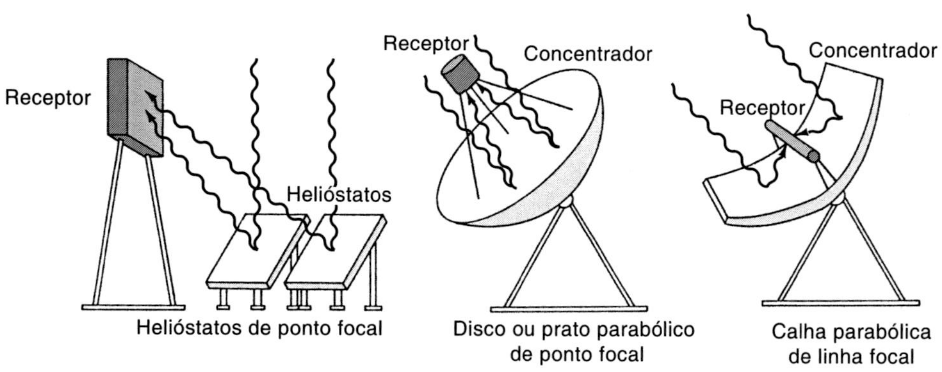

Sistemas de calhas trabalham por meio da utilização de refletores parabólicos (usualmente espelhos) dispostos em uma configuração ajustada para concentrar em até cem vezes a luz solar em um tubo cheio de fluido posicionado ao longo da linha de foco. O principal benefício da concentração é que se podem alcançar temperaturas muito altas do fluido, até 400 °C (752 °F). Por meio de um trocador de calor, o fluido produz vapor, que é então utilizado para fazer funcionar uma turbina para gerar eletricidade. A Figura 12.25 mostra o Solar Electric Generating System (SEGS), ou Sistema de Geração Elétrica Termossolar, localizado no sul da Califórnia. Construído em 1984, tinha uma produção inicial de aproximadamente 13 MW de energia elétrica. Hoje há nove usinas com saídas de até 80 MW cada. O SEGS agora fornece 350 MW, a maior central solar do mundo. A eficiência geral da conversão de luz solar em eletricidade utilizando-se essa tecnologia é algo em torno de 25%. O custo da primeira unidade foi próximo de US$ 4.000/kW. Atualmente, os preços da eletricidade produzida por essa instalação variam entre US$ 0,08 e US$ 0,12 por kWh. A Solar One, em Nevada, começou a operar em 2007. Essa central tem capacidade nominal de 70 MW e custa cerca de $ 3.500/kW. Hoje em dia existem, nos Estados Unidos, mais de 15 milhões de pés^2 de coletores concentradores, principalmente na Califórnia, representando 1.200 MW de potencial de pico de energia.

FIGURA 12.25 O Sistema de Geração Elétrica Termossolar, Kramer Junction, na Califórnia, tem capacidade de 165 MW obtida com a tecnologia de Calhas Solares.

Cortesia de BrightSource Energy

Receptores centrais (algumas vezes chamados torres de potência) utilizam helióstatos (espelhos altamente refletores) que seguem o Sol e refletem sua energia em um receptor central localizado no topo de uma torre (de 100 m de altura). Os receptores centrais são melhores que as calhas pelo fato de poderem seguir o Sol tanto na trajetória norte-sul quanto na leste-oeste. A luz solar concentrada aquece um fluido localizado dentro do receptor, elevando sua temperatura até valores superiores a 650 °C (1.200 °F).

Historicamente, muito se aprendeu com esses receptores centrais construídos no deserto ao sul da Califórnia nas décadas de 1980 e 1990. Essas unidades, Solar One (e depois, Solar Two) eram de 10 MW. Seus 2 mil espelhos móveis foram usados para aquecer água ou sais derretidos no topo da torre, que eram usados para gerar eletricidade com uso de turbinas a vapor. O custo desse sistema era da ordem de $12.000/kW. Com as lições aprendidas dessas centrais de demonstração, receptores centrais estão sendo construídos ou já se encontram em operação especialmente na Europa. A Solar Tres (15 MW) na Espanha usa um armazenamento de sal derretido que permite funcionamento durante as 24 horas do dia no verão. O PS20, próximo a Sevilha, é um sistema de 20 MW com 1.255 espelhos que começou a operar em 2009 (Veja Figura 12.26). Há projetos em desenvolvimento na região oeste dos Estados Unidos.

Os espelhos parabólicos proveem um foco pontual. Um conjunto deles pode aquecer líquido a altas temperaturas para gerar eletricidade. Um exemplo histórico dessa aplicação foi apresentado na Figura 6.12, no Capítulo 6. Outro exemplo, na Figura 6.17, na qual os raios de sol concentrados, por refletores de folhas de alumínio, são usados para cocção.

FIGURA 12.26 A Planta Solar 20 (PS20) é a maior instalação desse tipo no mundo, com capacidade de 20 MW. 1.255 espelhos que acompanham o movimento do sol se refletem num fluido no alto de uma torre de 165 m de altura para gerar eletricidade. A PS20 fica perto de Sevilha, na Espanha.

I. Quintanilla/Shutterstock.com

H. RESUMO

Existe um grande número de tecnologias populares para a produção direta de eletricidade a partir da luz solar. Equipamentos fotovoltaicos utilizam células solares que normalmente são feitas de silício puro. Explorando o efeito fotovoltaico, a luz incidente libera elétrons no cristal de silício que são forçados a se recombinar com as cargas positivas do cristal. Uma célula solar funciona como uma bateria, com uma diferença de potencial de algo em torno de 0,5 V. A quantidade de corrente produzida depende da insolação, assim como da área da célula. Podem-se obter eficiências que variam de 10% a 40%. Embora os custos por kW das células fotovoltaicas ainda sejam altos comparados com outras tecnologias, as economias de escala continuarão a reduzir seus custos. Incentivos estaduais e federais tiveram um aspecto bastante positivo nesse cenário, ao encorajar as instalações.

O mundo todo tem utilizado em larga escala turbinas de vento para a geração de eletricidade, tanto em terra quanto nas costas marítimas. Em termos mundiais, a eólica é a tecnologia de geração de energia que mais rapidamente cresce. A saída de fazendas eólicas (e de pequenos sistemas FV, em parte) pode ser conectada à rede elétrica para receber alguns *centavos*/kWh ou poder girar seus medidores ao contrário. Sua potência aumenta com o cubo da velocidade do vento e com o quadrado do diâmetro das lâminas do rotor. A grande variação da saída é um problema, assim como o armazenamento.

A energia hidráulica é responsável por aproximadamente metade de toda a eletricidade gerada por meio da utilização de recursos naturais renováveis. A outra metade é fornecida pela utilização de biomassa, que vai ser discutida no Capítulo 17. Apesar de o desenvolvimento de instalações hidrelétricas de larga escala nos Estados Unidos ter chegado a um platô, ainda existe muito potencial para o crescimento da geração hidrelétrica nos países em desenvolvimento.

Usinas termossolares usam a energia do Sol para produzir um fluido com alta temperatura por meio da concentração dos raios solares em uma área receptora central. Tais fluidos, altamente aquecidos, podem ser utilizados para fazer funcionar geradores elétricos a vapor convencionais.

COMO VOCÊ ESCOLHERIA? – REVISITADO

Energia Eólica no Mar (*Offshore*)

Hoje a energia eólica é a forma de geração de eletricidade que está crescendo mais rapidamente no mundo. Instalações no mar apresentam um certo número de vantagens, mas também desvantagens, algumas delas discutidas neste capítulo. Você mudaria seu ponto de vista com relação ao projeto eólico de Cape Cod, tendo em vista o que aprendeu aqui? Que argumentos poderiam ser usados de ambos os lados desta questão?

QUESTÕES

1. Qual o tamanho do maior sistema FV mencionado neste capítulo? Liste algumas dúvidas que o investidor pode ter ao apoiar esse sistema.
2. Você acha que todos os comprimentos de onda da luz incidente sobre uma célula solar fotovoltaica serão igualmente bons na emissão de elétrons? Um filtro de luz sobre a célula ajudaria?

3. Utilizando células solares, projete um circuito simples que permita que uma pequena lâmpada de 1 V acenda quando o Sol se puser.
4. O custo é um problema para a disseminação em larga escala da utilização de energia FV. Para reduzir os custos de produção, são necessários mercados consumidores grandes, o que requer preços baixos. Por que esse é um problema "capcioso" e como podemos lidar com ele?
5. Discuta algumas das limitações da utilização de FV na produção de energia para uma residência. Que razões levariam alguém a instalar equipamentos FV em uma casa?
6. Como você conectaria células solares individuais a fim de produzir tensão suficiente para fazer funcionar um motor de 1,5 V?
7. O que quer dizer a afirmação de que a eficiência de uma célula solar é de 15%?
8. Investigue os atuais preços de módulos FV e de células individuais. Quanto isso representa em custo por quilowatt?
9. Liste algumas das razões pelas quais a capacidade de energia eólica está crescendo 30% ao ano na Europa. Com tal taxa de crescimento, quanto tempo se levará para dobrar essa capacidade?
10. Que locais de sua região geográfica poderiam ser adequados para a instalação de turbinas eólicas? Como você avalia o potencial para a utilização de energia eólica em sua região? Que tipo de utilização de tecnologias eólicas está em curso em sua região?
11. Se os custos das hidrelétricas são tão baixos, por que não se veem mais grandes barragens sendo construídas nos Estados Unidos?
12. Por que as instalações termais solares estão basicamente concentradas no sudoeste dos Estados Unidos?
13. Por que precisamos de coletores concentradores para produzir fluidos de alta temperatura para a geração de eletricidade? Como a eletricidade é produzida por esse fluido? (Faça um esquema.)
14. O que é um sistema micro-hidrelétrico? Que fatores determinam a quantidade de energia que se pode extrair de um curso-d'água? Esquematize como você montaria uma instalação desse tipo.
15. Quais são os principais avanços obtidos na tecnologia de energia eólica? Examine a Figura 12.16 da área Altamont Pass, na Califórnia. Estime a produção de energia por km^2 da fazenda eólica mostrada.

PROBLEMAS

16. Se nos Estados Unidos a taxa de crescimento da utilização de energia eólica se mantiver em 20% ao ano, quando ela será responsável pelo abastecimento de 5% da atual demanda de eletricidade do país?

17. Na análise de uma "fazenda" de células solares para a conversão dos raios solares em energia elétrica, se as células solares utilizadas tivessem uma eficiência de 10%, qual seria a área de terreno necessária para se produzir 1.000 MW? Pressuponha que a insolação média é de 500 W/m^2.

18. Um módulo de células solares disponível no mercado gera 3 V e 0,1 A, medindo 5 cm por 8 cm. Que tamanho deve ter uma estrutura para gerar 40 W? Estime a saída dos painéis mostrados na Figura 12.27.

19. Quantos m^2 de FV seriam necessários para fornecer 1 kW (aproximadamente $\frac{1}{3}$ da energia necessária para que uma pessoa tenha um mínimo de saúde e conforto) a cada um dos 6 bilhões de habitantes do planeta? Se essas células forem de silício cristalino de 200 mícrons de espessura (200×10^{-6} m), qual será a massa mínima de silício necessária para se realizar a empreitada? (Densidade do silício = 2.330 kg/m^3.)

FIGURA 12.27 MÓDULOS FV PODEM ALIMENTAR UNIDADES DE REFRIGERAÇÃO DE VACINAS EM REGIÕES REMOTAS.

SIEMENS SOLAR

20. Um curso-d'água com uma vazão de 12 kg/s tem uma queda de 4 m. Qual é a produção máxima de energia que se pode obter desse curso-d'água?

21. Qual seria a produção máxima esperada de uma turbina eólica com diâmetro de lâminas de 20 pés exposta a ventos de 15 mph?

22. Se uma célula solar comercial com uma produção máxima de 2 ampères a 0,5 V custa US$ 30, qual será o custo por quilowatt-pico de uma usina FV?

23. Uma fazenda eólica instalada em Idaho usa 7 turbinas com capacidade nominal de 1,5 MW cada; 28 milhões de kWh por ano é a energia esperada dessa fazenda. Qual é o fator de capacidade desse projeto (ou seja, a saída de energia dividida pela máxima saída em base anual).

24. Calcule quantas casas um sistema eólico com capacidade instalada de 1 MW pode suprir. Faça suas próprias hipóteses.

ATIVIDADES ADICIONAIS

1. Um exemplo simples de um moinho de vento foi apresentado como atividade no Capítulo 2. Foi dado um padrão para sua construção. Que tal colocar esse padrão em prática e construir um modelo desse moinho?

2. O artefato seguinte pode ser utilizado para medir a velocidade do vento. Você vai precisar de um transferidor, um pouco de linha de pesca e uma bola de pingue-pongue. Verifique a curva de calibração pedindo a um amigo para que segure o artefato do lado de fora da janela de um carro e anote o ângulo que a linha de pesca faz enquanto você dirige a diferentes velocidades.

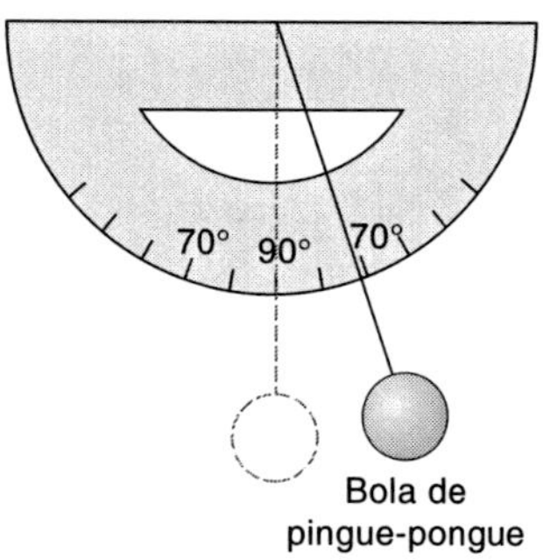

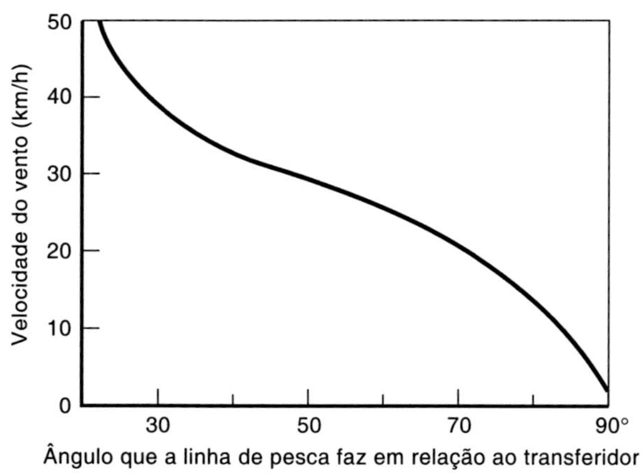

3. Células solares podem ser conectadas para produzir uma quantidade de energia suficiente para acender uma pequena lâmpada, e podem ser adquiridas em locais como a Radio Shack ou a Edmond Scientific Co. (www.scientificsonline.com). Células individuais podem ser conectadas em série para gerar a produção desejada. Cada célula produz aproximadamente 0,45 V. A corrente produzida (sob insolação intensa) será em torno de 0,1 A/cm².

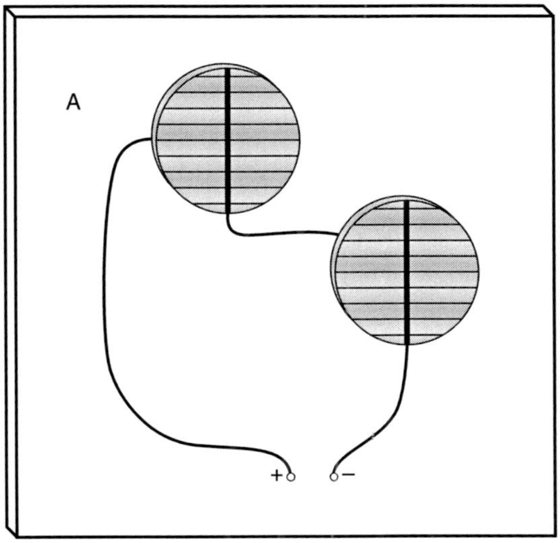

(a)

(b)

(A) FIOS PODEM SER CONECTADOS A DUAS CÉLULAS SOLARES DISPOSTAS EM SÉRIE PARA GERAR UMA PRODUÇÃO DE QUASE 1 V.
(B) DEVE-SE TOMAR CUIDADO AO SOLDAR AS FRÁGEIS CÉLULAS.

Se as células não estiverem envoltas em plástico e com os fios já soldados, alguém terá de fazer isto. Para conectar as células em série, é necessário soldar um fio, ligando o polo positivo de uma célula ao polo negativo da outra. A extremidade do fio pode ser conectada em um parafuso com porca fixo a uma placa de madeira. Para proteção, um pedaço de Lucite® para cobrir as células pode ser colado no topo da placa. (Não faça muita pressão sobre a Lucite®, pois as células são frágeis.)

COM O FOCO NO BRASIL: ELETRICIDADE DE FONTES SOLARES, EÓLICAS E HÍDRICAS

FONTES RENOVÁVEIS DE ENERGIA ELÉTRICA NO BRASIL: FONTES SOLARES, EÓLICAS E HÍDRICAS

Conforme os dados do Balanço Energético Nacional 2012, já apresentados anteriormente e aqui repetidos para pronta referência, a energia renovável tem um papel muito importante na matriz energética do Brasil. Sua participação percentual na oferta interna de energia, em 2011, foi algo em torno de 44%, assim dividido: 14,66% de energia hidráulica e eletricidade; 15,71% de produtos de cana-de-açúcar; 9,55% de lenha e carvão vegetal; e 4,08% de outras renováveis. Com relação ao consumo final, a eletricidade (18%); o bagaço de cana (11,93%); e a lenha (7,15%) tiveram participação conjunta em torno de 37%.

Nesse contexto, é importante ressaltar, além das fontes solares, eólicas e hídricas enfocadas neste capítulo, o papel da biomassa, cuja utilização se dá não só no setor de transportes e de geração de energia elétrica (por meio de termelétricas a biomassa, entre outros), como também como energia para cocção, iluminação, aquecimento, principalmente nas camadas menos favorecidas da população.

Quando se considera apenas a energia elétrica, a participação porcentual das diversas fontes, no total de 466,8 TWh produzidos em 2011, é de: hidráulica (incluindo importação), 81,9%; derivados de petróleo, 2,5%; gás natural, 4,4%; biomassa (incluindo lenha, bagaço de cana, lixivia e outras recuperações), 6,6%, eólica, 0,5%; nuclear, 2,7%, e carvão e derivados (incluindo gás de coqueria), 1,4%. No conjunto total, a geração termelétrica entrou com 18,9% da geração, destes, sendo 37,4% fornecidos pela biomassa.

O cenário atual da biomassa no Brasil, no entanto, é tratado em detalhes no Com o Foco no Brasil do Capítulo 17, "Biomassa: das plantas ao lixo".

Outras formas de geração renovável de energia elétrica – como a geotérmica, a baseada na energia das marés e o uso da energia das ondas – não aparentam ser atrativas em médio prazo para aplicação no país, principalmente em razão do alto custo e da pequena (ou não conhecida) disponibilidade. As células a combustível, baseadas na utilização de hidrogênio, também se encontram em fase incipiente no país, usualmente no contexto de alguns projetos-piloto e de pesquisa, embora já estejam sendo aplicadas internacionalmente em sistemas de cogeração de pequeno porte (edifícios, hospitais, *shopping centers*) e em sistemas híbridos de acionamento de automóveis e ônibus.

As fontes solares, eólicas e hídricas são enfocadas separadamente a seguir.

ENERGIA SOLAR PARA GERAÇÃO DE ENERGIA ELÉTRICA NO BRASIL

A geração de eletricidade por meio do uso da energia solar pode se dar:

- indiretamente, como nos sistemas termossolares, nos quais a energia solar produz energia térmica que é, então, empregada para gerar eletricidade por meio de sistemas como torre de potência, coletores parabólicos, calhas solares, chaminés solares.
- diretamente, por meio do uso de sistemas solares fotovoltaicos.

No Brasil, não há nenhuma aplicação comercial de sistema termossolar, mas podem ser encontrados alguns pequenos projetos-piloto e de pesquisa. Mundialmente, embora haja diversos sistemas instalados em projetos-piloto e em operação comercial, tais sistemas ainda apresentam custos unitários de energia elevados. Os esforços para diminuição desses custos permitem que se considere a geração termossolar como uma opção futura muito importante por se tratar de utilização da fonte renovável mundialmente mais disponível. O Brasil apresenta alguns locais que podem ser atrativos para utilização de algumas dessas tecnologias, em locais com altos níveis de insolação, principalmente em regiões do noroeste de Minas, oeste da Bahia e do sertão nordestino.

A geração solar fotovoltaica de pequeno porte tem sua aplicação muito difundida no grande número de sistemas de pequena capacidade, utilizados para a alimentação de comunidades distantes da rede elétrica, ilhas e locais de difícil acesso (nos sistemas isolados, onde os painéis solares podem fazer parte de sistemas híbridos ou de minirredes), e na eletrificação de equipamentos solitários (radares, retransmissores de micro-ondas etc.).

No caso da operação de sistemas fotovoltaicos de maior porte operando em paralelo (conectados) com a rede elétrica, os custos dos sistemas solares fotovoltaicos começaram a se tornar competitivos em certos casos, principalmente por causa da massiva produção da China, atualmente, o maior fornecedor mundial. No Brasil há uma aplicação desse tipo, num sistema previsto para 5,0 MW, operando com 1,0 MW, na usina de Tauá, em Tauá, Ceará.

Por outro lado, como a energia solar é disponível em qualquer local do mundo, tem-se verificado aumento do uso de sistemas fotovoltaicos individualizados (ou em sistema híbridos), conectados diretamente à rede de distribuição (a Geração Distribuída) em residências e prédios, comandados por sistemas de automação e operando em paralelo com a rede. Tudo leva a crer que, futuramente, o uso maciço dessa forma de geração, em locais mais desenvolvidos, será uma realidade. No Brasil, atualmente está em andamento uma chamada de Pesquisa e Desenvolvimento da ANEEL, composto por diversos projetos visando à montagem de sistemas solares fotovoltaicos desse tipo, com potência menor que 1,0 MW, com o objetivo de obter maior experiência e colaborar para aperfeiçoamento da regulação de forma a incentivar a proliferação dessa tecnologia no país.

ENERGIA EÓLICA PARA GERAÇÃO DE ENERGIA ELÉTRICA NO BRASIL

A geração eólica usualmente tem custos competitivos com as formas tradicionais de geração de eletricidade, mas seu aproveitamento nem sempre é possível em virtude das características disponíveis de vento.

Esse tipo de geração tem apresentado grande crescimento no mundo, principalmente por seu custo atrativo. Existem grandes fazendas eólicas na Alemanha, Estados Unidos, Espanha, Dinamarca, Índia e Holanda.

No Brasil, a implantação de energia eólica vem aumentando recentemente também em virtude dos programas de incentivo governamentais. Nesse sentido, pode-se citar o Programa de Incentivo às Fontes Alternativas (Proinfa), do governo federal, que criou uma série de facilidades para a energia eólica, assim como para pequenas centrais hidrelétricas e termelétricas à biomassa. Os leilões de energia direcionados aos sistemas eólicos causaram grande aumento da capacidade eólica instalada no Brasil, embora estejam ocorrendo alguns problemas de colocação em operação relacionados, como, dentre outras coisas, à falta de conexão com a rede.

Nesse cenário, de início ilustrado por aplicações de pequeno porte, em geral de caráter experimental, a potência instalada no país atingiu 17,25 MW no final de 2003, 548 MW em agosto de 2009 e 2.137,3 MW ao final de 2013, correspondendo a 1,7% de toda capacidade instalada no Brasil. A maioria dos maiores sistemas em operação localiza-se próximo à costa, nos estados do Rio Grande do Sul, Ceará e Rio Grande do Norte.

A tabela a seguir apresenta os dez maiores sistemas eólicos brasileiros de acordo com o Sistema de Informações de Geração da ANEEL (SIG).

DEZ MAIORES SISTEMAS EÓLICOS BRASILEIROS EM NOVEMBRO DE 2013.

Nome	Local	Capacidade instalada (MW)
Praia Formosa	Camocim - CE	104,4
Alegria II	Guamaré - RN	100,65
Parque Eólico Elebrás Cidreira 1	Tramandaí - RS	70
Canoa Quebrada	Aracati - CE	57
Alegria I	Guamaré - RN	51
Bons Ventos	Aracati - CE	50
Parque Eólico de Osório	Osório - RS	50
Parque Eólico Sangradouro	Osório - RS	50
Parque Eólico dos Índios	Osório - RS	50
RN – 15 Rio do Fogo	Rio do Fogo - RN	49,3

Fonte: ANEEL (www.aneel.gov.br). Acesso em: 13 nov. 2013.

Ressalta-se ainda a utilização de sistemas eólicos de pequeno porte, integrados ou não com sistemas solares fotovoltaicos e em minirredes, para alimentação de sistemas isolados.

GERAÇÃO HIDRELÉTRICA NO BRASIL

Por suas dimensões e grande potencial hídrico, o Brasil tem a maior parte de sua energia elétrica gerada por aproveitamento da energia hídrica. A energia hidrelétrica compreende em torno de 70% da potência elétrica instalada no país.

A maior parte dessa geração dá-se na forma de grandes usinas, distantes dos grandes centros, aos quais se conectam por sistemas de transmissão, tanto em Corrente Alternada (CA), muitos deles em extra alta-tensão (EAT), quanto em Corrente Continua (CC). Muitas dessas usinas têm grandes reservatórios de acumulação para controle de vazões e de cheias, e os custos unitários de energia são bastante competitivos, em virtude, entre outros fatores, do fator de escala. Atualmente, no entanto, há maiores exigências relacionadas com os impactos ambientais e sociais das usinas hidrelétricas, o que tem dificultado o andamento dos projetos de grandes centrais hidrelétricas, principalmente com grandes reservatórios de regularização, e suscitado reflexões e reavaliações de seu potencial no país, ainda mais porque a quase totalidade dessa capacidade de geração potencial se encontra na região amazônica. Os projetos, no entanto, continuam, sem reservatórios, o que aumenta a necessidade de complementação elétrica na época de pouca chuva.

Durante algum tempo, os custos atrativos e as menores exigências quanto aos requisitos ambientais e sociais atenuaram os esforços para implantação de usinas de menor porte, como as pequenas centrais hidrelétricas (PCH) – com capacidade instalada de até 30 MW – e as miniusinas, e também resultaram em desativação de diversos projetos desse porte. Recentemente, houve aceno de grandes investimentos em PCH, em razão do já citado Programa de Incentivo às Fontes Alternativas (Proinfa). Mas, dificuldades associadas aos aspectos regulatórios, incluindo o licenciamento ambiental, têm aumentado significativamente o período de colocação das PCH em operação (o tempo contado desde o início do processo até início da operação está na ordem de 9 a 10 anos, cerca de 3 vezes o que seria razoável) e inviabilizando projetos.

Além disso, por causa dos problemas já apontados, entre outros, as grandes hidrelétricas têm aberto espaço significativo para o aumento da geração termelétrica (que, se for baseada na biomassa, poderá aumentar a participação das fontes renováveis) e, em menor escala, da geração eólica. De qualquer forma, grandes hidrelétricas continuam sendo construídas (Santo Antônio e Jirau, no Rio Madeira, na Amazônia), em construção e planejadas (Belo Monte e outras, também na região amazônica). No Brasil, as grandes usinas ainda devem ocupar um espaço importante por muito tempo, pois até as previsões mais pessimistas de crescimento de carga indicam a impossibilidade de seu atendimento apenas com outras formas de geração nas próximas décadas, mesmo considerando o efeito de programas de conservação de energia. Obviamente, pelo maior cuidado com os impactos socioambientais, esses aproveitamentos deverão ocorrer em montante bem menor que o pensado anteriormente.

A seguir, apresenta-se tabela com as dez maiores hidrelétricas brasileiras em novembro de 2013, de acordo com o Sistema de Informações de Geração da ANEEL (SIG).

Dez maiores hidrelétricas brasileiras em novembro de 2013.

	Rio	Capacidade instalada (MW)
Tucuruí I e II	Tocantins	8.370
Itaipu	Paraná	7.000
Jirau	Madeira	3.750
Ilha Solteira	Paraná	3.444
Santo Antônio	Madeira	3.150,4
Xingó	São Francisco	3.000
Paulo Afonso IV	São Francisco	2.460
Itumbiara	Paranaíba	2.280
São Simão	Paranaíba	1.710
Foz de Areia	Iguaçu	1.676

Fonte: ANEEL - Agência Nacional de Energia Elétrica.

REFERÊNCIAS

REIS L.B.; FADIGAS E.A.; CARVALHO C.E. *Energia, recursos naturais e a prática do desenvolvimento Sustentável.* São Paulo: Manole, 2012.
REIS LB. *Geração de energia elétrica*. São Paulo: Manole, 2011.

SITES, DOCUMENTOS E INFORMAÇÕES

Empresa de Pesquisa Energética. Balanço Energético Nacional.
Disponível em: <www.epe.gov.br>. Acesso em: 13 nov. 2013.
ANEEL. Sistema de Informações de Geração da ANEEL (SIG).
Disponível em: <www.aneel.gov.br>. Acesso em: 13 nov. 2013.

CAPÍTULO 13

OS BLOCOS DE CONSTRUÇÃO DA MATÉRIA: O ÁTOMO E SEU NÚCLEO

Conteúdo

COMO VOCÊ ESCOLHERIA?

A Arca do Ararat

Um dos autores lembra-se de uma pessoa que lhe mostrou um pedaço de madeira retirado de um objeto encontrado no Monte Ararat (na Turquia oriental). Ele disse que aquele pedaço de madeira havia pertencido à Arca de Noé. Como cientistas, a que tipo de evidência física ou teste você escolheria submeter a na peça? Quais seriam algumas limitações para se realizar tal teste?

Seja para melhor ou para pior, atualmente nos encontramos bem dentro da era nuclear. O símbolo do átomo, com seu núcleo rodeado por elétrons em órbita, tornou-se a marca registrada do "progresso" aos olhos de muitas pessoas. A humanidade descobriu como atingir as grandes quantidades de energia armazenada no núcleo atômico para utilizá-la de várias formas, tanto destrutivas como construtivas. Para muitas pessoas, o estudo da física nuclear significa somente um estudo de "bombas atômicas" e reatores nucleares. Entretanto, o campo é muito mais amplo do que esse; os radioisótopos e seus usos e os reatores de fusão são apenas alguns dos tópicos que demandam um conhecimento do núcleo e de suas propriedades.

É possível que estejamos na aurora de uma nova era de fontes alternativas de energia, como a energia solar; mas a importância a médio prazo da energia nuclear convencional também deve ser considerada. Opiniões pró e contra a energia nuclear são, algumas vezes, emitidas exclusivamente em bases emocionais. O objetivo deste e dos dois próximos capítulos é examinar o núcleo, a radioatividade, as reações nucleares e os reatores nucleares, a fim de fornecer os conhecimentos básicos para se avaliar tais opiniões. Claramente, é necessário mais do que o conhecimento tecnológico para se desenvolver uma política energética para esta primeira metade de século, mas esses fatores não técnicos serão discutidos mais tarde.

A. HIPÓTESE ATÔMICA

Durante milhares de anos, as pessoas têm se interessado pela estrutura da matéria e sua composição exata. Com a existência de muitos tipos de substância – sal, água, pedra, ar, cabelo, e assim por diante –, as pessoas imaginavam se haveria um número infinito de substâncias na natureza, ou apenas algumas substâncias fundamentais que compusessem as muitas coisas diferentes ao nosso redor. Se subdividirmos uma porção de carvão em muitos pedaços pequenos, até que ponto poderemos executar esse processo sem que as propriedades que identificam a substância sejam perdidas? Quais são os blocos básicos de construção da natureza? Que propriedades comuns a todos os corpos podem ser encontradas?

Hoje em dia, independentemente de nossa formação, sabemos a respeito dos átomos e estamos prontos para aceitar sua existência, ainda que não possamos facilmente vê-los, senti-los ou mesmo cheirá-los. Podemos saber que existem mais de 100 tipos diferentes de átomos ou elementos, e que suas combinações – tais como letras no alfabeto – formam as substâncias que nos rodeiam. A ideia de que toda matéria é constituída por minúsculos blocos de construção chamados **átomos** (do grego *atomos*, que significa indivisível, ou que não pode ser cortado) vem do filósofo grego Demócrito (cerca de 420 a.C.). Ele acreditava que havia alguma característica comum a toda matéria, alguma estrutura básica da qual elas eram feitas. Porém, assim como em muitas teorias, essa descrição da natureza veio aparentemente cedo demais e foi substituída pela visão de Aristóteles (cerca de 340 a.C.), de que a matéria era composta de quatro elementos: ar, fogo, água e terra. Por 2 mil anos essa visão foi o "modelo" dominante do universo físico.

A teoria atômica da matéria só foi seriamente revista no início do século XIX, principalmente graças ao trabalho do químico inglês John Dalton. Com base nas análises quantitativas de como vários elementos se combinam para formar substâncias químicas, Dalton chegou à conclusão de que cada elemento é constituído de átomos, as unidades básicas indestrutíveis e indivisíveis da matéria. Ele propôs que cada elemento consiste de apenas um tipo de átomo, que é diferente daqueles de qualquer outro elemento. Cada um tem também sua massa e uma série de propriedades. Com a ajuda de uma balança precisa, Dalton mostrou que sempre que a água é formada a partir de oxigênio e hidrogênio, não importa como ou em que quantidade, os elementos são misturados e há uma proporção definida de 1 massa de hidrogênio para 8 massas de oxigênio. A melhor explicação para essa "lei das proporções definidas" era a existência de partículas elementares ou átomos.

Dalton identificou aproximadamente 20 diferentes tipos de átomos em seu trabalho. Estudando as reações químicas entre esses elementos, ele foi capaz de determinar suas massas relativas. Sua lista ia do hidrogênio, com 1 (uma) unidade de massa, ao ouro, com 190 unidades de massa. Trabalhos posteriores determinaram que 1 unidade de massa atômica era igual a $1{,}66 \times 10^{-27}$ kg. A classificação de todos os elementos conhecidos aparece na tabela periódica, da qual trataremos brevemente no Tópico Especial no final deste capítulo.

B. OS COMPONENTES DO ÁTOMO

Para alguns cientistas, era filosoficamente difícil acreditar que o universo tinha em seu nível mais fundamental tanto "partículas" elementares quantos elementos diferentes. Evidências concretas de que os átomos não eram esferas duras indivisíveis nem uma partícula elementar tornaram-se disponíveis no fim do século XIX, com as descobertas do elétron e da radioatividade. No caso do elétron, os cientistas estavam investigando a passagem de eletricidade por meio de gases a baixa pressão. Um tubo preenchido a vácuo (uma pressão de aproximadamente 1 milésimo da atmosférica) continha um catodo negativo, um anodo positivo e um copo coletor (Figura 13.1(a)). Uma diferença de tensão entre essas duas placas dá origem a um raio visível no interior do tubo, indo do catodo para o anodo, o que também faz o copo coletor se tornar negativamente carregado. Esses raios eram emitidos do catodo independentemente do material utilizado, levando J. J. Thomson a concluir que todos os materiais contêm **elétrons**, nome dado a esses "raios catódicos".

Uma aparelhagem mais elaborada foi utilizada para estudar as deflexões dos raios catódicos em campos magnéticos e elétricos. Um aparelho utilizado (Figura 13.1(b)) era semelhante aos atuais tubos de televisão, com uma alta tensão aplicada em uma das extremidades. Elétrons eram emitidos pelo catodo negativamente carregado, acelerados em direção ao anodo positivo, e então encaminhados em direção a uma tela fluorescente, na qual uma luz era emitida. Por meio da deflexão desse feixe por campos magnéticos e elétricos, Thomson determinou a razão carga-massa do elétron. Ele concluiu que o elétron tem uma carga negativa e uma massa 1.837 vezes menor do que a de um átomo de hidrogênio.

Tais experimentos indicaram que o átomo não era indivisível nem fundamental, já que os elétrons eram originários dos átomos. Por causa da neutralidade elétrica do átomo, os elétrons negativos têm de ser eletricamente balanceados por partículas de carga positiva. Portanto, o átomo possui uma estrutura. A forma dessa estrutura interna do átomo foi objeto de intensa especulação no início do século XX. Thomson imaginava o átomo como uma esfera na qual quantidades iguais de cargas positivas e negativas eram distribuídas de maneira uniforme. Seu modelo poderia ser comparado a uma tigela de mingau (uma esfera de carga positiva) contendo passas incrustadas, os torrões de carga negativa.

FIGURA 13.1 (A) Tubo preenchido a vácuo utilizado na observação de raios catódicos. (B) Aparelhagem utilizada por J. J. Thomson (1897) para determinar a razão carga-massa do elétron. O tubo a vácuo é semelhante a uma tela de TV. As partículas carregadas negativamente emitidas pelo catodo são defletidas por um campo elétrico ou por um campo magnético. As placas paralelas conectadas a uma bateria fornecem o campo elétrico. Duas espiras transportando corrente (não mostradas) geram um campo magnético perpendicular ao campo elétrico. Os tamanhos das deflexões, conforme notados na tela fluorescente, podem ser usados para se determinar a razão carga-massa do elétron.

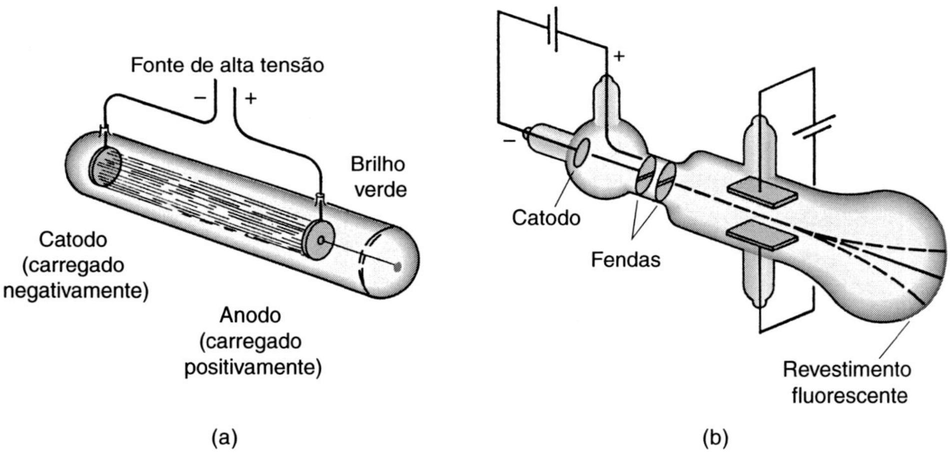

A descoberta da radioatividade também ajudou a tornar claro o fato de que o átomo não era uma partícula indivisível. Embora a radioatividade vá ser discutida mais detalhadamente adiante neste capítulo, faremos aqui um breve esboço. Durante a última parte do século XIX, como resultado do trabalho de Henri Becquerel e Marie e Pierre Curie, observou-se que vários elementos mais pesados[1] encontrados na natureza, como urânio e rádio, emitem radiação espontaneamente. Esses átomos eram "radiação-ativos",[2] ou **radioativos.** Foi observado que três tipos de radiação são emitidos por esses elementos radioativos. Os nomes dados a esses três tipos distintos

[1] Embora o termo cientificamente correto seja "massivo", adotamos aqui o termo "pesado", que é de uso mais comum. O leitor, porém, deve estar atento ao fato de que estamos nos referindo à massa do átomo, e não ao seu peso. A distinção entre massa e peso foi feita no Capítulo 2. (N.T.)

[2] Do inglês *radiation-active.* (N.T.)

de radiação foram raios alfa (α), beta (β) e gama (γ). Essas três radiações não são emitidas simultaneamente por substâncias radioativas. Alguns elementos emitem raios alfa e outros, raios beta, enquanto os raios gama estão associados, algumas vezes, a raios alfa e, outras, a raios beta. Se tais radiações são direcionadas entre duas placas carregadas, elas se comportam de três maneiras diferentes (Figura 13.2). Os cientistas descobriram que os raios alfa são constituídos de partículas carregadas positivamente, os raios beta são partículas carregadas negativamente, de massa muito pequena, e os raios gama são semelhantes ao que conhecemos hoje como raios X.

Também foi descoberto – para surpresa de muitos – que, após a emissão de radiação, o átomo radioativo original havia se transformado em um átomo completamente diferente quimicamente. Ademais, a radiação de uma dada amostra não era afetada de forma alguma por nenhum processo físico ou químico, tal como mudança de temperatura ou composição química da substância. Consequentemente, tornou-se claro que a radioatividade é um *processo nuclear*, resultante do decaimento nuclear.

FIGURA 13.2

ELEMENTOS RADIOATIVOS PODEM EMITIR TRÊS TIPOS DE RADIAÇÃO: RADIAÇÃO ELETROMAGNÉTICA, CHAMADA DE RAIOS GAMA; ELÉTRONS RÁPIDOS, CHAMADOS DE PARTÍCULAS BETA; E PARTÍCULAS ALFA, QUE SÃO OS NÚCLEOS DE ÁTOMOS DE HÉLIO. SE O MATERIAL RADIOATIVO FOR COLOCADO EM UMA CAIXA DE CHUMBO COM UM ORIFÍCIO, A RADIAÇÃO EMITIDA VAI DEIXAR A CAIXA PELO ORIFÍCIO. SE O FEIXE PASSAR POR UM CAMPO ELÉTRICO, ELE SERÁ SEPARADO NOS TRÊS TIPOS DE RADIAÇÃO.

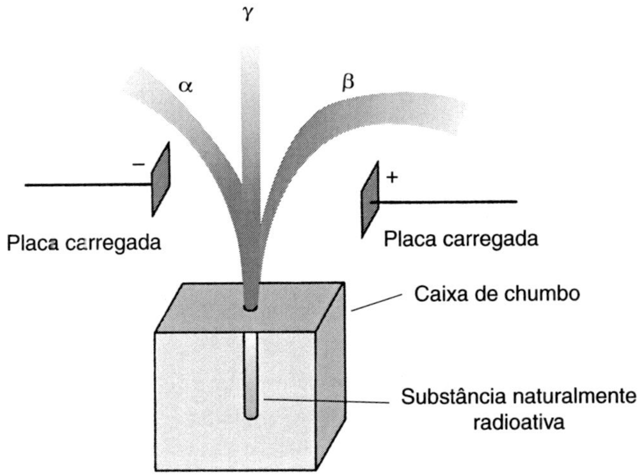

FIGURA 13.3 O ESPALHAMENTO DE PARTÍCULAS ALFA POR UMA FOLHA DELGADA DE OURO.

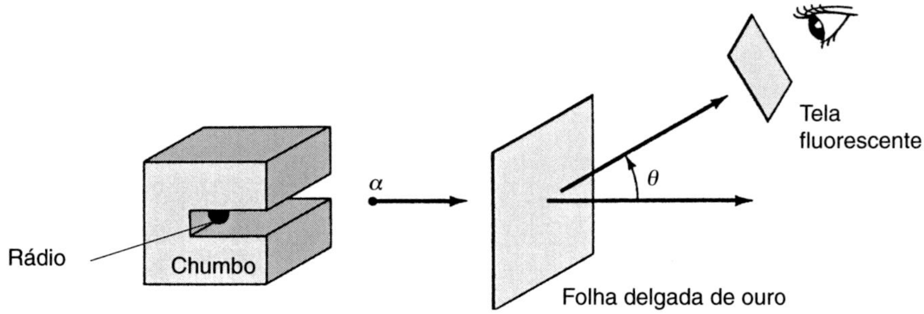

A estrutura interna do átomo foi sondada por meio dos experimentos de espalhamento de Hans Geiger e Ernst Marsden na Inglaterra, no início do século passado. Nesses experimentos, partículas alfa (partículas carregadas positivamente, com cerca de 7.400 vezes a massa do elétron) de uma substância radioativa natural bombardeavam uma folha muito delgada de ouro. As partículas alfa eram espalhadas em diversos ângulos e observadas ao atingir uma tela fluorescente de sulfato de zinco (Figura 13.3). Se a carga positiva estivesse distribuída de maneira uniforme no átomo, conforme a sugestão do modelo de Thomson, as partículas seriam espalhadas apenas com pequenos ângulos (isto é, sofreriam pequenas deflexões). Não havia nesse modelo uma concentração suficientemente alta de carga positiva que interagisse fortemente com as partículas alfa, causando mais do que uma pequena deflexão. Porém, Geiger e Marsden observaram que algumas partículas alfa eram defletidas através de ângulos muito grandes (isso foi comparado a atirar uma bola de canhão contra um alvo de papel, e ela ricochetear de volta).

O físico britânico Ernest Rutherford analisou os dados e concluiu que as partículas carregadas positivamente deveriam estar concentradas em um volume muito menor do que o do átomo inteiro, formando um caroço central, ou **núcleo**, ao redor do qual os elétrons se moveriam. Tais experimentos indicaram que o núcleo é extremamente pequeno, cerca de 20 mil vezes menor do que o átomo (para visualizar essa diferença de tamanhos, imagine que o átomo seja do tamanho de um estádio de futebol; nesse caso o núcleo seria do tamanho de uma esfera de rolamento). Apesar de seu tamanho, o núcleo contém mais de 99,9% da massa do átomo!

O núcleo também é um composto, contendo partículas carregadas positivamente chamadas **prótons** (do grego, "primeiro") e partículas neutras com aproximadamente a mesma massa, chamadas **nêutrons**. Também já foi estabelecido que mesmo essas partículas (elétrons, prótons e nêutrons) não são os componentes fundamentais da matéria. Experiências em anos recentes, realizadas nos grandes aceleradores de partículas (Figura 13.4), demonstraram que o próton e o nêutron parecem ser compostos por partículas menores chamadas **quarks**. Esses quarks têm uma carga fracionada (ou cerca de $\frac{2}{3}$ ou $\frac{1}{3}$ da carga do elétron). Três quarks combinam-se para formar um próton com carga líquida +1: $\left(+\frac{2}{3}+\frac{2}{3}+\left(-\frac{1}{3}\right)=+1\right)$. (O modelo-padrão da matéria estabelece que existem seis tipos diferentes de quark, chamados *up* e *down*, *charm* e *strange*, e *top* e *bottom*.[3] As descobertas de partículas durante as últimas décadas confirmaram a existência de cinco desses quarks, mas apenas recentemente (1995) foi obtida evidência da existência do quark mais pesado, o *top*. Grandes aceleradores que atiram partículas umas contra as outras foram necessários para se criar o quark *top*. Esse achado foi extremamente importante, pois ele parece validar um modelo teórico que é fundamental para a compreensão da natureza da matéria, do tempo e do universo.)

FIGURA 13.4 O CERN, EM GENEBRA, É O LUGAR DO MAIOR ACELERADOR DE PARTÍCULAS DO MUNDO, O LHC (LARGE HADRON COLLIDER). SUA ROTA CIRCULAR DE 27 KM EXPANDE-SE NA FRONTEIRA ENTRE SUÍÇA E FRANÇA. ELE COMEÇOU A OPERAR EM 2009. AQUI OS CIENTISTAS ESPERAM DESCOBRIR UMA NOVA PARTÍCULA QUE PERMITA RESPONDER À PERGUNTA: "POR QUE AS PARTÍCULAS TÊM MASSA?". A FOTO MOSTRA O TÚNEL QUE CONTÉM O ACELERADOR.

MAXIMILIEN BRICE/CERN

Para um átomo isolado, eletricamente neutro, o número de elétrons circulando ao redor do núcleo é igual ao número de cargas positivas no núcleo (Figura 13.5). O número de prótons é uma propriedade muito importante do átomo, chamada **número atômico.** Ele define a posição ocupada pelo elemento na tabela periódica

[3] Optamos aqui por manter a nomenclatura em inglês, já que esta é de uso mais frequente. O leitor que preferir pode chamá-los de: para cima, para baixo, charme, estranho, topo e fundo. (N.T.)

(veja a Figura 13.15). O número atômico também determina as propriedades químicas do elemento.

Os blocos constituintes da maior parte da matéria à nossa volta são uma combinação de dois ou mais átomos. Esses átomos, que podem ser elementos diferentes, formam uma **molécula** por meio do compartilhamento de elétrons, ou pela transferência deles, de forma que os diferentes elementos sejam mantidos juntos pela atração eletrostática. A força que mantém os elementos unidos em uma molécula é elétrica, causada pela força de atração entre cargas positivas e negativas. Tais moléculas têm tamanhos que vão desde as diatômicas simples (como monóxido de carbono ou oxigênio) até as moléculas extremamente grandes encontradas em sistemas biológicos.

FIGURA 13.5 O NÚCLEO DE UM ÁTOMO DE CARBONO TEM UMA CARGA POSITIVA DE 6. É RODEADO POR 6 ELÉTRONS, DISPOSTOS EM DUAS CAMADAS PRINCIPAIS. O NÚMERO DE PRÓTONS EQUIVALE AO NÚMERO ATÔMICO DO ELEMENTO.

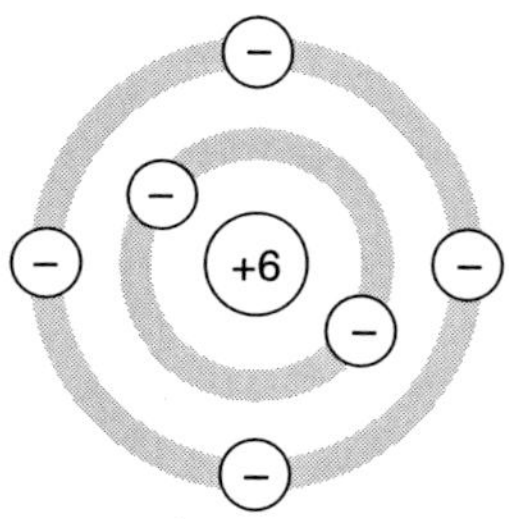

$^{A}_{Z}X = ^{12}_{6}C$

Na combustão de carvão, papel, gás natural e outros combustíveis há liberação de energia. Essa é a reação química em que as ligações entre os átomos da molécula são formadas ou rompidas, liberando a energia armazenada nas ligações. Veremos no Capítulo 14 que, quando as "ligações" entre as partículas do núcleo são rearranjadas, uma quantidade muito maior de energia é liberada em relação ao que ocorre em reações puramente químicas. Essa energia é chamada **energia nuclear.**

C. NÍVEIS DE ENERGIA

Um fator na divisão radical entre a física moderna e a clássica foi a descoberta de que as propriedades da matéria em nível microscópico têm valores distintos ou "**quantizados**". Não é possível que essas propriedades apresentem valores arbitrários entre os valores "permitidos". Até o fim do século XIX, acreditava-se que a energia possuída por um corpo fosse "contínua", ou seja, poderia assumir qualquer valor. Uma esfera rolando rampa abaixo tem energia cinética e potencial, podendo assumir qualquer valor para a soma das suas energias. Isso não ocorre no mundo atômico. O elétron que orbita o núcleo possui tanto energia cinética, resultante de seu movimento ao redor do núcleo, quanto energia potencial, resultante da força elétrica entre ele e o núcleo. Ainda assim, a energia desse elétron não pode ser de qualquer valor, mas necessariamente deve assumir determinados valores discretos. Nós dizemos que o elétron só pode existir em determinados "níveis de energia" ou estados quantizados dentro do átomo. No dia a dia, lidamos com valores quantizados, como o número de moedas em meu bolso.

Um modelo antigo e ainda útil do átomo (Niels Bohr, 1913) postulava que aos elétrons é permitido apenas orbitar o núcleo em órbitas de raios fixos. Os elétrons em cada órbita possuem um valor quantizado de energia, dependendo em parte do número atômico do átomo. O número de elétrons permitidos em cada órbita também é limitado. Os elétrons podem ganhar ou perder energia somente em quantidades que correspondem às diferenças de energia entre esses níveis. Uma analogia pode ser feita com um estacionamento de vários andares, os quais correspondem aos diferentes níveis de energia que o elétron pode ter. Os elétrons, assim como os carros, podem estar apenas em um determinado andar, não entre andares (Figura 13.6). Cada andar também tem uma determinada capacidade. Um elétron em um andar pode mover-se para um andar mais alto (desde que haja espaço) se lhe for fornecida energia – por exemplo, o calor do fogo ou uma descarga elétrica. Porém, no átomo, o elétron não permanecerá em sua nova órbita por mais do que uma fração de segundo, e retornará quase imediatamente ao nível mais baixo. Na transição ou "queda" de um nível mais alto para um mais baixo, é liberada energia na forma de radiação eletromagnética, tal como luz visível ou ultravioleta, ou raios X. Ainda que o modelo de Bohr do átomo tenha sido superado pela visão mecânico-quântica mais complexa do átomo, os conceitos de níveis de energia discretos e transições entre eles permanecem os mesmos em ambos os modelos.

FIGURA 13.6 OS NÍVEIS DE ENERGIA DOS ELÉTRONS NO INTERIOR DOS ÁTOMOS SÃO ANÁLOGOS AOS ANDARES DE UM EDIFÍCIO. AQUI, UM ELÉTRON FOI EXCITADO A UM ESTADO MAIS ELEVADO POR MEIO DA ADIÇÃO DE CALOR AO ÁTOMO.

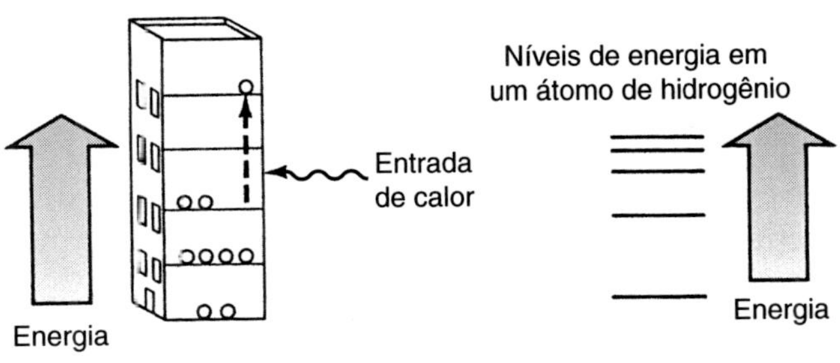

Esse modelo atômico permite que se entenda o **espectro atômico** – as cores da luz emitida por vários elementos que tenham sido excitados pelo calor ou por descargas elétricas. Repare na luz vermelha proveniente de um tubo de neon, a luz branca-violeta de uma lâmpada de mercúrio, e a luz amarela de uma lâmpada de vapor de sódio. Cada elemento químico tem seu próprio sistema de níveis de energia, de forma que as transições de elétrons, dos estados excitados de volta aos estados de mais baixa energia, resultam na emissão de energias únicas, com cores características. Embora aparentemente exista apenas uma cor, a luz visível emitida por cada elemento é uma mistura de várias linhas de emissão de numerosas cores. Se a luz de um gás excitado é conduzida por uma fenda estreita e separada em suas cores diferentes por um prisma ou rede de difração, não veremos uma banda contínua de cores, mas um conjunto de linhas estreitas discretas (Figura 13.7). (Você alguma vez já usou um par de óculos de difração?) Medindo-se os comprimentos de onda dessas linhas, podemos determinar a composição dos elementos da fonte, já que cada elemento tem seu conjunto de cores característico. Utilizando-se essa "impressão digital" espectral, as composições químicas das estrelas podem ser determinadas. Na verdade, o que nos convence de que o universo é composto apenas pelos elementos da tabela periódica são os espectros de linhas das estrelas.

FIGURA 13.7 ESPECTRO DA LUZ EMITIDA POR UM GÁS EXCITADO POR UMA DESCARGA ELÉTRICA OU POR CALOR.

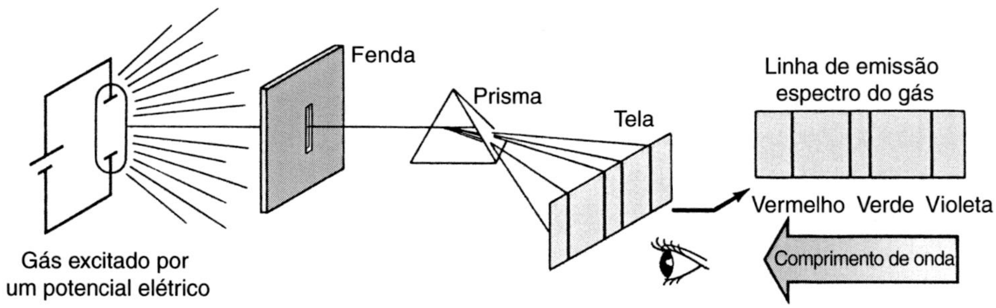

D. ESTRUTURA NUCLEAR

No início do século passado, observou-se que átomos do mesmo elemento não possuíam sempre a mesma massa, podendo apresentar até dez valores diferentes. Esses átomos semelhantes chamamos **isótopos**, que em grego significa "o mesmo lugar" (esse lugar é a posição na tabela periódica). Os isótopos de um elemento têm o mesmo número de prótons, mas diferentes números de nêutrons e, portanto, massas diferentes. Todos os isótopos de um elemento[4] comportam-se quimicamente de forma quase idêntica, porém cada um deles apresenta propriedades nucleares di-

[4] No original, os autores referem-se a isótopos de uma substância (*isotopes of substance*). Na verdade, são os elementos que têm isótopos, e não as substâncias. (N.T.)

ferentes. A maior parte dos elementos existentes na natureza tem pelo menos dois isótopos. Um exemplo de uma série de isótopos de um elemento é o do hidrogênio (Figura 13.8). O núcleo do isótopo mais simples e mais abundante (99,985% de todos os átomos de hidrogênio) tem um próton e é chamado hidrogênio. Se um nêutron é adicionado ao núcleo, temos um átomo com 2 unidades de massa atômica; a esse isótopo chamamos *deutério*, com símbolo D. Tal isótopo existe na natureza (0,015%) e combina-se com o oxigênio para formar o que chamamos água pesada, ou D_2O. Um isótopo muito raro do hidrogênio é o *trítio*, que tem um próton e dois nêutrons e uma massa de 3. Ele tem importância como combustível em reações de fusão e também é radioativo.

FIGURA 13.8 ISÓTOPOS DO HIDROGÊNIO.

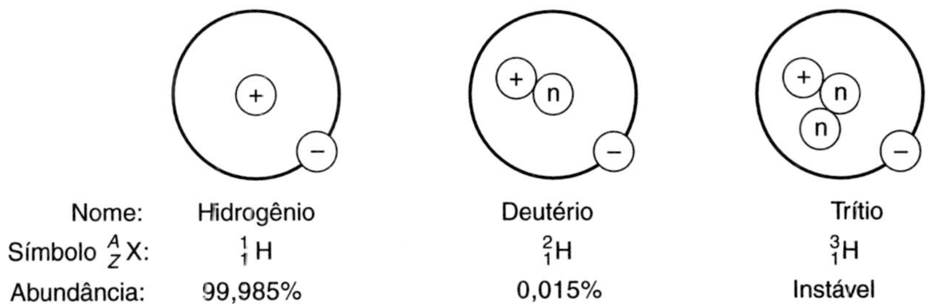

Quando falarmos de isótopos diferentes, usaremos a notação da Figura 13.8, $^{A}_{Z}X$. O subscrito Z denota o número de prótons no núcleo, e é chamado número atômico (na maioria das vezes, o número atômico é omitido, pois o símbolo químico X especifica o número de prótons. Entretanto, incluiremos Z nos problemas em que esse valor for necessário). O sobrescrito A é o número de massa do isótopo, e é a soma do número de prótons ao número de nêutrons, $A = Z + N$. Os prótons e nêutrons têm comportamento bastante semelhante, se não se considerar a carga do próton. Referimo-nos a eles coletivamente como "núcleons". Quando nos referimos a uma espécie nuclear em particular (caracterizada pelo nome do elemento e seu número de massa, tal como cobalto-60 e urânio-238), usamos o nome "nuclídeo".

A existência de isótopos explica por que as massas atômicas de alguns elementos não são números inteiros. Os elementos são misturas de isótopos em quantidades diferentes, pois os isótopos se comportam quimicamente de forma quase idêntica. Um exemplo é o cloro, que possui uma massa atômica de 35,5, isto é, uma mistura de isótopos com massas atômicas de 35 e 37, em proporções relativas de 76% e 24%.

Assim, a massa atômica ponderada é

$$0{,}76 \times 35 \text{ uma} + 0{,}24 \times 37 \text{ uma} = 35{,}5 \text{ uma}$$

que é o valor que aparece para a massa atômica do cloro na tabela periódica (lembre que 1 uma = $1{,}66 \times 10^{-27}$ kg.)

E. RADIOATIVIDADE

Um nuclídeo radioativo é aquele que sofre decaimento nuclear espontâneo, resultando na emissão de radiação nuclear na forma de partículas ou raios. Na descrição de um radioisótopo, são importantes o tipo de radiação emitida e sua "meia-vida". As letras gregas α, β e γ são dadas aos três tipos de radiação, caracterizadas por sua massa, tamanho e habilidade de penetrar na matéria (veja Figura 13.2). Os alcances desses raios – ou seja, a distância que podem viajar antes que percam toda a sua energia – em diferentes tipos de matéria (para energias tipicamente encontradas em decaimento radioativo) são dados na Tabela 13.1.

TABELA 13.1 PROPRIEDADES DAS RADIAÇÕES NUCLEARES.

Tipo de Radiação	Alcance
Partículas α	Uma folha de papel, alguns centímetros no ar, ou milésimos de centímetros em tecido biológico
Partículas β	Uma placa de alumínio fina ou décimos de centímetros em tecido biológico
Raios γ	Vários centímetros de chumbo ou metros de concreto

Já há algum tempo aprendemos que as partículas alfa são núcleos de átomos de hélio, com dois prótons e dois nêutrons. Muitos núcleos radioativos que são mais pesados do que o chumbo emitem partículas alfa em seu decaimento. O beta é o tipo mais comum de decaimento radioativo. Uma partícula beta pode ser um elétron (β^-) ou sua antipartícula, o pósitron (β^+), que tem a massa de um elétron, mas com carga positiva. Uma partícula β^- é emitida pelo núcleo durante o decaimento de um nêutron em um próton, e uma partícula β^+ no decaimento de um próton em um nêutron. Os raios gama são ondas eletromagnéticas que acompanham o decaimento alfa ou beta. Elas resultam da queda de um núcleo de um estado excitado para um estado mais estável, de maneira semelhante às linhas de emissão de elementos químicos causada pelo movimento de elétrons de um nível quantizado de energia para outro.

FIGURA 13.9 EXEMPLO DE DECAIMENTO RADIOATIVO: O INÍCIO DO DECAIMENTO DE ^{238}U.

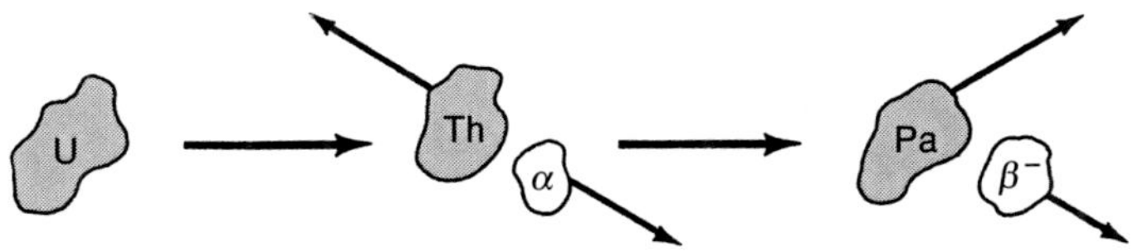

$$^{238}_{92}U \longrightarrow \, ^{234}_{90}Th + \, ^{4}_{2}He$$

$$^{234}_{90}Th \longrightarrow \, ^{234}_{91}Pa + \, _{-1}\beta$$

No decaimento α e β de um núcleo radioativo (veja a Figura 13.9), ocorre a "transmutação" do elemento – um átomo de um elemento torna-se um átomo de outro elemento, já que o número de prótons no núcleo varia. O átomo resultante pode também ser radioativo, e decair então em outro átomo. Conhecendo-se os tipos de radiação emitidos e as regras do decaimento nuclear, pode-se seguir o esquema de decaimento por meio de uma série de isótopos, levando ao núcleo estável final. Isso será discutido mais adiante.

Outra propriedade muito importante de um nuclídeo radioativo é sua meia-vida. A **meia-vida** de um isótopo é definida como o tempo necessário para que metade da quantidade original daquele isótopo decaia em outro elemento. Por exemplo, se partirmos de 100 g de cobalto-60, que tem uma meia-vida de 5,3 anos, então 5,3 anos depois restarão 50 g de cobalto-60. A outra metade decaiu em níquel-60, que é estável. Depois de outros 5,3 anos, teremos 25 g de cobalto-60; depois de mais 5,3 anos, 12,5 g; e assim por diante. Dizemos que essa substância está decaindo exponencialmente com o tempo, conforme mostrado na Figura 13.10 (qualquer quantidade que tenha um tempo fixo de duplicação ou de redução à metade varia exponencialmente). A meia-vida é fixa e não depende da temperatura do ambiente, da composição química ou da história de decaimento anterior. O símbolo $\tau 1/2$ é usado para representar a meia-vida.

As meias-vidas dos núcleos radioativos abrangem uma gama enorme de valores. O urânio-238, encontrado na natureza, é radioativo com uma meia-vida de 4,5 bilhões de anos, decaindo pela emissão de partículas alfa. O bismuto-208 pode ser obtido em um reator nuclear e tem uma meia-vida de 3 milissegundos (0,003 s). Uma regra geral é que, após dez meias-vidas se passarem, a quantidade remanescente de elemento inicial será bem pequena se comparada à quantidade original (aproximadamente 0,1%).

FIGURA 13.10 A MEIA-VIDA DE UM NÚCLEO É O TEMPO NECESSÁRIO PARA QUE METADE DA QUANTIDADE ORIGINAL DAQUELA SUBSTÂNCIA DECAIA. O DECAIMENTO RADIOATIVO É UM PROCESSO EXPONENCIAL.

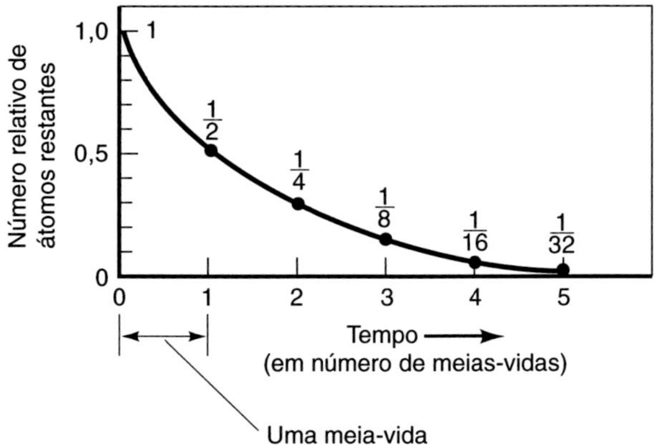

EXEMPLO 13.1

Se 100 g de um elemento radioativo estavam presentes às 9 h de segunda-feira e 25 g daquele elemento estavam presentes às 9 h da sexta-feira seguinte, qual é a meia-vida da fonte?

SOLUÇÃO

Por causa da exponencialidade do decaimento, 50 g restariam após uma meia-vida, e 25 g após duas meias-vidas. Uma vez que foram necessários quatro dias para que a quantidade original decaísse a 25 g, a meia-vida é

$$\tau_{1/2} = \frac{4 \text{ dias}}{2} = 2 \text{ dias}$$

A intensidade da radiação de uma fonte radioativa depende do número de núcleos presentes e da meia-vida. Uma pequena quantidade de uma substância com uma meia-vida curta pode ter uma intensidade maior do que uma grande quantidade de um isótopo de vida longa. O número de átomos que se desintegram por segundo é chamado **atividade**, e é medido em unidades de Becquerel (Bq) ou Curie (Ci). Um Becquerel equivale a uma desintegração por segundo. Uma quantidade de substância em que 37 bilhões de átomos decaem por segundo tem uma atividade de 1 Ci.[5] Normalmente, as atividades são expressas em microcuries

[5] Esse número aparentemente estranho foi escolhido porque é (aproximadamente) o número de desintegrações por segundo em 1 g de rádio. (N.T.)

(μC), ou milionésimos de Curie, porque a taxa de decaimento da maior parte dos radionuclídeos é muito menor do que um Ci. Um detector de fumaça doméstico contém cerca de 0,9 μCi do elemento emissor alfa-amerício-241. Uma expressão para a atividade A é

$$A = \lambda N$$

em que $\lambda = 0{,}639/\tau_{1/2}$ e N é o número de átomos presentes na fonte radioativa em qualquer instante. A partir dessa expressão, você pode perceber que uma meia-vida curta pode levar a uma grande atividade. Note também que a atividade decresce exponencialmente com o tempo, já que A depende de N. Os danos causados pela radiação às células de uma pessoa dependem não somente da atividade da fonte radioativa e da distância da pessoa até a fonte (ou de quanto foi absorvido), mas também do tipo de radiação emitida, do tempo de exposição e da parte do corpo afetada. Estudaremos esses fatores no Capítulo 15.

As meias-vidas dos radioisótopos podem ser utilizadas na **datação radiométrica** de materiais orgânicos e inorgânicos. A datação por carbono radioativo tem sido muito importante na determinação de há quanto tempo uma fonte de amostras de material orgânico morreu. O ^{14}C radioativo é produzido na atmosfera superior por reações nucleares induzidas por raios gama de alta energia. Uma vez que esse isótopo tem comportamento químico idêntico ao do isótopo abundante, o carbono-12, ele é capaz de formar compostos comuns como o dióxido de carbono. Na atmosfera, a razão de ^{14}C para ^{12}C em CO_2 é de aproximadamente $1{,}3 \times 10^{-12}$ para 1. A mesma razão existe nos organismos vivos, pois as plantas utilizam o CO_2 durante a fotossíntese, e os animais, por sua vez, alimentam-se das plantas. Quando um organismo morre, essa razão vai diminuir porque o ^{14}C decai por emissão beta e sua fonte não é renovada, já que os processos biológicos cessaram. A meia-vida do ^{14}C é de 5.730 anos. Considerando que a razão $^{14}C/^{12}C$ tem permanecido constante na atmosfera por milhares de anos, é possível estimar a idade de um material orgânico medindo sua atividade. Hoje em dia, você encontraria uma atividade de cerca de 15 desintegrações por minuto em 1 grama de material vivo. Uma amostra de 1 g que tem 5.700 anos de idade teria uma atividade de 7,5 desintegrações/minuto. A datação por carbono radioativo é considerada confiável até aproximadamente cinco meias-vidas, ou 25 mil anos.

A datação geológica de rochas deve utilizar radioisótopos com meias-vidas muito longas. Uma vez que a atividade de tal fonte é bastante baixa (lembre-se de que a atividade é inversamente proporcional à meia-vida), esse tipo de datação é feito medindo-se a quantidade do produto de decaimento (chamado "filho") em relação ao radioisótopo original (o "pai") presente na amostra. Já que a razão entre isótopo original e produto de decaimento presentes na rocha é uma função do tempo, a idade da amostra pode ser determinada. Tais medições têm de pressupor que a rocha é um "sistema fechado" – ou seja, nenhum dos átomos originais ou do produto do decaimento foi adicionado ou retirado da rocha durante a sua história. Consequentemente, as amostras devem estar livres da influência de intempérie e de outras contaminações.

Um desses métodos de datação geológica utiliza potássio e argônio. O isótopo ^{40}K, encontrado em muitos minerais, decai a ^{40}Ar pela captura de 1 elétron da camada mais próxima do núcleo, e tem uma meia-vida de $1{,}2 \times 10^{10}$ anos. O argônio não é encontrado inicialmente na rocha, pois é um gás inerte e não se liga quimicamente a outros átomos. Medidas da razão entre ^{40}Ar e ^{40}K já determinaram a idade de rochas de até 4,7 bilhões de anos. Outro método de datação utiliza a razão entre o nuclídeo-pai rubídio-87 (^{87}Rb, $\tau 1/2 = 5 \times 10^{10}$anos) e o núcleo-filho estrôncio-87 (^{87}Sr).

F. COLA NUCLEAR OU ENERGIA DE INTERAÇÃO NUCLEAR FORTE[6]

Conhecemos hoje cerca de 118 elementos diferentes, dos quais 81 apresentam ao menos um isótopo estável. Entre os 37 elementos restantes, alguns têm isótopos radioativos com meias-vidas longas, os quais são encontrados na natureza, enquanto outros foram produzidos artificialmente e têm meias-vidas muito curtas (por exemplo, alguns microssegundos). A radioatividade de ocorrência natural limita-se principalmente aos núcleos mais pesados, mas transmutações artificiais de núcleos estáveis em radioativos são feitas atualmente em muitos laboratórios equipados com aceleradores de partículas e reatores nucleares (veja a próxima seção). Se considerarmos os isótopos em vez dos elementos, são conhecidos mais de 1.500 nuclídeos, dos quais 279 são estáveis. Muitos elementos têm apenas um isótopo estável, mas alguns chegam a ter dez (por exemplo, o estanho). Claramente, nem todas as combinações de nêutrons e prótons no interior do núcleo são estáveis. Uma regra geral para a maioria dos núcleos estáveis com números de massa menores do que 40 é que os números de nêutrons e prótons serão aproximadamente iguais (por exemplo, $^{16}_{8}$O, $^{24}_{12}$Mg, $^{40}_{20}$Ca). Para núcleos pesados estáveis, o número de nêutrons é maior que o de prótons (por exemplo, $^{90}_{40}$Zr, $^{208}_{82}$Pb).

Enquanto os elétrons ao redor do átomo são ligados pela força elétrica de atração entre eles e o núcleo é carregado positivamente, os prótons no núcleo exercem uma força de repulsão elétrica uns sobre os outros. O que mantém o núcleo agregado apesar disso é uma força nuclear muito mais forte, que atua como uma "cola nuclear". O caráter da força nuclear é responsável pelas regras gerais descritas anteriormente para os números relativos de nêutrons e prótons em núcleos leves.

---

[6] No original: *Nuclear Glue, or Binding Energy*. Em inglês, há distinção entre os termos *binding* e *bonding*. No contexto atômico-molecular, o primeiro termo (*binding*) refere-se a interações fracas entre átomos e moléculas, ou à interação nuclear forte que mantém os núcleos unidos, apesar da força de repulsão elétrica entre os prótons. O segundo termo (*bonding*) refere-se à formação de ligações químicas, com o compartilhamento ou a transferência de elétrons. Em português, infelizmente, não existe distinção entre os dois termos, que normalmente são traduzidos por "ligação". Optamos aqui por utilizar a expressão correta da área: interação nuclear forte. (N.T.)

Se você já tentou separar dois ímãs, sabe que uma força é necessária (Figura 13.11). De forma semelhante, precisa-se de energia para separar os componentes do núcleo. A **energia de interação forte** de um núcleo é a energia necessária para se desmembrar o núcleo em seus nêutrons e prótons constituintes; reciprocamente, é a energia liberada quando aquele núcleo é agrupado a partir de suas partes constituintes. Quanto maior a energia de interação forte, mais estável é o núcleo.

FIGURA 13.11 DA MESMA FORMA QUE ENERGIA É NECESSÁRIA PARA AFASTAR DOIS ÍMÃS, TAMBÉM PRECISAMOS DE ENERGIA PARA SEPARAR OS NÚCLEONS QUE ESTÃO LIGADOS ENTRE SI NO NÚCLEO. A ENERGIA DE INTERAÇÃO FORTE TOTAL É A ENERGIA NECESSÁRIA PARA FRAGMENTARMOS UM NÚCLEO INTEIRO.

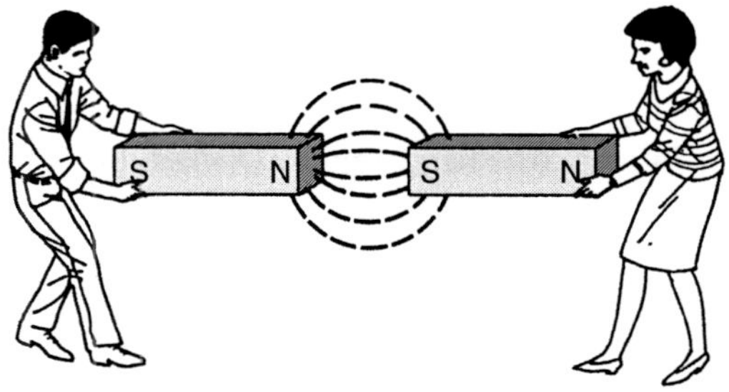

EXEMPLO 13.2

Quais dos seguintes isótopos você esperaria que fossem radioativos?

$$^{6}_{3}\text{Li},\ ^{20}_{10}\text{Ne},\ ^{29}_{13}\text{Al},\ ^{35}_{17}\text{Cl}$$

SOLUÇÃO

Lembre-se de que o subscrito é *A*, a massa atômica, e o número de prótons é *Z*, o número atômico; o número de nêutrons é *N*, onde $N = A - Z$. Consultando a tabela periódica no fim do capítulo para obter os números atômicos dos elementos, os isótopos listados têm os seguintes números de prótons e nêutrons:

	Z	*N*
^{6}Li	3	3
^{20}Ne	10	10
^{29}Al	13	16
^{35}Cl	17	18

Apenas o ^{29}Al tem uma diferença relativamente grande entre *Z* e *N*. Na verdade, é radioativo, com uma meia-vida de 6,6 minutos. Os outros três isótopos são estáveis.

Se observarmos atentamente as massas atômicas de diferentes núcleos, veremos que são números quase inteiros, mas não exatamente, e essa pequena diferença é muito importante. A massa de um núcleo de hélio é de 4,0016 unidades de massa atômica, enquanto a massa de um próton é de 1,0073 uma e a de um nêutron é de 1,0087 uma. Portanto, a massa de dois prótons e dois nêutrons é $2 \times 1{,}0073 + 2 \times 1{,}0087 = 4{,}0320$ uma, ou 0,0304 uma *a mais* do que o valor real determinado para a massa do núcleo de hélio. Se pudéssemos juntar esses quatro núcleons para formar um núcleo de hélio, o que aconteceria com a massa extra? Ela seria liberada na forma de energia. Albert Einstein propôs em 1905 que massa e energia são equivalentes, e que a massa-energia é conservada em um sistema isolado. A massa e a energia são relacionadas pela expressão

$$E = mc^2$$

em que m é a massa perdida (ou ganha) em uma reação, c é a velocidade da luz no vácuo (186.000 mi/s ou 3×10^8 m/s) e E é a energia liberada. A diferença de massa entre um núcleo de hélio e seus quatro constituintes é de apenas 0,0304 uma ou $5{,}05 \times 10^{-29}$ kg, mas quando isso é multiplicado pelo quadrado da velocidade da luz (um número grande!), a quantidade de energia liberada é de $4{,}5 \times 10^{12}$ J (ou 28,4 MeV).[7] Um grama de hélio formado como o produto da fusão de nêutrons e prótons forneceria $6{,}8 \times 10^{11}$ J, ou a energia equivalente à queima de 23.000 kg de carvão.

G. A ALEGRIA DOS CHOQUES NUCLEARES OU REAÇÕES NUCLEARES

O estudo das reações nucleares remonta ao trabalho de Rutherford durante a primeira parte do século XX. Usando partículas alfa (emitidas de uma fonte radioativa de polônio-210) como projéteis, Ernest Rutherford conseguiu induzir a primeira transmutação feita pelo homem por meio de bombardeio de gás nitrogênio. Essa reação pode ser escrita como

$${}^{4}_{2}\mathrm{He} + {}^{14}_{7}\mathrm{N} \rightarrow {}^{17}_{8}\mathrm{O} + {}^{1}_{1}\mathrm{H}$$

Por meio da observação da transmissão das partículas ^{1}H através de uma folha delgada de metal (que era espessa o bastante para segurar as partículas alfa), Rutherford concluiu que partículas de alta energia eram ejetadas do núcleo de nitrogênio após o bombardeio pelas partículas alfa (Figura 13.12). Ele identificou

[7] Uma unidade mais conveniente para quantidades tão pequenas de energia é o elétron-volt, abreviado por eV. Isso equivale à energia que um elétron iria adquirir ao passar por uma diferença de potencial de 1 volt: i eV = 1,60 × 10 -19 J. Um milhão de elétrons-volts (ou 1 MeV) = 1,60 × 10 -13 J. (N.T.)

essa partícula como próton, fornecendo evidência adicional de que se tratava de uma partícula fundamental. Durante séculos, os alquimistas procuraram métodos por intermédio dos quais os metais menos valiosos pudessem ser convertidos ou transmutados em ouro. Atualmente, com a ajuda de aceleradores de partículas e reatores nucleares, tais transmutações podem ser realizadas, embora não sejam comercialmente viáveis.

FIGURA 13.12 APARELHAGEM DE RUTHERFORD PARA ESTUDAR AS REAÇÕES NUCLEARES. OS PRÓTONS P PRODUZIDOS NA TRANSMUTAÇÃO DO ^{14}N SÃO DETECTADOS NO CINTILADOR. AS PARTÍCULAS ALFA INCIDENTES SÃO PRODUZIDAS NO DECAIMENTO DO ^{210}Po.

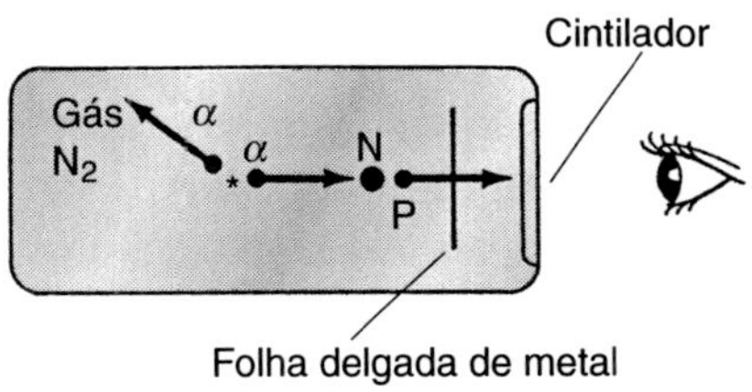

Quando discutimos as reações nucleares, há uma série de regras a serem seguidas. Primeiro, porque **a carga elétrica é sempre conservada**, a carga total permanecerá a mesma entre os reagentes (do lado esquerdo da equação) e os produtos (do lado direito). Para a reação de Rutherford, essa igualdade é 2 + 7 = 8 + 1. Segundo, o número de massa é conservado (ao menos no que diz respeito aos inteiros). Assim, 4 + 14 = 17 + 1. A equação foi "balanceada". Podemos utilizar essas regras para acompanhar as sucessivas transformações de um radioisótopo à medida que ele decai. Se uma partícula alfa é emitida, o número atômico do reagente diminui de 2 unidades e a massa, de 4 unidades. Por exemplo, o isótopo urânio-238 decai com a emissão de uma partícula alfa:

$$^{238}_{92}U \rightarrow {}^{234}_{90}Th + {}^{4}_{2}He$$

O tório decai (com uma meia-vida de 24 dias) por emissão de elétron (β^-) a protactínio.

Assim,

$$^{234}_{90}Th \rightarrow {}^{234}_{91}Pa + {}_{-1}\beta^-$$

A emissão de um elétron do núcleo leva a um aumento do número atômico em 1 unidade (já que 90 = 91 + (-1) no balanço de carga). O que ocorreu foi a conversão de um nêutron em um próton e um elétron:[8] $n \rightarrow p + \beta^-$. O protactínio decai por emissão de elétron em outro isótopo do urânio: ${}^{234}_{91}Pa \rightarrow {}^{234}_{92}U + {}_{-1}\beta^-$.

O produto dessa conversão (urânio-234, neste exemplo) continuará a decair até que se forme algum isótopo estável. Isso se chama uma "cadeia de decaimento", ou série radioativa. A substância mais massiva com um isótopo estável é o chumbo.

É difícil um projétil penetrar no núcleo para causar uma reação nuclear. Se o projétil for uma partícula carregada, tal como uma partícula alfa ou um próton, ele sofrerá uma força de repulsão à medida que se aproxima do núcleo positivamente carregado. Conforme aprendemos no Capítulo 10, a força elétrica é proporcional ao inverso do quadrado da distância entre as cargas, de forma que o projétil precisa de uma quantidade significativa de energia cinética para que possa superar a força de repulsão elétrica e penetrar no núcleo, onde a força nuclear de atração assume as rédeas. Essa força elétrica também é proporcional ao produto dos números atômicos do núcleo-alvo e do projétil. Uma partícula alfa sofre uma repulsão duas vezes maior do que um próton. A produção de alguns radioisótopos requer o uso de grandes aceleradores para fornecer a energia necessária ao projétil.

A primeira produção de um radioisótopo artificial foi conseguida por meio do bombardeio de alumínio-27 com partículas alfa:

$$ {}^{27}_{13}Al + {}^{4}_{2}He \rightarrow {}^{30}_{15}P + n $$

O isótopo fósforo-30 tem uma meia-vida de aproximadamente três minutos. Para que essa reação ocorra, necessita-se de energia, que é obtida da energia cinética da partícula alfa. A energia cinética do projétil que chega é geralmente fornecida por um acelerador de partículas, tal como o acelerador Van de Graaff mostrado na Figura 13.13. A primeira reação a produzir uma grande quantidade de energia nuclear (1932) utilizou prótons acelerados para bombardear um alvo de lítio:

$$ {}^{1}_{1}H + {}^{7}_{3}Li \rightarrow {}^{4}_{2}He + {}^{4}_{2}He $$

A energia liberada (30 vezes maior do que a que havia sido colocada na reação) aparece como a energia cinética das partículas alfa. Embora uma grande quantidade de energia seja liberada nessa reação, ela é de pouca importância prática em razão da baixa ocorrência (pequena probabilidade de ocorrência). Para que tal reação seja útil, é necessário que uma porcentagem muito maior dos núcleos esteja envolvida na liberação de energia, uma situação que é atingida na fissão.

[8] Na emissão de elétron (decaimento beta menos), um antineutrino também é emitido. Essa partícula não tem massa, viaja à velocidade da luz e interage muito fracamente com as outras partículas. Não é necessário discuti-la em maior profundidade a esta altura. (N.T.)

FIGURA 13.13 O ACELERADOR VAN DE GRAAFF. OS NÚCLEOS SÃO ACELERADOS POR UM TERMINAL DE ALTA-TENSÃO (9 MILHÕES DE VOLTS) LOCALIZADO NO INTERIOR DE CADA UM DOS TANQUES CILÍNDRICOS. AS PARTÍCULAS ACELERADAS VIAJAM ATRAVÉS DE UM TUBO A VÁCUO (EMERGINDO DO TANQUE). NO PRIMEIRO PLANO ESTÁ UM ELETROÍMÃ QUE DEFLETE O FEIXE DE PARTÍCULAS PARA UMA SALA À DIREITA, ONDE OS EXPERIMENTOS SÃO CONDUZIDOS.

UNIVERSITY OF WASHINGTON

FOCO EM 13.1

RADÔNIO

Um exemplo muito importante de uma cadeia de decaimento é aquela que produz poluição do ar em interiores por gás radônio. O urânio-238 é encontrado como elemento-traço na crosta terrestre. Uma continuação da série radioativa mostrada anteriormente é $^{234}U \rightarrow {}^{230}Th \rightarrow {}^{226}Rn \rightarrow {}^{222}Rn \rightarrow {}^{218}Po$. Cada um dos casos aqui apresentados é de decaimento de partículas alfa, com cada isótopo tendo uma diferente meia-vida. O radônio quimicamente inerte (^{222}Rn, $\tau_{1/2} = 3{,}8$ dias) é um gás e chega a se acumular em pequenos bolsões de gás no solo; a partir dali ele pode ser forçado para dentro de uma casa pelas diferenças de pressão entre seu interior e exterior, criadas pelo ar quente ascendente dentro dela. Uma vez no interior, o radônio decai em outros isótopos radioativos, que às vezes se alojam nos pulmões, onde as partículas alfa emitidas podem causar danos às células e câncer. As novas casas de alta eficiência energética, que são calafetadas, podem ser particularmente suscetíveis a esse problema, por causa dos baixos índices de infiltração (menor que 0,5 troca de ar por hora), que prolongam o tempo de residência do radônio. Os efeitos da poluição por radônio sobre a saúde têm sido estimados em 2 mil a 20 mil casos de câncer de pulmão por ano, com base em estudos sobre o câncer de pulmão em trabalhadores de minas de urânio, que frequentemente têm alta exposição a radônio (veja o Capítulo 15). Detectores para medição de concentração de radônio são mostrados na Figura 13.14 e podem ser encontrados na maioria das lojas de ferragens.[9]

FIGURA 13.14 DOIS TIPOS DE DETECTORES PARA MEDIÇÃO DA CONCENTRAÇÃO DE RADÔNIO. ESTES DISPOSITIVOS SÃO EXPOSTOS AO AR NA SUA CASA POR UM PERÍODO DE TEMPO DETERMINADO E DEPOIS ENVIADOS A UM LABORATÓRIO PARA ANÁLISE.

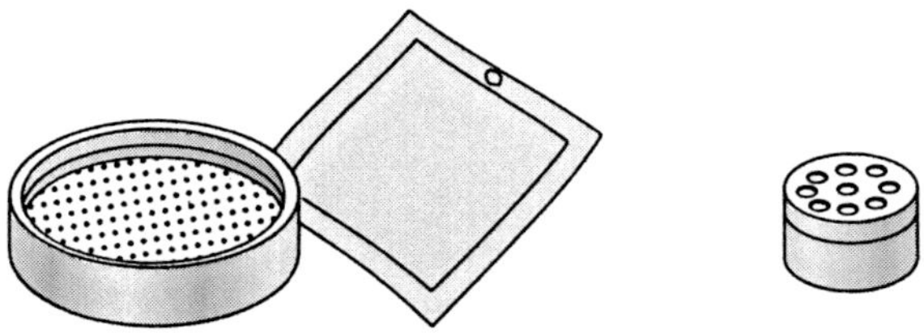

H. FISSÃO

Assim como as partículas carregadas provenientes de fontes radioativas ou de aceleradores, os nêutrons são bastante efetivos na formação de novos núcleos e em causar desintegrações nucleares. O uso de nêutrons tem a vantagem de que eles não carregam uma carga elétrica e, portanto, não sofrem nenhuma força de repulsão elétrica ao se aproximarem do núcleo. Porém, não existem fontes convenientes de nêutrons na natureza; eles têm de ser produzidos por reações nucleares com partículas carregadas, como deutério mais trítio ou hélio mais berílio:

$$^{2}_{1}\mathrm{H} + {}^{3}_{1}\mathrm{H} \rightarrow \mathrm{n} + {}^{4}_{2}\mathrm{He} \quad \text{ou} \quad {}^{4}_{2}\mathrm{He} + {}^{9}_{4}\mathrm{Be} \rightarrow \mathrm{n} + {}^{12}_{6}\mathrm{C}$$

Estudos realizados na década de 1930 utilizaram nêutrons para criar novos produtos radioativos. Em 1939 foi feita uma descoberta que mudou o mundo. No decorrer do bombardeamento de urânio com nêutrons de baixa energia (lentos) – com a intenção de produzir um núcleo mais pesado –, uma pequena quantidade de bário, um elemento muito menos pesado do que o urânio, foi encontrada no produto. Logo percebeu-se que uma parte do urânio havia sido dividida. A divisão do isótopo de urânio $^{235}_{92}\mathrm{U}$ produziu dois produtos mais leves, bário e criptônio. Essa reação é escrita da seguinte forma:

$$\mathrm{n} + {}^{235}_{92}\mathrm{U} \rightarrow {}^{93}_{36}\mathrm{Kr} + {}^{141}_{56}\mathrm{Ba} + 2\mathrm{n}$$

[9] Nos Estados Unidos. (N.T.)

Assim, energia é liberada nesse processo e levada pelos produtos. A perda de massa entre os núcleos produzidos e os reagentes é convertida em energia.

Outra característica importante da reação de fissão é que há emissão de nêutrons adicionais que podem ser utilizados para causar a fissão de átomos vizinhos de urânio, liberando mais nêutrons para causar novas fissões com liberação de energia, e assim por diante. Essa "reação em cadeia" supera o problema da baixa probabilidade de ocorrência de outras reações nucleares. Pode-se romper praticamente qualquer núcleo ao bombardeá-lo com um projétil de energia suficiente, utilizando-se um acelerador. Porém, uma característica interessante da reação do urânio é que o ^{235}U pode ser fissionado pela adição de nêutrons de energia muito baixa. Isso não acontece com nenhum outro isótopo de ocorrência natural.

No Capítulo 14 vamos estudar os detalhes do processo de fissão e como ele pode ser controlado com o objetivo prático de se produzir energia. No Capítulo 16 estudaremos o oposto da fissão, a fusão, e sua utilização para a produção de energia. Uma vez que ambos os processos estão associados à radiação, estudaremos os efeitos biológicos da radiação nuclear e utilizações importantes de radioisótopos no Capítulo 15.

I. RESUMO

Neste capítulo vimos que o átomo, em vez de ser indivisível e imutável, tem uma estrutura definida e é destrutível. Um modelo simples do átomo consiste de elétrons orbitando um núcleo carregado positivamente. Esse quadro não deve ser levado muito ao pé da letra, já que alguns dos dogmas da física moderna são bastante diferentes daqueles da física clássica. Na física moderna, o elétron pode ocupar apenas níveis discretos de energia no átomo. Dizemos que a energia do elétron é "quantizada". A adição de energia ao átomo faz com que o elétron salte para um nível de energia mais alto; reciprocamente, quando um elétron cai para um nível de energia mais baixo, energia é liberada na forma de luz visível, radiação infravermelha, raios X ou outro tipo de radiação.

O núcleo do átomo responde por mais de 99,9% de sua massa. Um elemento é caracterizado pelo número de prótons presentes no núcleo (seu número atômico). A massa combinada de prótons e nêutrons em um núcleo é aproximadamente igual à sua massa atômica. Núcleos que possuem o mesmo número de prótons, mas um número diferente de nêutrons, são chamados de "isótopos" e se comportam quimicamente de forma semelhante. A maior parte dos elementos tem muitos isótopos. A maioria desses isótopos é instável, decaindo em outros elementos com a emissão de radiação α, β e/ou γ. Um isótopo radioativo caracteriza-se pelo tipo de radiação emitida e por sua meia-vida – o tempo necessário para que metade da quantidade inicial do isótopo decaia.

Forças nucleares mantêm o núcleo unido. A energia de interação forte de um elemento é a energia necessária para se separar o núcleo em seus prótons e nêutrons constituintes. Se for considerada a energia de interação forte por núcleo, vão ser encontradas diferenças entre os núcleos, com o ferro sendo o núcleo mais fortemente unido.

Um isótopo radioativo sofrerá desintegração nuclear. Uma transmutação natural é a transformação espontânea de um núcleo em outro. Transmutações também podem ser provocadas por meio de reações nucleares artificiais, como ${}^{6}_{3}\text{Li} + {}^{28}_{14}\text{Si} \rightarrow {}^{2}_{1}\text{H} + {}^{32}_{16}\text{S}$. A fissão é um exemplo de transmutação em que a adição de um nêutron a um núcleo pesado leva à divisão desse núcleo em dois núcleos menos pesados.

Energia é liberada nas desintegrações nucleares que ocorrem naturalmente e em muitas reações nucleares artificiais (em outros casos, energia pode ser necessária para iniciar a reação). No decaimento, e na maioria das reações nucleares, ocorre a conversão de uma parte da massa m dos reagentes em energia E. Isso é expresso quantitativamente pela equação $E = mc^2$, onde c é a velocidade da luz. A utilização dessa energia será estudada no Capítulo 14.

COMO VOCÊ ESCOLHERIA? – REVISITADO

Nem sempre é possível submeter coisas a testes científicos para determinar sua natureza, mas há um enfoque que usualmente não se submete às dúvidas que todos temos. A datação radioativa é um bom teste, desde que sejam tomados cuidados em sua aplicação e suas limitações sejam reconhecidas. Após ler este capítulo, como você se posicionaria quanto às escolhas para verificar a idade do pedaço de madeira, possivelmente do Monte Ararat? Quanto se pode retornar no tempo com a técnica da datação radioativa?

QUESTÕES

1. Por que as massas atômicas da maioria dos átomos não são números inteiros?
2. Dalton demonstrou que as massas dos elementos encontrados em um composto puro sempre ocorrem com razões iguais. No composto ZnS (utilizado na fabricação de combustível para foguetes), qual fração da massa é atribuída ao zinco? Como você faria a distinção entre esse composto e uma mistura de zinco e enxofre? Veja a Figura 13.15 na seção Tópico Especial.
3. Descreva a fonte de luz vermelha emitida por um luminoso de neon em termos da excitação e relaxamento dos elétrons em átomos de neônio.
4. Suponha que haja 10 g de um isótopo radioativo com meia-vida de cinco dias. Quanto desse isótopo ainda haverá após 20 dias?

5. Enumere quatro isótopos do oxigênio (Z = 8). Anote suas massas. Qual deles você esperaria que fosse estável? (Existem três isótopos estáveis.)
6. No texto, utilizamos o estacionamento de vários andares como uma analogia à quantização dos níveis energéticos. Pense em outra analogia relacionada à vida cotidiana que pode ser usada para descrever a quantização.
7. O que o número atômico de um elemento representa?
8. Que mecanismos (além do aquecimento com um bico de Bunsen) podem ser usados para excitar os elétrons de um átomo para níveis mais altos de energia?
9. A partir da seguinte reação com íons pesados, encontre a massa e o número atômico do núcleo de argônio:

$$ {}^{12}_{6}\mathrm{C} + {}^{30}_{14}\mathrm{Si} \rightarrow {}^{A}_{Z}\mathrm{Ar} + {}^{4}_{2}\mathrm{He} $$

10. Utilizando a Figura 13.15, calcule quantos nêutrons estão presentes no núcleo (estável) de chumbo-206.
11. Em muitos casos, um núcleo radioativo vai decair em outro núcleo radioativo, que por sua vez vai decair, e assim por diante. Você deve saber as radiações emitidas não somente pelo "pai", mas também pelos "filhos" nessa cadeia de decaimento. Uma série típica é a do urânio-235. A série é longa e prossegue até que se forme um núcleo estável de chumbo. Para os três primeiros decaimentos nessa cadeia, escreva os números atômicos e as massas atômicas dos núcleos filhos que se formam:

$$ {}^{234}_{92}\mathrm{U} \xrightarrow{\alpha} \mathrm{Th} \xrightarrow{\beta^-} \mathrm{Pa} \xrightarrow{\alpha} \mathrm{Ac} $$

12. O núcleo ^{60}Co decai pela emissão de um elétron (β^-) (raios gama energéticos também acompanham esse decaimento, e são utilizados no tratamento do câncer). Qual é o núcleo resultante? (Ele é estável.)
13. Um acelerador produz um isótopo que tem meia-vida de 6 horas. Qual é a mínima quantidade que ele tem que produzir para um paciente que precisa de 10 g exatamente 24 horas mais tarde?
14. Prótons podem ser acelerados no *large hadron collider* (LHC) na Suíça a energias de 7TeV (7×10^{12} eV). Mostre que essa quantidade de energia é aproximadamente igual à energia cinética de um mosquito com massa de 2,5 mg.
15. Complete a seguinte reação nuclear:

$$ {}^{234}_{92}\mathrm{U} + \mathrm{n} \rightarrow {}^{103}_{42}\mathrm{Mo} + ? + 2\mathrm{n}. $$

TÓPICO ESPECIAL

A TABELA PERIÓDICA

Depois da hipótese de Dalton sobre a natureza atômica da matéria e sua identificação de 20 elementos diferentes, muitos outros elementos foram descobertos na segunda metade do século XIX. À medida que crescia a lista dos elementos conhecidos, e suas massas eram determinadas em relação ao hidrogênio, surgiu a necessidade de se classificar essa informação. Foi observado que existiam similaridades entre alguns dos elementos. Aparentemente havia famílias de elementos que apresentavam propriedades químicas bastante semelhantes, incluindo os tipos de compostos que podiam formar. Um exemplo são os halogênios – flúor (F), cloro (Cl), bromo (Br) e iodo (I) –, elementos não metálicos que são bastante ativos quimicamente. Outra família é a dos metais alcalinos terrosos – berílio (Be), magnésio (Mg), cálcio (Ca), estrôncio (Sr) e bário (Ba). Esses elementos têm brilho metálico, são razoavelmente reativos à água e formam compostos com propriedades bastante semelhantes.

O crédito pela classificação dos elementos da forma como conhecemos hoje vai para o químico russo Dmitri Mendeleev (1834–1907). Mendeleev listou os elementos conhecidos horizontalmente em linhas de massa crescente, mas colocou famílias de elementos com propriedades químicas semelhantes na mesma coluna vertical. Enquanto arranjava os elementos nessas linhas e colunas, ele deixou espaços vazios nos quais poderia haver um elemento ainda não identificado. Tal classificação é conhecida como tabela periódica (uma visão moderna dela é apresentada na Figura 13.15). Essa tabela é importante não somente por causa dos agrupamentos dos elementos, mas também por seus grandes poderes de previsão. Muitos dos espaços vazios deixados foram rapidamente preenchidos, porque as propriedades do elemento desconhecido eram previsíveis por meio de informações sobre outros membros da mesma família química (aqueles na mesma coluna). Atualmente, atribui-se um valor de 12 uma à massa do isótopo mais comum de carbono. Uma unidade de uma é, então, exatamente $\frac{1}{12}$ da massa de um átomo de ^{12}C. A massa do hidrogênio é 1,0078 uma (lembre-se de que 1 uma = $1{,}66 \times 10^{-27}$ kg). A tabela periódica é arranjada atualmente em ordem crescente de número atômico, não de massa atômica, mas isso resultou apenas de algumas trocas de posição dos elementos. As propriedades químicas de um elemento são determinadas pelo seu número atômico, conforme discutimos neste capítulo.

FIGURA 13.15 UM FORMATO MODERNO DA TABELA PERIÓDICA DOS ELEMENTOS. ELEMENTOS COM COMPORTAMENTO QUÍMICO SEMELHANTE ESTÃO EM COLUNAS. OS ELEMENTOS 113 A 118 AINDA NÃO TÊM NOME.

Legenda: Metais | Metaloides | Não metais

40 — Número atômico; Zr — Símbolo; 91.22 — Massa atômica

Metais de transição: grupos 3 a 12

1	2	3	4	5	6	7	8	9	10	11	12	13	14	15	16	17	18
1 H 1,008																	2 He 4,003
3 Li 6,941	4 Be 9,012											5 B 10,81	6 C 12,01	7 N 14,01	8 O 16,00	9 F 19,00	10 Ne 20,18
11 Na 22,99	12 Mg 24,30											13 Al 26,98	14 Si 28,09	15 P 30,97	16 S 32,07	17 Cl 35,45	18 Ar 39,95
19 K 39,10	20 Ca 40,08	21 Sc 44,96	22 Ti 47,88	23 V 50,94	24 Cr 52,00	25 Mn 54,94	26 Fe 55,85	27 Co 58,93	28 Ni 58,69	29 Cu 63,55	30 Zn 65,39	31 Ga 69,72	32 Ge 72,61	33 As 74,92	34 Se 78,96	35 Br 79,90	36 Kr 83,80
37 Rb 85,47	38 Sr 87,62	39 Y 88,91	40 Zr 91,22	41 Nb 92,91	42 Mo 95,94	43 Tc (97,91)	44 Ru 101,1	45 Rh 102,9	46 Pd 106,4	47 Ag 107,9	48 Cd 112,4	49 In 114,8	50 Sn 118,7	51 Sb 121,8	52 Te 127,6	53 I 126,9	54 Xe 131,3
55 Cs 132,9	56 Ba 137,3	71 Lu 175,0	72 Hf 178,5	73 Ta 180,9	74 W 183,8	75 Re 186,2	76 Os 190,2	77 Ir 192,2	78 Pt 195,1	79 Au 197,0	80 Hg 200,6	81 Tl 204,4	82 Pb 207,2	83 Bi 209,0	84 Po (209,0)	85 At (210,0)	86 Rn (222,0)
87 Fr (223,0)	88 Ra (226,0)	103 Lr (262,1)	104 Rf (267)	105 Db (268)	106 Sg (271)	107 Bh (272)	108 Hs (270)	109 Mt (276)	110 Ds (281)	111 Rg (280)	112 Cn (285)	113 ( )	114 ( )	115 ( )	116 ( )	117 ( )	118 ( )

Lantanídeos

57 La 138,9	58 Ce 140,1	59 Pr 140,9	60 Nd 144,2	61 Pm (144,9)	62 Sm 150,4	63 Eu 152,0	64 Gd 157,2	65 Tb 158,9	66 Dy 162,5	67 Ho 164,9	68 Er 167,3	69 Tm 168,9	70 Yb 173,0

Actinídeos

89 Ac (227,0)	90 Th 232,0	91 Pa 231,0	92 U 238,0	93 Np (237,0)	94 Pu (244,1)	95 Am (243,1)	96 Cm (247,1)	97 Bk (247,1)	98 Cf (251,1)	99 Es (252,1)	100 Fm (257,1)	101 Md (258,1)	102 No (259,1)

CAPÍTULO 14

ENERGIA NUCLEAR: FISSÃO

Conteúdo

COMO VOCÊ ESCOLHERIA?

Energia Nuclear na Alemanha

A Alemanha, hoje, tem 17 reatores em operação que fornecem cerca de um terço de seu consumo elétrico. Enquanto a maioria dos alemães apoiava a energia nuclear, o governo de coalizão formado após as eleições de 1998 previa, como parte de sua política, o fechamento de centrais nucleares. Após alguns compromissos políticos em 2000, foi acordado entre todos os partidos limitar as vidas operacionais de todas as centrais em 32 anos; o último reator cessaria sua operação em 2020. Foi uma boa decisão?

A. INTRODUÇÃO

A descoberta e o uso da fissão nuclear já foram vistos como uma de nossas maiores esperanças para uma sociedade crescente e dependente de energia, e também como o instrumento de nossa destruição. Hoje estamos cientes do papel que as armas nucleares desempenharam na moldagem da história e nas atitudes do mundo depois da Segunda Guerra Mundial. A questão que nos confronta neste capítulo é o papel que a energia nuclear controlada pode e deveria ter em nossa sociedade.

A descoberta, em 1939, da fissão (veja o Capítulo 13) com sua liberação de grandes quantidades de energia foi um evento histórico. Fontes de energia enormes, porém intocadas, pareciam estar ao nosso alcance, se a tecnologia pudesse ser desenvolvida. Uma guerra atormentava a Europa e, portanto, o desenvolvimento de uma "bomba atômica" (mais corretamente chamada de bomba nuclear) foi o primeiro objetivo daqueles que eram familiarizados com a fissão. A divisão de um núcleo de urânio fornece dois fragmentos de fissão, bem como diversos nêutrons. Os nêutrons tornam possível a continuação da fissão em outros núcleos de urânio, em vez de se ter um evento único. A primeira "reação em cadeia" autossustentada foi produzida em 1942, em um pequeno reator construído na Universidade de Chicago. Para se construir uma bomba, eram necessárias quantidades substanciais de urânio-235 (^{235}U) ou plutônio-239 (^{239}Pu); portanto, métodos para a sua produção foram desenvolvidos no início da década de 1940. Um reator nuclear era usado para produzir o ^{239}Pu físsil, enquanto métodos físicos complexos eram utilizados na separação do isótopo ^{235}U do urânio natural. A "bomba-A" lançada sobre Hiroshima utilizou ^{235}U quase puro, ao passo que o plutônio foi utilizado na bomba lançada sobre Nagasaki.

Após a guerra, muitas pessoas pensavam que o uso da energia nuclear para fins pacíficos representaria a base de uma economia dependente de energia. De fato, acreditava-se que a abundância do urânio combustível fosse grande, que existiam métodos para se produzir combustíveis físseis adicionais, e que a tecnologia estava disponível. O reator da Universidade de Chicago serviu como um protótipo para o desenvolvimento de grandes reatores e, em 1951, a primeira eletricidade foi gerada por um reator chamado "experimental breeder reactor",[1] próximo a Detroit. Desenvolvimentos adicionais ocorreram em várias frentes. Em 1953, foi construído o submarino *Nautilus*, movido a energia nuclear, e, em 1957, o primeiro reator a produzir eletricidade comercialmente teve sua construção finalizada em Shippingport, Pensilvânia.

A década de 1960 foi marcada por forte otimismo, e previa-se que a energia nuclear seria capaz de gerar eletricidade barata, comparada à obtida de carvão e petróleo. Também se acreditava que ela seria o substituto ideal para as fontes de petróleo e gás natural que estavam se esgotando, e considerava-se que havia poucos problemas ambientais associados a ela. A indústria teve um crescimento subs-

---

[1] reator regenerador experimental. (N.T.)

tancial (Figura 14.1). Porém, na década de 1970, aumentou a inquietação quanto à segurança da energia nuclear. Embora muitos dos temores fossem infundados, numerosos protestos cercaram a construção de usinas nucleares. Então, em março de 1979, o primeiro grande acidente em uma usina comercial americana ocorreu no reator de Three Mile Island (TMI), próximo de Harrisburg, Pensilvânia. Mesmo que ninguém tenha perdido a vida e os sistemas de segurança do reator tenham funcionado, milhares de pessoas foram evacuadas, e até os especialistas não tiveram certeza, por vários dias após o evento inicial, se haveria uma liberação maciça de material radioativo.

FIGURA 14.1 Três usinas nucleares em operação às margens do lago Ontário, em Nova York: as unidades Um (1969) e Dois (1986) de Nine Mile Point (com a torre de resfriamento) e o reator James A. FitzPatrick (1975).

National Grid

Em abril de 1986, um acidente muito mais grave ocorreu na usina nuclear de 1.000 MWe de Chernobyl, próximo a Kiev, no que era então a União Soviética. Um experimento mal concebido levou a um grande surto de potência e causou explosão de vapor e incêndio, que virtualmente destruiu a usina, resultando em liberação de grandes quantidades de radioatividade. Mais de 100 mil pessoas foram evacuadas, e a propagação de uma nuvem radioativa sobre o norte da Europa contaminou suprimentos de alimentos. Embora o projeto do reator de Chernobyl fosse significativamente diferente daqueles utilizados em reatores de outros países, o acidente continua a suscitar reavaliações da segurança da energia nuclear e do planejamento para casos de emergência ao redor do mundo. Em adição a esses eventos houve a situação ocorrida em Sendai, no nordeste do Japão no local do complexo nuclear Fukushima Daiichi. Um terremoto massivo de magnitude 9.0 (o quinto maior registrado no mundo) atingiu o Japão em 11 de março de 2011, seguido de um tsunami. O dano desses dois eventos às construções e pessoas foi gigantesco (veja a Figura 1.25). Situados perto do epicentro do terremoto, os reatores sofreram danos iniciais devidos ao terremoto e ao subsequente *tsunami*. A água penetrou nos prédios do reator e causou falhas elétricas na maioria dos equipamentos de emergência, incluindo geradores a diesel de reserva. Danos aos vasos de contenção e prédios do reator por causa de explosões de gás hidrogênio e o derretimento de parte do núcleo (e resíduos radioativos armazenados, chamados *radwastes*) ocorreram. Embora tenha sido menos grave que em Chernobyl, medo e incerteza sobre o que viria depois persistiram por meses. Grandes quantidades de radiação foram liberadas através de emissões aéreas e aquáticas que afetaram os trabalhadores da central, alimentos marinhos e o público em geral a muitos quilômetros da central. A população vivendo a 20 km do local foi evacuada enquanto aquela que estava vivendo a 30 km recebeu ordem de ficar em casa. Passaram-se meses até que a Tokyo Electric sentisse que os reatores danificados estavam em ordem e os níveis de radiação dentro dos prédios fossem baixos o suficiente para permitir trabalhos internos. (Todas as verificações foram feitas por robôs). (Todos esses três acidentes são descritos mais adiante neste capítulo).

Em 2010, havia em operação nos Estados Unidos cerca de 104 usinas nucleares, com uma produção total de 100.000 MWe (Figura 14.2). Isso correspondia a cerca de 20% da eletricidade gerada total, e 5% da produção total de energia. Em termos regionais, os Estados da Nova Inglaterra dependem da energia nuclear para obter um terço de sua eletricidade. Em termos mundiais, os Estados Unidos têm mais usinas em operação do que qualquer outro país. Porém, alguns países atualmente obtêm mais de 50% de sua eletricidade a partir da fissão; a França é um dos principais exemplos, com 77%. A Coreia do Sul tem cerca de 35% de eletricidade a partir da energia nuclear, e a Alemanha, aproximadamente 30% (Figura 14.3). O Japão provê (antes de março de 2011) 30% de sua eletricidade por energia nuclear. Em 2011, havia 442 reatores em operação no mundo. Sessenta e oito reatores estão em construção (Tabela 14.1).

Hoje em dia, a indústria da energia nuclear nos Estados Unidos está cercada por uma série de problemas. Nenhum novo reator foi encomendado desde o incidente em TMI, em 1979, e muitas usinas que haviam sido encomendadas (incluindo algumas perto de ser completadas) foram canceladas. Estouros gigantes de orçamentos (alguns por um fator de 10), grandes atrasos, problemas de controle de qualidade e infortúnios operacionais minaram a confiança do público e dos investidores. Fatores econômicos têm sido a principal causa do declínio da energia nuclear. Os últimos 20 reatores construídos nos Estados Unidos custaram de US$ 3 bilhões a US$ 6 bilhões de dólares, ou U$ 3.000 a US$ 6.000/kW. Uma usina movida a gás custa, aproximadamente, dez vezes menos e pode ser construída com mais rapidez. Turbinas eólicas podem ser instaladas por aproximadamente U$ 1.000/kW. Porém, na atual época de desregulamentação e concorrência na indústria de energia, a fiança de custos encalhados[2] em alguns estados tem dado um sopro de vida à energia

[2] Custos que uma companhia teve de pagar para a construção de uma usina, mas que poderá não recuperar dos consumidores, que não mais se utilizam de seus serviços. (N.T.)

nuclear, ao reduzir sua dívida de capital e, consequentemente, fortalecendo a sua competitividade.

FIGURA 14.2 USINAS NUCLEARES OPERÁVEIS NOS ESTADOS UNIDOS, EM 2010.
Fonte: U. S. Department of Energy.

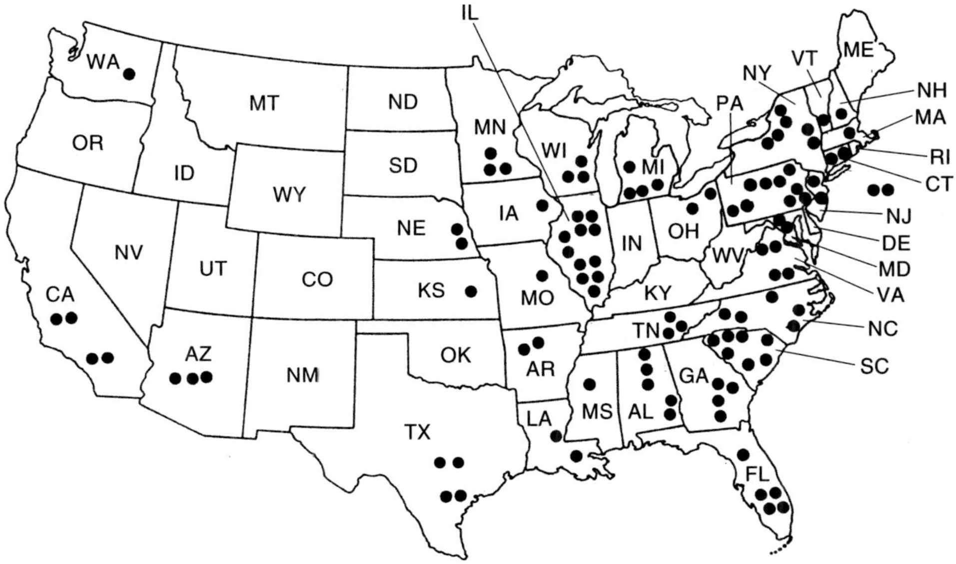

Em virtude das limitações de espaço os pontos não correspondem à localização exata dos reatores no Estado.

Espera-se que o papel da energia nuclear nos Estados Unidos permaneça constante em um futuro próximo. Embora muitas usinas estejam perto do término de suas licenças de 40 anos, a renovação por mais 20 anos é agora possível, e muitos reatores fizeram isso, ou estão no processo de fazê-lo. Não se espera a entrada em operação de novos reatores no curto prazo, mas trabalhos estão em andamento em uma nova geração de reatores (veja seção J). Projetos mais seguros de reatores nucleares existem atualmente. A confiança nas usinas existentes e a preocupação com o aquecimento global foram os fatores que levaram o governo a encorajar a expansão.

O impacto mundial da tragédia nuclear no Japão estará presente nos anos que virão. Globalmente, a economia e a aceitação pública da energia nuclear afetarão as novas construções da mesma forma que nos Estados Unidos.

Em escala global, espera-se que a capacidade de geração nuclear de eletricidade continue crescendo por alguns anos e então se estabilize. Nos próximos 20 anos, os maiores aumentos da energia nuclear ocorrerão principalmente na China, Rússia e Índia. A China (com treze reatores em operação atualmente) espera ver um crescimento de quatro vezes na capacidade nuclear em 2020. Hoje, duas grandes centrais nucleares estão sendo adicionadas por ano.

FIGURA 14.3 PORCENTAGEM DA ELETRICIDADE GERADA NO MUNDO POR ENERGIA NUCLEAR EM 2009.

Fonte: International Atomic Energy Agency. Reference Data Series 2, "Power Reactor Information System", www.iaea.org/programmes/a2

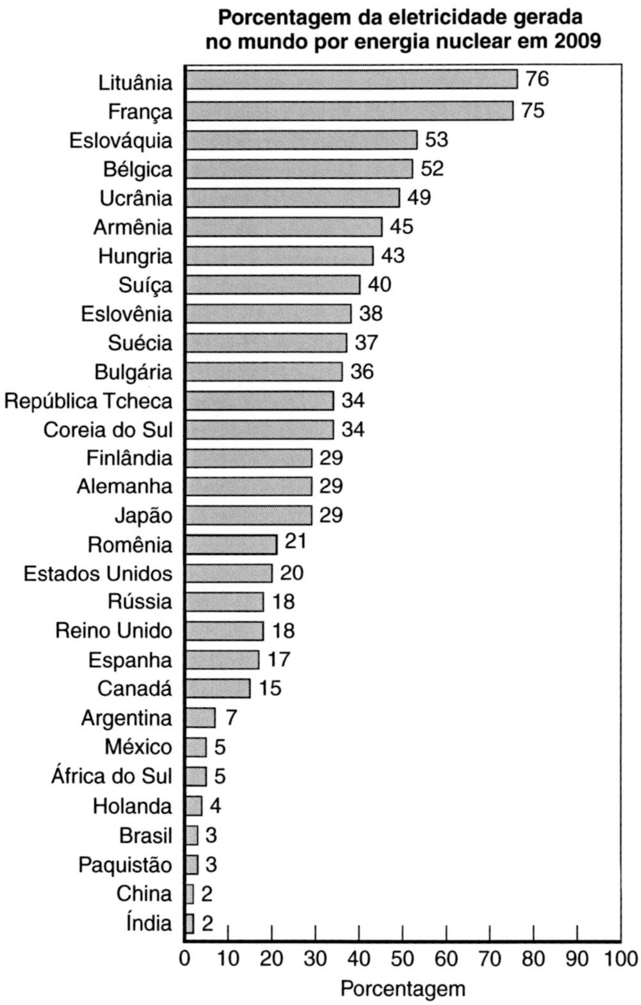

Embora a Europa Ocidental dependa em grande parte da energia nuclear, a tendência é de um afastamento dessa tecnologia; a maioria dos países interrompeu todas as novas construções. Tanto a Suécia como a Alemanha votaram pela eventual eliminação de todas as usinas nucleares. O governo alemão planeja fechar as 17 usinas nucleares (que fornecem 30% de toda a energia do país) sem nenhuma compensação após elas atingirem 32 anos de operação – a última em 2020. A energia renovável, especialmente a eólica, substituirá a componente nuclear.

TABELA 14.1 ENERGIA NUCLEAR NO MUNDO, 2010.

País	Em operação		Em construção
	Número de unidades	MW e líquidos totais	Número de unidades
Argentina	2	935	1
Armênia	1	376	
Bélgica	7	5.934	
Brasil	2	1.884	1
Bulgária	2	1.906	2
Canadá	18	12.569	
China	13	10.048	27
República Tcheca	6	3.678	2
Finlândia	4	2.716	1
França	58	63.130	1
Alemanha	17	20.490	
Hungria	4	1.889	
Índia	20	4.189	5
Irã			1
Japão	54	46.823	2
Coreia do Norte			2
República da Coreia	21	18.665	5
Lituânia	2	1.185	
México	2	1.300	
Países Baixos	1	487	
Paquistão	2	425	1
Romênia	2	1.300	
Federação Russa	32	22.693	11
República Eslovaca	4	1.762	2
Eslovênia	1	666	
África do Sul	2	1.800	
Espanha	8	7.516	
Suécia	10	9.303	
Suíça	5	3.238	
Taiwan	6	4.989	2
Ucrânia	15	13.107	2
Reino Unido	19	10.137	
Estados Unidos	104	100.692	1
Total Mundial	**442**	**374.692**	**65**

Fonte: International Atomic Energy Agency (IAEA).

No que diz respeito aos problemas ambientais levantados em capítulos anteriores, devemos compreender as implicações dos riscos que estamos correndo atualmente em todas as áreas. Estaríamos sendo céticos e deixando de enxergar problemas relativos a outras opções energéticas? Qual o grau de preocupação do público com o aquecimento global? O que aconteceria com a nossa sociedade dependente de energia sem a energia nuclear? Neste capítulo, os princípios de física nuclear introduzidos no capítulo anterior serão usados para estudarmos a construção e a operação de reatores nucleares, o ciclo do combustível nuclear (incluindo o descarte de resíduos radioativos), e o impacto ambiental potencial da energia nuclear, tanto sob condições normais como anormais.

FOCO EM 14.1

ÁTOMOS DA AMÉRICA

As conexões do Irã com a energia nuclear é bastante antiga. Em 1957, um programa nuclear começou no Programa "Atoms for Peace"(Átomos para a Paz) do governo Eisenhower. Parte do programa planejava que o Irã poderia alugar Urânio com baixo enriquecimento para pesquisas. Em 1975, duas unidades nucleares de 1.200 MWe tiveram construção iniciada por uma companhia alemã perto de Bushehr no Golfo Pérsico, no entanto o trabalho foi abandonado em 1979 por causa da Revolução Islâmica. Em 1994, a Rússia concordou em terminar a unidade I a partir da infraestrutura já existente. Espera-se que o reator entre em operação em 2011, embora tenham ocorrido alguns problemas com as bombas de refrigeração da água. Todo o trabalho foi fiscalizado pela Agência de Energia Atômica (Atomic Energy Agency) quanto à segurança e operação. A Rússia suprirá o reator com combustível novo e receberá o usado para reprocessamento. O Irã espera suplementar seu uso de petróleo e gás para gerar eletricidade com energia nuclear. Isso permitirá ao Irã receber muito dinheiro por esses recursos.

Mas, como sabemos, há muitas outras coisas acontecendo do que apenas a história de iniciar um programa nuclear (veja a Figura 14.4). Uma das questões cruciais atualmente é o enriquecimento do urânio pelo Irã. O Irã tem duas grandes centrais de enriquecimento uma das quais foi mantida em segredo por muitos anos, (a construção de uma central de enriquecimento é uma questão diferente daquela de construir um reator). Para criar condições favoráveis a uma reação em cadeia o urânio tem que ser enriquecido em 2% a 3% com ^{235}U (a partir de menos que 1%). Isso está previsto para ser feito pela Rússia. Entretanto, o Irã continua a desenvolver e a operar suas unidades de enriquecimento.

Embora o Irã diga que não está fabricando armas nucleares, muitos questionam seus motivos. Isso resultou em pelo menos quatro sanções da ONU contra o Irã. Essas sanções foram direcionadas para equipamentos e financiamentos de forma a dificultar ao Irã suas atividades nucleares. O urânio para bombas deve ter enriquecimento de cerca de 90% de ^{235}U e requer enormes instalações para esse fim. Reatores convencionais também produzem plutônio que pode ser usado para construir uma bomba nuclear.

O reator em Bushehr será operado por pessoal da Rússia e do Irã. Será o primeiro reator nuclear a produzir energia elétrica no Oriente Médio, o que mexe com muitas coisas, incluindo honra. Já há preocupações por parte do Kuwait e da Arábia Saudita quanto à segurança de sua operação. Aprendemos muitas lições com TMI, Chernobyl e o Japão, mas aprendemos também que neste campo é muito difícil fazer previsões. Da mesma forma que começamos este capítulo sobre energia nuclear, vamos manter a mente focada em tópicos como tipos de reatores (este é do tipo PWR, *pressurized water reactor*), ciclo do combustível nuclear, resíduos radioativos (lixo atômico) e questões de segurança dos reatores.

FIGURA 14.4 O MONUMENTO AZADI, EM TEERÃ, FOI CONSTRUÍDO EM 1971 PARA COMEMORAR O 2.500º ANIVERSÁRIO DO IMPÉRIO PERSA.

ARAZU/SHUTTERSTOCK.COM

B. REAÇÕES EM CADEIA

Conforme discutimos no capítulo Capítulo 13, qualquer núcleo pode ser "esmagado" ou rompido quando for bombardeado com um núcleo de energia suficientemente alta. Entretanto, apenas alguns poucos isótopos de ocorrência natural vão sofrer fissão com a absorção de um nêutron de baixa energia. O mais comum desses isótopos é o ^{235}U, que constitui apenas 0,7% do urânio natural. Sua captura de um nêutron lento (energia cinética de 0,025 eV) para formar ^{236}U fornece energia suficiente para que o núcleo se divida em dois isótopos de massas diferentes (Figura 14.5).

FIGURA 14.5 O PROCESSO DE FISSÃO. DA CAPTURA DO NÊUTRON ATÉ A FISSÃO TRANSCORREM APROXIMADAMENTE 10^{-5} SEGUNDOS.

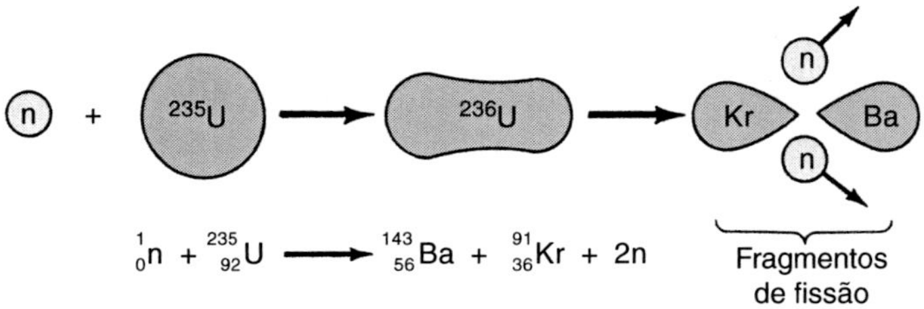

O urânio-238 não sofre fissão a menos que capture nêutrons com energias superiores a 1 MeV, mas ainda assim a probabilidade de fissão (chamada seção de corte de fissão) é 2 mil vezes menor do que para o ^{235}U com nêutrons de baixa energia. Consequentemente, somente o isótopo ^{235}U pode ser realisticamente considerado um combustível fissionável, sendo, então, chamado um material "físsil".

Uma vantagem de uma usina nuclear é que ela usa apenas 35 toneladas de combustível dióxido de urânio (que contém aproximadamente 1 tonelada de ^{235}U físsil) para produzir 1.000 MWe de energia elétrica por ano. Um quilograma de ^{235}U, que contém $2{,}6 \times 10^{24}$ núcleos, pode fornecer 8×10^{10} Btu de energia sob fissão completa, o equivalente à energia contida em 3 mil toneladas de carvão ou 14 mil barris de petróleo. Uma usina nuclear necessita de apenas um carregamento de combustível por ano, comparando-se a um trem carregado por dia para uma usina de queima de carvão equivalente (veja a Figura 14.6).

Uma característica especial da fissão é a possibilidade de o processo ser autossustentável; seria impraticável ter de se adicionar sempre uma fonte externa de nêutrons ao ^{235}U combustível quando a fissão fosse desejada. Uma reação de fissão típica (uma entre muitas possibilidades) é

$$^{1}n + ^{235}_{92}U \rightarrow ^{142}_{56}Ba + ^{91}_{36}Kr + 3n$$

Se o reator for projetado adequadamente, os três nêutrons que são emitidos nesse exemplo podem causar a fissão de outros núcleos de urânio, que vão emitir outros nêutrons, e assim por diante, produzindo uma **reação em cadeia** (veja a Figura 14.7). Uma reação de fissão será autossustentável se ao menos um dos dois nêutrons emitidos por fissão for capturado por outro núcleo de ^{235}U, causando sua fissão. Um exemplo de uma reação em cadeia autossustentável é uma fila de "dominós" em queda que pode continuar por horas à medida que um dominó cai após o outro. Alguns dos nêutrons de fissão também podem ser removidos pela captura por núcleos não físseis, como o hidrogênio e o material estrutural que compõem o núcleo do reator. Para assegurar que a reação seja autossustentável, o combustível utilizado em reatores nucleares tem de ser "enriquecido" de 2% a 3% de ^{235}U.

FIGURA 14.6 NECESSIDADES EQUIVALENTES DE COMBUSTÍVEL PARA UMA MESMA PRODUÇÃO DE ENERGIA.

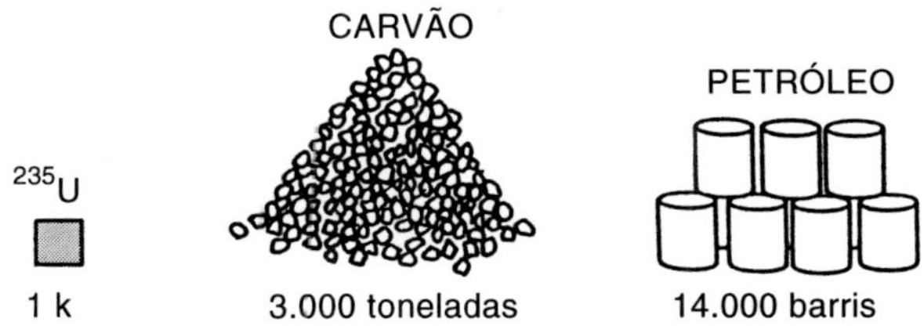

FIGURA 14.7 ESQUEMA DE UMA REAÇÃO EM CADEIA, TAL COMO OCORRERIA EM UMA BOMBA. O NÚMERO DE FISSÕES CRESCE EXPONENCIALMENTE À MEDIDA QUE AUMENTA A DISPONIBILIDADE DE NÊUTRONS. NEM TODOS OS FRAGMENTOS DE FISSÃO (FF) ASSOCIADOS A CADA EVENTO DE FISSÃO SÃO EXIBIDOS. EM UM REATOR NUCLEAR, O NÚMERO DE FISSÕES POR SEGUNDO É MANTIDO CONSTANTE.

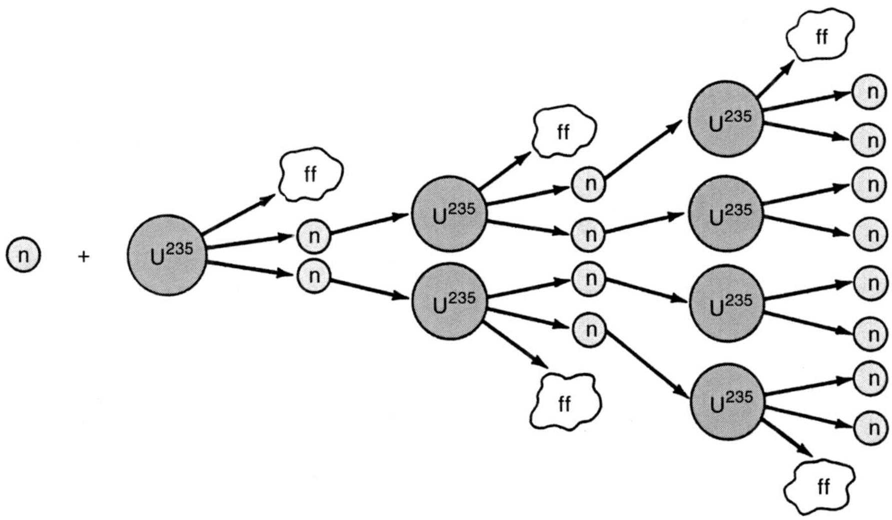

A reação pode ser mais do que autossustentável. Se mais de um nêutron por fissão for capturado por núcleos de ^{235}U, a reação em cadeia crescerá rapidamente (em progressão geométrica), com uma produção de energia sempre crescente. Isso é o que ocorre em uma bomba nuclear; uma parte significativa do seu material sofre fissão em um período muito curto de tempo. Ao se montar a bomba, necessita-se de uma **massa crítica** de material físsil, que permite que um certo número de eventos de fissão ocorra. A massa crítica (aproximadamente 10 kg de urânio) deve ser agrupada na forma de esfera, uma geometria que permite o escape do menor número de nêutrons. Ao ter início, a reação ocorre quase que instantaneamente, com uma rápida liberação de energia. Em um reator nuclear, a densidade de material físsil (3%

em ^{235}U) é muito menor do que a usada em armas (90%), de forma que é impossível um reator explodir, mesmo no caso de um *meltdown*.[3]

ATIVIDADE 14.1

Uma reação nuclear em cadeia pode ser simulada usando-se ratoeiras e bolinhas de tênis de mesa. Com as ratoeiras armadas e as bolinhas colocadas cuidadosamente sobre as travas, deixe cair uma bolinha sobre a ratoeira central e observe o que acontece. Este experimento funciona melhor em uma caixa de papelão. Descreva a analogia a um reator nuclear, incluindo a necessidade da caixa de papelão na demonstração.

O plutônio é também produzido num reator nuclear. Ele é formado quando o ^{238}U captura um nêutron (resultando em ^{239}U) seguido por uma série de decaimentos até o ^{239}Pu. Este é fissionável por nêutrons com baixa energia; cerca de 5% da saída de um reator convencional vem deste isótopo. O descarte (e/ou uso) do plutônio será discutido mais adiante neste capítulo.

O nível de geração de potência de um reator é monitorado por **barras de controle**. Certos materiais, como o cádmio e o boro, têm uma seção de corte muito grande para a captura de nêutrons. Com inserção de barras feitas com esses materiais a distâncias variáveis do núcleo do reator, o número de nêutrons livres, e, portanto, o número de eventos de fissão, pode ser controlado de forma que apenas a quantidade desejada de energia seja liberada. Esses elementos de controle são inseridos pelo topo ou pelo fundo do vaso de pressão do reator, e retirados quando se deseja uma maior produção de energia. O reator é desligado completamente (ou "escondido"[4]) em uma situação de emergência por meio da inserção total dos elementos no núcleo do reator.

C. MONTAGEM DE UM REATOR NUCLEAR

Vamos considerar agora o projeto de uma usina nuclear comercial. A Figura 14.8 mostra o esquema geral de um desses reatores comerciais, chamado **reator de água fervente**, ou BWR.[5] A parte central da usina é o "núcleo" do reator, no qual o combustível urânio é agrupado para a geração de vapor para a turbina do gerador. O combustível tem a forma de pastilhas de dióxido de urânio, fabricadas com minério de urânio enriquecido a aproximadamente 3% de ^{235}U. Essas pastilhas (com o tamanho aproximado de uma bolinha de gude) são colocadas em longos elementos combustíveis (4 m de comprimento e 1 cm de diâmetro) feitas de uma liga de

3 O *meltdown* ocorre quando a reação nuclear sai de controle, e a massa de urânio no interior do reator atinge temperaturas extremamente elevadas, com sua consequente fusão. (N.T.)

4 No original, *scrammed*, cuja tradução literal é "sumido". (N.T.)

5 Do inglês *boiling water reactor*. (N.T.)

zircônio chamada Zircaloy. Os elementos combustíveis são agrupados em mais de 500 feixes ou agrupamentos, cada um com 50 a 70 elementos.

Em um BWR típico existem aproximadamente 35 mil elementos combustíveis, contendo por volta de 120 toneladas de combustível urânio. Os feixes são colocados no interior do núcleo em uma configuração semelhante à mostrada na Figura 14.9 e são cobertos de água, como se fossem garrafas ou tubos de ensaio em uma bandeja de esterilização. No meio desses feixes há entre 130 e 180 barras de controle.

O núcleo e a água são confinados em um vaso de pressão do reator (veja a Figura 14.10) feito com chapa especial de aço com 6", capaz de suportar uma pressão interna de mais de 1.000 lb/pol^2. Uma barreira primária, feita de aço e rodeada por concreto com 4 pés a 6 pés,[6] cerca esse vaso e uma boa parte do circuito primário de água de resfriamento (veja a Figura 14.11). Essa primeira barreira fica contida em um prédio hermeticamente fechado, conhecido como barreira secundária. Tal estrutura é composta por vários pés de concreto reforçado com aço, projetada para suportar impactos equivalentes ao da queda de um avião de passageiros a jato 747. Em muitos casos, a barreira secundária é a parte visível do exterior de uma usina nuclear. Um esquema em corte de um BWR e suas barreiras é mostrado na Figura 14.12.

FIGURA 14.8 DIAGRAMA DE BLOCOS DE UM REATOR DE ÁGUA FERVENTE (BWR).

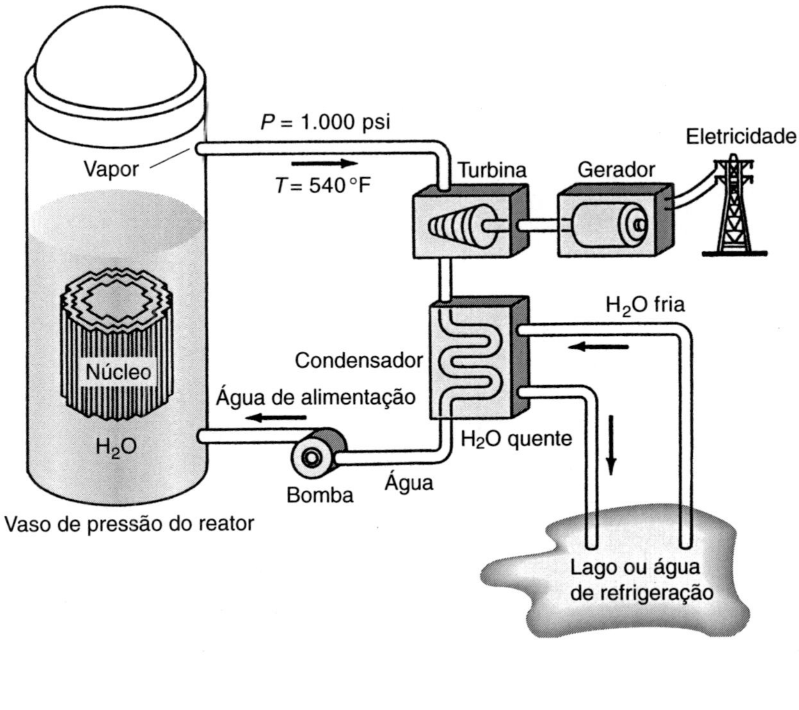

[6] Cerca de 1,20 m a 1,80 m. (N.T.)

FIGURA 14.9 Inspeção de feixes de elementos de combustível na preparação para carregar o reator.

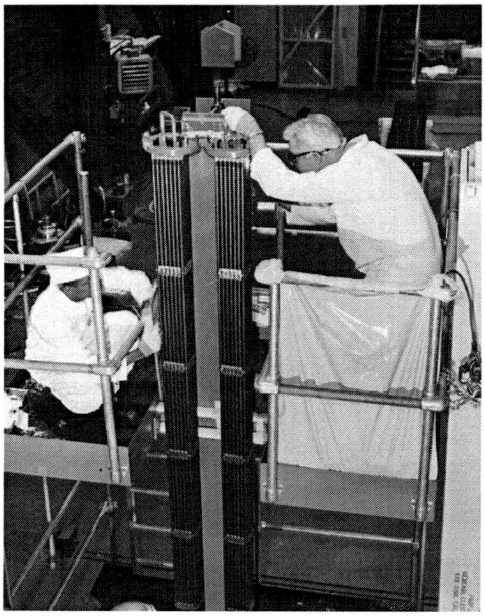

National Grid

FIGURA 14.10 Vaso de reator para um BWR.

New York Power Authority

A água que rodeia os elementos combustíveis no reator serve a dois propósitos: (a) retirar a energia térmica produzida no processo de fissão e (b) moderar (desacelerar) os nêutrons produzidos na reação de fissão. A energia liberada na fissão aquece os elementos e a água circundante, transformando-a em vapor a aproximadamente 280 °C (540 °F). Os nêutrons produzidos na fissão são capturados por núcleos de ^{235}U no mesmo elemento combustível ou escapam pelas paredes de zircônio para interagir com elementos combustíveis adjacentes. O segundo propósito da água no núcleo do reator é atuar como **moderador**. Os nêutrons no núcleo do reator têm uma melhor chance de serem capturados pelo ^{235}U e induzir a fissão se sua energia cinética for baixa (a produção efetiva de energia do reator é reduzida se a energia dos nêutrons for muito alta). Consequentemente, os nêutrons são desacelerados por meio de colisões com os núcleos de hidrogênio (prótons) da H_2O, perdendo uma boa parte da sua energia original. As massas relativas dos dois objetos em colisão são importantes: uma bola de tênis colidindo com outra bola de tênis perderá mais de sua energia cinética do que se tivesse colidido com uma bola de boliche. Um nêutron com 2 MeV vai desacelerar até 0,025 eV em aproximadamente 10^{-5} segundos após 18 colisões (em média) com a água.

FIGURA 14.11 Construção da usina James A. FitzPatrick, Oswego, NY, mostrando a barreira primária. A barreira secundária é a estrutura circular.

New York Power Authority

FIGURA 14.12 UM PRÉDIO DE REATOR BWR, MOSTRANDO A BARREIRA PRIMÁRIA E A SECUNDÁRIA. O VAPOR EM EXCESSO SERIA CONDENSADO NA CÂMARA DE SUPRESSÃO EM CASO DE PERDA DA ÁGUA DE REFRIGERAÇÃO. NOTE O TANQUE DE ARMAZENAGEM DO COMBUSTÍVEL EXAURIDO.

Fonte: Wash-1250 U. S. Department of Energy.

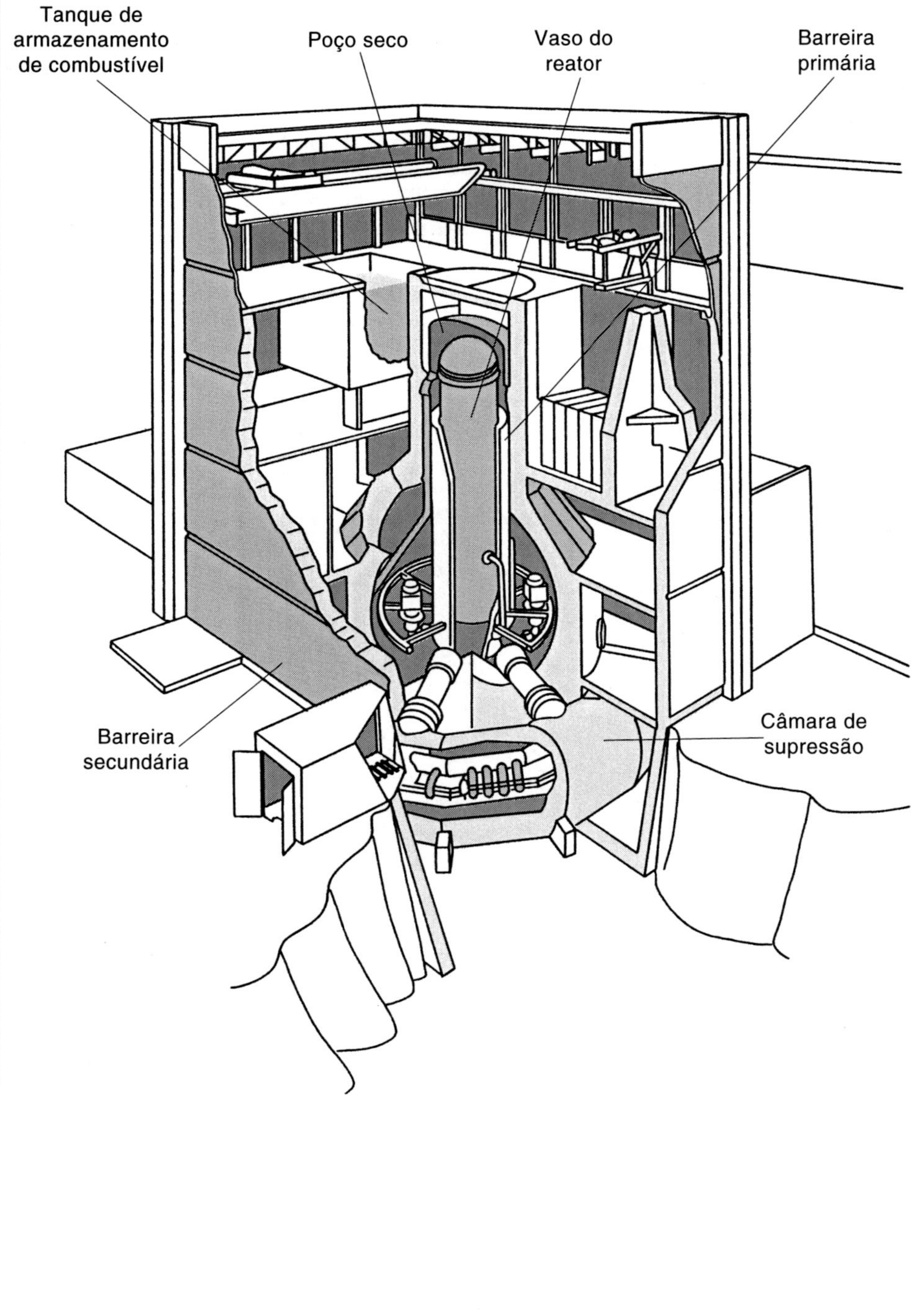

D. TIPOS DE REATORES A ÁGUA LEVE

Existem dois tipos comuns de reatores a água leve, ou LWR:[7] reatores a água fervente (BWR) e reatores a água pressurizada (PWR).[8] Noventa por cento da energia nuclear comercial, nos Estados Unidos, e 80% no mundo são produzidos por esses dois tipos de reatores. Nos Estados Unidos, 66% dos reatores são PWR, inclusive aquele que falhou em Three Mile Island. O esquema de um PWR é mostrado na Figura 14.13. A água no núcleo é aquecida a aproximadamente 315 °C (600 °F), mas não se transforma em vapor por causa da pressão no circuito primário (2.000 lb/pol^2, comparada com 1.000 psi em um BWR). Um trocador de calor ou "gerador de vapor" localiza-se entre os circuitos primário e secundário; ele é utilizado para transferir calor para a água no circuito secundário e transformá-la em vapor. Esse circuito atua da mesma forma que o primário em um BWR; o vapor movimenta a turbina, passa por um condensador, e é bombeado novamente para o trocador de calor. A radioatividade que está presente no circuito primário de um PWR é mais bem confinada do que em um BWR, já que este circuito jamais entra em contato com a turbina ou o condensador. Porém, por causa da pressão mais alta, vasos de pressão de reator mais robustos são necessários para um PWR. Os dados dos combustíveis para esses dois tipos de reatores são fornecidos na Tabela 14.2.

Os reatores de Fukushima eram todos do tipo BWR. Vinte e três dos BWR nos Estados Unidos têm projetos similares aos de Fukushima, mas com os vasos de pressão e os prédios de contenção secundária reforçados (paredes com maior espessura).

E. O CICLO DO COMBUSTÍVEL NUCLEAR

O ciclo do combustível nuclear envolve os processos físicos e químicos necessários à produção do combustível utilizado em reatores nucleares e o descarte e o armazenamento dos resíduos e do combustível não utilizado (o combustível exaurido). Os "fundos" do ciclo de combustível, ou os processos que ocorrem após a retirada do combustível exaurido do reator, são particularmente importantes hoje em dia, e podem incluir o reprocessamento do combustível exaurido para extração de urânio e plutônio não utilizados, e/ou o armazenamento dos resíduos com alto nível de radioatividade. Os passos do ciclo são esquematizados na Figura 14.14, embora nem todos estejam em operação atualmente nos Estados Unidos.

[7] LWR (*Light Water Reactors*), nos Estados Unidos, utilizam água comum como refrigerante/moderador. Os reatores canadenses usam a água pesada ou óxido de deutério. (N.T.)

[8] Do inglês *pressurized water reactors*. (N.T.)

FIGURA 14.13 DIAGRAMA DE BLOCOS DE UM REATOR A ÁGUA PRESSURIZADA (PWR).

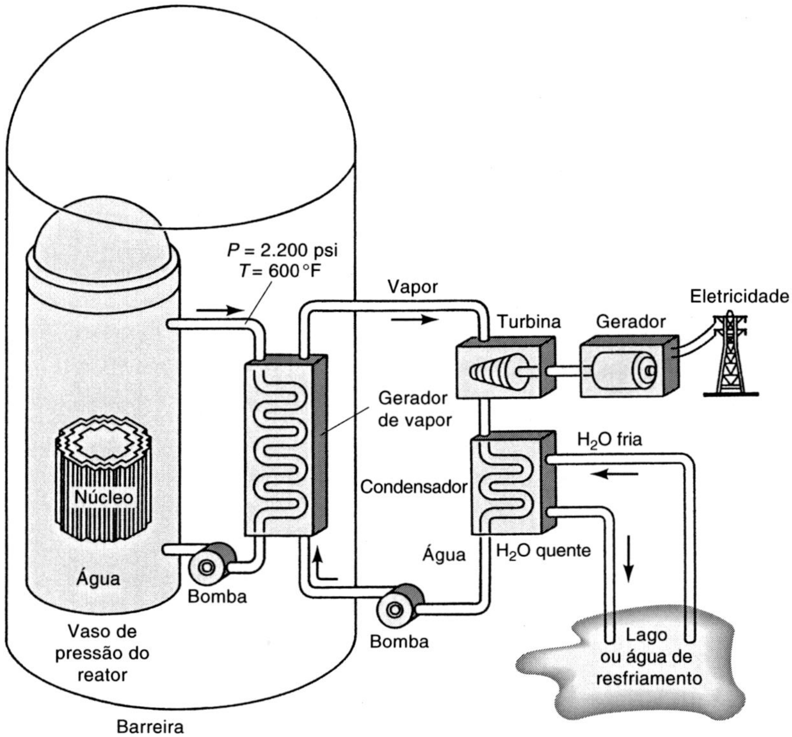

TABELA 14.2 DADOS DOS COMBUSTÍVEIS DE REATORES A ÁGUA LEVE E A ÁGUA FERVENTE.

	BWR	PWR
Produção de eletricidade (MWe)	1.000	1.000
Carga inicial (toneladas de dióxido de urânio)	135	80
Elementos combustíveis por feixe	50	200
Feixes por núcleo do reator	750	180
Número de elementos de controle	180	45

Fonte: WASH-1.250, U.S. Department of Energy.

MINERAÇÃO

Na "fachada" do ciclo de combustível, o primeiro passo na produção de elementos combustíveis é a extração dos minérios que contêm urânio, por meio de métodos semelhantes aos usados para outros minérios metálicos, como a mineração a céu aberto e no subsolo. A maior parte do minério de urânio nos Estados Unidos é encontrada em Wyoming, Texas, Colorado, Novo México e Utah. Moinhos de urânio extraem esse elemento dos minérios por meio de métodos químicos e o convertem em uma forma de óxido chamada "bolo amarelo" (*yellowcake*), que contém aproximadamente 70% a 90% de U_3O_8. Esses óxidos são, então, enviados a uma usina onde ocorre o enriquecimento do ^{235}U.

ENRIQUECIMENTO DO COMBUSTÍVEL

O enriquecimento é um dos empreendimentos principais no ciclo do combustível nuclear. A separação de diferentes elementos não é muito difícil, por causa de suas propriedades químicas. Porém, não se pode usar as diferenças químicas entre isótopos do mesmo elemento, uma vez que as propriedades químicas são determinadas pelos elétrons ao redor do núcleo, que são idênticos em número nos isótopos. Assim, métodos físicos de extração devem ser utilizados.

FIGURA 14.14 O CICLO DO COMBUSTÍVEL NUCLEAR, DA MINERAÇÃO ATÉ O DESCARTE. NÃO HÁ USINAS COMERCIAIS DE REPROCESSAMENTO EM OPERAÇÃO NOS ESTADOS UNIDOS ATUALMENTE. PELA LEI, O PLUTÔNIO NÃO PODE SER RECICLADO PARA UTILIZAÇÃO COMO COMBUSTÍVEL DE REATORES A ÁGUA LEVE.

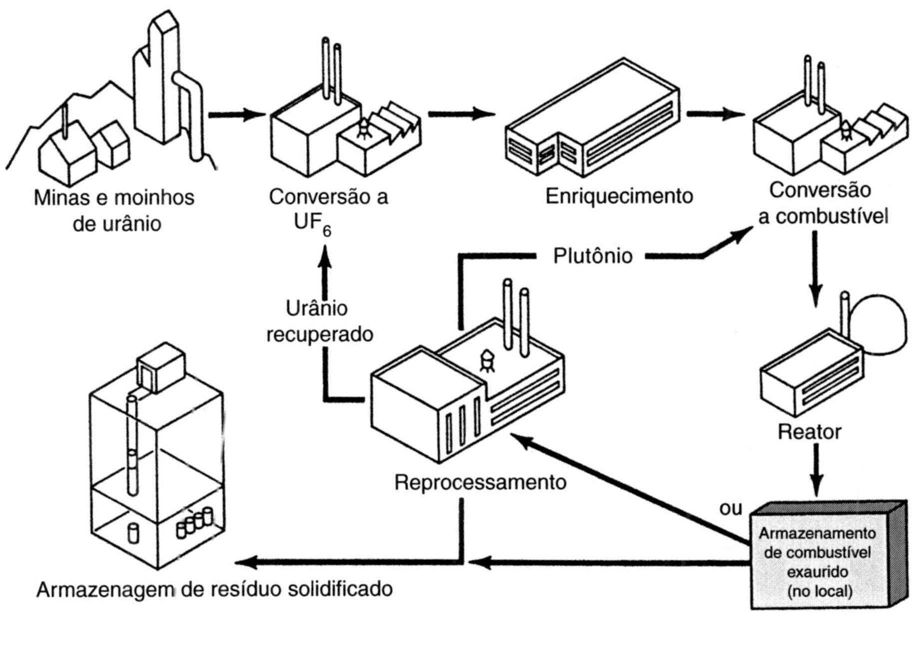

O principal método de **enriquecimento** do urânio até 3% de ^{235}U é o processo de **difusão gasosa**. Neste método, o óxido de urânio é tratado com fluoreto de hidrogênio para que seja convertido em hexafluoreto de urânio (UF_6), um gás a altas temperaturas. O UF_6 gasoso é forçado através de uma série de barreiras porosas delgadas. A energia cinética, $\frac{1}{2}mv^2$, de um gás depende apenas da sua temperatura. Uma vez que o hexafluoreto de ^{235}U tem uma massa molecular menor do que a do hexafluoreto de ^{238}U, ele deve ter uma velocidade maior à mesma temperatura. Ele vai, portanto, difundir-se ligeiramente mais rápido por meio das barreiras porosas. Utilizando-se muitas barreiras (mais de 1.000 estágios), um enriquecimento até 3% a 5% de ^{235}U pode ser atingido. Esse processo de enriquecimento demanda muita energia, o equivalente a aproximadamente 10% da produção líquida de energia da usina nuclear.

Outro método de enriquecimento utiliza uma **centrífuga**. Quando as partículas são submetidas a um movimento circular, as de maior massa se moverão em direção aos maiores raios. Partindo do óxido de urânio, os compostos de ^{238}U vão se mover em raios maiores do que os compostos de ^{235}U, quando forem submetidos a velocidades muito altas, sendo, então, possível separá-los. Fábricas com centrífugas estão sendo desenvolvidas nos Estados Unidos e na Europa. O método da centrífuga apresenta um fator de separação de urânio melhor, e consome menos energia do que a difusão, mas requer uma engenharia mais precisa.

Progressos recentes no enriquecimento de urânio têm feito uso de *lasers*. Em oposição aos métodos físicos de extração, o **enriquecimento a *laser*** faz uso de diferenças sutis na estrutura eletrônica dos átomos de diferentes isótopos. Conforme descrevemos no Capítulo 13, um elétron move-se em um estado de energia discreto quando é excitado a partir do estado fundamental, como quando um elevador sobe ao terceiro andar em um edifício. As energias desses níveis são determinadas primariamente pelo número de prótons no núcleo, mas também há um pequeno efeito resultante do número de nêutrons. Assim, cada isótopo do elemento terá um conjunto de níveis energéticos ligeiramente diferente. Um isótopo pode ser excitado a um determinado nível de energia se ele absorver um fóton com a energia correta (ou o comprimento de onda correto). O projeto começa pela produção de um vapor atômico de urânio em um forno. Por meio da utilização de um *laser*, que fornece uma radiação intensa e monocromática (de apenas um comprimento de onda), os átomos de ^{235}U no feixe atômico podem ser levados ao estado excitado, enquanto os átomos de ^{238}U não são afetados. A luz do *laser* tem de ser muito monocromática: um comprimento de onda de 0,1 angstrom (10^{-10} m) mais curta (uma parte em 60 mil) pode excitar os átomos de ^{238}U. Os átomos de ^{235}U excitados podem ser ionizados pela ação da luz ultravioleta, e depois são coletados em um dispositivo carregado eletricamente (Figura 14.15). Esse método de enriquecimento tem a vantagem, em relação à difusão gasosa, de que níveis muito altos de enriquecimento (60%) podem ser atingidos em apenas uma etapa. Com um número menor de estágios, espera-se que o custo do processo seja bem menor. A construção e a operação de unidades de difusão gasosa são muito caras; uma unidade típica pode custar entre US$ 2 bilhões e US$ 3 bilhões. O enriquecimento a *laser* foi demonstrado apenas com quantidades microscópicas de ^{235}U, mas um grande número de pesquisas estão em andamento para se avaliar as viabilidades técnica e econômica desse procedimento em grande escala. Embora os Estados Unidos tenham reduzido significativamente seus esforços nesse sentido, a Coreia do Sul e a Austrália obtiveram algum sucesso (em uma escala bem pequena) na separação de isótopos a *laser*. (Lembrem-se de que são necessários 10 kg de ^{235}U para fazer uma bomba). Infelizmente, uma das desvantagens é que o número de sócios do "clube nuclear" mundial pode aumentar por causa desse método mais simples e barato de se produzir combustível físsil.

Depois do enriquecimento em uma unidade de difusão gasosa, o UF_6 é convertido a dióxido de urânio (UO_2), que é enviado a uma instalação de processamento de combustível, onde as pastilhas cerâmicas são preparadas e seladas em tubos feitos de Zircaloy. Os tubos carregados, ou elementos combustíveis, são então enviados ao reator nuclear.

REPROCESSAMENTO DO COMBUSTÍVEL

Depois de aproximadamente três anos de uso em um reator, os elementos de combustível devem ser removidos, embora ainda contenham algum material físsil não utilizado. Trocas de combustível em um reator são feitas anualmente, e cerca de um terço do núcleo (30 toneladas) é removido de cada vez. Esses elementos de **combustível exaurido** são armazenados sob a água em tanques de armazenagem no sítio do reator para aguardar o decaimento dos isótopos de vida curta. Tal armazenagem deveria ser temporária, mas tem sido prolongada atualmente em virtude das decisões do governo norte-americano contra o reprocessamento e da falta de um plano adequado para o descarte permanente do resíduo radioativo. Hoje, todo o combustível exaurido que já foi gerado por um reator é armazenado localmente. Os tanques de armazenagem de alguns reatores estão ficando sem espaço, o que pode levar ao seu fechamento quando todo o seu espaço for ocupado, a não ser que locais alternativos para armazenagem sejam providos.

FIGURA 14.15 ESQUEMA DE UM APARELHO DE ENRIQUECIMENTO A *LASER*, USANDO UM FEIXE DE ÁTOMOS DE URÂNIO.

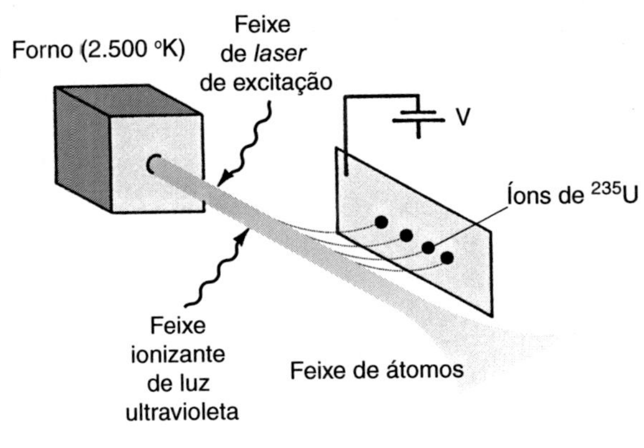

FIGURA 14.16 Acima da terra, armazenamento em invólucros de casco seco para isolação temporária do combustível nuclear usado.

U.S. Department of Energy

Um dos problemas do acidente em Fukushima foi a interrupção do circuito de refrigeração das piscinas do combustível usado. Esses elementos combustíveis usados continuam quentes durante o decaimento radioativo, uma vez que a refrigeração é para evitar seu derretimento. No caso de Fukushima eles ficaram expostos ao ar.

Muitas usinas nucleares hoje estão tendendo a armazenar o combustível nuclear em invólucros de casco seco feitos de aço e/ou concreto. Esses cascos são colocados em pé sobre a terra em bases de concreto (Figura 14.16) ou armazenados horizontalmente em casamatas de concreto. Os cascos cilíndricos têm cerca de 6 m de altura e 3,5 m de diâmetro. Essas estruturas têm sido consideradas apenas para armazenamento temporário, até que uma instalação para receber resíduo nuclear de alto nível esteja pronta.

O **reprocessamento** do combustível do reator para se extrair o urânio não utilizado e o plutônio tem sido considerado uma parte do ciclo do combustível nuclear. O plutônio e o urânio extraídos poderiam ser reciclados e reutilizados na usina. Porém, temores sobre a proliferação nuclear têm colocado questões acerca dos riscos do reprocessamento. Os Estados Unidos têm agora uma lei que proíbe o reprocessamento, embora uma instalação privada em West Valley, Nova York, tenha reprocessado combustível entre 1966 e 1971. (Aproximadamente 600 mil galões de resíduos radioativos permaneceram durante anos nesse local. Os resíduos de baixo nível de radioatividade foram solidificados em cimento e colocados em 20 mil tambores de aço, e estão sendo enviados para um aterro de resíduos em Utah. O resíduo de alta radioatividade está sendo solidificado em toras de vidro para ser eventualmente enviado a um aterro permanente.) Instalações governamentais de reprocessamento em Savannah River, na Carolina do Sul, e Hanford, em Washington, estão em operação há muitos anos, produzindo plutônio e outros combustíveis para armas nucleares. Na Europa, a França e a Inglaterra possuem instalações de reprocessamento e têm exportado essa tecnologia para países em desenvolvimento, o que tem sido alvo de muita controvérsia. Outras nações europeias, assim como o Japão, usam a capacidade de reprocessamento da França para extrair o plutônio, que é misturado com óxido de urânio para alimentar seus reatores, com o combustível chamado MOX. Um dos reatores de Fukushima usa esse combustível.

No reprocessamento, utiliza-se uma série de processos químicos de extração para se separar o urânio e o plutônio dos produtos de fissão produzidos nos elementos combustíveis durante a irradiação, e depois para separá-los um do outro. Os elementos combustíveis são cortados em pedaços pequenos ao entrar na usina de reprocessamento, sendo, então, dissolvidos em ácido nítrico. O urânio e o plutônio são separados dos produtos de fissão e das outras impurezas por meio da adição de um solvente orgânico no qual o urânio e o plutônio são mais solúveis. O solvente orgânico é forçado através do ácido, dissolvendo o urânio e o plutônio. Para se separar esses dois elementos, adiciona-se outro composto, que precipita o plutônio. A solução de ácido nítrico restante é então neutralizada com hidróxido de sódio e armazenada (temporariamente?) em tanques subterrâneos com duplo revestimento de aço.

Os benefícios do reprocessamento do combustível nuclear são: (a) o aumento (de aproximadamente 30%) da energia disponível do urânio pela recuperação de urânio e plutônio não utilizados; (b) uma redução no custo da energia nuclear; (c) o desenvolvimento de uma tecnologia importante no reator regenerador, no qual o reprocessamento é necessário para a recuperação do plutônio que é produzido (veja a Seção J, "projetos alternativos de reatores"); e (d) uma diminuição do problema de descarte de resíduos radioativos graças à redução da quantidade de radioisótopos de vida longa (como resultado da extração de U e Pu).

Uma questão central é se os benefícios são pequenos em comparação com os riscos a longo prazo de se introduzir no setor civil uma tecnologia que tem como um de seus produtos o plutônio de grau bélico. Seria esse passo um golpe nos esforços para se limitar a proliferação nuclear, ou será possível armazenarmos esse combustível reprocessado com a mesma segurança já desenvolvida em outras operações militares?

F. RESÍDUOS RADIOATIVOS

Uma das questões mais cruciais que a indústria nuclear e o governo federal dos Estados Unidos enfrentam hoje em dia é se é possível desenvolver um método aceitável e seguro para isolar os resíduos radioativos do meio ambiente por milhares de anos. Essa questão tem sido estudada por mais de 40 anos, mas para muitos ela ainda está longe de ser resolvida de maneira satisfatória.

Os elementos de combustível exaurido removidos do reator após o reabastecimento são chamados de **resíduos radioativos de alto teor**. O combustível exaurido que é retirado de todas as usinas nucleares dos Estados Unidos em um determinado ano totaliza aproximadamente 2 mil toneladas. Esses resíduos de alto teor são muito radioativos e contêm muitos nuclídeos com meias-vidas de centenas ou milhares de anos. Seus riscos à saúde vêm tanto da radioatividade como de sua toxicidade. Praticamente todos os resíduos gerados por usinas nucleares civis desde o início de sua operação estão agora armazenados em grandes piscinas de água próximas ao reator (veja a Figura 14.12) ou em invólucros de casco seco próximos ao prédio do reator. Mais de 40 mil toneladas encontram-se armazenadas atualmente.

Em razão de muitos dos radioisótopos terem meias-vidas longas, esses resíduos concentrados permanecem termicamente aquecidos por muitos anos, por causa do calor do decaimento. Já que é difícil se encontrar materiais capazes de resistir a temperaturas elevadas por períodos muito longos (1.000 anos ou mais), a armazenagem a longo prazo de resíduos de alto teor representa um problema de difícil solução. O risco principal é que um vazamento se desenvolva na estrutura de contenção e que produtos escapem para as águas subterrâneas e cheguem eventualmente aos alimentos e à água potável. Consequentemente, um sítio de descarte deve possuir múltiplas barreiras que impeçam a entrada e a saída de água, bem como a movimentação do resíduo. O movimento do resíduo para fora das barreiras de confinamento deve ser impedido, pelas rochas adjacentes, de chegar à superfície por milhares de anos.

Nem todos os resíduos radioativos são de "alto teor". O alto teor refere-se geralmente aos resíduos gerados no ciclo do combustível do reator nuclear. **Resíduos radioativos de baixo teor** são gerados em instituições educacionais, hospitais, indústrias, e também nas usinas nucleares; incluem reagentes químicos radioativos, luvas, papéis, peças de maquinário contaminadas e itens semelhantes (Tabela 14.3). Estes têm sido geralmente enterrados em fossas rasas no solo, em alguns sítios privados em Nevada, na Carolina do Sul, em Utah e no Estado de Washington.

TABELA 14.3 RESÍDUOS RADIOATIVOS DE BAIXO NÍVEL NOS EUA.

Fonte	Forma de resíduo	Porcentagem do volume total	Porcentagem da radioatividade total
Usinas nucleares comerciais	Filtros usados, equipamento antigo, papel, pano	57	78
Acadêmica e médica	Líquidos radioativos usados em testes, fontes seladas, culturas biológicas	3	0,1
Indústria	Equipamento radioativo, peças de maquinário, fontes usadas no teste da manufatura de radiofármacos	37	21
Governo	Como na indústria	3	1

Fonte: U.S. Department of Energy.

TABELA 14.4 RESÍDUOS RADIOATIVOS DE COMBUSTÍVEL EXAURIDO DE REATORES DE ÁGUA LEVE.

Produtos de Fissão		Actinídeos	
Nuclídeo	Meia-vida (anos)	Nuclídeo	Meia-vida (anos)
^{90}Sr	28,8	^{237}Np	$2,1 \times 10^6$
^{99}Tc	$2,1 \times 10^5$	^{238}Pu	89
^{106}Ru	1,0	^{239}Pu	$2,4 \times 10^4$
^{125}Sb	2,7	^{240}Pu	$6,8 \times 10^3$
^{134}Cs	2,1	^{241}Pu	13
^{137}Cs	30	^{242}Pu	$3,8 \times 10^5$
^{147}Pm	2,6	^{241}Am	458
^{151}Sm	90	^{243}Am	$7,6 \times 10^3$
^{155}Eu	1,8	^{244}Cm	18,1

Fonte: WASH-1250, U.S. Department of Energy.

Existem duas categorias de resíduos radioativos de alto teor. A primeira inclui os átomos radioativos de massa atômica intermediária produzidos na fissão. Destes, os mais importantes são o ^{90}Sr e o ^{137}Cs; esses núcleos são emissores gama e/ou beta com meias-vidas de aproximadamente 30 anos. A segunda categoria de resíduos inclui aqueles formados não pela fissão, mas pela absorção de nêutrons no urânio combustível original. Tais elementos são chamados de actinídeos (com números atômicos maiores que 88) e são quimicamente muito tóxicos. O melhor exemplo de um actinídeo é o ^{239}Pu, com uma meia-vida de 24 mil anos. Ele é formado quando um átomo de ^{238}U captura um nêutron (rendendo ^{239}U), seguido por uma série de decaimentos beta até ^{239}Pu. Se o combustível exaurido fosse reprocessado, cerca de 99% do plutônio seriam removidos. A Tabela 14.4 lista os radioisótopos mais comuns nos resíduos radioativos.

O nível de radiação, ou a atividade de resíduos nucleares, diminui com o tempo, conforme mostrado na Figura 14.17. Depois de aproximadamente 600 anos, a atividade encontra-se reduzida em mais de 10 mil vezes. Um período razoável de isolamento dos resíduos de alto teor deveria ser de no mínimo 1.000 anos.

Resíduos radioativos originam-se da operação de reatores comerciais e militares. O volume de resíduo sólido de alto teor gerado por uma única usina de 1.000 MWe durante um ano de operação é de cerca de 2 m^3, o tamanho aproximado de uma escrivaninha de escritório. Se a necessidade de eletricidade de um indivíduo fosse suprida exclusivamente por usinas nucleares, o volume máximo de resíduo sólido acumulado por indivíduo em 70 anos seria de 300 cm^3, o que equivale ao tamanho de uma lata de refrigerante.

A maior parte dos resíduos radioativos nos Estados Unidos origina-se atualmente do programa militar de defesa. Esses resíduos (aproximadamente 80 milhões de galões)[9] são armazenados em grandes tanques subterrâneos em Hanford, Washington e Savannah River, Carolina do Sul. Alguns dos tanques de armazenamento de Hanford desenvolveram vazamentos nos anos iniciais, com 500 mil galões[10] tendo sido despejados no solo durante alguns anos (contaminando cerca de 100 milhas quadradas), porém sem vítimas humanas conhecidas. Estão sendo desenvolvidos métodos para se concentrar os resíduos radioativos líquidos dos estabelecimentos militares de reprocessamento na forma sólida, o que vai reduzir seu volume por um fator de 10, tornando seu armazenamento mais fácil e seguro.

FIGURA 14.17 A RADIOATIVIDADE TOTAL DOS RESÍDUOS RADIOATIVOS DE ALTO TEOR AO LONGO DO TEMPO.

Fonte: J. Zhu; C. Chan. Radioactive waste management. *Iaea Bulletin*, v. 31, 1989.

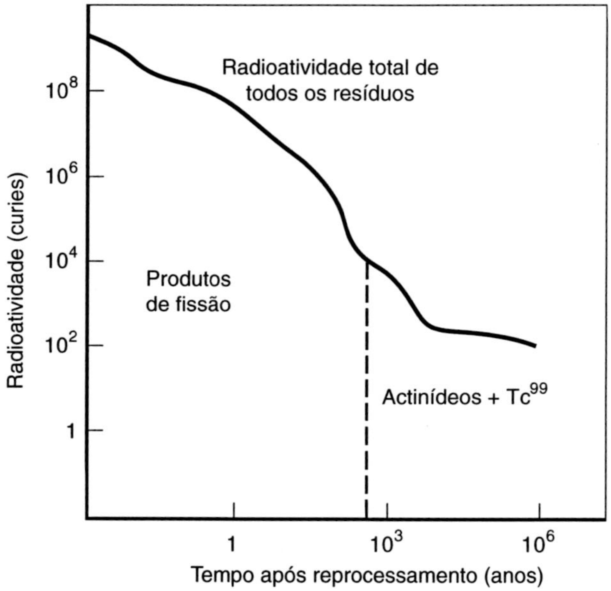

A escolha de um repositório de resíduos nucleares é uma questão política bastante delicada. Embora muitos especialistas concordem que atualmente temos o *know-how* técnico para isolar tais resíduos por milhares de anos, há um sentimento de "não-no-meu-quintal" (*Nimby*)[11] abraçado por muitas pessoas. A Lei de Política de Resíduos Nucleares de 1982 e suas Emendas de 1987 estabeleceram uma política nacional para o gerenciamento do resíduo nuclear. Uma agenda foi estabelecida para o encontro de um local, a construção e a operação de um repositório geológico. Em dezembro de 1987, o Monte Yucca, em Nevada, foi escolhido pelo Congresso dos Estados Unidos como candidato a abrigar o repositório (Figura 14.18). O sítio

[9] Cerca de 302 milhões de litros. (N.T.)

[10] Cerca de 1,89 milhão de litros. (N.T.)

[11] A sigla vem das palavras em inglês: *not in my backyard.* (N.T.)

fica a aproximadamente 70 milhas[12] a noroeste de Las Vegas. Em 2009, as instalações do Monte Yucca foram removidas abruptamente da lista de locais possíveis para disposição dos resíduos nucleares. Entretanto, continuaremos a fazer referência a essas instalações (no resto desta seção) e a usá-las como exemplo de procedimentos que deverão ser feitos para avaliação de futuros locais.

Antes da remoção da lista de locais possíveis, o Departamento de Energia iniciou um estudo de caracterização do sítio do Monte Yucca. Essa investigação era para durar vários anos, a um custo de US$ 6 bilhões, e está se concentrando em terremotos, vulcões, movimentação de água através da rocha e o desempenho, ao longo do tempo, dos tambores que contêm os resíduos. O trabalho também considerou um túnel de 14 milhas[13] no flanco desse Monte para investigar o movimento da água na rocha e realizar estudos sismológicos. Se, a qualquer momento, o Departamento de Energia dos Estados Unidos (DOE) determinasse que o Monte Yucca não era adequado para abrigar um repositório de resíduo de alto teor, a caracterização do sítio seria interrompida, e ele seria reconstituído em seu estado original.

FIGURA 14.18 MONTE YUCCA, NEVADA: CONCEPÇÃO ARTÍSTICA DO COMPLEXO DE ARMAZENAMENTO E TRATAMENTO NO LOCAL SUGERIDO COMO O PRIMEIRO REPOSITÓRIO GEOLÓGICO DOS RESÍDUOS NUCLEARES DE ALTO TEOR NOS ESTADOS UNIDOS.

U.S. DEPARTMENT OF ENERGY

Esperava-se que a revisão da solicitação do DOE pela Nuclear Regulatory Commission (NRC), ou Comissão Reguladora Nuclear, levasse muitos anos. Se a solicitação fosse aprovada, a construção se iniciaria em 2010 e a instalação poderia começar a receber combustível usado alguns anos mais tarde.

[12] Cerca de 112 km. (N.T.)

[13] Cerca de 22,5 km. (N.T)

As formações rochosas do Monte Yucca consistem de "tufo", uma forma densa de cinza vulcânica produzida há mais de 13 milhões de anos. O sítio está em uma área extremamente seca (menos do que 6" de chuva por ano),[14] e o lençol freático encontra-se a 1.700 pés de profundidade.[15] A água subterrânea desloca-se lateralmente somente 1 milha[16] em 3.400 a 8.300 anos; o ponto mais próximo de afloramento fica a 30 milhas[17] de distância. Esse tipo de solo também tem a vantagem de poder aprisionar por adsorção (isto é, coletando em sua superfície) quaisquer radionuclídeos que tenham vazado dos contêineres para a rocha. Além de tudo, o governo norte-americano é o proprietário das terras.

FIGURA 14.19 UM POSSÍVEL CONTÊINER PARA ARMAZENAMENTO DE RESÍDUOS RADIOATIVOS.

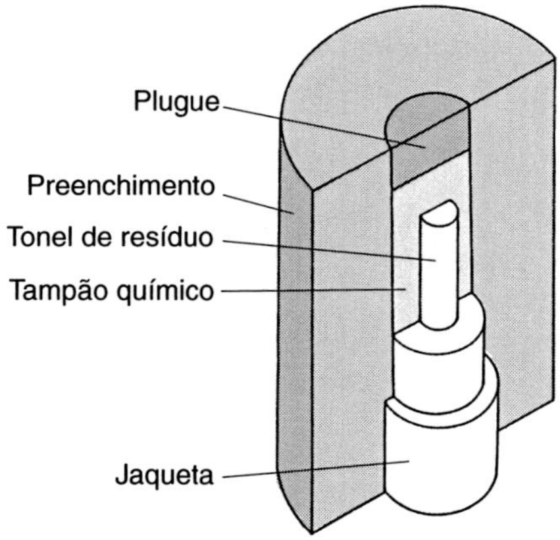

Na maioria dos esquemas de isolamento permanente, uma abordagem de **múltiplas barreiras** será utilizada (Figura 14.19). O combustível exaurido das usinas comerciais está na forma de tubos metálicos agrupados em feixes. O resíduo de alto teor solidificado, de fonte militar, será inicialmente encapsulado em contêineres cerâmicos ou de vidro (que são capazes de suportar o calor do decaimento). Esses resíduos serão colocados em tonéis de aço inoxidável para armazenamento no subsolo em uma grande caverna. Os salões do repositório serão revestidos por um preenchimento capaz de retardar a penetração da água. Tais salões de armazenagem são localizados em formações geológicas estáveis, o terceiro componente de um sistema multibarreiras.

Opções adicionais propostas para o gerenciamento final dos resíduos de alto teor de radioatividade são: (1) isolamento em outras áreas geologicamente estáveis,

[14] Cerca de 152 mm/ano. (N.T.)

[15] Cerca de 518 km. (N.T.)

[16] Cerca de 1,61 km. (N.T.)

[17] Cerca de 48,2 km. (N.T)

e (2) eliminação total. A Figura 14.20 sumariza essas opções. Uma alternativa que representa a primeira opção é o descarte em outras formações geológicas, como minas de sal, leito marinho ou calotas polares. A segunda alternativa inclui a transmutação ou descarte no espaço. Embora os Estados Unidos estejam considerando o descarte em rochas, outros métodos devem ser considerados, já que são opções para outros países.

Um método que recebeu bastante atenção durante muitos anos nos Estados Unidos e que atualmente é utilizado por muitos países é o enterro em leitos de sal. Esse tipo de armazenamento tem a vantagem de que minas de sal são livres de água (e assim têm sido por milhões de anos), são autosselantes e, portanto, altamente estáveis em relação a terremotos e escoarão (por causa do calor de decaimento dos resíduos) para lacrar plasticamente os resíduos. O sal também é um bom condutor de calor.

FIGURA 14.20 SUMÁRIO DAS OPÇÕES DE DESCARTE DOS RESÍDUOS RADIOATIVOS. SÃO MOSTRADAS POSSÍVEIS TECNOLOGIAS DE DESCARTE E GERENCIAMENTO DE RESÍDUOS DE ALTO TEOR. OS ESQUEMAS DE ELIMINAÇÃO TOTAL PROVAVELMENTE NÃO SERÃO CONTINUADOS. FORMAÇÕES DE GRANITO OU DE SAL PODERÃO SER DESENVOLVIDAS PARA O DESCARTE RECUPERÁVEL OU NÃO RECUPERÁVEL.

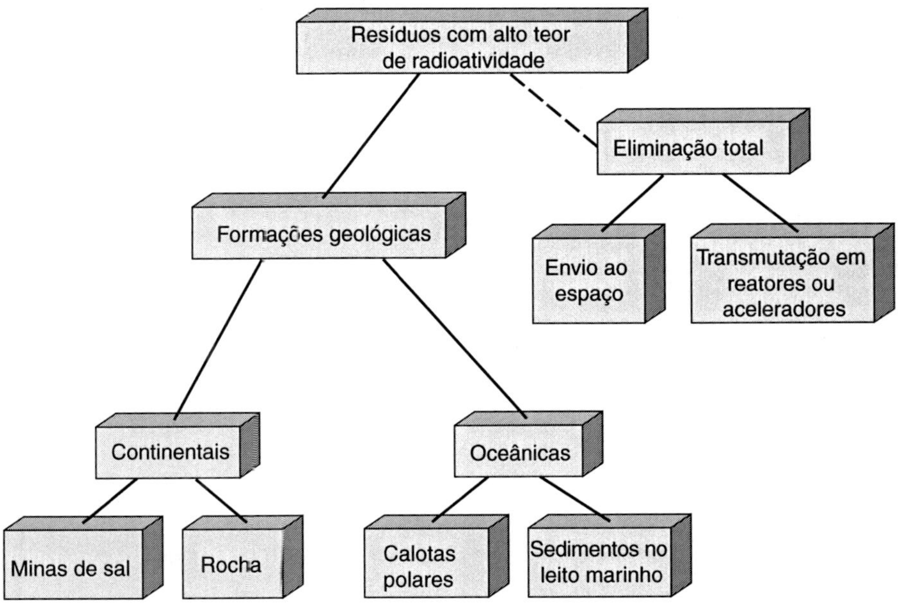

Outro método de descarte proposto utiliza as camadas de gelo na Antártida. Isso seria feito por meio da deposição dos resíduos na superfície gelada, deixando que o calor dos contêineres derretesse o gelo, formando um poço através do qual os resíduos afundariam até encontrar a interface gelo-rocha, onde ficariam armazenados permanentemente. Entretanto, existem dúvidas acerca do monitoramento dos resíduos e do tempo de vida das calotas polares.

Um terceiro método de armazenamento que elimina o perigo de intervenção humana acidental é o descarte no leito marinho. Isso corresponde à colocação controlada de resíduos lacrados no fundo do oceano, e não simplesmente a atirar os resíduos ao mar, como foi feito por alguns países. Acredita-se que as fossas profundas (20 mil pés abaixo da superfície do mar)[18] possam oferecer regiões geologicamente estáveis, distantes das placas tectônicas. Em caso de vazamento, a água do oceano pode fornecer uma maneira adequada de se diluir o material radioativo. Ainda assim, esse tipo de descarte coloca em perigo os importantes recursos disponíveis no oceano, incluindo alimentos e metais. No momento, faltam muitos estudos a serem feitos sobre esta opção, inclusive um estudo sobre os efeitos dos resíduos radioativos sobre a vida marinha circundante e a tecnologia para se colocar os resíduos em tais profundidades.

A eliminação dos resíduos radioativos pode, em princípio, ser executada por meio da transmutação – isto é, alterar a natureza do radioisótopo por meio de seu bombardeio com nêutrons de um reator ou partículas carregadas provenientes de um acelerador. Infelizmente, a maioria das reações nucleares tem baixas seções de corte, e a separação de certos elementos pode ser necessária para evitar a formação de outros radioisótopos com meias-vidas longas similares. Ademais, já foi demonstrado que todas as reações induzidas pelo bombardeio de partículas diferentes do nêutron são impraticáveis, uma vez que elas consomem mais energia do que a gerada na produção dos resíduos. Outro método de eliminação, que consiste em enviar os resíduos para o espaço, apresenta questões de segurança importantes.

Cada país parece estar perseguindo seu próprio caminho no gerenciamento de resíduos nucleares (Figura 14.21). A maior parte dos países com reatores nucleares possui instalações provisórias de armazenamento, mas apenas estão pesquisando alternativas para o descarte definitivo, embora a maioria envolva alguma forma de aterramento no subsolo. Grande parte dos programas pressupõe o reprocessamento. A Alemanha possui a única instalação de descarte geológico na Europa Ocidental, utilizando as minas de sal de Asse. Após o reprocessamento, seus resíduos radioativos são armazenados como líquidos por um período de tempo limitado, sendo, então, solidificados e imobilizados quimicamente em vidro. A França utiliza um processo semelhante de encapsulamento e armazena os blocos de vidro em uma instalação na superfície; a armazenagem em rocha de granito está sendo considerada. Na Grã-Bretanha, resíduos líquidos de alto teor são armazenados em tanques, e sítios definitivos para os aterros ainda estão sendo procurados. O Canadá, com sua grande quantidade de urânio, provavelmente não fará o reprocessamento; formações graníticas em Manitoba estão sendo consideradas como repositório. A China, embora relativamente nova no mercado da energia nuclear, fará o reprocessamento e já reservou locais para tanques de armazenamento de combustível nuclear usado no interior do país.

[18] Cerca de 6.100 m. (N.T.)

FIGURA 14.21 PROGRAMAS INTERNACIONAIS DE DESCARTE DE RESÍDUOS RADIOATIVOS EM USO OU SOB INVESTIGAÇÃO.
Fonte: U.S. Department of Energy.

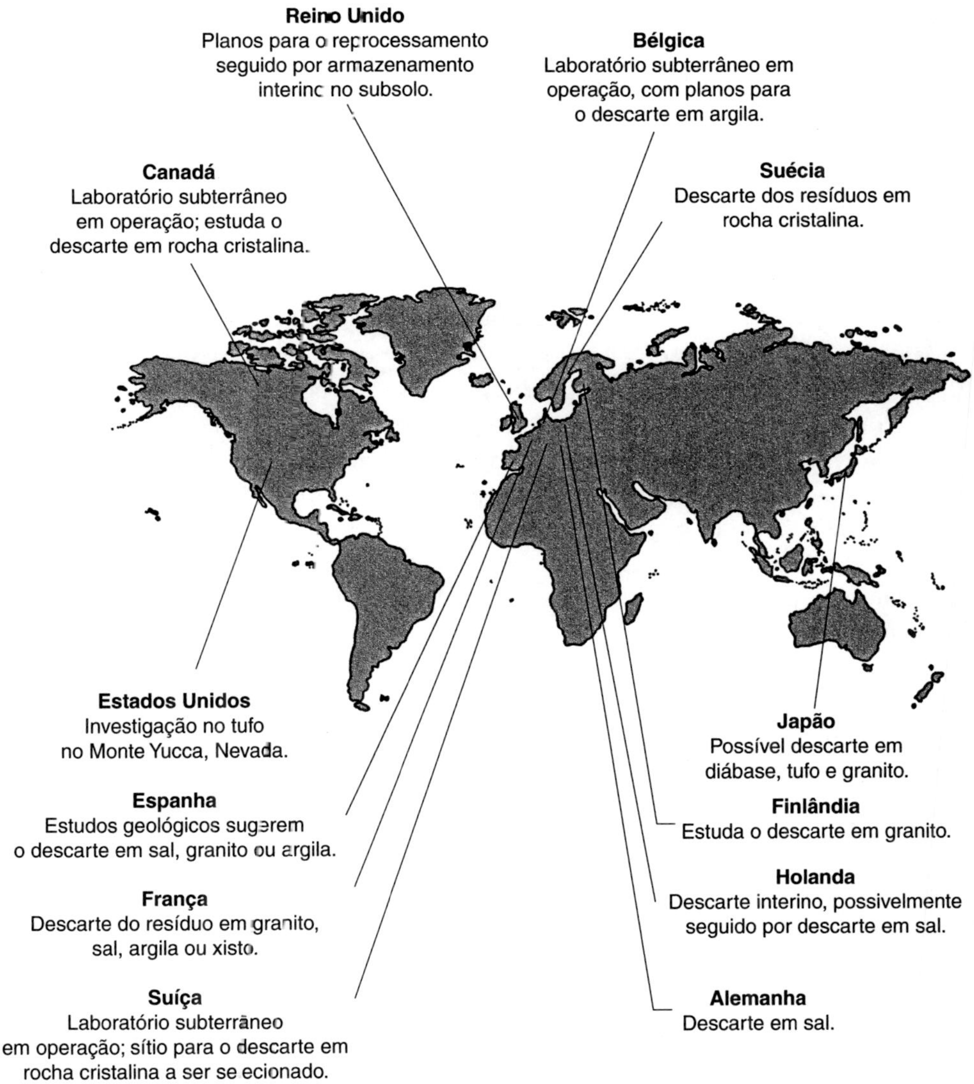

Qualquer que seja o repositório escolhido, o resíduo de combustível exaurido das piscinas de armazenamento das usinas nucleares será transportado para o repositório na forma sólida em tonéis blindados. Os tonéis foram projetados e testados para suportar acidentes anormais sem que haja liberação de material radioativo. Em um teste de larga escala, uma locomotiva foi deliberadamente arremessada a 80 mph[19] contra um tonel; a locomotiva foi destruída, mas o tonel sofreu apenas um

[19] Cerca de 129 km/h. (N.T.)

pequeno amasso. Ainda assim, os críticos temem que acidentes possam espalhar radioatividade de longa duração sobre uma grande área, e muitas comunidades estão mal preparadas para lidar com tal catástrofe. Os custos dos métodos geológicos de descarte deverão ser baixos, adicionando aproximadamente 1% ao custo final da energia nuclear. Uma taxa de $\frac{1}{10}$ de centavo de dólar é atualmente cobrada pelo governo federal norte-americano de todas as companhias de eletricidade que operam reatores nucleares para financiar o repositório.

FOCO EM 14.2

MONUMENTOS PARA O FUTURO

Os resíduos radioativos de alto teor produzidos nos reatores nucleares civis e militares necessitam ser isolados do público por, no mínimo, 10.000 anos. Quando um local ou locais são selecionados e o aterro é completado, sinais de aviso devem ser desenvolvidos para evitar que as pessoas perturbem o material. Sem saber, mineradores poderiam interferir ao procurar água ou minérios. Mas como é que se comunica tal aviso por um período tão longo – mais de 300 gerações? É provável que nenhuma das línguas em uso atualmente ainda será falada. Mudanças climáticas podem alterar drasticamente a paisagem. Em que tipos de monumentos podemos confiar em termos de durabilidade – estando a salvo tanto de caçadores de souvenir quanto da natureza? Uma sugestão é a construção de uma paisagem com grandes espinhaços de pedra para demarcar a área (Figura 14.22). Outra abordagem é o encapsulamento do resíduo em um monólito pesado de vidro para evitar a entrada, mesmo que alguém descubra o sítio. O que é que você acha?

FIGURA 14.22 AVISOS PARA FUTURAS GERAÇÕES.

U.S. DEPARTMENT OF ENERGY

G. DESATIVAÇÃO

Outro tipo de resíduo radioativo com o qual temos de lidar é a própria usina nuclear. Eventualmente, a usina vai atingir o fim de sua vida útil. A licença de operação tem, geralmente, a duração de 35 a 40 anos, com possibilidade de renovação por 20 anos. O fechamento para sempre de uma usina nuclear é conhecido como "desativação". A usina contém material ativado, ou seja, material que se tornou radioativo pelo bombardeio durante a fissão, e material contaminado, isto é, material radioativo depositado sobre uma superfície não radioativa. A contaminação radioativa pode ser removida das superfícies por meio da lavagem, enquanto se deve deixar que os produtos ativados sofram decaimento.

Três opções de desativação são disponíveis: desmontagem imediata, envelhecimento[20] e "entumbamento".[21] Após 25 anos de operação, a primeira usina nuclear comercial, em Shippingport, Pensilvânia (72 MWe), foi desmontada em 1985. No envelhecimento de uma usina, deixa-se que os níveis de radiação caiam até níveis aceitáveis, de forma que a desmontagem possa ser efetuada. No entumbamento, a usina é cercada por paredes de concreto, mantendo-se uma vigilância apropriada até que a radioatividade decaia a níveis de fundo. Os setores contaminados da usina são removidos nas duas primeiras opções, e são enviados para um depósito de resíduos de baixo teor. Os escombros incluem os núcleos dos reatores, os suportes de concreto e a tubulação e válvulas metálicas, com um volume médio de 160 mil pés^3.[22] Os estados são responsáveis por esse resíduo de baixo teor. Os resíduos de alto teor, como o combustível exaurido, ficam à espera de um sítio de descarte permanente.

H. LIBERAÇÕES DE RADIOATIVIDADE

Uma das maiores preocupações do público, dos governos e da indústria desde o início da utilização pacífica da energia nuclear, na década de 1950, tem sido a liberação de radioatividade associada à operação de uma usina nuclear, tanto sob condições normais quanto anormais. Vamos considerar essa questão inicialmente no caso da operação de rotina de uma usina, e então examinaremos acidentes catastróficos. Já que os efeitos biológicos da radiação serão abordados no próximo capítulo, somente as fontes dessa radiação serão consideradas aqui. Esta área tem sido assunto de numerosos artigos e livros, com argumentos tanto sobre a segurança como sobre os perigos das usinas nucleares. Muitas das afirmações feitas são essencialmente

---

[20] No original, os autores utilizam a expressão *mothballing*, intraduzível para o português. *Mothball* significa bolinha de naftalina, e o sentido que se pretende dar é o de deixar que a usina envelheça, conforme explicado mais adiante no texto. (N.T.)

[21] No original *entombment*, que significa construir uma tumba ao redor do reator. (N.T.)

[22] Cerca de 4.320 m^3. (N.T.)

subjetivas, de um ponto de vista social, moral ou econômico, sem que haja uma compreensão dos princípios físicos. Certamente, todos esses argumentos devem ser avaliados, já que a tecnologia não opera em um vácuo; uma visão ampla de toda a questão energética deverá ser providenciada para que opiniões possam ser formadas acerca dos méritos da energia nuclear.

Existem aproximadamente 10 bilhões de curies (medida do número de átomos desintegrando por segundo – veja Capítulo 13 seção E) de material radioativo no interior de um reator em operação; portanto, a segurança é um fator crucial. Nos Estados Unidos, gasta-se anualmente mais de US$ 100 milhões na segurança de reatores de água leve. Muitas precauções são tomadas para prevenir acidentes, incluindo o projeto, inspeção, teste e manutenção de reatores, as quais tomariam muito espaço para ser discutidas aqui. As usinas são projetadas com sistemas de segurança múltiplos para evitar possíveis acidentes. Os operadores de reator são muito bem preparados e treinados; muitos têm experiência a bordo de submarinos nucleares (Figura 14.23). O registro de segurança atual é excelente: em mais de 2 mil anos-reator de operação nos Estados Unidos (e muito mais anos-reator nos submarinos e navios da Marinha norte-americana), não houve nenhuma morte associada à radiação na população em geral. Internacionalmente, tal recorde de segurança configura-se como 11 mil anos-reator de operação civil em 32 países (excluindo a antiga União Soviética). Porém, ainda há controvérsias a respeito dos efeitos a longo prazo de baixos níveis de radiação sobre humanos na operação de um reator (bem como no descarte de resíduos radioativos), que serão discutidos mais detalhadamente nas seções a seguir.

FIGURA 14.23 CASA DE CONTROLE DA CENTRAL NUCLEAR FITZPATRICK, EM OSWEGO, NY. NOTE O ESQUEMA DO NÚCLEO DO REATOR EMBAIXO DO RELÓGIO.

RADIAÇÃO DO EDIFÍCIO DO REATOR: OPERAÇÃO NORMAL

Conforme mostrou a Figura 14.8, o vapor em um BWR deixa o núcleo, entra na turbina e depois no condensador, antes de retornar ao vaso do reator. Pequenas quantidades de produtos radioativos de fissão (sólidos e gases) podem penetrar no refrigerante primário através de pequenos vazamentos no revestimento dos elementos de combustível. Os produtos gasosos da fissão são principalmente criptônio, xenônio e iodo vaporizado. Quando os gases vazam dos elementos de combustível, entram no ciclo de vapor e passam através da turbina para o condensador (os sólidos são removidos da água por filtros). Os radioisótopos ^{85}Kr, ^{131}I e ^{133}Xe são gases e não podem ser condensados de volta à forma líquida, sendo, portanto, liberados na atmosfera. Os gases são geralmente passados por filtros e absorvedores com carvão ativado, onde ficam retidos por diversas meias-vidas antes que sejam liberados no ambiente por altas chaminés; ali estão sujeitos à dispersão atmosférica normal. Uma parte da maior contaminação ambiental no Japão deveu-se à liberação do ^{131}I devido aos danos na estrutura combustível/contenção.

O problema das emissões radioativas é menor para um PWR, pois o refrigerante primário nunca entra em contato com a turbina e o condensador. Uma unidade de purificação da água de refrigeração remove o material radioativo de baixo teor do circuito primário e o converte em sólidos para o envio a uma instalação de descarte de resíduos radioativos. Os gases radioativos são retidos em um grande tanque por um período de diversas meias-vidas, sendo, então, liberados na atmosfera. Existe uma quantidade menor desses gases em um PWR, de forma que podem ser retidos por mais tempo, resultando em menos emissões radioativas do que em um BWR.

Emissões no estado líquido de uma usina vêm de vazamentos no sistema de tubulação do refrigerante do sistema de purificação de água, os quais são coletados, tratados quimicamente, retidos ou armazenados temporariamente, e então liberados. A quantidade de tais vazamentos é geralmente pequena, mas sua existência é um dos motivos para se instalar o vaso do reator em um edifício especial, com barreiras capazes de conter o material radioativo em caso de vazamento, como foi mostrado na Figura 14.12.

Padrões para máxima exposição à radiação permitida ao público em geral são estabelecidos pela Agência de Proteção Ambiental[23] dos Estados Unidos, com base em estudos dos efeitos genéticos da radiação, embora em níveis de exposição muito mais altos do que os que encontraríamos normalmente. O limite atual para o público em geral é de 170 mrem/ano acima da radiação normal de fundo,[24] que por sua vez tem uma média de 100 mrem/ano (excluindo o radônio). Em resposta à controvérsia sobre se esses limites não seriam elevados demais, a Comissão de Energia Atômica (AEC,[25] predecessora da atual NRC) propôs no início da década de 1970 que a emissão rotineira de radiação dos efluentes líquidos e gasosos de uma usina nuclear deveria ser "tão baixa quanto fosse prático", e que não deveria causar uma

[23] Environmental Protection Agency (EPA). (N.T.)

[24] Rem é uma unidade de dose de radiação; leva em consideração a energia depositada por grama de tecido e a efetividade biológica do tipo da radiação recebida (veja Capítulo 15). Um milirém, abreviado por mrem, corresponde a um milésimo de rem. (N.T.)

[25] Atomic Energy Commission. (N.T.)

exposição maior do que 5 mrem/ano em nenhum indivíduo que vivesse nos limites da usina. Tais padrões devem ser obedecidos por todos os reatores em operação, e as exposições, de fato, são geralmente menores do que isso.

ACIDENTES CATASTRÓFICOS

A seguir são abordadas duas preocupações que muitas pessoas têm quanto à energia nuclear.

POSSIBILIDADE DE O REATOR EXPLODIR COMO UMA BOMBA

Uma das preocupações do público acerca do desenvolvimento da energia nuclear era a crença de que um reator nuclear pudesse explodir como uma bomba atômica, com liberação de grandes quantidades de radioatividade. Sabemos agora que, na verdade, essa preocupação não tem fundamento.

Na ativação de uma bomba de fissão, duas massas subcríticas de ^{235}U ou ^{239}Pu muito puros são comprimidas por explosivos convencionais, e a fissão é iniciada pela adição de nêutrons. Como existe uma concentração muito alta de material físsil, a reação em cadeia progride muito rapidamente, com a multiplicação do número de fissões, e uma grande quantidade de energia é gerada em um curto intervalo de tempo. Uma enorme quantidade de energia térmica é produzida, dando origem a uma "bola de fogo", à medida que os gases circundantes são ionizados. Além disso, forma-se uma onda de choque ou onda de pressão, causando uma rajada de ar capaz de danificar edifícios a muitas milhas de distância.

Em um reator nuclear, o combustível é muito menos rico em material físsil do que uma bomba (3% a 4%), em comparação a quase 90% em ^{235}U, e a reação em cadeia processa-se de uma forma lenta e controlada. Recorde-se de que os nêutrons lentos são mais bem absorvidos no processo de captura do ^{235}U. Qualquer aumento na temperatura do núcleo do reator vai diminuir a densidade do moderador, aumentar a porcentagem de nêutrons rápidos, diminuindo, consequentemente, a velocidade da reação em cadeia. Esse é um mecanismo de segurança embutido no LWR. Mesmo no caso improvável de fusão do núcleo do reator, a densidade de material físsil será muito menor do que nos elementos de combustível, porque o revestimento de metal será adicionado ao "monte". Portanto, uma explosão nuclear é impossível.

ACIDENTE COM PERDA DO LÍQUIDO DE REFRIGERAÇÃO

Uma das maiores preocupações com a segurança, hoje em dia, é a possibilidade de uma fusão do núcleo do reator, como resultado de um acidente com perda do líquido de refrigeração (Loca)[26] e a liberação de material radioativo no meio ambiente. Isso ocorreu, em parte, em Three Mile Island em 1979. A água que rodeia os elementos combustíveis não apenas modera a energia dos nêutrons, mas também

---

[26] Do inglês *loss of coolant accident.* (N.T.)

serve para retirar o calor produzido no processo de fissão. Em caso de ruptura ou quebra na tubulação de entrada ou saída de água, a temperatura do núcleo começará a subir graças ao calor do decaimento (a energia associada ao decaimento radioativo) dos produtos de fissão, mesmo que o reator seja abafado pela inserção completa dos elementos de controle. O pior acidente possível é chamado "quebra de guilhotina de extremidade dupla"[27] do maior tubo no circuito de refrigeração, o que poderia causar a perda repentina da água do núcleo do reator. Sob condições normais de operação, as pastilhas de UO^2 combustível têm uma temperatura média de aproximadamente 1.094 °C (2.000 °F), enquanto o revestimento de zircaloy está a aproximadamente 343 °C (650 °F) por causa da refrigeração. Com a perda da água em um Loca, o revestimento vai atingir uma temperatura de equilíbrio com as pastilhas de combustível. A menos que um sistema de refrigeração de emergência entre em ação, a temperatura do núcleo continuará a subir. A cerca de 1.250 °C (2.200 °F), o revestimento começa a fundir, e na ausência de qualquer tipo de refrigeração isso pode ocorrer em menos de um minuto. Em temperaturas mais elevadas, o revestimento vai reagir com o vapor para formar hidrogênio, fornecendo ainda mais calor e gás explosivo. Essa foi a causa da "bolha de hidrogênio" em Three Mile Island, que será descrita na próxima subseção.

Caso os elementos combustíveis se fundam totalmente por causa de um Loca, eles formam um "monte" no fundo do vaso do reator. Em um período que vai de alguns minutos a algumas horas, o monte pode atravessar a chapa de aço de 6"[28] do vaso e cair no chão de concreto do confinamento. O ponto de fusão do concreto é 500 °C (930 °F), portanto, existe uma pequena chance de que possa ser gerado calor suficiente para que o monte atravesse esse chão com 6 pés de espessura.[29] Isso pode levar horas e dias depois da ruptura do tubo. O monte radioativo poderia, desse modo, penetrar no solo abaixo e contaminar a água subterrânea. Essa cadeia possível de eventos foi chamada "Síndrome da China", em homenagem ao país que se situa, na Terra, do lado oposto ao dos Estados Unidos (o cenário impossível, neste caso, seria que o monte radioativo atravessasse o centro da Terra, atingindo a China).

Um acidente mais sério, com efeitos mais abrangentes, poderia acontecer na eventualidade menos provável de ocorrer a ruptura do vaso do reator, como consequência de um aumento da pressão do gás em seu interior. Se o edifício de confinamento de concreto também fosse rompido, os detritos radioativos seriam lançados na atmosfera (foi o que ocorreu em Chernobyl e, em menor nível, no Japão). Condições de vento adequadas poderiam levar esse material para áreas densamente povoadas, causando mais fatalidades.

Em razão da probabilidade (muito pequena) de uma ruptura nas linhas de refrigeração, sistemas de segurança foram instalados em todos os reatores para providenciar o resfriamento de emergência do núcleo do reator em caso de acidente.

---

[27] No original *double-ended guillotine break.* (N.T.)

[28] Aproximadamente 15 cm. (N.T.)

[29] Cerca de 1,80 m. (N.T.)

Esse **sistema de refrigeração de emergência do núcleo** (ECCS)[30] consiste de tanques de água sob alta pressão, prontos para borrifar água no núcleo quando ativado por um aumento na temperatura. A água se transformaria em vapor e retiraria o calor do decaimento. Outras precauções para se evitar um grande Loca são a utilização de material de alta qualidade na tubulação e no vaso do reator e as inspeções de rotina para detectar pequenos vazamentos no sistema de refrigeração. Testes do sistema ECCS foram realizados em um modelo em escala do reator PWR comercial em Idaho, Estados Unidos. Tais testes com perda de fluido mostraram que o sistema ECCS teve desempenho acima do esperado.

ACIDENTES COM REATORES NUCLEARES: ALGUNS EXEMPLOS

Muitos incidentes ocorreram nos últimos 40 anos em usinas com reatores nucleares de uso civil, embora poucos tenham resultado em ferimentos nos trabalhadores e nenhum tenha causado mortes na população em geral. É importante que as lições aprendidas com esses acidentes sejam utilizadas para tornar as usinas existentes mais seguras, bem como para modificar futuros projetos de reatores.

THREE MILE ISLAND

Em 28 de março de 1979, o pior acidente em uma usina nuclear comercial nos Estados Unidos ocorreu no reator a água pressurizada de Three Mile Island (TMI), próximo a Harrisburg, Pensilvânia. O incidente começou às quatro horas da manhã (com o reator operando em capacidade total), quando uma bomba de água de alimentação parou de funcionar. De acordo com o procedimento, uma bomba auxiliar foi ativada e o reator foi abafado. Porém, a pressão no reator começou a subir porque a remoção de calor nos geradores não tinha a taxa adequada. Para compensar essa situação, uma válvula de escape no vaso do reator foi ativada para liberar um pouco de vapor. Entretanto, essa válvula deixou de fechar quando a pressão retornou ao normal. Além disso, no circuito secundário (veja a Figura 14.13) não havia água de alimentação chegando ao sistema porque uma válvula localizada entre a bomba auxiliar e o gerador estava acidentalmente fechada, e a luz de aviso na sala de controle estava escondida por uma etiqueta. O circuito de refrigeração primário do reator continuou a expelir água e vapor radioativos através da válvula de escape para o interior do edifício de confinamento. O ECCS foi ativado, mas foi parcialmente fechado pelo operador. Ele só foi totalmente aberto oito minutos mais tarde. A água radioativa do reator continuou a ser despejada no edifício e foi automaticamente bombeada para um edifício auxiliar. O calor do decaimento dos elementos combustíveis continuou a evaporar a água no vaso do reator, levando a danos significativos no núcleo – uma fusão do núcleo do reator.

[30] Do inglês *emergency core cooling system.* (N.T.)

Depois de aproximadamente duas horas, a válvula de escape foi finalmente fechada, mas uma fração significativa do núcleo ficou descoberta. A alta temperatura atingida pelo núcleo antes que o ECCS fosse ativado causou danos nos elementos combustíveis, que liberaram fragmentos de fissão no interior do vaso e do edifício do reator. Nessas elevadas temperaturas, o vapor reagiu com o revestimento de zircoloy dos elementos combustíveis para formar gás hidrogênio, o que levou à formação de uma bolha de hidrogênio no topo do vaso do reator. A bolha permaneceu ali por vários dias, causando uma considerável preocupação dos especialistas nucleares, que temiam que uma explosão do hidrogênio pudesse ocorrer, rompendo o vaso (em retrospecto, hoje sabe-se que esse perigo não era tão grande quanto se imaginou). Com certeza, houve uma fusão parcial do núcleo, mas os sistemas de segurança aparentemente funcionaram. Um pouco de gás radioativo foi liberado na atmosfera nos primeiros dias; uma morte adicional por câncer na população em geral é esperada em razão do aumento na dosagem de radiação – estimada em 2 mrem por pessoa. A causa direta do acidente foi determinada como erro do operador. Como consequência do acidente em TMI, muitas modificações foram feitas nos procedimentos e nos treinamentos de operações na indústria nuclear.

CHERNOBYL

Em 26 de abril de 1986, o pior acidente nuclear da história ocorreu no reator da Unidade 4 de Chernobyl, no sudoeste da União Soviética, onde hoje fica a Ucrânia. O acidente resultou em 31 mortes imediatas, hospitalização de centenas de pessoas, e contaminação de lavouras e água da Europa Ocidental. Embora não tenha havido mortes entre a população em geral como consequência direta do acidente (as mortes resultantes da exposição aguda à radiação e de queimaduras térmicas ocorreram entre os funcionários da usina e bombeiros). Um estudo de 2005 das Nações Unidas estimou que ao final 4 mil pessoas morrerão de câncer devido à liberação do material radioativo. Já que não existem registros e que os cânceres causados por radiação podem levar até dez anos para ser detectados, esse número é especulativo e baseado em estimativas sobre as doses médias de radiação e os seus efeitos. Tal estimativa de mortalidade representa um pequeno aumento na porcentagem de câncer natural ou espontâneo na mesma região. Além da zona de 30 km ao redor de Chernobyl, o aumento do risco de câncer fatal é estimado em 0,01%, o que não é detectável. O que mais se observou clinicamente foi um grande aumento de câncer de tireoide em crianças devido à ingestão da substância radioativa ^{131}I através do leite produzido pelas vacas alimentadas com grama contaminada. Certamente uma das maiores consequências de Chernobyl foi seu efeito na percepção da população acerca da energia nuclear e suas questões de segurança. "O acidente de Chernobyl mostra claramente que a segurança nuclear é verdadeiramente uma questão global. Estaríamos sendo negligentes se ignorássemos algumas das questões mais amplas, que transcendem as diferenças de projeto. Em um sentido muito real, somos todos reféns do desempenho de cada um de nós." (J. K. Asselstine, membro da NRC.)

FIGURA 14.24 ESQUEMA DO REATOR RMBK EM CHERNOBYL. O NÚCLEO CONTÉM FEIXES DE ELEMENTOS COMBUSTÍVEIS COLOCADOS EM UM BLOCO MODERADOR DE GRAFITE. ÁGUA ASCENDENDO ATRAVÉS DE TUBOS NO INTERIOR DO BLOCO É CONVERTIDA A VAPOR. O CONFINAMENTO NO TOPO DO NÚCLEO ERA FRACO.
Fonte: Epri Journal.

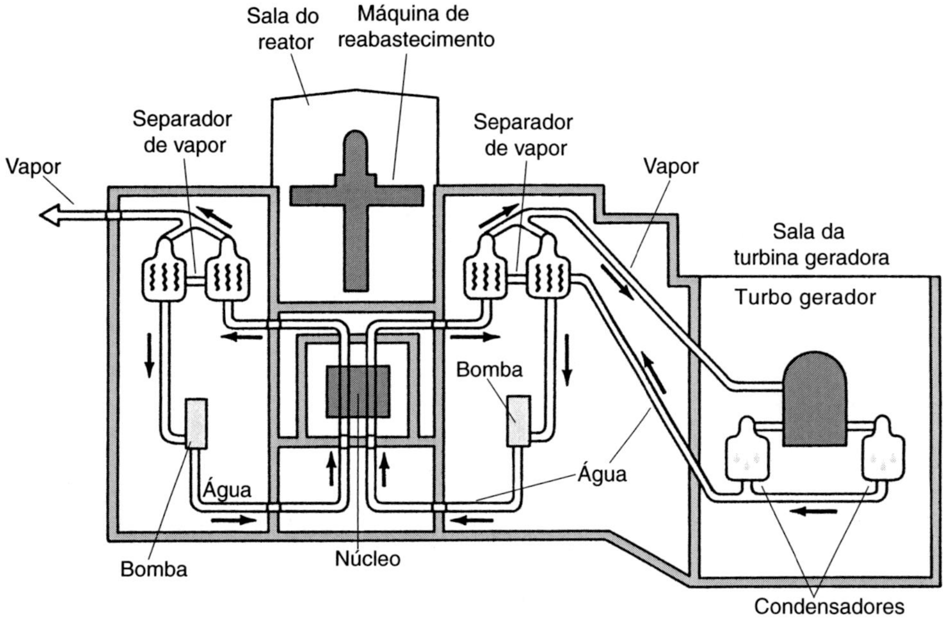

A Unidade 4 de Chernobyl emprega um projeto de reator RMBK significativamente diferente dos reatores em qualquer outra parte do mundo. O reator gerava 1.000 MWe e sua construção foi completada em 1983. Os elementos combustíveis do RMBK localizam-se em tubos de pressão separados, colocados em um bloco moderador de grafite (Figura 14.24). A água passa através dos tubos e segue para os geradores a vapor (como nos PWR). Embora o reator incorpore uma série de barreiras entre a radioatividade e o ambiente, não havia um vaso de contenção adequado para suportar uma explosão no núcleo.

Em 26 de abril, o reator da Unidade 4 estava operando em baixa potência para permitir que os operadores realizassem testes (não autorizados) do gerador elétrico. Diversos sistemas de emergência foram desligados para os testes. Em baixos níveis de potência, o reator de projeto RMBK torna-se extremamente instável. Repentinamente, em segundos, a potência do reator aumentou para 100 vezes o valor máximo. Os elementos de controle só podiam ser inseridos lentamente, e com os sistemas de segurança desligados, a temperatura subiu rapidamente. Os elementos combustíveis derreteram e geraram uma enorme quantidade de vapor, que explodiu o topo do reator (Figura 14.25). Blocos incandescentes de grafite e combustível radioativo foram lançados no edifício do reator, finalmente explodindo seu teto e permitindo que um cogumelo radioativo do grafite se elevasse a 5.000 m na atmosfera, de onde foi levado na direção noroeste. A explosão liberou dez vezes mais radiação do que a bomba lançada em Hiroshima, aproximadamente 100 milhões de curies.

FIGURA 14.25 VISTA AÉREA DO REATOR NÚMERO 4 DANIFICADO DE CHERNOBYL. O TETO FOI ARREMESSADO PELA EXPLOSÃO, LIBERANDO UMA NUVEM DE MATERIAL RADIOATIVO DO NÚCLEO DO REATOR.

ITAR-TASS/REUTER/CORBIS

A nuvem radioativa produzida em Chernobyl (contendo ^{137}Cs e ^{131}I) espalhou-se de forma errática pela Europa Ocidental (Figura 14.26). Localidades na Suécia registraram valor de radiação 100 vezes maior do que a radiação de fundo, enquanto cidades ao redor de Chernobyl receberam doses não muito maiores. Somente após 36 horas foi ordenada a evacuação da cidade de Pripyat (5 km na direção do vento), com uma população de 50 mil habitantes, na qual residiam muitos trabalhadores da central. Ao todo, aproximadamente 160 mil pessoas foram evacuadas da área vizinha em um raio de 30 km. Hoje, Pripyat é uma cidade fantasma. Níveis de radiação da ordem de 8 a 10 vezes mais que o aceitável ainda ocorrem ali.

Para lidar com o acidente e estancar o fogo, helicópteros lançaram toneladas de areia para abafar as chamas, boro para absorver as emissões de nêutrons, e chumbo para blindagem. Hoje, o reator está "entumbado" em 300 mil toneladas de concreto. Entretanto, esse sarcófago com a altura de um edifício de dez andares é instável e está decaindo, e não está impermeabilizado contra a água da chuva. O interior permanece quente por causa do calor do decaimento radioativo. Há trabalhos em andamento para construir uma estrutura de contenção melhor para a Unidade 4. O arco de 100 m de aço cobrirá o sarcófago atual e permitirá a desativação do reator. Durante meses após o acidente, produtos contaminados e laticínios da Europa Ocidental e Oriental foram banidos do mercado. Mesmo as vacas que eram mantidas em ambientes fechados, longe dos pastos contaminados, inalaram material radioativo suficiente para contaminar seu leite. Aproximadamente 30.000 mi^2 de área agrícola[31] foram contaminados.

FIGURA 14.26 CONFIGURAÇÃO DO ESPALHAMENTO DA RADIAÇÃO NA EUROPA EM CONSEQUÊNCIA DO ACIDENTE DE CHERNOBYL.
Fonte: *Newsweek*, 27 Abr. 1987.

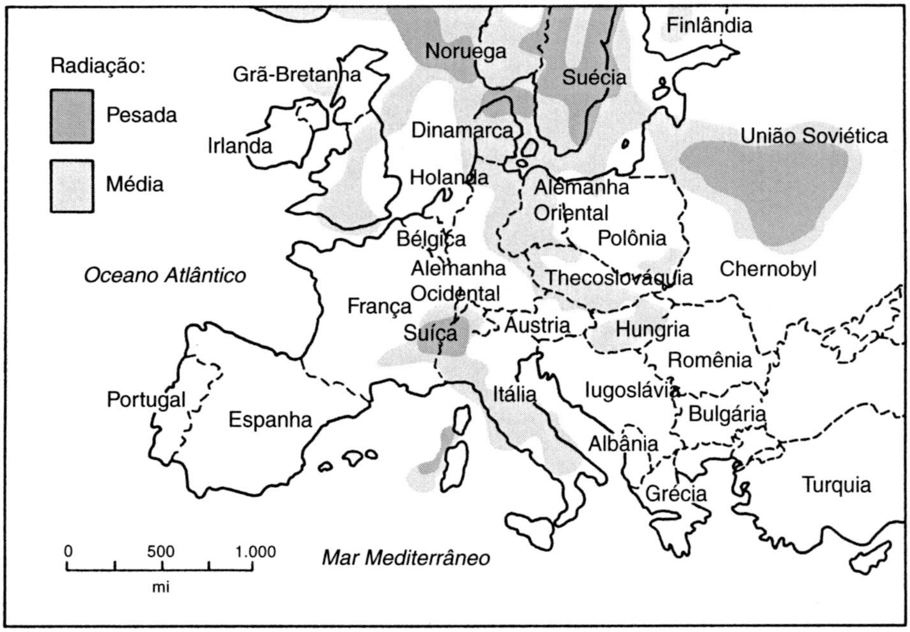

O acidente em Chernobyl ainda nos fornece lições a serem aprendidas. Ele colocou na mesa o debate sobre a possibilidade de ocorrência de um acidente ainda pior. Uma avaliação do desastre trouxe à tona, como era de se esperar, diferentes opiniões dentro da comunidade nuclear.

[31] Aproximadamente 77.500 km^2. (N.T.)

- "Diferenças de projeto entre as usinas norte-americanas e soviéticas significam que o acidente não poderia ocorrer exatamente da mesma forma aqui, mas o que eles não dizem ao público é que um acidente com uma liberação tão grande quanto a de Chernobyl, ou pior, poderia acontecer." (L. R. Pollard, Union of Concerned Scientists).[32]
- "O risco de um desastre vai diminuir graças às melhorias nos sistemas de segurança que serão adotadas depois do acidente de Chernobyl. Após cada acidente grave, modificações são feitas." (A. Buhl, Atomic Industrial Forum).[33]

Violações, pelos operadores, e procedimentos falhos de testes provaram novamente que os humanos são o elo fraco na segurança de um reator. Regras bem pensadas, razoáveis e fáceis de ser seguidas precisam ser implementadas em todas as usinas. Programas constantes de reciclagem profissional para os operadores dos reatores norte-americanos foram uma consequência de TMI. O acidente em Chernobyl também levantou questões acerca do planejamento de evacuação em caso de acidente. As leis norte-americanas obrigam a uma zona de evacuação de 10 milhas[34] ao redor de uma usina. Em Chernobyl, todos os moradores em um raio de 18 milhas[35] da usina foram evacuados, e as crianças foram evacuadas dos vilarejos distantes até 100 milhas[36] da usina.

Após Chernobyl, foram estabelecidos procedimentos relacionados à rápida emissão de avisos a outros países em caso de acidente, mas não existe uma concordância global sobre a responsabilidade econômica, padrões de radiação ou o compartilhamento de dados sobre o acidente. A inspeção internacional de reatores continua sendo voluntária. Uma equipe de especialistas de 12 países que examinou o relatório soviético sobre Chernobyl disse que "existe agora uma oportunidade para que os especialistas mundiais em segurança possam aprender com esse evento trágico para melhorar muito nossa compreensão sobre a segurança nuclear. Resta saber se isso ocorrerá de fato".

As coisas na antiga União Soviética continuam arriscadas. Treze dos reatores RMBK ainda estão em operação, fornecendo 40% da eletricidade da Rússia que vem da energia nuclear. Especialistas ocidentais são quase unânimes na opinião de que esses reatores deveriam ser aposentados – mais cedo ou mais tarde. Consultoria dos países do Ocidente tem sido disponibilizada. Os outros reatores de Chernobyl foram fechados em 2000 graças à pressão internacional. A situação nuclear é ainda

---

32 União dos Cientistas Participativos. (N.T.)

33 Fórum Industrial Atômico. (N.T.)

34 Aproximadamente 16 km. (N.T.)

35 Cerca de 29 km. (N.T.)

36 Aproximadamente 160 km. (N.T.)

mais arriscada nas antigas repúblicas soviéticas. A Ucrânia recebe apenas um quarto do petróleo que costumava receber da Rússia e quer iniciar a operação de três novos reatores que estão em fase final de construção. Aproximadamente 50% de sua eletricidade vem da energia nuclear.

FUKUSHIMA DAIICHI

Como mencionado anteriormente, o terremoto seguido de *tsunami* no Japão, em março de 2011, causou desastres à população e às estruturas. A Central Fukushima Daiichi tem seis reatores, mas somente três estavam operando naquela ocasião. (As outras estavam desligadas para manutenção ou reenchimento com combustível). Os danos ao núcleo de reator e ao edifício secundário de contenção ocorreram devido ao terremoto e ao alagamento do sistema de reserva. A falta de água de refrigeração suficiente (já que não havia energia para alimentar as bombas) resultou em derretimento parcial e exposição ao ar do núcleo do reator e da piscina de armazenamento do combustível usado. Temperaturas mais elevadas nesses locais causaram reação entre o vapor e o metal zircônio das varas de combustível, produzindo o gás hidrogênio. Explosões desse gás ocorreram em vários dos reatores, danificando as estruturas de contenção e liberando material radioativo ao meio ambiente, numa quantidade da ordem de 10% daquela liberada em Chernobyl.

Água do mar foi bombeada e água foi lançada de helicópteros para resfriar o reator. (Os helicópteros só podiam ficar alguns minutos sobre o reator por causa dos níveis de radiação). A preocupação era se o sal poderia bloquear alguns canais de resfriamento. A Tokyo Electric Power Co. decidiu que a situação não era ruim o suficiente para que os reatores fossem cobertos com areia como no caso de Chernobyl.

Os campos de radiação ao redor dos três reatores danificados eram extraordinariamente altos. Na Central, níveis 20 vezes maiores que os aceitáveis anualmente para o trabalhador foram observados. Uma exposição de 10 minutos poderia resultar em doses de radiação 300 vezes a radiação de fundo (*background*) (ver próximo capítulo). A população num raio de 20 km da Central foi evacuada e aqueles residindo além dessa distância foram orientados a permanecer em casa, procurar evitar entrada de ar na residência e a tomar comprimidos de iodeto de potássio para reduzir a absorção do ^{131}I pela tiroide.

A limpeza dos locais dos reatores será demorada e custosa. O núcleo do reator, as piscinas de combustível usado e o solo ao redor terão de ser limpos e realocados. Não será um trabalho fácil.

I. AVALIAÇÃO DE PROBABILIDADE DE RISCO E SEGURANÇA NUCLEAR

Uma avaliação de qualquer tecnologia ou ação individual deveria levar em consideração os riscos e benefícios envolvidos. Existem sempre riscos associados a qualquer atividade. Por exemplo, pergunte a qualquer minerador de carvão sobre quem exerce uma das atividades mais perigosas. Existe claramente um risco em se viajar de avião, mas os benefícios em termos de tempo economizado e maior segurança em relação a outros meios de transporte o tornam um risco aceitável. Ao se considerar os riscos de diversos tipos de acidente, deve-se notar que o risco é a probabilidade de ocorrência daquele acidente (tal como o risco por milha percorrida ou por ano de operação do reator) multiplicada pela consequência do acidente (tal como o número de fatalidades ou vítimas feridas).

Um exame intensivo dos riscos envolvidos na utilização de energia nuclear (da mineração à geração de eletricidade) foi feito em um estudo de 1975 patrocinado pelo governo norte-americano sobre segurança em reatores, o chamado "Relatório Rasmussen" (designado WASH-1.400). Esse relatório tentou estabelecer probabilidades de ocorrência de acidentes com vários níveis de gravidade. (Alguns anos depois da sua publicação, a NRC retirou sua aprovação em razão das questões sobre os métodos utilizados na análise e as grandes incertezas em determinados números, em alguns casos chegando a uma ou duas ordens de grandeza. Mesmo que o relatório não possa provar que os reatores são seguros ou perigosos, ainda é útil apresentar suas conclusões.)

O relatório "calculou" que a probabilidade de uma fusão do núcleo do reator é de 1 em 20 mil por reator-ano (isso significa que, com 100 reatores em operação, as chances de ocorrência de uma fusão no reator seriam de 1 em 200 anos). Nem toda fusão do núcleo levaria a uma liberação de radioatividade (aproximadamente 1 em 10 Loca levaria a uma ruptura de confinamento), e quando houvesse, poderia afetar apenas um pequeno número de pessoas (o acidente em Three Mile Island não teve ruptura de confinamento; suas emissões radioativas foram liberadas por um operador no processo de controle da pressão que subia no interior do reator). A probabilidade de um grande acidente com liberação de radioatividade e mil vítimas fatais – diretas (de câncer) e indiretas (pelos efeitos genéticos) – como resultado de um Loca foi estimada em 1 por 100 milhões de anos-reator. Do ponto de vista de uma pessoa vivendo nas proximidades de um reator, a chance de ser morta em um determinado ano por um acidente com um reator é de 1 em 5 bilhões. Compare isso com a chance de 1 em 2 milhões de morrer atingido por um raio. Concluiu-se que catástrofes não nucleares têm probabilidade 10 mil vezes maior de levar a um determinado número de vítimas fatais do que um acidente nuclear. Um sumário dessas conclusões é mostrado na Tabela 14.5 e na Figura 14.27.

A técnica para se prever a probabilidade de ocorrência e as consequências de um acidente é chamada "avaliação probabilística de risco". Ela é utilizada para fornecer uma visão de quais fatores são significativos para a segurança de um reator e quais não são. Para que um reator sofra um acidente grave, muitos elementos essenciais de seu sistema de segurança teriam de falhar simultaneamente. Podemos calcular a probabilidade de tal falha simultânea de muitos componentes (se cada falha for independente de todas as outras) por meio da estimativa da probabilidade de falha de um dos componentes multiplicada pela estimativa de probabilidade de falha de outro componente, e assim por diante. Esse produto de muitas probabilidades pode levar a um número muito pequeno. Por exemplo, se cada um de três elementos tem uma probabilidade de falhar de 33%, e se todos devem falhar para que ocorra um acidente, então a probabilidade de que o acidente ocorra será de $\frac{1}{3} \times \frac{1}{3} \times \frac{1}{3} = \frac{1}{27} = 3{,}7\%$, caso cada falha seja independente das demais.

TABELA 14.5 ESTIMATIVAS WASH-1.400 DA FREQUÊNCIA E DANOS À POPULAÇÃO DE TRÊS TIPOS DE GRANDES ACIDENTES COM UM LWR.

Tipos de acidentes	Frequência (probabilidade por ano-reator)	Efeitos na saúde dentro de um ano		Efeitos na saúde totais no primeiro ano mais efeitos retardados na saúde	
		Mortes	Doenças	Mortes por câncer	Defeitos genéticos (por todas as gerações)
Fusão do núcleo do reator	1 em 20.000	Desprezível	Desprezível	3	75
Mais ruptura de confinamento acima do solo	1 em 1.000.000	1	300	5.000	3.800
Mais condições adversas de clima e densidade demográfica	1 em 1.000.000.000	3.000	45.000	45.000 (~1.500/ano)	30.000

Fonte: WASH-1.400, U.S. Department of Energy.

Os cálculos e a filosofia que levaram às probabilidades apresentadas no Relatório Rasmussen não são aceitos por alguns críticos porque são baseados em modelos computacionais de possíveis acidentes, e não em experiências verdadeiras. Entretanto, podemos conferir tais estimativas, notando que em 3 mil anos-reator de operações comerciais e navais de reatores norte-americanos a água leve, nunca houve uma fusão do núcleo em reator (embora o acidente em TMI tenha envolvido uma fusão parcial). Aparentemente, as estimativas do relatório podem estar corretas dentro de um fator de 10. Note que esses cálculos são válidos para o LWR, o tipo de todos os reatores norte-americanos; esse estudo não tem validade para o reator RMBK de Chernobyl.

FIGURA 14.27 PROBABILIDADE DE UM ACIDENTE PRODUZINDO UM DETERMINADO NÚMERO DE VÍTIMAS FATAIS.

Fonte: Wash-1.250, U.S. Department of Energy.

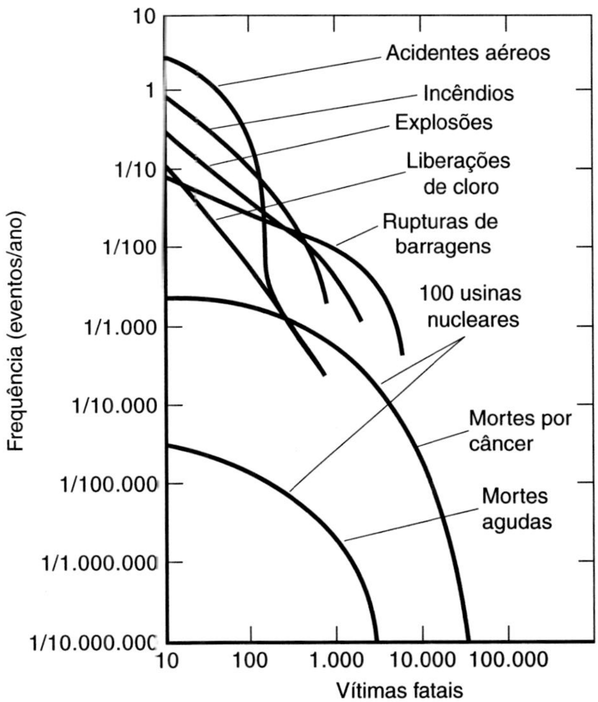

Além de calcular a *probabilidade* de um acidente com grande liberação de radioatividade, também devemos nos perguntar sobre as *consequências* de tal acidente. Para encontrar esses números, precisamos conhecer os efeitos da radiação em humanos, tópico que será abordado no Capítulo 15. Nesses cálculos, precisamos saber o número de mortes por câncer ou de defeitos genéticos causados por pessoa por unidade de dose de radiação. Existem dados para tais ocorrências com base em experimentos com animais de laboratório e nas sequelas da explosão das bombas atômicas no Japão em 1945. Conforme vemos na Tabela 14.5, em cenário de acidente – uma fusão do núcleo do reator somada a uma ruptura de confinamento acima do nível do solo, com uma probabilidade de ocorrência de 1 em 1 milhão de anos-reator – há uma estimativa (no WASH-1400) de causar aproximadamente 5 mil mortes por câncer ao longo de um período de 30 anos e quase 4 mil defeitos genéticos por todas as gerações subsequentes. (Esse tipo de acidente quase ocorreu no Japão).

Um acidente extremamente sério, porém menos provável – ocorrendo uma vez a cada bilhão de anos-reator –, é uma explosão do edifício de confinamento como resultado da alta pressão do vapor em seu interior, com liberação direta de radioatividade na atmosfera, acompanhada de condições climáticas adversas (como vento na direção de um centro urbano ou inversão térmica que evite a dispersão dos gases radioativos). Poderia haver muitas mortes (3 mil), neste caso, por causa da exposição excessiva à radiação (mais de 100 rem) nas primeiras semanas depois do acidente, embora as mortes em até um ano estejam incluídas na tabela. Os efeitos mais graves seriam as mortes (1.500 por ano) por câncer latente, que ocorreriam ao longo de um período de 30 anos na população exposta. A maioria das mortes por câncer ocorreria em razão do aumento da radiação de fundo do solo. As doses do solo viriam primariamente do césio-137 e seus raios gama de 0,66 MeV. Essas consequências poderiam ser reduzidas se a população fosse evacuada e o solo descontaminado.

A segurança de reatores nucleares continua a ser objeto de muita preocupação, tanto por parte da população em geral como da NRC. Devemos observar novamente que a falha de qualquer peça do equipamento ou o erro de um operador humano não vão causar necessariamente um acidente. O sistema de segurança de um reator consiste de uma série de medidas preventivas e dispositivos para evitar uma falha. Se um sistema de segurança não funciona, há outro para auxiliá-lo. Tal abordagem de "defesa em profundidade" torna improvável a ocorrência de um acidente (essas pequenas probabilidades foram calculadas usando técnicas semelhantes ao exemplo da multiplicação de probabilidades citado anteriormente). O monitoramento contínuo e a verificação dos dispositivos de segurança são exigidos pelo NRC, com pesadas multas para as companhias, mesmo em casos de pequenas falhas de conformidade.

Como resultado do acidente de TMI, muitas melhorias na instrumentação e no treinamento dos operadores foram realizadas em usinas nucleares dos Estados Unidos. A indústria nuclear estabeleceu comitês para estudar as questões de segurança e conduzir avaliações de práticas operacionais nas usinas. Grandes melhorias também foram feitas no que diz respeito à preparação em caso de acidente. A NRC exige que as companhias (em cooperação com os governos locais) desenvolvam programas extensos de evacuação para um raio de 10 milhas ao redor da usina, antes que uma licença de operação seja emitida. Tanto a usina de Shoreham (Long Island, Nova York) como (inicialmente) a usina de Seabrook (New Hampshire) não puderam operar a plena potência porque não possuíam planos de evacuação aceitáveis pelos governos locais (a usina de Shoreham foi fechada após atingir apenas 5% da máxima potência).

J. PROJETOS ALTERNATIVOS DE REATORES

Projetos futuros de reatores objetivam aumento da segurança, redução de custos e diminuição no tempo de aprovação por meio do uso de um projeto mais genérico.

Se se deseja a energia como uma opção viável, as novas usinas deverão ter projetos mais simples e padronizados. Ao longo dos anos, os LWR tornaram-se bastante complicados. Uma usina de 1.000 MWe típica tem entre 30 mil e 40 mil válvulas (dez vezes mais do que uma usina a combustível fóssil de capacidade semelhante). A maioria dessas válvulas poderia ser eliminada se nos beneficiássemos com as mudanças na tecnologia e nos requisitos que ocorreram desde que os sistemas foram originalmente projetados. Um aumento nas redundâncias e a implementação de dispositivos adicionais de segurança fizeram que o custo das usinas aumentasse drasticamente. Entre 1971 e 1982, a quantidade de material necessário à construção de um PWR de 1.000 MWe aumentou por um fator de 2,8 para o concreto e 2,4 para o comprimento dos cabos, bem como por um fator de 6,8 para as horas trabalhadas pela mão de obra especializada.

A próxima geração de usinas nucleares será provavelmente de LWR, uma vez que existe muita experiência com esse projeto, mas elas também serão menores (400 a 600 MWe), o que requer menos capital, além de um tempo menor para a construção. Tradicionalmente, as grandes usinas têm sido de construção mais barata por quilowatt. Porém, usinas menores representam uma adequação melhor entre o crescimento da demanda e a capacidade de geração. A construção de uma usina de 1.000 MWe criaria uma sobrecapacidade por muito mais anos do que a de uma usina de 500 MWe. Ademais, usinas menores adaptam-se mais facilmente ao uso de sistemas de segurança mais confiáveis e seguros. Muitos LWR novos, padronizados, estão atualmente em desenvolvimento nos Estados Unidos. Eles devem ter um custo competitivo com os outros tipos de usinas geradoras de eletricidade e empregarão "sistemas passivos" de segurança, assegurando que não haverá a liberação de radioatividade no caso de algum evento anormal.

Hoje em dia, os reatores a água leve dependem da intervenção "ativa" de dispositivos eletromecânicos e da ação de operadores para garantir a segurança da usina e proteger a população de vazamentos radioativos. Para diminuir a probabilidade de acidente, mais e mais dispositivos de segurança têm sido incorporados ao longo dos anos, muitos dos quais são dispositivos sobressalentes ou redundantes. Porém, alguns críticos afirmam que nem todas as possibilidades ou caminhos que levam a um acidente nuclear com liberação de radioatividade podem ser previstos. Consequentemente, outra abordagem para um reator nuclear seguro é a utilização de sistemas "passivos" de segurança, que se apoiam nas características inerentes do próprio reator e nas leis da física. Tais reatores dependem da alimentação por gravidade da água armazenada em um tanque para substituir o refrigerante perdido do vaso do reator no caso de um Loca, ou dependem da transferência natural de calor por condução e convecção para dissipar o calor do decaimento do núcleo do reator para o meio ambiente após uma interrupção. Essas ideias têm sido perseguidas insistentemente desde TMI, e muitos dispositivos passivos foram incorporados aos LWR reprojetados e ativamente seguros, bem como a uma geração completamente nova de reatores inerentemente seguros.

A Figura 14.28 mostra o esquema de um LWR avançado que possui melhorias de segurança com o uso de características passivas, que incluem o uso da gravidade para fornecer refrigeração de longo prazo em caso de um Loca e um aumento da quantidade de água no núcleo para fornecer densidades de potência menores. Tais LWR avançados serão bem menores do que os reatores atuais, por motivos de segurança e financeiros.

FIGURA 14.28 Os sistemas de segurança passivos para um pequeno LWR são baseados em um tanque de água elevado que envolve o reator. Se os sistemas normais de remoção de calor ficarem indisponíveis, o calor do decaimento é removido do núcleo pela circulação do refrigerante do vaso do reator através de um condensador de isolamento submerso no tanque. Se um Loca ocorresse, o vapor do reator seria liberado no tanque para despressurizar o sistema de resfriamento do reator. Uma vez atingida a despressurização, a água do tanque elevado pode escoar para dentro do vaso do reator para um resfriamento de longo prazo.

Fonte: *Epri Journal*.

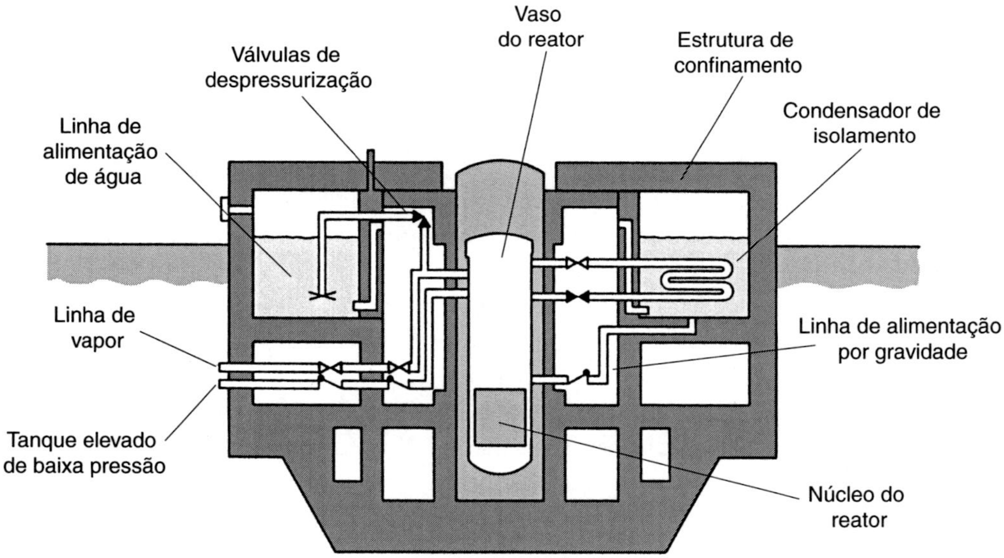

Outro novo tipo de reator nuclear é o modular de alta temperatura refrigerado a *gás high temperature gas reactor* – HTGR – na realidade, sua ideia esteve presente desde a década de 1940). Esse reator, também conhecido como *pebble bed modular reactor*, é pequeno (cerca de 150-200 MW) e projetado para ser imune ao derretimento no caso de ocorrer um Loca. Uma de suas características-chave é o uso de grânulos cerâmicos do tamanho de bolas de tênis, feitos de milhões de gramas de urânio, que são revestidos de invólucros individuais de grafite. Tais grânulos não podem derreter a temperaturas que podem ocorrer dentro do núcleo (1.500 °C). O HTGR usa hélio como refrigerador e opera em ciclo turbina-gerador a temperaturas mais altas que o vapor, conseguindo, assim, maior eficiência (40% a 45%)

que os reatores LWR convencionais. A saída do reator é controlada por meio de alterações na taxa de fluxo do gás hélio, não utilizando barras de controle como no LWR. Outra característica "passiva" de segurança é a baixa densidade do combustível. Na medida em que o núcleo se torna mais quente, o combustível espalha-se, separando-se, e a taxa de reação diminui. Três ou quatro dessas pequenas unidades modulares podem ser construídas em conjunto para ter uma capacidade de saída similar a uma grande central comercial.

Embora os reatores a água leve sejam de longe a maioria dos reatores utilizados nos Estados Unidos, diversos outros tipos de refrigerantes ou moderadores estão em uso ao redor do mundo. No Canadá, o reator preferido utiliza água pesada (na qual o isótopo mais pesado, deutério, substitui o hidrogênio) como o moderador refrigerante. A vantagem de se utilizar a água pesada é que o deutério tem uma seção de corte para a captura do nêutron que corresponde a $\frac{1}{600}$ da do hidrogênio. Assim, o urânio não enriquecido, ou natural, pode ser utilizado como combustível, porque a reação em cadeia gera nêutrons suficientes para que seja autossustentável. Esse reator canadense, chamado **CANDU**, tem um esquema parecido com o PWR. O fluido no circuito secundário é a água comum. A eficiência global do CANDU é de aproximadamente 29%. O reabastecimento *on-line* (isto é, enquanto o reator está em operação) é possível. Embora o custo da água pesada seja alto, a experiência canadense até hoje mostra que o custo da eletricidade assim produzida é substancialmente menor do que em um LWR.

Outro tipo de reator é o **reator regenerador.**[37] Esse tipo não é novo, nem é utilizado nos Estados Unidos, mas está em uso na França, Rússia e Japão. Ele tem esse nome porque "regenera" ou produz mais combustível do que o que consome. É como se você colocasse 3 galões de gasolina em seu carro, andasse ao redor da cidade, e retornasse com 4 galões de combustível. Mas não se preocupe, a energia ainda é conservada. O regenerador pode produzir combustível suficiente para sua própria operação e gerar material físsil suficiente para outros reatores. Isso é feito principalmente pela conversão do isótopo não físsil urânio-238 em plutônio físsil, fazendo, assim, maior uso do potencial energético do urânio natural. Os reatores nucleares atuais "queimam" apenas o urânio-235, que constitui somente 0,7% do urânio natural. O desenvolvimento bem-sucedido do regenerador asseguraria a um país com acesso ao urânio um suprimento praticamente ilimitado de energia. Porém, como já assinalado, o crescimento da energia nuclear tem sido muito menor do que se esperava, por isso não existe muita pressão sobre as reservas de urânio, e, portanto, o interesse nos reatores regeneradores tem diminuído. Basicamente, um regenerador converte um pouco do isótopo (normalmente não físsil) ^{238}U no isótopo físsil ^{239}Pu. Isso ocorre por meio da seguinte série de passos:

$$^{238}_{92}U + n \rightarrow \, ^{239}_{92}U \xrightarrow{\beta} \, ^{239}_{93}Np \xrightarrow{\beta} \, ^{239}_{94}Pu$$

[37] No original é utilizado o termo *breeder*, que vem do verbo *to breed*, reproduzir-se, e pode ser interpretado como regenerador. (N.T.)

Um nêutron capturado por ^{238}U forma ^{239}U, que tem uma meia-vida de 23 minutos; este decai em netúnio-239 por decaimento beta (meia-vida de 2,4 dias), que por sua vez decai em plutônio-239, com uma meia-vida de 24.400 anos.

Nesse ponto você pode estar se perguntando por que essa reação também não ocorre nos reatores a água leve (LWR) atuais. A resposta é: ela ocorre, mas não muito eficientemente. Reatores atuais de 1.000 MWe produzem aproximadamente 200 kg de plutônio por ano. Porém, não se produz plutônio-239 suficiente para substituir o combustível que é destruído. Os regeneradores são construídos para maximizar a quantidade de plutônio físsil produzida; ao contrário dos LWR, eles produzem mais material físsil do que o utilizado.

Os regeneradores utilizam nêutrons "rápidos" ou de alta energia para executar essa tarefa. Nêutrons rápidos têm uma maior chance de ser capturados pelo ^{238}U do que pelo ^{235}U. Quando a fissão ocorre com nêutrons rápidos, o número de nêutrons produzidos em média é maior do que na fissão com nêutrons lentos (2,9 comparado a 2,4 por evento de fissão), portanto, a eficiência de regeneração é aumentada. O objetivo é produzir nêutrons suficientes para sustentar a reação em cadeia e criar uma quantidade de plutônio que vai ao menos substituir os núcleos de ^{235}U ou ^{239}Pu que são utilizados. Para apenas manter a reação em cadeia e substituir os núcleos fissionados, dois nêutrons devem ser capturados por fissão. O excesso de nêutrons acima de dois poderia, então, ser utilizado na produção de material físsil adicional. O significado desse processo é que estamos convertendo ^{238}U em um combustível útil, o ^{239}Pu, em vez de apenas utilizarmos o ^{235}U. O regenerador promete utilizar 60% da energia do urânio natural, em vez dos atuais 1% a 2% do LWR, amplificando assim as reservas de urânio por um fator de 50.

Como uma das finalidades da água no LWR é desacelerar os nêutrons da fissão de forma que sua chance de captura pelo ^{235}U seja mais alta, um refrigerante diferente deve ser usado nos reatores regeneradores; o mais utilizado atualmente é o sódio líquido, um metal. O núcleo de sódio tem uma massa maior do que a dos núcleos de hidrogênio ou oxigênio da água; portanto, ele não vai desacelerar tanto os nêutrons (isto é análogo a uma bola de tênis que se choca com uma bola de boliche – a bola de tênis perde muito pouca energia). O sódio como refrigerante tem excelentes propriedades de transferência de calor. Uma desvantagem é que ele reage violentamente com a água (nas temperaturas do reator regenerador) e queima espontaneamente no ar. Assim, esforços adicionais têm de ser feitos para se evitar vazamentos no sistema de refrigeração. Esse tipo de reator reprodutor é chamado de reator regenerador rápido a metal líquido (LMFBR).[38]

---

[38] Do inglês *liquid metal fast breeder reactor.* (N.T.)

K. PROLIFERAÇÃO NUCLEAR

Outra preocupação com o uso comercial da energia nuclear é a possível utilização de seus subprodutos para a construção de armas nucleares. Aos olhos de muitos, sempre houve um elo entre energia e armas nucleares. De fato, o desenvolvimento da energia nuclear teve início na década de 1950 como consequência do programa de armas nucleares (o programa "Átomos pela Paz" do presidente Dwight Eisenhower). Hoje, a Coreia do Norte e o Irã são dois países cujos reatores nucleares (completados ou em construção) estão no coração de programas que parecem assentados na construção de armas nucleares.

Bombas de fissão simples são feitas com ^{235}U ou ^{239}Pu muito puros (90%). As massas críticas são de aproximadamente 10 kg e 5 kg, respectivamente. O combustível utilizado em um LWR convencional é enriquecido a apenas 3% de ^{235}U aproximadamente. O material adequado para armamentos pode ser preparado com elementos de combustível novos somente pelo processo de enriquecimento, caro e de alto consumo de energia. Durante a operação de um reator, entretanto, o ^{239}Pu é produzido a uma taxa de 200 kg/ano em cada usina de 1.000 MWe. O processo de separação do Pu dos elementos de combustível exauridos é mais simples do que o enriquecimento do urânio, além de ser bem conhecido, embora não seja de fácil execução. Se um país decidisse adquirir material utilizável em armas nucleares, ele provavelmente determinaria que é mais fácil construir um reator "de pesquisas" movido a urânio natural, projetado para fornecer anualmente o plutônio suficiente para diversos artefatos. (Um exemplo é o reator indiano, que permitiu àquele país detonar um artefato nuclear em 1974.)

FOCO EM 14.3

PROLIFERAÇÃO PÓS-GUERRA FRIA

Uma das preocupações após a queda do comunismo é o redirecionamento de material para armamentos para as mãos de grupos terroristas e países não nucleares.

- Em 1990, a nova república da Ucrânia passou a ser o país com a terceira maior potência nuclear, tendo "herdado" 1.800 ogivas nucleares da URSS. Tal legado lhe dá um excelente poder de barganha para alavancar sua fraca economia. As ogivas nucleares podem ter sido devolvidas à Rússia em troca de suprimento de combustível nuclear.
- Cientistas nucleares russos, altamente sub-remunerados, são tentados por ofertas de nações que desejam desenvolver suas próprias bombas ou sistemas de mísseis. Já houve prisões de cientistas russos que tentavam contrabandear urânio altamente enriquecido para fora do país – em malas.

- A Coreia do Norte não permitiu a inspeção de seus reatores de pesquisas pelas Nações Unidas durante muitos anos, e pode ter plutônio armazenado suficiente para a construção de várias bombas.[39]
- A China tem melhorado sua capacidade de armamentos por meio da contratação de cientistas russos para desenvolver uma versão de seu foguete SS25 com múltiplas ogivas.

Durante os anos da Guerra Fria, a URSS exercia um controle estrito sobre seus materiais nucleares e pessoal. Aqueles tempos mudaram.

O Tratado de Não Proliferação de Armas Nucleares (adotado em 1970) estabelece que seus signatários "não deverão construir ou adquirir de outra forma armas nucleares ou outros dispositivos explosivos nucleares". Porém, embora a maioria dos países tenha endossado o tratado, alguns não o fizeram, incluindo a Índia, Paquistão, Israel e Coreia do Norte. O Irã garante que pretende produzir eletricidade com seus reatores, não armas. Entretanto, algumas de suas atividades parecem voltadas à produção de armas. A Coreia do Norte, durante anos, insistiu que não usaria seus reatores para produzir armas com base no plutônio. Em 2003, seu governo anunciou que possuía armamento nuclear.

A possibilidade de um grupo terrorista adquirir material com grau de armamento nuclear é sempre uma preocupação. Mas o perigo de que bombas terroristas sejam feitas com material norte-americano roubado é pequeno. Lembre-se de que todos os elementos de combustível exaurido são radioativos, e que a separação química do plutônio do urânio e dos fragmentos de fissão seria difícil para um grupo terrorista. Ainda assim, uma simples bomba construída com plutônio de reatores poderia ter a potência de algumas centenas de toneladas de TNT – dez vezes a potência de uma bomba convencional da Segunda Guerra. Uma preocupação desde o 11 de setembro é quanto à construção de uma "bomba suja", um artefato com material radioativo que possivelmente contaminaria uma área; não seria uma explosão nuclear.

O reprocessamento e a reciclagem do plutônio aumentam muito as oportunidades de roubo e chantagem nuclear. Uma **economia do plutônio** com reprocessamento e reciclagem envolveria o transporte de milhares de quilos de plutônio por ano, do reprocessamento para a fabricação de elementos de combustível e daí para as usinas. Como consequência, o sistema poderia ser vulnerável a roubos e desvios. A inspeção de instalações com reatores, mesmo em países signatários do Tratado de Não Proliferação de Armas Nucleares, seria complicada e difícil. Porém, alguns países com instalações nucleares mostram-se inclinados a uma economia de plutônio. Suas fontes de energia não são diversificadas como as dos Estados Unidos, de forma que aumentar a capacidade de reciclagem do combustível nuclear é importante para eles. O desenvolvimento de reatores regeneradores também contribuiria

[39] Mais recentemente, no início de 2003, o governo da Coreia do Norte não só admitiu possuir ogivas nucleares, como também mísseis capazes de transportá-las a qualquer parte do planeta. (N.T.)

para um aumento na disponibilidade de plutônio, já que eles estariam produzindo plutônio para a utilização em reatores LWR convencionais.

Em resumo, a conexão entre instalações nucleares comerciais e armas nucleares é tênue. Historicamente, programas de armamentos têm utilizado reatores de pesquisa, e não reatores comerciais, para a produção de plutônio. A proliferação de instalações de enriquecimento poderia colocar urânio altamente enriquecido, provavelmente o material mais fácil de ser utilizado na construção de uma bomba, ao alcance de nações não nucleares. O reprocessamento e a reciclagem do plutônio requerem grandes esforços internacionais para assegurar que o desvio e o roubo não aumentem os riscos de guerra e terrorismo nucleares.

L. RESUMO AMBIENTAL E ECONÔMICO DA ENERGIA NUCLEAR

A maior parte deste capítulo foi dedicada à descrição dos princípios por trás da operação de usinas nucleares, o ciclo do combustível nuclear, e a questão da segurança dos reatores. Qualquer avaliação final do papel da energia nuclear nos anos vindouros precisa considerar o quadro de disponibilidade-demanda total de energia, bem como o impacto ambiental total do uso da energia. Esse quadro foi desenvolvido ao longo deste livro, mas, para auxiliar na comparação entre as alternativas de fornecimento de energia, é útil a esta altura compararmos as consequências ambientais e econômicas da energia nuclear e do carvão na produção de eletricidade.

TABELA 14.6 IMPACTOS AMBIENTAIS ANUAIS ASSOCIADOS A UMA USINA DE 1.000 MWE.*

Impacto	Carvão	Nuclear (LWR)
Uso da terra (acres)	17.000	1.900
Descargas de água (toneladas)	40.000	21.000
Emissões de CO_2 (toneladas)	6×10^6	0
Emissões no ar (toneladas)	380.000	6.200
Emissões radioativas (curies)	1	28.000
Saúde ocupacional Mortes Lesões	 0,5 – 5 50	 0,1 – 1 9
Total de fatalidades (população e trabalhadores)	2 – 100	0,1 – 1

*Inclui extração, processamento, transporte e conversão. Carvão extraído por mineração de superfície.

Fonte: WASH-1.250 e Ann. Nuclear Energy, 13, 173, 1986.

O impacto ambiental de cada sistema elétrico inclui: (a) o uso da terra na extração, processamento e conversão (pela eletricidade) do combustível; (b) a poluição do ar associada à conversão; (c) a emissão de radiação durante a operação normal ou em caso de acidente; (d) os fatores de saúde ocupacional associados à extração, ao processamento e à conversão do combustível; e (e) o armazenamento de resíduos sólidos ou resíduos armazenados. Esses itens estão resumidos na Tabela 14.6 para uma usina de 1.000 MWe (operando a 75% de sua capacidade), usando urânio ou carvão como combustível.

Se a mineração de superfície for utilizada para fornecer o carvão com baixo teor de enxofre necessário à usina elétrica, então 17 mil acres-ano por usina de 1.000 MWe terão de ser minerados. O efeito da poluição térmica sobre a vida aquática é um problema tanto para as usinas nucleares quanto para as movidas a combustível fóssil. A usina nuclear emite aproximadamente 40% a mais de calor residual por causa de sua menor eficiência (veja o Capítulo 15). Usinas movidas a carvão também emitem radiação, como resultado da presença de urânio e tório radioativos no carvão. O número de curies emitidos depende do tipo de carvão sendo queimado e do equipamento de controle da poluição.

Os riscos ocupacionais à saúde na mineração de carvão, especialmente no subsolo, são conhecidos há muitos anos (incluindo a doença do pulmão negro e os desmoronamentos), mas foram reduzidos graças aos padrões de segurança exigidos pelo governo. Os riscos à saúde da população em geral como resultado da emissão de poluentes não são muito bem conhecidos. Em contraste com a energia nuclear, pouca avaliação governamental tem sido feita dos riscos associados a sistemas de potência baseados em combustíveis fósseis. Uma usina queimando carvão emite algumas centenas de milhares de toneladas por ano de dióxido de enxofre, óxidos de nitrogênio e particulados o Capítulo 8 trata da poluição do ar). É muito difícil determinar os efeitos dessas emissões sobre a saúde pública, especialmente em níveis muito baixos. A dose que alguém recebe depende de se estar em ambiente fechado ou ao ar livre, do clima, e do tipo de poluente. Alguns elementos encontrados em emissões de particulados são essenciais à saúde em certas concentrações, porém tóxicas em níveis mais elevados. Durante o trânsito dos poluentes, sua natureza (tamanho e composição) pode variar, levando a mudanças significativas de toxicidade. Para uma usina individual (1.000 MWe movida a carvão) que esteja em conformidade com os novos padrões de emissão por causa de dispositivos de controle adequados, o número de mortes prematuras na operação completa (da mineração à geração) é estimado em duas a cem por ano para os trabalhadores e a população. (Mortes no serviço representam 0,5 a 5 desse total). No caso da poluição do ar, provavelmente se deve também considerar doenças não fatais e o desconforto causado por doenças respiratórias.

Os efeitos da emissão de radiação (discutidos no Capítulo 15) são obtidos de estudos do efeito da radiação em animais e dos bombardeios de Hiroshima e Nagasaki. Sabe-se muito mais acerca dos efeitos da radiação do que das substâncias químicas em baixa concentração. Estima-se que o número de mortes por radiação em consequência do efeito combinado de todas as usinas nucleares e instalações de reprocessamento nos Estados Unidos vai totalizar cerca de dez por ano, ou aproximadamente 0,01 a 0,2 morte prematura por usina de 1.000 MWe por ano. (Esses cálculos também incluem acidentes catastróficos. Com o pior acidente possível tendo uma probabilidade de uma ocorrência a cada bilhão de anos, aproximadamente 0,02 morte por reator por ano seria esperada.) Para uma usina individual de 1.000 MWe, 0,1 a 1 morte por acidente ocupacional por ano é estimada (devemos tomar cuidado ao usar tais números, pois há grandes incertezas nas análises, conforme já mencionamos).

Como conclusão, os efeitos à saúde e ambientais da operação de uma usina movida a carvão são aparentemente maiores do que na opção pela energia nuclear, embora as incertezas sobre acidentes catastróficos, o descarte de resíduos radioativos de alto teor e a proliferação nuclear possam embaçar essas conclusões na mente de muitos. Tais impactos ambientais não incluem outros riscos que possam existir. Para o carvão (veja o Capítulo 9), esses riscos incluem o aquecimento global como resultado da emissão de CO_2 (o efeito estufa) e o efeito sobre lagos e a vegetação por causa da chuva ácida, coisas que nos afetam global e localmente e devem ser os fatores mais importantes.

Sob vários aspectos, a discussão sobre a economia da energia nuclear hoje em dia, em tempos de desregulamentação das companhias de energia, é supérflua. No passado não tão distante da indústria de eletricidade, uma companhia podia construir uma usina elétrica e, então, estabelecer preços a fim de recuperar seu investimento. Não havia concorrência. Agora, com a competição na geração de eletricidade, o custo é uma preocupação central. E as usinas nucleares são muito mais caras de se construir do que as movidas a carvão. Porém, algumas visões econômicas e históricas podem ser úteis aqui.

O **custo de operação** de uma usina geradora é constituído pelo custo de investimento na usina (amortização do capital inicial ao longo do tempo de vida da usina), pelo custo de operação e manutenção, e do combustível. (O custo de capital responde por aproximadamente 70% do custo da eletricidade produzida por um LWR, enquanto em uma usina movida a carvão ele responde por 35% a 40%.) O preço do combustível desempenha um papel muito menor no custo operacional de uma usina nuclear, respondendo por 5% a 10% para usinas nucleares, contra 50% a 60% para usinas a carvão.

Na metade da década de 1970, os custos de construção eram de US$ 600/kW para uma usina a carvão e US$ 730/kW para uma usina nuclear. Em 1986, os custos de uma usina nuclear haviam subido para US$ 4.000/kW! Essa elevação se deu tão rapidamente por causa do aumento da mão de obra e dos materiais, maiores taxas de juros e de inflação, atrasos na construção em virtude de restrições legais e ambientais, e um aumento na complexidade das usinas por causa da preocupação com a segurança. Estimativas de custos de construção de usinas nucleares em 2008 apresentam-se entre US$ 5.000 a US$ 6.000/kW, incluindo o terreno, as torres de refrigeração e as linhas de transmissão. O custo é um dos principais motivos pelos quais nenhum reator nuclear é encomendado nos Estados Unidos desde 1979. Existem também alguns gastos ocultos na construção de usinas nucleares que não estão incluídos nesses números – por exemplo, a pesquisa que tem sido feita pelo governo federal norte-americano ao longo dos anos sobre segurança nuclear e gerenciamento de resíduos. Também há uma quebra no seguro de responsabilidade espacial exigido pelas companhias proprietárias de usinas nucleares, que é limitada pela lei (Lei Price-Anderson) a um certo valor máximo.

Enquanto a construção de novas usinas nucleares nos Estados Unidos parece improvável em um futuro próximo, em razão dos custos de capital, tem havido vendas de muitas usinas existentes a partir de 1999 e 2000. As companhias começaram a se desfazer de suas instalações geradoras. Usinas nucleares têm sido vendidas a grandes corporações norte-americanas por US$ 0,20 por dólar em alguns casos. A perda ("custos encalhados") que uma companhia teria nessa venda é repassada ao consumidor na maioria dos casos. Assim, em novas mãos, com custos baixos, de combustível um bom histórico operacional e fatores de alta capacidade, a energia nuclear torna-se bastante competitiva com os combustíveis fósseis. A Tabela 14.7 examina custos estimados (em 2015) para a eletricidade gerada por carvão, gás (ciclo combinado de alta eficiência), vento (energia eólica) e reatores nucleares. Esses custos são formados por valores de capital, de operação e manutenção, e de combustível. A nuclear é a alternativa mais cara, mas somente por 10% a 15%.

TABELA 14.7 CUSTOS DA ELETRICIDADE PARA AS NOVAS USINAS, 2015 (EM MILLS POR KWH)***.

Combustível	O&M*	Capital	Combustível, transporte	Total
Carvão	11	30	11	52
Gás-CC**	5	11	34	50
Eólica	16	42	–	58
Nuclear	10	47	6	63

*O&M = Operação e manutenção.

**CC = Central a ciclo combinado.

*** 1mill = 0,1 U.S. *cents*.

Fonte: U.S. Energy Information Administration

Usinas nucleares foram construídas na década de 1970 porque as companhias desejavam ter uma mistura de combustíveis em seu portfólio de geração de energia. Com a demanda de eletricidade nos Estados Unidos crescendo a uma taxa de 1% ao ano, seriam necessários 25 novos reatores nucleares até 2035 para manter a mesma porcentagem de sua participação atual de 20% na geração de energia elétrica. Isso significa a construção de algo como 1 reator por ano a partir de 2015. Em várias partes dos Estados Unidos, a experiência das companhias nessa década, utilizando unidades a carvão e nucleares, mostrou que os custos de geração de eletricidade com carvão eram ligeiramente mais altos por quilowatt-hora do que a energia nuclear. Esse número se inverteu na década de 1980 por causa dos motivos citados anteriormente. A preocupação com o meio ambiente (incluindo o aquecimento global) também tem levado alguns países a continuar a construção de usinas nucleares, como é o caso da China (duas por mês) (veja a Tabela 14.1).

M. RESUMO

A energia nuclear fornece aproximadamente 20% da eletricidade gerada nos Estados Unidos. Uma usina nuclear utiliza urânio enriquecido a 3% de ^{235}U. O calor liberado durante a fissão do ^{235}U é removido pela água no núcleo do reator. Em um reator a água fervente (BWR), essa água é convertida em vapor, que é usado para mover um gerador a turbina. Em um reator a água pressurizada (PWR), a água em contato com o combustível permanece na fase líquida e transfere energia através de um trocador de calor para ferver água, que é usada no gerador a turbina. Se a circulação dessa água através do núcleo for interrompida, como em um acidente com perda de refrigerante (Loca), pode ocorrer superaquecimento e derretimento do núcleo. Um sistema de emergência de resfriamento do núcleo (ECCS) é projetado para fornecer água sobressalente no caso de tal emergência.

Uma preocupação com a energia nuclear diz respeito ao descarte do resíduo radioativo de alto teor. Alta atividade e meias-vidas longas fazem com que o aterro isolado por milhares de anos seja importante. O aterro em formações geológicas estáveis parece ser a escolha da maioria dos países. Somada a essa questão, e à que diz respeito à economia da energia nuclear, a percepção dos riscos da energia nuclear está sempre presente. Falhas humanas, causas naturais e fatores técnicos estão envolvidos nessa questão. Preocupações com o aquecimento global e os custos de construção reduzidos, possibilitados pela adoção de projetos mais genéricos e pela facilitação dos procedimentos de obtenção de licenças de funcionamento, podem fazer com que a indústria nuclear entre novamente em expansão, mas o mais provável é que fatores econômicos e a desativação de usinas envelhecidas reduzam a contribuição da energia nuclear pela metade nas próximas duas décadas.

COMO VOCÊ ESCOLHERIA? – REVISITADO

Neste ponto do texto, você examinou o potencial para energias renováveis, os efeitos ambientais do uso de combustíveis fósseis e a variedade de combustíveis que fazem parte do "mix" usual da capacidade de geração de energia elétrica. A deficiência de geração que ocorrerá na Alemanha nos próximos 10 anos em virtude da desativação de usinas nucleares será preenchida por renováveis, especialmente energia eólica. Após ler este capítulo, você mudaria seu ponto de vista sobre a Alemanha ter feito ou não uma boa escolha? Devemos basear nossa decisão nos eventos de Fukushima? Que questões deveriam ser formuladas aos políticos que fizeram essa política?

QUESTÕES

1. Por que um reator convencional não é capaz de explodir como uma bomba?
2. Quais são os dois papéis principais da água na operação de um reator?
3. O que é um sistema passivo de segurança de um reator?
4. Se a água no núcleo de um BWR torna-se muito quente, o que acontecerá com a potência gerada pelo reator? Por quê?
5. Se a temperatura do vapor em um PWR é 315 °C (600 °F), qual é a máxima eficiência obtida pela usina?
6. Por que a eficiência de uma usina nuclear é menor do que a de uma usina elétrica movida a carvão? O que isso nos diz a respeito do calor emitido por duas dessas usinas com a mesma potência gerada?
7. Por que o urânio não sofre reações em cadeia espontâneas na natureza?
8. Por que os resíduos radioativos permanecem termicamente quentes por milhares de anos?
9. Como a radiação é emitida para o meio ambiente durante a operação normal de um BWR?
10. Por que existe tamanha controvérsia sobre a exportação de tecnologia de usinas de reprocessamento?
11. Quais são as diferenças entre resíduos radioativos de baixo e de alto teor?
12. Quais são os argumentos a favor e contra o armazenamento permanente de resíduos radioativos em formações geológicas, como leitos de sal, por exemplo?
13. Forneça argumentos a favor e contra a afirmação de que o aterro de resíduos radioativos é uma carga injusta para ser deixada para as gerações futuras.
14. Que desvantagens para a população ocorreriam se as atividades que produzem resíduos radioativos de baixo teor fossem severamente restringidas? Por que isso poderia ser popular hoje em dia? Discuta.
15. A análise de energia líquida de qualquer tecnologia energética é importante. Você não quer colocar mais energia no sistema do que a que retira. Escreva uma expressão geral para a taxa líquida de energia para reatores nucleares, isto é, a razão entre a geração total de energia e a entrada de energia necessária para obter tal potência de saída (ou seja, as etapas do ciclo do combustível, mineração, construção do reator). Essa taxa deve ser maior do que 1. (Ao contrário da definição de eficiência da usina, essa taxa não inclui o conteúdo de energia térmica do urânio combustível.)
16. Se a probabilidade de ser morto em um acidente de avião é muito maior do que a de morrer como resultado de um acidente nuclear, então por que todos os

aviões não são paralisados até que seus dispositivos de segurança sejam drasticamente melhorados? Discuta.

17. Que dispositivos de segurança seriam utilizados se a circulação de água de refrigeração fosse interrompida (por exemplo, um tubo partido) em um BWR?

18. Faça uma lista da contribuição, aos gases do efeito estufa, do ciclo completo do combustível nuclear.

19. O que significa "efeitos climáticos globais"?

20. Que porcentagem de energia em seu estado é gerada por meio de energia nuclear?

21. Investigue as mudanças de proprietários das usinas nucleares de seu estado.[40] Qual foi o preço pago pela usina em cada caso? Que fração do preço original isso representa? Que porcentagem da eletricidade em seu Estado é gerada por energia nuclear?

22 De forma análoga à avaliação de risco fornecida com relação à energia nuclear, enumere os riscos que você enfrenta no seu *campus*. Quais são as probabilidades de que você corra certos riscos?

23. Faça uma lista da contribuição, às emissões radioativas, do ciclo completo da geração de eletricidade por centrais a carvão mineral.

ATIVIDADES COMPLEMENTARES

1. A moderação dos nêutrons da fissão pela água no interior do núcleo do reator pode ser simulada por colisões de objetos de aproximadamente mesma massa. Tente fazer isso com duas bolinhas de gude, duas esferas de rolamento de aço ou duas bolas de bilhar. Observe a transferência de velocidade entre a bola em movimento (o nêutron) e a bola estacionária (o núcleo de hidrogênio). Se a bola em movimento for a de gude, o que ocorre em uma colisão com um corpo mais massivo, como a esfera de aço?

2. Utilizando o mapa dos Estados Unidos da Figura 14.2, ou informações mais atuais, localize a usina nuclear mais próxima de você. Ela é PWR ou BWR? Informe-se sobre o seu tamanho, seu custo, data de início de operação, armazenagem de elementos de combustível exaurido e o custo da eletricidade gerada (centavos por kWh).[41]

---

[40] Trata-se claramente de uma questão direcionada ao estudante norte-americano. Você pode escolher um Estado norte-americano para responder à questão. (N.T.)

[41] Sugerimos ao estudante brasileiro que procure informações sobre as usinas de Angra I e Angra II no Brasil, e de outras usinas na América do Sul. (N.T.)

COM O FOCO NO BRASIL: ENERGIA NUCLEAR – FISSÃO

ENERGIA NUCLEAR NO CENÁRIO ENERGÉTICO ATUAL DO BRASIL

No Brasil, como já visto em Com o Foco no Brasil do Capítulo 7 "Energia de combustíveis fósseis", a participação da energia nuclear na matriz energética, no momento, limita-se à aplicação de geração de energia elétrica nas usinas de Angra dos Reis (Angra I, Angra II e a decisão pelo término de Angra III).

A tabela a seguir, do Balanço Energético Nacional 2012, BEN 2012, ilustra a participação dos referidos combustíveis na oferta de energia para os anos 2010 e 2011 e permite verificar a pequena participação percentual dos combustíveis nucleares, de 1,54%, em 2011.

OFERTA INTERNA DE ENERGIA (10^3 TEP).

	2010	2011
Petróleo e derivados	101.714	105.172
Gás natural	27.536	27.721
Carvão mineral e coque	14.462	15.449
Urânio (U_3O_8)	4.187	4.187
ENERGIA NÃO RENOVÁVEL (10^3 tep)	**147.586**	**152.529**
Energia hidráulica e eletricidade	37.663	39.923
Lenha e carvão vegetal	25.998	25.997
Derivados da cana-de-açúcar	47.102	42.777
Outras renováveis	10.440	11.113
ENERGIA RENOVÁVEL (10^3 tep)	**121.203**	**119.809**
TOTAL (10^3 tep)	**268.721**	**272.338**

Fonte: Balanço Energético Nacional, 2012, EPE.

Até o momento, a energia nuclear no Brasil limitou-se às centrais de Angra dos Reis. As usinas de Angra dos Reis I (657 MW) e Angra II (1.350 MW) estão em operação e, recentemente, decidiu-se pelo prosseguimento da construção da usina Angra III. Um forte argumento para essa decisão, além do fato de investimentos já terem sido feitos e equipamentos adquiridos, foi a importância de manter e permitir a evolução da capacitação tecnológica já alcançada no Brasil, inclusive quanto ao ciclo do combustível nuclear. Como na maior parte do mundo, aqui também a geração de energia nuclear tem encontrado grande oposição não só devido aos altos custos, como também pelos sérios problemas associados ao "lixo atômico" e à segurança, que têm levado a grandes esforços de pesquisa para "melhorar" esse tipo de energia internacionalmente. Novos conceitos de pequenas centrais nucleares, autosseguras e com lixo nuclear mais facilmente manejável, têm sido desenvolvidos com o argumento de que talvez se tornem atrativos e competitivos em médio prazo. No Brasil, recentemente, têm sido veiculadas notícias sobre a retomada de algum programa nuclear.

Atualmente, as centrais nucleares configuram unidades de grande potência instalada, o que pode ser visto na tabela a seguir que apresenta as dez maiores termelétricas em operação no Brasil, ressaltando a participação de Angra I e Angra II.

DEZ MAIORES TERMELÉTRICAS ATUALMENTE EM OPERAÇÃO NO BRASIL.

NOME	MW	LOCAL	COMBUSTÍVEL
Angra II	1.350	Angra dos Reis, RJ	Nuclear
Gov. Leonel Brizola	1.058	Duque de Caxias, RJ	Gás natural
Santa Cruz	1.000	Rio de Janeiro, RJ	Gás natural
Mario Lago	923	Macaé, RJ	Gás natural
Norte Fluminense	869	Macaé, RJ	Gás natural
Angra I	657	Angra dos Reis, RJ	Nuclear
Uruguaiana	640	Uruguaiana, RS	Gás natural
Jorge Lacerda III e IV	625	Capivari de Baixo, SC	Carvão mineral
Sepé Tiaraju	563	Canoas, RS	Gás natural
Mauá (Manaus) Blocos I a IV	553	Manaus, AM	Óleo diesel

Fonte: ANEEL – Agência Nacional de Energia Elétrica.

REFERÊNCIAS

REIS, L.B.; FADIGAS, E.A.; CARVALHO C.E. *Energia, recursos naturais e a prática do desenvolvimento sustentável*. Barueri: Manole, 2012.

REIS, L.B. *Geração de energia elétrica*. Barueri: Manole, 2011.

SITES, DOCUMENTOS E INFORMAÇÕES

Empresa de Pesquisa Energética. Balanço Energético Nacional. Disponível em: <www.epe.gov.br>. Acesso em: 16 jan. 2014.

ANEEL. Disponível em: <www.aneel.gov.br>. Acesso em: 16 jan. 2014.

CAPÍTULO 15

EFEITOS E USOS DA RADIAÇÃO

Conteúdo

COMO VOCÊ ESCOLHERIA?

Experimentos com Radiação nos Estados Unidos

Nos anos seguintes ao término da Guerra Fria e à queda do comunismo, uma grande quantidade de informação relacionada a experiências norte-americanas com radiação ionizante durante o período dos anos 1940 aos 1970 aflorou. Alguns exemplos:

- Pessoas, mantidas na ignorância dos fatos ou mal informadas, foram submetidas à radiação pela exposição direta durante testes da bomba atômica em Nevada ou à injeção de radioisótopos.
- Alguns testes nucleares subterrâneos nos anos 1940 foram assistidos por pessoas (civis e militares) estacionadas bem próximo aos locais desses testes.

Embora o número admitido de pessoas envolvidas nesses testes tenha sido pequeno (menos de mil), os cientistas tinham o direito de tratar seres humanos como porquinhos-da-índia?

A. INTRODUÇÃO

A menção da palavra "radiação" pode trazer à mente usinas nucleares, bombas nucleares e tubos de raios X. Tais tópicos certamente estão relacionados com "radiação", mas não são os únicos. A radiação (eletromagnética) está presente em todos os lugares, da luz solar às micro-ondas, passando pela radiação nuclear. Os sinais de rádio e televisão são emitidos utilizando ondas eletromagnéticas. É impossível evitar a exposição a algum tipo de radiação, porque ela vem em muitas formas, como ondas ou partículas, e também pode causar tanto efeitos benéficos quanto prejudiciais sobre as formas de vida. Nosso planeta está sujeito à radiação dos raios cósmicos desde que se formou. De fato, a chamada radiação de "fundo" provavelmente desempenhou um papel importante no desenvolvimento das formas de vida existentes, desde a mais simples célula. Apenas após a descoberta dos raios X por Wilhelm Roentgen, em 1895, é que a radiação artificial passou a ter importância para nossas sociedades.

Para os nossos propósitos, vamos estudar somente aquelas formas de radiação que *podem causar efeitos biológicos prejudiciais sobre os animais.* Na forma de ondas de rádio e luz visível carregam apenas pequenas concentrações de energia e, assim, dificilmente são danosas do ponto de vista biológico. Quando absorvida por tecido vivo, a energia existente nessas radiações é rapidamente convertida em calor, que faz as moléculas do tecido passarem a vibrar mais rapidamente, mas não provoca o rompimento do tecido ou algum tipo de reação química (uma exceção a esta regra é a fotossíntese das plantas, processo no qual dióxido de carbono e água, com o auxílio da luz solar, são combinados para produzir oxigênio e açúcares simples). A componente ultravioleta da radiação solar carrega mais energia e pode causar câncer de pele se ocorrer superexposição a ela. Radiações eletromagnéticas e de partículas com maior conteúdo energético podem fornecer a energia necessária para quebrar uma molécula ou expulsar um elétron de um átomo. Tal radiação energética é denominada **radiação ionizadora ou ionizante**, e é o tipo mais importante a ser considerado em nossos estudos sobre os efeitos da radiação.

B. DOSE DE RADIAÇÃO

A radiação ionizante vem de raios gama, raios X e de partículas carregadas, como os elétrons e as partículas alfa. A Tabela 13.1 listou as propriedades dessas radiações, incluindo suas capacidades de penetrar a matéria. Os raios gama e X não são carregados e, assim, não podem ionizar um átomo diretamente por meio de interações elétricas. Contudo, produzem elétrons indiretamente por causa de outras interações com a matéria.

TABELA 15.1 FATORES DE QUALIDADE (FQ) DE ALGUNS TIPOS DE RADIAÇÃO.

Tipos de Radiação	FQ
Raios γ e β	1
Nêutrons e prótons de baixa energia	5
Partículas α, nêutrons de alta energia e prótons	10–20

Nota: dose em rems = dose absorvida em rads × FQ.

Para entender os efeitos da radiação sobre os tecidos humanos, precisamos ter alguma forma de medir a quantidade de radiação fornecida. Por muitos anos após a descoberta dos raios X não existiu nenhuma forma adequada de medir a quantidade de radiação recebida. Os primeiros trabalhadores a lidar com os raios X observaram a ocorrência de queda de cabelos ou peles ulceradas nas áreas expostas a tais raios. Em alguns casos, anos depois ocorreu o desenvolvimento de câncer de pele. No início do século XX, uma exposição "aceitável" era a quantidade de raios X que simplesmente produzisse uma vermelhidão detectável na pele. Pelos padrões atuais, essa quantidade de radiação é considerada muitíssimo grande, especialmente porque efeitos observáveis demoram de semanas a anos para se manifestar. Muitos dos primeiros trabalhadores a lidar com radiação sofreram queimaduras ou morreram prematuramente de câncer. Atualmente, existem diversas unidades para se medir a dose de radiação a que algo ou alguém foi exposto. O **roentgen (R)** é uma medida da exposição à radiação e uma unidade proporcional à quantidade de ionização produzida no ar pelos raios X ou gama. No sistema de unidades SI, essa unidade foi substituída pelo coulomb/kg, onde 1 C/kg = 3.876 R. Para relacioná-la à dose biológica, é utilizada a unidade **rad** (sigla para *radiation absorbed dose*), que é a quantidade de radiação que fornece 100 ergs (1 erg = 10^{-7} J) de energia a um grama de tecido. (No caso dos raios X, 1 rad é aproximadamente igual a 1 roentgen.) No SI, a unidade para dose de radiação é o gray (Gy), que é igual a 1 J de energia depositada por 1 kg de material: 1 Gy = 100 rad.

Sabe-se que alguns tipos de radiação são mais efetivos que outros na produção de ionização. Por exemplo, 1 rad de partículas alfa produz aproximadamente de dez a vinte vezes mais efeito biológico que 1 rad de raios X ou de elétrons com o mesmo nível de energia. Isso acontece porque as partículas alfa possuem uma faixa muito menor e, dessa forma, concentram seus danos dentro de um volume muito menor. Essa relação é análoga às diferenças de danos que uma pessoa sofreria se fosse atingida por uma esponja de 20 g ou por uma lâmina de mesmo peso, considerando que ambas estivessem se deslocando à mesma velocidade. Para levar tais diferenças em consideração, criou-se uma unidade biológica de dano por radiação, o **rem** (sigla para *roentgen equivalent man*). A dose em rems é numericamente igual à dose em rads absorvida, multiplicada por um fator de qualidade, que depende do tipo de radiação.

Doses em rems = Dose absorvida em rads × fator de qualidade (*FQ*)

A razão entre rads e rems é chamada "fator qualitativo" ou "fator de qualidade" (FQ). Os valores de FQ de alguns tipos de radiação são mostrados na Tabela 15.1. A maior parte das doses de radiação são muito pequenas e, assim, utiliza-se a unidade "milirém" (1/1.000 rem, abreviado como mrem). A unidade de dose equivalente no SI é o **sievert** (Sv); 1 Sv = 100 rem, ou 1 micro Sievert (μSv

= 0,1 milirém, mrem). A Tabela 15.2 resume ambos os conjuntos de unidades de radiação.

Tabela 15.2 UNIDADES DE RADIAÇÃO.

Unidade	Definição
Para radioatividade	
curie (Ci)	$3{,}7 \times 10^{10}$ desintegrações nucleares/s
becquerel (Bq)	1 desintegração nuclear/s (unidade SI)
Para dose absorvida	
rad	100 ergs/g depositados
gray (Gy)	1 J/kg (unidade SI); 1 Gy = 100 rad
rem	rad × FQ (dose equivalente); 1 mrem = 10 μSv
sievert (Sv)	1 Sv = 100 rem (dose equivalente em SI) 1 μSv = 0,1 mrem

C. EFEITOS BIOLÓGICOS DA RADIAÇÃO

A célula é a unidade fundamental da vida. Um ser humano adulto médio possui cerca de 50 trilhões de células. Como acontece com o átomo, unidade fundamental da matéria, que é composto por blocos constituintes menores, a célula também possui uma estrutura complicada. Um diagrama simplificado de uma célula é mostrado na Figura 15.1. O núcleo é o centro de controle da célula. Lá residem os cromossomos, que carregam as "instruções" para o desenvolvimento celular. Uma célula humana normal contém 23 pares de cromossomos. Durante a divisão celular (mitose), cada cromossomo se duplica e, assim, cada nova célula será uma cópia exata da primeira, com um conjunto idêntico de cromossomos. As "instruções" para o desenvolvimento e a duplicação celular são encontradas nas longas cadeias moleculares do DNA (ácido desoxirribonucleico) localizadas dentro do núcleo.

A radiação ionizante tem energia suficiente para deslocar os elétrons atômicos e quebrar as ligações que mantêm as moléculas juntas. Provoca também uma série de reações químicas que precedem os efeitos biológicos. Alguns dos mais importantes eventos químicos ocorrem com a água (que forma 70% da célula). A molécula de água pode ser ionizada ou excitada, formando o que se chama de "radical livre". Um radical livre é uma molécula eletricamente neutra que possui um elétron desemparelhado altamente excitado em uma de suas camadas mais externas. É altamente reativo quimicamente e pode atacar moléculas da célula, levando à ocorrência de dano biológico.

FIGURA 15.1 DIAGRAMA DE UMA CÉLULA.

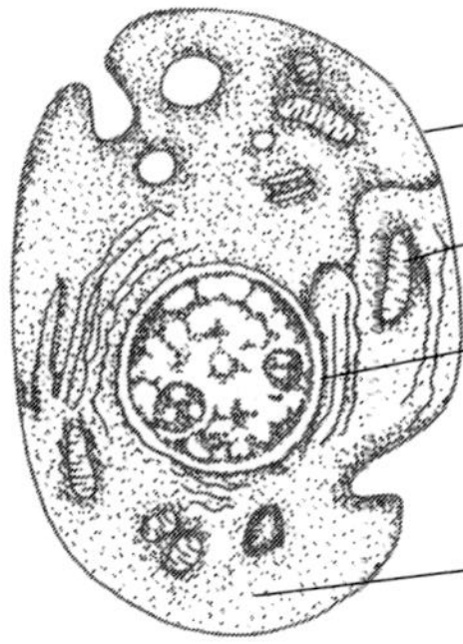

O dano ou alteração biológica de uma célula por causa da radiação pode induzir **efeitos somáticos** (aqueles que afetam o indivíduo exposto à radiação) ou **genéticos** (aqueles que afetam os descendentes do indivíduo exposto à radiação), dependendo do tipo de célula que sofreu a exposição. O dano provocado pela radiação na célula (como, por exemplo, o rompimento das ligações dentro de uma molécula de DNA) pode inibir o reparo celular porque a célula tem de "ler" as instruções contidas no código genético. O dano radioativo também pode inibir a divisão adequada de uma célula. Uma célula danificada pode crescer de maneira nova e descontrolada, passando a invadir e destruir as células ao seu redor, tornando-se um câncer. Câncer é uma doença provavelmente causada por uma combinação de diversos fatores, o que inviabiliza explicações muito simplificadoras. Um fator que pode estar envolvido com o aparecimento de um câncer é o ataque de vírus às células normais, fazendo que elas passem a se reproduzir descontroladamente. A radiação e outros agentes carcinogênicos (químicos e físicos) podem comprometer a resistência de uma célula saudável a esse vírus. Danos genéticos nas células reprodutivas produzem mutações que serão transmitidas aos descendentes do indivíduo afetado, apesar de, em muitos casos, isso não se tornar visível por algumas gerações.

Os efeitos de altas doses de radiação podem aparecer em algumas horas ou em alguns dias após a exposição, manifestando-se como náuseas, vômito e morte. Todavia, no caso de pequenas doses, efeitos como o câncer não são observados por 20 anos ou mais, o que dificulta o estabelecimento de relações quantitativas confiáveis entre causa e efeito. Experimentos com moscas-da-fruta e ratos têm sido usados para quantificar os efeitos de doses elevadas de radiação. A Figura 15.2 mostra um gráfico da porcentagem de sobreviventes em razão da dose de radiação aplicada a ratos. A taxa de mortalidade eleva-se juntamente com o aumento da dose aplicada, até que 100% dos ratos são afetados por doses elevadas. O ponto no qual 50% da população é afetada e morre (em semanas) é chamado "dose letal-50%", ou DL-50. A Figura 15.2 indica que a DL-50 para ratos é de cerca de 1.000 rads.

No caso dos seres humanos, a DL-50 é de aproximadamente 300 rads a 500 rads sobre todo o corpo. Uma dose dessas vai produzir uma alteração ou redução nas células sanguíneas e nos órgãos produtores de sangue, levando à ocorrência de náuseas, vômitos, suscetibilidade a infecções e morte em 50% das pessoas expostas dentro de um prazo de 30 dias. Doses superiores a 2.000 rads vão danificar o sistema nervoso central e levar à morte em poucos dias (veja a Tabela 15.3). Doses menores, da ordem de 100 rads ou menos podem causar náusea, queda de cabelo, feridas na pele e comprometer o sistema imunológico.

FIGURA 15.2 CURVA DE DISTRIBUIÇÃO DE DOSE-EFEITO PARA RATOS. O PONTO NO QUAL 50% DA POPULAÇÃO MORRE É DENOMINADO DOSE-LETAL 50, OU DL-50. NESTE EXEMPLO, SEU VALOR É DE CERCA DE 1.000 RADS.

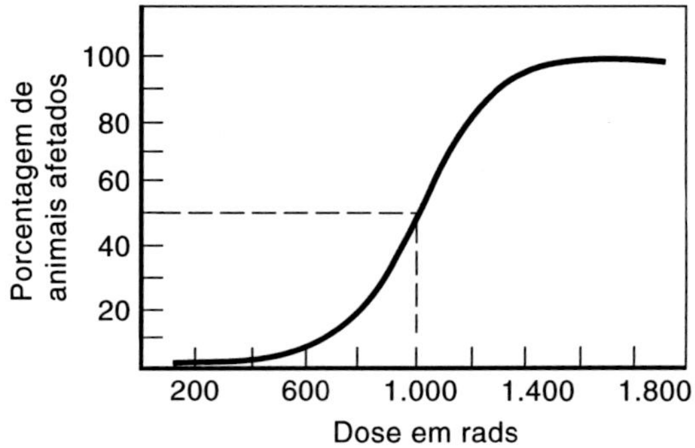

Os efeitos biológicos da radiação dependem de qual parte do corpo foi exposta. Mãos e pés podem receber doses maiores que praticamente todas as outras partes do corpo. Os tecidos mais sensíveis são a parede do intestino, o baço, as gônadas e a medula óssea. A parede intestinal é importante por ser a principal barreira contra as bactérias que habitam o intestino. Se ela for afetada, bactérias intestinais podem invadir a corrente sanguínea. Caso os leucócitos (células brancas do sangue, responsáveis pelo combate às infecções) da pessoa exposta à radiação também tenham tido seu número reduzido em virtude da exposição, então a infecção poderá ser fatal.

Para estabelecer padrões que regulem nossa exposição à radiação artificial, é importante conhecer os efeitos tanto de baixas quanto de altas doses de radiação sobre as populações humanas. Os efeitos sobre a saúde provocados por altos níveis de radiação já são bem conhecidos, mas existe pouca informação sobre os efeitos de níveis baixos. O único estudo completo sobre os efeitos da radiação sobre os seres humanos é decorrente das tragédias de Hiroshima e Nagasaki. Vinte e quatro mil sobreviventes receberam uma exposição média de 130 rem (1,35 v), com cerca de 120 casos de câncer adicionais se desenvolvendo entre eles nos 27 anos seguintes. Esse número chegou a 219 mortes por leucemia em 57 anos para a população exposta à exposição significativa – um aumento de 45% em relação ao que era esperado. O estudo de 60 anos de duração com os sobreviventes das bombas atômicas e seus descendentes produziu diversas curvas de dose-resposta somáticas e genéticas. Uma dessas curvas de efeito da radiação (veja a Figura 15.3) mostra a taxa anual de incidência de leucemia em função da dose total. Com base nesses dados, a taxa de incidência de leucemia é determinada como de aproximadamente dois casos por milhão de pessoas por ano por rem de radiação. Outras evidências da natureza carcinogênica da radiação são encontradas em estudos com trabalhadores de minas de urânio (que apresentam altas taxas de incidência de câncer de pulmão), com os primeiros usuários de aplicações médicas e odontológica de raios X, trabalhadores na fábrica de armas nucleares em Mayak (na antiga União Soviética) e com trabalhadores que pintavam mostradores luminosos de relógio. Neste último caso, a tinta contendo rádio era colocada nos números do relógio utilizando-se um pequeno pincel que, frequentemente, era levado à boca do pintor para ser umedecido. Esses trabalhadores apresentaram um crescimento acentuado de câncer ósseo com o passar do tempo.

TABELA 15.3 EFEITOS DA EXPOSIÇÃO DE CORPO INTEIRO EM SERES HUMANOS.

Dose (Sv)	Dose (rads)	Efeito
0,01	1	Nenhuma alteração detectável
0,1	10	Detectadas alterações no sangue
1	100	Algumas feridas
2	200	Feridas e alguma incapacidade
4	400	50% de mortes em 30 dias
6	600	100% de mortes em 30 dias
20	2.000	50% de mortes em 4 dias

Tais estudos sobre os efeitos da radiação geralmente pressupõem que ocorra uma **resposta linear** à radiação, o que quer dizer que a curva de dose-resposta pode ser extrapolada para dose zero e para efeito zero com base em dados experimentais com doses elevadas. Isso pressupõe que não existe um limiar para os danos por exposição à radiação: qualquer radiação terá um efeito danoso, não importa quão pequena seja sua dose ou exposição (veja a Figura 15.4). Existe uma discussão sobre a validade dessa hipótese linear, especialmente no caso de danos somáticos. Sabe-se que um pequeno dano em uma região localizada pode ser reparado pela substituição das células mortas por outras, novas. Uma dose de 10 rem (100mSv) em um único momento pode causar o mesmo dano celular que 40 rem durante um longo período de tempo, como resultado do mecanismo reparador do organismo essa é uma questão não respondida pelos estudos com os sobreviventes da Bomba A).

FIGURA 15.3

CURVAS DE DOSE-RESPOSTA DE MORTALIDADE POR LEUCEMIA EM HIROSHIMA E NAGASAKI.
Fonte: American Institute of Physics, © 1981.

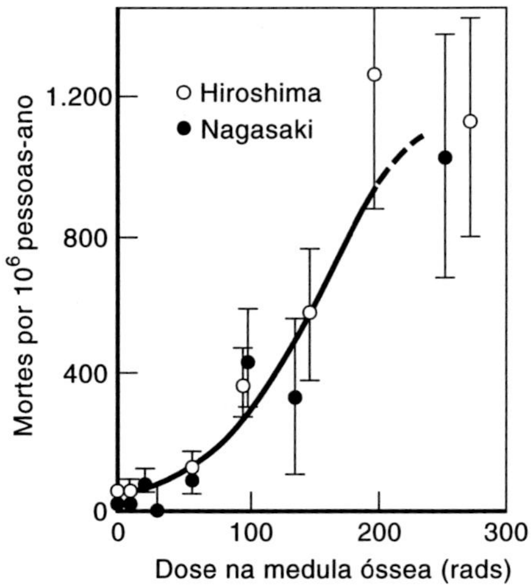

FIGURA 15.4

CURVAS DE DOSE-RESPOSTA PARA DOSES PEQUENAS DE RADIAÇÃO SÃO BASEADAS NO PRESSUPOSTO DA EXISTÊNCIA DE UMA RESPOSTA LINEAR – OU SEJA, QUE OS DADOS OBTIDOS COM DOSES ELEVADAS (LINHA CHEIA) PODEM SER EXTRAPOLADOS PARA DOSES PEQUENAS, COMO INDICADO PELA CURVA (a). NÃO EXISTE LIMIAR, COMO SE PRESSUPÕE PARA A CURVA (b), ENTÃO ASSUME-SE (OU PRESSUPÕE-SE) QUE QUALQUER RADIAÇÃO TENHA UM EFEITO PREJUDICIAL.

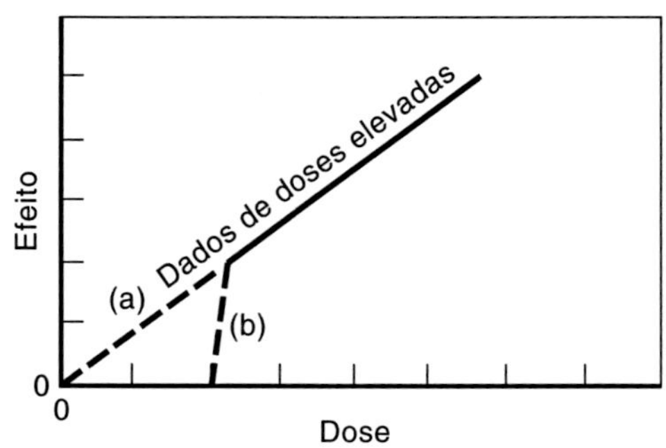

Obviamente, é difícil obter informações e dados sobre os efeitos de baixos níveis de radiação sobre uma população. Teríamos de separar os efeitos decorrentes da radiação naturalmente existente e outros efeitos ambientais. Além disso, danos de baixo nível como esses podem levar anos e até mesmo gerações para poderem ser observados. Dessa forma, dados para doses elevadas devem ser utilizados. O emprego de tais dados para estabelecer padrões de radiação será delineado em uma seção posterior, após uma análise das contribuições da radiação de fundo.

D. RADIAÇÃO DE FUNDO, INCLUINDO RADÔNIO

Antes de examinar a radiação emitida por usinas nucleares, é necessário conhecer a quantidade de radiação que uma pessoa média recebe de outras fontes. Essa radiação de fundo pode ser dividida em dois tipos: aquela originada de fontes naturais e aquela originada de equipamentos e aparelhos desenvolvidos especialmente para aplicações medicinais.

FIGURA 15.5 ESQUEMA DO DECAIMENTO DO RADÔNIO (RN), INICIANDO COM RÁDIO-226 RADIOATIVO. A MEIA-VIDA DO ELEMENTO ORIGINAL E O TIPO DE RADIAÇÃO SÃO INDICADOS.

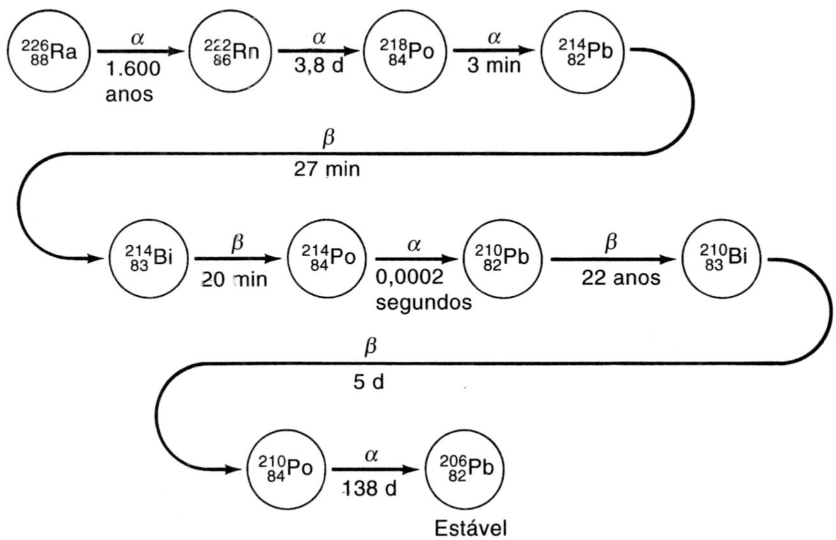

A mais importante fonte natural de radiação é o **radônio** e os produtos de seu decaimento (chamados filhas do radônio). O gás radônio é um elemento radioativo de ocorrência natural, encontrado em solos e rochas componentes da crosta terrestre. Origina-se do decaimento do rádio que, por sua vez, se origina do decaimento do urânio. A Figura 15.5 mostra o esquema do decaimento do radônio. Esse elemento, que possui uma meia-vida de 3,8 dias, emite uma partícula α e decompõe-se em polônio-218, que, por sua vez, decompõe-se em chumbo-214 ao emitir outra partícula α. A decomposição do radônio e de suas filhas ocorre dentro de um período de tempo relativamente curto, com a liberação de radiação α, que é extremamente danosa para os tecidos humanos por causa de sua pequena amplitude. Como são sólidos, os produtos da decomposição do radônio podem ser capturados pelos pulmões. Estudos médicos realizados com trabalhadores em minas de urânio mostraram que a exposição de longo prazo ao gás radônio e a seus descendentes pode causar câncer. Em geral, aceita-se que o radônio é a principal causa de câncer de pulmão, com mortes estimadas variando de 5 mil a 30 mil a cada ano, o que representa cerca de 10% a 15% de todos os casos de câncer de pulmão! A Figura 15.6 mostra o risco de câncer de pulmão decorrente da exposição ao radônio em comparação com o risco decorrente do hábito de fumar. Uma concentração dentro de um ambiente fechado de 10 picocuries por litro de ar (10×10^{-12} curies por litro, abreviado como pCi/L) durante o período de uma vida é equivalente, em termos de efeitos sobre a saúde humana, ao consumo de um maço de cigarros por dia.

FIGURA 15.6 RISCOS COMPARÁVEIS DE EXPOSIÇÃO AO GÁS RADÔNIO.
Fonte: U.S. EPA.

PCi/L	Número estimado de mortes causadas por câncer de pulmão por causa da exposição ao radônio (de cada 1.000)	Níveis de exposição comparáveis		Risco comparável
200	440–770	Mil vezes o nível externo médio		Mais de 60 vezes o risco de um não fumante
100	270–630	Cem vezes o nível interno médio		Fumante de 4 maços de cigarros por dia
40	120–380			20 mil radiografias do tórax por ano
20	60–210	Cem vezes o nível externo médio		Fumante de 2 maços de cigarros por dia
10	30–120			Fumante de 1 maço de cigarros por dia
4	13–50	Dez vezes o nível interno médio		5 vezes mais risco que não fumante
2	7–30	Dez vezes o nível externo médio		200 radiografias do tórax por ano
1	3–13	Nível interno médio		Risco de não fumante morrer de câncer de pulmão
0,2	1–3	Nível externo médio		20 radiografias do tórax por ano

O gás radônio infiltra-se em uma casa através de rachaduras nos pisos de concreto e das paredes do andar inferior, da tubulação, de bombas para fossas de minas e da água fornecida por poços particulares. A principal causa da entrada de radônio pelo solo é o fluxo de ar por diferença de pressão, já que, em geral, o ar dentro de uma casa se encontra em uma pressão ligeiramente inferior ao do ambiente externo. Em alguns casos pouco comuns, o radônio pode ser liberado por materiais usados na construção da casa, como, por exemplo, as pedras utilizadas na lareira. Esses problemas tornam-se particularmente grandes se existir pouca troca de ar entre a parte interna da casa e o ambiente exterior, como ocorre no inverno em uma casa eficiente no uso de energia e com excelentes barreiras contra a infiltração. Sendo assim, as concentrações de radônio podem variar de forma drástica de uma casa para outra dentro de uma mesma vizinhança.

Os níveis internos de radônio são medidos em unidades de atividade por volume-padrão de ar. As unidades utilizadas são os picocuries (pCi) por litro. A EPA estabeleceu um padrão de 4,0 pCi/L; isso é o equivalente a quase duas desintegrações de radônio por minuto por litro de ar. Níveis superiores a este devem receber atenção imediata. A média nacional norte-americana é de 1,3 pCi/L. Em um nível de 4,0 pCi/L, as pessoas receberiam uma dose de radiação de cerca de 7.700 mrem nas sensíveis células do pulmão ou uma dose equivalente de corpo inteiro de cerca de 1.000 mrem a cada ano que passassem 75% de seu tempo dentro da casa em questão. Um comitê da National Academy of Sciences estudou os efeitos biológicos da radiação ionizante e, em um relatório de 1998 (BEIR VI), utilizou uma dose equivalente efetiva média de radônio de 200 mrem/ano (2mSv/ano) para os Estados Unidos. Contudo, lembre-se de que os níveis de radônio variam drasticamente de um local para outro. (Estima-se que a dose anual média de radônio seja o dobro desse valor na Finlândia, França e Espanha devido à geologia). O nível dentro de uma determinada casa parece depender tanto da microgeologia da área quanto da impermeabilidade da casa ao ar externo. *Kits* baratos para a detecção de radônio podem ser adquiridos em praticamente qualquer loja de ferramentas. Essas latas contendo carvão devem ser instaladas no andar térreo da residência por cerca de uma semana e depois enviadas ao fabricante para análise. Muitas cidades norte-americanas possuem leis locais que obrigam a fazer testes desse tipo antes de uma casa poder ser vendida.

As concentrações de radônio em uma edificação podem ser reduzidas de uma maneira barata, por meio do conserto das rachaduras existentes no piso e nas paredes e da instalação de um trocador de calor ar-ar. A Figura 15.7 mostra as principais rotas de entrada do radônio em uma casa. Você também pode reduzir a infiltração de radônio a partir do solo, instalando um dreno de ventilação ao redor do perímetro da construção ou sob os alicerces (no porão, se houver). Essa pode ser uma tarefa cara.

Outro tipo de radiação natural muito importante é a que vem dos **raios cósmicos**, que são partículas de alta energia (basicamente prótons) e raios γ do espaço exterior. A taxa de dose dessa fonte depende da altitude e da latitude. Lembre-se, segundo o que diz o Capítulo 11, de que o campo magnético da Terra deflete melhor as radiações de partículas carregadas no equador do que nos polos (veja a Figura 11.5). O ar funciona como um atenuante (reduz a intensidade) dos raios cósmicos, mas mesmo assim as pessoas que vivem em regiões montanhosas recebem mais radiação do que as que vivem ao nível do mar. Há um aumento por um fator de 3 na radiação cósmica entre o nível do mar e uma altitude de 10 mil pés. Por Estado, a dose varia de 30 mrem/ano em lugares como Alabama, Califórnia e Massachusetts, a 120 mrem/ano no Colorado. A dose média de corpo inteiro de raios cósmicos nos Estados Unidos é de cerca de 30 mrem/ano. A exposição à radiação tem sido medida nos voos comerciais, nos quais existem intensidades aumentadas de raios cósmicos. Descobriu-se que a dose média em um voo é de $\frac{1}{3}$ de mrem/hora. Sendo assim, no caso de um voo transcontinental, você receberá aproximadamente 2 mrem.

Outra fonte natural de radiação são os alimentos e líquidos que ingerimos. Fertilizantes contendo fosfatos possuem potássio (que contém o radioisótopo ^{40}K) e urânio. Alguns cereais e chás têm níveis de radiação de quase 1 pCi/g. Castanhas-do-pará têm altas concentrações de rádio (14 pCi/g), radioatividade suficiente para serem consideradas como resíduos radioativos de baixa intensidade! Na média, nossa dose de **radiação interna** é de 40 mrem/ano.

As doses externas originárias da própria Terra variam muito em função da localização, indo de 30 mrem/ano no Texas a 100 mrem/ano no Colorado e na Dakota do Sul. Alguns lugares apresentam concentrações naturais tão grandes de tório e urânio que a radiação de fundo nessas áreas chega a ser dez vezes mais alta que a média. Por causa da radiação da Terra e de seus materiais, a radiação externa que você recebe também depende do tipo de casa na qual vive. Uma casa de alvenaria vai expor seus ocupantes a 40 mrem/ano de radiação a mais do que se fosse feita de madeira. A alta concentração de urânio existente nas paredes de granito do Edifício do Capitólio norte-americano em Washington, D.C., produz uma exposição muito superior à média. A dose média de radiação externa é de 30 mrem/ano. Outra exceção é a cidade de Pripyat, perto de Chernobyl. Mesmo 25 anos após o acidente, a radiação de fundo é 0,1 mrem/hora (1 μSuV/hora) ou algo em torno de 900 mrem/ano! Esta continuará a ser uma cidade fantasma nos anos que virão.

A utilização **médica e odontológica** dos raios X e de radioisótopos é ampla e importante. Tal tipo de radiação, usada para propósitos terapêuticos e de diagnóstico, será discutida na próxima seção. Mais de 60% da população norte-americana faz alguma radiografia médica ou odontológica todos os anos. Exposições médicas são o maior componente da radiação artificial. A dose recebida depende do tipo específico de exame. Se alguma radiação atingir os órgãos reprodutivos (as gônadas), podem ocorrer efeitos genéticos. Como os raios X são dispersados pela matéria, mesmo a radiação direcionada à cabeça (como no caso de radiografias odontológicas) vai resultar em alguma dose para as gônadas. Exames da parte inferior do corpo aumentam a dose que atinge as gônadas. Para calcular uma dose média de radiação a que toda a população norte-americana é submetida, utiliza-se uma "dose geneticamente significativa" (DGS), derivada do uso de dados das doses nas gônadas, ponderados e corrigidos para a proporção de exames feitos e a fração da população irradiada que pretende ter filhos. A DGS média para todos os Estados Unidos é de cerca de 20 mrem/ano por pessoa.

FIGURA 15.7 MAPA DAS PRINCIPAIS ROTAS DE ENTRADA DO RADÔNIO.
Fonte: U.S. EPA.

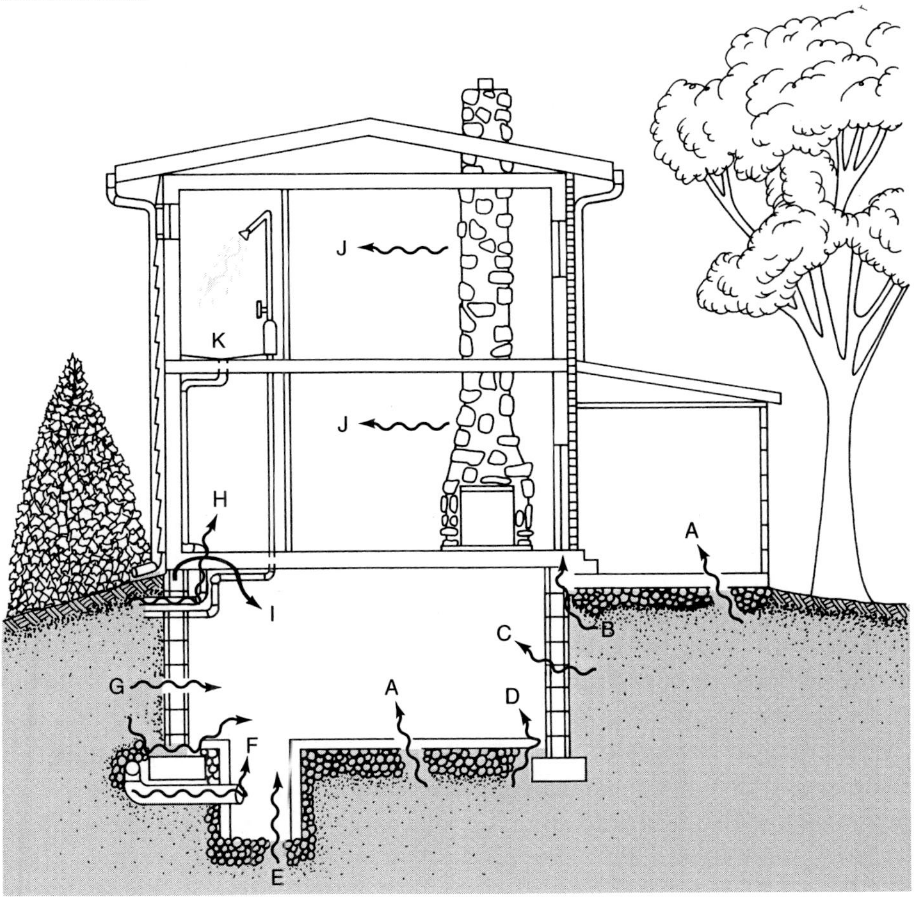

A. Rachaduras nas placas de concreto
B. Espaços entre as paredes de madeira compensada e tijolos construídas sobre fundações não revestidas e de blocos vazados
C. Poros e rachaduras nos blocos de concreto
D. Juntas entre piso e paredes
E. Solo exposto, como, por exemplo, em fossas
F. Drenos úmidos descarregando em uma fossa aberta
G. Juntas de argamassa
H. Encaixes frouxos de tubulações
I. Topos abertos de paredes de blocos
J. Materiais de construção, como alguns tipos de pedras
K. Água (de alguns poços)

Devemos lembrar que esses valores para doses médicas são médios para toda a população. Mesmo considerando que muitas pessoas nunca tenham tirado uma radiografia, a média para os norte-americanos é de quatro radiografias odontológicas e uma radiografia médica a cada dez anos. As exposições médias de alguns exames radiológicos são mostradas na Tabela 15.4. Enquanto a dose total média no corpo em um exame de raios X odontológico é de somente 1 mrem/filme, a dose na pele ou de penetração é cerca de 150 mrem. Uma exposição relativamente recente aos raios X ocorre nos *scanners* de corpo inteiro dos aeroportos; eles aplicam ao corpo uma dose de somente 0,02 mrem.

Os componentes médios de todas as formas de exposição à radiação nos Estados Unidos são apresentados na Tabela 15.5. O somatório é de aproximadamente 360 mrem/ano por pessoa. Com o declínio dos testes nucleares superficiais, a contribuição da precipitação radioativa diminuiu de 13 mrem/ano, em 1963, para menos de 1 mrem/ano, atualmente. A contribuição das usinas nucleares (e do ciclo do combustível) é muito pequena, menos de 1 mrem/ano em média para toda a população. A exposição nessas usinas vem basicamente dos efluentes gasosos ^{85}Kr, ^{131}Xe e ^{133}Xe. A dose para quem vive próximo aos limites de uma dessas usinas é de cerca de 1 mrem/ano. Você pode calcular sua própria dose de radiação de todas as fontes utilizando a Tabela 15.7 localizada no final deste capítulo.

E. PADRÕES DE RADIAÇÃO

O estabelecimento e a manutenção de padrões de radiação devem ser acompanhados pela postura de que nenhuma exposição à radiação ionizante deve ser permitida sem uma avaliação dos benefícios esperados. Uma comparação deve ser feita entre os riscos potenciais e os benefícios alcançáveis, levando-se em conta os riscos de opções alternativas se nenhuma radiação for permitida. Mas isso nem sempre é feito. O atual guia de radiação para a população geral é baseado nos riscos genéticos. O (agora extinto) Federal Radiation Council norte-americano recomendava, em 1960, que um limite máximo de exposição de 5 rem (5.000 mrem) por ano (além da radiação de fundo – tanto natural quanto médica) poderia ser adotado. Se uma exposição dessas ocorresse em 30 anos, cada pessoa receberia o equivalente a 170 mrem/ano (ou seja, 5.000 mrem/30 anos = 170 mrem/ano). Tal padrão, hoje, é considerado excessivamente alto pela maioria dos especialistas.

Para reexaminar as bases para esses padrões e fazer comparações custo-benefício, devemos trabalhar com dados que relacionem risco de exposição à radiação. Essa tarefa foi desenvolvida pelo comitê de Efeitos Biológicos da Radiação Ionizante da National Academy of Sciences norte-americana. O Relatório BEIR foi publicado pela primeira vez em 1972, e atualizado nos anos seguintes. O comitê usou dados de exposições em estudos laboratoriais com ratos e moscas-da-fruta para chegar às estimativas de riscos de efeitos genéticos. Estimou-se que a dose de duplicação genética (a dose necessária para produzir um número de mutações igual ao que ocorre naturalmente) é de 100 rem. No caso dos efeitos somáticos, as estimativas de risco eram feitas com base na observação dos sobreviventes de Hiroshima e Nagasaki e de grupos de pessoas expostas à radiação em virtude de suas ocupações. Extrapolando esses dados, o número de mortes anuais por câncer por rem poderia ser estimado. Esse valor foi de 560 mortes a mais por câncer por milhão de pessoas por rem de dose anual de corpo inteiro este número inclui todos os tipos de câncer. Normalmente, ocorrem cerca de 18 mil mortes por câncer por ano por milhão de pessoas). Utilizando esses números, uma exposição de 170 mrem/ano além do nível de fundo para toda a população norte-americana causaria aproximadamente 24 mil mortes por câncer a mais por ano, um aumento de cerca de 6% na incidência espontânea de mortes por câncer. Por sorte, o público em geral não recebe essa exposição adicional.

Em 1994, após a avaliação dos novos dados de dose-efeito, a NRC estabeleceu o limite da dose máxima admissível que uma pessoa pode receber em um ano como o de 100 mrem (1mSv) acima da radiação de fundo presente. Em outras atividades, o público não deve receber mais que 25 mrem/ano em todas as fases do ciclo nuclear. O limite de dose para uma pessoa vivendo nas fronteiras de uma usina nuclear é de 5 mrem/ano (50 μ Sv/ano) (a dose realmente recebida é muito menor). Os trabalhadores que lidam com radiação podem receber até 5.000 mrem/ano de exposição de corpo inteiro, apesar de muitas usinas nucleares terem estabelecido limites inferiores.

TABELA 15.4 EXPOSIÇÃO MÉDIA POR TIPO DE EXAME RADIOLÓGICO.

Tipo	Dose total no corpo (mrem)
Cabeça e pescoço	20
Peito	10
Abdômen e gônadas	400
Trato gastrointestinal	250
Braços e pernas	1
Raios X – odontológico (cada periapical, oclusal e interproximal)	1
Raios X – odontológico (panorâmica)	3
Mamografia	50
Tomografia computadorizada – cabeça	100
Tomografia computadorizada – abdômen	500
Tomografia computadorizada – corpo inteiro	1.000

TABELA 15.5 DOSE DE RADIAÇÃO MÉDIA ANUAL RECEBIDA POR INDIVÍDUOS NOS ESTADOS UNIDOS.*

Fonte	Dose equivalente efetiva	
Fontes naturais	mrem/ano	mSv/ano
Inalação de derivados do radônio	200	2
Raios cósmicos	30	0,3
Terrestre	30	0,3
Radionucleídeos naturais internos	40	0,4
Fontes artificiais		
Raios X médicos/odontológicos	39	0,39
Medicina nuclear	14	0,14
Produtos de consumo	9	0,09
Todas as outras fontes (incluindo ocupacionais, precipitação radioativa, ciclo de combustíveis nucleares)	< 3	< 0,03
Total arredondado	**360**	**3,6**

* **Fonte**: Retirado de NATIONAL COUNCIL ON RADIATION PROTECTION "Ironizing radiation exposure of the population of the Unites States". 1987.

O último relatório BEIR (o VII) saiu em 2005. Em novas observações o relatório mostra que se verificou que o risco de câncer devido à exposição à radiação era 37% maior nas mulheres que nos homens. O relatório continua a dar suporte à relação linear entre causa e efeito.

F. USOS MÉDICOS E INDUSTRIAIS DA RADIAÇÃO

Para descrever os diversos usos benéficos da radiação ionizante, seria necessário um livro inteiro somente sobre o assunto. Nesta seção será dada uma breve visão geral dos usos médicos e industriais da radiação e dos princípios envolvidos. Como já vimos, os efeitos da radiação dependem não apenas da dose recebida, mas do tipo de radiação, do órgão exposto e do intervalo entre as doses. Uma das utilizações terapêuticas mais importantes da radiação é o tratamento do câncer. Existe uma grande probabilidade de você ter um amigo ou parente que tenha sido submetido ao tratamento com **cobalto-60** para destruir as células cancerosas. Essas células normalmente se dividem muito rapidamente; sendo assim, espera-se que elas sejam muito mais sensíveis à radiação do que as células normais. Todavia, outros fatores podem tornar essa diferença menor e, dessa forma, deve-se tomar muito cuidado para não causar danos aos tecidos sadios que se encontram ao redor do tumor, quando este estiver sendo irradiado.

A Figura 15.8 ilustra um dos procedimentos utilizados para reduzir os efeitos prejudiciais do tratamento radiológico. Nesse caso, o paciente recebe exposições por todos os lados via uma fonte rotacional de raios γ. A rotação dá-se ao redor do tecido doente de forma que sempre receba radiação. Tais fontes usualmente são bastante intensas (10 mil curies), fornecendo uma dose de cerca de 100 rem. A dose total aplicada ao câncer é dividida em doses menores aplicadas periodicamente. A dose total durante o curso do tratamento depende do tecido tratado (por exemplo, 3 mil rem para o fígado).

Outro método para o tratamento de tumores utiliza partículas produzidas por um **acelerador**. Em níveis suficientemente altos de energia, as partículas são capazes de atravessar o corpo. As partículas carregadas possuem a vantagem de permitir que a destruição de células possa ser localizada em uma determinada região dentro do corpo, destruindo o tumor interno e causando pouco dano às células sadias localizadas em seu entorno.

FIGURA 15.8 UMA UNIDADE DE COBALTO-60 PARA RADIOTERAPIA. A MÁQUINA PERMITE QUE A FONTE RADIOATIVA GIRE EM TORNO DO PACIENTE, QUE SE ENCONTRA ESTACIONÁRIO. O TUMOR QUE ESTÁ SENDO TRATADO É LOCALIZADO EXATAMENTE NO CENTRO DA ROTAÇÃO, MINIMIZANDO OS DANOS QUE PODEM SER CAUSADOS AO TECIDO SADIO.

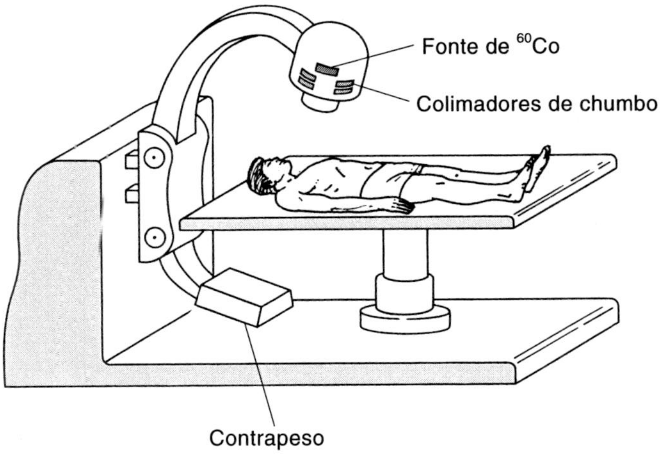

Radioisótopos possuem diversos usos atualmente, da medicina clínica à indústria. Na medicina, os radioisótopos são utilizados para propósitos diagnósticos e terapêuticos (Tabela 15.6). Eles têm a vantagem de que apenas pequenas quantidades são normalmente necessárias e podem ser direcionadas para partes específicas do corpo. Em diagnósticos, os radioisótopos são usados como "átomos traçadores" para determinar o fluxo e a absorção dos elementos em plantas e animais. As propriedades químicas e biológicas dos elementos são determinadas por suas estruturas eletrônicas. Sendo assim, o corpo não diferencia os isótopos do mesmo elemento:

o comportamento químico do radioisótopo será o mesmo que o de outros átomos não radioativos do mesmo elemento. Para traçar o fluxo de um determinado elemento, alguns dos átomos podem ser "marcados" com a utilização de um isótopo radioativo daquele elemento para, então, com o uso de um detector de radiação determinar sua localização no corpo a intervalos regulares de tempo após a injeção.

TABELA 15.6 ALGUNS RADIOISÓTOPOS E SEUS USOS.*

Amerício-241 (458 anos)	**Criptônio-85 (10,7 anos)**
Utilizado em muitos detectores de fumaça; para checar a uniformidade da espessura de aparelhos; chapas de metal e folhas de papel; para medir os níveis tóxicos de chumbo em tintas	Utilizado em luzes indicadoras; mede níveis de poeira e poluentes
Califórnio-252 (2,6 anos)	**Fósforo-32 (14 dias)**
Utilizado para inspecionar explosivos em bagagens; para medir a umidade de solos e genética	Traçador em pesquisas de biologia molecular
Carbono-14 (5.730 anos)	**Tecnécio-99 (6 horas)**
Traçador em pesquisas biomédicas; datação radioativa	Usado na obtenção de imagens do cérebro, ossos, fígado, rins
Césio-137 (30 anos)	**Tálio-204 (3,8 anos)**
Tratamento de tumores cancerígenos; checagem de produtos empacotados; calibragem de espessura	Medidas de níveis de poeira e poluentes em nível de preenchimento de filtros de papel, sistema cardiovascular
Cobalto-60 (5,2 anos)	**Xenônio-133 (2,3 dias)**
Tratamento de tumores cancerígenos; esterilização de equipamentos e instrumentos cirúrgicos	Estudos sobre ventilação de pulmões e fluxo sanguíneo
Iodo-131 (8 dias)	**Trítio-(H-3) (12 anos)**
Utilizado para diagnóstico e tratamento de desordens da tireoide	Traçador para metabolismo de drogas; luminescência para sinais de saída em aeronaves

*As meias-vidas aparecem entre parênteses.

Um dos radioisótopos traçadores mais comuns é o ^{131}I. Esse isótopo emite raios γ de 0,36 MeV e tem uma meia-vida de oito dias. Como o iodo se concentra na glândula tireoide, é particularmente útil na avaliação do funcionamento dessa glândula. (A tireoide usa o iodo na produção de hormônios que controlam o metabolismo do organismo.) O iodo normalmente é ingerido pela boca e os raios γ do ^{131}I são contados alguns dias depois utilizando-se um medidor. Outro traçador é o ^{51}Cr. Como os átomos de cromo se aderem às células vermelhas do sangue, os médicos podem estudar o fluxo sanguíneo por meio da injeção de cromo radioativo no sangue. O nitrogênio-15 pode ser utilizado como traçador para o estudo de proteínas no corpo e do funcionamento do fígado e dos rins.

Com um detector de radioatividade podemos não apenas observar a taxa de aumento ou o fluxo de um radioisótopo no corpo, mas, também, tirar "fotos" de como o radioisótopo se distribui dentro de um órgão. O órgão é escaneado com uma câmera de raios γ (veja Tópico Especial) para obter uma imagem. Um radioisótopo comumente utilizado para esse propósito é o tecnécio-99, com uma meia-vida de seis horas. É utilizado para fazer imagens de ossos, do fígado, dos rins e do cérebro. Um tumor pode ser identificado porque alguns elementos são mais bem absorvidos por um tecido doente do que pelo tecido sadio ao seu redor. Escaneamentos (varreduras) de corpo inteiro também são bastante comuns atualmente. Escaneamentos de ossos são úteis para identificar qualquer parte do esqueleto que esteja cancerosa. O osso que está sendo destruído pelo câncer concentra mais alguns elementos (^{99}Tc neste caso) do que os ossos sadios, uma vez que ele tenta se reconstruir, e um escaneamento vai mostrar um aumento da radioatividade na área do tumor ósseo.

A meia-vida do isótopo é importante na seleção dos radioisótopos a serem utilizados com objetivos de diagnóstico; ela não deve ser muito curta (menos do que alguns segundos), nem longa demais (mais do que algumas semanas). Além disso, a radiação emitida deve ser observável por um detector externo. Como os raios γ possuem grande poder de penetração, os emissores desses raios são os radioisótopos mais úteis para diagnósticos médicos. Um exemplo do uso terapêutico dos radioisótopos (também chamado braquioterapia) é a implantação de "inoculantes" ou "sementes" radioativos (normalmente um isótopo de iodo) na próstata. Esse procedimento pode ser utilizado como uma alternativa à cirurgia ou ao uso externo de radiação no tratamento de câncer de próstata, e tem se mostrado efetivo em diversos estudos.

Existem muitos usos industriais da radiação, assim como de radioisótopos. Na produção de chapas de metal, a radiação pode ser utilizada para medir a espessura da matéria-prima (Figura 15.9). A transmissão de radiação através do material vai mudar se a espessura variar. Uma alteração em um sinal detectado pode ser relatada para controlar o material de produção.

FIGURA 15.9 USO DE RADIOISÓTOPO NA INDÚSTRIA. UM AUMENTO OU UMA REDUÇÃO NA INTENSIDADE DOS RAIOS GAMA TRANSMITIDOS ATRAVÉS DA CHAPA DE METAL INDICA UMA CHAPA MAIS GROSSA OU MAIS FINA, RESPECTIVAMENTE. ISSO É USADO PARA A CALIBRAGEM DA ESPESSURA.

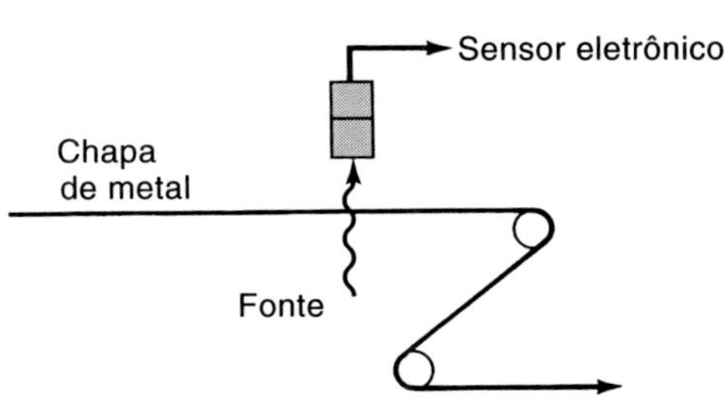

FOCO EM 15.1

IRRADIAÇÃO DE ALIMENTOS

Sabe-se que a irradiação de alimentos com raios γ, raios X ou feixes de elétrons ajuda a livrá-los de uma série de bactérias e fungos, aumentando seu tempo de prateleira. Em 1963, USDA (U.S. Department of Agriculture) aprovou a irradiação para controlar insetos no trigo e na farinha de trigo; em 1985, foi aprovada sua utilização na carne suína para controle da triquinose; em 1986, para certas frutas, a fim de retardar o amadurecimento e a infestação; em 1990, para controlar a salmonelose em carne de aves; e, em 1999, para controlar a bactéria *E. coli* na carne vermelha. Até o momento, muitas pessoas têm medo de consumir alimentos irradiados e poucos mercados oferecem uma grande variedade desses produtos. O símbolo internacional para alimentos irradiados que deve aparecer nas embalagens de todos os produtos desse tipo é chamado radura, mostrado a seguir. Sua cor é o verde.

Fonte: United States Department of Agriculture

A irradiação não torna os alimentos radioativos, já que a energia da radiação não é suficiente para fazer nada além de ionizar o átomo. O valor nutricional pode ser levemente alterado, mas não o sabor. O alimento normalmente é passado por uma fonte radioativa (cobalto-60) e, então, embalado (ele continua necessitando de refrigeração). Como a irradiação de alimentos tem por objetivo destruir organismos como bactérias e insetos, são usadas doses muito maiores que aquelas fatais aos humanos. A dose permitida varia de acordo com o tipo de alimento, mas, em geral, é de menos que 1 quiloGray (100.000 rad, número equivalente a cerca de 10 milhões de radiografias do tórax). Algumas alterações químicas vão produzir "produtos radiolíticos", mas tais produtos também são encontrados em níveis muito mais altos na natureza. Apesar de muitas organizações ligadas aos alimentos terem endossado essa irradiação como um procedimento à prova de falhas e uma maneira segura de livrar nossos suprimentos de alimentos de micróbios causadores de doenças, sua aceitação pelo público em geral ainda é muito baixa. Talvez seja necessária a ocorrência de uma explosão de envenenamentos alimentares que resultem em muitas mortes para que as pessoas passem a aceitar a irradiação de alimentos.

Radioisótopos podem ser utilizados para medir a espessura do revestimento dos cilindros de pistão de um motor de automóvel. O cilindro pode se tornar radioativo por meio da irradiação com nêutrons e, assim, a espessura do revestimento pode ser medida com a observação do aumento da concentração de material radioativo no óleo lubrificante.

Um uso dos radioisótopos relacionado com a energia é a identificação do petróleo de diferentes companhias que é transportado por um mesmo oleoduto. Existem mais de 225 mil milhas de oleodutos nos Estados Unidos. O petróleo bruto que sai dos poços é transportado por enormes linhas centralizadas que o carregam até alguma das 250 refinarias existentes. Oleodutos que cruzam as fronteiras entre os estados são "carreadores comuns", e devem aceitar transportar o petróleo de qualquer companhia que satisfaça as condições tarifárias. Diferentes carregamentos podem ser separados a partir da adição de um traçador radioativo a cada lote e da sua detecção ao final do oleoduto.

FIGURA 15.10 EQUIPAMENTO DE TOMOGRAFIA COMPUTADORIZADA (CT-SCAN OU CAT-SCAN).

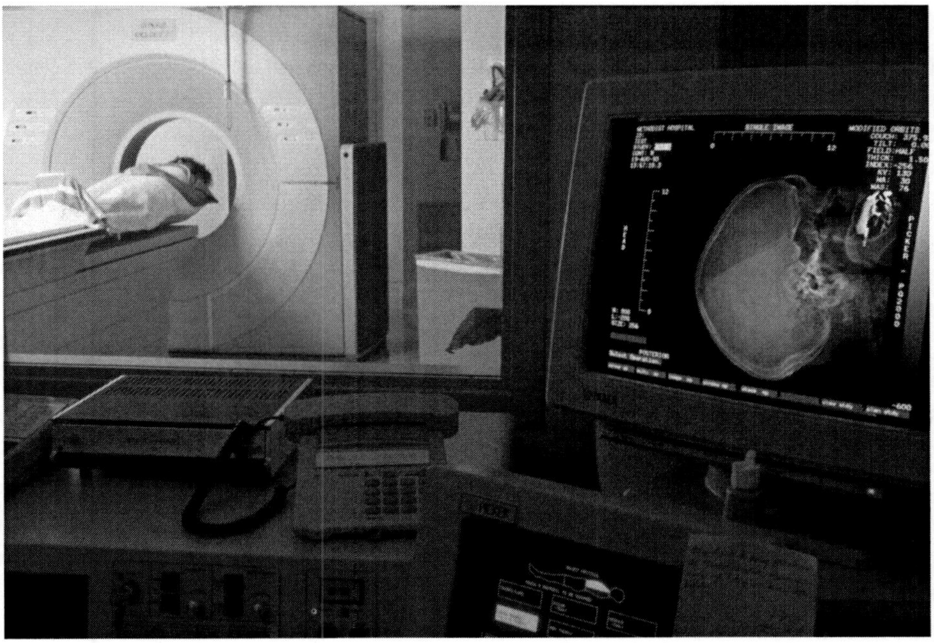

OWEN FRANKEN/CORBIS

Um equipamento muito importante atualmente para o diagnóstico de muitas formas diferentes de câncer é o que produz imagens em **tomografia computadorizada** (chamada "CT-scan" ou "CAT-scan", de *computerized axial tomography*). Esse equipamento (Figura 15.10) usa raios X para produzir imagens em corte transversal ou em camadas de tecidos e órgãos do corpo. Com o CT-scan, muitos feixes de raios X (e os detectores de raios X) são girados em torno do paciente, medindo a radiação absorvida pelo corpo. Ao mesmo tempo, a mesa de exame é movimentada através do *scanner* para mostrar uma série de fatias do corpo (como um pão fatiado). Com o auxílio de computador, obtemos uma visão multidimensional do interior do corpo. Esse tipo de tomografia pode mostrar o pulmão ou tecido mole ou veias sanguíneas muito claramente (com resolução de 1 mm). Há uma dose de radiação para esse procedimento. Uma única varredura de tomografia computadorizada para um corpo completo fornece cerca de 1.200 mrém (12 mSv). Como esse valor é cerca da metade da dose relacionada com o câncer nos sobreviventes de Hiroshima, a execução de varreduras de rotina em pessoas saudáveis (especialmente aquelas com menos de 45 anos de idade) pode trazer um risco que contrabalança os benefícios.

Mesmo assim, o número de CT-scans cresce a cada ano, existindo mais que 70 milhões, nos Estados Unidos em 2010. Pelo menos 10% destes são de crianças. Algumas novas vantagens dos CT-scans são a detecção preventiva de câncer de pulmão e colonoscopia não invasiva (virtual). Uma preocupação mais recente relaciona-se à superexposição de pacientes às varreduras (*scans*) do cérebro. Mais de 400 casos foram anotados nos Estados Unidos em 2010, nos quais os pacientes receberam até 8 vezes a dose normal. Muitos desses problemas foram causados por falhas humanas.

Um aparelho que produz imagens em ressonância magnética, **MRI** (*magnetic resonance imaging*), também fornece imagens detalhadas de órgãos e tecidos sem utilização de raios X. Ele usa campos magnéticos de alto valor e ondas de radiofrequência (RF). O sinal de radiofrequência faz que núcleos de hidrogênio sofram transições para níveis mais elevados de energia. Quando o hidrogênio retorna ao seu estado inicial, a radiação emitida é detectada. As imagens em ressonância magnética podem apontar tumores e são úteis para estudos de distúrbios no sistema nervoso central e mapeamento (dinâmico) das diversas funções do cérebro responsáveis pelo pensamento e pelo controle motor.

A tomografia por emissão de pósitrons **PET** (*positron emission tomography*) é uma técnica de injeção ou inalação de radioisótopos que emitem pósitrons (elétrons carregados positivamente). Quando o radioisótopo decai, o pósitron emitido colide (no espaço de poucos mm) com um elétron, produzindo dois raios gama que viajam em direções opostas (para conservar o *momentum*). A detecção desses raios gama estabelece uma linha segundo a qual a emissão ocorre. A localização nessa linha é determinada medindo-se a diferença entre os tempos de chegada dos dois raios gama. A PET mostra como o corpo está funcionando e não apenas como ele se apresenta. Ela pode detectar câncer por meio de caracterização de alterações bioquímicas. Os radioisótopos usados têm baixa meia-vida, de forma que a radiação é baixa – da ordem de dois raios X de tórax. Os isótopos comumente usados (com a meia-vida indicada entre parênteses) são ^{11}C (20 min), ^{15}O (122 min), ^{18}F (109 min) e ^{82}Rb(6,5 horas), em geral produzidos localmente por meio de um acelerador cíclotron.

G. PROTEÇÃO CONTRA A RADIAÇÃO

Acredita-se que a melhor dose de radiação é a menor dose possível, preferencialmente zero. Isso é especialmente verdadeiro quando diz respeito às células sexuais, pois cada porção de radiação aumenta o número de células mutantes. Contudo, quando a radiação está presente, existem alguns procedimentos que podem ser seguidos para minimizar a exposição a ela. O primeiro é a **distância**.

À medida que a radiação se expande para fora de uma fonte pontual, sua intensidade em qualquer outro ponto é inversamente proporcional ao quadrado da distância até a fonte. A radiação recebida a 2 metros será quatro vezes menor que a recebida a 1 metro da fonte, nove vezes menor a 3 metros do que a 1 metro e assim por diante.

O uso de **proteção (blindagem)** adequada (blocos de concreto, paredes de chumbo) também é importante para a minimização da exposição à radiação. No caso da radiação α, o próprio ar fornece proteção suficiente. A proteção contra a radiação é expressa em termos de **meios-valores de espessuras** para uma determinada radiação, que é, especificamente, a espessura que vai reduzir a intensidade da radiação incidente por um fator de 2. No caso dos raios X e γ, o melhor tipo de proteção é o chumbo. Cerca de 1 cm de chumbo vai atenuar (reduzir a intensidade) por um fator de 2 os raios γ de 1,3 MeV originados do ^{60}Co. Como a intensidade da radiação é exponencialmente reduzida com o aumento da espessura da proteção, cada meio-valor de espessura vai reduzir a intensidade por um fator de 2.

Sendo assim, 3 cm de chumbo vão reduzir por um fator de 8 o número de raios γ. No caso dos nêutrons, a melhor proteção é material com baixo número atômico; o nêutron vai perder boa parte de sua energia em virtude de suas colisões com os núcleos de hidrogênio existentes na proteção. Água, parafina e concreto fornecem boas proteções. Cerca de 5 cm de água ou parafina vão atenuar por um fator de 2 nêutrons de 4 MeV (seriam necessários 17 cm de chumbo para realizar a mesma função).

Finalmente, o **tempo de exposição** é importante. O que conta é a dose cumulativa. Sendo assim, a exposição deve ser mantida em um valor mínimo. Trabalhadores que lidam com radiação devem usar distintivos ou crachás feitos de filme que registre a radiação recebida durante um determinado intervalo de tempo. O escurecimento da emulsão do filme é uma indicação da exposição da pessoa à radiação β e γ, usualmente expressa em miliréms. A dose cumulativa individual é mantida no arquivo permanente do trabalhador, mesmo se seu cargo ou função mudar. Outro aparelho para mensuração da exposição pessoal é o dosímetro de termoluminescência (TLD, *thermoluminescent dosimeter*), mais sensível que as películas de filme, que fornece avaliações periódicas da exposição cumulativa. Os TLD utilizam cristais nos quais os elétrons são excitados pela radiação incidente e se tornam "capturados" no estado de excitação dentro do cristal. Os elétrons são liberados com a aplicação de calor, dispersando a energia sob forma de luz, que pode ser medida com um tubo fotomultiplicador. Outro aparelho que pode ser usado pelos trabalhadores em áreas com radiação é o dosímetro de bolso. Esse instrumento é uma câmara de ionização que responde aos elétrons criados pela interação dos raios γ com o invólucro de metal. Usando o dosímetro de bolso é possível monitorar continuamente a quantidade de radiação que se está recebendo. A contaminação externa pode ser medida com outros tipos de detectores (veja a seção Tópico Especial, ao fim deste capítulo). Os trabalhadores da limpeza do Complexo de Fukushima precisaram monitorar continuamente a dosagem da área com contadores Geiger. Eles também tiveram que tomar cuidado com o material radioativo que pudesse estar em suas roupas ou em seu corpo durante o tempo que estiveram na área (na Figura 15.11 também são mostradas algumas roupas protetoras usadas pelos trabalhadores; elas não evitariam a entrada dos raios gama no corpo, mas evitariam que pequenos pedaços de material radioativo fossem depositados na pele ou nas roupas pessoais).

FIGURA 15.11 Aparelhos para detecção de radiação. (a) O distintivo ou crachá localizado no centro da fotografia é feito de filme fotográfico, que escurece em função da quantidade de radiação ionizante recebida. O dosímetro de bolso localizado ao lado direito da pessoa pode ser lido a qualquer momento para ver quanta radiação foi acumulada. (b) O tubo Geiger localizado à direita é usado juntamente com um contador para medir a intensidade da radiação, isto é, mrem/h.

Frank Rumpenhorst/dpa /Landov

Joe White/Shutterstock.com

(a) (b)

H. RESUMO

A radiação é definida como o processo por meio do qual a energia é emitida a partir de um corpo sob a forma de ondas ou partículas. A radiação gerada por um radioisótopo é energética o suficiente para causar danos aos tecidos vivos, chamada de radiação ionizante. A atividade de uma fonte radioativa (expressa em desintegrações por segundo ou curies) relaciona-se com a quantidade de material fonte presente e sua meia-vida. A dose de radiação que alguém pode receber por causa da exposição a uma fonte está relacionada com a energia depositada nos tecidos, expressa em unidades de rads. Diferentes tipos de radiação (α, β, γ) podem causar graus variáveis de dano, e isso é levado em conta com a utilização de uma unidade biológica de dose, expressa em rems.

Os efeitos biológicos da radiação são dos tipos somático (físico) e genético. Efeitos somáticos, como o câncer, frequentemente demoram muitos anos para ser observados no indivíduo exposto. Os efeitos da radiação são uma função da dose recebida e da parte do corpo irradiada (as extremidades são menos sensíveis). No caso da ingestão de radiação, os efeitos são uma função do tipo de radiação, das meias-vidas biológica e física do elemento e do órgão afetado. Os atuais padrões de radiação admitem doses de 100 mrem/ano acima da radiação de fundo existente. Radiação de fundo gerada por fontes naturais inclui o radônio no interior de edificações (200 mrem/ano em média), os raios cósmicos (30 mrem/ano em média), a Terra (30 mrem/ano em média) e a ingestão de radioisótopos (40 mrem/ano). Os norte-americanos recebem uma média de cerca de 55 mrem/ano a partir de irradiações diagnósticas e terapêuticas médicas e odontológicas. As doses de radiação podem ser reduzidas com o aumento da distância com relação à fonte, a minimização do tempo de exposição à fonte e a utilização de proteção adequada entre as pessoas e a fonte.

Os usos industriais e médicos da radiação são numerosos. Tais aplicações utilizam (a) radioisótopos que são injetados em um material para traçar o fluxo de fluidos ou tratar tecidos cancerosos ou (b) radiação direta a partir de uma fonte (como o ^{60}Co) ou de equipamentos produtores de radiação (como um acelerador).

COMO VOCÊ ESCOLHERIA? – REVISITADO

Experimentos com radiação nos Estados Unidos

Desde o fim da Guerra Fria (e a Lei da Liberdade de Informação – Freedom of Information Act), o público foi largamente informado sobre a falta de cuidado relacionada à radiação, assim como sobre experiências atuais com exposição de seres humanos a radiações. Os Estados Unidos estavam absorvidos em uma guerra fria com a União Soviética e havia necessidade de entender o máximo possível sobre o efeito das radiações nas pessoas. Naqueles tempos cheios de segredos, doutores e cientistas eram relutantes em comentar sobre tudo que estava sendo feito, mesmo que soubessem das possíveis consequências (o que, muitas vezes, não sabiam mesmo). Com base no que você aprendeu neste capítulo sobre doses e efeitos de radiações sobre os seres humanos, você consideraria que os fins justificam os meios?

QUESTÕES

1. Sempre existe dano a uma célula se ela for atingida por radiação?
2. Quais são as diferenças entre atividade, dose ou taxa de dose?

3. Qual é a radiação com maior poder de penetração com a mesma energia: α, β ou γ?
4. Suponha que um amigo seu engoliu por acidente uma determinada quantidade de material radioativo. De quais informações você precisa para ser capaz de estimar os possíveis danos?
5. O que é pior: uma dose de 1 rad de partículas alfa ou uma de 5 rads de raios X?
6. Quais são as vantagens da utilização de partículas altamente carregadas (como os núcleos de nitrogênio) em vez de raios gama no tratamento de tumores dentro do corpo?
7. Uma pessoa próxima a equipamentos produtores de radiação (por exemplo, tubos de TV) ficou preocupada que haveria tanta radiação acumulada em seu organismo que ela não seria capaz de se descontaminar. O que você diria sobre isso?
8. Se todos os norte-americanos recebessem uma dose extra de 5 mrem/ano de radiação, qual seria o acréscimo no número de mortes por câncer por ano (após o tempo necessário para os efeitos se manifestarem)? Pressuponha que ocorrem 200×10^{-6} mortes por rem de radiação por ano.
9. Por que radiografias do tórax contribuem para a dose de radiação das gônadas?
10. Existe uma conversa sobre o desenvolvimento de uma "bomba de nêutrons" que seria capaz de causar danos às pessoas sem destruir os edifícios. Qual tipo de proteção seria a melhor contra os nêutrons?
11. Enquanto você perambula por um depósito de lixo, seu medidor começa a ler um campo de radiação que o exporia a 5.000 mrem em 20 minutos. Qual taxa de dose você está lendo e quais tipos de radiação está detectando?
12. Por quanto tempo um trabalhador pode permanecer em uma área na qual a taxa de dose é de 150 mrem/h se a sua dose aceitável é de 3 rem?
13. Um equipamento instalado em uma usina nuclear gera uma leitura de 900 mrem/h a uma distância de 1 m. Qual deveria ser a distância entre você e o equipamento para reduzir a leitura para 100 mrem/h?
14. Como você utilizaria um radioisótopo para estudar determinados efluentes em um sistema de água?
15. Calcule sua dose média anual de radiação preenchendo a Tabela 15.7. Compare sua dose anual com a média anual dos Estados Unidos, que é de 360 mrem. Um mrem por ano equivale aproximadamente a um aumento de 4% em sua ingestão de caloria alimentar, ou a 5 dias de férias em local de grande altitude, como a Serra Nevada, na Califórnia.

Tabela 15.7 DOSE PESSOAL ANUAL MÉDIA DE RADIAÇÃO.*

Fontes comuns de radiação							Sua dose anual (mrem)
Onde você vive	**Localização:** Raios cósmicos ao nível do mar						26
	Para sua elevação (em pés), adicione este número de mrem						___
	Elevação	mrem	Elevação	mrem	Elevação	mrem	
	1.000	2	4.000	15	7.000	40	
	2.000	5	5.000	21	8.000	53	
	3.000	9	6.000	29	9.000	70	
	Solo: média norte-americana						28
	Radônio: média norte-americana						200
	Construção: para edifício de pedra, concreto ou alvenaria, adicione 7 ________						___
O que você come, bebe e respira	**Alimentos, água, ar:** média norte-americana						24
	Precipitação radioativa de testes nucleares						1
Como você vive	**Diagnósticos radiológicos:**						
	Número de radiografias do tórax ___ × 10 ________						___
	Número de radiografias do trato intestinal __ × 250 ________						___
	Número de exames radiológicos ___ × 300 ________						___
	(dose média em toda a população norte-americana = 92 mrem)						___
	Viagens de avião: Para cada 2.500 milhas, adicione 1 mrem ________						___
	Utilização de TV ou computador: Número de horas por dia ___ × 0,15 ________						___

(Continua)

TABELA 15.7 DOSE PESSOAL ANUAL MÉDIA DE RADIAÇÃO.* (*Continuação*)

Fontes comuns de radiação		Sua dose anual (mrem)
	No limite da usina: Número médio de horas por dia ___ × 0,2	___
Quão perto você vive de uma usina nuclear	**A uma milha de distância:** Número médio de horas por dia ___ × 0,02	___
	A cinco milhas de distância: Número médio de horas por dia ___ × 0,002	___
	A mais de cinco milhas de distância: NADA	___
	Nota: A dose máxima aceitável é determinada pelo critério "tão baixo quanto razoavelmente atingível" estabelecido pela U.S. Nuclear Regulatory Commission. A experiência mostra que sua dose verdadeira é substancialmente inferior a esses limites. **Sua dose total de mrem** _________	___

*Baseado no relatório "BEIR III" do COMMITTEE ON BIOLOGICAL EFFECTS OF IONIZING RADIATION DA NATIONAL ACADEMY OF SCIENCES. *The effects on population of exposure to low levels of ionizing radiation*. Washington, D.C.: National Academy of Sciences, 1980.

TÓPICO ESPECIAL

INSTRUMENTOS PARA DETECÇÃO DE RADIAÇÃO

Instrumentos para o monitoramento da exposição à radiação ou determinação do tipo e da energia da radiação fazem uso dos íons produzidos pela radiação dentro de um material. Esses detectores podem ser agrupados em contadores gasosos, cintiladores e detectores de estado sólido.

DETECTORES GASOSOS

São basicamente utilizados para contar radiação ou determinar a taxa de dose. O detector consiste basicamente de um volume de gás em um contêiner (geralmente de formato cilíndrico) no qual existem eletrodos positivos e negativos para coletar os pares de íons que são produzidos pela radiação incidente (Figura 15.12). Uma voltagem externa é aplicada entre os eletrodos. Um medidor localiza-se no circuito para medir a corrente produzida pelos elétrons (por ionização) coletados no eletrodo positivo. As paredes ou a janela do detector devem permitir que a radiação chegue à região onde o gás se encontra; a radiação alfa requer uma janela de pouca espessura. Os detectores gasosos, utilizados como instrumentos portáteis de pesquisa, usam baterias para fornecer as voltagens externas. Tais instrumentos são chamados de detectores Geiger-Mueller (GM), que contam eventos radioativos individuais e podem fornecer uma leitura calibrada em mrem/h ou contagens por minuto. Para medir a exposição total à radiação durante um período de tempo, um dosímetro de bolso (veja a Figura 15.11) pode ser usado (é um pequeno detector gasoso que mede a ionização total, e não a ionização por hora).

FIGURA 15.12 UM DETECTOR GASOSO DE RADIAÇÃO.

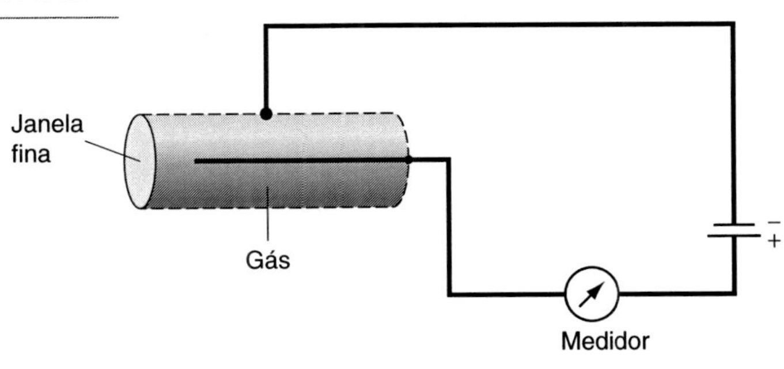

CINTILADORES, OU DETECTORES DE CINTILAÇÃO

Substâncias que são capazes de emitir luz quando expostas à radiação ionizante são chamadas cintiladores. Ernest Rutherford, utilizando um cintilador ZnS, observou as partículas alfa dispersas em seu famoso experimento (veja Capítulo 13). Os detectores de cintilação são feitos de materiais orgânicos ou inorgânicos em estados sólido, líquido ou gasoso. O cintilador mais amplamente usado é o iodeto de sódio, NaI, que apresenta a maior produção de luz. A quantidade total de luz produzida é uma função da energia da radiação incidente. Sendo assim, uma medida da intensidade da luz pode ser utilizada para identificar os diferentes radioisótopos presentes em uma amostra. Os brilhos ou lampejos de luz em um cintilador podem ser convertidos em um sinal elétrico por meio do uso de um tubo fotomultiplicador. Um material fotossensitivo colocado entre o cintilador e o tubo fotomultiplicador converte a luz em elétrons (o chamado efeito fotoelétrico). A corrente é convertida em tensão para amplificação e análise em um circuito externo (Figura 15.13). Pode-se utilizar essa técnica para obter uma fotografia de grandes dimensões dos órgãos do corpo com uma câmera de raios γ. Esse aparelho posiciona vários tubos fotomultiplicadores sobre um grande cristal de NaI. A produção de cada tubo pode ser analisada para gerar uma imagem bidimensional. Detectores de cintilação com NaI também são usados como varredores de corpo completo para verificar se algum material radioativo se depositou na pessoa (veja a Figura 15.14).

FIGURA 15.13 ANÁLISE DOS RAIOS γ DE UMA FONTE RADIOATIVA, UTILIZANDO UM DETECTOR DE CINTILAÇÃO NAI. O CRISTAL DE NAI É ACOPLADO A UM TUBO FOTOMULTIPLICADOR CUJA SAÍDA É AMPLIFICADA E DIRECIONADA PARA UM ANALISADOR. O ANALISADOR DETERMINA O NÚMERO DE RAIOS γ EM FUNÇÃO DE SUAS ENERGIAS E OS RESULTADOS SÃO APRESENTADOS EM UM MONITOR.

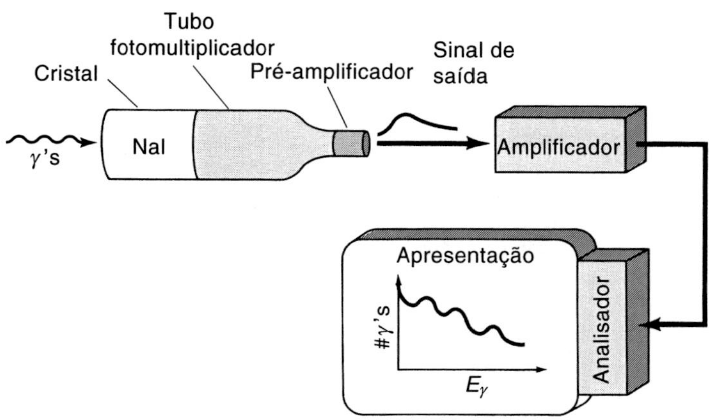

FIGURA 15.14 VERIFICANDO A CONTAMINAÇÃO POR MEIO DE UMA VARREDURA DE CORPO INTEIRO (USANDO DETETORES DE NAI, IODETO DE SÓDIO) AO SAIR DA USINA NUCLEAR.

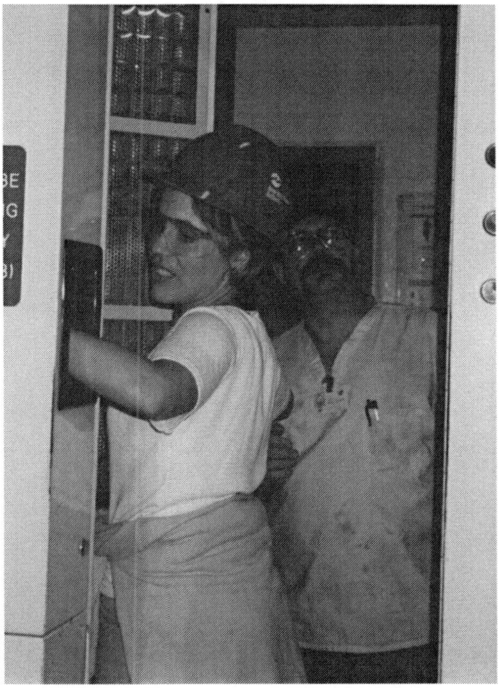

R. HINRICKS

DETECTORES SEMICONDUTORES

Detectores semicondutores são similares aos gasosos quanto ao princípio de funcionamento, exceto pelo fato de que o gás é substituído por um material semicondutor, como o silício ou o germânio. A corrente coletada no eletrodo é proporcional à energia da radiação incidente. Detectores de germânio são insuperáveis para a detecção de raios γ, com uma excelente resolução de energia, apesar de não serem tão sensíveis como os detectores NaI, em função de seus volumes serem muito menores que os dos NaI. Eles são utilizados para identificar e quantificar material radioativo (Figura 15.15).

Ao examinar um espectro de raios γ de uma amostra, pode-se determinar a quantidade e o tipo de radioisótopos presentes. Esses métodos são utilizados na análise de resíduos de metal em amostras ambientais. A amostra pode ser irradiada em um reator e depois examinada com um detector de germânio. Os resíduos de impurezas de diferentes elementos (como Se, Pb, Hg etc.) tornam-se radioativos e emitem raios γ distintos e de energias conhecidas, o que torna possível a determinação após a energia do raio γ da radiação observada ser determinada.

FIGURA 15.15 Espectro de raio gama do Eu-152, obtido com um detector de germânio. O espectro mostra o número de contagens (no eixo do x) em função da energia do raio gama.

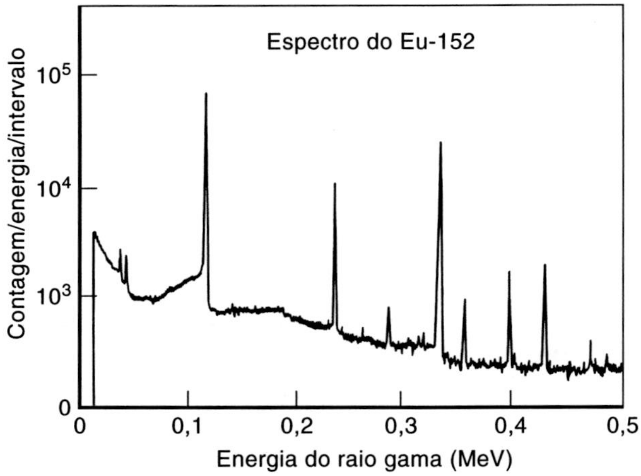

CAPÍTULO 16

ALTERNATIVAS FUTURAS DE ENERGIA: FUSÃO

Conteúdo

COMO VOCÊ ESCOLHERIA?

"Espere até o ano que vem!"

Em 2004 o Boston Red Sox venceu a World Series de forma dramática, após três derrotas seguidas para o New York Yankees na liga dos campeões. Essa foi sua primeira vitória na World Series em 86 anos, calando a frase dos adversários: "Espere até o ano que vem!". A fusão nuclear continua a usar tal frase. Na década de 1950 previa-se que as usinas elétricas estariam usando a fusão nuclear até o fim do século XX. Hoje, dizem que isso será conseguido até os meados deste século XXI. Financiamentos do Departamento de Energia dos Estados Unidos (DOE) para pesquisas na área da fusão nuclear mantiveram-se relativamente constantes na última década (mas cerca de 40% menores do que os do início dos anos 1980). Se você participasse de um comitê de orçamentos no Congresso norte-americano, como se posicionaria ante continuadas solicitações de verbas para a fusão nuclear?

A. O POTENCIAL DA ENERGIA DE FUSÃO

Desde o Capítulo 1, enfatizamos a finitude de muitos de nossos recursos, e as restrições ambientais e econômicas de seu uso. As reservas mundiais de petróleo e gás natural, nesta ordem, sofrerão certamente grandes declínios neste século, caso seja mantida a atual taxa de uso. Já atingimos o "pico de petróleo"? Carvão e urânio têm vidas mais longas, mas questões ambientais e econômicas dificultam um crescimento em sua utilização. Há essencialmente apenas duas opções a longo prazo. Uma é a energia solar, que separamos em energias renováveis radiante solar, eólica, hidrelétrica e biomassa. A outra é a fusão nuclear, que alguns consideram ser a nossa fonte definitiva de energia. Lembre-se de que **fusão** é a união de dois pequenos núcleos para formar um núcleo maior, enquanto a **fissão** é a divisão de um núcleo muito grande (como o urânio), geralmente pela adição de um nêutron, em dois núcleos menores. Em ambos os casos, a massa dos produtos finais é menor do que a dos núcleos reagentes originais. Essa massa perdida é convertida em energia.

O entusiasmo pela fusão como uma fonte de energia futura baseia-se em vários fatos. Um deles é que o combustível que poderia ser utilizado – deutério (D) – é encontrado na água comum, na qual um em cada 6.500 átomos de hidrogênio é este isótopo (um núcleo de deutério contém um próton e um nêutron). A fusão completa de apenas 1 g de deutério (obtido de 8 galões de água[1]) vai liberar a energia equivalente à queima de 2.400 galões de gasolina[2]. A fusão de todo o deutério em uma piscina olímpica poderia fornecer eletricidade suficiente para uma cidade de 100 mil habitantes durante um ano! A energia liberada na fusão completa do deutério presente em 1 km^3 de água é equivalente a aproximadamente 2 trilhões de barris de petróleo, o que corresponde a cerca de duas vezes as reservas de petróleo totais calculadas da Terra. A extração de deutério da água não é muito difícil ou cara, de forma que o combustível para a fusão de deutério é essencialmente infinito e extremamente barato.

Outra vantagem da fusão é a potencial redução da poluição ambiental. Os produtos finais da reação de fusão são hidrogênio, hélio e nêutrons, por isso não temos que nos preocupar com os resíduos radioativos duradouros dos reatores de fissão, embora haja algumas partes radioativas do reator que merecem nossa atenção. Ademais, nenhum material que possa ser utilizado na fabricação de bombas será produzido em reatores de fusão, e o aquecimento global não será uma preocupação.

O panorama para a energia de fusão não é, porém, um mar de rosas. A viabilidade tecnológica de reatores de fusão está muito aberta a questionamentos atualmente. Bilhões de dólares foram gastos desde a Segunda Guerra Mundial, na tentativa de se atingir a fusão controlada. Apenas desde meados da década de 1990, e somente para poucas máquinas, a produção de energia em reatores de demonstração foi igual à entrada de energia total, o denominado ponto de equilíbrio científico. Também há preocupações econômicas significativas e um custo muito alto para pesquisa sobre fusão em muitos laboratórios ao redor do mundo. O papel que a fusão vai desempenhar neste novo século provavelmente não será conhecido por várias décadas ainda. O que fará da fusão uma vencedora será determinado na mesma medida por fatores ambientais e econômicos.

B. ENERGIA DAS ESTRELAS: O PROCESSO DE FUSÃO

Os melhores exemplos de reações de fusão são os que ocorrem em nosso Sol. A produção de energia do Sol é derivada da transformação ("queima" nuclear) de

---

[1] Aproximadamente 30 L. (N.T.)

[2] Cerca de 9.250 L. (N.T.)

4 milhões de toneladas de matéria em energia *a cada segundo*. Em várias etapas, quatro núcleos de hidrogênio fundem-se para formar um núcleo de hélio e dois pósitrons (partículas idênticas aos elétrons, exceto pelo fato de terem cargas positivas – a "antipartícula" do elétron). Nas estrelas mais quentes do que o nosso Sol, energia também é liberada de reações de fusão de núcleos mais pesados (como a fusão entre núcleos de carbono). As reações de fusão mais comuns levadas a cabo em experiências na Terra utilizam núcleos de deutério, D, e trítio, T (que consistem de um próton p e dois nêutrons n):

$$\begin{aligned} D + D &\rightarrow p + T + 3{,}3\ \text{MeV} \\ D + D &\rightarrow n + {}^{3}\text{He} + 4{,}0\ \text{MeV} \\ D + T &\rightarrow n + {}^{4}\text{He} + 17{,}6\ \text{MeV} \\ D + {}^{3}\text{He} &\rightarrow p + {}^{4}\text{He} + 18{,}3\ \text{MeV} \end{aligned}$$

(A energia liberada em cada reação é expressa em milhões de elétron-volts, abreviado por MeV).

A reação D-T é aquela em que a maior parte do trabalho está sendo focalizada atualmente (Figura 16.1). Isso porque ela tem a temperatura de "ignição" mais baixa de quaisquer dessas reações – aproximadamente 50 milhões °C –, e é menos exigente no que diz respeito às condições necessárias para se atingir um fornecimento líquido de potência. O trítio, isótopo radioativo de hidrogênio com uma meia-vida de 12 anos, não é encontrado na natureza, exceto em quantidades muito pequenas, mas pode ser produzido em um reator por

$$n + {}^{6}\text{Li} \rightarrow {}^{4}\text{He} + T + 4{,}8\ \text{MeV}$$

Embora a reserva mundial de lítio seja muito menor do que a de deutério, temos reservas suficientes para usar a tecnologia D-T, pelo menos até que a tecnologia para a reação D-D fique disponível.

FIGURA 16.1 ILUSTRAÇÃO DE UMA REAÇÃO DE FUSÃO.

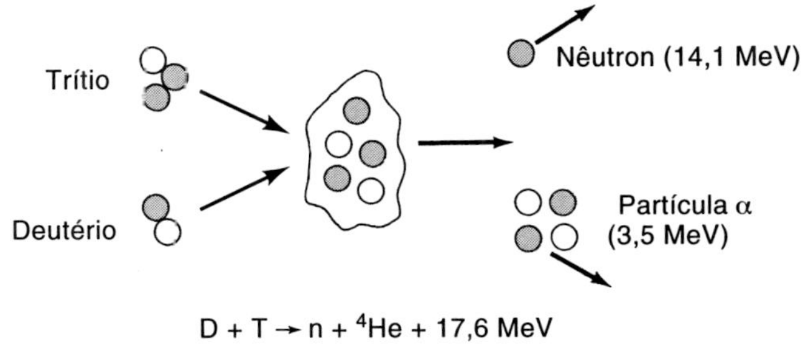

C. CONDIÇÕES PARA A FUSÃO

Um dos obstáculos para a fusão nuclear é a força elétrica de repulsão entre os núcleos positivos. Essa força é proporcional ao produto das cargas dos núcleos em interação e inversamente proporcional ao quadrado da distância de separação entre elas (veja Tópico Especial do Capítulo 13). Para poder superar essa repulsão, os núcleos têm de possuir energias cinéticas altas, que só são possíveis se o combustível estiver a temperaturas da ordem de 50 milhões °C a 100 milhões de °C.

Embora a reação de fusão possa parecer simples, seu uso para a liberação controlada de energia representa alguns problemas científicos e tecnológicos sérios. Considere as exigências:

- Devem ser atingidas temperaturas muito altas, de modo que as energias cinéticas dos núcleos sejam suficientes para superar a repulsão elétrica entre eles. A temperaturas altas, um gás vai se decompor em elétrons livres e núcleos positivos. Esse gás ionizado, com um número igual de cargas positivas e negativas, é chamado **plasma**. Nosso Sol é um exemplo de plasma; o gás em uma lâmpada fluorescente é outro.
- O confinamento do plasma é difícil. À medida que a temperatura de um gás aumenta, seu volume ou sua pressão (ou ambos) tem de aumentar. Assim, o gás deve ser limitado a um volume fixo para permitir que os núcleos se aproximem o bastante para fundir.
- São necessárias altas densidades porque, para que ocorra uma liberação suficiente de energia por fusão, um número grande de núcleos deve reagir.
- A energia de fusão liberada deve ser convertida em uma forma útil, como a eletricidade.

Uma das metas imediatas de pesquisa de fusão é o "*break-even*[3] científico", no qual a energia liberada na reação de fusão é igual à que foi necessária para aquecer o combustível e contê-lo. A próxima meta será a "ignição", em que a reação de fusão se torna autossustentada, sem a necessidade de fontes externas para aquecer o combustível. O calor vem das colisões entre as partículas alfa (^{4}He), geradas pela reação D + T $\rightarrow$ n + ^{4}He, e as outras partículas no plasma.

Há dois parâmetros-chave que determinam se uma reação de fusão terá uma produção líquida de energia. O primeiro, conhecido como o número de Lawson, caracteriza a qualidade do confinamento do plasma. Para atingir uma produção substancial de energia, íons deutério e trítio em quantidades suficientes devem ser mantidos juntos por um tempo adequado para que possam reagir. Essa relação é expressa pelo **critério de Lawson**, o qual determina que uma liberação líquida de

[3] Optamos por manter o termo original, já incorporado ao jargão da área. A expressão significa algo como "ponto de igualdade". (N.T.)

energia de fusão só ocorre quando o produto da densidade do plasma (em partículas por centímetro cúbico) e o tempo de confinamento (em segundos) excedem 10^{14} s/cm^3. Alguns reatores de testes alcançaram essa condição de forma limitada. Outro fator é a temperatura do plasma. São necessárias temperaturas maiores do que 100.000.000 °C para que ocorra a ignição. Tal condição também foi obtida em alguns reatores.

Existem vários esquemas para o confinamento do plasma. Uma caixa de qualquer matéria não pode ser usada como um recipiente, porque os íons quentes do plasma perderão energia ao colidir com as paredes. No Sol, o confinamento ocorre por causa da força de gravidade. Porém, isso não ocorre na Terra, por causa da massa muito menor de plasma. Cientistas têm tentado dois métodos de confinamento. Um deles utiliza-se das propriedades elétricas do plasma e é chamado confinamento magnético. O outro método não requer qualquer confinamento físico do plasma, mas faz uso de um aquecimento tão rápido que os núcleos se fundem antes que o plasma possa se expandir e diminuir de densidade. Este último, chamado confinamento inercial, torna-se possível pelo uso de *lasers*.

D. REATORES DE FUSÃO DE CONFINAMENTO MAGNÉTICO

O método mais estabelecido de confinamento de plasma utiliza campos magnéticos. Vários projetos estão sendo sugeridos para essas "garrafas magnéticas". Lembre-se do Capítulo 11: uma partícula carregada sofre a ação de uma força quando se movimenta em um campo magnético. Representamos o campo magnético por uma série de linhas de campo. Uma partícula carregada com uma velocidade perpendicular ao campo magnético será forçada a se movimentar em uma trajetória circular ao redor de uma linha de campo. Se a partícula também possuir uma velocidade ao longo da linha de campo, sua trajetória será helicoidal como um saca-rolhas (veja a Figura 16.2). O movimento da partícula é ligado ou confinado à linha de campo. Esse recipiente é conhecido como "garrafa magnética".

O plasma deve ser mantido em uma região fixa, não apenas confinado a uma linha de campo magnética sem limites. Isso é feito, neste caso, moldando-se a forma do campo magnético por meio do uso de bobinas, de modo que, nas proximidades do fim de cada região, o campo magnético se torne muito mais forte, fazendo que a partícula sofra uma força retrógrada, sendo, então, refletida em cada extremidade (veja a Figura 16.2(b)). Este dispositivo é chamado espelho magnético.

FIGURA 16.2 (A) Trajetória helicoidal de uma partícula carregada ao longo das linhas de campo magnético. (B) "Garrafa magnética" com confinamento do tipo espelho. A partícula carregada é refletida na região de linhas de campo magnético concentrado.

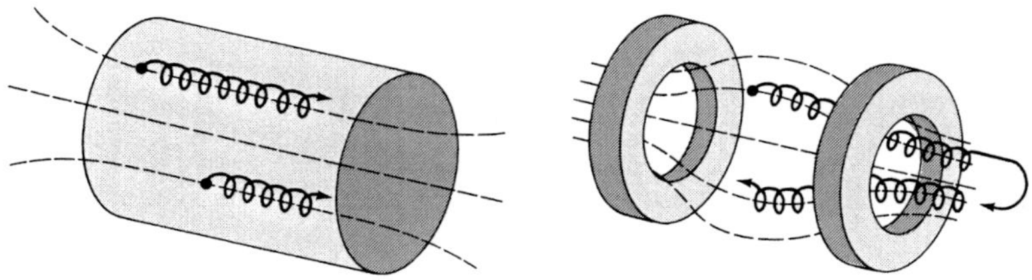

FIGURA 16.3 Campo magnético toroidal ou em forma de rosquinha para o confinamento de plasma. Somente algumas das bobinas são mostradas.

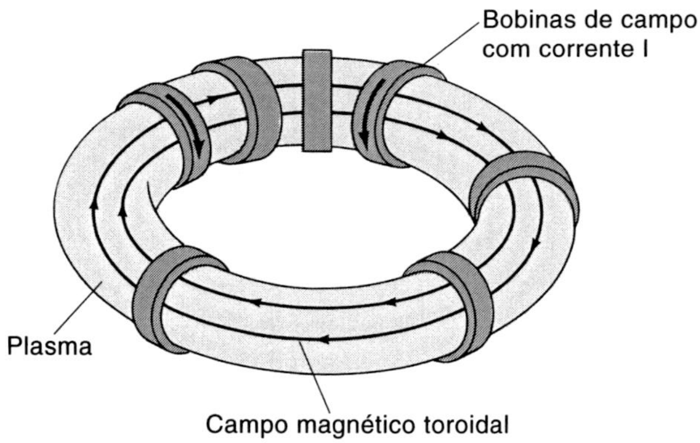

O vazamento do plasma pelas extremidades da máquina-espelho pode ser eliminado fazendo-se com que uma extremidade da garrafa cilíndrica se una à outra, formando uma geometria toroidal, ou em forma de rosquinha (Figura 16.3). Neste esquema, as linhas de campo magnético formam uma volta fechada. O sistema de confinamento fechado ou toroidal mais conhecido é o "Tokamak", um reator inicialmente desenvolvido na Rússia que foi levado para os Estados Unidos em 1969. A Figura 11.6 (Capítulo 11) mostrou o (atualmente desativado) reator de teste de fusão Tokamak na Universidade de Princeton. A Figura 16.4 apresenta visão do interior do vaso de vácuo no qual o plasma é confinado. O **Tokamak** (termo russo para "câmara magnética toroidal") utiliza enrolamentos condutores de corrente ao redor do toroide para fornecer um campo magnético em volta do seu perímetro. Esse reator de teste também usa uma corrente através do próprio plasma para fornecer um campo magnético que envolve o plasma. Esse campo secundário gera uma grande estabilidade para evitar que os íons do plasma flutuem para as paredes externas do toroide. Essa corrente secundária é atingida usando-se o plasma como um enrolamento secundário de um transformador (veja a Figura 16.5). Um pulso de corrente primário preliminar através da bobina induzirá uma corrente no "enrolamento" secundário, sendo este o plasma, neste caso. Essa corrente (milhares de ampères) é usada também para aquecer o plasma de forma semelhante ao aquecimento resistivo.

FIGURA 16.4 VISÃO DO INTERIOR DO VASO DE VÁCUO DO REATOR DE TESTE DE FUSÃO TOKAMAK.

PRINCETON UNIVERSITY, PLASMA PHYSICS LABORATORY

Um dos problemas em reatores de fusão é a instabilidade do plasma. Se os campos magnéticos apresentarem quaisquer irregularidades, como uma "torção", o plasma pode escapar para fora da garrafa. Para conter o plasma nas altas temperaturas, nas quais a velocidade média do íon é 1.000 mph,[4] a densidade do plasma deve ser mantida baixa, aproximadamente 100 mil vezes menor do que a atmosférica, quase um vácuo (mesmo em altas temperaturas, o plasma não é denso o bastante para poder fundir objetos do metal nele colocados). Campos magnéticos mais poderosos estão sendo desenvolvidos (usando materiais supercondutores) para permitir um aumento na densidade do plasma. Como poderíamos aquecer nosso plasma a temperaturas de 50 milhões a 100 milhões de °C? Seria necessário um bico de Bunsen e tanto! Um método já mencionamos: aquecimento resistivo com a corrente secundária em Tokamaks. Entretanto, temperaturas altas o bastante não podem ser alcançadas dessa maneira, porque a resistência do plasma diminui com as altas temperaturas. Um método promissor de aquecimento do plasma é a adição de partículas "quentes" externas ao plasma. Isso é feito dirigindo ao plasma um feixe de átomos de deutério aos quais foi dada uma energia cinética da ordem de 5 keV a 10 keV em um acelerador.

[4] Aproximadamente 1.610 km/h. (N.T.)

FIGURA 16.5 Uma máquina Tokamak. O plasma é confinado por um campo magnético toroidal. O toroide forma o enrolamento secundário de um transformador. A corrente induzida no toroide é utilizada para aquecer o plasma.

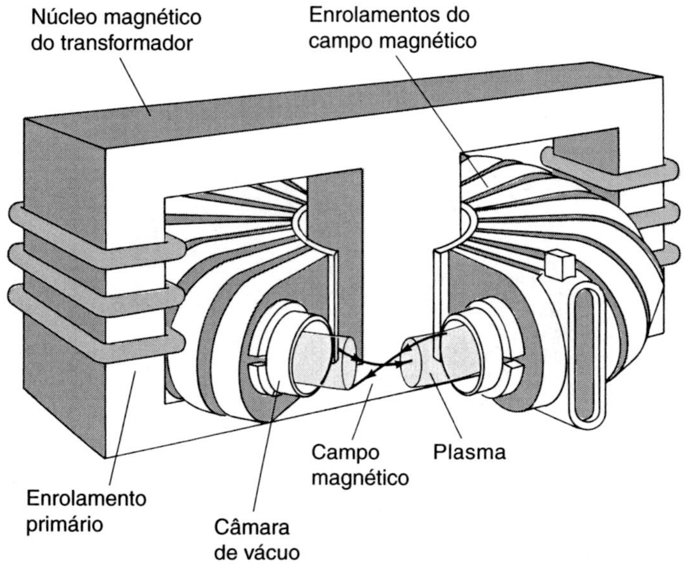

Avanços significativos foram alcançados no Laboratório de Física de Plasma de Princeton em 1994, quando um combustível de trítio e deutério foi aquecido dentro do reator Tokamak (somente o deutério tinha sido usado antes). Temperaturas bem acima de 100 milhões de °C foram atingidas e uma potência recorde de 10 milhões de watts foi produzida – tudo em um experimento de 4 segundos, superando o ponto de *break-even*. Completou-se o trabalho com esse reator em 1997, e ele está agora no processo de ser desmontado e descontaminado. Um novo tipo de projeto de confinamento magnético (um toro esférico) começou a operar em Princeton em 1999 para estudar o desempenho do plasma.

Hoje, estão em andamento planos no valor de 2 bilhões de dólares para construção do *international thermonuclear experimental reactor* (ITER), um reator experimental resultante de esforço conjunto de Japão, Rússia, União Europeia, China, Coreia do Sul e Estados Unidos. Em 2005, após muito debate, decidiu-se que o ITER seria localizado em Cadarache, na França. Espera-se que essa máquina gigantesca (planejada para entrar em operação em 2018) alcance o ponto de mutação e produza mais energia do que a consumida para sua operação. O objetivo é produzir 500Mw a partir de uma injeção de 50Mw. O novo projeto será duas vezes maior que o atual reator de teste de fusão na Inglaterra (JET) e planejado para operar por semanas a fio, muito mais que os tempos de operação de vários segundos dos Tokamaks de hoje. Ele usará como combustível uma combinação de trítio e deutério e utilizará magnetos supercondutores para confinar o plasma no interior do núcleo toroidal a vácuo. Se tudo correr bem, um reator similar comercial, mas em escala apropriada, poderá estar disponível em cerca de 2050.

E. FUSÃO INDUZIDA POR LASER

Outro método que está sendo usado na fusão é o **confinamento inercial**. Neste caso, não há absolutamente nenhum confinamento externo do plasma. Sabemos que, à medida que um gás sofre um aumento na temperatura, ele geralmente se expande. Entretanto, se o aquecimento for feito de modo muito rápido, a fusão pode ocorrer antes que as partículas do combustível possam se distanciar. O combustível é confinado durante esse breve tempo pela inércia de sua própria massa. O aquecimento pode ser feito com um feixe de laser intenso, levando ao que chamamos de "fusão induzida por laser". A bomba de hidrogênio, que também libera energia pela fusão, é disparada por uma bomba "atômica" de fissão. Este é um exemplo de "confinamento inercial", no qual o combustível é comprimido pela explosão do dispositivo de fissão. O combustível de fusão é aquecido pela radiação liberada na fissão. A primeira explosão da bomba-H, em 1952, marcou a primeira vez que a fusão (em grande escala) foi conseguida na Terra. (De fato, muito do dinheiro original para a pesquisa da fusão a laser nos Estados Unidos veio do programa de armamentos do Departamento de Energia, onde a aplicação para bombas-H foi prevista.)

O número de reações da fusão em um dado intervalo de tempo aumentará à medida que a densidade do plasma aumentar, de forma que uma maior geração de potência pode ser conseguida pela compressão do combustível. O combustível (uma mistura do deutério e do trítio) é encerrado em uma pastilha de vidro ou de metal, um "microbalão" de aproximadamente 1 mm de diâmetro (veja a Figura 16.6). O aquecimento e a compressão são geralmente realizados submetendo essa pastilha a pulsos intensos e uniformes de laser de todos os lados (veja a Figura 16.7). Divisores de feixe são usados para dividir o feixe de laser original em muitos componentes (por exemplo, 60 feixes na Universidade de Rochester, Nova York, e 192 no Laboratório Lawrence Livermore, Califórnia), que são amplificados ainda mais. Espelhos são, então, utilizados para direcionar simultaneamente todos os feixes para a pastilha de combustível.

FIGURA 16.6 MICROBOLHAS DE OURO EM UMA MOEDA DE US$ 25 CENTS, SEMELHANTES ÀS QUE CONTÊM O COMBUSTÍVEL GASOSO D-T A ALTA PRESSÃO PARA UTILIZAÇÃO EM FUSÃO A LASER.

U.S. DEPARTMENT OF ENERGY

A pastilha é comprimida por meio do processo de "implosão". Sua camada exterior é aquecida pelos feixes de laser de tal modo que evapora. Isso acontece tão rapidamente que o material que deixa a superfície comprime as camadas internas, aumentando a densidade do núcleo restante por um fator de 1.000, bem como aumentando sua temperatura. A pressão eleva-se a 1 trilhão de atmosferas. Essa compressão do material interno, a implosão, é um exemplo da terceira lei de Newton: "para cada força de ação há uma força igual e oposta de reação". É análogo a saltar de um trenó que esteja no gelo: você vai para a frente e o trenó para trás.

Para atingir as temperaturas e as densidades necessárias para a fusão (e para satisfazer o critério de Lawson), a energia fornecida pelo laser deve ser grande (da ordem de 1 milhão de joules) e de uma duração muito curta (1 bilionésimo de segundo). Isso corresponde a uma taxa de potência de 10^{15} watts, 1.000 vezes maior do que a potência de *todas* as máquinas feitas pelo homem (entretanto, a produção da energia é pequena por causa do curto período de tempo). Para satisfazer o critério de Lawson, densidades elevadas (aproximadamente 10^{26} íons/cm^3) devem ser alcançadas por um curto intervalo de tempo (cerca de 10^{-12} s).

FIGURA 16.7

UMA PASTILHA DE COMBUSTÍVEL D-T É AQUECIDA PELA RADIAÇÃO DO LASER POR TODOS OS LADOS. ELA IMPLODE ENQUANTO A SUPERFÍCIE EXPLODE. PRESSÕES DA ORDEM DE UM TRILHÃO DE ATMOSFERAS SÃO ATINGIDAS.

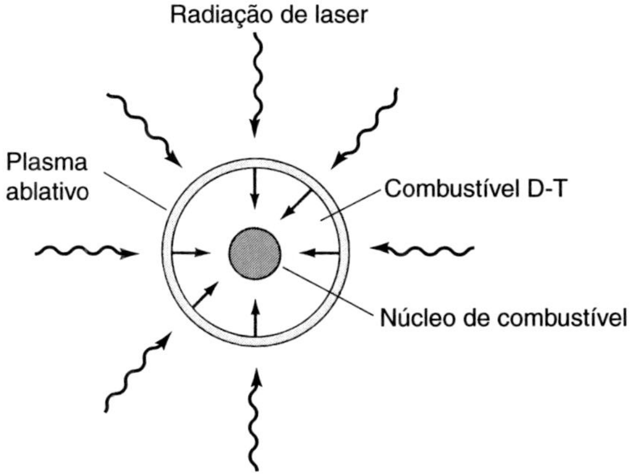

FIGURA 16.8

O SISTEMA DE LASER ÔMEGA DE 60 FEIXES É UM LASER ULTRAVIOLETA DE 30.000 J. A CÂMARA COM O ALVO DE FUSÃO FICA À ESQUERDA.

Laser Energetics Laboratory, University of Rochester

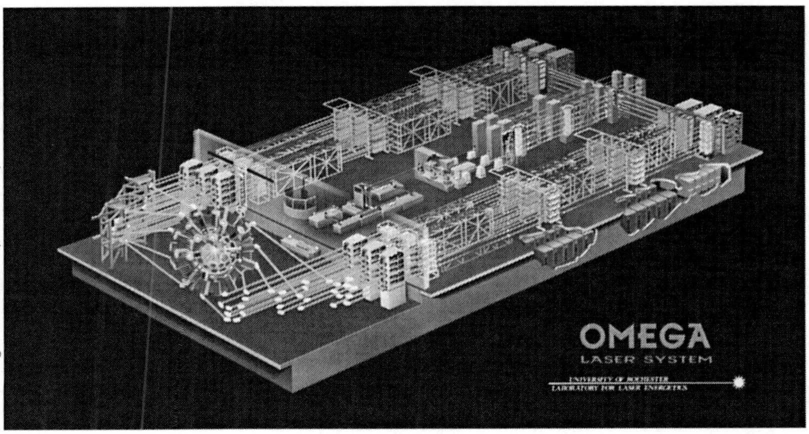

O instrumento para a fusão induzida por laser é enorme. Um exemplo é a instalação de laser de alta energia da Universidade de Rochester (outros exemplos estão no Laboratório Lawrence Livermore, Califórnia, e em Los Alamos, Novo México, ambos nos Estados Unidos). O sistema Ômega de laser para a irradiação do alvo de fusão em Rochester consiste de 60 cadeias separadas de amplificadores de laser. Um oscilador mestre fornece um pulso de laser no infravermelho de baixa intensidade, que é dividido para fornecer 60 pulsos de entrada, um para cada uma das cadeias do amplificador de laser. Em cada uma delas, um cristal é usado para gerar harmônicos mais elevados da frequência de incidência do laser. O resultado são 60 feixes com um comprimento de onda de 0,35 mícrons – radiação ultravioleta. É importante que todos os pulsos cheguem ao alvo ao mesmo tempo e permaneçam focalizados nas pastilhas enquanto elas são submetidas à pressão. O arranjo laser-alvo tem o tamanho aproximado de um campo de futebol (veja a Figura 16.8). À medida que cada pulso do laser percorre uma cadeia com muitos amplificadores, sua energia e seu tamanho aumentam. De acordo com um dos cientistas do projeto, "é como atirar tortas". A frequência dos pulsos será bastante alta. Para produzir uma saída constante de aproximadamente 1.000 MWe, as "tortas" terão de vir a uma taxa de cerca de dez por segundo.

O laser primário em uso hoje nos experimentos de fusão é de neodímio-vidro, que produz uma luz infravermelha com aproximadamente 1 mícron de comprimento de onda. Ele tem uma eficiência aproximada de apenas 1%, o que significa que 99% da energia bombeada no laser não emergem como luz útil. Ademais, os lasers em uso hoje podem ser disparados, no máximo, algumas vezes por hora – distantes das dez vezes por segundo necessárias a uma operação comercial bem-sucedida. Para se atingir o *break-even*, tipos mais potentes de laser devem ser construídos, e suas eficiências também devem aumentar.

FIGURA 16.9 DIAGRAMA ESQUEMÁTICO DE UMA USINA DE ENERGIA DE FUSÃO A LASER. AS PASTILHAS DE D-T CONGELADO SÃO ALIMENTADAS PELO TOPO. ELAS SÃO IRRADIADAS POR FEIXES DE LASER. O LÍTIO NA CAMADA EXTERNA ABSORVE A ENERGIA LIBERADA NA FUSÃO E, EM SEGUIDA, TRANSFORMA A ÁGUA EM VAPOR NOS TROCADORES DE CALOR.

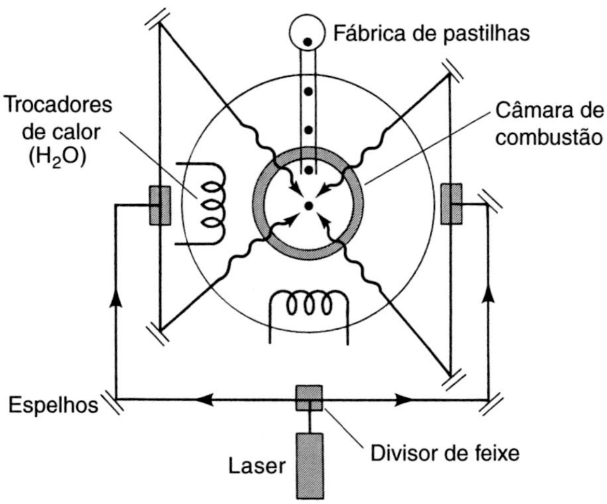

Uma usina de energia de fusão a laser poderia parecer com o que é mostrado na Figura 16.9. Os feixes de laser são focalizados no centro da câmara de combustão. Uma pastilha de D-T é liberada de forma que chegue ao centro da câmara ao mesmo tempo em que o laser pulsa. A explosão subsequente é equivalente a aproximadamente 10 libras[5] de TNT, insuficientes para danificar as partes da câmara de combustão. A energia de cada explosão é levada primeiramente pelo escape de nêutrons e de raios X a partir do alvo. Fora da câmara, em uma configuração similar à das máquinas de confinamento magnético, há um cobertor de lítio para capturar essa energia. Trocadores ao longo de todo esse cobertor transportam água, que é transformada em vapor para movimentar as turbinas. O lítio é também uma fonte do trítio, a ser reciclado de volta à "fábrica de pastilhas".

O maior complexo de fusão a laser no mundo é o National Ignition Facility (NIF), no Laboratório Nacional Lawrence Livermore, nos Estados Unidos. Terminada em 2009, essa instalação será capaz de produzir, por meio da fusão, pelo menos a mesma energia que o laser fornece à pastilha. Cento e noventa e dois raios laser ultravioleta excitarão uma câmara de 30 pés contendo a pastilha de D-T, e fornecerão 2 MJ em 10 nanossegundos (2 petawatts [2×10^{15}W]), aquecendo o combustível até 500 milhões de graus centígrados. Como o NIF pode criar condições de alta temperatura, ele também pode fornecer informações sobre armas nucleares modernas que usam a fusão nuclear para obter seu enorme poder explosivo. Consequentemente, ele estará envolvido no estabelecimento do conjunto de armas nucleares dos Estados Unidos.

Outro esquema de confinamento inercial utiliza raios X em vez de pulsos de laser. Esses raios X são produzidos por uma instalação de potência pulsada que usa correntes da magnitude de 20 milhões de ampères! Os pulsos de raio X são utilizados para implodir a pastilha de combustível e iniciar a fusão. A máquina "Z-Pinch" está sendo construída no Sandia National Laboratory, no Novo México, Estados Unidos.

F. FUSÃO A FRIO

Em 1989, a comunidade científica foi surpreendida pelo anúncio daquilo que alguns acreditaram ser uma das maiores inovações do século XX: a possibilidade de se realizar a fusão do deutério à temperatura ambiente. Dois químicos da Universidade de Utah haviam realizado uma experiência que poderia ser feita em um tubo de ensaio com um equipamento que custa apenas alguns milhares de dólares e com uma tecnologia muito mais simples do que aquela usada nos tipos de programas de fusão que temos descrito.

A aparelhagem (veja a Figura 16.10) consistiu em um tubo de teste comum que continha um fio de platina enrolado em torno de uma haste metálica de paládio. Ambos os metais foram submergidos em água pesada – água enriquecida com deutério. Uma bateria foi usada para estabelecer uma corrente elétrica entre os dois metais, fazendo com que a água pesada se separasse em deutério e oxigênio. Esse é o processo de eletrólise da água, feito normalmente com outros metais. Em geral,

[5] Cerca de 4,54 kg. (N.T.)

bolhas são vistas emergindo de cada eletrodo à medida que o oxigênio e o hidrogênio migram para cada eletrodo e borbulham para fora do sistema. Mas o uso do paládio no lugar de um metal mais comum aparentemente fez uma diferença. O paládio tem uma grande afinidade com o hidrogênio, e absorveu átomos do hidrogênio antes que pudessem borbulhar para fora da solução. Assim, tanto hidrogênio ficou armazenado na haste de paládio que a fusão entre os núcleos começou a ocorrer, segundo os pesquisadores, e até 50 vezes mais energia foi liberada (na forma do calor) do que a colocada no sistema. Aparentemente, a reação que ocorreu foi $D + D \rightarrow {}^3He + n$, e alguns nêutrons aparentemente foram observados.

FIGURA 16.10 Aparelhagem ajustada para testar a fusão a frio. Existe uma tensão elétrica entre o fio de platina e os eletrodos do paládio. A água no tubo é enriquecida com deutério.

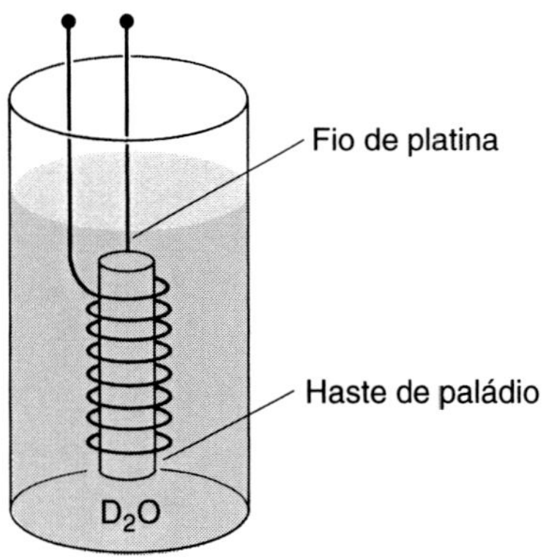

Tais resultados foram divulgados ao mundo primeiramente por meio do *Wall Street Journal*, de Nova York e do *Financial Times*, de Londres, bem como por uma entrevista coletiva que se tornou a matéria principal dos telejornais noturnos – de forma diferente daquela pela qual os cientistas normalmente divulgam seus resultados. Usualmente, as pesquisas são relatadas em periódicos científicos, que proporcionam a oportunidade de cada resultado novo ser examinado criticamente por especialistas para assegurar sua exatidão.

Desde o anúncio original em março de 1989, todos, com exceção de laboratórios, declararam os resultados negativos. A maioria dos laboratórios não encontrou o calor adicional relatado originalmente ou o subproduto da fusão, os nêutrons. Foi sugerido mais tarde que uma contaminação por trítio nos eletrodos ou problemas com a calibração dos detectores dos nêutrons levou a resultados espúrios. Possivelmente a fusão estava ocorrendo no tubo de ensaio, mas a uma taxa muito abaixo da que a experiência original havia indicado. O entusiasmo pela fusão a frio tem se esvaído desde então, mas perguntas ainda permanecem acerca dos resultados esporádicos relatados por alguns laboratórios em 1989. Alguns laboratórios ao redor do mundo ainda continuam a estudar esse fenômeno com relatos de energia em excesso que somente seriam possíveis com a fusão nuclear a frio. A reprodução desses resultados continua difícil, e, assim, o ceticismo permanece.

O fenômeno da fusão a frio fez com que algumas pessoas se perguntassem sobre os procedimentos e a atmosfera prevalecente para se fazer ciência. "Atualmente é impossível publicar resultados positivos relativos à fusão a frio em determinados periódicos porque os editores ou seus revisores já estão convencidos de que o efeito é falso. Isso cria um círculo vicioso: os periódicos não aceitarão trabalhos até que mais trabalhos publicados em periódicos mostrem evidências adicionais do efeito" (E. Storms, Los Alamos National Laboratory, 1994). Um relatório do Departamento de Energia emitido no fim de 1989 concluiu que "a fusão nuclear à temperatura ambiente, do tipo discutido neste relatório, seria contrária a todo o conhecimento adquirido nos reatores nucleares no último meio século. Ela exigiria a invenção de um processo nuclear inteiramente novo".

G. RESUMO E PERSPECTIVAS PARA A FUSÃO

A fusão é a combinação de dois núcleos pequenos para formar um núcleo maior com a liberação de energia. A reação geralmente estudada é $D + T \rightarrow {}^4He + n +$ 17,6 MeV. Para que um reator de fusão produza energia líquida, o plasma de D-T deve satisfazer ao critério de Lawson – definido como o produto da densidade de partículas pelo tempo de confinamento do plasma – de aproximadamente 10^{14} s/cm^3. Deve-se também atingir uma temperatura elevada do plasma (cerca de 100 milhões de °C). O confinamento do plasma é conseguido com as garrafas magnéticas em forma de rosquinha (Tokamaks) ou por confinamento inercial, como é feito na fusão induzida por laser. No primeiro caso, as densidades relativamente baixas do plasma com tempos longos do confinamento podem ser usadas para satisfazer aos critérios de Lawson; no último caso, densidades elevadas e tempos curtos são obtidos com os lasers pulsados de alta energia.

As vantagens da fusão são muitas: uma fonte de combustível essencialmente infinita, eficiências térmicas mais elevadas, poucos problemas de resíduos radioativos, não há reações que possam fugir do controle, nenhum aquecimento global. Entretanto, as perspectivas para a fusão controlada ainda são cheias de incertezas. Muitas das condições para se chegar ao *break-even* foram atingidas isoladamente em diversos laboratórios, mas não todas de uma vez. Basta considerar as condições que precisam ser atendidas: temperaturas algumas vezes maiores que aquela no centro do Sol; campos magnéticos uniformes da ordem de 100 mil vezes maior do que o da Terra; pastilhas para fusão a laser com densidades mil vezes maior que as de sólidos normais; raios laser focalizados em milionésimos de polegada – tudo isso chegando em um trilionésimo de segundo após o outro, e ao mesmo tempo, pulsando muitas vezes por segundo –, e muitos outros desafios. Contudo, as perspectivas continuam a ser otimistas, e ambos os tipos de programas de confinamento insistem que as primeiras usinas comerciais de fusão poderiam ser operacionalizadas dentro de 40 anos.

A economia é certamente um ponto crucial. As condições para o *break-even* econômico claramente serão mais difíceis do que aquelas para o científico. Os Tokamaks deverão ser grandes (1.000 MWe) para que a operação seja eficiente – possivelmente grandes demais para que a iniciativa privada invista. Na fusão induzida por laser, as pastilhas de microbolhas terão de ter custo inferior a US$ 0,01 de dólar para que a operação seja economicamente viável.

COMO VOCÊ ESCOLHERIA? – REVISITADO

A fusão tem muitas vantagens como fonte energética, mas os pontos *break-even* científicos e econômicos são muito difíceis de superar. Porém, muitas coisas precisam de longo tempo para maturação e grande compromisso (a lâmpada com filamento de carbono de Edison não foi desenvolvida da noite para o dia). Deveria haver aumento das verbas do governo para a fusão, uma vez que as recompensas são tão grandes? O tempo está do nosso lado? Após ler este capítulo, como você escolheria?

QUESTÕES

1. Explique, em palavras, o critério de Lawson e seu significado.
2. Por que a fusão é uma tarefa tão difícil de alcançar? Por que nosso Sol é tão eficiente ao nos fornecer energia por meio de reações de fusão?
3. De onde vem a energia que é liberada em uma reação de fusão?
4. Verifique a afirmação de que "a fusão do deutério presente na água de uma piscina com medidas olímpicas poderia fornecer eletricidade suficiente para uma cidade de 100 mil habitantes durante um ano". Indique as suposições feitas em seus cálculos.
5. Que produção de energia se consegue com um laser de 10.000 J que fornece um pulso com duração de 1 bilionésimo de segundo?
6. Qual é o significado de "*break-even* científico"?
7. Como o uso dos lasers fornece as temperaturas e as densidades necessárias para a fusão ocorrer?
8. Como podemos aquecer um plasma a até 50 milhões °C?
9. Qual é a vantagem de uma "garrafa magnética" para a fusão?
10. Comente o argumento apresentado por E. Storms na Seção F. Você consegue pensar em outros tipos de estudos científicos que não obtêm financiamento por causa da natureza ou do impulso da pesquisa?

CAPÍTULO 17

BIOMASSA: DAS PLANTAS AO LIXO

Conteúdo

COMO VOCÊ ESCOLHERIA?

Preocupações com milho

A proposta de um congressista de Nebraska na House of Representatives (Câmara), feita em plenário, exige que todos os carros usem combustível contendo pelo menos 15% de etanol derivado do milho (o chamado *gasohol*, ou E10). Um representante de um estado do noroeste levanta questões considerando que milho é bom para gado, alimento e exportação, mas que os carros hoje não estão preparados para usar tal combustível. Como você votaria neste caso?

A. INTRODUÇÃO

Como já esperamos eventualmente ficar sem os combustíveis convencionais, como o petróleo e o gás natural, alternativas que forneçam utilidade, flexibilidade, limpeza e economia desses recursos vêm sendo procuradas há muitos anos. Uma dessas alternativas está tão próxima da lixeira da cozinha quanto das plantas do lado de fora. É a biomassa: uma fonte de energia tão antiga quanto a humanidade e tão nova quanto o jornal de hoje. Fontes de biomassa estão apresentando um forte desenvolvimento atualmente como combustíveis alternativos para transporte, especialmente por causa dos altos preços do petróleo e dos novos padrões aceitos de poluição atmosférica.

Energia de biomassa é aquela derivada de matéria viva como os grãos (milho, trigo), as árvores e as plantas aquáticas; esta matéria viva também é encontrada nos resíduos agrícolas e florestais (incluindo os restos de colheita e os estrumes), bem como nos resíduos sólidos municipais. A biomassa pode ser descrita como "energia solar armazenada". Ela pode ser utilizada como combustível em três formas: combustíveis sólidos, como as lascas de madeira; combustíveis líquidos produzidos a partir da ação química ou biológica sobre a biomassa sólida e/ou da conversão de açúcares vegetais em etanol ou metanol; e combustíveis gasosos produzidos por meio do processamento com alta temperatura e alta pressão.

Os recursos de biomassa ocupam uma grande área de terra. Eles têm a possibilidade de fornecer, em qualquer lugar, de 4% a 25% da energia necessária nos Estados Unidos. A biomassa atualmente abastece 4% das necessidades energéticas norte-americanas e pode fornecer várias vezes mais energia que a esperada de fontes eólicas e fotovoltaicas. A Suécia usa biomassa para 32% de suas necessidades energéticas. A Finlândia, país com maior porcentagem de florestas no mundo, recebe 70% de sua energia de fontes renováveis, e 80% disso é de madeira florestal e restos agrícolas. Além disso, esse recurso é de particular utilidade para nações do mundo em desenvolvimento, onde os altos preços do petróleo desaceleraram o crescimento econômico. Como uma forma armazenada de energia solar, a biomassa tem a vantagem de os custos com coletores serem menores e o armazenamento de energia já estar incluído. A biomassa pode ser convertida em combustíveis líquidos e gasosos em diversas etapas, enquanto a combustão direta para produção de vapor ou eletricidade também é bastante popular. A Figura 17.1 ilustra algumas formas por meio das quais a biomassa é convertida em outros combustíveis.

B. CONVERSÃO DE BIOMASSA

O processo fundamental de conversão nas plantas verdes é a **fotossíntese**, que é a combinação de CO_2 atmosférico com água e energia luminosa para produzir oxigênio e carboidratos (como açúcares e amidos):

$$CO_2 + H_2O + \text{energia luminosa} \rightarrow O_2 + \text{carboidratos}$$

O reverso desse processo é chamado **respiração**, na qual CO_2, H_2O e calor são produzidos pela combustão de carboidratos e oxigênio. Ela ocorre nas folhas e raízes dos vegetais e nos animais, assim como na matéria orgânica em decomposição. A eficiência da fotossíntese é de apenas cerca de 1% para o processo de transformação de energia solar em energia química armazenada. Nas plantas verdes, a fotossíntese ocorre durante o dia, e a respiração, à noite, o que leva a alterações diárias na concentração de CO_2 atmosférico.

FIGURA 17.1 CONVERSÃO DE BIOMASSA EM COMBUSTÍVEIS ÚTEIS.

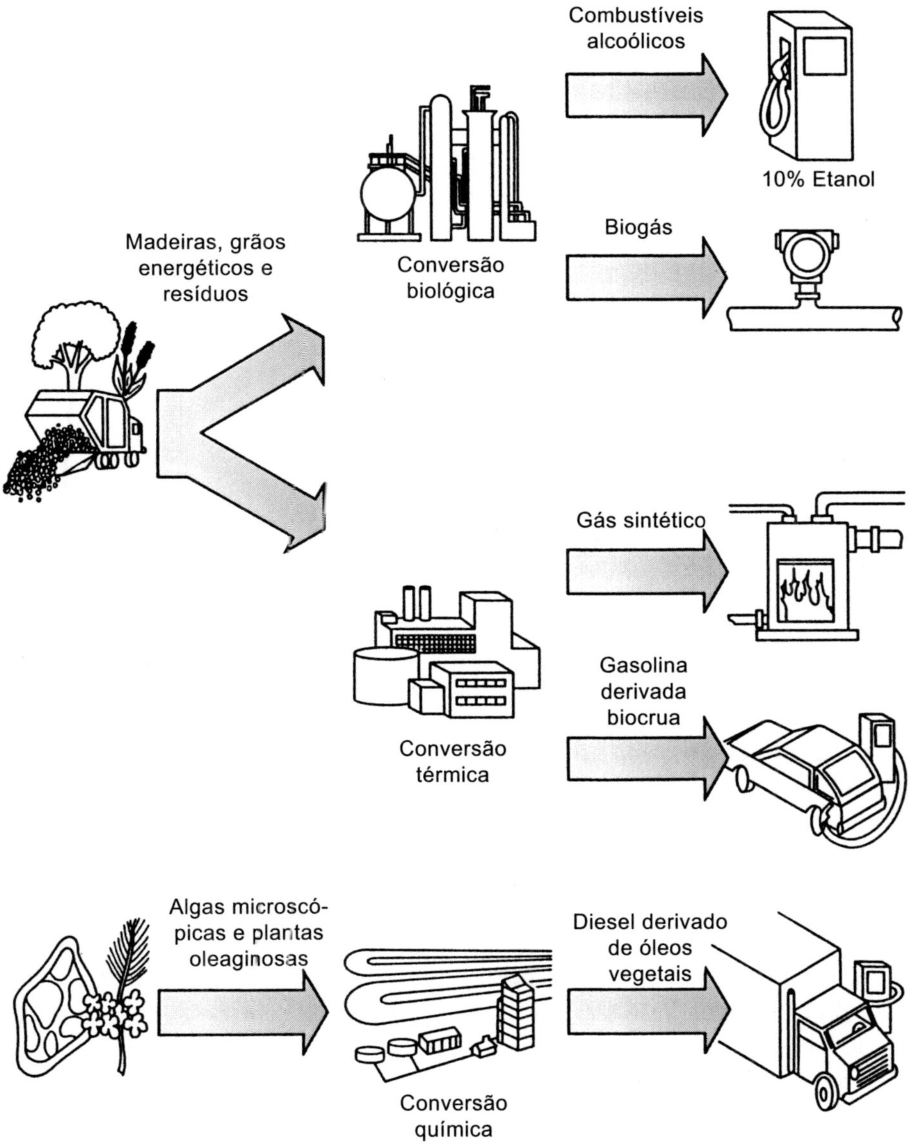

A concentração de dióxido de carbono varia de acordo com as estações do ano; mais alta no início da primavera e mais baixa no outono, no fim da temporada de crescimento. Vinte por cento da área de terra livre norte-americana (nos 48 estados contíguos) é dedicada à produção agrícola, e 30% são cobertos por florestas comerciais e nativas. Em valor energético, o milho é a maior cultura, seguido por soja e aveia. A base terrestre norte-americana totaliza 2.260 milhões de acres. Quase metade disso tem potencial para produção de biomassa. Terras com florestas e de agricultura podem suprir 1,3 bilhão de tonelada seca de biomassa por ano, o suficiente para substituir um terço da demanda atual de combustíveis para transporte. Defensores dizem que usar biomassa desse modo requer apenas modificações modestas quanto ao uso da terra e práticas florestais e agrícolas. Tais modificações não teriam impacto nas demandas de alimentos, alimentação e exportações. Os Estados Unidos seriam assim menos dependentes da importação de petróleo, sua emissão de gases estufa diminuiriam e teriam melhorias na economia rural. A produção de etanol nos Estados Unidos em 2000 foi da ordem de 2 bilhões de galões; em 2009, ela tinha alcançado 10,8 bilhões de galões. O Brasil produziu 6,5 bilhões de galões nesse ano.

Os processos para a conversão de biomassa em outras formas de energia são numerosos, mas podem ser classificados em três tipos:

1. Processos bioquímicos – decomposição de resíduos orgânicos em uma atmosfera deficiente em oxigênio. Com a produção de gás metano (digestão anaeróbica) ou a fermentação controlada para a produção dos alcoóis etanol e metanol.
2. Combustão direta – queima de biomassa para produzir calor para o aquecimento de ambientes ou para a produção de eletricidade através de uma turbina de vapor. Qualquer coisa (de resíduos sólidos e sobras de colheitas a madeira) pode servir como combustível para este processo.
3. Pirólise – decomposição térmica de resíduos em um gás ou líquido (com um relativamente baixo valor de aquecimento) sob altas temperaturas (500 °C a 900 °C) em uma atmosfera pobre em oxigênio.

Alcoóis são produtos da conversão de biomassa que têm recebido considerável atenção nos últimos anos como substitutos para os líquidos derivados de petróleo. A fermentação de materiais vegetais para a conversão de seus açúcares em álcool data de mais de 4 mil anos: os egípcios faziam cerveja com grãos e uvas. Mais de 100 anos atrás, Louis Pasteur identificou as leveduras como catalisadoras do processo de fermentação.

Os dois álcoois de maior importância são o etanol e o metanol. O **etanol** é um líquido transparente com ponto de ebulição de 78 °C. Sua fórmula é C_2H_5OH, e também é chamado de álcool de grãos ou álcool etílico. Ele pode ser feito de uma série de matérias-primas, porém, as mais comuns são a cana-de-açúcar, o milho e a madeira. Os Estados Unidos usam principalmente milho; o Brasil usa cana-de-açúcar; a França, trigo e beterraba; e a Alemanha, centeio. A Figura 17.2 é um fluxograma simples da produção de etanol a partir do milho, iniciando-se com carboidratos complexos.

FIGURA 17.2 FLUXOGRAMA DA PRODUÇÃO DE ETANOL A PARTIR DO MILHO.

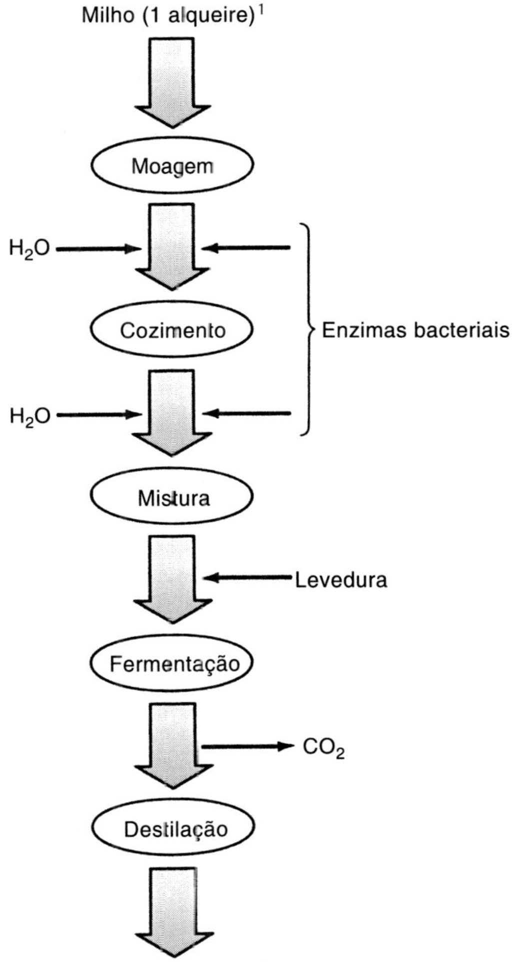

O etanol produzido com grãos demanda grandes quantidades de energia para plantio, fertilização e colheita. A plantação de milho requer fertilizantes feitos com gás natural e o uso de maquinário movido a diesel. Os processos de destilação e cozimento requerem gás natural ou carvão para serem produzidos. Alguns estudos sugerem que, no processo total do etanol, entra mais energia do que sai. Ele pode melhorar o desempenho dos veículos e produz menos emissões que os veículos a gasolina. O etanol feito de madeira pode reduzir as emissões de gases estufa, pois

[1] Medida de capacidade para cereais, equivalente a 36,367 litros na Inglaterra e 35,238 litros nos Estados Unidos. (**Fonte**: FÜRSTENAU, E. *Novo dicionário de termos técnicos inglês-português*. 25. ed. São Paulo: Globo, 2001.) (N.T.)

as plantas absorvem CO_2 enquanto crescem. Sem saber, muitos carros nos Estados Unidos já utilizam etanol – uma mistura (gasohol) com 10% de etanol e 90% de gasolina comum, conhecido como E10. Minnesota exigia E10 em todos os seus veículos e aumentou para E20 em 2005. Muitos postos de combustível no meio-oeste norte-americano fornecem combustíveis E85. Carros *flex-fueled* (com flexibilidade para uso de combustíveis) usam esse combustível. Seus motores são aptos a funcionar com diferentes misturas de combustíveis, desde a gasolina comum até E85 e M85, apenas ajustando eletronicamente o tempo de ignição e as relações ar/combustível. A maioria das grandes montadoras fabrica esses carros – há atualmente nos Estados Unidos 4 milhões de carros *flex-fueled*. Preços menores tornam esses carros especialmente atrativos hoje, embora apresentem maior consumo, com 10% a 15% a menos de mpg. Contudo, o etanol feito de milho não reduz as emissões de gases estufa por causa do petróleo usado para o cultivo e os fertilizantes.

O etanol foi utilizado como combustível nos veículos Ford Modelo-T no início do século XX e teve sua utilização aumentada durante a Depressão (como uma mistura álcool-gasolina), quando foram empreendidos esforços para estimular a economia agrícola nos Estados Unidos. Durante as crises do petróleo das décadas de 1970 e 1980, uma adição de 5% a 10% de álcool à gasolina foi promovida para substituir parte do petróleo usado como combustível automotivo. Não é necessária nenhuma conversão do motor para utilizar essa mistura. Se etanol puro for queimado, modificações devem ser feitas, porque ele é corrosivo e pode degradar alguns metais e polímeros utilizados nos sistemas a gasolina. Além disso, a baixa densidade de energia do etanol faz com que um carro que o utilize tenha uma autonomia cerca de um terço menor do que se usasse gasolina. O Brasil teve uma longa história relacionada com o uso do etanol de cana-de-açúcar em seus carros. Quase metade da sua frota era movida por etanol puro (veja Foco em 17.1).

O custo de produzir etanol tornou-se mais econômico à medida que os preços do petróleo subiram. Os Estados Unidos produzem mais de 10 bilhões de galões de etanol por ano em mais de 75 usinas. Mais fabricas estão em construção por causa da demanda crescente por esse aditivo. O objetivo do governo norte-americano é atingir a produção de 36 bilhões de galões de etanol em 2022.

O valor energético líquido do etanol foi objeto de controvérsia por muitos anos. Alguns cientistas calcularam que se gasta mais energia do que se obtém para produzir o etanol. Mas, para outros, com dados e hipóteses corretos poder-se-ia demonstrar que um ganho líquido de 2 era obtido. Para o etanol celulósico, então, o valor seria mais alto. A Tabela 17.1 é um resumo de dois desses estudos que consideram todas as etapas do processo. No caso de Pimental, obtém-se menos energia do que a gasta. No caso do US Department of Agriculture (USDA) há um ganho líquido da ordem de 65%. As maiores diferenças estão na energia necessária na produção do milho. Hipóteses mais otimistas, maior produtividade agrícola, menor uso de energia na produção de fertilizantes e maior eficiência na conversão de combustíveis na produção, hoje, resultam em ganhos muito maiores.

Examinando a Tabela 17.1 em maiores detalhes vemos que 1 galão de etanol contém grosseiramente 76 mil Btus. Necessita-se de 72 mil Btu para produzir 1 galão, mas há outros produtos que provêm alimentação para gado etc. Se estes são valorizados, o ganho de 66% é atingido. Os grãos da destilação também constituem um aditivo alimentar com alto teor proteico. O milho retém a gordura, as proteínas e os minerais encontrados no *kernel* antes do processamento do álcool. O dióxido de carbono – subproduto da destilação – é coletado, purificado e comprimido na forma líquida para ser usado por várias indústrias.

TABELA 17.1 USO DE ENERGIA NA PRODUÇÃO DE ETANOL – DUAS VISÕES

EM UNIDADES DE BTU POR GALÃO DE ETANOL.

Processo	USDA[1]	Pimental[2]
Produção de milho	18.713	37.860
Transporte do milho	2.120	4.834
Conversão para etanol	51.220	56.399
Entrada de energia	72.053	99.093
Valor dos coprodutos	26.250	6.680
Entrada de energia *(incluindo coprodutos)*	45.803	92.413
Saída total de energia	76.330	77.011
Valor líquido de energia	1,66	0,84

[1] United States Department of Agriculture, Office of the Chief Economist. The energy balance of corn ethanol: an update, USDA Report, n. 814, 2007.

[2] PIMENTAL, D.; PAZEK, T. , *Natural Resources Research*, v. 14, 2005..

Metanol é um líquido incolor, com ponto de ebulição de 65 °C. Sua fórmula é CH_3OH; também denominado álcool de madeira ou álcool metílico. Pode ser produzido com virtualmente qualquer material que contenha carbono, mas originalmente era produzido nos Estados Unidos como um subproduto da destilação de madeira. Uma tonelada de biomassa de madeira pode produzir 186 galões de metanol. Além da biomassa, carvão ou gás natural podem ser utilizados como matéria-prima. A Alemanha fez uso extensivo de metanol (de carvão) durante a Segunda Guerra Mundial para abastecer submarinos e aviões. O metanol é um combustível superior para motores de combustão interna e é utilizado hoje como combustível para carros de corrida.

Metanol derivado do gás natural é a forma mais barata, custando não muito mais que a gasolina normal. Ele pode ser até duas vezes mais caro se for derivado de madeira ou carvão. Utilizar metanol pode reduzir as emissões, especialmente de

NO*x*, e resultaria em quase a mesma emissão de gases estufa que a da gasolina comum (se derivado do gás natural). Metanol misturado com gasolina pode ser usado em um veículo sem maiores modificações.

Outras fontes potenciais de combustível líquido obtido a partir da biomassa são o sabugo de milho, o pé de milho, o "*switchgrass*" (um tipo de capim da pradaria norte-americana), feijões de soja, e outros produtos que normalmente poderiam ser descartados. Um relatório recente do Laboratório Nacional de Oak Ridge concluiu que um bilhão de toneladas secas de biomassa poderiam fornecer 30% da energia consumida no país. A biomassa atualmente supre 3% da energia consumida na nação.

Uma **plantação de energia de biomassa** é uma fazenda dedicada a converter a luz solar em energia. Uma fazenda-padrão já faz isso, uma vez que rotineiramente converte a luz do Sol em alimentos e uma área de produção florestal atinge os mesmos resultados ao cultivar árvores que serão consumidas como lenha. Existem muitas outras plantas que podem ser cultivadas com o propósito de converter a luz solar em energia. Isso normalmente é realizado pela conversão da biomassa em um combustível líquido ou gasoso. Plantas marinhas e grãos têm demonstrado muito potencial como fontes de metano e etanol. Fatores importantes que devem ser considerados na avaliação das plantações de energia são a produtividade (em toneladas por acre por ano), o conteúdo de energia por unidade de peso, a facilidade de colheita e as demandas da cultura em questão (clima, água, condições do solo). A energia química obtida a partir de uma fonte de biomassa pode ser maior que a energia gasta no cultivo e obtenção desse recurso.

Como existem diferentes tipos de combustíveis disponíveis, a biomassa oferece uma importante alternativa aos combustíveis líquidos de base fóssil, especialmente para o setor de transportes.

A soja pode ser uma fonte principal de óleo para combustível. O óleo, com a goma e a glicerina removidas, tem propriedades equivalentes ao óleo diesel. É chamado biodiesel. Um acre de soja pode produzir 60 galões de biodisel. Além disso, esse biocombustível não é tóxico, é biodegradável e praticamente livre de enxofre. O balanço energético da produção do biodiesel pela soja é o mais alto de todos os combustíveis – ganha-se mais de três unidades de energia para cada unidade de combustível fóssil utilizada no processo. Como o diesel, também requer aditivos para ter bom desempenho nos climas frios, mas queima mais limpo. É o único combustível que passou no teste dos *Health Effects Testing Requirements* (Requisitos de Testes nos Efeitos na Saúde) do Clean Air Act. Substituindo "cultivando" por "perfurando", reduzimos nossa dependência do petróleo externo.

O óleo vegetal usado é outra fonte alternativa de combustível. Restaurantes *fast-food* e outros processadores de alimentos consideram seu óleo usado como resíduo, mas quando as proteínas e outros contaminantes são removidos e o óleo é filtrado para remover outras partículas (com tamanhos tão pequenos como 5 mícrons), ele torna-se um combustível viável para substituir o óleo diesel. Custa por volta de um quarto do óleo diesel e sua utilização como combustível o remove do lixo municipal também. Muitos proprietários de veículos usam esse processo para reduzir custos operacionais dos seus carros, caminhões e tratores a diesel. Enquanto os Estados Unidos usam soja e óleo vegetal para produção de seu biodiesel, a Alemanha usa óleo de canola e a Indonésia, óleo de palma. Glicerina, um subproduto, é usada em produtos farmacêuticos e de beleza.

Outros combustíveis alternativos empregados no setor de transportes foram mencionados neste livro, e estão listados na Tabela 17.2. **Hidrogênio combustível** é um combustível de queima limpa que pode ser feito a partir de gás natural (metano + vapor → CO_2 + H_2), carvão ou eletrólise da água. No momento, o método mais barato é o que utiliza gás natural. O uso de células solares para fornecer eletricidade para a eletrólise da água é uma forma ideal de armazenar a energia solar e reduzir as emissões de gases estufa. O hidrogênio pode ser usado em um motor a gasolina convencional, mas é muito mais eficiente em um modificado. Ele pode ser armazenado como um gás sob alta pressão, como hidrogênio líquido (-253 °C), ou dentro de um hidreto metálico, para ser liberado com a adição de calor. Ele também pode ser usado em uma célula a combustível. **Células a combustível** (Capítulo 10) são duas vezes mais eficientes que os motores de combustão interna padrão e fornecem diretamente energia elétrica ao combinar hidrogênio e oxigênio. No momento, as células a combustível ainda são muito pesadas, o que faz a maior parte da sua utilização se dar em ônibus, apesar dos novos avanços feitos em células mais leves para carros. Células combustíveis quase não emitem poluição. **Veículos elétricos** (VE) movidos a bateria são mais desenvolvidos que as células a combustível.

Tabela 17.2 COMBUSTÍVEIS ALTERNATIVOS PARA VEÍCULOS.

Metanol de gás natural	Carro elétrico alimentado por baterias
Etanol de biomassa	Metanol de biomassa
Propano (gás liquefeito de petróleo)	Gás hidrogênio
Célula a combustível utilizando o hidrogênio de gás natural	Gás natural comprimido
Célula a combustível utilizando o hidrogênio da eletrólise FV	Biocombustíveis derivados da soja

Contudo, os altos custos, as baixas autonomias, os longos tempos de recarga e os custos de substituição da bateria continuam a ser desvantagens cruciais dos VE. A despeito dessas dificuldades, mais de 15 mil veículos elétricos estão nas estradas hoje. A meta é chegar a 1 milhão em 2015. Estão tornando-se populares os veículos híbridos – carros que utilizam um motor de combustão interna e motor elétrico com uma bateria simples. Nesses veículos, desempenhos de 50 milhas por galão são comuns. **Gás natural comprimido** (GNC) é o combustível alternativo de custo mais baixo e tem um abastecimento bastante estável. Motores a gasolina convencionais requerem apenas mínimas modificações para funcionar exclusivamente com gás natural. O combustível é armazenado em cilindros pressurizados no veículo. A maior parte dos veículos a GNC em uso funciona com os dois combustíveis e são veículos convencionais convertidos por *kits* de conversão, que incluem um tanque de armazenamento, um regulador de pressão, um equipamento de mistura e diversas válvulas e tubulações de combustível. Algumas concessionárias de serviços públicos de eletricidade têm passado a atuar no setor de transportes vendendo GNC aos postos de combustível. A Figura 17.3 mostra a densidade energética dos diversos combustíveis listados anteriormente. Os dados não levam em consideração a influência do invólucro do combustível.

FIGURA 17.3 DENSIDADE ENERGÉTICA DE DIVERSOS COMBUSTÍVEIS.
Fonte: U.S. Department of Energy.

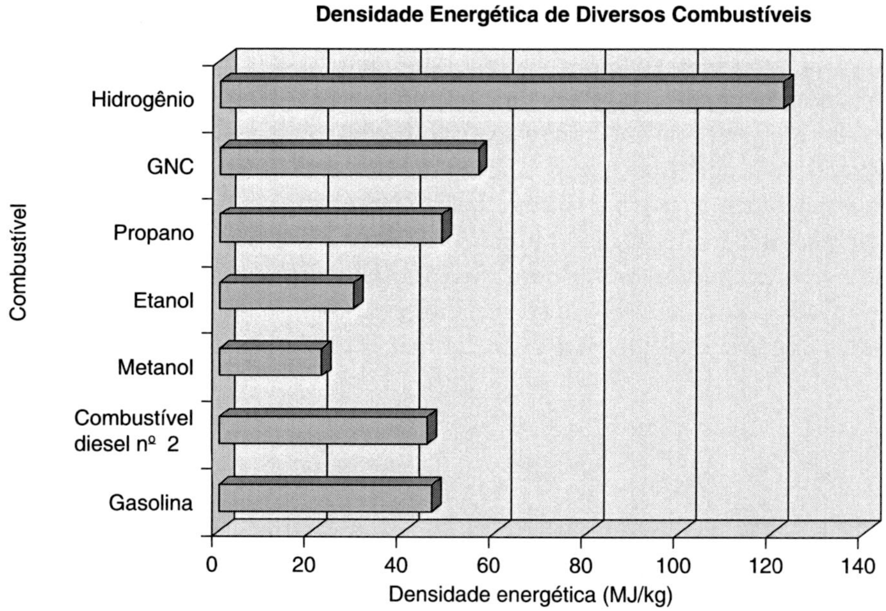

FOCO EM 17.1

PROGRAMA BRASILEIRO DE ETANOL

O Brasil é o terceiro maior consumidor de energia do hemisfério ocidental e tem um suprimento energético bastante diversificado. Quarenta e um por cento das fontes energéticas usadas nesse são renováveis, com 14% de origem hídrica e 27% de biomassa. Sua floresta tropical amazônica representa cerca de 30% das florestas tropicais mundiais remanescentes. Aproximadamente 75% de sua eletricidade vêm de usinas hidrelétricas, incluindo a Usina de Itaipu, com 14.000 MW. O Brasil importa cerca de 5% do petróleo que consome, bem menos do que fazia na década de 1990.

Em 1975, em resposta aos aumentos nos preços do petróleo a partir de 1973, foi iniciado um programa de etanol que garantiria que toda gasolina vendida seria misturada com 22% de etanol de cana-de-açúcar. Comparada ao milho, a cana-de-açúcar produz duas vezes mais etanol (600 galões/acre) (Figura 17.4). Além disso, apresenta saída total de energia bem maior que o milho. Em 1988, 100% dos novos carros vendidos podiam utilizar ricas misturas de etanol – os chamados "carros *flex-fuel*". A produção de etanol cresceu durante os anos 1980 e, os carros movidos a esse combustível tornaram-se subsidiados e populares. Entretanto, como com o passar dos anos, os preços da gasolina caíram, foi difícil sustentar esse programa; menos de 1% dos automóveis novos, vendidos em 1997, funcionavam com etanol.

Atualmente esse programa está sendo retomado por reduzir as emissões de carbono, produzir queimas mais limpas (a poluição atmosférica é um grande problema nas grandes cidades), criar empregos na indústria da cana-de-açúcar e reduzir as importações de petróleo. Além disso, o custo é quase metade do custo da gasolina. A nova iniciativa busca incrementar a produção anual de carros *flex-fuel* (movidos por E85) e aumentar a exportação de etanol. O Brasil domina 50% do mercado mundial de exportação de etanol. Em 2008, o país colheu 650 milhões de toneladas de cana-de-açúcar e produziu 6,3 bilhões de galões de etanol, dobrando em cinco anos.

FIGURA 17.4 COLHEITA DE CANA-DE-AÇÚCAR NO BRASIL.

ISTOCKPHOTO.COM/HYWIT DIMYADI

Digestão anaeróbica é um processo de decomposição por meio do qual bactérias convertem material orgânico em gases metano e dióxido de carbono, na ausência de oxigênio. Esse é um método utilizado atualmente nas estações municipais de tratamento de esgotos para remoção de matéria orgânica e destruição de micro--organismos nocivos. Mais de 500 projetos de aterros sanitários estão em operação nos Estados Unidos coletando metano e outros gases. O processo pode utilizar resíduos agrícolas – como o esterco – para gerar gás com um valor de aquecimento de 500 Btu/pés^3 a 600 Btu/pés^3 (o gás natural de metano puro tem um valor de aquecimento de cerca de 1.000 Btu/pés^3). Nas estações de tratamento de esgoto, esse gás é queimado para fornecer as temperaturas necessárias para a rápida decomposição dos resíduos.

FIGURA 17.5 ESTÁBULOS DE GADO, COM TANQUES DE FERMENTAÇÃO AO FUNDO, PARA CONVERTER RESÍDUOS ANIMAIS EM GÁS METANO.

U.S. DEPARTMENT OF ENERGY

A digestão anaeróbica normalmente ocorre em **digestores** construídos para conter uma mistura pastosa de resíduos e água. Se a matéria-prima é esterco bovino, o produto é um gás composto de cerca de 60% de metano e 40% de dióxido de carbono (Figura 17.5). Uma libra de esterco bovino vai produzir cerca de 1 pé^3 de gás e a produção anual de uma vaca é equivalente à energia de aproximadamente 50 galões de gasolina. Esse gás (denominado **biogás**) pode ser utilizado para aquecimento, cozimento, refrigeradores a gás, geração de eletricidade e outras demandas por energia. Digestores no Quênia, com volumes de 1,5 m^3 (53 pés^3), produzem cerca de 0,75 m^3 (27 pés^3) de biogás por dia, a partir do esterco diariamente produzido por duas vacas – o que é suficiente para cinco horas de iluminação ou uma hora de cozimento. A utilização de usinas de biogás tem sido crucial na China e na Índia, com mais de 1 milhão de usinas em operação. Dois terços das famílias nas áreas rurais da China usam biogás como combustível principal.

FIGURA 17.6 Digestor de metano de recipiente fixo. Digestores tamanho família que utilizam esterco são relativamente comuns em países como a Índia e a China. Na China, estima-se que 4,5 milhões de digestores de biogás estejam atualmente em utilização.

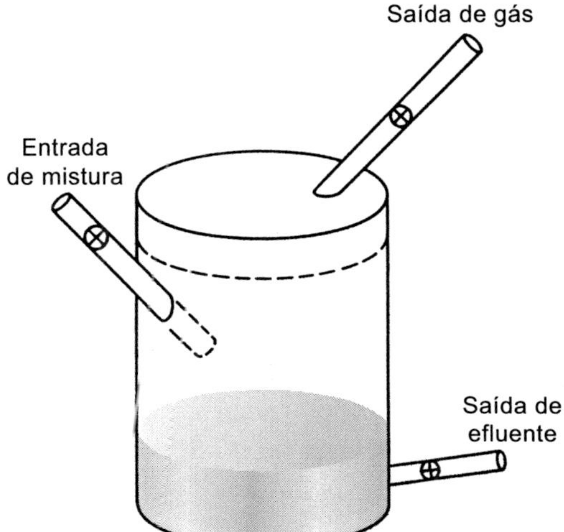

A Figura 17.6 mostra um digestor de metano de pequena escala. O tanque coletor tem uma cobertura flutuante para permitir a expansão do gás. Os resíduos e a água são misturados com micro-organismos que convertem os resíduos em biogás. A faixa de temperatura na qual a bactéria digestora trabalha varia de 35 °C a 43 °C (95 °F a 110 °F). Sendo assim, é necessária uma fonte externa de calor (como um coletor solar). Além do biogás, outro produto útil do digestor é o fertilizante. Resíduos sólidos domésticos e lodo de estação de tratamento de esgotos podem ser combinados com calor em um processo para fornecer outro produto útil: o composto. O produto pode ser utilizado na agricultura e em paisagismo.

C. ALIMENTO, COMBUSTÍVEL, FOME

Quando consideramos a utilização de grãos como o milho para produzir álcool combustível, devemos questionar quanto alimento deve ser utilizado para produzir combustível, especialmente ao se levar em conta a subnutrição de cerca de metade da população mundial. Antes de abordarmos essa questão, vamos dar uma olhada na energia necessária para produzir alimentos e em alguns outros pontos relacionados ao uso do solo.

Hoje em dia, a ingestão média de alimentos no mundo é de aproximadamente 2.300 kcal por dia. (Lembre-se de que uma caloria alimentar = 1.000 cal = 1 kcal.) A proteína é essencial na dieta e sua ingestão recomendada é de aproximadamente 40 g por dia (para um peso corporal médio). Nos Estados Unidos, a dieta média inclui cerca de 3.300 kcal por dia e em torno de 100 g de proteína, dois terços das quais vêm de produtos de origem animal. Enquanto a maioria da população mundial obtém sua ingestão de proteínas de alimentos vegetais – grãos e legumes –, os norte-americanos consomem cerca de 100 kg de carne por ano por pessoa. Mais da metade da alimentação dada ao gado consiste de cereais que seres humanos poderiam consumir (a outra metade é composta por forragens e gramíneas não indicadas para consumo humano). A eficiência da conversão de proteína vegetal em proteína animal é baixa, menos de 20%. Nos Estados Unidos, cerca de 25 milhões de toneladas de proteína vegetal por ano são dadas a animais para produzir 6 milhões de toneladas de proteína animal. Em essência, a proteína vegetal é reciclada para fornecer proteína animal de qualidade superior. Como veremos a seguir, o consumo de energia por quilo de proteína produzida é muito maior em relação aos animais do que aos grãos.

É interessante analisar o uso total de energia na produção de proteína animal e vegetal. No cômputo geral – da produção ao transporte, ao processamento e à preparação –, cerca de 10% da energia total usada nos Estados Unidos são consumidos com alimentos. Nos países em desenvolvimento, de 60% a 80% do consumo total de energia é utilizado para alimentação. Entretanto, em termos absolutos, três a quatro vezes mais energia por pessoa do que nos países em desenvolvimento são usadas para a produção de alimentos nos Estados Unidos.

O uso da energia para a produção de alimentos também são diferentes. Nos Estados Unidos, aproximadamente metade do consumo de energia para a produção de alimentos ocorre em tratores e outras máquinas utilizadas no plantio, no cultivo e na colheita; a outra metade é consumida na produção e aplicação de fertilizantes e na irrigação. Nos países em desenvolvimento, a maior parte da energia é consumida na colheita e na coleta de lenha, ambas requerendo muito trabalho humano. Apenas 1% da energia utilizada nos países desenvolvidos é fornecido por humanos e animais.

Obviamente, mais energia é necessária para gerir uma fazenda mecanizada (principalmente porque ela utiliza petróleo) do que outra na qual todas as operações são realizadas manualmente. Contudo, uma fazenda moderna apresenta gestão mais econômica. Se todas as operações fossem realizadas manualmente, apenas cerca de 1 hectare (1 ha = 10.000 m^2 = 2,47 acres) por pessoa poderia ser manejado de forma bem-sucedida durante a estação de crescimento. Com a mecanização, um fazendeiro pode manejar cerca de 100 ha para a produção de grãos, permitindo que se produza mais para ser vendido, e sustentar um padrão de vida superior. O consumo de combustíveis fósseis substitui o trabalho humano e, em geral, é muito mais barato.

EXEMPLO 17.1

Uma lata de milho custa $1,10 e contém 370 kcal de energia alimentar. Compare esse custo de energia por kcal com o da gasolina a $4,00/gal.

SOLUÇÃO

Para o milho, o custo por kcal é 110/370 = $0,30/kcal. O valor de energia térmica do galão de gasolina (Tabela 3.4) é 124.000 Btu. Na mesma tabela, 1.000 Btu = 252 kcal. Então, 1 galão de gasolina corresponde a 124.000 x 252/1.000 = 31.200 kcal. O custo por caloria é 400/31.200 = $0,013/kcal – bem mais barato.

Uma grande quantidade de energia é utilizada para gerar um produto alimentício, já que é necessário o consumo de combustíveis fósseis para a produção dos fertilizantes e para a operação dos tratores. No caso do gado de corte confinado, são fornecidos aos animais cerca de 800 kg de proteína vegetal para uma produção de cerca de 50 kg de proteína animal: uma conversão de 6%. No caso da produção de leite, cerca de 30% da proteína vegetal fornecida ao gado produz proteína de leite. Quando se inclui no cálculo o consumo de combustíveis fósseis para a produção de carne bovina, a razão entre consumo de energia de combustível fóssil e produção de energia de proteína é de aproximadamente 0,03. A Tabela 17.1 lista a energia utilizada na produção de milho, uma das culturas mais produtivas. Mesmo com o uso de fertilizantes, a cultura do milho é menos intensiva no consumo de energia do que a pecuária. A razão entre a produção energética do milho e o consumo energético da cultura é de cerca de 3 para 1, comparada com 0,03 para 1 no caso da carne bovina.

A produtividade da produção de milho cresceu de menos que 40 bushels/acre em 1965 para mais que 150 bushels/acre hoje, e, como resultado, a necessidade de trabalho e combustível por bushel caiu. Avanços relacionados ao milho híbrido reduziram a necessidade de fertilizantes, herbicidas e inseticidas. Enzimas mais efetivas na conversão do milho para etanol baratearam o processo. Os preços dos chamados coprodutos, dióxido de carbono e grão secos da destilação (DDG – *distillers dried grains*, usados para alimentação animal), também aumentaram. Isso resultou no aumento da lucratividade e da relação líquida de energia do milho.

Duas das etapas mais intensivas no consumo de energia são seu processamento e seu preparo em casa. Muito mais energia é utilizada para cozinhar o alimento do que a energia que o próprio alimento possui (mas é difícil comer madeira). Uma divisão do consumo de energia na produção de um pão de forma é mostrado na Figura 17.7.

Algumas questões básicas emergem neste ponto. Como continuamos a consumir nosso finito suprimento de combustíveis fósseis, especialmente petróleo e gás natural, que mudanças podem ocorrer em nossas dietas? Os Estados Unidos usam cerca de 600 kg de grãos para produzir cerca de 100 kg de alimentos de origem animal, que são consumidos por pessoa/ano. Nos países em desenvolvimento, com uma dieta basicamente vegetariana, cada pessoa consome cerca de 180 kg de produtos derivados de grãos por ano. Para os Estados Unidos fornecerem as crescentes quantidades de proteína animal necessárias para atender às projeções populacionais para os próximos dez anos, será necessário um aumento de cerca de 10% na produção agrícola. Esse aumento é igual a 600 kg × 0,10 × 300 milhões de pessoas = 180 × 10^8 kg de grãos. Isso é suficiente para alimentar mais 100 milhões de pessoas nos países em desenvolvimento, na sua atual taxa de consumo 180 kg por pessoa. À medida que a população mundial cresce, o aumento percentual do consumo de combustíveis fósseis será necessário para suprir a demanda por alimentos. Algumas pessoas sugerem que uma maneira mais simples de aumentar os suprimentos de alimentos é reduzir a ingestão de proteína animal, já que cerca de 6 kg de proteína vegetal são necessários para a produção de 1 kg de proteína animal.

FIGURA 17.7 ENERGIA UTILIZADA NA PRODUÇÃO DE UM PÃO DE FORMA.
Fonte: PIMENTAL, D.; *FOOD, ENERGY, AND SOCIETY.* Bouder:University Press of Colorado, 2. ed. 1996.

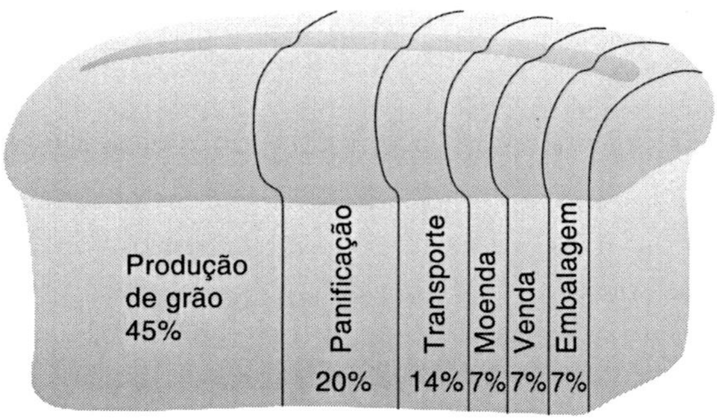

ESTE ÔNIBUS É ALIMENTADO POR ETANOL SOMENTE; ELE É USADO NA INGLATERRA, DESENVOLVIDO POR UMA COMPANHIA SUECA, MONTADO NA POLÔNIA E PODE USAR ETANOL DE MILHO NORTE-AMERICANO. EMBORA SUA OPERAÇÃO SEJA MUITO MAIS LIMPA QUE A DO ÓLEO DIESEL, DEVE-SE TAMBÉM CONSIDERAR O EFEITO INDIRETO DAS MUDANÇAS NO USO DA TERRA, QUE PODE AUMENTAR A EMISSÃO DE CO_2.

ALEX BAIN

Vamos voltar à questão do uso da terra, alimentação e combustível, como estamos falando de combustíveis a biomassa. Muito debate se deu com relação a isso. Atualmente, em torno de 40% da produção de milho nos EUA é usada para produzir etanol. Muitos têm a legítima preocupação de que isso aumentará o preço do milho no mercado e, consequentemente, haverá aumento no preço da comida. Também pode resultar em mais aumento de terras a serem utilizadas para plantar milho (ou soja, ou óleos vegetais) por causa dos lucros. Algumas pesquisas mostram que isso aumentará os gases estufa em vez de diminuir. Os biocombustíveis normalmente capturam (sequestram) CO_2 enquanto crescem. Mas, a abertura de mais clareiras nas florestas e pastos para plantação liberará mais CO_2 devido às queimadas e decomposição das plantas. As coisas não são sempre o que parecem ser.

D. RESÍDUOS SÓLIDOS MUNICIPAIS

Uma das questões mais importantes atualmente é a utilização e a disposição de resíduos sólidos municipais (lixo residencial e comercial). Audiências públicas para se discutir (e protestar contra!) as propostas existentes acerca da localização de um novo aterro, da construção de um incinerador, ou da organização de um programa de reciclagem para a comunidade ocorrem regularmente.

Todo ano, os norte-americanos jogam nos aterros cerca de 80 milhões de toneladas de papel, 50 milhões de toneladas de alimentos e resíduos domésticos, 20 milhões de toneladas de metal, 10 milhões de toneladas de vidro e 25 milhões de toneladas de plásticos. A Figura 17.8 caracteriza a situação dos resíduos sólidos municipais norte-americanos. O lixo norte-americano contém resíduos perigosos – produtos químicos cancerígenos, chumbo, inseticidas, produtos químicos de limpeza doméstica e muito mais. A quantidade produzida de resíduos sólidos é de aproximadamente 4,3 lb por pessoa/dia, o dobro do que os europeus ou os japoneses produzem. No Estado de Nova York, com 19 milhões de pessoas, o lixo produzido por ano é suficiente para cobrir um campo de futebol com uma camada de 3 milhas de altura.

Enquanto a quantidade de resíduos sólidos gerados vem aumentando a uma taxa de 1,2% ao ano, a quantidade de espaço disponível para aterros vem reduzindo drasticamente. Mais de dois terços dos aterros norte-americanos foram fechados desde o fim da década de 1970, e somente 2.300 restaram em 2009. Como os aterros fecham e as taxas de disposição aumentam, muitos transportadores de resíduos levam o lixo para fora do Estado e até mesmo para fora do país, se puderem. Muitos dos aterros utilizados nos anos 1970 não eram mais do que "lixões" a céu aberto, e recebiam tanto lixo comum quanto resíduos químicos perigosos. Em vários lugares ocorreram sérias contaminações dos lençóis freáticos por causa dos produtos químicos e poluentes descarregados nos aterros. Mesmo os "aterros sanitários" da década de 1970 e início de 1980 apenas cobriam o lixo com uma camada de terra todos os dias. Regulamentações ambientais mais rigorosos foram adotadas na década de 1980 e passaram a determinar que os aterros deveriam ser "seguros" para evitar a contaminação pela percolação do chorume (**chorume**, também denominado "lixo líquido", é o líquido que resulta da percolação da água pelo perfil do solo de um aterro). Fresh Kills, próximo da cidade de Nova York, é o maior aterro municipal do mundo, recebendo cerca de 24 mil toneladas de lixo por dia no seu pico. Ele é a "montanha" mais alta da costa oeste norte-americana e descarrega 2 milhões de galões de chorume no lençol freático a cada dia. O chorume é coletado e tratado nas plantas de tratamento de águas residuais. A entrega de lixo parou em março de 2001, mas o aterro foi reaberto para receber mais de 1,5 milhão de toneladas de escombros da destruição das torres do World Trade Center. A cidade de Nova York produz cerca de 12 mil toneladas de lixo por dia. Elas são, hoje, enviadas para aterros sanitários em outros estados por caminhões e barcaças.

FIGURA 17.8 PERFIL DO LIXO NORTE-AMERICANO.
Fonte: Epa municipal Solid Waste Fact Book, 2009.

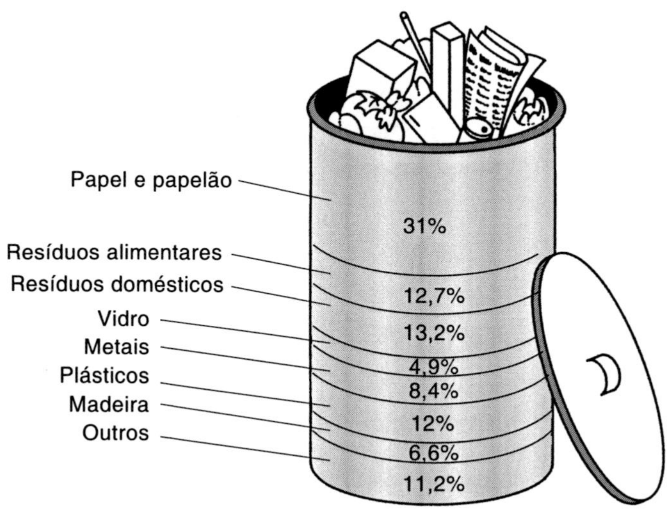

Existem quatro ou cinco opções não exclusivas para solucionar a crise de resíduos sólidos municipais:

- reduzir a quantidade de lixo produzido;
- instituir programas de reciclagem vigorosos;
- incinerar o lixo em usinas que transformam "lixo em energia";
- construir aterros sanitários mais "seguros";
- digestão anaeróbica (veja seção B).

A primeira opção é óbvia, mas difícil de pôr em prática. Somos uma sociedade que joga as coisas fora. Pense nos itens comuns que são utilizados todos os dias e que vão para o lixo: copos de isopor, caixas de suco, sacos plásticos, colheres de plástico, fraldas descartáveis, garrafas de refrigerante etc. Os norte-americanos não vão abrir mão facilmente de seu estilo de vida descartável. Mas a redução do lixo na origem aliviaria muito a carga dos programas de reciclagem, incineradores e aterros. Mais de 10% do custo dos alimentos é causado pelas embalagens responsáveis por 50% do volume e 30% do peso do lixo doméstico.

RECICLAGEM

Atualmente, cerca de 30% da produção norte-americana de lixo são recuperados e retornam ao uso; alguns países já atingiram índices de 50%. São Francisco promove uma taxa de reciclagem de 77% e é listada anualmente como uma das cidades mais "verdes" dos Estados Unidos. Na maior parte dos esforços de reciclagem, o lixo é separado em jornais, garrafas de vidro, latas de aço e alumínio, plásticos leves e resíduos perigosos. Muitos estados já possuem leis que obrigam que se faça a reciclagem de latas de alumínio, garrafas de vidro e embalagens plásticas de alimentos e bebidas. Cerca de 50% das latas de alumínio utilizadas atualmente são recicladas, assim como 30% dos 50 milhões de recipientes de vidro para bebidas usados todos os anos. Garrafas de vidro podem ser recicladas para produzir novos recipientes, enquanto os recipientes plásticos podem ser utilizados de outras formas; por exemplo, fibras para o revestimento de travesseiros, almofadas, sacos de dormir e bancos de automóveis. Cerca de 30% das garrafas plásticas de bebidas usadas atualmente são recicladas. Muitas cidades proibiram o uso de sacos plásticos.

Centenas de comunidades já possuem algum tipo de programa de reciclagem ou coleta seletiva. Os materiais recicláveis podem ser separados em casa, na lixeira durante a coleta ou na instalação de processamento. A separação em casa parece ter o maior impacto sobre o fluxo de resíduos, especialmente se os materiais separados são coletados no mesmo dia que o resto do lixo; instalações de entrega voluntária são o centro de muitos programas de coleta seletiva, mas atingem apenas uma fração da participação obtida pelos programas de coleta domiciliar. Nos programas comunitários de coleta seletiva e reciclagem, os jornais são o material mais comumente coletado. Hoje em dia, cerca de 45% de todo papel é reutilizado para fazer materiais de isolamento térmico, de construção e outros produtos de papel. A recuperação do papel usado para produzir apenas a edição de domingo de um jornal de circulação nacional, como o *The New York Times*, preservaria 75 mil árvores por ano!

Para um programa de coleta seletiva e reciclagem ser bem-sucedido, deve existir um mercado para os materiais que são coletados. E isso pode representar um problema. A demanda pela utilização de materiais reciclados tem de ser fortalecida, o que é particularmente verdadeiro na área dos produtos de papel, responsáveis por 40% do peso total de lixo. Os papéis podem ser reciclados muitas vezes, geralmente levando a um produto de menor qualidade a cada vez, por causa da diminuição do comprimento das fibras.

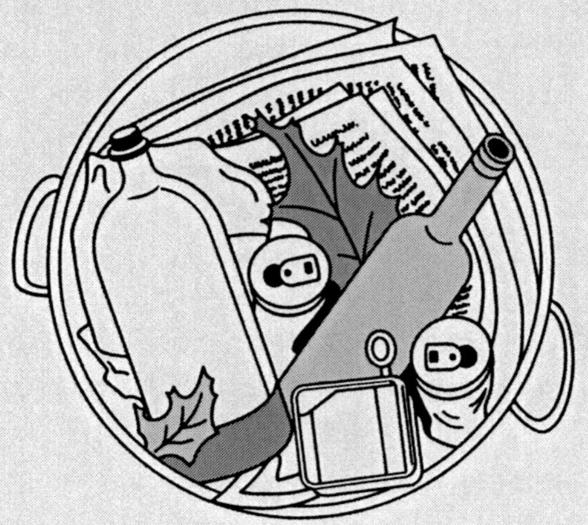

- Nos Estados Unidos, são jogadas no lixo garrafas de vidro suficientes para encher o prédio Sears Tower de 110 andares em Chicago, a cada semana.
- Os norte-americanos geram cerca de dez vezes seu peso, por ano de lixo sólido.
- Se você bebe duas latas de alumínio de refrigerantes por dia e não as destina para algum programa de coleta seletiva e reciclagem, desperdiça mais energia que a utilizada diariamente por 1 bilhão de seres humanos que vivem nos países menos desenvolvidos.
- Os norte-americanos descartam anualmente papel suficiente para construir um muro de 12 pés de altura entre Los Angeles e Nova York.

Latas recicladas de alumínio requerem apenas 6% da energia necessária para fazer a lata pela primeira vez. Reciclar uma lata de alumínio pode economizar energia suficiente para fazer funcionar um aparelho de televisão por três horas. Reutilizar vidro velho vai custar menos do que produzir vidro novo a partir de material novo. Apenas cerca de 20% do vidro é reciclado atualmente. Em adição, reciclamos 99% de nossas baterias de chumbo-ácido, 54% de nosso papelão e papel, e 35% dos metais. É mais barato reciclar do que colocar lixo em aterros, porque a opção do aterro implica transporte e taxas (que são cobradas quando os caminhões entram na área do aterro) e não gera nenhum retorno financeiro, como ocorre na reciclagem com a venda do material coletado. Também existe uma grande economia de energia na reciclagem em vez da incineração do material. A energia derivada da incineração normalmente é menor que a energia economizada pela não produção de novos bens utilizando matéria-prima virgem.

A compostagem é outro método para lidarmos com partes do nosso lixo. Aproximadamente 44% dos resíduos municipais são compostos por resíduos orgânicos domésticos, que podem ser coletados, triturados e arranjados em pilhas para sofrer decomposição. O produto resultante dessa decomposição é um rico material composto que pode ser utilizado na agricultura, em viveiros e em paisagismo. Atualmente, muitas comunidades proíbem a disposição final de folhas de plantas nos aterros. Cerca de metade dos estados norte-americanos restringem a disposição nos aterros de grama cortada e outros resíduos de jardinagem. O material vai para a compostagem ou é usado como cobertura morta. Hoje em dia, bem mais que um terço dos esgotos norte-americanos e europeus é utilizado na terra, após tratamento para remoção de ingredientes tóxicos e patogênicos. Materiais semissólidos podem também ser enterrados ou incinerados.

Nos últimos anos, a demanda por materiais reciclados aumentou espantosamente e, em alguns casos, até mesmo superou a oferta. Em apenas dois anos (2003-2004), os preços pagos pelos processadores de jornais velhos aumentaram 30%. No mesmo período, os preços do vidro mantiveram-se estáveis. Os preços flutuam muito de acordo com a temporada, mas as preocupações ambientais, a escassez percebida de espaço nos aterros e a grande demanda por produtos reciclados devem manter altos os preços do lixo.

ATIVIDADE 17.1

Anote a quantidade (total) e o tipo de lixo que sua família produz em uma semana. Separe o lixo em vidro, papel, metal, resíduos de comida, plásticos e outros, e pese cada componente. Como isso pode ser comparado ao perfil do lixo norte-americano (veja a Figura 17.8)?

O Japão é um exemplo de excelência na reciclagem. Metade do seu fluxo de resíduos é reciclado. Isso inclui 95% dos jornais, 50% de todos os outros papéis e 55% de todos os metais. A separação é feita em casa ou em centros especializados. Da parte não reciclável dos resíduos. Muito do lixo não reciclável é enviado aos incineradores e as cinzas, enterradas. Mas o Japão fechou muitos de seus incineradores que elevavam o nível de dioxinas na atmosfera. Programas atuais encorajam a redução do lixo e a reciclagem.

INCINERAÇÃO

Mesmo que 30% do fluxo de resíduos dos Estados Unidos seja reciclado, 70% do volume total ainda precisa ser disposto de alguma forma. Para muitas comunidades, a melhor abordagem é a incineração desses resíduos. Esse processo reduz o volume por um fator de 10; as cinzas podem ser enviadas para os aterros. O calor produzido pela incineração pode ser utilizado para produzir vapor para a geração de eletricidade ou a utilização na indústria.

Um esquema de uma usina de incineração é mostrado na Figura 17.9. Basicamente, o lixo separado é trazido até a usina por caminhões que o depositam em um buraco no chão. Daí, o lixo é movido para dentro de grandes fornalhas para combustão a temperaturas de aproximadamente 1.000 °C. O vapor é produzido nos aquecedores. Os gases da combustão são tratados por meio de ciclos moderníssimos de controle das emissões, que usam coletores do tipo ciclone e precipitadores eletrostáticos ou filtros de tecido para reduzir a emissão de particulados (veja Capítulo 8.) As cinzas no fundo dos aquecedores e as partículas muito finas em suspensão nos precipitadores são coletadas em caminhões e depositadas no aterro local. Do ponto de vista financeiro, muitas usinas de incineração de lixo estão empatando, ou seja, a renda obtida pelas vendas de vapor e eletricidade, juntamente com as taxas cobradas de cada caminhão que descarrega resíduos na usina, está igualando-se à despesa decorrente do funcionamento.

FIGURA 17.9 USINA DE TRANSFORMAÇÃO DE RESÍDUOS SÓLIDOS EM ENERGIA. O VAPOR PRODUZIDO PODE SER UTILIZADO PARA FAZER FUNCIONAR UM GERADOR DE TURBINA OU PARA FORNECER CALOR DE PROCESSAMENTO PARA UM CONSUMIDOR PRÓXIMO.

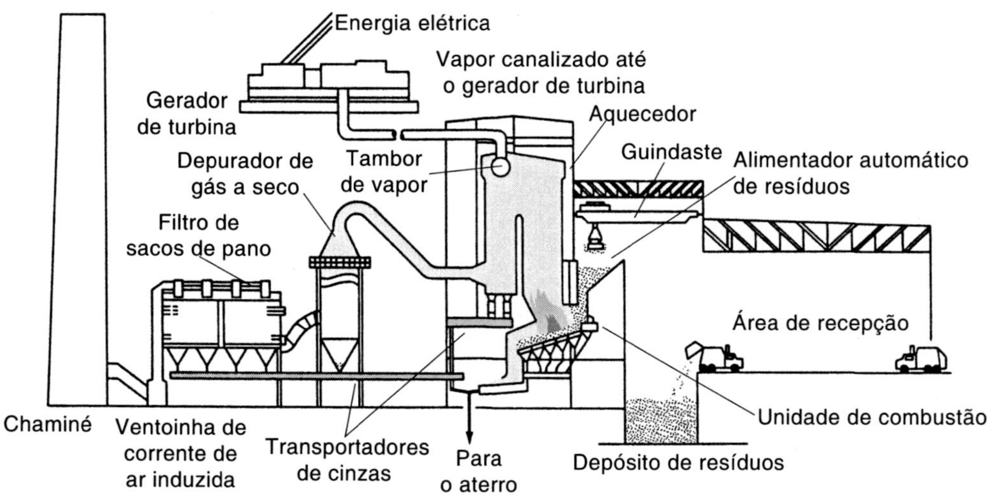

Existem fortes preocupações com relação aos poluentes atmosféricos emitidos durante a combustão. Metais pesados e dioxinas (dos compostos clorados formados durante a combustão) estão presentes. **Dioxinas** estão entre os mais potentes carcinogênicos existentes. Elas desempenharam um papel significativo na contaminação do Love Canal em Nova York e na exposição dos soldados ao Agente Laranja no Vietnã. Comprovou-se que elas causam câncer em animais e estão relacionadas a uma série de outros problemas de saúde, inclusive efeitos genéticos. As dioxinas são formadas tanto na câmara de combustão quanto após a combustão, quando os gases esfriam na chaminé de exaustão. Elas foram encontradas em vários níveis em todos os incineradores testados. Continua sendo difícil estabelecer níveis seguros de emissões de dioxinas em qualquer incinerador. A cinza residual também é fonte de preocupação, por conter altas concentrações de metal. Normalmente, ela é disposta nos aterros locais; o chorume tem de ser muito bem controlado e contido.

Nem todos os resíduos domésticos vão para incineradores. A Environmental Protection Agency, EPA, (Agência de Proteção Ambiental) estima que 20 milhões de pessoas se livram de seus resíduos queimando-os do lado de fora de suas residências, em barris abertos. Itens como papel, papelão, plástico e resíduos de alimentos, assim como latas e vidros, são jogados no fogo. Essa prática pode liberar tantas dioxinas quanto as liberadas por todos os incineradores municipais em 1995 – antes de regulamentações mais estritas serem adotadas. A queima aberta é regulada apenas por leis estaduais ou locais, quando muito.

ATERROS SEGUROS

Já foi dito que estamos ficando sem espaço para novos aterros para colocar nosso lixo. Hoje, existe menos de um quarto de aterros do que no fim da década de 1980, e esse número continua a diminuir. Nem tudo pode ser reciclado ou incinerado, e os aterros continuarão sendo necessários.

FIGURA 17.10 CORTE TRANSVERSAL DE UM ATERRO SANITÁRIO. OBSERVE A FAIXA MULTICAMADAS DE ARGILA E PLÁSTICO PARA PROTEGER AS ÁGUAS SUBTERRÂNEAS DO CHORUME. MOSTRA-SE SOMENTE UM POÇO COLETOR (DENTRE VÁRIOS) DE GÁS; OS POÇOS ALIMENTAM UMA CENTRAL DE ENERGIA LFGTE (*LANDFILL GAS TO ENERGY PLANT*).

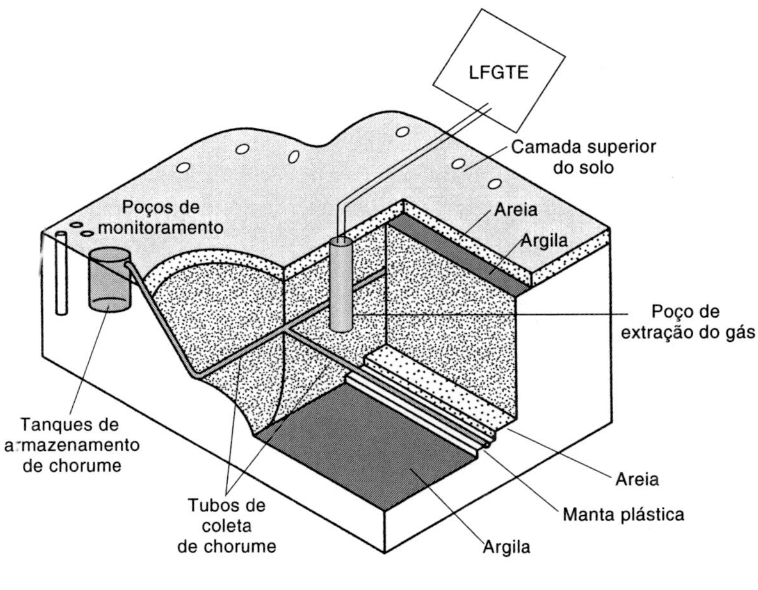

Um dos problemas de muitos dos atuais aterros é a contaminação do lençol freático como resultado da percolação do lixo, causada pelas chuvas e fontes d'água subterrâneas. Para evitar esse problema, aterros "seguros" ou sanitários atualmente têm de ser construídos em terrenos distantes de locações com águas subterrâneas ativas e revestidos com mantas plásticas e de argila que vão capturar o chorume (veja a Figura 17.10). Alguns aterros possuem um sistema de manta dupla: plástico, argila, plástico, argila. O local também deve ter um sistema de coleta do chorume e um monitoramento contínuo para garantir que não ocorram vazamentos ou contaminação do lençol freático. O chorume coletado é levado para estações de tratamento de esgoto.

Quando o aterro está cheio e pronto para o fechamento, uma manta plástica é colocada sobre seu topo e coberta com terra. Contudo, existe um debate entre a EPA e outras instituições com relação a esses métodos de fechamento. A EPA quer armazenamento seco para minimizar a contaminação da água. Já as outras instituições preferem manter os resíduos úmidos para acelerar a decomposição. Neste método, o chorume é recirculado pelo perfil do aterro para acelerar a decomposição. Um benefício é a produção de metano no aterro por meio da quebra de compostos orgânicos complexos do lixo realizada por bactérias. Aterros ativos já estão produzindo metano. Algumas vezes, as tubulações de plástico branco que circulam o metano, para tanques de armazenamento, podem ser vistas. Alguns aterros sanitários usam o metano obtido pelo decaimento do lixo para produzir metano que alimenta os caminhões que trazem o lixo para os aterros. "Lixo para dentro, gás para fora". Outros usos do metano são para aquecimento e geração de eletricidade com microturbinas.

E. COMBUSTÃO DE MADEIRA

Talvez a fonte mais óbvia de energia de biomassa seja a madeira, um recurso renovável que certamente não é uma nova forma de combustível. Em 1860, três quartos das demandas energéticas dos Estados Unidos foram satisfeitas com madeira. Em 1900 essa proporção diminuiu para 25%, e chegou a um ponto mínimo de cerca de 2% em 1973. Os altos preços da energia e o desejo por mais autoconfiança fizeram essa porcentagem aumentar um pouco por causa do incremento do uso de fornos a lenha residenciais e da utilização industrial da madeira e de produtos residuais. Nos países escandinavos, a madeira é responsável por cerca de 10% do emprego total de energia. Nos países em desenvolvimento, ela frequentemente é a principal fonte de energia, responsável por até 90% da energia utilizada por vilas na África e na Ásia. Contudo, muitos problemas decorrem desta prática, porque a coleta de madeira sem a realização de reflorestamento causa erosão, enchentes e a perda de nutrientes para a produção agrícola. Há também impactos na saúde devido ao uso de madeira para cocção dentro de uma habitação (veja Capítulo 8).

Ambientalmente, as emissões de óxidos de enxofre e nitrogênio a partir da madeira são baixas. Todavia, as de monóxido de carbono e de particulados orgânicos e inorgânicos, incluindo moléculas carcinogênicas de compostos orgânicos policíclicos, são maiores que as das fornalhas a petróleo ou a gás. Efeitos adversos sobre a qualidade do ar têm sido relatados na Nova Inglaterra e no Pacífico Noroeste, nos Estados Unidos, e atribuídos ao uso de fornos a lenha. Muitas cidades têm experimentado a redução da visibilidade durante o inverno. O Oregon foi o primeiro estado norte-americano a estabelecer padrões para as emissões resultantes de fornos que utilizam a queima de madeira, incluindo a utilização de comburentes catalíticos para melhorar a combustão dos gases e da fumaça decorrentes da combustão. Muitos outros estados norte-americanos seguiram esse exemplo.

COMBUSTÃO RESIDENCIAL DE MADEIRA E PROJETO DE FORNOS

A queima de madeira nas residências é diferente das operações comerciais ou em larga escala. Nas casas, a madeira é queimada em pedaços, enquanto a indústria utiliza lascas obtidas de resíduos florestais ou produtos residuais de madeireiras. A indústria de papel e celulose obtém cerca de 40% da energia que necessita de resíduos florestais. Nos países desenvolvidos, a madeira é utilizada principalmente para o aquecimento de ambientes (e para algum aquecimento doméstico de água), enquanto nos países em desenvolvimento ela é primordialmente utilizada para cozinhar. Em algumas das maiores cidades do Terceiro Mundo, utiliza-se carvão vegetal para cozinhar porque ele é mais leve e mais fácil de transportar. Para manter o fogo aceso, são necessárias três coisas: combustível, oxigênio e altas temperaturas. Quando a madeira queima, ela passa por três estágios de combustão:

1. A umidade da madeira evapora. Quanto mais verde ou mais recentemente cortada ela for, menos energia por pedaço vai estar disponível para aquecimento.
2. A madeira pega fogo a cerca de 315 °C (600 °F), quando uma parte sólida e alguns compostos voláteis (liberados como gases) queimam.
3. A madeira aquecida decompõe-se em carvão vegetal e fumaça. O carvão vegetal queima a cerca de 540 °C (1.000 °F), e os compostos voláteis inflamam-se a cerca de 600 °C (1.100 °F). Essa etapa dificilmente ocorre nos fornos a lenha, a menos que a entrada de excesso de ar seja limitada para evitar o resfriamento e a fumaça liberada na etapa 2 seja direcionada para uma área de alta temperatura.

A madeira a ser queimada deve ser empilhada no forno de tal forma que permita a entrada de ar suficiente e que os pedaços que estejam queimando aqueçam uns aos outros para manter uma boa combustão. Se os pedaços de madeira forem colocados muito perto uns dos outros, isso vai interferir no primeiro critério. Por outro lado, se os pedaços de madeira estiverem muito afastados, a segunda etapa fica mais difícil de ocorrer. A eficiência geral de aquecimento de uma unidade é o produto da eficiência de combustão da madeira e da de transferência de calor do forno ou fornalha.

Para o aquecimento de ambientes, a madeira é queimada em lareiras, fornos e grandes fornalhas centrais. Desde o início da década de 1970, fornos a lenha eficientes, do ponto de vista energético, tornaram-se bastante populares. A Figura 17.11 mostra uma lareira convencional. À medida que a madeira é queimada no interior da lareira, a energia radiante é emitida para dentro do cômodo, enquanto os gases quentes da combustão, que ainda contêm uma grande quantidade de energia química, sobem pela chaminé. O ar para a combustão é retirado do próprio cômodo e deve, então, ser substituído por ar frio externo. Contudo, muito mais ar é retirado do cômodo do que seria necessário para a combustão da madeira, e todo ele sai pela chaminé com os gases quentes. Por essas razões, a eficiência de uma lareira convencional pode ser próxima de zero, ou até mesmo negativa! Para aumentar a eficiência, primeiro precisamos reduzir o excesso de entrada de ar, o que pode ser feito por meio da utilização de portas de vidro na lareira com pequenas aberturas para ventilação na base da sua parte interna. Desempenhos ainda melhores são obtidos ao se canalizar o ar para a combustão de fora do cômodo pelas tubulações. É possível aumentar a eficiência arranjando as achas de madeira a serem queimadas de maneira que se permita uma queima mais rápida (e não lenta e sem chama) e que concentre a emissão de energia calorífica radiante para dentro do cômodo.

FIGURA 17.11 TRANSFERÊNCIA DE CALOR DE UMA LAREIRA CONVENCIONAL. A PRODUÇÃO DE CALOR PARA A CASA É REDUZIDA PELA PERDA DE CALOR RESULTANTE DO FLUXO DE AR PELA CHAMINÉ.

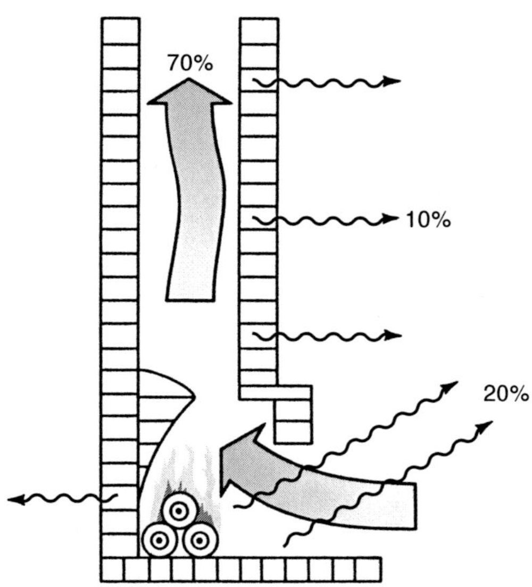

Outros dois problemas relacionados ao aquecimento por lareiras podem ser resolvidos com o uso de um forno a lenha: o calor da combustão pode ser absorvido em todas as direções ao ser capturado pelas paredes de metal de um forno e, então, permitir que essas paredes transfiram a energia calorífica para o cômodo. Além disso, em uma lareira, os próprios gases da combustão ainda carreiam uma grande quantidade de energia. Se eles puderem ser queimados mais adiante, o forno se torna mais eficiente e as emissões são reduzidas. Esse é o princípio por trás da combustão secundária em um forno. A Figura 17.12 mostra o interior de um forno com combustão secundária, que ocorre na câmara acima da câmara de combustão primária. Ar secundário é necessário para completar a combustão da fumaça, já que, normalmente, sobra pouco oxigênio do ar primário. Essa região deve ser mantida quente porque os gases de combustão precisam de temperaturas de pelo menos 550 °C. O formato em "S" do projeto de forno mostrado na Figura 17.12 permite um caminho de saída mais longo para os gases de combustão e, assim, uma queima mais completa.

FIGURA 17.12 FORNO HERMÉTICO, COM COMBUSTÃO SECUNDÁRIA NA CÂMARA SUPERIOR.

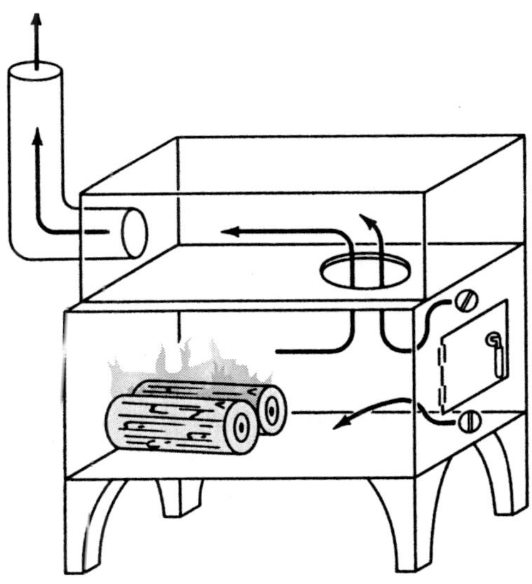

Dois terços da produção do forno são obtidos via calor radiante, e um terço por convecção. Dessa forma, as melhores eficiências de transferência de calor são obtidas em um forno com uma grande área de superfície. Preto é a cor preferida, mas muitas outras cores dão resultados igualmente bons (veja a Figura 17.13) (pinturas metálicas brilhantes ou superfícies de metal sem pintura geram emitâncias baixas). Como a energia radiante não se encontra no espectro visível, a cor vista pelo olho não é relevante aqui.

FIGURA 17.13 FORNO DE ALTA EFICIÊNCIA PARA QUEIMA DE MADEIRA.

MONESSEN HEARTH SYSTEMS

As madeiras variam significativamente com relação aos seus conteúdos energéticos por pé^3 ou por *cord*. (Um *cord* de madeira é uma pilha de madeira medindo 4 pés 4 pés 8 pés.) A Tabela 17.3 lista tais valores para uma série de madeiras. Cada libra de madeira possui aproximadamente o mesmo valor de aquecimento – 8.600 Btu/lb. Em todos os casos pressupõe-se que a madeira esteja seca. Madeira úmida ou verde tem uma grande quantidade de água e, assim, um valor de aquecimento consideravelmente mais baixo, porque a energia precisa ser utilizada para evaporar a água. Madeira verde também possui a desvantagem de causar mais acúmulo de creosoto na chaminé. O creosoto é formado quando os gases de combustão se condensam dentro da chaminé fria e formam uma substância preta, alcatroada. Se várias camadas de creosoto se formarem no interior da chaminé, a abertura será restrita. Em temperaturas suficientemente altas, o creosoto pode pegar fogo, causando um incêndio na chaminé, algo bastante assustador.

TABELA 17.3 DENSIDADE E POTENCIAL DE AQUECIMENTO DE MADEIRAS SECAS A AR.

Tipo de madeira	Peso seco a ar (lb)		Milhões de Btu por *cord*
	Por pé^3	Por *cord*	
Shagbark (Carya ovata), pignut hickory (Carya glabra)	53	4.505	31,5
White oak (quercus. spp.), sweet birch (Betula lenta), black locust (Robinia pseudoacacia)	48	4.080	28,5

(*Continua*)

TABELA 17.3 DENSIDADE E POTENCIAL DE AQUECIMENTO DE MADEIRAS SECAS A AR. (*Continuação*)

Tipo de madeira	Peso seco a ar (lb)		Milhões de Btu por *cord*
	Por pé^3	Por *cord*	
Chestnut (rock) oak (Quercus prinus), bitternut hickory (Carya cordiformis)	47	3.995	27,9
Red oak (Quercus rubra), Pacific madrone (Arbutus menziesii)	46	3.910	27,3
American beech (Fagus grandifolia)	45	3.825	26,7
Sugar maple (Acer saccharum)	44	3.740	26,1
Black oak (Quercus velutina), southern red oak (Quercus falcata)	43	3.655	25,5
White ash (Fraximus americana)	42	3.570	24,9
Yellow birch (Betula alleghaniensis), California white oak (Quercus Kelloggii)	40	3.400	23,8
California laurel (Umbellularia californica)	39	3.315	23,2
Red maple (Acer rubrum)	38	3.230	22,6
Paper birch (Betula papyrifera)	37	3.145	22,0
Black cherry (Prunus serotina)	36	3.060	21,4
American elm (Ulmus americana), sycamore (Platanus occidentalis)	34	2.890	20,2
Sassafrass (Sassafrass spp.)	32	2.720	19,0
Virginia pine (Pinus virginiana)	30	2.550	20,6
Douglas fir (Pseudotsuga menziesii)	30	2.540	20,6
Eastern red cedar (Juniperus virginiana)	29	2.490	20,1
Tulip tree (Liriodendron tulipifera)	26	2.210	15,4
Quaking aspen (Populus tremuloides)	25	2.125	14,8
Redwood (Sequoia sempervirens)	25	2.120	17,1
White spruce (Picea glauca)	25	2.120	17,1
Balsam fir (Abies balsamea)	22	1.905	15,4
Eastern white pine (Pinus strobus)	22	1.855	15,0

Fonte: AMERICAN FORESTRY ASSOCIATION *Knowing your trees*. 1974.

ASPECTOS ECONÔMICOS DA QUEIMA DE MADEIRA

As justificativas econômicas para a mudança para o uso da madeira como fonte de aquecimento de ambientes dependem dos custos dos outros combustíveis. O gás natural é o mais competitivo. Se o gás custa US$ 0,65 por *therm* (100.000 Btu), um *cord* de madeira dura tem de custar menos que US$ 100 para fornecer a mesma quantidade de Btus pelo mesmo preço (Tabela 17.4). Isso pressupõe que a eficiência do forno a lenha seja de 50%, e que a da fornalha a gás seja de 75% (os modelos mais novos de fornalhas a gás têm eficiências de até 96%). Tais cálculos desconsideram a atração que um forno a lenha ou uma lareira exercem sobre as pessoas ao fornecer o clima de aconchego e intimidade decorrente da sua utilização. Também foram desconsideradas desvantagens como, por exemplo, ter de carregar lenha para dentro de casa em uma noite fria de inverno, a tarefa de remover as cinzas e o risco de incêndios nas chaminés.

TABELA 17.4 COMPARAÇÃO DE CUSTOS DE COMBUSTÍVEIS DE AQUECIMENTO.

Eficiência de combustível	Conversões de unidade	Conversão (%)	\$/MBtu =
Gás natural	100.000 Btu/therm	75	13,33 × \$/therm
Petróleo	138.000 Btu/gal	65	11,15 × \$/gal
GLP	93.000 Btu/gal	75	14,34 × \$/gal
Madeiras duras	24 MBtu/*cord*	50	0,083 × \$/*cord*
Madeiras macias	15 MBtu/*cord*	50	0,13 × \$/*cord*
Carvão	12.500 Btu/ton	60	0,067 × \$/ton
Eletricidade	3.412 Btu/kWh	100	293 × \$/kWh

EXEMPLO 17.2

Se o gás natural custa US$ 1,00 por *therm*, qual deveria ser o preço por *cord* de madeira dura para fornecer a mesma quantidade de Btus?

SOLUÇÃO

Utilizando a Tabela 17.4, vemos que o gás natural custa 13,33 × US$ 1,00 = US$ 13,33/MBtu. Isso deve ser igualado a 0,083 × US$/*cord*. A solução da equação indica que o preço por *cord* deveria ser US$ 161.

FORNOS DE COZIMENTO NOS PAÍSES EM DESENVOLVIMENTO

As necessidades domésticas de energia, especialmente para cozimento e aquecimento, dominam as demandas energéticas dos países em desenvolvimento. A maioria da população desses países vive nas áreas rurais, onde o cozimento de alimentos utiliza cerca de 80% das demandas básicas de energia. A Índia tem 75% da sua população vivendo em 570 mil vilas. A demanda rural por energia é atendida principalmente pela madeira (60%) e por esterco e restos de colheita (30%). Estima-se que 56% da população mundial consome alimentos preparados com esses combustíveis. As mulheres de muitas dessas vilas perdem duas horas por dia coletando lenha para cozinhar, e isso consome o tempo que poderia ser usado em outras tarefas domésticas, como, por exemplo, obter água. Menos água frequentemente quer dizer mais problemas de saúde, enquanto menos madeira implica menos água quente.

Os suprimentos de lenha estão se tornando um problema em muitos países em desenvolvimento. Mais de 1 bilhão de pessoas convivem com a escassez de madeira combustível. O problema não está apenas nos suprimentos de madeira, mas também no próprio processo de desflorestamento. Sem um gerenciamento florestal, a remoção de árvores, arbustos e folhas leva à erosão do solo e à desertificação. Esse problema é agravado quando muitos dos moradores das vilas removem as cascas das árvores e cortam galhos vivos para obter os pequenos pedaços de madeira necessários para se cozinhar. A utilização de esterco animal – transformado em "bolos" ou placas para cozinhar – rouba nutrientes preciosos das terras agrícolas (Figura 17.14). Pelo menos 1 milhão de hectares de florestas desaparecem a cada ano, especialmente nas regiões tropicais. O efeito que isso terá sobre as mudanças climáticas globais ainda é desconhecido.

FIGURA 17.14 BOLOS DE RESÍDUOS ANIMAIS SECANDO AO SOL ANTES DE SEREM USADOS COMO COMBUSTÍVEL PARA COZINHAR.

N. PIERCE

O tipo de forno mais comum nas áreas rurais do Terceiro Mundo é o fogareiro de "três pedras" (veja a Figura 17.15). Três pedras (muitas vezes achadas facilmente nas regiões rurais) são colocadas para formar uma "caixa de fogo" em forma de V ou de U. Isso permite que recipientes de várias formas e vários tamanhos possam ser colocados sobre as pedras, deixando espaço para colocação de pedaços de madeira ou palha na "caixa de fogo" sob o recipiente de alimento ou água. Leva-se cerca de 45 minutos para aquecer uma refeição, mas as pedras podem continuar a irradiar calor suficiente para ferver água em 20 minutos. Esse artefato é fácil de ser construído, fornece iluminação, aquecimento de ambientes e redução de insetos, além de ser um local de agrupamento social. Todavia, é muito pouco eficiente (cerca de 10%). Muitos novos projetos de fogões e fornos a lenha têm sido desenvolvidos durante as últimas duas décadas, mas a maioria não foi bem-sucedida porque não se incluíram as características multiuso do fogareiro de três pedras. Fornos solares (veja Capítulo 6) também têm recebido muita atenção porque muitos dos países em desenvolvimento têm altos índices de insolação. Ainda é difícil cozinhar dessa forma à noite.

À medida que os países em desenvolvimento se tornam cada vez mais urbanizados, a demanda por carvão vegetal aumenta. Carvão vegetal é mais fácil de transportar do que a madeira, tem duas vezes mais conteúdo energético por unidade de peso e pode ser utilizado em fornos que são mais eficientes do que as fogueiras de madeira. Contudo, cerca de 60% a 80% da energia armazenada na madeira é perdida quando ela é convertida em carvão vegetal. (O carvão vegetal é preparado cobrindo-se uma pilha de madeira com terra e deixando que ela queime lentamente em uma atmosfera pobre em oxigênio por vários dias.) A crescente demanda por carvão vegetal tem um impacto direto sobre as reservas florestais.

FIGURA 17.15 Fogareiro de "três pedras", usado para cozinhar em muitos países.

Antoine Lema

A energia calorífica transferida para os alimentos durante o cozimento é dividida em três partes:

Aumento da temperatura dos líquidos até seu ponto de ebulição:	20%
Perdas pelo recipiente de cozimento:	45%
Vaporização da água:	35%

Como a maioria dos alimentos contém uma alta porcentagem de água, o tempo de cozimento é independente da taxa de entrada de calor após o ponto de ebulição ter sido atingido, já que a temperatura da água permanece em 100 °C (em uma panela ou recipiente destampado). A Figura 17.16 mostra três tipos de fogões e fornos utilizados para cozinhar com lenha. Observe os orifícios bem justos para o encaixe das panelas e a sua proximidade da fonte de calor (o calor radiante é inversamente proporcional ao quadrado da distância). Abafadores controlam a taxa de combustão e direcionam o ar para o combustível da melhor maneira possível. O ar que entra em um forno sem abafador pode esfriar as chamas ou o fundo da panela. A maior parte da transferência de calor se dá por meio da radiação a partir das chamas e da transferência convectiva de calor por meio dos gases quentes circulantes.

A transferência condutiva de calor para as panelas é pequena, mas a condução é a principal causa de perda de calor através das paredes do forno. Nem todos os fornos precisam de chaminés. Uma chaminé é utilizada onde a fumaça na área da cozinha é um problema ou quando se precisa de uma corrente de ar. Fornos sem chaminé deixam uma abertura ao redor da segunda panela para permitir que os gases quentes residuais saiam (observe o forno da Figura 17.16a).

FIGURA 17.16 FORNOS DE COZIMENTO DE BAIXO CUSTO COM EFICIÊNCIA AMPLIADA. ORIGEM: (A) ÍNDIA, (B) NEPAL, (C) GUATEMALA.

Fonte: STEWART, Bill. *Improved wood, waste, and charcoal burning stoves*. uk: Intermediate Technology Publications, 1987.

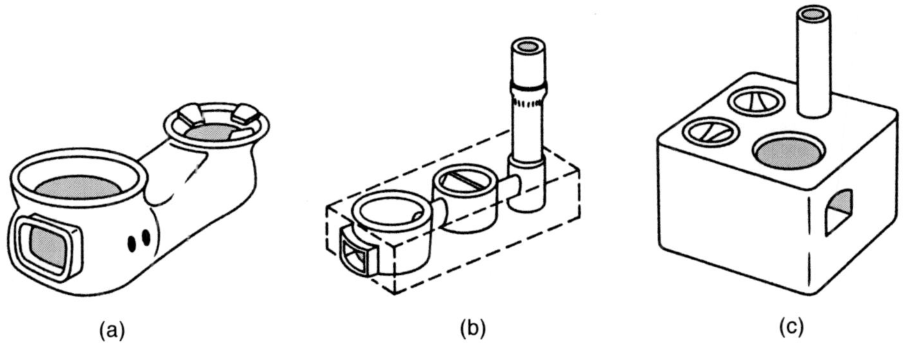

F. RESUMO

Os recursos de biomassa incluem culturas agrícolas, madeira, resíduos agrícolas e resíduos sólidos. Eles podem ser convertidos em combustíveis gasosos e líquidos ou ser queimados diretamente. Em geral, a biomassa pode ser convertida em outras formas de energia por meio da digestão anaeróbica (conversão de matéria orgânica em metano, na ausência de oxigênio) e processos de fermentação (produzindo álcoois como etanol e metanol). Enquanto os norte-americanos produzem 0,8 tonelada de lixo por pessoa/ano, os espaços de aterro tradicionalmente utilizados para a disposição de resíduos estão diminuindo. O sempre crescente volume de resíduos sólidos pode ser tratado por meio da redução da geração de resíduos, reciclagem ou incineração.

O uso como combustível de culturas agrícolas, normalmente utilizadas para alimentação humana, levanta questões relacionadas com nossos hábitos alimentares. Produtos agropecuários, como o gado, são intensivos no consumo de energia, sendo necessária mais energia para produzi-los do que se pode obter deles. Projetos para fornos e fogões a lenha para aquecimento e cozimento, nos países em desenvolvimento, devem levar em consideração a eficiência energética e, dessa forma, utilizar os conceitos do Capítulo 4 sobre transferência apropriada de calor. Controlar a quantidade de ar e usar a combustão secundária são importantes princípios de conservação de energia para tais equipamentos.

COMO VOCÊ ESCOLHERIA? – REVISITADO

Hoje, muitos norte-americanos podem usar alguma forma de etanol, principalmente como E10. A infraestrutura necessária para exigir E15 em todos os carros já está pronta, nos postos de abastecimento. (Esse aumento seria exigido para carros a partir de 2007, o que representa cerca de 15% dos veículos atualmente nas estradas). Alguns argumentam que este é um passo na direção certa para reduzir a importação de petróleo e a poluição atmosférica. Após ter lido este capítulo, como você votaria nesta questão?

QUESTÕES

1. Como poderia o crescimento da produção do etanol de milho resultar em aumento dos gases estufa, ao invés de diminuição?
2. Quais são as dificuldades com a utilização de fornos de cozimento tradicionais nos países em desenvolvimento?
3. Por que a eficiência de uma lareira algumas vezes é próxima de 0%?

4. Por que o tempo de cozimento da maioria dos alimentos independe da taxa de entrada de calor?
5. Quais etapas são seguidas, nos aterros modernos, para evitar a contaminação do lençol freático?
6. Quais são algumas das preocupações com relação à incineração de resíduos sólidos?
7. Atualmente, qual é o combustível alternativo mais barato que pode ser utilizado em um automóvel? Que limitações (incluindo fatores de mercado) existem para a expansão do uso desse combustível nos automóveis?
8. O que é combustão secundária em um forno a lenha? Por que é preciso controlar a quantidade de ar na combustão?
9. Faça uma tabela listando os combustíveis de biomassa e seus possíveis usos.

PROBLEMAS

10. A Tabela 17.5 é um guia para comparar a quantidade de combustível necessária para fornecer quantidades equivalentes de calor (20MBtu, neste caso). Utilizando os preços correntes, preencha a última coluna. (Você terá de fazer algumas ligações ou usar a internet.)

TABELA 17.5 QUANTIDADES DE COMBUSTÍVEL NECESSÁRIAS PARA PRODUZIR 20 MBTU DE CALOR.

Combustível	Quantidade	MBtu disponíveis	Eficiência (%)	MBtu fornecidos	Custo do combustível
Madeira (média densidade)	1 *cord*	29	70	20	—
Petróleo número 2	222 galões	31	65	20	—
Eletricidade	5.876 kWh	20	100	20	—
Gás natural	26.800 pés^3	27	75	20	—
Gás engarrafado	292 galões	27	75	20	—
Carvão	2.440 libras	31	65	20	—

11. Utilizando informações sobre reciclagem, estime a energia (em Btu) necessária para produzir uma lata de alumínio. Compare com a energia necessária para

fazer funcionar um aparelho de televisão por cinco horas e a energia usada por dia, por uma pessoa em Bangladesh (veja a Figura 2.7).

12. Um fogão de cozinha utiliza cerca 50 pés^3 de gás natural por dia. O esterco diário de quantas vacas teria de ser colocado em um digestor para atender a essa demanda? (Use os números do exemplo do Quênia na discussão sobre digestão anaeróbica.)

13. Utilizando a Tabela 17.4, um *cord* de madeira dura por US$ 120 é equivalente a utilizar calor elétrico a quantos centavos por quilowatt-hora?

14. Usando os seguintes dados de 2010, determine quantos por cento do consumo norte-americano de gasolina poderiam ser substituídos pelo etanol produzido, se fosse usado todo o milho plantado.

Faça suas próprias hipóteses.

1 acre de milho produz 300 gal de etanol; gasolina usada = 137 bilhões de galões

Área de colheita do milho: 92 milhões de acres.

15. Calcule o custo do aquecimento elétrico para fornecer 100 MBtu a uma típica casa norte-americana de tamanho médio em uma estação (climática) de aquecimento.

16. Descubra o preço por galão de petróleo para aquecimento (petróleo combustível) na área em que você vive. Utilizando a Tabela 17.5 (e o exemplo da mesma seção de texto), calcule o custo para aquecer um ambiente que demanda 100 MBtu por estação (típico de uma residência de tamanho médio no clima do norte dos Estados Unidos).

ATIVIDADES ADICIONAIS

1. Esquematize o programa de reciclagem que sua comunidade tem (ou terá). O que é obrigatório?

2. Investigue o mercado para jornal reciclado e produtos plásticos em sua área.

COM O FOCO NO BRASIL: BIOMASSA – DAS PLANTAS AO LIXO

A BIOMASSA NO CENÁRIO ENERGÉTICO BRASILEIRO

Conforme já delineado nos tópicos Com o Foco No Brasil dos Capítulos 8 ("Poluição do ar e uso da energia") e 12 ("eletricidade de fontes solares, eólicas e hídricas"), a biomassa apresenta uma importante participação no setor energético brasileiro, tanto no setor de transportes como no setor de energia elétrica.

No setor de transportes, embora haja, como no resto do mundo, predominância do uso de combustíveis derivados de petróleo, basicamente gasolina e óleo diesel, no Brasil há significativa participação da biomassa, mais especificamente do etanol (obtido da cana-de-açúcar) e do biodiesel (em sua maioria, obtido da soja). Grande parte dos carros novos é *flex-fuel*, que permite o uso alternativo de gasolina ou etanol, e os carros movidos à gasolina usam mistura de gasolina com etanol (22%). O óleo diesel também contém biodiesel numa proporção planejada de aumentar ao longo do tempo.

Dados do Balanço Energético Nacional 2012 (veja Com o foco no Brasil do Capítulo 12) indicam uma importante participação da biomassa na Matriz Energética do Brasil em 2011, com percentuais de 15,71% de produtos de cana-de-açúcar e 9,55% de lenha e carvão vegetal na oferta interna de energia em 2011. No consumo final, o bagaço de cana (11,93%) e a lenha (7,15%) apresentaram a significativa participação conjunta em torno de 19,14%. Ressalta-se que, além dessa utilização nos setores de transporte e de energia elétrica, a biomassa também é largamente utilizada como fonte de energia para cocção, iluminação e aquecimento, principalmente pelas camadas menos favorecidas da população.

Quando se considera apenas a energia elétrica, a participação percentual das diversas fontes, no total de 466,8 TWh produzidos em 2011, é de: hidráulica (incluindo importação), 81,9%; derivados de petróleo, 2,5%; gás natural, 4,4%; biomassa (incluindo lenha, bagaço de cana, lixívia e outras recuperações),6,6%; eólica, 0,5%; nuclear, 2,7%; e carvão e derivados (incluindo gás de coqueria), 1,4%. No conjunto total, a geração termelétrica entrou com 18,9% da geração, destes, 37,4% fornecidos pela biomassa.

É importante notar a grande participação dos produtos da cana-de-açúcar no setor energético brasileiro, numa proporção não encontrada em outra parte do mundo e que tem colocado o Brasil em posição de alta relevância internacional quanto à questão do aquecimento global e à busca de um modelo sustentável de desenvolvimento para a humanidade. Nesse contexto, contudo, deve-se ressaltar que essa situação sofre muitos avanços e retrocessos, devido a diversos motivos, tais como: instabilidade e dificuldades regulatórias do setor elétrico brasileiro; competição com outros produtos do próprio setor sucroalcooleiro (como se verá a seguir); competição, no setor de transportes, com os combustíveis fósseis (gás de xisto, areias betuminosas, produtos do pré-sal, no Brasil); competição com outras tecnologias de transporte (carros elétricos).

A influência na indústria de cana-de-açúcar, no entanto, desses e outros fatores, relacionados principalmente com a ocupação de áreas agrícolas que poderiam ser produtoras de alimento e com as flutuações de mercado de seus principais produtos, torna o gerenciamento dessa indústria bastante complexo. Em razão dessa sua importância no contexto aqui enfocado, e para facilitar ao leitor maiores reflexões e aprofundamento no assunto, apresenta-se a seguir uma visão sucinta da indústria de cana-de-açúcar com ênfase em suas principais atividades e estágios, produtos e mercados e tecnologias para geração de energia elétrica.

Em seguida, para complementar as informações básicas necessárias para conhecimento do papel da biomassa no setor energético brasileiro, apresentam-se aspectos importantes relacionados com a utilização da energia de biomassa no setor de transportes e no setor de energia elétrica e são ressaltados alguns aspectos importantes do Plano Nacional de Energia 2030, PNE 2030, relacionados à prospecção futura da utilização energética da biomassa.

A INDÚSTRIA DA CANA-DE-AÇÚCAR – VISÃO GERAL

A indústria da cana-de-açúcar no Brasil, atualmente, ocupa milhões de hectares de terra e produz centenas de milhões de toneladas de cana, que são industrializadas principalmente para produção de açúcar, álcool e energia (elétrica e térmica).

Nesse contexto, fazem-se necessárias ações específicas para evitar práticas que levam à degradação socioambiental, tais como o uso extensivo de áreas agrícolas, técnicas de monocultura, uso intensivo de fertilizantes e pesticidas, alto consumo de água, queimadas durante a colheita e emprego de baixa qualidade. Para superar tais problemas, a indústria de cana tem adotado métodos avançados de gestão e ênfase à pesquisa e desenvolvimento.

PRINCIPAIS ATIVIDADES E ESTÁGIOS NA INDÚSTRIA DE CANA-DE-AÇÚCAR

Muitas das atividades na indústria de cana-de-açúcar relacionam-se à produção, tais como: aquisição da terra e equipamento; projetos de engenharia civil e industrial; construções; conservação convencional do solo (preparação mecânica); plantação (manual); aplicação de agroquímicos; irrigação; colheita (queima e corte manual ou colheita mecanizada); rotação da plantação.

Outras relacionam-se especificamente aos principais produtos da indústria: produção industrial de açúcar; produção industrial de álcool; produção de energia; transporte para os locais de consumo (diferente para cada tipo de produto) e usos finais do produto. Estas atividades, embora ocorram fora dos limites da indústria, são muito importantes, uma vez que estabelecem as relações dos produtos da indústria com os mercados.

Estágios básicos comuns das produções industriais de açúcar e álcool são a preparação da cana-de-açúcar (lavagem) e a moagem (extração do suco). A moagem produz o suco, a torta resultante da filtragem (*filtercake*) e o bagaço. A torta é usada como fertilizante e o bagaço é queimado para produzir eletricidade e vapor em usinas de cogeração. O suco segue para os processos industriais: tratamento (decantação), fermentação e, então, para a produção de açúcar ou produção de álcool por meio da destilação. A Figura 1 apresenta um diagrama dos principais estágios e atividades da indústria de cana-de-açúcar.

FIGURA 1 PRINCIPAIS ATIVIDADES E ESTÁGIOS DA INDÚSTRIA DE CANA-DE-AÇÚCAR.

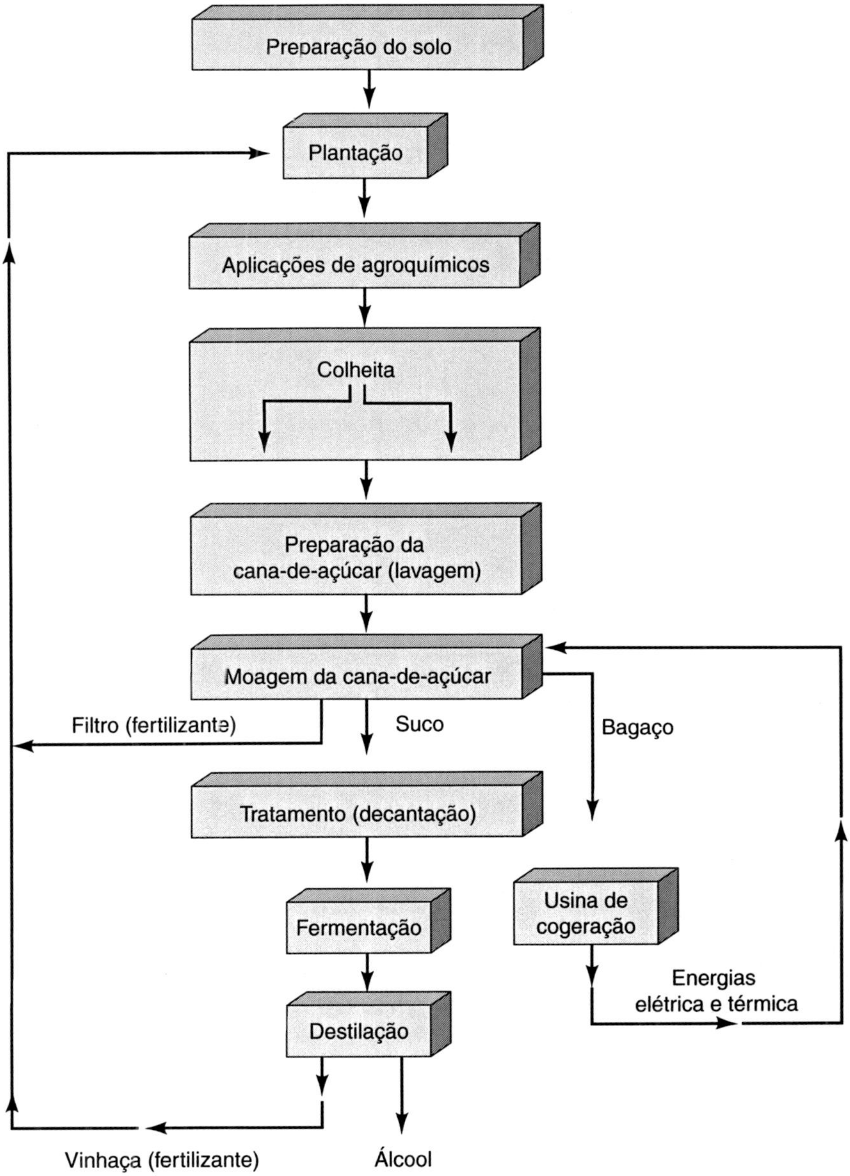

Outros aspectos que influenciam a gestão da indústria são: a característica sazonal da indústria (a produção no Estado de São Paulo, maior produtor, ocorre usualmente de maio a novembro); suas interfaces ambientais e sociais e os mercados flutuantes de seus produtos. As características sazonais influenciam o desempenho da indústria como um todo. Os aspectos ambientais e sociais são de fundamental importância para a indústria e a sustentabilidade. A influência dos mercados é muito importante para a gestão da indústria e está associada aos seus três principais produtos: açúcar, álcool e energia (térmica e elétrica).

PRINCIPAIS PRODUTOS E RESPECTIVOS MERCADOS

O Brasil é um dos mais importantes atores do mercado mundial de açúcar, que apresenta a característica de sofrer fortes flutuações.

O mercado do álcool (etanol) também é de grande importância para a indústria da cana-de-açúcar e para o país devido à sua utilização no setor de transportes com vistas à minoração da poluição atmosférica, por meio dos veículos a álcool ou bicombustível. Nesse contexto, o Brasil é visto como um ator de peso no cenário global, mas as perspectivas de aumento do mercado mundial ainda não podem ser claramente estabelecidas e o mercado do álcool também apresenta características não definidas, que podem ser associadas a riscos econômicos.

O mercado de energia elétrica e térmica para as usinas sucroalcooleiras se fortaleceu apenas após a abertura do setor elétrico. Na medida em que as tarifas de venda de energia (elétrica e térmica) foram se tornando atraentes, as usinas passaram a ter uma nova opção mercadológica, a ser inserida em seu complexo processo de gestão: a venda direta de energia produzida com utilização do bagaço, um resíduo do processo como um todo, cujos mercados (para energia elétrica e energia térmica) apresentam forte dependência de políticas governamentais. Do ponto de vista prático, no entanto, graças a incentivos governamentais, através do Programa de Incentivo às Fontes Alternativas (Proinfa) e leilões específicos de energia elétrica que enfocam o uso de biomassa (veja site da Empresa de Pesquisa Energética – EPE, www.epe.gov.br), uma quantia significativa de MW foi e vai sendo adicionada ao sistema elétrico.

A Figura 2 apresenta uma visão geral da indústria de cana-de-açúcar e seus principais mercados.

FIGURA 2 VISTA GERAL DA INDÚSTRIA DE CANA-DE-AÇÚCAR DA PERSPECTIVA DO BIOETANOL.

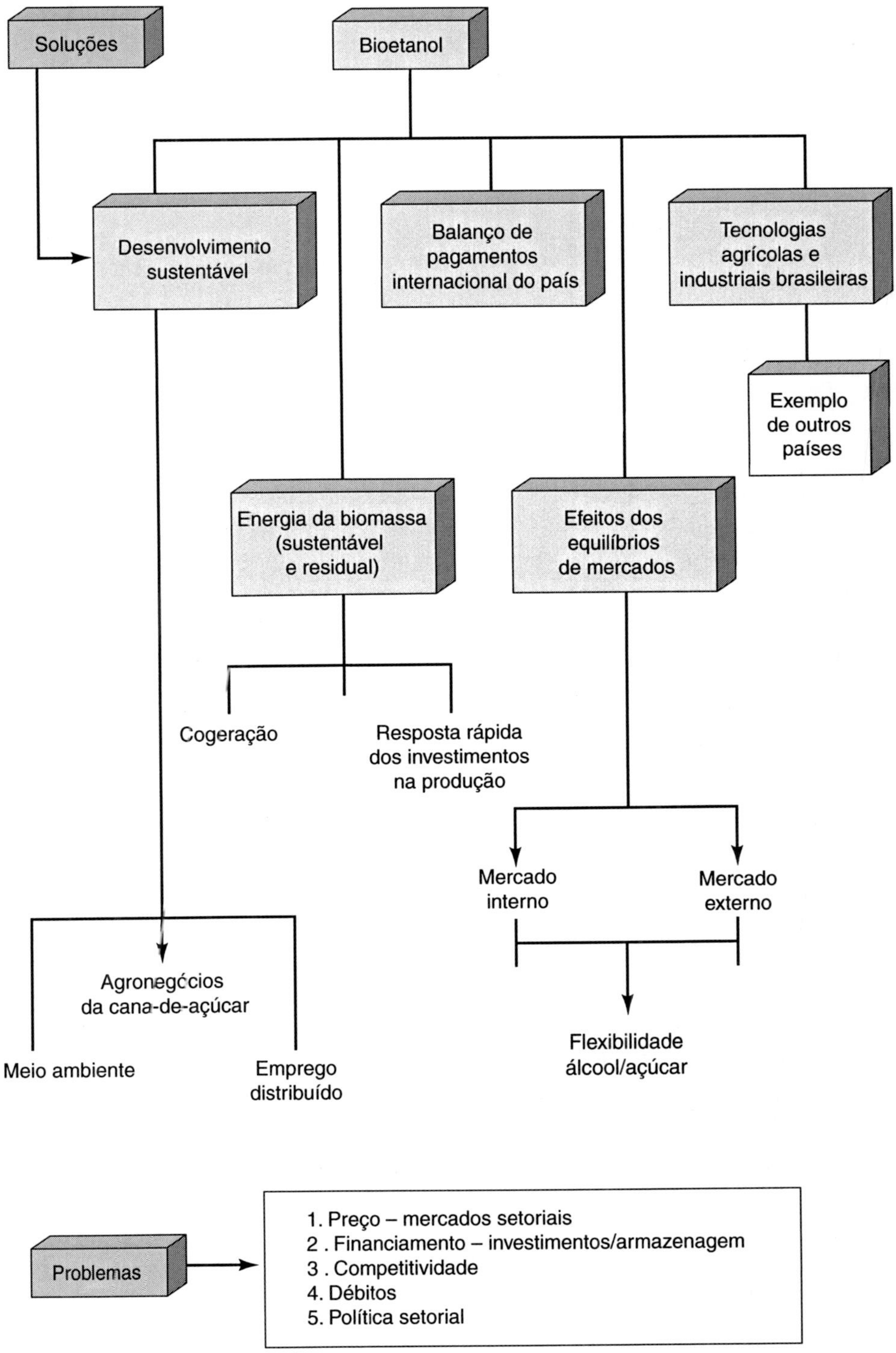

TECNOLOGIAS PARA PRODUÇÃO DE ENERGIA ELÉTRICA DAS USINAS SUCRO-ALCOOLEIRAS

O bagaço de cana-de-açúcar, atualmente, é queimado principalmente em centrais termelétricas que utilizam ciclo a vapor e cogeração para produzir energia térmica e energia elétrica.

Na avaliação das perspectivas de aumento da geração de energia elétrica pelas usinas, além do aumento das variáveis básicas para aumento de energia (pressão e temperatura), têm sido consideradas outras metodologias, tais como a utilização de configuração de ciclo combinado; queima adicional de palhas e pontas e outros resíduos da colheita; gaseificação do bagaço.

A configuração a ciclo combinado poderia utilizar gás natural comprado de empresas do setor de petróleo e gás ou, do gás obtido do próprio bagaço, dependendo da evolução das pesquisas voltadas à gaseificação do bagaço. Mas isso deve ser analisado com muito cuidado, considerando não só o mercado de energia elétrica, mas também o de energia térmica, uma vez que o rendimento dos ciclos térmicos é muito baixo para produção de energia elétrica e a utilização de cogeração é praticamente uma obrigação do ponto de vista de eficiência energética, devido inclusive à sua alta eficiência.

A queima de palhas, das pontas e de outros resíduos da colheita pode causar um aumento sensível no potencial de produção de energia do setor sucroalcooleiro. Mas isso depende largamente da taxa de introdução da colheita mecanizada, em vez da queima seguida da colheita manual. Essa taxa tem crescido de modo significativo, principalmente pelas restrições cada vez mais rigorosas e o projetado fim da colheita manual, historicamente associada às queimadas, fonte de poluição atmosférica. Nesse caso, ao se focar o prazo dado para essa finalização, deve-se considerar o outro lado da questão: o desemprego de uma enorme parte da população de baixa qualificação, para a qual a colheita constitui parte fundamental de renda. Essa é uma questão social muito importante, que vem sendo solucionada no cenário da indústria de cana-de-açúcar.

A gaseificação do bagaço tem sido desenvolvida em projetos piloto e é considerada como viável num futuro próximo.

Obviamente, na mesma medida em que as tecnologias permitem maior produção de energia, maiores são os custos. Assim, mesmo que as referidas alternativas e tecnologias estejam completamente disponíveis, uma avaliação detalhada, que considere cuidadosamente os preços de mercado da energia elétrica e da energia térmica, será fundamental para garantir a viabilidade econômica da alternativa e/ou tecnologia.

ENERGIA DA BIOMASSA NO SETOR DE TRANSPORTES

No cenário energético brasileiro atual, a utilização de biomassa no setor de transportes se dá por meio do etanol e do biodiesel, e, mais recentemente, foi introduzido nesse meio um novo combustível desenvolvido pela Petrobras, o H-Bio. Novas gerações de biocombustíveis têm sido foco de pesquisas no país, mas ainda demandará algum tempo para que se firmem como alternativas viáveis de mercado.

O etanol, conforme já apontado no início deste texto, tem um papel importante relacionado com a utilização da biomassa no setor de transportes, principalmente pela sua utilização nos autos *flex-fuel*. O etanol utilizado no Brasil é aquele obtido da cana-de-açúcar, como mostrado no item anterior.

Com relação ao biodiesel, há no país um Programa Nacional de Produção e Uso do Biodiesel que considera como objetivos principais a produção de biodiesel a partir de diferentes oleaginosas, a inclusão social e a garantia do suprimento a preços competitivos e com qualidade. Em termos econômicos, o objetivo do programa é substituir parte do diesel importado, que hoje é cerca de 10% do diesel consumido no país. Estimativas do governo indicam que a adição de 2% de biodiesel ao combustível derivado de petróleo, além dos benefícios ambientais, permite significativa economia na importação de diesel, que aumentará quando passar a vigorar a mistura B5, ou seja, a adição de 5% de biodiesel ao diesel. Em termos sociais, o principal objetivo é gerar empregos no campo.

Em seu conceito básico, biodiesel é uma denominação genérica usada para combustíveis produzidos a partir de óleos vegetais e gorduras animais para serem usados em motores diesel, assim como em usinas termelétricas em lugar do diesel e do óleo combustível. Atualmente, apenas o diesel vegetal, obtido pelo processo de transesterificação, tem recebido o nome de "biodiesel", pois esse processo garante que o produto resultante mantenha características próprias, distintas das do diesel convencional.

A matéria-prima utilizada na produção do biodiesel depende principalmente da disponibilidade. Na Alemanha, hoje o maior produtor e consumidor de biodiesel, utiliza-se a canola. Na Malásia, utiliza-se o óleo de palma de dendê, e nos Estados Unidos, a soja e óleos de frituras usados.

No Brasil, país tropical com dimensões continentais, há diversas alternativas associadas ao aproveitamento das potencialidades regionais: a soja, o amendoim, o girassol, a mamona, o dendê, o pinhão-manso, o nabo-forrageiro, o pequi, o buriti, a macaúba e uma grande variedade de oleaginosas. Algumas delas, no entanto, embora apresentem bons resultados em laboratórios, têm produção extrativista e não há plantios comerciais para que se avalie com precisão as suas potencialidades.

Dentre as várias alternativas, merece destaque a soja, que responde por mais de 90% da produção brasileira de óleos vegetais, até mesmo porque diversos fatores políticos, sociais e econômicos fragilizaram o programa do biodiesel no que se relaciona às demais alternativas.

Com relação ao H-Bio, há algum tempo, a Petrobras (www.petrobras.com.br), que também é produtora de biodiesel, anunciou sua criação como um novo diesel com vantagens ambientais. O H-Bio é obtido por meio da mistura de óleo vegetal ou animal com frações de diesel de petróleo, que é hidroconvertida em unidades de hidrotratamento (HDT) para a redução do teor de enxofre e a melhoria da qualidade do óleo diesel, como ilustrado na Figura 3.

FIGURA 3 REPRESENTAÇÃO ESQUEMÁTICA DO PROCESSO H-BIO.
Fonte: PNE 2030.

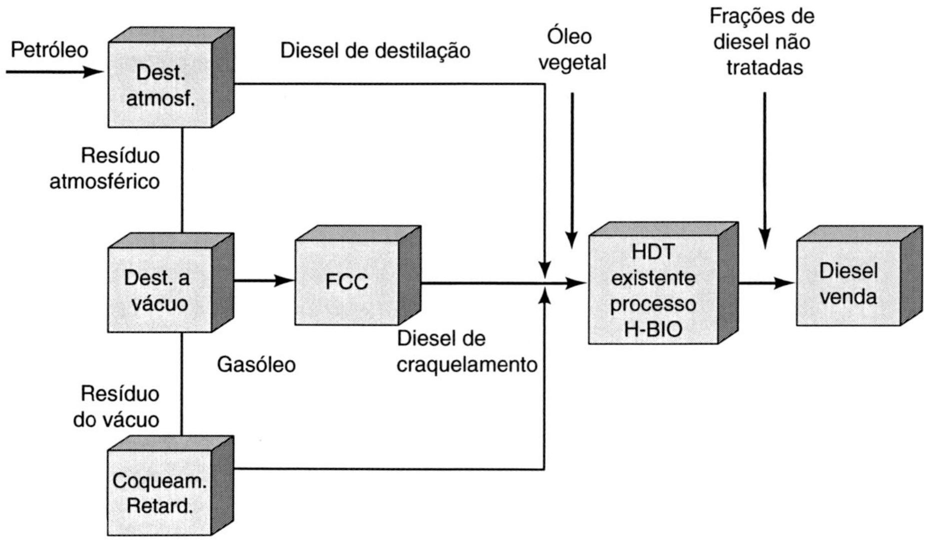

ENERGIA DA BIOMASSA PARA PRODUÇÃO DE ENERGIA ELÉTRICA

A utilização da biomassa no setor de energia elétrica brasileiro tem-se dado principalmente por meio de usinas termelétricas que utilizam o bagaço de cana e outros resíduos do processamento de biomassa, no que se refere às aplicações de capacidades elétricas significativas para o sistema interligado. Aplicações de menor porte têm utilizado os mais diversos tipos de biomassa, como casca de arroz, resíduos de plantações e de indústrias madeireiras, resíduos agrícolas e outros para acionar motores que movimentam os geradores elétricos.

Uma aplicação relativamente recente no país é a geração de energia elétrica por meio do gás metano, que é obtido do tratamento de resíduos sólidos urbanos (lixo) em aterros sanitários. A geração de eletricidade do aterro Bandeirantes, em São Paulo, é um exemplo importante desse tipo de aplicação da biomassa.

Com relação aos projetos de porte maior, é importante citar o Programa de Incentivo às Fontes Alternativas de Energia Elétrica (Proinfa) criado em 2002, para incentivar a utilização de fontes alternativas de energia, com objetivo principal de incentivar projetos de geração de eletricidade a partir dos ventos (energia eólica), pequenas centrais hidrelétricas (PCH) e bagaço de cana, casca de arroz, cavaco de madeira e biogás de aterro sanitário (biomassa).

Com base no incentivo criado por esse programa e sua inclusão nos leilões de energia elétrica (veja site da EPE, www.epe.gov.br), diversas usinas geradoras de eletricidade a partir da biomassa encontram-se em operação no sistema elétrico brasileiro, dentre as quais podem ser ressaltadas as que utilizam bagaço de cana e licor negro (resíduo de processos industriais, no setor de papel e celulose, por exemplo).

Nesse contexto, as Tabelas 1 e 2 apresentam as seis maiores usinas termelétricas a bagaço de cana e as três maiores a licor negro em operação no país atualmente, segundo informações da Agência Nacional de Energia Elétrica (ANEEL, www.aneel.gov.br), obtidas em 13 de novembro 2013.

TABELA 1 SEIS MAIORES TERMELÉTRICAS A BAGAÇO DE CANA.

Nome	MW	Local
Cocal II	160,0	Narandiba, SP
Barra Bioenergia	136,0	Barra Bonita, SP
Porto das Águas	120,0	Chapadão do Céu, GO
Bonfim	111,0	Guariba, SP
Jataí	105,0	Jataí, GO
Angélica	96,0	Angélica, MS

Fonte: ANEEL – Agência Nacional de Energia Elétrica.

TABELA 2 TRÊS MAIORES TERMELÉTRICAS A LICOR NEGRO.

Nome	MW	Local
Eldorado Brasil	226,00	Três Lagoas, MS
CMPC	224,86	Guaíba, RS
Suzano Mucuri	214,0	Mucuri, BA

Fonte: ANEEL – Agência Nacional de Energia Elétrica.

PERSPECTIVAS FUTURAS DO USO ENERGÉTICO DA BIOMASSA DA CANA-DE-AÇÚCAR, SEGUNDO O PNE 2030

A seguir são apresentados alguns aspectos relevantes do Plano Nacional de Energia 2030 (PNE 2030) relacionado à utilização presente (no caso, 2005, uma vez que o PNE 2030 foi emitido em 2007. Sobre isso, ver comentários importantes em Com o Foco no Brasil do Capítulo 1) e futuro da biomassa da cana-de-açúcar no setor energético brasileiro. Ressalta-se que esses números (exceto aqueles de 2005) foram obtidos por meio da criação de cenários de evolução futura, o que faz com que estejam associados a certos critérios e expectativas que possuem graus de incerteza e necessitam ser monitorados e ajustados ao longo do tempo. Independentemente disso, no entanto, servem para indicar tendências, se a evolução do cenário considerado não apresentar grandes descontinuidades ou surpresas. Assim, a Tabela 3, que apresenta a perspectiva futura de utilização da biomassa de cana-de-açúcar até 2030, mostra a expectativa de uso crescente desse recurso na área energética, tanto no setor de transportes (etanol) como no setor elétrico.

TABELA 3 PERSPECTIVAS DE OFERTA DE BIOMASSA DA CANA SEGUNDO O PNE 2030, EM MILHÕES DE TONELADAS.

	2005	2010	2020	2030
Produção de cana	431	518	849	1.140
Biomassa produzida	117,8	141,9	233,5	313,5
Bagaço	57,8	69,7	114,6	153,9
Palha	60,0	72,2	118,9	159,6
Biomassa ofertada	57,8	73,3	132,3	185,8
Uso do bagaço	100%	100%	100%	100%
Recuperação da palha	0%	5,0%	14,9%	20,0%
Destinação da biomassa				
Produção de etanol	0,0	0,3	17,7	18,7
Produção de eletricidade	57,8	73,0	114,6	167,1

Nesse contexto, outras informações importantes do PNE 2030 relacionam-se com outras variáveis utilizadas nos estudos, as quais estão associadas aos dados informados na tabela anterior. São elas: o desempenho esperado para os veículos leves em 2030; a projeção no tempo da produção e consumo do etanol (veja Figura 4) e as hipóteses para a evolução dos veículos leves no Brasil (veja Figura 5). Ressalta-se que tais resultados não consideraram os impactos de alternativas importantes no setor de transportes (ainda mais quando se contempla o longo prazo), dentre elas, o carro elétrico.

FIGURA 4 PROJEÇÃO DA PRODUÇÃO E DO CONSUMO DE ETANOL (BILHÕES DE LITROS POR ANO)

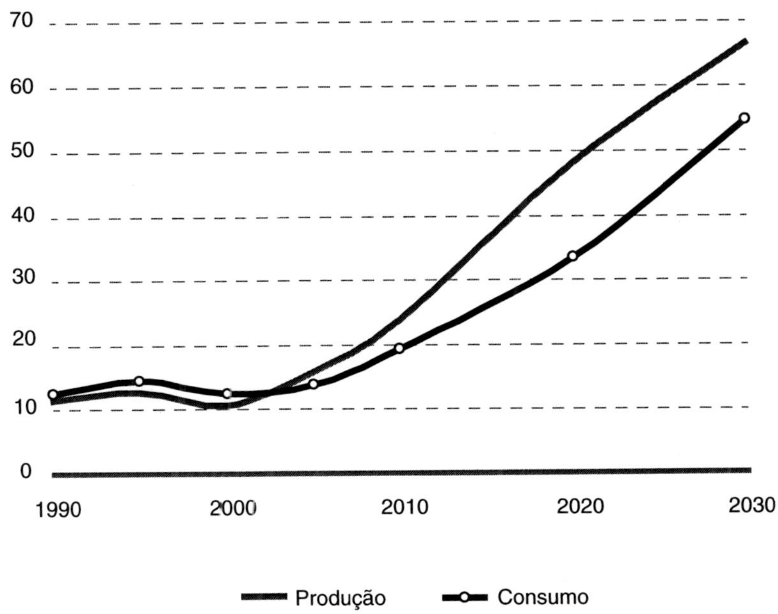

FIGURA 5 HIPÓTESES PARA A EVOLUÇÃO TECNOLÓGICA DE VEÍCULOS LEVES NO BRASIL.

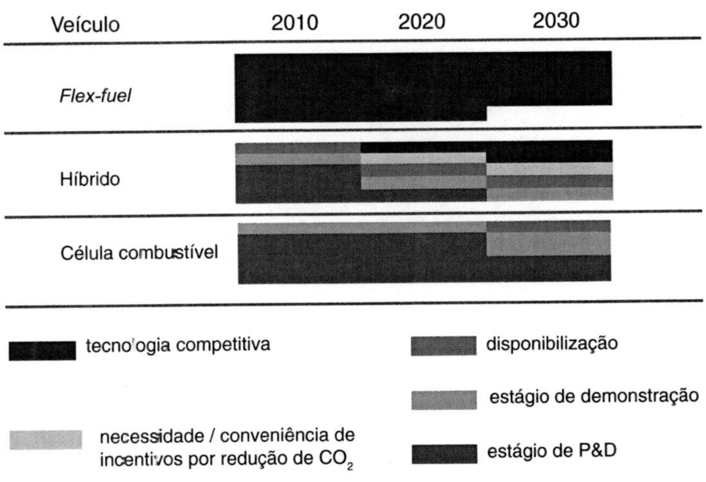

REFERÊNCIAS

REIS, L. B.; FADIGAS, E. A.; CARVALHO C. E. *Energia, recursos naturais e a prática do desenvolvimento sustentável.* São Paulo: Manole, 2012.

REIS, L. B. *Geração de energia elétrica.* São Paulo: Manole, 2011.

BERMANN, C., (org.) *As novas energias no Brasil:* dilemas da inclusão social e programas de governo. Rio de Janeiro: FASE, 2007.

SITES, DOCUMENTOS E INFORMAÇÕES

ANEEL – Agência Nacional de Energia Elétrica. Sistema de Informação de Geração (SIG). Disponível em: <www.aneel.gov.br>. Acesso em: 20 fev. 2014.

Empresa de Pesquisa Energética. Balanço Energético Nacional (PNE 2030). Disponível em: < www.epe.gov.br>. Acesso em: 20 fev. 2014.

Petrobrás. Disponível em: <www.petrobras.com.br>. Acesso em: 20 fev. 2014.

Plano Nacional de Energia. Disponível em: <www.epe.gov.br/PNE>. Acesso em: 20 fev. 2014.

CAPÍTULO 18

CANALIZANDO O CALOR DA TERRA: ENERGIA GEOTÉRMICA

Conteúdo

COMO VOCÊ ESCOLHERIA?

Um investimento quente

Um grupo de investidores está interessado em construir uma usina geotérmica de geração de energia elétrica. Os proponentes argumentaram que os baixos custos desse tipo de usina – incluindo os incentivos do governo, uma vez que esta é uma fonte renovável – e seus baixos impactos ambientais o tornam um ótimo investimento. Eles estão visualizando duas áreas metropolitanas que têm crescido muito rapidamente: Atlanta e Phoenix. Como você decidiria esta questão?

A. INTRODUÇÃO

A energia geotérmica é produzida a partir do calor originado no interior da Terra. Vulcões, gêiseres, fontes de água e lama quentes são evidências visíveis dos grandes reservatórios de calor que existem dentro e abaixo da crosta terrestre. Apesar de a quantidade de energia térmica dentro da Terra ser muito grande, a energia geotérmica está limitada a determinados lugares. Esses recursos não são infinitos e podem ser esgotados em um determinado local, sob exploração intensiva. Não obstante, a energia geotérmica é um recurso que pode ser mais bem desenvolvido em locações favoráveis. Atualmente, 5% da eletricidade gerada nos Estados Unidos pelas chamadas fontes renováveis vêm da energia geotérmica (isto é, quase duas vezes a contribuição das energias eólica e solar; a capacidade instalada eólica nesse país é quase dez vezes maior que a geotérmica). Enquanto o aumento no total de energia utilizada originária de recursos geotérmicos nos Estados Unidos tem apresentado um pequeno crescimento nos últimos dez anos, globalmente a energia geotérmica tem aumentado constantemente a uma taxa de cerca de 3,5% ao ano.

Em 1904, na Itália, pela primeira vez foi produzida eletricidade a partir de vapor natural. Hoje em dia, muitas usinas geotérmicas estão em operação ao redor do planeta. A Tabela 18.1 lista a capacidade geradora geotérmica mundial em 1990 e 2010 para aquelas nações com um número substancial de instalações geotérmicas. A capacidade total mundial é de cerca de 10.000 MWe. Os gêiseres do norte da Califórnia, a maior instalação desse tipo no mundo, têm uma capacidade total instalada da ordem de 1.000 MWe – suficiente para abastecer uma cidade do tamanho de São Francisco, localizada a 90 milhas ao sul; isso representa 7% das demandas energéticas da Califórnia. A grande ilha do Havaí obtém 25% da sua eletricidade a partir de recursos geotérmicos. Filipinas, Indonésia e México apresentaram um rápido crescimento nas suas capacidades geradoras durante a década passada. El Salvador gera a maior parte de sua eletricidade com vapor originário de recursos geotérmicos.

TABELA 18.1 USINAS DE ENERGIA GEOTÉRMICA.

Local	Capacidade instalada (MWe)	
	1990	2010
Estados Unidos	2.775	3.086
Filipinas	890	1.904
Indonésia	145	1.197
México	700	958
Itália	545	843
Nova Zelândia	283	628
Islândia	45	575
Japão	215	536
El Salvador	95	204
Quênia	45	167
Costa Rica	0	166

Fonte: International Geothermal Association.

Aplicações não elétricas da energia geotérmica têm sido desenvolvidas de maneira extensiva em alguns países. A água quente de fontes subterrâneas fornece aquecimento direto para a maioria das casas da capital da Islândia, Reykjavik, o que já ocorre há seis décadas. Budapeste, na Hungria, vem sendo parcialmente aquecida por vapor geotérmico desde os tempos do Império Romano. Estufas aquecidas produzem vegetais e flores durante todo o ano. O aquecimento de ambientes via energia geotérmica nos Estados Unidos ainda se dá em pequena escala. Os principais avanços foram em residências e escritórios nas cidades de Klamath Falls (Oregon), Boise (Idaho) e San Bernadino (Califórnia).

Neste capítulo, investigaremos as fontes de energia geotérmica e suas produções potenciais, a utilização desse recurso e os obstáculos ao seu desenvolvimento.

B. ORIGEM E NATUREZA DA ENERGIA GEOTÉRMICA

A energia geotérmica tem sua origem no núcleo derretido da Terra, onde as temperaturas atingem 4.000 °C (7.200 °F). É o próprio aquecedor da mãe natureza. Essa energia termal é primariamente produzida pela decomposição de materiais radioativos dentro do planeta, o que leva algumas pessoas a se referirem à energia geotérmica como uma forma de "energia fóssil nuclear". O interior da Terra parece consistir em um núcleo central derretido, envolvido por uma região de material semifluido denominada **manto** (veja a Figura 18.1), coberta pela **crosta**, que tem uma espessura que varia entre 30 km e 90 km. A temperatura na crosta aumenta proporcionalmente com a profundidade, a uma taxa de cerca de 30 °C/km. A temperatura na base da crosta (o topo do manto) chega a valores próximos aos 1.000 °C e, então, aumenta lentamente até o centro do planeta. Se tais condições médias da temperatura da crosta fossem tudo o que tivéssemos para trabalhar, poderíamos nos considerar sem sorte, já que a energia calorífica da Terra, que poderia ser efetivamente utilizada, estaria localizada muito profundamente para ser canalizada de alguma forma. Mas existem regiões nas quais o material rochoso incandescente do manto (chamado **magma**) é empurrado para cima, por meio das falhas e rachaduras próximas à superfície, criando "pontos quentes" localizados entre 2 km e 3 km da superfície. Observamos as evidências de tais atividades nas erupções vulcânicas, nos gêiseres e nos fossos de lama borbulhante. De fato, a zona de provável ocorrência desses locais geotérmicos corresponde, grosso modo, à região dos terremotos e de atividade vulcânica, como mostrado na Figura 18.2. Essas regiões localizam-se nas junções das **placas tectônicas** que compõem a crosta terrestre (veja a Figura 18.3). Tais placas encontram-se em um estado de constante movimentação relativa (a taxas de alguns centímetros por ano). Onde elas colidem ou trituram-se, existem forças de altas magnitudes que podem construir montanhas ou provocar terremotos ou *tsunamis* (temos tristes lembranças do terremoto de magnitude 9 ocorrido no Japão em março de 2011). É próximo a essas junções das placas que o calor viaja mais rapidamente, do interior do planeta, via magma, para os vulcões superficiais. A maior parte dos atuais locais geotérmicos mundiais localiza-se próximo às extremidades da placa do Pacífico, no chamado "anel de fogo".

FIGURA 18.1 CORTE TRANSVERSAL DA TERRA, MOSTRANDO A ESTRUTURA EM CAMADAS.

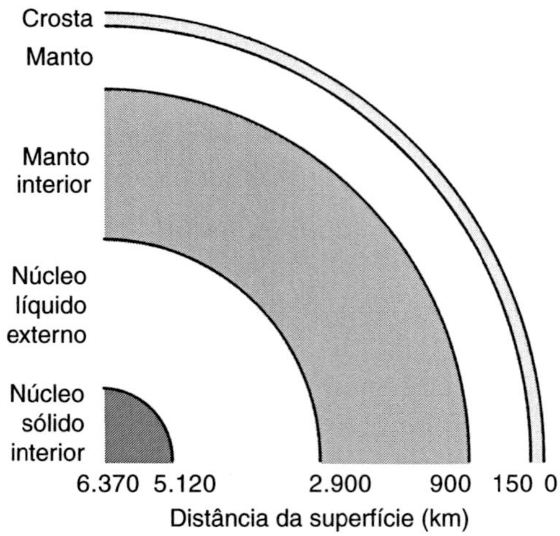

FIGURA 18.2 REGIÕES DE POTENCIAL OCORRÊNCIA DE LOCAIS GEOTÉRMICOS, O "ANEL DE FOGO". ESSAS REGIÕES CORRESPONDEM APROXIMADAMENTE ÀS ZONAS DE OCORRÊNCIA DE TERREMOTOS E ATIVIDADE VULCÂNICA.

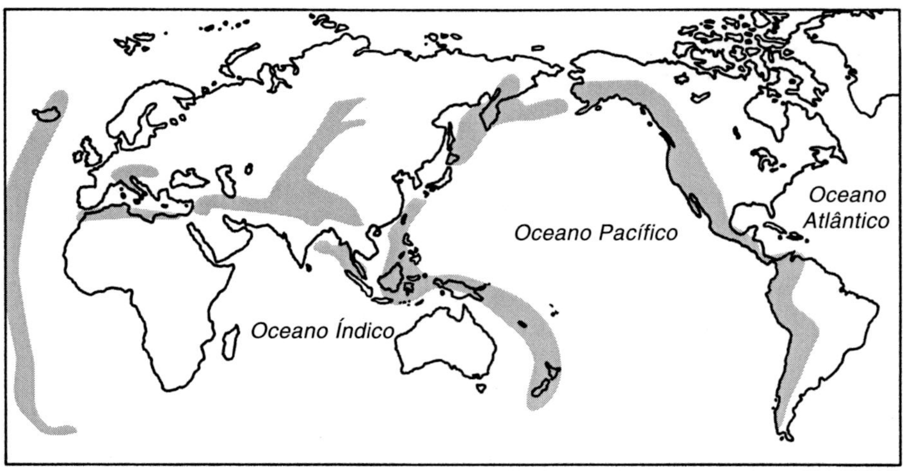

A energia geotérmica é mais facilmente extraída, tecnológica e economicamente falando, desses pontos quentes. Nos tipos mais comuns de reservatórios geotérmicos, chamados **sistemas hidrotermais**, a energia termal do magma é armazenada em água ou vapor que preenche os poros e fraturas da rocha. Esses reservatórios podem ser classificados em sistemas de vapor úmido (ou água quente) e de vapor seco. Apesar de os sistemas de vapor úmido serem dez a vinte vezes mais abundantes, os sistemas de vapor seco têm sido usados mais frequentemente para a geração de eletricidade por causa da conveniência que oferecem. Um exemplo são os gêiseres (The Geysers) na Califórnia. Existem outros tipos de recursos de energia geotérmica que têm o mesmo ou até mesmo mais potencial, mas eles vão ter de esperar o desenvolvimento de novas tecnologias de extração antes de poderem ser explorados. Esses outros recursos – sistemas de pedras quentes secas e regiões geopressurizadas – serão discutidos mais adiante neste capítulo.

FIGURA 18.3 LIMITES DAS PLACAS TECTÔNICAS. A CROSTA TERRESTRE É COMPOSTA POR SEIS PLACAS PRINCIPAIS E UMA SÉRIE DE OUTRAS MENORES. ESSAS PLACAS ENCONTRAM-SE EM UM ESTADO DE CONSTANTE MOVIMENTO RELATIVO (A TAXAS DE ALGUNS CENTÍMETROS POR ANO). PRÓXIMO ÀS JUNÇÕES DAS PLACAS, O CALOR VIAJA MAIS RAPIDAMENTE DO INTERIOR PARA A SUPERFÍCIE.

FONTE: NEW ZEALAND MINISTRY OF ENERGY.

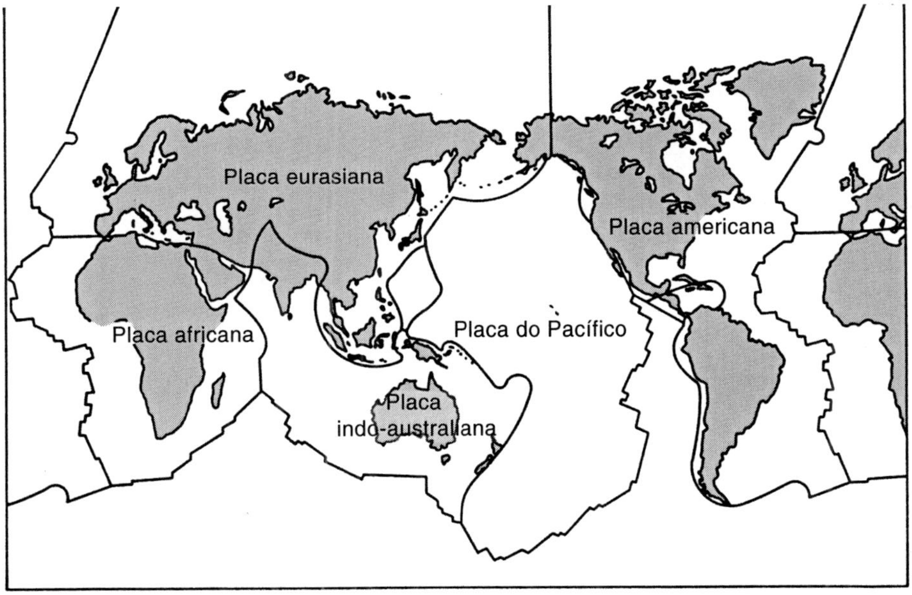

C. SISTEMAS HIDROTÉRMICOS

Embora os sistemas de vapor úmido sejam de 10 a 20 vezes mais abundantes, os sistemas de vapor seco têm sido mais usados para geração de eletricidade por causa de sua conveniência. Um exemplo é o The Geysers na Califórnia. Os dois tipos são enfocados a seguir.

SISTEMAS DE VAPOR ÚMIDO

Quando a água é aprisionada em um reservatório subterrâneo e é aquecida pelas rochas ao redor, ela é submetida a altas pressões e pode atingir temperaturas tão altas quanto 370 °C (700 °F) sem entrar em ebulição. Se essa água quente for liberada na superfície, ela vai "vaporizar" à medida que a pressão externa cair para valores abaixo do necessário para mantê-la líquida. Lugares onde o vapor escapa através de rachaduras na superfície são chamados **fumarolas**. Em alguns reservatórios geotérmicos, a água quente vaza para a superfície, formando fontes quentes ou gêiseres. Poços geotérmicos capturam esses mananciais de vapor úmido (Figura 18.4). Quando a água quente sobe pelo poço, ela pulveriza-se em uma mistura de cerca de uma parte de vapor e quatro partes de água quente. O vapor é separado da água e utilizado para fazer funcionar turbinas para gerar eletricidade. A água quente pode ser utilizada para aquecimento direto ou para usinas de dessalinização.

FIGURA 18.4 MODELO DE UM SISTEMA DE ÁGUA QUENTE GEOTÉRMICA DE ALTA TEMPERATURA. A ÁGUA DENTRO DA ROCHA POROSA É AQUECIDA POR CONDUÇÃO DO MAGMA. A ÁGUA QUENTE ESCAPA PARA A SUPERFÍCIE PELAS FISSURAS, ENTRANDO EM EBULIÇÃO PRÓXIMO AO TOPO. UM POÇO PARA COLETAR O VAPOR DENTRO DE UMA FISSURA TAMBÉM É MOSTRADO.

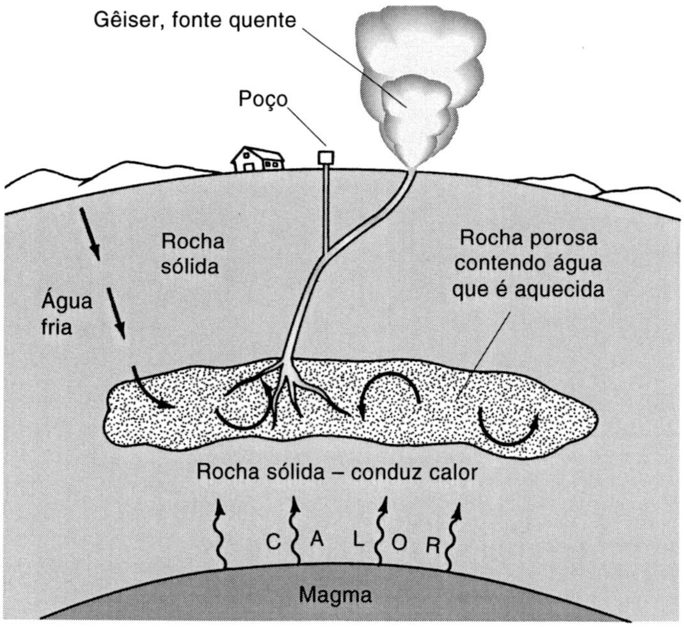

Neste momento, pode ser bom dar uma olhada nos princípios por trás de um gêiser periódico como o Old Faithful do Parque Nacional de Yellowstone. Suponha que a água esteja armazenada em um reservatório subterrâneo com um pequeno respiro até a superfície (veja a Figura 18.5). A pressão sobre a água localizada no fundo do reservatório é maior que a pressão atmosférica por causa da coluna de água sobre ela e, dessa forma, a temperatura na base pode ultrapassar 100 °C sem que ocorra ebulição, já que a água é aquecida pelas rochas ao redor. Como a temperatura da água continua a aumentar, o ponto de ebulição nessa pressão é atingido. O início da ebulição libera a pressão na base rapidamente, aumentando a taxa de ebulição e fazendo que a água esguiche para fora do solo – produzindo um gêiser. A água mais fria da superfície substitui a quente que esguichou. O intervalo entre as erupções será igual ao tempo necessário para que a água no reservatório se aqueça até atingir a temperatura de ebulição naquela pressão. Uma cafeteira funciona com base nesse mesmo princípio.

FIGURA 18.5

MODELO DE UM GÊISER. A ÁGUA NO FUNDO ESTÁ SOB GRANDE PRESSÃO E NÃO VAI ENTRAR EM EBULIÇÃO ATÉ QUE TEMPERATURAS ACIMA DE 100 °C SEJAM ATINGIDAS. QUANDO A EBULIÇÃO COMEÇA, A PRESSÃO É LIBERADA, FAZENDO QUE A ÁGUA FERVA MUITO RAPIDAMENTE. A ÁGUA IMPULSIONADA PELO VAPOR SOBE PELA ABERTURA E É PULVERIZADA NO AR SOB A FORMA DE VAPOR.

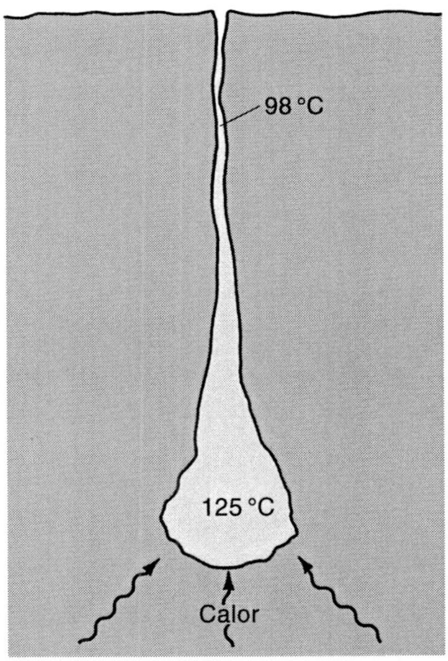

SISTEMAS DE VAPOR SECO: A USINA THE GEYSERS

Os mananciais de vapor geotérmico seco ocorrem quando a pressão não é muito superior à atmosférica e a temperatura é alta. Nessa situação, a água entra em ebulição no subterrâneo e gera vapor a temperaturas de cerca de 165 °C (350 °F) e pressões de aproximadamente 100 psi. O vapor retirado de um poço geotérmico desse tipo pode ser diretamente utilizado para fazer funcionar uma turbina. Tais usinas geotérmicas com vapor seco são únicas. As usinas em Larderello, na Itália, e The Geysers, na Califórnia, Estados Unidos, usam vapor seco.

Os campos de vapor seco de The Geysers foram descobertos em 1847, por um caçador que procurava um urso-cinzento. Mais tarde ele disse a seus amigos que, ao ver o vapor natural aflorando do solo, achou que tinha encontrado os "portões do inferno". Um *resort* foi construído na área por volta de 1860, oferecendo fontes quentes terapêuticas. A energia elétrica para o *resort* foi fornecida, a partir de 1920, utilizando-se o vapor de alguns poços para fazer funcionar um gerador de turbina a vapor. Dessa forma surgiu a primeira usina geotérmica dos Estados Unidos. Operações em larga escala somente foram iniciadas 30 anos depois, quando duas pequenas companhias privadas de energia convidaram a Pacific Gas and Electric (PG&E) para vir para a área e testar os poços de vapor seco que elas haviam perfurado. As condições econômicas e de engenharia pareciam adequadas e, assim, em 1960, a primeira unidade de The Geysers entrou em operação, com uma produção de 11 MWe. A capacidade geradora atingiu 2.000 MWe na década de 1980, mas em 2010 foi diminuída a menos de 1.000 MWe, com 18 usinas. Enquanto algumas unidades começaram a esgotar o vapor, novas iniciativas, para reinjeção da água residual tratada das comunidades locais nos poços, vão estender a vida de The Geysers. Entretanto, este permanece como o maior complexo de instalações geradoras geotérmicas do mundo. Em 1999, sob alienação, The Geysers foi vendido pela PG&E para a FPL Energy e depois para a Calpine Corporation.

Durante a operação, o vapor seco utilizado para as turbinas encontra-se a uma temperatura de 165 °C (350 °F) e uma pressão de 115 psi. Os poços têm profundidades entre 250 e 1.500 m. Ao deixar a turbina, o vapor vai para um condensador e, depois, para uma torre de resfriamento (a água evaporada da torre de resfriamento é vista como vapor na Figura 18.6). Parte da água que deixa a torre de resfriamento volta ao condensador para resfriar o vapor que entra, enquanto o resto dela é novamente injetado no solo.

FIGURA 18.6 A CENTRAL GEOTÉRMICA THE GEISERS NO NORTE DA CALIFÓRNIA. A MAIOR PARTE DO VAPOR AQUI VISTO VEM DOS CONDENSADORES DAS UNIDADES INDIVIDUAIS.

D. EXPLORAÇÃO E RECURSOS GEOTÉRMICOS

A extensão dos recursos geotérmicos é estimada por alguns como muito grande. A U.S. Geological Survey (USGS) define recurso geotérmico como todo conteúdo de calor da crosta terrestre acima de 15 °C a uma profundidade de 10 km. Com essa definição, a USGS estima que mais de 2×10^{22} Btu de energia termal existam dentro da crosta. Isso é equivalente a 900 trilhões de toneladas de carvão, o suficiente para atender a nossas demandas energéticas a taxas atuais por 350 mil anos! Contudo, devemos tomar cuidado com esses números. A energia geotérmica é de *qualidade bastante baixa* porque a temperatura do vapor ou da água quente utilizados frequentemente está entre 150 °C e 250 °C (a 100 psi). Isso deve ser comparado com o vapor em uma usina convencional movida a combustíveis fósseis, que se encontra a 550 °C e 1.000 psi.

A Terra atua como um grande motor de calor para a geração de eletricidade, já que fornece água quente e/ou vapor a temperaturas de 150 °C a 250 °C. Entretanto, essas temperaturas relativamente baixas significam eficiências menores. Relembre que a eficiência máxima de um motor de calor operando entre uma temperatura quente T*Q* e uma temperatura fria T*F* é dada pela eficiência de Carnot:

$$\text{Eficiência máxima (Carnot)} = \left(1 - \frac{T_\text{F}}{T_\text{Q}}\right) \times 100\%$$

Para uma usina geotérmica, se $T_\text{Q} = 200\ °\text{C} = 473\ \text{K}$ e $\text{T}_F = 27\ °\text{C} = 300\ \text{K}$, então a eficiência de Carnot é $(1 - \frac{300}{473}) \times 100\% = 36\%$. Se a eficiência real é metade da eficiência de Carnot, então uma eficiência de 18% é obtida, comparada com a eficiência de 35% a 40% de uma usina movida a combustíveis fósseis ou com a eficiência de 50% a 55% de uma usina de ciclo combinado de turbina a gás.

Os pontos quentes geotérmicos estão distribuídos de forma esparsa e normalmente encontram-se a alguma distância dos mercados que precisam de energia. A temperatura de vapor mínima necessária para a produção econômica de eletricidade é de cerca de 110 °C. Em consequência, muitos reservatórios de água quente podem ser utilizados apenas para o aquecimento de ambientes (como na Islândia). Como a energia termal não pode ser transportada eficientemente a longas distâncias, o ponto de utilização precisa ser próximo à fonte.

Algumas das evidências mais óbvias de recursos geotérmicos são as indicações de calor superficial devidas ao vazamento de reservatórios profundos como gêiseres, fontes quentes e respiros de vapor. Essas indicações são análogas às infiltrações ou aos vazamentos de petróleo, e o mesmo cuidado deve ser tomado na avaliação das evidências. Algumas vezes, o petróleo vai vazar para a superfície a partir de reservatórios subterrâneos e por caminhos estranhos; assim, perfurar ao redor de tais afloramentos nem sempre será produtivo. O atual método de comprovação da viabilidade comercial de um recurso geotérmico é perfurar buracos profundos e realizar testes de fluxo de longo prazo. Deve-se, também, estudar o ambiente geológico local, inclusive os tipos e as propriedades das formações rochosas.

Outras técnicas exploratórias utilizam (a) observações aéreas e de superfície para procurar falhas e atividade vulcânica, (b) métodos sísmicos para procurar reservatórios subterrâneos, (c) métodos geoquímicos, como a análise da água das fontes, e (d) mensurações elétricas para indicar a presença de água profunda com temperaturas altas e conteúdo salino. O uso de fotografia aérea infravermelha para procurar gradientes de temperatura não tem sido muito bem-sucedido por causa da interferência do terreno local.

Além dos hidrotermais, existem dois outros tipos de recursos geotérmicos: reservatórios geopressurizados e rochas secas quentes. **Reservatórios geopressurizados** consistem em água salobra quente localizada em áreas grandes (não em pontos quentes pequenos e localizados, próximos à superfície), profundas (3.000 m a 6.000 m) e normalmente submetidas a pressões de até 10.000 psi. A energia contida nessas zonas geopressurizadas não é apenas termal, mas também mecânica (hidráulica) e química (como resultado do metano dissolvido). Acredita-se que, nos Estados Unidos, tais reservatórios se localizem primariamente ao longo da Costa do Golfo. A energia potencialmente recuperável desses reservatórios é imensa, porém a tecnologia para explorá-la ainda precisa ser desenvolvida. Poços experimentais já foram escavados no Texas e em Louisiana.

Rochas secas quentes localizam-se no subsolo, mas faltam os aquíferos ou fraturas (fendas) para trazer fluido para a superfície, como no caso dos reservatórios hidrotermais. Essa fonte pode ser explorada por meio da circulação de água através das fendas, para extrair a energia calorífica. Reservatórios artificiais podem ser construídos pela fratura hidráulica dessas rochas e, então, fazer circular a água por meio das fendas. Atualmente, alguns reservatórios fraturados a profundidades de 3.000 m a 4.000 m (10 mil pés a 13 mil pés) estão sendo testados no Novo México. Rochas secas quentes são muito mais comuns que reservatórios hidrotermais e mais acessíveis, o que faz seu potencial ser bastante alto.

A eletricidade é extraída dos sistemas de rochas secas quentes utilizando-se um ciclo de fluido secundário ou binário (veja a Figura 18.7). Nesse ciclo, a água quente é passada por um radiador a fim de transferir calor para um líquido com um ponto de ebulição baixo, como um refrigerante CFC ou isobutano, cujos vapores são, então, utilizados para fazer funcionar a turbina. A água geotérmica original é novamente injetada no solo. Nessa técnica, não é necessário usar vapor de alta pressão de um reservatório hidrotermal convencional para fazer funcionar a turbina. Vapor de baixa temperatura pode ser utilizado. Uma usina de fluido binário em Nevada produz eletricidade economicamente viável a partir de fluido geotérmico a 103 °C (217 °F).

FIGURA 18.7

CICLO DE TURBINA A VAPOR. A ÁGUA É CIRCULADA POR UM SISTEMA DE ROCHAS SECAS QUENTES. A ÁGUA AQUECIDA É BOMBEADA POR UM RADIADOR, FAZENDO QUE O FLUIDO DE TRABALHO, NO CASO, ISOBUTANO, ENTRE EM EBULIÇÃO. A ÁGUA RESFRIADA É REINJETADA NO SOLO. O VAPOR SE EXPANDE EM DIREÇÃO À TURBINA E, ENTÃO, É CONDENSADO DE VOLTA À FORMA LÍQUIDA NO CONDENSADOR REFRIGERADO A ÁGUA.

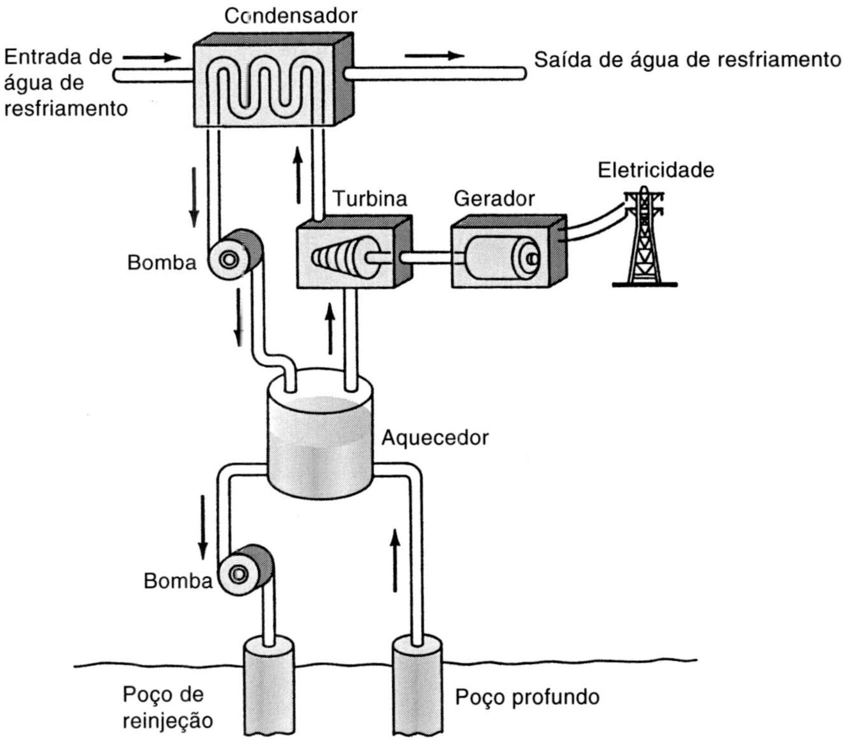

A energia recuperável estimada de todos esses tipos de recursos nos Estados Unidos e a base estimada do recurso estão listadas na Tabela 18.2. O potencial para energia proveniente de rochas secas quentes poderia ser muito maior que esse, se a tecnologia avançasse e os custos diminuíssem. Devemos observar que, historicamente, para qualquer recurso relativamente novo, as projeções de seu potencial tendem a ser altas. Por exemplo, as contribuições estimadas para a geração de eletricidade para 1985, nos Estados Unidos, por energia geotérmica, foram feitas nos seguintes relatórios (a data do relatório aparece entre parênteses): Department of the Interior (1972): 19.000 MWe; Project Independence (1975):

7.000 MWe a 15.000 MWe; Energy Research and Development Administration (Erda-48) (1975): 10.000 MWe a 15.000 MWe; Hickel U.S. Geological Survey (USGS) Report (1972): 132.000 MWe! A verdadeira capacidade, em 1985 nos Estados Unidos foi de cerca de 1.300 MWe. Em 2008, um relatório da USGS estimou que o potencial de eletricidade dos recursos identificados era de 9.000 MWe, distribuído em 13 estados.

E. RECURSOS GEOTÉRMICOS DE BAIXA TEMPERATURA

Os reservatórios geotérmicos de temperaturas baixas a moderadas (20 °C a 150 °C) podem ser usados para fornecer aquecimento direto para utilizações residenciais e industriais. Esses reservatórios normalmente são de água quente subterrânea sob pressão. Para ser utilizada, a água quente é trazida para a superfície, onde um sistema de troca de calor transfere a energia termal para outro fluido. O fluido geotérmico resfriado é então bombeado através de um poço de injeção de volta ao solo. As utilizações primárias desse fluido aquecido estão no aquecimento de ambientes (algumas vezes de estruturas individuais), estufas e aquicultura (fazendas de peixes).

Recentes pesquisas têm identificado um grande potencial para novos usos diretos das aplicações geotérmicas no oeste dos Estados Unidos. Mais de 9 mil poços e fontes termais estão atualmente em utilização. Tais aplicações estão economizando a energia equivalente a quase 2 milhões de barris de petróleo por ano.

Tabela 18.2 RECURSOS GEOTÉRMICOS DOS ESTADOS UNIDOS (PRESUMIVELMENTE RECUPERÁVEIS).

Recurso	Calor na cabeça do poço[1] (Quads[2])	Eletricidade (MW-30[3])
1. Sistemas hidrotermais por convecção		
Predominantemente vapor (vapor seco)	26	
Água quente (>150°C)	350	11.500
Água quente de temperatura intermediária (90 °–150 °C)	340[4]	
2. Sistemas de magma ígneo quente		
Regiões de rochas secas e quentes, 0-10 km de profundidade	26.000	
3. Regiões geopressurizadas		
Energia termal	900	80.000
Metano	500	
Energia mecânica	40	33.000

1 Pressupõe-se uma taxa de 25% de recuperação para recursos de convecção na cabeça do poço.

2 1 Quad = 10^{15} Btu.

3 1 MW-30 é equivalente a 1.000 kW (1 MW) produzidos continuamente por 30 anos.

4 Para utilizações termais (não elétricas) próximas à fonte.

Fonte: U.S. Geological Survey, *Circular*, n. 790, 1979.

F. IMPACTOS AMBIENTAIS

O uso expandido da energia geotérmica tem enfrentado alguma oposição de grupos ambientalistas que afirmam que tais usinas são perigosas, sujas, barulhentas e feias. Um dos problemas de uma usina geotérmica é a emissão de gases nocivos, como o sulfeto de hidrogênio (H_2S), que tem cheiro de ovos podres. Dióxido de carbono também é emitido nos processos geotérmicos, apesar de em quantidades significativamente menores que as emitidas por qualquer outra usina movida a combustíveis fósseis com a mesma produção. O vapor dos campos de vapor seco contém minerais que, após sua condensação, podem contaminar o lençol freático e envenenar peixes e outras formas de vida aquática (Figura 18.18). Nos campos de vapor úmido, o conteúdo de minerais e sal da água quente (muitas vezes chamada de salobra) pode ser da ordem de 20% a 30% de sólidos dissolvidos. As lâminas das turbinas podem sofrer danos por corrosão e as tubulações podem ficar entupidas.

FIGURA 18.8 TUBULAÇÕES CARREGANDO O VAPOR NA CENTRAL THE GEYSERS.

© Bob Rowan; Progressive Image/CORBIS

Existem problemas adicionais relacionados à disposição dos resíduos líquidos. Têm sido desenvolvidos alguns procedimentos nos quais a água quente, após sua utilização, é evaporada e os minerais da sua composição podem ser extraídos. Outro problema em algumas regiões geotérmicas é que a remoção do vapor dos reservatórios pode causar subsidência (assentamento ou deslizamento) dos terrenos acima deles. Uma das usinas de vapor do México relatou uma subsidência de 13 cm. Esse problema pode ser remediado pela reinjeção da água residual dos campos na área, via poços de injeção. Nos processos que envolvem rochas quentes secas, o fluido do reservatório quente é reinjetado no solo, tornando esse processo mais atraente do ponto de vista ambiental.

G. RESUMO

As perspectivas para a energia geotérmica são certamente promissoras, apesar de restritas a determinadas áreas geográficas. As diferentes formas de recursos geotérmicos são:

- recursos hidrotermais contendo reservatórios de vapor ou água quente que podem ser canalizados por perfuração;
- recursos de rochas secas quentes, cujo calor é armazenado em rochas impermeáveis, que podem ser utilizados pela injeção de água fria no poço;
- recursos geopressurizados, que são águas salobras profundas que contêm energia nas formas térmica, mecânica e química.

Para que a exploração acelerada desses recursos possa ocorrer, alguns problemas têm de ser superados:

- a falta de informação confiável sobre os recursos geotérmicos, como localização, duração e energia disponível. Isso é especialmente verdadeiro no caso dos sistemas hidrotermais para os quais muita tecnologia está disponível. Investidores não vão financiar a construção de usinas, a menos que lhes seja garantido um suprimento confiável de fluidos geotérmicos durante a vida da usina;
- a falta de tecnologia testada e aprovada para a extração e a utilização dos recursos. Isso é especialmente verdadeiro para os sistemas geopressurizados;
- a falta de conhecimento completo sobre os impactos ambientais, como a poluição atmosférica e a subsidência;
- as exigências legais e a complexidade das regulamentações sobre concessões existentes. A maior parte dos recursos geotérmicos atualmente exploráveis localiza-se em terras públicas e as concessões são de apenas 25 anos (leis federais norte-americanas proíbem a exploração de recursos geotérmicos em parques nacionais);
- a falta de financiamento substancial para pesquisas relacionadas a essas questões.

A ausência de informação nessas áreas vai desestimular o setor privado a investir capital para o desenvolvimento desses grandes recursos. Os fatores econômicos certamente parecem ser bons. Os custos da energia geotérmica são de metade a três quartos dos custos das usinas movidas a combustíveis fósseis em localizações similares.

COMO VOCÊ ESCOLHERIA? – REVISITADO

O calor da terra usualmente não tem qualidade muito alta – é a baixa temperatura. Locais distantes das zonas de terremoto e de atividades vulcânicas (veja a Figura 18.2) são ainda piores candidatos para a energia geotérmica. Os investidores também deveriam entender as preocupações ambientais que podem ser apresentadas em audiências públicas relacionadas às usinas elétricas geotérmicas. Com base no que você aprendeu neste capítulo, continuaria com a cidade que escolheu? Justifique sua resposta.

QUESTÕES

1. Quais são os impactos ambientais da energia geotérmica?
2. Por que uma grande parcela da energia térmica, que se encontra abaixo da superfície da Terra não, é um recurso muito útil?
3. Investigue a maneira como a energia geotérmica é utilizada para aquecer casas em Reykjavik (Islândia) ou escritórios em San Bernadino (Califórnia, Estados Unidos).
4. Se uma usina geotérmica opera a um terço da sua eficiência de Carnot, quanto calor a mais será adicionado à atmosfera do que seria por uma usina movida a combustíveis fósseis operando a dois terços de sua eficiência de Carnot? Considere a temperatura do condensador 27 °C (300 K) para ambos os sistemas; para a usina geotérmica, a temperatura do aquecedor é de 150 °C e para a outra é de 550 °C. Pressuponha que a produção de eletricidade das duas usinas é a mesma.
5. Liste os diferentes tipos de fontes de energia geotérmica.
6. Por que a maioria dos sítios geotérmicos se localiza em regiões de alta atividade vulcânica?
7. Descreva a similaridade entre os gêiseres discutidos neste capítulo e uma cafeteira.
8. Uma questão interessante sobre a geração de eletricidade é levantada na introdução deste capítulo. Se a capacidade instalada das eólicas é dez vezes maior que a das geotérmicas, por que sua saída é apenas o dobro?

CAPÍTULO 19

UM COMPROMISSO NACIONAL E PESSOAL

Poucos terão a grandeza para subjugar a própria história, mas cada um de nós pode trabalhar para mudar uma pequena parte dos eventos, e no total de todos esses atos será escrita a história desta geração.

Robert F. Kennedy

Os primeiros 18 capítulos deste livro mostraram as complexidades, os prós e os contras, e alguns dos princípios técnicos de várias tecnologias energéticas. Esses capítulos também discutiram os usos de energia e os efeitos no meio ambiente. Agora você pode entender melhor o fato de que a energia é um dos blocos que constituem a sociedade moderna e de que a disponibilidade e o custo dos recursos energéticos são fatores-chave no crescimento econômico de um país. Alguns vão mais longe ao afirmar que a energia é o sangue da vida da civilização industrializada. Entretanto, conhecer as partes não quer dizer, necessariamente, que se conheça o todo – ou até mesmo que se possa visualizá-lo. Uma política nacional de energia, se é que isso é possível, deve ser construída sobre mais do que afirmações simplistas como "Tudo o que precisamos para ser bem-sucedidos é a energia solar, ou a energia nuclear, ou...". Em primeiro lugar, precisamos determinar quais são os objetivos que desejamos atingir em nosso país e, então, decidir como os recursos energéticos podem melhor nos auxiliar a atingir esses objetivos. Quais serão as restrições de longo prazo (econômicas, ambientais, políticas, de disponibilidade, de recursos)? As guerras do Golfo, Iraque e Afeganistão, a tragédia de 11 de setembro e as recentes movimentações populares a favor da democracia no Oriente Médio e Norte da África fizeram que muitas dessas questões passassem a receber mais atenção do público – e dos políticos, mais uma vez. Infelizmente, parece que apenas os períodos de crise, reais ou imaginários, fazem as pessoas prestar atenção às questões relacionadas à energia. Será esse o caso, agora que estamos entrando numa era de mais sensibilidade com relação aos efeitos ambientais do uso de combustíveis fósseis, num tempo de competição no setor da energia elétrica, em termos nacionais, e de recursos mais restritos de petróleo? Uma economia forte nos torna menos sensíveis a altos preços da energia.

FIGURA 19.1 O COMPLEXO CAMINHO ENTRE AS FONTES DE ENERGIA E AS DEMANDAS MATERIAIS.

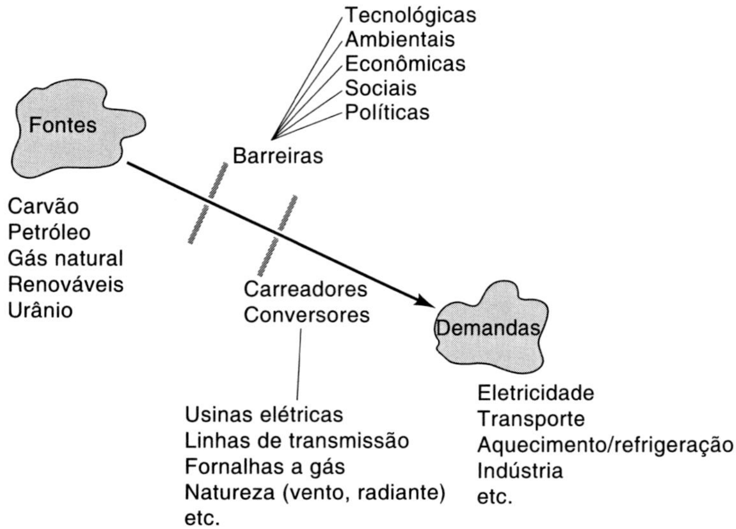

A Figura 19.1 tenta capturar as complexidades no uso da energia. Como buscamos atender a certas necessidades (de luz, calor, indústria etc.), precisamos utilizar nossos recursos energéticos. Temos de conectar o recurso a uma necessidade ou demanda: um pedaço de carvão não fornece luz por si mesmo. Carreadores ou conversores (por exemplo: usinas elétricas, linhas de transmissão de alta-tensão, fornalhas a gás etc.) são necessários para ir do recurso até a demanda. Contudo, existem barreiras nesse processo: econômicas, ambientais, políticas e outras. Elas devem ser consideradas, e devemos lidar com elas.

O governo norte-americano tem lutado com políticas energéticas desde, pelo menos, a década de 1920, quando tentou encorajar a produção dos então escassos combustíveis líquidos a partir do xisto petrolífero para serem utilizados na florescente indústria automobilística. A descoberta de vastos recursos petrolíferos no Texas e em Oklahoma, no fim da citada década, abriu as portas para uma era de petróleo barato. Ela também gerou uma insaciável demanda por petróleo e seus derivados, que tem sido a pedra fundamental da política energética e da economia norte-americanas e mundiais desde então (veja a Figura 19.2). Essa energia barata também teve um forte impacto no desenvolvimento da infraestrutura norte-americana – rodovias *versus* ferrovias e transporte de massa.

A escassez de petróleo experimentada após a Segunda Guerra Mundial gerou políticas energéticas federais norte-americanas que encorajaram a produção de petróleo a partir das vastas reservas carboníferas do país. Todavia, a descoberta de grandes quantidades de petróleo de baixo custo no Oriente Médio na década de 1950 tornou esses combustíveis sintéticos relativamente caros demais e, assim, iniciou-se uma era de crescentes importações de petróleo e déficits no comércio exterior. Os padrões de utilização de energia discutidos no Capítulo 1 mostraram que o petróleo tem alimentado a maior parte do crescimento no consumo global de energia durante as últimas cinco décadas. Como mais da metade das reservas petrolíferas do mundo encontram-se no Oriente Médio, durante as quatro últimas décadas os preços do petróleo refletiram fortemente os eventos internacionais ocorridos naquela região. A crise do Golfo Pérsico em 1991 não foi uma exceção. Mas eventos internacionais são apenas parte da história. O aumento da demanda (Figura 19.2) em países como a China e a Índia e suprimentos restritos nos trouxeram, no século XXI, alguns dos preços mais altos de petróleo até agora vistos.

FIGURA 19.2 DEMANDA MUNDIAL DE PETRÓLEO, 1960-2010.

Fonte: Useia.

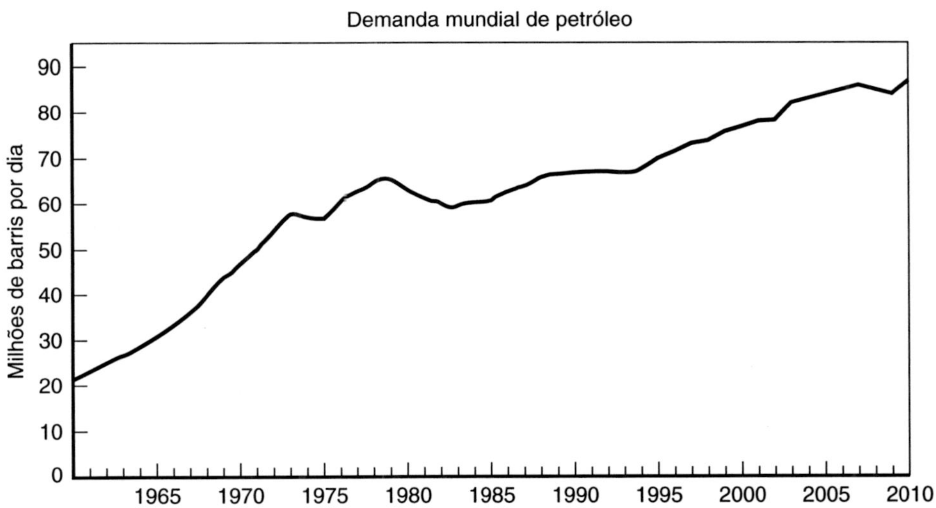

As estimativas das reservas mundiais de petróleo e gás natural ainda são imprecisas. Muitos grupos acham que as nações industrializadas devem realizar uma forte transição para outros combustíveis. Deveria ser colocada ênfase crescente na produção de petróleo a partir de recursos não convencionais, como areias betuminosas e carvão. Que danos haverá ao nosso meio ambiente e à economia causados pela extensão da vida de nosso suprimento convencional de petróleo por alguns anos através de perfurações em outras áreas? O pico da produção mundial de petróleo (e haverá um pico) foi visualizado como ocorrendo entre 2007 e 2034. É difícil colocar o foco na questão da finitude com essa faixa tão larga, mas os preços altos da gasolina ajudaram a avivar uma preocupação crescente.

Os padrões de utilização de combustível são muito importantes. (Você pode querer dar uma revisada no Capítulo 1 neste momento.) Cerca de 71% dos 20 milhões de barris de petróleo usados diariamente nos Estados Unidos vão para os meios de transporte, que utilizam 85% das importações de petróleo norte-americanas. Os Estados Unidos importam mais da metade do seu consumo de petróleo, sendo a maior parte do Canadá. Sem a ocorrência, obrigatória ou não, de mudanças significativas nesse padrão, muitos dos problemas fundamentais de abastecimento de combustíveis para os 250 milhões de veículos norte-americanos e a poluição do ar urbana apenas continuarão a crescer. Células de combustível podem fornecer alguma ajuda, mas como produziremos hidrogênio? Os veículos elétricos (EV) estão começando a ocupar um espaço interessante no mercado global de energia; estações para carga estão sendo instaladas em muitas cidades. Entretanto os preços de sua aquisição ainda são altos.

Neste livro, discutimos muitas alternativas para os combustíveis fósseis. Nas décadas de 1960 e 1970, muitos especialistas enxergavam a energia nuclear como a melhor opção tecnológica para permitir uma transição para longe dos combustíveis fósseis. O medo causado pelo acidente na usina de Three Mile Island em 1979 e a explosão em Chernobyl em 1986, juntamente com os altos custos associados à construção e à falta de uma política pública para a disposição final dos resíduos radioativos, provocaram uma desaceleração no desenvolvimento da energia nuclear. Contudo, o projeto de usinas nucleares menores, que incluem uma série de fatores de segurança passiva e o aumento das preocupações relacionadas com a mudança climática, podem fazer com que a energia nuclear mais uma vez passe a ser considerada uma opção viável, especialmente fora dos Estados Unidos. Os eventos de Fukushima, no entanto, amorteceram esse otimismo.

As opções de energia renovável, por muitos anos, têm sido apontadas como capazes de fornecer uma contribuição significativa ao nosso suprimento de energia. Enquanto o interesse público pela energia solar sempre foi muito grande, tem ocorrido um ressurgimento de investimentos e avanços na energia eólica e fotovoltaica. Em termos mundiais, a energia eólica é a tecnologia energética que mais rapidamente se desenvolve nos dias atuais, apesar de ainda ser responsável por menos de 2% da energia consumida nos Estados Unidos, é responsável por 22% da eletricidade produzida por renováveis. Uma acentuada diminuição nos preços das células solares tornou a energia fotovoltaica (FV) mais atraente para aplicação em residências e prédios públicos (veja a Figura 19.3). FV gera algo em torno de 0,3% da eletricidade produzida nos Estados Unidos (enquanto o carvão gera cerca de 60%). Tecnologias de conversão solar-térmica, solar-elétrica e de energia da biomassa também são capazes de contribuir para o suprimento de energia. Todavia, elas fornecem somente cerca de 4% da energia consumida nos Estados Unidos. Isso não é verdade nos países em desenvolvimento, onde a biomassa contribui de forma substancial.

FIGURA 19.3 Unidade fotovoltaica de 6 kW na Strang Middle School, Yorktown Heights, Nova York.

New York Power Authority

Outros fatores além do suprimento devem ser observados. Valores ambientais agora são politicamente considerados com a mesma importância que a segurança energética, o que resultou no Clean Air Act de 1990 e no Protocolo de Kyoto de 1997. A poluição atmosférica e as potencialmente catastróficas mudanças climáticas resultantes do aquecimento global podem causar o fim da era dos combustíveis fósseis dentro de décadas. Em qual extensão as forças do mercado e a preocupação com o crescente nível de CO_2 na atmosfera serão capazes de promover uma mudança para longe dos combustíveis fósseis? Muitos analistas de energia argumentam que uma transição desse tipo, especialmente sob a visão das nossas posições como partes da aldeia global, requer uma combinação de forças e mecanismos de mercado e fortes políticas e lideranças governamentais. Um mercado livre frequentemente não leva em consideração os custos ambientais. Será que o público em geral identifica a relação entre escolhas energéticas e qualidade ambiental? Podem as nações industrializadas ajudar as nações em desenvolvimento a saltar sobre as tecnologias ineficientes e sujas que alimentaram a era industrial? Nós seremos afetados pela crescente utilização da energia na China e na Índia.

Um dos mais importantes pontos de apoio de qualquer política energética deve ser a conservação de energia e sua utilização eficiente. Esses conceitos foram incorporados a cada capítulo. Podemos ter uma economia em crescimento com a utilização de menos energia, se formos mais eficientes no uso de nossos limitados recursos. O consumo norte-americano de energia por dólar do PIB diminuiu 54% entre 1973 e 2009. Reduzir a demanda é muito mais barato do que aumentar a oferta de energia.

Atualmente, mudanças muito grandes estão ocorrendo no setor elétrico em razão da sua desregulação em quase todos os países. Assentado pelas novas regras e uma abundância aparente de carvão e gás natural, o mercado norte-americano tornou-se bem competitivo. O número de produtores independentes de energia aumentou muito; grandes concessionárias descobriram que é lucrativo reduzir a demanda por meio do estímulo ao aumento da eficiência energética entre os consumidores.

Um dos problemas básicos no desenvolvimento de uma estratégia energética é que as políticas públicas dificultam a formulação de planos de longo prazo. Complementando esse problema, está o fato de que os Estados Unidos parecem ser uma nação e um povo com uma memória curta. Será que crises energéticas periódicas são necessárias para fazer os norte-americanos prestarem atenção ao papel crucial que a energia desempenha no bem-estar de seu país? Devemos reconhecer que longos períodos de tempo são necessários para a ocorrência de transformações significativas nas tecnologias e políticas públicas relacionadas à energia. Devemos reconhecer ainda que a linha básica financeira deve também considerar os custos ao meio ambiente e à saúde humana, como as questões do aquecimento global e da poluição atmosférica urbana demonstram.

Para que uma política energética forte e sustentável se desenvolva, e para que ela ocorra, os cidadãos precisam se dar conta de que todos terão de se sujeitar a mudanças: altos preços da energia, abertura de determinadas áreas geográficas para a exploração energética e aceitação tanto dos benefícios quanto dos riscos da tecnologia. A energia não é um fim em si mesma, mas um meio para se atingir os objetivos de uma economia e um ambiente saudáveis. Em tempos econômicos bons e ruins, nos preocupamos com nossas finanças. Poderemos assumir o papel de comissários educados e compassíveis para cuidar dos melhores interesses de nossa terra, seus recursos e seu povo (veja a Figura 19.5)? Cada um de nós tem um papel importante a desempenhar; cada um de nós tem um efeito positivo no resultado final. **Para obtermos sucesso, temos de nos envolver. É urgente adotar um posicionamento proativo. Devemos ser cidadãos informados e ativos.**

FIGURA 19.4 NOSSO LAR VISTO DO ESPAÇO.

EARTH OBSERVATIONS AND IMAGE ANALYSIS LABORATORY, JOHNSON SPACE CENTER/NASA.

APÊNDICE A

UNIDADES DE MEDIDA E NOTAÇÃO DE POTÊNCIAS DE 10

A Física é uma ciência experimental e necessita de medidas. A medida é expressa como um número e uma unidade; por exemplo, 3 metros. Assim, comparações podem ser feitas com outras medidas. Existem muitos sistemas de unidades em uso, mas o conjunto básico é o Sistema Internacional, ou SI. A unidade de comprimento no SI é o metro. Além do comprimento, as outras unidades fundamentais são o tempo (em segundos) e a massa, expressa em quilogramas (kg). Qualquer quantidade mensurável pode ser expressa em comprimento, massa e tempo. O sistema inglês (ou americano) é baseado no pé como unidade de comprimento; nós utilizamos tanto unidades do SI quanto do sistema inglês, dependendo de qual for de uso comum. Uma lista das unidades mais frequentemente utilizadas do SI e do sistema inglês e das conversões entre elas é apresentada na Tabela 2.4.

Muitas das distâncias e outras quantidades encontradas nas ciências são muito grandes ou muito pequenas. O diâmetro de um núcleo de oxigênio é de aproximadamente 0,0000000000000035 m, enquanto a distância entre a Terra e o Sol é de 155.000.000.000 m. É incômodo escrever tais quantidades nesta forma. Como resultado, tornou-se costumeiro utilizar a notação de potências de 10, na qual a quantidade é escrita na forma decimal como um número entre 1 e 10 multiplicado pela potência de 10 apropriada. O número de vezes que 10 é multiplicado por ele mesmo aparece sobrescrito – a "potência" à qual 10 é elevado. Por exemplo, $100 = 10 \times 10 = 10^2$, $1.000 = 10 \times 10 \times 10 = 10^3$, e $0{,}01 = 1/100 = 10^{-2}$. As duas distâncias aqui mencionadas podem ser escritas como $3{,}5 \times 10^{-15}$ m e $1{,}55 \times 10^{11}$ m. Para produtos de potências de 10, os sobrescritos são somados, como, por exemplo, $10^2 \times 10^3 = (10 \times 10) \times (10 \times 10 \times 10) = 10^{(2+3)} = 10^5$, e $10^4 \times 10^{-2} = 10^{(4-2)} = 10^2$.

Uma ilustração da grande amplitude de variação nas distâncias encontradas na natureza é mostrada na Tabela A.1. Se começarmos com a altura de uma pessoa, de cerca de 1 metro (10^0 m), os tamanhos de objetos conhecidos vão de 10^{-15} m (diâmetro do núcleo de hidrogênio) a 10^{+27} m (diâmetro do universo conhecido), uma variação de 42 ordens de magnitude.

Tabela A.1 Distâncias e fatores de 10.

Tamanho (m)	Objeto	Tamanho (m)	Objeto
10^{-14}	Núcleo	10^{3} (1 km)	Alguns quarteirões de distância
10^{-9}	Átomo	10^{6}	Área de alguns estados
10^{-8}	Células virais	10^{9}	Distância Terra–Lua
10^{-6}	Partículas de poeira	10^{12}	Distância Sol–Marte
10^{-4} (0,01 cm)	Cabelo humano (espessura)	10^{15}	Nosso sistema solar
10^{-3} (0,1 cm)	Unha humana (espessura)	10^{18}	Muitas estrelas observadas
10^{-2} (1 cm)	Dedo humano (espessura)	10^{21}	Nossa galáxia inteira
10^{0} (1 m)	Tamanho médio de uma pessoa	10^{24}	Aglomerados de estrelas
		10^{-7}	>Tamanho do Universo conhecido

APÊNDICE B

CONVERSÕES E EQUIVALÊNCIAS

CONVERSÕES E EQUIVALÊNCIAS
Também disponível na Tabela 3.4

Unidades de energia

1 Btu = 1.055 J = 778 pé-libra = 252 cal

1 pé-libra = 1.356 J = 0,33 cal

1 caloria = 4.184 J

1 caloria alimento = 1.000 cal = 1 kcal

1 tonelada equivalente de petróleo (tep) = 40 milhões de Btu (MBtu) = 42 GJ

1 hp-hr = $2,68 \times 10^{6}$ J = 0,746 kWh

1kWh = $3,61 \times 10^{6}$ J = 3.413 Btu = $2,65 \times 10^{6}$ pé-libra

1 Quad = 10^{15} Btu

1 GJ = 10^{9} J = 948.000 Btu

Unidades de força

1 watt = 1 J/s = 3,41 Btu/h

100kWh/ano = 11,4W

1 hp = 550 pé-libra/s = 2.545 Btu/h = 746 W

Relações de combustíveis

1 barril (bbl) de petróleo cru = 42 gal = $5,8 \times 10^{6}$ Btu = $6,12 \times 10^{9}$ J

1 standard pés^{3} de gás natural (SCF) = 1.000 Btu

1 therm = 100,000 Btu

1 gal de gasolina = $1,24 \times 10^{5}$ Btu Densidade da gasolina = 6,07 lb/U.S. gal

10^{6} pés^{3} de gás natural = 172 bbl de petróleo cru

1 ton de carvão betuminoso = 25×10^{6} Btu

1 ton de ^{235}U = 70×10^{12} Btu

1.000 bbl/dia de petróleo = 2.117×10^{12} Btu/ano

1 milhão bbl/dia de petróleo (1 MBPD)

= $5,8 \times 10^{12}$ Btu/dia

= 80 milhões de toneladas por ano de carvão

= $\frac{1}{5}$ tonelada por ano de óxido de urânio

Demanda de combustível força de 1.000 MWe (entrada de $2,4 \times 10^{11}$ Btu/dia)

Carvão: 9.000 toneladas/dia ou 1 unidade de carga de trem para uma usina (100 carros (ou vagões) de 90 toneladas cada)/dia

Petróleo: 40.000 bbl/dia ou 1 petroleiro/semana

Gás natural: $2,4 \times 10^{8}$ SCF/dia

Urânio (como ^{235}U): 3 kg/dia

(continuação)

CONVERSÕES E EQUIVALÊNCIAS (*continuação*)
Também disponível na Tabela 3.4

Necessidades de energia

Consumo total de energia nos Estados Unidos (2010)

= 10×10^{15} Btu (10 Quads) = 45 MBPD de petróleo ou equivalente

= 105×10^9 GJ

Consumo total de energia no mundo (2010) = 490 Quads = 517×10^9 GJ

População US (Censo 2010) = 311 milhões; Mundo (2010) = 6,852 bilhões

Uso diário e equivalências de energia

1 barril (bbl) de petróleo = dirigir 1.400 km (840 milhões) em um carro médio

Eletricidade para abastecer uma cidade de 100.000 habitantes demanda 4.000 bbl de petróleo/dia

Demanda energética do Estado da Califórnia por 8 h = 1 milhão de bbl de petróleo

1 gal de gasolina =11 kWh de eletricidade (com 30% de eficiência na geração)

= 5 horas de operação de um aparelho de ar-condicionado padrão

= 200 dias de funcionamento de um relógio elétrico

= 48 horas de funcionamento de uma TV colorida

= incidência de energia solar em 2 m^2 (22 $pés^2$) durante um dia de verão

Um milhão de Btu equivale a aproximadamente

90 lb de carvão

125 lb de madeira seca no forno

8 gal de gasolina

10 therms de gás natural

1 dia de consumo *per capita* de energia nos Estados Unidos

100 kWh de eletricidade produzida em uma usina de força

Dados de força

Uma usina de 1.000 MWe, a 60% da capacidade, gera $5{,}3 \times 10^9$ kWh/ano, o suficiente para uma cidade de aproximadamente 1 milhão de habitantes

Uso de força *per capita* nos Estados Unidos = 11 kW

Humano, sentado = 60 W

Humano, correndo = 400 W

Automóvel a 65 mph = 33 kW

APÊNDICE C

CONSUMO MUNDIAL DE ENERGIA, 2009

CONSUMO MUNDIAL DE ENERGIA, 2009							
	População (Milhões)	**PIB (Bilhões de dólares)**	**Energia total (Trilhões BTU)**	**Energia *per capita* (MBtu)**	**Energia por PIB (1 000 btu/$)**	**PIB *per capita* ($)**	**IDH 2007***
América do Norte							
Canada	32,51	957,7	13.065	401,88	13,64	29.459	0,943
México	104,96	942.2	6,625	63,12	7,03	8.977	0,8
Estados Unidos	293,03	10.980	97,649	333,24	8,89	37,471	0,939
América Central e América do Sul							
Argentina	39,15	432,7	2.464	62,94	5,69	11.052	0,853
Brasil	184,1	1379	8.591	46,66	6,23	7.490	0,775
Chile	15,82	154,6	1.055	66,69	6,82	9.772	0,839
Colômbia	43,31	262,5	1.213	28,01	4,62	6.061	0,773
Cuba	11,31	31,6	474	41,91	15,00	2.794	0,809
República Dominicana	8,83	52,2	265	30,01	5,08	5.912	0,738
Equador	13,21	45,5	365	27,63	8,02	3.444	0,735
Paraguai	6,19	28	393	63,49	14,04	4.523	0,751

(continuação)

CONSUMO MUNDIAL DE ENERGIA, 2009 *(continuação)*

	População (Milhões)	PIB (Bilhões de dólares)	Energia total (Trilhões BTU)	Energia *per capita* (MBtu)	Energia por PIB (1 000 btu/$)	PIB *per capita* ($)	IDH 2007*
Peru	27,54	146,9	570	20,70	3,88	5,334	0,752
Porto Rico	3,9	42,7	482	123,59	11,29	10.949	
Trinidade e Tobago	1,1	10,6	502	456,36	47,36	9.636	0,801
Venezuela	25,02	117,9	2.905	116,11	24,64	4.712	0,778
Europa Ocidental							
Áustria	8,17	245,5	1.394	170,62	5,68	30,049	0,934
Bélgica	10,35	298,2	2.731	263,86	9,16	28.812	0,942
Bosnia--Herzegovina	4,01	24,4	263	65,59	10,78	6.085	0,781
Croácia	4,5	47,1	376	83,56	7,98	10.467	0,83
Dinamarca	5,41	167,7	832	153,79	4,96	30.998	0,932
Finlândia	5,21	141,7	1229	235,89	8,67	27.198	0,935
França	60,42	1654	10.986	181,83	6,64	27.375	0,932
Alemanha	82,42	2271	14.269	173,13	6,28	27.554	0,925
Grécia	10,65	212,2	1.380	129,58	6,50	19.925	0,912
Irlanda	3,97	117	629	158,44	5,38	29.471	0,936
Itália	58,06	1552	7.636	131,52	4,92	26.731	0,92
Holanda	16,32	461,4	3.719	227,88	8,06	28.272	0,942
Noruega	4,57	171,6	1.993	436,11	11,61	37,549	0,956
Portugal	10,52	182,3	1.080	102,66	5,92	17.329	0,897
Espanha	40,28	885,5	5.868	145,68	6,63	21.984	0,922
Suécia	8,99	238,1	2.225	247,50	9,34	26.485	0,946
Suíça	7,45	239,8	1.271	170,60	5,30	31.188	0,936
Turquia	68,89	445,3	3.096	44,94	6,80	6.609	0,751
Reino Unido	60,27	1664	9.581	158,97	5,76	27.609	0,936

CONSUMO MUNDIAL DE ENERGIA, 2009 *(continuação)*

	População (Milhões)	PIB (Bilhões de dólares)	Energia total (Trilhões BTU)	Energia *per capita* (MBtu)	Energia por PIB (1 000 btu/$)	PIB *per capita* ($)	IDH 2007*
Leste Europeu							
Azerbaijão	7,87	23,3	605	76,87	25,97	2.961	0,746
Bielorrússia	10,31	61,9	1.153	111,83	18,63	6.004	0,79
Bulgária	7,52	57,1	852	113,30	14,92	7.593	0,796
República Tcheca	10,25	160,5	1.578	153,95	9,83	15.659	0,868
Hungria	10,03	139,7	1.052	104,89	7,53	13.928	0,848
Cazaquistão	15,14	105,3	2.087	137,85	19,82	6.955	0,766
Polônia	38,63	426,7	3347	86,64	7,84	11.046	0,85
Romênia	22,36	154,4	1.713	76,61	11,09	6,905	0,778
Rússia	143,78	1287	2.756,3	19,17	2,14	8.951	0,795
Eslováquia	5,42	72,3	840	154,98	11,62	13.339	0,842
Turcomenistão	4,86	27,1	590	121,40	21,77	5.576	0,752
Ucrâni	47,73	256,5	6.548	137,19	25,53	5.374	0,777
Uzbequistão	26,41	44,1	2.121	80,31	48,10	1.670	0,709
Oriente Médio							
Bahrein	0,68	11,4	417	613,24	36,58	16.765	0,843
Irã	67,5	477,8	5.862	86,84	12,27	7.079	0,732
Iraque	25,37	38,8	1156	45,57	29,79	1.529	
Israel	6,2	120,6	794	128,06	6,58	19.452	0,908
Jordânia	5.61	23,6	225	40,1	9,53	4.207	0,75
Kuwait	2,26	39,5	953	421,68	24,13	17.478	0,838
Líbano	3,78	17,8	227	60,05	17,75	4.709	0,758
Omã	2,91	37,8	360	123,71	9,52	12.990	0,77
Catar	0,84	17,5	489	582,14	27,94	20.833	0,833
Arábia Saudita	25,8	268,2	5.144	199,38	17,97	11.093	0,768
Emirados Árabes	2,52	57,7	2.118	840,48	36,71	22.897	0,824

CONSUMO MUNDIAL DE ENERGIA, 2009 *(continuação)*

	População (Milhões)	PIB (Bilhões de dólares)	Energia total (Trilhões BTU)	Energia *per capita* (MBtu)	Energia por PIB (1 000 btu/$)	PIB *per capita* ($)	IDH 2007*
África							
Argélia	32,13	194,3	1.285	39,99	6,61	6.047	0,704
Egito	76,12	294,3	2.349	30,86	7,98	3.866	0,653
Quênia	32,02	33,1	155	4,84	4,68	1,034	0,488
Líbia	5,63	35	668	118,65	19,09	6.217	0,794
Marrocos	32,21	128,3	460	14,28	3,59	3.983	0,62
Nigéria	137,25	110,8	939	6,84	8,47	807	0,466
África do Sul	42,72	456,7	4.544	106,37	9,95	10.691	0,666
Tunísia	9,97	68,8	338	33,90	4,91	6.901	0,745
Ásia e Oceania							
Austrália	19,91	570,3	5,594	280,96	9,81	28.644	0,946
Bangladesh	141,34	258,8	568	4,02	2,19	1.831	0,509
China	1289,85	6449	43,177	33,24	6,70	4.965	0,745
Índia	1065,07	3022	13.981	13,13	4,63	2.837	0,595
Indonésia	238,45	758,1	4.452	18.67	5,87	3.179	0,692
Japão	127,33	3567	21.965	172,50	6,16	28.014	0,938
Coreia do Norte	22,7	22,9	1.092	48,11	47,69	1.009	
Coreia do Sul	48,6	855,3	8.395	172,74	9,82	17.599	0,888
Malásia	25,52	207,2	2.328	91,22	11,24	8.119	0,793
Nova Zelândia	3,39	85,3	8.78	259,00	10,29	25.162	0,926
Paquistão	159,2	317,7	1.828	11,48	5,75	1.996	0,497
Filipinas	86,24	390,7	1.176	13,64	3,01	4.530	0,753
Singapura	4,35	109,1	1.645	378,16	15,08	25.080	0,902
Taiwan	22,75	528,6	4.102	180,31	7,76	23.235	
Tailândia	64,86	475,7	3.076	47,43	6,47	7.334	0,768
Vietnã	82,69	203,9	870	10,52	4,27	2.466	0,691

*HDI (Human Development Index) is a measure of health (life expectancy, infant mortality), education (adult literacy), and income (GDP/capita).

Fontes: The World Fact Book; *World Almanac and Book of Facts 2009*; U.S. Department of Energy, Energy Information Administration, International Energy Annual; United National Development Programme.

GLOSSÁRIO

adutora: uma grande tubulação que leva a água até a turbina em uma usina hidrelétrica.

aerossóis: matéria sólida ou líquida em suspensão na atmosfera, geralmente menor que 10 mícrons.

álcool combustível: combustível obtido a partir da destilação de grãos, madeira ou outros produtos vegetais em álcool. O etanol (C_2H_5OH) é o combustível mais comum.

altitude: elevação ou ângulo do Sol acima do horizonte.

altura (queda): diferença entre a cota da água no reservatório criado por uma barragem e a cota da água após a saída da turbina.

ampère: unidade de medida da corrente elétrica. Quantidade de corrente produzida por 1 V através de uma resistência de 1 ohm.

aquecimento solar ativo: aquecimento de uma casa com uso de coletor solar com bombas ou ventiladores para transferir o calor para a casa.

aquecimento solar passivo: utilização do edifício para coletar e armazenar a energia solar incidente. Não utiliza ventiladores ou bombas para distribuir o calor pelo edifício.

AQD: água quente doméstica.

APR (acidente de perda do refrigerador): acidente nuclear no qual uma tubulação principal e água refrigeradora quebram, possivelmente levando a um derretimento do núcleo.

areias betuminosas: areias geológicas contendo óleo viscoso, semelhante ao asfalto. Também chamadas de areias oleosas.

armadura: parte de um motor elétrico ou de um gerador que gira entre os polos de um ímã. É feita de fio enrolado em torno de um núcleo de ferro.

armazenamento bombeado (usina hidrelétrica reversível): técnica para armazenamento de energia, que utiliza a eletricidade produzida em excesso para bombear água até um reservatório elevado, de onde pode ser utilizada em uma instalação hidrelétrica para gerar eletricidade durante períodos de pico da demanda.

azimute: ângulo do Sol em relação ao sul verdadeiro.

becquerel (Bq): unidade de medida da atividade do radioisótopo. Um Bq = 1 desintegração por segundo.

biomassa: matéria orgânica em qualquer forma – madeira, resíduos de colheita, esterco animal, e assim por diante. A biomassa contém energia armazenada sob a forma química.

bomba de calor: dispositivo que funciona como um aquecedor no inverno, transferindo calor do meio externo para o interior da casa, e como refrigerador no verão, transferindo o calor do interior da casa para o meio externo.

BWR: reator de água fervente (*boiling water reactor*); reator nuclear no qual a água do reator pode ferver para produzir vapor.

CAFE (Corporate Average Fuel Economy): ou Economia Corporativa Média de Combustível. Padrões impostos pela EPA (Environmental Protection Agency, ou Agência de Proteção Ambiental) para a média de mpg (milhas por galão) de todos os carros ou caminhões/veículos utilitários esportivos vendidos por um fabricante de automóveis.

calafetagem: um material macio que possa ser encaixado nas rachaduras de um edifício para reduzir o fluxo de ar para dentro ou para fora do edifício.

calor de fusão: energia calorífica necessária para transformar uma unidade de massa do objeto de sólido para líquido na mesma temperatura.

calor de vaporização: energia calorífica necessária para transformar uma unidade de massa do objeto, de líquido em vapor, na mesma temperatura.

calor específico: quantidade de calor adicionada por unidade de massa, por grau de aumento da temperatura.

calor latente: calor necessário para causar mudança de fase em um material, como passar de gelo para líquido ou de líquido para gás, sem uma mudança na temperatura.

CANDU: o reator canadense de água pesada, o urânio natural.

capacidade: a quantidade máxima de eletricidade disponibilizada por uma unidade geradora. Em unidades de megawatts de energia elétrica (MWe).

capacidade de calor: quantidade de energia necessária para elevar a temperatura de 1 pé^3 de material em 1°F; igual ao calor específico multiplicado pela densidade do objeto.

célula a combustível: dispositivo que produz eletricidade a partir de uma reação química entre o hidrogênio e o oxigênio.

CEM: campo eletromagnético, geralmente utilizado em associação com linhas de transmissão elétrica de alta tensão.

CFC (clorofluorcarbonetos): compostos clorados que contribuem para a destruição do ozônio estratosférico.

chorume: líquido resultante da movimentação da água pelo perfil de um aterro de lixo ("suco de lixo").

ciclo de Carnot: determinado ciclo relativo a um motor térmico, que transforma calor em trabalho; o ciclo que dá a eficiência máxima quando se opera entre duas temperaturas.

ciclo de Rankine: um determinado ciclo em um sistema de potência à turbina; o fluido de trabalho no ciclo é tanto um líquido quanto um vapor.

ciclo de vapor: ciclo em um motor térmico, no qual o fluido utilizado muda do estado gasoso para o líquido. Também chamado de ciclo de Rankine.

cinza em suspensão: partículas minúsculas de cinza resultantes da queima de carvão.

Coeficiente de desempenho (COD): razão entre o calor transferido por uma bomba de calor e seu consumo de eletricidade.

cogeração: produção de eletricidade e calor útil a partir da mesma fonte combustível.

combustão em leito fluidizado: processo por meio do qual o carvão é queimado em um leito móvel de ar; calcário é adicionado para remover o SO_2.

compostos orgânicos voláteis (COV): compostos que consistem em átomos de carbono e hidrogênio. Poluentes atmosféricos associados à utilização do petróleo.

condução: o processo por meio do qual o calor se propaga através das substâncias.

confinamento inercial: fusão induzida por laser na qual o combustível é rapidamente aquecido antes que a expansão possa começar.

confinamento magnético: técnica utilizada em reatores de fusão para conter o plasma que está sendo aquecido.

constante solar: radiação solar incidente, no alto da atmosfera da Terra, por unidade de área. Medida em W/m^2 ou em Btu/pé^2/h.

convecção: o processo por meio do qual o calor é transferido pela movimentação de fluidos.

crescimento exponencial: um processo no qual a quantidade de uma determinada substância tem uma taxa de crescimento fixa ou a mudança na quantidade de algo é proporcional à quantidade atual.

critérios de Lawson: condições que devem ser obtidas na fusão para o *breakeven* da energia (produção de energia pelo menos tão grande quanto o consumo de energia).

curie: unidade de medida da atividade do radioisótopo; 1 Ci = 337 × 10 desintegrações por segundo.

custos encalhados: custos que uma concessionária de serviços públicos tem a obrigação de pagar, mas não pode receber de um consumidor porque este não utiliza mais os serviços dela.

custo evitado: custo para uma concessionária gerar eletricidade se ela comprar a mesma quantidade de eletricidade de outra fonte.

demanda: a quantidade de eletricidade que deve ser gerada para satisfazer as necessidades de todos os consumidores. Algumas vezes é chamada de carga.

deposição ácida: deposição de ácido sulfúrico ou nítrico no ambiente através da neve, da chuva ou de sedimento seco.

desenvolvimento sustentável: desenvolvimento que satisfaz as necessidades do presente no mesmo tempo em que protege o ambiente para o futuro.

desregulação: o ato ou o processo de remover os regulamentos ou outras barreiras que podem restringir uma indústria.

dessulfurização de gás: processo para remoção do SO_2 dos gases de exaustão em uma usina elétrica.

desverticalização: separação das funções de geração e transmissão de uma concessionária de serviços públicos em unidades de negócios ou empresas menores e separadas.

difusão gasosa: o enriquecimento de ^{235}U pela difusão do gás hexafluoreto de urânio através de barreiras porosas.

digestão anaeróbica: processo de decomposição pelo qual bactérias convertem matéria orgânica em metano, na ausência de oxigênio.

dosímetro: dispositivo para medir a quantidade de radiação absorvida em relação ao tempo de exposição à fonte.

EIA (Energy Information Administration): ou Administração de Informações sobre Energia, nos Estados Unidos.

efeito estufa: o aprisionamento, na atmosfera, basicamente pelo CO_2, da radiação de ondas longas emitida pela Terra.

efeito fotoelétrico: a liberação de elétrons de um metal pela absorção da luz.

efeito somático: efeito sobre a saúde de um indivíduo que recebeu radiação.

eficiência: a razão entre a produção de trabalho útil, ou energia, e o consumo de energia ou a energia total convertida.

eficiência de Carnot: eficiência máxima da conversão de energia calorífica em trabalho, dado por (1 - *Tc/Th*), com as temperaturas em unidades absolutas.

eletrólito: produto químico que, quando dissolvido na água, irá conduzir uma corrente elétrica.

emissividade: medida da capacidade de um material de se livrar da radiação térmica; número entre 0 e 1.

energia cinética: energia do movimento.

energia de ligação: a energia que mantém um núcleo agrupado; a diferença entre a soma das massas dos núcleons individuais e da massa real do núcleo.

energia disponível: a quantidade máxima de trabalho que pode ser extraída em um determinado processo.

energia geotérmica: energia calorífica disponível nas rochas, na água quente e no vapor sob a superfície da Terra.

energia potencial: energia armazenada; uma função da posição do objeto.

energia total: somatório das energias potencial, cinética e térmica de um corpo.

energia verde: eletricidade produzida por recursos renováveis.

enriquecimento: processo no qual a abundância do isótopo físsil, ^{235}U, é aumentada de 0,7% para 3% a 4% no óxido de urânio combustível.

entropia: termo utilizado em termodinâmica para medir a desordem de um sistema. A entropia total de um sistema sempre aumenta em um processo isolado.

eutrofização: enriquecimento de um corpo de água pela adição de nutrientes extras, estimulando o crescimento de algas.

eV (elétron volt): uma quantidade de energia igual a $1{,}6 \times 10^{-19}$ J.

fator de capacidade: a proporção entre a energia elétrica produzida em um determinado período e a quantidade que deveria ter sido produzida durante o mesmo período em uma operação contínua com capacidade total. Número entre 0 e 1.

faturamento: faturamento hidráulico: uso de água a alta pressão para liberar gás natural preso em formações rochosas subterrâneas.

feed in tariff: obrigação das concessionárias comprarem energia renovável por preço fixo.

fóton: uma partícula sem massa de energia eletromagnética, movendo-se na velocidade da luz.

fotossíntese: a produção de carboidratos, em uma planta, a partir de água e dióxido de carbono utilizando a radiação solar.

fusão: o processo de juntar dois núcleos para formar um único; a energia é liberada pela perda de massa no núcleo produzido.

gás de xisto: reservas de gás natural preso em formações rochosas subterrâneas.

gás natural (associado): gás natural que ocorre em reservatórios de petróleo cru, seja como gás livre ou como gás em solução com petróleo cru.

gases estufa: gases presentes na atmosfera e que absorvem a radiação infravermelha refletida pela Terra; basicamente CO_2, metano, CFC, ozônio e óxidos nitrosos.

gauss: unidade de medida de campo magnético. O campo magnético da Terra é de aproximadamente 0,5 gauss.

gerador: um dispositivo que transforma a energia mecânica em elétrica. Consiste em um ímã e em uma bobina de fio girando em relação ao ímã.

gerenciamento pelo lado da demanda (GLD): programas das concessionárias de serviços públicos usados para reduzir os picos de demanda elétrica e auxiliar os consumidores a utilizar a eletricidade mais eficientemente.

graus-dia: a diferença entre a temperatura média diária e 65°F; podem ser somados para criar graus-dia de aquecimento em um específico período de tempo; usado como indicador de necessidades de aquecimento.

Gray (Gy) uma unidade de dose absorvida de radiação; 1 Gy = 1 J/kg.

hidrocarbonetos: compostos orgânicos na fase gasosa, sólida ou líquida que contêm somente hidrogênio e carbono. Os compostos gasosos também são chamados compostos orgânicos voláteis. Por exemplo, benzeno e metano.

hidrotermal: tipo de energia geotérmica na qual a água aquecida dentro da Terra flui para a superfície como água quente ou vapor.

IDH (Índice de Desenvolvimento Humano): índice para medir os avanços de uma nação quanto à longevidade, conhecimento e padrão de vida.

infiltração: processo por meio do qual o ar frio infiltra-se em uma casa pelas rachaduras.

insolação: radiação solar incidente; medida em Btu/pé^2/dia ou em W/m^2.

inversão térmica: evento que ocorre quando a temperatura de uma camada de ar aumenta e aprisiona poluentes atmosféricos.

isolação ou isolante térmico: material que retarda o ganho ou a perda de calor.

isótopos: núcleos que têm o mesmo número atômico, mas números de nêutrons diferentes.

junção p–n: a região de contato entre materiais semicondutores de tipo p e de tipo n. Nessa junção existe uma região de depleção, assim como uma diferença de potencial.

kcal: energia necessária para elevar a temperatura de 1 kg de água em 1°C.

LED (*light-emitting diode*): *chip* em estado sólido que emite luz quando se aplia uma tensão.

lei de Ohm: a relação empírica entre corrente, diferença de potencial e resistência em um circuito elétrico: $V = IR$.

LFC: lâmpada fluorescente compacta.

liquefação: processo de conversão de carvão em combustível líquido utilizável.

líquidos do gás natural: termo geral para todos os produtos líquidos separados do gás natural em usinas de processamento.

lixiviação: processo por meio do qual a água se movimenta por um material (por exemplo, lixo), carreando substâncias no material.

MAGLEV: levitação magnética – suspensão de um objeto utilizando a força repulsiva entre dois ímãs. Utilizado em trens de alta velocidade.

magma: material quente sob a crosta e o manto da Terra.

massa térmica: material de armazenamento de calor, tal como água ou alvenaria, utilizado em sistemas de aquecimento solar passivos.

material fértil: núcleos que não fissionam, mas podem ser usados para criar núcleos fissionáveis por meio da absorção de nêutrons, a exemplo do ^{238}U.

material físsil: núcleos que se submeterão à fissão quando absorverem um nêutron (por exemplo, ^{235}U e ^{239}Pu).

meia-vida: tempo necessário para metade da quantidade de um material radioativo se decompor em outro elemento.

mercado competitivo: um ambiente que permite a muitos vendedores e compradores comprarem e venderem bens ou serviços uns aos outros.

Os consumidores têm a opção de comprar sua energia de mais de um fornecedor.

metano: gás incolor, inodoro – CH_4. Principal componente do gás natural.

mícron: 1 μm = 10^{-6} m.

moderador: substância utilizada em reatores nucleares para desacelerar nêutrons, de forma que eles possam ser mais prontamente capturados pelo ^{235}U e produzir fissão. Geralmente é água.

motor de calor: dispositivo operando entre duas temperaturas e que converte uma fração da energia calorífica em trabalho útil.

mrem ou milirem: 1/1.000 de um rem (dose da radiação).

NAP: nitratos peroxiacílicos – radicais orgânicos reativos que contribuem para a formação de *smog*.

***Net metering*:** crédito dado por energia gerada; cobrança de apenas a energia líquida usada.

nêutrons térmicos: nêutrons em um reator que têm energias muito pequenas, cerca de $\frac{1}{40}$ de um eV.

NRC (Nuclear Regulatory Commission): agência federal norte-americana responsável pelo licenciamento e operação de reatores nucleares.

núcleon: termo geral para o próton e o nêutron.

número atômico: o número de prótons no núcleo.

óleo cru: mistura de hidrocarbonos que existe, em fase líquida, em reservas subterrâneas naturais; ele permanece líquido à pressão atmosférica.

óleo xistoso: uma forma de óleo contido dentro de uma rocha chamada xisto betuminoso.

OPEP (Organização dos Países Exportadores de Petróleo): seus membros são Argélia, Arábia Saudita, Emirados Árabes Unidos, Indonésia, Irã, Iraque, Kuwait, Líbia, Nigéria, Catar, Angola, Equador, Gabão e Venezuela.

OSI (Operador de Sistema Independente): entidade que monitora a confiabilidade do sistema de energia e coordena o abastecimento de eletricidade.

ozônio: uma molécula composta de três átomos de oxigênio. Na estratosfera, proporciona uma camada protetora que blinda a Terra da radiação ultravioleta; próximo do solo, é um nocivo poluente do ar e um importante componente da fumaça fotoquímica.

período fora de pico (*off-peak*): horas do dia em que a demanda por eletricidade é baixa. Geralmente tem preços mais baixos para a eletricidade.

petróleo: uma grande classe de mistura de hidrocarbonetos líquidos. Inclui o óleo cru e os líquidos de usinas de processamento de gás natural.

pH: uma medida do quanto uma substância é ácida ou básica. A água destilada tem um pH de 7. Um pH de 6 a 0 é cada vez mais ácido; de 8 a 14, cada vez mais alcalino.

plasma: gás ionizado, geralmente em alta temperatura.

PPA (*power purchase agreement*): compromisso de uma concessionária de comprar toda energia fornecida por uma central renovável.

precipitador eletrostático: dispositivo para remoção dos particulados dos gases de combustão em uma usina elétrica.

preços por tempo de uso (tarifas sazonais): taxas que são projetadas para refletir as alterações no custo de fornecimento dos serviços de uma concessionária de serviços públicos que ocorrem em função do horário do dia ou da estação do ano.

primeira lei: conservação de energia em um sistema termodinâmico; o calor adicionado somando ao trabalho executado igualam a mudança na energia total de um sistema.

princípio de Arquimedes: a força de flutuação (empuxo) atuando sobre um objeto é igual ao peso do líquido deslocado por esse objeto.

processo adiabático: processo no qual nenhum calor é transferido para dentro ou para fora do sistema.

Produtor Independente de Energia (PIE): companhia ou empresa, que não uma concessionária de serviços públicos, que gere eletricidade.

Produto Interno Bruto (PIB): valor total de todos os produtos e serviços produzidos em um país.

produtos da fissão: isótopos radioativos instáveis produzidos quando um núcleo de urânio é partido após ter capturado um nêutron.

Protocolo de Kyoto: conferência internacional realizada no Japão em 1997, que tratou das reduções dos gases causadores do efeito estufa. Seu tratado entrou em vigor em 2005.

PURPA (Public Utilities Regulatory Policy Act): lei federal norte-americana, de 1978, que exige a competição no mercado de geração de energia elétrica. Exige que as concessionárias de serviços públicos comprem energia de fontes cogeradoras selecionadas, pequenas usinas movidas a resíduos ou hidrelétricas, sob contratos elaborados com base em taxa de custos evitados.

PWR *(pressurized water reactor)*: veja *reator de água pressurizada (RAP).*

quad: uma quantidade de energia igual a 10^{15} Btu.

radiação: energia emitida pelos átomos ou moléculas sob a forma de raios, ondas ou partículas. A radiação do núcleo pode ter energia bastante para produzir ionização e danificar tecidos vivos.

radiação difusa: radiação solar recebida quando o céu está nublado; não pode ser focalizada por espelhos ou lentes.

radiação direta: radiação solar recebida quando o céu está limpo. Pode ser focalizada.

radônio: gás radioativo que emite raios alfa; peso atômico 222 e número atômico 86.

raio alfa: o núcleo do átomo de hélio; uma das radiações naturais.

raio beta: um elétron positivo ou negativo; um componente natural da radioatividade.

raio gama: um fóton altamente energizado de energia eletromagnética, liberado em algumas decomposições radioativas.

reator de água pressurizada (RAP): reator de energia nuclear no qual a água de resfriamento é mantida sob uma alta pressão e não pode entrar em ebulição (internacionalmente conhecido como PWR, *pressurized water reactor*).

reator de alta temperatura refrigerado a gás (RATRG): reator que utiliza grafite como moderador e gás, em vez de água, para transferência de calor (internacionalmente, HTGC, *high-temperature gas-cooled reactor*).

reator refrigerado a gás em alta temperatura reator nuclear utilizando combustível granulado encapsulado em invólucros cerâmicos ou de vidro, com gás atuando como meio de transferência de calor. **HTGR,** *high temperature gas reactor, também conhecido como pebble bed modular reactor*

reator regenerador rápido a metal líquido (RRRML): reator que utiliza o sódio líquido como refrigerador (internacionalmente conhecido como LMFBR, *liquid metal fast breeder reactor*).

recirculação degases de exaustão (RGE): sistema instalado em um motor para reduzir a formação de óxidos de nitrogênio por meio da adição de gases de exaustão ao ar que entra no motor para abaixar a temperatura da combustão no motor.

recurso renovável: uma fonte de energia essencialmente inesgotável, alternativa ao petróleo, gás, carvão ou urânio, utilizada para produzir eletricidade.

rede: sistema de linhas e geradores elétricos coordenados para fornecer eletricidade aos consumidores em vários pontos.

regeneração: o processo por meio do qual um núcleo físsil é produzido a partir de um núcleo não físsil, em um reator, através da absorção de nêutron.

rem: unidade de doses absorvidas da radiação.

reserva: a quantidade de um recurso que seja recuperável com os preços e a tecnologia atuais.

retroajuste: instalação de equipamentos ou materiais após a construção inicial.

reversível: um processo que possa ter sua direção alterada ou revertida sem causar nenhum efeito sobre o ambiente.

Roentgen: uma antiga unidade de exposição à radiação.

rotor de Darrieus: um tipo de turbina eólica de eixo vertical parecida com uma batedeira de ovos.

seção transversal: probabilidade de uma reação nuclear ocorrer.

sequestro (do carbono): captura de CO_2 por drenos ou dissipadores não atmosféricos.

sistema de emergência de resfriamento do núcleo (Sern): um sistema de pulverizadores de água de alta pressão que é utilizado para resfriar o núcleo do reator nuclear caso ocorra uma perda acidental de líquido refrigerador.

silício amorfo: tipo de célula solar que utiliza silício desordenado e não cristalino.

síndrome da China: referência a um núcleo de reator nuclear derretendo e se encaminhando pela terra abaixo do reator na eventualidade de um acidente de vazamento do refrigerador.

sinergia: ação de duas ou mais coisas para atingir um efeito que cada uma é incapaz de atingir individualmente.

sobrecarga: solo e rocha que se localizam sobre um depósito subterrâneo de carvão. Na mineração de superfície, a sobrecarga é inicialmente removida.

sistema solar de concentração (SSC): produção de fluidos em alta temperatura para geração elétrica.

tempo de duplicação (TD): o tempo necessário para uma determinada quantidade dobrar de valor. Aproximadamente, TD = 70 anos/taxa percentual de crescimento.

termossifonamento: a circulação da água por convecção natural.

therm: uma medida do conteúdo de energia calorífica; 1 therm é igual a 100.000 Btu.

Tokamak: tipo especial de reator de fusão que utiliza confinamento magnético; em formato toroidal

trocador de calor: dispositivo que é utilizado para transferir calor entre dois fluidos – um deles perde energia calorífica e o outro a ganha.

turbina a gás: um sistema térmico que produz eletricidade utilizando a força dos gases quentes e em expansão para fazer uma turbina girar. Os gases são produzidos pela queima de um combustível.

unidade térmica britânica (Btu): a energia requerida para elevar a temperatura de 1 libra de água em 1°F.

valor quantizado: um valor discreto possuído por uma quantidade física.

valor-R: a "resistência" de uma substância à transferência de calor por condução; proporcional à espessura do material e inversametne à sua condutividade térmica.

vedação térmica: espuma de borracha, vinil etc. Material utilizado em torno de janelas e portas para reduzir a infiltração de ar.

velocidade média: a velocidade para a qual uma determinada turbina de vento é projetada com a finalidade de produzir o máximo de energia.

vidro com pouca capacidade de emissão: vidros de janelas com revestimentos de baixa capacidade de emissão, aplicados a fim de reduzir o ganho e a perda de calor.

xisto de óleo: rocha sedimentária que contém matéria orgânica sólida que pode ser convertida em óleo cru.

zero absoluto: a temperatura mais baixa que pode ser atingida, 0 K = –273°C.

ÍNDICE REMISSIVO

A

D

E